U0436217

土木工程施工组织设计精选系列 4

住 宅 工 程

中国建筑工程总公司 编著

中国建筑工业出版社

图书在版编目（CIP）数据

土木工程施工组织设计精选系列 4，住宅工程/中国建筑工程总公司编著. —北京：中国建筑工业出版社，2006
ISBN 978-7-112-08636-8

Ⅰ. 土… Ⅱ. 中… Ⅲ. ①土木工程-施工组织-案例-中国②住宅-建筑施工-施工组织-案例-中国 Ⅳ. TU721

中国版本图书馆 CIP 数据核字（2006）第 111411 号

多年来的施工实践表明，施工组织设计是指导施工全局、统筹施工全过程，在施工管理工作中起核心作用的重要技术经济文件。本书精选了17篇施工组织设计实例，皆为优中择优之作，基本上都是获奖工程。希望这些高水平建筑公司的一流施工组织设计佳作能够得到读者的喜爱。

本书适合从事土木工程的建筑单位、施工人员、技术人员和管理人员，建设监理和建设单位管理人员使用，也可供大中专院校师生参考、借鉴。

* * *

责任编辑：郭 栋
责任设计：郑秋菊
责任校对：邵鸣军 王金珠

土木工程施工组织设计精选系列 4
住宅工程
中国建筑工程总公司 编著
*
中国建筑工业出版社出版、发行（北京西郊百万庄）
新 华 书 店 经 销
霸州市顺浩图文科技发展有限公司制版
北京蓝海印刷有限公司印刷
*
开本：787×1092 毫米 1/16 印张：70¼ 字数：1744 千字
2007 年 3 月第一版 2007 年 3 月第一次印刷
印数：1—3000 册 定价：**120.00** 元
ISBN 978-7-112-08636-8
（15300）

本社网址：http://www.cabp.com.cn
网上书店：http://www.china-building.com.cn

编辑委员会

前　言

施工组织设计是指导项目投标、施工准备和组织施工的全面性技术、经济文件，在工程项目中依据施工组织设计统筹全局，协调施工过程中各层面工作，可保证顺利完成合同规定的施工任务，实现项目的管理精细化、运作标准化、方案先进化、效益最大化。编制和实施施工组织设计已成为我国建筑施工企业一项重要的技术管理制度，也是企业优势技术和现代化管理水平的重要标志。

中建总公司作为中国最具国际竞争力的建筑承包商和世界500强企业，一向以建造“高、大、新、特、重”工程而著称于世：中央电视台新台址工程、“神舟”号飞船发射平台、上海环球金融中心大厦、阿尔及利亚喜来登酒店、香港新机场、俄罗斯联邦大厦、美国曼哈顿哈莱姆公园工程等一系列富于时代特征的建筑，均打上了“中国建筑”的烙印。以这些项目为载体，通过多年的工程实践，积累了大量的先进技术成果和丰富的管理经验，加以提炼和总结，形成了多项优秀施工组织设计案例。这是中建人引以为自豪的宝贵财富，更是中建总公司在国内外许多重大项目投标中屡屡获胜的“法宝”。

此次我们将中建集团2000年后承揽的部分优势特色工程项目的施工组织设计案例约230余项收录整理，汇编为交通体育工程、办公楼酒店、文教卫生工程、住宅工程、工业建筑、基础设施、安装加固及装修工程、海外工程8个部分共9个分册，包括了各种不同结构类型、不同功能建筑工程的施工组织设计。每项施工组织在涵盖了从工程概况、施工部署、进度计划、技术方案、季节施工、成品保护等施工组织设计中应有的各个环节基础上，从特色方案、特殊地域、特殊结构施工以及总包管理、联合体施工管理等多个层面凸现特色，同时还将工程的重点难点、成本核算和控制进行了重点描述。为了方便阅读，我们在每项施工组织设计前面增加了简短的阅读指南，说明了该项工程的优势以及施工组织设计的特色，读者可通过其更为方便的找到符合自己需求的各项案例。该丛书为优势技术和先进管理方法的集成，是“投标施工组织设计的编写模板、项目运作实施的查询字典、各类施工方案的应用数据库、项目节约成本的有力手段”。

作为国有骨干建筑企业，我们一直把引领建筑行业整体发展为己任，特将此书呈现给中国建筑同仁，希望通过该书的出版提升建筑行业的工程施工整体水平，为支撑中国建筑业发展做出贡献。

目　录

第一篇

清华东路公寓、大学生公寓工程·施工组织设计

编制单位： 中建一局

编 制 人： 刘　源　田广平　杨建平　梅晓丽

审 核 人： 张培建　叶　梅

目　录

1 编制依据

1.1 清华东路公寓、大学生公寓工程施工总承包合同（表1-1）

工程施工总承包合同 表1-1

序号	文件名称	编号	文件日期
1	施工总承包合同	京合同第02—×××号	2002.7.20

1.2 施工图纸及设计说明（表1-2）

工程施工图纸及设计说明 表1-2

序号	图纸名称	图纸编号	出图日期
1	建筑总说明	建1洽	2002.7.16
2	公寓楼建筑图	建2洽～建40洽	2002.7.16
3	地下车库建筑图	建防洽2～建防洽5	2002.1.10
4	公寓楼结构图	结1洽～结60洽	2002.7.16
5	地下车库结构图	结防洽1～结防洽5	2002.1.10
6	A、B楼及车库电气图	电洽1～电洽54	2002.7
7	A、B楼及车库水暖图	设1～设62	2002.7

1.3 主要规范、规程（表1-3）

本工程涉及的主要规范和规程 表1-3

序号	类别	规范、规程名称	编号
1	国家	《工程测量规范》	GB 50026—93
2	国家	《土方与爆破工程施工及验收规范》	GBJ 201—83
3	国家	《建筑地基基础工程施工质量验收规范》	GB 50202—2002
4	国家	《混凝土结构工程施工及验收规范》	GB 50204—92
5	国家	《屋面工程技术规范》	GB 50345—94
6	国家	《地下工程防水技术规范》(1998年局部修订条文)	GB 50108—2001
7	国家	《砌体工程施工及验收规范》	GB 50203—98
8	国家	《建筑地面工程施工及验收规范》	GB 50209—95
9	国家	《电气装置工程电缆线路施工及验收规范》	GB 50168—92
10	国家	《电气装置安装工程接地装置施工及验收规范》	GB 50169—92
11	国家	《电气装置安装工程母线装置施工及验收规范》	GBJ 149—90
12	国家	《电气装置安装工程施工及验收规范》	GB 50254—96
13	国家	《制冷设备安装工程施工及验收规范》	GB 50257—96 GB 50258—96 GBJ 232—82 GBJ 66—84

续表

序号	类别	规范、规程名称	编号
14	国家	《采暖与卫生工程施工及验收规范》	GBJ 242—82
15	国家	《通风与空调工程施工及验收规范》	GBJ 243—82
16	行业	《建筑地基处理技术规范》(1998年局部修订条文)	JGJ 79
17	行业	《建筑基坑支护技术规程》	JGJ 120—99
18	行业	《混凝土泵送施工技术规程》	JGJ/T 10—95
19	行业	《钢筋混凝土高层建筑结构设计与施工规程》(1997年局部修订)	JGJ 3—91
20	行业	《建筑工程冬期施工规程》	JGJ 104
21	行业	《钢筋机械连接通用技术规程》	JGJ 107
22	行业	《建筑装饰装修工程施工质量验收规范》	GB 50210—2001
23	行业	《玻璃幕墙工程技术规范》	JGJ 102
24	行业	《建筑施工高处作业安全技术规范》及条文说明	JGJ 80—91
25	行业	《施工现场临时用电安全技术规范》	JGJ 46—88
26	地方	《建筑安装工程施工工艺规程》	DBJ 01—26—96
27	地方	《工程建设监理规程》	DBJ 01—41—98
28	地方	《建筑安装工程资料管理规程》	DBJ 01—51—2000

1.4 主要选用标准图集

本工程主要选用的标准图集 **表 1-4**

序号	类别	图 集 名 称	编 号
1	国家	《混凝土结构施工图平面整体表示方法制图规则和构造详图》	03G101
2	国家	《建筑物抗震构造详图》	G329—1～9
3	国家	《砖墙构造节点》	J136
4	国家	《地沟及盖板》	95J331
5	国家	《防腐蚀建筑结构》	J333
6	国家	《作业台钢梯及栏杆》	87J432
7	国家	《平开木门》	J642
8	国家	《变压器室钢门窗》	J652
9	国家	《建筑电气安装工程图集》	92SD56
10	地方	《建筑电气通用图集》	92DQ
11	地方	《综合本》	88JX1
12	地方	《工程做法》	88J1—X1
13	地方	《内装修》	88J4(一)～(三)

续表

序号	类别	图集名称	编号
14	地方	《屋面》	88J5—X1
15	地方	《地下工程防水》	88J6
16	地方	《楼梯》	88J7
17	地方	《卫生间洗池》	88J8
18	地方	《外墙内保温构造图集(一)》	京93SJ8
19	地方	《墙身-外墙保温》	88J2—X8
20	地方	《室外工程》	88J9
21	地方	《庭院、小品、绿化》	88J10
22	地方	《附属建筑》	88J11
23	地方	《框架结构填充空心砌块构造图集》	京94SJ19
24	地方	《墙身加气混凝土》	88J2(二)

1.5 主要应用的标准

本工程主要应用的标准 **表1-5**

序号	类别	标准名称	编号
1	国家	《混凝土强度检验评定标准》	GBJ 107—87
2	国家	《建筑安装工程质量检验评定统一标准》	GBJ 300—88
3	国家	《建筑工程质量检验评定标准》	GBJ 301—88
4	国家	《建筑施工安全检查标准》	JGJ 95—99
5	国家	《建筑采暖、卫生与煤气工程质量检验评定标准》	GBJ 242—88
6	国家	《建筑电气安装工程质量检验评定标准》	GBJ 303—88
7	国家	《通风与空调工程质量检验评定标准》	GBJ 304—88

1.6 主要应用的法律法规

本工程主要应用的法律法规 **表1-6**

序号	类别	法规名称	编号
1	国家	《中华人民共和国建筑法》	1997年主席令第91号
2	国家	《中华人民共和国环境保护法》	1989年主席令第22号
3	国家	《计量法》	
4	地方	《关于印发〈预防混凝土工程碱集料反应技术管理规定(试行)〉的通知》	京建法【1999】230号
5	地方	《关于印发〈北京市建设工程施工试验实行有见证取样和送检制度的暂行规定〉的通知》	京建法【1997】172号
6	地方	《关于印发〈北京市建设工程施工试验实行有见证取样和送检制度的暂行规定〉的补充通知》	京建法【1998】50号
7	地方	《北京市建委关于转发建设部〈房屋建筑工程和市政基础设施实行见证取样和送检的规定〉的通知》	京建质【2000】578号

1.7　其他类

本工程使用的其他规范标准　　表 1-7

序　号	类　别	名　称
1	国家	质量管理标准 ISO 9002
2	国家	环境管理标准 ISO 14000
3	企业	公司质量保证手册(2000 年版)
4	企业	质量体系程序文件(2000 年版)
5	本工程	建设部综合勘察研究设计院提供的《岩土工程勘察报告》
6	本工程	设计交底及有关图纸答疑文件

2　工程概况

2.1　工程总体概况（表 2-1）

工程总体概况　　表 2-1

工程名称	清华东路公寓,大学生公寓	施工总包	中建一局三公司
工程位置	北京市海淀区清华东路南侧	开工日期	2002 年 7 月 30 日
建设单位	北京尚源置业有限公司	竣工日期	2004 年 6 月 30 日
设计单位	北京市建筑设计研究院	投资性质	自筹资金
监理单位	北京远达建设工程监理公司	合同质量目标	工程质量优良
质量监督单位	北京海淀区建筑工程质量监督站	结算方式	中标价加增减概算

2.2　建筑设计概况（表 2-2）

建筑设计概况　　表 2-2

<table>
<tr><td>建筑特点</td><td colspan="9">本工程为清水混凝土外墙,由 A 楼(A-1、A-2、A-3)、B 楼(B-1、B-2)及车库三部分组成。建筑物高低错落有致,清水混凝土外观天然质朴。建筑内外空间富于变化,与绿化一起构成生态环境、建筑形式、人文景观相融合的建筑文化</td></tr>
<tr><td rowspan="2">建筑面积</td><td colspan="3">总建筑面积</td><td colspan="2">62925m^2</td><td colspan="2">总占地面积</td><td colspan="2">12490m^2</td></tr>
<tr><td colspan="3">主楼建筑面积</td><td colspan="2">55906m^2</td><td colspan="2">车库建筑面积</td><td colspan="2">7019m^2</td></tr>
<tr><td rowspan="2">层数、檐高</td><td rowspan="2">地上</td><td>A 楼</td><td colspan="4">17 层/51.4m</td><td rowspan="2">地下</td><td>A、B 楼</td><td>2 层</td></tr>
<tr><td>B 楼</td><td colspan="4">14 层/42.60m</td><td>车库</td><td>1 层</td></tr>
<tr><td rowspan="2">层高</td><td>主楼</td><td>地下二层</td><td>3.30m</td><td>设备层</td><td>2.00m</td><td>地下一层</td><td>3.50m</td><td>首层及标准层</td><td>2.80m</td></tr>
<tr><td colspan="6">车　库</td><td colspan="3">3.70m</td></tr>
<tr><td>建筑高度</td><td colspan="2">±0.00 绝对标高</td><td colspan="2">53.25m</td><td colspan="2">室外设计地坪标高</td><td colspan="3">−3.80m 和−2.90m</td></tr>
<tr><td rowspan="2">建筑平面</td><td colspan="2">主楼</td><td colspan="2" rowspan="2">横轴轴线间距</td><td colspan="2">130.28m</td><td colspan="2" rowspan="2">纵轴轴线间距</td><td>35.4m</td></tr>
<tr><td colspan="2">车库</td><td colspan="2">152.48m</td><td>46.62m</td></tr>
</table>

续表

耐火等级	地下部分为一级，地上部分为二级	
建筑功能	主楼及车库	学生公寓、人防、车库
	主楼南北侧	绿化用地
保温	外墙保温	主要采用内保温，采用 60mm 厚水泥聚苯板保温
	屋面保温	70mm 厚聚苯板保温加 60mm 厚陶粒混凝土块保温
室外装修	外墙装修	刷清水混凝土保护膜、安装金属腰线
	门窗工程	铝合金窗、三防门
	屋面工程	上人屋面为防滑地砖地面
室内装修	地面工程	水泥砂浆地面、花岗石地面、防滑地砖地面、地砖地面
	内墙面	刮腻子喷涂墙面、釉面砖墙面(卫生间、厨房)、花岗石墙面
	顶棚	耐擦洗涂料
防水工程	地下室及外墙	SBSⅢ＋Ⅲ型防水卷材
	屋面防水	SBSⅢ＋Ⅲ型防水卷材
	卫生间防水	JS 复合防水涂料

2.3 结构设计概况（表 2-3）

结构设计概况　　表 2-3

土质、水位	土质情况	本工程地基持力层为⑤粉质黏土层；地基承载力标准值为 160kPa，满足设计规定的 160kPa 的要求，无需进行地基处理。建筑场地土类别为Ⅲ类	
	地下水位	第一层地下水静止水位标高－1.50～－2.30m 深度范围内为上层滞水；静止水位标高－4.30～－4.60m 深度范围内为地下潜水	
地基	天然基础		
结构形式	主体结构形式	主楼为全现浇钢筋混凝土剪力墙结构；地下车库为框架-剪力墙结构	
	基础结构形式	主楼为箱形基础；车库为筏形基础	
底板厚度	250mm、600mm 和 700mm		
抗震等级	地下一级抗震、地上二级抗震	设防烈度	8 度，近震
人防等级	五级人防地下室		
地下防水	在混凝土中掺加 UEA 微膨胀水泥形成混凝土自防水，混凝土抗渗等级：P12(水池)，P6(其他)		
外墙墙厚	190mm、300mm、250mm	内墙墙厚	180mm 等
梁截面尺寸	600mm×900mm、600mm×1050mm、600mm×1200mm 等		
柱截面尺寸	700mm×700mm、700mm×400mm、700mm×1350mm 等		
最大跨度	梁为 8700mm，板为 9300mm		
钢筋	连接方式		直径≥18mm 的采用滚压直螺纹连接 直径＜18mm 的采用搭接连接
	型号	HPB235 级钢筋	ϕ6、ϕ8、ϕ10、ϕ12、ϕ14
		HRB400 级钢筋	8、10、12、14、16、18、20、22、25、28、32
混凝土	强度等级及抗渗等级	基础垫层	C10
		基础底板	C30/P6
		地下一、二层及设备层墙柱	C30/P6
		地上一至五层墙柱	C35
		地上五层以上墙柱	C25
		梁板	C25
	采用商品混凝土泵送		

2.4 专业设计概况（表 2-4）

专业设计概况 表 2-4

序号	项目		设计要求	系统做法	管线类别
1	给排水系统	上水	生活调节水池供水和管网供水	竖管走管井、水平管明装	热浸镀锌钢管和铝塑复合管
		下水	洗浴废水排入中水处理站，厨房含油废水、室内粪便污水排至室外化粪池	竖管走管井、水平管明装，扣口连接	扣口铸铁管
		雨水	内排水	卡箍式柔性连接	柔性接口稀土承压铸铁管
		中水	由中水处理站供水	丝扣、法兰连接	热浸镀锌钢管
		消防水	消防水池，高位水箱供水	无缝钢管焊接	热浸镀锌钢管
2	消防系统	消防	喷洒、消火栓	丝扣、法兰连接	热浸镀锌钢管
		排烟	排烟、防排烟	分区	普通钢板
		报警	手动和自动	二总线	桥架、焊管
		监控	烟感、温感、远程监控	二总线	桥架、焊管
3	空调通风系统	空调	分体空调	/	/
		通风	正压送风、排风	分区通风	镀锌钢板
		采暖	由热力站提供热源	热水双管，铸铁散热器，干管焊接连接，支管螺纹连接	干管焊接钢管，支管热浸镀锌钢管
		燃气	市政燃气供应		无缝钢管
4	电力	照明	用电量为 6kW、8kW	放射式与树干式结合	母线，焊管
		动力	消防泵、泡沫喷淋泵、电梯、正压风机采用双电源，末端自投	放射式与树干式结合	桥架、母线、焊管
		消防控制	消防设备双路供电和火灾自动切断	/	线槽、暗埋焊接钢管
		弱电	电话、有线电视、宽带网络	/	线槽、暗埋焊接钢管
		避雷	三级防雷	建筑物构件防雷与屋面避雷网相结合	镀锌圆钢、镀锌扁铁、墙柱内主筋
5	设备	电梯	13 部		/
		配电柜	地下室配电室	落地明装	桥架、暗埋焊接钢管
		水箱	屋顶水箱间	落地明装	/
		水泵	地下二层水泵房	落地明装	/

2.5 典型的平面、剖面图

略。

3 施工部署

3.1 项目组织机构

现场成立中建一局三公司宝源项目经理部，实施总承包管理。由项目经理、执行经理和主任工程师组成领导班子。具体管理架构和职能分配如图 3-1 所示。

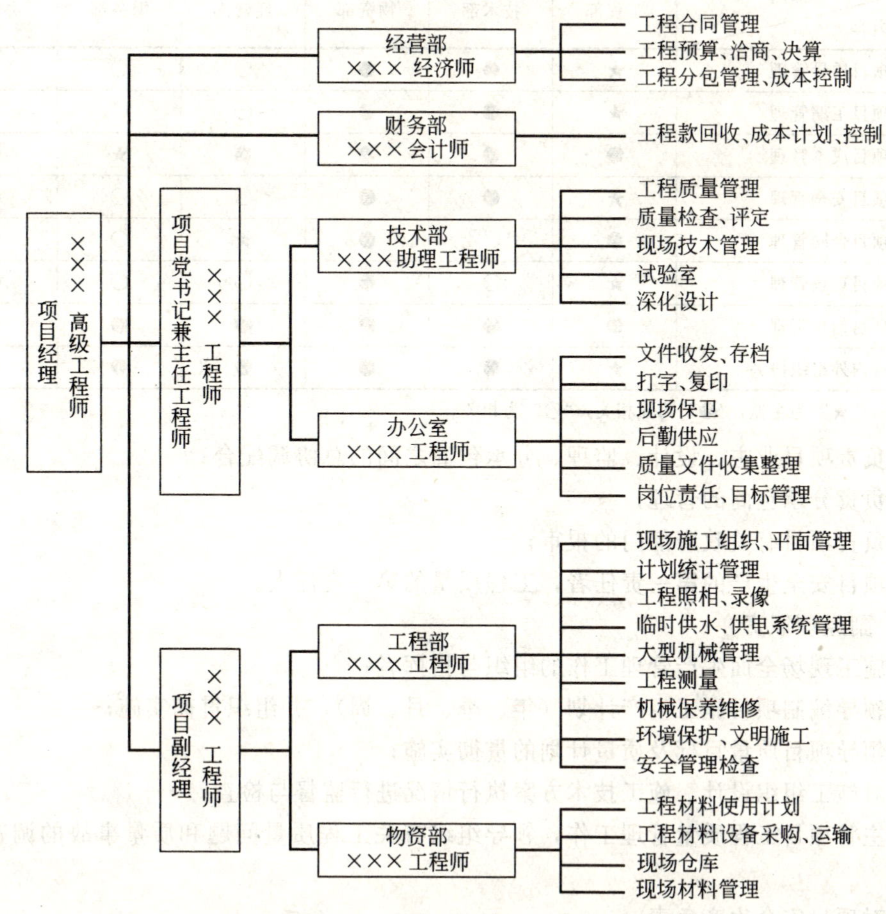

图 3-1 项目部管理架构和职能分配图

3.1.1 项目经理部组建

项目领导班子，包括项目经理、主任工程师、执行经理由公司委派任命；其他工程技术管理人员均由公司各系统主管部门选派，项目经理选聘。

为保证本工程清水混凝土的施工，项目配备了富有工程施工管理经验、承接过类似工程的项目经理担任本工程的项目经理，其他技术管理人员具备丰富的工作经验和强烈的工作责任心。确保本工程的施工质量。

3.1.2 项目经理部主要岗位职责

(1) 岗位要素分配

项目经理部所设五部一室按质量保证体系（ISO 9002 系列标准）的要求运作，执行中建一局第三版程序文件和项目质量计划书的具体内容。各部室的岗位要素分配如下（表 3-1）：

(2) 项目经理职责

1) 按授权范围负责整体项目运作；

2) 参与业主的合同谈判，并认真履行与业主签定的合同；

各部室岗位要素 表 3-1

内容＼部门	工程部	技术部	物资部	经营部	财务部	办公室
项目质量管理	★	●	●	○	○	○
项目工期管理	★	●	●	○	○	○
项目成本管理	●	●	●	●	★	○
项目安全管理	★	●	●	○	○	●
项目合同管理	●	○	●	★	○	○
项目现场管理	★	○	●	○	○	●
项目信息管理	●	●	●	●	●	★
项目内外组织协调	★	●	●	●	●	●

注："★"为主抓，"●"为强相关，"○"为相关。

3）负责项目业主、设计、监理、分承包商之间的总协调配合；

4）负责分承包商的管理；

5）负责项目有关政府部门的报审；

6）项目安全生产的第一责任者，工程质量的第一责任人。

（3）副经理职责

1）施工现场全面生产管理工作的组织与指挥者；

2）领导编制项目施工生产计划（年、季、月、周），并组织贯彻实施；

3）领导项目质量目标及质量计划的贯彻实施；

4）对施工组织设计、施工技术方案执行情况进行监督与检查；

5）主管项目工程质量管理工作，领导组织有关工程质量问题和质量事故的调查与处理工作；

6）对项目安全生产负责；

7）负责现场文明施工与现场形象管理；

8）领导组织结构验收与竣工验收工作；

9）领导做好现场机械设备的管理工作；

10）调配工长（专业工程师），以配合现场施工需要。

（4）主任工程师职责

1）施工现场工程技术管理工作的组织与指挥者；

2）组织编制项目施工组织设计，施工技术方案，专业施工技术方案和工序设计；

3）组织编制项目质量计划；

4）领导做好施工详图设计和安装综合布线图设计工作；

5）负责项目质量保证体系的运行管理工作。

（5）工程部及主任职责（兼环境保护管理负责人）

工程部设主任一名，下设机械管理员、计划统计员、测量员、安全员和工长（专业工程师）等。

编制项目总工期控制进度计划、年度计划、季度计划、月计划、周计划；负责施工机具和设备的管理工作；负责工程项目的具体生产工作；组织项目结构验收和竣工验收工作；负责工程竣工后的用户服务工作。

监督项目安全生产工作；对事故隐患采取有效的预防和控制措施；参与安全事故的调查与处理。

(6) 技术部及主任职责

技术部设主任一名及专职（兼职）方案工程师、计量员、资料员、试验员、质量检查员等。

编制施工组织设计与施工技术方案；解决施工中出现的各种技术问题；编写项目质量计划；负责“新技术、新工艺、新材料、新设备”的推广使用；负责做好项目的技术总结工作；负责工程项目施工技术资料的收集和整理；全面负责项目质量检查监督工作；督促分承包方建立有效的质量管理体系并监督其有效运行；制定项目质量控制要点并组织落实。

(7) 经营部及主任职责

主管项目工程合同和分承包合同；负责业主工程款结算、分承包方结算、工程竣工结算；编制项目制造成本实施计划，并监督落实；负责施工期间成本分析及竣工成本分析。

(8) 物资部及主任职责

负责物资计划管理、物资采购管理、物资验收管理、物资成本管理、现场材料管理、物资标识管理、废旧余料回收管理。

(9) 责任工程师（土建、装饰）

1) 检查和控制各工序的施工质量，确保每道工序皆符合设计和规范要求；

2) 与监理工程师直接沟通，共同把好施工质量关；

3) 负责土建、装饰方面的现场施工协调，确保各进度控制点的完成。

(10) 责任工程师（机电）

1) 负责机电方面的整体协调和进度；

2) 管理机电、消防、工艺设备及电梯分包和各有关供货商的工作；

3) 总体负责机电材料及设备的报批和采购，并监督其供货周期；

4) 与土建配合及协调；

5) 预先确定有关机电工程的调试时间。

(11) 计划统计员

1) 总控施工进度计划并确定关键施工路线；

2) 负责土建、装饰材料的申报计划；

3) 随时准备和调整各段时期施工计划；

4) 随时检查、监督及协调各分承包商的施工进度。

3.2 任务划分

3.2.1 总包合同范围

总包合同范围包括土方工程、降水工程、主体结构工程、防水工程、装修工程、给排水工程、采暖通风工程、照明工程、动力工程、防雷工程、弱电工程。

3.2.2 甲方自行施工范围

电梯工程、燃气锅炉、消防报警系统。

3.2.3　总包组织内分包施工项目

土方工程、降水工程、防水工程、给排水工程、采暖通风工程、照明工程、动力工程、防雷工程、弱电工程。

3.2.4　总包组织外分包施工项目

现场所有分项工程的分承包商均纳入总承包的施工管理之内。

3.3　施工部署总原则及施工总工艺流程

本工程工期紧张，工程量较大，质量要求较高，清水混凝土难度较大。为了保证基础、主体、装修均尽可能有充裕的时间施工，实现工期、质量目标，工程应该综合考虑各方面的影响因素，充分利用资源、时间、空间的总体布局，充分调动经理部人力资源，安排好各分项工程任务，实现对业主的承诺（图3-2）。

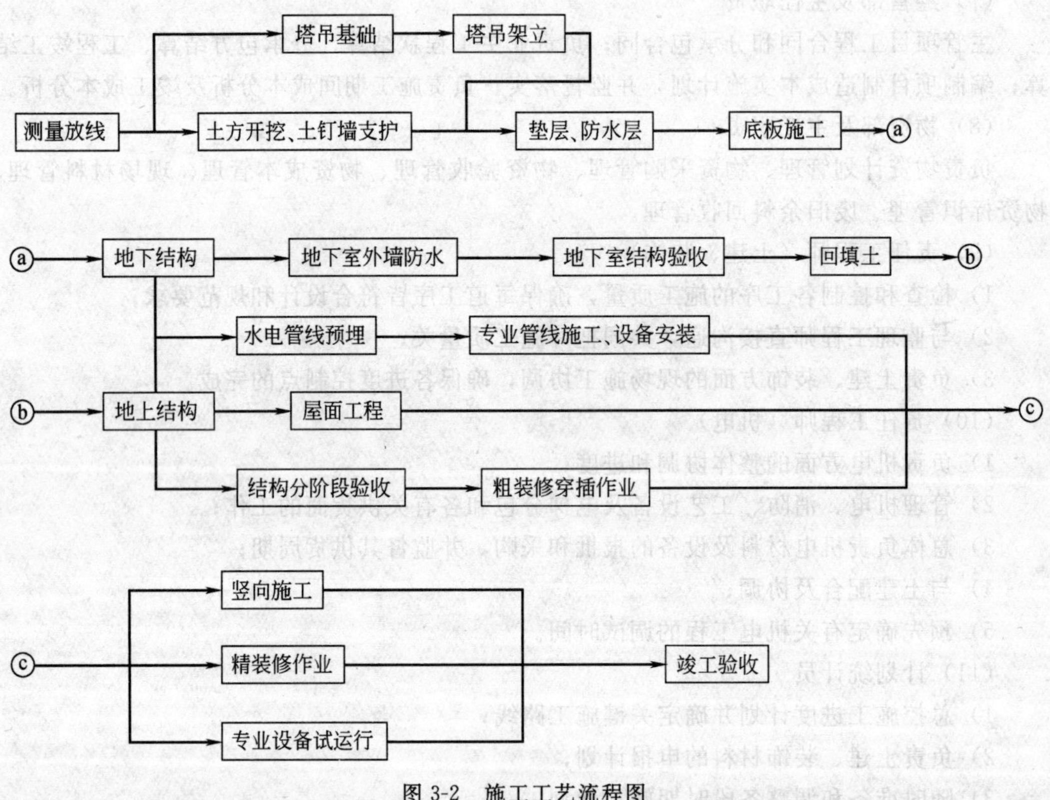

图3-2　施工工艺流程图

3.4　施工进度计划

根据合同，工程量和投入的资金及劳动力，工程的清水混凝土等工程难点重点安排确定本工程的施工进度计划，施工进度计划遵循先地下后地上，先结构后围护，先主体后装修，先土建后专业的一般规律。工程总工期目标和阶段控制目标如下：

1）开工时间：2002年7月28日；

2）地下结构完工：2002年10月6日，共164个日历天；

3）主体混凝土结构封顶：2003年9月13日，共411个日历天；

4）竣工时间：2003 年 12 月 31 日，共 517 个日历天。

详见“清华东路公寓、大学生公寓工程施工进度网络计划”。

3.5 组织协调

项目部各部室针对各自负责的项目，对工期、质量、技术管理、安全文明、成本控制等均提前制定相应的计划，施工各阶段进行总结，做到有计划、有实施、有总结、有分析、有提高，良性循环、并做到持续改进。

为实现各阶段目标，采取三级计划进行工程进度的安排和控制，除每周与工程相关各方的工作例会外，每日下午召开各分包的日计划检查和计划安排协调会，以解决当日计划落实过程中存在的矛盾问题并且安排第二日的计划和所调整的计划，以保证周计划的完成，通过周计划的完成保证月计划的完成，通过月计划的控制保证整体进度计划的实现。

3.5.1 一级总体控制计划

表述各专业工程的各阶段目标，提供给业主、业主代表、监理、设计和各相关承包商，采用计算机进行计划管理，实现对各专业工程计划实施监控及动态管理，本次投标提供一级总控计划（初步）。

3.5.2 二级进度计划（月计划）

以一级进度计划为依据，进一步分解一级进度控制计划进行流水施工和交叉施工的计划安排，一般是以月度的形式提供给业主和业主代表、监理、设计和相关承包商及其基层管理人员，具体控制每一个分项工程在各个流水段的工序工期。项目部将根据实际进展情况提前一周提供该计划和上月计划完成情况分析和下月计划安排。

3.5.3 三级进度控制计划（周计划）

以文本格式和横道图的形式表述作业计划，计划管理人员随工程例会下发，并进行检查、分析和计划安排。通过周计划确保月计划、月计划确保阶段计划、阶段计划确保总体控制计划的控制手段，使阶段目标计划考核分解到每一日、每一周。

所有计划管理均采用计算机进行严格的动态管理，从而不折不扣地实现预期的进度目标，达到控制工程进度的目的。

3.5.4 施工配套管理协调

（1）每周定期举行监理例会，由监理单位总体组织协调。积极配合监理单位解决施工现场各种问题。

（2）协调设计单位提前提供的分项工程施工所必须的图纸，并解决施工中发生的图纸问题。

（3）编制各分项施工方案和各种安全技术方案，“方案先行、样板引路”，通过方案和样板制订出合理的工序、有效的施工方法和质量控制标准。从而保证施工的质量。

（4）由于本工程的工期较短和专业承包商较多，所以对分供方和专业分包方的选择是极其重要的工作。资质审查、考察、报审和合同签订由经营部全面负责，确保工期要求，同时保证分包项目的质量。

（5）分项工程所必须使用的设备材料、机械设备等的进出场时间提前制定计划。保证施工需要。

3.6　项目主要工程量（表 3-2）

项目主要工程量　　　　**表 3-2**

项目			单位	数量	备注
土方开挖量			m^3	50000	
土方回填量			m^3	6800	
防水工程	地下		m^2	9100	SBS卷材防水
	屋面		m^2	3000	SBS卷材防水
	卫生间		m^2	3300	聚氨酯涂膜
现浇混凝土	地下	抗渗混凝土	m^3	7800	掺UEA微膨胀剂
		普通混凝土	m^3	4400	
	地上	普通混凝土	m^3	16600	
钢筋	地下		t	2300	直径≥18mm采用滚轧直螺纹连接
	地上		t	2400	
外墙清水混凝土面积			m^2	23000	

3.7　主要劳动力计划

根据工程流水段划分、各部位的工程量及施工进度网络计划，综合考虑劳动力计划安排，分开流水作业（表 3-3、图 3-3）。

劳动力计划表　　　　**表 3-3**

	2002年					2003年											
	8	9	10	11	12	1	2	3	4	5	6	7	8	9	10	11	12
木工	0	0	80	110	110	110	0	110	110	110	110	110	110	90	90	60	40
钢筋工	0	60	80	110	110	110	0	110	110	110	110	110	110	60	0	0	0
混凝土工	0	20	40	40	40	60	0	60	60	60	60	60	60	20	10	0	0
瓦工	0	20	5	5	5	15	0	5	5	5	5	80	80	80	15	15	10
架子工	10	10	20	30	30	30	0	30	30	30	20	20	20	20	20	20	0
起重工	0	10	10	10	10	10	0	10	10	10	10	10	10	10	0	0	0
电工	2	2	4	4	4	4	4	4	4	4	4	4	4	4	4	4	4
试验工	0	3	3	3	3	3	0	3	3	3	2	2	2	1	1	1	1
防水工	0	40	0	0	40	0	0	0	0	0	0	0	0	30	30	0	0
水暖工	0	0	20	20	20	20	0	60	60	60	60	60	60	60	30	30	20
临水工	3	3	3	3	3	3	0	3	3	3	3	3	3	3	3	3	3
临电工	3	3	3	3	3	3	0	3	3	3	3	3	3	3	3	3	3
测量工	4	4	4	4	4	4	0	4	4	4	4	4	2	2	2	2	1
力工	3	10	10	10	10	30	10	10	10	10	10	30	20	20	20	30	40
焊工	0	6	6	4	4	4	0	4	4	4	4	4	2	2	2	0	0
油工	0	0	0	0	0	0	0	0	0	0	0	40	40	40	40	40	20
通风工	0	0	0	0	0	0	0	0	20	20	20	20	30	30	30	30	20
汇总	52	201	248	356	391	376	20	416	436	436	426	541	549	489	324	254	143

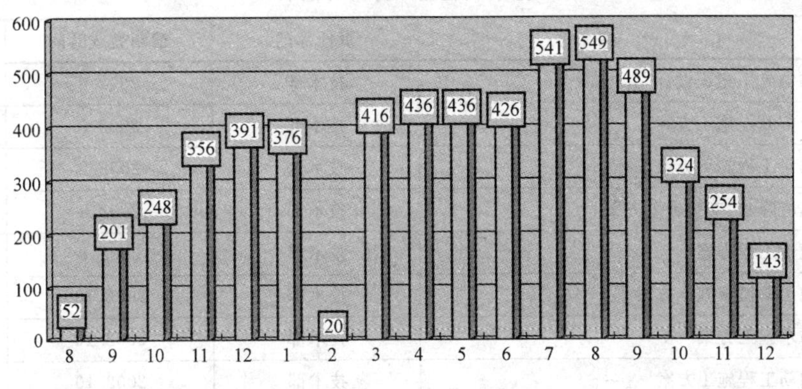

图 3-3 劳动力调配动态图

4 施工准备

4.1 技术准备

(1) 及时组织有关人员认真学习施工图纸，领会设计意图，组织图纸会审，并针对各分项工程组织经理部相关人员学习有关图集、规范、规程和标准等。

1)《建设部关于贯彻执行建筑工程勘察设计及施工质量验收规范若干问题的通知》建标［2002］212号第五条：新版规范实施日期前的在施工程，执行新版规范有困难时，可按照旧规范执行。新版规范实施日期后至2003年1月1日前的在施工程，原则上应按照新规范执行，已按照旧规范设计的在施工程，可按照旧规范继续执行。对2003年1月1日前已签订施工合同且尚未正式开工的工程，应当按照新版规范修改设计后方可施工。凡在2003年1月1日后签订勘察、设计、施工合同的工程，必须按照新版规范执行。

2) 根据建设部通知和设计要求，本工程按照旧版施工规范施工。

(2) 根据施工需要和项目部的资源情况，配备施工测量，计量，检测，试验用的水准仪、经纬仪、混凝土振捣台、坍落度测量器具、养护室的各种仪器、仪表等。

(3) 针对本工程地上外墙清水混凝土的质量要求，项目部成立由项目经理为首的清水混凝土攻关小组，将测量工程、钢筋工程、模板工程和混凝土工程列为重点控制项目，由生产经理和主任工程师全面协调管理，各分项责任工程师（工长）和技术管理员对清水混凝土的重点难点进行逐项分解，做到层层落实，持续改进。从而保证清水混凝土的施工质量。

清水混凝土攻关小组

组　长：项目经理　×××
副组长：生产经理　×××
　　　　主任工程师　×××
组　员：混凝土工程　×××
　　　　模板工程　×××
　　　　钢筋工程　×××
　　　　测量工程　×××
　　　　技术管理　×××

(4) 技术工作计划

1) 分项工程施工方案计划（表4-1）。

分项工程施工方案计划表 **表 4-1**

序号	方案名称	责任部门	编制完成时间	主笔人
1	临电施工组织设计	技术部	2002.8	×××
2	土方开挖施工方案	技术部	2002.8	×××
3	测量工程施工方案	技术部	2002.8	×××
4	基坑降水、支护施工方案	技术部	2002.8	分包
5	模板工程方案	技术部	2002.8	×××
6	地上钢模板施工方案	技术部	2002.10	×××
7	防水施工方案	技术部	2002.10	×××
8	钢筋工程施工方案	技术部	2002.10	×××
9	混凝土工程施工方案	技术部	2002.10	×××
10	冬期施工技术方案	技术部	2002.11	×××
11	外挂架施工方案	技术部	2002.12	×××
12	外墙挑架施工方案	技术部	2002.12	×××
13	装修工程施工方案	技术部	2003.4	×××
14	雨期施工技术方案	技术部	2003.5	×××
15	屋面工程施工方案	技术部	2003.5	×××
16	吊篮施工方案	技术部	2003.5	×××
17	砌筑工程及隔墙安装施工方案	技术部	2003.5	×××
18	外墙装修施工方案	技术部	2003.6	×××

2）试验工作计划（表 4-2）。

试验工作作业计划表 **表 4-2**

序号	试验内容	取样批量	备注	试验和见证数量
1	钢筋原材	同一厂家、同一炉号、同一规格、同一交货状态数量≤60t 为一批，每一批取一组试验		4700t/60t＝79 次，见证 30%＝24 次
		混合批数量≤30t 为一批，每批取一组试验		
2	钢筋直螺纹连接	同一施工条件下采用同一批材料的同等级、同形式、同规格接头≤500 个为一批，每一批取一组试验	现场取样	30%见证取样
3	普通混凝土试块	同一强度等级、同一配合比、同种原材料，一次浇筑量≤$1000m^3$，每 $100m^3$ 为一个取样单位，一次浇筑量$>1000m^3$，每 $200m^3$ 为一个取样单位取 1 组 3 个试块，现场取样	按情况留置同条件试块	$21000m^3/100m^3$＝210 次，见证 30%＝63 次
4	抗渗混凝土试块	同一混凝土强度等级、抗渗等级、同一配比，生产工艺基本相同，一次浇筑量≤$500m^3$ 为一取样单位，取 1 组 6 个试块试验，现场取样	按情况留置同条件试块	$7800m^3/500m^3$＝16 次，见证 30%＝5 次
5	水泥	同一厂家、同品牌、同强度等级、同一出场编号数量≤200t 为一批，每一批取一组试验		30%见证取样
6	砂	同一产地、同一规格数量≤600t 或 $400m^3$ 为一批，每一批取一组试验		
7	墙体砌块	数量≤1 万块为一批，每批取一组试验		

续表

序号	试验内容	取样批量	备注	试验和见证数量
8	回填土	每 $100m^2$～$500m^2$ 取一点		30%见证取样
9	砌筑砂浆	同一砂浆强度等级、同一配比、同种原料 $250m^3$ 或每一个楼层为一批，每一批取一组试验		30%见证取样
10	厕浴间涂膜防水层	同一厂家甲组分数量≤5t为一批，乙组分按产品重量配合比相应增加，每一批取一组试验		30%见证取样
11	防水卷材	同一厂家、同一品种、同一标号数量≤1000卷为一批，每一批取一组试验		30%见证取样

3）样板、样板间施工计划（表4-3）。

样板、样板间施工计划 **表4-3**

序号	样板项目		样板部位	样板施工时间	负责人
1	钢筋工程	底板	A-3楼底板	2002.9	×××
		墙、柱	A-3楼地下二层	2002.9	
		梁、板	A-3楼地下二层	2002.10	
2	模板工程	外墙	B-2楼首层	2003.2	×××
		墙、柱	A-3楼地下二层	2002.9	
		梁、板	A-3楼地下二层	2002.10	
3	混凝土工程	底板	A-3楼基础地板	2002.9	×××
		墙、柱	A-3楼地下二层	2002.10	
		梁、板	A-3楼设备层	2002.10	
4	防水工程	底板	地下车库	2002.9	×××
		外墙	A-3楼第一流水段	2002.11	
		卫生间	B栋一层	2003.7	
		屋面	B栋屋面	2003.9	
5	清水混凝土		A-3楼第一流水段	2002.11	×××
6	回填土工程		A-3楼第一流水段南侧基槽	2002.11	×××
7	装修样板间		B栋一层	2003.10	×××

（5）"四新"成果应用推广计划和科研开发计划（表4-4）

"四新"成果应用推广计划和科研开发计划 **表4-4**

序号	推广应用内容		使用部位	应用时间	负责人	使用数量
1	深基坑支护技术	土钉墙支护技术	基坑四周	2002.7	×××	$4700m^2$
2	高强高性能混凝土技术	预拌混凝土的应用技术	结构工程	2002.9	×××	$28800m^3$
		开发应用超细活性掺合料	结构工程	2002.9	×××	$28800m^3$
		开发应用高性能混凝土	地下抗渗结构	2002.9	×××	$7800m^3$
3	高效钢筋和预应力混凝土技术	HRB400级钢筋（新Ⅲ级钢筋）	结构工程	2002.7	×××	4300t

续表

序号	推广应用内容		使用部位	应用时间	负责人	使用数量
4	粗直径钢筋连接技术	直螺纹连接技术	结构工程	2002.9	×××	49000个
5	新型模板和脚手架应用技术	开发新型模板,满足清水混凝土施工要求	地上结构	2003.3	×××	定型钢制大模板 $4100m^2$,竹胶板 $31000m^2$
		提高新型脚手架(碗扣式脚手架)的应用比重	主体结构	2003.8	×××	30000根
6	建筑节能和新型墙体应用技术	铝合金门窗密封技术	建筑外门窗	2003.9	×××	$6050m^2$
		外墙内保温隔热技术	建筑外墙	2003.8	×××	$18000m^2$
7	新型防水材料和塑料管应用技术	新型防水材料(高聚物改性沥青防水卷材、防水涂料)的应用	基础底板、外墙,厨、卫间和屋面	2003.8	×××	$15400m^2$
		发展新的防水工艺技术	基础底板、外墙,厨、卫间和屋面	2003.8	×××	$15400m^2$
8	计算机应用和管理技术		管理、深化设计、信息资源共享等	2002.8	×××	9台电脑
9	清水混凝土施工技术		地上结构	2003.3	×××	$23000m^2$

(6) 高程引测及定位

在工程开工前，要将工程依据的坐标点引入到施工现场，勘察院已将建筑的红线桩、轴线桩和城市水准点引入现场。在土方开挖前，由项目部测量人员检核轴线桩、红线桩及水准点，并将轴线桩引到四周固定的建筑物墙面上或地面上，作为施工轴线的投测点。

4.2 生产准备

将现场的各种障碍物拆除、清理干净，伐去阻碍工程施工的树木，作好现场“四通一平”工作（水通、电通、路通、通信通和场地平整）。

完成现场各种临建设施（现场围墙、办公区、生活区、生产区设施）的搭设和砌筑，作好现场临水、临电的布置和安装；组织机具、设备和材料的调拨、租赁、购置、运输和安装。

4.2.1 临水、临电

(1) 临水布置

施工现场的临水布置应能满足现场各个需水点的使用要求，如生产区、混凝土养护、办公区、生活区、现场厕所、养护室和消防要求等。

施工临时用水由施工现场北侧甲方给定水源引出 $\phi100mm$ 的镀锌钢管作为临水干管，干管与现场东侧的市政自来水井接驳，接驳处设置水表，并在总干管进水处设置阀门。

在主干管上引出 $\phi65$ 的支管作为消防给水点。在现场分布设置地下式消防栓3处，并设消防栓井，在消防栓井处设消防箱，配消防水龙带50m。A1、A3楼与B楼处各设置一个消防立管，采用 $\phi100mm$ 水管，利用2台消防泵满足竖向消防要求，消防立管每栋每两层设一出口。

(2) 临电布置

施工现场用电按用电量高峰期时机械用电量考虑。计算过程详见《清华东路公寓、大学生公寓临时用电施工组织设计》。

施工临时用电在现场北侧设置1台500kV·A的变压器，在施工现场及办公区设置3台一级配电柜，根据需要设置二、三级配电箱。

现场将临时用电配电柜、二级箱座于坚实地面（按要求现场作混凝土地面硬化处理），基座采用1∶3水泥砂浆、MU7.5砌块砌筑200mm高，外面抹灰。配电柜、二级箱防护采用脚手杆搭设，上铺$\delta=12$mm竹胶板，盖瓦楞铁，要求雨天四周不积水，如图4-1所示。

图 4-1

4.2.2 临时道路及围墙

主出入口布置在施工现场的北侧靠西侧，次出入口布置在施工现场的北侧靠东侧，沿施工现场北侧砌筑2m高的围墙，东侧、西侧和南侧为原有建筑围墙。主次出入口接近清华东路，方便交通。

现场场地狭小，在北侧主次出入口之间设置通长5～6m宽道路，路面及两侧场地均要进行硬化。

4.2.3 生产、生活临时设施

在施工现场的西北角搭建三层建筑作为总包、甲方和监理的办公室，旁边搭建单层建筑作为仓库、试验室和厕所，东侧搭建单层建筑作为现场食堂，劳务分包生活区设在现场之外。

沿道路侧面位置设置300mm×300mm的排水明沟，排水明沟下部和两侧铺两层塑料薄膜，防止雨污水渗透，上铺钢筋箅子，排水至市政污水管道，沿沟长每隔20m左右设一个800mm×500mm的沉淀池，路面及各种场地应做好排水坡度，保证路面、场地排水畅通，不积水。大门主出口设沉淀池和洗车处。

现场食堂排污水设置隔油池，定期清理污物。

现场职工用厕所设在施工现场的东南角，设化粪池，定期清理。

钢筋、模板的加工和堆放均在施工现场内，加工堆放场地布置见施工现场总平面布置图。

4.2.4 加工订货计划

根据工期要求及工程量，本工程计划使用的主要材料如表4-5所列。

主要材料计划用量表　　表 4-5

序　号	名　称	规　格	单　位	数　量
1	多层板	$\delta=12$	m^2	30000
2	槽钢	[10	m	50
3	木方	100mm×100mm	m^3	500
4	木方	50mm×100mm	m^3	500
5	U形托	$L=600$mm	个	10000
6	脚手管	$\phi48\times3.5$	t	300
7	碗扣管	$\phi48\times3.5$	t	400
8	脚手板	50mm	m^3	100
9	安全网	密目	m^2	15000

5　主要分项施工方法及技术措施

5.1　施工流水段的划分

根据设计图纸、现场实际情况和施工进度安排，按A楼、B楼及车库后浇带将现场分为九个施工区段。

地下结构流水段划分：本工程基础设计为筏形基础，根据现场的实际情况，可将A、B楼分为五个流水段进行施工；地下车库可根据后浇带分为四个流水段进行施工。

地上结构流水段划分：本工程A楼标准层分为两个流水段，B楼标准层分为一个流水段，因此，主楼部分墙体、顶板各分为八个流水段进行施工。

5.2　主要大型机械的选择

5.2.1　土方机械

考虑工程进度计划，$50000m^3$ 的土方开挖计划40d完成，平均每天施工 $1250m^3$。并考虑挖掘机需要配合土钉墙边坡支护的分部施工、现场道路狭窄等因素，挖掘机的工作效率会有所降低。因此，为满足挖掘机日挖土量要求，考虑设2台EX300挖掘机。并考虑共投入20辆斯太尔自卸车。

5.2.2　垂直运输机械

从本工程的工程量、工期的综合考虑，本工程的垂直运输机械配置2台塔吊、2台混凝土输送泵、3台外用电梯。

(1) 塔吊选择

本工程分为五栋连体塔楼（中设伸缩缝），建筑物轴线尺寸为南北63.8m，东西152.98m，工程现场场地狭小，地下车库面积基本布满场地，因此在B-1、B-2楼的南侧车库中间部位各设置一台QTZ-160型塔吊，起重幅度60m，负责A、B楼及地下车库的施工。待结构施工完毕、拆除塔吊后，补做塔吊部位的结构工程和地下防水工程。

群塔作业应注意的事项：西侧塔比东侧塔高出两个标准节（6m）；合理安排工程进度，科学划分施工流水段，尽量避免塔机交叉作业；塔吊司机和各自的信号工约定好信号种类、标志等，做到指挥互不干扰；塔与塔起重臂之间必须保持不小于5m的安全距离，防止两塔的吊物钩挂等事故。

塔吊采用桩基，塔吊的地基处理和基础设计详见《清华东路公寓、大学生公寓工程塔吊桩及承台施工组织方案》。

(2) 混凝土输送泵的选择

地上结构施工期间采用2台托式HBT-80型混凝土输送泵，配合混凝土浇筑；同时，在楼层设置2台混凝土布料机，负责墙体混凝土浇筑。

1) HBT-80型混凝土输送泵的工作性能

最大液压泵压力9.5MPa，输送能力 $80m^3/h$，垂直输送最大高度150m，水平输送最大距离600m。泵管直径为125mm。

2) 混凝土泵的实际平均输出量计算

$$Q_1=Q_{max}\cdot\alpha_1\cdot\eta$$

式中 Q_1——每台混凝土泵的实际平均输出量（m^3/h）；

Q_{max}——每台混凝土泵的最大输出量（m^3/h）；

α_1——配管条件系数，可取 0.8～0.9；本工程取 0.9；

η——作业效率，根据混凝土搅拌车向混凝土输送泵供料的间歇时间、拆装混凝土输送管和布料停歇时间等情况，可取 0.5～0.7；本工程取 0.7。

故 $$Q_1=Q_{max}\cdot\alpha_1\cdot\eta=80\times0.9\times0.7=50.4m^3/h$$

3）混凝土泵最大水平输送距离计算

$$L_{max}=P_{max}/\Delta P_H$$

$$\Delta P_H=\frac{2}{r_0}\left[K_1+K_2\left(1+\frac{t_2}{t_1}\right)V_2\right]\alpha_2$$

$$K_1=(3.00-0.1S_1)\cdot10^2$$

$$K_2=(4.00-0.1S_1)\cdot10^2$$

L_{max}——混凝土的最大输送距离（m）；

P_{max}——混凝土泵的最大出口压力（Pa）；

ΔP_H——混凝土在水平输送管内流动每米产生的压力损失（Pa/m）；

r_0——混凝土输送管半径（m）；

K_1——黏着系数（Pa）；

K_2——速度系数［Pa/(m/s)］；

S_1——混凝土坍落度（mm），本工程取 160mm；

$\frac{t_2}{t_1}$——混凝土泵分配阀切换时间与活塞推压混凝土时间之比，一般取 0.3；

V_2——混凝土拌合物在输送管内的平均流速（m/s）；

α——径向压力与轴向压力之比，对普通混凝土取 0.90。

故 $$K_1=(3.00-0.01S_1)\cdot10^2=(3.00-0.01\times160)\times100=140Pa$$

$$K_2=(4.00-0.01S_1)\cdot10^2=(4.00-0.01\times160)\times100=240Pa/(m/s)$$

$$V_2=\frac{Q_1}{A}=\frac{50.4}{3.14\times0.0625^2\times3600}=1.14m/s$$

$$\Delta P_H=\frac{2}{r_0}\left[K_1+K_2\left(1+\frac{t_2}{t_1}\right)V_2\right]\alpha_2$$

$$=\frac{2}{0.0625}[140+240\times(1+0.3)\times1.14]\times0.9=14276Pa/m$$

$$L_{max}=P_{max}/\Delta P_H=9.5\times10^6/14276=665m$$

4）混凝土泵的水平换算长度（表 5-1）

表 5-1

类　别	规　格	换　算	数　量	换算水平长度
水平管	125mm	1m/m	25m	25m
向上垂直管	125mm	4m/m	50m	200m
锥形管	125～120mm	16m/根	2 根	32m
弯管	90°, $R=1.0$m	9m/根	6 根	54m
软管	3.5m 橡皮软管	20m/根	2 根	40m
共计	351m＜665m，满足要求			

5）混凝土输送压力损失（表 5-2）

表 5-2

类　别	压力损失换算量	数　量	换算压力损失(MPa)
水平管	0.1MPa/20m	25m	0.125
向上垂直管	0.1MPa/5m	50m	1
90°弯管	0.1MPa/根	6 根	0.6
3.5m 软管	0.2MPa/根	2 根	0.4
管道接环	0.01MPa/个	50 个	0.5
管理截止阀	0.8MPa/个	1 个	0.8
共计	3.425MPa＜9.5MPa，满足要求		

因此，现场采用 2 台 HBT-80 型混凝土输送泵能够满足施工垂直运输的要求。

(3) 外用电梯的选择和布置

施工现场共设置 3 台 SCD200/200 型外用双笼电梯。吊笼尺寸为 3.0m×1.3m×2.8m，载重量 2000kg。设在 A-1、A-2、A-3 南侧中间偏右部位，以满足装修阶段的材料竖向运输。

5.2.3　主要施工机械选用表（表 5-3）

表 5-3

序　号	名　称	型号规格	单　位	数　量
1	塔吊	QTZ160	台	2
2	消防水泵	扬程 96m	台	1
3	电焊机	BX_1-300	台	1
		BX_1-500	台	5
4	卷扬机	3T	台	1
5	室外电梯	SCD200/200	台	3
6	电锯	ϕ500	台	1
7	木工平刨	MB504B	台	2
8	木工压刨	M600	台	1
9	钢筋切断机	40 型	台	2
10	钢筋切断机	60 型	台	2

续表

序　号	名　称	型号规格	单　位	数　量
11	钢筋弯曲机	GWJ-40A	台	4
12	无齿锯	ϕ400	台	7
		GTQϕ4-14	台	1
13	打夯机	蛙式	台	5
14	平板式混凝土振动器	1.5kW	台	14
15	插入式混凝土振动器	/	根	14
16	平板振动器	1.5kW	台	2
17	搅拌机	L300	台	2
18	潜水泵	扬程 40m	台	3
19	空压机	Z-1.0/t	台	2
20	台钻	ϕ4-16mm	台	1
21	砂轮机	ϕ250mm	台	1
22	直螺纹套丝机	/	台	4
23	混凝土输送泵	HBT-80	台	2
24	钢筋调直机	/	台	1

5.2.4　主要施工仪器、设备选用表（表 5-4）

表 5-4

序号	名称	型号规格	数量	初检日期	检定周期	使用部位
1	激光垂准仪	PL-1	1 台	公司调借		工程部
2	水准仪	DZS3-1	1 台	2002.10.11	12 个月	工程部
		AL-25	1 台	2002.10.11	12 个月	工程部
		AT-G2	1 台	2002.12.21	12 个月	工程部
3	全站仪	GTS-311S	1 台	公司调借		工程部
4	经纬仪	DJD2-PG	1 台	2003.3.18	12 个月	工程部
		TDJ6E	1 台	2002.9.27	12 个月	工程部
5	氧压表	0～2.5，0～25(MPa)	1 个	2002.10.21	12 个月	工程部
6	乙炔表	0～2.5，0～40(MPa)	1 个	2002.10.21	12 个月	工程部
7	游标卡尺	0～150mm	1 个	2003.2.27	12 个月	物资部
8	台秤	TGT-100	1 个	2003.1.10	12 个月	物资部
9	磅秤	TGT-500	1 个	2003.1.10	12 个月	物资部
10	万用表	DT-9201	1 个	2003.2.27	12 个月	工程部
11	接地电阻测试仪	ZC29B-2	1 个	2003.2.27	12 个月	工程部
12	绝缘电阻表	ZC25-4	1 个	2003.2.27	12 个月	工程部
13	水准标尺	5m	1 套	2002.9.29	一次性	工程部
14	混凝土振动台	800mm×800mm	1 台	2002.12.30	12 个月	试验室

续表

序号	名称	型号规格	数量	初检日期	检定周期	使用部位
15	混凝土抗渗试模	175mm×185mm×150mm	12组	2002.12.30	外观检查	试验室
16	混凝土抗压试模	100mm×100mm×100mm	10组	2002.12.30	外观检查	试验室
17	砂浆试模	70.5mm×70.5mm×70.5mm	4组	2002.12.30	外观检查	试验室
18	坍落度筒	100mm×200mm×300mm	1套	2002.12.30	外观检查	试验室
19	高低温度计	−30～100℃	1个	2002.10.20	一次性	试验室
20	养护室温湿自控器	SWMSZ型	2套	2002.12.30	24个月	试验室

5.2.5　主要大型机械调配计划（表5-5）

表5-5

序号	名称	型号	数量	投入时工程形象进度	使用期限
1	塔吊	QTZ160	2台	地基处理完毕、工程垫层施工之前	结构完工
2	室外电梯	SCD200/200	3台	结构施工至七到八层、装修工程开始穿插进入之前	内装修完工
3	混凝土输送泵	HBT-80	2台	混凝土垫层施工之前	结构完工
4	混凝土布料杆		2台	地下室墙体混凝土施工前	结构完工
5	卷扬机	3t	1台	底板施工之前	装修完工
6	搅拌机	0.3m³	1台	装修施工穿插进入前	装修完工
7	直螺纹套丝机		4台	底板施工之前	地下室结构完工

5.3　主要分项工程施工方法

5.3.1　主要分部、分项工程施工顺序

(1) 地下结构施工工序

管井降水⟶土方开挖、基坑支护⟶验槽⟶垫层浇筑⟶砖胎模砌筑⟶底板防水卷材施工⟶防水保护层浇筑⟶底板钢筋绑扎⟶底板混凝土浇筑⟶底板混凝土养护⟶测量放线⟶脚手架搭设⟶地下二层墙柱钢筋绑扎⟶地下二层墙柱支模⟶地下二层墙柱混凝土浇筑⟶墙柱混凝土养护⟶地下二层顶板、梁支模⟶地下二层顶板、梁钢筋绑扎⟶地下二层顶板、梁混凝土浇筑⟶梁板混凝土养护⟶测量放线⟶地下一层墙柱钢筋绑扎⟶地下一层墙柱支模⟶地下一层墙柱混凝土浇筑⟶墙柱混凝土养护⟶地下一层顶板、梁支模⟶地下一层顶板、梁钢筋绑扎⟶地下一层顶板、梁混凝土浇筑⟶梁板混凝土养护⟶地下室外墙防水⟶外墙防水保护层⟶土方回填。

(2) 主体结构施工工序

楼层放线⟶外挂架提升、挑架搭设⟶墙柱钢筋绑扎⟶墙柱支模⟶墙柱混凝土⟶墙柱混凝土养护⟶梁、板模板支设⟶梁、板钢筋绑扎⟶梁、板混凝土浇筑⟶梁板混凝土养护。

5.3.2　测量工程

(1) 测量准备

本工程场区占地面积大，建筑外檐为清水混凝土，对建筑外围周边尺寸的准确性及垂直度的要求较普通剪力墙结构高，地下车库的外边线距规划红线距离较近，因此，测量放

线是本工程施工的重点之一。

在每次施测前，要将各测设工具配备齐全，对所有进入现场的测量器具计量均进行施测前的检查、校正，并周期检定；与业主办理交接桩手续；检核规划设计院定位桩、红线桩和水准点；对测量人进行技术交底；编制测控布置。

(2) 建筑平面控制网的建立

首先对业主提供的建筑物定位桩点或用地红线桩点进行复测。复测采用全站仪，测量误差应小于规范允许范围，并填报“工程定位测量记录”，上报业主及监理单位。

根据勘测院提供的控制点及设计图纸提供的建筑物坐标，结合施工现场实际情况、总平面图规划等，引测本工程用半永久性控制轴线定位桩，布设建筑平面矩形控制网。本控制网按Ⅰ级控制网进行测设，误差满足规范要求。

本工程设 20 个轴线定位桩，主要控制轴线 10 条。主轴线长度用激光测距仪测量。

(3) 高程控制网的建立

高程控制的建立是根据甲方提供的场区水准基点，进行复测检查，复查精度按照Ⅱ等精度控制，往返误差满足要求。校测合格后，测设一条闭合或附合水准路线，联测场区高程竖向控制点，即场区半永久性水准点，以此作为保证竖向施工精度控制的首要条件，该点也作为以后沉降观测的基准点。高程控制网的精度，不低于三等水准的精度。

(4) 结构工程施工测量

1) 地下结构施工测量

在建筑基础施工过程中，对轴线控制桩每半月复测一次，以防基础施工桩位位移，影响正常施工及工程施测的精度要求。

根据场区平面控制网测定基槽开挖放坡内、外边线，拉直小线沿基槽内口撒白灰线。由高程控制水准点引测标高控制桩，控制基槽开挖深度。在垫层进行基础定位放线前，以建筑物平面控制网为准，校测控制轴线无误后，用经纬仪投测各控制轴线。作为基础结构模板的支设依据。

基础底板施工完后，根据轴线控制桩，投测 1m 控制轴线，放出墙柱边线、门窗洞口位置线。

±0.00 以下基础部分高程控制可根据现场已布设的水准点，利用水准仪进行分阶段引测控制。

2) 地上结构施工测量

将控制轴线引测到建筑物地下一层地面内，在主控制轴线交点处做控制点标识，控制点用钢钉加红漆涂成十字，作为轴线竖向投测的基准点。

以上各层在地下一层控制点相应位置预留 20cm×20cm 的孔洞，用激光铅垂仪将初始控制点投测到每一楼层上，然后施测出每一楼层的主控线和轴线。

结构首层施工完毕后，在内、外墙和柱面上弹 1m 标高控制线，以上各层以此控制线为标准，不得逐层控制，以免误差累计。

(5) 变形观测及沉降观测

本工程变形观测及沉降观测定为二等，均按二等水准精度施测。

1) 变形观测

本工程变形观测包括基坑边坡支护结构及土体的侧向位移。通过对监测取得的数据及时分析，可以及时了解基坑边坡及邻近建筑物的沉降变形状况，以便采取恰当的补救和控制措施。

变形观测按照可通视、方便、有效的定点原则，在周边稳定建筑外墙墙基上埋设变形观测基准点，在基坑边坡坡顶每隔 8～10m 设置一个变形观测点。

变形观测在土方开挖期初每天观测一次，初步稳定是 2～3d 观测一次。

2）沉降观测

本工程沉降观测点的按二等精度要求观测。观测点按设计图纸要求沿建筑物四周设置。观测点距室外地坪 50cm。沉降观测点在墙柱混凝土浇筑时预先埋设，并用红漆编号。

沉降观测按国家二等精密水准测量方法进行闭合观测，首层剪力墙柱拆模后首次测设观测点的高程，并详细记录。在以下情况发生时，应进行观测：较大荷重增加前后；施工期间中途停工较长，应在停工时和复工时观测；当基础附近地面荷重突然增加，周围大量积水及暴雨后，或周围大量挖方等，均应观测。

一般结构施工期间：每施工两层观测一次；施工中途停工 3 个月以上，应在停工时和复工时观测。

封顶至交工期间沉降观测次数为：均匀沉降且连续 3 个月平均沉降小于 1mm 时，每 3 个月测一次；连续两个 3 个月平均沉降小于 2mm，每 6 个月测一次；交工时测一次；交工后 6 个月观测一次，直至年沉降量小于 1mm 为止。

为保证沉降观测工作的准确性，应尽量做到“四定”：固定人员观测和整理结果；使用固定测量工具，如水准仪及水准尺；使用固定的水准点；按规定的日期、测量路线和观测方法观测。

5.3.3 基坑工程

(1) 降水工程

根据地质勘查报告，本工程地下水位深度的相对标高为－4.30～－4.60m，其位置在大面积开挖基底的上方，为保证干槽作业和基坑安全，需采用降水措施。本工程基坑面积较大，拟采用井点降水，将地下水位降至基底标高以下 300～500mm 后，再进行其他工序的施工。

根据建设部综合勘察研究设计院提供的岩土工程勘察报告，结合现场实际情况，本工程降水拟采用引渗为主、抽渗结合的基坑管井降水方案。

为解决局部坑壁渗水的问题可在开挖中插塑料排水管及肥槽内留一定坡度的排水沟及集水井，利用水泵定时抽排，达到干槽作业。

深浅降水管井及疏干降水管井设计井径为 600mm，下置 400mm 井管及透水性好的带孔眼包网滤水井管，井壁与井管间填 1～4cm 混合砾料。

具体降水设计和施工由专业分包进行，详见“清华东路公寓、大学生公寓工程基坑降水、支护施工组织方案”。

(2) 边坡支护施工

由于现场场地狭小，本工程边坡支护施工拟采用土钉墙方法，土钉墙设置如下：

边坡放坡角度地下车库南侧为 90°，A-1、A-2、A-3 楼北侧为 85°，B-1、B-2 楼北侧为 90°，土钉孔径 110mm，下倾 10°，水平及竖向间距均为 1.5m，呈梅花形布置。孔内钢筋直径 18mm，孔内灌注 C20 素水泥浆。面层用钢筋网 ϕ6.5 间距 200mm，并设置 1ϕ12 的斜拉筋。面层喷射厚度为100mm的C20混凝土，并在坡顶做1m宽的翻边。

土钉墙边坡支护的施工和设计由专业的分包进行，详见“清华东路公寓、大学生公寓工程基坑降水、支护工程施工方案”。

(3) 土方开挖施工

本工程室外自然地坪标高－4.00m，地下车库基底标高－9.10m，相对开挖深度为5.10m；A-1、A-2、A-3楼基底标高－9.7m，相对开挖深度为5.70m；B-1、B-2基底标高为－9.6m，相对开挖深度为5.60m；五个栋号电梯井的基底标高为－12.85m，局部开挖深度为6.85m（以上所述基底标高均含100mm厚基础垫层)。本工程土方开挖量约5万m^3。

本工程土方开挖采用反铲挖土机挖土、自卸汽车运土、人工配合清槽的施工工艺。开挖前先清除开挖区域内所有障碍物，包括树木、混凝土地梁、地板，并按施工总平面图要求修建临时道路，保证土方运输道路畅通。

为保证边坡稳定，沿基坑架设ϕ100的钢管，将降水井的水抽排至下水管道；并设横面为300mm×300mm的排水沟，每隔20m设一沉淀池。

为配合土钉墙支护施工，土方采用分层开挖，每层开挖至相应层土钉位置下500mm处，为土钉施工创造作业面。

为防止机械开挖影响地基持力层，需预留30cm土方采用人工清槽。当开挖至设计基底标高后，应进行普遍钎探，钎探点间距1.5m×1.5m，呈梅花形布置，做好钎探记录，并及时通知勘察、设计单位验槽。

土方开挖施工详见“清华东路公寓、大学生公寓工程土方开挖施工方案”。

(4) 回填土施工

基础结构验收完毕，即可进行回填土工程施工。按照施工总进度计划安排，回填土施工在冬期施工期间进行，地下室外围上沿2.0m范围内，采用黏性土配置的2：8灰土分层夯实，回填土压实系数0.93，施工中根据现场情况转换成干密度要求。

回填土的含水量应适量，生石灰质量应符合要求。使用前石灰和土均应过筛，满足粒径要求。

回填土应分层铺填，每层虚铺厚度为200mm，用蛙式打夯机夯压密实，表面无松散、起皮等。最后一层土夯压密实后，表面应拉线找平并符合设计标高。为保证施工进度，应配备蛙式打夯机5台。

冬期回填土施工应及时做好保温工作，随施工进度加盖草帘被，防止回填土受冻。并预留冬期施工沉陷量。

回填土干密度试验应按试验取样平面位置图中要求，根据规范要求分层、分段、分步取样、试验。土压实后，采用环刀法取样测定土的干密度。

5.3.4 钢筋工程

(1) 概述

1) 本工程采用HPB235级钢筋和HRB400级钢筋。

2) 钢筋的品种、规格、数量等符合设计及规范要求，钢筋、直螺纹套筒进场时，应严格把关。进场时和使用前，应全数做外观检查，检查钢筋有无损伤，表面有无裂纹、颗粒状或片状老锈等，是否清洁、无油污。进场后按试验规定（见证）抽样进行复试，复试结果必须经总包、监理、甲方及设计部门审查批准后，方准投入工程使用。

3）双向钢筋交叉时，基础底板及楼板短跨方向上部主筋放置于长跨方向主筋之上，短跨方向下部主筋分别置于长跨方向下部主筋之上；次梁上下主筋分别置于主梁上下主筋之上；框架连梁的上下主筋分别置于框架主梁的上下主筋之上；当梁与柱或墙侧平时，梁该侧主筋置于柱或墙竖向纵筋之内。

4）根据施工总进度计划安排和钢筋工程量的多少，现场配备钢筋弯曲机 4 台、钢筋切断机 4 台、钢筋调直机 1 台、直螺纹套丝机 4 台，以满足施工要求。

（2）钢筋加工

1）钢筋调直、除锈、断料、成型、直螺纹套丝等均在现场指定区域内加工。

2）控制钢筋下料成型。为保证下料和成型尺寸准确，现场技术人员要进行专项技术交底，并在加工场地派驻专人，对钢筋加工成型质量监督和检查；同时，加工好的钢筋运至现场后，还要再次严选。

3）钢筋的弯钩加工形状、弧内直径、平直长度、成型尺寸等应符合《混凝土结构工程施工质量验收规范》GB 50204 的规定。

4）HPB235 级钢筋采用冷拉调直，冷拉率不大于 4%，HRB400 级钢筋采用机械调直。

（3）钢筋连接和绑扎

1）所有直径大于等于 18mm 的钢筋均采用直螺纹机械连接接头，直径小于 18mm 的钢筋采用搭接接头。

2）钢筋的连接方式、接头位置、接头数量、接头面积百分率、锚固长度、搭接长度、保护层厚度等均应符合图纸和规范的要求（见《混凝土结构工程施工质量验收规范》GB 50204 和 00G101 图集以及《钢筋机械连接通用技术规程》JGJ 107）。

3）钢筋连接、绑扎前，应进行施工地点的清理和半成品钢筋的清洁、除锈等，并弹线确定钢筋的位置、间距等。

4）双向钢筋所有钢筋相交点均要进行绑扎。针对不同受力构件采用不同的绑扎方法，不得漏绑。

5）钢筋保护层：底板、地梁、暗梁采用同强度混凝土垫块；其他情况下采用定型 PVC 垫块。垫块应保证有足够的强度，纵横间距控制在 1000mm 左右。

6）基础底板、地梁、暗梁钢筋：先施工地梁、暗梁钢筋再施工底板钢筋。钢筋开始施工之前，基础底线必须验收完毕。后浇带处钢筋不断开。底板上层钢筋固定采用钢筋马凳，控制截面的几何尺寸，间距 1.0m 左右布设。

7）框架柱钢筋：为控制框架柱主筋位置，应设置定位柱箍。框架柱箍筋的开口应相互错开，呈螺旋形上升。

8）剪力墙、暗柱连梁钢筋：先施工暗柱、连梁钢筋，再进行墙体钢筋绑扎。暗柱、连梁箍筋开口相互错开；为控制暗柱主筋位置，应设置定位柱箍；墙筋先绑扎竖向筋（在内），再绑扎水平筋（在外）；为保证水平钢筋间距和钢筋保护层厚度，每隔 1.2～1.5m 设置竖向定位梯；为保证竖向钢筋间距，应设置水平定位梯；为保证双层钢筋排距和保护层厚度，在双排筋之间设置钢筋定位卡具。墙体拉钩筋拉住水平竖向筋节点。墙柱与隔墙钢筋混凝土腰线连接处，在墙柱内预留插筋，锚固长度和伸出长度符合规范规定。

9）梁板钢筋：梁箍筋开口相互错开。板钢筋上下铁之间采用钢筋马凳，来保证钢筋保护层厚度和板截面尺寸。

10）钢筋直螺纹连接：钢筋应先调直再下料，切口端面与钢筋轴线垂直；直螺纹丝头加工外观应目测牙形饱满，满足规范要求；并按规范规定的数量和要求进行检验，检验符合标准后方可使用。连接套的规格和钢筋的规格应一致，并有出厂合格证。连接接头按照规定的数量和要求进行抗拉强度试验，并作见证。连接套的混凝土保护层厚度宜满足国家现行行业标准《混凝土结构设计规范》的规定，接头间的纵横向净距、接头面积百分率等应符合规定。

（4）钢筋工程技术质量控制措施

1）严把审图关。节点部位专派有经验的技术人员进行审图和钢筋翻样工作。若钢筋过密、绑扎有困难或可能影响混凝土浇筑一定要提前提出，采取措施解决，以保证清水混凝土的质量。

2）为保证本工程外墙清水混凝土的外观质量，保证模板螺栓孔排列美观，在模板设计完成后，根据模板排板图和螺栓孔的排列对钢筋进行放样审核；若对拉螺栓与钢筋冲突应及时提出，对模板进行调整，必要时提交设计，微调钢筋位置解决问题。

3）坚持两次放线。在梁、板模板支设完成后进行一次放线，根据放线调整竖向钢筋位置，梁、板钢筋绑扎完成后进行第二次放线，进一步核正竖向钢筋位置，准确无误后方可浇筑混凝土。混凝土浇筑完毕后，派专人负责及时调整钢筋的位置，纠正浇筑混凝土时产生的钢筋位移，及时清理粘在钢筋上的砂浆。注意应对钢筋进行保护，防止钢筋污染下层墙面，影响清水混凝土外观效果。

4）避免墙面尤其是清水混凝土外墙面的漏筋或隐筋现象；同时，严格控制混凝土石子的粒径不大于2.5cm，保证钢筋保护层部位混凝土施工质量。

5）严格控制钢筋加工尺寸的偏差（尤其是箍筋、剪力墙端部钢筋）和钢筋加工精度，避免合模时钢筋损伤模板和出现漏筋现象。

5.3.5　模板工程

（1）标准

1）施工组织设计及施工图纸（表5-6）

2）主要规范、规程（表5-7）

表5-6

序　号	图　纸　名　称	出　图　日　期
1	清华东路公寓、大学生公寓工程施工组织设计	2002.7
2	A、B楼及地下车库施工图纸	2002.7

表5-7

序　号	类　别	规范、规程名称	编　号
1	国家	《混凝土结构工程施工及验收规范》	GB 50204
2	地方	《建筑安装工程施工工艺规程》	DBJ 01-26—96
3	行业	《建筑工程冬期施工规程》	JGJ 104
4	行业	《建筑施工高处作业安全技术规范》及条文说明	JGJ 80—91
5	行业	《钢管脚手架扣件》	JCJ 22—85

3）主要应用的标准（表 5-8）

4）其他（表 5-9）

表 5-8

序　号	类　别	标 准 名 称	编　号
1	国家	《建筑安装工程质量检验评定统一标准》	GBJ 300—88
2	国家	《建筑工程质量检验评定标准》	GBJ 301—88
3	行业	《建筑施工安全检查标准》	JGJ 95—99

表 5-9

序　号	类　别	名　称
1	本工程	北京奥宇模板有限公司提供的本工程模板设计方案
2	本工程	北京中建九鼎建筑工程公司提供的本工程模板设计方案

（2）工程概况

1）建筑概况

a. 总建筑面积 59175m²，由 A 楼（A-1、A-2、A-3）和 B 楼（B-1、B-2）共 5 栋高层单体及南侧地下车库组成。

b. A/B 楼地下 2 层，地下二层层高 3.30m，地下一层层高 3.50m；地上 17 层/14 层，层高 2.80m。檐高 51.4m/42.6m。车库层高 3.7m。

2）结构概况

a. 本工程 A、B 楼为全现浇钢筋混凝土剪力墙结构，车库为框架结构。基础为筏形基础，外墙厚 190mm（地上）、250mm、300mm（地下），内墙墙厚 180mm 等。框架柱截面为 700mm×700mm、700mm×400mm、700mm×1350mm 等。框架梁截面为 600mm×900mm、600mm×600mm、600mm×1050mm 等。板厚 180mm、160mm、100mm。

b. A 楼三栋（A-1、A-2、A-3）结构形式完全相同，B 楼（B-1、B-2）两栋结构形式完全相同。五个单体高层相互之间设有净宽为 140mm 的变形缝。

3）模板选型（表 5-10）

表 5-10

序号	结 构 部 分	模 板 选 型
1	底板侧壁	砖胎膜
2	±0.00 以下墙体	竹胶板大模板
3	框架柱	竹胶板大模板
4	梁、板、阳台板	12mm 竹胶板、碗扣式钢管支撑
5	±0.00 以上墙体	定型钢模板
6	阳台栏板	竹胶模板、定型钢模板
7	楼梯	12mm 竹胶板、扣件式钢管支撑

考虑到工程只有地上部分外墙才是清水混凝土饰面，而且清水混凝土模板经济投入巨大，因此，在地上部分只有外墙配备定型清水模板和定型门窗洞口模板。外墙内模和内墙模板用公司调配的旧模板进行改造。大钢模由专业厂家进行设计，应有设计施工方案和模

板计算书。

4）流水分段和模板

a. 根据现场实际情况，将地下二层（含车库）按后浇带分为九个流水段，地下一层以上按楼分为八个流水段（A楼每单元分为两个流水段），具体划分见附图。

b. 顶板模板配置3层，保证流水使用。

c. 根据流水段划分，共配置五段墙体模板。B楼配置一段模板在B-1、B-2之间流水使用。A楼配置四段模板在A-1、A-2、A-3之间流水使用。A-1楼二段模板和A-3楼二段模板本段使用；A-1一段和A-2一段之间流水使用一段模板，A-3一段与A-2二段之间流水使用一段模板。四个变形缝配置特制模板两套，流水使用。每套变形缝模板为正反双面两块模板。电梯筒模A楼配置两套、B楼配置一套，流水使用。

5）模板工程的重点和难点

a. 地面以上是清水混凝土外墙面，保证清水混凝土的外观质量为本工程的重点和难点。

b. 外墙阳台挑板、空调挑板形式、尺寸多样且薄厚不一，致使模板的配板及支设较难。

c. 变形缝净宽140mm，缝内模板支设为本工程的难点。

（3）施工准备

1）技术管理准备

及时组织管理人员和作业人员认真学习施工图纸、施工组织设计、模板施工方案，了解总的安排及配板的规格、形式和模板材料，掌握施工的难点和重点，做好模板施工前的技术交底和作业人员入场前教育。

2）生产准备

根据施工的进度、流水段的划分及施工人员的安排，结合施工工作量组织相应的机具和材料进场，进行模板配板现场加工制作。

（4）模板工程主要施工方法

1）模板设计、加工和配置

本工程的地上外墙为清水混凝土墙面，因此，模板的配板和设计是关键，必须以模板体系的选型为重点，做好阴阳角、模板接缝、梁墙节点、梁柱节点、梁板节点、楼梯间模板的设计、加工、拼装。

A. 设计原则

a. 该工程结构质量要求高，要达到清水混凝土的要求，模板接缝严密，不得漏浆、错台。

b. 要使模板具有足够的强度、刚度和稳定性，能可靠地承受新浇混凝土的重量和侧压力，以及在施工过程中所产生的荷载。

c. 力求构造简单合理、装拆方便，在施工过程中，不变形，不破坏，不倒塌。并便于钢筋的绑扎和安装，符合混凝土的浇筑及养护等工艺要求。

d. 合理配备模板，减少一次性投入，增加模板周转次数，减少支拆用工，实施文明施工。优先选用大块模板，减少模板的种类和块数，便于施工管理。

e. 在满足塔吊起重的情况下，模板尽量做成大块，每个房间的面墙尽量采用单块模板，过大的房间采用2～3块，以减少模板拼缝，提高混凝土的整体效果。

f. 模板配置尽量采用标准板，不能采用标准板时另行配置异形板；同时，注意减少模板种类。

g. 支撑系统根据模板的荷载和部件的刚度进行布置。

h. 本工程要求清水混凝土应达到如下观感：

① 墙面无错台、墙面无挂浆、漏浆，无粘模；

② 结构尺寸准确；线、角、面顺平顺直；

③ 穿墙螺栓孔边角整齐、美观；外墙门窗洞口、穿墙螺栓孔等水平纵向位置无明显错位。

④ 成品保护好，无碰撞缺陷、无缺棱掉角；墙面手感好，有光泽。

因此，对于清水混凝土应该加强对模板的设计，特别是阴阳角、子母口、门窗洞口等部位的节点设计，从理论上减少拼缝漏浆、错台等通病，并解决外门窗洞口一次成型的问题。并且严格控制模板的加工清理和安装质量，保证设计意图得到实现；同时，注重成品保护，保护成品清水混凝土的观感效果。

i. 清水混凝土模板设计要求

① 外墙大角无阳角模，减少接缝。

② 整块模板的接缝尽量放置在门窗口范围内，减少墙面上通长的接缝水印。

③ 穿墙孔距门窗立边均为150mm。

④ 相邻两门（窗）之间穿墙孔间距一致。

⑤ 最上排孔标高在门窗上过梁中，不影响挂外挂架、加固顶板模板。

⑥ 根据确定的孔位排布大模板竖背楞，确定每块模板内的钢板面板宽度及位置。

⑦ 模板通高范围内无横缝。

B. 模板加工

a. 严格按照设计进行模板的加工，不得随意更改，保证设计的刚度和强度以及节点设计效果。

b. 严格控制加工尺寸，保证结构各部分形状尺寸的正确。

c. 严格控制模板加工精度，保证模板表面平整、方正，接缝严密。外墙大模板采用铣边工艺。

d. 木模板加工时，龙骨之间、龙骨与模板之间、模板之间的接触面应刨平刨直，保证其间的接触严密。避免因加工误差，造成板面和接缝不平整。

e. 钢模板进场时进行认真地检查验收，模板尺寸、方正、拼缝、企口、板面平整应符合要求。

C. 基础底板模板

a. 基础底板侧面以240mm厚砖墙为模板。砖模砌筑采用实心砖、水泥砂浆砌筑，砌筑高度超过基础底板顶面300mm。

b. 砖模砌筑在基础垫层上，基础垫层超出基础底板侧边30cm。为保证底板侧边钢筋保护层的厚度，砌筑砖胎膜前，在底板垫层上弹出砖胎模的位置线，位置线预留出砖胎膜的抹灰层和防水卷材的厚度。

D. 地上外墙模板

a. 地上外墙采用86整体式定型钢制大模板，大模板面板采用$\delta=6mm$武原钢板；竖龙骨采用[8槽钢，间距不大于300mm（调节对拉螺栓孔，竖龙骨间距微调）；横背楞采用成对[10槽钢，并纵向设置三道，内外墙模板纵向相应设置三排穿墙螺栓，横向间距不大于1200mm。

b. 大模板靠支腿支撑调节，通过支腿丝杠，调整大模板的垂直度。模板起孔悬臂过大处和丁字墙处加小背楞加固。

c. 外墙穿墙螺栓是采用大头$\phi32mm$，小头$\phi28mm$锥形铸钢、镀锌的部件，大头在内，小头在外，并配备铸钢垫片及卡具和防灰套筒。穿墙栓与大模板间设有塑胶套，以防止混凝土浇筑时从穿墙孔漏出水泥浆，提高外强混凝土的光洁度。螺栓的螺母设置接灰管，避免污染螺钉。

d. 模板配置高度为2880mm（上包顶板30mm，下跨50mm），阳台部位高度2720mm。楼层之间装饰线条处（150mm×10mm），在模板上端加100mm×10mm钢板，下口加125mm×8mm（预留2mm浇筑伸缩量）钢板。

e. 大模板之间留有子母口，平接和阴角部位采用柔性止水子母口，阳角硬拼。模板钢板对接或硬拼部位采用铣边工艺，连接时采用线接触，保证拼缝严密、不漏浆。

f. 阴角：设置阴角模板，阴角模与大模板之间留有1mm的间隙，并且阴角模比大模板高出10～15mm，阴角模上部设置防撬管，拆除时将撬杠插入防撬管进行拆模，防止拆除模板时角模被撬变形。阴角模板与大模板之间通过专用连接螺栓和多道阴角压槽控制拼缝严密，不错台。再用勾头螺栓紧固。

g. 阳角：为减少墙体接缝，阳角不设置阳角模，采用大墙钢模板硬拼，在角部增加对拉螺栓拉结，模板接缝部位采用定型连接器和专用螺栓交错连接，保证模板的平整和方正。

h. 平接接缝：采用柔性止水子母口，在模板边加设Y形板，其中设置圆柱形海绵条，模板硬拼接缝与止水海绵条双重控制大墙面的接缝严密，保证不漏浆。连接固定采用专用螺栓和加设的横肋，用勾头螺栓连接。

i. 变形缝模板：变形缝净宽140mm，依据流水方向和墙体之间的净尺寸配置模板，横肋和竖肋均为80mm槽钢在同一平面，卧焊于面板上，减小模板的宽度，保证大模板的顺利入模。在穿墙螺栓位置将螺母焊接在横肋上，从变形缝外侧用对拉螺栓紧固拉结。对拉螺栓非传统的插入后再紧固，而采用旋进旋出的方法直接拧对拉螺栓进行紧固和拆除。

E. 地上内墙模板

a. 地上外墙内模板和内墙模板采用常规定型钢制大模板，大模板面板采用$\delta=6mm$钢板；竖龙骨采用[8槽钢，间距300～350mm（外墙内模板与外墙外模板相对应，调节对拉螺栓孔，竖龙骨间距微调）；横背楞采用成对[10槽钢，并纵向设置三道，模板纵向相应设置三排穿墙螺栓，横向间距1200mm。局部尺寸用角模进行调整。

b. 大模板之间、大模板与阴阳角模板之间均留有子母口，用M32的螺栓和直芯带固定。

c. 穿墙螺栓是采用大头$\phi32mm$，小头$\phi28mm$锥形铸钢、镀锌的部件，并配备铸钢垫片及卡具。

d. 阳角模板与大模板之间不留间隙，阴角模板与大模板之间不留间隙，大模板做成20mm宽母口，阴角做成30mm宽子口。阴角与大模板之间用勾头螺栓连接，再用直角芯带定位固定。

F. 地下墙体竹胶模板

a. 地下室墙体采用整体式竹胶大模板进行施工，组拼成的竹胶大模板用塔吊吊装就位。

b. 外墙采用双面支模，配置高度根据楼层高度确定，高度要高于顶板板底标高30～50mm。模板用50mm×100mm和100mm×100mm木方、钢管做横背楞，木背楞间距250mm，采用M16对拉螺栓固定和脚手架支顶体系（图5-1）。

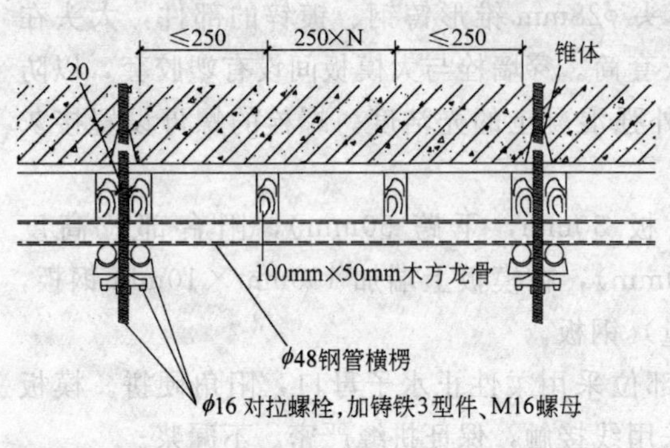

图 5-1

c. 外墙模板在B-2北侧地下二层和地下一层采用单面支模，配置高度3.5m，用50mm×100mm木方、钢管做背楞，脚手架支顶体系。在底板上预埋$\phi25$钢筋作为地锚拉环，外露200mm，埋深300mm，间距600mm，用钢丝绳与地锚和脚手架拉结牢固，间距1000mm。

d. 穿墙螺栓采用五节式穿墙锥体螺栓（地下二层带止水翼环），锥体与模板面接触面积较大，中间加海绵垫圈，保证不漏浆。五节锥体、丝杆均为定尺带限位机构，拧紧即可保证墙体厚度，此处不用加顶棍。

e. 锥体对拉螺栓刚度较大，而竹胶板面刚度较小，在锥体螺栓部位宜产生变形，故在锥体对拉螺栓两侧加设竖龙骨，并对其他竖龙骨微调，控制龙骨间距不超过设计宽度，以保证板面平整。

f. 阴阳角部位：用木方和竹胶板制作阴角模，与大模板采用子母口连接。阳角不设角模，采用墙模端面硬拼，用钢管扣紧，再用木楔挤紧，从而保证阳角方正（图5-2、图5-3）。

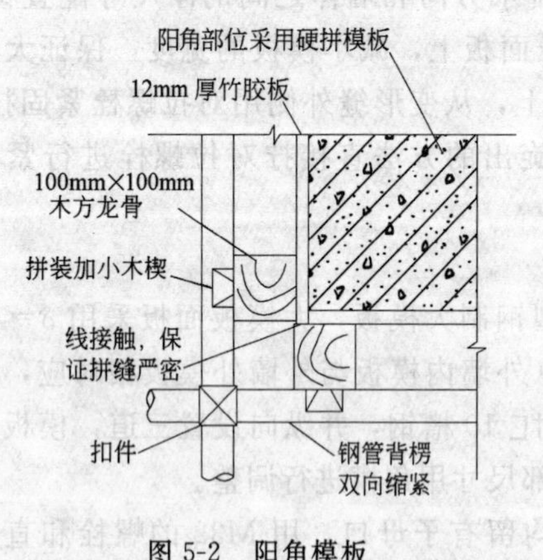

图 5-2　阳角模板

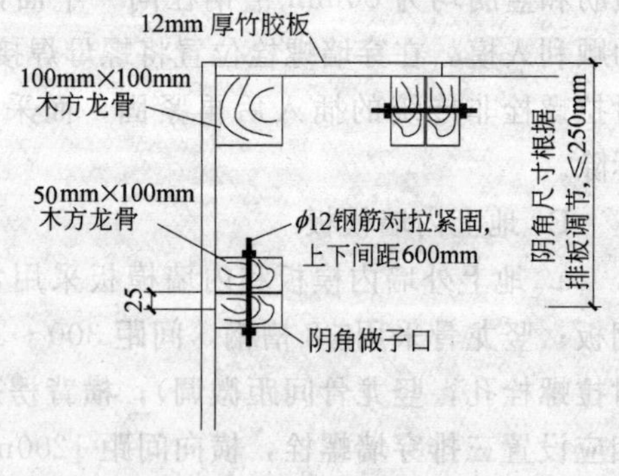

图 5-3　阴角模板

g. 为保证门窗洞口模板与墙模板接触紧密，在门窗洞口四周加密墙体对拉螺栓。保证门窗洞口处不漏浆。

h. 弹线确定穿墙螺栓孔位置，双侧模板螺栓孔位置应对应，保证穿墙螺栓孔美观、无偏移，模板拉结紧密。

i. 地下一层在室外地坪以上，为保证其外墙清水混凝土效果，采取如下措施：

① 拼缝控制：全部采用硬拼缝，为保证拼缝严密、不漏浆，所有接缝均设置木方竖龙骨，横向接缝背后加钉木条，在所有拼缝处均打玻璃胶，保证拼缝严密。

② 板面：竹胶板用木螺钉固定在龙骨上，保证木螺钉与板面连接紧密，避免了模板面连接不牢，产生翘曲；同时，为保证板面平整，在上木螺钉之前，先根据木螺钉的大小进行钻孔，保证木螺钉头平面和板面平整。

③ 模板底部处理：外墙外模板下口先粘贴塑料布，再粘贴海绵条，双重控制漏浆和污染墙面。

G. 梁板模板

a. 梁板配板设计

① 梁板模板采用 12mm 厚竹胶板（1220mm×2440mm）进行拼装，100mm×100mm 木方作主肋，50mm×100mm 木方作次肋，ϕ48×3.5 碗扣脚手架加可调 U 形托作支撑的模板体系（图 5-4）。

② 楼板模板主肋间距 1200mm，次肋间距 300mm，支撑采用碗扣脚手架纵横间距 1200mm；水平横杆根据层高搭设 2～3 道，间距为 1200（地下室）～1500mm（标准层）。

③ 梁模板侧模次肋间距 300mm，梁上下主肋各一根，附加一道 ϕ25 斜撑；再配用 1 道 ϕ16 对拉螺栓，ϕ48×3.5 钢管背楞固定。底模主肋间距 400mm，次肋 3 根依据梁宽间距平均布置；梁底采用 100mm×100mm 木方加 ϕ48×3.5 碗扣脚手架、U 形托作三道支撑，间距 400mm，脚手架沿梁通长方向间距 1200mm。

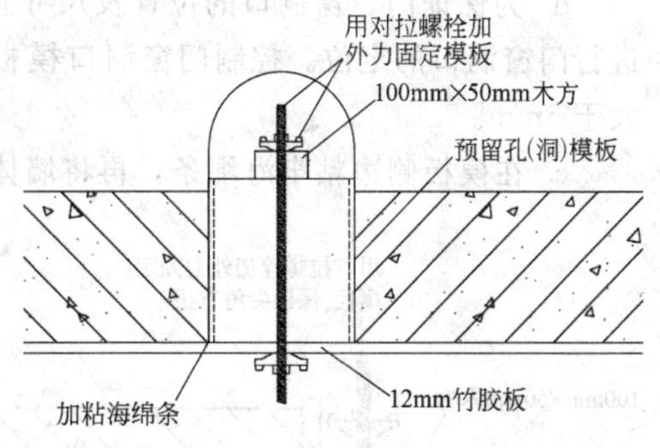

图 5-4　U 形托

b. 根据梁截面和房间净尺寸确定顶板的拼板尺寸，进行编号，对号使用。

c. 梁板支撑选用 2200mm 的顶杆加 50mm×100mm×500mm 垫板，水平横杆选用 1200mm 和 900mm 的标准横杆。

d. 预留洞孔模板加设对拉螺栓，加外力固定模板（图 5-4）。

e. 对于跨度等于或大于 4000mm 的梁板，模板应起拱，起拱高度为全跨长度的 1/1000～3/1000，本工程起拱高度定为 1.5cm（须起拱的梁板跨度均在 5～15m 之间），具体做法为用钢管上部可调 U 形托支撑调整高度，模板做辅助，以满足起拱要求。起拱线顺直，无折线。

f. 模板配置量为：配置 3 层。

H. 框架柱模板

地下室及裙房的框架柱采用 12mm 厚的竹胶板和 50mm×100mm 的木方作次背楞，用 ϕ48×3.5 钢管做主背楞，双向缩紧。柱截面大于 500mm 的，再在柱中间加设 1～2 道双钢管与 ϕ16 对拉螺栓拉结（根据柱截面尺寸确定），钢管横楞上下间距 500cm，柱的支撑采用支拉式，即预埋地锚（ϕ25 钢筋和 ϕ12 钢筋吊环）固定可调 U 形托加 ϕ48 钢管做斜支撑，用 ϕ12 的钢丝绳进行拉结。支撑四面布设。

I. 门窗洞口模板

a. 内墙门窗洞口采用便于拆装的木模。木模采用 12mm 厚的竹胶板及 50mm×100mm 的木方，角部用 100mm×100mm×10mm 和 140mm×140mm×10mm 的双角钢做活动角，门窗洞口侧模板设定位钢管支撑，支撑采用可调丝杠进行模板的定位调节和固定。窗洞口下设 ϕ20 排气孔。

b. 地下一层根据门窗尺寸用竹胶板和木方加工制作，板面加粘铝塑板，保证清水混凝土效果。

c. 地上外门窗用 δ=6mm 武原钢板和[8 槽钢等制作定型门窗口模，由顶模、底模、侧模、角模以及通过中心支撑调节机构连接为一个整体，通过丝杠调节实现洞口模板的安装调整与顺利脱模。外墙门窗洞口必须考虑清水混凝土效果，洞口一次成型，外门窗洞口模板为企口式（外大内小），滴水线和坡水一次浇筑成型。

d. 为保证门、窗洞口的位置及尺寸正确，安装模板前必须引控制线，严格按控制线进行门窗洞口的定位。控制门窗洞口模板尺寸偏差，截面不大于±2mm，对角线误差不大于 5mm。

e. 在模板侧边粘牢海绵条，再将墙体大钢模吊装合模。

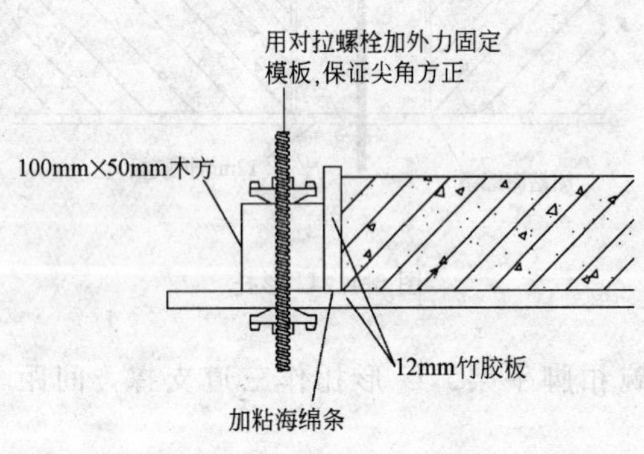

图 5-5 门窗洞口模板图

f. 详见门窗洞口模板图（图 5-5）。

J. 阳台板模板

a. 阳台部分必须考虑外墙清水混凝土的效果，阳台立面用整板，穿墙螺栓应与大墙面相呼应。立面不留置施工缝。

b. 地下一层根据阳台板尺寸用竹胶板加工制作，配合穿墙螺栓、木方龙骨和钢管支撑。

c. ±0.00 以上根据阳台板尺寸制作定型钢模板。根据阳台外形结构尺寸设计成单体组合结构，面板与肋条均采用 δ=4mm 的热轧武原钢板，有滴水线的部位加设滴水模，滴水线一次成型。模板接缝连接均采用专用螺栓连接成整体，外立面不设施工缝（施工缝位置见混凝土工程施工方案），面板尽量采用整板，减少接缝。

d. 挑板端面外立面模板加设对拉螺栓，加外力固定模板。

K. 楼梯模板

a. 平台梁和平台板模板的配置方法和构造，与上面所述梁板模板基本相同。

b. 梯段踏步模板采用 12mm 厚竹胶板做背楞，同踏步高度，上面用 100mm×100mm 斜木方及 50mm×50mm 竖木方连成整体。控制各梯段的踏步宽度。梯段板底模采用 100mm×100mm 木方斜向次龙骨和 100mm×100mm 木方横向主龙骨支撑，梯段侧板采用厚度为 12mm 的竹胶板加木方制作，侧板用钢管及可调 U 形托支撑在楼梯间墙体上。

c. 板底采用扣件式脚手架体系支撑。

L. 出顶间、女儿墙模板

a. 出顶间采用定制大钢模。

b. 女儿墙模板根据女儿墙的实际高度，在外侧采用下层墙体的大模板、内侧采用12mm厚的竹胶板和50mm×100mm木方加工制作，用ϕ48×3.5双钢管做背楞配合对拉螺栓支撑。

M. 施工缝、后浇带模板

a. 竖向施工缝采用绑扎钢丝网、水平施工缝采用穿孔竹胶板作模板。后浇带采用穿孔竹胶板加钢丝网做模板。

b. 新旧混凝土交接时，对水平、竖向施工缝分别处理，板、墙的竖向施工缝和墙体底部的水平施工缝进行凿毛处理，将墙体顶部的水平施工缝松动石子、表面浮浆剔除，露出坚硬石子；施工缝部位应清理干净并洒水充分湿润，无积水时再浇筑混凝土。

2）模板的清理

a. 应对模板进行认真清理，用刨刀、铁铲等将模板与混凝土接触面、模板与模板之间接缝处的混凝土浆、杂物等清理干净，以便于周转使用。清理时注意对模板的保护。

b. 脱模剂采用油性隔离剂，为清机油。涂刷均匀，无漏刷。

c. 模板按施工现场平面布置图规定的位置合理堆放；大钢模板应对面放置，下垫木方；中间留出人行和操作通道，间距600～800mm，支腿调整至倾角70°～75°，并符合施工场地自稳角的要求。

d. 模板不得靠在其他不稳定物体上，防止滑移倾倒。

3）模板支设

a. 测量放线：模板支设前必须先进行弹线。墙柱合模前必须弹出墙柱边线、轴线与墙模板控制线（墙边+30cm线）；顶板标高采用双控，下层墙体标高线和本层标高控制线（钢筋上+50cm线）。弹线应准确，误差符合规范要求，模板支设必须按照弹线进行控制。

b. 将模板支设场地清理干净，无杂物。墙体合模前，施工缝剔凿清理干净，并进行钢筋隐蔽验收。

c. 外墙模板支设前外挂架和挑架应安装到位，检查合格。

d. 模板按模板配置图顺序组装。竖向模板根据墙柱位置线一次拼装到位，并利用线坠吊测模板垂直度，利用模板控制线（墙边30mm线）控制模板的位置偏差；用临时支撑撑住，拧紧对拉螺栓。水平模板要用2m靠尺进行找平，并利用楼板标高线控制模板的标高。做到模板位置准确、接缝严密，安设牢固。

e. 大钢模板先放阴角模板，按流水段要求，分开间进行支设，直到全部模板合拢到位。对拉螺栓楔板必须大头朝上，防止脱落。对拉螺栓必须全部紧固牢靠，不得漏拧，防止出现松动，造成胀模。局部不能使用对拉螺栓的部位应加强模板支撑，确保模板位置准确、接缝严密。

f. 大模板之间用螺栓、芯带和定型连接器等连接紧密牢固。

g. 支设大钢模板时，模板与模板拼缝处，穿墙螺栓横向间距超过300mm以上时，采用长700mm小背楞两对加固。

h. 所有预留洞口均粘贴海绵条，粘贴要整齐、牢固，距洞口边5mm，不允许吃进结构。墙体模板下口在支完模板后灌灰进行封缝处理，避免漏浆、烂根。外墙大模板下部加

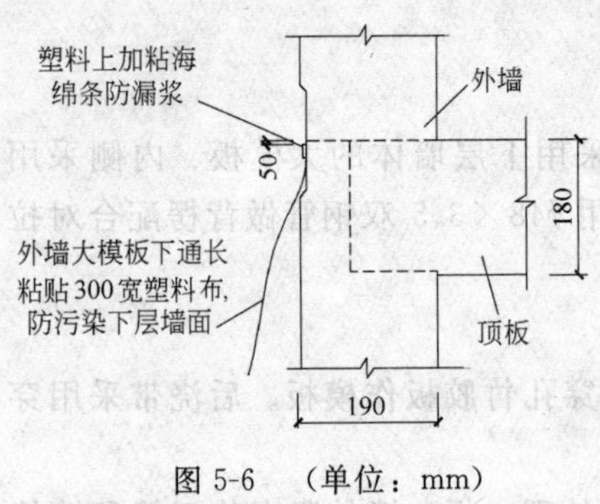

图 5-6　（单位：mm）

设塑料布和海绵条，防漏浆和污染下层墙面（图 5-6）。

i. 门窗洞口模板支设时设定位筋，应固定牢固，设点、设位正确，并刷防锈漆。定位筋不得直接焊接到主筋上。

j. 变形缝内模板待墙体钢筋绑扎完毕后再吊装，禁止后绑扎钢筋，防止脱模剂污染钢筋；模板吊装前，应检查下层对拉螺栓孔内设置好的 $\phi25$ 钢筋棍是否牢固，检查合格后吊装模板，吊装时应设专人看扶，防止模板碰撞已浇筑完的墙体或墙体钢筋。模板吊装后，应及时拧入对拉螺栓临时固定，再进行调节，最后固定牢固。

k. 梁板模板支撑要牢固、稳定、到位。梁板模板位置、尺寸准确，上下层位置对齐。

4）模板拆除

a. 拆除模板的顺序与安装顺序相反，先支设的模板后拆，后支设的模板先拆。

b. 模板拆除的时间以混凝土同条件抗压试块的强度值和现场实际情况作为依据，所有梁板混凝土强度达到设计强度的 100%（每段均有大部分梁板跨度大于 8m），墙体常温下达到 1.2MPa，冬期施工达到 4MPa 时方可拆模。

c. 拆模时先试拆一块模板，观察混凝土无问题后再拆下一块模板。如模板与墙面吸附不能离开时，应轻轻撬动模板，不得用大锤硬砸硬撬，并注意对阴阳角部的混凝土棱角进行保护。

d. 拆除大钢模板时先松动、拆除穿墙螺栓，阴角模压角、钩栓撤出大模板后，再拆除阴角模。

e. 已拆除模板及其支架的结构，在混凝土强度达到设计混凝土强度等级后，方可承受全部使用荷载；当施工荷载产生的效应比使用荷载产生的效应更为不利时，必须经过计算，加设临时支撑。

f. 模板拆除后，应及时按要求进行清理、堆放，以备周转使用。

（5）模板成品保护

1）吊装模板时轻拿轻放，不碰撞已支设完的部位，防止模板变形。

2）拆模时不得用大锤硬砸硬撬，以防止损伤混凝土表面和棱角。

3）拆下的模板应及时保养修理，及时涂刷脱模剂，拆下的扣件及时集中收集管理。

4）拆下的模板，如发现不平或肋边损坏变形应及时修理，涂刷脱模剂。

5）模板拆下后，用刨刀清除板面的杂物，模板板面破损处用水泥腻子修补，并涂刷脱模剂，有利于拆模和保证混凝土外观。

6）模板在使用过程中应加强管理，分规格堆放。

（6）模板工程质量标准

1）保证项目

a. 模板必须有足够的强度、刚度和稳定性；其支架的支撑部分必须有足够的支撑面积。

b. 清水混凝土使用达到设计要求的模板。

2）基本项目

a. 模板接缝严密，表面平整；安装立面垂直，几何尺寸正确。

b. 模板表面清理干净，模板上不得粘浆，不得漏涂脱模剂。

3）模板安装允许偏差值（表 5-11）

表 5-11

项目		允许偏差(mm)	项目		允许偏差(mm)
轴线位移	基础	5	表面平整度		2
	墙、梁、柱	3	预埋钢板中心线位移		2
标高		±3	预埋管预留孔中心线位移		2
截面尺寸	基础	±5	预埋螺栓	中心线位移	2
	墙柱梁	±2		螺栓外露长度	−0,+10
每层垂直度		3	预留洞	中心线位移	5
相邻两板表面高低差		2		内部尺寸	−0,+10

(7) 模板工程质量保证措施

模板工程是保证本工程清水混凝土的中心环节，应精心设计、精心制作、精心施工。外墙穿墙对拉螺栓的空洞配制要满足美观的需要，竹胶板的排列配制，按照均匀、对称、有规律的原则进行设计。安装质量要求严守国家标准，各项质量指标合格率达到 90%以上，保证结构质量，确保结构“长城杯”的目标和清水混凝土的实现。模板拆除时不得死撬硬砸，在倒运、堆放过程中，应避免磕碰，注意保护，以保证模板的周转次数。拆下的模板及时清理，刷好脱模剂待用，脱模剂涂刷一定要均匀，确保浇筑混凝土时不粘模，表面光滑，确保清水混凝土的效果。

1）模板支撑要牢固、稳定，支撑到位。坚持先弹线定位再进行模板支设，保证模板的截面尺寸、轴线和标高、位置正确。

2）模板上对拉螺栓孔的位置、钉眼位置、竖肋上连接孔的位置应弹线固定。

3）配制门窗洞口模板尺寸偏差：截面不大于±2mm，对角线误差不大于 5mm。

4）墙模合模前，检查墙体根部水平度及混凝土顶板墙内凿毛清理。

5）所有预留洞口均粘贴海绵条，粘贴要整齐、牢固，距洞口边 5mm，不允许吃进结构。墙体模板下口在支完模板后进行灌灰封缝处理，避免漏浆、烂根。

6）要求阴阳角方正、顺直，开间尺寸正确，误差控制在允许范围，在大模板上口拉通线，此线在浇筑完墙混凝土后拆除。

7）门窗洞口定位筋应牢固，设点、设位正确，并刷防锈漆。

8）模板支设的“八不准”

a. 墙线未验收、模板控制线未弹或弹线不准不准支模板。

b. 钢筋、门窗口模板、预留洞未检查合格不准支模板。

c. 模板企口有变形或对拉螺栓不全不准支模板。

d. 模板清理不干净、脱模剂未刷不准支模板。

e. 墙根未剔凿或剔凿不够不准支模板。

f. 门窗、预留洞口未粘贴海绵条不准合模。

g. 墙体施工缝绑扎不牢或剔凿不够不准合墙。

h. 水电预埋验收不合格不准合模。

(8) 模板工程中的安全、消防等要求

1) 无论哪一部分模板的安装，都应该使模板及其支架系统整体稳定、结构安全可靠。任何部位模板的拆除必须经过施工人员的许可方可进行。

2) 使用塔吊运输模板时，严格遵守有关的安全规定，防止高空坠物伤人。模板在运输和传递过程中要放稳接牢，防止倒塌或掉落伤人。

3) 凡落地堆放的大模板应搁置在平坦、坚实的场地上，两块大模板应采用板面对板面的存放方法，长期存放模板底部应垫木方放稳，并使其自稳角达到要求。

4) 模板的支设和拆除必须严格按工序进行，模板没有固定前，不得进行下一道工序的施工。拆除间隙应将已活动的模板及构件固定，严防突然掉落、塌落伤人。

5) 严禁同时在同一垂直面上安装和拆除模板。

6) 搭设支模的工作平台设防护栏，严防操作人员因扶空、踏空坠落。

7) 模板拆除后其临时堆放处距离楼边不小于 1m，堆放高度不超过 1m，楼板边口、通道口、脚手架边缘处，严禁堆放任何拆下的物件。

8) 顶板的钢管和支撑必须按设计规定支设，不得随意更改；扣件应拧紧。

9) 严禁在木模板加工棚中吸烟，避免火灾事故。

(9) 模板工程中环境要求

1) 模板工程中，地下墙体部分和梁板模板均采用木质大模板。制作过程中，为了得到所需模板尺寸，截下来的小木方、板条要集中堆放，防止影响现场环境。

2) 制作过程中，在锯木方和竹胶板时产生大量锯末，刨平木方时产生大量刨花，现场要对锯末和刨花加以覆盖，避免锯末和刨花较轻及易被风吹走，影响环境。

3) 在堆放模板时，不要乱堆乱放，防止影响现场整体环境。

(10) 模板计算书

1) 墙体竹胶模板计算

A. 竹胶板验算

以每小时浇筑 1m 高计算，对拉螺栓竖向间距 600mm，横向间距 600mm，局部不等间距。层高 3.5m。取最不利情况。

a. 混凝土侧压力标准值

$$t_0=\frac{200}{20+15}=5.71$$

$$F_1=0.22\gamma_c t_0\beta_1\beta_2V^{1/2}=0.22\times24000\times5.71\times1\times1.15\times1^{1/2}=34.67\text{kN/m}^2$$

$$F_2=\gamma_c H=24\times3.5=84\text{kN/m}^2$$

取两者中小值，即 $F_1=34.67\text{kN/m}^2$

b. 混凝土侧压力设计值

$$F=F_1\times1.2\times0.85=35.36\text{kN/m}^2$$

c. 倾倒混凝土时产生的水平荷载 2kN/m^2

$$2\times1.4\times0.85=2.38\text{kN/m}^2$$

d. 荷载组合　　$F'=35.36+2.38=37.74\text{kN/m}^2$

e. 竹胶板验算

12mm 厚竹胶板弹性模量为 10.4kN/mm²，静曲强度 80N/mm²，

受力按四等跨连续梁考虑。查表得：

$$K_M=-0.107\qquad K_V=-0.464\qquad K_W=0.632$$

则：　$M=K_M\cdot ql^2=-0.107\times37.74\times0.25^2=-0.25\times10^6\text{N}\cdot\text{mm}$

$$\sigma=\frac{M}{W}=\frac{0.25\times10^6}{\frac{bh^2}{6}}=\frac{0.07\times10^6\times6}{1000\times12^2}=2.92\text{N/mm}^2<f_m=10.4\text{N/mm}^2$$

满足要求。

f. 抗剪强度验算

$$V=K_V\cdot ql=-0.464\times37.74\times0.25=-4.38\text{N/mm}^2$$

剪应力　$\tau=\frac{3V}{2bh}=\frac{3\times4.38\times10^3}{2\times1000\times12}=0.55\text{N/mm}^2<f_v=1.4\text{N/mm}^2$

满足要求。

g. 挠度验算

$$w=K_W\cdot\frac{ql^4}{100EI}=0.632\times\frac{35.36\times250^4}{100\times10.4\times10^3\times\frac{1}{12}\times1000\times12^3}=0.92\text{mm}<[w]=\frac{l}{250}=1\text{mm}$$

满足要求。

B. 次龙骨验算

松木设计强度和弹性模量如下：

$$f_v=1.4\text{N/mm}^2\qquad f_m=13\text{N/mm}^2\qquad E=90000\text{N/mm}^2$$

a. 抗弯强度验算

混凝土侧压力设计值：

$$q=F'\times0.25=9.435\text{kN/m}$$

抗弯承载力计算：主龙骨间距为 0.6m，是一个等跨多跨连续梁，考虑木方长度有限，故按四等跨计算。

查表得：　$K_M=-0.107\qquad K_V=-0.464\qquad K_W=0.632$

则：　$M=K_M\cdot ql^2=-0.107\times9.435\times0.6^2=-0.363\times10^6\text{N}\cdot\text{mm}$

$$\sigma=\frac{M}{W}=\frac{0.363\times10^6}{\frac{bh^2}{6}}=\frac{0.363\times10^6\times6}{50\times100^2}=4.36\text{N/mm}^2<f_m=13\text{N/mm}^2$$

满足要求。

b. 抗剪强度验算

$$V=K_V\cdot ql=-0.464\times9.435\times0.6=-2.63\text{N/mm}^2$$

剪应力 $\tau=\dfrac{3V}{2bh}=\dfrac{3\times2.63\times10^3}{2\times50\times100}=0.79\text{N/mm}^2<f_v=1.4\text{N/mm}^2$

满足要求。

c. 挠度验算

$$q'=F\times0.25=8.84\text{kN/m}$$

$$w=K_W\cdot\frac{q'l^4}{100EI}=0.632\times\frac{8.84\times600^4}{100\times9\times10^3\times\frac{1}{12}\times50\times100^3}=0.31\text{mm}<\frac{l}{250}=2.2\text{mm}$$

满足要求。

C. 主龙骨计算

脚手杆 $\phi=48$，壁厚 3.5mm，根据模板排板图取最不利情况 600mm×1050mm，查表得：

$$f_v=125\text{N/mm}^2\qquad f_m=215\text{N/mm}^2\qquad E=206000\text{N/mm}^2$$

$$I=2\times12.19\times104\text{mm}^4$$

$$W=2\times5.08\times103\text{mm}^3$$

a. 抗弯强度验算

荷载： $q=F'\times1.05\times0.6=27.74\text{kN/m}$

抗弯承载力计算：背楞外的对拉螺栓横向间距不等，取连续跨度 1050mm 最不利情况。

查表得： $K_M=0.125\qquad K_V=-0.625\qquad K_W=0.521$

则： $M=K_M\cdot ql^2=0.125\times27.74\times600^2$

$$\sigma=\frac{M}{W}=\frac{0.125\times27.74\times600^2}{5.08\times10^3\times2}=167.23\text{N/mm}^2<f_m=215\text{N/mm}^2$$

满足要求。

b. 挠度验算

$$q=F\times1.05\times0.6=25.99\text{kN/m}$$

$$w=K_W\cdot\frac{ql^4}{100EI}=0.521\times\frac{25.99\times600^4}{100\times2.06\times10^5\times2\times12.19\times10^4}=0.65\text{mm}<[w]=3\text{mm}$$

满足要求。

c. 墙体对拉螺栓验算

$$N=F'\times1.05\times0.7=37.74\times1.05\times0.6=27.74\text{N}$$

$$\sigma=\frac{N}{A}=\frac{27740}{144}=192.64\text{N/mm}^2<245\text{N/mm}^2$$

满足要求。

2）顶板模板计算

查表得红松设计强度和弹性模量如下：

$$f_v=1.4\text{N/mm}^2\qquad f_m=13\text{N/mm}^2\qquad E=90000\text{N/mm}^2$$

木方、模板的重力密度为 8.4kN/m^3，12mm 厚竹胶板弹性模量为 10.4kN/mm^2，板

厚 180mm，主次龙骨间距 1200mm。

A. 竹胶板验算

荷载：取 1m 宽板带计算。

底模自重	$8.4\times0.012\times1\times1.2=0.12\text{kN/m}$
混凝土自重	$24\times0.18\times1\times1.2=5.18\text{kN/m}$
钢筋荷重	$1.1\times0.18\times1\times1.2=0.24\text{kN/m}$
施工人员设备荷载	$2.5\times1\times1.4=3.5\text{kN/m}$
合计	$q_1=9.04\text{kN/m}$

考虑木材含水率小于 25%，

乘以折减系数 0.9 得 $q=q_1\times0.9=8.13\text{kN/m}$

a. 抗弯强度验算

抗弯承载力计算：底模下的小楞间距为 0.3m，是一个等跨多跨连续梁，考虑胶合板长度有限，故按四等跨计算。

查表得： $K_M=-0.107$ $K_V=-0.464$ $K_W=0.632$

则： $M=K_M\cdot ql^2=-0.107\times8.13\times0.3^2=-0.078\times10^6\text{N}\cdot\text{mm}$

$$\sigma=\frac{M}{W}=\frac{0.03\times10^6}{\frac{bh^2}{6}}=\frac{0.078\times10^6\times6}{1000\times12^2}=3.26\text{N/mm}^2<f_m=13\text{N/mm}^2\text{（可）}$$

满足要求。

b. 抗剪强度验算

$$V=K_V\cdot ql=-0.464\times8.13\times0.3=-1.13\text{N/mm}^2$$

剪应力 $\tau=\frac{3V}{2bh}=\frac{3\times1.13\times10^3}{2\times1000\times12}=0.14\text{N/mm}^2<f_v=1.4\text{N/mm}^2$

满足要求。

c. 挠度验算

则： $q_1=9.04-3.5=5.54\text{kN/m}$ $q=q_1/1.2=4.62\text{kN/m}$

$$w=K_W\cdot\frac{ql^4}{100EI}=0.632\times\frac{4.62\times300^4}{100\times10.4\times10^3\times\frac{1}{12}\times1000\times12^3}$$

$$=0.25\text{mm}<[w]=\frac{l}{250}=1.2\text{mm}$$

满足要求。

B. 次龙骨计算

a. 抗弯强度验算

荷载：

小楞自重	$8.4\times0.1\times0.05\times1.2=0.05\text{kN/m}$
底模自重	$8.4\times0.012\times0.3\times1.2=0.036\text{kN/m}$
混凝土自重	$24\times0.18\times0.3\times1.2=1.56\text{kN/m}$
钢筋荷重	$1.1\times0.18\times0.3\times1.2=0.07\text{kN/m}$

施工人员设备荷载　　　$2.5\times0.3\times1.4=1.05\text{kN/m}$

合计　　　$q_1=2.82\text{kN/m}$

抗弯承载力计算：小楞下的大楞间距为1.2m，是一个等跨多跨连续梁，考虑木方长度有限，故按四等跨计算。

则：　$M=K_M\cdot ql^2=-0.107\times2.82\times1.2^2=-0.435\times10^6\text{N}\cdot\text{mm}$

$$\sigma=\frac{M}{W}=\frac{0.435\times10^6}{\frac{bh^2}{6}}=\frac{0.435\times10^6\times6}{100\times50^2}=10.4\text{N/mm}^2<f_m=13\text{N/mm}^2$$

满足要求。

b. 抗剪强度验算

$$V=K_V\cdot ql=-0.464\times2.82\times1.2=-1.57\text{N/mm}^2$$

剪应力　$\tau=\frac{3V}{2bh}=\frac{3\times1.57\times10^3}{2\times100\times50}=0.47\text{N/mm}^2<f_v=1.4\text{N/mm}^2$

满足要求。

c. 挠度验算

则：　$q_1=2.82-1.05=1.77\text{kN/m}$　　$q=q_1/1.2=1.48\text{kN/m}$

$$w=K_W\cdot\frac{ql^4}{100EI}=0.632\times\frac{1.48\times1200^4}{100\times9\times10^3\times\frac{1}{12}\times100\times50^3}$$

$$=0.33\text{mm}<[w]=\frac{l}{250}=4.8\text{mm}$$

满足要求。

C. 主龙骨计算

a. 抗弯强度验算

荷载：取1跨，主龙骨自重均布荷载近似为跨中集中荷载。

大楞自重　　　$8.4\times0.1\times0.1\times1.2=0.1\text{kN/m}$

次龙骨均布荷载　　　2.82kN/m

合计　　　$q_1=2.92\text{kN/m}$

抗弯承载力计算：大楞下的脚手管间距为1.20m，是一个等跨多跨连续梁，考虑木方长度有限，故按四等跨计算。

$$M_{\max}=0.281Fl=0.281\times q\times1.2\times1.2=1.18\text{kN}\cdot\text{m}$$

$$\sigma=\frac{M}{W}=\frac{1.18\times10^6}{\frac{bh^2}{6}}=\frac{1.18\times10^6\times6}{100\times100^2}=7.08\text{N/mm}^2<f_m=13\text{N/mm}^2$$

满足要求。

b. 抗剪强度验算

$$V=K_V\cdot ql=-0.661\times2.92\times1.2=-2.32\text{N/mm}^2$$

剪应力　$\tau=\frac{3V}{2bh}=\frac{3\times2.32\times10^3}{2\times100\times100}=0.35\text{N/mm}^2<f_v=1.4\text{N/mm}^2$

满足要求。

c. 挠度验算：

则：　　$q_1=1.48+0.1=1.58\text{kN/m}$　　$q=q_1/1.2=1.32\text{kN/m}$

$$w=K_W\cdot\frac{ql^4}{100EI}=1.079\times\frac{1.32\times1200^4}{100\times9\times10^3\times\frac{1}{12}\times100\times100^3}$$

$$=0.36\text{mm}<[w]=\frac{l}{250}=4.8\text{mm}$$

满足要求。

D. 顶板支撑脚手管计算

立杆脚手管单根荷载　　　$2\times2.92\times1.2=7.01\text{kN}$

脚手杆 $\phi=48$，壁厚 3.5mm，横杆步距 1500mm。

查表得　7.01kN<12.4kN，满足要求。

稳定性计算：

$$A=4.89\text{cm}^2$$

$$\lambda=\frac{L}{i}=\frac{1500}{\sqrt{\frac{48^2+41^2}{4}}}=47.53$$

查表得：　　　　　$\varphi=0.859$　　　$f_m=205\text{N/mm}^2$

$$\sigma=\frac{7010}{0.859\times4.89\times10^2}=16.69\text{N/mm}^2<205\text{N/mm}^2$$

满足要求。

5.3.6　混凝土工程

由于施工现场条件所限，而且本工程外墙为清水混凝土，故全部采用商品混凝土，罐车运输、地泵浇筑。

(1) 清水混凝土

本工程混凝土分项工程的重点、难点是外墙清水混凝土的施工，应在搅拌站选择时及时相互沟通，落实坍落度及运距、车次、混凝土初凝时间等相关要素，确保外墙混凝土的连续浇筑。

同时，根据施工图纸、流水分段，每段的浇筑时间等合理安排施工顺序，将一段墙体内外墙分为不同的小流水段进行浇筑，并要考虑施工人员的精神状态、体力因素等，确定外墙混凝土的浇筑时间，避免墙体（特别是外墙）出现冷缝。

另外，在地下结构施工过程中应通过多次实验、比较，找出最适合于清水混凝土施工的坍落度，并锻炼施工人员的操作技能，分派出有经验、有技术、认真负责的施工人员专门负责地上外墙清水混凝土的振捣施工。

严格把好商品混凝土进场关，每车混凝土进厂都要做坍落度试验，不符合要求的混凝土严禁使用。

对于成型的混凝土实体，要及时分析存在的问题，并与模板、钢筋、测量等其他分项相互协调配合，共同解决，做到持续改进，不断提高，确保清水混凝土的外观和质量。

(2) 搅拌站选择

选择的商品混凝土搅拌站必须符合相应的企业等级和资质，必须能够保证混凝土的连续供应和混凝土的质量。搅拌站应能满足工地技术部门提出的各种混凝土技术要求，按施工需要及时供给。检查搅拌站是否符合《关于商品混凝土的技术要求》的规定。

1）原材料要求：搅拌站必须使用质量稳定的原材料。原材料使用前，必须经过试验符合国家现行标准，并有可溯性的试验报告。用于清水混凝土的水泥、砂子、石子、外加剂等，全部应是同产地、同品种、同原料的原材料，必须符合现行国家标准规定。严禁中途更换原材料，以保证清水混凝土的外观质量。

2）外加剂选用：外加剂的质量应符合现行国家标准的要求，并报监理工程师认可后方准许使用。混凝土外加剂要有外加剂厂家的出厂合格证和检验报告。外加剂应采用绿色环保产品，无污染，不含有氨、氯，并带有外加剂不含氨、氯的检测合格报告。

3）混凝土碱含量控制：商品混凝土含碱量应符合北京市《预防混凝土工程碱集料反应技术管理规定》，要求总含碱量值不得超过 $3kg/m^3$，搅拌站须提供原材料碱含量符合现行标准要求的检测合格报告和混凝土总含碱量的计算。

（3）混凝土试配

工程开工后，搅拌站应立即进行混凝土试配，配合比根据工地提供的强度指标及其他要求控制。

混凝土的试配应能满足商品混凝土的和易性，减少商品混凝土的坍落度损失，保证混凝土泵送效果。并做混凝土强度和抗渗试验，保证混凝土各项性能指标符合要求。并把试配结果报送到项目经理部，由项目总工程师审核，报监理审查认可。

（4）混凝土供应和运输方式

本工程混凝土运输采用混凝土罐车、浇筑采用泵送（2 台 HBT80 拖式混凝土柴油泵），并用 2 台布料机进行楼层混凝土水平浇筑。

混凝土在运输过程中遇到风雨或暴热天气时，罐车上应加遮盖，以防进水或水分蒸发；冬期施工时，混凝土罐车应有保温措施。混凝土送到浇筑地点后，应保证其均匀性，不出现分层离析现象。

混凝土运输、浇筑和间歇总时间不得超过混凝土初凝时间。

（5）商品混凝土小票管理

每车混凝土到场后，将商品混凝土小票交给收料员，由收料员认真纪录四个时刻（出站时间、到站时间、浇筑时间和浇完时间），检查到场混凝土的基本情况，并通知试验员测试混凝土坍落度，按要求留置标养试块和同条件试块，及时分析本次混凝土浇筑质量情况及预拌混凝土供应情况，便于下次混凝土浇筑过程及混凝土质量的控制。

（6）泵管架设

要考虑混凝土的输送压力，以及便于装拆维修、排除故障和清洗，混凝土泵管在室外地坪以下用搭设灯笼架架设，在室外地坪以上沿建筑物预留洞向上延伸，到浇筑平面与混凝土布料机连接或接橡皮软管。

1）从地泵上引出的泵管在通往浇筑地点时，应保持垂直，并有可靠固定。混凝土输送管水平管每隔 1500mm 用架管马凳固定，不得直接将泵管放置在楼板钢筋上。竖向泵管易设置在楼板预留洞中，用架管、木楔可靠固定；浇筑底板时，用脚手架搭设架子固定。

2）尽量缩短管线长度，减少压力损失，少用弯管和软管。

3）管线布置要横平竖直，同一管线中采用相同管径的混凝土输送管。

(7) 混凝土浇筑

1) 本工程强度等级有C15、C20、C25、C30，其中地下混凝土抗渗等级为P6。

2) 为了保证混凝土结构良好的整体性，同一施工段混凝土应连续进行浇筑，特别是底板混凝土，因其面积大，厚度大，一次浇筑方量多，又因其是自防水结构，浇筑时定要精心组织，杜绝冷缝现象出现。

3) 混凝土振捣采用插入式振动器（振捣棒)，分层浇筑时，在下层混凝土初凝前将上层混凝土浇筑完毕，振动器应插入下层50mm，以消除两层间的接缝。

4) 混凝土浇捣过程中，要注意对钢筋的保护，要经常检查钢筋保护层厚度及所有预埋件的牢固程度和位置的准确性。

5) 为了避免发生离析现象，当混凝土自高处倾落时，其自由倾落高度超过1.5m、在竖向结构中浇筑高度超过2m时，采用导管下料，并注意对底部混凝土的振捣。

6) 基础底板混凝土：浇筑采用薄层浇筑、循序渐进、逐步均匀升高、一次到顶的连续浇筑工艺。浇筑时采用斜面分层，分层厚度400mm，按1∶6的斜坡向前推进。下层振动器垂直于浇筑方向自下而上，上层振动器垂直于浇筑方向自上而下，严格控制振捣间距在400～500mm左右。振捣时间以混凝土浆上浮、石子下沉、不出现气泡为合适。振动器快插慢拔。确保混凝土的浇筑质量。混凝土浇筑完、振捣密实后，采用一次抹面工艺施工，在混凝土初凝前表面用2m刮杠抹压，赶走表面泌水；在混凝土终凝前用木抹子搓平，再用铁抹子抹压2～3遍。以减少面层混凝土的收缩量，防止表面收缩裂缝的出现（图5-7)。

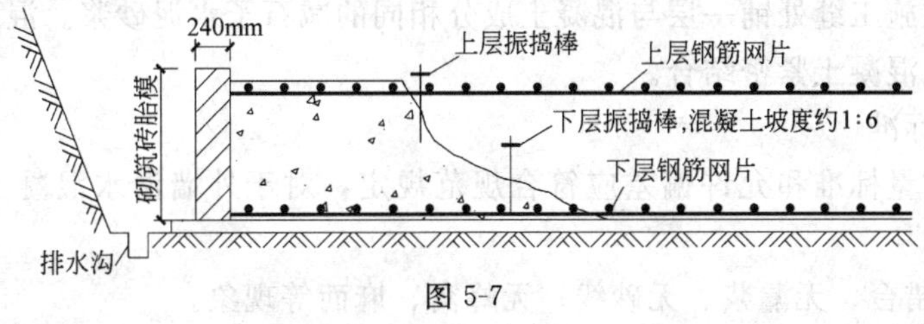

图5-7

7) 墙柱混凝土：浇筑前，先在底部浇以与混凝土组分相同的减石子水泥砂浆30～50mm，然后再浇筑混凝土，分层浇筑厚度400mm左右。门窗洞口处的墙体混凝土在浇筑时应两侧均匀下混凝土，高度大体一致。振捣时，振捣棒应距洞边30cm以外，最好从两侧对称振捣，以防洞口变形。墙上口混凝土浇筑完毕后，将上口的钢筋加以整理，并将墙体上口表面混凝土找平。墙体浇筑高度比顶板下皮高出2～3cm，支完顶板模后将墙体上口表面浮浆剔除，墙体混凝土高出顶板模板5mm为宜。

8) 顶板混凝土：浇筑前应提前检查钢筋保护垫块是否垫好，顶板混凝土浇筑时应铺设均匀，在间距2～3m范围内水平移动布料，不能堆放过多，防止顶板模变形。每段顶板混凝土均顺短边方向浇筑，沿长边方向推进。当顶板混凝土强度达到1.2MPa时，方可上人，进行下道工序，防止产生加荷、上人过早产生裂缝。

9) 混凝土浇筑完毕后及时按规范规定取样，制作混凝土标养条件以及冬转暖等的混凝土试块。并按规定做混凝土的各种强度、抗渗试验。

(8) 混凝土养护

1) 基础底板混凝土浇水养护。

2) 混凝土墙柱面淋水进行养护，浇水次数应能满足保持墙面湿润状态。

3）梁板采用浇水湿润并覆盖麻袋片进行养护。

4）要加强混凝土的养护，特别是早期养护。常温下浇筑后12h内，即可覆盖浇水，保持湿润养护。普通混凝土养护时间不得少于7d。防水混凝土养护时间不得少于14d。

5）冬期施工期间，混凝土浇筑采用综合蓄热法，混凝土中掺加防冻剂，浇筑完覆盖塑料薄膜，盖双层草帘被养护。门窗洞口挂草帘被进行封闭防风保温。

(9) 防水混凝土的施工

1）地下部分采用防水混凝土，在混凝土中掺入UEA微膨胀防水剂，以达到设计提出的抗渗等级不小于P6的要求。

2）对防水混凝土的材料要符合有关规范标准的规定，水泥、外加剂等检验其出厂证明、出厂合格证及产品技术资料。

(10) 伸缩缝、施工缝的留设及处置

1）主楼与车库间基础底板沉降后浇带在主体结构完工后补浇；主楼与主楼、车库与车库施工后浇带在底板施工完2个月后，用比两侧混凝土高一强度等级的混凝土补浇。

2）施工缝应设置在结构受力最小处，梁、板留在跨中1/3范围内。

3）地下室外墙墙体水平、竖向施工缝处设置20mm×30mm BW型膨胀止水条。

4）施工缝处混凝土留直槎，不得留斜坡。

5）施工缝、后浇带在浇筑下次混凝土前，已浇混凝土强度不低于1.2N/mm^2，已硬化的混凝土表面，应清除松散的石子和水泥浆，露出坚硬石子并用水充分湿润。在浇筑混凝土前，宜先在施工缝处铺一层与混凝土成分相同的减石子水泥砂浆。混凝土振捣时应细致均匀，使新老混凝土紧密结合。

(11) 质量标准

混凝土的质量标准和允许偏差应符合规范规定，对于外墙清水混凝土施工观感质量达到：

1）墙面无错台、无漏浆、无砂线；无蜂窝、麻面等现象。

2）墙面无过振、欠振，无明显气泡；无粘模。

3）结构尺寸准确，无露筋、隐筋现象。

4）锥体及穿墙孔边角整齐、美观；外墙门窗洞口、穿墙螺栓孔等水平纵向位置无明显错位。

5）无超出设计允许的明显裂纹。

6）接缝：不挂浆、漏浆。无水纹，顺平顺直。墙面无流坠。

7）线角：面、角、线顺平顺直。

8）墙面光洁度好，手感光滑；表面清洁、无污染，混凝土颜色均匀一致，无明显色差。

9）成品保护好，无碰撞缺陷、无缺棱掉角。

10）墙面无流坠，及时清洗。

(12) 混凝土工程技术质量控制措施

1）预拌混凝土的性能必须要满足国家和地方规范规定要求，并满足工地技术部门提出的《关于商品混凝土的技术要求》。

2）避免发生离析现象，当混凝土自高处倾落时，其自由倾落高度超过1.5m、在竖向结构中浇筑高度超过2m时，采用导管下料，并注意对底部混凝土的振捣。

3）浇筑过程中，振动器注意对钢筋、模板、预埋件的保护，各专业须派专人负责各项目的质量保证，经常观察模板、钢筋、预埋件和预埋洞的稳定情况，当发现有变形、移位时，应立即采取措施在已浇筑混凝土初凝前修正完好，特别是钢筋要有专人扶筋，将移位的钢筋在混凝土初凝前扶正。

4）严格控制顶板混凝土的标高、平整，特别是墙根部分，如外墙模板与空调板接触部分，使下道工序支设墙体大模板时，在大模板根部减小缝隙，避免漏浆。保证清水混凝土的质量。

5）混凝土养护应及时到位，洒水养护时间满足要求。

6）做好冬期施工混凝土的测温工作，控制混凝土内外温差不大于 20℃，及时分析混凝土内部温度变化和环境温度对混凝土强度增长的影响，并用以确定混凝土保温时间，防止混凝土出现温度裂缝或受冻。

7）为防止顶板混凝土产生收缩裂缝，在混凝土初凝前用 2m 刮杠刮平，终凝前用木抹子搓平，用铁抹子压实 2～3 遍，以减小混凝土面层的收缩量，并保证混凝土平整。用刮杠刮平时，刮杠要从房间四面向中间刮平，并在房间四面和对角的墙体钢筋上拉线控制标高，严格控制顶板标高，误差控制在 3mm。刮杠与建筑阴角相平行，保证混凝土的平整度，特别是墙角 30cm 处的平整，使下道工序支设墙体大模板时，在大模板根部减小缝隙（控制在 2mm 内），浇筑墙体混凝土时避免漏浆。

8）混凝土拆模后的成品保护，在楼梯踏步、易磕碰的门窗洞口阳角、内墙大阳角等部位，用竹胶板进行防护。

5.3.7 脚手架工程

顶板、梁支撑采用碗扣式脚手架，结构施工时地上外墙外侧操作平台采用外挂脚手架和悬挑式脚手架，外墙装修采用吊篮。

（1）外挂架施工

1）外挂架构架

a. 外挂架应焊接牢固（到专业厂家租赁），护身栏、护栏、挡脚板、脚手板、安全网、水平网等的搭设安装牢固可靠，防护到位，符合规范规定。

b. 外挂架螺栓孔用模板最上排大模板穿栓孔。

c. 外挂架安装、提升完毕，现场进行荷载试验，并做好实验记录。检查合格后可在其上部进行正常的操作。

2）外挂架提升

a. 上一层混凝土浇筑完毕，强度达到 7.5MPa 以后，才能提升外挂架，混凝土强度依据现场同条件试块的强度确定。提升前严格控制，避免破坏外墙清水混凝土的质量。

b. 外挂架提升吊点要对称，以便外挂架保持平衡，顺利提升外挂架。

3）外挂架安装、使用、提升等，必须严格按照有关规范规定操作，防止安全事故发生。

4）挂架施工详见“清华东路公寓、大学生公寓工程外挂架施工方案”。

（2）外墙挑架施工

1）本工程在外墙阳台处搭设挑架进行施工操作及维护，挑架采取简单的上拉下支式，水平杆件在门洞处与预埋件或脚手杆进行锚固，承受拉力；斜支杆上端与水平杆可靠连接、下端支在阳台板上的外墙根部，承受压力。护身栏、护栏、挡脚板、脚手板、安全网、水平网等的搭设安装牢固可靠，防护到位，符合规范规定。

2）挑架搭设前应进行受力计算，经公司有关安全部门、监理单位审批，符合要求才能进行搭设，外挂架安装、提升完毕，现场进行荷载试验，并做好实验记录。检查合格后可在其上部进行正常的操作。

3）根据外墙空调板、阳台板的截面尺寸、挑出长度等因素，将挑架分为两种形式，一种为上人操作挑架，一种为不上人挑架维护。

4）挑架每3层一拆一搭。其安装、使用、拆除等必须严格按照有关规范规定操作，防止安全事故发生。

5）外墙挑架施工详见“清华东路公寓、大学生公寓工程外墙挑架施工方案”。

（3）吊篮施工

1）吊篮请专业分包厂家进行安装。采用双层吊篮，利用手扳葫芦提升。

2）吊篮的安全防护措施到位，护头护脚板、安全网、钢丝绳、安全绳、挑梁、支点等安装、施工符合有关规范规定。

3）吊篮使用时，必须注意对清水混凝土外墙的保护。

5.3.8 砌筑工程

本工程填充墙采用150mm、250mm厚的陶粒混凝土砌块，表观密度小于等于800kg/m^3，M5混合砂浆砌筑；轻质隔墙为90mm厚预制钢筋混凝土板。

（1）砌筑砂浆

砂浆配合比由中建一局三公司中心试验室确定配合比，雨天应根据实测砂含水率调整配合比。

（2）砌块

材料进货要经严格试验，按不同规格在现场堆放整齐，堆置高度不超过2m，砌筑前砌砖应干净、无污染，并及时浇水湿润再使用。

（3）构造要求

1）陶粒空心墙砌筑前，要先在底部做混凝土垫层。

2）与后砌隔墙相连的钢筋混凝土墙、柱，沿高度每隔500mm预留拉结筋。

3）与圈梁、过梁连接的钢筋混凝土墙柱，应在圈梁纵向钢筋位置预留插筋，插筋锚入柱内距离不小于35d，伸出墙柱边距离不小于700mm，并与圈梁、过梁钢筋搭接。

4）构造柱钢筋在梁板浇筑时预埋，锚入梁板内35d。

5）墙体构造柱按设计要求位置设置构造柱，构造柱要先砌墙后浇筑，与墙连接处砌成马牙槎，马牙槎应先退后进。构造柱上下端箍筋加密区范围内，箍筋间距加密至100mm。构造柱必须与圈梁相连。

6）构造柱混凝土强度等级：地下车库为C25；公寓楼为C20。

5.3.9 防水工程

按设计要求，本工程基础底板及基础外墙防水采用刚柔结合的两道防水设防，第一道为钢筋混凝土刚性自防水（地下车库基础、外墙、顶板抗渗等级为P6）；第二道防水均采用双层Ⅲ型SBS防水卷材。公寓楼地下水池侧壁混凝土抗渗等级为P12，其他部位为P6；其他地下室外墙采用双层Ⅱ型SBS防水卷材。屋面防水为：一道高聚物改性沥青卷材与一道高聚物改性沥青涂膜组合；厨房、卫生间等楼地面防水均采用聚氨酯防水涂料。

基础底板和外墙防水采用外防外贴法施工。

（1）SBS防水卷材铺贴

1）基层处理：基层应平整、干净、干燥，含水率符合规范要求。

在基层上涂刷一道基层处理剂，处理剂涂刷应均匀一致，无漏涂，不可反复涂刷。防水卷材铺贴前，应进行基层弹线，以保证卷材搭接宽度和铺贴顺直。

基层处理剂干燥后，在砖模与垫层交接处，砖模转角处及基底深坑阴阳角部位作附加层。

附加层施工完毕后开始大面积卷材的铺贴，铺贴采用满粘热熔法。施工时用热融胶喷枪烘烤卷材的底面和基层，边烘烤边滚动卷材，随后用压辊滚压，使卷材与基层粘结牢固。热融胶喷枪的喷嘴距卷材面的距离应适中，幅宽内加热应均匀，以卷材表面熔融至光亮黑色为度，不得过分加热或烧穿卷材。卷材滚铺时应排除卷材下面的空气，使之平展，不得有皱折。

2）卷材搭接接缝施工：无论是平面还是立面的卷材，其长边搭接宽度为100mm，短边搭接宽度为150mm，相邻两幅卷材的接缝相互错开1/3幅宽以上。

对阴阳角用附加卷材贴实粘牢，附加卷材铺贴时不要拉紧，要自然松铺且无皱纹。对穿墙套管等较小管径的管根部位，可在管径周围500mm范围内涂刷硬质涂料作增强处理，再将防水卷材铺贴在管根，用密封材料封严。

铺贴完的防水层应粘结牢固紧密，接缝封严，无损伤、空鼓等缺陷。

（2）聚氨酯涂膜防水施工要点

聚氨酯防水涂料分为甲组分和乙组分，甲、乙组分应分别储存在室内通风干燥处，若动用后剩余材料，应将容器的封盖盖紧，防止失效。

防水涂料进场后，厂方应提供产品使用说明书、出厂质量证明书、防伪标志、材料抽样检验报告、厂家资质证明。

防水涂料进场后，按不大于5t为一批，抽样检验每批涂料的不透水性、耐热度、拉伸强度、低温柔性、断裂伸长率，各项技术性能检验合格后方可使用。

防水施工队伍在施工前应提供营业执照、资质等级证明、安全资格审查认可证及防水施工作业人员上岗证复印件。

1）基层处理：清扫基层尘土及管件油污、铁锈，对阴阳角、管根部及地漏等部位加强清理，阴阳角作成弧形，防水层施工前，基层应平整、干燥、干净。

2）涂布底胶：首先涂刷阴阳角、管根部等关键部位，再大面积涂刷。底胶必须涂布均匀，固化后方可进行涂膜施工。

3）涂料配置、细作附加层：管件、地漏、阴阳角等部位做一布二涂附加防水层，实干后，进行大面积涂膜施工。

4）涂膜施工：每一道涂膜都应涂布均匀，第一道涂膜干后，方可进行第二道涂膜施工，两道涂膜涂刷方向互相垂直。管件等收头部位用嵌缝膏嵌填密实。

5）蓄水试验：防水层施工完毕及面层装修施工完毕，必须分别进行两次各24h蓄水试验，蓄水深度5cm。

5.3.10 楼地面工程

本工程卧室、走道、起居厅为水泥地面，厨房防水层上方做 20mm 厚水泥砂浆保护层，卫生间为防滑地砖，首层门厅及电梯厅为花岗石楼面，以上各层电梯厅楼面为防滑地砖，楼梯间为普通地砖，电梯机房为细石混凝土楼面，公用走廊为防滑地砖，设备层、缓冲层、水箱间为细石混凝土楼面。

(1) 地砖楼地面

1) 地砖表面应洁净，色泽、外形尺寸一致，技术等级和外观质量要求符合现行国家标准，地砖预先湿润后晾干待用。

2) 基层处理：将混凝土基层上的杂物清理干净，并将砂浆、落地灰剔除干净，用钢丝刷刷净至浮浆层。

3) 标高弹线：根据墙柱上的＋50cm 水平标高线，往下测量出面层标高，并弹在墙上。

4) 预先根据设计要求、房间形式和地砖规格，对各部位的地面排版进行详细设计，将非整砖排在边角和靠墙位置。

5) 铺砖：为了找好位置和标高，铺砖从门口开始，纵向先铺 2～3 行砖，以此为标筋拉纵横水平标高线，铺砖时从里向外退着操作，每块砖应跟线。

6) 面砖表面应紧密，面砖缝隙宽度约 2mm，施工时应严格控制面层的标高。

7) 铺完面砖后，常温下 48h 放锯末浇水养护。

(2) 水泥砂浆楼地面

1) 基层应干净、湿润、无积水。

2) 水泥砂浆的拌制采用硅酸盐水泥或普通硅酸盐水泥。

3) 水泥砂浆的第二遍抹压工作应在水泥初凝前完成，第三遍压光工作应在水泥终凝前完成。要求表面洁净，无裂纹、脱皮、麻面、起砂等现象。

4) 地面压光交活后 24h，铺锯末洒水养护并保持湿润。养护期间不允许压重物或碰撞。

(3) 花岗石地面

1) 花岗石的存放不得雨淋、水泡、长期日晒，板块立放，光面相对，地面垫木方。花岗石应预先浸湿，阴干后备用。

2) 先铺 30mm 厚 1∶3 干硬性水泥砂浆结合层，撒一层素水泥面浇适量水后即可安放花岗石。花岗石四角应同时下落，用橡皮锤从中心向四周轻轻敲击，根据水平线用铁水平尺找平、找正。发现局部空鼓后应撬开重做。安装完后，用棉丝团蘸原稀水泥浆擦缝，将地面擦平。

3) 铺砌花岗石过程中，操作人员应随铺设随擦净面层。

4) 打蜡在各工序完工后不上人时进行。

5) 地面施工完后，房间应封闭或覆盖保护。

5.3.11 墙面装饰工程

本工程内墙面装饰做法包括水泥砂浆墙面、水性耐擦洗涂料、彩色花纹涂料墙面、面砖墙面、花岗石墙面等；外墙装饰做法包括清水混凝土墙面、喷高级荧光涂料墙面等。

(1) 乳胶漆墙面

1) 门窗安装和地面施工完毕，墙面含水率小于10%时，开始插入乳胶漆施工。

2) 施工前将不进行喷涂的门窗和墙面保护遮挡好。

3) 应先做样板间，经甲方、监理认可后再进行大面积喷涂作业。

4) 基层上的杂物和油污清理干净。当基层为混凝土墙时，表面刷掺胶素水泥浆一道；当基层为砌块墙时，提前一天洒水湿润。

5) 刷第一遍乳胶漆时，先将墙面清扫干净；涂刷油漆时，由上到下，从一头刷向另一头，要互相衔接。

6) 乳胶漆使用前应搅拌均匀，头一遍漆应适当加水稀释，防止头遍漆刷不开。

7) 乳胶漆膜干燥较快，应连续操作，间隔时间不宜过长。避免出现透底、明显接槎、明显刷纹等质量问题。

(2) 面砖墙面

1) 基层处理：检查并砌好脚手眼，检查墙面凹凸情况，对凸出墙面的砖或混凝土剔平，并将基层墙面残余的砂浆、灰尘、污垢、油渍清除干净，并提前一天浇水湿润。

2) 贴饼标筋：根据墙面水平基准线弹出地面标高，然后在房间的四周拉通线，做灰饼冲筋。

3) 抹底灰：先浇水湿润，然后分层分遍抹厚12mm的1∶3水泥砂浆底灰，底灰要扫毛或画出纹道，24h后浇水养护。

4) 按照排版大样图，每隔3～5块砖，弹纵横控制线。

5) 铺砖前应挑出规格一致的面砖，放入净水中浸泡2h以上。铺贴时要按从下到上、从阳角到阴角、由里向外的顺序向门口倒退着施工。遇有窗户等洞口时，要从洞的中心向四周分贴。阳角和上口镶贴与其配套的配件砖。

6) 铺完釉面砖2d以后，将缝口清理干净，刷水湿润，用1∶1白水泥砂浆刮缝，做到平整、密实、光滑，在水泥砂浆终凝前，彻底清除灰浆。

(3) 花岗石墙面

1) 墙体内预埋$\phi8$钢筋钩，伸出墙面50mm预埋钢筋或膨胀螺钉的双向中距等于板材尺寸。

2) 钢筋网片采用$\phi6$双向钢筋网片，双向钢筋间距等于板材尺寸，且与预埋钢筋或膨胀螺钉焊接牢固。

3) 花岗石开槽后，用$\phi5$不锈钢挂钩，将花岗石与钢筋网连接牢固。

4) 石材安装按照由下至上、从一端向另一端顺序进行，临时用木楔垫稳，检查调正后与钢筋网片绑扎牢固。石材安装完一层后，即用石膏水泥浆嵌塞于板间缝隙处，确保堵缝严密。

5) 灌浆采用1∶2.5水泥砂浆，分层灌浇进板内，每层灌注时间要间隔1～2h，灌注时轻轻用扦插捣固砂浆，防止漏灌和空鼓。灌浆完毕后，立即用棉纱清理板材上的余浆。

(4) 外墙清水混凝土保护膜

本工程外墙为清水混凝土，为保护混凝土，其外侧要涂刷一层透明的保护膜，此项工程需专业厂家进行施工。施工前，必须将其资质等报经甲方、监理审查，在现场做样板经认可后，再进行大面积施工作业。

5.3.12 顶棚工程

本工程顶棚工程主要为涂料工程，其施工流程及施工工艺可参见墙面涂料施工做法。

5.3.13 门窗工程

本工程外窗为铝合金窗，南、东、西向为中空玻璃，开启部位带纱窗；北向为双层中空玻璃，开启部位不带纱窗。户门采用三防门，全部内门只留洞口和门框预埋件。

(1) 铝合金窗

1) 铝合金门窗应按图纸要求核对型号，检查外观质量和表面的平整度，不得有劈楞、窜角和翘曲不平、严重超标、严重损伤、外观色差等缺陷。

2) 弹线找规矩：在顶层找出门窗口边线，用大线坠将门窗口边线下引，并在每层门窗口处画线标记。门窗口的水平位置应以楼层＋50cm 水平线为准，往上反，量出窗下皮标高，弹线找直。

3) 由于外檐为清水混凝土的建筑要求，铝合金窗的所有固定件均安装在窗户内侧。

4) 铝合金门窗固定好后，用保温材料填塞门窗框与墙体之间的缝隙，外表面留 5～8mm 深槽口填嵌嵌缝膏，严禁用水泥砂浆填塞。

(2) 三防门安装

1) 钢门进场后，应按规格、型号分类存放，并遮盖好，严防乱堆乱放，防止钢窗变形和生锈。

2) 车库钢门框由加工厂整体加工，施工时先立门框，后绑四周钢筋，门框的临时支撑型钢待拆模后拆除；浇筑门框墙体混凝土前，先对所有预埋件位置进行严格检查，按要求就位并固定牢固，门框混凝土浇灌 28d 后方可安装门扇。

3) 其余门安装：预埋铁件孔眼应预先留置，安装钢门前，预留孔应清理干净，且门与过梁混凝土之间连接铁件应预先留置。

4) 门框安装时，先用木楔临时固定，使铁脚插入预留洞找正吊直，且保证位置准确。

5) 门立好后，要进行严格的位置及标高的检查，符合要求后，上框铁脚与过梁铁件焊牢，门两侧铁脚插入预留洞内，并用水浸湿，采用 1∶3 干硬性砂浆堵塞密实，洒水养护。

6) 待堵孔砂浆凝固后，用 1∶3 水泥砂浆将门框边缝塞实，保证门口位置固定。

5.3.14 水电安装工程

(1) 水电工程计划管理保证措施

由于工程中结构、给排水、电气、暖通等专业交叉施工，故合理安排专业施工程序，解决各专业和工种在时间上的搭接施工，对缩短工期、提高施工质量、保证安全生产非常重要。

(2) 在主体结构期间水电安装配合原则

给水管让排水管、风管，其他给水、回水及消防管交叉时，管径小的自行煨弯让管径大的，压力管道让非压力管道。各工种基本上要本着小管道让大管道的原则，合理布置、确定和调整本工程管道走向及支架位置。

(3) 设备安装与土建安装配合

设备订货时应及时核实混凝土基础，到货后及时进行浇筑，并尽快就位，为管道配管与电气接线创造条件。

(4) 卫生间管线施工

卫生间内管线繁多，卫生洁具单体价值较高，空间狭小而牵扯多专业施工，容易发生质量问题和各专业施工队伍间的冲突，从而影响建筑的整体使用功能和工程的顺利进行，故须合理安排卫生间交叉施工工艺。

(5) 设备机房施工

在安装工程施工中，机房的安装是非常重要的一部分。在机房中分布着大大小小的设备、风管、水管、电管等。在施工过程中，既要保证图纸的顺利进行，同时还要保证各种管道不冲突；而且机房的噪声、积水等又对土建结构的严密性、防水性有较高要求。在以往的施工过程中，常常因为土建与安装各专业配合不当，造成机房施工延误工期或质量不符合要求。为避免产生不利情况，制定交叉作业措施。

(6) 交叉节点施工

在管井、设备机房等部位各专业管线纷杂、交叉错叠，如事先不进行有效的协调，容易产生相互干扰的情况，造成工程整体施工进度或质量问题。因此，对交叉节点处的施工，事前应进行机电管线空间布置的协调，绘制出机电综合管线施工图，在综合图的基础上进行支吊架的协调，在机电管线支吊架已充分协调的基础上，开始进行机电管线的水平区域的流水施工，在保证不影响后续工序施工的前提下，各专业可在不同的区域内进行同施工，缩短工期。采取以上措施，即可保证不出现影响工程施工进度的质量问题，并且在工程观感上有很好的效果，对工程质量的评定有很大帮助。

(7) 与装修工程配合

凡是影响装饰效果的修改，机电予以随时配合，按时完成。

在施工中，对在饰面上安装的器件（如灯具、开关、插座等），应参考相应部位装修图进行定位，避免日后不必要的修改或破坏影响整体装饰效果。

在配合施工时，水电专业应主动与装饰单位联系，及时了解墙面与楼地面的进度，按时完成有关安装，不影响装饰进度和避免造成二次破坏。

分区进行装修、安装工程的交叉施工工序，应规定工序交叉的顺序和方法。

(8) 施工工艺

详见“水电分公司水电安装施工组织设计”。

5.3.15 *冬雨期施工措施*

(1) 冬雨期施工部位

根据本工程的工程特点和进度计划，在工程施工期间将遇到一个冬期和一个雨期，各季节预计的施工部位如下：

1) 冬期施工

2002 年冬期：主体结构施工、机电安装工程。

2) 雨期施工

2003 年雨期：主体结构工程、装修施工、管线预埋。

(2) 冬期施工（简称：冬施）措施

冬施前认真组织有关人员分析冬施生产计划，根据冬施各专项施工项目和施工内容编制详细切实可行的冬期施工专项措施，所需材料要在冬施前准备好。

应做好施工人员的冬施培训工作，组织相关人员进行一次全面检查，施工现场的过冬准备工作，包括临时设施、机械设备及保温等项工作。

大型机械要做好冬期施工所需油料的储备和工程机械润滑油的更换补充以及其他检修保养工作，以便在冬施期间运转正常。

冬施中要加强天气预报工作，防止寒流突然袭击，合理安排每日的工作；同时，加强防寒、保温、防火、防煤气中毒等项工作。

现场临时管道均要采取保温处理，以防冻裂。

冬施期间为保证工程质量，局部为后续工序创造条件必须施工的，要采取局部封闭措施。

1）钢筋工程

a. 在负温条件下使用的钢筋，应加强检验。防止加工、运输中撞击和出现刻痕。

b. 雪天钢筋要用塑料布遮盖严密，防止钢筋表面结冰结霜。

2）混凝土工程

a. 采用综合蓄热法施工。

b. 在浇筑前，要清除模板和钢筋上的冰雪和污垢。

c. 在施工缝处接着浇筑混凝土时，应先除掉水泥薄膜和松动石子，然后铺抹水泥浆或与混凝土砂浆成分相同的砂浆一层，待已浇筑的混凝土强度高于 1.2MPa 时允许继续浇筑。

d. 墙体保温用两侧满挂保温被（阻燃草帘被）；顶板保温面层铺一层塑料布再覆盖双层保温被保温；下层门窗洞用草帘被封闭防风保温。

e. 冬期浇筑混凝土，当室外最低温不低于−15℃时，其受冻临界强度应不小于 4MPa（掺加外加剂后）。

f. 混凝土测温：冬施混凝土要加强养护温度的测量工作，掺防冻剂的混凝土在达到临界强度前 2h 测一次，以后 6h 测一次。混凝土搅拌出机温度每班至少测 4 次，每罐混凝土进场后，都要进行混凝土出罐和入模温度的检测，各项检测工作都要做好测温记录。测温人员必须经过培训方可上岗。

g. 各部位施工的混凝土都要进行测温记录，测温孔要编号，并绘制测温孔布置图，测温时要将测试计与外界气温相隔离，可在孔口四周用软木或其他保温物塞住，测温计要在测温孔内停留 3min 以上方可读数。

（3）雨期施工措施

项目部成立以项目经理为第一责任人的雨施防汛领导小组和抗洪抢险队，将方案编制、措施落实、人员教育、料具供应、应急抢险等具体职责落实到主控及相关部门，并明确责任人。组织编制雨期施工措施，报请业主和监理单位审批，审批合格后，及时落实方案内容。所需材料在雨期施工前准备齐全。

项目夜间均设专门的值班人员，保证昼夜有人值班并做好雨期值班记录，同时派专人收听和发布天气情况，以及时采取措施，保证工程施工顺利。

做好人员的雨期施工培训工作，组织相关人员对施工现场的准备工作进行一次全面的检查，包括临时设施、临时用水、临时用电、机械设备等各项工作。

对施工现场的运输道路采用混凝土进行硬化处理。雨期施工前，检查运输道路的完整情况，对破损处进行修复，做到雨后现场不积水、不存泥。现场沿建筑基坑四周设

300mm 宽排水沟，每间隔 20m 左右设置沉淀池。排水沟要定期检查，保持通畅，现场污水排出施工现场前，要经过沉淀处理。

设专人随时维护供电系统，保证雨期正常运行。室外露天的中、小型机械必须按安全规定加设防雨罩和搭设防雨棚；电闸箱防雨、漏电接地保护装置要灵敏有效，定期检查线路的绝缘情况。

大型高耸机械及设施（如塔式起重机、电梯等）要提前做好防雷接地工作，遥测电阻值，阻值及接地方法等应符合相关安全技术操作规程及规定。六级以上大风（包括六级）、雷雨、大雾天气停止使用塔式起重机等机械。大风、大雨之后，要对所有大型高耸设备设施重新检查。

检查塔吊和搅拌站基础是否牢固。塔基四周设置排水沟，保证排水良好，雨后用潜水泵将积水及时抽走，避免浸泡。对材料堆放场地和库房的防汛要求：屋顶要做好防雨，四周有排水措施，有防潮要求的库房还要做好防潮工作。基坑内设临时积水坑，降雨过后用潜水泵将积水及时抽走，防止雨水泡槽。

（4）物资的储存和堆放

1）水泥全部存入仓库，没有仓库的应搭设专门的棚子，保证不漏、不潮，下面应架空通风，四周设排水沟，避免积水。现场可充分利用结构首层堆放材料。

2）砂石料一定要有足够的储备，以保证工程的顺利进行，场地四周要有排水出路，防止淤泥渗入。

3）空心砌块应在底部用木方垫起，上部用防雨材料覆盖。

4）模板堆放场地应碾压密实，防止因地面下沉造成倒塌事故。

5）雨期所需材料、设备和其他用品，如水泵、抽水软管、草袋、塑料布等，由材料部门提前准备，及时组织进行，水泵等设备应提前检修。

6）雨期前对现场配电箱、闸箱、电缆临时支架等仔细检查，需加固的及时加固，确保用电安全。

7）地下室人防出入口、窗井等处加以封闭。

8）做好天气预报工作，防止暴雨突然袭击，合理安排每日工作。

9）现场临时排水管道均要提前疏通，并定期清理。

10）晴天派专人进行开窗通风换气，以防室内潮气过大。

（5）防护、维护

雨期前对所有脚手架进行全面检查，防护脚手架立杆底座必须牢固，并加扫地杆，同时做好防风工作。

（6）结构施工

1）现场钢筋堆放应垫高，以防钢筋泡水锈蚀。有条件的应将钢筋堆放在垫木上，雨后钢筋应除锈。

2）为保护管道井处钢筋，在管道井四周砌一道 120mm 宽、200mm 高的砖墙，上部用竹胶板封盖。

3）雨施期间，由商品混凝土搅拌站及时调整混凝土配合比，严格控制水灰比。并根据实际情况，适当调整混凝土坍落度。

4）混凝土施工应尽量避免在雨天进行。防水混凝土严禁雨天施工。如在混凝土浇筑过程中突遇大雨，要及时停止作业，及时处理好留槎，并对已施工完毕的部位及时覆盖塑料布保护。

5）大雨过后，应对竹胶板模板重新涂刷脱模剂一遍。

6）模板安装后尽快浇筑混凝土，防止模板遇雨变形。若不能尽快浇筑混凝土，应在混凝土浇筑前重新检查，加固模板和支撑。

7）外用脚手架要与结构有可靠拉结。脚手架基础应随时检查，如有下陷或变形，应立即处理。脚手架立杆底座必须设置垫木，并加设扫地杆；同时，保证排水良好，避免积水浸泡。所有马道、斜梯均应钉防滑条。

（7）装修施工

1）雨期装修施工应精心组织，合理安排雨期装修施工工序。外装修作业前要收听天气预报，确认无雨后方可进行施工。雨天室内工作时，应避免操作人员将泥水带入室内，造成污染。一旦污染楼地面应及时清理。

2）室内木活、油漆在雨期施工时，其室外门窗应封闭，防止作业面淋湿浸泡。

3）内装修应先安好门窗或采取遮挡措施。结构封顶前的电梯井、楼梯口、通风口及所有洞口在雨天用塑料布及竹胶板封堵。水落管一定要安装到底，并安装好弯头，以免雨水污染外墙装饰。

4）每天下班前关好门窗，以防雨水损坏室内装修、门窗玻璃被风吹坏。

5）各种惧雨防潮装修材料应按物资保管规定，入库和覆盖防潮布存放，防止变质失效，如门窗、白灰等易受潮的材料应放于室内，垫高并覆盖塑料布。

（8）机电安装

1）设备预留孔洞做好防雨措施。

2）现场中外露的管道或设备，应用塑料布或其他防雨材料盖好。

3）室外电缆中间头、终端头制作应选择晴朗无风的天气，油浸纸绝缘电缆制作前须摇测电缆绝缘及校验潮气，如发现电缆有潮气侵入时，应逐段切除，直至没有潮气为止。

4）敷设于潮湿场所的电线管路、管口、管子连接处，应作密封处理。

6　主要施工管理措施

6.1　保证工期措施

1）严守工期，确保按合同工期竣工。

2）编制总体施工网络计划和阶段性进度计划，明确各阶段工期控制点，以总进度为基础，总计划为龙头，实行长计划，短安排，通过季、月、旬计划的布置和实施，加强调度职能，全面展开流水施工。

3）由生产经理组织工程部、技术部、供应部和施工班组落实网络施工进度，强化施工管理，抓住主导工序，并强化各工序的跟踪检查，确保各段水平流水、立体交叉施工。

4）每天召开生产例会，落实第二天施工所需的劳动力、材料和机械设备，保证物资材料供应及时，满足施工进度目标的实现。

5）协调好土建专业与水、电、暖、通、风专业的交叉施工，各专业工种力求配合默契，衔接及时。

6）大力推行“四新”技术，加快施工进度。

7）经理部与相关人员及各专业施工队签订工期奖罚合同，严格履行合同条款。

6.2 保证质量措施

6.2.1 质量目标

工程质量优良，创北京市“结构长城杯”。外墙达到甲方要求的清水混凝土。

6.2.2 质量保证体系

我公司已经通过国际标准ISO 9002质量体系认证，严格按照ISO 9002质量标准进行全面质量管理，建立项目经理领导，主任工程师组织实施的质量保证体系，执行经理进行中间控制，工长（专业工程师）、质量检查员检查的质量管理系统，确保工程质量目标的实现，实现对业主的承诺。

（1）管理职责

明确各级人员的岗位职责，按照质量体系要素进行严格分工，各部门人员各司其职，使质量体系有效运行。在公司质量体系控制下，规定了项目部各部门单位（项目经理、执行经理、主任工程师、办公室、技术部、工程部、经营部、物资部）的管理职责。

（2）质量体系

围绕质量目标制定质量预控，开展质量策划，保证质量体系有效运行。

（3）采购

根据业主要求、施工进度要求，编制分包商选择计划，并提出合格分包商建议，分包商资质、业绩等相关资料供业主、监理审核，以保证合格的施工队伍进驻本工程施工。

（4）过程控制

1）施工准备阶段

工程施工前，全面、详细学习图纸、规范，领会设计师意图，并对现场周围环境、地下、地上障碍情况调查了解，由总工程师、项目经理组织，生产、技术、质量、安全及相关部门参加，进行施工组织设计讨论，编制满足工程施工要求的施工组织设计，经批准后执行。经批准的施工组织设计，要向施工工长、班组进行交底，使施工人员了解并能有效地遵照执行。

2）组织施工阶段

对工程图纸进行认真分析后，制定各关键工序、特殊工序作业指导书。

专业人员、操作工人持证上岗，持证人员包括：测量工、验线人员、试验工、质检员、电焊工、防水工、计量员等。公司选派有丰富经验的、经专门培训的各类专业人员从事工程施工。

机械、设备进场前需经鉴定，检查其设备完好性，合格并具备能力方可进场。机械设备能力应满足要求，现场设备的选择必须严格执行施工组织设计要求。进场后，要制定专门的维护、保养计划，由专业人员维护、保养。

材料由合格的分包供应商提供，进场后由专门人员进行外观检验，对需复试的材料，由持证试验人员取样，送试验室复试，合格后方准使用。

关键过程、特殊过程的控制方法实行“样板制”，并实行工种自检、工序交接检和质检员专检制度。

(5) 不合格品的控制

1) 不合格物资控制

物资进场按要求进行外观检查和取样复试检查，当发现不合格品时，由检查员标识，并进行隔离；同时，通知项目主任工程师，由项目主任工程师组织专门人员鉴定，并作出处置意见。如处置意见为“降级使用或让步接交”时，必须通知业主、设计师及监理，同意后方可执行。

2) 不合格工序

工序成品验收由质量员负责，出现不合格工序必须予以整改使其达到合格；否则，不许进行下道工序施工。不合格工序由项目主任工程师组织评审，确定处置意见。其处置意见需经业主、设计师、监理认可，方准执行。

(6) 纠正和预防措施

1) 纠正措施

项目纠正措施的制定均围绕项目工程质量目标进行。施工前，结合公司施工实力将质量目标分解为各阶段、各工序质量预控，质量员按月对所发生项目进行检查、汇总，当与预控的目标不符合，即达不到目标时，应将项目列出，由项目经理组织有关人员进行讨论，分析达不到质量预控的原因及应采取的措施，由技术部整理汇总，编制纠正措施，并监督措施实施，使质量保持在较高水平。

2) 预防措施

开工前，由公司组织项目经理部及公司机关部门参加，分析以往类似工程施工情况，对可能发生的问题事先制定预防措施，并组织实施，避免质量问题发生。

(7) 搬运贮存、包装、防护和交付

1) 对有特殊搬运要求的物资，项目物资部应向物资管理人员交底，搬运前写出作业指导书，审核其符合性，并在实施时予以检查，保证被搬运物资的质量。

2) 物资贮存必须保证物资性质不受损坏，为保证现场管理，亦应按平面图的要求堆放，将施工现场库房进行分类、标识。保证各种物资的贮存条件，物资部对重要物资及冬、雨期施工期间贮存的物资进行抽查。

3) 产品的防护与交付

项目部技术负责人根据工程特点，制定成品质量保护措施报公司总工审批后，受控发至有关人员，并报公司工程部备案，由工程部监督、指导、检查成品质量保护措施的执行情况，填写检查记录表，如有问题及时发出整改通知书。

各分包之间的成品保护工作由项目工程部负责。重要、易损部位应组织办理成品交接检，明确各方责任。

(8) 质量记录的控制

施工过程中形成的各类质量记录，均以《建筑安装工程资料管理规定》DBJ 01—51—2000 为标准，进行收集、整理、交工、归档。凡交工归档的资料均由项目技术部负责收集、整理，由公司技术部审核把关，并协助项目部进行资料整改，以确保资料形成与工程同步，确保资料的齐全、完整、准确、真实、可靠。定期的资料检查以通报的形式，将存在问题及时反馈，并按公司规定予以奖罚。

工程竣工后，由项目技术部将成套技术资料交公司技术部，由公司技术部进行再审核，确认无误后进行整理、装订成册，并按要求将其移交建设单位及公司档案室。

6.3 技术管理措施

6.3.1 文件和资料控制

对与技术质量体系有关的文件和资料进行控制，使技术质量体系运行的各个场所都能使用有效版本的文件。

（1）施工规范

工程施工前，项目技术部会同项目部其他人员认真学习图纸，根据该工程施工组织设计、方案及工程进度计划，由技术部按照有效规范清单，准备能覆盖工程施工全过程的有效版本规范，按计划和工程实际需要，提前将规范发至各有关人员手中。

施工常用规范，由公司科技部采购、下发，当工程用规范数量不足时，项目提出申请，由公司科技部负责续购、登记、发放，以保证工程使用的均为有效规范。

（2）设计变更、洽商

凡设计单位提出的变更，设计单位签字后的原件由项目技术部负责接收；由施工单位提出的变更，须经设计和建设单位审核同意签字后下发实施。

洽商记录：关于设计变更的洽商，应由设计单位、施工单位和建设单位三方签字；关于经济洽商，可由施工单位和建设单位签证。分包工程的变更、洽商均由总包单位统一办理。

凡签证完毕可以实施的变更、洽商，均应在签证之日将原件存档，将其复制件下发至各有关人员、部门；如遇特殊情况，可于次日下发。

（3）施工图纸

施工图纸由项目技术部负责接收，并与建设单位办理发放、接收登记手续。按照公司程序文件规定进行受控登记、编号，发放至各有关人员、部门。当所接收的施工图纸数量不能满足要求，需复制时，须报主任工程师审批后方可复制，并办理受控发放手续。

（4）施工组织设计、施工方案

施工组织设计以项目技术部为主要编制单位，公司技术部审核把关，报公司总工程师审批后，项目技术部按受控要求发至各有关人员、部门，予以实施。在施工过程中，如有变动、更改，不能执行原方案时，由项目技术部提出更改申请，报公司总工程师审批后，将变更单附于施工组织设计前，一同作为档案保存。

专项工程施工方案由项目技术部编制，项目技术部负责人审批，报公司技术部备案；同时，发至各有关部门、人员，以便按方案施工。

6.3.2 检验和试验

认真审查图纸，由项目技术部根据规范、规程及上级有关文件，制定检验和试验计划。检验计划包括：检验试验项目名称、应检项目、取样要求、取样数量、验收批量，报公司审批后，下达到有物资收料人员及资质的试验员，并明确检验信息传递渠道，按要求取样、送试及试验结果反馈。

6.3.3 检验和试验设备

1）公司具有检验、测量和试验设备，由公司技术部受控、管理、登记设备台账，按设备、器具检定周期制定检定计划，提前通知送检，保留检定证书并进行检测设备的标识。

2）分包单位的检验、测量和试验设备，由分包单位在进场施工前，按检测设备配备率配备齐全，并向项目技术部提供设备清单，进场后项目技术部计量员按检测设备清单负责检查，审核分包设备的配备情况，计量检定状态，并登记台账，在设备周检期前，督促分包单位检定仪器、设备并核查用于替代的检测设备的校准状态，保证满足要求。设备周检后，检查其检定证书，保存证书复印件。已通过 GB/T—19002 质量体系的分包方，可按其内部制度进行设备标识，未通过认证的分包方，由项目计量员对其检测，设备按公司程序文件进行标识。

3）凡属于比对校验的检测设备，通过 GB/T—19002 质量体系认证的分包方可按其内部制度进行检验，项目计量员检查其校验记录；未通过 GB/T—19002 质量体系的分包方，应将待检验设备交项目计量员送分公司检验，并标识。

4）分包单位封存或变更检测设备清单中的设备，需向项目计量员登记、备案，以便项目计量员检查、控制。

5）为便于追溯，分包单位应留下检测设备使用部位的书面记录（如在测量定位记录中注明仪器号码）；当发现仪器偏离校准状态时，必须由项目技术负责人组织追溯，对其有效性进行评定，并采取必要措施。

6.3.4 培训

工程图纸到位后，对本工程所有新工艺、新材料，应派专人进行学习，培训合格后方能上岗。

6.4 保证安全措施

6.4.1 安全施工目标

创安全文明工地，杜绝死亡事故、火灾事故和人员中毒事件的发生，轻伤频率控制在6‰以内。

6.4.2 安全生产管理措施

1）认真贯彻执行“安全第一，预防为主”的指导方针，建立健全各管理层次、各分包单位的安全保证体系，实现安全教育制度化，安全目标标准化，安全检查日常化，安全验收规范化，安全技术交底齐全化。

2）坚持认真贯彻执行安全检查、安全隐患消项整改、安全验收、安全技术交底等各项安全管理制度。

3）做好特殊工种作业人员的教育培训工作，特殊工种作业要有专项的安全操作、安全技术交底。作业人员持证上岗，做到人证相符。

4）所有的操作平台、临时架子、安全防护等设施的搭设和拆除一定要按要求验收，批准后方可实施作业。严禁私自拆除任何安全装置和设施。

5）加强对高处作业的管理。施工前要对各类防护设施、安全技术措施、防护劳保用品进行检查，达到安全标准后方可作业。

6）现场施工用高低压设备及线路，严格按临时用电施工组织设计设置，非电工不得乱拉接线。严禁使用破损或绝缘性能不良的电线，严禁电线随地走。所有电闸箱应有门有锁，有防漏雨盖板，有危险标志。夜间施工照明要充足，设电工值班。

7）现场所有机械设备，设专人操作、维修、保管，他人不得随意操作。

8）特殊工程在施工前要单独编制安全技术措施方案，要有依据、有计算、有详图、有说明、有审批。

9）严格实行逐级安全技术交底制度。项目技术负责人向施工负责人及工长交底，工长向各施工单位、施工队组进行交底。各级书面的交底要有交底时间、内容、交接人的签字并进行归档。

6.4.3 安全生产技术措施

1）槽、坑、沟边 2m 以内不得堆土、堆料、停置大型机具。槽、坑、沟边与建筑物、构筑物的距离不得小于 1.5m，特殊情况必须采用有效技术措施。

2）基坑周边设防护栏杆，行人坡道设扶手及防滑措施。

3）脚手架的操作面必须满铺脚手板，离墙面不得大于 20cm，不得有空隙和探头板、飞跳板。施工层脚手板下一步架处兜设水平安全网。操作面外侧应设有两道护身栏杆和一道挡脚板，立面挂安全网。下口封严，防护高度应为 1.2m。

4）结构内 1.5m×1.5m 以下的孔洞，应预埋通长钢筋网或加固定盖板。1.5m×1.5m 以上的孔洞，四周必须设两道护身栏杆，中间支挂水平安全网。

5）建筑物楼层临边的四周无维护结构时，必须设两道防护栏杆或一道防护栏杆，并立挂安全网封闭。

6）建筑物的出入口处应搭设长 3～6m、宽于出入通道两侧各 1m 的防护棚，棚顶应满铺不小于 5cm 厚的脚手板，非出入口和通道两侧必须封闭严密。

7）安全网绳不得破损并生根牢固，绷紧、圈牢，拼接严密。网杆采用钢管。

8）洞口、电梯井安全防护如图 6-1 所示。

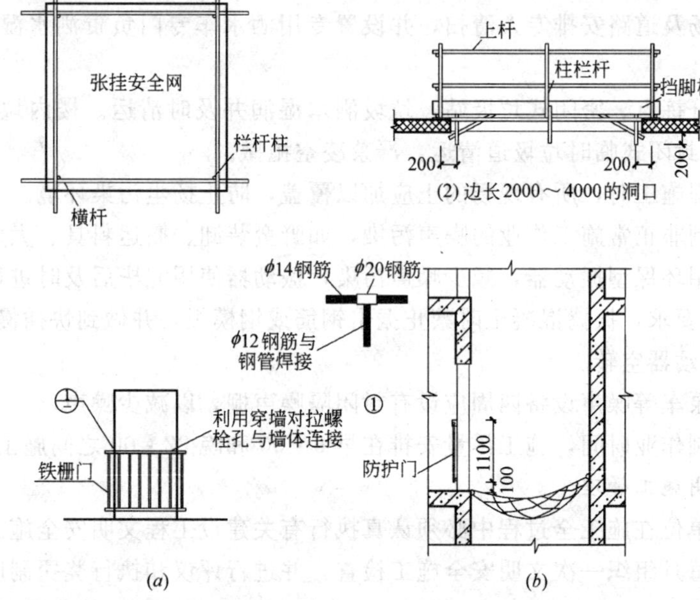

图 6-1 洞口、电梯井安全防护图（单位：mm）

（a）立面图；（b）剖面图

6.5 消防保卫措施

1）施工单位必须对所属施工人员进行消防、保卫、交通、社会治安的教育，贯彻执行北京市有关部门的法令、法规、制度。

2）各单位要逐级建立健全治安、消防、保卫、交通、组织等方面的规章制度，落实具体责任人。

3）施工现场设明显的防火标志，消防栓周围和消防道路不得埋压、堆物。

4）从事易燃易爆作业，必须有方案和审批，并符合相关安全操作规程和消防要求。明火作业必须持证上岗和办理动火证。

5）施工现场沿坑边四周设 ϕ100 管径的消防干管，均匀布置 3 个消防栓、5～6m 宽消防通道及配备足够的消防工具。钢筋加工及堆放场地、木工棚、模板堆放场地、材料仓库、办公区及现场作业区等重点防火部位，要配置足够的干粉灭火器。

6）施工现场建立门卫和巡逻制度，出口设警卫室，昼夜有值班人，做好值班记录。

7）加强施工队伍的管理，掌握人员底数，签订治安和消防协议。

8）模板工程中，采用木质大模板的制作过程中，截下来的小木方、板条要集中堆放，锯末、刨花要加以覆盖，防止发生火灾。

6.6 环境保护措施及文明施工管理

6.6.1 环境保护措施

1）现场文明施工管理，根据现场状况设置一定数量的废污水沉淀池，并经常清理，防止污水流溢。现场厕所采用水冲洗法，设一个化粪池。

2）主要出入口处设置洗车处和沉淀池，出场车辆须经过冲洗，避免带泥砂出现场，保护环境。外运垃圾车辆、装载粉尘或易飞扬材料的车辆必须保证封闭严密。

3）施工现场及道路安排专人清扫，并设置专用洒水车专门负责洒水湿润，防止现场扬尘，污染环境。

4）设垃圾分拣点、密闭式垃圾站，垃圾洒水湿润并及时清运。楼内垃圾用小推车及容器吊运，或用封闭式临时垃圾道清运，严禁凌空抛撒。

5）土方工程施工时，所有现场的土应加以覆盖，防止扬尘污染环境。

6）严格控制非正常施工作业的噪声污染，如野蛮装卸、搬运料具、大声喧哗等。

7）尽量选用环保型振动器，减少噪声污染，振动器使用完毕后及时进行清洁、保养。对操作工人严格要求，振捣混凝土时禁止振击钢筋或钢模板，并做到快插慢拔。振捣混凝土时，应防止振动器空转。

8）混凝土泵车等噪声设备四周应设有封闭隔噪声棚，以减少噪声。

9）严格控制作业时间，施工尽量安排在早 6：00 和晚 22：00 之间施工。

6.6.2 文明施工管理

1）各施工单位在施工全过程中必须认真执行有关建设工程文明安全施工的各种规定。

2）经理部每月组织一次文明安全施工检查，并进行评议和执行奖罚制度。安全防护、环境保护、保卫消防、机械安全、临时用电、料具管理、环卫卫生等八项文明施工分项落实到个人负责。

3）各施工队伍负责人要负责所属队伍施工区域、生活区域的文明安全施工的管理、组织、落实，应服从经理部的统一管理，不得各行其是。

4）强化对机械作业管理人员和操作人员的环保意识，做到施工机械位置相对固定，搭设隔挡棚，做好隔离措施。

5）生活用火一律用液化气，冬季取暖采用电加热器，饮水用电热水器。

6）尽量减少夜间施工，如需夜间施工先报建委和环保部门审批。

6.7 降低成本措施

工程的成本管理中，通过科学管理手段、先进施工技术以及合理的劳动力安排等措施来降低工程造价。具体体现在以下几方面：

1）合理安排劳动力，适当提前施工工期，以节约现场经费。

2）直径 $\phi18$ 及 $\phi18$ 以上钢筋采用钢筋直螺纹连接技术，可节约人力，缩短工期。

3）采用小流水段施工技术，施工方便，节约了劳动力，缩短了工期。保证了人力、机械、物资的合理优化组合和利用，可大幅度降低工程造价。

4）清水混凝土外墙外模板采用定制高精度大钢模，内墙模板和外墙内模均采用公司调配的周转过几个工程的大钢模，大大降低了工程成本；同时，也保证了清水混凝土的外观和质量。

5）混凝土采用部分添加剂替代水泥和采用高效泵送剂，可保证混凝土施工质量，节约成本。

6）组织阶段性验收，保证工期和人力资源的合理优化利用。

7）结构及装修施工期间以外挂脚手架、外墙挑架及吊篮取代双排钢管脚手架，可有效降低工程成本。

6.8 成品保护措施

根据施工组织设计、设计图纸编制成品保护方案，以合同、协议等形式明确各分包对成品的交接和保护责任，确定主要分包单位为主要的成品保护责任单位，项目经理部在各分包单位保护成品工作方面起协调、监督作用。

6.8.1 现场材料保护责任

由我单位统一供应的材料、半成品、成品、设备进场后，由材料部门负责保管，项目经理部现场执行经理和工程部负责进行协助管理，由项目经理部发送到分包单位的材料及设备，各分包单位自行保管、使用。

6.8.2 结构施工阶段的成品保护责任

结构工程劳务分包队伍为主要成品保护责任人，水电配合施工等专业队伍要有对结构的保护措施后方可施工，在专业施工完成并进行必要成品保护后，与土建单位交接。对关键工序，各专业要有专人看护及维修。

6.8.3 装修、安装施工阶段的成品保护责任及管理措施

1）装修、安装阶段，特别是收尾、竣工阶段的成品保护工作尤为重要，这一阶段重点是土建的防水、室内装饰、外檐喷涂与水电专业交叉施工中的成品保护及设备的成品保护。土建和水电施工必须按照成品保护方案要求作业。

2）在工程收尾阶段，土建按分层、分区设置专职成品保护员，其他专业分包队伍要执项目经理部的“入户作业申请单”，经批准后方可进入作业。施工完成后，经成品保护人员检查确认没有损坏成品，签字后方可离开作业区域。

3）上道工序与下道工序要办理交接手续，项目经理部起协调、监督作用。

4）作业的人员，必须严格遵守现场各项管理制度，如需动火，必须取得动火证后方可进行施工。

5）项目经理部对所有入场的分包单位都要定期进行成品保护意识教育。

7　经济技术指标

7.1　工期目标

总工期目标：2002 年 7 月 28 日开工，2003 年 12 月 31 日竣工，共 517 日历天。确保工程按期竣工，交付业主。

7.2　工程质量目标

确保工程质量优良；单位工程合格率 100%，原材料、半成品、成品检验优良率 98%；争创北京市“结构长城杯”金奖、“建筑长城杯”金奖，并达到甲方要求的清水混凝土效果。

7.3　安全目标

杜绝伤亡、重伤事故、火灾事故和人员中毒事件的发生，轻伤事故频率控制在 6‰以内。创北京市安全文明样板工地。

7.4　场容目标

创中建总公司 CI 创优达标工程；创北京市安全文明样板工地。

7.5　消防目标

杜绝火灾事故发生。

7.6　环保目标

严格按 ISO 14000 环保体系标准实施管理，施工现场保持“天蓝、草绿、水清、路畅”。争创北京市安全文明样板工地。

7.7　施工回访和质量保修计划

根据工程竣工时间，相应地制定施工回访和质量保修计划，为业主提供优质的善后服务，建立良好的企业形象，树立良好的企业信誉，创造更多无形的社会效益。详见“工程回访及质量保修计划”。

8 施工总平面布置图

施工总平面分阶段布置，基础工程、结构工程和装修工程的总平面布置各有不同；总平面图中有临水临电线路，各种机械材料堆放和加工场地的规划等，详见施工总平面布置图（略）。

第二篇

北京华贸中心住宅区工程施工组织设计

编制单位：中建三局
编 制 人：薛恒岩 牟岚 吴鹏翔 孙永铭 陈帅 侯丽霞
审 核 人：倪金华 杨发兵

目 录

1 工程概况

1.1 总体概况（表 1-1）

工程总体概况 **表 1-1**

序号	项　目	内　　容
1	工程名称	北京华贸中心住宅区工程
2	工程地址	北京市朝阳区建国路 89 号
3	建设单位	北京国华置业有限责任公司
4	设计单位	北京市建筑设计研究院
5	监理单位	北京赛瑞斯工程建设监理有限责任公司
6	质量监督站	北京市建设工程质量监督总站
7	施工总承包	中国建筑二局第三建筑公司
8	结构、初装修分包	江苏宿迁三建劳务有限公司、江苏金坛市建筑劳务有限公司
9	合同范围	结构、内装修、外装修、水电安装
10	建筑性质	商住楼
11	合同工期	568 天
12	质量目标	创北京市“结构工程长城杯”金奖、建筑“竣工长城杯”，争创国优“鲁班奖”
13	资金来源	企业自筹
14	结算形式	固定单价

1.2 建筑概况（表 1-2）

工程建筑概况 **表 1-2**

<table>
<tr><th>序号</th><th>项　目</th><th colspan="6">内　　容</th></tr>
<tr><td>1</td><td>建筑功能</td><td colspan="6">1 号楼、2 号楼、5 号楼、6 号楼、8 号楼及 9 号楼为住宅楼；11 号楼及 12 号楼为非配套公建；18 号楼为配套公建及管理用房，地下室为人防、车库及设备用房</td></tr>
<tr><td rowspan="4">2</td><td rowspan="4">建筑面积</td><td colspan="6">住宅区建筑总面积：130527m²，其中地上 114407m²，地下 16120m²</td></tr>
<tr><td colspan="2">1 号楼、2 号楼</td><td>23677m²</td><td>8 号楼、9 号楼</td><td colspan="2">8795m²</td></tr>
<tr><td colspan="2">5 号楼、6 号楼</td><td>21546m²</td><td>11 号楼</td><td colspan="2">805.6m²</td></tr>
<tr><td colspan="2">12 号楼</td><td>2589.3m²</td><td>18 号楼</td><td colspan="2">6741.5m²</td></tr>
<tr><td rowspan="4">3</td><td rowspan="4">建筑层数</td><td colspan="2">1 号楼、2 号楼</td><td colspan="4">地下 3 层，地上 26 层</td></tr>
<tr><td colspan="2">5 号楼、6 号楼</td><td colspan="4">地下 3 层，地上 23 层</td></tr>
<tr><td colspan="2">8 号楼、9 号楼</td><td colspan="4">地下 3 层，地上 14 层(局部 15 层)</td></tr>
<tr><td colspan="2">11 号楼、12 号楼、18 号楼</td><td colspan="4">地下 3 层，地上 3 层</td></tr>
<tr><td>4</td><td>建筑层高</td><td colspan="6">地下三层 3.625m，地下二层 3.6m，地下一层 3.3m，首层 4.75m，二至二十三层 2.9m，二十四至二十六层 3.1m</td></tr>
<tr><td rowspan="6">5</td><td rowspan="6">建筑高度</td><td colspan="2">±0.000 绝对标高</td><td>36.85m</td><td>室内外高差</td><td colspan="2">−0.3m</td></tr>
<tr><td rowspan="5">檐口总高</td><td>1 号楼、2 号楼</td><td>81.35m</td><td rowspan="5">基底标高</td><td rowspan="3">1 号楼、2 号楼、5 号楼、6 号楼</td><td rowspan="3">8 号楼、9 号楼、车库</td></tr>
<tr><td>5 号楼、6 号楼</td><td>72.45m</td></tr>
<tr><td>8 号楼、9 号楼</td><td>43.55m</td></tr>
<tr><td>11 号楼、12 号楼</td><td>12.55m</td><td rowspan="2">−11.93m</td><td rowspan="2">−11.43m</td></tr>
<tr><td>18 号楼</td><td>13.25m</td></tr>
</table>

续表

序号	项　目		内　　容		
6	建筑防火	耐火等级一级		建筑设计使用年限	50年
7	结构安全等级			二级	
8	外墙	钢筋混凝土墙体			
9	外装修	外墙	高级乳胶漆弹性涂料		
		屋面工程	100mm厚憎水珍珠岩板保温层，10mm厚彩色釉面防滑地砖		
		门窗工程	外窗、阳台门采用铝合金氟碳喷涂断桥隔热中空双玻塑钢门窗，户门采用钢制四防门		
10	室内装修	顶棚	板底抹水泥砂浆、板底粘贴保温、矿棉吸声板吊顶、纸面石膏板吊顶、铝合金条板吊顶、耐擦洗涂料		
		楼地面	细石混凝土楼面、水泥砂浆楼面、防滑地砖楼面、花岗石楼面、环氧地面漆自流平楼面		
		墙面	水泥砂浆墙面、水泥石灰膏砂浆墙面、釉面砖墙面、花岗石墙面、乳胶漆墙面、耐擦洗涂料		
		门窗工程	所有内门均为夹板门		
11	防水	厨房、卫生间防水：单组分聚氨酯防水涂料 地下室底板、外墙、屋面防水：双层3mm＋3mmPY-2型SBS(聚酯胎)防水卷材			
12	保温节能	塔楼平面体型简洁，减少了外墙凸凹，体型系数0.24 住宅采用外墙外保温作法，外贴50mm厚保温板，外窗均采用中空双玻璃窗 屋面采用100mm厚憎水珍珠岩板保温 过街楼板下贴50mm厚自熄性聚苯，下做金属吊顶 非采暖区与采暖区之间均采取保温措施			
13	环保	住宅标准层单设专用垃圾间，垃圾由专人每天定时清运 西、北侧外窗采用中空双玻隔声窗 住宅设中水系统 地下室风机房等噪声较大机房采取吸声、隔声措施			

1.3　结构概况（表1-3）

工程结构概况　　**表1-3**

序号	项　　目		内　　容
1	结构形式	基础结构形式	箱基，1号、2号、5号、6号楼底板厚1200mm，8号、9号楼底板厚700mm、800mm，车库底板厚400mm
		主体结构形式	剪力墙结构
2	土质、水位	土质情况	地基持力层位于第四纪沉积之细砂，中砂③层
		地下水位	勘察揭露的地下水分为层间潜水（水位标高23.37～24.79m）及承压水（水位标高17.91～19.64m），历年最高地下水位为35m，近3～5年最高地下水位标高为34m
		地下水水质	层间潜水对钢筋无腐蚀性，但在干湿交替作用下，承压水对钢筋有弱腐蚀性
3	建筑物地基	地基土质层	中砂③层
		地基承载力	$f_K=280kPa$
4	地下防水系统	混凝土自防水	底板、外墙、人防顶板及水池、水箱混凝土中掺加防水剂形成自防水混凝土
		柔性防水	Ⅱ型3mm厚SBS改性沥青卷材防水两层（聚酯胎）

续表

序号	项　　目	内　　容	
5	抗震等级	抗震设防烈度 8 度	
		地下二、三层抗震等级为三级，地下一层、地上一、二层等级为一级，二层以上抗震等级为二级	
6	混凝土强度等级	基础垫层	C15
		基础、地上二至六层墙	C35
		地下结构、地上梁板、七层以上墙	C30
		首层墙	C40
		地下室外墙、基础底板、人防顶板及水池、水箱采用抗渗混凝土，其中基础底板、地下室外墙抗渗等级为 P10，其他部位为 P6	
7	钢筋类别	HPB235（Ⅰ级）	Φ6、Φ8、Φ10
		HRB335（Ⅱ级）	Φ12、Φ14、Φ16、Φ18、Φ20、Φ22、Φ25
		HRB400（Ⅲ级）	Φ6、Φ8、Φ10、Φ12、Φ14、Φ16、Φ20、Φ22、Φ25、Φ28
8	钢筋接头形式	剥肋滚轧直螺纹、冷挤压	直径≥20mm 的钢筋
		搭接接头	直径＜20mm 的钢筋
9	结构断面尺寸	墙体厚度（mm）	250、300、400、450、500、980
		楼板厚度（mm）	100、140、150、160、180、200、220、300

1.4　专业概况

1.4.1　电气专业

（1）本工程配电部分分为强、弱电二大系统。强电部分分为：照明及事故照明、动力及空调配电、防雷及接地；弱电部分分为：综合布线系统、安全防范系统、有线电视系统、背景音乐和消防报警系统。住宅用电：1 居室 6kW/户，2 居室 8kW/户，3 居室 10kW/户，4 居室 15kW/户。住宅各户抄表采用预付费磁卡表。

（2）本工程为三类防雷建筑物。屋顶、女儿墙设置 $\phi10$ 镀锌圆钢作避雷带，利用剪力墙或承重柱内的大于 $\phi16$ 钢筋作为防雷引下线，自地下三层起每 3 层沿建筑物外圈梁以 $\phi12$ 镀锌圆钢作环形均压环。60m 以上部位所有门窗、金属构物、栏杆做防雷侧击带。接地电阻值小于 0.5Ω。本工程采用 TN-S 系统配电，由 2 号楼（3 号楼）变配室引来的 380V/220V 五芯电缆配电，在变电室设置总等电位母排，在各层卫生间及洗衣间设置局部等电位连接。

1.4.2　采暖通风与空调专业

（1）冬季采暖热源由设在 15 号楼地下室热交换站提供，供回水温度分别为 85℃ 和 60℃。

一居室及其他户型的卫生间、厨房均设置分户计量的户内采暖系统，供回水干管设在房间的吊顶内。每组散热器上均设高阻手动调节阀或自力式两通恒温阀。

（2）一室户的夏季制冷采用分体式变频中央空调。其余户型均采用由冷水机组和风机盘管组成的户式中央空调系统。冷水机组设在户内的厨房或阳台上，冬季空调热水源自 15 号楼地下室的热交换站，其供回水温度分别为 60℃和 50℃，系统竖向不分区。

（3）地下室无窗房间设置机械送风及排风系统，楼梯前室设加压风系统。

1.4.3　室内生活给水系统

竖向分三个区。地下三层至地上三层为低区，由市政管网直接供给；五层至十一层为中区，十二层以上为高区，中、高区给水由设在15号楼地下二层变频泵组供水。

1.4.4　生活热水系统

热水源自地下室（15号楼）热力交换站（50℃）。生活热水的分区与相应的生活给水系统相同，补水由相应区的生活供水补给。

1.4.5　中水供水系统

中水供水系统分为三个区，与生活给水的分区同。从洗浴排水回收的废水排至地下中水机房（9号楼地下），经接触曝气、过滤、除臭味、消毒后，送至中水储水箱，再由中水回用水泵加压后，送至各楼内中水管线。

1.4.6　污、废、雨水排水系统

本工程设计为污、废水分流。污水排放分三个系统：首层污水单独排放；二层及其以上多层重力自排；地下室污水经提升后排放。住宅洗浴废水回收至中水机房用作中水水源。

本工程雨水采用内排水系统。

1.4.7　室内消火栓系统

消防水池、水泵房设在15号楼地下二层，消防水箱、消防稳压装置设在2号楼屋顶。消火栓的栓口直径为65mm，水龙带长度为25m水枪喷嘴的口径为19mm，消防卷盘的栓口直径为25mm，配备的胶带内径为19mm。

1.4.8　自动喷水灭火系统

预作用式（干湿式）系统喷头采用向上安装，湿式喷头采用向下安装。

1.4.9　人防系统

地下三层为5级、6级人防，平时为汽车库及人员活动室，战时为人员掩蔽物资库及专业队。人防内设清洁式通风、滤毒式通风、隔绝式通风、战时饮用水箱、战时生活水箱，平时设置平时送排风、消防排烟及消防补风。

进风管采用3mm厚普通钢板焊接；送风管采用0.75mm厚镀锌钢板制作，排风管采用$\delta=3$mm普通钢板焊接；消防排风管采用$\delta=2$mm普通钢板焊接。

1.4.10　各系统管材、连接方式等说明汇总（表1-4）

表1-4

序号	系　统	选用管材	连接方式	保　温
1	采暖系统管道	镀锌钢管	丝接	铝箔加筋超细玻璃棉管壳(40mm)
2	空调热水管道(冷冻水)	$DN\leqslant 32$mm镀锌钢管	丝接	铝箔加筋超细玻璃棉管壳(40mm)
		$32<DN\leqslant 150$mm无缝钢管	焊接	铝箔加筋超细玻璃棉管壳(40mm)
3	空调通风管道	镀锌钢板（详见GB 50243—2002）	咬口	铝箔加筋超细玻璃棉管壳(40mm)外缠玻璃丝布、刷防火涂料两遍
4	防排烟风管	普通钢板	焊接	
5	楼梯间加压送风	镀锌钢板	咬口	

续表

序号	系　　统	选用管材	连接方式	保　　温
6	生活给水、中水供水及生活热水系统管道	$DN\leqslant 100$mm：热镀管	丝接	热水：30mm厚铝箔加筋超细玻璃棉管壳 生活给水、中水供水（吊顶内）：20mm厚聚乙烯泡沫塑料管壳（难燃型）
		$DN>100$mm：镀锌无缝钢管	沟槽连接	
7	污水、中水排水管及其通气管	柔性接口排水铸铁管	柔性接口	吊顶内采用20mm厚聚乙烯泡沫塑料管壳（难燃型）进行防结露保温
8	污水泵提升管	焊接钢管	焊接	
9	内排雨水管	无缝钢管	焊接	
10	消火栓给水管	焊接钢管	$DN\leqslant 70$mm 丝接	车库、屋面试验用消火栓管道使用50mm超细玻璃棉保温
			$DN\geqslant 80$mm 焊接	
11	水喷淋管道	热镀锌钢管	$DN<100$mm 丝接	
			$DN\geqslant 100$mm 沟槽连接	

1.5　工程特点与难点

（1）工程的重要性

本工程为2003年度北京市60项重点工程之一，也是公司的年度重点工程。

（2）结构方面

小区基础底部连为整体，建筑物各异，建筑物基底荷载差异较大，施工的不均匀性引起沉降不容忽视，对施工技术及组织要求较高。

（3）建筑方面

外墙外保温材料为50mm厚聚苯复合保温板，保证外墙外保温施工质量是本工程施工重点之一；外墙面为高级乳胶漆弹性涂料，分色处理，辅以透明玻璃，外墙装饰工程将作为施工重点控制分项之一。

（4）季节性施工方面

为满足业主工期要求，实现我们的承诺，体量为13万m^2的精装住宅工程施工工期不到19个月，且包含了两个冬期一个雨期。部分结构将在冬期进行施工，装修将进入雨期施工。因此，编制行之有效的施工方案，严格程序控制和科学地安排施工工序，是确保工程质量、进度和施工安全，确保工程顺利施工的重要因素。

（5）环境方面

本工程地处北京市朝阳区西大望路，地处繁华路段，地理位置优越，做好环境保护、防止施工扰民、确保安全文明生产、确保电厂的正常生产是施工的重点。

（6）施工场地方面

施工现场场地狭小，楼座密集，多高层建筑，场内施工单位众多，现场平面布置及场内交通运输组织困难，群塔集中作业，安全隐患大。

（7）专业方面

机电工程涉及的专业多且复杂，组织与协调专业施工是项目管理的重点。

（8）本工程为精装修工程，要达到“交付即入住”的标准，工程系统复杂，分包单位众多，交叉施工管理难度较大。

(9) 质量目标方面

本工程质量目标为整体结构工程获北京市“结构工程长城杯”金奖，争创国优“鲁班奖”，我公司将严格按“结构长城杯”和“鲁班奖”的质量标准进行管理和施工，结构施工达到清水混凝土的质量效果是本工程施工重点。

1.6 其他

本工程图片如图 1-1～1-6 所示。

图 1-1　8 号、9 号楼立面图

图 1-2 华贸中心全景

图 1-3 12号楼北立面

图 1-4 人防出口

图 1-5 5号、6号楼北立面

图 1-6 屋顶花架梁

2 施工部署

2.1 总体施工顺序

本工程结构质量标准高、工期紧。为了保证基础、主体、装修均尽可能有充裕的时间施工，确保工程高质量、按期完成，施工部署原则如下：

(1) 空间上部署原则——立体交叉施工

采用主体和二次维护结构、主体和安装、主体和装修、安装和装修的立体交叉施工。各楼平行施工，每栋楼进行流水作业。

(2) 时间上部署原则——季节施工

外墙砖、涂料及门窗安装在冬期前完成，保证施工质量。

(3) 总体施工顺序上部署原则

按照先地下后地上、先结构后围护、先主体后装修，以土建施工为主，专业配合的总体施工顺序原则进行部署。

2.2 施工流水段划分

(1) 本工程按基础、主体结构、装修和安装三个阶段组织施工。

(2) 结构施工流水段划分

地下部分北区（1号、2号、8号、9号楼及车库）以后浇带及流水分割线划分成十个流水段组织流水施工，南区（5号、6号楼及车库）以后浇带及流水分割线划分成八个流水段组织流水施工。地上部分1号、2号、5号、6号楼各分四个流水段，8号、9号楼各分两个流水段施工。

(3) 装修施工阶段流水段划分

根据两栋楼所形成的建筑区域，把整个工程划分成若干施工流水段，将土建装修和设备安装专业各分项工程，依据施工工序和工艺要求，采取平面分区和竖向分层的方法组织工序施工，展开交叉流水作业。

(4) 各区域的装修施工分别为室内和室外装修，按照先室外后室内的根本原则进行分区域施工，室内装修施工阶段组织竖向分层流水施工。

(5) 垫层施工：由于该工程面积较大，故垫层分南北区浇筑。

2.3 施工平面布置

根据现场实际情况和施工要求，按基础、结构和装修三个阶段进行施工平面布置。

2.4 总进度控制计划

本工程 2003 年 8 月 1 日进场施工，于 2005 年 3 月 25 日竣工交付使用。根据阶段目标控制计划及验收时间编制本工程总进度控制计划。

2.5 主要项目工程量估算

表 2-1

序号	项目		单位	工程量	备注
1	防水工程	室外	m^2	45000	SBS 防水卷材
		室内	m^2	5440	单组分聚氨酯防水涂料
		屋面	m^2	10082	SBS 防水卷材
2	现浇混凝土		m^3	85496	
3	钢筋		t	16284.76	
4	模板		m^2	445080	

2.6 主要施工机械选择情况

(1) 塔吊选择

根据本工程主体结构的高度、结构形式以及结合土建安装的施工情况及工期要求，1 号、2 号楼各选用 1 台 H3/36B，R=60m 塔式起重机，5 号、6 号楼各选用 1 台 FO/23B，R=50m 塔式起重机，主要解决钢筋、模板、钢管等材料的垂直运输，主体结构封顶以后拆除。塔吊中心距 1 号、2 号楼 15 轴 5525mm，距Ⓐ轴 2400mm；塔吊中心距 5 号、6 号楼 7 轴 3000mm，距Ⓝ轴 4000mm。

(2) 外用电梯选择

装修施工阶段，设置 6 台外用电梯（1 号、2 号、5 号、6 号、8 号、9 号楼各 1 台），以解决材料的水平及垂直运输。

(3) 混凝土输送泵选择

现场 1 号、2 号、5 号、6 号楼各设 1 台 HBT60 混凝土输送泵（1 号、8 号楼共用一台、2号、9号楼共用一台），在每个施工层设置一台混凝土布料机，以加快混凝土的分布浇筑。

2.7 劳动力组织情况

本工程在结构和装修施工阶段组建5个综合施工队（表2-2）。

表 2-2

工种	2003年				2004年		
	9月	10月	11月	12月	2月	3月	4月～12月
钢筋工	800	800	800	480	480	480	480
木工	400	400	400	400	400	400	400
混凝土工	320	320	320	320	320	320	320
架子工	320	320	320	400	400	400	400
其他工种	200	200	200	120	120	120	120
合计	2040	2040	2040	1720	1720	1720	1720

3 主要施工方法

3.1 施工测量

3.1.1 原有定位线复核和重新测量放线

(1) 对已设置的横竖轴控制线及相关性标志进行重新检查复核，复核无误后更新标示，便于以后使用。新的控制轴线网施测后，由施测人员自检，自检合格后由工长复检，再由专职质检员专检，确认无误后报监理验线。

(2) 结构轴线控制网的布设，根据建筑物的实际情况和现场已有的控制标志，布设原则以施工测量方便、容易核验为原则。

3.1.2 降水、护坡、土方及地基处理工程验收

按照本工程招标文件要求，应首先对原已施工完毕的土方工程进行全面的验收，与原施工单位、监理单位一起，按照施工质量验收规范进行检验，并做好检查记录。对不符合要求之处及时进行处理，确保满足本工程设计要求。

3.1.3 地上主体结构施工测量放线

为了保证轴线投测的精度，平面控制采用外控法。

(1) 在±0.00m平面施测前，对原有地面控制桩位进行一次校测，以此确保轴线控制点的正确性。并将控制主轴线投测到首层结构外墙皮上。

(2) 当基础施工到±0.00m水平面以上时，用经纬仪将主控制轴线从轴线控制桩上精确的引测到建筑物四面的外墙体立面上，并做好标记，作为向上投测点的后视点；同时，做轴线的延长线，各在一定高度设置轴线引桩。

(3) 随着结构层的升高，将首层轴线逐层向上投测，用以作为各层施工依据。

(4) 控制网轴线的精度等级及测量方法依据《工程测量规范》执行。

3.1.4 施工高程测量

(1) 根据《工程测量规范》高程控制网，拟采用四等水准测量方法测定。

(2) 在向基坑内引测标高时，首先联测高程控制点（不得小于3个），确认无误后，方可引测所需的标高。

(3) 施工现场内敷设的水准网控制点，在间隔一定的时间需联测一次，以作相互检核，对检测后的数据采用计算机计算，以保证水准点使用的准确性。

(4) 施工中楼层标高控制方法：在首层平面易于向上传递标高的位置布设标高传递基准点。用水准仪往返测验，以便检验和纠正。当施工层墙柱拆模后，在墙体上测设相对该层＋1.00m建筑标高，并用红漆标注。

(5) 在结构层施工，传递引测标高时，应用钢尺自基准点＋1.00m处向上垂直丈量，做好该楼层抄平的依据。

3.1.5 建筑物沉降测量

(1) 水准点要利用甲方提供的水准点作为基准点，如不能用就自行埋设水准点。水准点的数目不少于3个，埋设深度至老土以下1m，埋设好后要做井盖加以保护，保证其坚固、稳定。

(2) 对水准点的高程引测和相互校核，要采用二等水准测量的方法测定。往返误差不得超过$\pm 1/\sqrt{n}$（n为测站数）。

(3) 沉降观测点数目和位置按设计图要求留置，布设好后，三面要做好砖，上加保护盖。

(4) 每施工完毕一层后，进行一次沉降观测，要求使用精密水准仪配铟钢尺进行观测。观测应在成像清晰、稳定时进行，严格按照精密水准测量要求操作，并及时做好沉降观测记录。

3.2 钢筋工程

本工程钢筋全部采用HPB235级光圆钢筋及HRB335、HRB400级螺纹钢筋。

3.2.1 钢筋原材料

热轧光圆钢筋必须符合《普通低碳钢热轧圆盘条》GB 701和《钢筋混凝土用热轧光圆钢筋》GB 13013规定；热轧带肋钢筋必须符合《钢筋混凝土用热轧带肋钢筋》GB 1499的规定。

所有钢筋必须有材质证明、准用证、复试合格报告，原材必须有规格、钢号等标识，成型钢筋进场按规格型号、使用部位挂牌标识。

3.2.2 钢筋检验

本工程钢筋采用HPB235级光圆钢筋及HRB335、HRB400级螺纹钢筋，所有钢材由北京京华四方金属有限责任公司及北京中建利源物资经营中心供应。每批钢筋进场前必须审查材质证明，按批进行验收，每一混合批验收重量不超过60t。

结构主筋（一、二级抗震的框架结构）实测抗拉强度与屈服强度比值不应小于1.25，实测屈服强度与强度标准值的比值不应大于1.3。

3.2.3 钢筋连接

本工程直径大于等于20mm的钢筋采用连接技术方便、质量可靠的滚轧直螺纹连接；

直径小于 20mm 采用搭接接头。

钢筋接头位置相互错开，滚轧直螺纹连接接头错开 $35d$ 且不小于 500mm，同一接头范围内，有接头的钢筋面积不大于钢筋总面积的 50％，搭接接头在规定的搭接长度任一区段内，有接头的钢筋面积不大于钢筋总面积的 25％。

3.2.4 钢筋定位和间距控制

为了防止钢筋绑扎及浇筑混凝土时板筋移位和变形，基础底板加设马凳，马凳钢筋的选用标准：1200mm、700mm 厚底板选用 $\phi25$ 钢筋，400mm 厚底板选用 $\phi20$ 钢筋；高度为板厚度-上下保护层厚度-上下双层钢筋网片的厚度。马凳通长布置，行距 1500mm。楼板选用 $\phi10$ 钢筋，间距 1500mm，呈梅花形布置；墙、柱钢筋采用定位筋，控制钢筋的位置和间距（图 3-1）。

图 3-1 墙体水平定位框

3.3 模板工程

本工程车库为框架结构，主楼为剪力墙结构。为保证结构的清水混凝土效果，模板选择如下：

3.3.1 模板板面选择（表 3-1）

3.3.2 模板背楞、支撑及螺栓选择

(1) 连墙柱模板支撑及横竖肋采用 $\phi48\times3.5$ 钢管，肋与模板之间用 $\phi16$ 钩头螺栓连接固定。模板安装与墙体一道进行，并连成整体（图 3-2）。

模板板面的选择 **表 3-1**

部 位		内 容
框架柱、连墙柱		模板采用 15mm 厚木夹板
住宅楼标准层剪力墙		企口式全钢定型整体式大模板，模板面板采用 $\delta=6$mm 钢板
标准层电梯井		定型钢模板
地下室	外墙	采用 70 系列钢模预拼成大块模板施工
	内墙	采用定型钢质大模板
梁		梁模板采用 15mm 厚木夹板
顶板		楼板采用新型模板支撑体系
楼梯		楼梯踏步模板采用我单位设计加工的定型整体式木模板
门窗洞口		采用我单位设计加工的定型模板（模板整体用木方制作，表面覆一层竹夹板，四角用角钢封闭）
预留顶板洞口		倒梯形定型钢板
后浇带		专用木质梳子板（15mm 厚木夹板）

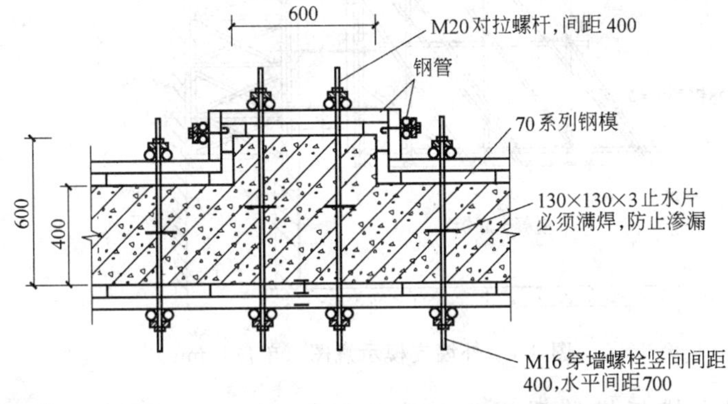

图 3-2 连墙柱模组装图（单位：mm）

(2) 框架柱模板纵肋采用 100mm×100mm 木方，间距 200mm。柱箍采用[16a 槽钢、M20 对拉螺栓紧固，槽钢柱箍现场组装。模板斜支撑采用 $\phi48\times3.5$ 钢管（图 3-3）。

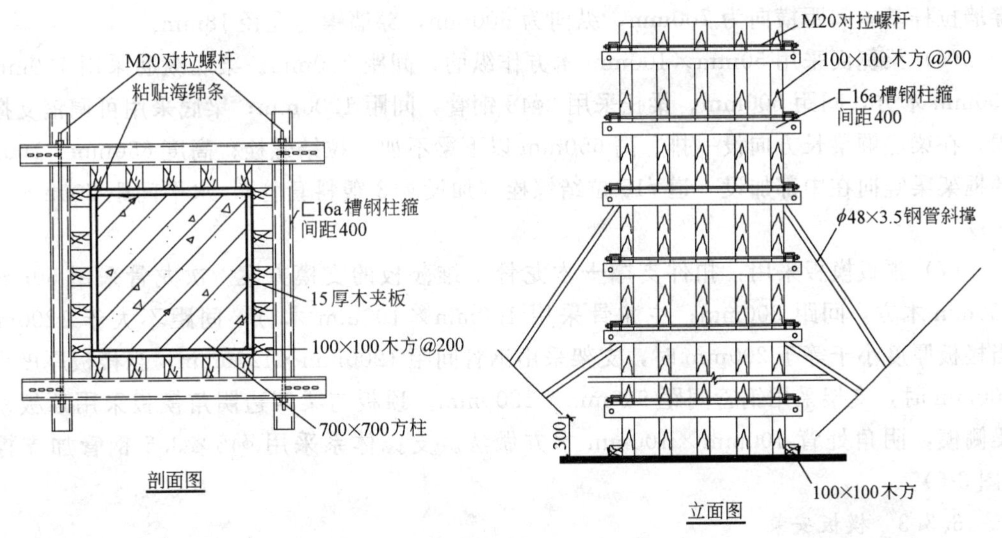

图 3-3 独立柱模组装图（单位：mm）

(3) 地下室外墙模板支撑采用 $\phi48\times3.5$ 钢管，内横楞双排间距 400mm，外竖楞双排间距 700mm。墙体采用 M16 型穿墙螺栓加设止水片，穿墙拉杆基本间距 400mm×700mm。穿墙螺栓孔径 18mm，仅在 100mm 宽专用钢模上钻孔（图 3-4）。

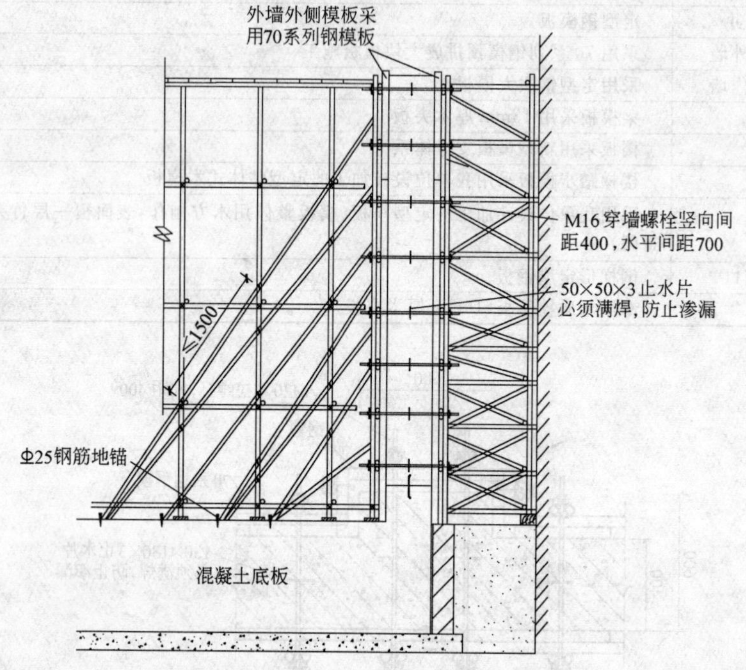

图 3-4 外墙支模示意图（单位：mm）

(4) 剪力墙大模板横肋采用[8 槽钢间距 300mm，竖肋采用[10 槽钢，间距 1200mm，边框采用 80mm×8mm 等边角钢制作，肋板采用 6mm×8mm 宽钢板焊接成型。

(5) 筒体剪力墙模板采用 50mm×100mm 木方作竖肋，间距不大于 250mm，内横楞双排间距 700mm。模板支撑采用 $\phi48\times3.5$ 钢管。采用 M16 普通穿墙螺栓，具体要求为穿墙拉杆基本间距横向为 700mm，纵向为 600mm，穿墙螺栓孔径 18mm。

(6) 梁侧面采用 50mm×100mm 木方作纵肋，间距 200mm。梁底纵肋采用 100mm×100mm 木方，间距 300mm。梁托采用 $2\phi48$ 钢管，间距 1200mm；梁底采用可调钢支撑加固，在梁底顺梁长方向设一排。高 650mm 以下梁不加设拉结螺栓；高度 650mm、700mm 的框架梁竖向在中部加设一道 $\phi16$ 拉结螺栓（加设 $\phi18$ 塑料套管），水平间距 700mm（图 3-5）。

(7) 顶板模板采用：扣件支撑＋木龙骨＋维莎板的支模方案。次龙骨采用 50mm×100mm 木方，间距 300mm；主龙骨采用 100mm×100mm 木方，间距不大于 1200mm。当楼板厚度小于等于 200mm 时，支架采用钢管间距 1200mm×1200mm；当楼板厚度大于 200mm 时，支架采用钢管间距 900mm×1200mm。顶板与梁四边阴角模板采用顶板模压梁侧模，阴角处背 100mm×100mm 木方做法。支撑体系采用 $\phi48\times3.5$ 钢管加支撑头（图 3-6）。

3.3.3 模板安装

模板及支撑结构应具有足够的强度、刚度和稳定性；固定在模板上的预埋件和预留孔

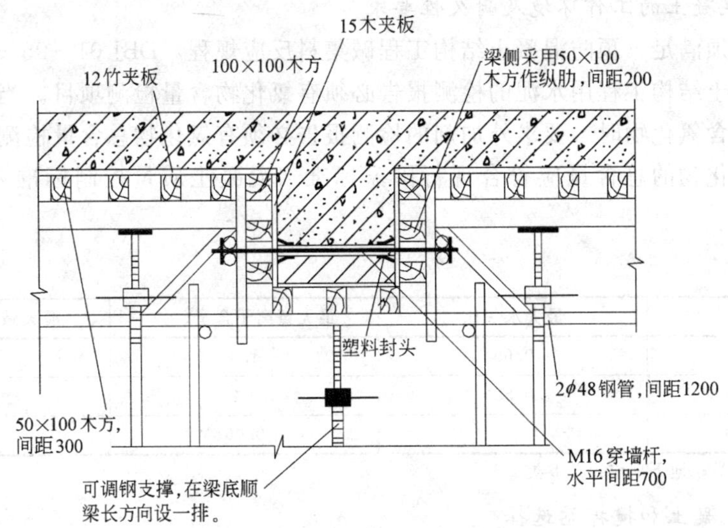

图 3-5 梁板支撑体系图（单位：mm）

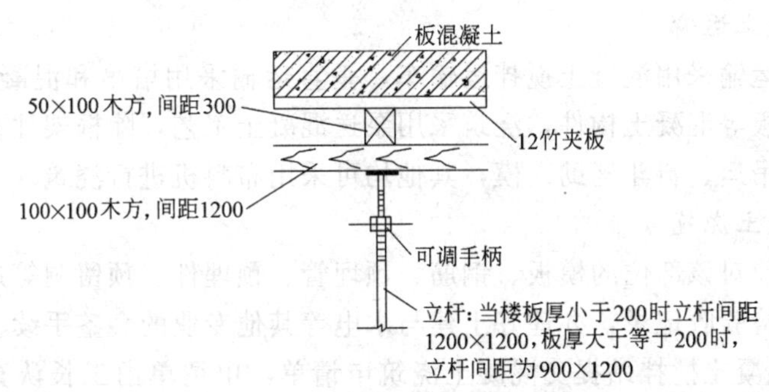

图 3-6 梁板支撑图（单位：mm）

不得遗漏，安装必须牢固且位置准确。重要预埋件，必须根据相关设计图纸精确加工，辅以经纬仪、水准仪准确定位，牢靠固定；梁、板、剪力墙、筒体所有模板的轴线位置、截面尺寸、平整度、垂直度通过自检、互检、交接检严格检查，确认无误后，进入下一道工序。

3.3.4 模板拆除

模板拆除时，结构混凝土强度应符合规范和设计要求。当混凝土强度能保证构件不变形，其表面及棱角不因拆除模板而受损坏，预埋件或外露钢筋插铁不因拆模碰扰而松动，方可拆除。

模板拆除后，应立即清理干净并刷上脱模剂。新模板进场，必须先刷脱模剂方可使用，拆下的扣件及时集中收集管理。拆模时严禁模板直接从高处往下扔，以防模板变形和损坏。

3.4 混凝土工程

本工程全部使用商品混凝土。

3.4.1 混凝土的工作环境及耐久性要求

混凝土必须满足《预防混凝土结构工程碱集料反应规程》DBJ 01—95—2005 的要求。

钢筋混凝土结构工程用水泥的检测报告必须有氯化物含量检测项目。当钢筋混凝土结构用外加剂中含氯化物时，要求外加剂的检测报告必须有氯化物总含量检测项目。钢筋混凝土结构中氯化物的总含量应符合现行国家标准《混凝土质量控制标准》GB 50164 的规定：

表 3-2

工作环境	最大水灰比	最大氯离子含量(%)	最大碱含量(kg/m³)
一类	0.65	1.0	不限制
二 b 类	0.55	0.2	3.0
预应力构件		0.06	

地上部位：一类；地下部位：二 b 类

3.4.2 混凝土和搅拌站选择

混凝土采用预拌混凝土，其生产和质量必须符合《混凝土质量控制标准》GB 50164 的规定。

3.4.3 混凝土运输

混凝土水平运输采用混凝土搅拌运输车，垂直运输采用塔吊和混凝土输送泵，底板、地下墙体及梁、板等混凝土构件，浇筑采用泵送混凝土工艺，除框架柱及筒体剪力墙钢筋密集处采用塔吊吊运、料斗辅助入模，其他均可采用布料机进行浇筑。

3.4.4 混凝土浇筑

浇筑混凝土前对该部位的模板、钢筋、预埋管、预埋件、预留洞等进行全面细致的检查，并做好隐蔽检验收记录，办理好土建与水电等其他专业的会签手续。

提前 1d 向混凝土搅拌站提交混凝土浇筑申请单，申请单由工长认真、准确填写，项目技术负责人审核、签字；同时，工长对项目试验员下发混凝土浇筑通知单，试验员接到通知单后，根据通知单内容做好试验准备工作。

3.4.5 混凝土振捣

基础、剪力墙采用 HZ-50 插入式振动器振捣，当遇有梁重叠部分钢筋较密，HZ-50 振动器无法插入时，可选用 HZ6X-30 振动器；同时，采用 HZ-50 振动器在模板外侧进行振捣模板；板混凝土宜采用平板振动器振捣。

3.4.6 混凝土养护及成品保护

在常温施工期间，浇筑 12h 内即进行浇水养护，对于墙柱混凝土，拆模后涂刷养护液进行养护，楼板水平结构混凝土采用覆盖黑塑料布和洒水养护，每天的浇水次数以能保证混凝土表面潮湿为准，养护时间防水混凝土不得少于 14d，普通混凝土不得少于 7d。

在冬期施工，不得浇水，可采用保温被进行覆盖养护。

3.4.7 后浇带施工措施

(1) 后浇带模板支设

为保证后浇带两侧模板支撑牢固紧密且不易拆除，采用双层网作一次性模板，一层为钢板网，一层为 10mm×10mm 的密目钢丝网，两层网预先绑扎固定在一起，钢丝网外固定三根粗钢筋作为定型支撑。

(2) 后浇带两侧混凝土施工缝的处理

当混凝土达到初凝时（用手压混凝土表面能出现指纹），用压力水冲洗（水应呈雾状），清除浮浆、碎片并使冲洗部位露出骨料，同时将网片冲洗干净。混凝土终凝后将钢丝网拆除，立即用高压水再次冲洗施工缝表面。对已经硬化的混凝土表面，及时安排人凿毛处理。对较严重的蜂窝或孔洞立即进行修补。在后浇带混凝土浇筑前应用喷枪（用水和空气）清理表面。

(3) 混凝土浇筑

1) 待两侧混凝土浇筑一个月后，用高一级的微膨胀混凝土（内掺10%FS-H缓凝型防水剂）浇筑。

2) 后浇带混凝土按400mm厚分层浇筑，以免因浇筑厚度较大，造成网模板侧压力增大而向外凸出，造成尺寸偏差。

3) 采用钢丝网模板的垂直施工缝，在混凝土浇筑和振捣过程中，要特别注意分层浇筑厚度和振捣器距钢丝网的距离。为防止混凝土振捣中水泥浆流失严重，应限制振捣器与模板的距离（采用$\phi50$振捣器时，距离不小于40cm；采用$\phi70$振捣器时，距离不小于50cm）。

3.4.8 大体积混凝土施工

本工程1号、2号、5号、6号楼基础底板厚1200mm，属大体积混凝土。要确保大体积混凝土质量，除了满足强度等级、抗渗要求及内实外光等混凝土的常规要求外，关键在于严格控制混凝土在硬化过程中由于水化热而引起的内外温差，防止内外温差过大而导致混凝土裂缝的产生。施工时应注意以下几点：

1) 合理进行混凝土配合比设计，采用参加矿粉和粉煤灰的方法减少混凝土中水泥用量，从而降低混凝土中水泥水化热。水泥的强度等级不应低于32.5MPa。

2) 合理选择水灰比和外加剂，保证混凝土和易性、缓凝时间以及混凝土坍落度损失满足现场施工需要。

3) 混凝土浇筑施工时间应尽可能选在周末开盘，周一上班前收盘，以减少道路堵塞，混凝土供应跟不上，造成冷缝。

4) 根据搅拌站的配合比、施工时天气温度、混凝土浇筑后养护期间天气温度和天气情况，通过混凝土不同阶段裂缝计算，确定混凝土采用的养护方法。

5) 混凝土养护期间，应随时观察混凝土内部和表面的温差，超出要求应立即采取保温措施。

3.4.9 技术资料对质量的保证

在施工过程中要求资料员与工程同步、齐全，包括由设计、施工、材料、监理各单位共同签定的技术责任合同、预防混凝土碱集料反应的技术措施、混凝土所用各项材料的检测报告和混凝土配合比、混凝土强度试验报告及混凝土碱含量评估，检查无误后签字留存。

3.5 脚手架工程

3.5.1 脚手架方案的选择

根据本工程地下与地上结构变化大、住宅楼和公建相连特点，外架采用多种形式，以满足不同部位的施工需要。

(1) 结构施工外架

1) 地下结构施工：从基坑底部搭设双排落地式外脚手架。

2) 塔式住宅楼1号、2号楼地上26层，5号、6号楼地上23层，板式住宅楼8号、9号楼地上14层，楼层大部分外墙采用透明玻璃封闭，仅局部外墙为现浇混凝土剪力墙结构。根据以上建筑设计特点，大部分位置（对应透明玻璃封闭部位）的外脚手架采用外挑架，考虑到三层以下非配套公建的影响，外挑架的安装使用从第五层开始，五层以下仍采用双排钢管脚手架；局部现浇混凝土剪力墙施工用外架采用与大模板配套的三角挂架，挂架安装从二层开始，二层安装完挂架后再安装平台板，其他层平台板与三角挂架连为一体，整拆整装。

(2) 装修施工外架

1) 五层以下可利用结构阶段的外脚手架。

2) 住宅楼外墙装修沿每幢楼外墙设置ZLD50A型高处作业吊篮专用设备。吊篮宽为800mm，高为1500mm，长度分别为1500～6000mm不等。每组吊篮的工作平台由钢管焊接而成，设有靠墙防撞装置。每组吊篮设两台提升机具，其每台提升机具分配施工载荷为300kg。

3.5.2　钢管脚手架搭设顺序

基层加固垫实→铺通长脚手板→立杆下加底座→弹线、立杆定位→摆放扫地杆→竖立杆并与扫地杆扣紧→装扫地小横杆、并与立杆和扫地杆扣紧→装第一步大横杆并与各立杆扣紧→安第一步小横杆→安第一道拉杆→安第二步大横杆→安第二步小横杆→加设临时斜撑杆，上端与第二步横杆扣紧（与结构柱拉接后拆除）→安第三、第四步大横杆和小横杆→安装第二道拉杆→接立杆→逐层安装各步大横杆和小横杆→加设剪刀撑→铺设脚手板→挂安全网。

3.6　屋面工程

(1) 基层处理：将混凝土结构层表面清理干净，检查预留孔洞、管路预埋预留符合设计要求。

(2) 下部找坡、找平层施工：按设计坡度铺设找坡层，找出屋面坡度走向，最低处40mm厚。施工时排气道不能堵塞，嵌填密封材料或空铺卷材条，纵横位置宽度不能变。然后施工20mm厚1∶3水泥砂浆找平层作为防水施工基层。

(3) 保温层铺设：干铺保温层，要留设排气道，排气道宽为20mm，间距为6000mm，纵横设置，屋面面积每36m^{2}宜设置一个排气孔。要保证排气道纵横贯通，且与大气层相通。铺设保温层的基层应平整、干净、干燥。块体保温板不得破碎、缺棱掉角，铺设时遇有缺棱掉角、破碎不齐的，应锯平拼接使用。干铺保温材料，要紧靠基层表面，铺平垫稳；分层铺设时，上下接缝应互相错开，接缝处应用同类材料碎屑填嵌饱满。

(4) 上部找平层施工

1) 为了避免或减少找平层开裂，找平层留设分格缝，缝宽为20mm，并嵌填密封材料或空铺卷材条。分格缝与排气道相重合，与保温层连通。

2) 找平层坡度应符合设计要求，一般平屋面坡度不小于3%，天沟、檐沟纵向坡度不应小于5%。

3）水泥砂浆找平层施工注意事项：检查基层安装牢固，不得有松动现象。铺砂浆前，基层表面应清扫干净。砂浆铺设应按由远到近、由高到低的程序进行，最好在每分格内一次连续铺成，严格掌握坡度，可用2m左右长的方尺找平。待砂浆稍收水后，用抹子压实抹平；终凝前，轻轻取出嵌缝条，完工后表面严禁踩踏。铺设找平层12h后，洒水养护，找平层硬化后，用密封材料嵌填分格缝。

3.7　防水工程

地下室底板为混凝土自防水、外墙体及覆土顶板、屋面防水采用混凝土自防水加双层Ⅲ＋ⅢPY-2型SBS（聚酯胎）防水卷材；卫生间等楼地面防水为高聚物改性沥青涂膜防水或聚氨酯涂膜防水层。

施工时应注意以下事项：

(1) 防水基层应在垫层、首层楼板以及屋顶楼板施工时采用铁抹子直接压光，充分养护，不得疏松、起砂、起皮，表面应平整。

(2) 基层转角部位（外墙、首层反梁、女儿墙、立面、天窗、天沟、排水口等）均应做成圆弧或三角形，圆弧半径应大于20mm。

(3) 女儿墙、山墙在卷材收口处需做凹槽，其高度距屋面找平层为不小于250mm。

(4) 基层应充分干燥，简易检验方法为：将1m² 卷材平坦地铺在找平层上，光线直射静置3～4h掀开检查，找平层覆盖部位与卷材上未见水印即可。

(5) 热熔法，满粘：铺贴卷材时先平面后立面，平、立面处应交叉搭接。

(6) 附加层施工：底油干燥后，首先按设计要求对需做附加层的部位进行处理。在R50mm的圆角面及阴阳角处、施工缝处、与塔吊基础垫层交接处，加铺一层500mm宽SBS防水卷材作为附加层。

(7) 铺贴卷材：铺贴卷材时，上下两层和相邻两幅卷材的接缝必须错开1/3幅宽，且两层卷材不得相互垂直铺贴。将卷材剪成相应尺寸并卷好，铺贴时随放卷随用喷灯加热基层和卷材的交界处，喷灯距加热面300mm左右，经往返均匀加热，趁卷材的材面刚刚熔化时，将卷材向前滚铺，粘贴，搭接部位满贴牢固，两幅卷材短边和长边的搭接宽度不小于100mm，保护墙处上下两层防水甩头最少错开400mm。平面与立面转角处卷材的搭接缝留在底板面上，且应距墙根不小于600mm。

(8) 地下室顶板后浇带防水处理

施工顶板防水层时将临时保护墙拆除，卷材剪口后铺贴。转角处及复杂部位处理同底板防水卷材施工（图3-7）。

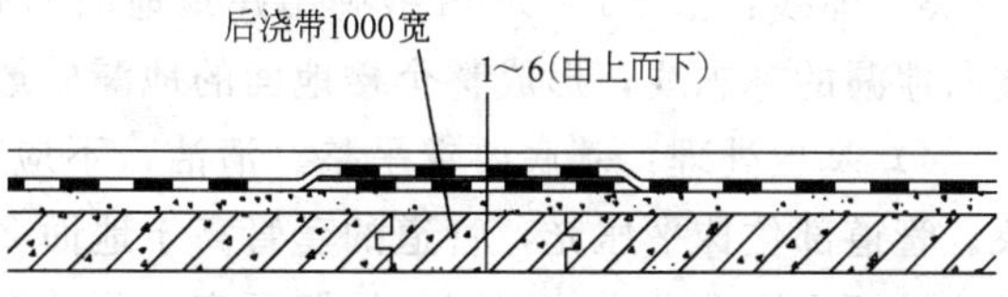

图3-7　顶板后浇带防水作法（单位：mm）

1—20厚1∶3水泥砂浆保护层；2—卷材防水层；3—卷材防水附加层；4—基层处理剂；5—防水砂浆找平层；6—混凝土顶板后浇微膨胀混凝土

防水层施工前对地下室顶板进行试水检验，特别是对设有反梁的顶板更不能疏忽，及时对渗漏部位进行补强、补漏处理（蓄水试验可以根据施工需要分段分片进行，但要保证该部分顶板全部进行检验）。

在对地下室顶板进行试水及补漏处理后，开始施工卷材防水层。防水层施工完成后，马上进行保护层及回填土等工序的施工，以减少和避免对防水层、保护层的破坏。

在进行地下室顶板找平时，要形成一定的坡度，使雨水不积存于顶板。在地下室顶板设有反梁部位应事先预留泄水孔。

(9) 屋面特殊部位的铺贴要求

1) 泛水与卷材收头：泛水部位卷材铺贴前，应先进行试铺，将立面卷材长度留足，先铺贴平面卷材至转角处，然后从下向上铺贴立面卷材。卷材铺贴完成后，将端头裁齐。

2) 伸出屋面管道：伸出屋面管道卷材铺贴与屋面交角处卷材的铺贴方法和立墙与屋面转角处相似，但流水方向不应有逆槎，且要加铺两层附加层。防水层铺贴后，上端用沥青麻丝或细钢丝扎紧，最后用密封材料密封，或焊上薄钢板泛水。

3) 阴阳角：阴阳角处的基层涂胶后要用密封膏涂封距角每边 100mm，再铺一层卷材附加层，铺贴后剪缝处用密封膏封固。

(10) 节点处理

1) 水落口杯：在水落口杯与基层交接处，抹好找平层后要预留 20mm×20mm 的凹槽，填嵌密封材料。找平层坡度要准确，在杯（管）口四周 500mm 范围内设附加增强层时，在嵌缝后立即做好。

2) 穿过防水层的管道：直接穿过防水层的管道四周找平层应按设计要求放坡，与基层交接处必须预留 20mm×20mm 的槽，填嵌密封材料，再将管道四周除锈打光，然后加铺附加增强层；用套管穿过防水层时，套管与基层间的做法与直接穿管做法相同，穿管与套管之间先填弹性材料如沥青麻丝、泡沫塑料，每端留深 20mm 以上凹槽嵌密封防水材料，然后再做保护层。

(11) 聚氨酯防水涂料

聚氨酯防水涂膜施工主要内容包括基层处理、涂刷底胶、材料配制、附加涂膜层施工、涂刮涂膜、稀撒石碴、涂膜保护层施工。

1) 楼面从入口处找坡，坡向地漏、地沟。有防水要求的房间穿楼板立管均应预埋防水套管，并高出楼地面 50mm，套管与立管之间填塞沥青麻丝。

2) 依房间轴线确定预留、预埋管道孔位置、标高及排水坡向。将留、埋孔模具牢固地固定在模板上，待混凝土浇筑后，终凝前进行二次校核，以消除因预留位置不准再剔凿扩孔现象。

3) 弹线：依＋1000mm 线弹出建筑地面的面层（含饰面）、找平层、防水层、垫层等坡向地漏的标志线，形成整个楼地面的地漏处最低点的斜平面。

4) 基层处理：基底要求平整、清洁，不应有较大的孔洞、裂缝、凸凹不平和起砂现象。管道部位抹平压光，管道的套管高于地面 20～30mm，所有管件、卫生设备、地漏等设施必须在涂布前安装牢固、接缝严密、收头圆滑，不得有任何松动现象。

5) 防水涂层施工

a. 大面积涂刷防水层前，必须进行细部处理，地漏、管根、阴阳角等容易漏水的薄弱部位，要按规范要求进行附加层的施工。

b. 聚氨酯防水层涂刷三遍，涂刷方向相互垂直，第一层（在垫层下）厚度为 0.6mm，第二层（在垫层上）厚度为 0.4mm。最后一遍涂刷后未固化时，在涂膜表面稀撒干净的石碴。防水层施工完毕后，需进行 48h 蓄水试验，蓄水高度地面最高点不低于

2cm，确定无渗漏并经过验收后方可进行覆盖层的施工。

c. 第一遍涂层涂布后，固化 6h，待涂膜基本不粘手指时，做完垫层后，再涂布第二、三遍涂层。为使基层任何方向的毛细微孔都渗进涂料和使涂膜厚薄均匀一致，每相邻两遍涂层之间的涂布方向应相互垂直，每层的涂布量应按要求进行控制，不得过多过少，并应根据施工时的环境温度控制好相邻两遍涂层涂布的时间间隔，一般夏季不少于 6h，冬季不超过 72h。

d. 涂膜防水层末端收头处理：涂膜防水层具有与水泥砂浆基层紧密粘结的特性，末端收头可用防水涂料多遍涂刷或用与防水涂料相容的密封材料封严。

3.8 砌筑工程

隔墙采用 300mm、200mm、150mm 厚炉渣空心砖砌筑；100mm、120mm 厚加气混凝土砌块、100mm 厚轻钢龙骨石膏板和 100mm 厚 GRC 板轻质隔墙。

(1) 砌块墙体下部因考虑防潮及贴砖，则统一在砌块墙下浇筑细石混凝土基座，其宽度同墙厚，高度为 150mm。混凝土砌块隔墙设计要求分两步砌筑，第一步至预留洞下口，待上部设备管线安装完毕后，再砌至梁底或板底，砌至梁底、楼板底时，均需等下部砌体沉实后（一般 125d 左右），统一用砖斜砌挤紧，其倾斜度宜为 60°左右，要求逐块敲紧砌实，砌筑砂浆饱满。

(2) 砌筑隔墙在每层门洞上皮、外墙窗口上皮设置通长钢筋混凝土现浇带一道，现浇带 60～70mm 厚，内配 2ϕ8 通长筋。现浇带遇洞口时厚度加高至 180mm，附加 1ϕ12、箍筋 ϕ6@200，附加钢筋两端各伸出洞边 250mm 或锚入柱内。

(3) 隔墙较长时在墙中间及转角处、丁字、十字交接处、门洞两侧均设置构造柱（构造柱间距＜3m），构造柱与砌体之间留设马牙槎。

(4) 测量人员放出轴线，砌筑施工人员根据弹好的门窗洞口位置线，认真核对窗间墙垛尺寸是否符合排砖模数。

(5) 砌块排列应尽可能采用主规格砌块，混凝土砌块应对孔错缝搭砌，搭接长度不应小于砌块长度的 1/2，且不小于 150mm；当不能保证此规定时，应在灰缝中设置拉结钢筋或网片；外墙转交及纵横墙交接处，应将砌块分皮咬槎，交错搭砌；砌体垂直缝与门窗洞口边线应避开同缝，且不得采用砖镶砌；砌体水平灰缝厚度为 15mm，垂直灰缝宽度为 20mm，砌筑前必须立皮数杆，并且拉线，吊砌一皮，校正一皮，皮皮拉线控制砌体标高和墙面平整度。

(6) 外墙转角处严禁留直槎，从两边同时砌筑，墙体临时间断处应砌成斜槎，斜槎长度不应小于墙高度的 2/3，斜撑高不大于 1.2m。

(7) 砌体灰缝应横平竖直，全部灰缝均应铺填砂浆，铺灰长度不得超过 800mm，严禁用水冲浆灌缝。水平灰缝的砂浆饱满度不得低于 90%，竖缝的砂浆饱满度不得低于 80%，砌筑中不得出现瞎缝、透明缝，砌筑砂浆强度未达到设计要求的 70%时，不得拆除过梁底部的模板。

(8) 对设计规定的洞口、管道、沟槽预埋件等，应在砌筑时预留或预埋，严禁在砌块的墙体上打凿，不得预留水平沟槽。脚手架拉杆及卸荷斜撑等脚手眼用砌块侧砌，利用其孔洞做脚手眼，待完工后用 C15 混凝土填实。

(9) 砌体竖缝灌砂浆，每砌一皮砌块，就位校正后，用砂浆灌垂直缝，随后进行勾缝。

(10) 在砌筑砂浆终凝前后时间内，应将灰缝刮平。砌体砌筑完后，洒水养护3～5d。

(11) 所有留洞待管道安装完毕，周边必须封堵严密，所有通风竖井、管道井要求边砌边抹灰，保证内壁光滑平整，气密性良好。但应注意先安装管道设备，后砌筑管井。

3.9 装修工程

(1) 为加快施工进度，确保工期目标的实现，本工程1号、2号、5号、6号主楼结构拟分4次进行验收：即分地下室结构、地上一至八层、地上九至十六层、十六层以上四次验收；8号楼结构拟分3次进行验收：即分地下室结构、地上一至八层、八层以上三次验收。这样有利于后续工作提前插入。

(2) 装修开始之前，重点做好准备工作，包括装修队伍的选定、装修材料厂家的考察选定、各分部分项装修作法的明确、计算装修材料的使用量等，每一分项装修开始之前，装修材料由厂家送样经过监理、甲方确定。装修材料进场前要有检验合格证，其有害物质限制含量及防火性能等应符合国家有关标准。

(3) 本工程装修阶段，装修施工与水电安装互相交叉，必须互相协调，避免下道工序施工时将上道工序已施工的成品破坏或污染，并且每个分项工程施工前，各专业必须进行成品保护交底。每一层从辅助用房开始，最后安排走道、楼梯间装修。装饰工程施工时，本着“样板引路”的原则。样板间施工完毕，要求甲方一同做室内环境污染的测定，合格后方可大面积施工；工程竣工时，甲方组织室内环境污染物浓度的测定，均应符合《民用建筑工程室内环境污染控制规范》的要求。

3.10 冬雨期施工措施

根据工程总进度控制计划，冬期施工主要为主体结构施工、地下室外墙防水、土方回填，室内外装修、设备安装处于雨期施工，为保证工程顺利进行，从思想上、措施上和物质上做好充分准备，严格制定冬、雨期技术措施，确保冬、雨期施工质量，确保按时完工。

3.10.1 冬期施工

(1) 施工准备

1) 组织措施

进入冬期施工的分部分项工程在入冬前编制冬期施工方案，方案确定后组织项目技术管理人员学习，并向操作工人现场交底。进入冬施前，对现场操作工人组织业务培训，学习本工作范围内的有关工作知识经考核后方可上岗。安排专人进行气温观测并做记录。及时接收天气预报，防止寒流突然袭击。

2) 现场准备：根据实际工程量，保温材料提前进场；工地的临时用水管线，做好保温防冻工作。

(2) 安全与防火

大雪后必须将电梯架子上的积雪清扫干净，并检查电梯架子，如有松动、下沉现象，务必及时处理。施工使用电气焊作业，应严格遵守消防规定。电源开关、控制箱等要加锁，并由电工专门管理，防止漏电、触电。易燃性材料、辅助材料库和现场严禁烟火并配备足够的灭火器。

3.10.2 雨期施工

(1) 施工场地：施工现场应根据地形，对施工区及生活区分别形成良好的排水系统，以保证水流畅通、不积水。基坑周边用砖砌筑20cm宽的排水沟，防止地面水倒流入基坑内。

(2) 机电设备及材料养护

1) 在雷雨季节到来前，必须做好机电设备的防潮、防霉、防锈蚀、防雷击等项措施，管好、用好施工现场机电设备，确保施工任务的顺利完成。

2) 对露天放置的大型机电设备要防雨、防潮，对其机械螺栓、轴承部分要经常加油并转动，以防锈蚀，所有机电设备都要安装预防漏电保安器。

3) 在施工现场比较固定的机电设备（如砂浆搅拌机等）要搭棚或电机加防护罩，不允许用塑料布包裹。

4) 对现场各种高低压线路应检查是否符合安全操作规程的要求，凡普通胶皮线、普通塑料线，只准架空铺设，不准随地拖设。

5) 机电设备的安装、电器线路的架设，必须严格按照临时用电方案措施执行。各种机械的机电设备的电器开关，要有防雨、防潮设施。

6) 雨后对各种机电设备、临时线路、外用脚手架等进行巡视检查，如发生倾斜、变形、下沉、漏电等迹象，应立即标志危险警示并及时修理加固，有严重危险的立即停工处理。

7) 现场使用的塔吊设置避雷装置，并定期进行检查。对于变压器、避雷器的接地电阻值必须进行复测（电阻值大于4Ω），不符合要求的必须及时处理。避雷器要做一次预防性试验。

(3) 临建工程及其他

1) 雨期前，对于临建房屋、水泥库房等应进行检查和修理，防止漏雨、漏电和其他不安全因素存在。雷雨前交代工人：雷雨中不要在大树下避雨、不要走近架子、架空电线周围10m以内区域，避免雷击触电事故发生。

2) 雨期前，对现场已硬化的施工道路要进行一次平整铺垫，做到路面坚实平整，不沉陷、不积水、行车不打滑、不颠簸。路边设置300mm×300mm的排水沟，内侧抹灰，沟底向市政雨水管网方向设2‰的流水坡度，使雨水有组织排入市政雨水管网。

3.11 试验方案

本工程所需试验（包括有见证取样试验）均在×××建筑检测有限责任公司试验室完成，并签定委托试验合同。

现场设标养室，派试验员两名负责现场取样。

取样依据根据公司《建筑安装工程过程试验（检测）控制程序》。

本工程主要进行的试验：回填土取样试验、钢筋复试试验、水泥复试试验、钢筋焊接试验、砂浆、混凝土试块试验、防水材料复试试验、砂、石试验及其他试验等。本工程有见证取样和送检各种试验次数不得少于试验总次数的30%，试验总次数在10次以下的不得少于2次。

见证试验送检要求：

1）见证人按有见证取样和送检计划，对施工现场的取样和送检见证。

2）在试样或其包装上做出标识、封志。标识和封志应标明样品名称、样品数量、工程名称、取样部位、取样日期，并有见证人、取样人签字。

3）见证人做见证记录，见证记录列入工程技术档案。

3.12 设备安装工程施工方法

3.12.1 管道工程

（1）给排水系统

1）流程：预制──→干、立管安装──→闭水试压──→支管、卫生洁具安装──→连接卫生洁具与支管──→通水、油漆及防结露保温。

2）选材、抽检：材料进场后，首先应检查其有无出厂合格证，再检查其材质。管壁应薄厚均匀，内外光滑、整洁，不得有砂眼、裂纹、疙瘩，管件无偏扣、乱扣、丝扣不全等现象。材料不合格者不得使用。

3）施工方法

A. 给排水管道安装

给水管为镀锌钢管丝接。要求外露丝扣为 2～3 扣，并在丝口外露处刷防锈漆。排水管为柔性接口。

a. 干管安装

安装前先检查预留洞口，以设计尺寸确定位置，修改洞口。给水干管安装时，一般从总进入口开始操作，总进口端头加临时丝堵以备试压用。管道预制后、安装前做好防腐，丝扣连接管道抹铅油缠麻，然后用管钳上紧，安装后找直、找正。排水干管安装前，先按设计标高、坡度做好托、吊架，然后管道安装。排出管应用两个 45°弯头连接。排出管安装时，出墙管口堵好，以便做闭水试验。

b. 立管安装

给排水立管宜分主立管、支立管分步预制安装。安装前先检查预留洞口，以设计尺寸确定位置，修改洞口。安装时，若需打洞，洞口直径不应过大，并且不得随意切断楼板钢筋。必须切断时，需在立管安装后焊接加固。立管安装先每层从上至下统一安装卡件，然后安装立管，安装完后用线坠吊直找正。冷热水立管安装要求热水管在左，冷水管在右。给水立管每层设管卡，高度距地面 1.5m。排水立管每层设检查口，高度距建筑地面 1m。

c. 支管安装

给水支管安装前，核定各卫生洁具冷热水预留口高度、位置，找平正后安装支管卡件。水表安装位置上先装连接管，交工前再装上水表。冷热水支管安装要求热水管在上，冷水管在下。排水支管先安装管道，调好坡度，再固定卡架。排水支管一定要按规定的坡度进行安装，不允许有倒坡、平坡的现象。

d. 其他

管井内的管道安装顺序为：先里后外、先大后小的顺序安装。管井内的冷、热、中水管应在每层加套管，待土建封楼板时，安排人员做相应的配合工作。管井内的管道保温与防结露工作，待井体装修后统一进行。

给水干管应设托架，立管每层均应设支架；排水横管应设吊架，立管应设固定落地卡，支托吊架埋设平正牢固，与管道接触紧密。

B. 卫生洁具安装

本工程卫生洁具包括低水箱坐便器、小便器、蹲便器、台式洗脸盆、浴盆等。

a. 流程：安装准备──→卫生洁具及配件检查──→卫生洁具安装──→配件预装──→卫生洁具稳装──→与墙、地缝隙处理──→通水试验。

b. 进场检查

卫生洁具进场后一定要进行全面检查，规格、型号必须符合设计要求，并有出厂合格证。外观应规矩，造型周正，表面光滑、美观、无裂纹，边缘平滑，色调一致。如有问题不允许使用。

c. 低水箱坐便器安装

① 配件安装：低水箱溢水管口应低于水箱固定螺栓 10～20mm。有补水管者把补水管上好后揻弯至溢水管口。

② 本体稳装：坐便器出水口要对准预留排水口，放平找正，管口周围抹上油灰以防漏水。上地脚螺栓时要套好胶皮垫、眼圈，将螺母拧至松紧适度。

d. 壁挂式小便器安装

应先检查给水、排水预留管口是否在一条垂线上，间距是否一致；如有偏差，及时修改。小便器安装时应找平、找正。小便器与墙面、地缝嵌入白水泥抹平、抹光。

e. 洗脸盆安装

洗脸盆下水口中的溢水口要对准脸盆排水口中的溢水口眼，加上垫好油灰的胶垫，套好眼圈，上螺母至松紧适度。脸盆支架安装要求找平、栽牢。脸盆安装要求牢固、水平。存水弯上、下衔接处应保证严密、不漏。

f. 浴盆安装

先将浴盆稳于砖台上，找平、找正。然后下水配件安装，要求严密、不漏。再是水嘴安装，安装时将冷热水管口找平、找正，安装加垫后拧紧螺母找平、找正。

g. 其他要求

卫生洁具的排水口与排水管承口的连接处必须严密、不漏。支托架防腐良好，埋设平整牢固，洁具放置平稳、洁净，支架与洁具接触紧密。卫生洁具水平度允许偏差不得超过 2mm，垂直度不得超过 3mm。

h. 注意事项

① 洁具在搬运和安装时要防止磕碰。稳装后洁具排水口应用防护品堵好。为防止丢失、损坏，小配件（如水嘴、阀门、堵链等）应在竣工前统一安装。洁具安装完毕应加以保护，防止洁具瓷面受损。

② 卫生洁具安装完毕，即可进行通水试验。

C. 水压试验与闭水试验

本工程试验用水采用临时供水，需电动打压泵 4 台，手动打压泵 4 台。

给水试压首先将入户阀门与各支管阀门关闭，形成闭路后用加压泵向系统供水，满水后加压至 1.0MPa，10min 压降小于 0.05MPa，全面检查无泄漏为合格。

排水管满水 15min 后不渗、不漏为合格。室内雨水管应做闭水试验，注水应满至最高上部雨水斗，15min 内不渗、不漏为合格。

D. 防腐、保温

a. 防腐

做防腐前应先对管道除锈，再刷漆。

外露镀锌钢管刷银粉两道，焊接钢管及给水铸铁管刷红丹底漆、面漆各两道，给水铸铁管刷面漆两道。

设于吊顶及管井内的所有焊接钢管刷红丹底漆两道，不保温管再刷面漆两道，排水铸铁管内外表面涂石油沥青两道。

b. 保温

热水：30mm 厚铝箔加筋超细玻璃棉管壳。

吊顶内的生活给水、中水供水管道：20mm 厚聚乙烯泡沫塑料管壳（难燃型）。

污废水管（吊顶内）采用 20mm 厚聚乙烯泡沫塑料管壳（难燃型）进行防结露保温。

保温做法参见 91SB-暖-61。

E. 系统冲洗

给水管在系统运行前必须用水冲洗，以系统最大设计流量，直到出水与进水的水色和透明度目测一致为合格。

（2）消防灭火系统

1）流程：预制→安装→试压→调试。

2）消火栓系统安装

根据图纸、设计规范和技术交底内容对管道进行外观检查，是否有裂纹、砂眼等。抽查阀门，做强度、严密性试验。核对消火栓箱、阀门的型号、规格是否符合设计要求，有无合格证。

为防止消火栓阀关闭不严且不易打开，在安装前必须对阀门严格检查，开闭不灵活者禁止使用。

消火栓要严格按规范规定安装，室内消火栓栓口朝外，阀门中心距地面为 1.2m，阀门距箱侧面为 140mm，距箱后表面为 100mm。

根据箱内构造，将水龙带挂在箱内的挂钉或水龙带盘上。

3）自动喷淋灭火系统安装

应根据图纸、设计规范和技术交底内容对管道进行外观检查，是否有裂纹、砂眼等。抽查阀门，做强度、严密性试验。核对喷头、阀门的型号规格是否符合设计要求，有无合格证，外观有无损伤，要求质量合格。

喷洒主干管安装：管道距墙尺寸和支吊架的做法应合理、牢固、美观，管中心距墙大于 400mm 时采用吊架，小于等于 400mm 采用托架，支架的加工要符合标准图的规格、尺寸，支架不宜用气割下料、开孔，安装时应弹线，埋设支吊架，管道水平敷设。

立、支管安装：按设计喷洒管道的平面布置，先安装喷洒水管的吊架，支管采用可调吊架。吊架应设在相邻两喷头的管段上，当相邻喷头间距不大于 3.6m 可设一个吊架；当间距小于 1.8m 时，吊架可隔段设置，吊架间距不应大于 3.6m。吊架中槽钢开口方向应一致，且与建筑墙面平行垂直。找好管道坡度，对于充水系统，坡度要求不小于 0.002。在自动喷洒管路系统上于信号管前安装控制阀门，在信号管后不得安设用水装置。为了防止喷头喷水时管道沿管线方向晃动，应在下列部位设防晃支架：

① 配水管中点（管径小于 50mm 可不设）；

② 配水干管、支管长度超过 15m，每 15m 长度内最少设一个防晃支架。

4）试压

建立一个临时上、下水系统，每层甩头由阀门控制，在每个管路最高处设排气口，最低点设泄水口。试验压力为工作压力加 0.4MPa，最低不小于 1.4MPa。系统灌满水后，30min 压力降不超过 0.05MPa，降至工作压力，外观检查无渗漏为合格。自动喷水系统在这次试压的基础上安装喷头、水流指示器，再进行一次试压，压力为 1.0MPa，应对管子特别是丝扣部位仔细检查，如发现问题应及时整改。对有吊顶的消防喷淋管道严格保护第一次试压管道，顶棚做完后即进行第二次试压，以利尽早发现问题，及时解决，减少损失。

5）防腐：管道防腐及刷漆依照 91SB 中的规定施工。

6）冲洗：室内消火栓系统在交付使用前和自动喷水灭火系统安装喷头前，应将室内管道冲洗干净，其冲洗水量应达到消防最大设计流量。冲洗时，应将冲洗水排入雨水或排水管道。

（3）采暖系统

1）流程：选材、抽检→供回水干管安装→立管安装→散热器及支管安装→试压、冲洗→油漆、保温→通调。

2）施工方法

A. 选材抽检：安装前暖气片都应进行试压，试验压力为 1.0MPa；若不合格则逐步检查，出现砂眼和裂纹的暖气片应及时退换。

B. 采暖管道安装

干管安装应从进户或分支路点开始，管道安装前先依据坡度和间距栽好卡架，再安装管道。水平干管采用偏心大小头，异径连接保持管底平接于 *DN*32mm 的干管引下 *DN*25mm 以下立管时，在干管上焊接 *DN*25mm 短管；再用大小头变径至所需管径。供回水干管坡度不小于 3%，干管返弯及未端最高点设自动排气阀，阀前应使用闸阀控制，以便维修。回水阀前应设泄水丝堵。

立管安装前先吊线、剔眼、栽卡子，然后进行立管安装。立管变径采用同心大小头。干管于立管安装连接处，做乙字弯连接，以防伸缩变形，立管控制阀安装高度为 1.8m。每根立管最高处设自动跑风。

支管安装应在散热器安装完毕后进行。支管与暖气片连接采用乙字弯，支管同侧进出支管距墙面 60mm，支管长大于 1.5m 时应设托架。支管坡度大于等于 2%，散热器支管全长高差为 10mm。

C. 散热器安装

在土建地面与墙体饰面、地面踢脚完成后，安装散热器。在墙面粉刷前安装散热器拉杆；拉杆数量小于 10 片组用 1 根拉杆，大于 10 片组用 2 根拉杆。

窗下散热器装在中心线，散热器中心线与窗台中心线偏差不超过 20mm。

D. 试压、冲洗

采暖管道试验压力为 0.8MPa，1h 内压降不大于 0.05MPa，外观检查无渗漏为合格。

施工中及时清理铁锈砂石，冲洗至水流清澈、无污浊为合格。

E. 油漆、保温

需保温的采暖管涂两遍红丹防锈漆，不需保温的管道涂红丹防锈漆两遍、银粉漆两遍。敷设在吊顶内、非采暖及空调房间、管道井、管道间的采暖送回水管均需保温。保温材料采用 PVC/NBR 橡塑海绵保温材料。

3.12.2 通风空调工程

通风与空调工程分两部分叙述，通风系统、户式中央空调系统。

(1) 通风系统

1) 工艺流程：配合留洞→制作→风管安装→严密性试验→设备安装→单机试运转→系统调试。

2) 配合留洞：首先核查风管穿越混凝土楼板、墙处是否全部在结构图中预留，防止漏留，给以后施工造成麻烦。

3) 制作

制作风管前，首先要检查采用的材料是否符合质量要求，有否出厂合格证明书或质量鉴定文件。按风管规格、尺寸下料，镀锌薄钢板咬接，钢板下料时必须角方、线平、等分准确；风管要求负偏差。风管和配件表面应平整，圆弧均匀，纵向接缝应错开；风管拼接采用单咬口，风管四角采用联合咬口，咬口缝应紧密，宽度均匀；焊缝应作外观检查，不应有气孔、砂眼、夹渣、裂纹等缺陷，焊接后钢板的变形应矫正。弯头制作如图 3-8 所示。

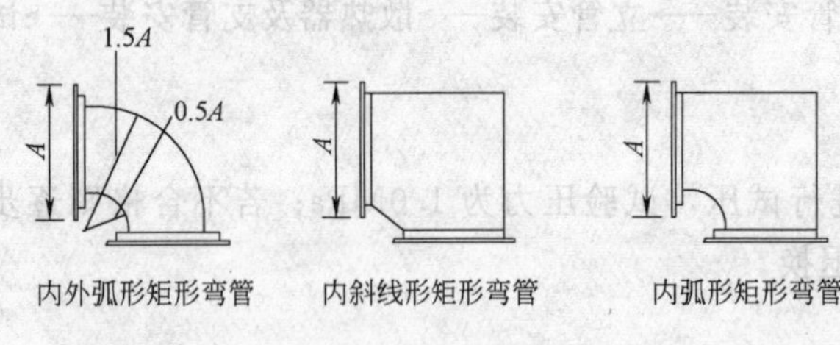

图 3-8 弯头制作图

法兰制作：首先制作样板，后按样板焊接，钻螺栓孔、铆钉孔，法兰表面平整，以防止漏风，法兰要求正偏差。

金属风管与法兰的连接采用翻边铆接；矩形风管不用法兰连接可采用承插、插条、薄钢板法兰弹簧夹等连接形式；圆形风管采用芯管连接。

吊托架制作：吊托架分为吊杆、托架，吊杆为圆钢制，吊杆的一端套有 10cm 的丝，托架为角钢制；所用材料规格随风管尺寸、标高而改变，制好后刷油。

4) 风管的安装

选择平整的地面，组对直管段风管、拉线，确定吊架位置，固定膨胀螺栓，如图 3-9 所示，起吊风管，安装拖架，紧固螺栓，安装部件，风管吊装高度留出保温层余量。

空调风管垫料为 8501 密封胶条，风管与配件可拆卸的接口，不得装设在墙和楼板内。

埋在密闭墙内的通风管道均应采用密闭做法（加密闭套管），在管道上加设密闭阀门。

测压装置安装应水平。测压管当密闭外墙施工时直接浇入密闭墙内，不得预留孔洞后安装。

5) 通风管道、部件的安装

A. 管连接

风管安装前，必须经过预组装并检查合格后，方可按编写的顺序进行安装就位。法兰连接时，连接法兰的螺母设在同一侧，法兰连接螺栓应均匀沿对角线逐步拧紧。排烟系统采用石棉橡胶板为垫料，法兰垫料连接形式如图 3-9 所示。

B. 风管吊装

风管安装前，检查风管穿越楼板、墙孔的尺寸、标高。

C. 通风部件安装

消声器安装的方向保证正确，且不得损坏和受潮。消声器单独设支架，避免其重量由风管承受。

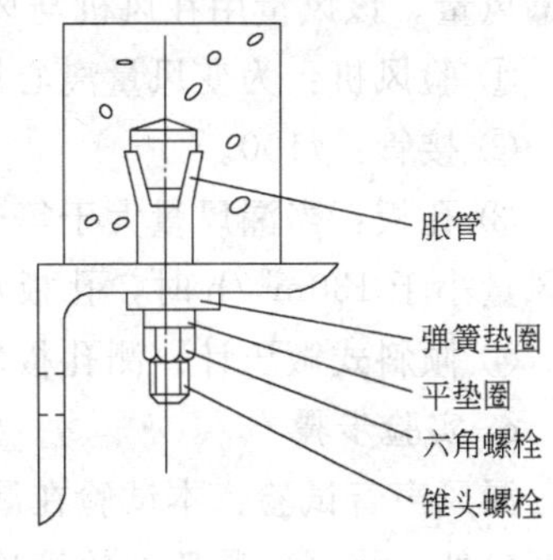

图 3-9 膨胀螺栓固定点

防火阀安装前，检查其型号和位置是否符合设计要求、有无产品合格证，防火阀易熔片要迎气流方向安装，为防止易熔片脱落，易熔片在系统安装后再装，安装后做动作试验，防火阀安装时单独设支架。

依据设计要求的位置安装排烟阀、排烟口及手控装置（包括预埋导管），排烟阀安装后做动作试验，检查其手动、电动操作是否灵敏、可靠，阀体关闭是否严密。

风口安装时，保证风口与风管连接的严密、牢固；风口的边框与建筑装饰面贴实；安装完毕的风口外表面保证其平整、不变形，调节灵活。

6）风管的严密测试

风管安装完毕进行风管的检漏。国家规定的风管漏风检测分为漏光法检测和漏风量测试两种方法。通风低压系统的严密性检验宜采用抽检，抽检率为 5%，在加工工艺及安装操作质量得到保证的前提下，采用漏光法检测。漏光检测不合格时，应按规定的抽检率，做漏风量测试。排烟系统属中压系统，在漏光检测合格条件下，对系统风管漏风量测试实行抽检，抽检率为 20%。系统风管漏风量测试时被抽检系统应全数合格，如有不合格时，应加倍抽检至全数合格。

A. 风管系统严密性试验

漏光法检测是采用光线对小孔的强穿透力，对系统风管严密程度进行定性检测的方法。其试验方法是在一定长度的风管上，在黑暗的环境下，在风管内用一个电压不高于 36V、功率在 100W 以上的带保护罩的灯泡，从风管的一端缓缓移向另一端，试验时若在风管外能观察到光线，则说明风管有漏光点应对风管的漏风处进行修补。

系统风管的漏光法检测采用分段检测、汇总分析的方法，被测系统的风管不允许有多处条缝形的明显漏光，低压系统风管每 10m 接缝，漏光点不超过 2 处，100m 接缝平均不大于 16 处；中压系统风管每 10m 接缝，漏光不超过 1 处，100m 接缝平均不大于 8 处为合格。

B. 风管的漏风量测试

风管的漏风量测试采用经检验合格的专用测量仪器，或采用符合现行国家标准《流量测量节流装置》规定的计量元件搭设的测量风管单位面积漏风量的试验装置。风管安装完后进行漏风量测试。

a. 试验前的准备工作：将待测风管连接风口的支管取下，并将开口处用盲板密封。

b. 试验方法：利用试验风机向风管内鼓风，使风管内静压上升到 700Pa 后停止送风；如发现压力下降，则利用风机继续向管内进风并保持在 700Pa。此时，风管内进风量即等于漏风量。该风量用在风机与风管之间设置的孔板与压差计来测量。

① 验风机：为变风量离心风机，风机最大风量为 1600m^3/h，最大风压 2400Pa。

② 接管：ϕ100。

③ 孔板：当漏风量大于等于 130m^3/h 时，孔板常数 C=0.697，孔径=70.7mm；当漏风量小于 130m^3/h 时，孔板常数 C=0.603，孔径=31.6mm。

④ 倾斜式微压计：测孔板压差 0～2kPa。

c. 实验步骤

漏风声音试验：本试验在漏风量测量前进行。试验时先将支管取下，用盲板和胶带密封开口处，将试验装置的软管连接到被测风管上。关闭进风挡板，启动风机。逐步打开进风挡板，直到风管内静压值上升并保持在 700Pa 为止。注意听风管所有接缝和孔洞处的漏风声音，将每个漏风点做出记号并进行修补。

d. 漏风量测试：本试验在有漏风声音点密封后进行。测试时首先启动风机，然后逐步打开进风挡板，直到风管内静压值上升并保持在 700Pa 时，读取孔板两侧的压强差。

为确保工程质量，对于本工程我公司计划在风管预制完毕、安装前采用漏光法对风管的严密性进行定性检测。风管安装完毕后，全部采用漏风量测试，对风管的严密性进行定量检查。

7）设备的安装

A. 风机的安装

安装风机前，检查风机叶轮是否平衡，可用手扒动叶轮，如果每次转动终止时，不停在原来的位置上即可。

风机接出管出口至弯管的距离大于或等于风口出口长边尺寸 1.5～2.5 倍，如果受现场条件限制，在弯管内设导流叶片弥补。

风机底座有直接安装在基础上和安装在减振装置上两种。安装在基础上的风机，将通风机用斜垫铁找平，最后用碎石混凝土灌浆；安装在减振器上的风机，垫平减振器，使各减振器受力均匀，用垫木支撑风机，撤下减振器，待竣工使用时再将减振器换上。

B. 排烟口的安装：安装前对安装部位进行检查，要求留洞标高准确无误，因为竖井处的风阀安装一般采用预设钢筋焊固式，以防风阀松动不牢，所以一旦风阀安装上，就不宜再改动，为防止阀体在拆卸时变形，影响其功能，检查系统满足设计要求以后（尤其是竖井内表面要光滑、无杂物及其他异常现象）进行安装，一般情况下，此部分置后施工，防止其他专业无意破坏，待土建专业和地坪、墙面及各专业吊顶内的施工基本完毕，且竖井内杂物清除后再进行安装。对于钢筋混凝土竖井，风阀找平后借用墙侧钢筋与阀侧四角焊接；如果阀体较长或较宽，应再焊一处加固；对于无钢筋竖井，风阀安装要采用打膨胀螺栓于留洞侧面，用角铁和套丝钢筋与阀体固定，这样保证在抹灰时，阀不变形。

C. 消声器安装

消声器进场必须有出厂合格证及厂家生产资质，运输、存放过程中不得损坏及受潮，安装方向正确，单独设置支吊架，连接消声器的进出端平滑。

D. 风阀安装。各类风阀必须有出厂合格证明书及厂家生产资质。

防火阀安装方向位置正确，易熔件迎向气流方向，安装后做动作试验，其阀板的启闭灵活，动作可靠。正压风口和排烟口的安装注意易熔片的温度标识，防止安装差错，造成阀体变形；风阀安装设置固定点。止回阀安装于风机的压出段上，开启方向与气流方向一致。

8）单机试运转

系统安装完毕后，对各系统做外观检查，进行单机试运转。

安装风机前，检查风机叶轮是否平衡，可用手扒动叶轮，如果每次转动终止时，不停在原来的位置上即可。

启动、运转风机：风机经试运转检查一切正常，再进行连续运转，运转持续时间不少于2h。

9）系统无负荷联合运转试验调整

单体设备试运转合格后，进行整个系统无负荷联合运转试验调整，运转试验调整顺序是：楼梯间和楼梯前室的正压送风系统——→走廊及电梯前厅的排烟系统——→地下室送风及排烟系统。前两个系统是由安装在通风消防竖井上的多叶正压送风口和多叶排烟口组成，通常状态为常闭。当温度达到70℃或280℃时，多叶正压送风口和多叶排烟口上的易熔片就会自动熔断。阀门打开，系统动力为离心风机或轴流风机，发生火灾时风机打开，正压系统向室内送风及增压排烟系统向竖井内排烟及降压，后一个系统是由安装在风机进出端与风管连接的防火阀控制的，通常状态为打开。当发生火灾，温度达到70℃或280℃时，防火阀上的易熔片断开，阀门自动关闭，防止火势蔓延。

A. 消防系统试调及测试：试调前，检查系统上的动力风机与系统连接完好，竖井全封闭，无漏风现象，风管上的阀门全打开，多叶正压送风口和多叶排烟口全部关闭，开启风机。根据系统功能，确定风机正转，送风口及排烟口能手动复位与开启，待风机及系统运转正常时开始测试，首先用数字风速仪测试风机进出端的风量、风压、换算公式为 $v=4.04(pv)^{1/2}$，如计算结果有偏差，则风压的测量用倾斜式微压计和毕托管进行，同时用转速表测风机转数，测量数据与风机本身性能参数比较，数据损耗在±5%内为合格；风机性能正常，开始用数字风速仪测试各层的多叶风口，方法是每测一层时保证上下层风阀开启，而其他层风阀关闭。测量的数据应是仪器探头贴近风口处的值，至少测10点求平均值，将测试数据计算结果与下表比较，如有出入查找原因，直至合格为准（表3-3）。

表 3-3

系统负担层数	送风部位	加压送风量(m^3/h)
二十层以下	防烟楼梯间	16000～20000
	合用前室	12000～16000
二十至三十二层	防烟楼梯间	20000～25000
	合用前室	18000～22000

机械烟量按前室每平方米不少于60m^3/h计算。

B. 通风消防系统联动：风阀接线、中控室接线完毕的情况下，风阀施工单位，中控电子施工单位及业主、监理等参加联合调试工作，这是通风消防系统的电动控制的试调，也是通风专业消防验收的关键环节、要求及过程。所有与消防系统有关的阀门恢复原位，常开的处于常开状态，常闭的处于常闭状态，风机控制开关位于自动位置，各大机房、测试层均设联络人员、调试人员。每层联动调试时，派人在烟感处吹烟，温度达到一定程度，中控室发出火灾信号，调试层的常闭阀打开，常开阀关闭，风机开始运转或停转；然后，手动复位风阀，风机自动停转或启转，每调一层都如此。

（2）户式中央空调系统

另见专项施工方案。

3.12.3　电气工程

（1）工艺流程示意图

选择线管⟶现场验收⟶除锈⟶防腐⟶锯管⟶弯管⟶钢管固定。

1）根据设计要求，选择施工所用线管，为了便于配管穿线，先应考虑导线的截面、根数和管径是否合适，一般要求管内导线的总截面积（包括绝缘层）不应超过管内径截面积的40％。

2）在下列情况下，须设接线盒；否则，应选用大一级直径的线管：

A. 当无弯头时，管子全长在30m；

B. 当用一个弯头时，管子全长在20m处；

C. 当用两个弯头时，管子全长在12m处；

D. 当用三处弯头时，管子全长在8m处。

3）垂直敷设的电线保护管遇下列情况之一时，应增设固定导线用的拉线盒：

A. 管内导线截面为50mm^2及以下，长度每超过30m；

B. 管内导线截面为79～95mm^2，长度每超过20m；

C. 管内导线截面为120～240mm^2，长度每超过18m。

4）为了便于穿线，明配时管子的弯曲半径不应小于管子直径的6倍。管子的弯曲部位不应有皱扁和裂缝现象，扁曲程度不应大于管子外径的0.1倍。钢管煨弯可采用手动和液压顶管机进行；如果管径较大的，要采用热煨法。

5）为了防止金属线管生锈，在配管前应对管子进行除锈，并作相应的防腐处理。埋设在混凝土内的线管，其外表不准涂漆；否则，将会影响混凝土结构强度，埋设在混凝土内的线管其内壁需涂好防腐漆。敷设在砖墙及腐蚀性埋层内的电管，内外壁均应作防腐处理。

6）线管敷设按设计进行配管，一般从配电箱处开始至设备，也可由设备处向配电箱处。配电箱、盒进出线端成排线管的连接，必须按要求保证每根线管口的焊接长度。

钢管暗敷在钢筋混凝土结构中，严禁与钢筋、主筋焊接固定，可用钢丝将管子绑扎在结构钢筋上，将管子垫起，以防止保护层小于15mm。

7）钢管进出线盒处，可采用焊接法固定（吊顶内除外），但只宜在管孔四周点焊3～5点。管子进入箱盒应小于5mm，并且一孔一管，严禁将其他敲落敲掉。线路敷设中的金属盒体本身必须连接保护地线，壁厚小于2.5mm金属箱，盒本体不应做管路的跨接地线和用电器具的保护地线压接点。安全电压配线的金属线管可不做跨接地线。

消防箱暗装时，严禁将接线盒敷设在消防箱后侧面的墙上。暗装于墙体各部位的箱盒，电气专业人员必须随着工程进度密切配合土建工程做好预留孔洞。

8）钢管的连接方法

套管连接：金属线管采用套管连接，套管长度不应小于管外径的2.2倍，管口应对准套管中心并焊接严密，需焊跨接地线。

9）吊顶内敷设金属软管时，长度不得超过2m，固定点的间距不应大于1m。

(2) 防雷接地安装

1) 扁钢的搭接长度应为其宽度的 2 倍，三面施焊。圆钢的搭接长度为其直径的 6 倍，双面施焊，焊口清除焊药。

2) 圆钢与扁钢搭接时，其搭接长度为圆钢直径的 6 倍。

3) 利用建筑物柱子主筋做引下线时，主筋截面不得小于 $90mm^2$，丝接时其接头处可不焊跨接地线，不必作其他焊接处理。

4) 接地极沿建筑基础槽打入土中，深度不小于 2.5m，两个相邻接地极间距为 5m。

5) 屋顶及女儿墙上采用 $\phi10$ 镀锌圆钢装设成环状避雷带以及在屋顶设避雷针作为防雷接闪器，屋顶避雷网规格不大于 15m×15m。

6) 本工程屋顶所有设备的金属外壳均应与防雷装置可靠连接。强、弱电接地系统统一设置，即采用同一接地体，要求总接地电阻不大于 0.5Ω；当接地电阻达不到 0.5Ω 时，可补打入工接地极。

7) 从地下一层起每 3 层利用结构圈梁水平钢筋与引下线焊接成均压环，所有引下线、建筑物内金属结构和金属物体等与均压环连接，并与防雷引下线相连。

8) 为防侧向雷击，自建筑物高度 60m 以上，各层应将建筑物四周金属栏杆及金属门窗构件与该层楼板内的钢筋接成一体后，再与引下线焊接。

(3) 桥架、金属线槽安装

1) 桥架主要在地下室及各层竖井内安装，订货时必须配套订购调高片、连接片、调角片、隔板罩等。它们主要是用于变高连接，水平和垂直走向中的小角度转向，动力电缆与控制电缆的分隔等必需的附件。

2) 安装接头处必安装跨接地线（镀锌的除外），并做可靠接地。桥架和线槽安装时不能直接焊在钢架上，必须加固定配件或螺钉固定，螺母应位于线槽、桥架的外侧。

3) 安装在任何场所的线槽均须盖板齐全、牢固，线槽内敷设的导线应按四路绑扎成束并应适当固定，导线不得在线槽内接头，桥架内不应直接敷设导线。

4) 在伸缩缝及沉降缝处均断开 100mm 左右，并做补偿装置；同时，用截面积不小于 $16mm^2$ 的黄绿双色线做跨接。

5) 桥架、线槽主要安装在地下室和各种竖井内，安装时严禁用气焊切割。

(4) 导线敷设

工艺流程示意图：扫管──→选择导线──→穿引线──→放线及断线──→导线与带线绑扎──→带护口──→管内穿线──→导线焊接──→导线包扎──→导线绝缘摇测。

1) 管内穿线必须满足下列条件：

① 混凝土结构工程必须经过结构验收和核实；

② 砖混结构工程必须粗装修完成以后；

③ 电线管内不得有积水及潮气侵入；

④ 导线的规格、型号必须符合设计要求，并有出厂合格证；

⑤ 检查各个管口的护口是否齐全。

2) 管内穿线的要求：

A. 当管路较长或转弯较多时，要在穿线的同时往管内吹入适量的滑石粉。

B. 两人穿线时，应配合协调、一拉、一送。同一交流回路的导线必须穿于同一管内，不同回路，不同电压的交流与直流的导线不得穿入同一管内（以下几种情况除外：标称电压为50V以下的回路；同一设备或同一流水作业线设备的电力回路和无特殊干扰要求的控制回路；同一花灯的几个回路；同类照明的几个回路，但管内的导线总数不应多于8根）。

C. 管内敷设的绝缘导线，其额定电压不应低于500V，导线在变形缝处，补偿装置应活动自如，导线应留有一定的余度。导线在管内不应有接头和扭结，接头应设在接线盒内。管内导线的总截面积不应大于管子内空截面积的40%。

管内穿线时导线的颜色应加以区分，线管管口至配电箱盘总开关，一般干线回路及支路应按要求分色，A相黄色，B相绿双色，C相红色，N（中性线）为淡蓝色，PE（保护线）为黄绿双色。

穿线前清理管路，穿上引线，将布条的两端牢固绑扎在带线上，两人来回拉动带线，将管内杂物清净。断线应留长度为15cm。配电箱内导线的预留长度应为配电箱体周长的1/2；导线与带线的绑扎首先将导线前端绝缘层削去，然后将导线的线芯直接插入带线的圈内，并折回压实绑扎牢固，并且带上护口。

导线连接时导线的接头不能增加电阻值，受力导线不能降低原机械强度，原绝缘强度。导线在管内严禁有接头，导线的绝缘电阻值应大于0.5MΩ。

(5) 电缆敷设

1) 施工前应对电缆进行详细检查，规格、型号、截面、电压等级均符合设计要求，外观无扭曲、坏损等现象。对1kV以下的电缆，用1kV摇表摇测线间及对地的绝缘电阻应不低于10MΩ。3～10kV电缆应事先作耐压和泄漏试验，试验标准应符合国家和当地供电部门规定，必要时敷设前仍需用2.5kV摇表测量绝缘电阻是否合格。电缆测试完毕后，按回路做好记录，电缆头也必须封好。

2) 电缆敷设可用人力或机械牵引。电缆沿桥架或托盘敷设时应单层敷设，排列整齐，不得有交叉，拐弯处应以最大截面电缆允许弯曲半径为准。不同等级电压的电缆应分层敷设，高压电缆应敷设在上层；同等级电压的电缆沿支架敷设时，水平净距不得小于35mm。

3) 电缆垂直敷设，有条件的最好自上而下敷设。在屋顶安装吊装架，把电缆吊到楼层顶部。敷设时，同截面电缆应先敷设低层，后敷设高层，要特别注意，在电缆轴附近和部分楼层应采用防滑措施。自下而上敷设时，低层小截面电缆可用滑轮、用人力牵引敷设。高层、大截面电缆宜用机械牵引敷设。

4) 沿支架敷设时，支架距离不得大于1.5m，沿桥架或托盘敷设时，每层最少加装两道卡固支架。敷设时应放一根立即卡固一根。电缆穿过楼板时，应装套管，敷设完后将套管用防火材料堵死。

5) 电缆敷设完毕，应挂标志牌，标志牌规格一致，并有防腐性能，挂装应牢固。标志牌上应注明电缆编号、规格、型号及电压等级。沿支架、桥架敷设电缆，在其两端、拐弯处、交叉处应挂标志牌，直线段应适当增设标志牌，特别注意加强防盗巡视。

(6) 开关、插座、灯具安装

安装前应对灯位盒、开关盒、插座盒等，预先进行处理（如调正、调平、清扫等）；安装时应先检查位置高度与设计要求有无偏差，导线数量是否符合，然后再安装。

开关插座安装牢固，位置准确，所装开关插座在任何房间都不应装到门后。开关位置与灯位相对应，开关安装高度距地 1.4m，同单位工程其跷板式开关的方向一致。

空调插座安装高底 2.0m，一般插座安装高度距地 0.3m，同一房间、同一平面高度的插座应水平。高差小于 5mm，插座的接线面对插左零火相上接地。

灯具安装距地低于 2.4m 时，灯具其金属外壳必须进行接地，接地顶棚内的灯具安装时，灯具的灯头引线应用金属软管保护，其保护软管长度不超过一半，调整灯具的边框与顶棚装修直线应平行。

安装要求如下：

1）各种插座、开关等安装牢固，位置准确，接线牢固，标高正确，然后再安装。

2）零线不得进入开关，开关控制应灵活（如有指示器或信号灯或信号控制回路的开关零线需进开关）。

3）安装板把开关时，其开关方向应一致，向上为合，向下为关。

4）插座的位置按图中排列，以便维修。

5）插座的接线严格按照左零右火接线方式连接，不得接错。

6）并排排列的强弱电插座间距不得小于 500mm。

（7）配电箱、柜安装

1）配电箱安装时，位置应正确，部件齐全，箱体开口合适，切口整齐，零线经零线端子连接，PE 线压接牢固。配电箱、柜的配线须排列整齐，绑扎成束固定在板上，引入的导线应留出适当的余量以利检修，金属构架、铁盘及电器的金属外壳应有良好接地。

箱、柜体颜色应按合同甲方提供的色标采购，内部油漆应均匀、完整，外表油漆应均匀、平滑，无明显划痕，无起泡、滴流等现象。柜体加工应平整，无手敲打痕迹，所有金属加工件均不应有毛刺，尺寸要准确，装配公差要符合要求。

2）动力柜基础槽钢应进行除锈防腐，槽钢顶部高出地面 100mm，基础槽钢顶部的平直度小于 1mm，侧面同顶部一样。柜与基础槽钢连接紧密牢固，所有接线端子与电器设备连接时均应加平垫和弹簧垫，螺钉与垫片要求使用镀锌件。

所有电器下方均安“卡片柜”，其中标明名称、路别、额定电流等，并在箱、柜门的里面粘贴接线系统图。开关及接触器的进线必须贴色标。

3）母线应刷黑漆，漆膜应完整，无杂物，母线涂黑漆起止位置应一致、整齐并贴相序色标；当进线为塑料线时，应用导线色表示相序，不允许用涂漆或缠塑料带等方法代替。相序依次为 L1 黄色、L2 绿色、L3 红色，垂直排列时，从左至右应为黄、绿、红色；水平排列时，从上至下为黄、绿、红色。

4）所有配电箱、柜均应设有专用工作零母线和保护零母线各一条，其中工作零母线必须与箱柜体绝缘，保护零母线与配电箱柜体有可靠连接。柜门或箱门二层板都应有接地裸带引至保护零母线，并做可靠连接（二层板必须有专用接地柱），箱、柜体内应当有明显、易操作的地方设置不可拆卸的接地螺钉，并有接地标志。工作零母线及保护零母线均按回路数加工钻孔。

（8）调试方案

1）电气设备安装工作完成后，对整个电气系统地安装进行调试，根据本工程实际情况，对电气系统分单元、分楼层、分户进行调试。

2）调试前，先将各层及楼道等明显地方贴上送电标志牌，并通知现场各专业施工队。

3）调试时至少由两位电工一组，穿好绝缘鞋，戴好绝缘手套，金属梯架下方垫好绝缘垫，方可进行操作。

4）照明控制柜的空气开关切断是否正常，开关动作是否灵敏、可靠，控制的灯具是否与设计相吻合，灯管和灯泡是否正常，插座是否正确，导线有无明显温升，有无断路、短路等情况发生，设备试运行要求达到 24h 以上，并每间隔 8h 做一次记录。

5）调试完毕后，由水电分公司组织有关工程部门和质检部门进行初检后，再进行正式竣工验收，交付用户试用。并做好维修工作，确保各种设备正常运行，及时对各种施工资料进行整理，并按规定程序交有关部门保存。

4 各项管理及保证措施

4.1 质量保证措施

创“结构长城杯”的目的就是树立结构是根本的理念，从根本做起，严格按规范、规程、标准精心施工、科学管理。加强预控，严格工序质量和过程控制，确保结构质量达到内实外美的效果。因此，在整个施工过程中严格控制以下几点：

1）钢筋绑扎、搭接、锚固、保护层厚度符合设计和施工规范要求；

2）阴阳角方正顺直、几何尺寸符合设计要求；

3）结构混凝土浇筑振捣密实、表面平整、色泽一致；

4）大面积卫生间和屋面不渗漏；

5）防止大面积的隔墙板开裂，铝合金窗防变形等质量通病；

6）大模板技术的运用为工程的重点，模板分项是施工关键工序。

质量管理作为工程管理的重点和难点，从质量保证体系和质量保证措施等方面入手，确保质量目标的实现。

4.1.1 组织保证措施

进一步建立岗位责任制度和质量监督制度。认真执行质量“三检制”，测量放线复验制，地基联合验槽制，关键和特殊过程跟踪检验制，隐蔽工程联合检验制，分项分部工程质量评定制，主体工程、中间交工及竣工交验制。对不合格品进行控制，对出现的不合格品按“三不放过”的原则实施纠正，并重新验证纠正后的质量。

在现场质量管理过程中，严格做到“三不放过”并开展好“三检”工作。外联队要配备专职自检员，与分公司的质检员、项目工长配合做好质量检查工作，做到层层把关，重点部位要重点检查，不漏检、不留隐患，严格按照国家的操作规范、验评标准及设计图纸进行施工检查，及时对工程中出现的质量问题以及不合格品，会同项目进行质量分析，把由于检查把关不严，决策或指挥失误，明显失职的进行严厉的处罚。另外，对能及时发现问题，及时避免出现质量事故的人员给予重奖。由公司质量执法小组组织每月进行二次质量检查，质量的好坏与当月的奖金挂钩，保证施工质量处在受控状态。

4.1.2 工程质量的过程控制与管理

（1）施工测量

1）测量作业的各项技术指标必须按北京市《建筑工程施工测量规程》进行。

2）所有测量人员必须持证上岗。

3）进场仪器设备必须检定合格且在检定有效期内，标识保存完好。

4）测量桩点、定位方向、定位依据必须经过校算、校测合格后才能使用。

5）加强场内测量桩点的保护，所有桩点均明确标识，防止用错和损坏。

6）结构施工向钢筋上引测标高点时，应引测到经焊接完毕后的钢筋上，以防产生较大的误差。

（2）钢筋工程

1）用于本工程的钢筋都有出厂质量证明书或检验报告单。

2）结构主筋（二级抗震的框架结构）实测抗拉强度与屈服强度比值不应小于1.25，实测屈服强度与强度标准值的比值不应大于1.3。

3）钢筋现场加工时，要严格按照钢筋配料单给定尺寸、数量、规格进行加工，加工完成后用钢丝将同种钢筋绑扎成捆再进入现场，按施工平面图中指定位置堆放，避免引起混乱。要求配筋人员及材料加工人员，按图纸要求进行配制。

4）墙柱插筋应在浇筑混凝土面以上500mm范围内，绑扎两排水平筋和箍筋，并在模板上口焊接定位钢筋进行加固，以保证墙柱钢筋平直，不产生侧向位移。

5）墙体钢筋绑扎时，必须在浇筑面下30mm处绑扎通长水平钢筋（有圈梁处可不绑扎该水平筋），水平筋的拉结筋及塑料卡子必须按规定放置，以保证钢筋保护层符合规定要求。

6）墙、板的钢筋交叉点必须全部扎牢。

7）要求在板钢筋绑扎完成后，在板内增加一道水平钢筋，将墙体竖筋连接成整体并点焊在板柱钢筋上。柱筋绑扎完成后，在板面设一道箍筋与板筋点焊，以避免柱墙钢筋位移。

8）在绑扎柱钢筋时，先按柱箍间距尺寸画好箍筋分档线，按实际个数套好箍筋，将柱箍绑扎到梁底部位后，加密区部位暂时不绑（已套好）穿梁下铁上铁，梁筋就位后再绑扎加密区柱箍筋。

9）板的负弯矩筋处在绑扎时，按1m间距设置马凳筋。马凳筋长度为1m，两端为人字形支脚，同时绑扎成型后应派专人看守，禁止直接在钢筋上面行走，并派专人负责检修。

10）板的钢筋须在模板上按间距弹线后再按线绑扎钢筋，调直。

11）绑扎柱、墙竖向与水平受力钢筋前，先绑扎竖向与水平梯子筋，受力钢筋时要吊正后再绑扣，凡是搭接处要绑扎三个扣，以免不牢固，发生变形；另外，绑扣不能绑成同一方向顺扣（适用于梁板筋绑扎），要绑成八字扣。高大墙柱须搭架子固定。

12）计算出各部位垫块的厚度，且按不同厚度分别装箱，并在箱上注明使用部位，绑扎在受力筋上还是分布筋上。

13）绑扎板筋时要注意弯钩朝向：下筋弯钩朝上；上筋弯钩朝下。绑扎钢丝必须朝内。

14）绑扎实行挂牌制度，合格后摘牌交接进入下一道工序。

15）进行钢筋机械连接和焊接的操作工人必须经过技术培训，考试合格、持证上岗，确保钢筋连接质量。

16）钢筋表面严禁有油污或老锈，油污必须清理干净。

17）缺扣、松扣的数量不超过绑扣数的10%，且不应集中。

18）配筋人员要认真学习规范，熟悉图纸，了解清楚锚固、绑扎、搭接长度，保护层的有关规定，配制时要画布筋配置示意图。特殊部位必要时需画钢筋铺放大样图。将这些规范要求的应用控制在配筋人员手中。

（3）模板工程

1）模板在使用前，必须把板面、板边粘结的水泥浆清除干净，对因拆除而损坏边肋的模板、翘曲弯形的模板进行平整、修复，保证接缝严密，板面平整。

2）模板面应涂刷脱模剂，未刷脱模剂的模板不准用在本工程上，以保证混凝土表面的外观质量。事先必须准备好刷脱模剂用的所有工具。

3）模板安装应按“模板方案”进行。

4）柱、墙模板安装时必须在楼层放线、验线之后进行。放线时要弹出中心线、边线、支模控制线。

5）柱模板根部位置的固定。在浇筑楼面梁板混凝土时，在离柱边线170mm处预埋2根180mm长ϕ25的短钢筋头，埋入板内100mm，外露80mm，用木方加木楔固紧柱模板。

6）柱模板上部的固定。柱模板安装时，上端位置的控制是保证柱子垂直度、柱中线位移误差在允许偏差范围之内的关键环节。本工程采用钢管斜撑的方法。凡是中心柱，每边设2根斜撑，每柱共8根斜撑。凡是边柱，当一侧不能布置斜撑时，应在内侧加水平拉杆2道。所有拉杆和斜撑应与内满堂红架连成整体。

7）模板及其支架必须有足够的承载能力、刚度和稳定性，能可靠地承受新浇混凝土的自重和侧压力，以及在施工过程中所产生的荷载。

8）模板拼缝要求严密，且用20mm×10mm海绵条粘贴，防止拼缝漏浆。

9）柱子支模前，必须先校正钢筋位置，柱子模板上口要安放钢筋定位框，以保证柱主筋位置和混凝土保护层。

10）上层楼板模板的支撑立柱应对准下层支撑的立柱，并铺设垫板。

11）混凝土底模的拆除时间应符合《混凝土结构工程施工质量验收规范》GB 502042中的相关规定，并保证不少于两层楼板同时承受上层楼板的施工荷载，即保证始终保留两层（或以上）的模板支撑。

12）混凝土侧模，在混凝土强度能保证其表面及棱角不因拆除模板而受损坏后，方可拆除。

（4）混凝土工程

1）商品混凝土的质量是本工程混凝土结构质量的最关键环节，本工程混凝土采用离工地较近的搅拌站的混凝土，为本工程供应质量可靠的商品混凝土。

2）商品混凝土进入现场严禁加水。

3）泵送混凝土配合比要根据施工现场泵的种类、泵送距离、输送管径、浇筑方法、气候条件确定。

4）商品混凝土进场，第一车必须有“开盘鉴定”，要有混凝土等级、坍落度、初终凝时间及搅拌时间等，不合格者立即退场。

5）在混凝土拌制和浇筑过程中，每工作班要检查三次混凝土组成材料的质量和用量。

6）在混凝土浇筑地点，每工作班要检查三次混凝土的坍落度。

4.2 技术保证措施

4.2.1 把好图纸关

通过图纸学习与会审，一方面使施工人员熟悉、了解工程特点、设计意图和掌握关键部位的工程质量要求，更好地做到按图施工。

4.2.2 编制施工组织设计

施工组织设计的内容因工程的性质、规模、复杂程度等情况不同而异，必须根据其特有的设计特点和施工特点进行施工规划，并编制满足需要的施工组织设计。

4.2.3 组织技术交底

通过对参与施工的有关管理人员、技术人员和工人进行不同重点和技术深度的技术性交待和说明，使参与项目施工的人员对施工对象的设计情况、建筑结构特点、技术要求、施工工艺、质量标准和技术安全措施等方面有一个较详细的了解，做到心中有数，以便科学地组织施工和合理地安排工序，避免发生技术错误或操作错误。

4.2.4 制定切实可行的施工方案

1）专业施工保证：要求专业施工单位具备精干的施工作业人员和先进的施工作业技术，具有强大的施工作业保障。

2）先进的模板体系：模板体系的选择、拼装、加工等程序已趋于完善，较好地控制了模板的胀膜、漏浆、变形、错台等质量通病。地下外墙采用70系列钢模板组拼成大模板，地下内墙及地上墙体均采用定型钢质大模板，整体吊装就位，加快施工进度，混凝土表面平整度、垂直度均为3mm以下，拼接紧密，完全消除了混凝土质量通病。顶板选用覆膜竹夹板，柱子模板采用木模板。

3）防水工程：防水工程由总承包单位选择专业防水施工队施工，施工中严格按防水操作规程施工，各细部节点作法符合施工规范和设计要求，以保证防水工程质量。

4）钢筋工程：首先确保钢筋原材的质量，要求材料必须在总承包方的合格分供方采购，并经过试验检验合格后才可使用。采用先进的施工技术，我公司滚压直螺纹已形成成熟的施工工艺，近几年又研制了多种钢筋定位措施和相应工具，基本消除了钢筋质量通病，保证了钢筋施工质量。

5）混凝土施工：在整个施工过程中采用程序化管理，严格控制混凝土的各项指标，浇筑后严格成品保护，严格测温制度及养护制度。

每个过程都有完整的记录，责任到位，配合先进的模板体系保证了混凝土的内实外美。

4.2.5 工程技术资料的管理

工程技术资料的收集主要按照以下七个部分整理：

1）施工组织设计；

2）建筑施工流水段；

3）各阶段的施工方案；

4）单位工程施工进度网络计划；

5）施工过程中的施工试验记录、施工记录、测量记录、物质资料；

6）施工质量验收记录；

7）施工涉及的设计变更、洽商等。

4.3　工期保证措施

1）以总控制进度计划为基础，分别编制分部分项和配合工作进度计划及其他专业进度计划，作为控制各施工队施工进度的依据。

2）建立定期的生产计划例会制度，下达计划，检查计划完成情况，解决实际问题，协调各施工队之间的工作，统一有序地按总进度计划执行。

3）加强策划与组织工作的预见性。保证施工图纸等技术资料满足连续施工的需要；同时，密切监督各部门负责的建筑材料、物资的采购订货、供应过程。争取将一切影响工期的不利因素在施工前解决。

4）控制关键日期（里程碑）为目标，以滚动计划为链条，建立动态的计划管理模式。在总控制进度计划的指导下编制阶段、月、周、日等各级进度计划，一级保一级，绝不能拖延总控制进度计划。

5）对各级计划的关键线路深入分析，最大限度地挖掘缩短关键线路的潜力。

6）推广应用小流水施工工艺，合理安排工序，在绝对保证安全质量的前提下，充分利用施工空间，科学组织结构、设备安装和装修三者的立体交叉作业。

7）充分发挥群众积极性，开展队与队、班与班、组与组之间的劳动竞赛，争取流动红旗，对完成计划好的予以表扬和奖励，对完成差的给予批评和经济制裁，充分利用经济杠杆作用。

8）在有限的工期内，积极推广应用新技术、新工艺、新材料，提高机械化施工程度，缩短工期。

4.4　安全保证措施

4.4.1　安全管理目标

杜绝重伤事故，轻伤事故率控制在2‰以内。

4.4.2　安全保证措施

（1）现场安全

1）贯彻“安全第一，预防为主”的方针，项目管理机构职能部门和操作工人均明确安全生产目标，做好各项防护工作，安全生产做到经常化、制度化、规范化，坚持既抓生产又抓安全；当生产进度与安全相矛盾时，进度必须让位于安全。

2）严格执行建筑施工现场安全防护标准，现场有明显的安全标志牌。

3）认真落实各项安全管理制度，反对违章指挥和违章作业。项目经理部主要负责人实行值班制度，坚持每周一班前一小时的安全教育和一周总结，每日安全交底，每月进行一次安全生产检查评比活动。

4）开展经常性的安全教育，提高全员的安全意识，对工人进行三级安全教育，经考试合格才能准许上岗，特殊工种的工人应经过培训持证上岗。

5）建立安全保证体系，强化安全管理，严格按安全操作规程施工，给予专职安全员权力，发现隐患限期整改，拒不整改有权罚款，遇有特别紧急不安全情况有权停工。

6）重视安全“三宝”的作用，进入施工现场必须戴安全帽，高空作业必须系安全带。施工中认真穿戴好各种劳动防护用品。

7）按规定搭设各种安全防护设施，如临边、“四口”的安全护栏。脚手架、马道等的搭设均应符合有关安全规定。

8）距地面2m以上作业要有防护杆、挡脚板或安全网，架设安全网有专人检查监护；发现不符合要求时应停止使用，立即整改。

9）高空作业时，任何人禁止投掷物件；坑下作业时，严禁从坑上向下扔东西。高空作业的工人应携带工具袋，使用的工具、小型材料等均应随时装入袋内。高空作业时，不准站在不稳定的物体上操作，不准从高空处向下跑跳，不准沿架设或模板支撑向上攀登。不准在没有防护的外墙和板边等建筑物上行走。

10）对于特种施工、冬期施工、用电作业和搭拆架子等重要安全部分，要进行定时、定量、定人的检查，实现安全防护标准化。

11）施工现场洞口、临边的防护措施：1.5m×1.5m以下的孔洞，预埋通长钢筋网或加固定盖板；1.5m×1.5m以上的孔洞，四周设两道护身栏杆，中间支挂水平安全网，各主要出入口设有明显的安全标志；楼梯踏步及休息平台处，设两道牢固防护栏杆或用立挂安全网做防护，建筑物楼层临边四周设立挂安全网加一道防护栏杆。

12）建筑物的出入口搭设长3～6m、宽于出入通道两侧各1m的防护棚，棚顶应满铺不小于50mm厚的脚手板，非出入口的通道两侧必须封严。

（2）临时用电安全措施

1）建立对现场临时用电线路、用电设施的定期检查制度，并将检查、检验记录存档备查。

2）临时配电线路按规范要求敷设整齐，架空线采用绝缘导线，不得采用塑胶软线，不得成束架空敷设，也不得沿地面明敷设。

3）配电系统实行分级配电，各类配电箱、开关箱安装和内部设置必须符合有关规定，开关电器应标明用途。各类配电箱、开关箱外观完整、牢固、防雨、防尘，箱体涂有安全色标，统一编号，箱内无杂物，停止使用时切断电源，箱门上锁。

4）独立的配电系统必须按建设部颁发的标准采用三相五线制的接零系统，非独立系统可根据现场的具体情况形成完整的保护系统。

5）手持电动工具应符合有关规定，电源线、插头、插座应完好，电源线不得任意接长和调换，工具的外绝缘完好无损，维护和保管由专人负责。

6）电源照明采用220V，在电源一侧加装漏电保护器，特殊场所按规定使用安全电压照明器。使用行灯照明，其电源电压应不超过36V，灯体与手柄绝缘良好，电源线使用橡胶套缆线，不得使用塑料软线。

（3）机械安全措施

1）施工现场的机械均按“施工现场平面图”的位置进行安装。

2）所有机械设备必须做到定期检查，机械不得带病工作，非专业人员不得开启机械。

3）大型机械安装必须符合规定要求，并办理验收手续，经验收合格后方可使用。

4.5 职业健康安全防护措施

4.5.1 职业卫生管理机构

成立了职业卫生管理机构。

4.5.2 职业卫生管理制度

1）为从事有害作业的人员配备有效的个人防护用品。在易发生急性中毒的作业场所必须采取防护措施和医疗急救用品。

2）凡接触职业病危害因素的劳动者均应进行上岗前、在岗期间每隔半年、离岗时和应急情况下的健康检查，发现有职业禁忌症者必须调离。

3）对职业病危害作业场所进行定期检测，保证检测系统正常运行。

4）对从事有害作业人员进行职业卫生教育和培训，职业病防护设施应正确使用，并定期维护、定期检查，发现不符合国家职业卫生标准和卫生要求的应立即采取相应措施。

5）发生职业病危害事故后，须在4h内向公司主管部门报告，并按“应急准备和响应程序”执行。

4.5.3 职业病防治操作规程

1）进行水泥搬运、搅拌水泥砂浆、上料的人员必须佩戴防尘面罩，以防止水泥尘肺病。

2）电锯、切割机操作人员要佩戴护耳罩，以避免噪声聋病。

3）电、气焊工作业时，必须戴防护镜，防止灼伤眼部。在进行电焊作业时，尽量选择上风方向操作，以防锰中毒。

4）进行防水、油漆作业时，必须保证通风良好，作业人员必须佩戴防毒面具，以防中毒。

5）复印机应放在通风的位置，不用时及时关闭，尽量减少硒鼓毒害。

6）夏季施工时，注意防暑降温，温度超过40℃时，必须停止室外露天作业。

4.6 消防、保卫措施

4.6.1 施工现场保卫措施

（1）治安保卫措施

为了加强施工现场的保卫工作，确保建设工程的顺利进行，根据北京市建设工程施工现场保卫工作基本标准的要求，结合本工程的实际情况，为预防各类盗窃、破坏案件的发生，特制定本工程的保卫工作方案。

1）本工程设立保卫领导小组，由本工程项目经理任组长，全面负责领导工作，安全负责人任副组长，其他成员由各施工段工长、外联队队长、外联队安全员组成。

2）工地设门卫值班室，由保安员昼夜轮流值班，白天对外来人和进出车辆及所有物资进行登记，夜间值班巡逻护场，重点负责仓库、木工棚、办公室、塔吊、成品及半成品的保卫工作。

3）加强对劳务分包人员的管理，掌握人员底数，掌握每个人的思想动态，及时进行教育，把事故消灭在萌芽状态。非施工人员不得住在现场，特殊情况必须经项目保卫负责人批准。

4）每月对职工进行一次治安教育，每季度召开一次治保会，定期组织保卫检查，并将会议检查、整改记录存入内业资料内备查。

5）对易燃、易爆、有毒品设立专库、专管，非经项目负责人批准，任何人不得动用。不按此执行，造成后果追究当事人刑事责任。

6）施工现场必须按照“谁主管，谁负责”的原则，由党政主要领导干部负责保卫工作。由业主指定分包队伍，仍由总包负责保卫工作，总包与分包签订保卫工作责任书，各分包单位接受总包单位的统一领导和监督检查。

7）施工现场设立门卫和巡逻护场制度，护场守卫人员要佩戴值勤标志。

8）更衣室、财会室及职工宿舍等易发案场所要指定专人管理，重点巡查，防止发生盗窃案件。严禁赌博、酗酒、传播淫秽物品和打架斗殴。

9）变电室、大型机械设备及工程的关键部位和关键工序，是现场的要害部位，要加强保卫，确保安全。

10）加强成品保卫工作，严格执行成品保卫措施，严防被盗、被破坏和治安灾害事故的发生。

11）若施工现场发生各类案件和灾害事故，立即报告有关部门并保护好现场，配合公安机关侦破。

（2）治安保卫教育

由保卫小组负责人组织，定期对职工进行治安保卫教育，提高思想认识，一旦发生灾害事故，作到召之即来，团结奋斗。

1）每月对职工进行治安教育，每季度召开一次治保会，定期组织保卫检查。

2）现场重要出入口应设警卫室，昼夜有值班人和记录。

3）施工现场禁止吸烟，吸烟必须出现场。

4）现场所有人员必须服从和支持值班人员按规定行使管理。每次对职工进行保卫教育的记录存档，以备核查。

（3）现场保卫定期检查

为了维护社会治安，加强对施工现场保卫工作的管理，保护国家财产和职工人身安全，确保施工现场保卫工作的正常有序，促进建设工程顺利进行，按时交工。根据本项目实际，每周对现场保卫工作进行一次检查，对现场保卫定期检查提出的问题限期整改，并按期进行复查。

4.6.2 施工现场消防设施

（1）机电设备

1）电气设备和线路必须绝缘良好，电线不得与金属物绑在一起；各种电动机具必须按规定接零接地，并设置单一开关；遇有临时停电或停工休息时，必须拉闸加锁。

2）在架空输电线路下面工作应停电。

3）行灯电压不得超过 36V，在潮湿场所或金属容器内工作时，行灯电压不得超过 12V。

4）受压容器应有安全阀、压力表，并避免暴晒、碰撞；氧气瓶严防沾染油脂；氧炔燃焊割，必须有防止回火的安全装置。

（2）焊接工程

1）严禁在有压力的容器或管道上施焊，焊接带电的设备必须先切断电源。

2）焊接储存过易燃、易爆、有毒物品的容器或管道，必须清除干净，并将所有孔口打开。

3）焊接预热工件时，应有石棉布或挡板等隔热措施。

4）更换场地移动把线时应切断电源，并不得手持把线爬梯登高。

5）在高空施焊时，必须设有临时接火盘，并有专人看火。

6）施焊场地周围应清除易燃易爆物品，或进行覆盖，隔离。

7）必须在易燃易爆气体或液体扩散区施焊时，应经有关部门检试许可后，方可施焊。

8）工作结束应切断焊机电源，并检查操作地点，确认无火灾隐患后，方可离开。

（3）防水作业

1）防水施工设置明显警戒标志，施工范围内不得有电气焊、明火作业。

2）防水施工时，现场要配备灭火器。

（4）易燃易爆物资存放与管理

1）施工材料的存放、保管，应符合防火安全要求，库房应用非燃材料搭设。易燃易爆物品应专库储存，分类单独存放，保持通风，用电符合防火规定。化学易燃品和压缩易燃性气体容器等，应按其性质设置专用库房分类存放，其库房的耐火等级和防火要求应符合公安部制定的《仓库防火安全管理规则》，使用后的废弃物料应及时消除。

2）使用易燃易爆物品，必须严格采取防火措施，指定防火负责人，配备灭火器材，确保施工安全。

（5）明火作业

1）使用电气设备和化学危险品，必须认真按照技术规范和操作规程，严格采取防火措施，确保施工安全，禁止违章作业。施工作业用火必须经保卫部门审批，领取动火证，方可作业。动火证只在指定地点和限定时间内有效。

2）具有火灾危险的场所禁止动用明火，确需动用明火时，必须事先向主管部门办理审批手续，并采用严格的消防措施，切实保证安全。

3）现场生产、生活用火均应经主管消防的领导批准，任何人不准擅自动用明火。使用明火时，要远离易燃物，并备有消防器材。

4）建筑物室内保温用的炉火，都要经消防人员检查，办理动火手续，发现无动火证的火炉要立即熄灭，并追究责任。

5）设吸烟室，场内严禁吸烟。

6）现场从事电气焊人员均应受过消防知识教育，持有操作合格证。在作业前办理动火手续，并配备适当的看火人员，看火人员随身应有灭火器具，在焊接过程中不准离开岗位。

（6）季节施工

1）暴雨大风前后，要检查工地临时设施、脚手架、机电设备、临时线路，发现倾斜、变形、下沉、漏雨、漏电等现象，应及时修理加固，严重危险应立即排除。

2）脚手架、塔吊、易燃易爆仓库等应设置临时避雷装置，对机电设备的电气开关，要有防雨、防潮设施。

3）现场道路应加强维护。斜道和脚手板应有防滑措施。

4）夏季作业应调整作息时间。从事高温作业的场所，应加强通风和采取降温措施。

（7）现场堆料防火措施

1）木材堆放不要过多，垛之间应保持一定的防火间距，木材加工的废料要及时清理，以防自燃。

2）现场生石灰应单独存放，不准与易燃可燃材料放在一起，并应注意防水。

4.7 施工现场环境保护措施

4.7.1 环境绩效监视和测量工作程序

（1）监测计划

在工程开工前根据项目环境因素识别、环境因素评价的结果及相关法律法规制定本项目《环境管理绩效监视、测量计划》，报项目环境管理负责人×××审批后实施，并报公司项目管理部备案。

（2）监测

1）监测对象：场界噪声、废水排放、有毒物质含量。

噪声测试点选择原则：

a. 若被测区域各处声级差别不大（小于 3dB），则只需选择 1～3 个测点。

b. 若被测区域各处声级波动较大（大于或等于 3dB），则需按声级大小分成若干区域，任意两个区域的声级差应大于或等于 3dB，每个区域内的声级波动必须小于 3dB，每个区域取 1～3 个测点。这些区域必须包括所有劳动者在内或因管理生产过程而经常工作、活动的地点范围。

c. 测量时，应将传声器放置在操作人员的耳朵位置。

2）监测的实施

项目经理部委托朝阳区环保部门对施工现场每阶段场界噪声、废水排放等进行监测；有害物质含量监测（材料进场及竣工验收前）委托经市建委考核、认可，并通过市质量技术监督部门计量认证的检测单位进行检测。有害物质含量限量见《民用建筑工程室内环境污染控制规范》GB 50325—2001。

（3）监控

1）监控范围：①扬尘；②环境运行控制程序的落实和实施情况；③有关环境的法律法规及其他要求的遵守情况。

2）监控的实施

对扬尘的监控方法为目测，当扬尘形成明显可见量时须采取控制措施。

项目经理部对本项目施工过程中易形成扬尘的工序和场所进行重点阶段（场所）的重点监控，并填写施工现场扬尘（粉）监控记录。

3）对环境目标、指标及环境管理方案的监控

项目经理部每月 1 号对本项目环境体系运行控制情况进行检查，并填写体系运行控制检查记录及环境管理体系运行控制检查评分记录，检查部门确认后报项目管理部备案。

4.7.2 施工现场

为降低施工现场扬尘发生和现浇混凝土对土的污染，施工现场主要道路采用混凝土预制块硬化。

木工棚、露天仓库或封闭仓库地面均采用水泥砂浆地面，并做到每天清扫，经常洒水降尘。

施工现场建筑垃圾设专门的垃圾分类堆放区，并将垃圾堆放区设置在避风处，以免产生扬尘；同时，根据垃圾数量随时清运出施工现场，运垃圾的专用车每次装完后，用布盖好，避免途中遗撒和运输过程中造成扬尘。

施工现场主要施工道路每天设专人用洒水车随时进行洒水、降尘。

地下室回填土所用的石灰采用袋装或搅拌好后进入施工现场。

施工现场按单位工程进行分区管理，责任到人。

4.7.3　模板工程

施工时每次模板拆模后设专人及时清理模板上的混凝土和灰土，模板清理过程中的垃圾及时清运到施工现场指定的垃圾存放地点，保证模板堆放区的清洁。

施工现场木工棚的地面，要进行洒水防尘，木工操作面要及时清理木屑、锯末，并设防噪声封闭，按要求木工棚和作业面保持清洁。

机电安装在结构施工中严禁采用锯末填充线盒。

大钢模所使用的脱模剂严禁采用废旧机油作为脱模剂，其他脱模性质的脱模剂必须定点放置，严禁出现溢漏现象。脱模剂应符合环保要求。

4.7.4　钢筋工程

钢筋棚内，加工成型的钢筋要码放整齐，钢筋头放在指定地点，钢筋屑当天清理。

4.7.5　区域清理

施工现场的区域施工过程中要做到工完清场，以免在结构施工完未进入装修封闭阶段，刮风时将灰尘吹入空气中。

各区域内的建筑垃圾随着区域施工的进展及时清理，要求活完底清，不许将垃圾从高处直接倒入低处，每个区域要设有垃圾区，及时将垃圾运入垃圾站。

4.7.6　安全防护网

施工建筑物外围立面采用密目安全网封闭或半封闭，降低楼层内风的流速，阻挡灰尘影响建筑物周围的社区环境。

4.7.7　降低噪声措施

（1）施工现场遵照《建筑施工场界噪音限值》GB 12523—90 制定降噪措施。

（2）建筑施工场界噪声限值见表 4-1 所列。

建筑施工场界噪声限值　　**表 4-1**

施工阶段	主要噪声源	噪声限值(dB)	
		白天	夜间
结构阶段	地泵、空压机、振动器	70	55
装修阶段	电锤、电锯手持电动工具	65	55

注：表中所列噪声值是指与敏感区域相应的建筑施工场地边界处的限值。

（3）调整施工噪声分布时间

根据环保噪声标准（dB）日夜要求的不同，合理协调安排施工分项的施工时间，将容易产生噪声污染的分项如混凝土施工安排在白天施工，避免混凝土罐车和振动器扰民。

夜间模板施工时，严格控制产生过大声响。

所有土方运输车辆进入现场后禁止鸣笛，以减少噪声。

手持电动工具或切割器具应尽量在封闭的区域内使用。夜间使用时，应选择在远离居民住宅的区域，并使临界噪声达标。

提倡文明施工，加强人为噪声的管理。尽量减少人为的大声喧哗，增强全体施工人员防噪声扰民的自觉意识。

控制产生强噪声的钢筋加工、制作，该工作应放在加工厂完成。最大限度减少施工噪声污染，加强对全体职工的环保教育，防止不必要的噪声产生。

4.7.8　排污措施

施工现场临建阶段，统一规划排水管线。

运输车辆清洗处设置沉淀池，排放的废水要排入沉淀池内，经二次沉淀后，方可排入城市市政污水管线或用于洒水降尘。

施工现场生活污水通过现场埋设的排水管道，向市政污水井排放。平时加强管理，防止污染。

施工现场试验室产生的养护用水通过现场排水管线排到市政管线，严禁在施工现场出现乱流现象。

4.7.9　限制光污染措施

探照灯尽量选择既能满足照明要求又不刺眼的新型灯具或采用措施，使夜间照明只照射工区而不影响周围社区居民休息。

4.7.10　防止施工现场火灾事故发生

对现场施工管理人员和操作人员进行消防培训，增强消防意识。

对电锯房、木工棚、油库、化学品仓库（如油漆库）等一律配备符合规定的灭火器。严格落实各项消防规章及防火管理规定。

4.7.11　降耗节能措施

项目经理部要安装水表、电表，随时了解用水用电情况，及时发现水电浪费情况，加以限制。

经常对现场所有供水阀门进行检测、维修、更换，杜绝跑、冒、滴、漏现象发生。

项目各部门要制定节约纸张计划，采用再生纸及非机密性办公用纸必须两面使用。推行无纸化办公，文件无纸化管理和网络化传输。

5　经济效益分析

华贸中心住宅楼一期工程于2003年8月开工，经过近19个月的施工，于2005年3月25日正式竣工验收备案。项目即同业主及其造价咨询公司（利比公司）开始紧张的竣工结算工作，并于2006年1月18日双方最终达成一致，正式签署结算书。该工程原合同额为19444万元，结算总额为25870万元，调增33%。

经过初步分析，华贸中心住宅楼实际成本（含税金）约为24858万元，实现综合经济效益1012万元。

第三篇

上海世茂滨江花园6号楼施工组织设计

编制单位：中建三局三公司

编 制 人：冯天成　钱世清　曾海霞

［简介］ 世贸滨江花园位于上海浦东新区繁华地带，周围都是居民区，对夜间施工造成较大困难，而且作为高档住宅，面对业主对质量、工期的高要求，施工方面通过精心组织管理，大量采用新技术，加快了工程进展，并取得了良好的经济效益。

目 录

1 工程概况

1.1 工程建设概况（表 1-1）

工程建设概况一览表 **表 1-1**

工程名称	世茂滨江花园 6 号楼	工程地址	上海浦东陆家嘴兰园 A 号地块
建设单位	上海世茂房地产有限公司	勘察单位	上海申元岩土工程有限公司
设计单位	马梁建筑师事务所	监理单位	上海同济建设工程监理咨询有限公司
质量监督部门	上海市浦东新区质监一分站	总包单位	中建三局(沪)
主要分包单位	机电:待定 电梯:待定 铝合金、玻璃幕墙:待定	建设工期	/
合同工期	635 天	总投资额	/
合同工程投资额	/		
工程主要功能或用途	高档住宅楼		

1.2 工程建筑设计概况（表 1-2）

建筑设计概况一览表 **表 1-2**

占地面积		2327.3m^2	总建筑面积		103546m^2
层数	地上	55 层	层高	首层	4.8m
				标准层	3m
	地下	2 层		地下	3.9m、3.4m
装饰	外墙	高级石材及防水涂料饰面			
	楼地面	设备房 C20 细石混凝土,房间地面装修为木地板及大理石材			
	墙面	水砂抹灰,饰面另定			
	顶棚	薄层灰泥刮柔性腻子			
	楼梯	地下室楼梯贴 100mm×100mm 防滑地砖,±0.00 以上水砂粉饰设两条防滑条			
	电梯厅	地面:大理石材	墙面:大理石材	顶棚:轻钢龙骨吊顶	
防水	地下	采用"湿克威"涂膜防水			
	屋面	采用"湿克威"涂膜防水,40 厚细混凝土刚性层			
	厕浴间	采用"湿克威"涂膜防水或其他同类材料			
	阳台	防水砂浆			
	雨篷	双层玻璃钢			
保温节能		外墙内侧采用保温水泥,屋面 50mm 厚憎水保温板或其他同类保温材料			
绿化		小区住宅景观由园林公司专业设计、施工			

1.3 工程结构设计概况（表 1-3）

结构概况一览表 **表 1-3**

地基基础	埋深	−59.05m	持力层	粉砂层	承载力标准值	
	桩基	类型:钻孔灌注桩	桩长:50m	桩径:850mm	间距:2100mm	
	箱、筏	底板厚度:2m		埋深:−9.35m		
主体	结构形式	筒体剪力墙结构				
	主要结构尺寸	板:120～180mm		墙:200～400mm		
抗震设防烈度	7 度	人防等级				
混凝土强度等级及抗渗要求	基础	C30P8	墙体	C40、C35、C30	其他	屋面游泳池 C30P8
	梁	C40、C35、C30	板	C40、C35、C30		
			楼梯	C40、C35、C30		
钢筋	类别:HPB235 级 φ6～φ10、HRB335 级 φ10～φ32					
特殊结构	屋面钢结构					

1.4 自然条件

1.4.1 气象条件

此地段气候春、夏、秋、冬季节性较明显，五六月份为梅雨季；夏季不定时可能有台风袭击，并伴有强风暴雨。

1.4.2 现场条件

（1）该工程桩基已于 2003 年 12 月 5 日施工完毕，现场正平整场地。

（2）施工电源线已接入现场，有 1200kV·A 的电柜。

（3）临时用水已接入现场，管径为 150mm。

（4）现场东面及北面需建围墙，在浦电路上有一大门，在浦明路（待修）留一出口，因现场主入口在浦电路上，一旦三期地库（距基坑 10m 左右）开工，现场材料进场困难，施工条件较差。

1.4.3 工程地质及水文条件

（1）地形地貌：本场区属于滨海平原地貌地形，场地内地势较为平坦，场地标高在 3.95～4.18m，一般为 4.00m。

（2）地基土的构成特点：

①$_{1}$ 层为黄褐色粉质黏土

②$_{2}$ 层为灰黄色粉质黏土

③ 层为灰色淤泥质粉质黏土

④ 层为灰色粉质黏土

$⑤_a$ 层为灰色黏土

$⑤_b$ 层为灰色粉质黏土

⑥ 层为暗绿-黄色粉质黏土

$⑦_1$ 层为灰绿-黄色砂质粉土

$⑦_2$ 黄-灰色粉砂

⑧ 层为灰色粉细砂

(3) 地下水：本基地浅部地下水层属潜水类型，主要补给来源为大气降水，水位随季节变化，稳定水位埋深为1.0～1.6m。按上海市对地下水位长期观测资料，年平均地下水位埋深在0.5～0.7m。经分析：本地基浅层地下水对混凝土无腐蚀性。

(4) 不良地质现象：场地下部第③、④层为淤泥质土，为天然地基的软弱下卧层和主要压缩层，在基坑开挖时易产生流变现象。$③_夹$层为灰色粉质黏土，在基坑开挖时易产生流变现象。

1.4.4 周边环境

本工程地处浦东新区交通繁华地带，为旧居民区拆除地区。工地西以浦明路为界，东以浦城路为界，南接浦电路。周边交通状况良好。

1.5 工程特点

(1) 工期紧

本工程计划在2005年9月份完工，因而工程施工各个阶段都十分紧张，其中以土建尤为突出；地下室计划在2004年3月完成，地上主体结构计划在2004年12月完成。

(2) 工程量大

工程施工范围包括土方、钢支撑、底板、地下室、地上结构、装饰、安装、室外总体及业主指定分包等工程，工程总建筑面积107838m^2，地下2层，地上55层，施工工程量大。

(3) 质量要求高

该工程为超高层剪力墙结构，并且为全装修的住宅工程，业主对工程质量要求比较高。

(4) 总承包管理难度大

因本工程分包单位多，总承包管理难度大。本工程仅业主指定的分包就有十几家，加上总承包范围内的分包单位在内，所有分包单位数量超过20家，如何协调控制好各分包单位的施工将直接影响本工程质量、安全、进度等总体目标的实现。

(5) 周边环境复杂

该工程位于居民区，夜间施工受到较大限制。

(6) 工程平、立、剖面图（图1-1、图1-2、图1-3）

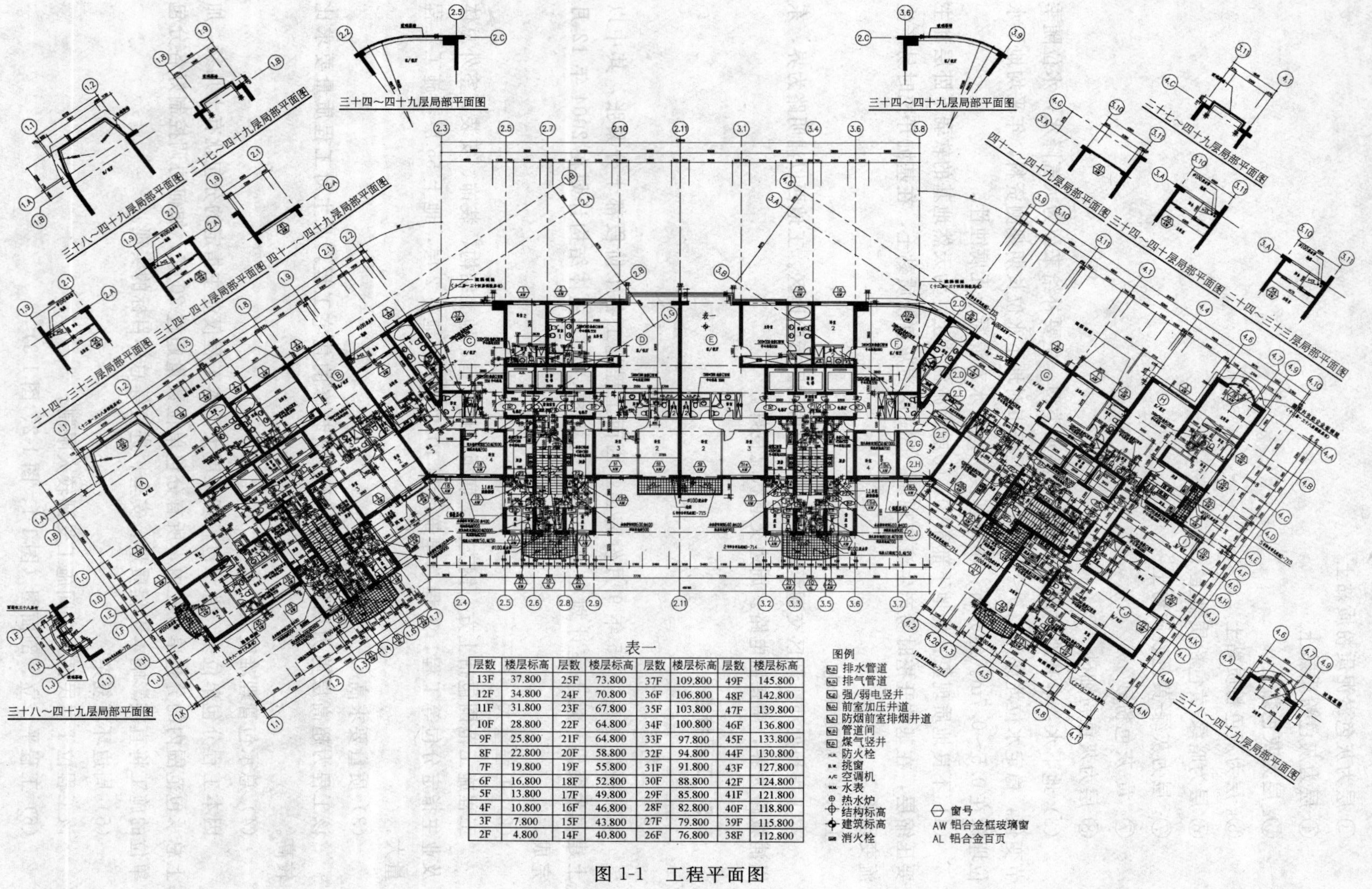

表一

层数	楼层标高	层数	楼层标高	层数	楼层标高	层数	楼层标高
13F	37.800	25F	73.800	37F	109.800	49F	145.800
12F	34.800	24F	70.800	36F	106.800	48F	142.800
11F	31.800	23F	67.800	35F	103.800	47F	139.800
10F	28.800	22F	64.800	34F	100.800	46F	136.800
9F	25.800	21F	64.800	33F	97.800	45F	133.800
8F	22.800	20F	58.800	32F	94.800	44F	130.800
7F	19.800	19F	55.800	31F	91.800	43F	127.800
6F	16.800	18F	52.800	30F	88.800	42F	124.800
5F	13.800	17F	49.800	29F	85.800	41F	121.800
4F	10.800	16F	46.800	28F	82.800	40F	118.800
3F	7.800	15F	43.800	27F	79.800	39F	115.800
2F	4.800	14F	40.800	26F	76.800	38F	112.800

图 1-1 工程平面图

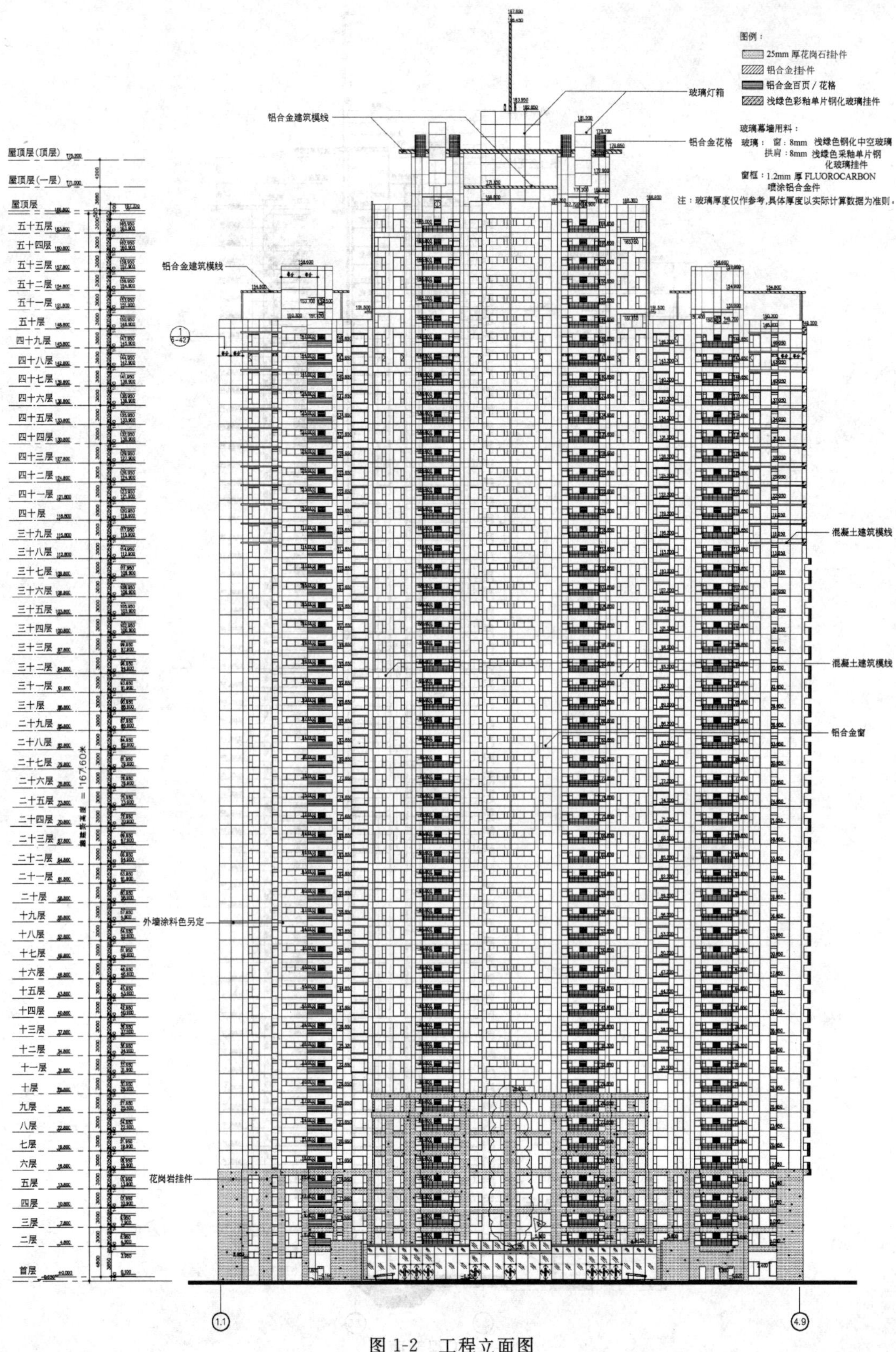
图例：
25mm 厚花岗石挂件
铝合金挂件
铝合金百页 / 花格
浅绿色彩釉单片钢化玻璃挂件
玻璃幕墙用料：
玻璃：窗：8mm 浅绿色钢化中空玻璃
拱肩：8mm 浅绿色采釉单片钢化玻璃挂件
窗框：1.2mm 厚 FLUOROCARBON 喷涂铝合金件
注：玻璃厚度仅作参考，具体厚度以实际计算数据为准则。
玻璃灯箱
铝合金建筑模线
铝合金花格
混凝土建筑模线
铝合金窗
外墙涂料色另定
花岗岩挂件
屋顶层(顶层)
屋顶层(一层)
屋顶层
五十五层
五十四层
五十三层
五十二层
五十一层
五十层
四十九层
四十八层
四十七层
四十六层
四十五层
四十四层
四十三层
四十二层
四十一层
四十层
三十九层
三十八层
三十七层
三十六层
三十五层
三十四层
三十三层
三十二层
三十一层
三十层
二十九层
二十八层
二十七层
二十六层
二十五层
二十四层
二十三层
二十二层
二十一层
二十层
十九层
十八层
十七层
十六层
十五层
十四层
十三层
十二层
十一层
十层
九层
八层
七层
六层
五层
四层
三层
二层
首层
1.1
4.9

图 1-2 工程立面图

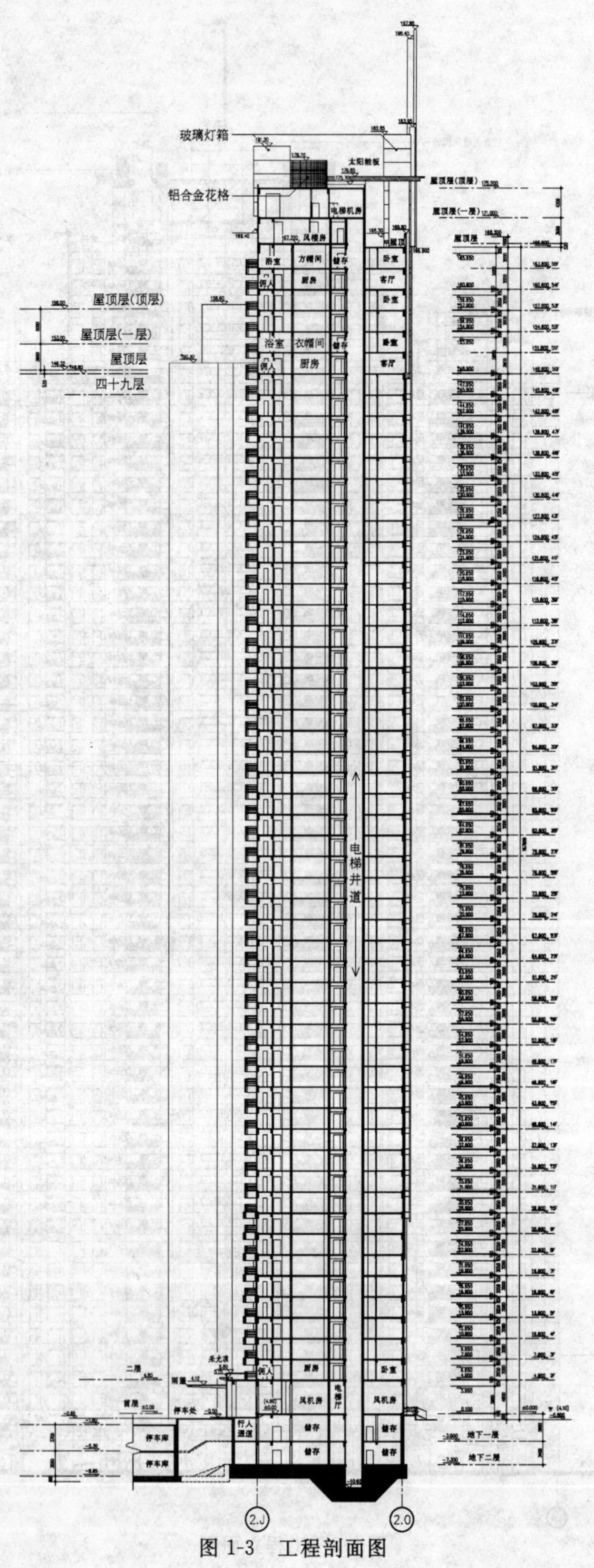
玻璃灯箱
铝合金花格
太阳能板
电梯机房
风机房
浴室
衣帽间
储存
卧室
佣人
厨房
客厅
屋顶层(顶层)
屋顶层(一层)
屋顶层
四十九层
电梯井道
二层
首层
雨篷
停车处
停车库
行人通道
风机房
电梯厅
储存
地下一层
地下二层

图1-3　工程剖面图

2 施工部署

2.1 工程目标

2.1.1 质量目标

严格贯彻执行国务院第279号令《建设工程质量管理条例》、《工程建设标准强制性条文》和建设部第81号令《实施工程建设强制性标准监督规定》，工程严格按照施工规范、操作规程施工，接受业主、设计、监理和质量监督站管理，工程质量达到图纸设计要求，并达到国家和上海市现行的关于工程质量的规定及国家现行关于各专业工程质量检验评定标准，主体结构工程达到优质等级。

2.1.2 工期目标

合同总工期——635d。

地下室结构施工——100d。

主体结构施工——275d。

2.1.3 安全目标

采取有效措施，将轻伤频率控制在6‰以下，无火灾、重大设备损坏及人员伤亡等重大事故，创市"标化工地"。

2.1.4 文明施工目标

实施高标准、高质量的文明标化措施和管理，争创市文明工地。

2.1.5 成本目标

为实现上述工程质量、工期、安全、文明施工等目标，充分发挥科技是第一生产力的作用，在工程施工中，积极采用新技术、新工艺、新材料、新设备和现代化的管理技术，降低成本率1.7%以上。

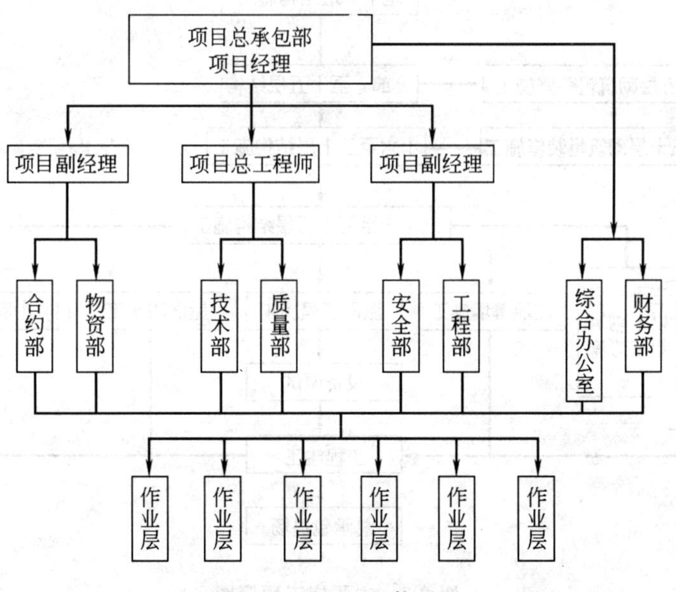

图2-1 施工组织体系图

2.2　项目经理部组织机构

1）组建总承包项目管理部，设项目经理、项目副经理、项目总工程师，全面负责本工程的协调管理工作，履行合同规定的职责和义务。

2）总承包项目管理部下设技术部、工程部、质量部、安全部、合约部、物资部、行政后勤部，配备相应各专业技术人员，担任各专业的具体专业工作。随着工程的进度对部分专业人员进行调整，以适应工程各阶段施工管理对专业人员的需要（图2-1）。结合工

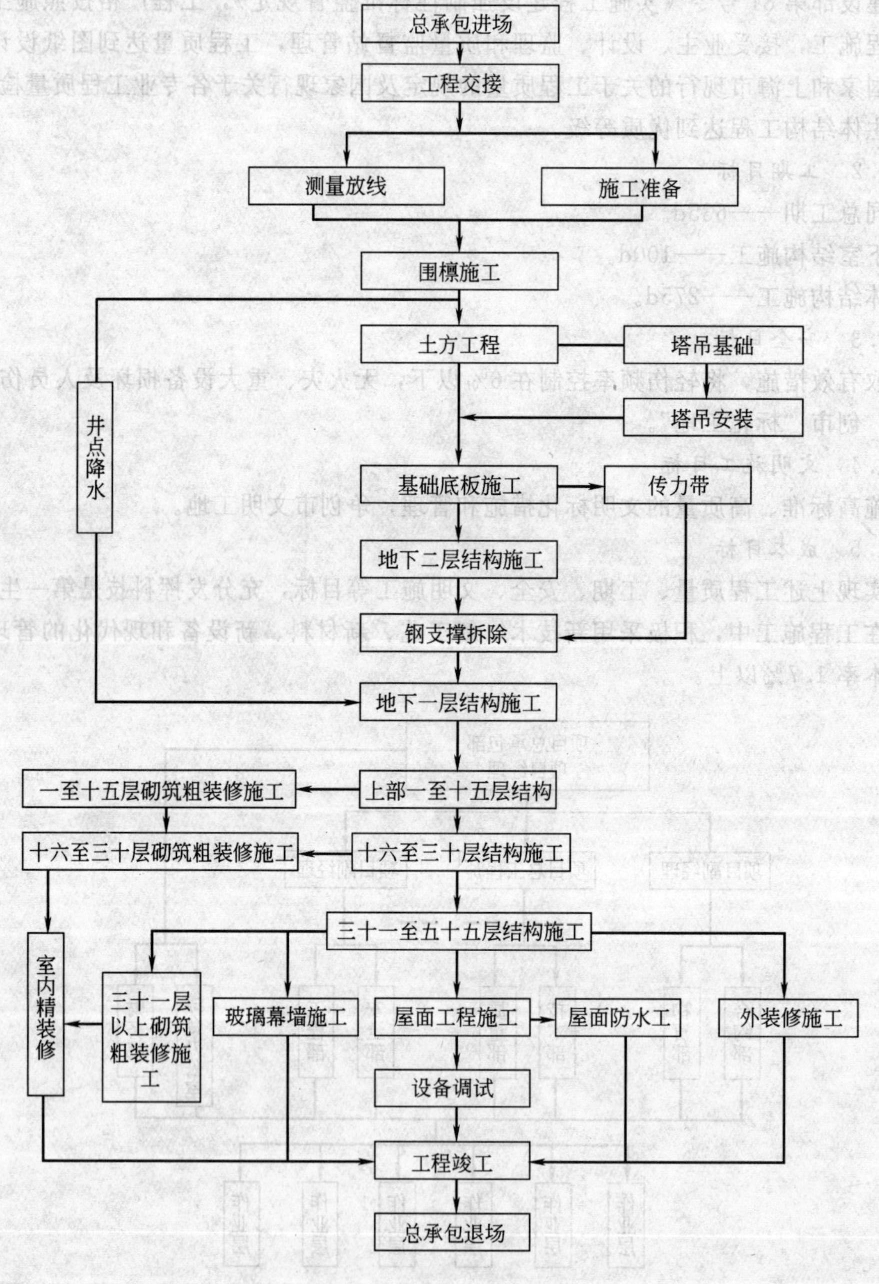

图2-2　主要施工顺序图

程特点，制定各项规章制度，明确各岗位的职责，明确分工，各行其职，确保优质、高速、安全、文明地完成各项工程施工任务。

2.3 总体任务划分及施工顺序

2.3.1 合同范围内业主指定的分包工程

桩基工程、安装工程、外墙装饰及玻璃幕墙、室内精装修、室外道路及绿化、屋面钢结构等工程。

2.3.2 总包范围内的分包工程

土方工程、钢支撑、底板、地下室、地上主体结构、室内初装修等工程。

2.3.3 施工顺序

工程施工前期以钢筋混凝土结构施工为主线路，为保证及时插入安装及精装修施工，结构进行分段验收。地下室一次；地上一至十五层一次；地上十六至三十层一次；地上三十一至五十五层一次；共分四次进行分段结构验收。

在主体结构完成后，将以精装修及安装工程为主线，组织现场施工，其他工作按精装修及安装进度进行穿插施工。

主要施工顺序按图 2-2 所示进行。

2.4 施工流水段的划分及施工工艺流程

施工流水段的划分

1）底板及地下室：以 1.12 轴和 4.3 轴处后浇带划分 3 段流水施工段（图 2-3）。

2）地上主体结构：不划分施工流水段。

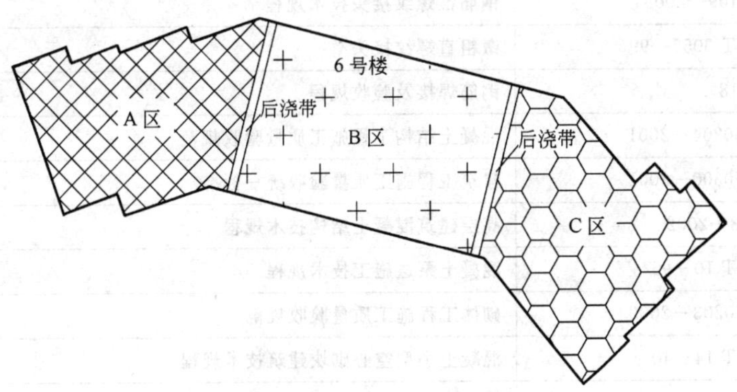

图 2-3 施工分段平面布置图

2.5 施工准备

2.5.1 施工技术准备

1）自进场之日起，就着手综合技术准备工作，分别组织有关人员认真熟悉图纸，了解设计图纸意图及相关细节，并根据工程所需编制相应的采标目录。

2）组织人员汇总图纸存在问题，准备图纸设计交底及图纸会审工作。

3）组织人员深化图纸，对模板、钢筋进行翻样工作，以便指导施工。

4）组织人员分别作好主要分部分项工程技术交底准备工作，编制技术交底书。编制特殊工序的施工作业指导书。根据工程的特点确认该工程的特殊工序为：防水工程（地下室外墙、屋面）、电渣压力焊（竖向钢筋连接）、外墙大模板安装、砌筑施工。

5）编制工程施工计量管理网络图，配置工程所需的计量、测量、试验器具等，编制工程取样试验计划（混凝土、防水及钢筋接头）。

(1) 图纸、规范、标准、图集等（表2-1）

标准规范规程名称　　表2-1

编号	标准代码	标准规范规程名称
1	GB 50026—93	工程测量规范
2	JGJ/T 8—97	建筑变形测量规程
3	GB 50325—2001	民用建筑工程室内环境污染控制规范
4	GB 8987—1996	污水综合排放标准
5	GB 3096—93	城市区域环境噪声标准
6	JGJ 6—99	高层建筑箱形与筏形基础技术规范
7	GB 50202—2002	建筑地基基础工程施工质量验收规范
8	JGJ 120—99	建筑基坑支护技术规程
9	JGJ 79—2002	建筑地基处理技术规范
10	GB 50208—2002	地下防水工程质量验收规范
11	GB 50108—2001	地下工程防水技术规范
12	GB/T 17656—99	混凝土模板用胶合板
13	JGJ 109—2003	钢筋锥螺纹接头技术规程
14	JGJ/T 3057—99	镦粗直螺纹接头
15	JGJ 18	钢筋焊接及验收规程
16	GB 50204—2001	混凝土结构工程施工质量验收规范
17	GB 50300—2001	建筑工程施工质量验收统一标准
18	JGJ 3—2002	高层建筑混凝土结构技术规程
19	JGJ/T 10—95	混凝土泵送施工技术规程
20	GB 50203—2002	砌体工程施工质量验收规范
21	JGJ/T 14—40	混凝土小型空心砌块建筑技术规程
22	JGJ 137—2000	多孔砖砌体结构技术规程
23	GB 50205—2001	钢结构工程施工质量验收规范
24	JGJ 81—2001	建筑钢结构焊接规程
25	GB 50206—2002	木结构工程施工质量验收规范
26	GB 50327—2001	住宅装饰装修工程施工规范
27	GB 50210—2001	建筑装饰装修工程质量验收规范
28	GB 50209—2002	建筑地面工程施工质量验收规范
29	GB/T 8814—98	门、窗框用硬聚氯乙烯(PVC)型材
30	JGJ 102—96	玻璃幕墙工程技术规范

续表

编号	标准代码	标准规范规程名称
31	JGJ 133—97	建筑玻璃应用技术规程
32	JGJ/T 139—2001	玻璃幕墙工程质量检验标准
33	GB 9757—2001	溶剂型外墙涂料
34	GB/T 11981—2001	建筑用轻钢龙骨
35	GB 9775—99	纸面石膏板
36	GB 50207—2002	屋面工程质量验收规范
37	CECS 63:94	增强氯化聚乙烯橡胶卷材防水工程技术规程
38	GBJ 141—90	给排水构筑物施工及验收规范
39	GB 50242—2002	建筑给水排水及采暖工程施工质量验收规范
40	GB 50268—97	给排水管道工程施工及验收规范
41	GB 50303—2002	建筑电气工程施工质量验收规范
42	GB 50243—2002	通风与空调工程施工质量验收规范
43	JGJ 104—97	建筑工程冬期施工规程
44	GB 50252—94	工业安装工程质量检验评定统一标准
45	GB 50194—92	建筑工程施工现场供电安全规范

(2) 测量基准交底、复测及验收

(3) 技术工作计划(表2-2～表2-8)

分项工程施工方案(作业指导书)编制计划 **表 2-2**

序号	施工方案(作业指导书)	编制时间	序号	施工方案(作业指导书)	编制时间
1	大体积混凝土施工方案	2004.1	8	电渣压力焊作业指导书	2003.12
2	钢管脚手架支撑方案	2004.1	9	熔槽焊施工作业指导书	2003.12
3	外爬架施工方案	2004.2	10	产品保护措施作业指导书	2004.1
4	外墙大模板施工方案	2004.2	11	地下室防水施工作业指导书	2004.3
5	塔吊安拆方案	2003.12	12	屋面防水施工作业指导书	2004.12
6	施工电梯安拆方案	2004.3	13	砌体施工作业指导书	2002.5
7	钢筋直螺纹作业指导书	2003.12			

混凝土强度及抗渗试验计划/商品混凝土供应计划 **表 2-3**

序号	(使用)取样部位	强度等级	见证取样组数		龄期	混凝土计划量(m^3)
			混凝土抗压	混凝土抗渗		
1	地下室底板	C30P8	7	7	R45	5000
2	地下室二层(外墙抗渗)	C40P8	6	2	R45	1200
3	地下室一层(外墙抗渗)	C40P8	8	2	R45	1600
4	一层	C40	7		R28	1400
5	二至二十五层	C40	9/层		R28	850/层

续表

序号	(使用)取样部位	强度等级	见证取样组数		龄期	混凝土计划量
			混凝土抗压	混凝土抗渗		(m^3)
6	二十五至三十五层	C40	9/层		R28	850/层
7	三十五至四十九层	C40	9/层		R28	850/层
8	四十九至五十五层	C40	5/层		R28	450/层
9	四十三层、四十九层屋面	C30P8		2	R28	
合计						54250

钢筋接头试验计划 表 2-4

序号	钢筋接头形式	使用部位	钢筋规格	检验方法
1	电渣压力焊	竖向结构	$\phi20$、$\phi22$	现场取样、外观检查
2	直螺纹接头	地下室底板	$\phi32$、$\phi28$	现场取样、外观检查
3	对焊接头	水平结构(梁墙板水平筋)	$\phi14$	现场取样、外观检查

注：① 取样：在每一结构楼层中，以300个同类型接头作为一批，不足300个按一批计。
② 外观检查：逐根检查，不合格切除重焊。

防水工程材料试验计划 表 2-5

序号	使用部位	实验方法		备注
1	地下室外墙	原材料	送上海市建科院检测	过程检查
		现场检验	防水层厚度及施工质量	
2	厨房、卫生间	原材料	送上海市建科院检测	
		现场检验	逐个进行蓄水24h检验	
3	屋面、游泳池	原材料	送上海市建科院检测	
		现场检验	蓄水24h检验	

砌筑砂浆强度试验计划 表 2-6

序号	材料名称	使用部位	取样次数	备注
1	M5水泥砂浆	地下室砌体	2组	每层一组
2	M5混合砂浆	上部砌体	55组	每层一组

原材料试验计划 表 2-7

序号	材料名称	使用部位	试验方法		检验次数
1	$\phi32$～$\phi6$规格钢筋	主体结构	送检	上海市建科院	2次
			现场	抽检	200t/组
2	PO32.5级水泥	砌体抹灰	送检	上海建科院	4次
			现场	安定性试验	每次进场检验一次
3	中粗砂	砌体抹灰	现场取样送分公司试验室		

工程隐蔽、结构验收计划 **表 2-8**

序号	分部分项工程	计划验收时间	验 收 人 员	备注
1	地基验槽	待定	设计、监理、勘探、质监站、质监员、工长	
2	钢筋绑扎	待定	监理、质监员、工长	分层验收
3	钢筋焊接	待定	监理、质监员、工长	分层验收
4	预埋件埋设	待定	监理、质监员、工长	分层验收
5	砌体拉结筋	待定	监理、质监员、工长	分层验收
6	地下室外墙防水	待定	监理、质监员、工长	
7	地下室黏土回填	待定	监理、质监员、工长	
8	屋面工程	待定	监理、质监员、工长	包括游泳池防水
9	地下室结构验收	待定	质监站、业主、设计、监理、质监科、项目经理、技术负责人、质监员、工长	
10	一至十五层结构验收	待定	质监站、业主、设计、监理、质监科、项目经理、技术负责人、质监员、工长	含砌体
11	十六至三十层结构验收	待定	质监站、业主、设计、监理、质监科、项目经理、技术负责人、质监员、工长	含砌体
12	三十一至四十五层结构验收	待定	质监站、业主、设计、监理、质监科、项目经理、技术负责人、质监员、工长	含砌体
13	四十六至五十五层结构验收	待定	质监站、业主、设计、监理、质监科、项目经理、技术负责人、质监员、工长	含砌体
14	工程竣工	待定	质监站、业主、设计、监理、质监科、项目经理、技术负责人、质监员、工长	

(4) 办理施工所需的审批手续

① 劳动局办理施工开工报告；

② 建筑业管理办公室办理工程施工许可证；

③ 质监站办理施工质量报监手续；

④ 安监站办理施工安全报监手续；

⑤ 环保局办理工程夜间施工审批手续。

2.5.2 现场准备

(1) 工程轴线控制网测量定位

根据浦东新区规划局提供的规划红线设置工程定位轴线控制图，并提交监理复核。

(2) 临时供水、供电

1) 临时供水

施工用水沿场地四周布设施工临时水管（ϕ150）（详见施工临时水电平面示意图），并引至各用水点。上部结构施工时，临时水电通过管道井上楼。在三十层处设临时水箱（5m×5m×2m），三十层以上楼层通过高压水泵将临时水箱中的水泵至施工作业面。

2) 临时供电

a. 用电布置原则：施工临时用电由业主提供的1200kV·A配电房引入，沿场地四周布设，并引至平面各用电点。上部结构施工时，临时用电由管道井引至各楼层。

b. 临时用电系统：根据现场平面布置，以配电房引出5个回路，每个回路采用DX-600过渡配电屏，各施工用配电箱从配电屏中引出，回路中的连线均采用五芯橡导电缆

(三相五线制)，配电屏均考虑重复接地，在现场相对固定，电缆采取直接埋地布置或沿现场沟道布置，车辆过道需加强防护，电缆布置处必须有明显标识，严禁违章操作，施工区DX-160配电箱必须设有适当的漏电保护器，各施工机具必须有相应的开关箱，开关箱必须设有漏电保护器，实行多级保护措施，严禁将施工机具直接接入配电屏。

(3) 临时排水

在拟建建筑物四周布设300mm宽、400mm高的排水沟，上盖盖板，施工污水及雨水通过排水沟流入沉淀池，经沉淀后排入城市下水管网。

(4) 临时道路

沿拟建建筑物四周设4m宽的施工临时通道，做法如下：素土夯实，铺50mm厚道渣，100mm厚C10混凝土。

(5) 临时建筑

现场临时建筑利用业主提供的现场现有临建。

a. 结构施工阶段：现场设办公楼、养护室、库房、门卫、厕所、钢筋房、木工房、扣件房等。

b. 装饰施工阶段：现场设办公楼、养护室、库房、门卫、厕所、搅拌场、砂堆场及水泥库房。

2.5.3 各种资源准备

(1) 劳动力需用量及进场计划

项目劳务层是施工过程中的实际操作人员，是工程质量、进度、安全文明施工最直接的保证者，故项目部经过劳务招标选择具有良好技能素质、安全意识强的劳务分包队参加施工。根据施工进度要求组织劳动力分批进场，以满足工程进展需要（表2-9)。

土建施工各阶段主要劳动力配备表 **表2-9**

施工阶段 / 工种	±0.00以下工程施工阶段(人)	主体施工阶段(人)	粗装修，砌筑工程施工阶段(人)	收尾阶段(人)
木工	160	200	50	20
钢筋工	120	150	20	6
混凝土工	40	40	15	10
架子工	20	30	30	12
瓦工			100	
抹灰工			150	50
辅工	50	30	40	20
塔吊司机	8	12	12	
人货电梯司机		16	16	
电工、电焊工	10	10	10	5
测量工	3	3	3	3
试验工	2	2	2	1
机修工	4	4	4	2
合计	417	497	432	130

注：不包括总包范围内专业分包劳动力

(2) 机械设备及进场计划

1) 为确保施工进度，结合本工程的特点，选用2台塔吊负责垂直运输，根据工程进度要求，及时进场安装。

2) ±0.00平面以上主体施工阶段配备外用施工电梯4台，当装饰工程、机电安装工程插入施工后，垂直运输工作量将增大，建议业主尽早利用室内电梯作为垂直运输设备（表2-10）。

结构工程施工机械设备需用计划 **表 2-10**

序号	名　称	规格型号	额定功率(kW)	数量(台)	总功率(kW)	备　注
1	塔吊	H3/36B	70	1	70	
2	塔吊	C7022	90	1	90	
3	施工电梯	SCD200/200	22	4	88	
4	混凝土搅拌机	JZC350	7	4	28	
5	混凝土输送泵	HDD-20R	132	2	264	
6	空压机	2V-0.6/T-C	4.5	2	9	
7	插入式振动器	ϕ50	1.5	40	30	备用20台
8	平板式振动器		3	2	6	
9	弯钢机	GW40	4	6	24	
10	断钢机	GQ40A	4	4	16	
11	单面压刨机	MB104A	3	2	6	
12	圆盘锯	MJ104A	3	2	6	
13	灰浆机	VJ200	3	2	6	
14	水泵	DGJ8-30×4	7.5	2	15	
15	潜水泵		1.5	10	15	
16	对焊机	ON1-125	125	2	250	
17	交流电焊机	BX1-300	20	10	200	

(3) 周转架料计划（表2-11、表2-12）

主要周转架料计划（地下室） **表 2-11**

序号	材料名称	规格	单位	数量	备　注
1	钢管	ϕ48×3.5	t	260	
2	扣件	十字扣件	颗	40000	根据工程进度分批进场
		旋转扣件	颗	2000	
		接头扣件	颗	3000	
3	活动底座		套	5000	
4	三形卡		颗	30000	
5	九层板		张	4700	
6	竹胶板	1220×2440×10	张	1560	
7	木方	50×100×4000	m^3	160	
8	对拉螺杆	ϕ14	t	19	

主要周转架料计划（地上部分）　　表 2-12

序号	材料名称	规格	单位	数量	备　注
1	钢管	48×3.5	t	300	
2	扣件	十字扣件	颗	100000	根据工程进度分批进场
		旋转扣件	颗	10000	
		接头扣件	颗	10000	
3	活动底座		套	10000	
4	三形卡		颗	35000	
5	九层板		张	7100	按7层1张铺摊
6	竹胶板	1220×2440×10	张	4650	
7	木方	50×1000×4000	m^3	200	
8	对拉螺杆	$\phi14$	t	20	

2.6 施工进度计划

本工程工期紧，工程量大，施工工序繁杂，且质量要求高，编制合理、先进的施工进度计划将会对整个施工过程起着纲领性的指导作用。为此，项目部在综合考虑工程特点、施工情况、环境因素的影响下，在保证工程质量、安全生产的前提下，着重加强对施工进度计划的控制与管理。

2.6.1 施工进度计划编制的总原则

在编制工程施工进度计划时，以结构施工为主线，以及时提供机电安装及装饰施工工程作业面为辅线，合理安排施工工序和施工控制节点，以满足施工进度要求。

2.6.2 施工进度计划说明

本工程施工进度计划将分为三级，第一级为施工总进度控制计划，第二级为地下室及地上工程阶段性施工进度计划，第三级为标准层施工进度计划。各级进度控制计划详见："世茂滨江花园6号楼工程施工总进度控制计划网络图"、"世茂滨江花园6号楼地下室结构工程施工进度控制计划网络图"、"世茂滨江花园6号楼标准层施工进度控制计划网络图"。

（1）施工总进度控制计划

施工总进度计划是整个施工过程的总控制计划，其他所有的施工计划均要满足其编制的节点，具有指导、规范其他各级计划的作用。

（2）阶段性施工进度计划

阶段性施工进度计划是对施工总进度计划的补充，对穿插施工的过程在这一级的计划将有较明显的表示，对整体施工的生产安排起到一定的指导作用。阶段性施工进度计划实际为施工进度控制计划，在此计划中，我们已考虑施工进度与施工控制计划的时间差作为工期控制动态管理，在风、雨等自然因素及其他不可预见因素影响的情况下，调整现场施工进度计划的延误时间。

（3）标准层施工进度计划

标准层施工进度计划的控制在施工过程中是总进度计划中的关键部分之一，是标准层各道工序具体安排施工的依据。

2.6.3 施工进度计划的保证措施

(1) 建立健全组织保证体系

项目部成立以项目经理为首的计划领导协调小组，项目经理任组长，项目副经理为生产计划主管，各专业分包参与，对施工全过程中的进度计划进行全面管理、协调和监控，从组织上保证工期目标的实现。

(2) 健全材料及劳动力保障体系

项目部根据工程实际情况，编制相应的物资用量计划和劳动力计划，并按工程进度，组织分阶段有序进场。

(3) 为其他分部工程提供穿插施工条件

在结构施工时，对结构工程按±0.00以下工程、一至十五层、十六至三十层、三十层以上进行4次分段验收，使粗装修部分可提前插入施工，并在有关楼层进行结构全封闭，即在楼层设置中间隔离层，以保证上部结构施工不影响下面的各项其他工作的展开。

(4) 积极推广应用“四新”技术

在施工过程中积极推广应用新技术、新工艺、新材料、新设备，在工程中提高科技含量，以科技手段促进生产和进度，最终体现“科技是第一生产力”的效应。

(5) 健全计划管理奖罚机制

以三级网络计划为依据，分解编制月、周施工进度计划，并在逐级计划时间段的后一天检查完成情况。其中以周计划作为检查的基础执行奖罚，作为有效的激励机制。

(6) 各总包协调

协调项目部与其他分包的关系，解决施工过程中的交叉、插入作业的协调问题和其他矛盾，旨在理顺施工过程，确保工期目标的最终实现。

2.7 施工总平面布置

2.7.1 施工总平面布置依据

根据施工总平面设计及各分阶段布置，以充分保障阶段性施工重点、保证进度计划的顺利实施为目的，在工程实施前，制订详细的大型机具的使用、进退场计划、主材及周转材料生产、加工、堆放、运输计划，以及各工种施工队伍进退场调整计划；同时，制订以上计划的具体实施方案，严格执行标准、奖罚条例，实施施工平面的科学、文明管理。

2.7.2 施工总平面布置图（图2-4～图2-6）

2.7.3 施工总平面图的内容

(1) 临时道路

沿拟建建筑物四周设4m宽的施工临时通道，做法如下：素土夯实，铺50mm厚道渣，100厚C10混凝土。

(2) 排水系统

在拟建建筑物四周布设300mm宽、400mm深的排水沟，上盖盖板，施工污水及雨水通过排水沟流入沉淀池，经沉淀后排入城市下水管网。

(3) 现场机械、设备的布置

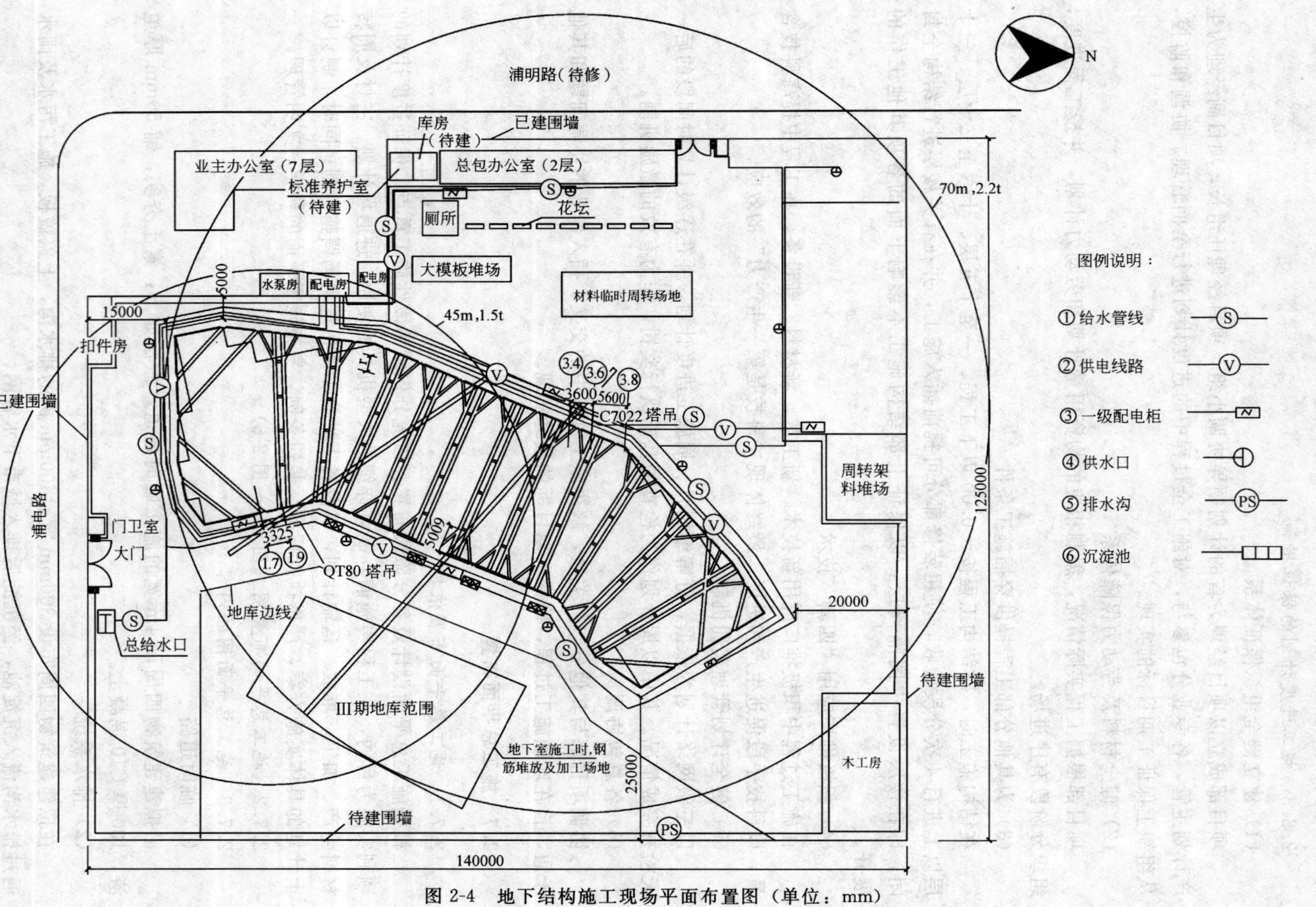

图 2-4　地下结构施工现场平面布置图（单位：mm）

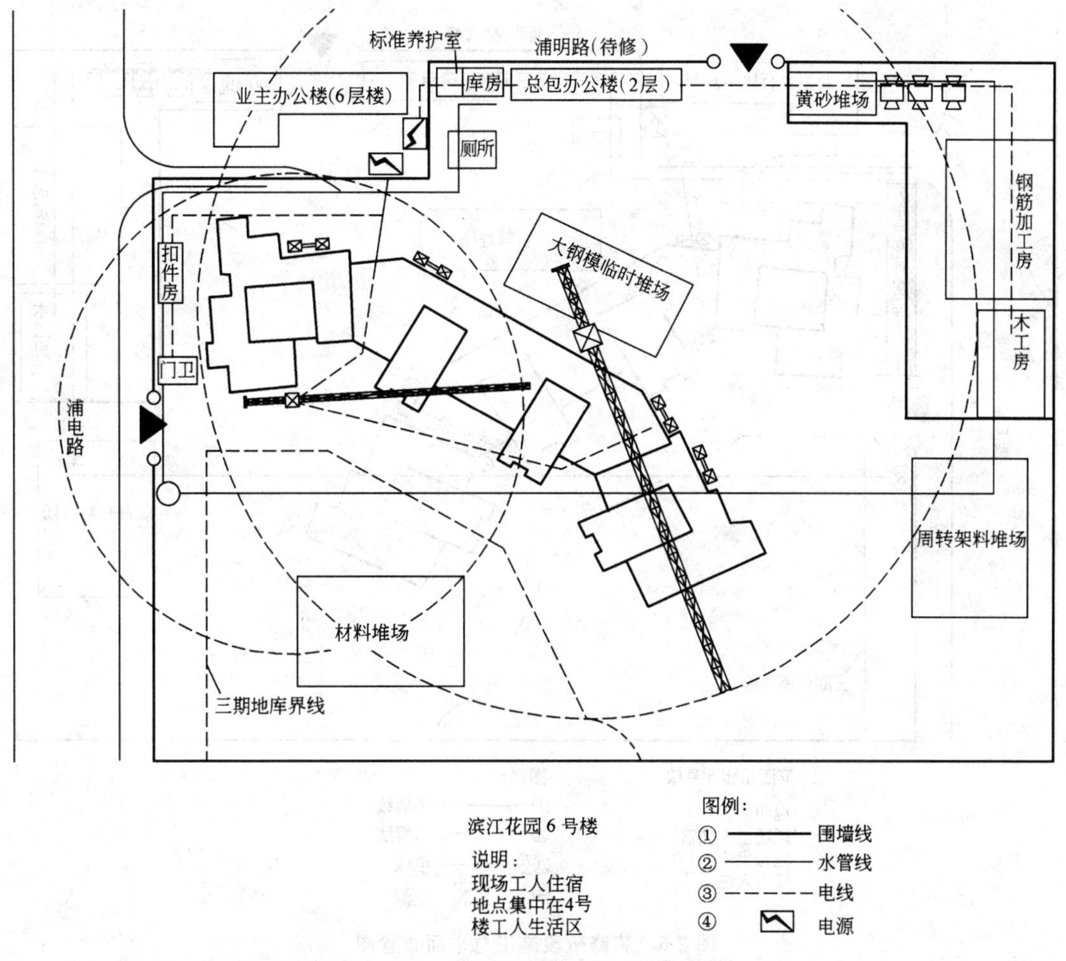

图 2-5　主体结构施工总平面布置图

在 6 号楼的东侧布置 1 台塔吊，在其西侧布置 1 台塔吊、4 台施工电梯，在现场西北角布置混凝土、砌筑砂浆搅拌站（见平面布置图)。

（4）现场材料加工、堆放场地

根据现场施工需要，分别设置了周转架料、木方、钢材、砌块、安装用材料、钢筋加工棚、铁件加工棚等场地。

（5）现场办公室、生活区

根据施工高峰人数，在现场外搭建宿舍和食堂、澡堂、开水房等；为了现场办公需要，在现场组装一栋 2 层 PVC 板办公楼。

（6）临时用水布置

施工用水由浦电路引入，沿场地四周布设施工临时水管（ϕ150)，详见施工临时水、电平面示意图（图 2-7)，并引至各用水点。上部结构施工时，临时水电通过管道井上楼。在三十层处设临时水箱（5m×5m×2m)，三十层以上楼层通过高压水泵将临时水箱中的水泵至施工作业面。临时用水计算如下：

1）施工用水（计算时，按现场施工用水量最大考虑)

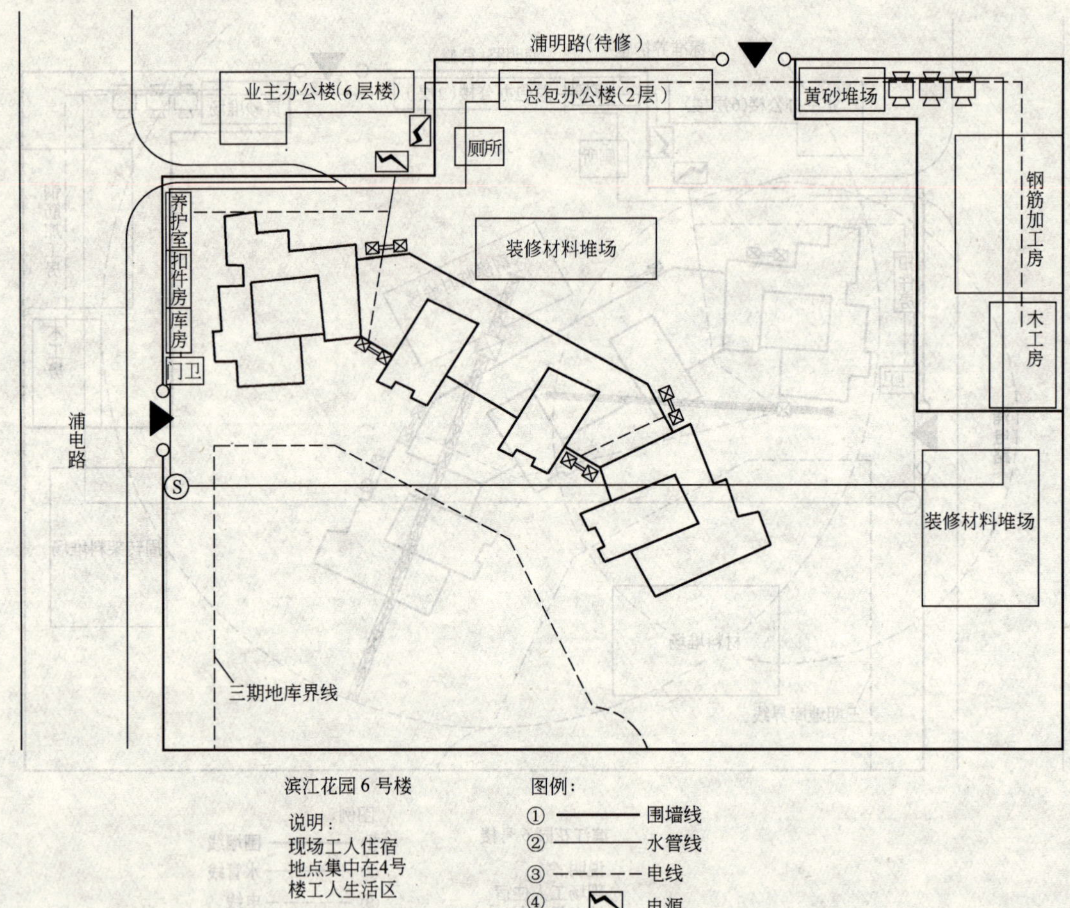

图 2-6　装修阶段施工总平面布置图

在施工过程中，考虑混凝土浇捣 $850m^3/16h$，抹灰 $1000m^2/8h$，砌砖 $40m^3/8h$。

混凝土浇捣　$Q_1=430m^3$　$N_1=300L/m^3$

抹灰　$Q_2=1000m^3$　$N_2=30L/m^3$

砌砖　$Q_3=40m^3$　$N_3=200L/m^3$

$$K_1=1.1\quad K_2=1.5$$

$$q_1=K_1\frac{\sum Q_1\cdot N_1\cdot K_2}{8\times3600}$$

$$=1.1\times(430\times300+1000\times30+40\times200)\times1.5/(8\times3600)$$

$$=9.31L/s$$

2）生活用水

施工生活用水考虑现场施工人员500人/天，按16h工作时间。

$$q_2=\frac{P_1\cdot N_2\cdot K_3}{t\times8\times3600}$$

取 $N_2=100L/人$

$$K_3=2$$

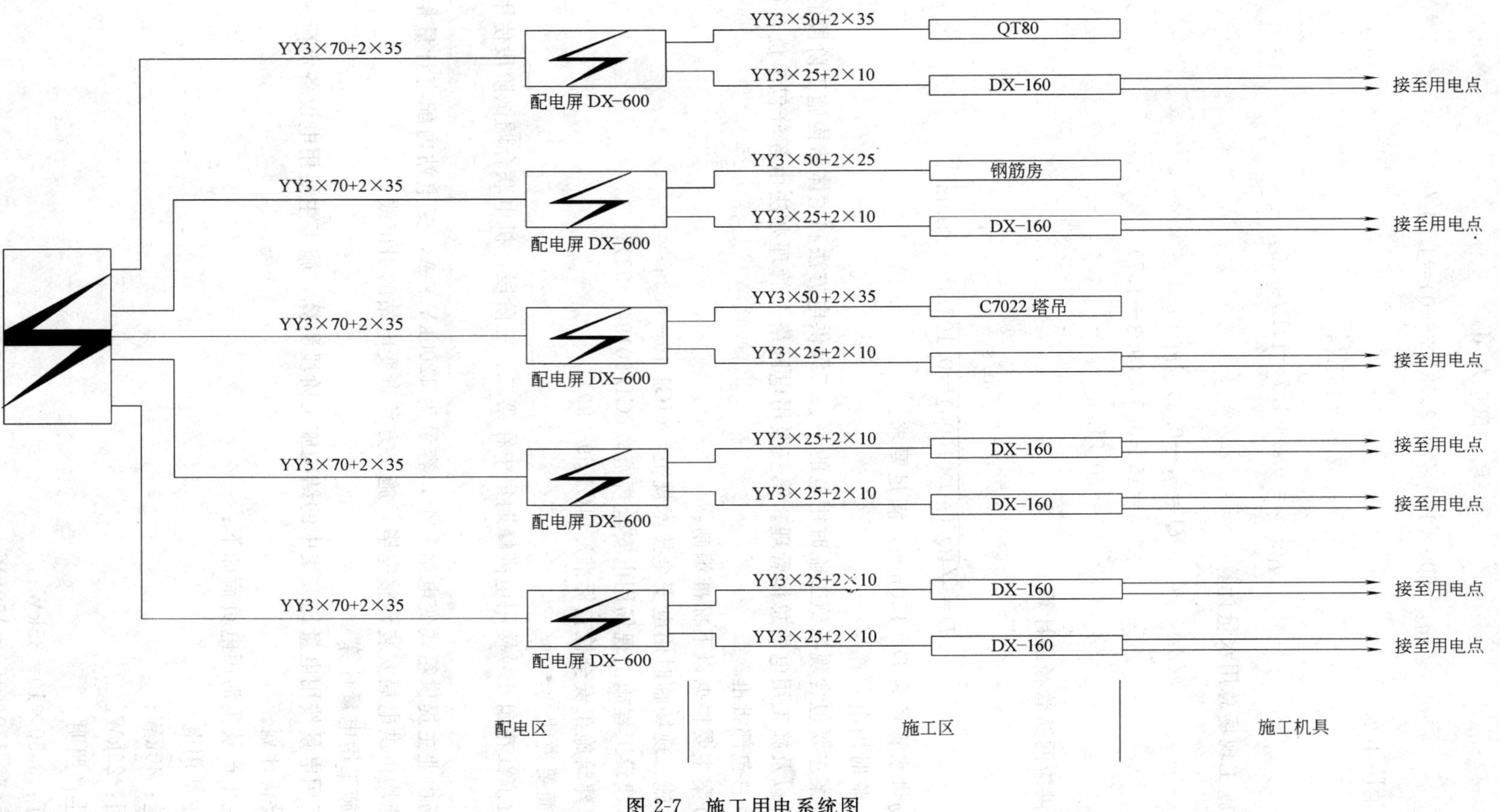

YY3×70+2×35
配电屏 DX-600
YY3×50+2×35
QT80
YY3×25+2×10
DX-160
接至用电点
YY3×70+2×35
配电屏 DX-600
YY3×50+2×25
钢筋房
YY3×25+2×10
DX-160
接至用电点
YY3×70+2×35
配电屏 DX-600
YY3×50+2×35
C7022 塔吊
YY3×25+2×10
接至用电点
YY3×70+2×35
配电屏 DX-600
YY3×25+2×10
DX-160
接至用电点
YY3×25+2×10
DX-160
接至用电点
YY3×70+2×35
配电屏 DX-600
YY3×25+2×10
DX-160
接至用电点
YY3×25+2×10
DX-160
接至用电点
配电区
施工区
施工机具

图 2-7 施工用电系统图

$$P_1=500\text{ 人/d}$$

$$q_2=500\times100\times2/(2\times8\times3600)=1.7\text{L/s}$$

3）消防用水

$$\text{取 } q_3=15\text{L/s}$$

$$q_1+q_2=9.3+1.7=11\text{L/s}<q_3$$

4）施工现场总用水量计算

$$\begin{aligned}Q&=q_3+0.5\times(q_1+q_2)\\&=15+0.5\times(9.3+1.7)\\&=20.5\text{L/s}\end{aligned}$$

5）供应网路管径的计算

$$v=2.5\text{m/s}$$

$$D=\sqrt{4Q/(\pi v\times1000)}=0.102\text{m}=102\text{mm}$$

现场供水管径为 $D=150$mm，满足要求。

(7) 临时用电布置

本方案主要包含现场施工临时用电的一、二级供电方法和主体结构施工阶段的施工用电布置，以及施工用电的总体管理。第三级用电网络及管理办法由各分包单位自行编制，并报项目总包部批准。

本方案主要根据以下标准编制：

①《施工现场临时用电安全技术规范》(JGJ 46—88)；

②《建设工程施工现场用电安全规范》(GB 50194—93)；

③《建筑施工安全检查标准》(JGJ 59—99)。

1）简要说明

世贸滨江花园 6 号楼用电高峰期集中在第二、三阶段，机电联合调试阶段使用正式供电电源。

现场由业主提供箱式变电站一个，容量为 1200kV·A，变电站内配有计量柜，各种保护系统均由供电局安装调整完毕，施工方负责变电站的引出线。

2）施工用电量计算

施工用电量按用电量比较集中的结构施工阶段测算，施工主要用电设备负荷见结构施工机械设备计划。

其他生产及生活用电负荷如下：

a. 生活用电

食堂：40kW；

照明：25kW。

b. 生产照明

镝灯：3.50×10=35kW；

碘钨灯：1.0×150=150kW；

现场预留机电装饰照明：100kW。

由以上统计分析知

$$\sum P_a = 65\text{kW}$$
$$\sum P_b = 285\text{kW}$$
$$\sum P_c = 838\text{kW}$$

c. 现场计算用电量

$$P_{计} = 1.1 \times (0.7 \times \sum P_c + 0.8 \times \sum P_a + \sum P_b) = 923.6\text{kW} < 1200\text{kW}$$

从以上计算值得知，变电站容量可以满足施工生产需要。

3）供电方式及线路敷设

A. 供电方式

现场采用三相五线制供电方式，采用三级至多级保护措施，各保护系统均按用电容量适时进行整定，主配电箱必须采取重复接地措施。

B. 主线路敷设

现场施工用电均用橡导电缆敷设，根据各配电箱容量及远近选择相应截面的电缆，从配电房引至配电屏的电缆采用 YY3×70＋2×35。从主配电箱至分配电箱电缆采用 YY3×25＋2×10 电缆供电，各分配电箱输出线根据设备大小和移动配电容量选择相应截面的橡导电缆。

C. 塔吊及施工电梯供电

2 台塔吊及 4 台施工电梯供电均从主配电箱引出，用 YY3×50＋2×20 橡导电缆接至设备的独立配电箱中。

4）配电屏及电源线的选择

按最大用电考虑（一台塔吊、一台施工电梯、三台电焊机、三台振动器、三台手动工具），配电屏可能最大功率：

$$P_{计} = (90 + 22 + 20 \times 3 + 3 \times 1.5 + 3 \times 0.5) \times 0.75 = 133.5\text{kW}$$

① 电流计算

$$I_{线} = P_{计} \div (\sqrt{3} \times U \times \cos\varphi) = 133.5 \times 1000 \div (1.732 \times 380 \times 0.75) = 270.5\text{A}$$

② 配电屏容量选择

根据计算，一级配电屏选 DX-600。

③ 配电屏电源线选择

选择 YY3×70＋2×35 橡导电缆线作为配电屏电源线。

5）二级电箱及电源线的选择

每台二级电箱考虑三台电焊机（3×20kV·A），三台振动器（3×5kW），三台手动工具（3×0.5kW）。

① 电流计算

电焊机电流 $I_1=\frac{S}{\sqrt{3}v}=\frac{60}{\sqrt{3}\times 0.4}=24.5\text{A}$

振动器电流 $I_2=\frac{1.5P}{\sqrt{3}v}=\frac{1.5\times 4.5}{\sqrt{3}\times 0.4}=9.7\text{A}$

手动工具电流 $I_3=\frac{1.5P}{3\sqrt{3}v}=\frac{1.5\times 1.5}{3\sqrt{3}\times 0.4}=1.1\text{A}$

二级箱线电流 $I_{L2}=I_1+I_2+I_3=97.5\text{A}$

② 二级箱容量选择

根据前面的计算，二级配电箱选择DX160配电箱，根据安全载流量，输入电缆线选用YY3×25+2×10。

6）平面布置

在现场布置5只DX-600型配电屏，施工分电箱采用DX-160型配电屏（见施工用电系统图）。根据现场需要采用若干移动式配电箱接至各施工点，施工层配电箱逐层上移。

二级箱电源由现场配电屏引出，线路布设在管井，随楼层上升，砌体及装饰施工二级箱根据需要均匀分布在各楼层内。

三级配电箱为手提移动式配电箱及开关箱，线路的敷设应尽量架空、绝缘。

手持电动工具以及电焊机电源线最长不得超过5m。

固定式用电设备应有独立的开关箱，控制线应有隔离保护。

机电安装系统调试用电量根据机电分包的书面申请，另行设置专项供电线路或由机电分包从指定供电箱接出。

7）地下室用电

地下室照明系统采用300W大螺口灯泡，灯泡高度最小不低于2.4m，灯泡加装钢网防护，设置密度为每30～50m^{2}一只，其中楼梯间照明采用36V低压灯，灯线采用BV-10导线架空。

8）防雷与接地

① 总配电房接地系统已由供电局施工完成，施工方定期进行接地电阻测试。

② 从配电房引出的电缆均为五芯，带有接地线，引至分布在现场的一级箱内，同时现场的一级箱均采取重复接地。

③ 从一级箱到二级箱的电缆均为五芯电缆，接地线引至二级箱内。

④ 塔吊和施工电梯接地线均直接从一级箱中引出；同时，塔吊和施工电梯均有独立的接地系统，在基础部分与主体结构接地引至钢筋焊接。

⑤ 现场所有的接地体必须定期进行测试，满足接地系统的规定。

9）安全管理措施

a. 参加施工各分包单位必须严格执行按照国家及地方政府制订的建筑施工现场用电规定及法规。

b. 施工用电管理归入总包安全管理范围，由安全部门履行监督、检查职责，相关部门配合。

c. 现场由总包机电工长负责一、二级施工用电的布置、检查、整改工作，并参与对其他分包施工用电的检查、监督工作。

d. 各分包单位必须配备专业施工用电管理人员，分包单位用电管理人员必须服从总包机电工长的技术性指导和监督管理。

e. 电工必须持证上岗，严禁非电工检修操作用电设备和敷设、搭接供电线路。

f. 现场电工每日必须检查和监控现场用电设施及线路，发现问题及时整改，杜绝违章作业。

g. 现场电工必须建立用电档案，逐日做好各项用电记录，一、二级供电线路和设施由总包负责建档，三级以下供电线路和设施由各分包负责建档，总部有关部门定期对用电档案进行检查。

h. 各分包单位必须严格执行三级配电两级保护的原则，无三级箱或开关箱严禁启动用电设备。

i. 建立施工用电申请制，实行统一调配，各分包二级分配电箱以上的施工用电接驳必须向总包机电工长书面申请，经批准方可实施。

j. 各分包单位用电设备必须是建筑施工现场安全规范允许使用的设备，经各分包有关主管单位或部门验收合格方可使用，严禁不合格、不合法的用电设备在工地使用。总包安全员、机电工长有权对不符合规范的设备封闭和责令其退场。

k. 现场一级配电箱未经许可，任何人严禁随意开、合闸，二级配电箱开关操作必须由电工操作，关闸检修必须挂“严禁合闸”牌。

l. 分包单位必须有电工在现场维护检修，现场无维修电工或其他违章现象，总包有权限令整改，甚至责令停工整改或停止供电。当现场有险情发生时，总包电工有权切断电源，并立即向总包主管部门汇报，防止事态发展。

m. 各用电单位所有施工人员必须爱护现场用电设施，发现问题及时找有关电工处理或报告总包机电工长，以便及时消除安全隐患，严禁电器带病作业。

n. 施工现场配备相适应的消防器材（施工操作作业点及危险品存放处由各分包自行负责设置），重点施工部位各分包单位必须配备用电监护人。

o. 施工用电检查制度

各分包机电工长负责定期和日常用电安全检查。

总包安全员负责组织每周安全检查，在专项施工用电检查时，各分包机电工长、电工班长和专业电工必须参加。

3 主要分部（分项）工程施工方法

3.1 测量工程

为确保工程的测量精度控制在规范要求范围内，我们将配备先进实用的测量仪器，配备有经验的专业测量人员；以发包方提供的平面和高程控制点为依据，建立合理的测量控制网，进行控制线的加密和轴线、高程的放样工作；对结构施工及装修测量进行有效的控制。

3.1.1　测量仪器配备（表3-1）

测量仪器配备表　　　　表3-1

名　称	型号	精　　度	用　　途	数量
经纬仪	J2	2″	角度测量	1台
激光经纬仪	J2-JD	2″	垂直投影	1台
水准仪	DSZ3	≤±3mm/km	施工水准测量	2台
精密水准仪	B20	±1mm/km	沉降观测	1台
全站仪	SETECⅡ	2″±(3mm+2pp×D)	角度、距离测量	1台
50m钢卷尺			垂直、水平距离测量	2把

以上仪器经检查合格，并在规定使用期限内，方可以使用。

3.1.2　测量程序（图3-1）

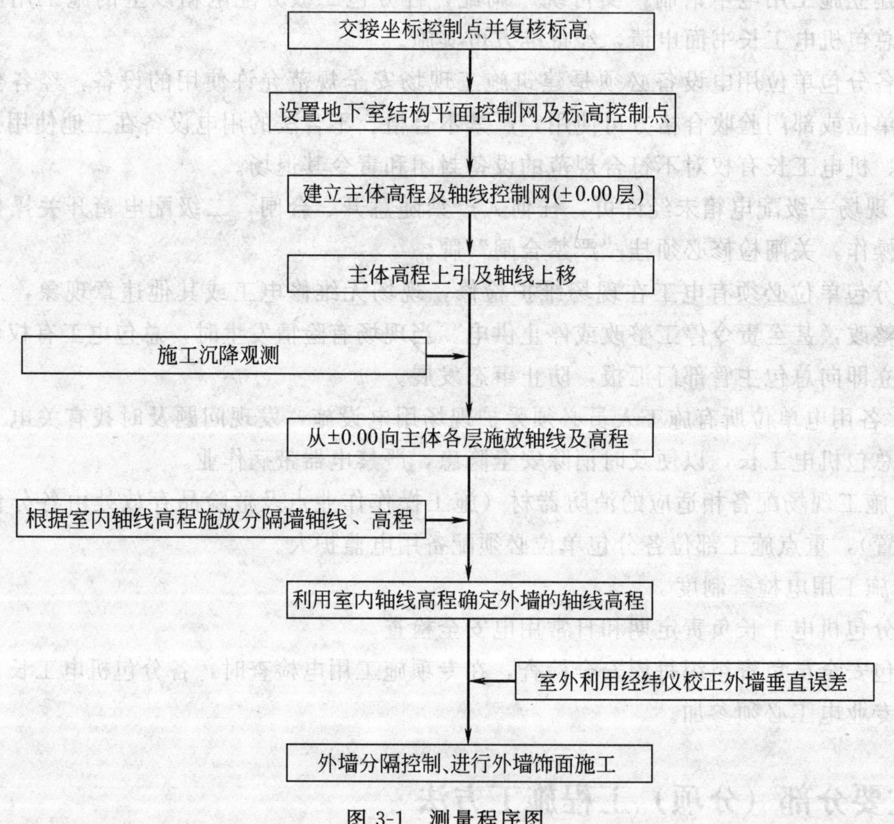

图3-1　测量程序图

3.1.3　结构施工测量

结合本工程的特点，结构施工测量分为两大部分，地下室施测实行外控制法，即利用J2经纬仪将平面控制网投测于地下室施工作业面之上，从而定出梁、墙位置。地上部分施测实行内控制法，即在±0.00平面定出激光控制点；然后，根据垂直投影几何全等原理，用激光经纬仪垂直投测出控制点，经校核后再根据控制点与各轴线间的垂直关系，依次放出各平面轴线（图3-2）。

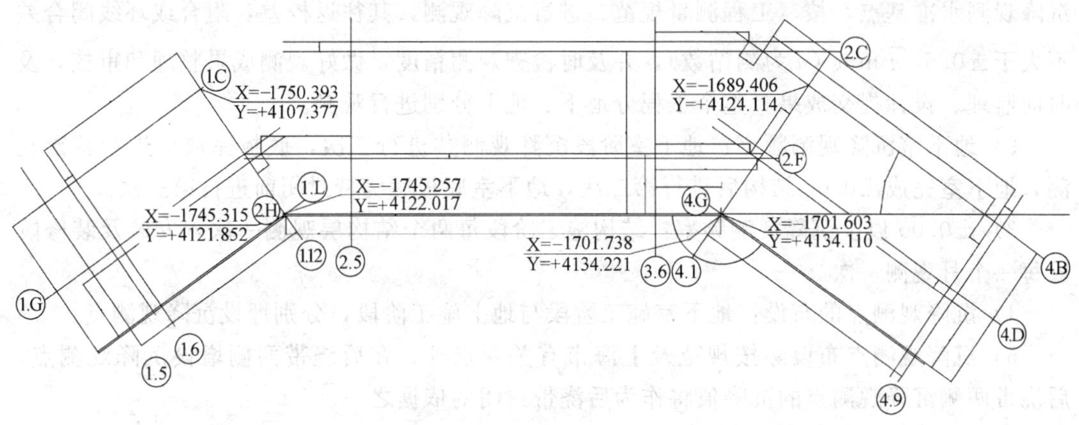

图 3-2　世茂滨江花园 6 号楼控制轴线平面布置示意图

（1）地下室施工测量

使用 J2 经纬仪，根据经交接复核的轴线控制点，进行围护、土方施工，当底板施工完毕后，进行外围轴线、标高控制点的复核，确认控制无误后，利用 DSZ3 水准仪、J2 经纬仪和全站仪将标高控制点、轴线施放到基础底板表面上，并设立地下室高程控制点和轴线控制网。

（2）地上结构施工测量

1）平面控制

地上结构施工时，将经复核的轴线控制点引测到±0.00 层楼板上，埋设控制铁件，用内控法，以检定合格的 SET20Ⅱ型全站仪测设一级精度主控线 3 条，作为轴线控制的基准。其他楼面上相对应控制点处均预留 200mm×200mm 的孔洞，用激光经纬仪通过光电接收靶精确定出投测点，进行平面控制轴线的投测，经检查无误后可作该楼层各轴线平面定位放线的依据。用经纬仪和钢卷尺丈量，采用直角坐标法测设各轴线及细部控制线。

2）高程控制

在施工现场不受影响的地方设置 3 个水准控制点，相互进行校核，作为本工程施工的标高控制点。楼层标高用钢卷尺水准法进行标高传递，即以±0.00 层主控点的铁件上测定的标高控制点，以鉴定合格的水准仪及 50m 钢卷尺，测定上个楼层面的控制标高值，并不少于 3 个，相互联测取中。每层标高控制误差不大于 5mm，±0.00 以下总高误差不大于 8mm，从±0.00 起总高误差不大于 30mm。每个层面的标高控制点均从±0.00 层楼板铁件上引测，避免误差积累。

3.1.4　装修施工测量

1）本工程内部装修的局部平面位置从已在结构施工中确定的结构控制轴线中引出，高程同样从结构施工高程中用水准仪传于需要处。

2）外墙垂直轴线与高程均由内控轴线与高程引出，转移到外墙立面上，弹出竖向及水平控制线，以便于外墙装修；然后，用经纬仪在外控点的辅助下，从上到下进行检测校正，逐层测量间接微小误差并平差，使垂直线贯穿于建筑物的整个外墙面，从而达到准确控制外墙施工的效果。

3.1.5　施工沉降观测

1）为了保证观测数据的延续性，我们将以业主给定、监理认可的水准基点作为施工沉降观测水准基点，按《工程测量规范》进行沉降观测，其往返校差，附合或环线闭合差不大于±0.6$\sqrt{n}$ mm（n为测站数），并及时检查观测精度，做好观测成果整理和审核，及时向监理、设计提交成果。整个工程分地下、地上分别进行观测。

2）地下室沉降观测频率：地下室阶段沉降观测共进行三次，底板完成后进行首次观测，地下室完成±0.00结构后进行第二次，地下室底板后浇带封闭前进行第三次。

3）±0.00以上沉降观测频率：结构施工阶段每两个结构层观测一次，安装及装修阶段每一个月观测一次。

4）沉降观测点的布设：地下室施工阶段与地上施工阶段，分别埋设沉降观测点。

5）沉降观测点布设除按规范及上海市有关要求外，在后浇带两侧增设沉降观测点，后浇带两侧沉降观测点的沉降值将作为后浇带封闭的依据之一。

6）沉降观测采用"三固定"的措施，即：仪器的固定（包括精密水准仪、三脚架和铟钢尺）；人员固定（尤其是主要观测人员）；观测线路要固定（包括镜位固定和观测次序固定）。

7）水准基点、沉降观测点应加强保护，防止破坏，水准基点应定期进行复测。

3.1.6 轴线、标高的管理

1）施工时做好轴线的标识，轴线的控制点用红油漆作标记，并向各专业分包书面移交。

2）施工完楼层时，及时对标高进行平差，平差后的标高标识在结构柱上，控制点用红油漆作标志，并向各专业分包书面移交。

3.2 基础工程

3.2.1 基坑降水、排水

（1）地质情况

根据地质勘察资料显示，该基坑开挖深度范围内由上到下依次为第①层（杂填土层及素土层）、第②层（粉质黏土层）、第③层（淤泥质粉质黏土层）、第③$_{夹}$层（粉质黏土层）。本地基浅部地下水属潜水型，稳定水位埋深为1.5～2.7m；深部地下水主要在第②层、第③层、第③$_{夹}$层。本次降水采用深井井点降水与轻型井点降水相结合的方法，将水位降至第③$_{夹}$层以下。基坑开挖范围内各土层物理性质详见工程地质勘察资料。

本基坑采用水泥土搅拌桩，形成止水帷幕。

（2）基坑内地层含水分析

根据工程地质勘察资料所提供的各地层天然含水量，基坑面积按3200m^{2}计算，深部地下水主要在第②层、第③层、第③$_{夹}$层，总含水量约为21837m^3；在开挖深度的下部地层，含水率约为43.0%～53.6%，下部地层的水补给量约为1771m^3。如果不计入因雨天和围护墙体渗漏造成的补给水源，则基坑降水要确保连续降排水23608m^3，才能保持基坑开挖后坑底土体干燥，不影响正常施工，达到基坑降水的目的。由于井点降水造成基坑内外有水位差，导致坑外水向基坑底增压，基坑下部水自然向上涌，因此，基坑排水要连续不间断地进行，直至基坑底板垫层浇筑完毕。

3.2.2 基坑降水方案

本基坑坑底地层的特点是第③$_{夹}$层粉质黏土层土质不匀，砂性较重，应连续不间断抽水，方能满足降水要求。

经计算，基坑总含水量约为 21837m³，补充水量约为 1771m³，基坑总排水量约为 23608m³。基坑日平均涌水量约为 1500m³，设计深井单井日平均涌水量约为 120m³，设计轻型井点单套日平均涌水量约为 150m³。根据现场情况及计算，本基坑设深井 2 口、轻型井点 8 套。经计算和经验，深井井点的降水半径约为 15m，轻型井点影响半径 8m 左右。因此，本基坑要降水至基坑坑底，开挖前的预降水时间为 10d 左右。

(1) 深井降水

1) 深井井点的布置

2) 深井井点的设计

深井井点的井管直径为 273mm，井管长度为 10.5m，滤管采用桥式新型滤管，长度为 14m，降水深度为 10.5m。基坑设计 2 口深井，配备 2 台潜水泵，必要时配置真空吸水泵，以尽快降低基坑内水位，疏干泥土中的水分。

3) 深井井点施工技术要求

深井井点成孔技术要求

采用 300 型钻机回转钻进，按设计、规范要求组织施工。孔深、孔径、孔的垂直度应符合下列要求：

设计孔深：13.5m；

设计孔径：600mm，钻头直径可略小一点，但必须保证孔径不小于 600mm，孔径宜上下一致；

垂直度：不大于孔深的 1%。

施工中严格执行操作规范，保证质量，保证安全，保证成孔后的降水效果。

4) 井管埋设及填砂量

深井井管沉放前应先清孔，严禁将滤管插入土中。

深井井管应居中，且应悬空。井管连接处焊接必须达到要求。填砂料时，要符合设计要求，即下部采用粗砂料（粒径不小于 6mm 的粗砂）填入 5m 以上，再填入干净的粒径均匀的瓜子片接近井口处，最后用黏土封口。砂料填好后进行一次洗井，以防阻塞。灌砂量不得小于计算值的 95%。

5) 井管泵管安装

降水井内装置水泵时，安装应牢固，并配置保护开关装置，各管段轴件的连接必须牢固，使用前必须检验，不得漏水。

排水管道的连接，走向根据现场实际情况设计施工，排水口设在降水影响范围以外（即基坑围护墙的外侧），最好直接排入城市下水道内。

6) 抽水

井泵安装完毕，应进行单井试抽水，试抽合格，待全部井点施工完毕后进行抽水工作。在降水过程中，为加强井点降水系统的维护和检查，由专人负责，24h 值班，采取间歇性抽水，始终保持井内动水位在开挖深度以下。

本基坑采用潜水泵抽水，在抽水期间合理地调配使用，以保证及时疏干基坑内的积水，及时降低地下水位和抽出补充水。在降水过程中，要按时观测水位下降情况和流量等，及时做好记录。

(2) 轻型井点降水

1) 轻型井点的布置

2) 轻型井点的设计

轻型井点共8套，井管长度为10m，电梯井部位为13.3m。降水深度分别为9m、12.3m。滤头长0.8m，井点间距1.2～1.5m。

3) 轻型井点的施工技术要求

井点成孔采用3BL-9导杆式水枪，成孔井点管居中设置，滤料采用粗砂。降水设备采用JSJ-60型真空泵机组，最大抽水量为60m³/h。

设计孔深为10.35m和13.6m，孔径为30～40cm。施工工艺如下：定位⟶冲孔⟶放支管⟶填砂⟶安装总管⟶调试抽水⟶正式抽水。

井管沉放前应先清孔，严禁将滤管插入土中。井管应居中，且应悬空。填砂料时，要符合设计要求，采用粗砂料填入4m以上，灌砂量每孔不得小于350kg，最后用黏土封口。井点系统安装完毕后，需进行试抽水，以检查有无漏气现象，井点运行后必须连续工作，不间断抽水。

(3) 井泵、井管安拆时间及安拆顺序

在第一次土方开挖前10d安装轻型井点及深井，并开始预降水；

在第一次土方开挖前拆除轻型井点；

在底板后浇带封闭前，使用深井降水；

在底板后浇带封闭后，拆除深井，停止降水。

3.2.3 基坑支护

(1) 支撑的拆除

本工程基坑围护支撑全部采用ϕ609钢管，待底板混凝土强度达到70%后方可进行支撑拆除。支撑拆除采用氧割方法进行切割，并利用塔吊将割除支撑及时吊离施工现场。支撑的拆除顺序为：先拆除中部支撑后拆除角支撑，四个角支撑最后拆除。

(2) 换撑施工方案

采用底板传力带进行换撑：

在基坑底板施工前砌筑混凝土侧模，砖胎膜施工的同时，沿基坑结构外围、基坑围护桩内侧回填土（回填土必须进行分层夯实），达到标高后，进行传力带的施工，传力带沿底板一周设置，传力带为C30混凝土，厚500mm（图3-3）。

3.2.4 地下室底板工程及土方回填

(1) 底板工程

本工程地下室底板厚度为2m，混凝土量约为5000多m³，属于大体积混凝土范畴。地下室底板施工时，按后浇带位置划分为三个施工区段施工，为保证施工质量，我们将对底板大体积混凝土施工的各个环节进行严格控制。结构底板和竖向结构外墙等有防渗要求部分为施工重点。在配合比设计、组织混凝土连续浇灌过程中应采取相应技术措施。

1) 底板侧模板

底板侧模用MU7.5机制砖，M5水泥砂浆砌240mm厚。在每相邻两根灌注桩处，砖侧模应设240mm×370mm砖垛。砖侧模内粉1∶1∶6混合砂浆10mm厚。

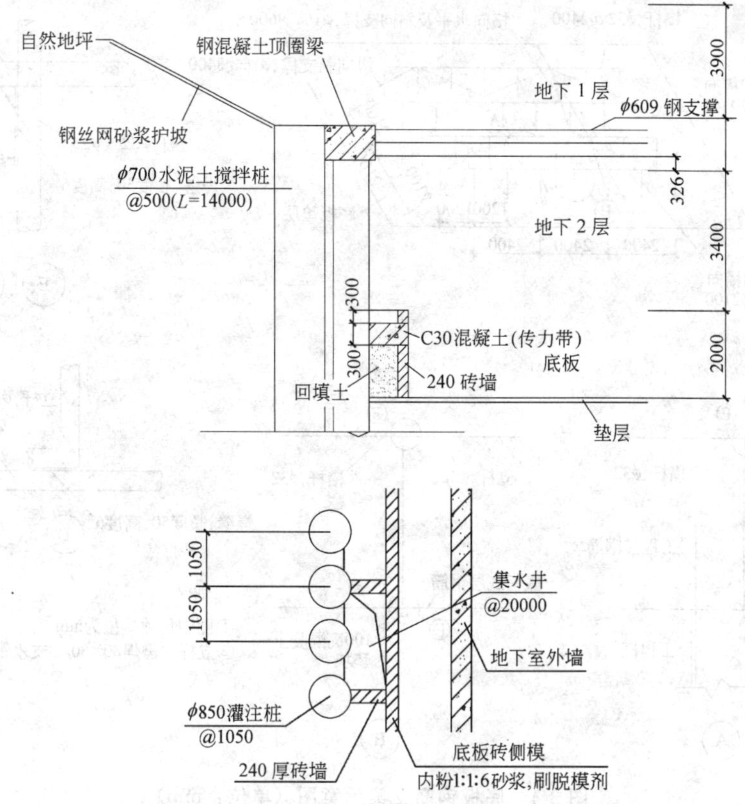

图 3-3 底板传力带剖面示意图（单位：mm）

2）底板钢筋

① 底板钢筋施工时穿插电气工程接地极施工及其他安装预埋，对接地极及预埋件妥善保护，不得损坏。

② 底板架立钢筋用 ϕ32 间距 2000mm 带止水片的钢筋支架，在绑扎底板上层钢筋时，先搭设钢管临时支撑架，在上层钢筋绑扎完并形成整体后，焊接钢筋支架，在支架焊接牢固后，拆除钢管临时支架。

③ 底板钢筋采用直螺纹连接接头。

④ 墙钢筋就位后，在底板以上的插筋应绑扎三道以上的水平钢筋、拉结筋或箍筋，并焊接钢筋斜撑、保持定位牢固。

⑤ 底板钢筋支架采用 ϕ32 钢筋焊接，具体详见图 3-4 所示。

3）底板混凝土（详见大体积混凝土施工方案）

A. 优化配合比设计

工程开工前，要求混凝土搅拌站根据上海浦东地区原材料供应情况，采用“双掺法”配制出强度、抗渗等级符合设计要求，并具有良好的施工性能、水化热相对较小的、混凝土自防水性能较好的混凝土用于本工程的浇筑。并作 $1m^3$ 的试块进行大体积混凝土水化热温升模拟实验，确定最佳配合比。尽量做到采用低用量、强度等级相对偏低的水泥配制符合设计要求强度、具有良好施工性能的混凝土。

主动与气象部门联系，掌握气候情况，尽可能避开天气异常（下雨或冷空气降温）时

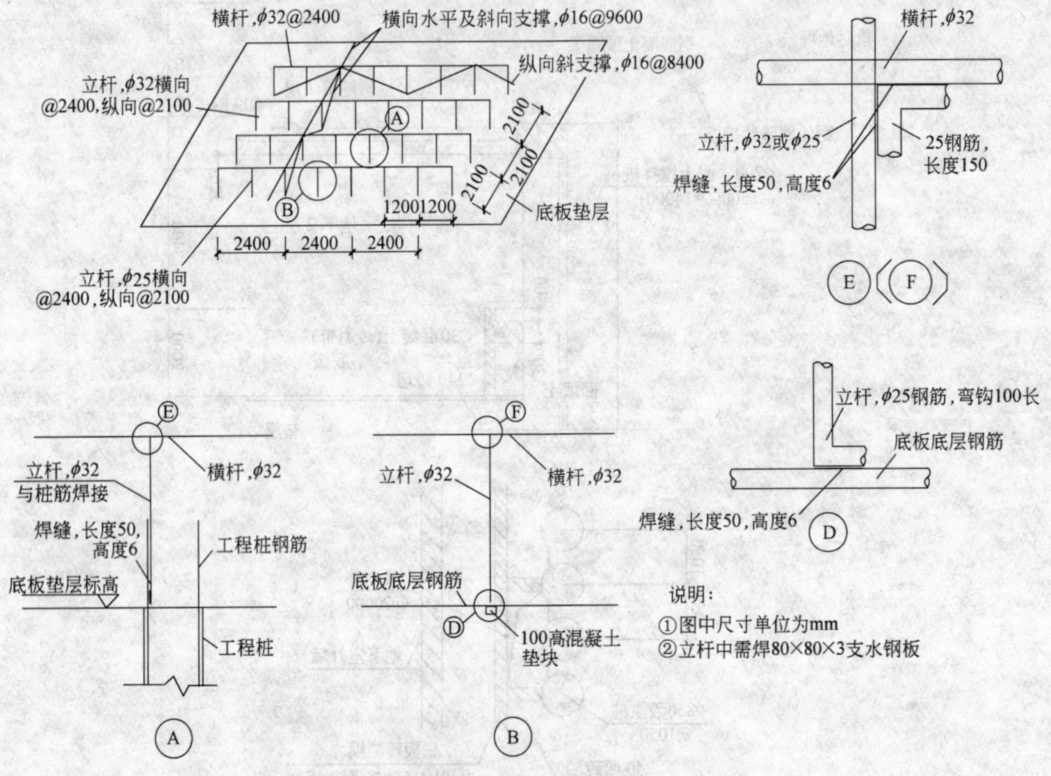

图3-4　底板钢筋支架示意图（单位：mm）

段，并根据混凝土浇筑施工的季节，作好防雨、防冻措施。

提前与市政、交通、电力、自来水公司及政府有关部门取得联系，建立良好的协作关系，确保道路畅通、水电供应正常。

B. 混凝土供应

采用商品混凝土，泵送浇筑。根据现场商品混凝土的需要量和考察周边商品混凝土站的供应能力，选择一家综合实力强的搅拌站作为混凝土总包供应商，以便工程协调与管理。

C. 混凝土的浇筑

本工程底板混凝土分北、南、中三段分段进行浇捣（图3-5）。

a. 大体积混凝土的浇筑

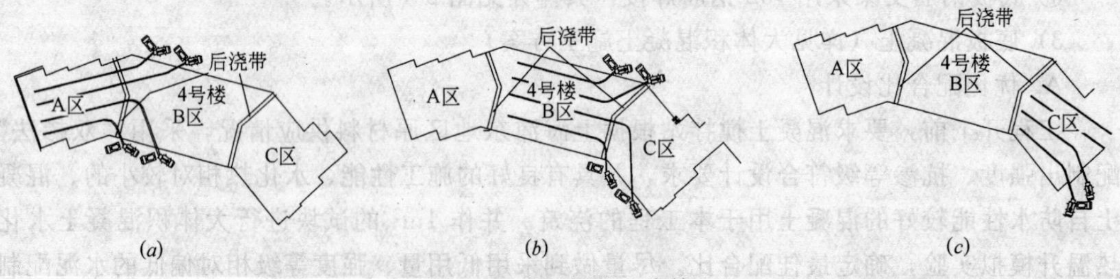

图3-5　底板混凝土浇捣

（a）A区底板混凝土浇捣、平面布置示意图；（b）B区底板混凝土浇捣、平面布置示意图；（c）C区底板混凝土浇捣、平面布置示意图混凝土的浇捣采用斜面推进分层浇捣的方式组织施工，即按照“一个坡度，薄层浇捣，循序渐进，一次到顶”的方法实施。在浇捣过程中，为防止混凝土的自然流淌太大及混凝土供应迟缓而形成冷缝，混凝土要具有一定时间的缓凝性，混凝土流淌坡度控制在1∶7内，斜面分层厚度控制在200～250mm以内，以便下层混凝土在初凝之前即被上层混凝土覆盖。

b. 混凝土的泌水处理（图3-6）

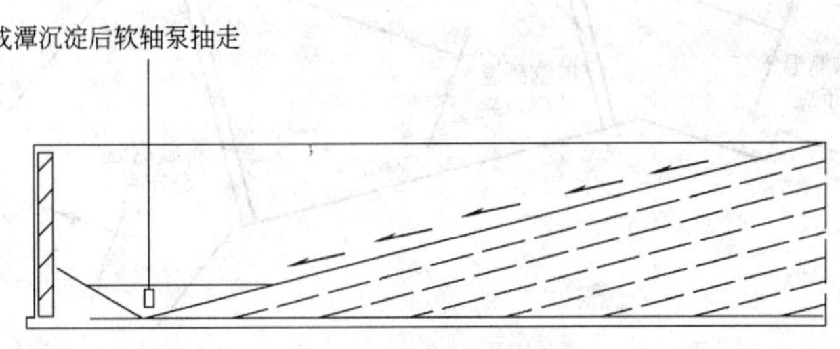

图3-6 混凝土泌水处理示意图

大体积混凝土有较大坍落度，系流动性混凝土，因而在浇捣过程中会出现泌水和浮浆，通过设在基础周边的积水坑及电梯井积水坑，用软轴泵及时抽排到基坑外。

c. 混凝土表面处理

为减少混凝土表面水泥浮浆较多及混凝土沉缩而引起裂缝，需对其表面进行二次收光处理。第一次收光后要派人值班，当表面收水时组织足够的人员二次收光。

基坑内的操作人员按照定泵、定人、定部位分片负责的原则进行分工，每台泵设前台指挥1人，用对讲机或信号灯与后台输送泵操作员联系，指挥混凝土泵的启动和临时停车，配合前台混凝土的浇捣，按规定路线进行有序操作，做到不漏振、不过振。混凝土振捣采用插入式振动器，每条浇捣线设3名振捣工实施振捣。混凝土的振捣以不出现气泡、混凝土面不继续下沉为准，严格防止漏振、过振，以免出现不密实或离析现象。在混凝土初凝前后，适时用平板式振动器进行表面振捣、刮平、提浆、压抹，以消除沉缩裂缝（图3-7）。

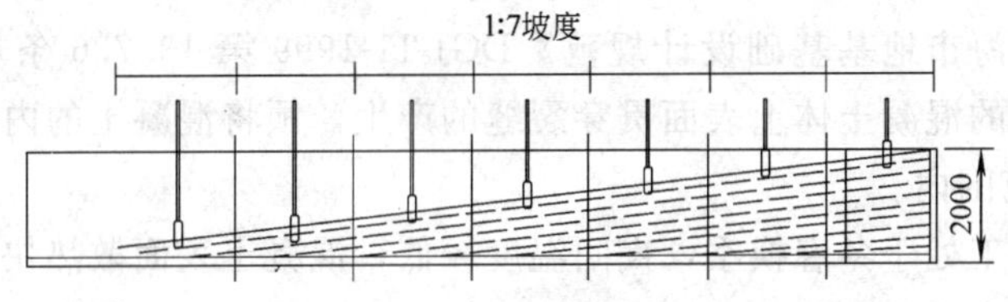

图3-7 振动器分区布置示意图

D. 保温蓄热养护及其他防护措施

大体积混凝土表面终凝之后，立即密铺塑料膜一层，其上覆盖干麻袋两层作保湿蓄热之用，并根据温差变化情况增减覆盖层数，防止失水干裂，混凝土养护时间不得少于14昼夜。

经过一个阶段的温升后即进入降温阶段，混凝土内外温差保持小于25℃，可逐步撤除养护，混凝土监测应延长至45d，以便掌握温度和应力变化情况。

E. 混凝土温度和应力监测

在大体积混凝土的施工、养护过程中，由于混凝土体内外温差产生的压应力、拉应力、温度应力等原因，使混凝土体易产生表面裂缝和贯穿裂缝，对工程基础造成隐患，所以必须加强监测、护理（图 3-8）。

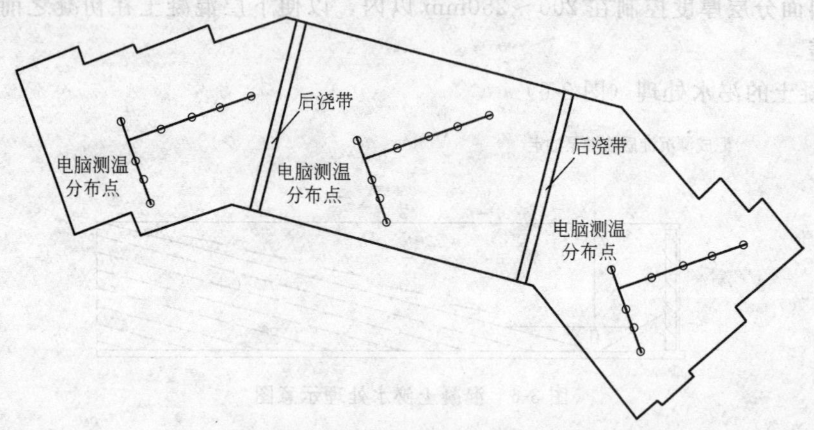

图 3-8 大体积混凝土温度和应力测试点布置示意图

a. 产生表面裂缝的原因

混凝土浇筑后，水泥在水化过程中产生大量水化热，使混凝土温度上升。由于混凝土表面温度散热快，混凝土内部温度散热慢，形成混凝土中心温度高、表面温度低，使混凝土内部产生压应力，混凝土表面产生拉应力。当拉应力超过混凝土抗拉强度时，混凝土会产生表面裂缝。

b. 贯穿裂缝产生原因

混凝土浇捣初期，由于水化热引起升温，浇捣数日后，混凝土逐渐降温，降温差引起的变形，混凝土多余水分蒸发引起的体积收缩变形，上述两种变形相加，在受到地基和结构边界条件约束时引起拉应力，当拉应力超过混凝土抗拉强度时，混凝土整个截面就可能产生贯穿裂缝。

由于水泥水化热在混凝土内部积累而引起的升温与混凝土表面之间的温差，会产生温度应力，根据《上海市地基基础设计规范》DGJ-11-1999 第 13.7.6 条规定，为防止由这种温度应力而引起的混凝土体上表面贯穿裂缝的产生，须将混凝土的内部及表面温差控制在不超过 25℃的范围内。

基坑大底板施工处于冬春换季，夜间温度较低，混凝土表面散热快，在大体积混凝土施工养护过程中，应采用电脑自动巡回采集系统 24h 连续跟踪监测混凝土内部和表面的温度。当发现温差超过规定值时，及时采取必要的保护措施，严格控制裂缝的产生，保证底板混凝土的浇筑质量。

c. 监测测点的布置

测温方案根据温度场的变化原理、建筑特点和浇筑混凝土顺序等制定。主楼沿长边中心呈“一字”布置一条测线，断面测点间距 10m，共 10 个断面（包括电梯井 4 个断面）。6 个主楼断面为每断面沿底板厚度（2m）布置 3 个温度传感器，一个温度传感器布置在中间，另两个布置在混凝土面层与底层 0.5m 位置。共计 18 个温度传感器。

电梯井底板混凝土共设 4 个测温断面（沿电梯井四周）。每断面沿底板厚度布置 3 个温度传感器，一个温度传感器布置在中间，两个布置在混凝土面层与底层0.5m位置，共计12个温度传感器。

另外，在大气层中设立一个温度传感器，用于监测空气中的温度；在底板混凝土表面的保温层下设立一个温度传感器，用于监测保护层下的温度。共计2个温度传感器，总计温度温度传感器32个。

d. 温度监测设备及监测要求

① 监测设备

温度监测仪采用电脑控制的自动巡回温度监测系统。

DATALOGGER（515）数据采集器（澳大利亚电子公司）。

奔腾Ⅲ电脑；信号传输线；打印机。

测温传感器：Cu50工业热电阻（上海自动化仪表三厂）。

测温传感器经厂家严格在线标定，最小分辨度0.1℃；量程：0～100℃。

② 监测要求

接至奔腾Ⅲ电脑，电脑按设定程序24h实时巡回采集监测。

③ 温度监测频率和报表

根据混凝土浇筑顺序，监测数据采集时间间隔为混凝土浇捣后48h内每60min采集1次，48h以后的72h内每120min采集1次，以后每12h采集1次，直至温度变化趋向稳定为止。

监测周期初定为两个星期，视温度变化情况，调整监测时间。

报表每天送交建设方、监理方、施工方一份。温度差超过规定的标准时，另送交建设方、监理方、施工方速报一份。

F. 底板混凝土裂缝的防治

a. 产生裂缝的原因

底板产生的裂缝一般为早期收缩裂缝或温度裂缝及后期的干缩裂缝。收缩裂缝产生的原因主要是混凝土成型后养护不当，表面水分散发过快，混凝土浇筑之后的收光工艺不当，造成混凝土内外收缩不均匀，引起混凝土表面开裂；温度裂缝产生的原因主要是混凝土在凝结和硬化过程中内部和表面造成温差，当温差值超过混凝土自身抗拉强度时，则水化热大量产生，集聚在2m厚底板内，引起混凝土表面裂缝。因此，大体积混凝土浇捣前应对其进行温升计算，并验算其内部拉应力，以保证降温和收缩产生的拉应力不会引起大体积混凝土的贯穿裂缝。

b. 优化配合比

地下室底板混凝土选用矿渣水泥，以降低水泥水化所产生的热量，从而控制混凝土内部温度升高。底板粗骨料选用粒径为5～40mm连续级配或5～16mm、20～40mm双级配碎石，以降低水泥用量，其他梁、墙、板等选用5～25mm级配碎石，以保证混凝土可泵性，细骨料选用细度模数2.50左右的中粗砂。严格控制粗细骨料的含泥量，石子含泥量控制在1%以下，以提高混凝土的抗裂度。混凝土中掺入一定量的磨细粉煤灰，发挥其“滚珠效应”，以改善混凝土的和易性，提高混凝土的可泵性，并因此取代部分水泥，降低了混凝土的水化热，而使得混凝土温升降低，控制裂缝的产生。混凝土中掺入具有缓凝、减水作用的外加剂，以改善混凝土的性能，延长混凝土的凝结时间，控制裂缝的产生。

c. 混凝土坍落度的控制

底板混凝土坍落度控制在120±20mm。对进入现场的商品混凝土应按规定进行坍落度试验，对超标的商品混凝土做退场处理，并记录好车号及发车时间。现场派专人监督，以保证混凝土的浇筑质量，提高混凝土本身的匀质性，减少裂缝的产生。

d. 混凝土浇筑的裂缝控制

底板混凝土的浇筑分区进行，每区底板浇筑完成时间控制在24h以内，以提高混凝土的整体抗力，减少裂缝的产生。混凝土表面处理做到"三压三平"，首先用抹灰板压实，长刮尺刮平；其次，初凝前用抹灰板打磨压实、整平，防止混凝土出现收缩裂缝。

e. 混凝土保温养护

当底板混凝土表面"三压三平"工作完成以后，立即进行底板混凝土的养护工作。保温措施采用一层塑料薄膜，两层麻袋覆盖（根据现场条件可增加或减少麻袋层数），覆盖工作必须严格认真贴实，薄膜幅边之间搭接宽度不少于100mm，麻袋之间边口拼紧；同时，采用计算机测温，以保证不出现温度裂缝。

(2) 地下室外墙土方回填

1) 施工部署

回填时间：地下室结构外围回填待最底下一层外墙防水完成后进行。

水平和垂直运输：地面水平运输采用小推车从基坑外将回填砂土拟采用溜槽配合送料输送到地下室结构外围回填部位。

2) 材料选择：本工程基坑选择黄砂及黏土进行回填。

3) 施工机具选择：分层回填后，采用蛙式打夯机辅以人工夯实，边角部位采用少量电动ZH85平板振动夯夯实。

4) 施工工艺流程：清理基层表面——→选择回填土——→分层摊筑回填土——→洒水——→夯实或辅压——→找平验收。

5) 操作工艺：分段施工时，土层接头处应做成斜坡，每层错开0.5～1.0m，并应充分压实。铺筑回填砂及黏土应符合规范及设计要求，并经业主认可。

6) 施工试验

试验方法：采用环刀取样法。

取样数量：基槽每层按长度50m取一点，并绘制回填取样图。

3.2.5　地下防水工程

(1) 概况

世茂滨江花园二期6号楼地下室防水由混凝土结构自身防水（C40P8）和外涂新型高分子涂膜防水涂料两部分组成，防水涂料的施工范围为地下室外墙（－7.35～－1.00m），施工面积约2000m²。

(2) 材料准备

根据计划要求，将施工所需的防水材料进场，并将质保书及检测报告报送有关方面确认后方可使用。

(3) 防水涂料施工前对基层表面的要求

1) 基层表面必须平整、洁净，对表面的泥浆、垃圾、砂浆等必须铲除干净，对局部低洼或凸出的地方必须修平，混凝土表面的蜂窝麻面必须修整。混凝土表面如有起砂、裂缝，也应整修好。

2）基层表面不得积水，对浸泡在水中或经水淋湿的基层要把水清除擦干。

3）阴阳角应做成圆弧。

（4）施工操作规程

1）在地下室外墙立面作业时，可将“湿克威”涂料盛于平口塑料桶内，用滚刷蘸满涂料均匀涂刷在墙面基层上，涂刷时要求厚薄均匀。当第一道涂料成膜固化后，即可涂刷下一道，前后两道的涂刷方向相互垂直。在涂刷第两道涂膜后，立即铺贴聚酯纤维丝布，铺贴时，使纤维丝布均匀平坦地粘结在涂膜上，并滚压密实，不应有空鼓和褶皱现象，待其固化后，方可涂刷第三道涂膜。

2）遇阴角、阳角、施工缝、管道穿越处等薄弱部位增加一层聚酯纤维丝布。防水涂膜厚度 2mm 厚，分 4～5 次涂刷。

3）待涂膜防水完全固化，经验收符合设计及规范要求后，用胶粘剂粘贴 2cm 厚聚苯乙烯泡沫板作保护层，粘贴要求泡沫板拼缝严密。

4）防水涂膜表面平整，形成一个连续、弹性、无缝、整体的防水层，不得有漏涂、翘边、开裂、空鼓、气泡、剥落、破损等现象，立面的防水涂膜不得有明显的流淌现象。

（5）注意事项

1）如雨天或预计 6h 内有雨的情况下不得施工；

2）涂膜防水层应严格保护，防止其他工序施工人员破坏防水层；

3）施工时不得明火作业，并要配备足够的消防器材；

4）施工用材料必须密封保存；

5）施工现场必须通风良好，通风不良的防水保护层地方必须安装机械通风设备。

3.3 结构工程

3.3.1 钢筋工程

（1）施工准备

1）钢筋作业层管理人员必须熟悉施工图纸，了解设计要求，翻样时充分考虑施工条件，即钢筋交汇处相互穿插条件，钢筋与预埋件之间、钢筋与安装预埋件之间相互避让的原则。

2）所有进场的钢筋必须有质保书，质保书的数据应齐全，并且与钢筋上挂牌符合，钢筋原材使用前必须按规定见证取样。

3）施工作业层执行交底制度，翻样制作绑扎前，钢筋工长要组织交清技术要求、施工难点；使操作人员心中有数，照章作业。

（2）钢筋加工

1）在现场设置钢筋加工车间，钢筋半成品集中加工。

2）钢筋加工要实行第一件半成品检查制度和验收制度，加工的第一件半成品合格后方可成批制作，且制作过程中实行抽检制度。

3）半成品验收合格后，要有专人负责管理，分规格堆码，按需发放。

（3）钢筋连接形式

钢筋连接方式、接头位置、数量必须满足设计和施工规范要求。

1）水平钢筋：底板采用直螺纹连接接头；底板以上采用对焊和绑扎搭接相结合。

2）竖向钢筋：直径≥20mm的采用电渣压力焊；直径20mm以下采用绑扎搭接。

（4）施工过程控制

1）钢筋配料时，认真熟悉设计图纸要求和规范要求规定，掌握钢筋原材料的长度，按钢筋的锚固和搭接长度要求，明确绑扎接头。焊接钢筋配料时，认真熟悉设计图纸要求和规范规定，掌握钢筋原材接头的位置和错开的数量，认真配料，下料单中的钢筋编号要标注清楚，特别对同一组搭配安装方法不同时要加文字说明。

2）钢筋绑扎前，管理人员要对操作班组进行详细的书面交底，对加工成型的钢筋和箍筋进场后在绑扎前进行复查，合格后进行试绑，确认合格后再全面施工。

3）钢筋绑扎前按图纸尺寸进行放线，对伸出楼板面的柱、墙钢筋位置、间距进行校正。在柱、墙钢筋的模板上用粉笔将钢筋的间距画准，并按线进行绑扎。

4）钢筋的绑扎搭接接头要按规范规定执行：

① 在受拉区内HPB235级钢筋的绑扎接头末端应做弯钩。

② 钢筋绑扎搭接处在中心和两端用钢丝扎牢。

③ 受拉钢筋绑扎接头的搭接长度要按混凝土强度等级的不同和钢筋类型不同确定，按规范施工。

④ 受力钢筋之间的绑扎接头位置应相互错开。从绑扎接头中心至搭接长度 L_1 的1.3倍区段内，有绑扎接头的受力钢筋的截面面积占受力钢筋总截面面积的百分率，在受拉区不得超过25%，受压区不得超过50%。

⑤ 受力钢筋采用焊接接头时，设置的同构件内焊接接头应相互错开，在任一焊接接头至长度3.5d的区段内，同一根钢筋不得有两个接头；在该区段内有接头的受力钢筋截面面积占受力钢筋总截面面积的百分率在受拉区不宜超过50%，受压区不受限制。

5）暗柱钢筋的绑扎：

① 按图纸要求间距计算好每根柱箍筋的数量，将箍筋接头错开，套在下层伸出的搭接筋上。

② 立好柱钢筋后，用粉笔画出箍筋间距，从上至下绑箍筋，箍筋与主筋垂直，箍筋转角与主筋交叉处应用缠扣每点绑扎。

③ 柱钢筋有弯的，弯钩的角度在柱角处应为45°，其他的应与模板垂直。柱高度超过4m时，应有临时固定措施。

④ 有抗震要求的柱上下端的箍筋应加密，加密区的长度及箍筋间距应符合要求，箍筋的平直长度不小于10d；端头应弯成135°；如采用90°搭接，搭接处应单面焊接，焊缝长度不小于10d。

⑤ 柱筋绑扎完后将垫块绑在柱竖筋外侧上，其间距按规范规定执行，以保证主筋保护层厚度尺寸正确。

⑥ 为避免柱主筋位移，在绑柱筋时，上口宜用定位卡固定或用临时箍筋固定，在浇筑混凝土前检查位置是否正确，浇筑混凝土时不得碰撞钢筋，浇筑完后立即修整钢筋位置。

⑦ 当钢筋有明显位移时必须处理，处理方案应经过设计单位同意，位移不大一般可按1：6坡度进行调整，如垫钢筋或钢板进行焊接的处理。

6）梁钢筋的绑扎

① 在梁模板上画箍筋间距后，摆放箍筋，其接头要错开。

② 穿梁上下钢筋时，要注意钢筋型号；框架梁上部钢筋应贯穿中间节点，下部钢筋应深入中间节点，其锚固长度及深入梁中心线的长度和端部节点内的锚固长度等均应符合设计要求。

③ 梁上部纵向钢筋的箍筋应用套扣法绑扎，主筋要与箍筋拐角紧贴，特别是四肢箍的位置、间距要调整好，箍筋弯钩叠合处在梁中交错绑扎，弯钩为 135°，平直长度不小于 $10d$；梁端一个箍筋距柱边 50mm。

④ 梁端与柱交接处箍筋加密，其间距与加密区长度均应符合要求。

⑤ 主次梁受力钢筋底部和梁侧面均应加垫保护层垫块或塑料片，以确保保护层的位置正确。

⑥ 梁受力钢筋为双排时，可用短钢筋垫在两层钢筋之间，间距不小于 25mm。

⑦ 梁钢筋的接头，受拉钢筋直径大于 20mm 的采用焊接（闪光对焊、熔槽焊）接头；小于 20mm 的可采用绑扎接头，其搭接长度按设计或规范规定执行，接头不宜位于最大弯矩内，受拉区 HPB235 级钢筋绑扎接头的末端应做弯钩，接头位置应相互错开，接头数量必须符合设计要求。

7）楼板钢筋的绑扎

① 清扫模板，处理好板缝，刷好脱模剂，用粉笔在模板上画好主筋与分布筋的间距。

② 铺放受力主筋、分布筋前，钢筋必须调直，不得有弯曲现象，确保纵横钢筋顺直；有弯钩的钢筋，其弯钩应与楼面垂直。

③ 钢筋搭接的位置和长度，严格按设计要求和规范规定施工，特别是绑扎接头的位置要错开，必须认真落实。

④ 钢筋绑扎时，外围两根钢筋的相交点全部绑扎，其余各点可交错绑扎，双向板相交点必须全部绑扎，防止缺扣、松扣；如双层钢筋，两层钢筋之间需加马凳筋，以确保上层钢筋位置。

⑤ 绑扎负弯矩钢筋，每个扣均需绑扎，架好马凳筋，垫好底板钢筋的保护层垫块，钢筋弯钩必须与板面垂直。

⑥ 楼板上预埋件、预留洞及电线管、盒等，在上层钢筋绑扎前，将相关预埋件及电线管、盒布置好，绑扎钢筋时禁止碰到预埋件、洞口模板及电线盒等。

⑦ 阳台、挑梁等悬挑结构的钢筋绑扎前，对操作人员要进行专门的交底，对第一构件作出样板，进行样板交底；绑扎要严格按设计要求安放主筋位置，确保上层负弯矩钢筋的位置和锚固长度正确，架好马凳筋，保持其高度，在浇筑混凝土时，采取措施防止上层钢筋被踩踏，影响受力。

（5）钢筋绑扎工程质量控制程序图（图 3-9）

3.3.2 模板工程

（1）模板的选定

地下室及地上二层以下梁、墙采用九层板和木方；板模采用竹夹板、三层以上外墙采用利建模板公司所制的定型大钢模；内墙采用九层板和木方；板模采用竹夹板、电梯井内模采用定制铰接筒子模；地下室及二层以下楼梯模板采用九层板和木方；二层以上楼梯模

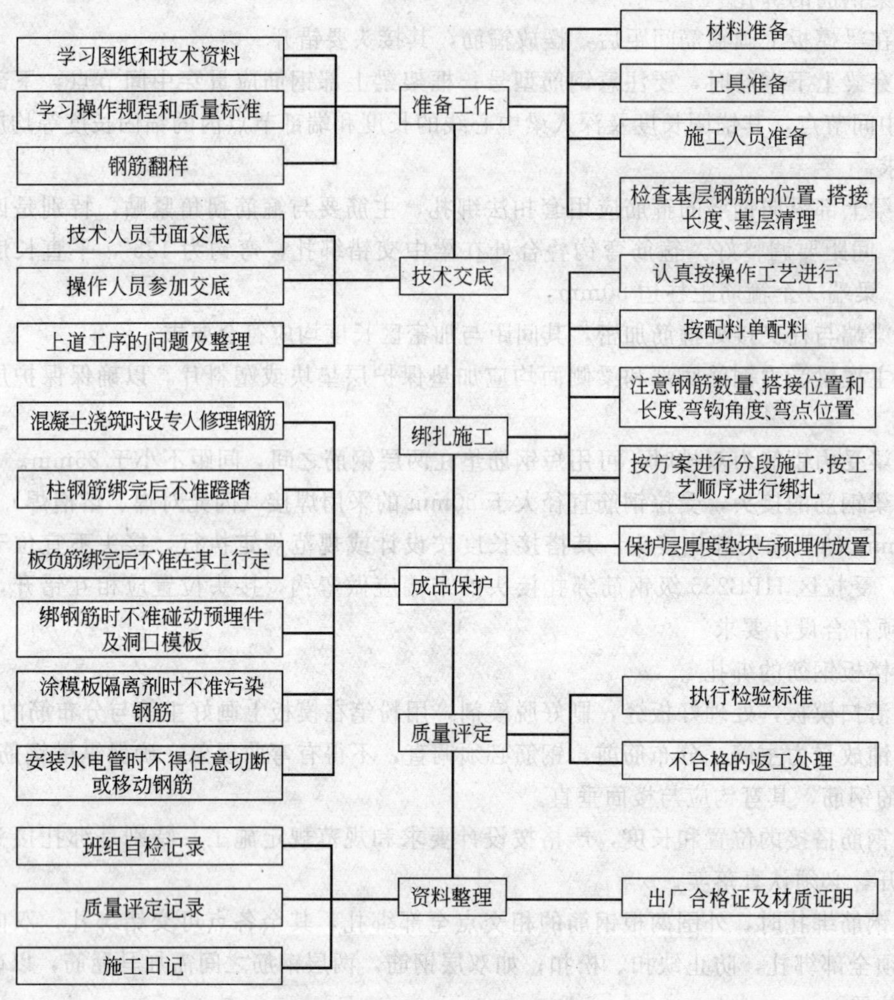

图 3-9 钢筋绑扎工程质量控制程序图

板采用定型楼梯模板。

(2) 模板系统基本要求

1) 保证结构、构件各部分形状尺寸和相互间位置的正确；安装的允许偏差不能超过规范要求；

2) 保证足够的强度、刚度和稳定性；

3) 模板接缝严密，对局部缝隙较大处采用胶带纸封贴，保证不漏浆；

4) 模板与混凝土的接触面应满涂隔离剂；

5) 按规范要求留置浇捣孔、清扫孔；

6) 木模板浇捣混凝土前用水湿润，但不得有积水；

7) 模板支撑拆除必须在混凝土强度达到规范要求后才能拆除；

8) 上层楼板施工时应保证下面一层的模板及支撑未拆除。

(3) 模板施工

1) 底板侧模板

本工程基础底板外侧采用 MU7.5 机制砖，M5 水泥砂浆砌 240mm 厚，每两根灌注桩处，砖侧模设 240mm×370mm 砖垛，砖侧模内粉 1∶1∶6 混合砂浆 10mm 厚。

在基坑底板施工前砌筑侧模，砖胎模施工的同时，沿基坑结构外围、基坑围护内侧回填土（回填土必须进行分层夯实），达到标高后，进行传力带的施工，传力带沿底板一周设置，传力带为 C30 混凝土，厚度为 500mm。

底板后浇带采用九层板作侧模（图 3-10）。

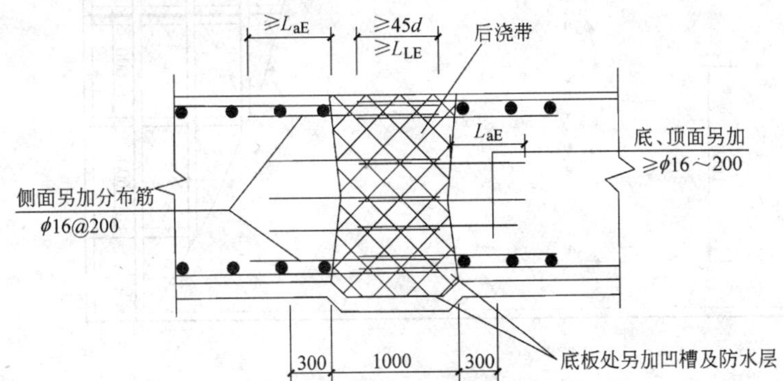

图 3-10　底板后浇带侧模支设（单位：mm）

2）外墙模板

本工程地下室外墙模板采用九层板配制，模板竖楞采用 50mm×100mm 木方，横向间距为 300mm，横楞采用 ϕ48×3.5 钢管，纵向间距为 500mm。模板支撑采用普通钢管脚手架，并采用普通钢管做斜撑。为了保证模板的侧向刚度和地下室外墙的防水需要，内外模板之间加设一次性直径为 12mm 止水对拉双帽螺杆，对拉螺杆的纵向间距 500mm，横向间距 500mm（图 3-11）。

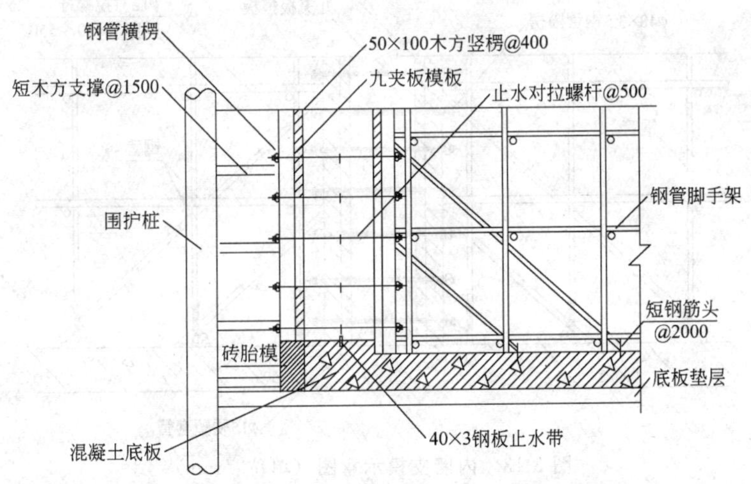

图 3-11　地下室外墙模板示意图（单位：mm）

首层外墙模板做法同内墙模板。

本工程地上二层起，外墙模板采用北京利建模板公司所制定型大钢模，详见定型大钢模方案（图 3-12）。

3）内墙模板

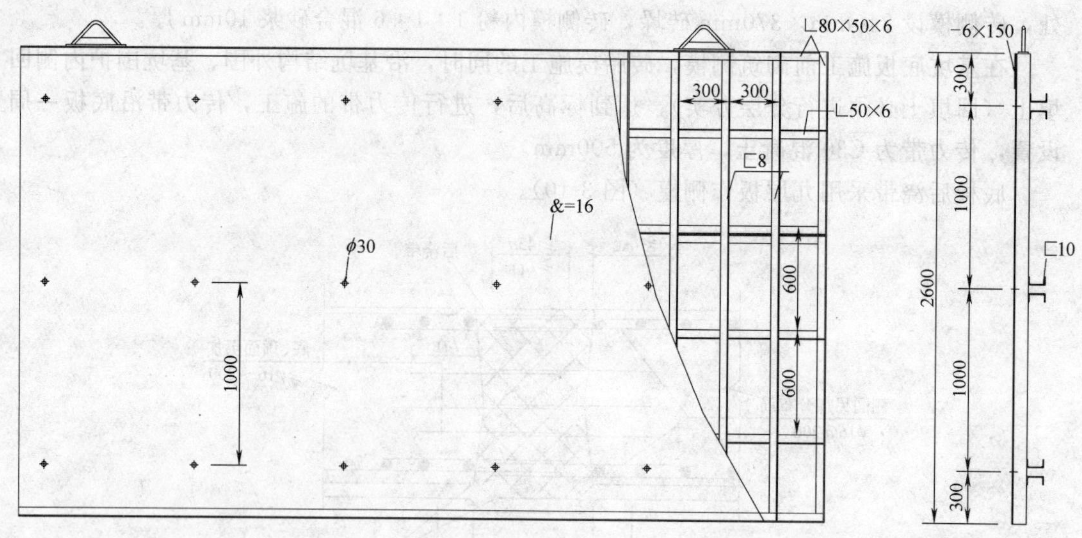

图 3-12 定型大钢模板示意图（单位：mm）

本工程内墙模板采用九层板配制，模板竖楞采用 50mm×100mm 木方，横向间距为300mm，横楞采用 $\phi48\times3.5$ 钢管，纵向间距为 500mm。模板支撑采用普通钢管脚手架，并采用普通钢管做斜撑。为了保证模板的侧向刚度，内外模板之间加设 $\phi12$mm 对拉双帽螺杆，为使对拉螺杆重复使用，对拉螺杆外套 $\phi15$ 硬质塑料管，对拉螺杆的横向间距500mm。详见内墙支模示意图（图 3-13）。

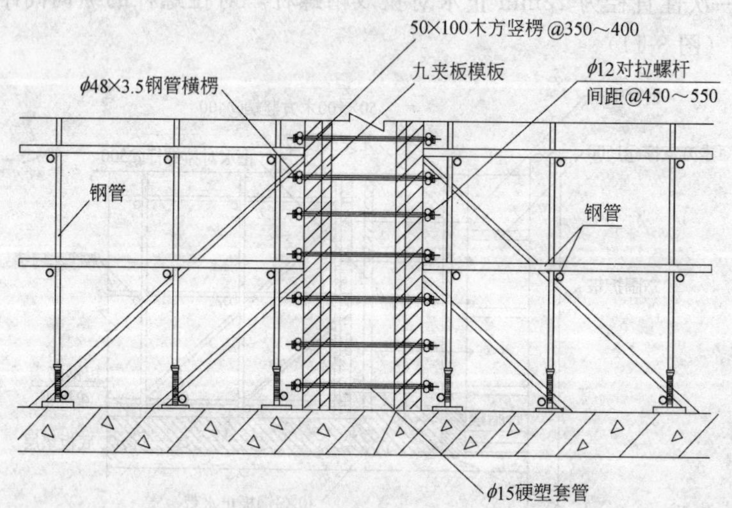

图 3-13 内墙支模示意图（单位：mm）

4）梁板模板

本工程梁板模采用九层板配置，梁底模横楞采用 50mm×100mm 木方，间距为300～350mm，对于高度大于 800mm 的梁，在梁侧边采用木方竖楞，间距为 400～500mm，并在梁中设置 $\phi12$ 对拉螺杆，为使对拉螺杆重复使用，对拉螺杆外套 $\phi15$ 硬质塑料管，对拉螺杆间距 500mm。

板模板采用竹胶板，搁栅采用 50mm×100mm 木方，间距 300mm（图 3-14）。

层板
木模
50×100木方
钢管
木板
柱宽
柱箍示意图

编制说明:
1.梁、柱、板采用木模板。
2.柱箍采取钢管、扣件连接。
3.柱箍间距600。
4.柱模根部外侧用水泥砂泵浆封堵,防止漏浆。

图 3-14 梁、板支模示意图（单位：mm）

5）电梯井内模

为保证电梯井筒的垂直度和截面几何尺寸，本工程电梯井内模采用北京利建模板公司定制的电梯井筒模，并于现场拼接、安装。详见电梯井方案（图 3-15、图 3-16）。

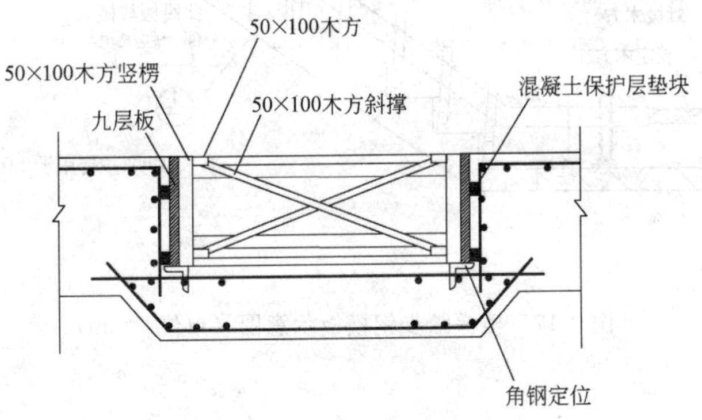

图 3-15 集水井、电梯井吊模板示意图（单位：mm）

6）楼梯模板

本工程二层以下楼梯模板采用全封闭式支设楼梯模板，用九层板和木方在现场定制。详见楼梯支模示意图（图 3-17）。

二层以上采用定型钢制楼梯模板，为加快施工进度，配合定型钢制楼梯模板的使用，楼梯采用隔层后浇。

7）梁、板模板支撑系统

地下室及首层采用 $\phi48\times3.5$ 钢管搭设满堂脚手架。立杆纵横向间距为 1000mm×1000mm，横杆根据层高设置 3 道，第一道扫地杆高出楼面 30cm 左右。

2 层以上主要采用碗扣脚手架作支撑系统。立杆选用 LG-2.4，配可调底座（调节范围

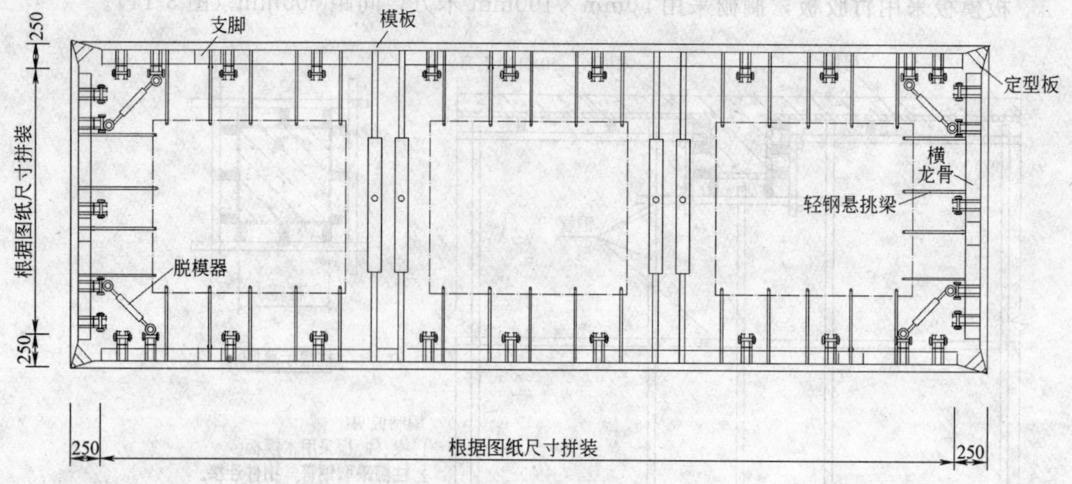

图 3-16 电梯井筒模支撑示意图（单位：mm）

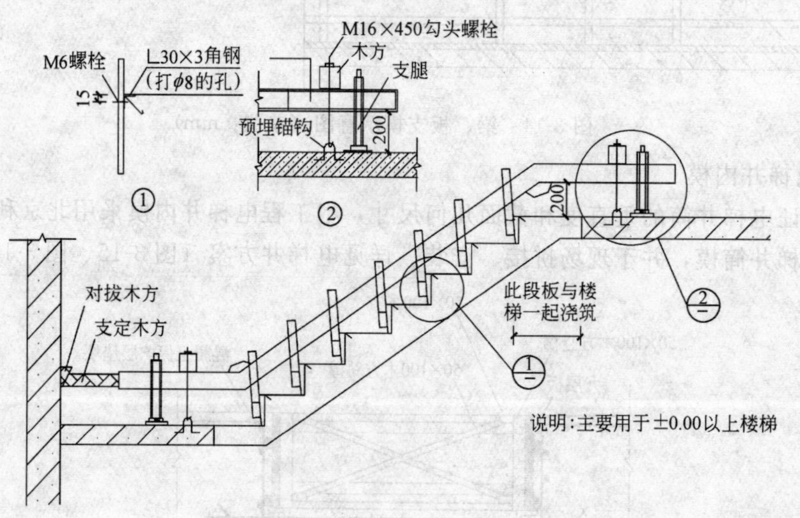

图 3-17 楼梯踏步钢模板示意图（单位：mm）

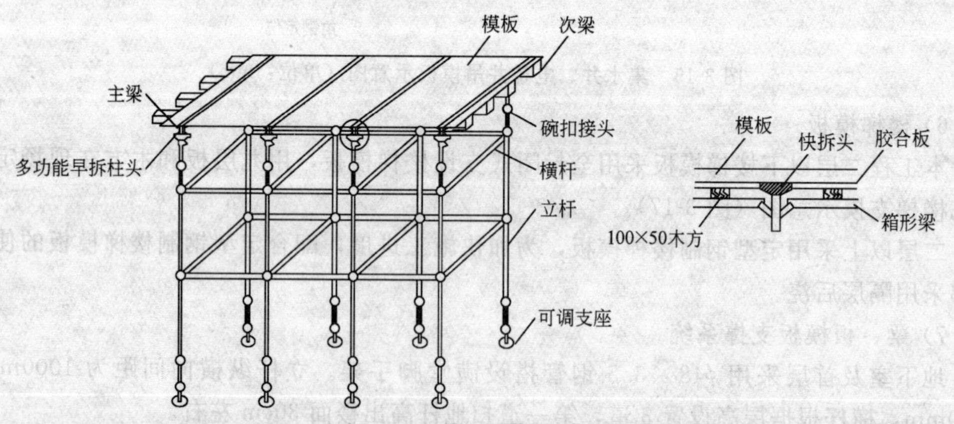

图 3-18 碗扣脚手架快拆体系示意图（单位：mm）

为 0～60mm）；横杆选用 HG-1.2。纵横间距为 1200mm × 1200mm。对于板厚超过 120mm，支撑系统须加强，在每单位支撑系统（1200mm×1200mm）中间加撑一根立杆（图 3-18）。

（4）模板的拆除

1）梁板底模及悬挑结构底模须待混凝土强度达到规范要求后方可拆除，其模板安装、拆除的允许偏差见表 3-2。

模板的允许偏差及检验方法　　表 3-2

序号	项目		允许偏差(mm)	检验方法
1	轴线位置		5	用尺量
2	底模上表面标高		±5	用水准仪
3	截面内部尺寸	基础	±10	用尺量
		柱、梁	+4　-5	
4	层高垂直		6	用 2m 托线板
5	相邻两板表面高低差		2	用钢直尺
6	表面平整度		5	用 2m 自尺
7	预埋钢板中心线位置		3	用尺量
8	预埋管中心线位置		3	用尺量
9	预埋螺栓	中心线位置	2	用尺量
		外露长度	±10,0	用尺量
10	预留孔中心线位置		3	用尺量
11	预留洞	中心线位置	10	用尺量
		截面内尺寸	±10,0	用尺量

2）梁侧模在混凝土强度能保证其表面及棱角不因拆除模板受损坏后方可拆模。

3）墙模的拆除时间待混凝土初凝 24h 后拆除（图 3-19）。

（5）模板工程质量控制程序图（略）

3.3.3 混凝土工程

（1）混凝土的供应

本工程采用商品混凝土搅拌站（搅拌站待定）所提供之商品混凝土。为保证工程质量，必须对混凝土的质量进行控制。因此，施工中定期对搅拌站进行检查；在混凝土进场浇捣前，必须检查混凝土是否产生分层、离析现象，是否达到规定的坍落度，并且现场做混凝土强度试块。

（2）混凝土的选择

1）混凝土强度

一至二十五层	±0.00～73.8m	C40
二十五至三十五层	+73.8～103.8m	C35
三十五层以上	+103.8m 以上	C30

（梁、板、墙混凝土强度等级均相同）

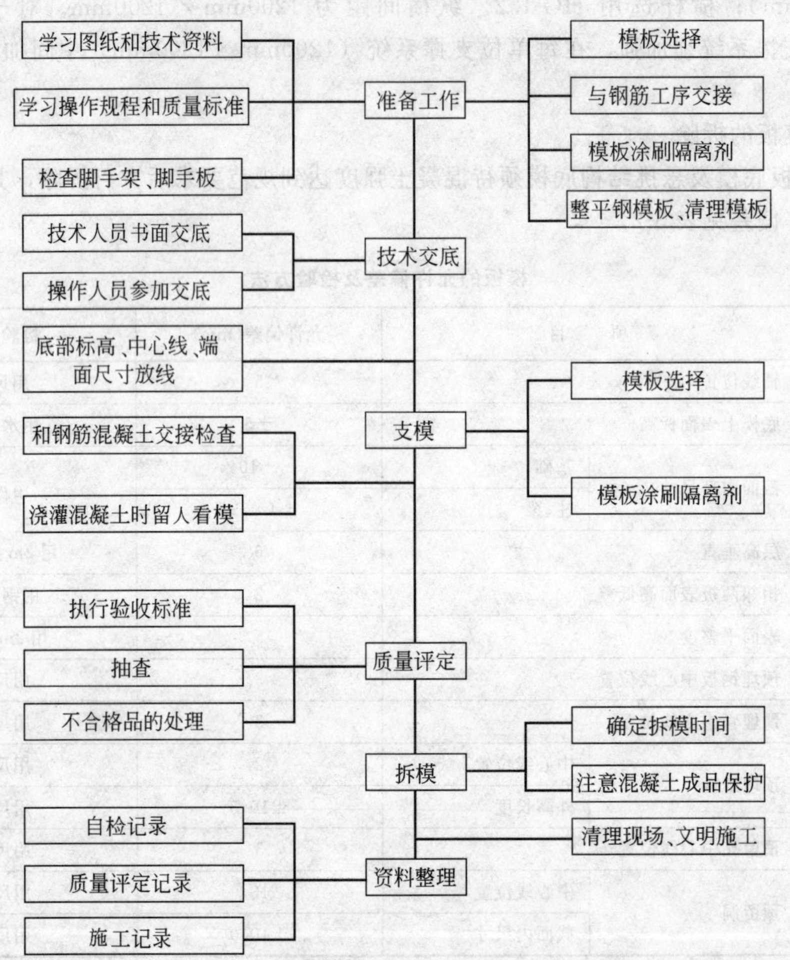

图 3-19 模板工程质量控制程序图（单位：mm）

2）级配

水泥　　　PO 42.5 级

粗骨料　　5～25mm 石子

细骨料　　中粗砂，含泥量小于等于 2%

坍落度　　14±2cm

(3) 混凝土的输送

采用 2 台输送泵配合 2 台移动式布料机，标准层混凝土浇捣计划 14h。

(4) 混凝土的浇捣

1）混凝土浇捣前的准备

① 钢筋、预埋件通过隐蔽验收；

② 模板和支架稳定性、安全性的验收；

③ 模板内的杂物和钢筋上的油污应清理干净，模板缝隙和孔洞堵严，拼缝用胶布粘贴，木模板浇水润湿而无积水；

④ 水泥砂浆润滑输送泵；

⑤ 混凝土施工期间的内部人员、设备的管理及外部协调；

⑥ 隐蔽工程验收单、技术复核单、混凝土浇灌令等资料的办理。

2）混凝土的浇筑

A. 剪力墙混凝土浇筑

浇筑前首先在墙根部开口，用高压水枪冲洗干净，然后封口。接着，用预先准备的同强度等级水泥砂浆在墙根满铺 5mm 即接浆，再开始浇筑混凝土，每次下混凝土的厚度不宜超过 400mm，均匀振捣密实后，再继续下料。振捣时，首先振捣直角区域，再振捣中间区域，振捣时间在 30s/次。

B. 梁板混凝土浇筑

清理工作面上各类垃圾，梁墙接头部位留出清扫口，冲洗完毕后，加以封闭，清理重点放在施工缝及梁底。浇捣时，采用梁板一起浇筑，注意梁底与梁侧面振捣情况，振动器不要直接触及钢筋和预埋件，楼板混凝土虚铺厚度略大于板厚，用表面振动器或内部振动器振实，用铁扦尺检查混凝土厚度，振捣完后用长的木搓板搓平。

（5）注意事项

① 施工缝处混凝土浇捣前，应清除表面残浆、浮石、垃圾、杂物，充分浇水润湿，并用同混凝土配合比的砂浆接浆；

② 混凝土浇捣时严格按照操作规程分层均匀振捣密实，严防漏振、过振；每层混凝土振捣应至气泡排出为止；

③ 墙混凝土浇捣时，应快插慢抽，防止混凝土产生离析现象；板混凝土浇捣采用振动器振捣、滚筒压实；

④ 混凝土浇捣时，振动器不得碰撞模板、钢筋和预埋件；当发现模板变形，应立即停止浇捣，并在混凝土初凝前修整完毕；

⑤ 在浇筑与墙连成整体的梁和板时，应在墙浇筑完毕后停歇 1～1.5h，再继续浇筑；

⑥ 由于梁、墙接头处钢筋密集，振捣时改用直径较小的振动棒。

（6）混凝土的养护

混凝土浇捣完，达到一定强度后，要采取浇水养护措施，养护时间不少于 7d，在强度达到 1.2N/mm^2 以后，方可准许人在其上行走及施工。

（7）施工缝的处理

在施工缝处继续浇捣混凝土时，应符合：

① 在已硬化的混凝土表面上，应清除水泥薄膜和松动石子以及软弱混凝土层，并加以充分润湿和冲洗干净，且不得积水；

② 在浇捣混凝土前，宜先在施工缝处铺一层水泥浆或与混凝土内成分相同的水泥砂浆；

③ 混凝土应细致捣实，使新旧混凝土紧密结合。

（8）混凝土的取样

① 混凝土强度试块：每 100m^3 相同配合比的混凝土取样不少于一次；连续供应相同配合比混凝土量大于 1000m^3 时，每 200m^3 取样不少于一次；

② 混凝土坍落度检验：每 100m^3 相同配合比的混凝土检验不少于一次；

③ 根据实际需要，留取一定数量的备用试块。

（9）混凝土质量缺陷的修整

① 面积较小、数量不多和蜂窝或露石的混凝土表面，可用1：(2～2.5）的水泥砂浆抹平，在抹砂浆前，必须用钢丝刷或加压水冲刷基层；

② 较大面积的蜂窝、露石或露筋应按其全部深度凿去薄弱的混凝土层和个别突出的骨料颗粒，然后用钢丝刷或加压水冲刷表面，再用比原混凝土强度等级提高一级的细骨料混凝土填塞，并仔细捣实；

③ 在缺陷修整实施前，需经业主、监理认可后方可实行。

3.3.4 *砌筑工程*

(1) 材料

本工程墙体采用加气混凝土砌块，主规格 600mm×250mm×120mm；M5 水泥砂浆(地下室)；M5 混合砂浆（±0.00 以上）。

(2) 机械

砂浆搅拌机： JZC350 型搅拌机（3台）

电动切割机： 切割加气混凝土砌块

(3) 施工流程

放线→摆砖、立皮数杆→找平→砌筑。

(4) 施工前准备

① 熟悉建筑和结构图、设计变更等。

② 砌筑材料进场，必须按规定取样送检，并有齐全的质保书和检测报告，检测合格后方可投入使用；砂浆配制前，由试验室出具砂浆配合比。

③ 建立砂浆搅拌站。

(5) 施工方法

1) 根据图纸设计要求，在楼板面上放出墙体轴线并对轴线进行复核，进一步确定门窗洞口位置线。

2) 加气混凝土块应在使用前 1～2d 浇水湿润，在使用时仍要微洒水，使其表面湿润。

3) 砌筑用砂浆必须严格按照试验室出具的配合比下料，下料误差应符合施工规范规定：砂下料偏差为±3%，水泥偏差为±2%，砂浆用砂宜采用中砂并过筛，砂的含泥量不得超过 3% 。

4) 砂浆采用机械拌合，搅拌时间自投料完算起，不得少于 2.0min；每天的砂浆用量应根据当天工作量计算确定，避免浪费。每次搅拌的水泥砂浆和水泥混合砂浆必须在 3h 和 4h 内使用完毕；当施工温度超过 30℃时，必须分别在拌成后 2h 和 3h 内使用完毕。

5) 在砌筑前，根据该处已弹好轴线的墙体的长度、高度、门窗洞口位置等情况试摆块。以保证质量、节省材料、外观美观为原则，确定墙体长度和高度方向的砌块布置。砌筑时，上下两层的搭接长度不得少于砌块长的 1/4。要保证墙面上各部位砌筑方法的统一、上下一致，如图 3-20 所示。

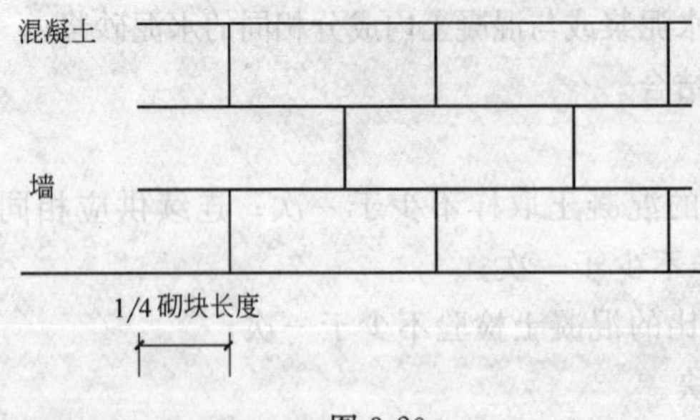

图 3-20

6) 在砌筑前，先要立皮数杆，皮数杆上画有砌块的厚度、灰缝厚度、门窗过梁的位置。皮数杆应紧立于墙角或墙与墙的交角处，其间距不宜超过 15m；且立皮数杆时，应采用水准仪抄平，使标高与设计标高相符。

7）砌块灰缝厚度控制在 8～12mm 之间，以 10mm 厚度为宜；砂浆饱满度不得低于 80％，铺灰长度不能超过 750mm。砂浆分层度不应超过 30mm。砌筑中，要随砌随勾缝，并使勾缝后的外观一致。

8）砌筑应符合横平竖直、错缝搭接、接槎可靠的要求，砌筑中要随时检查砌块的质量；轴线位移、垂直度、平整度；灰缝厚度、水平平直度和竖向垂直度等。如不符合规范要求，应立即调整或拆掉重新砌筑，采用标准如表 3-3。

砌块砌筑操作标准 表 3-3

项目	允许偏差(mm)			检验方法
	基础	墙	柱	
轴线位移	10	10	10	用经纬仪复查或检查施工 记录
基础顶面楼面标高	±15	±15	±15	用水平仪复查或检查施工测量记录
墙面垂直度	—	5	5	用 2m 托尺板
表面平整度	—	8	8	用 2m 直尺和楔形塞尺检查
水平灰缝厚度(10 皮砖累计)	—	10	—	与皮数杆比较,用尺检验
门窗洞口宽度	—	±5	—	用尺检查

9）混凝土墙体与砌体之间预留 $\phi6$ 间距 500mm，L 大于等于 500mm 拉结筋。在没有预埋拉结筋的地方，采用在墙体上钻直径 $\phi8$、深 100mm 的孔洞，并与墙体成一定的角度。然后插入拉结筋，并用微膨胀水泥砂浆填充密实。

10）墙体最上一层砖，必须斜砌，并用砂浆填充密实。

11）墙体的转角处和交接处应同时砌筑，对不能同时砌筑而又必须留置的临时间断处，应砌成斜槎，且斜槎长度不应小于高度的 2/3。在砌体转角处需设置拉结筋 $\phi6$ 间距 500mm，每边伸入 500mm。

12）不得在墙体上设置脚手眼。设计要求的洞口、管道和预埋件等，应于砌筑时正确留出或预埋。

13）在门窗洞口两侧应预埋水泥块（内包木砖），预埋原则：在每侧预埋 3 块：距洞口上下端 250mm 处各一块，中间一块（图 3-21）。

14）在小于等于 300mm 门垛处，可采用设置构造柱的方法（图 3-22）。

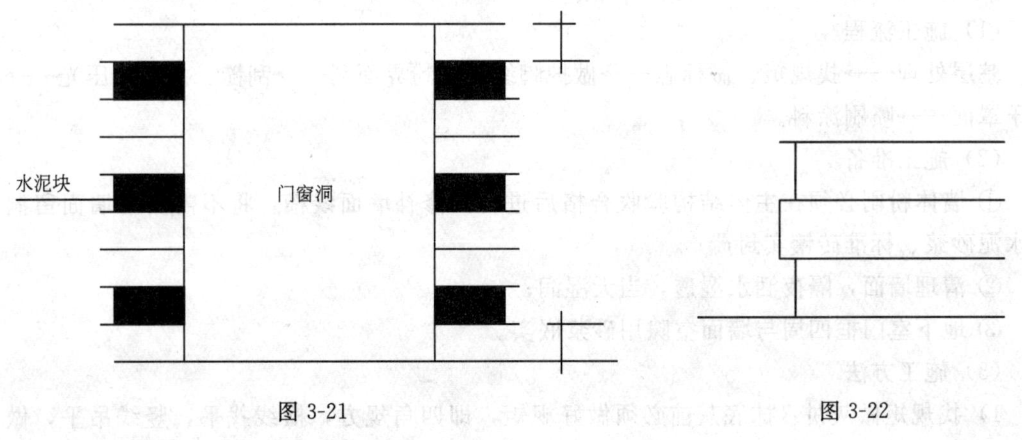

图 3-21　　图 3-22

（6）取样

1）加气混凝土砌块以同一厂家、品种、规格、出炉日期，每5万块为单位，同一批货至少取一组样。

2）水泥以同一厂家、品种、强度等级、出厂日期分别堆放，并应保持干燥；不超过200t为一批，至少取一组样；取样应在同一编号不同部位取等量水泥，取样至少在20点以上，经混合均匀后送检，重量不少于6kg；水泥存放期超过3个月的，必须重新取样复检，检测合格后才能投入使用。

3）每一楼层或250m^{3}砌体中的各种强度等级的砂浆，每台搅拌机应至少检查一次，每次至少应制作一组试块（每组6块）。如砂浆强度等级或配合比变更时，还应制作试块。

4）砂浆试样应在砂浆搅拌机出料口随机取样、制作。一组砂浆应在同一盘砂浆中取样制作，同盘砂浆只应制作一组试块。

（7）质量要求（表3-4）

表 3-4

梁　高(mm)	标　准　层　布　局 （砌体高＋灰缝）×层数＋顶砖层高＝墙高
250	260×10＋150＝2750
350	135×1＋260×9＋175＝2650
400	135＋260×9＋125＝2600
550	260×9＋110＝2450
750	260×8＋170＝2250
板底	135×1＋260×10＋135＝2870

砌体外观质量需满足有关要求，使用前，供应商提供质保书，检验合格后方可使用；

砌体砌筑砂浆强度不低于设计强度等级；

砌体不应有通缝，转角处和交接处的斜槎应通顺、密实，墙面应保持清洁，深浅一致，横竖缝交接处应平整；

预埋件、预留孔洞的位置应符合设计要求；

砌体垂直度不大于5mm，表面平直度不大于8mm，水平灰缝的砂浆要饱满。

3.3.5　抹灰工程

（1）施工流程

基层处理──→找规矩、做标志──→做护脚线──→粉界面剂──→刮糙、找平、压光──→腻子罩面──→喷刷涂料。

（2）施工准备

① 墙体粉刷必须在主体结构验收合格后进行。修补墙面线槽，将不需要的墙面留洞用水泥砂浆、标准砖镶实封严；

② 清理墙面，隔夜洒水湿透，当天湿润；

③ 地下室门框四周与墙面空隙用砂浆嵌实。

（3）施工方法

1）找规矩做灰饼：抹底灰前必须做好规矩，即四角规方，横线找平，竖线吊平，做护角。在施工中注意垂直度、平整度，保证墙面平整，截面尺寸一致，门洞高低一致。

2）用界面粘合剂（或素水泥浆）打底，待半干后进行底灰刮糙。

3）底灰铁板糙（乱糙）厚度宜为5～7mm，粉刷时要用力，使砂浆与墙面粘结牢固，待底层灰稍干后（一般隔夜）再粉刷中层灰。

4）刮糙找平层基本干时进行罩面层施工。内墙柔性腻子厚度不大于3mm，要压实抹平；收浆后及时用铁板压光、压平。

（4）质量标准

1）内墙粉刷质量要求各层抹灰与基层粘结牢固，无空鼓、脱落，无爆灰、裂缝；大面平整光滑，无铁板印；接槎平整，线角顺直清晰，均匀一致。

2）墙体表面平整度2m内小于2mm；阴阳角垂直度、方正2m内小于2mm。

3.3.6 安装工程

（1）设备工程

1）本工程投标范围内的主要设备如下：

风机12台，水泵8台，配电箱104台。

2）设备基础检查在：设备就位前，根据图纸检查所有基础，其纵、横向中心线允许误差为+20mm，标高允许误差为±20mm，基础表面光滑、平整，并做好检查记录，由甲方监理或有关工程技术人员签字认可。

3）基础检查合格后，根据设备底座情况，合理配置垫铁，垫铁处凿平，每组垫铁不超过5块，垫铁组距离不超过500～1000mm，垫铁露出设备10～30mm，安装完毕后，垫铁间点焊。

4）水泵底座设置避振器时，应按照安装图纸及随机文件要求和型号、规格、位置等安放避振弹簧，不得随意更改。

5）水泵纵、横向中心线及标高允许误差+5mm，纵向水平度为0.1‰，横向水平度为0.2‰，泵体联轴器同度偏差应小于0.1mm，盘车灵活，多台水泵安装时注意进、出口在一直线上，排列应整齐、美观。试运转详见试运转方案。

6）设备安装纵横向中心线及标高允差为+5mm，倾斜度不超过1/1000。

7）设备安装完毕后，班组自检合格后，填写安装记录，经施工员、质检员检查合格后，填写转序工作联系单，做好交接手续。

（2）管道工程

1）通用技术要领

a. 工程所用的管件、管材、阀件等入库前须经监理、业主按要求验明材质、核对质保书、规格、型号等，入库前还应作外观检查，合格后方能入库，并分门别类做好标识。

b. 严格做好隐蔽工程和中间交工工程验收工作，验收工作应由有关方签证认可方为有效，中间交工应做好接口工作，与土建装修工程的交接应办好交接手续。

c. 管道安装前，清除内部污垢和杂物，安装中断或完毕的敞口处，一定要临时封闭好，以免杂物进入。

d. 组装好的管线必须检查管道的标高、坐标及附件是否符合设计要求，连接的平行度、垂直度应符合标准。

e. 对关键部位要注意“五防”，即防倒坡、防错接、防松动、防堵塞、防渗漏。

f. 管道丝扣连接，套丝时与使用的管件实际情况检查配合情况，加工时，管道螺纹应规则；如有断丝或缺丝，不得大于螺纹全扣数的10%。管件紧固后，外露2～3扣，并应将外露螺纹上的填料清理干净，及时刷涂防锈漆。

g. 钢管焊接应根据钢管的厚度在对口时留有一定的间隙，并按《工业管道焊接工程施工及验收规范》GB 50236—98执行，规定开坡口70±5°，不得有“未焊透”存在。焊缝应平整、饱满，焊高、焊宽及错口应符合规范规定，焊瘤、飞溅药渣等及时处理，并刷两道防锈漆，法兰连接时，法兰盘之间垫厚度为3mm的石棉橡胶垫片。

h. 管道安装过程中，分阶段进行水压试验，在管道系统安装完毕后再全面检查，核对已安装管道、阀门、垫片、紧固件等，全部符合设计和技术规范规定后，把不宜和管道一起试压的配件拆除，换上临时短管。所有开口处进行封闭，并从最低处灌水，高处放气对试压合格的管道进行吹洗工作，直至污垢冲净为止，并做好各项吹扫清洗记录和试压记录等工作。本工程管道水压试验压力如表3-5所列（按设计要求）。

管道水压试验压力标准　　　　**表3-5**

管道类别	试验压力(MPa)	时间(min)	允许降低压力(MPa)
给水管	0.60	10	不渗不漏
消火栓	1.4	30	≤0.05;不渗不漏
喷淋	1.4	30	≤0.05;不渗不漏
排水管	满水	15	液面不下降

i. 预制管道支架，不允许气割下料、割孔，不允许电焊穿孔，应采用无齿锯下料，加工完毕刷防锈漆两遍后方可安装，间距符合规范要求，构造合理，埋设平整牢固，与管道接触紧密牢固，排列整齐。

j. 在阀门安装之前要作严格的外观检查应符合下列要求：

① 阀杆与阀芯之间的连接应灵活、可靠；

② 阀盖与阀体结合良好；

③ 阀杆无弯曲、锈蚀，阀门与填料低压盖配合适，螺纹无任何缺陷；

④ 阀门试压按规范GBJ 242—82第2.10.14进行10%抽检；

⑤ 应有质保书或合格证。

试验合格的阀门应及时排尽内部的积水、密封、涂防锈油，阀门的传动装置和操作机构应灵活、可靠。只有合格的阀门方能安装使用；如发现不合格，需按程序文件“纠正和预防措施工作程序”采取补救措施。

2）给排水管道施工技术要求

A. 冷热水管均采用铜管焊接连接，管道的壁厚须满足冷热水系统工作压力的要求，排水管道采用柔性接口的排水铸铁管，其抗拉强度大于14MPa，其水压试验为0.35MPa，保压3min无渗漏，污废水潜水泵排出管为镀锌钢管。生活污水管道的坡度，见表3-6：

生活污水管道的坡度标准　　　　**表3-6**

项　次	管径(mm)	标准坡度	最小坡度	项　次	管径(mm)	标准坡度	最小坡度
1	50	0.035	0.025	4	125	0.015	0.010
2	75	0.025	0.015	5	150	0.010	0.007
3	100	0.020	0.012	6	200	0.008	0.005

B. 排水管道管件应使用顺水三通，严禁 T 形三通的使用，出墙管弯头宜采用两个 45°或弯曲半径不小于 4 倍管径的 90°弯头。

C. 排水管道的吊钩或卡箍应固定在承重结构上。固定件间距：横管不得大于 2m；立管不得大于 3m。层高小于或等于 4m，立管可安一个固定件。立管底部的弯管处应设支墩。按设计要求，通气管高出屋面 500mm。

D. 生活冷水管、热水管和热水回水管采用铜管焊接连接，下料用钢锯和无齿锯，不得用氧、乙炔切割，铜管零配件采用定型产品。管道穿墙或穿楼板处均须加套管，生活冷、热水管道支架间距与消防管道同，管道阀门 *DN*50 以下的采用铜闸阀；*DN*50 以上的采用不锈钢蝶阀。

E. 卫生洁具

一般规定：卫生洁具的连接管、煨弯应均匀一致，不得有凹凸等缺陷，卫生洁具的安装宜采用预埋螺栓或膨胀螺栓，如用木螺栓固定，预埋的木砖须做防腐处理，并应凹进净墙面 10mm。卫生器具支托架的安装须平整、牢固，与器具接触应紧密，安装完毕应采取保护措施。位置应正确，允许偏差单独器具 10mm，成排器具 5mm，安装应平整，垂直度的允许偏差不得超过 3mm。

F. 施工中管道标高应根据土建单位提供的每一结构层建筑标高 1m 线。标高线测定，不得随意根据建筑件高度测定。室内给水横干管宜有 0.002～0.005 的坡度坡向泄水点，丝扣阀门应有可拆件。

3）消防管道技术要求

A. 消防给水横管应有一定坡度坡向泄水处，鉴于管线较长、建筑高度有限，可水平安装，但不得倒坡。

B. 室内自动喷水灭火系统按 GB 50261—96 规范执行，配水管采用丝扣连接，异径管件采用螺纹异径接头，不得采用补芯，喷淋头带装饰罩。安装在吊顶面的喷头支管宜配合吊顶施工时安装，装饰罩应紧贴顶面，做到纵横排列成线。喷头连接支管管径不小于 *DN*25，管道支架、吊架与喷头之间的距离不宜小于 300mm，与末端喷头之间的距离不宜大于 750mm，管道支吊架之间的距离如表 3-7 所列。

管道支吊架之间距离 **表 3-7**

公称直径(mm)	25	32	40	50	70	80	100	125	150	200	250	300
距离(m)	3.5		5.5	5.0	5.0	8.0	8.5	7.0	8.0	9.5	11.0	12.0

C. 配水支管上每一直管段、相邻两喷头之间的管段设置的吊架均不宜少于 1 个；当喷头之间距离小于 1.8m 时，可隔段设置吊架，但吊架的间距不宜大于 3.6m。

D. 当管子的直径等于或大于 50mm 时，每段配水干管或配水管设置防晃支架不少于 1 个；当管道改变方向时，应增设防晃支架。

E. 消防、喷淋管道直径小于等于 50mm，采用镀锌钢管及零件丝扣连接，管径大于 50mm，采用镀锌无缝钢管沟槽式机械接头连接，接头公称压力应大于 2.5MPa。

F. 设置在消火栓箱内的消火栓口应朝外，栓口中心距地 1.1m，允许偏差 20mm，阀门距箱侧面为 140mm，距箱后内表面 100mm，允许偏差 5mm，消火栓安装应平直、牢固，附件应齐全，安装应整齐，管道阀门 *DN*50 以下的采用闸阀；*DN*50 以上的采用蝶阀。

(3) 电气工程

1) 施工准备

a. 施工负责人组织施工班组认真熟悉图纸，吃透设计意图，对设计图中的问题及时与设计、建设、监理单位联系，以使问题能及时解决，并做好图纸会审记录。

b. 配合好土建施工，根据图纸要求做好预埋工作和预留孔洞的配合工作，对土建结构图上标注的预留孔洞的位置、尺寸进行认真核对，发现问题及时与甲方监理部门联系。

c. 进场设备和材料应有质保书和产品合格证书，并经监理办公室检验合格后方可使用。对不符合要求的设备和材料，不得随便接收，随设备供货的有关试验报告、安装使用说明书、备品备料等，应按程序进行开箱检查，经甲乙双方认可合格后方可进行安装，保管好随设备带来的有关资料。

d. 本工程施工标准按电气安装工程验收规范执行。

2) 配管（电线保护管）

a. 当线路暗配时，电线保护管宜沿最近的线路敷设，并应减少弯曲。埋入建筑物、构筑物内的电线保护管与建筑物、构筑物表面距离不应小于15mm，埋入混凝土板内的电线保护管必须固定牢靠。

b. 进入落地式配电箱的电线保护管排列应整齐，管口宜高出配电箱基础面50～80mm。

c. 电线保护管不应有折裂，管内应无铁屑及毛刺，切断口应平整，管口应光滑。

d. 电线保护管的弯曲处，不应有折皱、凹陷和裂缝，且弯扁程度不应大于管外径的10%；当电线保护管埋设于地下或混凝土内时，其弯曲半径不应小于管外径的10倍。

e. 当电线保护管遇到下列情况之一时，中间应增设接线盒，且接线盒的位置应便于穿线：①管长度每超过30m无弯曲；②管长度每超过20m有一个弯曲；③管长度超过15m有两个弯曲；④管长度每超过8m有三个弯曲。

f. 水平或垂直敷设的明配电线保护管，其水平或垂直安装的允许偏差值为1.5‰，但全长的偏差不得超过管内径的1/2。

g. 薄壁电管均采用螺纹连接，管端螺纹长度不应小于管接头长度的1/2；薄壁电管与盒（箱）连接应采用锁紧螺母固定，管端螺纹宜外露锁紧螺母2～3扣。

h. 焊接钢管采用套管连接，套管长度宜为管外径的1.5～3倍，管与管的对口处应位于套管的中心，套管采用焊接连接，焊缝应牢固、严密，焊管与盒（箱）连接可采用焊接连接，管口宜高出盒（箱）内壁3～5mm。

i. 所有箱（盒）开孔采用金属开孔器，严禁用氧焊、电焊开孔。

j. 钢管的接地连接应符合下列要求：

① 薄壁电管采用螺纹连接，连接处两端应焊接跨接接地线；

② 镀锌电管跨接接地线宜采用专用接地线卡跨接，不应采用熔焊连接；

③ 明配管应排列整齐，固定点间距应均匀，钢管管卡间的最大间距应符合表3-8规定。

钢管管卡间最大间距　表 3-8

敷设方式	钢管种类	钢管直径(mm)			
		15～20	25～32	40～50	65 以上
		管卡间最大间距(m)			
吊架、支架或沿墙敷设	厚壁钢管	1.5	2.0	2.5	3.5
	薄壁钢管	1.0	1.5	2.0	

管卡与终端、弯头中点、电气器具或盒（箱）边缘的距离为 150～500mm。

k. 金属软管的长度不宜大于 1m，弯曲半径不应小于软管外径的 6 倍；当需要固定时，固定点离终端头不宜大于 300m，金属软管不得作为电气设备的接地导体。

3）线槽、桥架敷设

在桥架、线槽、电气配管中，凡涉及消防系统的及为消防服务的电气线路的敷设，除按相应的电气安装标准外，尚应符合消防规范对电气安装的要求。其导线、电缆、PVC 管材的阻燃性不但有相应符合要求的合格证、资料外，当对产品有疑问时，必要时可对产品供应商要求提供有公安消防机关认可的复测报告，方可使用。

A. 线槽、桥架应平整，无扭曲变形，内壁应光滑，无毛刺，金属线槽应经防腐处理。

B. 线槽、桥架的敷设应符合下列要求：

a. 线槽、桥架的连接应连续、无间断；每节线槽的固定点不应少于 2 个；在转角、分支处和端部均应有固定点。连接板的螺栓应牢固，螺母应位于桥架的外侧。

b. 线槽、桥架接口应平直、严密，敷设应平直、整齐；水平或垂直允许偏差为其长度的 2‰，且全长允许偏差为 20mm，槽盖应齐全、平整，无翘角。

c. 固定或连接线槽的螺钉或其他紧固件，紧固后其端部应与线槽内表面光滑相接。

d. 线槽、桥架及其支架全长不少于 2 处与接地线（PE）或接零线（PEN）干线相连接。

e. 桥架转弯处的转弯半径，不应小于该桥架上的电缆最小允许弯曲半径。

f. 镀锌电缆桥架间连接板两端不少于 2 个有弹簧垫圈的连接螺栓。

g. 非镀锌桥架间连接板两端跨接铜芯接地线截面不小于 $4mm^2$。

C. 桥架、线槽应可靠接地，桥架、线槽为镀锌金属制品，且连接可靠时可不跨接，但不应作为设备的接地导体。

D. 当桥架、线槽通过变形缝时，应有相应的伸缩活动接头，并保证接地连接的可靠性。

E. 当桥架、线槽通过防火分区、防火墙时，在电缆敷设完后，应按设计及消防规范要求进行防火封堵。

F. 配线

a. 配线所采用的导线型号、规格应符合设计要求。

b. 配线工程施工后，应进行各回路的绝缘检查，绝缘电阻值应符合现行国家标准的有关规定，并应做好记录。

c. 配线工程施工后，保护接地（PE）线连接应可靠。

d. 管内穿线

① 对穿管敷设的绝缘导线，其额定电压不应低于500V，在穿插线前应将管内的积水、杂物清除干净。

② 不同回路、不同电压等级的导线，不得穿在同一根管内，但下列几种情况除外：

电压为50V及以下回路；

同一台设备的电机回路和无抗干扰要求的控制回路。

③ 导线在管内不应有接头和扭结，接头应设在接线盒（箱）内，并采用专用安全压接帽及专用三点抱压钳。

④ 管内导线（包括绝缘层在内）的总截面积不应大于管子内空截面积的40%。

⑤ 导线穿入钢管时，管口处应装设护线套保护导线。

e. 线槽内导线的敷设应符合下列规定：

① 导线的规格和数量应符合设计规定；当设计无规定时，包括绝缘层在内的导线总截面积不应大于线槽截面积的60%。

② 可拆卸盖板的线槽内，包括绝缘层在内的导线接头处所有导线截面积之和不应大于线槽截面积的75%；不易拆卸盖板的线槽内，导线的接头应置于线槽的接线盒内。

③ 在线槽内配线严禁接头，导线应按回路分段分别捆扎好。

④ 当配线采用多相导线时，其相线的颜色应符合规范及当地质监部门的规定。

4）母线安装

母线安装应参照上海市《工业安装分项工程质量检验与评定标准》有关要求进行施工。

a. 在母线运抵现场后，要按产品要求进行验收及保管，防止零配件的受潮及丢失。

b. 在母线安装过程中，除按制造厂的技术要求施工外，应按制造厂的要求，按母线顺序及编号依次组装。在安装每节母线前应进行绝缘测量，电阻值应小于20MΩ，应分段节记录好。

c. 当母线通过变形缝及分支处，要注意伸缩节及相位的顺序应正确，母线通过楼板、墙、防火分区等处要有外护套，并要封堵严密，竖井母线弹簧支架安装合理、正确。

d. 对竖井等处母线安装后，要认真做好产品保护，防污染、防盗，特别是防止进水。

5）电缆保护管敷设

a. 管口应无毛刺、尖锐棱角，管口应做成喇叭形。

b. 电缆管在弯制后，不应有裂纹和显著的凹瘪现象，其弯扁程度不宜大于管外径的10%。

c. 每根电缆管的弯头不应超过3个，直角弯不应超过2个。

6）电缆的敷设

a. 聚氯乙烯电力电缆、控制电缆最小弯曲半径$10d$。

b. 电缆敷设时应排列整齐，不宜交叉，应加以固定，并及时装设标志牌。

c. 电力电缆和控制电缆不应配置在同一层支架上。

7）电气装置的接地

a. 电气装置的下列金属部分，均应接地或接零：

① 电机、变压器、电器、电气设备的传动装置；

② 配电、控制、保护用的屏（柜、箱）及操作台等金属框架和底座；

③ 桥架、线槽、支架；

④ 封闭母线的外壳。

b. 燃气管均应作防静电接地，爆炸危险环境用的电气设备与接地线连接，宜采用多段软绞线，铜线截面积不得小于 $4mm^2$。

8）盘、柜的安装

A. 基础型钢的安装允许偏差，应符合表 3-9 规定。

基础型钢安装允许偏差　　表 3-9

项　目	允许偏差	
	mm/m	mm/全长
不直度	<1	<5
水平度	<1	<5
位置误差及不平行度		<5

B. 基础型钢应有明显的可靠接地。

C. 盘、柜单独或成列安装时，其垂直度、水平偏差，盘、柜面偏差和盘、柜间接缝的允许偏差应符合表 3-10 规定。

间接缝允许偏差　　表 3-10

项　目		允许偏差(mm)	项　目		允许偏差(mm)
垂直度(每米)		<1.5	盘面偏差	相邻两盘边	<1
水平偏差	相邻两盘顶部	<2		成列盘面	<5
	成列盘顶部	<5	盘间接缝		<2

D. 盘、柜、台、箱的接地应牢固、良好，装有电器的可开启的门，应以软铜线与接地的金属构架可靠地连接。

9）照明

a. 大型灯具或较重的吊灯，应预先预埋吊钩，直径应符合要求，低于 2200mm 灯具加装可靠接地。

b. 并列安装的相同型号的插座或开关距地面高度应一致，高度差不宜大于 1mm；同一室内安装的插座或开关高度差不宜大于 5mm。

c. 单相两孔插座，面对插座的右孔或上孔与相线相接。左孔或下孔与零线相接，单相三孔插座，面对插座的右孔与相线相接，左孔与零线相接，相线应经开关控制。

d. 开关安装的位置应便于操作，开关边缘距门框的距离宜为 0.15～0.2m。

e. 照明配电箱应安装牢固，其垂直偏差不应大于 3mm，箱内分别设置零线和保护地线（PE 线）汇流排，零线和保护线应在汇流排上连接，不得绞接。

f. 照明配电箱上应标明用电回路名称。

10）电动机

a. 电机外观检查应完好，不应有损伤现象，电机的附件、备件应齐全，无损伤。

b. 盘动转子应灵活，不得有碰卡声。

c. 当电机有下列情况之一时，应作抽芯检查：

① 出厂日期超过制造厂保证期限；

② 当制造厂无保证期限时，出厂日期已超过一年；

③ 经外观检查或电气试验，质量可疑时；

④ 试运转时的异常情况。

11）等电位与防雷接地

本工程的接地系统为联合接地系统。

按国家规范及设计的要求，进出大楼的所有管线均应与接地网就近可靠连接，在大楼内，各需要接地的系统均按设计指定的部位接到各自的接地端，防止强弱电之间的相互干扰。

在各机房、卫生间、管井处设置等电位装置的，应将其相关不带电的金属外壳及其他工艺管线按设计要求可靠接地。

12）电气设备交接试验。

电气设备的试验除应符合《电气装置安装工程电气设备交接试验标准》GB 50150—91的规定外，还应符合相应的现行国家标准。如进口产品，还应对其是否符合进口产品相应标准及试验条件要求进行试验，并出具报告。

a. 交流电动机

① 测量绕组的绝缘电阻，在常温下不应低于0.5MΩ；

② 测量绕组的直流电阻。

b. 紧密式母线

① 每节母线的相间绝缘电阻值应大于20MΩ，应不小于出厂绝缘记录。

② 母线系统绝缘电阻值不应小于0.5MΩ，并达到出厂时的厂方要求。

c. 导线：绝缘电阻值必须大于0.5MΩ；

d. 电力电缆：测量绝缘电阻值。

e. 测量绝缘电阻值时，采用兆欧表的电压等级，应按下列规定执行：

① 500～1000V的电气设备或回路，采用500V（或1000V）兆欧表；

② 1000～3000V的电气设备或回路，采用2500V兆欧表。

（4）通风空调工程

1）依据国家、地方的有关技术规范、规程和标准，综合施工现场的实际条件审查施工图，充分理解图纸会审记录，对设计图中的问题及时与设计、建设、监理单位联系，以使问题能及时解决。进场设备和材料应有质保书和产品合格证书，并经监理办公室检验合格后方可使用。对不符合要求的设备和材料，不得随便接收，随设备供货的有关试验报告、安装使用说明书、备品备料等，应按程序进行开箱检查，经甲乙双方认可合格后方可进行安装，保管好随设备带来的有关资料。

2）施工技术管理：通风技术负责人向各施工班长进行各项施工技术的交底，其中包括：各单项工序的名称、范围，施工程序所用材料及机具，施工方法、工艺与操作特点，质量标准、安全施工措施、成品保护措施以及与其他各工种配合关系等。

3）施工技术措施：考虑到本工程施工面广、量大、工期短、质量要求高的特点，我们拟采取先在加工车间预制，然后到施工现场集中安装的方法，以争取工期，保证工程质量。

4）通风空调安装与其他专业的配合

a. 土建工程在进行基础施工时，要将通风空调管道的出入按其穿越基础时在图纸上的位置、标高和尺寸留出洞口。

b. 砌筑砖墙时，风管穿墙处，要事先留好孔洞；通风机和轴流风机安装时，也要按其位置标高和尺寸留出孔洞。

c. 在现浇风机、机组基础时，要检查定位尺寸、位置是否歪斜、标高是否正确。

d. 通风机试运转时，应请有关电工配合。

e. 各管道相遇时，一般可参照以下原则处理：支管让干管；小管让大管；一般管让高温管；低压管让高压管；次要管让主要管，当然还应根据实际情况协商解决。

f. 根据总进度要求灵活调整安装程序，通风项目一般采取先暗管后明管，先主管后支管，先风管后设备的方式进行安装，最后配合装修，进行风口等终端部件的安装。

5）各分项工程（工序）的制安标准和质量要求

A. 风管和法兰的制作标准

管材：采用不燃型氯氧镁水泥无机玻璃钢风管，其中厕所排风管、正压送风管使用无法兰承插式连接的玻璃钢风管，玻璃钢风管耐火极限为1h。

B. 风管安装前准备

a. 法兰和支吊、托架防腐涂漆前必须除锈，刷净铁锈污物，涂漆须均匀，螺栓孔、棱角边不得有滴挂现象。

b. 风管运到安装点不得有碰坏、撞瘪现象，吊装前必须清除管内污物。

c. 按设计图纸、支管走向和风口孔位尺寸进行准确的排管，须考虑垫料厚度，避免多口相接后，支管和风口位置偏移。

d. 风管水平安装，水平度的偏差每米不大于3mm，总偏差不大于20mm，明装风管垂直安装，垂直度的偏差每米不大于2mm，总偏差不大于20mm。暗装风管位置应正确，无明显偏差。

e. 每根立管的固定件不少于两个，悬吊的风管应在适当处设置防晃吊架；另外，为保证风管横平竖直，打吊点时应拉线。

f. 风管支吊、托架不得设置在风口、阀门、检视门处，吊架不得直接吊在法兰上，防火阀、消声器应有单独的支吊架。

g. 在地面组装较长的管段，整体吊装的绳索捆扎点必须加设托板，防止损坏风管；吊装时，操作人员不得站在风管顶上工作，严禁人在风管上走动，防止风管变形。

h. 吊装到位后，及时装好支吊、托架，吊杆下端必须加双螺母，以防丝杆滑丝。

i. 风管与部件可拆卸搭接口，不得装在墙和楼板内，法兰垫料需搭接平整，不得凸入管内。

j. 连接法兰的螺栓的螺母应在同一侧，紧固时受力均匀，两片法兰的间距应均匀。

k. 软接口采用帆布制作，其长度为150～250mm，结合缝应牢固、紧密，安装后应有10～15mm的伸缩余量，并且不得作为变径管使用。

l. 玻璃钢风管由具有ISO 9002或ISO 9001国际质量体系认证资质的厂家生产，送至现场后先进行预验收，合格后运送至施工现场，安装到位后要注意产品保护，严防损坏。

C. 通风空调管安装特殊安全技术要求

a. 安装

① 多节风管、设备及其他重物吊装，不得架在梯档上，应用绳索拴在可靠的固定点；

② 吊装用的千斤顶、绳索、捯链须经检查完好后使用。

b. 水平搬运

① 板车拉薄钢板或风管半成品的片料，协助推车者须站在车的两侧，防止前后滑落伤人；

② 拖拉沉重的机械设备要有专人指挥，无底座的设备须加托板附滚筒滑动，超高的物体须稳住重心移动，防止滑翻。

c. 垂直搬运

① 人力吊运机械设备和其他沉重物体，上面的固定点要牢靠，必要时经计算后进行，人不得站在被吊物体上拉葫芦，提升后下方不允许走人，以防万一；

② 机械吊运设备及沉重物体，先检查千斤绳和固定点牢固性，起吊时要平稳受力，由专人指挥，起吊物下不许有人，防止重物坠落伤人；

③ 临时设施的电源安装由专职电工进行，其他人员不得乱拉乱接，更不得随便移动配电箱，机械设备用电应接地良好，防止触电，用完必须切断电源。

d. 机具使用

① 不懂机械性能和操作知识的人，无专人指导和监护，不得操作机械；

② 使用电锤时须戴好防护镜，若钻头被钢筋卡住，防止扭伤人手和摔落。

D. 通风机的安装

a. 整体安装的风机，搬运和吊装的绳索不得捆缚在转子、机壳或轴承盖的吊环上。

b. 通风机的进风管、出风管等装置应有单独的支撑，并与基础或其他建筑物连接牢固；风管与风机连接时，不得强迫对口，机组不应承受其他机件的重量。

c. 通风机的基础，各部位尺寸应符合设计要求。预留孔灌浆前应清除杂物，灌浆应用细石混凝土，捣固密实，地脚螺栓不得歪斜。

d. 固定通风机的地脚螺栓，除应有的垫圈外，还应有防松装置。

e. 风管与风机进出口相连处应设置长度为200～250mm的软管接管，空调、通风系统的软管采用帆布，防排烟系统的软管采用防火帆布。软管接口应牢固严密，在软接口处禁止变径。

f. 管道风机的支吊托架应设隔振装置，并安装牢固，安装隔振器的地面应平整，各组隔振器承受荷载的压缩量应均匀，不得偏心。

E. 阀门的安装

a. 防火阀的安装，方向位置应正确，易熔件迎向气流方向，其阀板的启闭应灵活，动作应可靠。

b. 排烟阀（排烟口）及手控装置的位置应符合设计的要求，安装后做动作试验，手动、电动操作灵敏、可靠，阀板关闭时应严密。

c. 止回阀宜安装在风机的压出管段上，开启方向必须与气流方向一致。

F. 风口的安装

a. 风口与风管连接应严密、牢固；边框与建筑装饰面贴实，外表面平整、不变形，调节应灵活。

b. 风口水平安装，水平偏差不应大于3‰；风口垂直安装，垂直度偏差不应大于2‰。

c. 同一厅室、房间内的相同风口的安装高度应一致，排列应整齐。

d. 条形风口表面应平整，线条清晰，无扭曲变形，转角、拼缝处应衔接自然，无明显缝隙。

G. 消声器的安装

a. 消声器、消声弯头均应单独设支架，其重量不得由风管来承受。

b. 消声器安装的方向应正确，不得损坏和受潮。

c. 紧固消声器部件的螺钉应分布均匀，接缝平整，不得松动、脱落。

d. 穿孔板表面应清洁，无锈蚀及孔洞堵塞。

6）调试

A. 调试目的：通风空调系统经过风管、部件的制作安装及系统设备、附属设备的就位组成了各个完整的系统。为保证业主（建设单位）能够尽早投入使用，必须对系统按施工及验收规范进行试验调整，使单机能够达到出厂性能，系统能够协调工作，各项设计参数达到预定的要求。

B. 调试应具备的有关条件：

a. 通风与空调工程结束后，对工程质量进行检查，必须符合设计图纸和施工验收规范的要求；

b. 与调试有关的设计图纸和设备资料必须齐全，并熟悉和了解设备的性能及技术资料中的主要参数；

c. 调试期间所需的电力等动力应具备使用的条件；

d. 通风空调设备及附属设备所在的场地土建施工应完工，门窗齐全，场地应清扫干净，不允许在门窗不能封闭及场地脏乱的情况下进行调试；

e. 业主应明确其现场的调试负责人，便于协调和解决试调过程中重大技术问题。

C. 调试的程序

a. 该工程的风系统设备主要为风机和空调器，在调试前需进行外观检查和系统检查

Ⅰ　外观检查

① 核对风机和电机的型号、规格是否符合设计要求；

② 检查风机和电机两个皮带轮的中心是否在一条直线上，各部分螺栓是否拧紧；

③ 检查风机进出口柔性接管是否严密；

④ 转动皮带轮检查皮带的松紧是否适度；

⑤ 检查轴承处是否有足够的润滑油；

⑥ 用手盘车时，风机叶轮应无卡碰现象；

⑦ 检查风机、电机的电气设备是否符合有关规定要求，达到供电可靠，控制灵敏。

Ⅱ　风管系统的风阀、风口检查

① 关好空调器上的检查门；

② 主干管、支干管、支管及风口上的多叶调节阀应全开，防火阀应在开启位置；

③ 所有风阀均应启闭调节灵活，有固定装置，并有开关标记。

b. 试运转

① 对各风机的电机进行外壳绝缘、三相绕组平衡、启动电流和电压、转数检测调整并记录。

② 风机初次启动时，一经启动应立即停止运转，检查叶轮与机壳有无磨擦和不正常的声音，并检查叶轮旋转方向是否正确。

③ 启动时应采用钳形电流表测量风机的启动电流，待风机正常运转后再测量电机的运转电流；若运转电流超过电机额定值，应将风量调节阀逐渐关小，直至达到额定电流值，防止由于超载而将电机烧坏。

④ 风机运转过程中应用金属棒和螺丝刀，仔细倾听轴承有无杂声，来判断轴承是否损坏或润滑油中是否混入杂物。风机运转一段时间后，用表面温度计测量轴承温度，温度值不应超出设备技术文件的规定。

⑤ 在风机运转过程中如发生不正常现象，应立即停车检查，查明原因并消除处理后再行运转，风机经运转检查正常后便可连续运转，运转时间不得小于2h。

⑥ 风机运转正常后，应对风机转速进行测定，并将测量结果与风机铭牌和设计给定参数进行核对，以保证风量、风压满足要求。

c. 风量平衡：在风机运转正常和通风管网中所有毛病都消除后，即可进行风量平衡，这是一个关键环节。通过风量平衡，可以发现设计、施工或设备上存在的问题，并会同有关方面商议拿出解决问题的办法。

d. 通风空调系统风量测定和调整的主要内容包括风机最大风量、全压值、系统总送（回）风量、新风量及排风量、主风管风量及送（回）口风量，测定的方法一是用皮托管和微压计测量风管内的风量；二是用热球风速仪测量送（回）风口的风量。

Ⅰ　测定的截面位置和截面内测点位置的确定：测定截面的位置原则上应选择气流比较均匀稳定的部位，测定截面及测点的位置、数目应选择适当，考虑到本工程大多为矩形风管，可将其截面划分为若干个相等的小截面，并使小截面尽可能接近正方形，每块面积不得大于0.05m²，而测点应位于各小截面的中心，测点的位置视现场情况而定，以方便操作为原则。

Ⅱ　风量的测定顺序：为了检查测定截面选取的正确性，可在开始测量时同时测出所在截面上的全压、动压、静压，并用"全压＝动压＋静压"这个公式来检测结果是否吻合。

Ⅲ　风量的测定顺序如下：

① 用流量等比分配法或基准风口调整法，按设计要求调整送风、回风各主、支管、各送（回）风风口的风量；

② 按设计要求调整风机（箱）或空调机的风量；

③ 在系统风量平衡后，进一步调整通风机的风量；

④ 经调整后将各部分调节阀位置固定并做好标记，重新测得的风量作为最后的实测风量。

（5）焊接工艺

1）焊接工艺：严格执行经验证合格的焊接工艺，是确保焊接质量的关键，选定合适的工艺参数，并编制焊接工艺卡。

2）焊工资格：参加该工程焊接的焊工必须持有焊工合格证，工作岗位和合格证许可的项目一致时，方可上岗。

3）焊接接头、填充金属

接头形式按图纸要求选取，如有更改应和设计部门及建设单位联系，手续齐全后方可执行，一般要求按 GB 50236—98 标准执行。

该工程使用的钢材为⊏20 钢，填充金属材料为 E4303 电弧焊条，如有其他钢号时再定。

4）焊接设备

BX1-300-2 交流焊机用于电弧焊。焊机应保持良好的工作状态，适当的空载电压，可以灵活调节。

5）选用 E4303 电焊条时，必须严格检验电焊条质量，检验质保书及电焊条的检验手续是否完善；如不符合手续一律不得使用，如发现有霉锈等现象时也不得使用。

6）焊接工艺要求

认真清理焊接处浮锈、油污等，并露出金属光泽，区域为 10～15mm。

焊后必须清理焊缝表面的焊渣、飞溅及认真检查焊缝的外观质量。

7）焊接工艺参数（表 3-11）

手工电弧焊的工艺参数 **表 3-11**

焊接层次	焊接电流	焊接电压	焊条牌号	焊条直径	焊接速度	备注
1	80～90A	20V	E4303	2.5mm	7～8cm/min	
2	100～120A	20V	E4303	3.2mm	8～9cm/min	

8）焊接检验

a. 每道焊缝须认真清理，焊缝表面不得有焊渣、飞溅、裂纹、气孔等现象；

b. 焊缝咬边深度不得大于 0.5mm，咬边连续长度不得超过焊缝全长的 20%；

c. 焊缝加强层应控制在 1～2mm 内，母材与焊缝连接处应有圆滑过渡。

9）焊接技术资料：严格执行各项技术规范，焊接过程按焊接工艺卡要求执行。

（6）管道工程的防冻抗裂、防渗漏、防静电措施

1）根据系统工作压力，按图纸设计选用相应强度等级的管道，管道到场后按规定进行外观检查、质保书检查等，合格后方可进入使用。

2）安装过程中，严禁使用有裂纹、砂眼、椭圆率较大的管道、配件、阀门等。

3）严格执行国家规程、规范、安装工艺标准。

4）管道安装完毕，进行强度和工作压力试验；试验前，认真检查管道的泄放点，阀门的开闭，堵头的安装，法兰的紧固严密等一切准备措施。试压时，由专人负责，细致检查，做好记录，严禁超压试验。发现问题后逐一处理，直到符合国家验收规定。冬期施工时，水压试验应在环境温度高于 5℃时进行；低于 5℃时，必须有防冻措施。试压完毕后，泄空管道的存水，如不能放尽，应进行吹扫。

（7）工艺流程图（图 3-23～图 3-31）

3.3.7 屋面钢结构工程

（1）钢结构概况

本工程五十层屋面上有两个钢结构雨篷，55 层屋面上有一只主灯箱、两只副灯箱。雨篷及灯箱全部采用钢结构骨架，雨篷外包铝扣板，灯箱外包玻璃及铝扣板。

（2）施工工艺流程

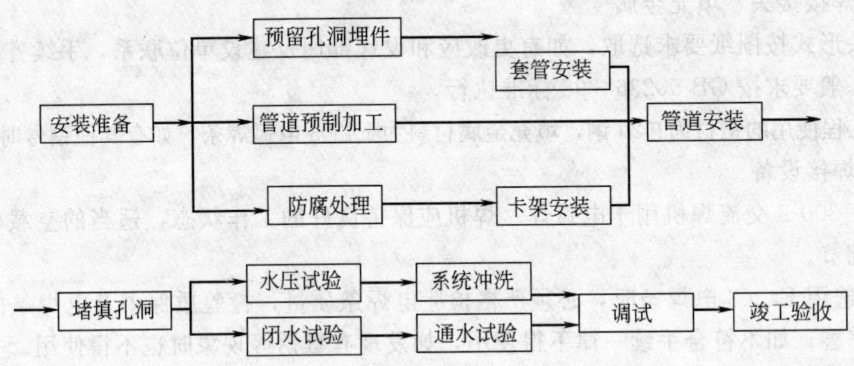

图 3-23 暖卫设备及管道安装基本工艺

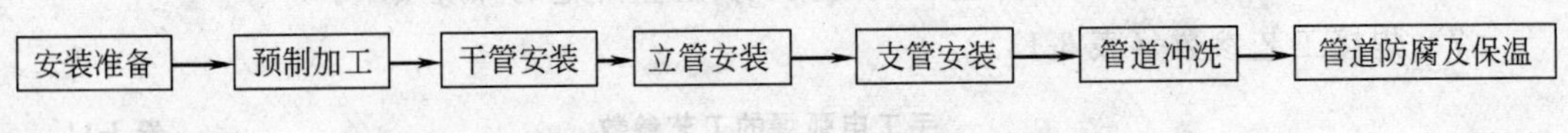

图 3-24 室内给水管道安装

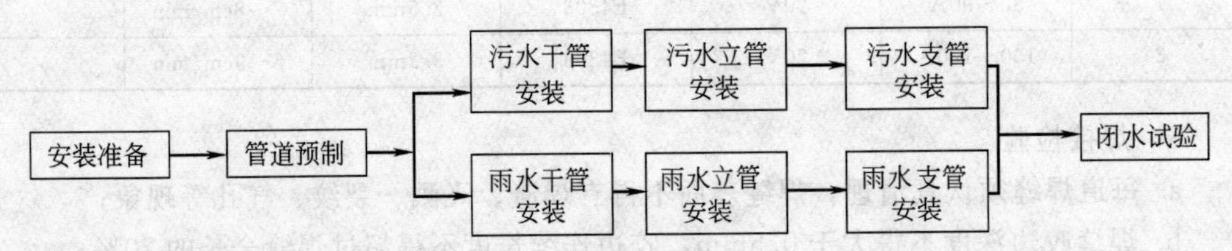

图 3-25 室内排水管道安装

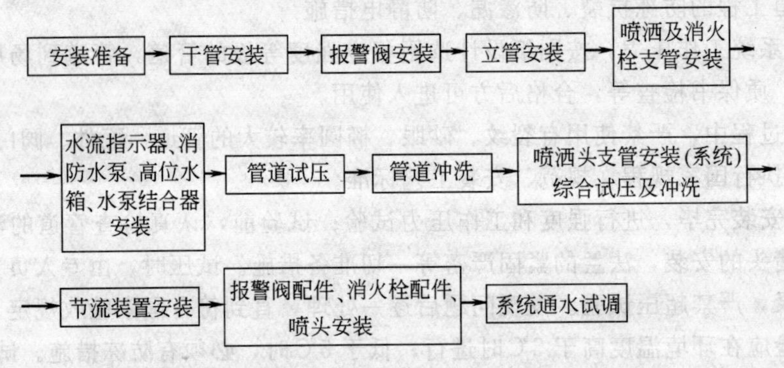

图 3-26 室内消防管道及设备安装

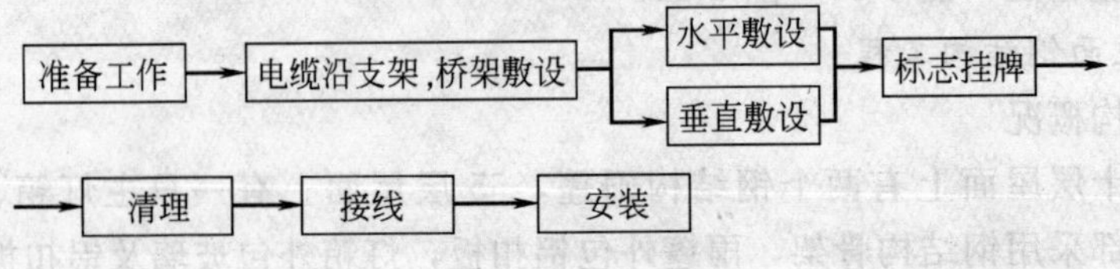

图 3-27 电缆敷设

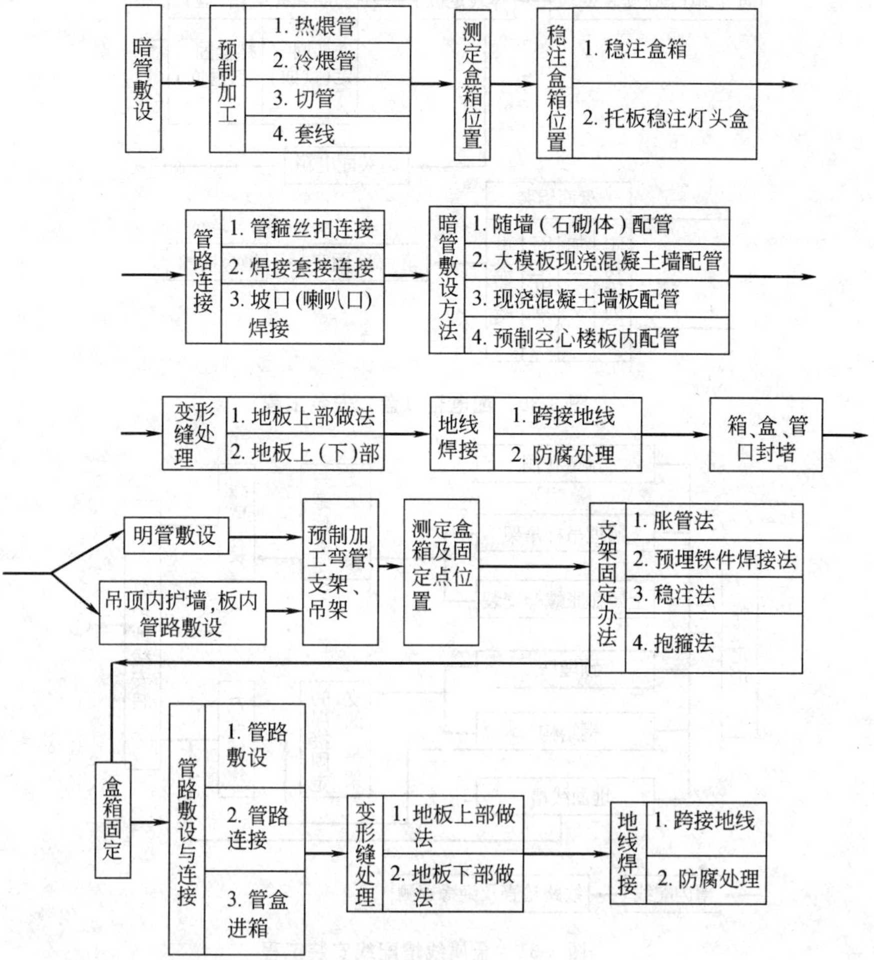

暗管敷设
预制加工
1. 热煨管
2. 冷煨管
3. 切管
4. 套线
测定盒箱位置
稳注盒箱位置
1. 稳注盒箱
2. 托板稳注灯头盒
管路连接
1. 管箍丝扣连接
2. 焊接套接连接
3. 坡口(喇叭口)焊接
暗管敷设方法
1. 随墙(石砌体)配管
2. 大模板现浇混凝土墙配管
3. 现浇混凝土墙板配管
4. 预制空心楼板内配管
变形缝处理
1. 地板上部做法
2. 地板上(下)部
地线焊接
1. 跨接地线
2. 防腐处理
箱、盒、管口封堵
明管敷设
吊顶内护墙，板内管路敷设
预制加工弯管、支架、吊架
测定盒箱及固定点位置
支架固定办法
1. 胀管法
2. 预埋铁件焊接法
3. 稳注法
4. 抱箍法
盒箱固定
管路敷设与连接
1. 管路敷设
2. 管路连接
3. 管盒进箱
变形缝处理
1. 地板上部做法
2. 地板下部做法
地线焊接
1. 跨接地线
2. 防腐处理

图 3-28　钢管敷设工程

设备开箱检查
设备搬通
柜(盘)稳装、水平调整
柜(盘)一次线配线
柜(盘)二次线(回路)配线
柜(盘)试验调整
送电运行验收

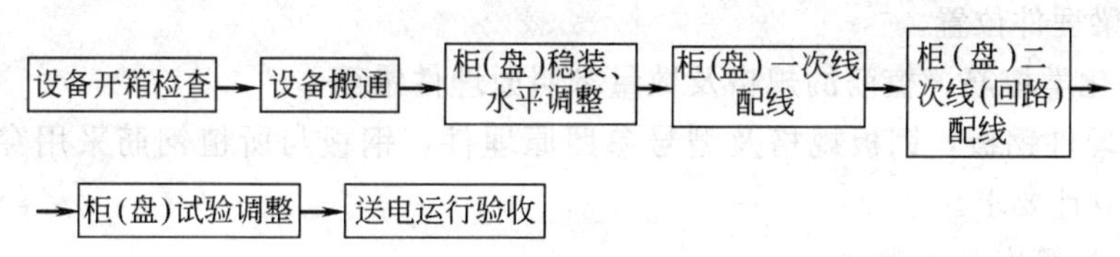

图 3-29　成套配电柜（盘）及动力开关柜安装

本分部工程工艺流程包括测量放线、清理埋件、地梁安装、主灯箱安装、雨篷安装、附灯箱安装。

1）测量防线

根据钢筋混凝土结构的标高线和轴线，按图纸尺寸放出地梁位置线。

2）清理埋件

根据地梁位置找出钢结构预埋件（施工钢筋混凝土时已预埋）位置，使用钻子凿净埋件上的杂物，特别是埋件上的水泥浮浆。然后检查埋件位置是否准确，对埋件偏移较大

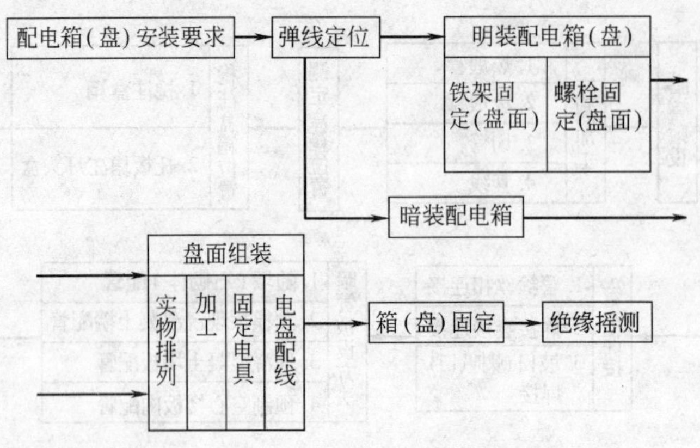

图 3-30 配电箱(盘)安装工程

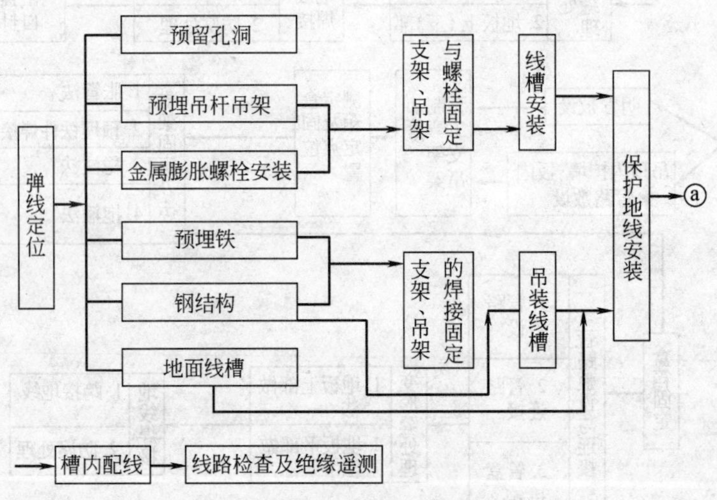

图 3-31 金属线槽配线安装工程

的，则需增补埋件，增补埋件要求如下：

a. 使用冲击电钻在混凝土结构上打孔，孔深及孔径参照化学螺栓规定的直径和深度，定位根据地梁埋件位置。

b. 采用化学植筋，植筋的规格及数量参照原埋件锚筋。

c. 增补埋件钢板，钢板规格及型号参照原埋件，钢板与所植钢筋采用穿孔塞焊，焊缝尺寸满足设计要求。

3) 主副灯箱安装步骤

A. 地梁安装：地梁主要由H500×300×14×22、H500×300×10×14、H500×300×10×16三种H型钢组成。根据已放出的地梁位置线安装地梁，地梁安装一定要求保持水平，根据已有标高控制好地梁标高。如遇埋件高度不够时，在埋件上加焊钢板垫实。

B. 框架安装：框架主要有200mm×200mm×12mm、200mm×200mm×8mm、200mm×200mm×6mm、200mm×200mm×4mm的箱形方管组成，局部配合使用槽钢及角钢，构件先采用螺栓固定，调整好定位尺寸后，方可进行焊接连接。

C. 立柱安装：根据已有标高，结合图纸尺寸控制立柱标高，立柱位置根据图纸定位，安装前先在地梁上画好立柱位置，保证柱边线和柱间相对位置准确，立好后做好临时斜撑，将柱脚与地梁点焊连接，暂时不要全部满焊，防止立柱脚焊接变形，使立柱倾斜。

D. HL梁安装：立柱安装好后，根据图纸尺寸在立柱上画出每根HL梁的尺寸，以第一点为标准，用水平管画出其余各根立柱上的位置。画好后安装HL梁，安装时要保证HL梁和立柱的表面平整，暂时点焊。

E. 斜撑安装：每根HL梁点焊安装后，复核尺寸是不是与图纸有误差，无误差的情况在HL梁上画出斜撑的位置，量出实际长度，放出倒角余量，尽量做到缝隙不能过大，控制在1mm范围内。缝隙过大焊接容易变形，影响外观成型的质量，一定等到斜撑全部安装后满焊，焊后要清查，清理飞溅再补刷防锈漆。

4）雨篷安装步骤

A. 根据土建提供的轴线位置，再结合图纸尺寸，在楼面用墨线弹出雨篷、立柱位置，看与土建预埋件的位置是否相符；如果不符需增加埋件，方法、要求同上。

B. 立柱安装：在预埋件画出立柱的外框尺寸，确定位置线，再根据土建提供标高结合图纸尺寸，算出各立柱长度。安装时用水平尺测量每根立柱的垂直度，同时加好每根立柱下口加强筋电焊点牢。

C. 横梁安装：由于横梁长度较长，预制时要考虑到运输和制作方便，梁应分段制作，安装前先在楼面上拼装。首先在楼面上制作简易平台，把分段梁在楼面上拼装好，利用弹线拉直，把每分段梁连接成直线，然后点焊、加固、满焊。焊后如有变形利用加热矫正，拼装校正后在横梁上标出两头和中间立柱位置以及支梁安装位置，便于支梁安装方便和准确性。

D. 支梁安装：支梁安装前首先应复核尺寸，横梁上所标尺寸是否误差，根据实际尺寸下料。安装时，图纸要求支梁下口和横梁下口平。

3.4 脚手架工程

3.4.1 脚手架选用原则

根据工程施工要求，脚手架的选用按如下原则进行施工：

1）结构层一至五层、装修施工一至十层选用落地式双排外脚手架；

2）结构施工六至四十二层、装修施工六至四十九层及四十九至五十五层局部选用附着式整体提升脚手架；

3）四十九层以上局部外架采用悬挑脚手架。

3.4.2 脚手架的搭设

A. 本工程外脚手架采用扣件式落地双排钢管脚手架（一至十层装修），钢管采用$\phi48\times3.5$，脚手架内立杆离墙面距离0.5m，立杆横向间距1.05m，立杆纵向间距1.8m，横杆步距为1.8m，小横杆挑向墙的悬臂为0.4m，扫地杆离地高0.2m（图3-32）。

B. 搭设顺序：放置纵向扫地杆──→立杆──→横向扫地杆──→第一步纵向水平杆──→第一步横向水平杆──→第二步纵向水平杆──→第二步横向水平杆──→依次搭设。

C. 剪刀撑沿外架纵向连续设置，宽度为5～7个立杆纵距，剪刀撑与水平夹角45°～60°，用旋转扣件与立杆和横向水平杆扣牢。连接点距脚手架节点不大于200mm。

D. 为了防止外脚手架外倾，提高立杆的纵向刚度，每层设置连墙杆，连墙杆利用结构的窗洞进行刚性连接，每根连墙杆负责的外脚手架垂直覆盖面积不超过40m²。

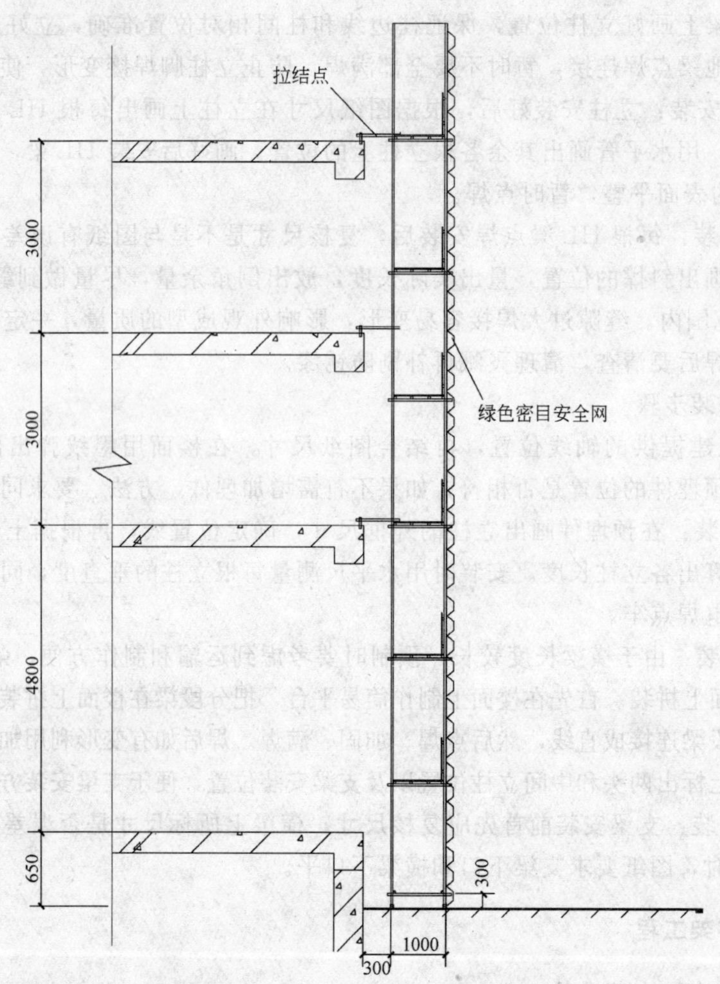

图 3-32　外脚手架剖面图（单位：mm）

E. 脚手架立杆接头必须采用对接扣件连接，相邻两立杆接头应错位不小于500mm，且应不在同一步内。各接头中心距主节点的距离，不应大于步距的1/3。纵向水平杆接长必须采用对接扣件连接，上下相邻两根纵向水平杆接头应错开不小于500mm，同一步内外两根纵向水平杆的接头应错开，并不在同一跨内，接头中心距主节点不应大于立杆纵距的1/3。脚手架操作层须满铺3层竹笆，须有180mm高的挡脚板和高度1.2m的护身栏(两道水平钢管紧贴外立杆内侧，用扣件扣牢)。

F. 脚手架斜道设置：脚手架斜道均作为人员上下通行用，宽度为1m，坡度为1∶3。

G. 斜道为之字形，拐弯处宜设置不小于1.2m宽的休息平台。斜道两侧及平台外围应设置两道护身栏，上栏杆顶为1.2m，底部还应设置高度不小于180mm的挡脚板。

H. 斜道还须设置防滑条，间距不大于300mm。

3.4.3　脚手架搭设的质量要求

1）纵向水平杆偏差不大于总长度的1/300，且不大于20mm，同跨内外高度差不大于10mm；横向水平杆水平偏差不大于10mm，外伸尺寸的误差不应大于50mm。

2）脚手架的步距、立杆横距偏差不大于20mm；立杆纵距偏差不大于50mm。

3）扣件紧固力矩宜在55～65N·m范围内。

4）连墙点的数量、位置要正确，连接牢固，无松动现象。

3.4.4 脚手架的拆除

1）拆除脚手架必须有拆除方案，拆除时应设警戒区，设置明显标志，并有专人警戒。

2）拆除顺序自上而下，不能上下同时作业。连墙点必须与脚手架同步拆除。一般不允许分段、分立面拆除。如施工需要必须分段、分立面拆除时，应在暂不拆除的两端加设连墙杆和横向水平支撑。

3）拆下的钢管、扣件应及时运至地面，严禁高空抛掷。

3.4.5 脚手架的安全防护及管理

（1）安全防护

作业层三步架内脚手架满铺竹笆作防护，非作业层只在靠楼层面处作通道的脚手架上铺竹笆，外侧立竹笆作防护；整个外架外罩绿色密目安全网。

（2）脚手架的管理

1）防火

脚手架内施工实行动火申请及监护制度，对施工人员尤其电焊工进行安全防火教育；气温高干燥时，应定时淋水；出入口、走道处悬挂灭火器；同时，对作业队伍进行如何使用灭火器教育。

2）防雷

外架转角处均焊$\phi 8$圆钢作防雷接地线，防雷接地线处焊接预埋铁，通过预埋铁用圆钢连接外架，经常派人检查，保证各连接点是焊接连接。雷雨天气禁止在外架上作业施工。

3）防坠落物

脚手架上杂物应及时清理，保证通道干净、整洁。脚手架内侧与墙面较大空隙处，在楼层标高面设置水平安全网。

4）限载

脚手架必须严格禁止超载使用，落地外脚手架施工荷载限制为270kg/m^2。

5）定期对脚手架进行维护、保养

在脚手架使用期间要经常检查扣件有无松动，安全防护网是否破损或被挪位；附墙杆件是否被拆除等，消除安全隐患。

3.4.6 悬挑脚手架

本工程四十九层以上为非标准层，部分外装修脚手架采用扣件式三角形悬挑钢管脚手架，悬挑钢管脚手架在结构施工时留设预埋件（图3-33）。

3.4.7 附着式整体提升脚手架（图3-34）

详见“附着式整体提升脚手架施工方案”。

3.5 施工电梯

3.5.1 电梯工程概况

上海世茂滨江花园二期6号楼主体结构建筑面积103546m^2，共有55层。为满足垂直运输的需要，在现场安装4台型号（SCD200/200）施工升降机，作为垂直运输机械。

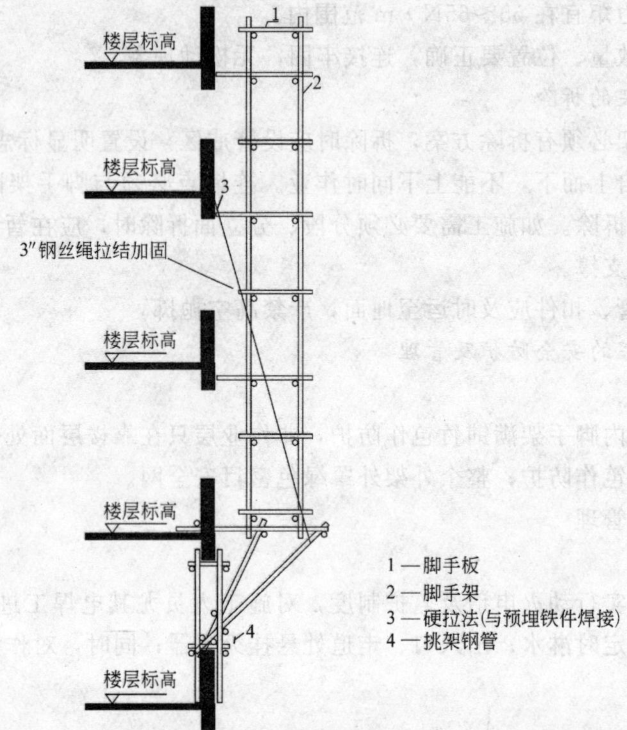

图 3-33 悬挑钢管脚手架示意图

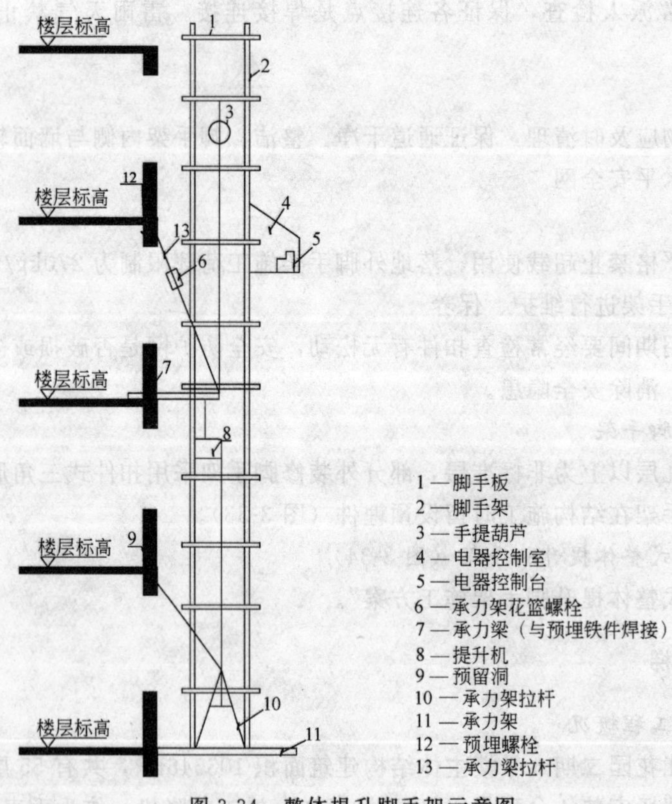

图 3-34 整体提升脚手架示意图

3.5.2 安装技术方案

(1) 安装前现场条件

① 安装地点满足安全检查规定，基础达到说明书要求；

② 道路畅通，有供电、照明、起重及其他必需的工具；

③ 安装的平台及混凝土强度需达到要求，地脚螺栓牢靠；

④ 安装工地周围加设保护栅栏。

(2) 围栏的安装

① 吊运围栏的基础底架至基础平面上，旋上 4 只 M30×160 螺栓，暂不拧紧；用垫片调整底架水平；

② 安装包括一、二节在内的三节标准节，装好缓冲弹簧座，用 M24×200 螺栓将导架与基础底架紧固，检查垂直度小于等于 3mm，垫实拧紧；

③ 在底架周围安装门框（连同直接门），接长墙板、侧墙板及后墙板，用可调拉杆将长墙板与导架标准节连接起来，并调整门框垂直度。

(3) 吊笼的安装

① 将压轮调到最大偏心位置，卸下安全钩及滚轮，松开制动器；

② 用塔机调起吊笼，从导架上方对入平衡放下，垫上枕木；

③ 重新安装安全钩和滚轮，调整偏心距及间隙，齿轮、齿条的位置居中；

④ 将电机制动器复位；

⑤ 手动撬动升降吊笼，检查齿轮、齿条啮合情况，吊笼门与围栏门框的上自动开门横杆及门锁的活动关系；

⑥ 安装好吊笼顶部的安全护栏。

(4) 对重装置安装

将 6 只对重导轨用螺栓和压板紧固到三节标准节上。注意事项：

① 导轨要居中；

② 导轨下端标准节管子端部要严格齐平；

③ 调整导轨接头，使导轨与导轨的连接处平直；

④ 在对重的缓冲弹簧座上垫上 200～300mm 的垫木，调节上下 4 只导向轮的偏心轴，使各导向轮对立柱管总间隙为 1mm；

⑤ 用塔机将配重对入导轨，使导轨停靠在垫木上。

(5) 提升、加节

① 将导架加高至 10.5m，四节标准节接好后整体安装；

② 标准节螺栓及标准节接口处均要加上黄油；

③ 9m 处设第一道附墙架，垂直度小于等于 5mm。

(6) 电气设备和控制系统安装

① 安放电缆，注意安放位置；

② 接线，保证吊笼运行方向与操作盒上标记方向一致；

③ 检查各安全开关应能正常作用（围栏门、吊笼门、吊笼顶门、上下限位、三相极限及松绳保护开关）；

④ 按限位开关的实际位置，安装调整导架底部各限位挡板。

(7) 吊笼试车

① 接通电源，上下数次（高度为5m），检查运行平稳状况，制动器、齿轮啮合情况，滚轮导架接触情况，安全开关动作情况等；

② 荷载试验，检查电机、减速机的发热情况。

(8) 升节

① 安装吊杆到吊笼顶部，吊笼内操作盒移至吊笼顶部；

② 用吊杆吊起标准节（最多3节），在笼顶上操作吊笼上升（现场可借用QTE80或C7022塔机安装）；

③ 按下紧急停机按钮，防误动作开关扳至停机；

④ 安装标准节，拧紧螺栓；

⑤ 重复上述动作至所需高度；

⑥ 每加10m，须测垂直度。

(9) 附墙架安装（现场4台都可随层高同时进行安装）

① 安装过道竖杆，每9m设短前支撑2道，长前支撑1道，长短间隔为3m，安装过桥连杆；

② 用M24螺栓将支撑座连到墙面预埋件上；

③ 安装斜支撑；

④ 校正垂直度，拧紧螺栓。

(10) 安装对重导轨及电缆导向装置

① 安装好对重导轨；

② 安装盘绳装置；

③ 安装头架；

④ 穿钢丝绳，装绳夹不少于3只，注意位置间距大于等于120mm，外露段大于200mm；

⑤ 安装调整导架架顶部限位挡板；

⑥ 每2m左右处安装一个电缆导向装置。

(11) 检验和验收

① 整机调试，注意各部位运行及动作情况，有异常要立即整改；

② 施工电梯安装完毕，须经有关部门检验验收合格并挂牌后方可使用。

(12) 安全技术措施

① 施工前，由安装负责人向操作工人认真做好安全技术交底；

② 设备进场前，做好检修维修工作；

③ 安装时，作业场周围设警戒线，地面派专职安全员监护；

④ 作业当天下班前，应将未安装完的设备作临时固定，并悬挂警示牌；

⑤ 作业过程中，确保技术人员、技术工人各就各位，统一指挥。

3.6 塔吊

3.6.1 塔吊工程概况

上海世茂滨江花园二期6号楼主体结构建筑面积103546m^2，共有55层。为满足垂直运输的需要，在现场安装两台型号QT80/C7022塔吊，作为垂直运输机械。

3.6.2 安装工具（表3-12）

表3-12

序　号	机 具 名 称	型　号	数　量
1	加长车	10t	1辆
2	平板汽车	5t	1辆
3	汽车吊	8t	1辆
4	汽车吊	25～32t	1辆
5	专用扳手		1套
6	对讲机	GP88	3只
7	安全带		5付
8	常用工具		若干
9	撬棍		若干
10	榔头	4、8、12磅	各1个
11	麻绳	ϕ10	100m
12	手动葫芦	2t	1只

3.6.3 安装准备

① 根据设计图纸及要求，结合工程实际情况，制作塔吊基础、预埋地脚螺栓，安装塔吊基座。

② 调节基座水平度及塔身垂直度。

③ 将塔吊各部件运至安装位置。

④ 现场将塔吊各部件组装完毕，保留安装吊车的进场道路。

3.6.4 安装步骤

a. 堆放场地进行部分滑轮、扶梯、走道的安装及平衡臂卷扬机、滑轮的组装，现场进行起重臂和平衡臂的拼装。

b. 在塔吊基座上安装两节标准节，拧紧连接螺栓。

c. 将塔吊提升框吊装至塔身上，锁住下降卡。

d. 将回转支撑吊装至塔身上，用连接螺栓与塔身相连。

e. 将驾驶室节吊装至回转支撑上，用连接销与回转支撑连接，同时将驾驶室安装至回转平台上。

f. 接通塔吊总电源及回转机构电源以便安装时使用。

g. 将塔头及平衡臂第一节拉杆吊装就位。

h. 将塔吊平衡臂吊起到安装位置，通过塔吊回转对准连接销位置，锁住连接销，同时穿好开口销，继续起高平衡臂，连接好平衡臂拉杆，缓慢松下吊车吊钩，使平衡臂拉杆拉紧。

i. 接通塔吊起重机电源已备安装使用。

j. 找准起重臂重心位置（变幅小车可作调节），吊起起重臂，使其与塔吊驾驶室节相连。穿好开口销，继续升高起重臂，通过主卷扬机收起起重臂拉杆并与塔头顶端相连，缓慢松下吊车吊钩，张紧起重臂拉杆。

k. 汽车吊将塔吊平衡配重逐一安装到位。

l. 安装好塔吊吊钩及变幅牵引绳，调节好塔吊安全装置。

m. 将塔吊顶升至预定位置。

n. 在所有情况下，均应使用电缆护套，以防止电缆损坏。电缆护套的悬挂点一端在回转支撑上，另一端在回转支撑通道平台底部。

3.6.5　塔吊附墙连接

a. 塔吊附墙次数根据使用说明书规定而定，本工程塔吊共附墙 7 次，附墙间距从下至上分别为 18～30m 不等。

b. 塔吊附墙采用[18 槽钢作为附墙连接件，连接件一端与结构外墙或梁内预埋钢板焊接连接，另一端与塔吊附作框连接。

c. 附墙预埋件在施工结构时预埋，采用 $\delta=30$mm 厚钢板。

d. 在预埋件处混凝土达到设计强度的 80%后方可进行附墙连接，进行附墙连接时，停止塔吊作业。

e. 每道附墙连接间距必须满足塔吊使用手册的要求。

f. 在拆除塔吊时，从上至下逐道拆除连接件，禁止一次拆除多道。

3.6.6　安全措施

a. 现场安装区域必须设立警戒区，由专职安全员监护，禁止非作业人员进入作业区，吊物下方严禁停留。

b. 教育安装人员必须遵守现场施工纪律，高空作业必须系好安全带，穿好防滑鞋，并正确使用安全防护用具。

c. 相关人员必须持证上岗，严格遵守操作规程，照章作业。

d. 安装前仔细检查起重设备，钢丝绳、绳扣、滑轮和防护设施等，确认可靠后方可作业。

e. 安装期间注意天气情况，大风（四级以上）、大雨、大雾期间禁止作业，中途有变故必须加固安装部位。

f. 安装期间，作业人员禁止酒后作业，疲劳操作。

g. 高空作业禁止乱抛物体，严禁嬉戏打闹。

h. 作业期间所有操作人员必须听从统一指挥，禁止擅自操作，擅自离岗。

i. 安装前，必须进行安全技术交底，学习拆塔方案，熟悉了解安装步骤及方法。

3.7　季节性施工

本工程施工期间，要跨越雨期（偶有台风）、夏季、冬期。为了更好地指导施工，必须编制相应措施，以达到保证质量、控制工期、安全施工、减少浪费的目的。

3.7.1　雨期施工技术措施

1）合理安排施工进度计划，准确掌握天气预报信息，尽量避开在大雨天进行土方开挖、基础施工、防水施工、混凝土浇筑等。

2）在土方开挖、基础施工时，应采取有效的排水措施，根据施工部位设置集水井、排水沟，保证排水系统在整个施工面上贯通。并以机械排水为主，自排水为辅，及时将积水排至场外的排水管道中。

3）混凝土浇筑时，如遇大雨天气，应随浇随收平，随用塑料薄膜等覆盖，并通知搅拌站适当调整混凝土坍落度。

4）施工时，如遇雷雨天，应采取设置临时性和利用工程的永久性避雷系统，以有效防止雷击。

5）施工临时通道和提升架操作平台上应设置防滑条。

3.7.2　防台风措施

1）在台风来临前，应对塔吊、提升架、外钢管脚手架等进行检查：检查其是否有松动的地方，与墙体的拉结是否牢固等，并增加其附墙拉结点数。

2）对临建设施采取临时加固措施，防止被台风刮倒。

3）加强临时建筑区的排水设施并配置一定数量的排水机械，以保证排水的畅通和及时。

3.7.3　夏季施工技术措施

1）合理安排施工进度，尽量安排晚上至凌晨这段时间浇筑混凝土。

2）作好混凝土浇筑前的准备工作：提前1～2d确定混凝土的浇筑时间并通知混凝土搅拌站；对机械进行检修，保证混凝土输送泵、布料机、塔吊、振动器等能满足混凝土浇筑的需要；混凝土搅拌站要确保混凝土供应速度，以保证混凝土浇筑在12h内完成。

3）适当调整混凝土的坍落度；在混凝土中掺加适量的缓凝剂；必要时可利用设计留设的2条后浇带，调整混凝土浇筑的流向和速度，确保混凝土的质量。

4）安排专人负责混凝土的养护工作，在混凝土终凝后即开始对混凝土进行浇水养护，连续养护不少于7d。

5）对于砌体和抹灰工程中使用的砂浆，应适当调整其砂浆稠度，同时在规定的时间内用完（2～3h），确保混凝土的质量。

3.7.4　冬期施工技术措施

1）当室外平均气温连续5d稳定低于5℃时，混凝土结构工程应采取冬期施工措施；当预计连续10d平均气温低于5℃时或最低气温低于－3℃时，砌体的抹灰工程应采取冬期施工措施。

2）在混凝土中掺加适量无氯盐类防冻剂；在砂浆中加入适量工业盐，以起防冻作用。

3）混凝土浇筑前，应清除模板和钢筋上的冰雪和污垢。

4）浇筑尽量安排在白天温度较高时间段施工；在浇筑时，随浇筑应及时用塑料薄膜和草袋覆盖；增加模板数量，延长拆模时间，以减少混凝土温度损失，保证混凝土强度的持续增长。

4　质量、安全、环保技术保证措施及总承包管理

4.1　质量保证措施

4.1.1　项目质量保证体系的组成及分工

（1）质量管理体系

质量管理体系的设置及运转均围绕质量管理职责、质量控制来进行，施工质量管理体系如图4-1所示。

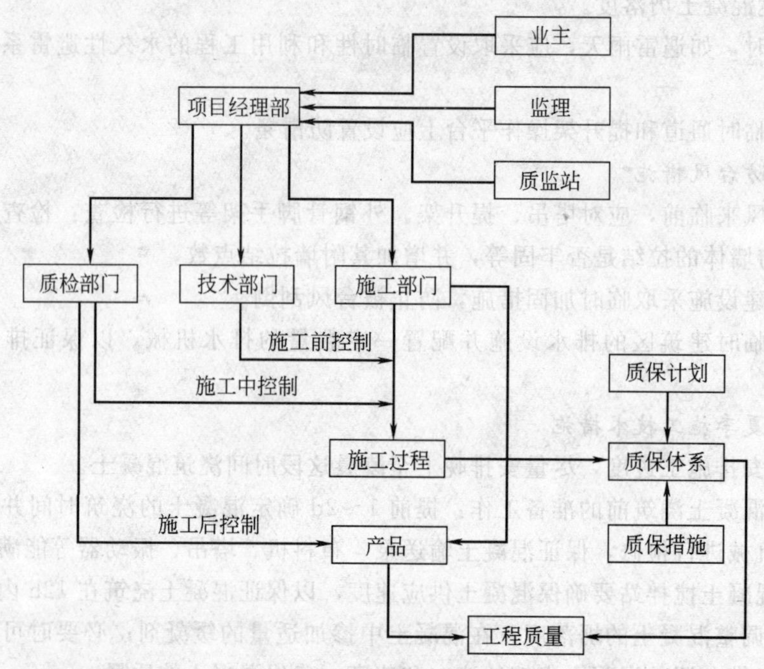

图4-1　质量管理体系

（2）项目质量管理组织机构

根据我局质保体系文件的要求，结合本工程的实际情况，设专职质量检查人员，建立如图4-1所示的质量管理机构，并严格按照国家现行有关规定及合同要求进行质量检查，积极配合业主、监理、设计及质量监督站等对工程质量的检查和监督，提供一切所需的设施及协助，使整个质量保证体系协调运作，从而使工程质量始终处于受控状态。项目质量管理组织机构如图4-2所示。

（3）项目质量管理职责

1）项目经理的质量职责

项目经理作为项目的质量第一负责人，对整个工程的质量全面负责，具体职责为：

① 代表我局履行对业主的工程承包合同，执行我局的质量方针，实现工程质量目标；

② 建立和完善项目的质保体系组织机构，明确人员职责，建立恰当的激励机制，充分发挥参与项目建设所有员工的积极性；

③ 主持项目质量管理体系的评审，审定或签发对内对外的重要质量文件。

2）项目总工程师（质保经理）的质量职责

① 项目总工程师作为项目的质量控制及管理的执行者，对整个工程的质量工作全面管理；

② 图纸会审和技术核定工作，组织编制项目施工组织设计及各种施工方案，编制特殊工序的施工作业指导书，并组织施工方案的施工交底，从技术管理上保证工程质量；

③ 督促项目人员执行经过审批的施工组织设计作业指导书，并检查实施效果，必要

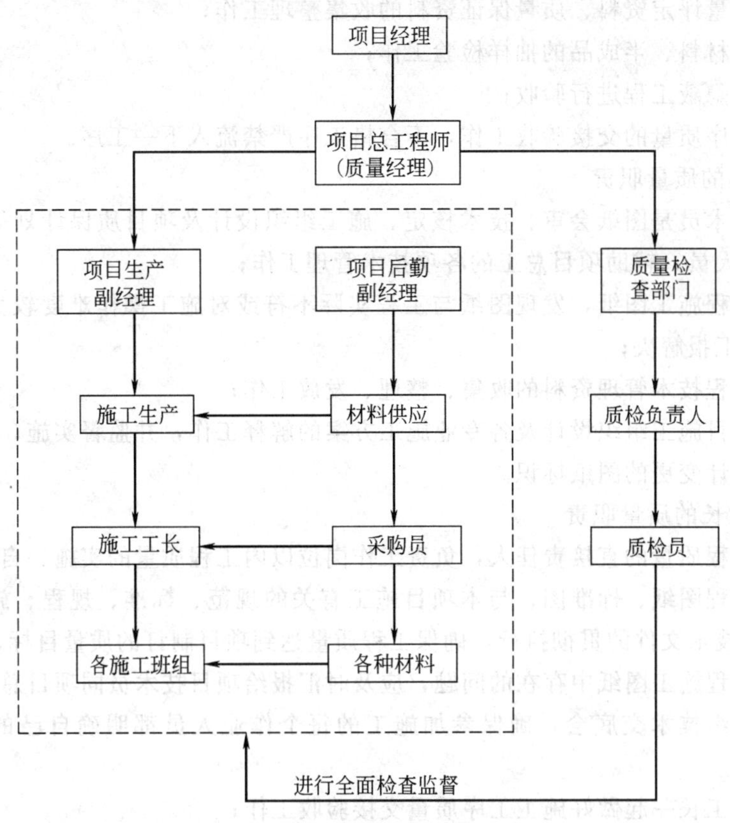

图 4-2 项目质量管理组织机构

时制定针对性的预防或纠正措施；

④ 负责管理项目的计量、试验和测量工作，解决施工过程中的技术问题；

⑤ 主持质量事故的处理和技术处理方案编制；

⑥ 主持制定项目各项质量管理制度，负责工程质量创优计划的全面实现；

⑦ 建立项目信息化管理网络，实现动态管理与施工质量决策；

⑧ 推广应用新技术、新工艺，领导项目 QC 活动。

3）项目副经理的质量职责

项目副经理作为负责生产的主管领导，应把抓工程质量作为首要任务，在施工中，要按施工方案及作业指导书来组织生产，按规范及标准组织自检、互检、交接检及内部验收，督促实施工程产品保护措施。

4）质检人员的质量职责

① 质检人员作为项目对工程质量进行全面检查的主要人员，兼有质量检查与监督的职责；

② 按照与本工程有关的国家现行规范、标准对工程设计图纸、标准图、工艺标准、工程质量实施全过程、全方位的检查与监督，使之达到项目制订的质量目标的要求，在实施过程中，对质量问题发出质量整改通知单，监督检查整改情况，重新复核；

③ 跟班检查并记录质量情况，并及时、准确、全面地向项目质保经理汇报，以作为质量决策的依据；

④ 负责质量评定资料、质量保证资料的收集整理工作；

⑤ 监督原材料、半成品的抽样检验工作；

⑥ 负责对隐蔽工程进行验收；

⑦ 监督工序质量的交接验收工作，不合格工序严禁流入下一工序。

5）技术员的质量职责

① 项目技术员是图纸会审、技术核定、施工组织设计及项目质保计划等项目技术文件的主要编写人员，辅助项目总工的各项技术管理工作；

② 熟悉工程施工图纸，发现图纸与工程实际不符或对施工操作难度较大的问题，及时向项目总工汇报解决；

③ 负责工程技术管理资料的收集、整理、发放工作；

④ 负责项目施工组织设计及各专业施工方案的解释工作，并监督实施；

⑤ 负责设计变更的图纸标识。

6）项目工长的质量职责

① 作为工程质量的直接责任人，负责工作岗位以内工程质量的实施、自检与改正；

② 负责工程图纸、标准图、与本项目施工有关的规范、标准、规程、施工组织设计以及项目其他技术文件的贯彻执行，确保工程质量达到项目制订的质量目标；

③ 发现工程施工图纸中存在的问题，应及时汇报给项目技术员同项目总工解决；

④ 主持班组技术交底会，确保参加施工的每个作业人员都明确自己的技术及质量要求；

⑤ 与其他工长一起做好施工工序质量交接验收工作；

⑥ 对工作范围内的工程质量自检合格后，及时通知质检员进行检查验收，并对检查出的问题及时、认真整改；

⑦ 监督操作工人的操作质量，及时纠正可能或已经发生的质量问题。

7）材料员的质量职责

① 提供原材料、半成品质保证明单；

② 对进场的原材料、半成品实施检验，如发现不合格情况，按《不合格品控制程序》填写不合格物资处理记录；

③ 对所有进场材料，立即通知项目质检员会同项目试验员以及工程监理进行抽样送检；

④ 把好材料发放关，发放经过检验合格的材料，对无出厂合格证及检验报告的材料严禁发放；

⑤ 做好不合格材料的标识并及时处理退场，以防误用。

8）试验员

① 负责材料、半成品、混凝土等见证取样与送检工作；

② 根据试验的原始记录，试验员按国家要求进行统计分析，并填写试验报告。试验原始记录未审核之前，不得填写试验报告，试验报告经批准后方能发出。

4.1.2 质量目标

本工程的质量达到图纸的要求，达到国家工程建设标准强制性条文的有关规定的优良等级水平，主体结构工程达到优质标准，创上海市“白玉兰”奖。

4.1.3 组织保证措施

(1) 质量管理制度

1) 技术交底制度

坚持以技术进步来保证施工质量的原则。技术部门编制有针对性的施工组织设计，积极采用新工艺、新技术；特殊工序要编制有针对性的作业指导书。每个工种、每道工序施工前组织各级技术交底，包括项目总工程师对工长的技术交底、工长对班组长的技术交底、班组长对作业工人的技术交底。各级交底以书面形式进行。

2) 样板引路制度

施工操作注重工序的优化、工艺的改进和工艺的标准化操作。每个分项工程或工种(特别是量大面广的分项工程)在开始大面积操作前做出示范样板，包括样板墙、样板间、样板件等，统一操作要求，明确质量目标。

3) 施工挂牌制度

主要工种如钢筋、混凝土、模板、砌砖、抹灰等，施工过程中在现场实行挂牌制，注明管理者、操作者、施工日期，并做相应的图文记录，作为重要的施工档案保存。

4) 过程“三检”制度

实行并坚持自检、互检、交接检制度。自检要做好文字记录，隐蔽工程由项目技术负责人组织工长、质量检查员、班组长检查，并做出较详细的文字记录。

5) 质量否决制度

不合格分项、分部工程必须进行返工。出现不合格品，采取必要的预防和纠正措施。

6) 成品保护制度

应当像重视工序的操作一样重视成品的保护。项目管理人员应合理安排施工工序，并做好记录。如下道工序的施工可能对上道工序的成品造成影响时，应征得上道工序操作人员及管理人员的同意，并避免破坏和污染。

7) 质量文件记录制度

质量记录是质量责任追溯的依据，应力求真实和详尽，各类现场操作记录及材料试验记录、质量检验记录等要妥善保管，特别是各类工序接口的处理，应详细记录当时的情况，理清各方责任。

8) 培训上岗制度

工程项目所有操作人员必须经过业务技能培训，特殊工种必须持证上岗。

9) 工程质量事故报告及调查制度

工程发生质量事故，及时向当地质量监督机构和建设行政主管部门报告，并做好事故现场抢险及保护工作。

(2) 保证质量的技术措施

a. 根据本工程特点及实际情况，编制技术先进、科学合理的施工方案，使本工程达到资源合理配置和工期最短，安全最可靠、质量最佳、成本最低，实现向技术要效益的要求。

b. 在开工之前，应组织技术和施工人员熟悉图纸，同时搞好图纸会审工作，理解该工程的设计构想和设计意图，对图纸存在的疑问及实施设计意图的困难提前得到解决。

c. 在开工前，由项目技术负责人向项目工程技术人员进行施工组织设计交底，使项目经理部各级人员对工程及其技术要求做到心中有数。由工长做好分项工程技术交底。特殊部位应由项目内业技术员做专项技术交底，使作业班组明确技术要求。

d. 对工程施工文件和资料及时做好受控或作废标识，设计变更通知单及施工技术核定单应及时在施工图中标识，以免施工中误用作废的文件和资料。

e. 重要的分部分项工程需编制专门的施工方案，特殊工序需编制作业指导书。

f. 质量不合格品处理

不合格产品的处理程序

验收发现不合格 → 发布整改通知 → 班组整改 → 重新报验

当出现较严重不合格品时，应制定和实施纠正措施和预防措施，避免再度发生。

加强施工过程中的计量管理，保证量值传递的准确性，并保证施工过程计量准确性。

施工中各类有关人员应做好各种施工技术资料的办理、签证和收集整理工作，保证资料与工程同步，项目技术负责人应对施工技术资料严格把关，未经审核的资料不得向外和向下传递。

(3) 施工过程中的质量保证措施

a. 对特殊工种人员，必须持证上岗。

b. 严把材料质量关，对进场材料按有关规定进行试（复）验，对试（复）验不合格的材料严禁使用，不合格的原材料应有进退场记录。

c. 施工过程中，应积极发挥“三检”作用，把好质量关，防患于未然，对某些可能发生的质量问题作好预防措施，对已发生的质量问题，由项目负责人负责马上组织分析其原因，及时进行整改和纠正。

d. 施工过程中加强成品、半成品、预埋件的保护。

e. 开展QC活动，克服质量通病，不断改进工序质量。

4.1.4 成品保护

为了保证本项目各施工过程中的工程产品及完工的单位工程得到有效保护，将符合合同要求的工程交付给业主，特制定本工程产品保护措施。

本产品保护措施适用于整个项目及项目所属的各分包单位在本项目范围内生产的成品（或半成品）的保护工作，以及各分部分项工程产品的交付工作。

(1) 成品保护职责划分

a. 项目经理对工程产品保护与交付工作负直接组织与领导的责任。

b. 项目生产经理负责按“工程产品保护与交付工程程序”制定工程产品保护措施，确定工程产品交付方案并组织实施及监督执行。

c. 施工工长组织班组负责人对正在进行作业的分项分部工程产品和上道分项分部工程产品进行保护。

d. 施工班组负责人对当班作业的分项分部工程产品和上道分项分部工程产品负有直接保护的责任。

e. 各作业层工人要听从工长和班组长的安排，对当班作业工序和上道工序的产品进行保护。

f. 最终的工程产品保护工作由项目经理安排专人负责，此项工作直至产品交付为止。

(2) 成品保护措施

1) 半成品的保护

a. 木门窗、钢门窗、铝合金门窗等半成品一般堆放在室内场地；预制构件、预埋件等可堆放在室外，必要时加以覆盖防护。

b. 堆放场地要求地面平整、干净、稳固、干燥、排水畅通、通风良好、无污染，并应满足消防防火安全需要。堆放场地必须与施工平面布置图相符合。

c. 半成品一般按指定位置分类、分规格堆放整齐。叠码堆放时，上、下垫块应对齐，且不得超过规定的叠层堆放高度和数量，防止变形损坏；侧向堆放除垫木外还应加撑脚，以防倾倒。

d. 在堆放的半成品上不宜堆放其他物件。

e. 半成品运输时，其装车高度、宽度、长度应符合规定，堆放科学合理，超长构件应配置超长架进行运输。装车后绑扎牢固，防止运输及装卸时散落、损坏。装卸时做到轻装轻卸。

f. 现浇钢筋混凝土工程产品保护。

2) 绑扎成型的钢筋产品保护

a. 钢筋按图纸绑扎成型完工后，应将多余的钢筋、扎丝及垃圾清理干净。

b. 木工支模及安装预留、预埋、混凝土浇筑时，不得随意弯曲、拆除和移动钢筋，混凝土振捣时，不得随意碰撞钢筋和在钢筋上振捣。

c. 梁、板、楼梯绑扎成型的钢筋上部，后续工种施工作业人员不能任意踩踏或重物堆放，以免钢筋弯曲变形或位移。

d. 木工支模在钢筋绑扎成型完工后，作业面的垃圾应及时清理干净。

e. 模板隔离剂不得污染钢筋，如发现污染应及时清理干净。

f. 水平混凝土输送管支架应按要求铺设，不得直接搁置在钢筋面上。

g. 接地及预埋等不得损伤钢筋，尤其是受力钢筋上不得随意焊接。

3) 模板保护

a. 模板支模成型后，应及时将全部多余材料及垃圾清理干净，经验收后交付给下道工序班组。

b. 安装预留、预埋应在支模同时配合进行，不得任意拆除模板，也不得用重锤敲打模板和支撑，需在模板上开孔应与工长联系，由工长安排模板工配合开孔。

c. 模板侧模不得堆靠钢筋等重物，以免倾斜、偏位。

d. 禁止平台模板面上部集中堆放重物。混凝土浇筑时，模板上部不能倾倒堆积过多混凝土，振捣时不能碰撞模板，以免模板受压变形。

e. 混凝土水平输送管支架不得直接搁置在侧面模模板上，必须用钢管支架搁置在可靠的平台模板上。

f. 模板安装成型后，浇筑混凝土过程中，应派模板工值班保护，进行检查、校正，以确保模板的最终安装质量。

4) 混凝土产品保护

a. 混凝土浇筑完成后，应将散落在作业面上多余的混凝土清理干净，并按方案要求进行保护。冬雨期施工完工的混凝土产品，应按冬雨期要求进行覆盖保护。

b. 混凝土在初凝至终凝前，不得在上面作业，达到设计和规范规定的施工强度后方可进入下一道工序的作业，同时应按方案规定确保养护期，做好混凝土的养护工作。

c. 混凝土楼层面应按作业程序分批进场施工作业材料，并尽量分散均匀轻放，不准集中超重堆放。

d. 模板工拆模时应派人值班，发现异常情况及时向技术部门反映，再按要求进行处理。拆模完成后，应做好记录。

e. 混凝土浇捣成型后，不得随意开槽打洞，安装应在混凝土浇筑前做好预留、预埋。

f. 混凝土面上部临时安置施工设备应垫板，满足分散承压的要求，并应做好防污染的覆盖措施，防止机油等污染。

g. 不得用重锤、重物敲击混凝土面。

5）砌体产品保护

a. 需预留、预埋的管道铁件、门窗框应同砌体有机配合，做好预留、预埋工作。

b. 砌体完成后，应及时将表面杂物清理干净，保证外观质量。

c. 在已施工的砌体上不得随意开槽打洞，也不得随意用重物、重锤敲击。

d. 悬挑、拱结构砌体的支撑，应保证砌体达到设计要求强度后方可拆除。

6）楼地面产品保护

a. 水泥砂浆地面，应设置保护围栏或防护标志，产品达到规定强度后方可拆除。成型后，其建筑垃圾及多余材料应及时清理干净。

b. 在水泥砂浆地面上不许放置带棱角、硬质材料及油漆、酸、水泥等物料。

c. 下道工序进场施工，应对所作业范围的楼地面进行覆盖保护。如进行油漆、涂料、砂浆等施工，楼面应铺放防污染材料，如塑料布等。操作架或钢管，直接与楼面接触的部位应包扎胶皮等物或加设垫块，以免擦伤楼面。钢管跳板等硬物应轻放，不得抛、敲、撞击楼地面。

d. 严禁在楼地面上明火作业。

7）门窗产品保护

a. 木门框安装后，应按规定设置拉档，以免门框变形。

b. 运输车道进出口的门框下部应钉设防护挡板，高度同小车高度一致，以免小车碰坏门框。

c. 铝合金门窗框塑料保护膜要保护完好，不得随意拆除。

d. 不得利用门窗框的框作为架子横档使用。

e. 从窗口进出材料应设置保护挡板和覆盖塑料布，防止压坏、碰伤、污染窗体。

f. 墙面油漆涂料施工时，应对门窗进行遮盖保护。

g. 脚手架在搭设与拆除时，不得碰撞、挤压、损坏门窗。

h. 不得随意在门窗上敲击、涂写、钉钉或挂物。

i. 门窗开启，应扣好风钩、门碰，关闭时应上好插销或锁头。

j. 门窗玻璃安装后，要做醒目的防碰撞标志。

8）屋面产品保护

a. 屋面施工完工后应及时清理，做到屋面干净、排水畅通。

b. 不得在屋面上使用明火。

c. 不得在屋面上堆放材料、杂物、机具。

d. 确因收尾工作需要须在屋面上作业，应先在作业面铺设木板等进行保护，散落材料及垃圾应工完场清，电焊作业应采取隔离措施。

e. 因设计变更，在已完屋面上增加或改换安装设备，必须事先做好屋面产品保护措施。作业完毕应及时清理现场，并进行质量检查复验；如有损坏应及时修补，确保屋面质量。

9）后浇带产品保护

a. 后浇带在封闭前，用层板封闭，以防杂物坠落，底板后浇带积水应及时派人抽取。

b. 后浇带位于跨中，摸板拆除后应用钢管两边回撑，回撑钢管不得随意拆除。

c. 后浇带施工时，要注意保护钢筋不弯、不变形、不位移，在浇捣混凝土前应认真清理钢筋表面。

d. 主楼与三期地库间后浇带须在主楼封顶后才能封闭，此处钢筋应刷水泥浆保护，待封闭时才除去。

e. 后浇带的两边不得堆放材料及其他重物，水平通道铺设应在后浇带面上垫木方，底部应加密回撑。

10）楼梯产品保护

a. 混凝土未终凝前，不得拆除踢脚板支撑，也不得上人踩踢。

b. 注意楼梯混凝土的养护工作，踢脚板拆模时应注意保护楼梯的棱角，不要用钢管或撬棍用力去拆。

c. 楼梯底板拆除，必须等混凝土强度达到设计要求的强度时方可进行，不得提前拆除。

d. 上下搬运物品时，应注意不要碰伤踏步的棱角，不要在踏步上拖拽，转弯时也应小心，不要碰坏楼梯栏杆或损伤栏杆油漆。

e. 楼梯内装修完成后，应将楼梯进行封闭（除留设的通道外），不得随意进出，以免损坏。

11）交工前产品保护

a. 为确保工程质量完好，达到用户满意，项目经理应根据工程特点，按建筑、安装分区分层完工后，组织专门人员负责产品质量保护，值班巡查，进行产品保护工作。

b. 产品保护人员，按项目经理指定的保护区楼层范围，进行值班保护工作。

c. 产品保护人员，交接班时应填写《工程产品保护交接记录表》，并报项目经理部备案检查。

d. 值班时，如有损坏工程产品的情况发生，产品保护人员应及时制止，并立即向项目经理汇报。

e. 在工程未办理竣工验收手续前，原则上不得在工程内使用房间、设备及其他一切设施。

f. 产品保护工作一直进行到交付验收、办理移交手续后结束。

12）成品保护质量记录的管理

a. 成品保护由各有关施工工长对作业班组进行交底，并在施工日记中做好现场的成品保护记录；项目生产经理对项目的成品保护进行不定时检查，并做检查记录。

b. 成品保护质量记录的处理按公司程序文件《质量记录控制程序》QB-4.24条执行。

4.2 安全、消防保证措施

4.2.1 安全生产目标

采取有效措施，杜绝死亡及重伤事故，争创市“标化工地”。

4.2.2 安全生产管理体系

(1) 设立职能部门

执行国家和上海市关于施工安全管理的规定，设专职部门、指定专人负责施工安全管理。并建立健全安全生产责任制，明确各职能部门安全生产职责。

(2) 成立安全生产领导小组

成立以项目经理为主的安全生产领导小组，项目经理是项目安全生产第一责任人，项目专职安全员主要负责项目施工生产的安全管理工作，各专业生产班组设兼职安全员配合管理工作，各职能部门在各自相应的业务范围内对安全生产负责，使本工程的安全管理体系形成“纵管成线，横管成网”，确保施工安全。

(3) 制定安全制度

结合本工程的实际情况制定关于安全教育、安全检查、安全交底、班组安全活动等4项制度，要求所有进入本施工现场的人员以班组为单位进行检查，同时制定本工程的《安全生产奖罚条例》，以确保制度及各项措施落实到班组和个人。

(4) 安全管理方法

全员参与：就是从工程项目经理直至生产第一线工人，人人参加安全管理，人人关心安全，注意安全，重视安全，做到安全生产人人有责，警钟长鸣。

全程参与：就是从工程施工直至工程收尾竣工每一个阶段的安全管理。

全场参与：要求只要有生产劳动和工作的场所，都有安全管理，做到事事讲安全、处处保安全。

(5) 项目安全生产管理体系（图4-3）

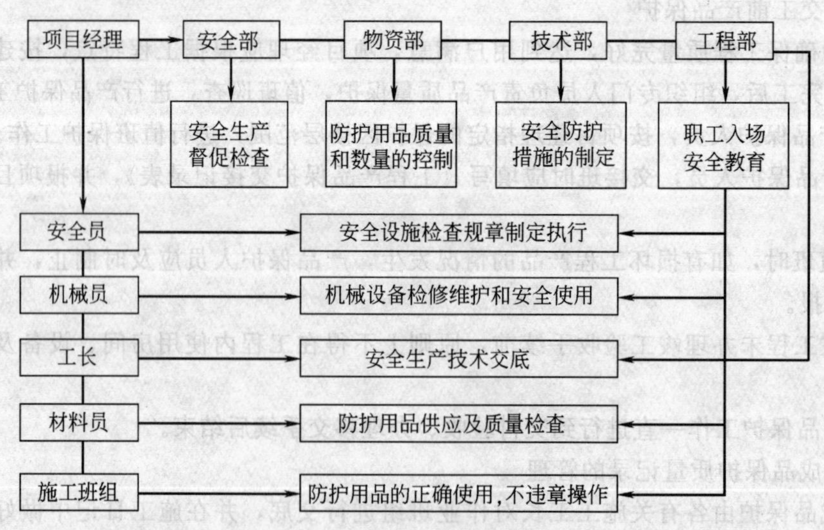

图4-3 项目安全生产管理体系

(6) 项目安全生产控制图（图 4-4）

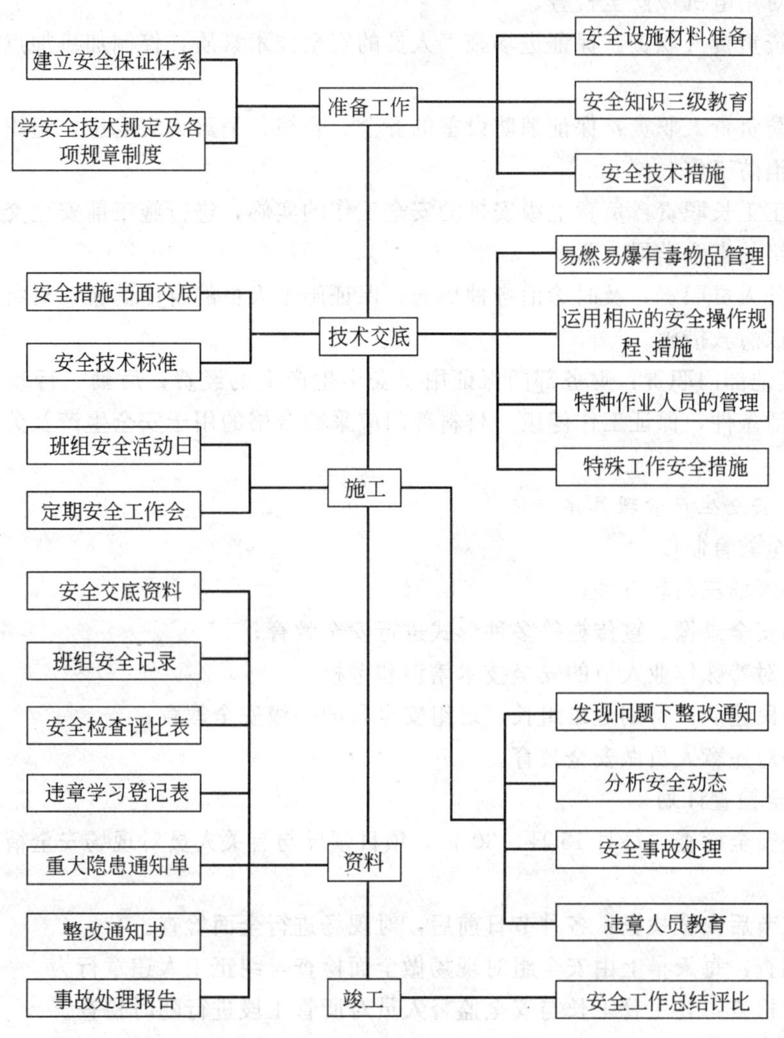

图 4-4 项目安全生产控制图

4.2.3 安全生产责任制

根据本工程具体情况，制定以项目经理为主，项目副经理为辅，各级工长及班组为主要执行者，安全员、保卫为主要监督者，医务人员为保障者的安全生产责任制。

(1) 项目经理职责：全面负责施工现场的安全措施、安全生产，保障施工现场的安全。

(2) 项目副经理职责：直接对安全生产负责，督促、安排各项安全工作，并随时检查。

(3) 项目总工程师职责：制定项目安全技术措施和分项安全方案，督促安全措施落实，解决施工过程中不安全的技术问题。

(4) 安全负责人职责：督促施工过程的安全生产，纠正违章，配合有关部门排除施工不安全因素，安排项目内安全活动及安全教育的开展；监督劳保用品的发放和使用。

(5) 机电负责人职责：保证所使用的各类机械的安全使用，督促机械操作人员保证遵章操作，并对用电机械安全检查。

(6) 劳资负责人职责：保证进场施工人员的安全技术素质，控制加班加点，保证劳逸结合。

(7) 消防负责人职责：保证消防设备的齐全、合格，消灭火灾隐患，组织建立现场消防队和日常消防工作。

(8) 施工工长职责：负责上级安排的安全工作的实施，进行施工前安全交底工作，监督并参与班组的安全学习。

(9) 医务人员职责：及时诊治各种疾病，保证施工人员的身体健康，对突发性人身安全事故，采取急救措施。

(10) 其他部门职责：财务部门保证用于安全生产上的经费；后勤、行政部门保证工人的基本生活条件，保证工作健康；材料部门应采购合格的用于安全生产及劳防的产品和材料。

4.2.4 安全生产管理具体措施

(1) 安全教育制度

① 把好入场三级教育关；

② 利用安全录像、宣传栏等多种形式进行安全教育；

③ 加强对特殊作业人员的安全技术培训和考核；

④ 抓好民建队，特别是班组长、班组安全员的一级安全教育；

⑤ 现场对违章人员做安全教育。

(2) 安全检查计划

① 定期安全检查：每月15日、30日，项目领导与有关人员对现场安全情况进行有重点的检查。

② 节前节后安全检查：各种节日前后，对现场进行全面检查。

③ 早巡查：每天早上由安全组对现场做全面检查，纠正工人违章行为。

④ 日常检查：各主管工长与安全监督人员对所管工段进行随时检查。

⑤ 临时安全检查：台风、大风、大雨、大雪、地震等恶劣天气条件及危险事故后，由安全人员及相关部门对现场进行全面检查。

(3) 各类安全技术措施

1) 钢筋工程安全措施

A. 钢筋绑扎（登高悬空作业）

① 绑扎钢筋和安装钢筋骨架时，必须搭设脚手架和走道。绑扎立柱和墙体钢筋，不得站在钢筋骨架上或攀登骨架上下。

② 绑扎±0.00以上楼层阳台外墙和边柱钢筋时，应搭设操作平台和张挂安全网，并系好安全带。

B. 钢筋制作安全措施

① 操作人员应持证上岗。

② 钢筋冷拉应在两端设置防护网，拉伸时人员隔离，且不能碰拉伸钢筋，以防钢筋回弹伤人。

③ 操作工人不准擅自接、拉电线，发现电路不通或漏电现象，及时找现场电工解决。

④ 断钢机两端应搭设平台，待钢筋放在平台上量定尺寸后方可切断钢筋。

⑤ 操作人员发现机械有异常现象，应及时报知制作工长，请机修人员检查、维修后方可使用。

C. 电焊安全措施

① 电焊切割严格遵守“十不烧”规程操作。

② 检查工具、电焊机、电源开关及线路是否良好，金属外壳是否安全、可靠接地。

③ 每台电焊机应有安全专用的电源开关，保险丝的容量应为该机的1.5倍，严禁采用其他金属丝代替保险丝，完工后应随即切断电源。

④ 电焊机放置位置应做到切实牢固，防倾斜或坠落伤人。

⑤ 电弧焊须与氧气瓶、乙炔瓶及油类等易燃物品的距离不少于10m，与易爆品的距离不少于20m，氧气瓶、乙炔瓶应隔离存放。

⑥ 氧气瓶、乙炔瓶均应有安全回火防止器，橡皮管连接处须有扎头固定。

⑦ 经常检查氧气瓶与磅表头处的螺纹是否滑丝，橡皮管是否漏气，焊枪嘴与枪身是否有阻塞现象。

⑧ 注意安全用电，电线不准乱拖乱拉、电源线均应架空扎牢，且与金属接触处加设绝缘套管隔离。

⑨ 焊割点周围应采取防火措施，并派专人监护。

⑩ 清除焊渣时，防止焊渣溅入眼内。

⑪ 氧气、乙炔瓶存放距离不少于2m，使用距离不小于5m，与明火距离不小于10m，乙炔瓶不可倒放。

2）机电管理安全保证措施

A. 施工现场用电安全基本要求：

① 所有现场主配电箱和次配电箱必须经常关闭；

② 所有电线必须做好绝缘保护；

③ 保持线路开关周围的高度清洁。

B. 为确保机械使用过程中的人身安全，现将安全措施规定如下：

① 机械设备人员在进场时，必须接受入场安全教育。

② 机械设备人员必须持证上岗。

③ 机械设备在安装完毕后，严格执行上海市有关规定进行检查验收，验收合格后方可进行投入使用。

④ 机械设备在使用中做到定机、定位、定人、定岗、定时、定期检查机械设备运转情况。

⑤ 机械设备在使用前，做到班前、班后检查，并做到每日、每班有书面台班运转记录、交接班记录。

⑥ 操作中严格遵守塔吊操作规程、断钢机操作规程、弯钢机操作规程、对焊机操作规程、木工机械操作规程、电焊机操作规程、气割操作规程、施工电梯操作规程，坚守岗位，严格执行岗位责任制。

⑦ 严禁机电设备带病运转，对机械设备出现的故障，及时组织人员进行抢修。

⑧ 定期保养、维修机电设备。

(4) 安全防护

由于工程高度达160.7m，在主体施工过程中，建筑物的临边及洞口将随主体工程的逐渐上升而不断加强安全防护措施。如果防护措施不到位，措施不得力，将会使施工人员和物体随时有坠落的可能。为了防止或杜绝事故的发生，必须做好各种可靠安全防护措施，防患于未然。

1) 临边剪力墙洞口防护

① 在临边剪力墙窗洞边设安全防护栏杆，栏杆由上、下两道横杆和两根立杆构成，立杆间距2m，横杆离地高度为上杆1.2m，下杆0.5m。两根立杆用可调支座与上下楼板顶紧。

② 栏杆搭设形成后，刷红、白油漆色标。必要时，在栏杆内侧加封一道绿色密目安全网或竹笆。

2) 楼层预留洞口防护

① 边长或直径在20～50cm的洞口，利用混凝土板内钢筋或固定盖板防护。

② 50～150cm的洞口，利用混凝土板内钢筋贯穿洞径，构成防护网。网格大于20cm时，加铺层板覆盖。

③ 150cm以上的洞口，若未有钢筋贯穿，则需四周设钢管或钢筋栏杆，洞口下张挂安全网。护栏高为1～1.2m，设两道水平杆。

④ 管道施工时，四周设防护栏（按上述规定），并设明显标志。

3) 楼梯口防护

① 分层施工的楼梯口装设临时护栏。

② 梯段边设临时防护栏（同钢筋或钢管）。

③ 顶层楼梯口随施工安装正式栏杆或临时防护栏。

4) 电梯井洞口防护

用钢筋制作固定栅门（上翻式）与混凝土墙面固定。电梯井内在每隔10m处（约2层楼）设一道安全平网或采取其他方法进行水平隔离。

5) 每层通道口及人行道路防护

① 固定出入通道搭设防护棚，棚宽大于道口。棚顶双层铺设（间隔不小于80cm），满铺木板或竹笆。

② 塔吊旋转半径内的加工区及行人通道搭设安全防护棚。

(5) 防火安全

① 与项目各管理层、作业层各班组签订安全防火责任书，责任范围落实到人。

② 每月开展一次全体职工消防安全知识宣传教育。

③ 专人、专项、严管、严控易燃易爆物品。

④ 严格执行动火作业申请审批制度。

⑤ 动火作业配专人监护。

⑥ 合理配置足够的消防灭火器。

⑦ 备有急救水源。

⑧ 每月三次检查、维修消防设备。

⑨ 设置火灾、火险安全出口、紧急通道。

⑩ 专职消防人员每天巡查现场，发现情况及时处理，且向上级领导汇报。

⑪ 若发生火警，专职消防人员、现场经济警察、义务安全消防人员应及时、迅速、准确拨打119火警报警电话，并积极参加抢救。疏散人群，使用灭火器、急救水源进行扑灭火源。

⑫ 预备一些黄沙，以备起火时灭火用。

⑬ 对于重点防火部位应加强管理，定期进行消防检查，将火灾隐患消灭于萌芽状态。节假日指定专人进行值班巡视检查，保证节假日不出现任何火灾事故。本工程重点防火部位确定为：危险品仓库、生活区宿舍、食堂、外脚手架、易燃易爆材料堆场。

4.3 施工现场环境保护措施

a. 在居民区附近进行混凝土浇筑及其他夜间作业前，应及时向附近居民通报，取得居民的谅解与合作；同时，尽量减少噪声的产生，如夜间避免使用电钻、切割机等，并及时到环保部门办理夜间施工许可证。

b. 现场周边道路全部采用混凝土硬化，建筑垃圾及时清理归堆及运出，并在有尘埃的地方进场洒水，尽可能减少尘埃。

c. 污水排放处理：现场排水沟设沉积井，并及时清理沉积井内的沉积物，污水未经处理不得直接排入城市排水实施。

d. 不得使用含铅油漆及其他有害人身健康的材料，不得在施工现场焚烧油漆、油毡等可能产生有毒、有害烟尘和恶臭气味的废弃物，禁止将有害废弃物作土方回填。

e. 对经过施工现场的地下管线等设施应加以保护，在重要的部位加以标识。施工时如发现文物、古迹与爆炸物等应当停止施工，保护好现场，及时向有关部门报告，在有关情况处理完后，方可继续施工。

f. 施工现场要严格划分易燃材料区、用火作业区，建立动火审批制度，切实保证动火监护，在容易发生火灾的地区施工或储存易燃易爆器材时，应采取特殊的消防安全措施。

4.4 总承包管理

因超高层建筑中涉及的相关单位较多，施工中如何做好总承包管理工作将直接影响到一个工程的管理好坏，对本工程来说尤为明显。本工程单体大（10万余 m^2），仅分包单位就达到20多家，在施工过程中如何发挥总包作用将直接影响工程的进度、质量、安全及效益等。为保证本工程的顺利实施，在施工过程中重点加强如下总承包管理职能：

a. 协调好与发包方的关系，通过良好的合作，确保本工程承包合同全面履行。在施工中为发包方着想，正确处理总承包与发包方之间的关系，及时解决发包方提出的问题，从而与发包方建立起融洽的关系。

b. 与本工程的建筑师进行友好协作，以获得建筑师的大力支持，保证工程能符合建筑师的构思、要求及国家有关规范。在施工过程中虚心听取建筑师的意见及建议，不断丰富与完善专项施工方案，以期达到最佳效果。

c. 与质监站和监理单位进行紧密的合作，在整个工程的质量进度控制上共同努力，对施工全过程共同进行检查、监督和控制。

d. 与机电安装、精装修等指定分包单位通过合同及协议明确各自的责任，合理分配现场能源。在施工中，将给各指定分包单位提供合理的办公、仓储、施工作业面和垂直运输设备，协调施工进度及工序搭接和穿插，各施工分包单位根据总包进度计划要求编制相应的配套进度计划，使整个工程施工有序进行，从而形成以总包管理为中心的协调管理体系。

e. 建立文明施工和场容场貌管理制度，与各指定分包商签定总分包文明施工协议，分片区包干负责，并加强日常检查，及时了解下情，协调各类矛盾，及时清理场内垃圾、废料，保持交通畅通。注意对施工噪声、粉尘的控制，不打扰周围居民，创造互相帮助、互相谅解的良好施工环境。

5 经济效益分析

本工程施工过程中通过合理组织，精心施工，施工过程中大量推广应用“四新”技术，取得较好的经济效益：

5.1 及时测算成本，制定项目目标成本

世茂滨江花园6号楼工程总包合同签订后，分公司迅速组建项目班子，根据公司454号文件精神，结合项目实施条件，对项目成本进行科学合理的测算，制定了项目目标成本，并及时与项目部签订了项目全额承包责任合同。在项目全额承包责任合同的基础上，项目经理与项目管理人员分别签订成本责任合同，经过多层次分解，将项目目标成本责任落实到每个人，使得人人都对责任范围内的成本负责，为项目目标实现提供组织上的保障。

5.2 进行过程控制，减少成本开支

项目的效益关键表现在项目实际发生成本的多少，而项目实际成本则贯穿于项目的全过程和每个方面，从项目中标签约开始到施工准备、现场施工、直至竣工验收，每个环节都要发生成本开支，都离不开成本管理工作。围绕项目成本目标，在项目施工全过程中从组织、技术、经济、合同管理等方面采取全面控制。

严格控制实物消耗量，特别是人工费、材料费及机械费：①人工费占全部工程费用的比例较大，也是控制的难点，特别是杂工更难控制，控制此项成本，结合已完成的世茂3号楼杂工费用开支对本项目杂工费用进行合理测算，一次包干。定额人工费全部按图结算，避免虚开工作量。通过上述措施，人工费节约29.73万元。②材料费一般占全部工程费的65％～75％，直接影响工程成本和经济效益。项目从量、价两个方面做好工作。对材料用量的控制：严把材料进场计量关，对钢筋、木方、层板、砂石等大宗材料全部采用两人签单确认，商品混凝土采用现场抽查实量（现场特制1m^{3}量具一个），零星材料入库前全部按其计量单位进行计量检验；坚持按定额确定材料消耗量，实行限额领料制度，扎丝、铁钉等按定额制定限额量承包给作业队，超额部分由其负责，仅此一项就节约18.11万元。对工程进行功能分析，对材料进行性能分析，力求用低价材料代替高价材料，加强周转料具管理，延长周转次数等。对材料价格进行控制：大宗材料由分公司采购部门在采

购中加以控制。首先，对市场行情进行调查，在保质保量前提下，货比三家，择优购料；其次，就是要密切关注市场动态，减少资金占用，合理确定进货批量与批次，尽可能降低材料储备。零星材料交给分公司建申经营部统一采购，改变了每个项目独自采购的状况，充分发挥了规模效应，同时也减少了项目材料库存量。通过上述措施，节约材料费 459.8 万元。③机械费的控制：尽量减少施工中所消耗的机械台班量，通过合理施工组织、机械调配，5 号、6 号楼合用一台木工压刨、两台布料机，提高机械设备的利用率和完好率；同时，加强现场设备的维修、保养工作，降低大修、经常性修理等各项费用的开支，避免不正当使用造成机械设备的闲置；对于租赁的塔吊项目，提供给操作人员一定的误餐补贴，减少塔吊闲置时间，提高机械运转率，从而降低机械台班价格。主体结构施工阶段机械费节约 28.53 万元。

改进施工技术，推广使用降低料耗的各种新技术、新工艺、新材料，在对施工过程进行实物消耗控制的同时，积极推广应用四新技术，在施工阶段项目经理带领项目员工充分发挥主观能动性，对标书中主要技术方案作必要的技术经济论证，以寻求较为经济、可靠的方案，从而降低工程成本。例如，就钢筋工程，项目针对工程实际特点，对底板钢筋采用直螺纹机械连接，对竖向 ϕ14 以上的墙柱钢筋采用电渣压力焊连接，节约钢筋 840t，直接经济效益达 220 万元。模板工程采用定型大钢模与木模相结合，详细计算木方用量，从而降低投入量 148.15m^3，产生经济效益 15.7 万元。

5.3 加快施工进度，减少成本支出

施工成本中有很大一部分成本支出与工期有关，包括机械设备租赁、周转架料租赁、管理费用等，当加快施工进度、缩短工期时，可明显减少此部分成本支出。本项目在主体结构施工过程中，通过精心组织、合理安排、采用四新技术等措施，加快了施工进度，结构施工进度最快达到 4d 一层，平均 4.5d 一层，实现了 55 层结构外加 2 层地下室仅用 11 个月就顺利封顶的奇迹，因加快施工进度直接节约 11.45 万元，公司在世茂项目还召开了施工进度现场观摩会；同时，因加快施工进度，也避免了业主工期方面的反索赔风险。

5.4 加强合同管理，进行有效索赔

合同管理是施工企业管理的重要内容，也是降低工程成本，提高经济效益的有效途径。总包合同收入及分包支出直接影响项目的经济效益。项目部自成立以来就严抓合同的签订与执行管理。在合同签订过程中，所有合同全部按公司有关规定进行了合同评审。在执行过程中，施工前由项目预算部门对合同内容、合同风险、注意事项等向项目主要管理人员进行交底，在施工过程中对合同进行动态管理，及时收集、整理、分析合同执行条件变化对合同履行的影响，积极进行签证索赔工作，至今共发出经济索赔函件 40 份，涉及经济索赔总额达到 800 余万元，工期函件 13 份，涉及工期索赔 108d。通过合理有效的合同索赔，尽量回避或减少合同风险。

5.5 进行阶段性成本核算，总结提高成本管理水平

项目成本分析是项目施工管理的重要步骤和主要内容之一，也是控制项目成本的有效手段，通过对项目成本的形成过程中各个阶段和各个要素的组成进行分析，寻求和探索有

效降低项目成本的手段和方法，减少不合理消耗，达到降低项目成本的目的。

因本工程工作量大、工期较长，为了及时了解项目成本情况，项目部采取分阶段分析成本，从地下室到上部结构共分：地下室、一至十层、十一至二十层、二十一至三十、三十一至四十层、四十一至五十五层6各阶段进行成本分析，通过定期成本分析会的召开，总结了好的工作经验，及时解决出现的问题，避免推诿、扯皮等现象的发生；促使各部门的工作及时交流，加强了职工的工作责任感。通过历次成本分析，使我们了解到6号楼在主体结构阶段累计完成产值（即合同收入）10419.7万元（其中：自行完成10143.43万元，双包完成276.27万元）；完成目标成本10001.75万元（其中：自行完成9804.88万元，双包完成196.87万元）。项目发生实际工程成本9616.99万元（其中：自行发生9420.12万元，双包发生196.87万元），通过本阶段目标成本与实际成本的对比；项目自行完成部分盈利384.76万元，工程效益达到802.71万元；同时，通过阶段性分析，找出施工过程中的不足之处，及时进行总结分析，避免再次发生。

第四篇

华中科技大学高层住宅楼工程施工组织设计

编制单位：中建三局一公司贵阳分公司

编 制 人：戴岭　尹相国

［**简介**］ 华中科技大学教工高层住宅3号楼是由华中科技大学为改善教职工居住条件而投资兴建的教工高层住宅楼，设计单位为华中科技大学建筑设计研究院，中建三局一公司主承建，监理单位为华胜监理公司，工程规模当时为湖北省地区高校已建、在建同类工程之首。本工程为高校住宅工程。

在本工程施工中加强新技术、新工艺的应用，全钢整体式大模板的使用在武汉地区为第一次，本项目的成功应用，填补了武汉地区本技术的应用空白，混凝土达到了清水效果，楼层自重得以减轻，减少了墙面抹灰层，增大了房间有效使用面积；同时，减少了混凝土施工常见的一些质量通病，取得了良好的社会效益和一定的经济效益。

全钢整体式大模板的使用赢得了社会各界的良好赞誉，施工期间日本的混凝土专家笠井芳夫教授、笠井哲郎副教授随同清华大学著名教授冯乃谦一同到现场参观指导，武汉市建委组织召开了现场观摩会；同时，多家建设单位到工地进行参观指导。

目　录

1　工程概况

1.1　工程建设概况

华中科技大学教工高层住宅3号楼是由华中科技大学为改善教职工居住条件而投资兴建的教工高层住宅楼，设计单位为华中科技大学建筑设计研究院，中建三局一公司主承建，监理单位为华胜监理公司，工程规模当时为湖北省地区高校已建、在建同类工程之首。本工程为高校住宅工程。

本工程坐落在华中科技大学校区内喻家山山脚，北面向上为喻家山，西面为西三区教工多层住宅，东面围墙外为彭王村。本工程共有6栋高层住宅楼，各栋建筑结构形式一致。

施工承包内容为：除桩身以外的全部土建、室内给排水、电气，除电梯以外的设备安装及消防等工程。

1.2　建筑设计概况

华中科技大学高层住宅楼每栋建筑面积24236m²，建筑主体25层，层高2.9m，建筑高度74.50m，住宅楼一梯六户，每层建筑面积为963.2m²。除一层为自行车库外，其余均为住宅。本工程相对标高±0.000m相当于绝对标高黄海高程，第三栋为24.00m，第四栋为26.00m。

本工程墙除钢筋混凝土墙外，分户墙、外墙、楼梯间墙采用250mm厚加气混凝土砌块填充；户内墙采用150mm厚加气混凝土砌块；混凝土墙为200mm，填充墙同墙砌体均采用M5混合砂浆砌筑。

本工程建筑外墙装饰原设计为水刷石，后为高级涂料；室内内墙多采用浅色花纹玻化砖、或白色106涂料和水泥石灰砂浆；门厅、电梯厅等部位做轻钢龙骨石膏吊顶；窗均采用白色塑钢净白透明玻璃；屋面为上人屋面，采用挤塑聚苯乙烯保温隔热板隔热，防水采用刚性防水和柔性防水相结合，楼梯及电梯机房屋面采用柔性防水，均采用1∶8水泥膨胀珍珠岩找坡。

1.3　结构设计概况

本工程为钢筋混凝土框架—剪力墙结构，按7度抗震设防，抗震等级为一级，建筑场地类别属Ⅰ类。

混凝土强度等级：桩帽、承台、基础梁为C35；标高20.30m以下，梁、板、墙、柱为C40；标高20.30～40.60m，梁、板、墙、柱为C35；标高40.60～60.90m，梁、板、墙、柱为C30；标高60.90m以上，梁、板、墙柱为C25，构造柱、窗台板、压顶等后浇构件为C20。

钢筋采用HPB235级和HRB335级钢筋，焊条采用E43和E50两种，竖向钢筋连接采用电渣压力焊连接，水平向钢筋采用搭接和闪光对焊连接。

本工程基础为人工挖孔灌注桩加承台梁基础，地梁高分为1850mm、1200mm、500mm，楼梯、电梯井下承台厚度为2050mm，桩帽厚度为1850mm，混凝土强度等级为

C35，其中承台尺寸分为9200mm×5700mm×2050mm、9400mm×9100mm×2050mm，基础梁与承台面平。

1.4 现场条件

本工程位于华中科技大学校区内，周边道路畅顺，材料进出场较方便；现场场地较大，临时设施和材料、设备用地充足；施工用水、用电施工已接至现场；第三栋现场红线范围东西两边围墙已砌筑好，出入口设在现场的南面靠东，场内东面有宽阔的临时道路。

本工程地质条件较好，地平面地势较高，基坑支护按放坡考虑。土方实际开挖深度5.0m左右，土方开挖时可不考虑降水，对于雨水则采用在基坑周边设排水沟或集水坑明排水措施。

本工程场区地貌单元属长江三级阶地。场地基岩及以上土层共4大层，7亚层：①填土；$②_1$粉质黏土，$②_2$黏土；$③_1$粉质黏土，$③_2$粉质黏土；$④_1$泥页岩强风化，$④_2$泥页岩中风化。

场地上部土层与下伏基岩为不含水层，基岩面上的碎石层及基岩表层的风化裂隙带具有弱含水性；地下水为上层滞水，由地表水补给，对混凝土无侵蚀性。

武汉市属亚热带气候，有“火炉”之称，全年光照充分，雨量充沛，冬有严寒，夏有酷暑。年平均气温16.3℃，极端最高气温39.4℃，极端最低温度－18.1℃。春、夏、秋是主要降水期，多年平均降水量为1204.5mm。全年主导风向为东北风，夏季主导风向为东南风，室外平均风速2.6m/s。武汉长江最高水位29.93m，最低枯水位8.87m，水位降幅度达20.06m。

1.5 工程特点

本工程位于华中科技大学校园内，环保要求高，施工中必须有效地控制粉尘污染和噪声污染。

结构采用多种强度等级的商品混凝土，其生产工艺要求高，运输和浇筑过程中的施工组织与管理要求高。

本工程剪力墙部位较多，我公司采用大模板施工工艺，大模板设计、制作、安装施工以及防水工程施工，门厅处钢结构施工是本工程施工的三大重点。

工期紧，质量要求高。

本工程为我公司在武汉地区采用全钢大模板施工的第一个项目，得到了成功应用并取得了较好的经济和社会效益。

2 施工组织与部署

2.1 项目组织机构

项目经理部对工程施工进行组织、指挥、管理、协调和控制，本着科学管理、精干高效、结构合理的原则，选配具有改革开拓精神、施工经验丰富、服务态度良好、勤奋实干的工程技术和管理人员。项目经理部设项目经理、项目总工程师、项目土建及安装副经理组成项目领导层。下设“四部一室”，即工程技术部、质量安全部、财务经营部、器材物资部、综合办公室，组成项目管理层。

为加强施工项目的思想政治工作，充分调动全体员工的积极性，在成立项目施工领导班子的同时，成立了项目党支部，以加强对项目的领导和管理，保证以最优的质量、最快的速度、一流的管理干好该工程。

在本工程施工管理上严格按项目法组织施工，执行全面承包责任制，在部门设置上配齐了从开工至交工所有的职能部门人员，确保了整个工程在施工全过程中具有连贯性，为全面管理、全面协调、全面控制创造了有利条件。

项目组织机构设置如下（图 2-1）。

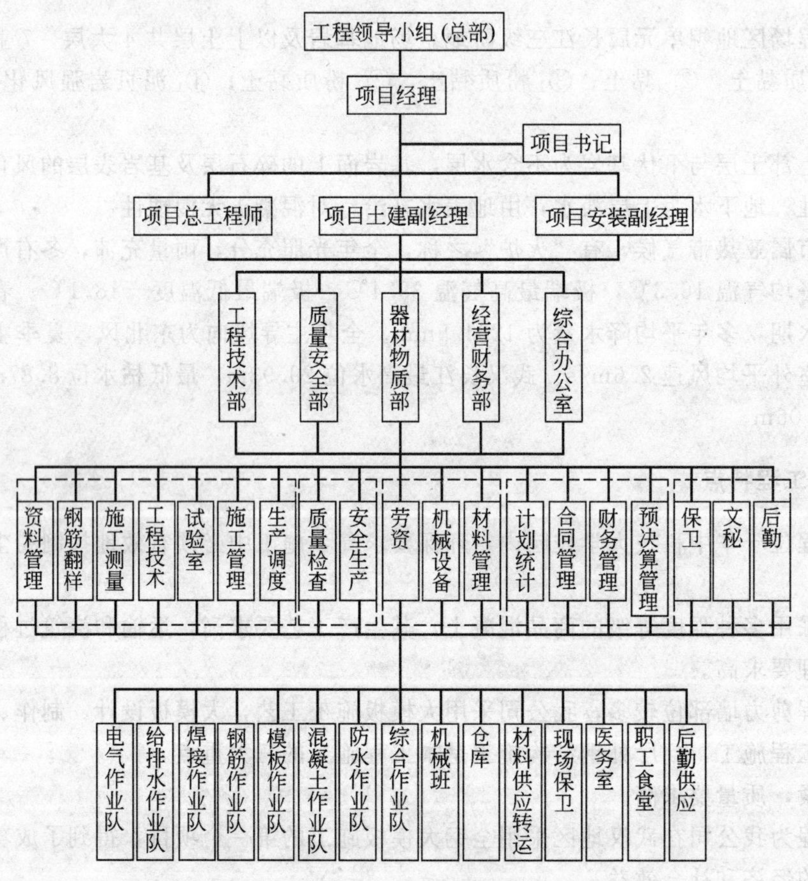

图 2-1 项目组织机构

2.2 总体与重点部位施工程序

2.2.1 施工程序（图 2-2）

2.2.2 重点部位施工程序

对全钢大模板混凝土施工作为重点工序进行控制，施工程序详见后；其他见各分部分项施工方法中。

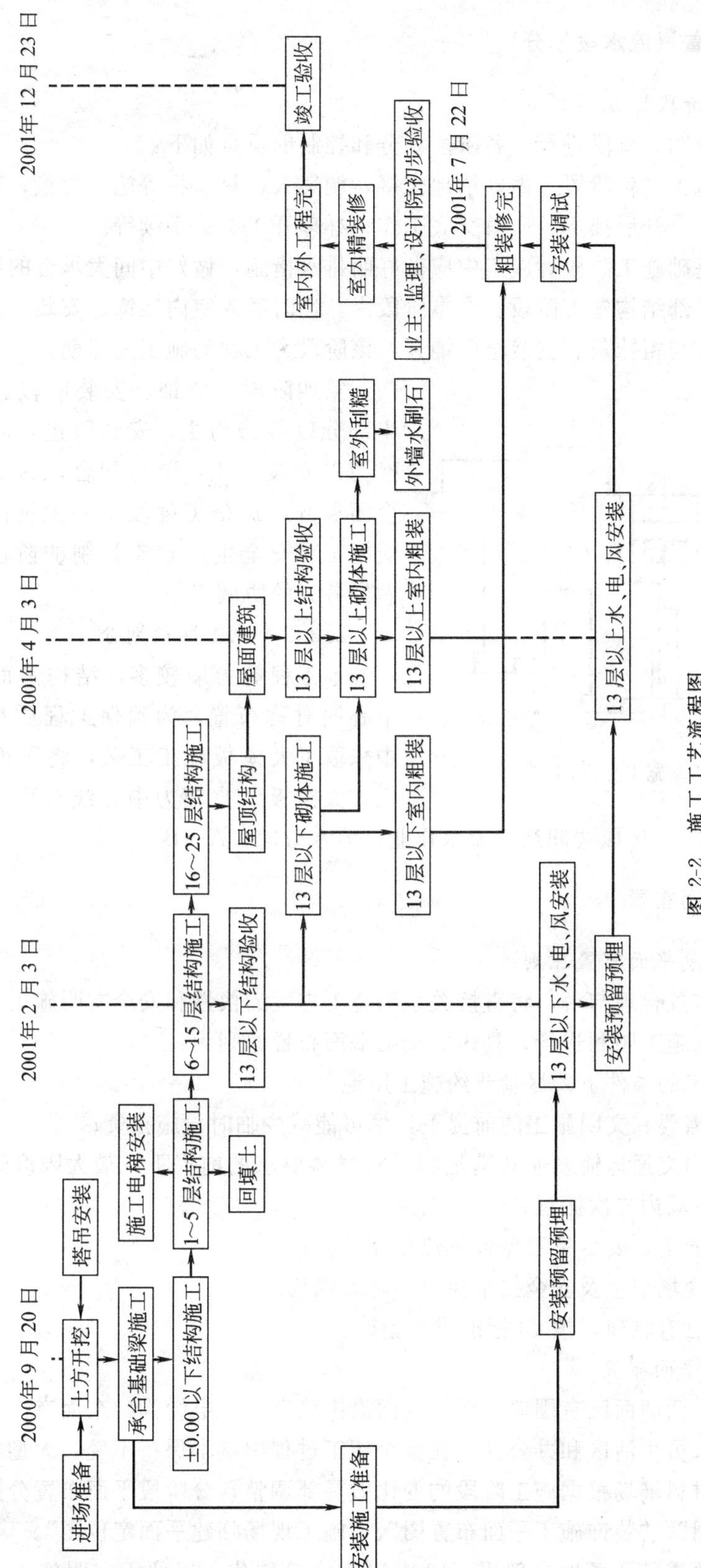
2000年9月20日
2001年2月3日
2001年4月3日
2001年12月23日
2001年7月22日
进场准备
土方开挖
塔吊安装
承台基础梁施工
±0.00以下结构施工
1~5层结构施工
施工电梯安装
回填土
6~15层结构施工
13层以下结构验收
16~25层结构施工
屋顶结构
屋面建筑
13层以下砌体施工
13层以下室内粗装
13层以上结构验收
13层以上砌体施工
13层以上室内粗装
室外刮糙
外墙水刷石
室内外工程完
室内精装修
业主、监理、设计院初步验收
竣工验收
粗装修完
安装调试
安装施工准备
安装预留预埋
13层以下水、电、风安装
安装预留预埋
13层以上水、电、风安装

图 2-2 施工工艺流程图

2.3　施工部署（流水段划分）

2.3.1　施工阶段划分

本工程施工分四大阶段进行，各阶段划分和控制的重点如下：

第一阶段：施工准备阶段。做好场地交接，调集人、材、物等施工力量；进行施工平面布置、图纸会审，开展技术、质量交底工作；办理开工有关手续等。

第二阶段：基础施工阶段。施工中应做好明排水措施，做好中间大承台的温度控制。

第三阶段：上部结构施工阶段。在本阶段内，适时插入室内装饰、安装、部分外装饰等工作。主体砌体与粗抹灰、安装全面铺开，该阶段为工程的施工高峰期。

第四阶段：装饰、安装阶段。该阶段前半部分以装饰为主，安装跟进，后半部分转换为以安装为主，装饰配合，其他各专业也全面展开，这是工程竣工的关键阶段，是文明施工和安全生产较难控制的阶段，重点是做好各方的协调工作。

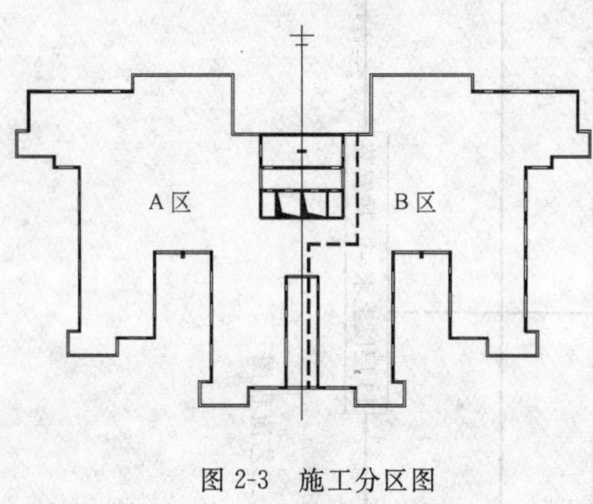

图 2-3　施工分区图

2.3.2　施工区段划分

本工程剪力墙较多，结构平面以⑩轴为中心线对称布置，为确保工程质量，在施工中采取了大模板施工工艺，将平面分成两个区，大模板以⑩轴为中心线对称布置。施工区段的划分见图 2-3。区段之间组织流水作业。流水方向：A→B。

2.4　施工平面布置

2.4.1　施工总平面布置原则

施工总平面布置合理与否，将直接关系到施工进度的快慢和安全文明施工管理水平的高低，为保证现场施工顺利进行，具体的施工平面布置原则为：

① 在满足施工的条件下，尽量节约施工用地；

② 满足施工需要和文明施工的前提下，尽可能减少临时设施投资；

③ 在保证场内交通运输畅通和满足施工对材料要求的前提下，最大限度地减少场内运输，特别是减少场内二次搬运；

④ 在平面交通上，要尽量避免各单位相互干扰；

⑤ 符合施工现场卫生及安全技术要求和防火规范。

⑥ 尽量利用已有临建，按 CI 标准进行整改。

2.4.2　施工平面布置

施工现场东、西两面已有围墙，现场西面沿围墙有一个电缆沟，东面有一个排水沟。

临建中施工人员生活区和办公区，在整个施工过程中基本保持不变，大型机械设备布置、钢筋加工及材料堆场根据施工阶段的变化做局部调整，分阶段平面布置分别参见“主体施工平面布置图”、“装饰施工平面布置图”、“施工现场临建平面定位图”。

现场内的主要道路及场地全部用 C10 混凝土浇筑硬化，以便于文明施工。生活区内沿食堂、宿舍和办公室设排水明沟，生活污水及厕所污水经沉淀池过滤后排入市政下水道，施工区沿建筑物周边设排水沟，工程污水经沉淀后排入场内下水道（表 2-1）。

主要生活设施及临时用地表 **表 2-1**

序号	设 施 名 称	人数(人)	面积(m^2)	备 注
1	办公室(含甲方及监理)	60	340	单层砖结构
2	管理人员及技术工人宿舍	90	168	单层砖结构
3	工人宿舍	500	600	单层砖结构
4	食堂	600	60	单层砖结构
5	厕所(两个)	600	120	单层砖结构
6	钢筋加工车间(两个)	30	200	竹棚
7	配电房		36	单层砖结构
8	警卫室	1	9	单层砖结构
9	仓库(两个)		60	单层砖结构
10	原材料堆场(两个)		180	露天
11	半成品堆场(两个)		132	露天
12	澡堂(含开水房)	600	48	单层砖结构
13	会议室		36	单层砖结构

2.4.3 总平面管理（图 2-4～图 2-5）

要保证完成施工任务，不仅要求对施工总平面要有一个合理的布置，而且要有科学、严密的管理措施：

① 施工平面管理由项目经理负责，日常工作由主管生产副经理组织有关人员实施，按分片区包干管理，未经同意，不得任意占用。

② 现场道路均做好路基，并进行地面硬化处理，排水沟一律用砖砌，保持畅通。

③ 现场入口处设警卫室，挂出入制度、场容管理条例、工程简介、安全管理制度、质量方针、管理机构网络等图牌。

④ 凡进出入现场的设备、材料需出示有关部门所签放行条，警卫进行登记方可，所有设备、材料须按平面布置图指定的位置堆放整齐，不得任意堆放或改动。

⑤ 施工现场的水准点、轴线控制点、埋地线缆、架空电线应有醒目标志，所有材料堆场也必须做好标志，并加以保护。

⑥ 现场在出入口设门卫，所有人员凭出入证进出，甲方等有关单位发给特别通行证，无关人员禁止入内，警卫全天候值班，特别加强夜间巡逻，防止偷盗现场材料，维持良好工作秩序和劳动纪律，禁止打架、斗殴等行为发生。

⑦ 施工垃圾处理。现场施工垃圾采用层层收集、集中堆放、专人管理、统一搬运的方法。楼层垃圾利用施工电梯空闲时间搬运，由专门班组搬动至堆放地点，并及时运出场外。

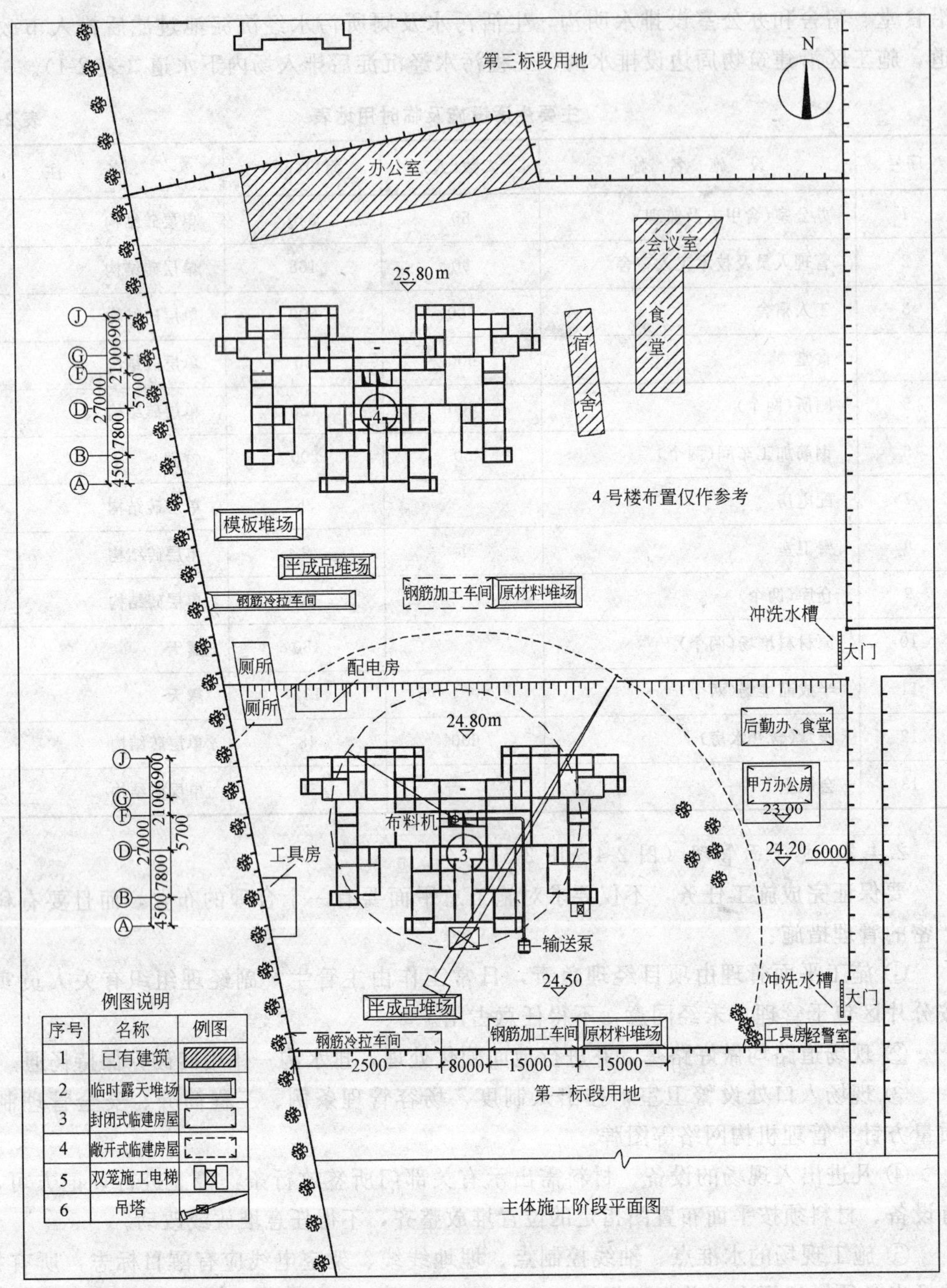

图 2-4 立体平面图（单位：mm）

施工平面图说明：

① 本工程建筑红线外（10m 内）无高大建筑物、构筑物和高压线，东边为各标段施工公用通道。

② 本工程设地下 1 层，地上 25 层，东西向长 55m，南北向长 30m。

③ 水电源位置见图中位置。施工用电变压器选用 500kV·A 变压器，临时施工用水干管选用 *DN*80 镀锌管，支管选用 *DN*50、*DN*25 镀锌管，消防水管（*DN*50）随主体施工进度预设；临时施工用电采用三相五线制，导线主要采用 $3\times95+2\times50\text{m}^2$ 的铝芯线。

④ 塔机选用川建 FO/23C 型塔吊，主要技术参数：$R=50\text{m}$，$Q=10\text{t}$，$H=120\text{m}$，自由高度为 48m。塔吊附墙用厂家标准连墙件，在剪力墙交墙内暗柱处预埋钢板。

⑤ 材料加工场地、堆放场地见图示，面积参数见施工平面管理文字中临时用地表。

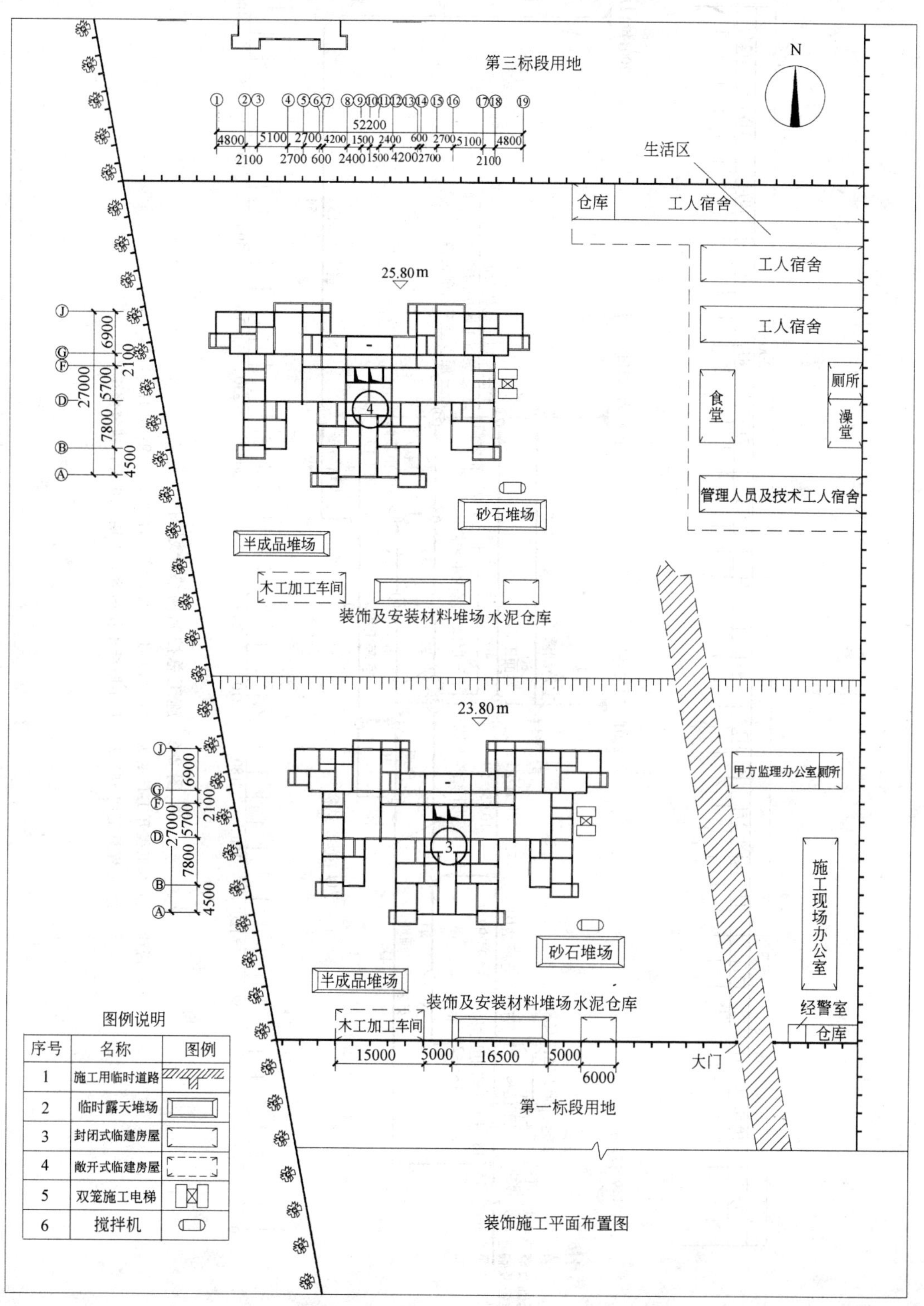

图 2-5 装饰施工平面布置图（单位：mm）

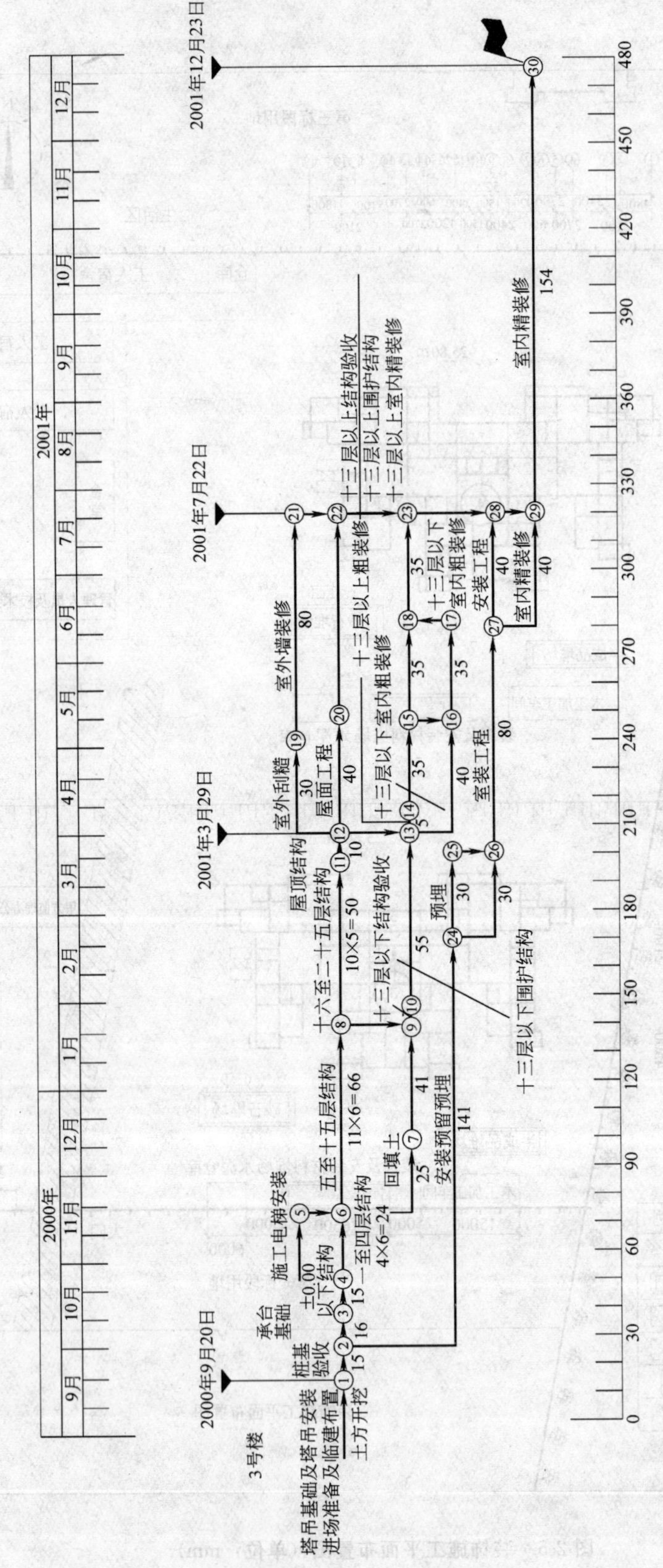

图 2-6 施工总控制网络计划图

说明：① 本工程开工日期为 2000 年 9 月 20 日，竣工日期 2001 年 12 月 23 日。

② 工程总工期 460 天，其中图纸工作内容内工期 360 天，精装修 154 天。

2.5 施工进度计划

2.5.1 工期指标

总工期：460 天。

主要节点进度如下：

基础工程完工：2000 年 9 月 3 日（30 天）

主体结构施工完工：2001 年 2 月 11 日（161 天）

粗装修施工完工：2001 年 6 月 6 日（115 天）

2.5.2 工程计划网络及横道图

施工中实行四级计划管理，即总进度计划管理、阶段性进度计划管理、单层进度计划管理和月、旬、周进度计划管理。总进度计划起指导控制作用，阶段控制进度计划是具体安排施工的依据。

施工总控制网络计划如图 2-6 所示。

基础工程施工网络计划如图 2-7 所示。

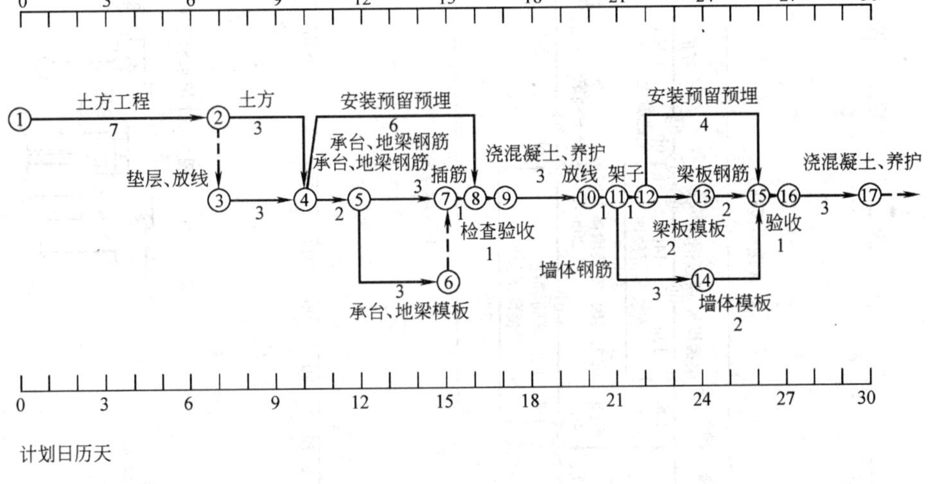

图 2-7 基础工程施工网络计划图

标准层施工网络计划如图 2-8 所示。

2.5.3 工期保证措施

（1）施工组织措施

为确保工程按期甚至提前完成，在施工组织上采取了下列措施：

1）组织高效精干的项目管理班子，实现项目法施工，充分发挥项目班子的计划、组织及调控能力，充分发挥项目全体成员的主观能动性。

2）组织优良的机械设备进场，提高机械化施工程度，降低劳动力的劳动强度，提高劳动生产率，从而加快施工速度。

3）对项目进行三级、四级计划管理，即总进度计划管理、阶段性施工进度计划管理、标准层施工进度计划管理，月、旬、周进度计划管理。通过确保周进度计划的完成来保证月计划、阶段性施工进度计划，直至总进度计划的全面完成。

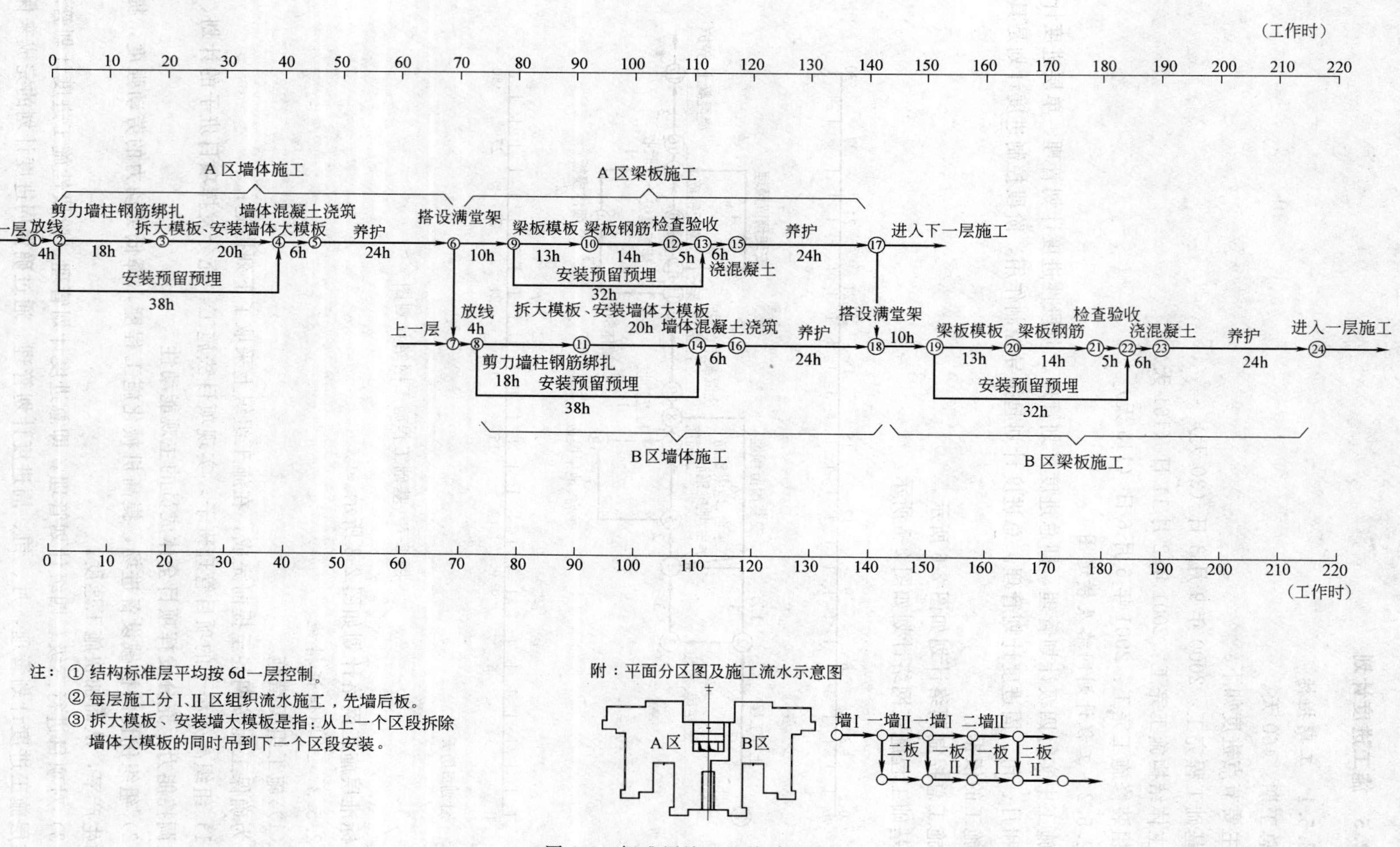

注：① 结构标准层平均按6d一层控制。
② 每层施工分Ⅰ、Ⅱ区组织流水施工，先墙后板。
③ 拆大模板、安装墙大模板是指：从上一个区段拆除墙体大模板的同时吊到下一个区段安装。

图 2-8 标准层施工网络计划图

4）施工进度计划的控制结果作为我公司对项目的重点考核指标，月度进行全面检查，并与经济指标相挂钩的手段，确保工期按各节点要求准时直至提前完工；同时明确项目经理主管阶段性施工计划的落实。项目副经理及专职生产调度员负责对施工生产的整个过程实施控制管理，并进行动态调控，及时掌握现场生产情况，进行合理调整。

5）组织技术过硬、素质高的施工作业队伍，加强施工过程中的组织管理，平衡调度，实行三班作业，制定合理的工期奖罚制度。

6）关键线路上各工序进行严密监控，必要时进行三班作业 24h 施工。

7）在管理制度上，推行我公司在各工程项目上的成功施工经验，如建立周、日生产调度会议制度等。

8）做好后勤服务保障，做好项目施工管理、作业人员的服务工作。

（2）技术措施

1）采用先进的施工技术，如混凝土泵送、小流水段施工、JSMJ 附着式升降外脚手架等新技术。

2）做好雨期施工的物质准备，制定雨期施工技术措施，加强与气象部门的密切联系。

3）分层交叉作业，充分利用空间来换取时间。

4）做好停电、停水时施工的物质准备，确保在停电停水 8h 内能维持正常施工。

5）编制施工准备计划，把准备工作做在前面。

（3）其他保证措施

1）现场配备二名机修人员及常用机械零部件，对机械故障及时排除。

2）对业主委托监管的分包单位加强组织、协调、监督，及时向业主提供现场的具体情况报告和加强管理的建议。

3）加强同质监站、建管站的联系，及时办理中间验收、交工验收等手续。

4）做好各种不可预见因素的应急措施，如雨期施工、停电、停水、机械故障等。

2.6 物资配备情况

原材料组织主要分二大类：第一类为甲供材料，提前 15d 报材料用量及进场时间计划与甲方，并在材料进场时负责验收，提供相应的堆放场地；第二类材料为自行采购材料，这部分材料我公司以货比三家，从质量上、单价上把关，并通过甲方及有关部门审批。

本工程周转材料，由项目经理部和公司材料科共同组织供应周转材料配备情况见表 2-2 所列。

周转材料配备表 **表 2-2**

序号	周转材料名称	规　　格	需用量	来源	备注
1	钢管	$\phi48\times3.5$	500t	自有	
2	扣件	一字、十字、对称旋转	60000 只	自有	
3	剪力墙大模板（内墙）	定型	27 套	现场加工	
	剪力墙大模板（外墙）	定型	25 套	现场加工	
4	梁、板模板	定型组合模板	3 套底模 2 套侧模	定制加工	

续表

序号	周转材料名称	规格	需用量	来源	备注
5	脚手板	50mm×400mm×4000mm	600 块	购置	
6	可调顶撑	直径 50mm	400 套	自有	
7	木方	50mm×100mm	200m³	购置	
8	九层板	930mm×1800mm×18mm	10000 张	购置	
9	竹笆	1.0m×2.0m	5000 张	购置	
10	安全密目网	1.8m×6.0m	380 张	购置	
11	安全平网	3.0m×6.0m	400 张	购置	
12	铰接式筒模	定型	4 套	定制加工	现场拼装
13	JSMJ 爬升系统	根据楼层设计	40 套	自有	

本工程主要周转材料周转次数：全钢大模板按 AB 两区流水使用，从一层开始至工程主体完工，使用 25 次；其他模板平均周转 9 次。

2.7 施工机械设备选择

根据本工程的特点，本工程使用的大型机械为：伊波坦 FO/23C（140t·m）塔吊一台，主要用于主体结构的施工；江汉建机厂生产的 SCD200/200J 双笼中速施工电梯一台，主要解决人员上下及零星材料的垂直运输；德国产斯维茵混凝土输送泵一台，可输送 C20～C50 泵送混凝土，最大输送高度为 250m，以解决浇筑混凝土的垂直运输问题。在基础梁混凝土浇筑时，另外配置汽车泵一台。

2.7.1 塔吊的选取

我们选择 1 台伊波坦 FO/23C140t·m（R=50m）塔吊进行垂直运输，根据计算可知塔吊的运输能力满足吊运量的要求。塔吊布置在 3 号楼的南侧，具体平面布置参见施工平面总体布置图和图 2-9。

2.7.2 施工电梯的选取

在结构施工阶段，施工升降机主要解决人员、小型机具和料具的运输。结构封顶后，主要是砌块、砂浆、部分装饰材料和人员、机具的运输。选用一台 SCD200/200J 双笼外用施工电梯，电梯最大起重量为 4t。

当结构施工到二层时，开始施工电梯的基础施工。当结构施工完四层时，施工电梯安装调试完毕。

施工电梯平面布置详见施工平面总体布置图。安装和定位如图 2-10 所示。

2.7.3 混凝土工程设备的选取

根据混凝土工程量，采用一台斯维茵 BP3000HD-18R 型拖泵，确保混凝土的连续浇筑。地上主体结构施工时两栋楼分别采用一台布料机及一台拖泵联合布料，混凝土泵管接至布料机。布料机型号为 ZB21（回转半径 21m），安装在拟建建筑物电梯井筒内，布料机覆盖不到的部位采用塔吊调运。布料机在主体结构施工至地上二层时开始安装，这样不仅能减少劳动力的使用，而且能保护板面钢筋，避免施工时因布料不及时而产生的冷缝，减少人为践踏破坏。斯维茵 BP3000HD-18R 型拖泵最大输出压力 135Pa，柴油机功率 157kW，

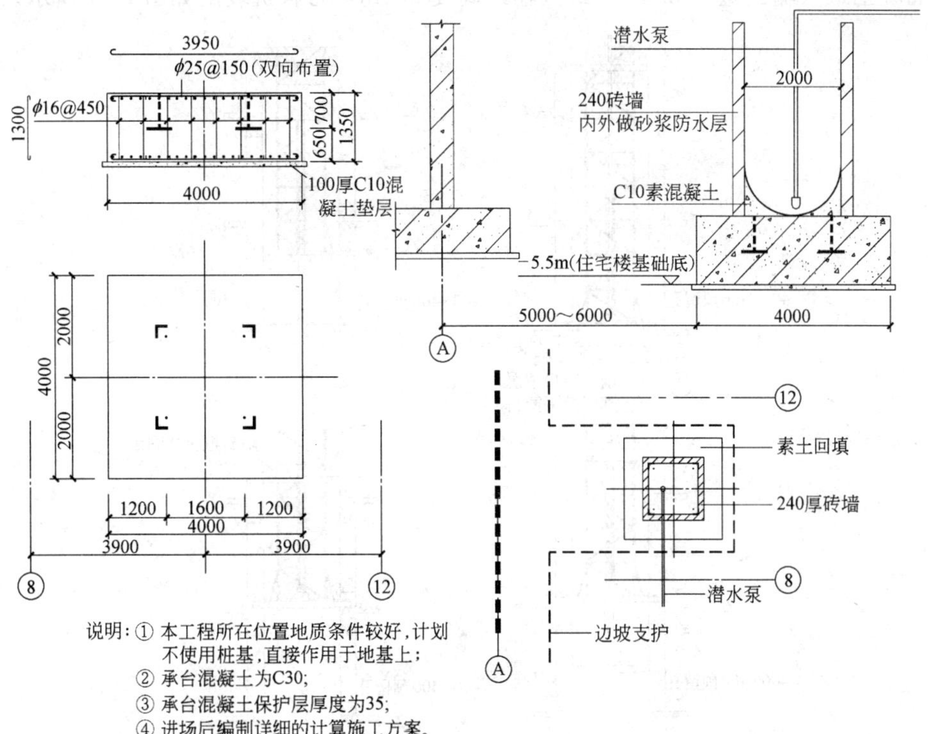

图 2-9 塔吊的定位和塔吊基础施工方案图（单位：mm）

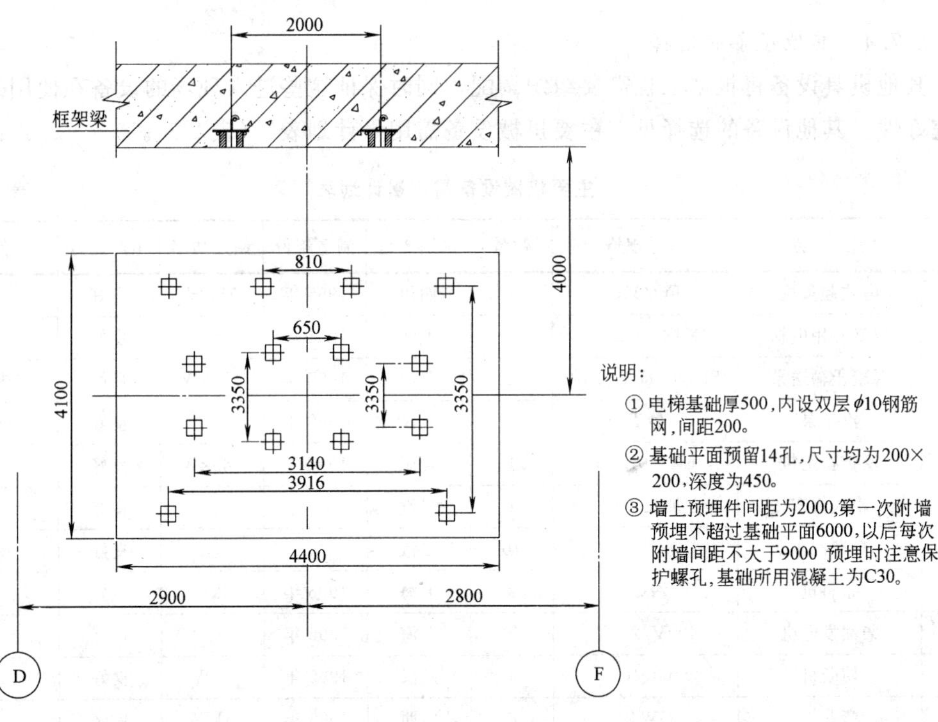

图 2-10 电梯安装和定位图（单位：mm）

额定混凝土最大输出量 77m³/h，最大输送高度 200m，布料机装配如图 2-11 所示。

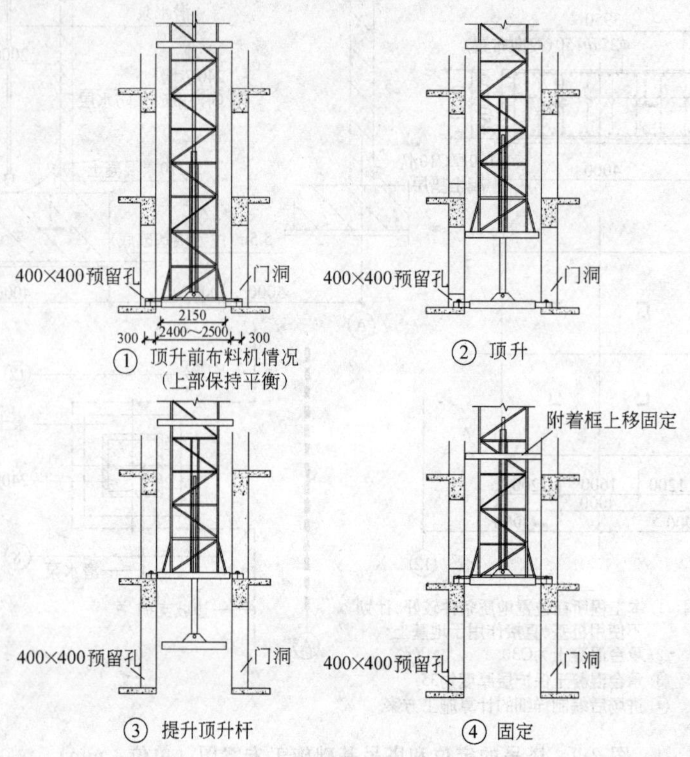

图 2-11　布料机装配详图（单位：mm）

2.7.4　其他设备的选择

其他机具设备将根据工程需要组织调配，同时保证这些进入现场的设备在使用过程中的完好性。其他设备的选择见“主要机械设备需用量计划表”（表 2-3）。

主要机械设备需用量计划表　　表 2-3

序号	名　称	型号规格	数量	国别产地	制造年份	额定功率	生产能力	备注
1	塔式起重机	FO/23C	1	四川	1995 年	75kW	良好	
2	双笼外用电梯	SCD200/200J	1	上海	1994 年	30kW	良好	
3	混凝土输送泵	BP3000HD—18R	1	德国	1995 年	157kW	良好	自带动力
4	汽车泵	楚天	1	武汉	1998 年		良好	基础施工
5	反铲挖土机	EX350LC-5	1	合肥	1997 年	169kW	良好	
6	箱式汽车	加长 10t	1	二汽			良好	
7	自卸汽车		10	二汽			良好	挖土
8	布料机	ZB21	2	上海	1995 年	3kW	良好	
9	柴油发电机	400V/230V	1	上海	1996 年		良好	
10	切断机	GQ40	4	武汉	1995 年	4kW	良好	
11	弯曲机	GW40	6	山西	1995 年	4kW	良好	
12	抹光机		4	武汉	1995 年	1.5kW	良好	

续表

序号	名　称	型号规格	数量	国别产地	制造年份	额定功率	生产能力	备注
13	潜水泵		6	上海	1995年	1.5kW	良好	基坑排水
14	高压水泵	扬机75m	2	上海	1994年	7.5kW	良好	
15	圆盘锯		2	武汉	1995年	3kW	良好	
16	空压机	W-0.8/1.25-A	1	武汉	1995年	5kW	良好	
17	搅拌机	JS500	2	江苏	1995年	7.5kW	良好	
18	振捣器		20	武汉		1.1kW	良好	
19	闪光对焊机	UN-100	2	江苏	1995年	60kVA		
20	交流焊机	BX3-300	5	上海	1995年	16kVA		
21	电渣压力焊机	MH-36	6	上海	1996年	33kVA		
22	手提电锯	1.5kW	10	武汉		3kW		
23	卷扬机	5t	2	长沙			良好	
24	套丝机	1/2″～4″	2	上海	1995年	75kW	良好	
25	压刨机	MY-100	2	四川	1995年	2.2kW	良好	
26	冲击钻	HJ-22	10	上海		3kW	良好	

2.8 人员与劳动力组织

施工组织主要分为人员组织、机械设备组织、材料组织、运输组织、协调组织等五部分，这些组织内容的安排是以高速、优质完成本工程为依据的。

2.8.1 施工管理层人员组织

施工管理层人员根据项目组织机构图进行组织。

管理人员进场后立即着手进行施工前期的一些准备工作，一方面进行现场的交接工作，其重点是对各控制点、控制线、标高等进行复核，对目前的施工现场进行部署准备，以使现场能符合我公司的布置原则及要求；一方面安排管理人员仔细阅读施工图纸，了解设计意图及相关细节；另一方面开展有关钢筋翻样、木工翻样、图纸会审、技术交底等技术准备工作；同时，根据施工需要编制更为详尽的施工作业指导书，以便使工程一开始就受控于技术管理，从而确保工程质量。

施工前根据钢筋翻样单、设计图纸等及时提供钢筋等各项材料用量，立即开始采购工作，及时组织前期周转材料进场，以确保顺利开始施工。

2.8.2 施工劳务层人员组织

施工劳务层是在施工过程中的实际操作人员，是质量、进度、安全、文明施工的最直接的保证者。故我们在选择劳务层操作人员时的原则：具有良好的质量、安全意识；具有较高的技术等级；具有类似工程的施工经验。

劳务层划分为三大类：第一类为专业化较强的技术工种，配备人员90人，其中包括机操工、机修工、维修电工、焊工、起重工等，这些人员均是我公司曾经参与过相类似工程的施工，具有丰富的经验，持有相应上岗证的人员，平均技术等级为4.5级。第二类为普通技术工种，其中包括木工、钢筋工、混凝土工、瓦工、粉刷工、油漆工等，其平均技术等级为4.0级，以施工过类似工程施工人员为主进行组建。第三类为非技术工种，此类人员的来源为长期与我公司合作的成建制施工劳务队伍。

劳务层组织由公司劳资科根据项目部的每月劳动力计划，在全公司进行平衡调配，同时确保进场人员的各项素质达到项目要求，以不影响施工为基本原则。本工程在整个施工过程中，所有劳动力（含各分包公司）月平均人数320人，高峰期工地人数447人（表2-4、图2-12）。

施工劳务人员根据现场需要分批进场，各类专业的施工操作人员由我公司内部备足。

劳动力组织分配表（单位：人） **表 2-4**

日期/工种	2000年				2001年											
	9月	10月	11月	12月	1月	2月	3月	4月	5月	6月	7月	8月	9月	10月	11月	12月
管理人员	25	25	25	25	25	25	25	25	25	25	25	25	25	25	25	25
普工	40	40	40	40	40	40	40	40	40	40	40	20	20	20	20	20
焊工	4	4	4	4	3	3	3	3	3	3	3	2	2	2	2	2
电工	2	2	2	2	2	2	2	2	2	2	2	2	2	2	2	2
瓦工	50	25	15	15	15	15	15	80	80	90	90	90	20	20	20	20
木工	10	60	100	100	100	100	100	50	40	20	10	10	10	10	10	10
钢筋工	20	60	60	60	60	60	60	20	20	10						
混凝土工	20	20	20	20	20	20	20	10	10	10	10					
架子工			15	15	15	15	15	15	15	15	15					
机操工	12	12	12	12	12	12	12	12	12	12	12	6	6	6	6	6
起重工	9	9	9	9	9	9	9	9	9							
精装修工											80	80	80	80		
安装工	30	30	30	30	30	50	80	80	80	80	80	80	80	80		
油漆工								40	40	40	80	80	80	80	80	40
合计	222	287	332	332	331	351	381	386	376	347	447	395	325	325	165	125

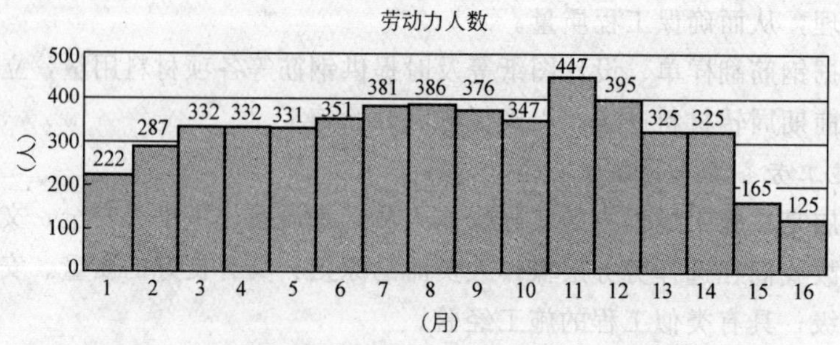

图 2-12 劳动力动态曲线图

3 主要施工方法

3.1 土建工程施工方法

3.1.1 工程测量

(1) 测量准备工作

与建设单位办理桩、控制点移交手续，现场交接引测点位，填制“施工测量控制点交桩记录表”。根据设计意图、工程总体布局、工程特点与施工部署等，确定控制轴线并进行内业计算。

配备测量人员：测量人员 2 人，配合人员 4 人。

仪器配置：测量仪器必须通过计量所检验并有合格证，依据现场情况配置以下测量仪器（表 3-1）。

测量仪器配置表　　表 3-1

序号	名　称	数　量	序号	名　称	数　量
1	激光经纬仪	2 台	6	S3 型水准仪	4 台
2	激光铅直仪	1 台	7	塔尺	4 柄
3	50m 钢卷尺	2 把	8	对讲机	4 台
4	S1 精密水准仪	1 台	9	大、中、小线坠	各 2 个
5	铟瓦水准尺	2 柄			

(2) 平面测量控制网的建立及校核

本工程平面形状主要由多个矩形组成，拟定建筑施工平面定位控制网采用方格网，用直角坐标法投测而成。测量遵循的原则是先主体后局部，对整个工程进行整体控制，再进行各区段控制点的加密和放样工作。

根据甲方提供的测量定位点，及本工程的建筑结构特点，确定本建筑物的首级测量控制网。首级控制网以主轴线作为主要控制轴线，在建筑物周边坚固位置做好标记，作为校核依据。为保证测量时视线的畅通无阻，在平行各轴线 1m 的位置建立控制线。为了方便地上工程的施工测量，故轴线控制桩布置在基坑外的平面上，并保护好各控制点不被破坏，要做明显标记，定期检查。每次放线时，将激光经纬仪架设在控制点上，后视另一相应的控制点，这样依次投出全部主控制线；然后依据主控轴线，用 50m 钢尺，按照施工图纸，分出各条轴线位置及墙柱梁位置，每跨轴线误差控制在 1mm 以内。施工时由下到上进行层层放线。平面测量控制网图如图 3-1 所示。

(3) 地下施工测量

根据业主移交的城市测量控制网资料，利用施工坐标与城市测量控制网的换算关系来确定施工主轴线和建立总控制网的直角坐标系统。由于土方开挖的影响范围将达 20m 左右，故控制桩网点的设置距基坑保持 30m 的距离。

在土方开挖期间，设立 4 条主控制线，控制点的设置考虑在场内不易破坏和通视条件较好的位置（○为施工控制点，▶为红三角标志，作控制方向用），并设置永久标识。

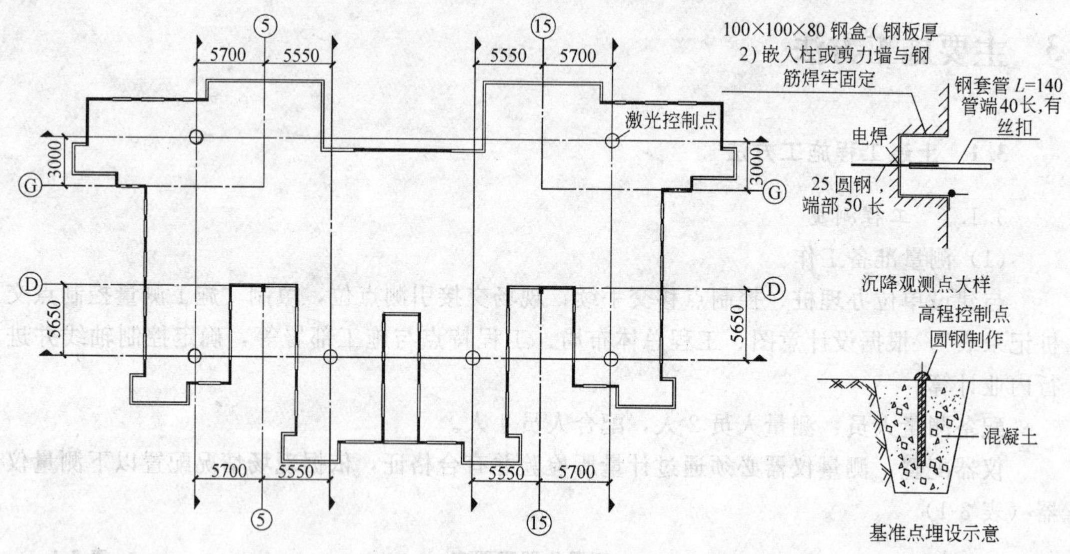

图 3-1 平面测量控制网（单位：mm）

当土方工程施工至结尾时，采用外控手段，利用激光经纬仪将设在基坑四周的控制点轴线转移至坑内，以控制开挖及坑底落底处的平面位置。根据标高控制点，利用 S3 级水准仪控制挖深和清底，验槽后开始垫层和胎模施工。

垫层与胎模施工时，依据就近原则将方格网中的控制轴线用经纬仪投至基坑底的施工区域内，基坑的轴线即从附近的控制轴线通过经纬仪和钢尺测出。控制轴线的标定在施工前期采用 50mm×50mm×1000mm 木桩钉设。当一部分垫层和胎模施工完后，可直接在垫层上弹墨线及在胎模上标红三角。木桩钉设的控制轴线使用期限不得超过两天，且每次使用前必须拉麻线校核木桩有无移动。

垫层与胎模施工完后，地面上的方格控制网必须全部引测到基坑内，以便检查基坑内轴线位置。

基础底板施工完毕后，此时基坑底部已经稳定，在下一步测量时首先进行基坑外围轴线、标高控制点的复核。确认控制点无误后，利用 Nioo5A 精密水准仪、J2 经纬仪和光电测距仪将标高控制点、轴线施放到基础底板表面上，并设立建筑物高程控制点和内控轴线控制网络系统。此时，建筑物内形成独立系统，而外部标高、轴线控制点转换成为建筑物的变形比较系统，将作为建筑物沉降、不均匀沉降引起的倾斜、外墙装饰墙面控制的检验基点。外部控制点须经常检验复核，保持系统的精确度。

（4）楼层施工测量放线方法

根据施工图纸要求，考虑到建筑物现场实际情况，加之建筑物较高，如果采用传统的经纬仪投点的方法，由于仪器仰角过大，测量的精度很难保证。为了保证整幢大楼的精度，满足施工速度，本工程采用激光铅直仪进行垂直方向的传递，具体控制方法如下：根据甲方认可的控制网，用激光经纬仪精密测定出 4 个激光控制点于首层楼面上；同时，在远处建筑物上分别做好后视点。

为了观测和控制楼层垂直度偏移的情况，采用一台激光铅直仪测控。激光控制点设置在首层铅直控制点的位置上，并在铅直点的上方开一个直径为 100mm 孔，并在孔上

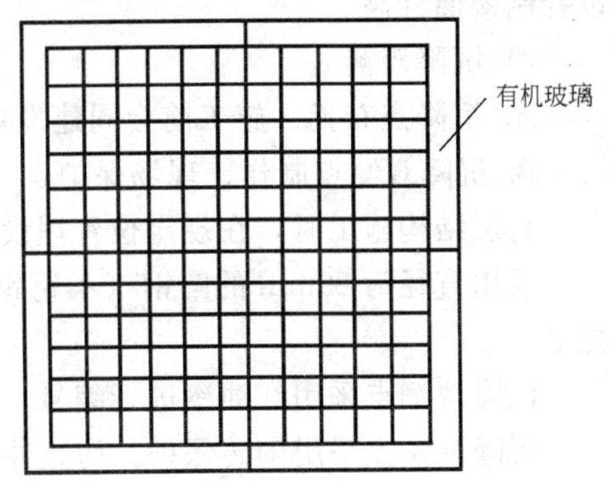

图 3-2 装饰与外墙的测量控制

焊直径为 100mm 高为 200mm 的钢管一段，作为激光束的通道。孔上加一活动的盖，使用时打开，平时关上，以防止高空落物、落水损坏仪器。

在施工层每层激光点垂直方向位置，预留 200mm×200mm 的激光束通道预留口，以便随时检查垂直度和施工放线的精度。在预留口放置一块 250mm×250mm 刻有坐标的有机玻璃激光靶，将激光点打在激光靶上，如图 3-2 所示。观察每次数据，并做好记录，两次之差即为偏移的方向。以此作为纠偏的依据，保证大厦的垂直精度。

内部装修的局部平面位置的确定从结构施工中确定的结构控制轴线中引出，高程同样从结构施工高程中用水准仪转移至各控制点。水准仪转移时，尽量遵循仪器使用过程中保持等距离测量的原则，以提高测量精度，使装修工作有精确的控制依据。

外墙垂直轴线与高程均由内控轴线和高程点引出，转移到外墙立面上，弹出竖向、水平控制线，以便外墙装修。在轴线点引出后，务必注意内控法是逐层实施的，而外墙是从上至下的全长线条，因此，需用激光经纬仪在外控点的辅助下，从上至下进行一次检测修正，逐层测量引起的间接微小误差，使垂直线贯穿于建筑物的整个外墙面，从而达到准确测量外墙的效果。

1）建筑物高程控制

① 高程控制网的建立

对甲方移交的标高水平点进行现场确认和标测，办理移交手续，进行妥善保护，据此基础上建立场地内的标高控制网点，在现场外适当坚硬的地方，测设出 A、B、C 三个临时水准点，其闭合差小于等于$\pm\sqrt{n}$，二级水准控制网用水准仪结合吊钢尺的方法测设。一层结构施工完后，即将业主给定的建筑物±0.00 层标高引测至一层结构内，施工各层间高程传递由激光束、通光孔和电梯井处引测，用钢卷尺丈量，每层用 S3 级自动调平水准仪抄平，弹出建筑标高+500mm 处水平线，作为向上标高控制的引测点。

② 标高测量方法

在建筑物首层外墙上确定+0.50m 标高点，由标高水准点精确布设此点，以此准点将标高传递到施测层后进行闭合校核，布设的位置根据建筑平面均匀布设，用钢卷尺在结构外墙上竖直引测，直至施工层。画出正整数或半数的水平线，各层的标高线均应由各处的布设起始标高向上直接读取，高差超过一整钢尺长时，在该层精确测定第二起始标高点，作为再向上引测的依据。将水准仪安置到该施工层，校测由下面传递上来的各水平线，误差应在±3mm 以内，在各层抄平时，后视两条水平线以作校核。

③ 楼面平整度控制方法

当一层楼板模板、钢筋完成后，测量人员用水准仪把标高引测至楼面上，在一根柱的钢筋及墙钢筋上测设一个比楼板面设计标高高 500mm 的水平标高，用红油漆做上标记，以控制楼面标高。

2）沉降观测

A. 沉降点布置：施工前会同建设单位与设计院，根据设计与规范要求进行布置。

B. 沉降观测点制作、现场保护：

首层结构施工时，在规定位置埋设沉降观测点。

采用直径为 20mm 的圆钢（不锈钢），一端弯成 90°打磨成半球形状，另一端焊接在柱上。

沉降观测点采用红油漆进行编号，要求将编号标明在沉降点上。

沉降观测点采用砌砖保护，防止冲撞引起变形，影响数据统计。

C. 沉降观测方法

a. 观测基点：依据甲方提供的水准基点，另外引测两个工作基点和若干联系点。

b. 测量方法：沉降观测采用几何水准测量方法进行，根据建筑物最终沉降观测中误差精度要求，确定采用二级水准观测、环形闭合的方法，使用精密水准仪，铟瓦合金标尺，按光学测微法观测，采用二等环形闭合水准路线，闭合精度为小于$+0.3\sqrt{n}$mm（n为测站数）。

c. 沉降观测周期：结构施工阶段采取每施工完一层观测一次，主体结构完工后至工程全部竣工后的 1 年内每隔三个月观测一次。

d. 每次观测结束后，将观测高程列入沉降观测成果表中，及时计算相邻两次观测之间沉降量及累计沉降量，编制成果表，作为竣工资料归档。

D. 观测注意事项

a. 观测应在成像清晰、稳定时进行，照明不足的地方采用人工照明；

b. 测量时要求前后视距基本相等，视距差不大于±2m，视距不能超过±30m；

c. 测量中固定人员进行观测，固定水准仪和塔尺，水准基点与观测路线，按规定日期、方法及路线进行观测；

d. 在每一测站观测完各前视点后，要求再回视后视点，两次读数之差不得超过 1mm；否则，应重新观测，直至满足要求为止。

3）测量精度控制

平面控制网的控制线：主轴线测距精度不低于 1/10000，测角精度不低于 20″。

建筑物竖向垂直度：层间垂直度不大于 3mm，全高垂直度不大于 $3H/10000$，且不大于 15mm。

标高控制网闭合差为$\pm5\sqrt{n}$（n 为测验数）或$\pm20\sqrt{L}$（L 为测线长度）。

4）测量程序

测量程序如图 3-3 所示。

3.1.2　土方开挖及回填

(1) 土方开挖的准备

本工程地下基础面标高为－3.50m（3 栋）和－3.30m（4 栋）两种，桩帽厚 1800mm，承台厚 2000mm，桩帽及承台下均做 100mm 厚 C10 混凝土垫层，承台底最深处标高－5.50m。采用机械大开挖和人工清土相结合的方法。

土方开挖过程中，将标高测量控制作为重点，防止超挖和欠挖。开挖中及时请业主、

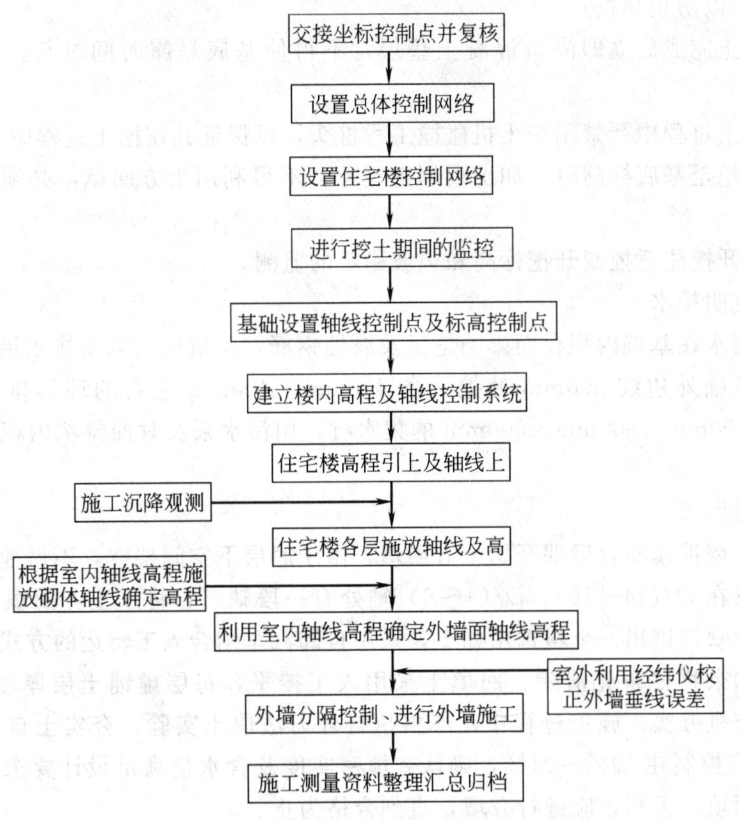

图 3-3 测量程序图

监理、设计院进行验收，及时插入混凝土垫层和胎模施工，加快基础的施工进度。

采用 2 台 $1m^3$ 反铲挖土机，20 台自卸汽车，土方开挖时配备 50 名普工清理，每天按 $1200\sim1400m^3$ 挖土量计算。土方开挖用时 10d。

土方开挖前，根据基坑周边市政管网及预埋情况制定相应的处理方案，以应付基坑土方开挖可能出现的意外情况。在土方开挖前，做好基坑内地表水的排放工作。土方开挖前和开挖过程中，对周边建筑做好监测。

(2) 土方开挖的形式及布置

土方采用机械大开挖与人工清挖相接合的方式。为避免扰动天然土层，机械开挖一次挖至地梁及承台垫层底以上约 200～300mm 处，留 200～300mm 进行人工清边修底，投点放线。人工清挖土紧随挖掘机进行，以便土方的外运。工程桩桩头的破除也紧随土方开挖进度进行。

由于工程所处位置土质情况较好，边坡拟采用放坡（1：0.5）处理，根据现场实际勘察情况，放坡宽度约为 2～3m。土方开挖顺序自北向南、由西向东后退着挖。土方开挖时，在基坑的东南边靠大门处留设坡道，以利于土方的运输。

(3) 土方开挖的注意事项

1）土方开挖时，开挖的深度控制在设计开挖深度内，以保证在开挖过程中，不会因局部开挖过深而使未挖的土方向一侧挤压，形成工程桩的偏位；

2）在开挖至离设计基础或垫层底标高 200～300mm 时，开始利用人工清挖，不得再用机械开挖，以防止超挖；

3）在清土完成后立即浇筑混凝土垫层，不得使基底暴露时间过长，深坑部位更应如此；

4）在挖土过程中严禁用挖土机碰撞工程桩头，以保证其在挖土过程中不受损坏；

5）在开挖至基底标高时，如出现超挖现象，不得利用土方回填，必须使用毛石混凝土填充；

6）土方开挖注意控制开挖标高和边坡稳定的监测。

（4）基坑明排水

为防止明水在基坑内积存而影响施工及腐蚀钢筋，基坑应采取明排水措施。在土方开挖完后，沿基础外边线300mm处挖一条400mm×400mm左右的环形排水明沟，每隔20m设一个800mm×800mm×600mm的集水坑，用污水泵及时抽排坑内积水，以保证基坑内不积水。

（5）土方回填

地下剪力墙拆模验收后即开始土方回填，由于底层下空间架空，不做他用，但四周剪力墙封闭，仅在*D*/(14～16)、*D*/(4～6)轴处有一段缺口，将来土方回填及下部周转材料均可通过此缺口进出。土料选用黏土，采用自卸汽车结合人工转运的方式填土。回填土及基础周围的杂物要事先清除。回填土采用人工摊平，每层虚铺土层厚度为400mm左右，振动打夯机夯实。施工过程中，严格执行环刀法取土实验，夯实土自重应达16kN/m^3，含水量应控制在19%～21%，确认夯填密实度及含水量满足设计要求后，方可进行上层土方的回填；否则，应进行夯填，直到合格为止。

（6）工程桩桩头处理、垫层

1）桩头处理

土方开挖过程中，及时插入人工破除工程桩桩头，鉴于桩头处理工作会破坏垫层，故要求桩头处理工作必须在土方开挖过程中紧密配合，于垫层施工前完成。破桩时，控制好桩头标高，保证按设计要求留足够长度的桩和钢筋锚入承台内，但桩头上有疏松混凝土时必须保证清理干净，必要时用同强度等级混凝土接长至设计标高。

根据设计要求，桩体进入承台50mm，另考虑100mm厚垫层，在挖土面上须留设150mm高的桩体。桩头处理程序为：先在挖土面上留870mm的桩体，将上部桩体割除，再破碎中部桩体，剥离出桩头720mm的锚固钢筋，按设计要求以一定角度弯成放射状，底部保留150mm的桩头。桩头钢筋不够锚固长度的，应焊接接长。

凿桩工作主要由人工进行，配备足够的空压机、风镐，人员三班作业，确保垫层的及时施工。凿除的桩头统一由运土车运走。

2）垫层施工

土方开挖经人工清边检底到位后，立即进行验槽，办理隐蔽验收，浇筑垫层封闭基槽，减少坑底土体暴露时间，避免土体结构受到破坏。

垫层施工紧随土方工程，人工清理一块浇筑一块，尽量减少地基土的暴露时间。垫层标高用水准仪严格按设计标高控制，并根据基底回弹统计数据适当降低垫层标高，留回弹预留量，并做好表面压实、抹平、收光工作。

垫层完成后应立即把轴线、基础边线投设到垫层上去，以确保基础的正常施工。

3.1.3 主体结构工程

(1) 钢筋工程

1) 钢筋加工场地及运输方式

现场预留钢筋材料堆场，用以原材料的统一堆放。钢筋加工场地布置于现场塔吊起吊范围内，现场设加工及水平焊接设备2套进行现场加工。大部分加工半成品直接由塔吊吊运至施工层上，避免加工半成品经二次转运至塔吊起吊半径范围内起吊。

2) 钢筋翻样及加工

根据图纸及规范要求进行钢筋翻样，经技术负责人对钢筋翻样料单审核后，方可进行加工制作。本工程结构配筋多而复杂，在翻样时要综合考虑墙、柱、梁相互关系，按照设计和规范的要求，确定钢筋相互穿插、避让关系，解决首要矛盾，做到在准确理解设计意图、执行规范的前提下进行施工作业。

钢筋的弯钩应按施工图纸中的规定制作，同时也应满足有关标准与抗震设计要求。

3) 钢筋连接

根据设计要求，本工程框架柱、剪力墙暗柱的纵向钢筋接头均采用电渣压力焊焊接接头，相邻接头间距应大于500mm，同一截面上钢筋接头的个数不得超过全截面钢筋总数的50%。

框架梁的纵向钢筋接头均采用闪光接触对焊，并检验其焊接强度，焊接质量应符合国家现行标准《混凝土结构工程施工质量验收规范》的要求。现浇板中通长钢筋截面较小时采用搭接，按$30d$（HPB235级）、$42d$（HRB335级）长度在受力较小处错位搭接，相邻接头错开$35d$及500mm，且同一截面内钢筋搭接面积不超过50%。板面钢筋在跨中$L_0/3$范围内搭接，板底钢筋在支座处搭接。

采用焊接接长的钢筋，焊工必须持证上岗，有证人员应先做试件，确认操作方法、焊接参数、试件都合格后方可正式操作。已焊的接头应逐根进行外观自检，再按规范的比例，对外观合格的接头取样检验，抽检合格后方可大面积操作。

4) 钢筋固定及绑扎

由于梁板部分模板工程量较大，为便于各工序在工作面上衔接进行，工程计划在满堂脚手架搭设及梁板模板支设这一时间内，完成墙、柱钢筋施工，接着进行梁、板钢筋绑扎，同时进行墙体封模。施工顺序为：柱、剪力墙钢筋绑扎──→框架梁钢筋绑扎──→楼板钢筋绑扎。

钢筋的级别、直径、根数和间距均应符合设计要求，绑扎或焊接的钢筋骨架、钢筋网不得出现变形、松脱与开焊。结构洞口的预留位置及洞口加强处理必须按设计要求做好。柱、墙插筋按测量放线定位位置设置，并做好根部定位固定，抗震节点的箍筋按规范正确设置与绑扎。钢筋绑扎应严格按施工图、验收规范、操作规程和技术交底进行，并垫好细石混凝土垫块和撑铁，注意成品保护。

柱、墙插筋必须定位准确，绑扎固定牢固，以保证竖向结构轴线准确，凡通过楼层结构的竖向钢筋，在板内应按设计要求绑扎箍筋、分布筋、拉结筋。当设计无明确规定时，板内加箍不得少于两道。出板面的柱、墙筋在距板面上1m范围内设置两道以上定位箍或定位分布筋。保证竖筋位置准确，固定牢靠。

柱、墙插筋固定方式及主、次梁钢筋交叉排列方式如图3-4、图3-5所示。

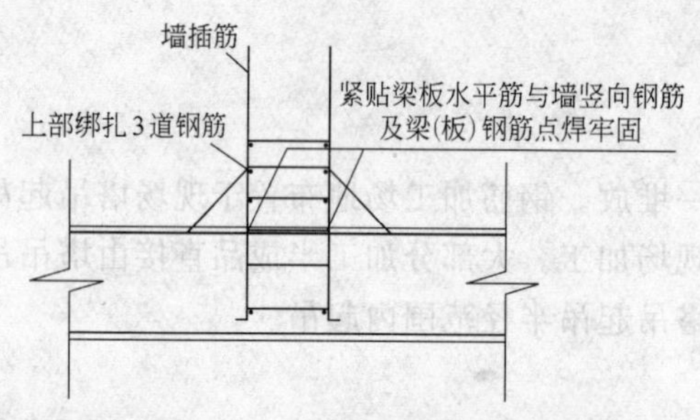

图 3-4　柱、墙插筋固定示意图

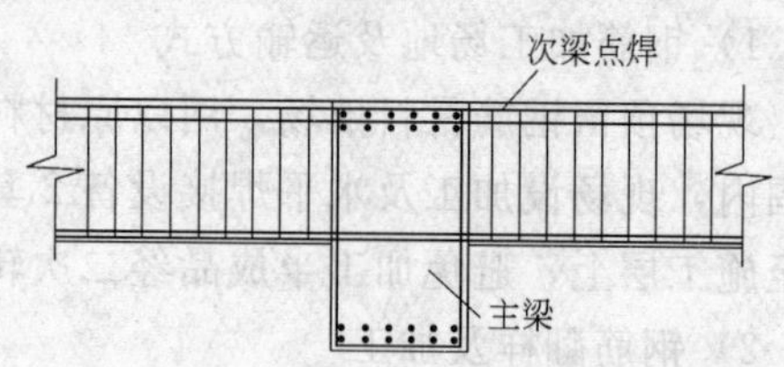

图 3-5　主、次梁钢筋交叉排列方式示意图

5）施工配合

钢筋施工的配合主要指与木工及架子工的配合，一方面钢筋绑扎时应为木工支模提供空间，并提供标准成型的钢筋骨架，以使木工支设模板时，能确保几何尺寸及位置达到设计要求；另一方面，模板的支设也应考虑钢筋绑扎的方便，梁板钢筋绑扎时，凡梁高大于700mm者应留出一面侧模不得支设，以供钢筋工绑扎梁底钢筋。待绑扎以及垫块放置均已完成后梁侧模方可封模，还必须重视安装预留预埋的适时穿插，及时按设计要求绑附加钢筋，确保预埋准确、固定牢靠，更应做好看护工作，以免被后续工序破坏。混凝土施工时，应派钢筋工看护钢筋，保证楼板钢筋保护层厚度符合规范要求，墙、板、柱插筋位置准确。

6）钢筋工程质量保证措施及注意事项

本工程中钢筋混凝土结构所用的国产钢筋必须符合国家有关标准的规定和设计要求。

所供钢材必须是国家定点厂家的产品，钢筋必须按批量进货，每批钢材出厂质量证明书或试验书齐全，钢筋表面或每捆（盘）钢筋应有明确标志，且与出厂检验报告及出厂单必须相符。钢筋进场检验内容包括查封标志、外观观察，并在此基础上再按规范要求60t为一批，抽样做力学性能试验，合格后方可用于施工。

钢筋在加工过程中，如若发现脆断、焊接性能不良或力学性能显著不正常现象，应根据现行国家标准进行化学成分检验，并且进行100%抽检，确保质量达到设计和规范要求。

在整个钢筋工程的施工过程中，从材料进场、存放、断料、焊接至现场绑扎施工，将实行责任落实到人，制定质量保证措施，层层严把质量关。

A. 在钢筋工程控制措施中，项目各关联部门的职责工程见“相关部门质量职责表”(表3-2)。

相关部门质量职责表　　**表 3-2**

部　门	措　施	备　注
技术组	编制现场详细施工指导方案，在施工中监督贯彻执行，发现问题及时解决，把好翻样质量关	
材料组	必须有出厂证明和复试报告，材料入场按规范检查外观质量和取样送检，保证规格、数量无误	
施工组	监督施工，合理安排各工种和工序的搭配，各组员对所负责施工段的施工质量负责	
质安组	对全部工程的施工质量进行监督和负责，并负责施工现场的人、物安全	

B. 钢筋加工、连接及绑扎施工中应注意：

① 钢筋加工的形状、尺寸必须符合设计要求，钢筋的表面确保洁净、无损伤、无麻孔斑点、无油污，不得使用带有颗粒状或片状老锈的钢筋；

② 钢筋的弯钩应按施工图的规定执行，同时满足有关标准与规范的规定；

③ 钢筋加工的允许偏差对受力钢筋顺长度方向为＋10mm，对箍筋边长应不大于＋5mm，对劲性柱箍筋加工更应仔细，以免造成穿箍困难及对模板支设不利的影响；

④ 钢筋加工后应按规格、品种分开堆放，并在明显部位挂识别标记，以防错拿；

⑤ 钢筋焊接前，必须根据施工条件进行试焊，试验合格后方可正式施焊；

⑥ 受力钢筋的焊接接头在同一构件上，应按规范和设计要求相互错开足够距离；

⑦ 冬期、雨天钢筋焊接要按规范、要求和钢筋材质特点采取科学、有效的保护措施，以保证焊接质量达到设计和规范要求；

⑧ 对柱梁、墙梁、柱墙节点等部位的钢筋绑扎，施工前应编制详细的绑扎顺序，钢筋工长和质检员需严格把关，以防出现钢筋规格错项和钢筋数错漏；

⑨ 按规范和设计要求设置垫块；

⑩ 混凝土浇筑过程中，设专职钢筋看护工，对偏移钢筋及时修正。

（2）地下室钢筋工程

原材料要求：

钢筋采用 HPB235、HRB335 级热轧钢筋，板筋采用冷轧变形扭，板分布筋为普通 HPB235 级热轧钢筋，型钢、钢板采用 Q235、Q255 钢。手工电弧焊时焊条型号为 E43、E50。

钢筋表面应洁净、无损伤，油渍、漆污和铁锈应清除干净，带有颗粒或片状老锈不得使用。

所有进场钢筋必须有出厂合格证，并且经抽检合格后方可使用于工程中。

1）钢筋制作

普通热轧钢筋全部采用现场制作和现场绑扎成型，冷轧变形扭由我方出料，厂家制作好后运至现场。

根据施工图规范要求，结合工程实际进行翻样，钢筋检查合格进场后，在现场钢筋车间按翻样料单切断配制，分组对焊，最后弯曲成型，并堆放整齐，分组挂牌。

为确保加工尺寸准确，无特殊情况加工人员不得更换。设专人对加工完的半成品登记，明码挂单，发放给绑扎班组。

2）钢筋连接

根据设计要求，地梁、承台钢筋均采用闪光对焊连接，竖向钢筋采用电渣压力焊或闪光对焊。水平钢筋内外侧接头间距应大于 500mm，受力钢筋接头位置应互相错开，错开间距不得小于 $35d$ 及 500mm，且在任一接头范围内，接头钢筋的数量和总钢筋数量之比不能超过 50%。

3）钢筋的支撑及保护层

承台高度为 2000mm。必须有钢筋支撑确保承台、地梁面筋的半空滞留，根据本工程承台厚度和钢筋配置方式，在承台面筋下设 $\phi25$ 钢筋支撑，间距为 2000mm，钢筋支撑样式详见图 3-6 所示。

地梁、承台垫块应采用高一等级的细石混凝土制作，柱墙、梁板采用砂浆预制垫块。

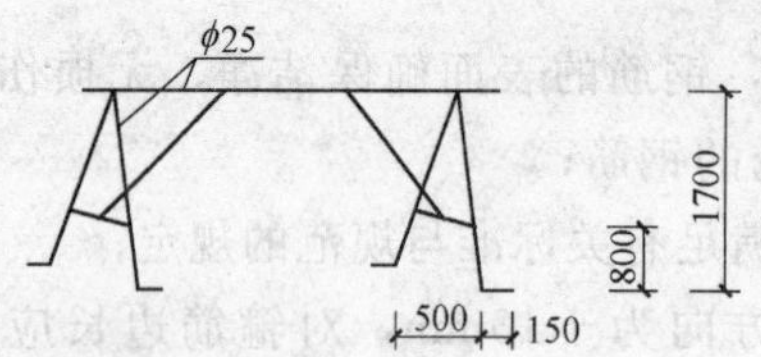

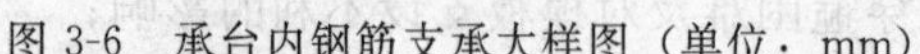
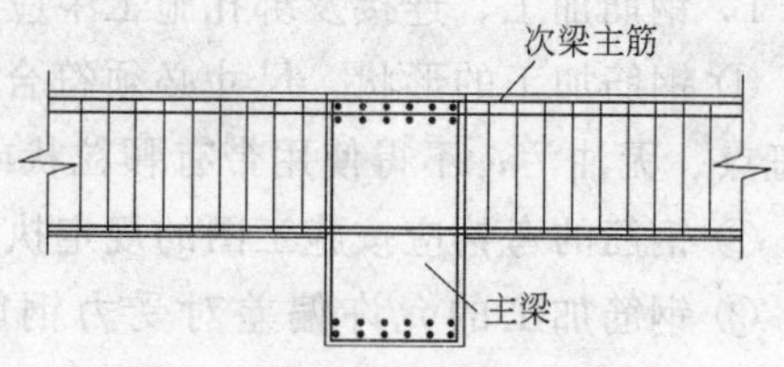

图 3-6　承台内钢筋支承大样图（单位：mm）

图 3-7　地梁面筋排列方式示意图

4）钢筋绑扎

钢筋绑扎严格按施工图、验收规范、操作规程和技术交底进行，垫好垫块和撑铁，并注意成品保护。

柱、墙筋采用电渣压力焊一次接长至±0.00。

基础中地梁纵横交错，次梁面筋从主梁面筋之下通过，应保证地梁高度。地梁绑扎可选用在钢管架上绑扎好，再放下的方法。承台面筋与地梁面筋具体排列方式详见图 3-7 所示。

浇混凝土时，必须安排专人看护钢筋，若发现问题，及时反映并解决，确保钢筋骨架按设计要求成型。

5）柱墙插筋的固定

基础钢筋绑扎前，先在垫层上放出所有梁墙线，待承台面筋、地梁钢筋扎完后，重新在承台面筋、地梁钢筋之上放出墙柱的边线，插入插筋，校正后用∟30×5 角钢同面筋焊牢；同时，在面筋上下各绑扎三道定位箍筋，防止钢筋移位，插筋方法如图 3-8 所示。

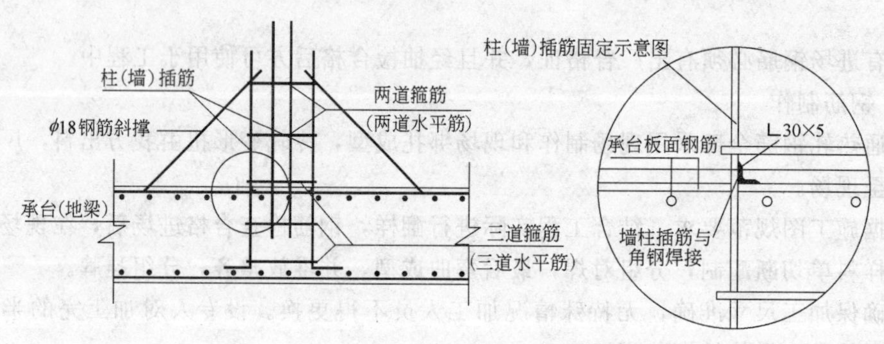

图 3-8　柱（墙）插筋示意图

(3) 模板工程施工方案

1）模板选用

模板工程是结构外观好坏的重要保证，在整个结构施工中也是投入最大的一部分，模板系统的选择正确与否直接影响到施工进度及工程质量，模板方案的选择，考虑的出发点是在工程的质量及进度上，并在此基础上进行综合性经济成本分析，达到减少周转材料投入、降低工程成本的目的。为了满足工期及质量要求，采用外墙大模板、早强快拆支撑体系。

结构施工中对模板工程要求较高，在施工中将作为重点进行控制，现场中重点做好配模和支撑体系的控制。

2）柱、墙、梁模板施工

当柱、墙钢筋绑扎完毕，隐蔽验收通过后，便进行竖向模板施工，首先在墙柱底部进行标高测量和找平，然后进行模板定位卡的设置和保护层垫块的设置，设置预留洞，安装竖管，经查验后支柱、剪力墙等模板。

柱模板采用 18mm 厚九层板，50mm×100mm 木方拼制定型木模，柱箍采用[14 槽钢对拉和 ϕ48×3.5 钢管抱箍与满堂架连接，如图 3-9 所示。

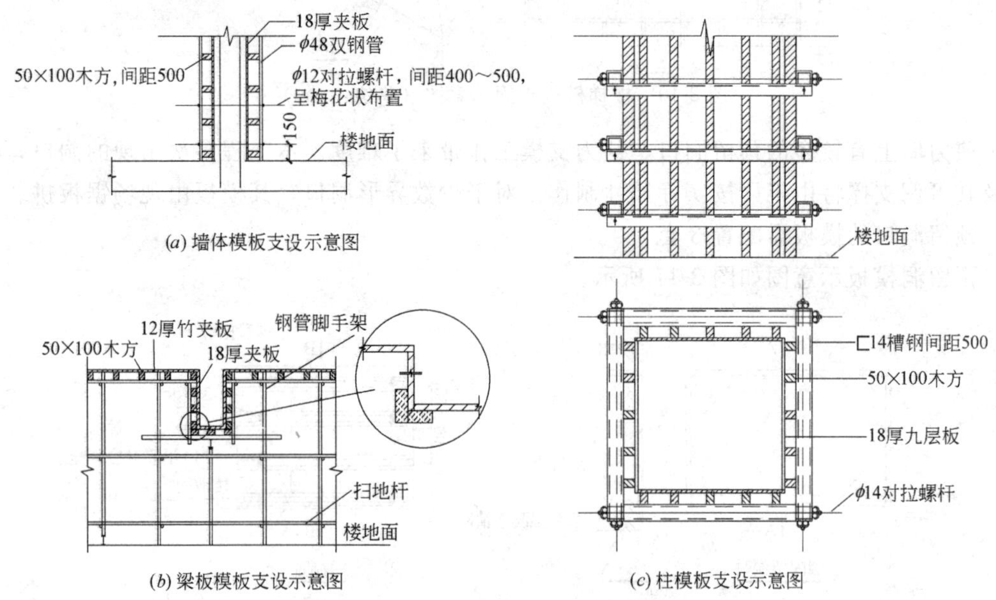

图 3-9 柱、墙梁板模板支设图（单位：mm）

墙体模板采用大模板支设体系，详尽的施工方法见前述，为保证剪力墙模板的平面位置与垂直度，拼装模板前应适当加固内脚手架，并吊线搭设模板定位架。

梁模板施工时先测定标高，铺设梁底板，根据楼层上弹出的梁线进行平面位置校正、固定。较浅的梁（一般为 450mm 以内）支好侧模，而较深的梁先绑扎梁钢筋，再支侧模，然后支平台模板和柱、梁、板交接处的节点模。梁模板采用 18mm 厚层板，50mm×100mm 木方加固，梁高大于或等于 700mm 的设一排对拉螺杆，水平间距 600mm。楼板模板采用 12mm 厚竹胶板，500mm×100mm 木方做背方，间距 400mm 布置。梁板支撑体系采用重点推广的早强快拆支撑体系。

3）楼梯模板施工

楼梯模板采用 18mm 厚的木夹板及 50mm×100mm 的木方现场放样后配制，踏步模板用木夹板及 50mm×50mm 木方预制成定型木模，而楼梯侧模用木方及若干与踏步几何尺寸相关的三角形木板拼制。由于浇混凝土时将产生顶部模板的升力，因此，在施工时须附加对拉螺栓，将踏步顶板与底板拉结，使其变形得到控制。楼梯模板支固方法如图 3-10 所示。

4）特殊部位模板

梁、柱接头处模板加固采用钉铁钉，钢管支撑加固及木榫加固相结合的方法处理，施工时应特别注意，防止接头处柱子的几何尺寸变形。

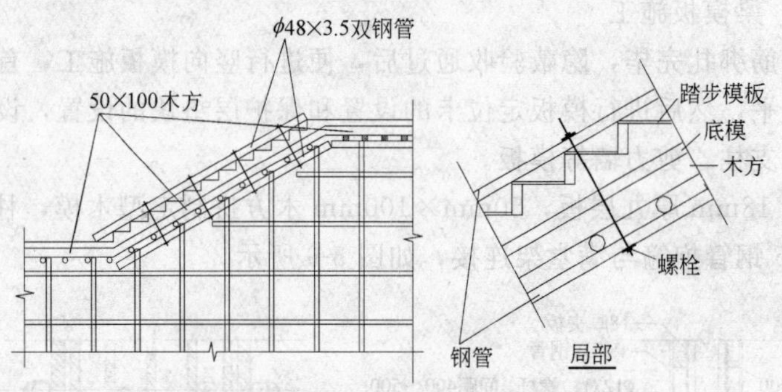

图 3-10　楼梯模板支固示意图（单位：mm）

剪力墙上有较多的预留洞口，这为支模工作带来了难度。本工程多次出现的洞口，模板及其可调支撑将由工厂按实际尺寸制作。对于少数异形洞口，其模板由现场锯板拼装而成。预留洞口的模板需配置 3 套。

预留洞模板示意图如图 3-11 所示。

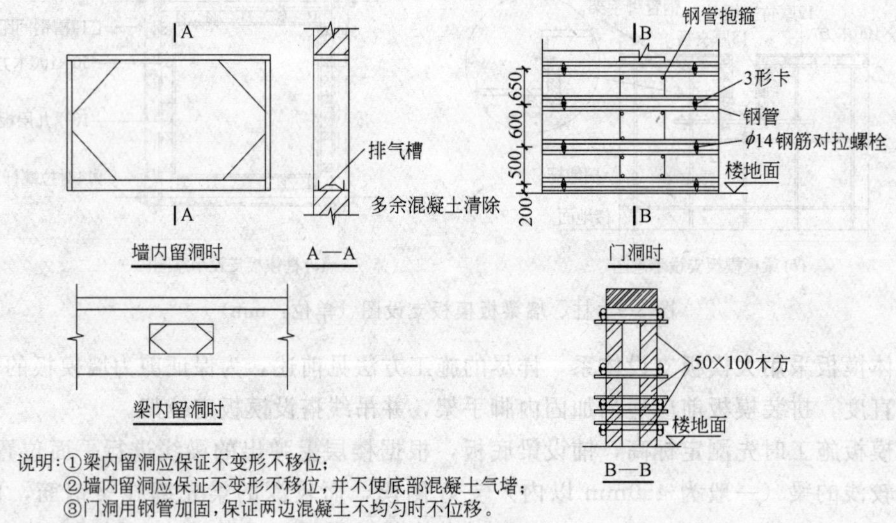

图 3-11　预留洞口模板示意图（单位：mm）

5）筒模施工

在墙、柱模板施工的同时，电梯井筒模与其同步施工。电梯井筒模采用铰接筒模，分为底座、支架、模板三大部分，其中底座起爬升与固定作用，支架为模板的依靠。施工时用塔吊吊运提升，提升到位后底座支腿伸入下层已施工好的预留洞中，使整个筒模固定到位，在此之后调节模板到位校正对拉螺栓后固定。拆除时松开对拉螺栓，摇动丝杆退出铰接模并清理模板表面，准备提升，进行下一道工序。

其入模操作程序为：收缩筒模⟶塔吊吊起模板就位校正⟶穿对拉螺杆⟶浇筑混凝土⟶拆螺栓⟶使用脱模器脱模⟶塔吊吊离⟶清理模板面，刷脱模剂⟶备用。

6）模板拆除

对竖向结构，在其混凝土浇筑 24h 后，待其自身强度能保证构件不变形、不缺棱掉角时，方可拆模。梁、板等水平结构早拆模板部位的拆模时间，应通过同一条件养护的混凝土试件强度实验结果，结合结构尺寸和支撑间距进行验算来确定。模板拆除时应随即进行修整及清理，然后集中堆放，以便周转使用。

7）模板工程质量保证措施及注意事项

模板需进行设计计算，满足施工过程中刚度、强度和稳定性要求，能可靠地承受所浇筑混凝土的重量、侧压力及施工荷载；

模板施工严格按木工翻样的施工图纸进行拼装、就位和装设支撑。模板安装就位后，由技术员、质量员按平面尺寸、端面尺寸、标高、垂直度进行复核验收；

浇筑混凝土时专门派人负责检查模板，发现异常情况及时加以处理；

由于钢筋绑扎及模板施工穿插进行，电梯井筒模需用塔吊吊升就位，安全施工难度将会大大增大，必须提高施工人员安全意识，时时做好安全防护措施。

在模板工程施工过程中，施工人员需按施工质量控制程序图严格把关。

（4）地下室模板工程

1）基础模板

承台地梁基础侧模采用 18mm 九层板，外用 $\phi48\times3.5$ 钢管双排架支承于土坡上。地梁基础侧模采用 18mm 九层板，对拉螺杆 2 道加固。基础模板大样如图 3-12 与图 3-13 所示。

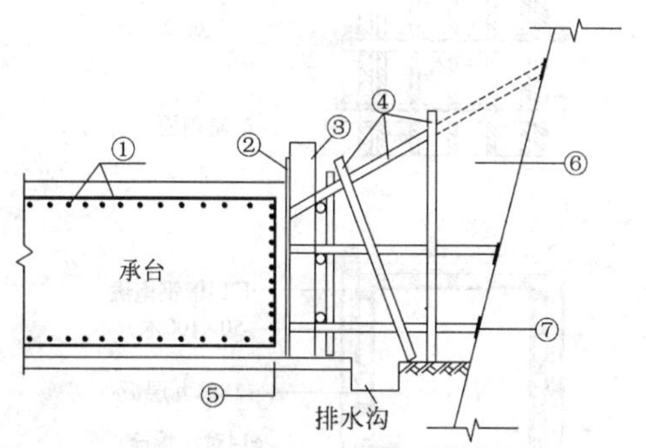

图 3-12 承台侧模支设示意图（单位：mm）
①承台钢筋；②九层板；③100×50 木方；
④钢管；⑤垫层；⑥边坡；⑦垫板

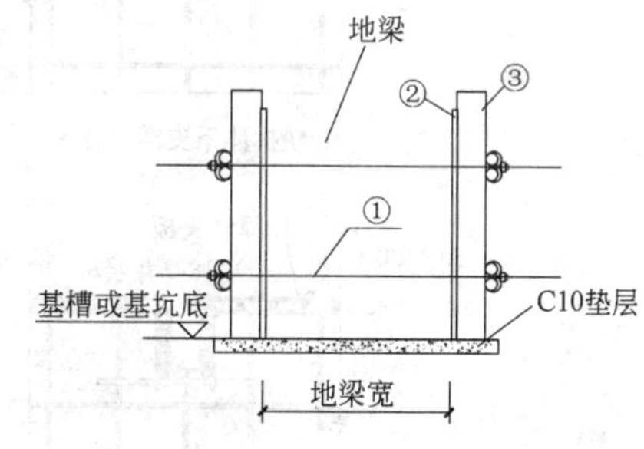

图 3-13 地梁侧模剖面示意图（单位：mm）
①对拉螺杆；②九层板；③100×50 木方

2）墙模板

墙模采用 18mm 厚层板，采用 50mm×100mm 木方作龙骨，间距 400mm。竖立筋、横向筋采用 $\phi48\times3.5$ 双钢管，对拉穿墙螺杆固定。与满堂脚手架相连。对拉螺杆穿墙，呈梅花形布置，竖向和横向间距为 600mm，地下剪力墙支模详见图 3-14。

3）柱、梁、板模板

柱模板采用 18mm 厚层板，50mm×100mm 木方拼制定型木模，柱箍采用[14 槽钢对拉和 $\phi48\times3.5$ 钢管抱箍与满堂架连接。梁模板采用 18mm 厚层板，50mm×100mm 木方加固，支撑采用满堂脚手架。柱、梁、板支模形式如图 3-15 所示。

4）特殊部位模板

坑洞吊模支设。坑洞的吊模全部采用木模，即用九层板加木方的吊模体系，另采用钢管内撑，使坑洞在浇筑混凝土时成型，坑洞支模如图 3-16 所示。

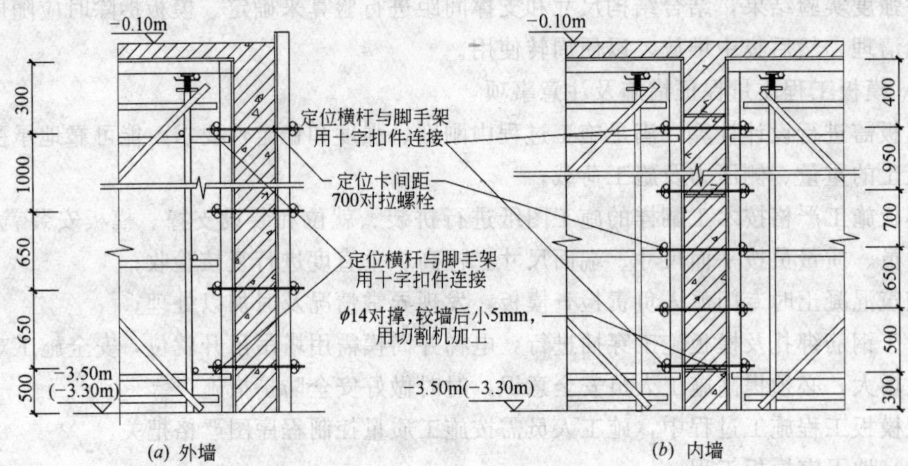

图 3-14　地下剪力墙支模示意图（单位：mm）

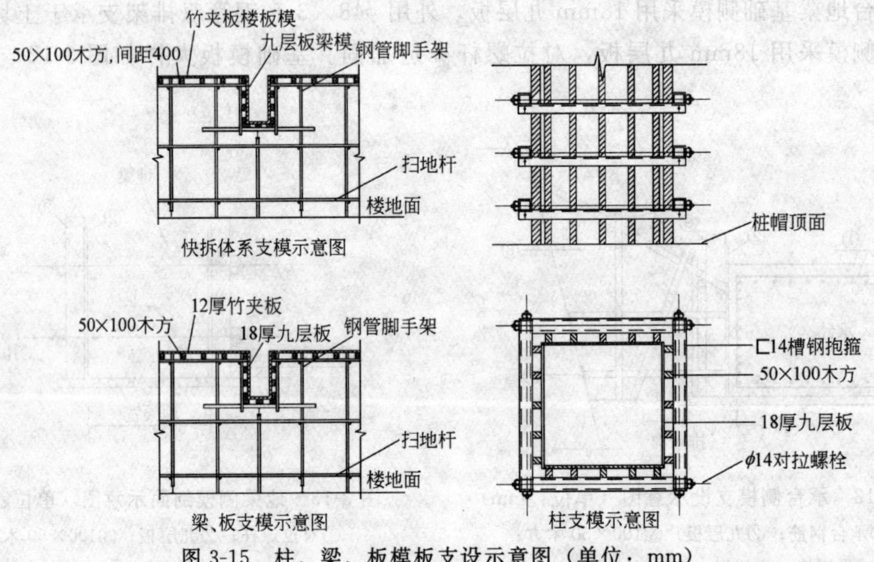

图 3-15　柱、梁、板模板支设示意图（单位：mm）

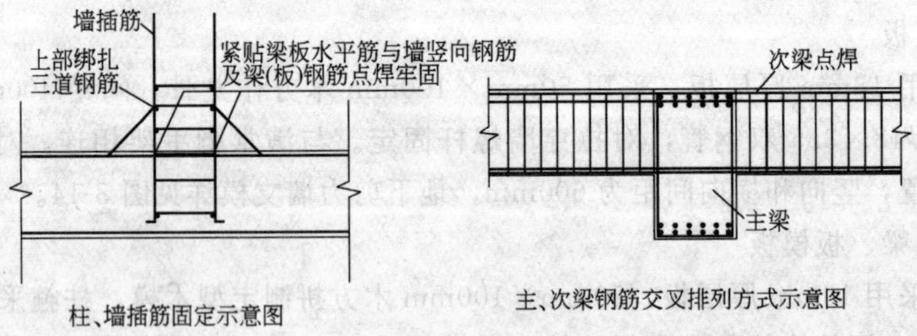

图 3-16　坑洞支模图

(5) 全现浇大钢模板施工

1) 概况

本工程为钢筋混凝土框架—剪力墙结构，按七度抗震设防，抗震等级为一级，建筑场地类别属Ⅰ类。混凝土强度等级：标高 20.30m 以下，梁、板、墙、柱为 C40；标高 20.30～40.60m 时，梁、板、墙、柱为C35；标高 40.60～60.90m 时，梁、板、墙、柱为 C30；标高 60.90m 以上，梁、板、墙、柱为 C25；构造柱、窗台板、压顶等后浇构件为 C20。钢筋采用 HPB235 级和 HRB335 级钢筋，焊条采用 E43 和 E50 两种，竖向钢筋连接采用电渣压力焊连接，水平向钢筋采用搭接和闪光对焊连接。

本工程主体结构以剪力墙为主，在剪力墙中间隔分布着 6 个 400mm×600mm 的框架柱，剪力墙宽 250mm，在剪力墙上部设梁或连梁拉结，整栋建筑物以⑩轴为界对称布置。

2）主要模板体系

本工程从地上 2～24 层为标准的框架-剪力墙结构，在主体结构施工中，室内剪力墙采用了适合全剪结构的整体大钢模板施工工艺，墙体混凝土质量完全达到“清水混凝土”的效果。建筑物外周边剪力墙采用导轨式整体提升脚手架配合大模板施工，室内平台板和梁模板采用满堂脚手架辅以竹胶板施工，框架柱采用钢框竹面胶合板，配型钢夹具施工。

a. 大模板施工的优点、目的和效益

大模板施工的特点：以建筑物的开间、进深、层高为标准化的基础，以大模板为主要手段，以现浇混凝土墙体为主导工序，组织进行有节奏的均衡施工。采用这种施工方法，施工工艺简单，工程进度快，机械化程度高，劳动强度低，装修湿作业少，结构整体性和抗震性好，工程质量好，因此，具有较好的技术经济效果。

大模板施工的目的：采用大模板施工，由于大模板表面平整，整体刚度好，接缝严密。因此，浇筑成型的混凝土剪力墙面整体平整，结构密实，不易产生蜂窝、麻面现象，并且采用大模板施工，可以满足清水混凝土墙体的要求，即减少墙面粉刷层，直接在清水混凝土墙面加 108 胶刮腻子即可满足墙面平整度的要求，从而达到增大建筑物室内的使用面积，减轻结构自重的目的。

大模板施工的效益：采用大模板施工可以降低模板的摊销费用，提高混凝土墙体的工程质量，增大建筑物的室内使用面积，减轻结构自重；减少墙面粉刷层，降低业主工程造价。

b. 整体大钢模板的设计思想

大钢模板的优点是刚度大、强度高、混凝土成品质量好。缺点是二次成本（二次改制费）投入比较大，适用性差，模板尺寸不适合建筑模数，吊次相对增加。针对上述情况，我们确立的模板设计思想是：模板定型、角模调整。

3）工程结构特点及流水段划分

本工程标准层结构平面左右对称，外墙厚 250mm，内墙厚 250mm 和 200mm，电梯井两间，双跑楼梯一套，标准层层高 2.9m。本工程结构平面中，连梁较多，且连梁高度大部分为 400mm，连梁做法必须考虑到以前的施工习惯，并根据连梁钢筋与相应的墙体钢筋绑扎关系来确定连梁的具体做法。按 5d 完成一层的施工进度及平面互换性的特点，本工程剪力墙施工从中间分开划分为两个流水段，模板配置以 A 段为基础，A 段模板周转到 B 段。模板投入量为 A 段和周转不能互换的个别模板。在保证进度的前提下，尽量减少模板投入量，保证模板在结构平面充分周转。

施工流水段的划分：

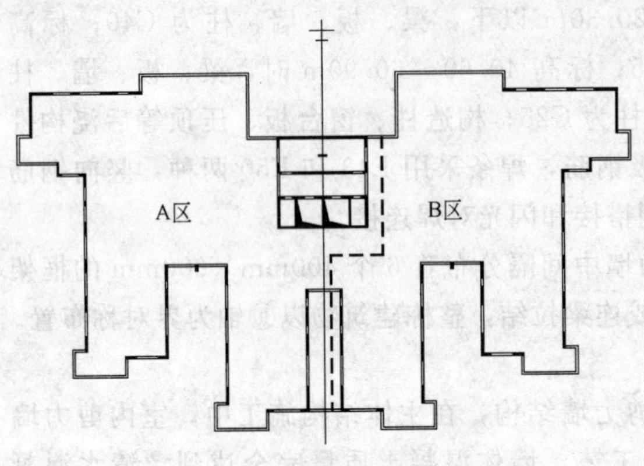

图 3-17　平面流水施工示意图
A 区—第一流水段；B 区—第二流水段

在保证施工进度的前提下，为使大模板的配模量最小，单栋建筑物拟分为两个区段组织流水施工，如图 3-17 所示。

4）全现浇内墙大模板施工的准备工作

施工机具的选用和劳动力的配备

项目施工机械的配置主要依据单层钢筋量、大模板的配置数量及流水段的划分来确定垂直运输设备，根据塔式起重机的装备情况，我们拟选择 FO/23C 塔吊进行大模板的吊装，此塔机的力矩为 140t·m，最远端起重量为 1.25t（表 3-3）。

塔吊吊次参考表　　**表 3-3**

FO/23C 塔机	吊次							计划工期	平均每吊次耗用时间(min)
	钢筋	大模板	钢管	平台板	木方	其他	合计		
全现浇框架-剪力墙结构	20～25	50	10～15	5～10	5	5～10	95～115	5	50

根据塔吊吊次参考表，平均每吊次所耗用时间为 50min，依据 FO/23C 塔机的设备性能，完全可以满足垂直运输工作的需要（表 3-4）。

劳动力配备参考表　　**表 3-4**

工种	人数(人)	作业内容	工种	人数(人)	作业内容
模板工	24	支拆模板、拼板缝	电焊工	3	辅助施工
钢筋工	35	钢筋配料及绑扎	测量放线	1	
混凝土工	13	混凝土的浇筑及养护	电工	2	机电设备维护
架子工	10	支搭、拆改脚手架及架体维护	其他人员	15	包括找平抹灰、清理修补等
塔吊司机	10	吊装大模板及其他材料			

5）定型大钢模板的设计

A. 模板结构

a. 模板结构形式

在不影响模板刚度、强度的前提下，改变以往大模板主次楞布置形式，以满足建筑物标准开间的用板要求，还要确保各规格板有较好的通用互换性能，并有一定的规律性，以利于模板的周转使用，从而减少现浇混凝土工程的模板投入。经反复统计，模板宽尺寸确定为 17 种，分为 5700mm、5400mm、……600mm、300mm（以 300mm 模数递减）。对于不符合模数的轴线尺寸，可使用非标准角模，使其能使用定型模板。模板的高度根据住宅标准层层高 $H=2700$mm 确定，考虑模板的租赁使用，内外墙模板高 $H=2700$mm；根据开间的尺寸，来选择合适的宽度，以保证 1 面墙体 1 块模板，减少塔吊吊次（图 3-18）。

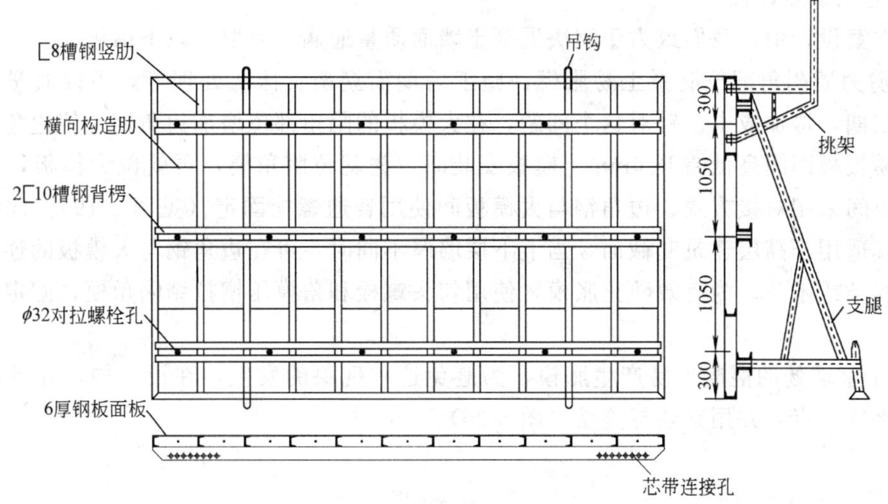

图 3-18 模板结构示意（单位：mm）

如果某一规格模板数量不够，可使用其他规格的大钢模板组拼，提高模板周转利用。

① 模板四边框留有符合模数的螺栓孔，以便于适应不同的工程模板高度、宽度变化。

② 为适应工程墙截面收缩变化及解决角模部位工程质量问题，采用了边角钢和角模搭接的连接方式；如墙厚收缩造成模板宽度不够时，可以在模板与边角钢之间加木板。

③ 为减少下一次工程模板修理量，同时为设计人员设计创造有利的条件，穿墙孔的设置采用模数化，考虑到角模固定及穿墙杆交叉的问题，第一排穿墙孔距板边为150mm。

b. 角模设计

设计主导思想是根据“墙厚定角模尺寸”，兼顾大模板甩下的余数。以250mm、200mm、180mm墙厚定标准角模为175mm×175mm、200mm×200mm、210mm×210mm三种，其他为非标准角模。这样设计角模必然会带来角模种类多，给施工带来不便。但考虑到能尽量减少大模板正反板，使模板面积总量降低、模板吊次减少，其经济利益可观。同时，在模板平面图设计时对角模进行编号，施工时对号入位，就可以避免因角模类型多而给施工带来不便。

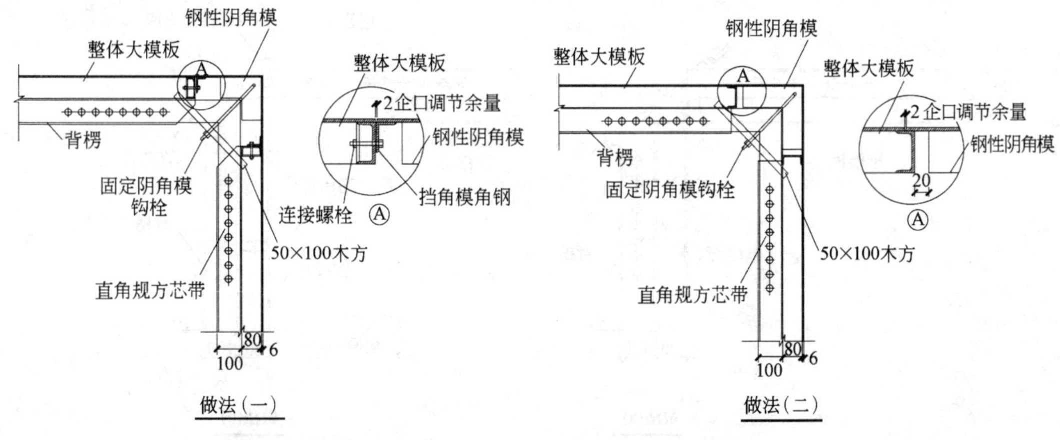

图 3-19 大钢模与角模连接示意图（单位：mm）

B. 通用节点设计

在方案设计中，我们致力于解决混凝土墙面质量通病，采取了以下措施。

a. 剪力墙阴角部位混凝土易胀模，施工后期需剔凿、抹灰处理等，不仅质量差，而且影响工期，增加成本。针对这个问题，在大模板的阴角部位增加边角钢，使边角钢的平面与大模板板面间高低错开 6mm。模板安装时，先就位阴角模，再就位大模板，阴角模与大模板间采用对接方式、边角钢与大模板间使用普通螺栓固定（见图 3-19）。此种处理方式尤其适用于高层建筑变截面，当上下层墙厚不同时，可在边角钢与大模板的连接边内填充钢板条或木条。为有效防止胀模，使用勾头螺栓和角模压槽拉结阴角模，固定于大模板上。

b. 丁字墙处的混凝土易产生胀模，为避免这一现象的发生，在设计中，让外侧大板通过丁字墙节点，并用穿墙杆连结（图 3-20）。

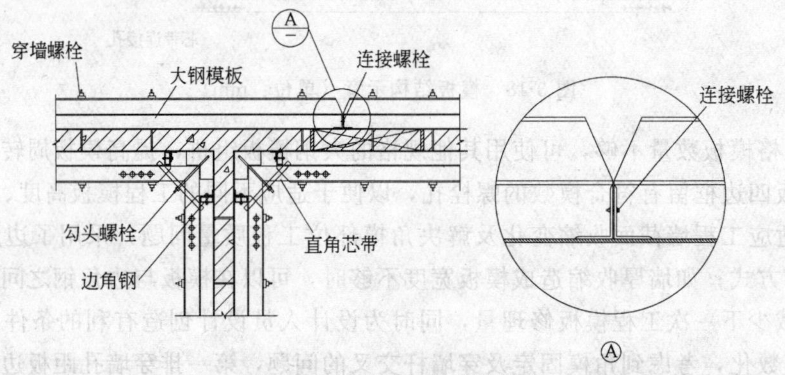

图 3-20 丁字墙节点模板示意

c. 大阳角模外角处由于大模板的加工误差会导致两个方向的模板组装后和阳角尺寸不符或无法入模，为克服这一现象，使用独立的阳角模，阳角模与大模板间仍采用边角钢的搭接形式，这既保证外角的垂直度，同时又克服了由于模板的加工误差带来的问题（图 3-21）。

d. 外墙门窗洞口的留设位置方正与否，直接影响着建筑物的整体视觉，长期以来，门窗一直使用木模，传统的角钢夹具虽然能固定门窗模四角，但并不能完全限制住模板的

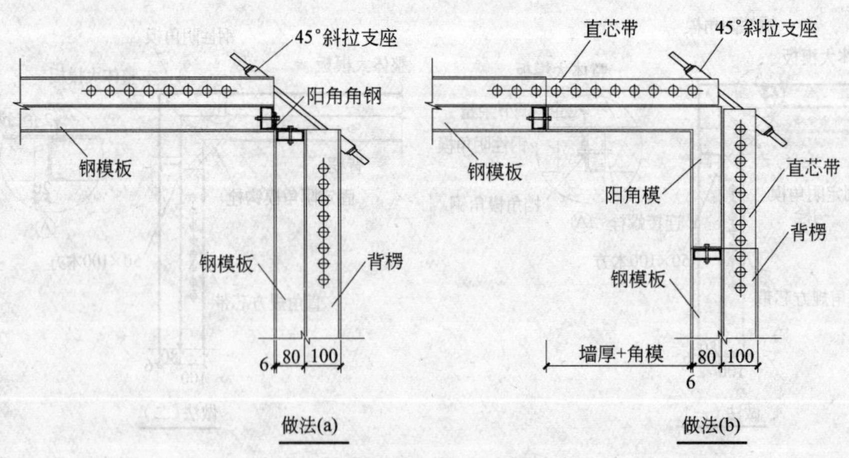

图 3-21 阳角模做法示意（单位：mm）

位置。为有效地固定模板位置，可以在模板面板上用沉头螺栓固定角钢，以此来限位（图 3-22）。

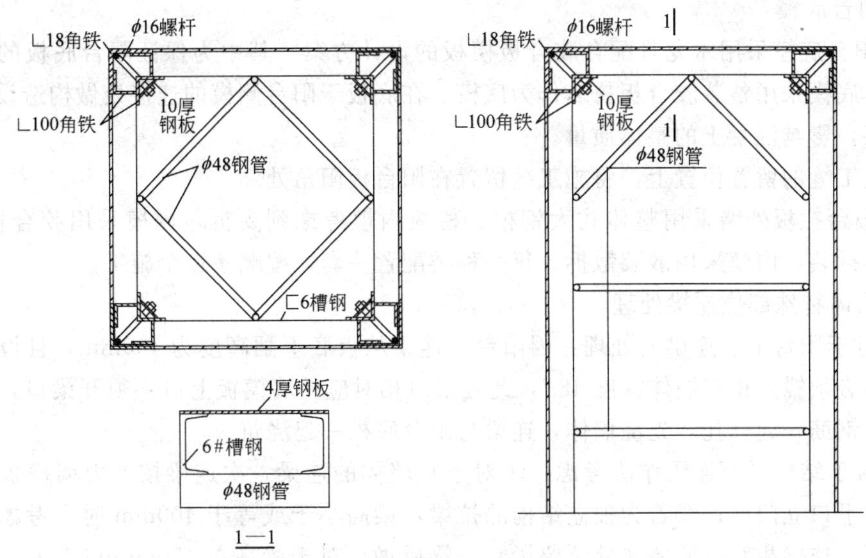

图 3-22 洞口模板做法示意（单位：mm）

e. 大模板层间接缝错台且漏浆。为解决这个问题，采取在模板的上、下口贴板的做法。用 $\delta=6$mm 厚钢板贴模板上口 150mm 宽，下口 100mm 宽，用沉头螺栓固定。在浇筑混凝土时，同时在上、下口产生 150mm、100mm 的凹槽中，使大模板与混凝土墙体搭接时为“企口”形式，避免以前平面搭接时，浇筑混凝土造成的漏浆现象（图 3-23）。

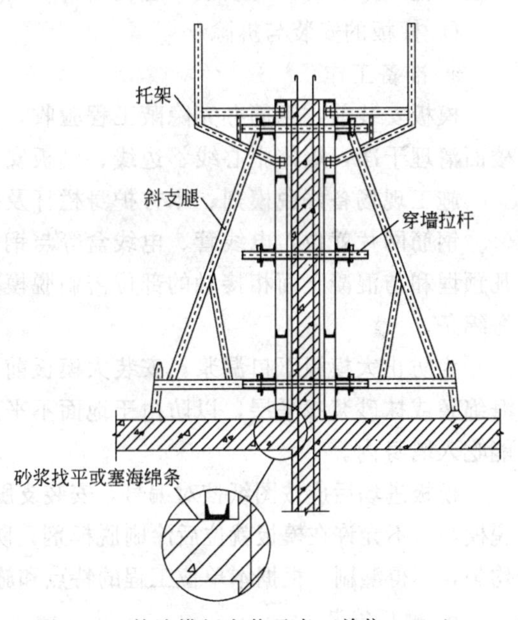

图 3-23 外墙模板安装示意（单位：mm）

C. 特殊部位节点设计

a. 电梯井筒模板

独立式电梯井，均采用整体提升电梯井筒模板施工方法。

整体提升电梯井筒模板，由设计定型标准块模板组拼而成，在筒模的组拼平面中，共布置了 8 个铰链式角模。并在平面 2 个方向上都布置了可调丝杆，以便利用其达到支拆模的目的。

为了实现筒模在不同施工状态的模板支拆要求，在阴角处可用专用芯带实现支模状态模板成几何不变的机构。

角模的 8 个铰链，使角模拆模时的收缩幅度大，平面尺寸收缩幅度大，方便筒模的安装就位，提高支模效率。

b. 阳台模板

阳台混凝土采取二次浇筑。第一次完成阳台底板混凝土及阳台下连梁浇筑，第二次完成阳台栏板浇筑。

c. 阳台底模

① 阳台底模采用木龙骨配合胶合板模板的设计方案。其中为保证阳台底板的混凝土质量，其底模采用整装胶合板拼装作为底模。在底板于阳台侧模的连接处做构造设计，以防止漏浆，影响混凝土的整体质量。

在施工缝的留置位置上，将施工缝留置在阳台板阳角处。

② 阳台拦板外墙采用整体式大钢模，栏板内模考虑到支拆，内模采用胶合板模板，外模整体拆装，内模采用散装散拆。每一种类配置一套，按顺序逐个施工。

d. 墙体特殊部位连梁处理

① 对于阳台下底连梁的处理：因阳台下连梁从板底下翻高度为 400mm，且设计注明连梁钢筋必须锚入相应墙体深度 $48d$，此处梁口相对应外墙模板上口必须开梁口，连梁钢筋与墙体钢筋一起绑扎，先浇墙体，连梁与阳台底板一起浇筑。

② 对于结构平面连梁作法考虑：①对于顺墙体的连梁，次连梁按剪力墙模板作法处理，在梁下口立门框；②若为独立结构的拉梁，梁高小于或等于 400mm 时，考虑到墙体配模方便，连梁相对应的墙体处预留梁窝，梁后做。对于梁高在 450mm 以上的，考虑连梁钢筋绑扎，在相应的模板位置开设梁口，墙体模板在连梁处断开，连梁钢筋与墙体钢筋一起绑扎，梁后浇，与顶板一起浇筑。

D. 模板的安装与拆除

a. 准备工作

模板安装前，钢筋办完隐蔽工程验收，弹好楼层的墙身线、门口线及标高线。安装处楼面清理干净，墙体中心线、边线、模板安装线检查完毕。

施工现场备好脱模剂、木方护身栏杆及操作平台上铺板等。

钢筋网片就位，电线管、电线盒等与钢筋固定或与大模板固定，门窗套内部设对撑，凡预埋和与混凝土面相接触的部位需刷脱模剂，门窗套侧面与模板面相接触的侧面需粘贴海绵条。

为防止大模板下口漏浆，安装大模板前，应将墙内杂物清扫干净，在大模板下口粘贴海绵条或抹砂浆找平层，以防由于地面不平造成的漏浆。若抹砂浆找平层，砂浆找平层不能吃入墙身内。

模板进场后应按图纸核对编号，安装支腿、挑架及铺设平台板，在模板就位前认真涂刷脱模剂（不允许在模板就位后涂刷脱模剂，防止污染钢筋与混凝土接触面）。涂刷脱模剂要均匀，不得漏刷。根据本单位工程的特点和施工习惯，可给模板重新编号，便于吊运安装。

b. 模板安装

安装模板前，要对照模板平面布置图，首先安装支腿、挑架，模板宽度大于 4.5m 时安装 3 榀斜支腿，宽度在 1.8～4.5m 之间时安装 2 榀斜支腿，宽度小于 1.8m 时安装 1 榀斜支腿。挑架的安装间距为 900mm，挑架的安装位置一般距模板边 800mm。

安装模板时，按照先横墙、后纵墙的安装顺序，根据模板平面布置图，将横墙模板由塔吊吊至安装位置初步就位，用撬棍按照墙位线调整模板位置，通过调整支腿上的调平丝杆，校正模板垂直度，安装穿墙杆。

纵横墙相交处十字点模板安装时，应先立阴角模（安装前需贴海绵条），阴角模必须按模板平面布置图就位，给予临时固定。安装模板后，再用[6.3的槽钢、勾头螺栓固定阴角模。模板在流水段之间周转时，视模板相接情况，部分模板需要调整边角钢。

模板安装完毕后，检查每道模板上口是否平直，穿墙杆是否锁紧，拼缝是否严密，经检查合格后，才能浇筑混凝土。伸缩缝处的模板，在施工第二段墙体时，缝内填充聚苯板。

c. 模板拆除

① 工艺流程如图 3-24 所示。

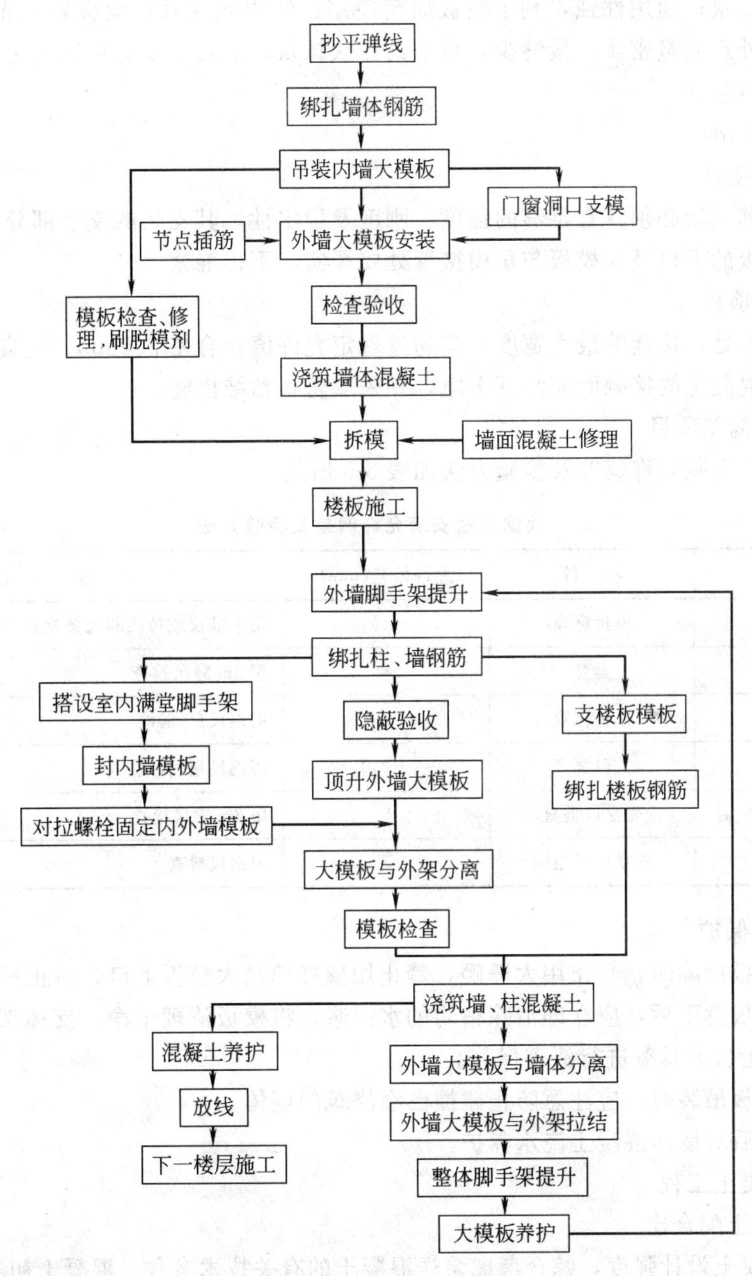

图 3-24 **模板施工流程图**

② 注意事项

在常温条件下，墙体混凝土强度必须达到1.2MPa方可拆模；冬期施工时，剪力墙混凝土强度达到4MPa及以上，全现浇结构外墙混凝土强度必须达到7.5MPa时才允许拆除模板。拆模时，应以同条件养护的混凝土试块抗压强度为准。

大模板拆模的流向为先浇先拆，后浇后拆，与施工流水方向一致，拆除模板的顺序与安装模板正好相反。先拆纵墙模板，后拆横墙模板，松开并拆下。

③ 定型大钢模板的优点有钢框结构合理，模板刚度大；模板幅面大，拼缝少而严密，减少修补劳动量；通用性强，利于模板周转使用；使用效果好，模板表面光滑，易脱模，浇筑混凝土外观质量密实，接缝少，可节约二次抹灰，缩短工期，可以满足清水混凝土的要求，综合效益好。

d. 质量标准

① 保证项目

模板及其支架必须具有足够的强度、刚度及稳定性，其支架的支承部分有足够的支承面积。大模板的下口及大模板与角模接缝处要严实，不得漏浆。

② 基本项目

模板接缝处，接缝的最大宽度不应超过规定允许值：合格2.5mm；优良1.5mm。

模板与混凝土的接触面应清理干净，并采取防止粘结措施。

③ 允许偏差项目

大钢模板安装允许偏差及检验方法如表3-5所列。

大钢模板安装允许偏差及检验方法　　**表3-5**

项次	项　目	允许偏差(mm)	检　验　方　法
1	模板标高	±5	用水准仪或拉线和尺量检查
2	垂直	3	用2m靠尺检查
3	模板位置	2	用钢尺量、验线
4	上口宽度	+2,0	用钢尺量、验线
5	先立口垂直	5	用2m靠尺检查
6	先立口对角线	7	用钢尺检查

6）成品保护

① 大模板拆除时，禁止用大锤砸，禁止用撬杠撬动大模板上口，防止损坏模板。

② 大模板拆下后，应立即清除粘附的水泥浆，将模板清理干净。支撑架调整，螺栓、穿墙螺栓、上口卡具等进行清理保养。

③ 大模板吊装时，应注意防止碰撞已经浇筑的墙体。

④ 拆模后对墙体混凝土浇水养护。

(6) 混凝土工程

1）混凝土配合比

根据混凝土设计强度，综合考虑泵送混凝土的有关技术参数、混凝土初凝时间、模板拆除时间以及武汉地区材料供应情况，通过试验室配合比设计和试配，确认满足设计与施工要求，经业主认可后，发出混凝土配合比通知书。

本工程地上部分的混凝土强度等级有C40、C35、C30、C25等四种。为确保工程质量，应严格控制材料质量，选用级配良好，各项指标符合要求的砂石材料，水泥选用同品种、同强度等级产品，以同一生产厂家为最好。

本工程混凝土采用泵送与布料杆相结合的施工工艺。因为拟建建筑单层面积较大，混凝土浇筑量较大，且建筑物结构平面呈“E”形，中部设有两个电梯井，为优质、快速完成建筑任务，在其中一个电梯中位布置一个布料机。配备一台固定式柴油混凝土输送泵，与其联合浇筑梁板混凝土。

2）混凝土生产与运输

根据武汉市政府规定，施工现场不能设置混凝土搅拌站。结合武昌地区商品混凝土的供应能力，结构工程可全部采用商品混凝土，由混凝土搅拌站将混凝土运至现场，现场用混凝土输送泵泵送至浇筑地点。

3）泵送工艺

高层建筑结构泵送混凝土工艺，具有工期短、节约材料、施工质量有保证、减少施工用地、有利于文明施工等一系列优点，已得到较为广泛的运用。

A. 施工工艺

混凝土施工工艺如图3-25所列。

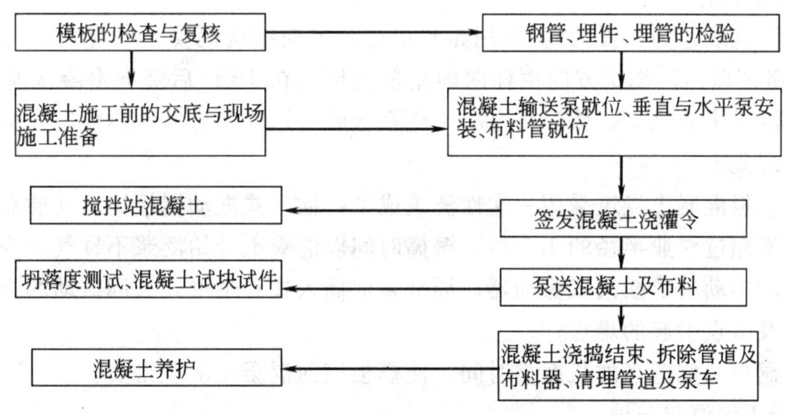

图3-25 泵送混凝土施工工艺流程图

B. 泵管布置

本工程为高层建筑，合理布设泵管，是保证泵送施工得以顺利进行的条件。混凝土泵管根据路线短、弯头少的原则布置，同时还需满足水平管与垂直管长度之比不小于1∶4且相差不小于30m的要求。由于场地限制及随着楼层高度增加，长度不能满足要求时，为平衡压力，必须在输送泵出料口附近泵管上增加一个逆止阀。室外一般泵管用$\phi48\times3.5$钢管及扣件组成支架予以固定。竖向泵管用钢抱箍夹紧，再与电梯井内壁预埋件焊牢，垂直管的底部弯头处受力较大，故用钢架重点加固。

C. 泵管堵塞及爆管预防措施

① 由实验室技术人员对混凝土的搅拌质量进行监控，对粗、细骨料进行事前检查，碎石应符合连续的颗粒级配，偏粗规格不予使用。黄砂选用粗砂。

② 碎石率控制在40%左右，细度模数以2.5左右为佳。

③ 合理配置混凝土搅拌运输车与泵送速度相适应，施工前，必须与商品混凝土搅拌站协调好车辆数量及出车频率。施工时，加强现场与搅拌站的联络，以便及时解决问题。

④ 浇筑混凝土前，应对输送泵等机械进行维修，并加强保养。浇完混凝土后，及时冲洗泵管，同时对弯管接头处的密封性进行检查，每浇完3层混凝土，对水平管应旋转一定角度后安装，以免泵管因侧壁受不均匀磨擦而出现局部受损现象。

⑤ 气温在30℃以上时，用浸水袋对泵管进行覆盖降温。

⑥ 随泵管高度的增加及天气条件的变化，对混凝土坍落度及外加剂进行适当的调整，以满足不同条件下的施工需要。

4）基础混凝土施工

地梁高为1800mm、1200mm、500mm，承台厚度为2000mm，桩帽厚度为1800mm，根据施工经验及混凝土浇筑量，可一次浇至地梁及承台面。为保证基础混凝土质量，因为施工场地较大，地梁分布较散，须给混凝土泵管搭临时施工架子，混凝土浇筑不方便，拟采用一台泵浇筑承台（混凝土约480m^3），另一台泵使用汽车泵。在现场多次定位，利用汽车泵的布料杆进行浇筑（混凝土约400m^3），避免多次接拆泵管。承台采用大斜面一次性推进，连续浇筑的方法施工。

5）混凝土的振捣

混凝土浇筑顺序为：提前约1h用布料机进行竖向结构混凝土的浇筑，每次浇筑高度控制在1m范围以内，浇筑方向由柱向内至剪力墙，在1h以后竖向混凝土基本沉降稳定后进行楼梯混凝土的浇筑。然后将混凝土浇至板底，第二次待墙体拆模后，梁板钢筋绑扎完毕后浇筑混凝土。

柱、梁、板混凝土浇筑采用一次性浇筑成型，插入式振动器振捣。其插点采取行列式布置，间距不超过作业半径的1.5倍，振捣时间以混凝土开始泛浆不冒气泡为宜。

浇筑时的振动采取插入式振动器，局部采取插入式和附壁式共同振动的方式，解决由于钢筋过密及节点引起的难点。

在预留洞口两侧适当加长振捣时间，使模板底面混凝土浇筑密实。

6）混凝土保温与养护

混凝土在浇筑12h后即进行浇水养护。对柱、墙竖向混凝土，拆模后用麻袋进行外包浇水养护；对梁、板等水平结构的混凝土进行湿水养护；同时，在梁板底面用喷管向上喷水养护。

基础混凝土在浇筑3～4h，基本达到初凝时用一层塑料薄膜、两层麻袋覆盖，并根据测温情况调节覆盖层厚度，以防止水分蒸发，达到养护效果。柱、墙混凝土浇筑完24h后，在保证混凝土表面质量的前提下拆模。边拆模边刷无水养生液覆膜养生。如室外温度低于0℃，还应采取保温措施。但按照我们的施工进度计划安排，基础混凝土浇筑时间大约在9月份，当时的月平均气温在20～35℃之间，因此，只要做好温控工作，就能解决大体积混凝土的温度应力的破坏，不需要采取特殊的养护措施。

7）混凝土工程质量保证技术措施

① 所使用混凝土骨料级配、水灰比、外加剂以及其坍落度、和易性等，应按

《普通混凝土配合比设计技术规程》进行计算，并经过试配和试块检验合格后方可确定；

② 混凝土的拌制，必须注意原材料、外加剂的投料顺序，严格控制配料量，正确执行搅拌制度，特别是控制混凝土的搅拌时间，以防因搅拌时间过长而出现离析的事故；

③ 严格实行混凝土浇筑令制度，经过技术、质量和安全负责人检查各项准备工作，如：施工技术方案准备、技术与安全交底、机具和劳动力准备、柱墙基底处理、钢筋模板工程交接、水电、照明以及气象信息和相应技术措施准备等，经检查合格后方可签发混凝土浇筑令，进行混凝土的浇筑；

④ 泵送机具的现场安装按施工技术方案执行，重视对它的护理工作；

⑤ 浇筑较高柱、墙时，用串筒或溜槽下料，混凝土的浇筑必须严格分层进行，严格控制沉实时间；钢筋密实处，尽可能避免浇筑工作在此停歇以及分班施工交接，确保混凝土的浇筑密实；

⑥ 冬期、雨期浇筑混凝土施工时，及时准备充足的覆盖材料，对混凝土进行覆盖，保证质量与安全；

8）混凝土浇筑后，由专人负责混凝土的养护工作，技术负责人和质量员负责监督其养护质量；

9）按我国现行的《混凝土结构工程施工质量验收规范》中有关规定进行混凝土试块制作和测试。

(7) 砌体工程

本工程砌体工程主要采用加气混凝土砌块，M5 混合砂浆砌筑。

1）施工准备

A. 材料

按照施工总体计划安排设计要求购进砌块，按现行国家标准《砌体基本力学性能试验方法标准》及出厂合格证进行验收；砌块运至现场，分规格分等级堆放，并在堆垛上设立标志，标明品种、规格、强度等级，一般堆放高度不超过 1.6m，堆垛间留设通道。

针对本工程采用 M5 混合砂浆砌筑，我们选用 42.5 级普通硅酸盐水泥，水泥进入现场时必须附有出厂检验报告和准用证。在现场设的水泥库中，按品种、强度等级、出厂日期堆放，并保持干燥。

配制砂浆用洁净的中砂，不得含草根、废渣等杂物，要过筛，且含泥量不超过5%。

B. 作业条件

① 砌筑施工所在的施工层，在施工前应先进行结构验收，办理好施工隐蔽验收手续。

② 做好砂浆配合比技术交底及配料的计量准备。

③ 弹出建筑物的主要轴线及砌体的控制边线，经技术复线，检查合格后，方可进行施工。

④ 砌筑前按砌块尺寸计算皮数和排数，编制排列图。

2）操作工艺

A. 砌筑

① 根据墙体施工平面放线和设计图纸上的门、窗的位置、大小、层高、砌块错缝、

搭接的构造要求和灰缝大小，在每片墙体砌筑前，应按预先绘制好的墙面砌块排列图把各种规格的砌块按需要镶砖的规格尺寸进行排列摆放、调整，把每片墙需要修整部分记录在立面排列图上，以供实砌使用。

② 在砌块墙底部采用烧结普通砖，其高度大于 200mm。砌墙前先拉水平线，在放好墨线的位置上，按排列图从墙体转角处或定位砌块处开始砌筑。

③ 砌块墙体的砌筑，从外墙的四角和内墙的交接处砌起，然后在全墙面铺开。砌筑时采用满铺满坐的砌法，满铺砂浆层每边缩进砖墙边 10～15mm（避免砌块坐压，砂浆流溢出墙面），用摩擦式夹具吊砌块，依照立面排列图就位。待砌块就位平稳，松开夹具，即用垂球或托线板调整其垂直度，用拉线的方法检查其水平度。校正时可用人力轻微推动或用撬杠轻轻撬动砌块，砌块可用木锤敲击偏高处，镶砖补缺工作与砌筑砌块紧密配合进行。竖向灰缝可用上浆法或加浆法填塞饱满，随后即通线砌筑墙体的中间部分。

④ 砌筑时控制砌块的含水率。对加气混凝土砌块含水率应控制在 5%～8%。一般不需浇水砌筑，炎热夏天可适当洒水后再砌筑。

⑤ 砌墙前先拉水平线，在放线墨线的位置上，按排列图从墙体转角处或定位砌块处开始砌筑，第一皮砌块下应铺满砂浆。

⑥ 砌块错缝砌筑，保证灰缝饱满。

⑦ 一次铺设砂浆的长度不超过 800mm。铺浆后立即放置砌块，可用木锤敲击、摆正、找平。

⑧ 砌体转角处要咬槎砌筑；纵横交接处未咬槎时，设拉结措施。

⑨ 砌筑墙端时，砌块与框架柱面或剪力墙靠紧，填满砂浆，并将柱或墙上预留的拉结钢筋展平，砌入水平灰缝中。

⑩ 砌体上数第二皮采用封底砌块倒砌，或采用辅助实心小砌块砌筑。最上一皮隔日砌筑，即待下部砌体变形稳定后再砌上面一皮，采用辅助实心小砌块斜砌挤紧。

⑪ 墙体表面的平整度、垂直度、灰缝的均匀度及砂浆的饱满程度等，应参照有关施工规程执行，并随时检查，校正所发现的偏差。

B. 砌块与混凝土墙柱相接

砌块与混凝土墙柱相接位置，可在主体结构施工时，预留 2ϕ6 钢筋作拉结筋，拉结筋沿墙高的间距为 500mm，两端伸入墙（柱）内各不少于 1000mm。预埋时将拉结钢筋的一端伸入墙内，一端随封闭墙头的模板钉在一起，砌砖时将紧贴混凝土墙面的拉结钢筋凿出、理直。

C. 砌块墙的加固措施

墙体的加固措施：墙体高度大于 3m 时，应沿每 1.5m 高度范围通长加设 2ϕ8 或 3ϕ6 钢筋水平带；墙体水平长度大于 8m 时，设钢筋混凝土构造柱。构造柱间距不大于 8m，柱截面不小于 180mm×400mm，配置纵向钢筋不少于 4ϕ12，水平箍筋直径为 4～6mm，间距不宜大于 250mm，设置 2ϕ8 拉结钢筋，钢筋两端伸入墙内应不小于 1000mm。构造柱和圈梁应在砌墙后才进行浇筑，以加强墙体稳定性。

D. 门窗洞与临时施工洞的砌筑与处理

① 门窗洞口保证平直，门窗框与砌体间的空隙应用砂浆填实抹平；

② 窗台上部铺设钢筋，并以水泥砂浆抹平，达到设计标高；

③ 砌筑门窗洞时，采用M5的砂浆或细石混凝土填实靠近门窗边的孔洞。门窗顶砌体，采用M5的砂浆，按设计标高将预制钢筋混凝土过梁牢固砌入；

④ 施工中如需设置临时施工洞口，其侧边离交接处墙面不应小于600mm，且顶部应设过梁。填砌施工洞口时，所用砂浆等级应相应提高一级。

3）砌筑灰缝要求

① 灰缝应横平竖直、砂浆饱满、均匀密实。砂浆饱满度：水平缝不低于90%；竖直缝不低于70%。应边砌边勾缝，不得出现暗缝，严禁出现透亮缝。

② 灰缝厚度应均匀，一般应控制在8～12mm，水平灰缝厚度不得大于15mm，竖向灰缝宽度不得大于20mm。埋设的拉结钢筋和钢网片必须平埋于砂浆中。

4）砌体工程质量的允许偏差（表3-6）

砌体工程质量的允许偏差 **表3-6**

序号	项　　目	允许偏差(mm)	检查方法
1	轴线位移	10	用经纬仪或拉线和尺
2	墙面垂直度	5	用吊线法或2m托线板
3	表面平整度	8	用2m长靠尺和塞尺
4	水平灰缝平直度(10m以内)	10	用10m长的线拉直检查
5	水平灰缝厚度(连续5块砌块累计数)	±10	用钢尺检查
6	垂直灰缝宽度(连续5块累计数)	±15	用钢尺检查
	门窗洞口宽度和(后塞框)高度	±5	

5）构造柱施工

根据本工程结构设计的要求，砌体的端部（无混凝土墙、柱，以及转角、丁字接头和宽度大于2500mm的门窗洞口两侧），必须加设构造柱及拉结筋；当墙长大于或等于6m

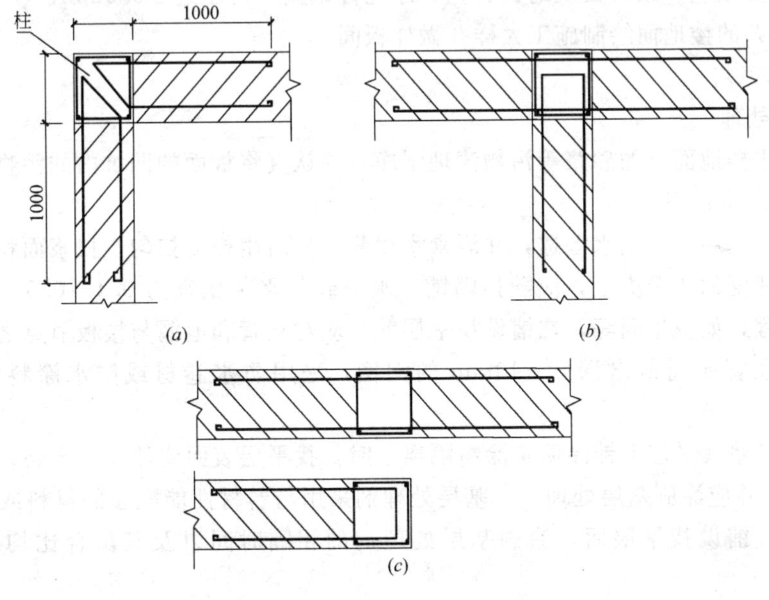

图3-26　构造柱拉结筋作法

时，需每隔3m加设一根构造柱，构造柱拉结筋作法见图3-26。构造柱纵筋上下必须锚入混凝土梁或板中，大于或等于350mm。

钢筋混凝土构造柱必须先砌墙后浇柱，墙应砌成马牙槎。除注明者，外柱内竖向钢筋为4ϕ12，箍筋ϕ6间距200mm。

（8）楼地面工程

公共部分楼地面采用300mm×300mm（600mm×600mm）全玻化地砖，其品种、规格、颜色应根据设计要求，选出样板并报设计、监理、业主看样认可后定货。

1）构造做法

① 300mm×300mm（600mm×600mm）全玻化地砖；

② 3～4mm厚水泥胶结层；

③ 30mm厚1∶3水泥砂浆找平层；

④ 素水泥浆结合层；

⑤ 现浇钢筋混凝土楼板。

2）施工准备

① 水泥：32.5级普通水泥；

② 砂：粗砂、中砂；

③ 地砖：规格尺寸符合定样要求，颜色一致，表面平整，无凹凸和翘曲，技术性能必须符合要求。

3）作业条件

① 室内外抹灰已完；

② 弹好墙身+50cm水平线；

③ 地砖铺砌前浸水2～3h，取出阴干备用；

④ 地砖有裂缝，掉角和表面上有缺陷的板块应予剔除；

⑤ 地砖要颜色一致，板块的长、宽、厚允许偏差不得超过±0.5mm；

⑥ 对复杂的楼地面绘制施工大样并做样板间。

4）操作工艺

a. 基层处理

将混凝土楼地面上的砂浆等污物清理干净，并认真将板面的凹坑内的污物剔除干净；

b. 水泥砂浆打底

在理好的基层上，浇水湿透，并洒素水泥浆，然后用扫帚扫匀。扫浆面积的大小应依据打底铺灰速度的快慢决定，应随扫随铺，水泥砂浆水灰比宜为0.4～0.5。有防水要求的楼地面工程，如卫生间等，在铺设找平层前，应对立管和地漏与楼板节点之间进行密封处理，并应在管四周留出深8～10mm的沟槽，采用防水卷材或防水涂料裹住管口和地漏。

在水泥砂浆找平层上铺涂防水涂料隔离层时，找平层表面要洁净、干燥，其含水率不应大于8%，并应涂刷基层处理剂。基层处理剂采用与卷材性能配套的材料或采用同类涂料的底子油。铺设找平层后，涂刷基层处理剂的相隔时间以及其配合比均应通过试验确定。

c. 冲筋

房间四周从+50cm 水平线下返至底灰上皮标高（从地平面减去砖厚度及粘结砂浆厚度）抹灰饼，房间中每隔 1m 左右冲筋一道。有地漏的房间应由四周向地漏方向做放射形冲筋，并找好坡度，冲筋应使用干硬性砂浆。

d. 装档

用 1∶3 水泥砂浆根据冲筋的标高，用小平锹或木抹子将砂浆摊平、拍实、小杠刮平，使其所铺设的砂浆与冲筋找平，再用大杠横竖检查其平整度，并检查标高及泛水正确，用木抹子挫平，24h 浇水养护。

e. 找规矩、弹线

在房间纵横两方向排好尺寸，当尺寸不足整块砖的倍数时，可裁割半块砖用于边角处；尺寸相差较小时，可调整缝隙。根据确定的砖数和缝宽，在地面上弹纵横控制线，约每隔 4 块砖弹一根控制线。卫生间在完成后，必须先做蓄水试验，合格后才能进行上层材料的铺设。

f. 铺砖

从门口开始，纵向先铺几行砖，找好规矩（位置和标高），以此为压筋线，从里向外退着铺砖，每块砖要跟线。铺砖的操作程序是：浇水泥浆于底灰上，砖的背面朝上，抹铺粘结砂浆，其配合比不小于 1∶3，掺水泥用量 15%的 108 胶水，厚度不小于 4mm。因砂浆强度高，硬结快，应随拌随用，防假凝后影响粘结效果。将抹好灰的砖，码砌到浇好水泥浆的底灰上，砖上楞跟线，用木板垫好，木锤砸实找平。

g. 拨缝、修整

将已铺好的砖块，拉线修整拨缝，将缝找直，并将缝内多余的砂浆扫出。

h. 勾缝

用白水泥浆勾缝，要求勾缝密实，缝内平整光滑。在砸平，修整好的砖面上，撒干水泥面，并用水壶浇水。用扫帚将水泥浆扫入缝内，并将其灌满并及时拍振，将水泥浆灌实。

i. 养护

铺完面砖后，常温下 48h 浇水养护，整个操作过程应连续完成，一次铺设或一个部位，接槎放在门口的裁口处。

(9) 抹灰工程

为使抹灰砂浆与基本表面粘结牢固，防止抹灰层产生空鼓现象。抹灰前，应对砖石、混凝土等表面凹凸不平的部位剔平或用 1∶3 水泥砂浆补齐，表面太光的要凿毛，或用 1∶1水泥砂浆掺 10%的 108 胶抛毛处理。表面上的灰尘、污垢和油渍均应清除干净，并洒水湿润。对穿墙管道的洞孔和楼板洞门窗框与立墙交接处，墙面脚手洞等缝隙均应用 1∶3水泥砂浆或混合砂浆分层嵌塞密实。在内墙面的阳角和门洞口侧壁的阳角、柱角等易于受碰撞之处，宜用强度较高的 1∶2 水泥砂浆制作护角，其高度应不低于 2m，每侧宽度不小于 50mm。对砖砌基体，应在砌体充分沉实后方抹底层灰，以防砌体沉陷，拉裂灰层。

在抹灰中，对基体表面的平整度要加以控制，并为控制抹灰层的厚度和墙面平直度，应用与抹灰层相同砂浆设置标志或标筋。

在分层涂抹中，水泥砂浆和水泥混合砂浆的抹灰层，应待前一层抹灰层凝结后，方可涂抹后一层。在中层的砂浆凝固前，也可在层面上每隔一定距离交叉画出斜痕，以增强面层与中层的粘结。

抹灰抹好后应加强洒水养护，防止抹灰空鼓和干裂（表 3-7）。

一般抹灰质量的允许偏差　　　　表 3-7

项次	项　目	允许偏差(mm)			检　验　方　法
		普通抹灰	中级抹灰	高级抹灰	
1	表面平整	5	4	2	用 2m 直尺和楔形塞尺检查
2	阴、阳角垂直	—	4	2	用 2m 托线板检查
3	立面垂直	—	5	3	
4	阴、阳角方正	—	4	2	用 200mm 方尺检查

(10) 面砖施工

饰面工程主要有门厅、电梯厅、公共卫生间的浅色花纹玻化砖。

1) 施工准备

A. 饰面材料的验收

a. 对已按备料计划进入施工现场的各种饰面材料，必须进行外观与内在质量的验收。验收的原则是对已到场的饰面材料进行数量清点、核对。

b. 按设计与各方选定的样品进行外观对比检查，其内容有：

① 先检查大宗材料与选定样品的图案、花色、颜色是否相符，有无色差；

② 检查各种饰面材的规格是否符合材料标准所规定的尺寸和公差要求；

③ 检查各种饰面材料是否有表面缺陷、破损情况。

c. 按照设计与产品选定的样品进行内在质量的检查，其要点为：

① 检查吸水率是否符合规范要求；

② 检查耐骤冷骤热是否符合设计要求；

③ 检查耐酸、碱性能。

以上检查应该强调的是，必须开箱进行全数检查，不得抽样或部分检查，防止以劣充优。因为装饰贴面有一块不合格，就会破坏整个装饰的美观与协调。

B. 饰面工具和作业准备

a. 饰面工种主要机具：砂浆搅拌机、混凝土搅拌机、铁抹子（铁板）、木抹子、阴阳角抹子、托灰板、木刮尺（分长 2500～3500mm、2000～2500mm、1500mm 三种）、方尺、托线板、小铁锤、钢錾、木锤、垫板、开刀、墨斗、水平尺、小线、线坠等。有条件时尚应准备基层抹灰用的电动刮尺。

切割、打孔机具：常用的有电动切割机（即面砖及板切割机），手动切割机，手电钻，自制砂轮台式切割机，冲击手电钻（即电锤）与冲击钻头，型材切割机，电动快速磨石机和电热切割器等。

b. 在块料饰面材料铺贴安装前，必须完成下述技术准备：

① 施工单位会同建设单位、监理单位、设计单位、质量监督部门对主体结构进行中间验收，并认可同意隐蔽。饰面施工的上层楼板或屋面，应已完工无漏项。全部饰面材料按计划数量完成验收入库。

② 找平层拉线贴灰饼和冲筋已做完，大面积底糙完成，基层经自检、互检、交接检，

墙面平整度、垂直度合格。

③ 突出基体表面的钢筋头，钢筋混凝土垫头，梁头已剔平，脚手眼已封堵完毕。

④ 水暖管道经检查无漏敷，试压完成（应绝对合格）；墙洞封闭；电管埋设完；壁上灯具支架做完；预埋件无遗漏。

⑤ 门窗框及其他木制、钢制、铝合金埋件按正确位置预埋完毕，标高符合设计。配电嵌柜等嵌入件已嵌入指定位置，周边用水泥砂浆嵌固完毕。扶手栏杆装好。

在上述准备工作完成后，方可进入贴面施工。

2）找平层施工

镶贴饰面层都需要找平层。找平层的优劣是保证饰面层镶贴质量的关键，然而基层处理又是做好找平层的前提。

A. 基层处理

a. 混凝土表面处理

当基体为混凝土时，先剔凿混凝土基体上凸出部分，使基体保持平整，毛糙。然后用火碱水或市售“洗洁精”类洗涤剂，配以钢丝刷将表面上附着的脱模剂、油污等清除干净，最后用清水刷净。基体表面如有凹入部位，则需用 1：3 水泥砂浆补平。如为不同材料的结合部位，例如填充墙与混凝土的结合处，还应压盖 200mm 钢板网，用射钉按每米不少于 10 颗射钉固定接缝。为防止混凝土表面与抹灰层结合不牢，发生空鼓，采用 30％的 108 胶加 70％水拌合的水泥素浆，满涂基体一道，以增加结合层的附着力。

b. 加气混凝土砌块表面处理

砌块内墙应在基体清净后，先刷 108 胶水溶液一道，为保证块料镶贴牢固，应满钉直径 0.7mm、孔径 32mm×32mm 的机制镀锌钢丝网一道。钉子用 $\phi 6$ U 形钉，间距为 600mm，梅花形布置。

c. 砖墙表面处理

当基体为砖砌体时，应用钢錾子剔除砖墙面多余灰浆，然后用钢丝刷清除浮土，并用清水将墙体充分湿润，使润湿深度约 2～3mm。

基体表面处理时，需将挡线、内隔板，阳台阴角以及给排水穿墙洞眼封堵严实，脚手眼亦应填塞严密，尤其光滑的混凝土面，须用钢尖或扁錾凿坑处理，使表面粗糙。打点凿毛应注意：一是受凿面积应大于或等于 70％（即每 $1m^2$ 面积打点 200 个），绝不能象征性地打坑；二是凿点后，应清理凿点面，由于凿打中必然产生凿点局部松动，必须用钢丝刷清刷一道，并用清水冲洗干净，防止产生隔离层。

B. 找平层施工

a. 贴饼、冲筋

外墙面做找平层时，应在房屋小角用经纬仪和线坠，按找平层厚度，从顶到底测定垂直线，沿垂线做标志、贴灰饼。垂直线应一次吊线，严禁两次吊线。外柱到顶的外墙，每个外柱边角必须吊线（即柱面双线），做双灰饼，然后再根据垂直线拉横向通线，沿通线每隔 1200～1500mm 做灰饼；同时，应在门窗或阳台等处拉横向通线，找出垂直方正后，贴好灰饼。应特别注意各层楼的阳台和窗口的水平向、竖向和进出方向必须“三向”成线。对连通灰饼进行冲筋，作为找平层砂浆平整度和垂直度的标准。对于外墙面局部镶贴饰面砖时，应对相同水平部分拉通线，对相同的垂直面吊线坠，进行贴灰饼、冲筋。内墙面应在四角吊垂线、拉通线，确定抹灰厚度后贴灰饼、连通灰饼（竖直向，水平向）进行冲筋，作为内墙找平层砂浆垂直度和平整度的标准。

b. 抹底层砂浆

材料为 1∶3 水泥砂浆混合砂浆。严格控制找平层砂浆的稠度。

湿水基层抹灰必须充分润湿基体，严禁在干燥的混凝土或砖墙上抹砂浆找平层。因为干燥的墙面，尤其当混凝土或砖砌体表面温度较高时，紧贴基体的砂浆，很快被基体吸干水分，使贴靠基体的砂浆失水，形成抹灰层与基体的隔离层，即“干浆层”。此层水化极不充分，无强度，引起基层抹灰脱壳和出现裂缝而影响质量。

要保证基层抹灰（即找平层抹灰）的质量，就要控制好垂直度及平整度，应分层抹灰，每一层厚度小于或等于 7mm。局部加厚部位应加挂钢丝网。抹灰时应快抹快找平，不得反复揉压，造成人为空鼓。

为克服混凝土基层抹灰易于空鼓，可在抹灰前在基体表面刷界面胶粘剂。如 YJ-302 和改性环氧树脂 EE-1、EE-2、EE-3。

抹外墙面的找平层时，注意墙面的窗台，腰线，阳角及滴水线等部位饰面层镶贴排砖方法和换算关系，正面砖要往下突 3mm 左右，底面砖要做出流水坡度。

此外还应对照建筑图尺寸核对结构实际偏差情况，决定找平层厚度及排砖模数。具体操作可采用甩浆处理。即在甩浆前将墙面充分润湿，清除油污，然后用适当稠度的水泥素浆用茅草扫帚沾浆，用力将浆甩至混凝土墙面，使其形成不规则的糙面，并浇水养护3～7d。

在找平层完成后，应洒水养护 3～7d。

C. 抹中层砂浆

找平层抹灰完成后，在铺镶块料的头一天，再用 1∶2 水泥砂浆或 1∶1∶4 水泥石灰砂浆批满。中层砂浆为精找平，厚度小于或等于 5mm，以解决基层抹灰找平回缩产生的不平，保证找平层“绝对”平整。其操作应随手带平。

3）内墙饰面砖镶贴工艺及操作

在基层“铁板糙”完成后，即可进行内墙面饰面砖的镶贴。

（1）弹线分格

在精找平层上，用粉线弹出饰面砖分格线。弹线前应根据镶贴墙面长、宽尺寸（找平后的精确尺寸），按纵、横面砖的皮数画出皮数杆，定出水平标准。

（2）弹水平线

对要求面砖贴到顶的墙面，应先弹出顶棚边或龙骨下标高线。按饰面砖上口镶贴伸入吊顶线内 25mm 计算，确定面砖铺贴上口线，然后从上往下按整块饰面砖的尺寸分画到最下面的饰面砖。当最下面的砖高度小于半块砖时，最好重新分画，使最下一层面砖高度大于半块，重新排饰面砖出现的超出尺寸，可将面砖伸入到吊顶内。

（3）弹竖向线

最好从墙面一侧端部开始，以便将不足模数的面砖贴于阴角或阳角处。

（4）选砖

选砖是保证饰面砖镶贴质量的关键工序。为保证镶贴质量，必须在镶贴前按颜色的深浅不同进行挑选归类，然后再对其几何尺寸大小分选。

挑选饰面砖几何尺寸的大小，采用自制分选套模，严禁用几块零砖拼凑。当外形尺寸较大而饰面砖偏差又较大。采用大面积密缝镶贴法效果不好。因饰面砖尺寸不一，极易造成缝线游走、不直，以致不好收头交圈。这种砖用调缝拼法或错缝排列比较合适。这样，既可解决面砖大小不一问题，对尺寸不一的面砖，又可分排镶贴。当面砖外形有偏差，但偏差不太大时，可用分块留缝镶贴，排块时按每排实际尺寸，将误差留于分块中。

如果饰面砖厚薄有差异，亦可将厚薄不一的面砖，按厚度分类，分别镶贴在不同墙面上。如实在分不开，则先贴厚砖，然后用面砖背面填砂浆加厚方法，调整解决饰面砖镶贴平整度的问题。

（5）铺贴

饰面砖结合层用砂浆的配制

水泥砂浆：配合比为1∶3的水泥砂浆。砂取细度模数小于2.9的细砂。

水泥石灰砂浆：在1∶3水泥砂浆中加入少量石灰膏，以增加粘贴砂浆的保水性与和易性。

以上两种粘贴砂浆均较软，当粘贴砂浆厚度较大，砖有时下坐，饰面砖平整度不易掌握。因此，要求工人有较好的技术素质，虽工效较低，粘结却较牢固。

在贴面水泥砂浆中最好加入108胶，其配合比（重量比）为：水泥∶砂∶水∶108胶＝1∶2.5∶0.44∶0.03。

采用108胶水泥砂浆的好处是，由于水泥砂浆中有108胶胶体阻隔水膜，砂浆不易流淌，容易保证墙面洁净，减少了清洁墙面工序，且能延长砂浆使用时间；此外，还可减薄粘结层到2～3mm。

水泥砂浆中108胶的掺量与凝固时间关系见表3-8。

表 3-8

108胶掺量(水泥重量)(%)	108胶水泥砂浆初凝时间	108胶水泥砂浆终凝时间
0	3小时6分钟	8小时26分钟
2	3小时30分钟	8小时57分钟
4	4小时59分钟	9小时10分钟

（6）湿水。在镶贴饰面砖前找平层应洒水湿润，但应保证在贴面砖时墙面无表面水；否则，水膜将影响饰面砖的粘结质量。

（7）大面积铺贴。大面积铺贴的顺序是：由下往上，从阳角开始水平方向逐一铺贴，以弹好的地面水平线为基准，嵌上直靠尺或八字形靠尺条，第一排饰面砖下口应紧靠直靠尺上沿，保证基准平直；如地面有踢脚板，靠尺条上口应为踢脚板上沿位置，以保证面砖与踢脚板接缝美观。

镶贴时，用铲刀在砖背面刮满界面粘结砂浆，再准确镶嵌贴面位置，然后用铲刀木柄轻轻敲击饰面砖表面，使其落实镶贴牢固，并将挤出的砂浆刮净。饰面砖界面粘结砂浆厚度应大于5mm，但不宜超过8mm。

在镶贴中，应随贴随敲击随用靠尺检查表面平整垂直度。检查发现高出标准砖面时，应立即压砖挤浆；如已形成凹陷，必须揭下重新抹灰再贴。严禁从砖边塞砂浆造成空鼓；如遇饰面砖几何尺寸差异较大，应在铺贴中注意调整。最佳的调整方法是将相近尺寸的饰面砖贴在一排上，但铺最上一排时，应保证砖上口平直，以便最后贴压条。无压条砖时，最好在上口贴圆角面砖。

在大面积采用108胶砂浆镶贴饰面砖时，可用滑动格片木直尺辅助镶贴。做法是：在墙面下端固定一水平木滑尺，另做一木直尺在其上安小分格片，并在直尺中部开槽，槽中分格片间距应等于饰面砖和每一条水平缝尺寸之和。格片伸出直尺2～3cm，木直尺上钉小格片的范围约1m。

采用滑动格片木直尺镶贴时，在饰面砖上刮浆后置入小格中，再紧贴牢于墙面并使其压靠平整，然后用小格片切缝即可保证行距。此法可加快工程进度。

(8) 细部处理

如果镶贴饰面砖的墙面需留小洞口，应按洞口宽、高尺寸排好饰面砖，并在饰面砖上画剔凿錾线，然后用合金钢平口錾子和钢丝钳轻轻将多余部分剔去，磨平破口边，再镶贴于洞口处。如遇镜箱、皂盒、手纸洞及靠墙的小便器，挂墙盥洗脸盆时，应以该设备下口中部为中心线向两边对称排砖，按预定尺寸加工饰面砖，进行镶贴。

(9) 嵌缝

饰面砖铺贴完毕后，应用棉纱头蘸水将砖面灰浆拭净；同时，用与饰面砖颜色相同的水泥（彩色面砖应加同色颜料）嵌缝，嵌缝中务必注意应全部封闭缝中镶贴时产生的气孔和砂眼。

(10) 擦洗

嵌缝后应用纱头蘸水擦拭干净；如饰面砖砖面污染严重，可用稀盐酸洗后用清水冲洗干净。

(11) 门窗工程

1) 施工准备

(1) 材料

门窗的品种、规格、开启形式符合设计要求，各种附件配套齐全，并具有产品出厂合格证。

防腐材料、填缝材料、密封材料、保护材料、清洁材料等要符合设计要求和有关标准的规定。

(2) 作业条件

门窗洞口已按设计要求施工完毕，并已画好门窗安装位置墨线。

检查门窗洞口尺寸是否符合设计要求，如有预埋件的门窗洞口还应检查预埋件的数量、位置及埋设方法是否符合设计要求；如有影响门窗安装的问题，及时进行处理。

检查门窗，如有表面损伤、变形及松动等问题，及时进行修整、校正等处理，合格后才能进行安装。

2) 操作工艺

(1) 防腐处理

门窗框四周侧面防腐处理，如设计有要求时，按设计要求执行；如设计无专门要求时，在门窗框四周侧面涂刷防腐沥青漆。

连接铁件、固定件等安装用金属零件，除不锈钢外，均应进行防腐蚀处理。

(2) 就位和临时固定

根据门窗安装位置墨线，将铝合金门窗安装就位，将木楔塞入门窗框与四周墙体间的安装缝隙，调整好门窗框的水平、垂直，对角线长度等位置及形状偏差符合检评标准，用木楔或其他器具临时固定。

（3）门窗框与墙体的连接固定

a. 连接铁件与预埋件焊接固定，适用于钢筋混凝土和砖墙结构。连接铁件用紧固件固定。

① 射钉：用于钢筋混凝土结构。

② 特种钢钉（水泥钉）：用于低强度等级混凝土和砖墙结构。

③ 金属膨胀锚螺栓：用于混凝土结构。

④ 塑料胀锚螺栓：用于混凝土和砖墙结构。

⑤ 铁脚至窗角的距离不大于180mm，铁脚间距按设计要求或间距不大于600mm。

b. 门窗框与墙体安装缝隙的密封

铝合金门窗安装固定后，先进行隐蔽工程验收，检查合格后再进行门窗框与墙体安装缝隙的密封处理。

门窗框与墙体安装缝隙的处理，填塞水泥砂浆；如外侧留有密封槽口，填嵌防水密封胶。

安装五金配件齐全，并保证其使用灵活。

（4）安装门窗扇及门窗玻璃安装要求：

① 门窗扇及门窗玻璃的安装在洞口墙体表面装饰工程完工后进行；

② 地弹簧门在门框及地弹簧主机安装固定好之后安装门窗，先将玻璃嵌入门扇构架并一起入框就位，调整好框扇缝隙，最后再将门扇上的玻璃填嵌密封胶；

③ 平开门窗一般在框与扇构架组装上墙，安装固定好之后安装玻璃，先调整好框与扇的缝隙，再将玻璃入扇调整，最后镶嵌密封条和填嵌密封胶；

④ 推拉门窗在门窗框安装固定好之后将配好玻璃的门窗扇整体安装，即将玻璃门扇镶装密封完毕，再入框安装，调整好框与扇的缝隙。

3）质量标准

A. 保证项目

铝合金门窗及其附件质量必须符合设计要求和有关标准的规定。

铝合金门窗的开启方向、安装位置必须符合设计要求。

门窗安装必须牢固，防腐处理和预埋件的数量、位置、埋设连接方法等必须符合设计要求，框与墙体安装缝隙填嵌饱满密实，表面平整光滑、无裂缝，填塞材料及方法符合设计要求。并办理隐蔽记录。

B. 基本要求

① 门窗附件齐全，安装牢固，位置正确，灵活适用，达到各自的功能，端正美观；

② 门窗扇开启灵活，关闭严密，定位准确，扇与框搭接质量符合设计要求；

③ 门窗安装后表面洁净，无明显划痕、碰伤及锈蚀；密封胶表面平整光滑，厚度均匀；

④ 弹簧门扇自动定位准确，开启角度为75°～105°。关闭时间在6～10s范围之内。

（12）吊顶

1）本工程中吊顶主要是轻钢龙骨吊顶，主要用于门厅和电梯厅这两个部位，由于吊顶上方装有送风、抽气等管道和各种装置，吊顶板接缝由金属型材覆盖，故这部分施工工艺要求较高，需按施工图纸制定一套特别的作业指导书，以确保施工质量。

2）施工程序：在墙上弹出标高线⟶固定吊杆⟶安装大龙骨⟶按标高线调整大龙骨⟶大龙骨底部弹线⟶固定中小龙骨⟶固定异形龙骨⟶装横撑龙骨⟶安装罩面板。

3）吊顶施工时应注意问题有：

① 应与安装进行良好的配合，使吊顶内的设备定位美观合理；

② 不同的吊顶材料要进行翻样，吊顶要整齐、美观；

③ 大面积吊顶收边和接缝处理要合理、严密，确保在使用过程中不出现目测裂缝；

④ 大面积吊顶应适当起拱，从视觉上保证平顶的整体美感。

3.1.4 脚手架工程

(1) 结构施工外脚手架

1）外脚手架的选型

本住宅楼工程共计24层，层高为2900mm，除第一层外，其余均为标准层。本工程施工中二层以下（含二层）拟采用普通落地双排外脚手架，以上部分采用经国家有关部门鉴定认可的JSMJ——附着式升降脚手架（简称外爬架）作操作架和围护架。

外脚手架搭设选用ϕ48×3.5规格无缝钢管，采用直角扣件、旋转扣件、对接扣件连接。二层以下（含二层）落地脚手架每步均满铺竹笆，外边采用竹笆挡板和密目安全网围护；外爬架每步均满铺竹笆，底部用安全平网兜底，外边采用钢板网和密目安全网围护。

2）构造要求

立杆纵距1.5m，横距1.0m，大横杆步距1.8m，里立杆距结构边距离为35cm，以保证一定的操作活动空间。上、下两根大横杆之间设一道护身栏杆。上、下横杆的接长位置应错开布置在不同的立杆纵距中，以减少立杆偏心受载，与相近立杆的距离不大于纵距的1/3。扫地杆通长设置在距外架底部20cm处。

3）落地式外脚手架的搭设

〈1〉施工准备

选料备料：在进行基础施工时，应开始准备外脚手架的材料，挑选合格的钢管、扣件，并对油漆剥落的钢管补刷油漆。外脚手钢管采用单独的一种颜色，以免与其他钢管混淆；同时，根据施工方案，先配备立杆、大横杆、小横杆及剪刀撑的长度。

在基础施工完成后，对搭设外架部分的基底进行清理，并根据施工方案确定的尺寸弹出外架的尺寸线。脚手架基底回填土必须严格分层夯实，垫木采用宽度不少于20cm，厚50mm的木板通长布设。在脚手架外侧挖一浅排水沟排除雨水，防止积水浸泡地基。

〈2〉搭设程序及方法

A. 脚手架主体搭设顺序及要求

做好搭设的准备工作⟶按房屋的平面形状放线⟶铺设垫板⟶按立杆间距排放底座⟶放置纵向扫地杆⟶逐根树立立杆，随即与纵向扫地杆扣牢⟶安装横向扫地杆，并与立杆或纵向扫地杆扣牢安装第一步大横杆⟶安装第一步小横杆⟶第二步大横杆⟶第三步小横杆⟶加设临时抛撑（上端与第二步大横杆扣牢，在装设两道联墙杆后方可拆除）⟶第三、四步大横杆和小横杆⟶设置联墙杆⟶接立杆⟶加设剪刀撑铺脚手板──→绑护身栏杆和挡脚板──→立挂安全网。

扫地杆的高度离地面不大于 200mm。大小横杆每步的高度基本为 1700mm，但因为层高的关系可适当进行调整，最大高度不大于 1900mm。

在搭设一步高后进行立杆和大横杆的校正调直。立杆用线坠校正其垂直度，大横杆应拉线调直并校正水平。

a. 搭设登高马道

采用钢管搭设，双跑宽度，每跑 1m 宽。马道两边设扶手栏杆，用竹笆作挡板，外围满挂绿色密目安全网。马道在施工电梯安装投入使用后拆除。

b. 脚手板的铺设

结构施工时，作业层脚手板沿纵向满铺，做到严密、牢固、铺稳、铺实、铺平，不得有 50mm 以上间隙。离开墙面 35cm，严禁留长度 150mm 以上的探头板。搭接铺设的脚手板，要求两块脚手板端头的搭接长度应不小于 400mm，接头处必须在小横杆上。

B. 支撑体系

a. 纵向支撑

为了增强脚手架的纵向稳定性和整体性，在脚手架纵向传力结构的外侧隔一定距离沿高度由下而上连续设置纵向剪刀撑。地下室至二层楼面的脚手架，在其两端和转角处设置剪刀撑，宽度取 3～5 倍立杆纵距，斜杆与地面夹角在 45°～60°范围内，最大面的斜杆与立杆的连接点离地面不宜大于 500mm。

b. 横向支撑

每片脚手架在其两端设置横向支撑，并于中间每隔 6 个间距加设一道横向支撑。

c. 水平支撑

没有铺板的水平桁架在二榀横向承力结构之间设置一根小横杆，其间距不宜大于 1m。必要时呈“之”字形连续布置。

d. 连墙拉杆的设置

连墙点的位置设置在与立杆和大横杆相交的节点处，离节点间距不宜大于 30cm。在结构边梁上过中线位置预埋 ϕ48×3.5 钢管。短钢管两端分别用直角扣件与预埋钢管及大横杆相连。结构边梁上水平方向每 4m 设置一个，垂直方向每 7m 设置一个。

4）附着式外爬架（JSMJ）的搭设和爬升

2 层以上脚手架采用附着式多功能外脚手架（JSMJ），它由脚手架、承力系统、提升系统三部分组成。

脚手架均采用普通钢管和扣件搭设，其中第一步为承重桁架，以上按普通双排架搭设。承力系统由导轨、承力架及其拉杆组成，承担双排架传到桁架的恒载和施工活荷载，用高强螺栓或预埋件紧固在已建建筑物上。当施工主体上行时，卸下螺栓，脚手架经电动葫芦承重在导轨的承力梁上，通过电控提升，上升至施工层。主体施工完毕，随着装修而下降，从而满足施工的要求。

〈1〉外爬架的平面布置

多功能外爬架平面布置如图 3-27 所示。外架在双笼电梯处断开，在提升和下降结束后立即用短钢管和电梯处连接；在塔吊附着处，外架贯通，仅在提升和下降时局部拆除，就位后立即连接。

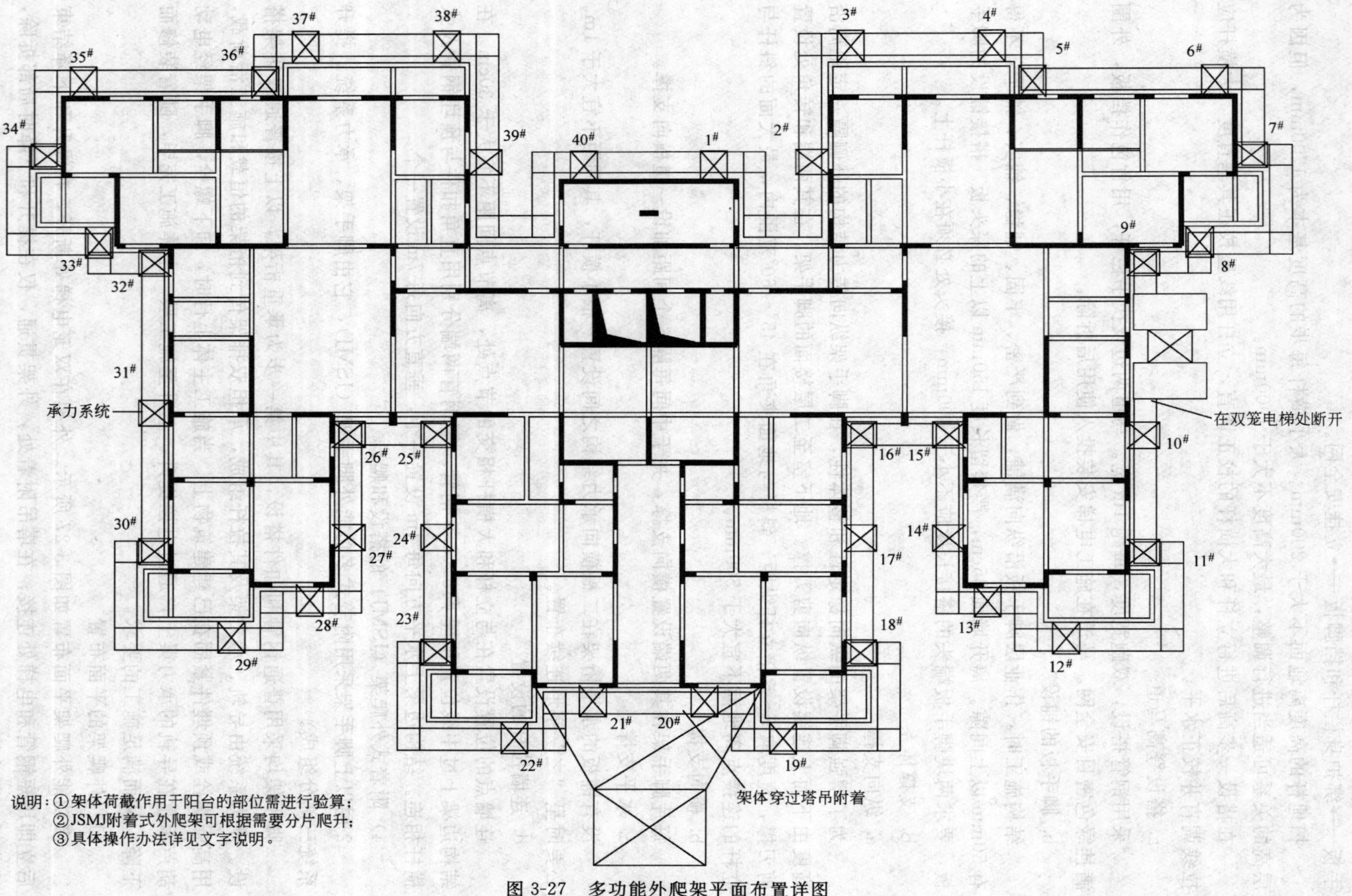

说明：①架体荷载作用于阳台的部位需进行验算；
②JSMJ附着式外爬架可根据需要分片爬升；
③具体操作办法详见文字说明。

图 3-27 多功能外爬架平面布置详图

〈2〉外爬架的搭设方法

外爬架的搭设程序：承力架安装⟶承力架拉杆安装⟶搭设桁架⟶搭设普通双排架⟶导轨固定⟶承力梁安装⟶拉杆安装⟶挂葫芦。

承力系统的安装：当预埋件或预留孔洞处混凝土强度达到C15时，开始安装承力架及拉杆。先安装承力架，再利用拉杆调整承力架至水平，其偏差不大于5mm。待承力架调整好拉杆处于受力状态后，开始搭设脚手架。

脚手架的搭设：为适应工程施工及安全围护的要求，共搭设8步架，相当于结构标准层4层楼高。立杆间距不得大于1800mm。步距控制在1.5～1.7m之间，第一步桁架上下弦为双管，搭设时注意起拱，使其搭设完后水平。接头控制在桁架第一节间。

除在双笼电梯处断开外，其余部位不得分断。塔吊附墙处仅在外架爬升或下降时拆除部分钢管，且断开两边，由专人用手拉葫芦与结构拉结，随架体上升或下降人为控制葫芦链条长度。

多功能外架搭设好后，在使用过程中，尽量避免改拆该外架，以保证其整体稳定性、安全性。转料平台必须按指定位置和大小设置，不得任意加大、加多。

〈3〉搭设外爬架的特殊要求

① 架体底部的两步横杆采用双排横杆；

② 脚手架底部要求全封闭，底层与墙面间隙采用翻板封闭，第二层与楼面间隙采用安全网封闭；

③ 塔吊附墙、施工电梯、卸料平台和外爬架的关系在施工中具体协调；

④ 架体上要设置一电控柜，其宽度挑出架体外1.2m，长度为1.5m，要求能防雨，位置根据现场电源位置确定；

⑤ 外架的第三层设置转料平台，便于周转材料的转运。转料平台不宜设置在单片或架体的断面处，且每方向最多只有一个转料平台。

5）质量保证措施

① 爬架底部桁架的组装是整体外爬架安装质量的关键一步，须严格控制水平度、垂直度和距墙距离。

② 架体使用的脚手钢管不允许有明显弯曲、压扁、开裂、脱焊、变形及严重锈蚀。

③ 相邻立杆接头要错开，以保证整体刚度。立杆最大轴向偏移小于20mm。在爬升和构件安装前，支架应与每层结构建立临时的拉紧。

④ 同一横杆两端高差不超过5cm，相邻提升点处横杆累计高差不超过20cm。

⑤ 预留孔或预埋件要求临近两层的垂直偏差不大于20mm，多层累计偏差不大于50mm。同一点处两预留孔水平高差不大于20mm。如果偏差超过此限值，必须经过改进后方可安装导轨。

⑥ 外爬架在使用时，必须在不小于40m^2 处设置一个与建筑物拉结点。

⑦ 外爬架的搭设和使用均要按照《外爬架操作规程》执行。在施工过程中需切实做好安全及技术交底，杜绝升降过程中落物。

(2) 脚手架的安全管理

1）脚手架的验收管理

整体提升式脚手架应按脚手架的验收标准组织有关人员进行检查，全部合格并办妥验收手续后方可启用。分段搭设的脚手架应分段进行验收，严禁边搭边投入使用。脚手架的使用与搭设应交叉进行，不允许下部在使用的同时上部进行搭设。

2）脚手架的例行保养和检查

脚手架应设置专人进行例行的保养和检查，检查的重点是脚手架的垂直度、脚手架与建筑物的拉结、脚手架的连接件、脚手架上堆载的数量和位置、脚手架的安全设施等，发现隐患应立即消除。例行保养和检查、自检和专业检查都要有记录。

3）脚手架的防雷、防电和防火

脚手架的防雷接地可采取单独埋设接地极、利用建筑物的防雷接地、利用塔吊的防雷接地三种方式接地，接地电阻应小于4Ω。

施工电线不能直接绑扎在脚手架上，如必须绑扎在脚手架上时，应有可靠的绝缘保护。脚手架上使用的木脚手板、安全网和堆放的易燃品，都易发生火灾，因此，要注意防火。防火以预防为主，平时要加强管理，在脚手架上配置灭火器材，动用明火要审批，并有专人监护，禁止在脚手架上吸烟，杜绝火种来源。

脚手架的防雷、防电、防火要有完整设计，形成制度落实到人。

4）脚手架上堆载的管理

施工用脚手架上堆载严禁超载。模板支设、外挑转料平台、塔吊、施工电梯的附着杆以及拉杆都应与脚手架分开，绝对不允许相互拉结。

5）特殊气候条件下的脚手架管理

在特殊气候条件下进行搭设和拆除脚手架，必须要有切实可靠的安全保证措施。雨、雪及有六级风以上的天气不宜进行高层外脚手架的搭设和拆除作业。雨后使用脚手架堆荷要适当减少。雪后使用脚手架应扫除积雪后方可使用。雨、雪后使用脚手架要有防滑措施。

6）对脚手架施工人员的管理

参加搭设和拆除脚手架的施工人员要事先进行体检，对不适合高处作业的人员不得安排从事搭设和拆除脚手架。对从事脚手架作业的人员要经常进行安全教育，脚手架搭设前要进行安全及技术交底，要经常对脚手架操作人员进行业务教育，提高他们的业务水平。

3.2　安装工程施工方法

3.2.1　给排水工程

（1）给排水工程简介

给排水工程主要包括生活给水系统、消防给水系统、污雨水排放系统等。

本工程的供水分两个区，地下一层至三层为低区，由校区给水管网直接供水；四至十二层为高区，由变频恒压系统供给，污水排水经化粪池处理后排入校区排水管网，雨水直接排入校区排水沟管网，冷却循环水采用重力回流系统，由生活水泵供给。消防包括消火栓给水系统和自动喷水灭火系统。

（2）主要的施工方法

1）预留预埋

预留预埋是给排水专业在主体施工中的工作重点，它主要包括防水套管，穿墙、梁钢套管，卫生洁具排水预留洞，管道穿楼板孔洞，设备基础预留孔洞及预埋件等。预留预埋准确与否对整个安装工程至关重要，它将直接影响给排水安装的顺利进行。

A. 施工准备期间，专业工长认真熟悉施工图纸，找出所有预埋预留点，并统一编号；同时，与其他专业沟通，以避免今后安装有冲突、交叉现象，减少不必要的返工。

B. 严格按标准图集（S235）加工制作防水套管、穿墙套管，套管长度按结构施工图尺寸确定，套管选用比管径大二号的钢套管。

C. 套管安装

a. 刚性套管安装：主体结构钢筋绑扎好后，按照给排水施工图标高几何尺寸找准位置，然后将套管置于钢筋中，焊接在钢筋网中；如果需气割钢筋安装的，安装后必须用加强筋加固，并做好套管的防堵工作。

b. 穿墙套管安装：土建专业在砌筑隔墙时，按专业施工图标高、几何尺寸将套管置于隔墙中，用砌块找平后用砂浆固定，然后交给土建队伍继续施工。

c. 穿剪力墙钢套管安装：在钢筋绑扎好后，按照专业施工图确定好套管的标高和几何尺寸放置钢套管，找准确切位置后焊牢在周围钢筋上；如果需要气割钢筋安装的，安装好后必须用加强筋加固，并做好防堵工作。

d. 穿楼板孔洞预留：预留孔洞根据尺寸做好木盒子或钢套管，确定位置后预埋，待混凝土浇筑后取出即可。

2）管材的选用及连接

（1）根据设计图纸要求，管材及连接方式如表 3-9 所列。

管材及连接方式 **表 3-9**

序　　号	管道名称	管材选择	连接方式
1	生活给水管	UPVC 管	粘接
2	雨水管、排水管	UPVC 管	粘接
3	潜水泵接管	热镀锌钢管	丝扣连接
4	消防给水管	$D \leqslant 100$ 热镀锌钢管 $D > 100$ 热镀锌无缝钢管	丝扣连接 焊接

3）管道支架安装要求：

① 管道支吊架选型、活动和固定支架的设置应符合规范、标准要求。

② 支吊架安装前，应对支吊架进行外观检查。外形尺寸应符合设计、规范要求，不得有漏焊。

③ 支吊架的标高必须符合设计要求；安装前，必须根据管道标高、尺寸大小弹线，确定支架位置，复核无误后方可固定支架。对于有坡度的管道，应根据两点间的距离和坡度的大小，算出高差放坡后固定支架。

④ 管道支架水平间距应符合规范要求。

⑤ 管卡安装要求：层高小于 5m 每层设一个管卡，层高大于 5m 每层设两个，管卡安装距地面 1.5～1.8m，如果设两个管卡可均匀安装。

4）管道的丝扣连接

丝扣连接工艺流程及注意事项如图 3-28 所示。

5）PVC 管的连接

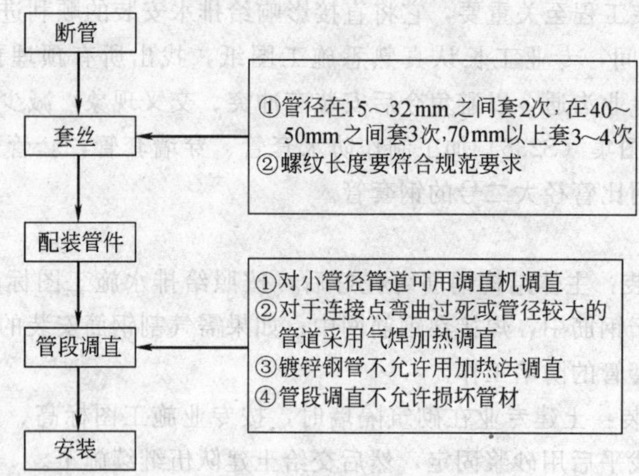

图 3-28　丝扣连接工艺流程及注意事项

UPVC 排水管采用承插粘接。粘接前应对承插口进行插入试验，插入深度一般为承口的 3/4 深度，试验合格后，用棉布将承插口需粘接部位的水分、灰尘擦拭干净，若有油污用丙酮除掉。插入粘接时将插口稍作转动，粘接时要注意预留方向。

6）管道的焊接

A. 焊前准备

a. 工程中所使用的母材及焊接材料，使用前进行查核，确认实物与合格证件相符合方可使用。

b. 焊条必须存放在干燥、通风良好的地方，严防受潮变质。

c. 管道对接焊口的中心线距管子弯曲起点不应小于管子外径，且不小于 100mm，与支吊架边缘的距离不应小于 50mm。管道两相邻对接焊口中心线间的距离应符合下列要求：公称直径大于或等于 150mm 时，不应小于管子外径；公称直径大于或等于 150mm 时，不应小于 150mm。

d. 焊件的切割口及坡口加工宜采用机械方法，坡口采用 V 形加工。

e. 焊前应将坡口表面及坡口边缘内侧不小于 10mm 范围内的油、漆、垢、锈、毛刺及镀锌层等清除干净，并不得有裂纹、夹层等缺陷。

f. 管子或管件的对口，应做到内壁平齐，内壁错量要求不应超过管壁厚度的 10%，且不大于 1mm。

B. 焊接工艺

a. 焊件组对时，点固焊选用的焊接材料及工艺措施应与正式焊接要求相同，管子对口的错口偏差不超过壁厚的 20%，且不超过 2mm，调整对口间隙，不得用加热张拉和扭曲管道的办法，双面焊接管道法兰，法兰内侧不凸出法兰密封面。

b. 不得在焊件引弧和试验电流，管道表面不应有电弧擦伤等缺陷。

c. 焊接完毕后，应将焊缝表面熔渣及其两侧的飞溅清理干净。

C. 焊后检查

a. 焊后必须对缝进行外观检查，检查前应将妨碍检查的渣皮飞溅清理干净。

b. 焊缝焊完后，应在其附近打上焊工钢印代号。

c. 对不合格的焊缝，应进行质量分析，订出措施后返修，同一部位的返修次数不应超过3次。

7）管道安装

A. 给水管道安装工艺流程（图3-29）

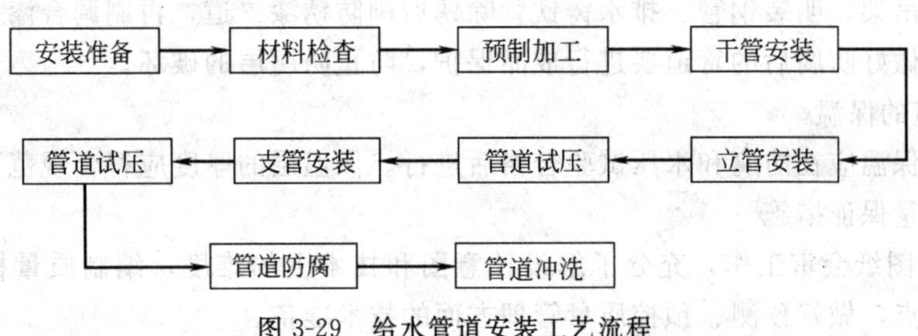

图3-29 给水管道安装工艺流程

B. 排水管道安装

a. 安装工艺流程（图3-30）

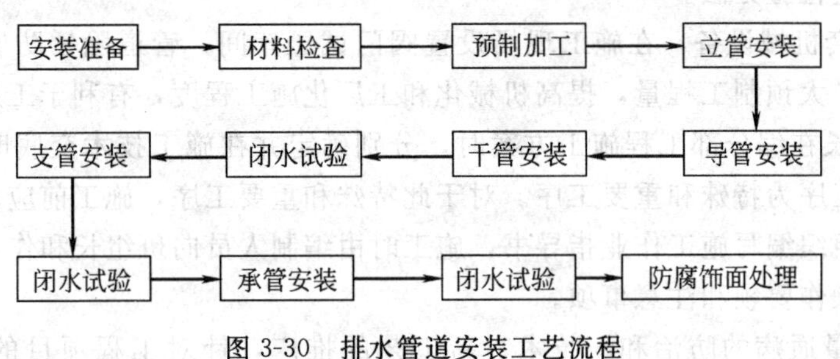

图3-30 排水管道安装工艺流程

b. 排水立管中心与墙面的距离（表3-10）

排水管中心距与墙面距离 表3-10

管径(mm)	50	75	100	125	150	200
距离(mm)	60	80	90	100	120	130

c. 严格按设计和规范要求做好排水管道的坡度，以保证污水畅通排出。

8）阀门安装

A. 阀门安装前，应做耐压强度试验。试验应以每批（同牌号、同规格、同型号）数量中抽查10%；如有漏裂不合格的，应再抽查20%，如仍有不合格的则须逐个试验。强度和严密性试验压力应为阀门出厂规定的压力，并做好阀门试验记录。

B. 阀门安装时，应仔细核对阀件的型号与规格是否符合设计要求。阀体上标示箭头，应与介质流动方向一致。

C. 阀门安装，位置应符合设计要求，便于操作。

9）管道试压吹洗

A. 管道试压按系统分段进行，既要满足规范要求，又要考虑管材和阀件因高程静压增加的承受能力。水压强度试验的测试点设在管网的最低点。对管网注水时，应先将管网内的空气排净，并缓缓升压，达到试验压力后，稳压30min，目测管网，应无泄漏和变形，且压力降不应大于0.05MPa。

B. 调节阀、过滤器的滤网及有关仪表在管道试压吹洗后安装。吹洗时，水流不得经过所有设备。冲洗后的管道要及时封堵，防止污物进入。

10）管道的防腐及保温

A. 管道的防腐

金属支吊架、明装钢管、排水铸铁管除锈后刷防锈漆二道，再刷调合漆一道，然后刷面漆一道。做好防腐后的管道要进行成品保护，防止防腐层的破坏。

B. 管道的保温

管道的保温应在防腐和水压试验合格后进行。保温层的厚度应符合规范要求。

（2）质量保证措施

a. 做好图纸会审工作，充分了解设计意图和技术上的难度，编制质量检查方案，确定质量管理点，做好预测、预控质量管理方面的技术准备。

b. 制定质量控制流程，对工程的质量和特殊要求部位、重要设备和仪表，在掌握技术标准、施工要领的基础上，明确关键部位、停滞检查点，做好检测质量所需的工具、仪器的准备，制定检验方法。

c. 配备成套机械设备，在施工现场设置阀门试压车间，管道除锈防腐工棚和管道预制加工场地，扩大预制工程量，提高机械化和工厂化施工程度，有利于工序质量的提高。

d. 专业工长在编分部工程施工方案时，分别确定并在施工技术交底时指明哪个或哪些分项工程或工序为特殊和重要工序。对于此特殊和重要工序，施工前应由技术负责人或专业工长负责组织编写施工作业指导书，施工时由编制人员向班组长和作业人员作技术交底，详细讲解操作要领和注意事项。

e. 加强质量通病的防治和新技术、新工艺的推广，针对工程项目的具体情况成立不同类型的质量管理（QC）小组，“QC”小组将做到有组织、有课题、有活动、有成果和总结。使“QC”小组活动真正成为提高施工管理水平和实现质量保证的有力措施。

f. 水、暖材料设备及其配件的质量往往是影响工程质量的重要因素。因此，我们要按质量体系文件的要求对材料供应商进行严格的选择和认定，把住材料设备采购和进货检验关。工程上所使用的各种材料（钢材、管材、配件、焊材、保温材料等）和设备，必须具有出厂合格证，杜绝三材与劣质产品混入，在材料设备的选用过程中重视价格、质量与效益的辩证统一关系，确保为工程建设提供优质、合格的设备和材料。

g. 熟悉土建、装修和其他相关专业的施工工艺，以便在施工过程中有效地进行交叉施工配合，做好预留工作，避免或减少安装时打洞、打槽数量，以免对建筑结构和装修造成伤害。

h. 凡设备技术文件规定整体安装的设备应进行整体安装，未经批准，不准任意拆动。

i. 在施工过程中，对管道和设备的敞口应及时封堵，避免建筑垃圾进入，造成阻塞和损坏事故。

3.2.2 电气安装工程

（1）电气工程简介

本工程的电气安装工程主要包括照明系统、防雷接地系统及火灾自动报警等弱电系统。

电源线从校区变电所随地沟敷设至各单体竖井内，弱电线从物业中心随地沟敷设至各单体三表间内。

（2）施工程序（图 3-31）

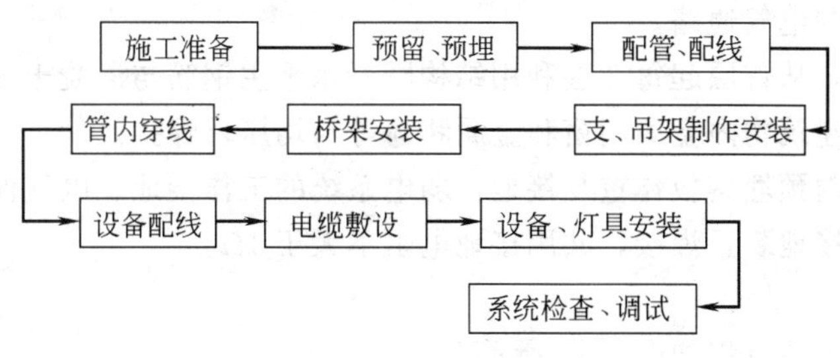

图 3-31 电气工程施工程序

（3）主要施工方法

1）预留预埋

A. 电气配管

所有配管工程必须以设计图纸为依据，严格按图施工。不得随意改变管材材质、设计走向、连接位置，如果需改变位置走向的，应办理有关变更手续。

暗配管应沿最近的路线敷设，尽量减少弯头数量，埋入墙或地面混凝土的管外壁离结构表面间距不小于 30mm。管路超过一定长度时，管路中应加装接线盒。加装接线盒的位置应便于穿线和检修，不宜在潮湿、有腐蚀性介质的场所。

钢管的敷设一律采用套丝管箍连接，要求钢管经扫管后进行管头套丝，套丝长度以用管箍连接好后螺纹外露 2～3 扣为宜，套丝完成后应检查是否光滑、平整，一般需对管口作二次切剖处理，以便保持光滑、平整，不损伤管内导线。钢管套管应拧牢，防止松动、脱落，紧固完成后，装好接地边线，接地线采用镀锌专用接地线卡，禁止使用钢筋焊接地线。钢管入盒处制作灯头弯，以便接线盒能紧贴模板表面，全部采用套丝并用锁紧螺母固定牢固，装设好镀锌接地线卡。暗配管安装完成后，至少每 1.5m 固定一道，以防混凝土浇筑时管道松动、移位。

钢管进入配电箱时，应使用配电箱的敲落孔，并使用锁紧螺母固定牢靠，连接牢固后管螺纹宜外露 2～3 扣。明配钢管应排列整齐，固定点间距均匀，与终端、转弯点、电气器具或接线盒、箱边缘的距离一般为 200mm 左右。

钢管在与各类动力设备连接时，应将钢管敷设到设备内，如不能直接进入设备，干燥房间在钢管出口处用金属软管引入设备，并将管口包扎严密。金属软管与钢管之间安装镀锌跨接接地线，在室外或潮湿房间内，管口加装防水弯头，由防水弯引出的导线套软管保护，制成防水弧度后可引入设备；同时，对各连接处作好密封处理，弯出地面的管口大于等于 200mm。

暗配管要求采取防堵措施，钢管一般采用堵头或加管护口，PVC 管可以在预埋后，用电吹风烤热后，用钳子夹成扁平状。

B. 箱盒预埋

箱盒预埋可以采用做木模的方法，具体做法是：在模板上先固定木模块，然后将箱、盒扣在木模块上，拆模后预埋的箱盒整齐、美观，不会发生偏移。

2）防雷接地

本工程按二类防雷设计。在屋面女儿墙敷设 ϕ12mm 的镀锌圆钢作接闪器，利用大楼桩基、结构基础、楼层现浇混凝土板内钢筋作接地极，柱子中两根 ϕ16 主筋等作为接地引下线，连接成可靠的电气通路。

为防侧面雷击，从首层起每 3 层利用结构圈梁水平主钢筋与混凝土柱内引下线钢筋焊接成均压环，并将建筑物内金属门窗和金属物体等与均压环焊接。

每层电气竖井内预埋钢板作重复接地，弱电系统的工作接地、电气保护接地及埋地金属管道等均与防雷接地装置焊接，共用接地电阻不大于 1Ω。

3）盘柜安装

盘柜安装施工工艺流程如图 3-32 所示。

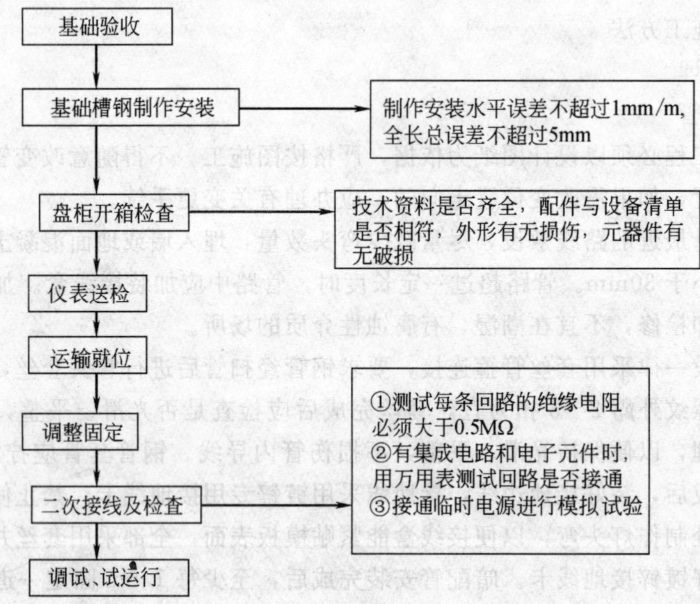

图 3-32　盘柜安装施工工艺流程

4）桥架及线槽安装

A. 施工程序

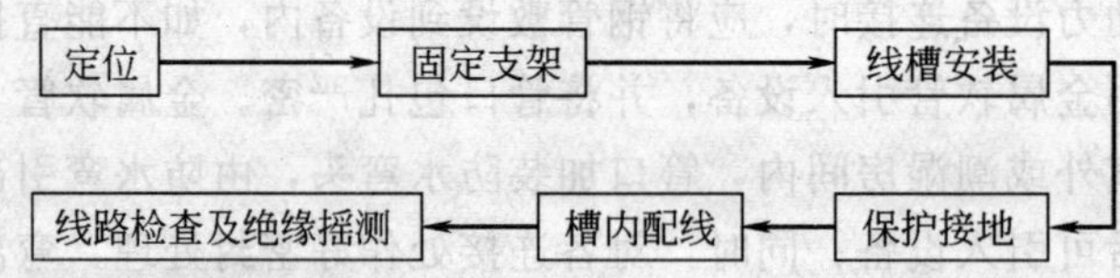

B. 桥架及线槽跨过伸缩缝、沉降缝时，应设伸缩节，且伸缩灵活。

C. 桥架弯曲半径由最大电缆的外径决定，桥架各段要连为一体，头尾与接地系统可靠连接。

5）配管接线

A. 施工程序（图 3-33）

B. 施工中注意不同相线和一、二次线采用不同线色加以区分，必要时加以标识。管口处加护口，防止电线损伤。导线不得直接露于空气中，截面为 $2.5mm^2$ 及以下的多股铜

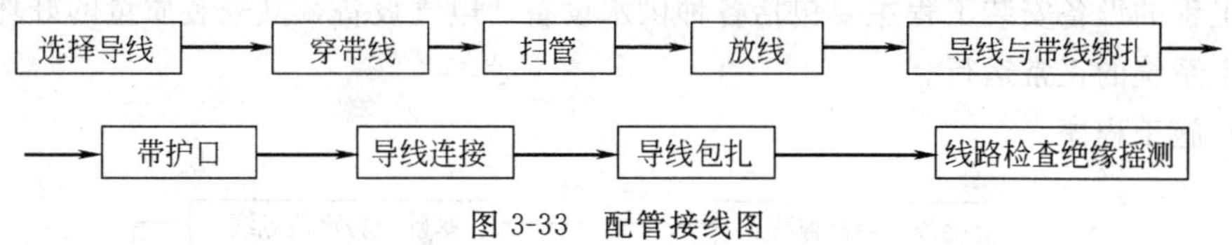

图 3-33 配管接线图

芯线应先拧紧烫锡或压接端子后再与设备、器具的端子连接；当设计无特殊规定时，导线采用焊接压板压接或套管连接。

6）电缆敷设要求

① 电缆敷设前应对电缆进行详细检查，规格、型号、截面电压等级均要符合设计要求，外观无扭曲、坏损现象。并进行绝缘摇测或耐压试验；

② 电缆盘选择时，应考虑实际长度是否与敷设长度相符，并绘制电缆排列图，减少电缆交叉；

③ 敷设电缆时，按先大后小、先长后短的原则进行，排列在底层的先敷设；

④ 标志牌规格应一致，并有防腐性能。

7）灯具、开关箱等低压电器安装要求

① 对安装有妨碍的模板、脚手架必须拆除，墙面、门窗等装饰工作完成后，方可插入施工；

② 灯具及开关箱等的安装须格外注意观感质量，标高位置要正确、可靠。

（4）质量保证措施

1）标准层的电气安装工程，或同规格型号的电气装置，如箱、柜、盒及灯具、开关、插座等的安装，宜采用样板法施工的方法，使其接线布线、排列和固定整齐标准化。

2）电气预留、预埋采用埋套管、做木模具或经试验证明是成功的新工艺预留孔洞。

3）暗配电管严格按图纸及相关规范在土建浇筑混凝土前施工，并清扫管内尘埃、杂物和湿气。穿线前，清除管口毛刺，在管中穿入引线。导线出管口后应留有足够的余量，管内导线严禁有接头。

4）接地系统（防雷接地和保护接地）应和建筑主体结构、装修或设备安装同步施工，派专人与之密切配合，施工中严格按图纸及说明，按 86SD566 图集进行。

5）所有材料必须经过检验合格后才能使用，必须具备产品合格证、质量保证书、产品生产许可证，生产厂家还必须是经过考核的分承包方。严禁使用不合格品，设备进货要与业主同时进行开箱检查验收工作，并做检查记录。

6）按时填写各种施工记录，并与施工进度同步进行，不可做回忆录，确保填写及时，内容完整、规范，数据真实、准确。

7）分部分项工程按工序进行检查验收。由施工技术人员进行分项、分部工程质量预检，填写分项、分部质量检验评定表，由项目负责人组织评定，质监部门核定质量等级。

8）编制具体的质量计划，并层层下达，开展全面质量管理体制工作，实行全过程、全员、全企业的质量管理，开展 QC 小组活动，严格把好质量关，明确施工项目的质量目标。

3.2.3 设备安装工程

（1）设备安装工程简介

本工程的设备安装工程主要包括各种供水设备、电气设备，其安装质量的好坏直接关系到整个系统的正常运行。

（2）施工程序

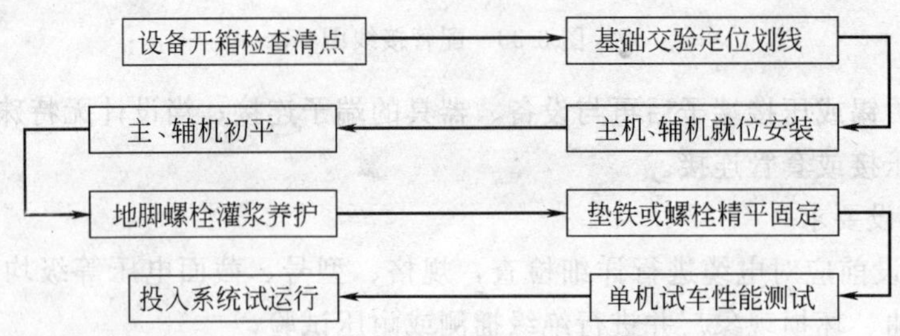

（3）主要施工方法

1）设备开箱检查清点时，不但要清点零部件等硬件，还应根据设计要求，核对产品说明书、产品合格证等技术文件。

2）设备安装应与设备基础施工密切配合，一般情况下，基础施工应待设备进场后，将设计图纸与设备几何尺寸和固定方式核对清楚方可进行。大型设备的安装应在建筑围护结构施工前就考虑解决运输和吊装到位问题，设备吊运孔洞应符合设备外形尺寸的要求。

3）大、重设备或整体就位安装的设备在安装吊运过程中，应将其外壳、零部件保护好，正确选定吊点位置，防止设备变形或损坏零部件。特别是大型设备的吊运应编制吊运方案，按规定审核、批准方可施工。

（4）质量保证措施

1）设备安装前组织有关人员学习相关规范和标准，掌握操作规程和要领。

2）技术负责人对作业人员进行施工技术交底。

3）安排技术素质高，经验较丰富的安装钳工负责设备安装。水、电的重点设备安装时，应有相应专业的技术人员配合施工。

3.2.4 消防安装工程

本工程的消防工程主要包括自动喷水灭火系统、消火栓系统、火灾自动报警系统。

（1）消防工程施工前的准备工作

1）消防工程施工前，协助甲方进行消防设施的设计审核；未经设计审核或设计审核不合格；不得擅自施工。

2）消防工程施工前，须向消防部门申报有关资料，办理消防施工进场许可证。

3）所选用的材料必须在消防部门经过登记，并具有消防部门发放的准销证。

4）认真阅读施工图纸，对设计有疑问的地方要迅速与设计单位、消防部门、业主联系，确保消防工程符合规范要求。

（2）自动喷水灭火系统

1）材料要求

①自动喷水灭火系统施工前，应对采用的系统组件、管件及其他设备材料进行现场检查，使其符合下列要求：

系统组件、管件及其他设备、材料，应符合设计要求和国家现行有关标准的规定，并有出厂合格证；喷头、报警阀，压力开关、水流指示器等主要系统组件应经国家消防产品质量监督检验中心检测合格。

② 管材管件应进行现场外观检查，表面应无裂纹、缩孔、夹渣、拆选和重皮；螺纹密封面应完整、无损伤、无毛刺；镀锌钢管内外表面的镀锌层不得有脱落、锈蚀等现象；非金属密封垫片应质地柔韧、无老化变质或分层现象，表面无折损、皱纹等缺陷；法兰密封面应完整、光洁，不得有毛刺及径向沟槽；螺纹法兰的螺纹应完整，无损伤。

③ 喷头的型号、规格应符合设计要求；喷头的商标、型号、公称动作温度、制造厂及生产年月等标志应齐全；喷头的外观应无加工缺陷和机械损伤；喷头螺纹密封面应无伤痕、毛刺、缺丝或断丝等现象；闭式喷头应进行密封性能试验，并以无渗漏、无损伤为合格。试验数量和方法应符合规范要求。

④ 阀门的型号、规格应符合设计要求；报警阀还应有水流方向的永久性标志；报警阀和控制阀的阀瓣及操作机构应动作灵活，无卡涩现象；阀体内应清洁，无异物堵塞，报警阀就逐个进行渗漏试验。试验压力应为额定工作压力的 2 倍，试验时间为 5min。阀瓣处应无渗漏。

⑤ 水力警铃的铃锤应转动灵活，无阻滞现象。压力开关、水流指示器及水位、气压、阀门限位等自动监测装置应有清晰的铭牌，安全操作指示标志和产品说明书；水流指示器还应有水流方向的永久性标志；安装前应逐个进行主要功能检查，不合格者不得使用。

2）消防水箱安装要求

① 消防水箱的施工和安装应符合现行国家标准《给水排水构筑物施工及验收规范》的有关规定。

② 消防水箱的容积、安装位置应符合设计要求，消防水箱周围的通道应方便使用和检修。

③ 消防水箱的溢流管、泄水管不得与生产或生活用水的排水系统直接相连。

④ 进水管和出水管的接头与钢板消防水箱的连接应采用焊接，焊接处应做防锈处理。

3）管网安装

见“给排水工程”。

4）喷头安装

① 喷头安装应在系统试压、冲洗合格后进行。喷头安装时，宜采用专用的弯头、三通。不得对喷头进行拆装、改动，并严禁给喷头附加任何装饰性涂层。

② 喷头安装应使用专用扳手。更换喷头，其规格、型号应相同。

③ 当喷头的公称直径小于 10mm 时，应在配水干管或配水管上安装过滤器。

④ 安装在易做机械操作处的喷头，应加设喷头防护罩。

⑤ 喷头安装时，溅水盘与吊顶、门、窗、洞口或墙面的距离应符合设计要求。

5）报警阀组安装

① 报警阀组的安装应先安装水源控制阀、报警阀，然后再进行报警阀辅助管道的连接。水源控制阀、报警阀与配水干管的连接，应与水流方向一致。报警阀组安装的位置应符合设计要求；当设计无要求时，报警阀组应安装在便于操作的明显位置，距室内地面高度宜为 1.2m；两侧与墙的距离不应小于 0.5m；正面与墙的距离不应小于 1.2m。安装报警阀组的室内地面应有排水设施。

② 压力表应安装在报警阀上便于观测的位置；排水管和试验阀应安装在便于操作的位置；水源控制阀安装应便于操作，且应有明显开闭标志和可靠的锁定设施。

③ 湿式报警阀组的安装应符合要求：应使报警阀前后的管道中能顺利充满水；压力波动时，水力警铃不应发生误报警；报警水流通路上的过滤器应安装在延迟器前，而且是便于排渣操作的位置。

6）其他组件安装

① 水力警铃应安装在公共通道或值班室，附近的外墙上，且应安装检修、测试用的阀门。水力警铃和报警阀的连接应采用镀锌钢管，当镀锌钢管的 $DN=15\text{mm}$ 时，其长度不应大于 6m；当 $DN=20\text{mm}$ 时，其长度不应大于 20m；安装后的水力警铃启动压力不应小于 0.05MPa。

② 水流指示器的安装应在管道试压和冲洗合格后进行，水流指示器应竖直安装在水平管道上侧，其动作方向应和水流方向一致；安装后的水流指示器浆片、膜片应动作灵活，不应与管壁发生碰撞。

③ 信号阀应安装在水流指示器前的管道上，与水流指示器之间的距离不应小于 300mm。

④ 排气阀的安装应在系统管网试压和冲洗合格后进行；排气阀应安装在配水干管顶部、配水管的末端，且应确认无渗漏。

⑤ 控制阀的规格、型号和安装位置均应符合设计要求；安装方向应正确，控制阀内应清洁、无堵塞、无渗漏；主要控制阀应加设启闭标志；隐蔽处的控制阀应在明显处设有指示其位置的标志。

⑥ 节流装置应安装在公称直径不小于 50mm 的水平管段上；减压孔板应安装在管道内水流转弯处一侧的直管上，且与转弯处的距离不应小于管道公称直径的 2 倍。

⑦ 压力开关应竖直安装在通往水力警铃的管道上，且不应在安装中拆装改动。

⑧ 末端试水装置宜安装在系统管网末端或分区管网末端。

7）系统试压和冲洗见给排水工程部分。

8）系统调试

① 系统调试应具备下列条件：

系统调试应在施工完成，试压冲洗合格后进行；

消防水箱已储备设计要求的水量；

系统供电正常；

湿式喷水灭火系统管网内已充满水；

干式、预作用喷水灭火系统管网内的气压符合设计要求阀门均无泄漏；

与系统配套的火灾自动报警系统处于工作状态。

② 系统调试包括的内容：水源调试、报警阀调试、排水装置调试、联动试验。

③ 以上单项调试和联动试验应按设计要求进行，并且应符合《自动喷水灭火系统施工及验收规范》的规定要求。

④ 采用专用测试仪表或其他方式，对火灾自动报警系统的各种探测器输入模拟火灾信号，火灾自动报警控制器应发出声光报警信号并启动自动喷水灭火系统。

9）系统验收

① 系统的竣工验收，由建设主管单位主持，公安消防监督机构，建设、设计、施工等单位参加，验收不合格不得投入使用。

② 系统竣工验收时，施工、建设单位应提供下列资料：批准的竣工验收申请报告、设计图纸、公安、消防、监督机构的审批文件、设计变更通知单、竣工图；地下及隐蔽工程验收记录，工程质量事故处理报告；系统试压、冲洗记录；系统调试记录；系统联动试验记录；系统主要材料、设备和组件的合格证或现场检验报告；系统维护管理规章、维护管理人员登记表及上岗证。

③ 系统供水水源的检查验收，系统的流量和压力试验，消防水泵接合器数量及进水管位置检查，接合器的充水试验，在最不利的压力、流量情况下检验系统质量，管网验收，报警阀组的验收，喷头验收，系统进行模拟灭火功能试验等应符合《自动喷水灭火系统施工及验收规范》的要求。

4 质量、安全文明施工与环保技术管理措施

4.1 质量管理措施

4.1.1 质量目标

质量检验项目一次合格率100%，分项工程优良率90%，分部工程优良率85%以上，竣工验收达到优良。

4.1.2 质量管理体系

① 为确保质量达到优良，建立了以项目经理为首，项目质安组为主体，公司总工程师、质量安全科、监理、市质量监督总站实施逐级监督，公司各职能部门、各专业科室积极配合的多层次质量管理保证体系，全面控制每一个分项、分部工程质量。项目质量控制组织形式如图4-1所示。

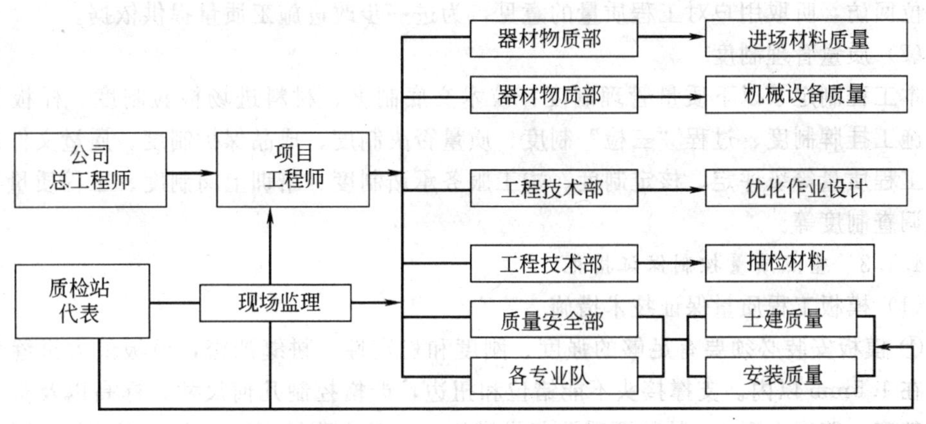

图4-1 质量保证体系运转图

② 质保体系是通过一定的制度、规章、方法、程序、机构等，把质量保证活动系统化、标准化、制度化，按GB/T 1900—ISO 9000系列标准。根据我公司质保体系文件的要求，结合本工程实际情况，建立了由公司总工领导，项目总工负责的质量管理机构，使整个质量保证体系协调运作，从而使工程质量始终处于受控状态。

③ 实行目标管理，进行目标分解，按单位工程、分部工程、分项工程把责任落实到

相应的部门和人员。除公司质量监督部门和项目技术负责人外，现场另安排专职质监员跟班作业，分别对模板的制作安装、钢筋绑扎、混凝土浇筑等施工作业进行跟踪监控，并严格按照公司质量体系文件规定，使项目各部门到各施工班组，层层落实质量职责，明确质量责任。

④ 积极开展质量管理（QC）小组的活动，工人、技术人员、项目领导“三结合”，针对技术质量关键组织攻关，并积极做好 QC 成果的推广应用工作。

⑤ 制定各分部分项工程的质量控制程序，建立信息反馈系统，定期开展质量统计分析，掌握质量动态，全面控制各分项工程质量。

⑥ 采取各种不同的途径，用全面质量管理的思想、观点和方法，使全体职工树立起“质量第一、为用户服务”的思想，以员工的工作质量保证工程的产品质量。

（1）质量管理组织措施

① 各分项工程质量管理严格执行“三检制”（即自检、互检和交接检、专业检），隐蔽工程做好隐、预检记录，质检员作好复检工作并请甲方、监理、市质检站代表验收。

② 专业工长做好每一次的技术交底工作，严格按图施工，不得任意更改原设计图纸，遇有疑难问题必须和甲方、监理、设计单位协商解决。

③ 各种不同类型、不同型号的材料要分别堆放整齐。钢筋在运输和储存时，必须保留标牌，按批分类，同时应避免锈蚀和污染。

④ 电焊工必须经考试合格后才能上岗作业，焊缝厚度、长度必须符合设计要求，做到不咬肉、不夹渣、无砂眼。

⑤ 加强成品、半成品保护工作，如钢筋在绑扎以后，要及时在过往通道上铺垫木板，防止踩踏。浇筑混凝土和绑扎钢筋交叉施工时，一定要注意施工方向和顺序。

⑥ 工程在交付使用后按我公司《质量保证手册/程序文件》保修，并由有关领导到建设单位回访，听取用户对工程质量的意见，为进一步改进施工质量提供依据。

（2）质量管理制度

本工程制定了以下质量管理制度：技术交底制度、材料进场检验制度、样板引路制度、施工挂牌制度、过程“三检”制度、质量否决制度、成品保护制度、质量文件记录制度、工程质量等级评定、核定制度、竣工服务承诺制度、培训上岗制度、工程质量事故报告及调查制度等。

4.1.3 重点质量控制保证措施

（1）模板工程质量保证技术措施

① 模板安装必须要有足够的强度、刚度和稳定性，拼缝严密，模板最大拼缝宽度应控制在 1.5mm 以内。支撑接头不能错位和扭边，严格控制几何尺寸，标高以及整个平台的平整度，跨度大于 4m 的梁要采取起拱措施，一般为跨长 1‰～3‰。保证结构尺寸的准确性和混凝土表面的质量。

② 为了提高工效，保证质量，模板重复使用时应编号定位，清理干净模板上砂浆，刷隔离剂，使混凝土达到不掉角、不脱皮，表面光洁。

③ 精心处理墙、柱、梁、板交接处的模板拼装，做到稳定、牢固、不漏浆。

④ 固定在模板上的预埋件和预留孔洞均不得遗漏，安装必须牢固，位置准确，其允许偏差均应控制在允许值内。

⑤ 为防止浇筑混凝土时，对模板的侧压力过大而爆模，对较大的梁、墙、柱，模板上采用 ϕ14 对拉螺杆加固。有防水要求的在螺杆上焊 3mm×40mm×40mm 钢板止水片，螺杆间距不大于 500mm。

(2) 钢筋工程质量保证措施

① 进入施工现场的钢筋必须要有出厂证明书或试验报告单、标牌，由材料员和质检员按照规范标准分批抽检验收，合格后方能加工使用。

② 钢筋的规格、数量、品种、型号均应符合图纸要求，绑扎成形的钢筋骨架不得超出规范规定的允许偏差范围。

③ 钢筋的接头焊接必须按设计要求和规范标准进行焊接和搭接，钢筋焊接的质量符合《钢筋焊接及验收规程》规定。

④ 为了保证楼板施工时，上、下层钢筋位置准确，在梁中部区域每 3m 加设支撑加设混凝土垫块，保证上层钢筋网不踩踏和变形。

⑤ 独立柱钢筋固定方法：插筋前，在上、下层钢筋网上放置一根定位箍筋，并与底板筋点焊连接，插筋放置后再在底面标高以上 800mm 处扎三道箍筋，将柱插筋预以固定。

⑥ 混凝土浇筑时，对钢筋尤其是柱的插筋进行跟踪测量，发现问题及时纠正。

(3) 混凝土工程质量保证措施

① 商品混凝土按我公司试验室设计的配合比计量搅拌，并与供应商签订合同，接受我方的监督，混凝土出搅拌站至入模的延续时间应由试验和规范决定，严格执行。

② 混凝土浇筑遇雨天，及时调整配合比，并做好已浇混凝土的保护，施工缝严格按设计要求留设，并按规范要求进行认真处理和施工。

③ 混凝土浇筑前，模板内部应清洗干净，严禁踩踏钢筋，踩踏变形的钢筋应及时地在浇筑前复位。下落的混凝土不得发生离析现象，应保证好混凝土表面层养护工作，由专人负责。

④ 对班组进行施工技术交底，浇筑实行挂牌制，谁浇筑的混凝土部位，就由谁负责混凝土的浇筑质量，要保证混凝土的质量达到内实外光。

(4) 其他质量措施

① 对主要的分项工程（模板、钢筋、混凝土）实行质量预控。

② 严格质量检查验收，各班组在自检、互检的基础上进行交接检查，上道工序不合格决不允许进行下道工序施工。

③ 所有隐蔽工程都应按规定填写隐蔽工程记录，并以监理、市质检站及施工单位三方共同签字认可之后，才能进行下道工序施工。

④ 每层放线均采用经纬仪测量放线，不得借用下层轴线或用线坠往上引线，以防柱子位移，每层放线后坚持做好复检。

4.2 安全生产管理

4.2.1 安全目标

杜绝死亡和重伤事故，月轻伤事故频率控制在 1.5‰以内。

4.2.2 安全生产责任制

建立健全安全生产责任制，明确各职能部门安全生产职责。成立以项目经理为主的安全生产领导小组，项目经理是项目安全生产第一责任人，项目专职安全员主要负责项目施工生产的安全管理工作，各专业生产班组设兼职安全员配合管理工作，各职能部门在各自相应的业务范围内对安全生产负责，使本工程的安全管理体系形成为“纵管成线，横管成网”，确保工程施工得以优质、高速、低耗、安全、顺利地完成。项目安全生产管理体系如图 4-2 所示。

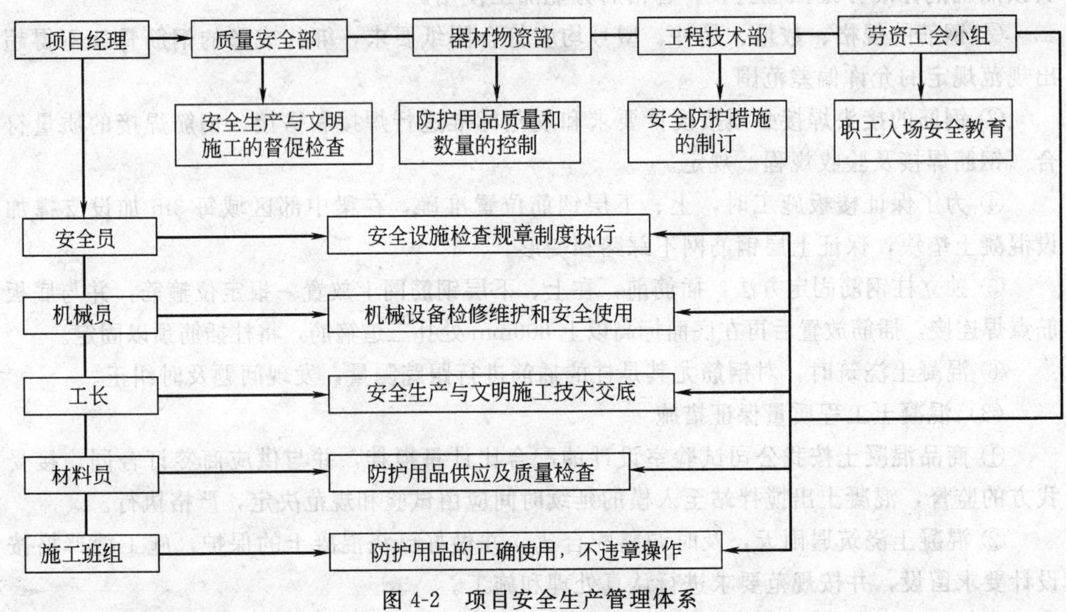

图 4-2 项目安全生产管理体系

(1) 安全生产责任制

建立以项目经理为主，项目总工程师为辅，各级工长及班组为主要执行者，保卫、安全员为主要监督者，医务人员为保障者的安全生产责任制。

(2) 安全生产制度

根据武汉市有关文件规定，并结合本工程的实际情况制定了关于安全教育、检查、交底、活动等 4 项制度，要求所有进入本施工现场的人员以班组为单位进行检查，建立各项管理制度：安全管理组织计划图、安全教育制度、安全检查制度、安全交底制度、安全活动制度。

4.2.3 安全技术措施

施工现场安全标准化是实现安全生产的根本措施，是强化安全管理和安全技术的有效途径。我们针对该工程的具体情况制定了以下安全技术防范措施：

(1) 结构施工阶段的防护措施

a. 基坑的防护

基坑周边用混凝土固化，离坑边 50cm 处设置专用安全防护栏杆。上下基坑设置带防护栏杆的防滑斜道，斜道周边和底部张挂安全网。严禁向基坑下投掷垃圾或物品。

b. 结构内洞口、临边的防护

所有电梯井口，结构层周边，板上的预留口制作固定的钢筋围栏或盖板，结构层周边围栏上张挂安全网，电梯井洞内每层之间张挂一层或两层的水平兜网。施工电梯进出口设置安全平台和安全门，进出时关闭安全门。

c. 外架的防护要求

① 脚手架地基应平整夯实且有可靠的排水措施，钢管立杆不能直接立于地面上，应加设底座和垫板，垫板厚度不小于 50mm，为减少架子不均匀沉降，在立杆底部加扫地杆。

② 挑架和外架的支撑点，在搭设前应进行结构计算设计，并有搭拆方案。

③ 架体与建筑物之间用连墙杆连结，水平每 4m 一排，竖向每 7m 设置一排。

④ 脚手架应沿全长和全高连续设置剪刀撑。

⑤ 脚手架由架子工严格按规程要求搭设，搭设前要进行安全交底；脚手架应有分部、分段，按施工进度做书面验收报告。

⑥ 脚手架的拆除顺序为：先搭的后拆，后搭的先拆，先从钢管脚手架顶端拆起。

d. 底层安全防护

按现场总平面布置要求设置安全通道，施工电梯进口处设安全防护棚，其棚顶用竹夹板和 2 层竹篱笆覆盖，以防重物击穿或滑落。

建筑物的平面防护如图 4-3 所示。

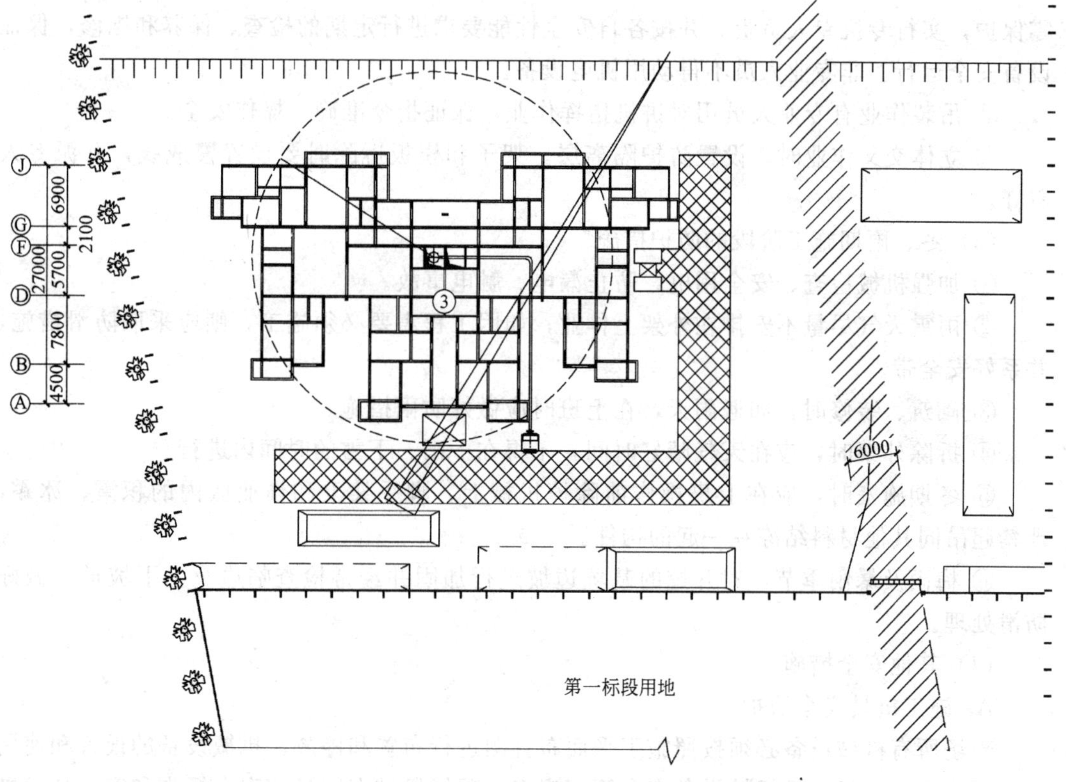

图 4-3 安全防护平面布置图（单位：mm）

安全通道的搭设如图 4-4 所示。

(2) 装修、设备安装阶段的防护措施

① 塔吊须安装航标灯和避雷装置，其接地电阻不应大于 4Ω。机电设备均须接地或接

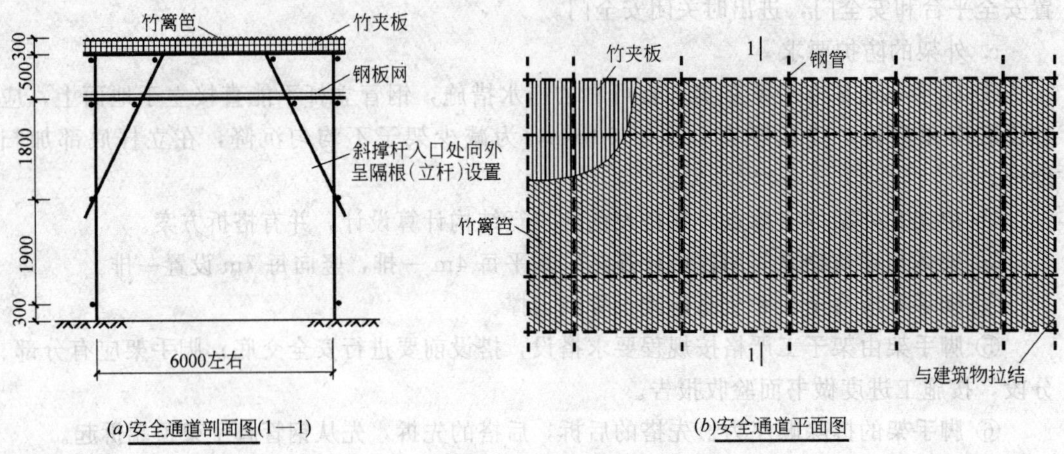

(*a*)安全通道剖面图(1—1)　　(*b*)安全通道平面图

①通道顶棚分两层设置，上层为双层竹夹板，下层为单层钢板网，钢板网端头用铁丝与水平方向的钢管扎牢。

②立杆下端设置红砖垫块，防护棚与建筑物之间用钢管扣件拉牢。

图 4-4　安全通道搭设详图

零保护，实行专机专人负责，并按各自安全性能要求进行定期的检查、保养和维修，保证设备安全运行。非专业人员不得动用机电设备。

② 吊装作业有专业人员用对讲机指挥作业，保证指令准确，操作安全。

③ 立体交叉作业时，设置防护隔离层。架子和模板拆除时要设置警戒线，并派专人看守。

（3）冬、雨期施工阶段的防护措施

① 加强机械检查、安全用电，防止漏电、触电事故。

② 雨雪天气尽量不安排在外架上作业；如因工程需要必须施工，则应采取防滑措施，并系好安全带。

③ 砌筑、装修时，如遇雨天，在上班时应做好防雨措施。

④ 拆除外架时，应在天气晴好时间，不得在下雨、下雪的时间内进行。

⑤ 冬期施工时，应在上班操作前除掉机械上、脚手架上和作业区内的积雪、冰霜，严禁起吊同其他材料结冻在一起的构件。

⑥ 梅雨及暴雨季节，对开挖的基坑边坡进行加固并经常检查临边及上下坡道，做好防滑处理。

（4）其他安全措施

A. 施工机具安全防护

现场所有机械设备必须按照施工平面布置图进行布置和停放，机械设备的设置和使用必须严格遵守施工现场机械设备安全管理规定，现场机械有明显的安全标志和安全技术操作告示牌，具体要做到：

① 拉伸钢筋时周围要设防护栏杆，后侧设防护挡板；

② 搅拌机应搭设防砸、防雨操作棚；

③ 所有机械设备应经常性清洁、润滑、紧固、调整，不超负荷和带病工作；

④ 起重作业要遵守“十不吊”原则，起重工和指挥坚守岗位；

⑤ 机械在停用、停电时，必须切断电源；

⑥ 对新技术、新材料、新工艺、新设备的使用，在制定操作规程的同时，必须制定安全操作规程；

⑦ 对特殊工序，编制作业方案，提出确保安全的措施。

B. 消防保卫管理

加强防火工作，有易燃品堆放处、仓库、生活临建区等设置灭火工具，并设专人管理。经常与气象部门取得联系，及时通报天气情况，遇到恶劣天气时，及时采取下面的技术措施，防止发生事故。

① 施工现场必须设置畅通消防车道，配备足够消防器材、消火栓、进水主管务必满足消防要求。

② 消防设施应能保证建筑物最高的灭火需要，高压水泵及高层消火栓要随结构施工同时设置。临时消火栓要有防寒、防冻、保温措施。

③ 现场料场、库房的布局应合理规范，易燃易爆物品、有毒物品均应设专库保管，严格执行领用、回收制度。

④ 现场建立门卫、巡逻护场制度，并实行凭证出入制度。

⑤ 各分部各分项工程，分管辖地实行“谁主管、谁负责”的原则；

C. 施工用电

① 现场用电采用“三相五线”制，严格执行一机一闸一漏电保护器，所有配电箱（包括一级、二级或三级移动式配电箱）均采用建设部指定厂家生产的标准配电箱。总配电箱及分配电箱要设防雨棚，箱须加锁，专人负责。

② 夜间作业要有足够的照明，直接用于操作的手持灯以及楼梯间等阴暗处的照明，采用36V安全电压，当遇到强风、大雨等恶劣天气时，应断电停止作业，所有用电现场须有专业电工值班，非专业电工不准私自接线用电。

③ 危险区域、部位、通道口、配电箱等处，设置相应的安全标志牌。

4.3 环保与文明施工

4.3.1 环境保护措施

(1) 粉尘控制措施

① 施工现场场地硬化和绿化，经常洒水和浇水，以减少粉尘污染。

② 禁止在施工现场焚烧废旧材料，有毒、有害和有恶臭气味的物质。

③ 装卸有粉尘的材料时，应洒水湿润和在仓库内进行。

④ 严禁向建筑物外抛掷垃圾，所有垃圾装袋运出。现场主出入口处设有洗车台位，运输车辆必须冲洗干净后，方能离场上路行驶；在装运建筑材料、土石方、建筑垃圾及工程渣土的车辆，派专人负责清扫道路及冲洗，保证行驶途中不污染道路和环境。

⑤ 严格执行武汉有关运输车辆管理的规定。

(2) 噪声控制措施

① 施工中采用低噪声的工艺和施工方法。

② 建筑施工作业的噪声超过建筑施工现场的噪声限值时，施工前向建设行政主管部

门和环保部门申报，核准后施工。

③ 合理安排施工工序，严禁在中午和夜间进行产生噪声的建筑施工作业（中午12：00至下午14：00，晚上23：00至第二天早上7：00)。由于施工不能中断的技术原因和其他特殊情况，确需中午或夜间连续施工作业的，向建设行政主管部门和环保部门申请，取得相应的施工许可证后施工。

(3) 其他措施

① 车辆进出口处设置洗车槽，保证净车出场。

② 现场配电房采用全封闭砌筑，在排气孔安装消声器和粉尘滤网，尽量减少噪声和灰尘污染。

③ 夜间施工尽量减少电动工具的使用次数。

④ 现场输送泵的布置尽量远离周边建筑物，且混凝土浇筑时间尽量避开夜晚施工。

⑤ 现场周边道路全部采用C20混凝土硬化，建筑物的建筑垃圾及时清理归堆，洒水湿润后转运出现场。

⑥ 现场排水沟末端设沉积井，并周期清理沉积井内的沉积物。

⑦ 食堂下水道和厕所化粪池要周期清理并消毒，防止有害细菌的传播。

(4) 现场绿化

在现场未做硬地化的空余场地进行规划，种植四季常绿花木，美化环境。

4.3.2　*夜间施工措施*

① 合理安排施工工序，将施工噪声较大的工序安排到白天工作时间进行，如标准层混凝土的浇筑、模板的支设、砂浆的生产等；在夜间尽量少安排施工作业，减少噪声的产生。对小体积混凝土的施工，尽量争取在早上开始浇筑，当晚23：00前施工完毕。夜间施工尽量减少电动工具的使用次数。

② 土方开挖及土方运输均安排在晚上进行，车辆进出口处设置洗车槽，保证净车出场。

③ 现场配电房采用全封闭砌筑，在排气孔安装消声器和粉尘滤网，尽量减少噪声和灰尘污染。

④ 在施工场地外围进行噪声监测，对于一些产生噪声的施工机械，采取有效的措施，减少噪声，如切割金属和锯模板的场地均搭设工棚，以屏蔽噪声。

⑤ 注意夜间照明灯光的投射，在施工区内进行作业封闭，尽量降低光污染。

4.3.3　*文明施工的技术措施及技术要求*

(1) 重点部位的要求

1) 排水系统

修整现场道路，保证现场排水系统的通畅，以设置有坡度的明沟为主，用钢筋制作的盖板在明沟上。排水以排入市政管网为主，对有些不能直接排入的将利用集水井，用水泵抽入市政管网。

2) 工完场清

在施工过程中，要求各作业班组做到工完场清，以保证施工楼层面没有遗留的材料及垃圾。项目经理部派专人对各楼层进行清扫、检查，使每个已施工完的结构面清洁，对运入各楼层的材料要求堆放整齐，以使整个楼面整齐划一。

3）生活区文明施工要求

a. 宿舍

宿舍管理以统一化管理为主，制定详尽的宿舍管理条例，要求每间宿舍排出值勤表，每天打扫卫生，以保证宿舍的整洁。宿舍内不允许私拉私接电线及各种电器。

b. 食堂

施工现场的食堂应符合食品卫生法，明亮整洁，设置冷冻、消毒器具，生熟食品分开存放，防蝇设施完好，食堂有卫生许可证，炊事员进行体温表检查合格，并有健康证后方能上岗操作，证件用铝合金镜框悬挂，并保证食堂清洁卫生、无杂物、无“四害”。食堂墙面粉刷整洁，地面铺贴防滑地砖。

c. 厕所

厕所内外要求清洁，墙面铺贴白瓷砖，地面铺贴防滑地砖，现场设水冲厕所，粪便经化粪池处理后排入市政污水管道，并派专人打扫，以保持厕所卫生、清洁。塔楼施工时均每 4 层设置小便斗 1 个。

（2）其他措施

① 建筑工地周围设置高度不低于 2.5m 的围墙，压顶粉刷涂白，保持整洁、完整；大门两侧围墙上用蓝色字体分别注明施工单位和工程名称；围墙及大门如图 4-5 所示。

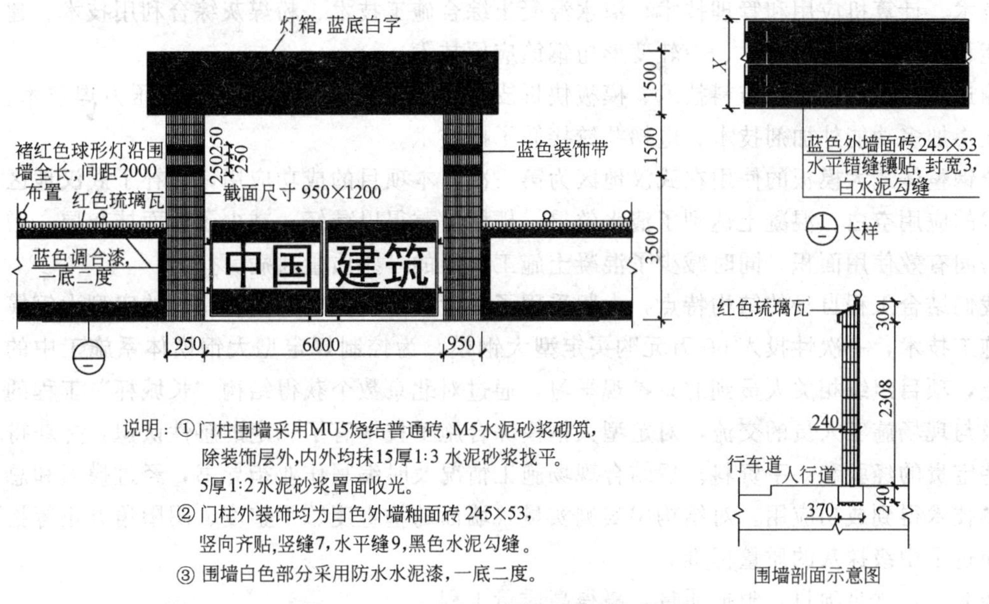

图 4-5 工地大门、围墙示意图（单位：mm）

② 大门整洁醒目，形象设计有特色，“五牌一图”齐全完整；

③ 脚手架采取全封闭，使用合格绿色阻燃密目网，上下全部围护，围扎牢固、整齐；

④ 施工区、办公区、生活区划分明确，安排合理；

⑤ 现场材料分类标识，堆放整齐；

⑥ 建筑、生活垃圾分类堆放，及时清运；

⑦ 施工现场无蚊蝇、鼠迹和蟑螂，防蝇、防蟑措施到位；

⑧ 施工现场设立卫生医疗点，并设置一定数量的保温桶和茶亭；

⑨ 大门进出口两侧 100m 内有专人清扫，无建筑、生活垃圾和污染；

⑩ 健全防火组织，建立以项目经理为首的义务消防队，定期训练，并保证消防设施齐全、有效，所有施工人员均会正确使用消防器材；

⑪ 现场施工人员登记成册，作业人员配证上岗，大门口设立昼夜值班室，所有人员应三证齐全、有效；

⑫ 加强施工现场用电管理，严禁乱拉乱接电线，并派专人对电器设备定期检查，对所有不合规范的操作限期整改；

⑬ 建立以现场施工人员为主的保卫组织机构，与当地公安机关取得联系，以加强现场的安全、防盗工作；

⑭ 严格施工总平面管理，施工场地的道路、停车场、材料置放场地等采用混凝土硬化，保持施工道路畅通无阻。

5　总结

本工程施工中应用了以下新技术：商品混凝土和散装水泥应用技术、粗直径钢筋连接技术、定型大钢模应用技术、JSMJ——附着式升降脚手架技术、新型建筑防水和塑料管应用技术、计算机应用和管理技术、清水混凝土综合施工技术、粉煤灰综合利用技术、建筑节能和新型墙体应用技术、冷轧变形扭钢筋应用技术。

输送泵与布料机联合布料技术、模板快拆支撑体系应用、竖向钢筋电渣压力焊技术、混凝土掺加多功能外加剂技术、电梯井铰接筒子模技术。

全钢整体式大模板的使用在武汉地区为第一次，本项目的成功应用，填补了武汉地区本技术的应用空白，混凝土达到了清水效果，楼层自重得以减轻，减少了墙面抹灰层，增大了房间有效使用面积，同时减少了混凝土施工常见的一些质量通病。

我们结合工程自身的结构特点，大胆采用了在武汉地区当时尚未使用过的定型大钢模综合施工技术，一次性投入 60 万元购买定型大钢模，为控制好定型大钢模体系施工中的关键点，项目组织相关人员到北京参观学习，通过对北京数个获得结构“长城杯”工程的观摩及与现场施工人员的交流，对定型大钢模综合施工技术有了一定的感性认识，并获得了一些宝贵的经验和一手资料。后结合现场施工情况及时编写作业指导书，经过摸索和总结，本技术得到成功应用。对结构层实测实量，墙面的垂直度、平整度、阴阳角方正等指标均超过了中级抹灰的质量标准。

经验一：立足项目，狠抓质量，赢得高质量工程

项目在立足于北京参观学习的基础上，严格要求项目各级管理人员以及施工班组按标准组织施工，对班组要求“做工程也要像绣花”，必须精耕细作。为了解决以前施工中，平台模板由于木方尺寸不统一，而导致的施工出来的平台坑洼不平的问题，项目专门投入了一台刨光机，对进场的木方逐一检查，没达到平直要求或使用中产生变形的一律压刨成统一的尺寸。在木模拼装前，如发现不是十分嵌缝，使用手工锯子锯平、刨子刨平，以避免混凝土溢出，造成外观不平整。不放过每一颗螺钉、每一根对拉螺杆、每一块模板，每一道施工工序必须经过三检，决不允许不合格产品流入下一道工序。

为了达到清水混凝土的要求，项目制定了“四创新”施工方案。一是模板体系的创

新，3号楼大量采用了大钢模体系，为主体结构质量的大幅度提升奠定了坚实的基础；二是外脚手架体系的创新，根据工程特点，大胆采用挂架体系，不但能更好地配合施工，同时也为施工方节约了大笔费用；三是根据工程特点，运用了小流水段作业施工程序，从而改变了人们普遍认为"用大模板影响工期"的说法，一个结构层平均施工速度为6d；四是优化混凝土配合比，使主体结构外观颜色均匀一致，无蜂窝、露筋、夹渣等现象。

混凝土表面平整光滑、线条顺直，几何尺寸准确；混凝土外观颜色均匀一致，无蜂窝、麻面、夹渣、粉化、锈板和明显气泡存在；模板拼缝痕迹均具有规律性，结构阴阳角部位方正，无缺棱掉角。施工完稍加处理后，便可达到相当于中级抹灰的质量标准。

经验二：加大投入，多方回报，赢得好效益

成本管理是项目法施工的核心，也是工程管理的出发点和落脚点。科学组织，合理投入，有组织有步骤地进行科技创新，确保了工程质量，并达到节约成本的目的。在施工中合理加大投入，取得了工程质量和经营上的良好成绩。

全钢整体式大模板的使用同时还赢得了社会各界的良好赞誉，施工期间日本的混凝土专家笠井芳夫教授、笠井哲郎副教授随同清华大学著名教授冯乃谦一同到现场参观指导，武汉市建委组织召开了现场观摩会；同时，多家建设单位到工地进行参观指导。

项目通过全额承包经营，注重施工技术与经营成本和工程质量的关系，通过加强管理，项目获"武汉市文明施工样板工地"的称号，并创经济效益80万元，占工程造价的3%（表5-1）。

主要经济技术指标 **表5-1**

序号	主要指标	单位	数量	备注
1	工程造价	万元	1861	
2	平方米造价	万/m^2	767	
3	混凝土含量	m^3/m^2	10550	
4	钢筋含量	kg/m^2	62	
5	模板耗用量	m^2/m^2	0.074	大钢模未计
6	外墙面砖	m^2	14320	
7	楼地面工程量	m^2	22000	
8	粉刷工程量	m^2	70000	
9	用工量	工日	114200	
10	工程总成本	万元	—	
11	创造经济效益	万元	80	
12	创造社会效益	良好		

第五篇

徐州市电业局民主北路86号职工住宅2号楼工程施工组织设计

编制单位： 中建七局

编 制 人： 鲁万卿　王大讲

审 核 人： 周申彬

［简介］　徐州电业局职工住宅楼工程属于超高层建筑，工程体量大，社会影响较大，在施工过程中很好地解决了软弱地基支护、降水排水、清水混凝土模板、塔吊设置及季节性影响等难题，在施工组织管理方面，协调多个单位同时施工，并且在环境保护及文明施工上采取得当措施。施工组织编写在平面布置、计划保证措施方面介绍得比较详细，重点、难点突出，值得借鉴。

目　录

1　项目控制目标

1.1　质量目标

严格实施新颁标准《建筑工程施工质量验收统一标准》GB 50300—2001 及其系列规范，确保“一次验收通过”；工程最终质量目标：确保省优——“扬子杯”。

1.2　工期目标

总工期 636 天，计划从 2003 年 4 月 15 日开工，到 2005 年 1 月 9 日竣工。

1.3　安全目标

◆ 杜绝重伤和死亡事故；
◆ 一般事故频率控制在 2‰以内。

1.4　经济目标

◆ 降低成本率 3%；
◆ 科技进步效益率 2%。

1.5　其他目标

◆ 实施“五化”（硬化、净化、绿化、亮化、美化）方略，创省、市级安全文明施工工地；
◆ 创科技示范工程；
◆ 创 CI 达标优秀工地；
◆ 创环境保护标化工地。

2　工程概况

2.1　序言

民主北路 86 号职工高层住宅 2 号楼工程，位于徐州市民主北路 86 号，北临迎宾大道，总建筑面积 61883m^2，总平面见图 2-1。由苏源集团江苏房地产开发公司徐州分公司开发，业主将其分为 2 个标段，本公司承建 2 号楼（第二标段），本标段监理单位为徐州市建设监理公司，设计单位为徐州市第二建筑设计院。

2.2　合同范围

合同范围包括土建及水电安装施工图的全部内容，但部分内容不在本合同范围之内。
(1) 本项目土建工程：不包括以下内容：
① 钻孔灌注桩工程；
② 基础土方及基坑排水；

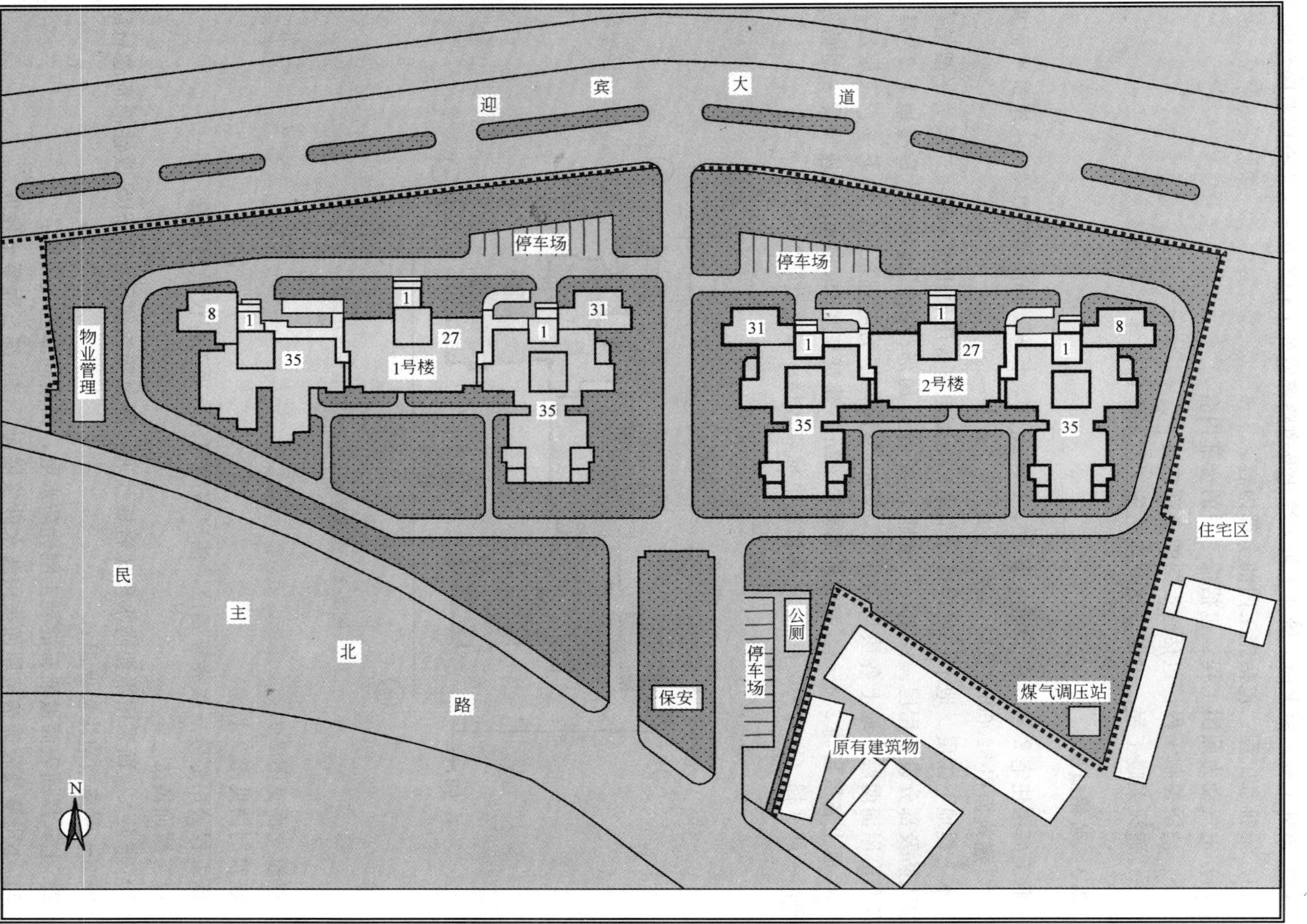
迎 宾 大 道
停车场
停车场
物业管理
8
1
35
1
27
1号楼
1
31
35
31
1
1
27
2号楼
1
8
35
35
住宅区
民 主 北 路
保安
公厕
停车场
煤气调压站
原有建筑物
N

图 2-1 总平面图

③ 分户防盗门及人防专用门（防护密闭门、密闭窗、活门）；

④ 户内精装修。

（2）室外工程：雨水沟、管井盖板、绿化及道路等室外工程不在本工程合同范围之内。

（3）给排水工程：包括施工图的全部内容。

（4）电气动力照明工程：包括施工图的全部内容。

（5）消防控制工程：包括施工图的全部内容。

（6）通风采暖工程：包括除热交换站施工图的全部内容。

2.3　装修概况

职工高层住宅2号楼由D座、E座、F座组成，长85.5m，宽39.3m，建筑平面见图2-2，建筑面积52000m²。

本工程地下二层、地下一层为自行车库、变配电室等附属用房，地下二层为平战结合六级人防及部分设备用房。D座、F座地上35层，局部凸出屋面两层；E座地上27层，局部凸出屋面两层。地上各层均为住宅，凸出屋面两层为电梯机房。地下一、二层层高3.0m，地上各层层高2.85m，室内外高差0.22m，建筑高度99.97m。每座设置一对剪刀楼梯，一部客梯（D座为2部），一部消防电梯兼客梯；屋顶设装饰构架。

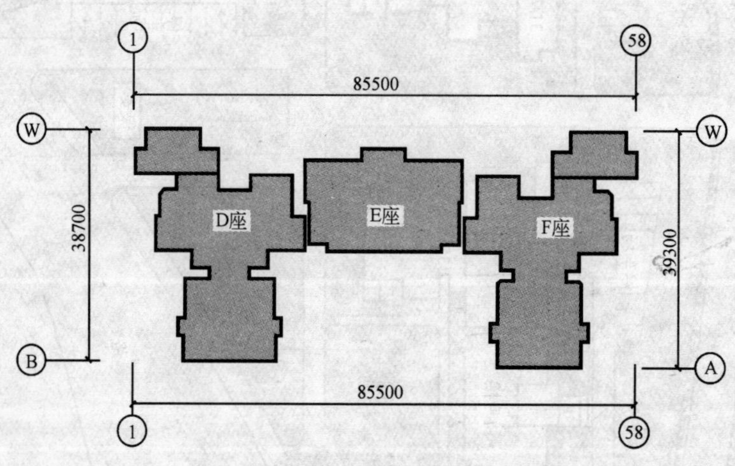

图2-2　建筑平面图（单位：mm）

建筑立面见图2-3；

建筑剖面见图2-4。

该工程公用部分一次装修到位，住户房间部分分项工程仅做粗装修。

（1）屋面做法

1）非上人屋面采用水泥防水珍珠岩板找坡，聚氨酯涂膜隔汽，SBS改性沥青卷材防水，25mm厚挤塑泡沫板保温；

2）上人屋面表面做细石混凝土刚性防水层，其余同非上人屋面；

3）小雨篷及装饰构架屋面采用防水砂浆屋面，C20细石混凝土找坡。

（2）外墙面做法

1）户外非保温外墙面采用水泥砂浆粉刷，高弹性外墙乳胶漆饰面。

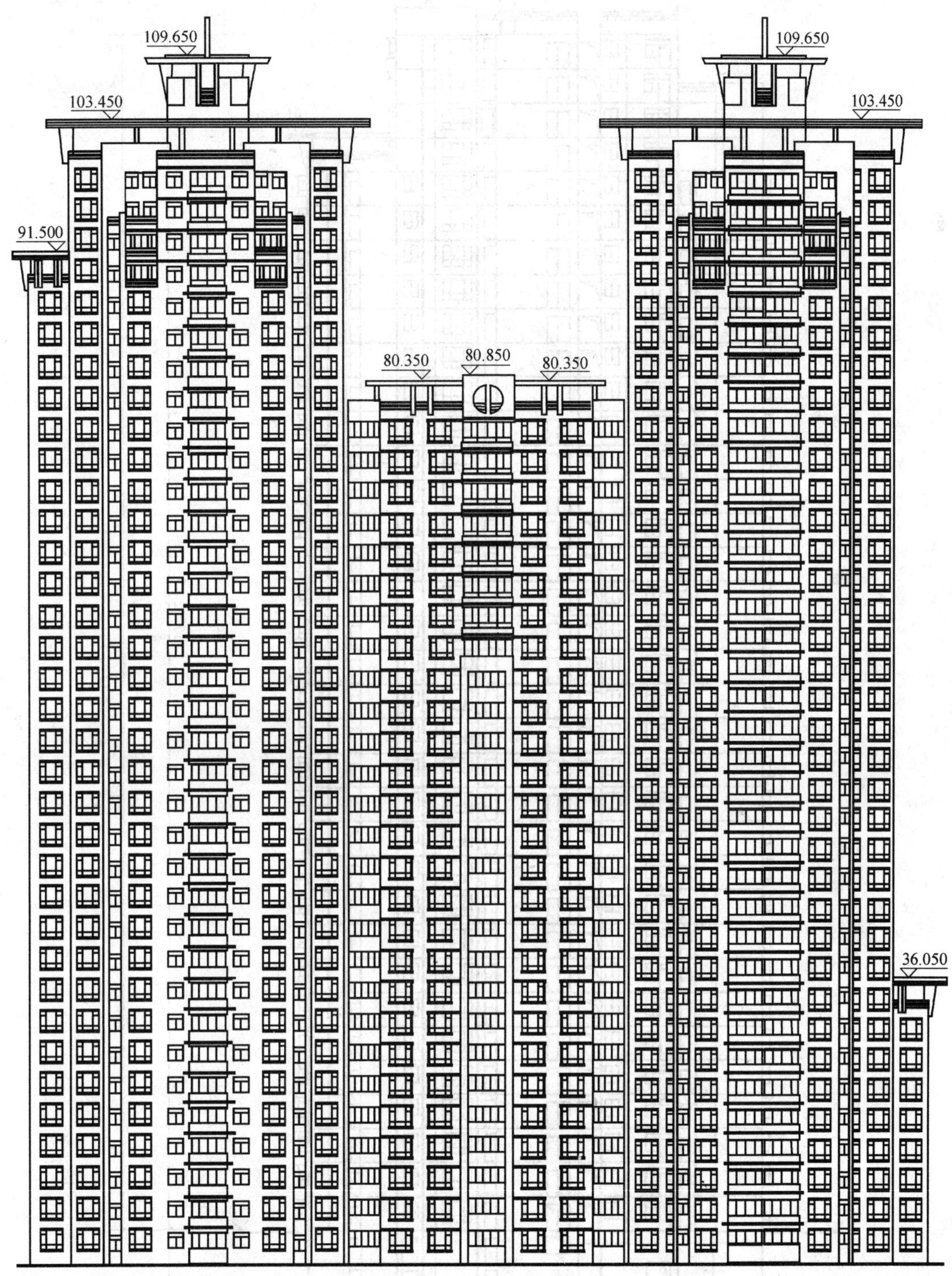

图 2-3 正立面图（单位：m）

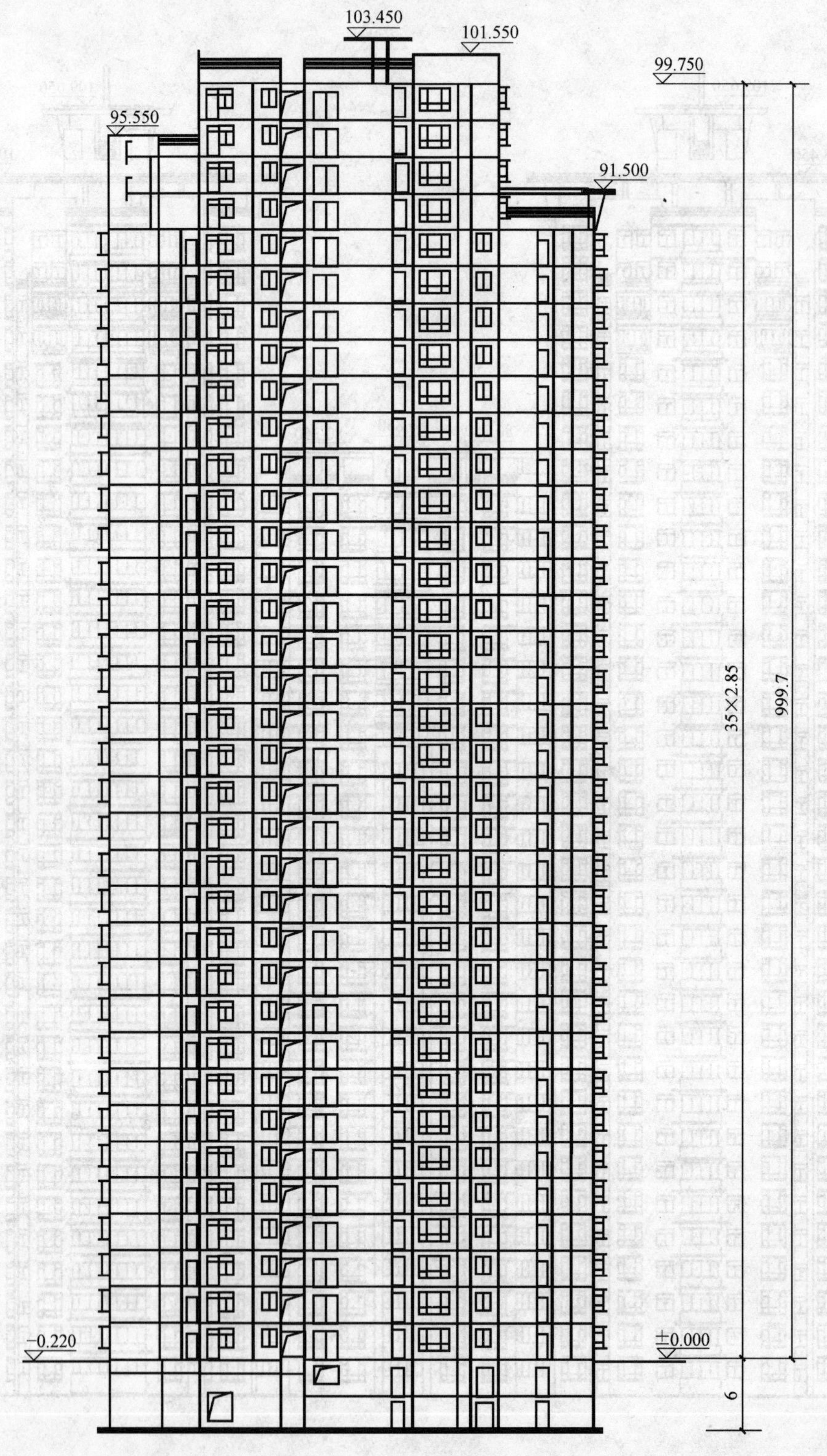

图 2-4 剖面图（单位：m）

2）户内保温外墙面采用EPS保温板外墙外保温，高弹性外墙乳胶漆饰面。

(3) 内墙面做法

1）主要采用混合砂浆或水泥砂浆粉刷，白色乳胶漆二度饰面（户内取消）；

2）地下室、楼梯间及各设备用房的混凝土内墙采用大白膏二度刮平，白色乳胶漆二度饰面；

3）电梯厅电梯门一侧采用仿石面砖墙面；

4）水池采用水泥砂浆墙面。

(4) 楼地面做法

1）地下室采用水泥地面，表面压实抹光，泵房及热交换机房用C20混凝土找坡；

2）户内房间采用水泥楼面，表面压实搓平，做40mm厚陶粒混凝土找平层，厨房、卫生间和洗手间采用防水砂浆，并做2mm厚聚氨酯涂膜防水；

3）消防控制室、电梯厅及公用走道采用400mm×400mm地砖楼面，电梯厅及公用走道做40mm厚陶粒混凝土找平层；

4）其余采用水泥楼面，表面压实抹光。

(5) 踢脚、台度做法

1）水泥楼地面采用水泥踢脚；

2）地砖楼地面采用地砖踢脚；

3）厨房、卫生间做2400mm高水泥台度；

4）一层门厅及电梯厅做1200mm高仿石面砖台度。

(6) 顶棚做法

1）主要采用混合砂浆粉刷，白色乳胶漆二度饰面；

2）雨篷采用水泥砂浆粉刷，白色乳胶漆二度饰面；

3）地下室、楼梯间及各设备用房采用大白膏二度刮平，白色乳胶漆二度饰面。

(7) 门窗做法

1）防火分区及管道井采用木质防火门；

2）户内门采用木制夹板门，部分采用铝合金门；

3）窗采用塑钢窗、铝合金窗，部分采用铝合金百叶窗。

2.4 结构概况

本工程为现浇钢筋混凝土剪力墙结构，按7度远震抗震设防，剪力墙结构抗震等级为二级，结构安全等级为二级，地下二层为人防地下室。

(1) 地基与基础结构

桩基采用钻孔灌注桩，泥浆护壁。桩径为1.2m，单桩极限承载力标准值为12000kN。桩长根据桩下施工勘察提供的数据确定，桩端进入中等风化岩层面最低点4.8m。

基础采用筏形基础。基础底板厚500mm，顶标高－6.030m；人防地下室顶板厚300mm。大承台高2.0m，小承台高1.5m；地梁高1.5m，宽600mm；承台和地梁的顶标高与底板相同。地下室钢筋混凝土外墙厚300mm，内墙厚250mm。

地下室在㉕轴与㉘轴之间和㉟轴与㊴轴之间，从底板至一层地下室顶板结构设置900mm宽后浇带，如图3-1所示。

地下室采用刚性自防水，在底板及外墙的迎水面做聚氨酯涂膜防水层。

(2) 主体结构

本工程剪力墙、梁及楼板、楼梯、屋顶装饰构架均采用钢筋混凝土现浇。主体外墙厚250mm，内墙厚200mm。E座与D座、F座之间设置20cm宽的变形缝。

(3) 混凝土强度等级

1) 桩身为C30；

2) 基础垫层为C15；

3) 地下室底板（包括承台、地梁）为C30；

4) 梁、板、墙为C30；

5) 构造柱等次要构件为C20。

6) 地下室底板、外墙混凝土的抗渗等级为P8。

(4) 钢筋

1) 桩身主筋、地下室承台底板筋、地梁主筋、底板和墙钢筋，暗柱、梁的主筋采用HRB335级钢筋；

2) 地下室底板与顶板和地上各层楼板的受力筋、分布筋、负筋为HRB400级钢筋；

3) 钻孔桩、暗柱及梁的箍筋采用HPB235级钢筋。

(5) 填充墙

1) 地下室主要采用MU10机制砖砌筑，墙厚同混凝土墙；部分井道隔墙采用100mm厚B06级加气混凝土砌块砌筑。

2) 主体外墙采用MU10机制砖砌筑，墙厚同混凝土墙；内隔墙除注明采用机制砖外，均采用B06级加气混凝土砌块砌筑，墙厚同混凝土墙，未注明的墙厚为100mm。

3) 砌筑砂浆：±0.00以下采用M5水泥砂浆，±0.00以上采用M5混合砂浆。

4) 加气混凝土砌块墙下做200mm高C20混凝土。

2.5 安装概况

本高层住宅楼安装工程包括给排水、电气动力照明、消防控制、采暖通风等专业安装。

(1) 给排水系统：由给水系统、热水供应系统、排水系统及消防喷淋系统组成。

(2) 电气动力照明系统：由变配电系统、动力系统、照明系统、防雷接地与安全保护等组成。

(3) 消防控制系统：由自动喷水系统、火灾报警系统及防排烟控制系统组成。

(4) 采暖通风系统：由高区采暖系统、低区采暖系统、地下室及人防通风排烟等系统组成。

2.6 施工条件

(1) 场地条件

本工程东面与一住宅区和鞋城相邻，西面与一座酒楼相邻，北面为迎宾大道，南面是民主北路，建筑物坐北朝南布置。在场地的南侧临街有一排门面房，在场地的西侧有一栋

2层高的办公楼。原有的围墙和建筑物已将场地四周封闭。由于迎宾大道的地势较高，因此，在南面民主北路设置进出工地的出入口。

施工用临时水源、电源（变压器）位于场地南侧偏西。目前，正进行钻孔灌注桩施工，在建筑物的南侧、顺场地的东西向铺设有一条施工道路。建筑物南、北面场地较为宽阔，可作为临时设施场地和工器具及材料、设备堆放的主要场地。

由于本工程的基础土方业主委托他方施工，因此，在基坑土方开挖期间，可以入场搭设临时设施，做开工前的准备工作。在土方开挖结束后，立即组织人员进场施工。

(2) 自然条件

1) 雨季及降雨量

徐州属暖温带—半湿润气候，雨季在每年的6～9月，年降水量600～900mm，通常集中在7～9月，最大降雨量145.4mm。

2) 温度

夏季空气调节状态下室外最高计算气温：干球34.8℃（日平均气温：34.8℃）；湿球27.4℃（最热月平均温度：27.0℃）；极端最高气温40.6℃；平均极端最高气温：37.8℃；

冬季日照率53%，最大冻土深度：24cm，日平均气温小于或等于5℃的时间：97天，起止日期：每年的11月26日至次年的3月2日，此间的日平均温度1.7℃，极端最低气温－22.6℃，平均极端最低气温－11.7℃。

3) 风速及风向

室外风速，冬季最多风向（C-20%、ENE-13%）平均：3.6m/s，冬季平均：2.8m/s，夏季（C-15%、ENE-12%）平均：2.9m/s；全年主导风向：C-13%、ENE-13%。

3 施工部署

3.1 工程特点分析

1) 本工程体量大，社会影响大；

2) 本工程临街施工，且东面有居民楼，环保措施要求高；

3) 二层地下室，埋深大，结构复杂，施工难度大，时间长，施工期间必须有可靠的降水排水和边坡支护方案；

4) 本工程属超高层建筑，选择的施工外脚手架必须与之相适应；

5) 本工程为剪力墙结构，必须选择好模板的支设方案，以保证清水混凝土构件的外观质量；

6) 建筑物平面曲折，周围场地条件复杂，塔吊布置位置非常关键；

7) 结构工程施工量大，是影响工期的关键，在施工组织方面应重点考虑；

8) 两个单位工程由两家单位同时施工，给施工组织带来了较大难度；

9) 工程跨越冬、雨期施工，应采取有效的冬、雨期施工技术措施。

3.2　工程施工组织的指导思想

1）按照目标决定组织的原则，精心选配参与施工的各组织成员。

2）建立精干、高效、政令和信息畅通的组织机构。

3）围绕工程特点，采用先进而成熟的施工工艺、技术和设备，运用现代化的管理手段和方法，以质量管理为中心，安全施工为保障，GB/T 19001、ISO 9001—2000质量标准为准则，科学施工，合理部署，狠抓过程精品、企业形象，确保项目各控制目标的实现。

4）工程施工前期主要以土建为主，安装工程处于配合地位；中后期进入精装修作业和安装工程施工。各专业施工队伍应密切配合，协调施工，以保证工期。

5）根据上述原则和业主的招标文件、国家现行规范、标准以及徐州市的有关规定编制本施工组织设计。

3.3　重点、难点工程的确定

将本工程的有关分部分项工程划分为重点工程和难点工程，在施工工艺、设备选择和人员配备方面给予重点考虑。

(1) 重点分项工程

1）建筑物的轴线网控制、楼层标高控制；

2）地下室结构工程；

3）基础后浇带施工；

4）基础施工；

5）剪力墙大模板工程；

6）清水混凝土施工；

7）变形缝结构施工；

8）屋顶混凝土装饰构架施工；

9）整体电动提升外脚手架工程；

10）施工协调配合。

(2) 难点分项工程

1）基坑施工；

2）地下室、屋面及卫生间等防水工程；

3）铝合金窗、塑钢窗抗压防渗；

4）加气块墙面抹灰防裂；

5）外墙喷涂工程；

6）细部质量控制；

7）成品保护工作。

3.4　施工方案

(1) 组织流水施工的原则

1）每个施工段中各主要工序按照等节拍、等流水步距的原则组织流水施工；

2）在保持各施工段的相对独立性的前提下，统一调动整个现场的操作工人，充分利用人力资源，避免窝工现象；

3）在保持各施工段配备机械设备的相对独立性的条件下，统一调动（使用）现场各主要机械、设备及三大工具，充分利用物质资源；

4）钢筋、铁件、水电预留管线等各种构、配件的加工制作与现场施工同步，并确保现场施工进度的需求。

（2）施工段的划分

1）地下室结构

地下室的底板及外墙不留设施工缝，即该部分仅以后浇带为界分成三个水平施工段，见图3-1，施工流向Ⅰ段——→Ⅱ段——→Ⅲ段。由于Ⅰ段、Ⅲ段的体量较大，因此，以Ⅰ段、Ⅲ段为主、Ⅱ段为辅组织施工。

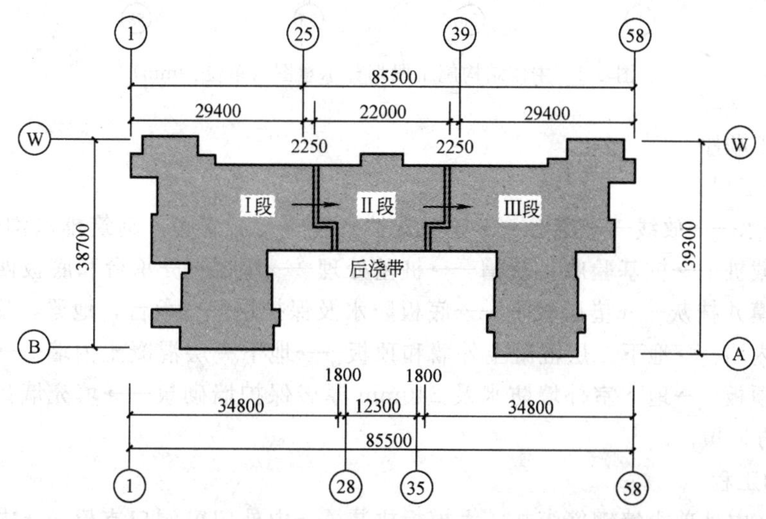

图3-1　地下室结构施工段划分示意图（单位：mm）

每段按先内墙后外墙和顶板的顺序施工。

2）主体结构

地上各层以㉔轴与㉕轴之间、㊳轴与㊴轴之间的变形缝处分开，划分成三个施工段，见图3-2，施工流向Ⅰ段——→Ⅱ段——→Ⅲ段。为了使各施工段的面积大致相等，Ⅰ段、Ⅲ段可各划分成2个小的施工段。

每一施工段均按先墙后梁板、从下向上的顺序组织施工。

3）装饰工程

以每一楼层为一个施工段，以每座为一个小的施工段。竖向总体划分为一个施工段：地下2层为一段，地上每5层为一个段，三十五层以上为一个段。

内装修在每段的结构验收后插入，按从下向上的顺序组织施工。外装修在整个工程主体结构验收后插入，按从上向下的顺序组织施工。

4）安装工程

安装工程的预埋预留附属于土建的结构施工和装饰施工，其所有工种均按照相应的分段划分和流向要求组织实施。

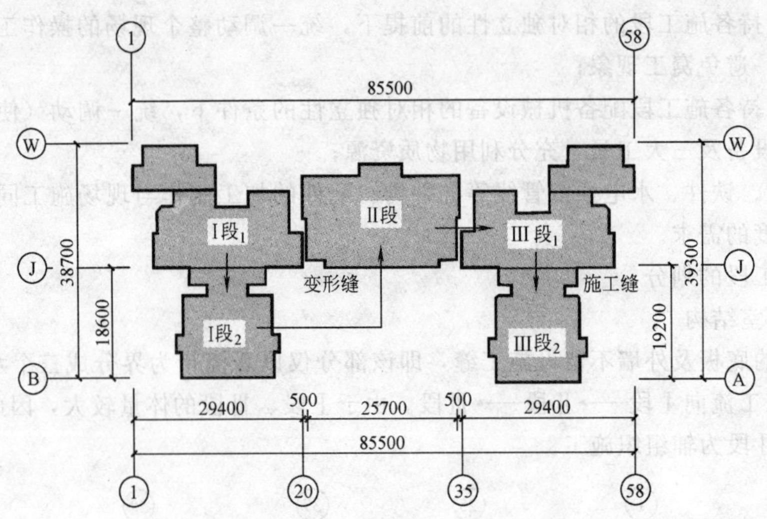

图 3-2 主体结构施工段划分示意图（单位：mm）

(3) 施工顺序

1) 基础工程

(基础降水⟶放线⟶挖土⟶基坑支护)⟶人工清底，砌筑排水沟⟶挖承台、地梁基槽，截桩⟶桩基验收，验槽⟶桩基处理⟶垫层⟶承台和底板四周及地梁两侧砌筑砖侧模并抹灰⟶垫层找平⟶底板防水及保护层⟶承台，地梁，底板⟶地下二层混凝土内墙⟶地下二层混凝土外墙和顶板⟶地下一层混凝土内墙⟶地下一层混凝土外墙和顶板⟶地下室外墙防水及240mm厚砖保护墙砌筑⟶填充墙砌筑⟶基础验收⟶土方回填。

2) 结构工程

放线⟶内外剪力墙钢筋绑扎、大模板拼装⟶内外门窗洞口支模⟶内外剪力墙支模⟶内外剪力墙混凝土浇筑⟶搭设支撑架⟶支单梁底模⟶梁钢筋绑扎⟶支梁侧模、楼板模⟶板钢筋绑扎⟶梁、板混凝土浇筑⟶养护⟶进入下一层施工（中间穿插填充墙砌筑工作）⟶主体封顶⟶主体结构验收。

填充墙砌筑在结构施工完15层后插入。

3) 内装修

测设各层标高线⟶安装门窗框⟶填充墙抹灰⟶楼、地面基层⟶楼、地面面层⟶踢脚线，台度⟶门窗扇安装⟶室内乳胶漆，油漆。

由于采用清水混凝土施工工艺，混凝土构件表面不做抹灰层。户内房间仅做粗装修。

4) 外装修

屋面防水层以下构造层⟶屋面防水层及以上构造层⟶外墙基层质量缺陷处理⟶外墙EPS保温板安装⟶外墙喷涂⟶防滑坡道、台阶、散水。

(4) 主要施工方法的确定

土建工程作为量大面广的关键工序，必须充分利用机械化作业，提高劳动生产率，减少人员投入；安装工程应紧密配合土建，同步跟进。按此原则：

1) 人工土方工程

机械开挖土方结束后，采用人工清底，凿截钻孔灌注桩桩头，人工修整承台及地梁基槽。

2）模板工程

剪力墙采用全钢板式大模板，电梯井采用铰接筒模，梁底模采用20mm厚木夹板制作成定型模具，其余采用12mm及以上的双面覆膜木夹板，梁板采用早拆快拆支撑体系。按清水混凝土施工工艺支设模板。

3）钢筋工程

采用加工棚统一制作，现场绑扎；12mm及以下钢筋采用绑扎搭接，14～25mm范围内的水平构件（梁、底板等）钢筋采用对焊和单面搭接焊焊接，16～25mm范围内的竖向构件（框架柱、墙）钢筋采用电渣压力焊焊接。保护层垫块采用PVC环卡式垫块。

4）混凝土工程

采用商品混凝土，混凝土输送泵泵送。环保振动器振捣，喷洒或涂刷养护剂养护。构造柱等零、构件混凝土采用现场搅拌。

5）脚手架工程

主体结构采用外墙整体电动提升导轨式脚手架，外装修随爬架的下降逐层施工，一次成活。砌筑和内装饰采用门式钢管脚手架。

6）垂直运输及楼层水平运输

结构施工采用一台QTZ80型及一台QTZ63型自升式塔吊作垂直运输，砌筑和装饰施工采用施工电梯作垂直运输，具体位置见“施工总平面布置图”，手推车作楼层水平运输。

由于基坑开挖深度、现场场地条件以及建筑物的形体结构和开挖支护方案等各项原因，两台塔吊基础下均应单独进行，支护方案的设计如下：

基础下采用格栅式水泥搅拌土墙加固及支护，QTZ63塔吊下设48根桩，QTZ80塔吊下设65根桩，桩径700mm，搭接200mm，水泥掺入量15%，桩头1000mm范围内20%（图3-3、图3-4）。

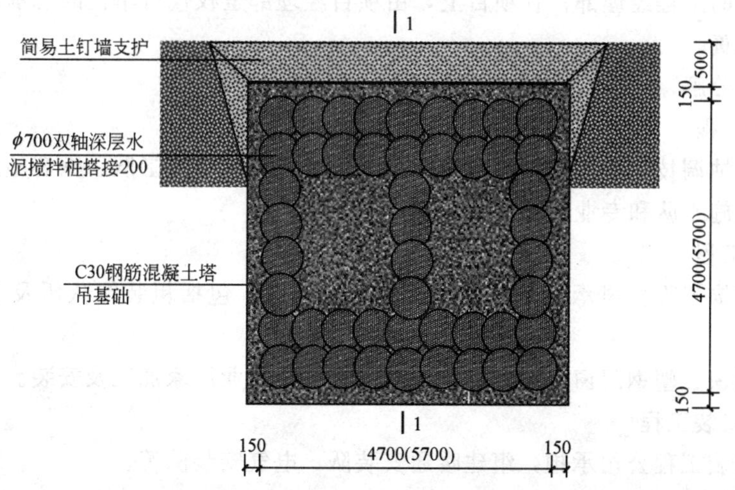

图3-3　QTZ63（QTZ80）塔吊基础加固图（单位：mm）

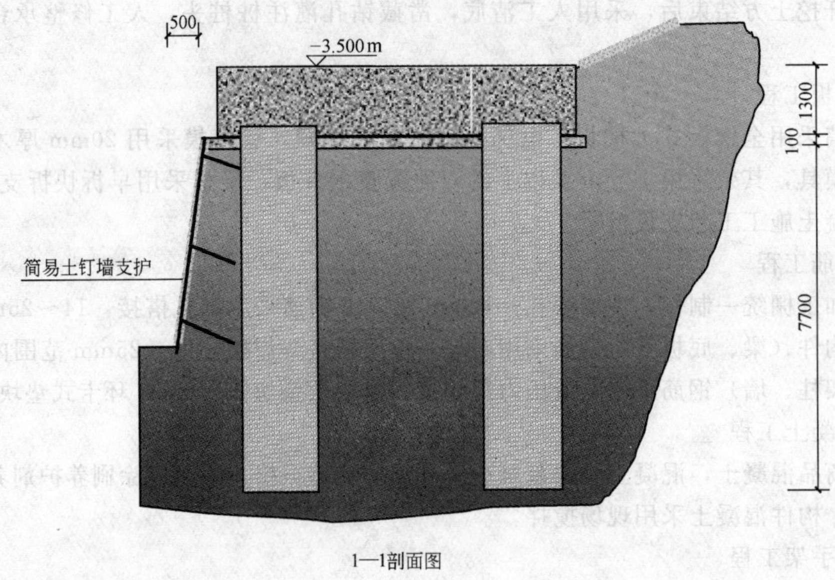

1—1剖面图

图 3-4

7）建筑物的测量定位

采用激光经纬仪与激光铅垂仪、50m钢尺综合测控技术控制平面轴线，运用激光水准仪、50m钢卷尺控制楼层标高。沉降观测采用高精度水准仪S1和铟钢尺。

8）安装工程

采用常规的施工方法。

3.5　任务划分

（1）总承包

为了确保工程质量，圆满地实现业主的投资目标和经业主确认的工期目标、质量目标，组建精干的工程经理部；在项目上，由项目经理部全权代行单位的总承包管理权限和履行总承包职责。

（2）任务分解

1）结构工程

在单位内抽调技术素质过硬的自有职工队伍组成各模板施工队、钢筋施工队、混凝土施工队、砌筑施工队和专业工种配合队。

2）装饰工程

由直属装饰工程公司承担，并分别组建各专业队，包括粗装饰队伍及各种精装饰队伍等。

铝合金门窗、塑钢门窗、防火门、人防门等委托专业厂家加工及安装。

3）建筑安装工程

由直属安装工程公司承担，组建暖通安装队、电气安装队等。

4）业主外委工程

钻孔灌注桩工程、土方工程、电梯工程由业主委托专业公司进行施工。

3.6 组织机构设置

3.6.1 合同结构分析

本工程的设计单位为徐州市第二建筑设计院，监理单位为徐州市建设监理公司。我单位作为本项目的总承包单位，与业主签订施工总承包合同；同时，对内将与直接参与本工程施工的各直属单位（土建、安装、装饰等）签订内部责任合同，以及与业主指定分包单位签订指定分包合同。

项目经理部在施工现场全权代行总部职能，包括对外的合同履约、对内的组织管理等，如图 3-5 所示。

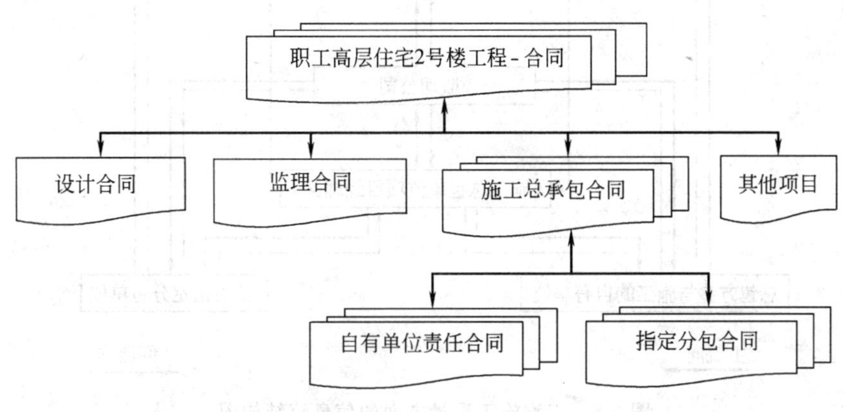

图 3-5 工程合同结构关系

3.6.2 项目管理结构

(1) 质量管理方面的项目管理结构

在涉及施工质量管理方面的问题时，按照图 3-6 所示的管理结构开展工作，凡业主方有关质量的指令（包括工程变更等）应通过监理公司转发；同样，施工单位的有关设想、建议等也应通过监理单位报告业主和设计单位，经批准之后方可实施。

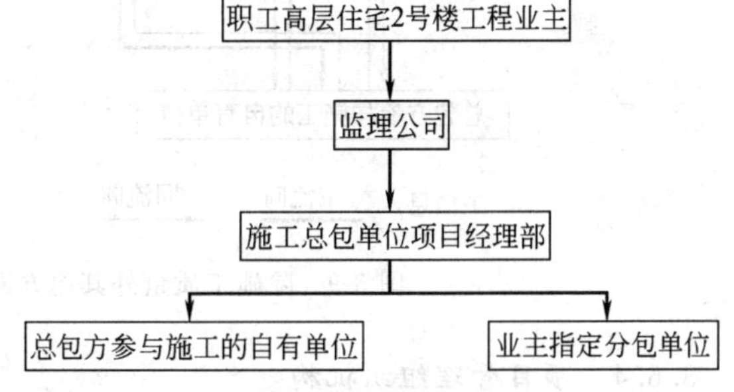

图 3-6 施工质量角度的项目管理结构图

(2) 其他方面的项目管理结构

除施工质量以外，其他方面的管理工作，比如工程造价管理、合同管理、工程进度款管理、与业主指定分包单位之间的协调等，我方作为总包（施工）单位将直接与业主往来；监理单位作为业主的顾问，相互关系由他们之间自行协调，此时的项目管理结构如图 3-7 所示。

3.6.3 项目信息流结构

对应于图 3-6、图 3-7，分别有两种信息流结构，为保证有关工程中的各种信息传递畅通无阻，应严格遵守图 3-8、图 3-9 的规定。

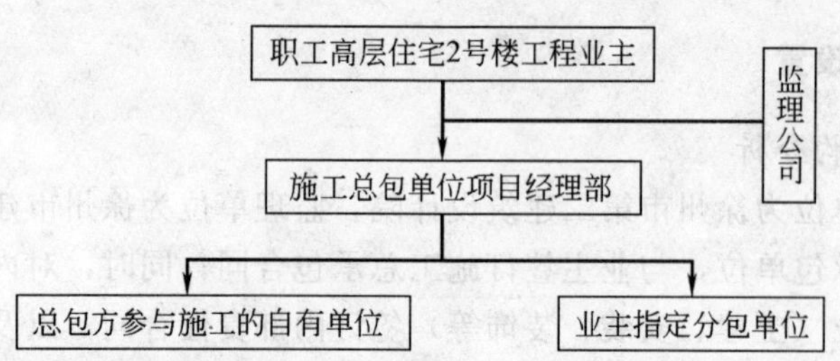

图 3-7 除施工质量外其他方面的项目管理结构图

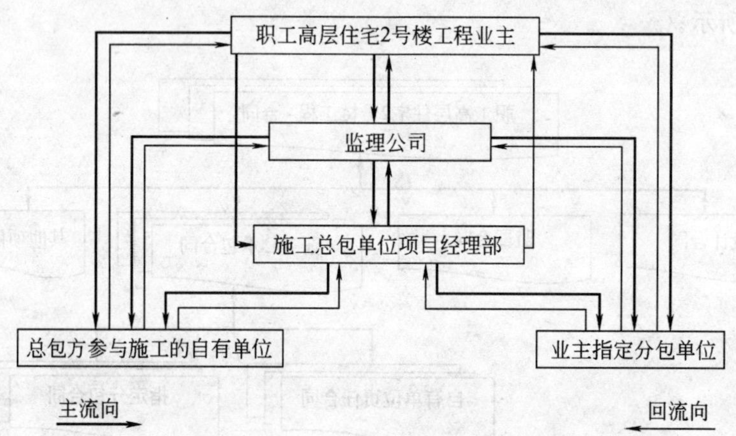

图 3-8 工程施工质量方面的信息流结构图

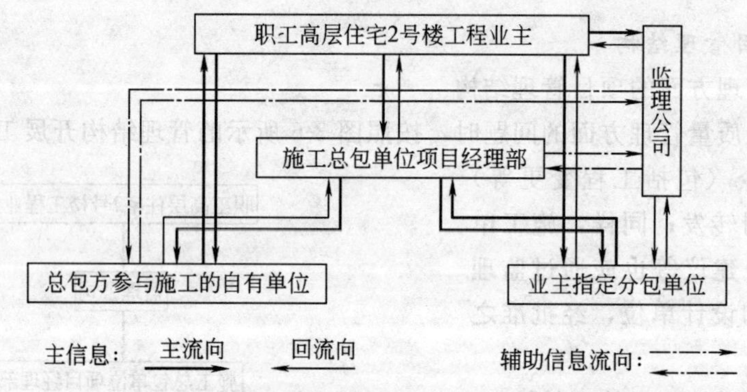

图 3-9 除施工质量外其他方面的项目管理结构图

3.6.4 项目管理组织机构

按照贯标 GB/T 19001—ISO 9001 要求，并结合工程情况，现场项目经理部设立五部一室（即工程技术部、质量安全部、财务劳资部、材料设备部、成本核算部和综合办公室等）六个管理部门作为项目纵向控制的职能部门。对内全面组织、协调、管理土建、安装等具体的施工队伍（人员），对外做好与业主、监理等单位的协调工作。

为加强现场管理，确保各项控制目标的实现，任命国家一级项目经理李永增同志任该项目部项目经理，设生产副经理和总工程师各一名。项目班子其他成员按一专多能、因职设人的原则进行配备。

现场项目的组织机构分为三个管理层：

第一层：即项目经理部，负责施工项目决策和调控工作；

第二层：即专业职能管理部门，负责施工内部专业管理业务；

第三层：即项目的具体施工操作队伍，负责过程实施工作。

项目施工管理组织机构图如图 3-10 所示。

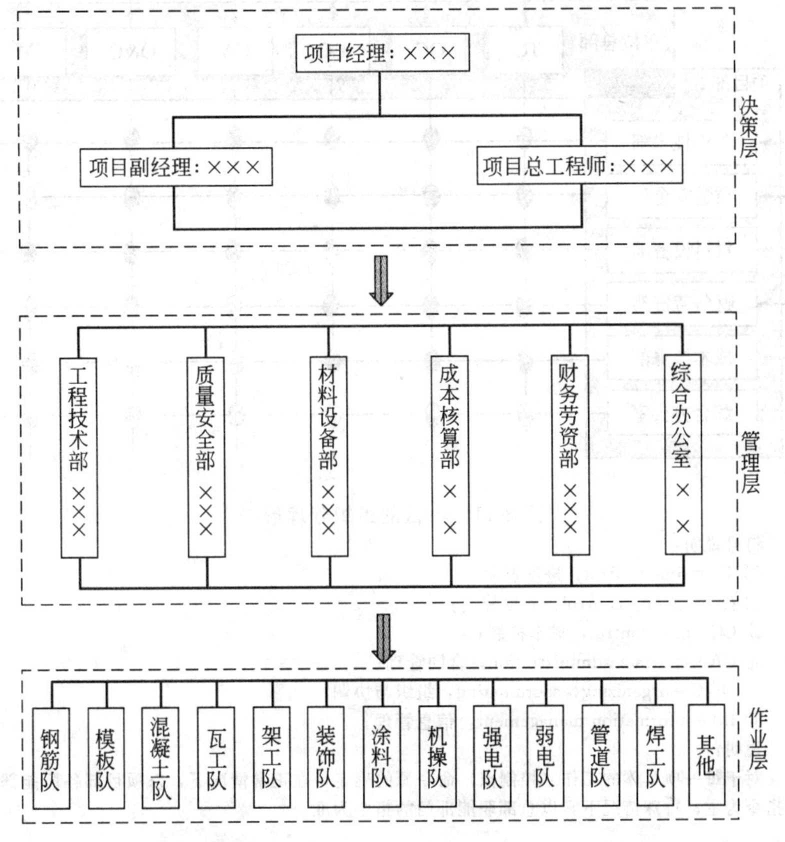

图 3-10 项目管理组织结构图

项目经理部遵循集中统一管理的原则，对工程质量、工期、成本及安全生产、文明施工全过程进行控制，负责科学组织和管理进入项目工地的人、材、物等，做好人力、物力和机械设备的调整与供应，及时解决施工中出现的问题。项目建立切实可行的工作制度以规范本项目的施工管理，从而保证项目正常有序运转，保证各项工作的质量和效率。全面履行合同和对业主的各项承诺，确保业主满意。

3.6.5 项目管理组织形式

鉴于本工程的规模和体量，以及上述组织机构的设置情况，和单位总部对现场（项目）的控制情况，为保证项目每一具体过程的控制能够准确、及时、得当，确定本项目的组织管理形式为：矩阵式管理。其具体方式如图 3-11 所示。

3.7 主要施工机具配置

1）测量仪器

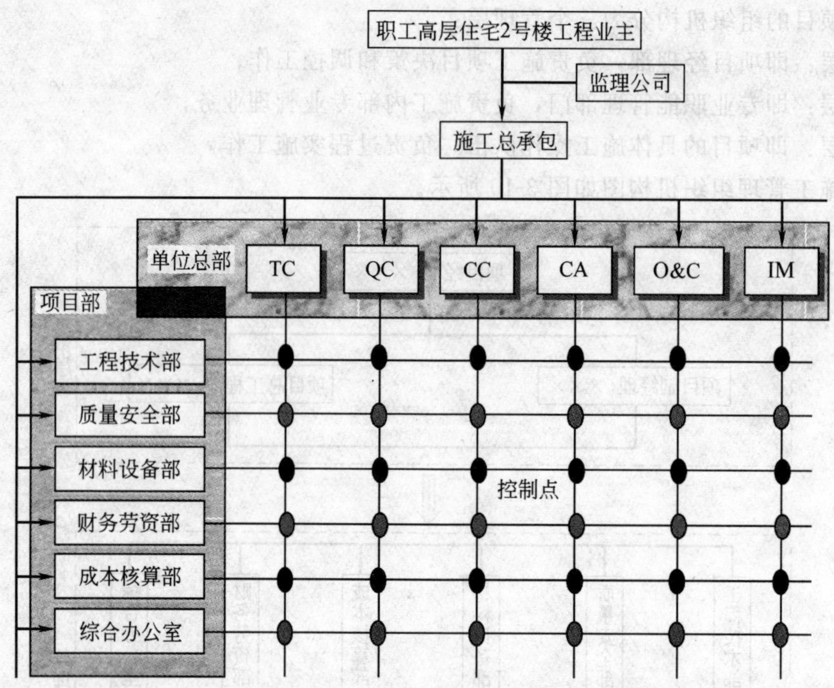

图 3-11 项目的组织管理形式

符号说明：

① TC＝time control，进度控制；

② QC＝quality control，质量控制；

③ CC＝cost control，成本控制；

④ CA＝contract administration，合同管理；

⑤ O&C＝organizing&coordinating，组织与协调；

⑥ IM＝information management，信息管理。

说明：

对于每一项具体的工作（控制点）命令源的确定，在正常情况下，以项目部各职能部门的指令为主；特殊情况下，以总部职能部门的指令为准。

选用 J2-J_D 激光经纬仪、YJS3 激光水准仪、激光铅垂仪各 1 台，S3 自动安平水准仪 2 台。

2）钢筋加工机械

常规钢筋切断机、弯曲机、冷拉调直机各 2 台；

对焊机 2 台，交流电焊机 4 台，电渣压力焊机 2 台。

3）木工机械

常规电锯、电刨各 2 台。

4）混凝土、砂浆施工机械

350L 反转式搅拌机一台，HBT60C 混凝土输送泵 2 台；

插入式振动器 10 台，平板振动器 3 台；

砂浆搅拌机 3 台。

5）垂直运输机械

QTZ63 附着自升式塔吊一台、QTZ80 附着自升式塔吊一台（结构施工阶段）。

SC200/200 型施工电梯 3 台（砌筑、装饰阶段）。

6）水平运输机械

手推车 18 辆（楼层水平运输）。

7）其他（包括安装机械）

见表 3-1、表 3-2。

土建工程主要施工机具一览表　　表 3-1

序号	项　目	名　称	型　号	功率(kW)	单　位	数　量
1	垂直运输	塔吊	QTZ-63	44	台	1
2		塔吊	QTZ-80		台	1
3		施工电梯	SCD200/200	30	台	3
4	水平运输	手推车			辆	18
5	混凝土施工	混凝土输送泵	HBT-60C	110	台	2
6		混凝土搅拌机	JD350	15	台	1
7		自动配料机	HP560	10	台	1
8		装载机	ZLM30		辆	1
9		砂浆搅拌机	UJZ200	3.3	台	3
10		插入式振动器	HZX-60	1.7	台	12
11		平板振动器	N-7	3.3	台	2
12	钢筋加工	切断机	GJ-40	4.4	台	2
13		弯曲机	WJ-40	3.5	台	2
14		冷拉调直机	GTG3-10	5	台	2
15		砂轮机		5	台	2
16		钢筋对焊机	UN-75	75	台	2
17		电渣压力焊机	BX2-500	50	台	2
18		交流电焊机	BX2-300	25	台	4
19	木工制作	圆盘锯	MJ235	3	台	2
20		压刨机	MB104	4	台	2
21	土方施工	蛙式打夯机		2.5	台	2
22	测量仪器	激光经纬仪	$J2\text{-}J_D$		台	1
23		激光铅垂仪			台	1
24		激光水准仪	YJS3		台	1
25		自动安平水准仪	S3		台	2
26		钢卷尺	50m		把	2
27	办公设备	电脑	P4		台	1
28		打印机			台	1
29		复印机			台	1
30	其他	对讲机			对	6
31		管道加压水泵	扬程 120m	15	台	1
32		潜水泵	QY-25	2.2	台	8

安装工程主要施工设备计划表　　**表 3-2**

序号	设备名称	规格	单位	数量	备注
1	剪板机	Q11-4X2000	台	2	
2	折边机	WS-12	台	2	
3	咬口机		台	8	
4	联合冲剪机		台	1	
5	五线压筋机	TJP1.2/2300	台	2	
6	角向磨光机	日立	台	5	
7	电动曲线锯	日立	台	4	
8	台虎钳		台	5	
9	电动试压泵	SY-25	台	2	
10	直流电焊机		台	4	
11	交流电焊机	32kV·A	台	8	
12	气焊工具		套	4	
13	电锤		台	6	
14	电动液压摵弯机		台	2	
15	电线管摵弯机		台	4	
16	套丝机		台	2	
17	液压开孔器		台	1	
18	手持电钻		台	10	
19	捯链	2t,5t,10t	台	8	
20	千斤顶	5t,10t	台	6	
21	砂轮切割机		台	5	
22	空压机	$2m^3$	台	2	
23	车床	C620	台	1	
24	台钻		台	3	
25	射钉枪		把	2	
26	人字梯		付	4	
27	万用表		个	3	
28	摇表	500V,1000V,2500V	个	3	
29	风速仪	LZ-30	台	2	
30	噪声仪		台	2	
31	接地电阻测试仪		台	1	
32	台式风管等离子切割机	ACL-2900	台	1	

3.8 主要工程材料配置

工程材料主要包括三大主材（钢筋、水泥、木材）、地材（商品混凝土、砂、碎石、标准砖、砌块）和模板、钢管等周转架料，根据施工进度分阶段编制材料计划，组织材料进场，主要工程材料计划如表 3-3 所列。

主要工程材料需用计划 **表 3-3**

<table>
<tr><th>序 号</th><th colspan="2">材 料 名 称</th><th>规 格</th><th>数 量</th></tr>
<tr><td>1</td><td rowspan="5">三大主材</td><td rowspan="2">钢筋</td><td>ϕ12 以内</td><td>1942t</td></tr>
<tr><td>2</td><td>ϕ25 以内</td><td>1473t</td></tr>
<tr><td>3</td><td>水泥</td><td>32.5 级</td><td>3890t</td></tr>
<tr><td>4</td><td rowspan="2">木材</td><td>普通成材</td><td>175m^3</td></tr>
<tr><td>5</td><td>周转木材</td><td>130m^3</td></tr>
<tr><td>6</td><td rowspan="3">周转材料</td><td rowspan="2">木模</td><td>20mm 厚木夹板</td><td>50m^2</td></tr>
<tr><td>7</td><td>12mm 厚木夹板</td><td>2500m^2</td></tr>
<tr><td>8</td><td>架料</td><td>ϕ48 钢管</td><td>200t</td></tr>
<tr><td>9</td><td rowspan="8">地材</td><td>标准砖</td><td>240mm×115mm×53mm</td><td>77 百块</td></tr>
<tr><td>10</td><td>加气块</td><td>600mm×300mm×300mm</td><td>458 百块</td></tr>
<tr><td>11</td><td>加气块</td><td>600mm×200mm×250mm</td><td>758 百块</td></tr>
<tr><td>12</td><td>加气块</td><td>600mm×100mm×250mm</td><td>463 百块</td></tr>
<tr><td>13</td><td rowspan="3">碎石</td><td>5～40mm</td><td>530t</td></tr>
<tr><td>14</td><td>5～20mm</td><td>3760t</td></tr>
<tr><td>15</td><td>5～16mm</td><td>260t</td></tr>
<tr><td>16</td><td>砂</td><td>中砂</td><td>13700t</td></tr>
<tr><td>17</td><td colspan="2" rowspan="2">商品混凝土</td><td>C30</td><td>26897m^3</td></tr>
<tr><td>18</td><td>C35</td><td>40m^3</td></tr>
</table>

3.9 主要劳动力配置

（1）施工队伍的组织

本工程的操作人员，以混合作业队形式进行组织，并力争做到“一专多能”，以利于灵活安排用工，减少窝工现象，提高生产率。

装饰、防水、水电安装工程等技术要求高、专业性强的项目，则组织专业队按需要进场。

（2）劳动力需用计划

根据工期与施工进度计划合理配置所需的主要劳动力，平均用工310人/日，高峰期用工390人/日。劳动力需用计划详见表3-4。

劳动力需用计划表 **表3-4**

序号	工种名称	每季度人数							备注
		2003年			2004年				
		第二季度	第三季度	第四季度	第一季度	第二季度	第三季度	第四季度	
1	模板工	120	120	120	120	90	0	0	
2	钢筋工	80	75	70	70	55	0	0	
3	混凝土工	30	30	30	30	30	15	10	
4	瓦工	40	5	55	60	50	35	15	
5	抹灰工	25	10	10	10	50	120	90	
6	起重工	4	4	6	6	6	4	4	
7	信号工	4	4	4	4	0	0	0	
8	机操工	4	6	6	6	6	4	4	
9	机修工	2	3	3	3	3	2	2	
10	电焊工	3	4	4	4	3	2	2	
11	架子工	0	8	8	8	8	4	4	
12	放线工	2	2	2	2	2	2	1	
13	木工	5	5	5	4	4	8	2	
14	防水工	8	0	0	6	4	10	4	
15	涂料工	0	0	0	0	15	30	30	
16	强电工	4	6	6	6	30	30	30	
17	水暖工	4	6	6	6	25	30	30	
18	普工	50	20	20	20	30	40	40	
	合计	385	308	360	365	411	336	268	

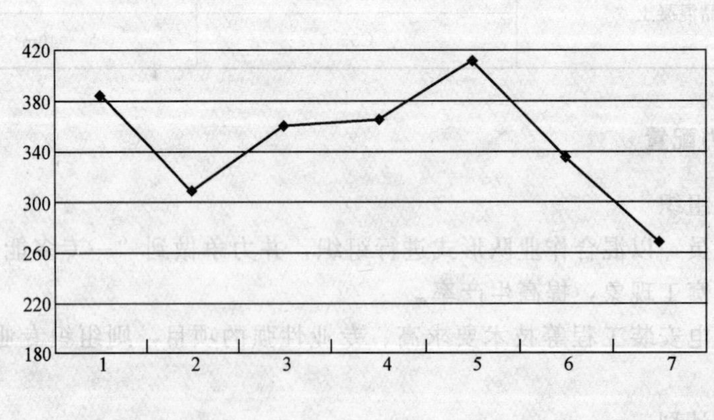

4　施工准备

4.1　现场准备

包括：平整场地，铺设场区临时道路，开挖雨水排水沟，砌筑污水沉淀池，安装给排水管道，安装临时用电线路，硬化砂石等材料堆场，浇筑塔吊基础，搭设办公、生活、生产等临时设施，宣写各种图表文字等。

4.2　技术准备

建立平面控制网和高程控制网，复核基坑和桩基轴线、标高；熟悉理解施工图纸和有关的技术资料，做好图纸会审和技术交底工作；做好大模板的设计工作及加工制作工作；编制项目质量计划、编制各主要分部分项工程的施工方案：地下室施工方案，主体结构施工方案，装修施工方案，防水工程施工方案，安装工程施工方案等。

根据工期要求和施工部署，做好材料计划、机具计划、劳动力需用计划等。

4.3　人员准备

根据组织机构设立、进度计划和劳动力需用计划，陆续组织管理人员和操作人员进场。

4.4　机械设备及周转工具的准备

根据施工机具的配置，组织塔吊、混凝土机械、钢筋机械、木工机械等进场，并安装就绪。根据材料计划，组织模板、架料等周转材料和钢筋、水泥、砂石等原材料进场，并取样试验（包括混凝土和砂浆的配合比试验）。

4.5　施工水电准备

4.5.1　施工用水

（1）施工用水量

按日用水量最大时浇筑混凝土 65m³、砌筑墙体 30m³ （Q_1） 考虑。

未预计施工用水系数 $K_1=1.05$，用水不均衡系数 $K_2=1.5$；

用水定额 N_1：浇筑混凝土取 2400L/m³，砌筑墙体取 250L/m³。

$$q_1=K_1\sum Q_1N_1\times K_2/(8\times3600)$$
$$=1.05\times(65\times2400+30\times250)\times1.5/(8\times3600)$$
$$=8.94\text{L/s}$$

（2）施工现场生活用水量

施工高峰人数 P_1 取 390 人；生活用水定额 N_3 取 40L/(人·日)；用水不均衡系数 $K_4=1.4$；每天工作班 t 取 1。

$$q_3=P_1N_3K_4/(t\times8\times3600)$$
$$=390\times40\times1.4/(2\times8\times3600)=0.38\text{L/s}$$

(3) 消防用水

由于现场面积远小于 $25hm^2$ 的规定，消防用水 q_5 取 10L/s。

(4) 总用水量计算

$q_1+q_3=8.94+0.38=9.32<q_5=10$，取总用水量 $Q=q_5=10L/s$。

(5) 管径计算

施工用水流速 v 取 2.5m/s。

供水管径　$D=[4Q/(\pi\times v\times 1000)]^{1/2}=[4\times 10/(3.14\times 2.5\times 1000)]^{1/2}=71mm$

选 $D=75mm$ 水管。

4.5.2　施工用电

根据附表1计算得出：

电动机额定功率　$\sum P_1=497.0kW$

各类电焊机最大额定功率　$\sum P_2=275kV\cdot A$

同时工作系数 $K_1=0.5$，$K_2=0.6$

电动机平均功率因数　$\cos\varphi=0.75$

照明用电按动力用电的10%估算，即 $\sum P_3=(\sum P_1+\sum P_2)\times 10\%=77.2kW$

$$
\begin{aligned}
P&=1.05\times(K_1\sum P_1/\cos\varphi+K_2\sum P_2+\sum P_3)\\
&=1.05\times(0.5\times 497.0/0.75+0.6\times 275+77.2)\\
&=602.21kV\cdot A
\end{aligned}
$$

因此，施工用电需提供630kV·A电源，满足生产需要。

4.6　各种施工许可手续的办理

包括施工许可证、开工报告、质量监督、检验手续、重要或特殊材料准用证等。

5　施工平面布置

5.1　施工平面布置的原则

1) 用围墙将2号楼施工区域与1号楼施工区域及外界隔开，以便于现场管理、安全防护和环境保护，围墙按规范设置，并在围墙上进行CI宣传；

2) 现场的出入口、道路、材料堆放场地均作硬化处理；

3) 施工道路布置原则上与永久道路相结合；

4) 砂、石等松散材料周边应砌筑挡墙；

5) 垂直运输设备必须考虑水平方面全部覆盖的需求，搅拌站和材料堆场布置在起重设备附近或起重臂回转半径范围内；

6) 施工现场按CI标准和文明施工的要求布置，施工区（钢筋加工棚、水泥库等）与生活区（办公室、宿舍等）分开布置；

7) 施工平面分阶段、分步骤地布置或调整。

5.2 平面布置的内容

5.2.1 办公、生活区的布置

办公、生活区集中布置在场地的东南端，包括办公室、会议室、医务室、娱乐室和职工宿舍、食堂、厕所及浴室等。办公楼双层彩色压型钢板活动房，食堂及宿舍采用2层砖混小楼一栋、2层水泥预制板房一栋、厕所搭设单层砖平房。

（1）办公楼布置：办公楼一栋，靠场地西围墙南端布置，包括甲方及监理办公室、会议室、一间医务室和一间娱乐室。

（2）宿舍楼布置：宿舍楼2栋，一栋靠南围墙东端布置，另一栋靠东围墙南端布置。

（3）食堂布置：现场集中设置一个食堂，布置在场地南围墙西端。

（4）厕所、浴室布置：现场设置水冲式厕所（包括浴室）一座，布置在场地的东南角。

5.2.2 生产设施的布置

包括门卫、养护室、库房、钢筋加工棚、木工加工棚和水泥库等。门卫、养护室搭设单层砖平房，加工棚与水泥库等采用砖混结构、钢管棚架方式建造。

（1）门卫布置：门卫、养护室布置在入口（南）的右侧。

（2）库房布置：包括材料库和工具房，布置在场地的西南端，与办公楼相对布置。

（3）水泥库布置：基础、主体施工阶段设置一座水泥库，布置在场地北侧偏东；装修阶段设置两座水泥库，另一座水泥库由钢筋加工棚改装。

（4）钢筋加工棚布置：钢筋加工棚一座，布置在北侧西端；在装修阶段，钢筋加工棚改装成水泥库。

（5）木工加工棚布置：木工加工棚一座，布置在建筑物北侧中部。

（6）搅拌棚布置：基础、主体施工阶段，现场搭设砂浆及零星混凝土搅拌棚一座，布置在建筑物的南侧中部；在装修阶段，增加一个砂浆搅拌棚。

5.2.3 机械设备的布置

包括垂直起重运输机械设备、钢筋加工机械设备、木工加工机械设备、混凝土及砂浆搅拌设备、混凝土泵送设备等。塔吊与施工电梯是机械设备布置的重点。

（1）塔吊布置

1）考虑塔吊的覆盖范围，本工程设置一台QTZ63型自升附着式塔吊、一台QTZ80型自升附着式塔吊；

2）考虑施工安全，两台塔吊的布置要不相互冲突，即每台塔吊能够全周自由回转；

3）由于E座比D座、F座低8层，考虑塔吊上部附着，将两台塔吊布置在D座、F座；

4）由于1号楼与2号楼同时施工，两栋楼之间的最大距离为34m，最小距离为18m，为了使两栋楼之间的施工互不影响，不能在D座西侧布置塔吊。

综上考虑，将一台塔吊布置在D座的南侧⑬轴与⑭轴之间，将另一台塔吊布置在F座的西侧Ⓐ轴与Ⓒ轴之间。

（2）施工电梯布置

1）由于每座楼之间设置有变形缝，被剪力墙分隔独立，自成体系，每座楼必须单独布置1台电梯；

2）施工电梯与搅拌场地相邻布置；

3）施工电梯布置在大的外窗洞口处，且与主要通道相连，以保证楼层水平运输方便。

综上考虑，将三台施工电梯均布置在建筑物的北侧，一台位于D座⑱轴与㉓轴之间，一台位于E座㉕轴与㉗轴之间，一台位于F座㊵轴与㊸轴之间。

(3) 钢筋机械布置：包括钢筋切断机、钢筋弯曲机、冷拉调直机各两台，钢筋对焊机两台等，布置在场地北侧西端钢筋加工棚内。

(4) 木工机械布置：包括圆盘锯两台、压刨两台，布置在建筑物北侧中部木工加工棚内。

(5) 搅拌设备布置：基础、主体施工阶段包括混凝土搅拌机一台、砂浆搅拌机一台，布置在北侧靠东端搅拌棚内；装修阶段增加两台砂浆搅拌机，布置在北侧靠西端搅拌棚内。

(6) 混凝土泵送设备布置：混凝土输送泵两台，布置在建筑物北侧D座中部与F座中部。

5.2.4 材料堆场的布置

包括钢筋、木模板、钢管、标准砖、砌块和砂石等材料堆场及大模板组装场地。

(1) 钢筋场地布置：钢筋场地包括钢筋原材料堆场和钢筋成品堆场，分别布置在钢筋加工棚的两侧。

(2) 木模板堆场布置：木模板及木方堆场靠近木加工棚布置。

(3) 大模板组装场地布置在建筑物的南侧中部D座与F座之间，与木加工场地相邻。

(4) 钢管等架料堆场布置：在建筑物的四周，塔吊起重臂回转半径范围之内。

(5) 砌块、标准砖堆场布置：标准砖、砌块、堆场布置在施工电梯附近。

(6) 砂、石堆场布置：砂石堆场靠近搅拌机布置。

5.3 临时水电的布置

施工用水、电等管线在业主提供的接入点处引入。

临时设施需用计划　　表5-1

序号	临舍名称	面积(m^2)	位置	占地面积(m^2)	需用时间
1	办公楼	408	场地西侧南端	204	从开工至竣工
2	会议室	46	场地西侧南端	布置在办公楼内	从开工至竣工
3	娱乐室	46	场地西侧南端	布置在办公楼内	从开工至竣工
4	医务室	23	场地西侧南端	布置在办公楼内	从开工至竣工
5	门卫	20	入口右侧	20	从开工至竣工
6	职工宿舍	725	场地东南端	363/栋	从开工至竣工
7	食堂	63	场地南侧偏东	63	从开工至竣工
8	浴室	30	场地东南角	30	从开工至竣工
9	厕所	45	场地东南角	45	从开工至竣工
10	养护室	9	主入口右侧	9	从开工至结构完工
11	库房	60	场地东南角	60	从开工至竣工
12	工具库	40	场地东北角	40	从开工至竣工
13	搅拌站(棚)	40	建筑物北侧	20/座	从开工至装修完工
14	钢筋车间	150	场地西北端	510	从开工至结构完工
15	木作车间	105	建筑物北侧中	340	从开工至结构完工
16	水泥库	105	场地东北端	105	从砌筑至竣工

注：可根据现场的实际情况进行适当的调整。

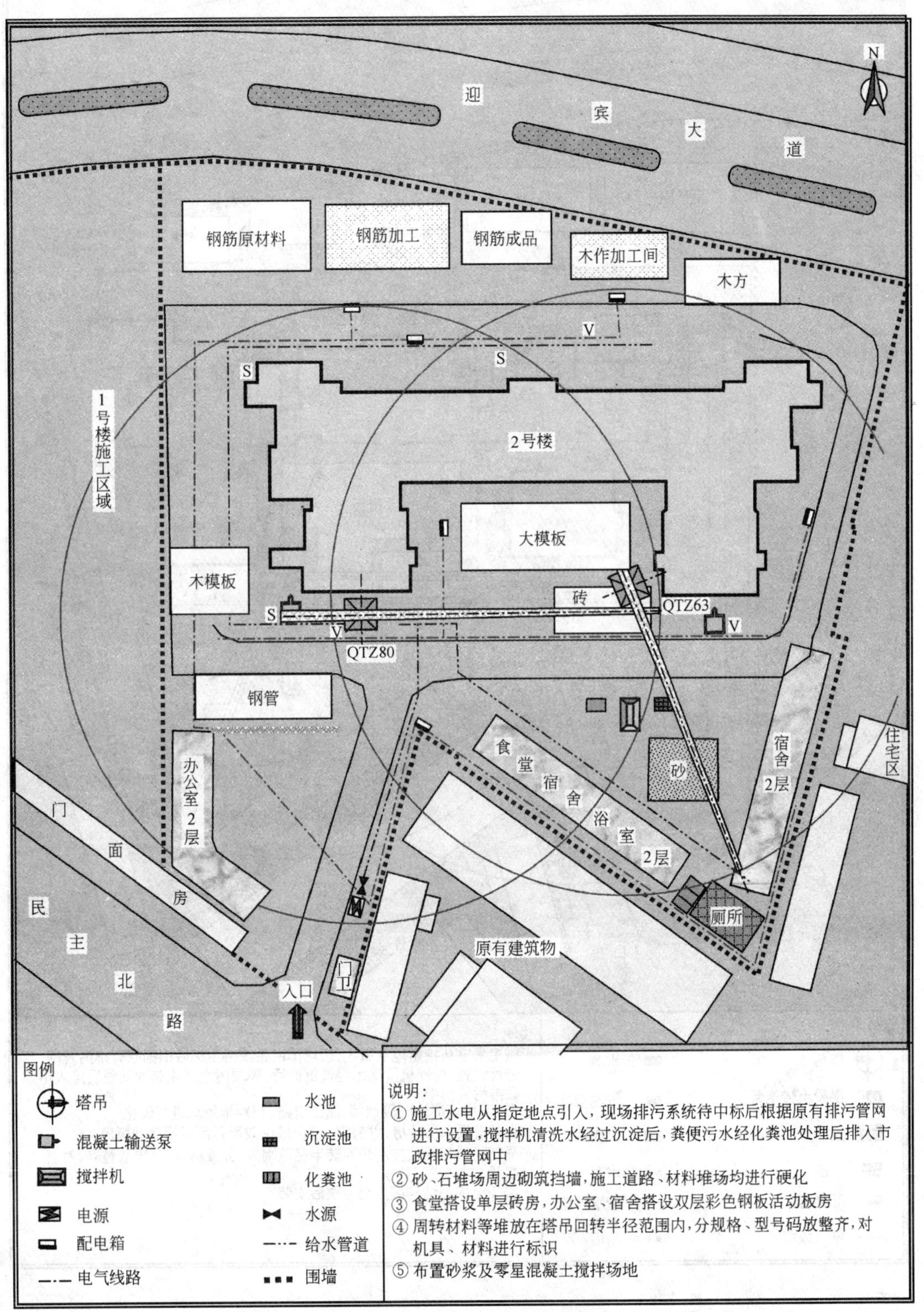

图 5-1　基础阶段施工平面布置图

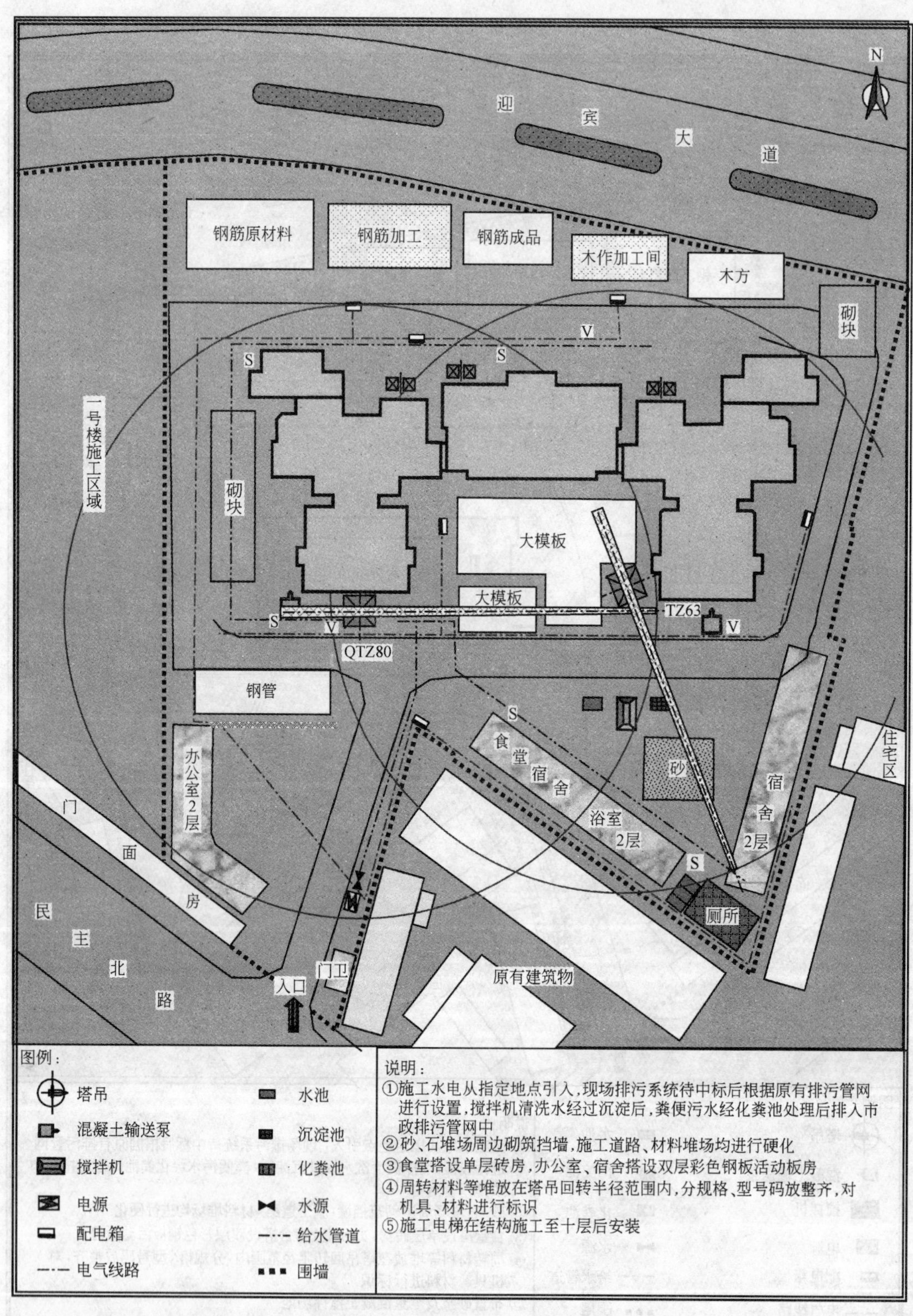

图 5-2 主体阶段施工平面布置图

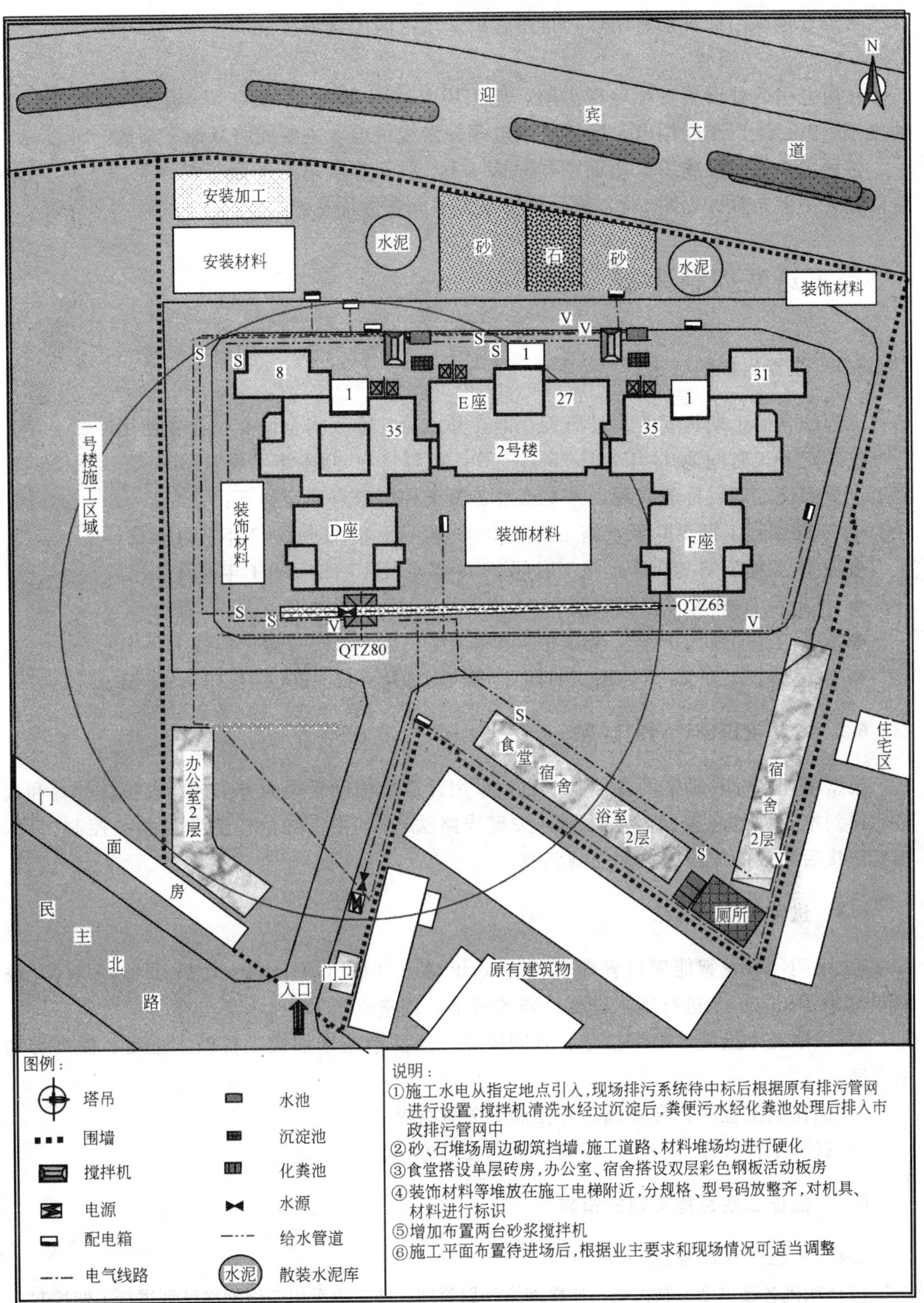

图 5-3 装饰阶段施工平面布置图

5.3.1 施工用水

给水管道采用镀锌钢管暗埋，排污管道采用混凝土管道埋设。

5.3.2 施工用电

在用电引入处设置变配电房1座，施工用电采用TN-S系统，“三相五线”配电，各种机械用电、生产车间用电、生活区用电等分专线供电，主要线路从地下暗敷。

各种主要临时设施的需用面积详见表5-1，基础阶段施工平面布置详见图5-1，主体阶段施工平面布置详见图5-2，装修阶段施工平面布置详见图5-3。

6 施工进度控制计划

6.1 工期目标的确定

工程的合同工期为636个日历天，即在开工后636天内全面交付业主使用。

按暂定开工时间2003年4月15日推算，工程将在2004年年底（2004年12月26日）完工。为保证工期目标的实现，将本工程各施工控制节点确定如下：

◆ 基础工程工期100天，施工时间2003年4月15日～2003年7月9日；

◆ 主体工程工期350天，施工时间2003年7月10日～2004年6月23日；

◆ 春节停工20天，停工时间2004年1月10日～2004年1月29日；

◆ 装修工程工期166天，施工时间2004年6月24日～2004年12月6日；

◆ 收尾验收工期20天，施工时间2004年12月7日～2004年12月26日。

6.2 总进度控制计划的制定

根据工期目标和确定的各控制节点，采用计算机辅助管理的方法进行模拟、计算和调整后得到本工程的总控制网络计划（关键线路法）。其中，红色任务条为关键控制工序，相互链接后组成的线路为关键控制路线。

6.3 进度控制的方法

1）采用“梦龙智能项目管理系统”Pert99A-9.0版（Morrowsoft Pert99A-V9.0）或Microsoft Project 98进行施工进度计划的编排、调整；

2）采取技术措施、组织措施、合同措施、经济措施来加快工程施工进度，提高劳动生产率；

3）优化施工程序，合理确定并控制好关键线路；

4）召开工程调度会与生产协调会、例会等方法。

6.4 保证工期目标实现的措施

6.4.1 组织保障措施

（1）明确各级进度控制人员，严格网络计划管理，施工中采用四级网络计划进行工期控制。

1）一级计划

以施工控制进度做指令性计划，此计划确定关键项目控制点，作为控制工期里程碑，任何单位（任何人）不能以任何理由和借口予以变动。

2）二级计划

月计划，以月为单位编制，应很详细、具体，分项、分部位、分工序编排，流水穿插，顺序明确，此计划执行半月后，检查情况，再向后补充10天计划，计划期仍为一个月，如此连续又称旬流动计划。

3）三级计划

即周计划，一般以形象进度形式表达，按两周流动。

4）四级计划

即日计划，由施工队针对现场情况，每日安排。每天下午17：00以协调会和碰头会形式检查当日工作，安排次日工作，解决施工现场机具、材料、技术、质量、人力等方面的问题，平衡人、财、物使用。

(2) 设立工程协调机构，负责与业主、监理工程师的联络、沟通，协调各专业施工队，各单项工程施工之间的工作。

(3) 建立周生产例会制度（或定期召开碰头会）以及时解决工程施工中出现的问题，并部署下周施工生产。

(4) 抓好施工预算工作，根据施工进度计划，及时提供各分项工程的工程量，并进一步分析出各分项工程所需的工种人数、材料及资金，为施工组织提供依据。

(5) 根据业主的使用要求及各工序施工周期，科学合理地组织施工，形成各分部分项工程在时间、空间上充分利用与紧凑搭接，打好交叉作业仗，从而缩短工程的施工工期。

(6) 做好施工配合及前期准备工作，拟定施工准备工作计划，专人逐项落实，保证后勤的高质、高效。

(7) 在施工生产中抓主导工序，找关键矛盾，组织交叉作业，安排合理的施工程序，做好劳动力的组织和协调工作，通过施工网络节点控制目标的实现来保护各控制点工期目标的实现，从而进一步通过各控制点工期目标的实现来确保总工期控制进度计划的实现。

6.4.2 合同保障措施

(1) 引进竞争机制，选用高素质的各专业施工队伍，严格合同管理力度，确保工程进度和质量要求。

(2) 在施工责任合同中，均明确各自的进度控制责任和权利。

(3) 在布置任务时，做到明确任务的同时明确完成时间。

6.4.3 经济保障措施

(1) 将进度快慢与经济效益挂钩，对各责任单位明确完成任务的不同时间要求所对应的不同经济收入。

(2) 对于关键线路上的工序，凡提前者给予经济奖励。

(3) 对于拖延工期者，除给予罚款处罚外还应指令其自费赶上工期目标（以第三层计划所规定的完成时间作为控制目标）要求。

6.4.4 技术保障措施

(1) 严格单项工程管理，采用均衡流水施工（详见施工流水段划分），合理安排工序，上道工序完成后，及时插入下道工序施工。

(2) 合理采用垂直、水平运输机械，以满足材料垂直运输和水平倒运需求。

(3) 利用计算机技术进行动态管理，提高进度计划的指导性、可用性。

(4) 采用成熟的科技成果，向科学技术要速度、要质量，通过新技术的推广应用来缩短各工序的施工周期，从而缩短工程的施工工期。

(5) 采用先进的施工工艺和设备与材料，加大周转材料与人力的投入，向时间要效益。

7 主要分部分项工程的施工方法

7.1 建筑物施工测量

在现场准备工作期间，应会同监理工程师及有关人员一道，共同核对建筑总平面图、定位基准点、水准基点及高程，并逐项交接。

2号楼工程由D、E、F三座组成，长85.5m，宽39.3m。为了保证工程测量的精度，结合现场实际情况，选择如下测量方案。

7.1.1 平面控制

根据总平面图和基准点坐标定出建筑物控制轴线，定出轴线ⓐ/⑦、ⓐ/㉘、ⓐ/㊿和ⓦ/⑦、ⓦ/㉘、ⓦ/㊿控制点，依据建筑物的轴线尺寸建立矩形控制网，作为平面控制的首级控制，如图7-1所示。

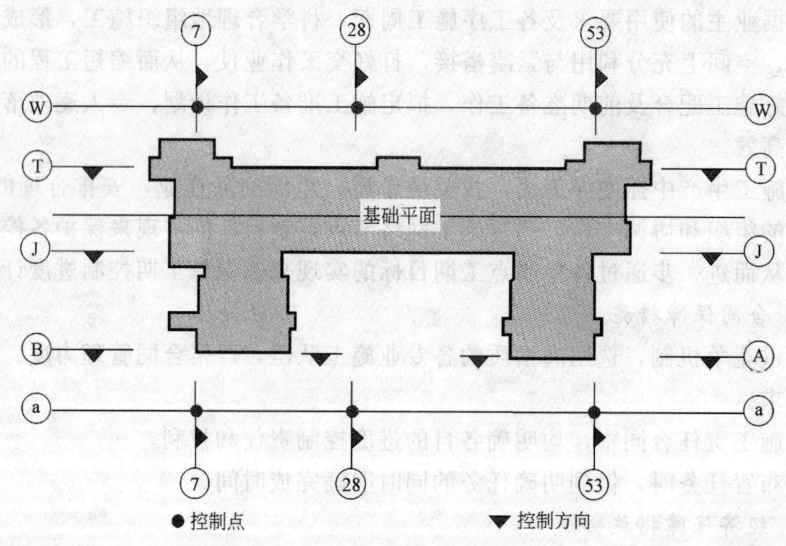

图7-1 基础结构轴线控制示意图

在施工中，能准确迅速地恢复各轴线的位置，以保证同一条中线或轴线在各层上投测的位置都能在同一铅垂面内。在矩形控制的实测中，其四角顶点用经纬仪测定为90°；每角用2个测回，其误差不得大于±9″～±15″，四角的总和为360°，其误差不得大于±20″，四边的距离量距精度为1/5000L。对平面控制的四个顶点，设立牢固的标志。为防止施工过程中由于各种原因造成对标志的影响，对四个顶点的观测要定期校核，以保证测量的精度。

7.1.2 轴线投测

在地下室结构施工结束后，根据图纸轴线关系，在±0.00楼板混凝土面上，每座精确地埋设四块 200mm×200mm×10mm 钢板控制点的测量标志。精确测量各控制点之间的距离和夹角度数。距离须用检测过的钢卷尺丈量，丈量相对误差应在±0.5mm 以内；角度应用经纬仪（J2-J_D 激光经纬仪）测量。在各控制点上分别做标记，反复测各点的尺寸、角度，无误后整理成原始资料，做好每次投测复核的基准原始点。内控制点的布设如图 7-2 所示。

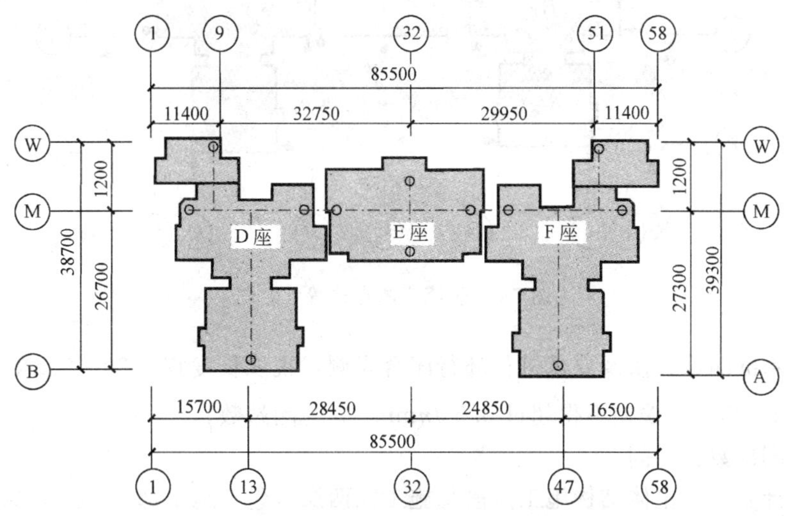

图 7-2　内控点位置示意图（单位：mm）

在二层及以上各层的相应位置留设引测孔，每个楼层即通过该引测孔向上传递建筑物轴线，并依此恢复该层轴线。

7.1.3　高程控制

用 YJS3 激光水准仪从给定的水准基点引测现场水准控制点，水准控制点设置的数量应能控制整个施工区域，并定期进行连网观测。进行连网观测时，其闭合差小于±0.5$\sqrt{n}$mm（n 为测站数）。按测站数成正比例进行闭合差平差调整，使之各点都得出准确的高程数据，以便在使用过程中互相校核。

7.1.4　高程传递

在建筑物四角用钢尺自±0.00 起向上直接丈量，把标高传递到施工楼层。对四角的标高校核后，作为该层施工的标高控制点，立皮数杆作为该层墙身砌筑、门窗洞口留设的依据。

7.1.5　沉降观测

（1）沉降观测点设置

在浇筑一层剪力墙时，预埋好沉降观测点。观测点的位置应能全面反映建筑物的变形，因此，在建筑物的四角、横向中部及纵向变形缝处各设置一个沉降观测点，分布位置如图 7-3 所示。

（2）水准基点设置

水准基点的设置以保证其稳定、可靠为原则，靠近观测点，便于观测，但不受建筑物沉降的影响。水准基点应设在远离建筑物 30m 以外处，数量不少于三个。

（3）水准测量

采用精密水准仪和铟钢尺测量，固定测量工具和测量人员，观测前严格校验测量仪

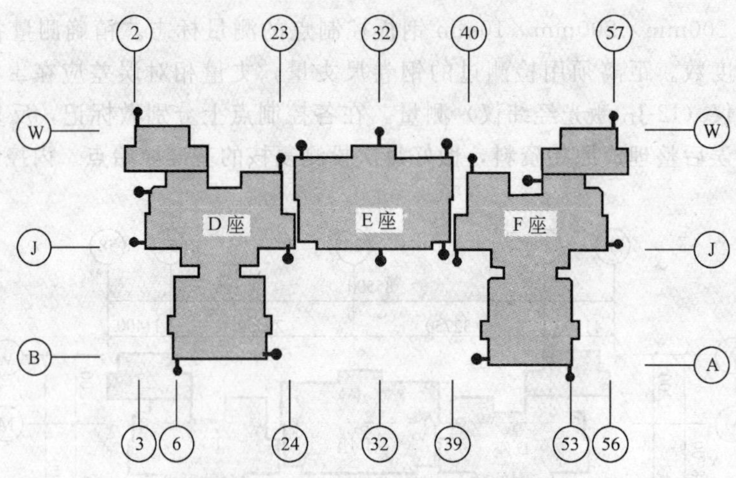

图7-3　沉降观测点位置示意图

器。按Ⅱ等水准测量方法及要求进行环行闭合观测，视线长度宜为20～30m，视线高度不宜低于0.3m，其闭合误差不得超过$0.5\sqrt{n}$mm（n为测站数）。

（4）观测次数和时间

根据设计要求，主体结构施工阶段每施工完两层（包括地下部分）应观测一次，建筑装修和设备安装阶段每两个月一次，建筑物竣工后，第一年不少于3～5次，第二年不少于两次，以后每年一次，直到沉降稳定为止。

（5）沉降观测记录

每次沉降观测结束后，及时检查记录，计算正确，精度合格，并进行误差分配，最后将本次所测各个观测点的高程与上次各点高程核对无误后，填写“沉降观测记录汇总表”，作为工程验收技术资料，每次沉降观测结果上报监理、设计、建设单位。

7.2　基础工程

基础分部工程中土方开挖分项工程为业主外包，我方负责必要的配合。针对基础施工，施工的重点控制是地下室的底板和外墙，可采取以下措施：

1）由于基础底板较厚（尤其是承台部位最厚2m）施工期间处于炎热夏季，为保证质量，严格混凝土温度进行控制，并编制专项施工方案。对基础混凝土设置测温点，按规范要求，采取覆盖等必要的措施控制混凝土内外温度差，以保证混凝土质量。

2）由于地下室外墙和底板必须分开浇筑，墙体的水平施工缝设置，要编制专项施工方案，具体为在一、二层墙体水平施工缝处分别设置一道钢板止水带，防止外墙渗漏。

3）在墙体混凝土施工时，严把混凝土浇筑质量关，尤其是外墙混凝土，严禁出现墙体漏振等现象，以保证外墙渗漏。

7.2.1　桩基工程（外包施工）

属业主外包工程，在土方开挖结束后，进行截桩和桩基验收工作中，我方应做好以下工作：

1）配合业主代表或监理工程师的工作：

① 协助审核桩基检测及验收报告；

② 协助控制桩基检测及在桩基处理时做好质量、进度和安全目标控制。

2）配合桩基施工单位或桩基检测单位开展的工作：

① 提供标高控制基线和基础平面定位线；

② 提供桩基检测时的用电等便利工作；

③ 提供遇到的桩基加固工作中的方便。

3）我方自己应当开展的工作：

① 桩基施工质量的（接收）验收工作；

② 桩基施工单位移交的各种技术档案资料的接收工作；

③ 截桩高度及桩基锚入承台内钢筋质量的控制工作。

7.2.2 基础土方

（1）机械土方（外委施工）

基坑机械挖土属业主外包工程，机械挖土结束后，我方应做好以下工作：

1）配合业主代表或监理工程师的工作：

① 协助审核土方施工单位的土方开挖方案；

② 协助审核土方施工单位的基坑支护与安全监测方案；

③ 协助审核基坑降水方案；

④ 协助控制土方施工的质量目标、工期目标、安全与文明施工目标。

2）配合土方施工单位的工作：

① 剩余土方开挖定位及高程控制工作；

② 基坑支护及安全监测工作；

③ 基坑降水工作；

④ 施工场地排水工作，防止雨水流入坑内；

⑤ 文明施工管理工作，防止车辆带泥出场。

3）我方自己应当做好的工作：

① 基础平面位置及基底标高控制工作；

② 基坑施工质量的（接收）验收工作；

③ 土方施工单位移交的各种技术档案资料的接收工作；

④ 基底人工清理和承台及地梁基槽人工挖掘工作；

⑤ 基坑内四周排水明沟与集水井砌筑工作。

（2）人工清底

为防止扰动原土，对距基底标高 30cm 的土方，采用人工清理。由于承台和地梁的宽度和高度较大，该部分的土方可先采用机械挖掘，再采用人工修整基槽，重点要控制好基底的平整度和标高以及基槽的轴线和尺寸，防止超挖。

（3）基坑排水

基底采用砖砌明沟排水，沿基坑四周设置 20～30cm 宽的砖砌排水沟，并按一定的间距设集水坑，再用潜水泵将流入集水坑中的水抽出排入附近的排水系统。

在土方开挖及基础施工阶段，为防止地表雨水留入基坑，将基坑顶边 3m 范围内平整夯实，用 100mm 厚 C10 混凝土硬化，向基坑外找坡 2％排水；在距基坑边缘 50cm 处砌筑 200mm 高 120mm 厚砖挡水墙，并抹水泥砂浆。

(4) 土方回填

在地下室外墙防水施工完毕，将四周的杂物和积水清理干净后，进行土方回填。地下室四周回填采用原槽开挖出的预留土，用铲车、自卸汽车配合从建设单位从存土场地运回，严禁采用杂土、垃圾土回填。人工夯实，每层厚度不超过25cm；机械夯实，每层厚度不超过30cm。回填土待取样检验符合规范与设计要求后再进行下步施工。由于目前自然地面距设计自然地面高差较大，故回填土分两个阶段，第一阶段填至目前自然地面最高点（高程约37.100m），主体施工完后第二次回填至设计室外标高。

7.2.3 地下室结构工程

地下室施工的重点是底板和外墙。

(1) 施工缝留设

为了保证地下室的抗渗性能，地下室以后浇带为界分为两个施工段，每个施工段的承台、地梁、底板混凝土采取一次浇筑，不留设施工缝。

为了保证外墙的抗渗性能，外墙不留设垂直施工缝，竖向仅分三个施工段，即留设两道水平施工缝，位置如图7-4所示。

第一道水平施工缝留设在底板上口以上400mm处，第二道水平施工缝留设在第2层地下室的顶板上口，均设3mm钢板止水片，如图7-5所示。

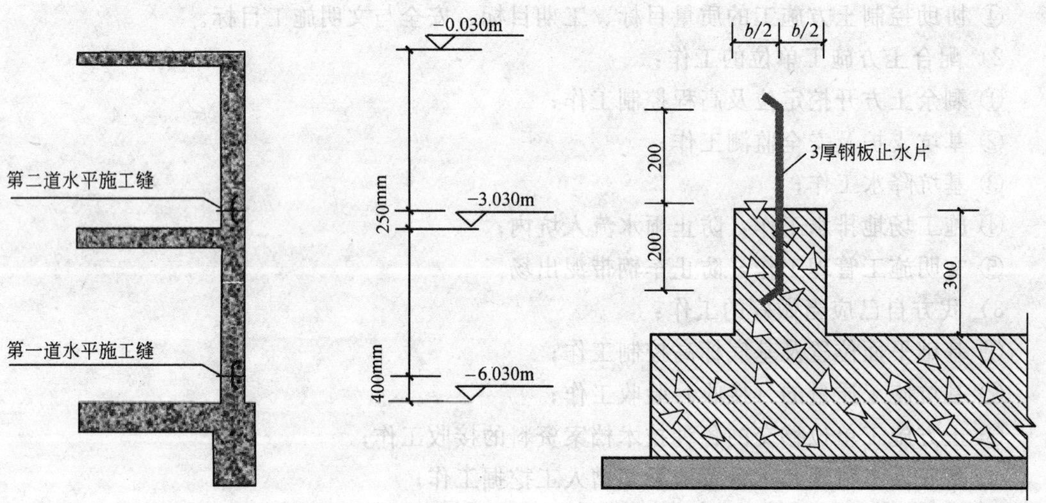

图7-4 地下室外墙施工缝留设示意图　　图7-5 钢板止水片设置示意图（单位：mm）

地下室先施工内墙，施工缝留设在顶板底口，由单梁处支设模板，预留梁头端口。再施工外墙和顶板，外墙与顶板混凝土一起浇筑。

(2) 底板工程

1) 施工顺序

地基验槽⟶垫层施工⟶砖砌侧模⟶砖模内侧面抹灰，垫层找平⟶防水层及砂浆保护层⟶测量放线⟶承台底板钢筋绑扎⟶地梁钢筋、底板钢筋绑扎⟶剪力墙插筋定位⟶止水带安装及吊模支设⟶验收⟶浇筑混凝土。

2) 钢筋工程

重点控制好底板上下层钢筋的保护层和剪力墙插筋的定位。底板下层钢筋用100mm

厚 C30 素混凝土垫块支垫，上层钢筋网采用钢筋马凳支承，间距 800mm，形状及尺寸如图 7-6 所示，马凳筋的直径：设于板内时为 $\phi14$，设于承台内时为 $\phi22$，且腰部另加设一道横撑及通长筋。马凳筋的上下端部均须与网筋绑扎牢固。

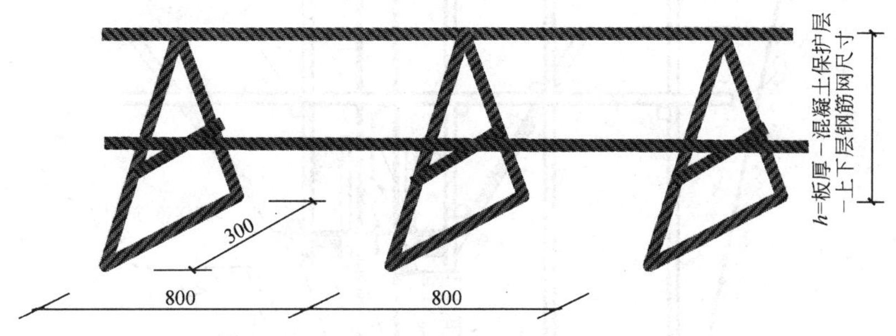

图 7-6　钢筋马凳示意图（单位：mm）

底板上墙插筋一次伸到地下一层再设接头，为防止浇筑混凝土时剪力墙插筋移位，墙插筋就位后，与地梁骨架点焊固定，并绑扎两道水平筋固定，如图 7-7 所示。

3）模板工程

底板四周、承台四周和地梁两侧砌筑 240mm 厚砖侧模。砖模砌筑时，每边加宽 4cm，作为砖模找平和防水保护层厚度。底板砖模如图 7-8 所示，地梁、承台砖模见图 7-39、图 7-40。

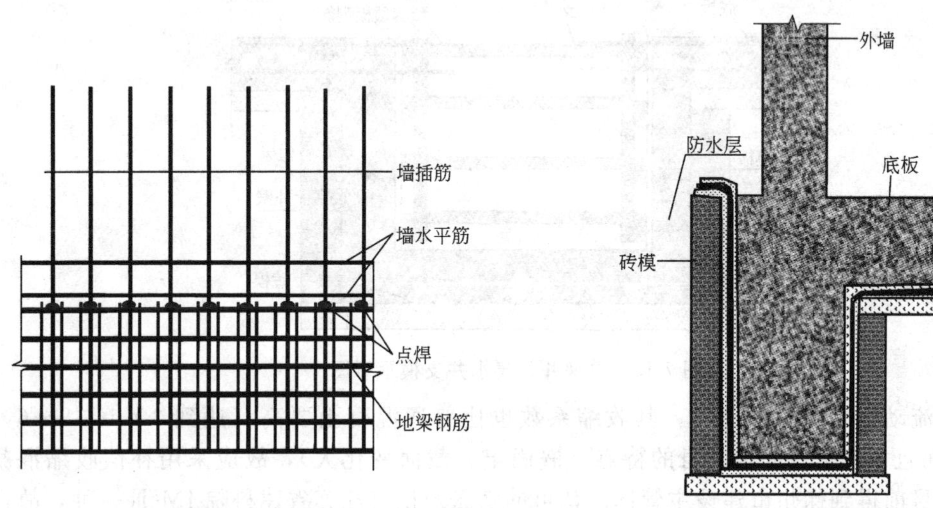

图 7-7　墙插筋定位示意图

图 7-8　底板砖侧模示意图

下部 400mm 高墙体模板采用吊模方式支设，通过焊接支撑杆支撑在地梁钢筋骨架上，具体做法如图 7-9 所示。

为保证集水井、电梯井的抗渗性能，井底、壁与底板一起浇筑，其顶板先预留钢筋，待防水底板浇筑完毕后再支模浇筑。其基坑四周砌筑砖模，内侧模板采用吊模方式支设，如图 7-10 所示。

4）混凝土工程

底板防水混凝土重点要做好混凝土的裂缝控制。

底板东西向长 86.10m，南北向最宽处 39.90m，东西向被两个后浇带分为 D、E、F 三个区后，每区东西向最长处约 31.65m，基本符合裂缝控制的要求，但由于采用商品混

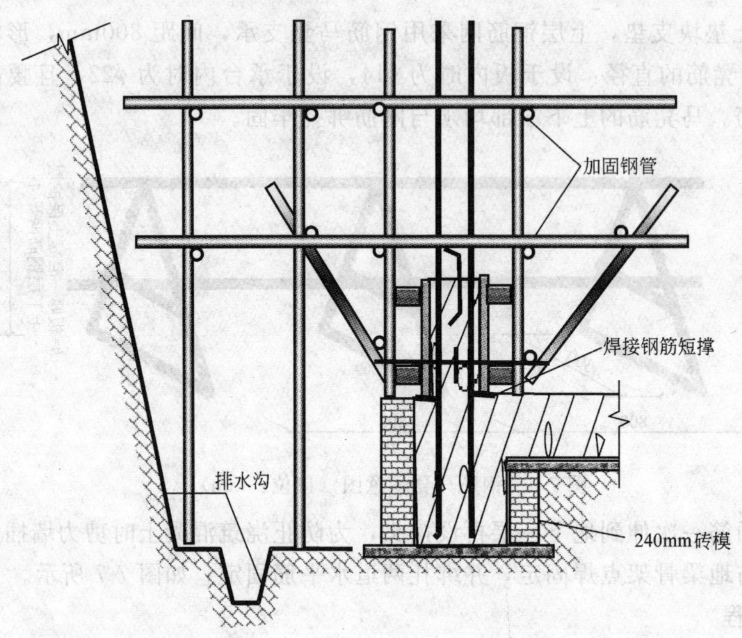

图 7-9　吊模做法

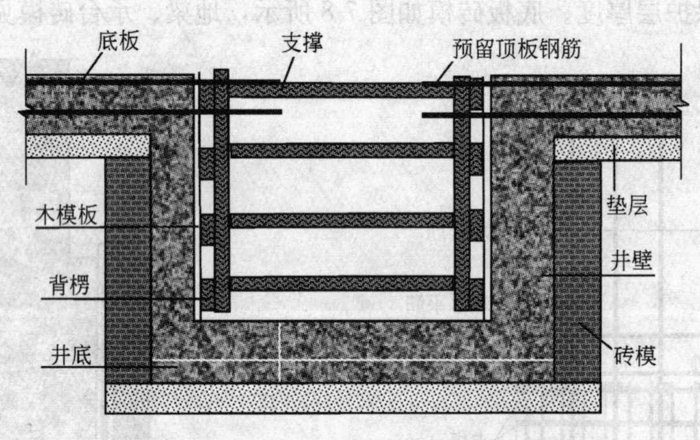

图 7-10　电梯井、集水井支模示意图

凝土，其流动性高，根据研究，其收缩系数也比普通混凝土要高（达到 $3\times10^{-4}\sim6\times10^{-4}$），而且由于桩基底板自身的特点（嵌固牢、截面变化大），故应采用补偿收缩混凝土。由于目前得到徐州市建设主管部门认可的膨胀剂仅有江苏省建科院 JM-Ⅲ一种，故选用 JM-Ⅲ，掺量不小于 7%。

底板采用商品混凝土，泵送至浇筑地点。浇筑时，应保持浇筑的连续性，防止出现冷缝。根据前述特点，底板 D 区、F 区混凝土浇筑采用两台输送泵，一台 HBT-60C 型地泵、一台汽车泵，地泵从Ⓦ轴一端开始，依次向Ⓐ轴一端推进，汽车泵从Ⓐ轴一端开始向Ⓦ轴推进，最后同时浇筑中部承台部位，斜面分层浇筑，根据浇筑时的气温和混凝土的凝固速度，承台部位分层厚度不宜超过 400mm。

预计底板混凝土浇筑时间为 2003 年 6 月上旬到中旬，日平均气温约 20℃，最高气温 35℃，掺 JM-Ⅲ后的混凝土初凝时间约为 4～6h，每台泵浇筑速度按 $30m^3/h$ 计算，可以避免冷缝出现。

外墙下部 40cm，可与底板同时下料，但应待底板混凝土接近初凝、坍落度降低到3～

5cm 时振捣，并控制好振捣时间，不得过振或漏振，防止其出现蜂窝、“烂根”等缺陷，振捣后高度不够的局部补混凝土振平。

底板表面采用“二次收面”施工工艺，即在混凝土振捣时，先按标高要求，初步用长尺刮平；初凝时再按标高找平，并在纵横两个方向用铁辊交叉滚压数遍，以闭合收水裂缝；最后，用木抹子反复抹平压实。底板采用塑料薄膜和草袋的方法进行保温、保湿养护。

(3) 大体积混凝土工程

承台高 2.0m，最大承台混凝土浇筑方量为 474.6m^3，桩帽高 1.4m，宽 1.2m 或 1.6m。为了保证地下室底板的自身防水性能，承台大体积混凝土采取和底板整体一次性浇筑，不留置施工缝。为防止大体积混凝土开裂，施工中重点控制混凝土的配合比设计、混凝土的浇筑工艺与混凝土的测温及养护。

1) 优化配合比设计

① 选用低水化热的水泥，降低混凝土中水泥和水的用量；

② 掺粉煤灰及减水剂，降低单方水泥用量并改善混凝土的黏塑性，降低水化热；

③ 掺缓凝型复合减水剂，延迟水化热释放速度，使峰值有所降低，使混凝土缓凝，避免施工冷缝，提高工作性和流动性；

④ 掺微膨胀剂，以抵抗混凝土收缩产生的应力，避免裂缝的产生。

2) 施工工艺

A. 浇筑方法

浇筑采用斜面分层，一次平仓连续施工方法。各浇筑带齐头并进，互相搭接，确保各浇筑带之间上下层混凝土的结合。

B. 振捣

根据混凝土泵送时自然形成的流淌坡度，沿坡度布三道振动器。第一道在混凝土卸料处，负责将出管混凝土振捣密实；第二道设在斜面中部；第三道设在坡脚处，确保下部混凝土密实。振捣时严格控制振动棒距离，特别要注意混凝土的入仓振捣，防止离析和漏振。

C. 泌水处理

泌水顺斜面流至承台的另一端，自然形成积水坑，随着积水坑的逐渐缩小，积水汇集至一角，然后用软轴泵将泌水排至周边的排水沟。少量来不及排除的泌水顺混凝土向前推进，被赶至基坑顶端，再由顶端模板下部的预留孔排至周边排水沟。

D. 表面处理

混凝土浇捣至标高后，先用木长尺刮平，将泌水赶走，初凝后至终凝前，用铁滚筒碾 3～4 遍，再用木抹子搓平压实，避免表面干缩裂缝。

3) 测温控制

本工程大体积混凝土采用热电偶感温探头测温，在两个大承台内各布置两个测温点，三个小承台内各布置一个测温点，每工作班内浇筑的桩帽设两个测温点。每个测温点分上、中、下布置3个测温探头，测出温差，并做好记录，将温差控制在25℃内，防止温差过大，使混凝土产生裂缝。

4) 混凝土养护

承台混凝土采用保温蓄热法养护，采取覆盖塑料薄膜与草袋的方法对混凝土进行养护。根据温差情况及降温速率增减保温层的厚度，特别是混凝土升温和早期降温过程中要加强保湿养护及双层保温养护，在降温中期可采取单层保温养护。

(4) 地下室混凝土墙工程

地下室混凝土内外墙采用清水混凝土施工工艺。先外墙后内墙，垂直施工缝留设在内墙。

1) 钢筋工程

剪力墙插筋在施工中应加强保护，防止污染；在进行上部施工前，将受污染钢筋清理干净。钢筋采用绑扎搭接，绑扎中重点应控制好横竖向钢筋的间距，拉筋应按设计要求绑扎牢靠，确保两排筋之间的距离；同时，控制好钢筋离混凝土表面的保护层，防止钢筋、扎丝外露。

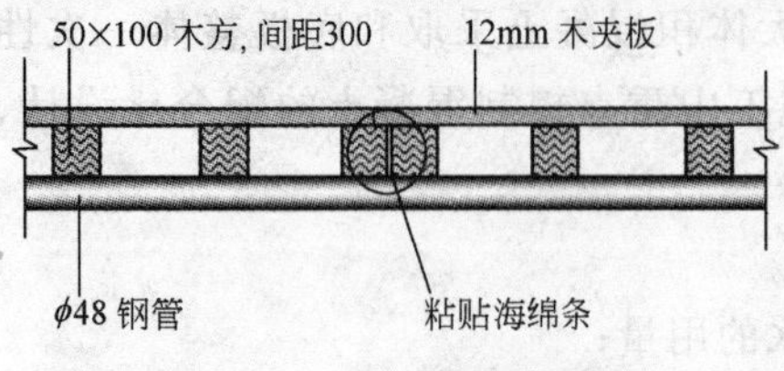

图 7-11 混凝土墙模板拼装示意图（单位：mm）

2) 模板工程

外墙模板采用竹胶合模板支设，按照对号立模──→分块贴缝──→拼装就位──→加固校正的顺序进行施工，支设方法如图 7-11 所示。模板配制时要求阴角部位制作定型模板，现场拼装时板块之间拼缝认真，模板缝粘贴海绵条，防止漏浆。

为满足外墙及水池的防水要求，使用止水对拉螺栓加固，如图 7-12 所示。

内墙则可采用普通对拉螺栓穿套管加固，以便于对拉螺栓再利用，如图 7-13 所示。

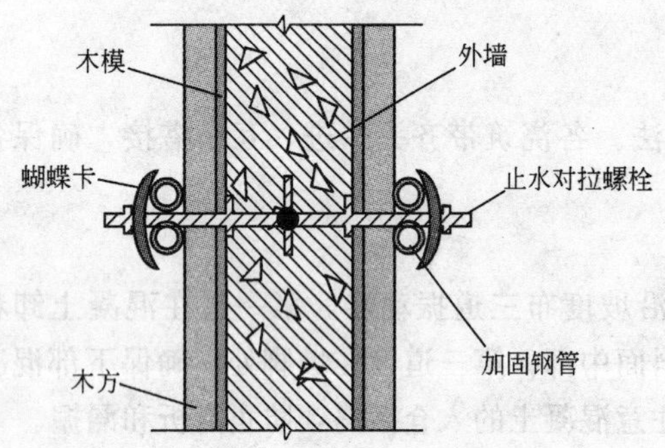

图 7-12 外墙止水对拉螺栓加固示意图

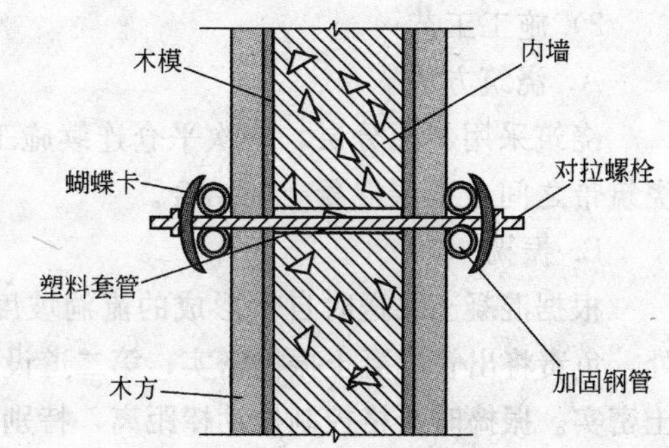

图 7-13 内墙对拉螺栓加固示意图

内墙部分模板与上部大模板规格相同的，采用大模板施工。大模板与竹胶合模板之间的接缝，采用角模压板来处理。

3) 混凝土工程

为保持外墙混凝土浇筑的连续性，防止出现冷缝。外墙混凝土从后浇带处开始，依次呈阶梯形向前推进，至浇筑结束。在施工中，要防止漏振，并重点做好对施工缝的处理，防止施工缝夹渣或接缝不严。混凝土一次下料高度不得超过 400mm，分层下料、分层振捣密实，不得过振或漏振，以免造成烂根或漏浆。混凝土养护方法采用 YH-1 新型养护液进行养护。

㉔与㉕轴、㊳与㊴轴墙体厚度为 800mm，也应按大体积混凝土施工方法施工，具体做法为改善配合比设计，热电偶测温。大模板后设 50mm 厚硬聚乙烯泡沫塑料保温层，待内外温差不大于 25℃时方可先拆除保温材料，观察后拆除模板。混凝土浇筑后 12h 之内严禁对拉螺栓及模板。

(5) 地下室顶板工程

采用常规方法施工，同主体。

(6) 地下室后浇带施工

地下室在㉓轴与㉔轴之间，距㉔轴 1m 处、在㊱轴与㊵轴之间，距㊵轴 1.5m 处设置直线形后浇带，带宽 900mm。底板、墙、顶板的后浇带均应设置加强筋，做法如图 7-14～图 7-16 所示。

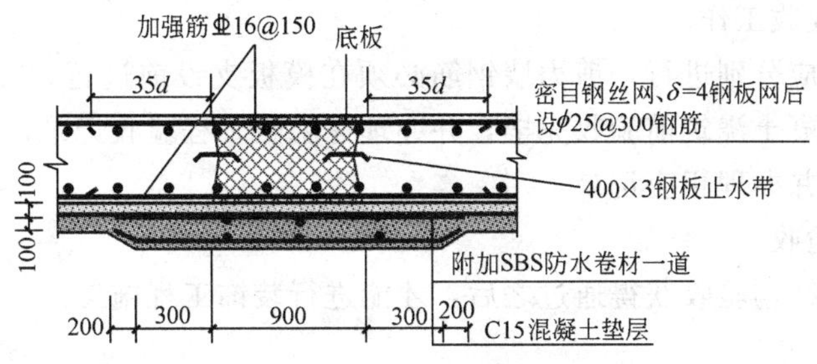

图 7-14　底板后浇带做法（单位：mm）

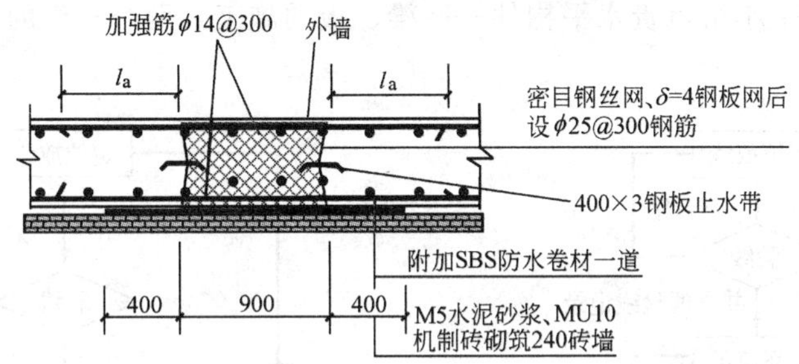

图 7-15　墙体后浇带做法（内墙不做防水和保护墙）

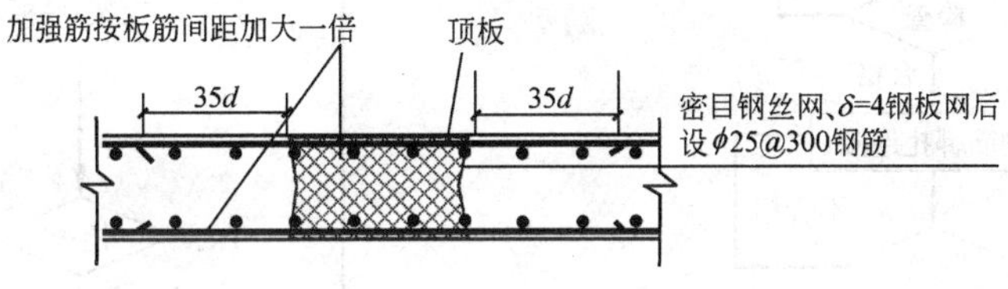

图 7-16　顶板后浇带做法

后浇带的施工和处理是同类工程的重点和难点之一，在施工时须注意以下几点：

① 后浇带两侧采用钢板网分隔；

② 顶板钢筋应断开，采用绑扎搭接；

③ 后浇带预留钢筋表面的污染物及铁锈，应用钢丝刷清理干净；

④ 后浇带两侧混凝土表面的松散石子应凿掉，浇筑前，浇水充分润湿；

⑤ 地下室底板后浇带内的杂物应清理干净，并不能有积水；

⑥ 后浇带混凝土在结构完工两个月后浇灌；

⑦ 后浇带的混凝土强度等级比原混凝土提高一级，并掺入水泥重量 8% 的 JM-Ⅲ，后浇带混凝土的坍落度为 3～5cm，采用塔吊运输，不采用泵送；

⑧ 后浇带混凝土达到强度前不能拆除支撑。

7.3 主体结构工程

主要包括模板、钢筋、混凝土及砌体工程。

7.3.1 几项关键工作

1）模板工程

主要是模板的支撑、加固和防漏浆处理，既要确保牢固和安全，又要保证混凝土构件的尺寸和观感质量，达到清水混凝土质量效果。

2）钢筋隐蔽验收工作

钢筋隐蔽验收应分别进行，剪力墙钢筋必须在模板支设前进行，并办理完验收手续；梁、板钢筋应在混凝土浇筑前验收完毕，并办理完隐蔽工程验收记录；同时，参与隐蔽的水电管线也应验收并办理相应记录。

3）主体结构验收

各施工段主体结构验收获得通过之后，才能进行装饰工程施工。

7.3.2 施工顺序

为了加快施工速度，可以将操作工人划分成两个小组，一个小组负责竖向构件——→剪力墙的施工，另一个小组负责水平构件——→梁、板的施工，两个小组的工作相互搭接，穿插进行。

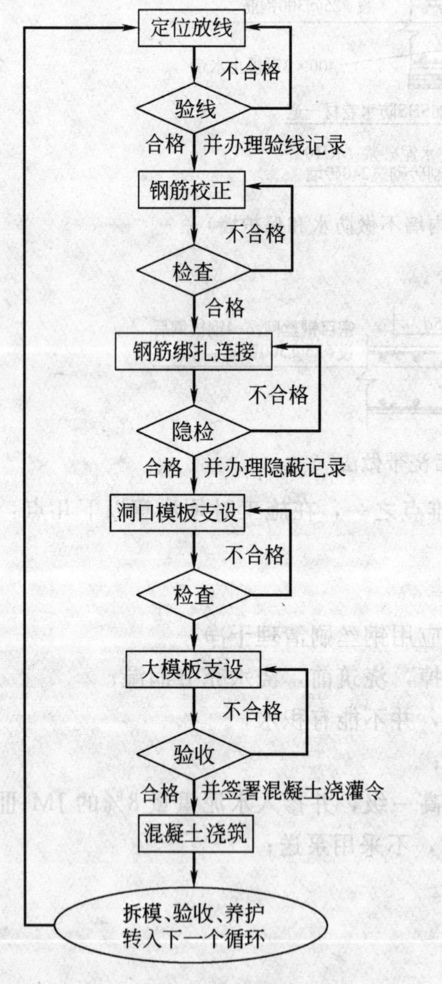

图 7-17 竖向构件的施工顺序

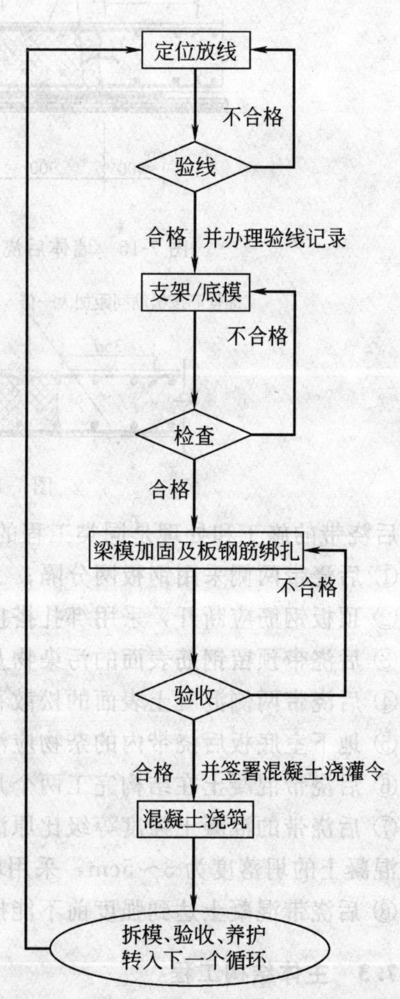

图 7-18 水平构件的施工顺序

1）竖向构件的施工顺序

所有竖向构件的施工均按照图 7-17 给定的顺序开展工作，尤其是各检查验收程序，以及应当办理的有关手续。

2）水平构件的施工顺序

竖向构件的定位放线工作结束后，紧接着就进行水平构件的定位放线工作。当竖向构件剪力墙施工完毕，大模板拆除并吊离场地后，方可施工梁板模板及钢筋，具体施工顺序参见图 7-18。

7.3.3 施工方法

（1）模板工程

1）剪力墙模板

保证达到清水混凝土的标准，模板的采用是关键。墙模板采用北京市建筑工程研究院模架技术研究所开发的板式全钢大钢模，如图 7-19 所示。该板式拼装大钢模板由标准模板块、非标准模板块、阴角模、阳角模、附加背楞、背楞钩、平台架、斜支撑、穿墙螺栓、蝶形螺母、十字垫板、销板等组成。模板与模板之间用 M14×100 螺栓连接成整体，由塔吊进行整装整拆。

图 7-19 板式全钢大模板

施工时严格按照清水混凝土的标准来控制模板，针对板式全钢大模板采取以下措施控制：

① 模板进场后有厂家派技术人员按照工程图纸拼装，一次到位；

② 安装前隔离剂涂刷均匀；

③ 模板拆除后及时清理干净；

④ 加强对模板拼缝的检查，出现拼缝错位及时调整及磨光；

⑤ 对角模、门窗洞口模板及阴阳角的方正及时检查调整，保证混凝土成型质量；

⑥ 模板安装就位时全过程控制检查，以保证墙体截面准确、固定牢固。

2）电梯井模板

电梯井内模使用大钢模制作成铰接筒模，如图 7-20 所示。其关键是利用好铰接角膜和可调撑杆；混凝土施工时，在筒体墙楼板下口处预留好 60mm×60mm 的孔洞，作为内模支设操作平台的支承点；筒模在地面组装，塔吊整体吊装就位，每一个楼层施工结束时，仍然用塔吊吊到地面清理，待操作平台用塔吊提升就位后即可进行钢筋绑扎工作，钢筋验收通过后，再将筒模吊入就位；筒模与外侧模板之间仍然用螺栓和专用加固横梁连接加固。

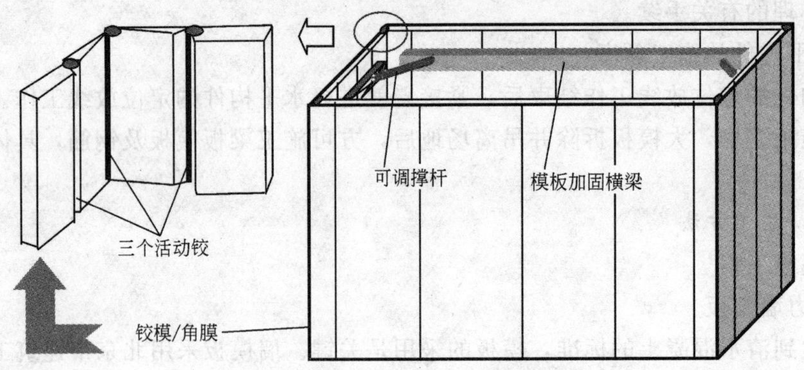

图 7-20 铰接筒模示意图

3）连梁模板

底模、侧模均采用木夹板制作成定型模具，如图 7-21 所示。

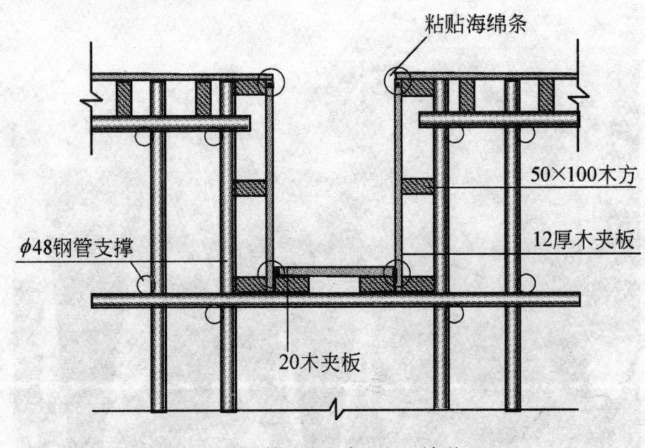

图 7-21 连梁模板示意图（单位：mm）

4）楼板模板

采用早拆支撑体系和木夹板，木夹板与早拆支撑体系中的托梁之间用 50mm×100mm 木方支承。

实现清水混凝土施工工艺，必须对顶板模板严加控制，具体做到如下方面：

① 顶板模板周转次数不宜过多，以三次为准；

② 保证模板拼缝准确、严密，固定牢固，严禁出现高低错缝；

③ 模板按要求起拱，保证支撑系统牢固；

④ 阴角方正全过程跟踪检查，保证阴角方正；

⑤ 及时清理，保证模板板面洁净。

具体实施过程中，应根据结构图绘制模板图，包括支撑间距、位置、模板组合等。

由于早拆支撑体系是通过支承立柱，使梁、板的支承间距小于 2m，因此，对板来说，其底模只要待混凝土浇筑后的强度达到设计要求的 50%即可拆除。为此，要求混凝土浇筑时应制作同条件养护试块，并根据该试块的试压值作为该底模拆除的依据。

对于梁底模而言，规范规定当其跨度小于等于 8m 时，混凝土浇筑后强度达到 70%，即可拆除其底模。具体到本工程，由于采用早拆支撑体系，其跨度仅 2m 左右，因此，可以根据结构计算结果确定其底模拆除时的混凝土强度值。

模板的支设示意如图 7-22、图 7-23。其支设方法为：每 2～3 人一组，根据模板图和平面上已放出的定位线摆放好可调底座，然后一人手持支撑立柱，将早拆柱头插入柱顶；再将支承横梁挂接到早拆柱头上，随即将立柱插入可调底座上，并安装好水平横撑，调节好高度。当上述工作完成好一个以上节间，有可靠的稳定性后，即可安放木横梁和铺放复合竹胶板。安装时应注意：早拆柱头上承托 SP-70 支承梁的定位锁应位于上端位置（拆模时，敲击该定位锁，在自重的作用下，支承梁、木横梁等即会随之安全地下落一定的距离，因此，该部分位置的底模、横梁等能够尽早拆除，实现早拆的目的）；安装最初几个节间时，应做好其稳定性保障工作；水平横撑安装时，应先安装下横撑，再安装上横撑，如此可以利用下横撑作为“操作平台”。

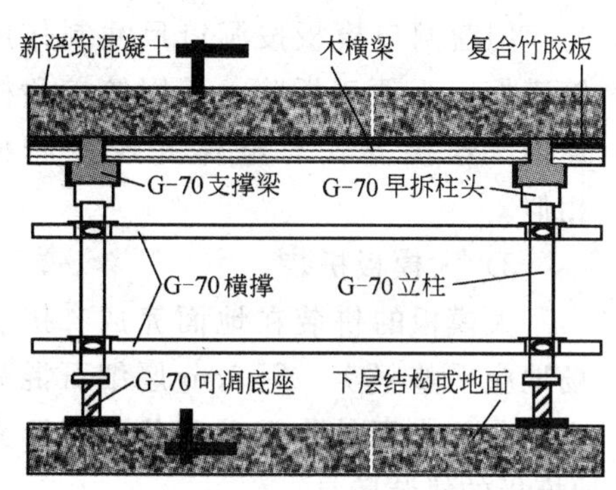

图 7-22　G-70 快拆支撑体系，楼板模板支设示意之一

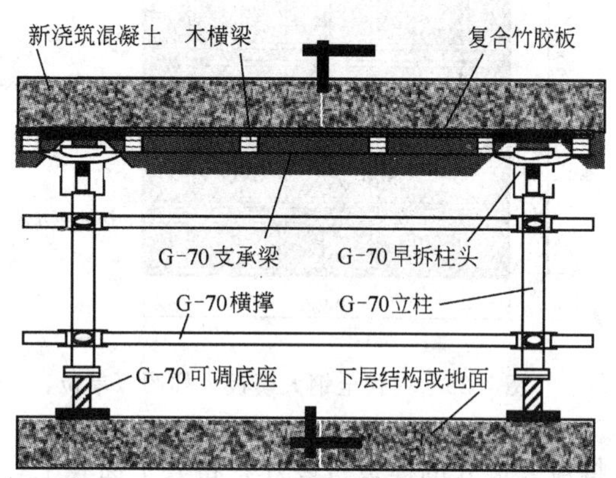

图 7-23　G-70 快拆支撑体系，楼板模板支设示意之二

（2）墙体大模板工程

本工程内外墙体均为现浇，且混凝土强度等级一致，无框架柱、框架梁，采用大模板施工

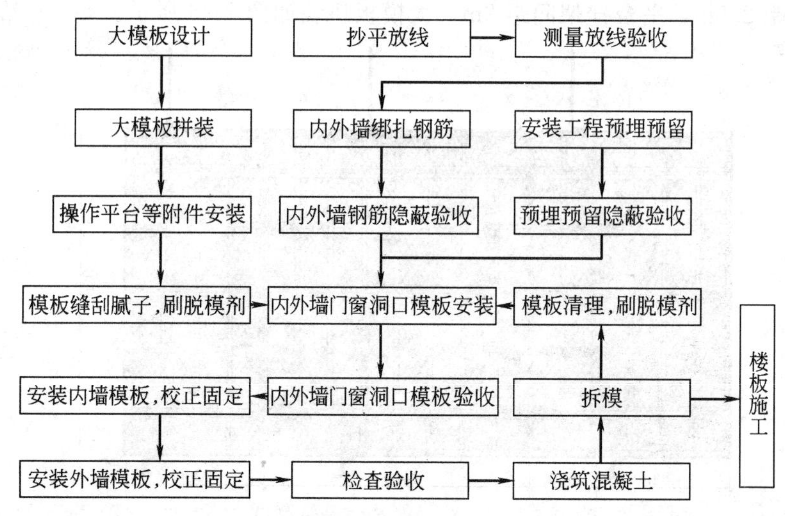

图 7-24　剪力墙大模板施工工艺流程

可大大提高施工的速度。利用板式大钢模和配套的支撑组装成大模板，运用塔吊整装整拆。

1）大模板施工工艺

大模板的施工工艺流程图，如图7-24所示。

2）大模板设计

板式全钢大模板采用□80×40的方钢管和5mm厚的热轧平板制作，由于层高为2.85m，因此，外模设计高度为3.0m，内模设计高度为2.9m，如图7-25所示。

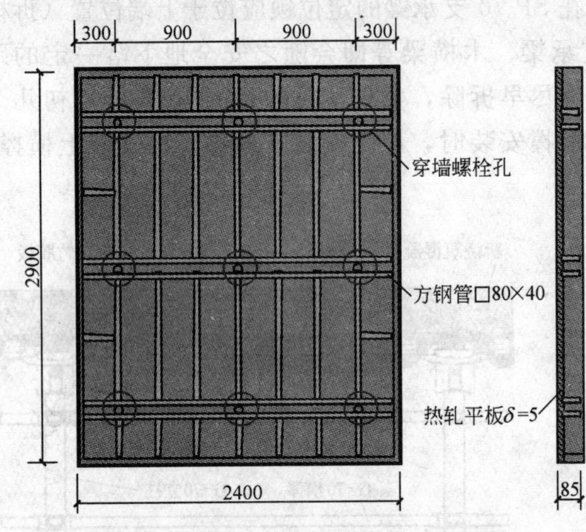

图7-25　板式全钢大模板大样图（单位：mm）

根据设计图对每道墙体进行模板设计，并对墙体进行编号。

为防止在墙体浇筑时混凝土浆流到下层墙体，污染墙面。在外模的顶部和底部分别设置顶腰线和底腰线，见图7-33。

门窗洞口模板按洞口尺寸制作成钢模框，为便于拆除，采用铰接角模连接，连接方式与电梯井铰接筒模相似。

3）大模板拼装

大模板的拼装在地面完成。拼装场地应平整坚实，用5cm厚细石混凝土硬化，表面抹水泥砂浆找平。可先将最大尺寸的模板拼装好，将其平面朝上，作为其他模板的拼装胎具。

根据模板平面布置图及立面拼装图，对墙体模板进行拼装。先排列好模板，用M14×100螺栓临时固定，再检查模板的外形尺寸及对角线，检查模板拼缝质量，校正好后安装背楞。背楞安装在模板拼缝处，竖向配置两道，调节板处的背楞采用BL1200，墙模板连接处采用BL700背楞。紧固全部拼装螺栓，最后用M14×65螺栓安装斜撑及平台挂架。斜撑安装间距2.5m，平台挂架间距2m。大模板拼装如图7-26所示。

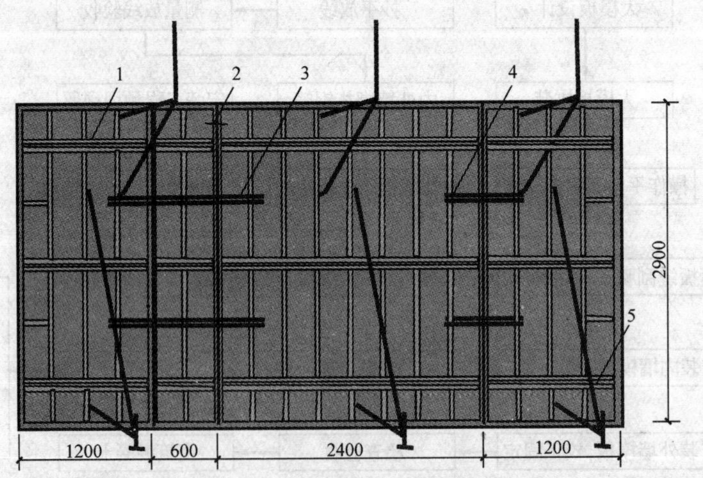

图7-26　大模板拼装示意图（单位：mm）

1—平台架；2—长背楞；3—短背楞；4—组装螺栓；5—斜支撑

组装好后按设计编号进行模板编号。为防止板缝漏浆，用纯石膏掺 108 胶配制的腻子刮缝。将模板清理干净后，满刷脱模剂。

4）大模板底座找平

为保证剪力墙模板能够处于水平状态，使模板与基层结合紧密，可以采取在基层混凝土上用 1∶3 水泥砂浆找平底座的方法，如图 7-27 所示。定位放线工序结束后，立即进行底座找平，当其强度达到 1.2N/mm^2 以上，方可进入模板支设工序，以免将其碰坏后不能达到其应有的效果。

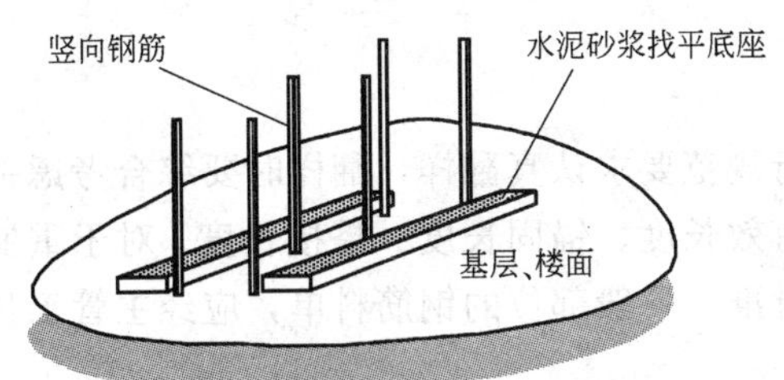

图 7-27 模板找平底座示意图

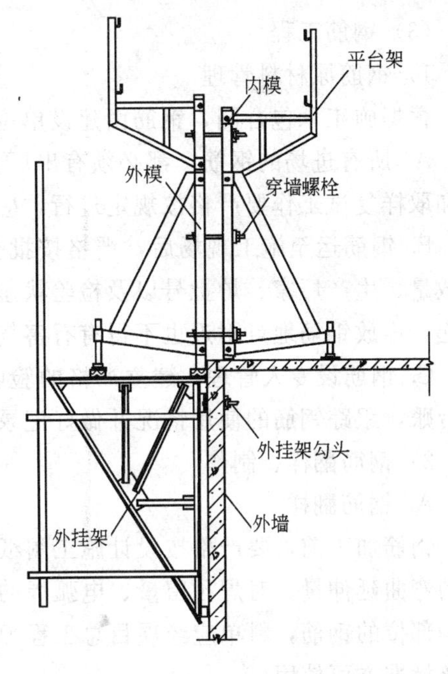

图 7-28 外墙模板安装示意图

找平底座的高度，依据模板模数确定，一般在 30mm 以内。具体在现场的确定方法：依据高程控制点测出底座标高，将楼层标高测定后，以每一施工段的平均标高为基准，计算出底座的找平高度。

5）大模板安装

安装前做好测量放线及钢筋和安装工程预埋、预留的隐蔽验收工作。

大模板按先内墙后外墙，先门窗洞口后大面墙的顺序安装。

大模板使用塔吊吊装就位。吊装前，全面检查大模板和吊具的整体稳定性；吊装时，避免碰撞。

墙体一侧模板立好后校垂直，穿对拉螺栓和塑料管，就位另一侧模板，支撑架固定，紧固对拉螺栓。外墙模板安装如图 7-28 所示。

外墙模板安装，应先固定好外墙挂架，临时固定阴角模后，再安装大模板。

大模板安装余量采用角模压缝板调节。角模压缝板用 M14×65 螺栓安装在大模板侧边，阴角模用角模拉钩与大模板固定，如图 7-29 所示。

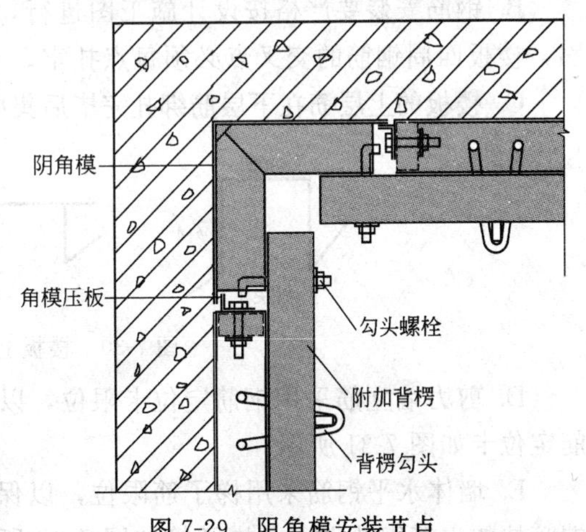

图 7-29 阴角模安装节点

6）大模板拆除

先拆除对拉螺栓，再松动地脚螺栓，使模板与墙面逐渐脱离。脱模困难时，可在模板底部用撬棍撬动，将大模板吊至地面清理、刷隔离剂。大模板拆除后，最后拆除门窗洞口模板。

（3）钢筋工程

1）钢筋原材料管理

根据施工承包合同，钢筋由建设单位采购供应，我方应做好以下工作：

A. 所有进场的钢筋，都必须有出厂合格证并经检验合格后方可使用，钢筋的现场检验和取样复试工作要严格按规定进行，应有监理及建设单位代表现场见证。

B. 钢筋运至施工现场后，严格按批分等级、牌号、直径、长度挂牌存放保管，并注明数量、生产厂家、炉批号以及检验状态，以免混淆，且不得与酸、盐、油等物品堆放在一起，堆放钢筋地点附近也不得有有害气体，以免腐蚀钢筋。

C. 钢筋设专人管理，建立严格的验收、保管与领取的管理制度。进场钢筋的使用作好台账，跟踪钢筋的使用情况并做好记录。

2）钢筋翻样、制作

A. 钢筋翻样

钢筋加工前，要严格按设计施工图纸和现行规范要求认真翻样，翻样时要综合考虑钢筋的弯曲延伸量、对焊预留量、电弧焊的焊缝有效长度、锚固长度、搭接长度。对于重要结构部位的钢筋，料单应经项目总工程师审核批准，一般部位的钢筋料单，应经主管工长审核批准方可使用。

B. 钢筋制作

① 制作时先按料单放样，试制合格后才能成批生产，生产时严格按照钢筋配料单的尺寸、形式、数量进行；

② 制作后，分门别类挂好标识牌，整齐捆绑堆放；

③ 现场钢筋工长领用半成品时，钢筋加工车间负责人要做好详细的记录，并办好发放交接手续，控制好领料数量，避免重复领料，造成钢材浪费。

3）钢筋安装

A. 钢筋安装前，核对成品钢筋的钢号、直径、形状、尺寸和数量是否与料单、蓝图相符，准备好控制混凝土保护层的专用塑料卡，对绑扎形式复杂的结构部位，先确定钢筋穿插就位的顺序，并与木工联系讨论支模和钢筋的先后顺序，以减小绑扎困难。

B. 钢筋安装要严格按设计施工图进行，必须保证钢筋间距、位置正确，绑扎点要牢固，楼板四周钢筋的交叉点必须每点扎牢。

C. 楼板的上层筋在下层筋绑扎完毕后集中绑扎，并用钢筋马凳支垫，如图7-30所示。

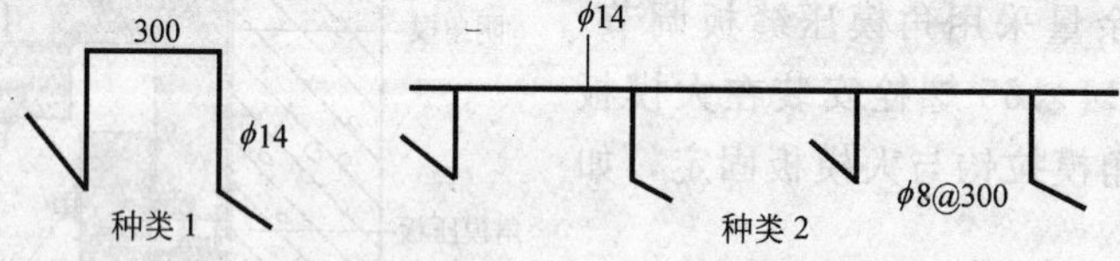

图7-30 楼板上层钢筋支承马凳

D. 剪力墙立筋采用钢筋定位卡限位，以保证的立筋的保护层厚度、间距、排距。钢筋定位卡如图7-31所示。

E. 墙体水平钢筋采用梯子筋限位，以保证水平筋的位置、间距，梯子筋与剪力墙两端暗柱的主筋绑扎牢固。梯子筋如图7-32所示。为防止梯子筋端部锈蚀，应套上相应直

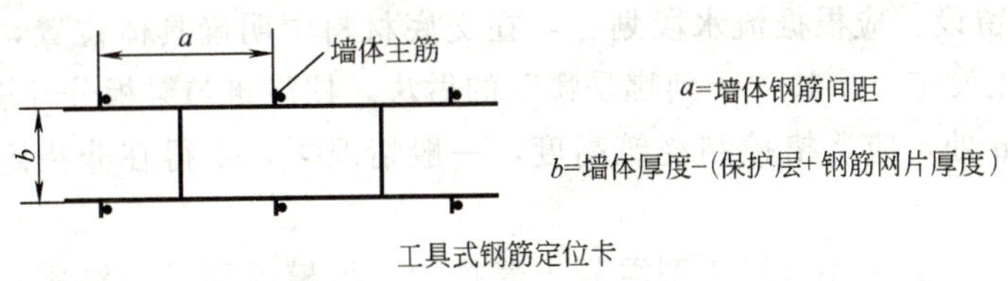

图 7-31 剪力墙竖向钢筋定位卡

径的塑料保护套。

4）钢筋连接

A. 竖向钢筋连接

① $\phi16$ 以下的钢筋可采用绑扎搭接，搭接长度按 03G101 图集中二级抗震 C30 混凝土要求，HPB235 钢筋为 $35d$，HRB335 钢筋为 $47d$，HRB400 钢筋为 $53d$；

② $\phi16$～$\phi22$ 的钢筋采用电渣压力焊焊接。

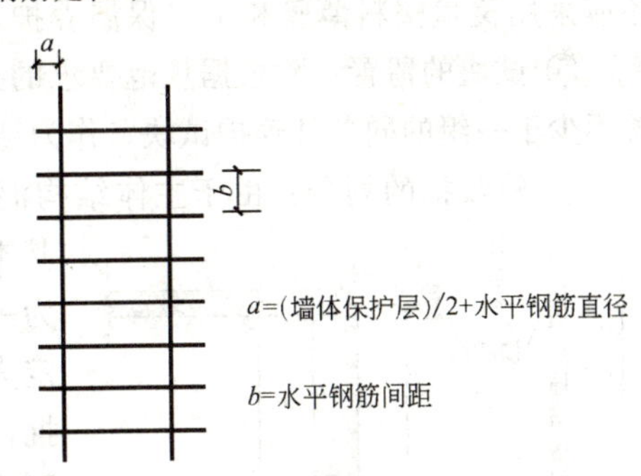

图 7-32 筒体水平筋定位卡

B. 水平钢筋连接

① $\phi12$ 及以下的钢筋可采用绑扎搭接；

② $\phi14$～$\phi25$ 的钢筋可采用对焊或单面搭接焊。

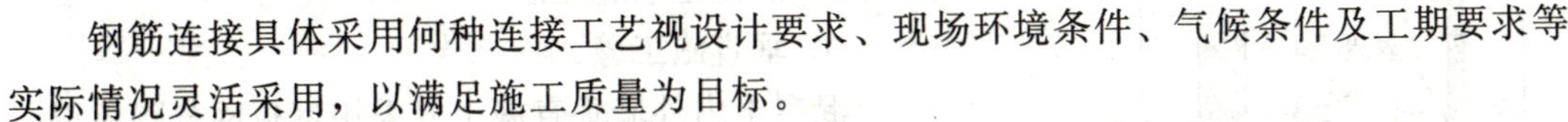

钢筋连接具体采用何种连接工艺视设计要求、现场环境条件、气候条件及工期要求等实际情况灵活采用，以满足施工质量为目标。

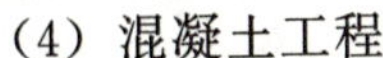

（4）混凝土工程

A. 混凝土采用商品混凝土，保证达到清水混凝土的要求，混凝土施工必须严格控制，采取以下方面：

① 从商品混凝土厂家一方着手加强混凝土的生产管理，确保商品混凝土的原材料及各项物理性能符合现场的施工要求；

② 严格控制混凝土的配合比；

③ 混凝土浇筑前，及时编制浇筑方案，严格执行混凝土浇筑审批制度；

④ 控制混凝土出厂到浇筑时的时间，冬期施工时应严格控制混凝土的入模温度，采取措施保证入模温度不得低于 5℃；

⑤ 浇筑时采用分层浇筑，分层振捣，连续浇筑，严格控制浇筑厚度及下料速度；

⑥ 混凝土养护冬季采用覆盖一层塑料薄膜及 1～2 层麻袋保温，春、夏季采用覆盖塑料薄膜浇水自然养护。

B. 混凝土应严格控制配合比；混凝土采用泵送，按照常规浇筑方法进行施工，但应注意泵送管的布置方案，做到既满足施工方便，又保证混凝土施工的连续性。对于楼板部分，作以下要求：

① 严格控制混凝土浇筑面的标高，在墙体立筋上测设标高控制点，以便于收面时拉线找平。墙根部位的平整度应重点控制，模板边缘要抹压到位。

② 混凝土板面的处理：在混凝土振捣、刮平后，让其静置一段时间（根据试验资料和现场温度等具体确定），在初凝前，用 600～800mm 长的铁棍纵横交错滚压 4～5 遍，然后反复压实收平，从而避免表面出现干缩裂缝。

③ 施工缝留设：应根据流水段划分，在交底材料中明确具体位置，各施工缝分隔处的隔离物应事先设定，严禁“干到哪是哪”的做法。柱浇筑与梁板分开进行，施工缝留在梁底以下50mm处，应严格控制浇筑高度，一般情况下，不得在非指定施工缝处任意留设施工缝。

④ 混凝土养护：采用YH-1型混凝土养护剂，拆模后即进行涂刷；水平构件在冬期还应采用覆盖塑料薄膜和草袋保温养护。

⑤ 试块的留置：除根据规范要求的批量留置标准养护试块外，每次浇筑混凝土还应留置不少于一组的同条件养护试块，作为结构实体检测用。试块的留置应有监理见证取样。

⑥ 验收批的划分：由于主体结构混凝土等级均为C30，根据规范要求，应以配合比基本相同，且不超过3个月的时间内生产的混凝土作为一个验收批，所以，根据施工进度网络计划，初步定为一至八层为一个验收批，九至十六层为一个验收批，十七至二十四层为一个验收批，二十五至三十一层为一个验收批，三十一层以上为一个验收批。

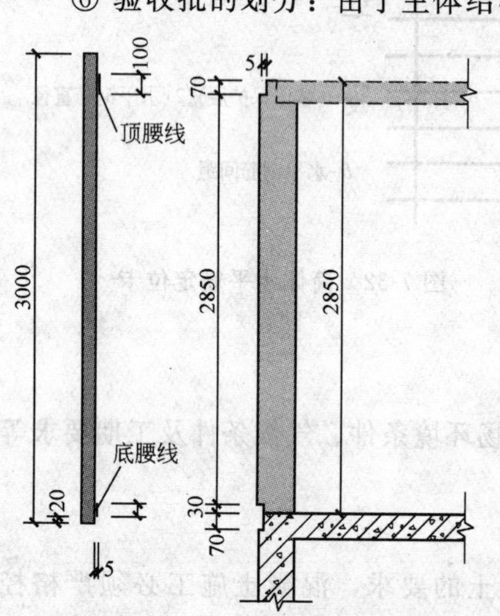

图7-33　外模腰线及外墙凹槽节点（单位：mm）

(5) 施工缝留设

1) 楼板施工缝按常规方法留设。

2) 混凝土墙施工缝

A. 垂直施工缝

混凝土内外墙垂直施工缝采用钢板网分隔留设。

B. 水平施工缝

混凝土内墙水平施工缝留在楼板板底标高位置；混凝土外墙水平施工缝留在楼板顶面标高位置，留成凸缝，外墙外侧留设凹槽，以便于大模板接缝处理，防止漏浆。外墙施工缝留设如图7-33所示。凹槽在大模板拆除后，用掺少量膨胀剂且与混凝土同配合比的水泥砂浆抹平压光。

单梁处支设模板留设梁头端口。

(6) 变形缝结构施工处理方法

变形缝宽200mm，当一侧的混凝土墙体施工完成后，另一侧墙体的外模板既不易支设，又不易拆除，因此，采用砌筑150mm厚加气混凝土砌块，加铺50mm厚浸油木丝板的做法代替墙体模板，浇筑混凝土后不再拆除，如图7-34所示。

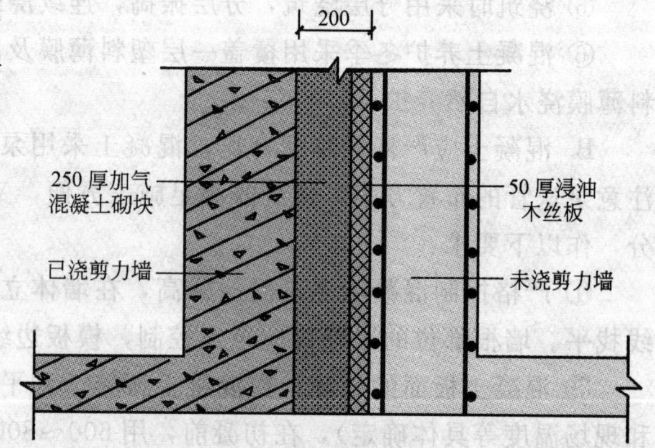

图7-34　变形缝处墙体模板处理方法（单位：mm）

(7) 砌体工程

1) 操作注意事项

① 采取措施控制砂浆饱满度，按规范要求留槎和设置拉结筋，保证墙体与剪力墙之间的可靠连接。

② 加气混凝土砌块的底部按设计要求应浇筑20cm高的C20混凝土，顶部

待砌块砌筑完成静置一段时间后用细石混凝土或砂浆灌实。

③ 加气混凝土砌块砌前应浇水润湿，禁止干砌块上墙。砌块灰缝均匀饱满，水平灰缝不大于15mm，竖缝不大于20mm。砌好的加气混凝土砌块要及时灌缝和勾缝。

④ 马牙槎留设吊线控制，使砌块进出尺寸保持一致。

⑤ 加气混凝土砌块要用专用工具进行切割，不得用瓦刀任意砍劈。

⑥ 砌好上面砌块时，应对下面隔两线的砌块进行补缝、勾缝，以保证灰缝砂浆密实，与砌块之间粘结牢固。

⑦ 砌块墙上部应使用砖与梁、板斜砌塞紧，斜砌砖应在加气混凝土砌体砌筑完毕至少7d后方可砌筑，以使砌体充分沉降，避免产生裂缝。

2）混凝土墙体洞口砌筑的特殊处理

由于墙体采用清水混凝土工艺施工，其表面不做抹灰层。因此，墙体洞口砌筑时，应将加气块切割成宽度比墙体小3cm的尺寸，这样，加气块两侧抹灰后，表面与混凝土墙体相平，如图7-35所示。

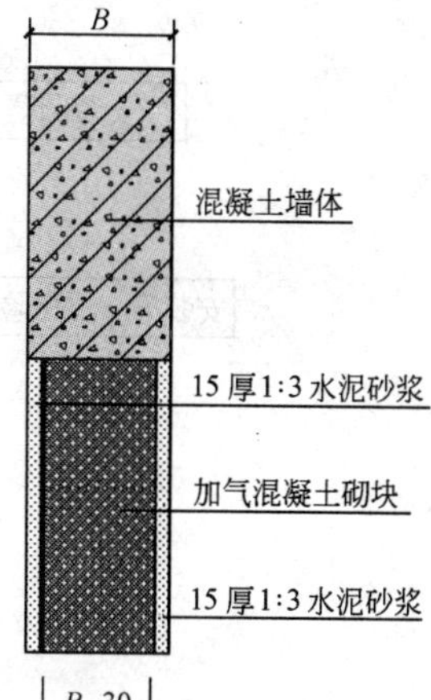

图7-35 混凝土墙体洞口砌筑处理方法（单位：mm）

7.4 整体电动提升导轨式外爬架

本工程外脚手架采用由北京星河人研制的整体电动提升导轨式爬架。该爬架由爬升机构、提升系统和脚手架三部分组成。施工时，应编制专项施工组织设计。

7.4.1 爬架设计

根据建筑物结构形状，进行架体平面、立面、预埋及防护设计，重点考虑阳（露）台、飘窗、空调板等结构变化处的设计，并绘制平面、立面布置图。平面设计重点确定爬升机构的位置，即提升点的位置；立面设计按5个标准层高度（14.3m）考虑，重点考虑阳（露）台、飘窗、空调板等处的立面设计。

7.4.2 施工工艺流程

（1）安装施工工艺流程

导轨式外爬架安装工艺流程如图7-36所示。

（2）升降施工工艺流程

导轨式外爬架升降工艺流程如图7-37所示。

7.4.3 预埋孔设置

预留孔位置准确是导轨式爬架能够顺利升降的关键。预留孔采用ϕ48×3.5钢管留设，每处2个，中心距离150mm，高低差不大于±10mm，相邻2层间的垂直偏差不大于20mm。

7.4.4 爬架安装

1）爬架安装应搭设操作平台，平台面低于楼层面30～40cm，并有安全防护。

2）第一步水平桁架的安装是整套爬架安装质量的关键，必须严格控制水平度、垂直度和离墙距离，选择好安装起始点。

3）随工程进度搭设上部脚手架，在每个提升点处和转角处向两侧搭设剪刀撑，并按

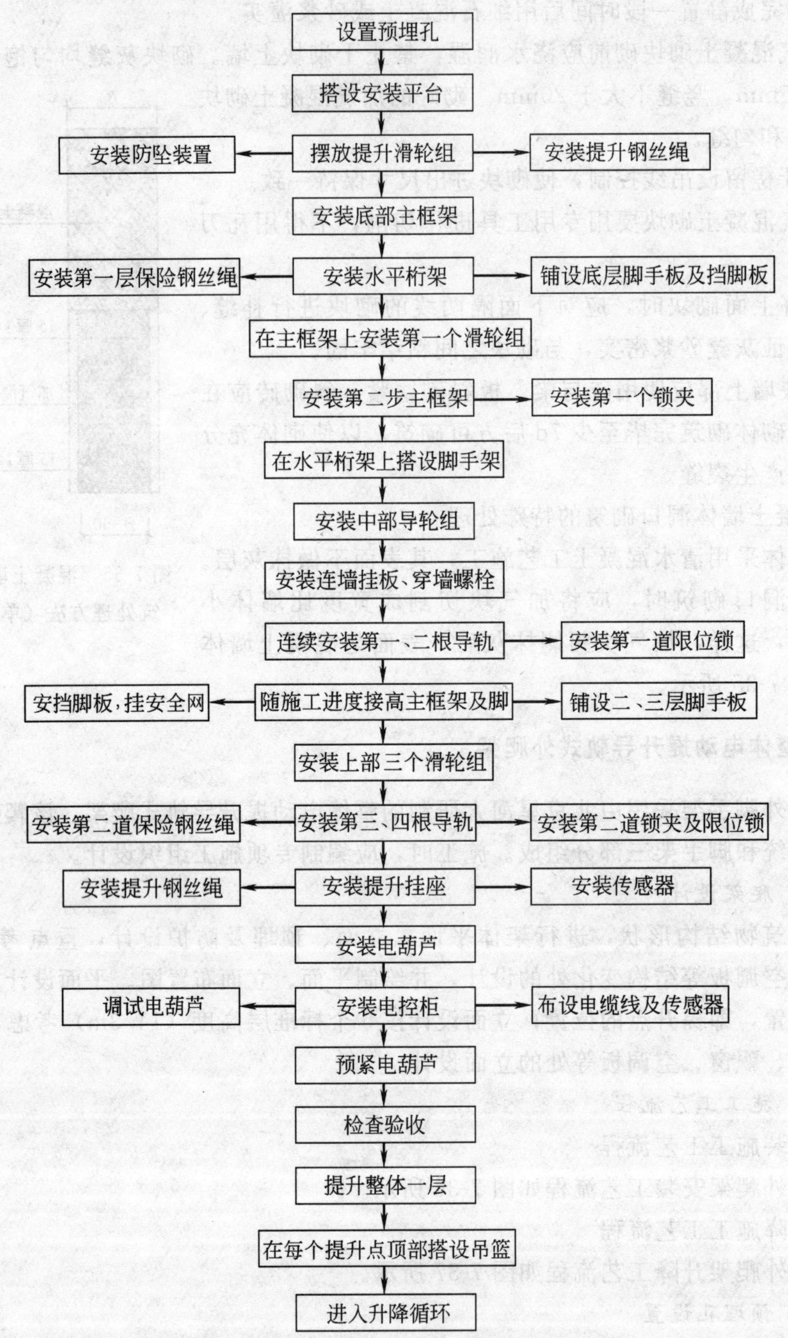

图7-36 导轨式外爬架安装工艺流程

要求设置脚手板、挡脚板、安全网等。

4）当架子搭设两层楼高时，开始安装导轨，导轨底部低于支架1.5m左右。导轨安装必须做到垂直且无左右方向的扭曲，同一根导轨垂直度偏差不大于±10mm，同一提升处导轨垂直度累积偏差不大于±20mm，相邻提升点导轨的高差不大于50mm。

5）在最上部三个导轮组的下边安装提升挂座，将提升葫芦挂在提升挂座上。

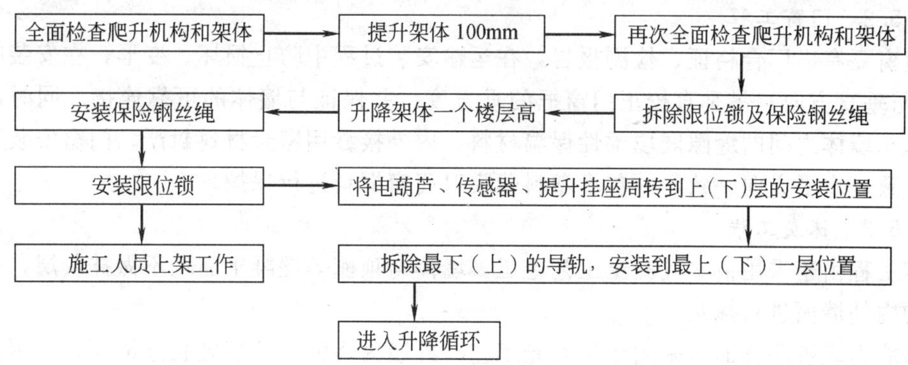

图 7-37 导轨式外爬架升降工艺流程

6）安装斜拉钢丝绳，其下端固定在脚手架立杆下碗扣底部，上端通过花篮螺栓挂在连墙挂板上。挂好拉紧后斜拉钢丝绳，使之同时受力。

7）在上下斜拉钢丝绳的上方安装 2 个限位锁，限位锁应在爬架提升到位后马上安装。

8）布置电缆线，连接电控柜和电动葫芦。电缆线布设应留足升降所需的长度。

9）为了安全安装及拆卸最底下一个附着点处的导轨、可调拉杆、连墙挂板及穿墙螺栓，在提升一次之后，在每一提升点处的架体下面搭设一个吊篮。

10）做好塔吊、施工电梯及其附墙处的协调。

7.4.5 爬架升降

在爬架升降之前应进行全面检查，主要检查以下内容：

① 碗扣接头是否锁紧；

② 螺栓是否拧紧；

③ 导轨的垂直度是否符合设计要求；

④ 葫芦是否挂好，有无翻链、扭曲现象；

⑤ 电控柜及电动葫芦连线是否正确，供电是否正常；

⑥ 障碍物是否清除，约束力是否解除。

检查合格后方可进行升降作业。在升降过程中，应不断检查架体高度变化情况，始终保持升降的同步性。当行程高差大于 5mm 时，应停止升降，通过点控对架体进行调平。

7.4.6 爬架拆除

爬架拆除同普通碗扣式脚手架，当架体降至底面时，逐层拆除脚手架构件和导轨等爬升机构构件，拆下的材料构件集中堆放，清理保养后入库。

7.5 装修工程

重点控制细部的施工质量，以提高整体装饰质量效果。每一分项工程在进行大面积施工前，均要先做出样板，质量通过认可后，才能施工。

7.5.1 细部质量控制

工程细部是不易控制质量，常犯质量通病的地方，细部质量的好坏关系工程质量的优劣。细部施工应重点抓好施工的工艺措施、跟踪作业指导、跟踪质量检查、加强成品保护等工作。

7.5.2 门窗工程

门窗要有出厂合格证、检测报告，在运输安装过程中防止损坏、变形；在安装时双向(平行与垂直方向)吊垂直校正门窗框的垂直度，并保证与墙体的可靠连接。同时，注意门窗框与墙体之间的缝隙嵌填柔性保温材料，内外接缝用密封材料封严。门窗安装要保证竖向一致，水平方向一致，并包裹塑料薄膜对门窗框料进行保护。

7.5.3 抹灰工程

本工程由于采用清水混凝土工艺施工，墙体与顶棚等混凝土面均不做抹灰层，仅对填充墙的内外墙面进行抹灰。

内墙为乳胶漆饰面，采用原浆收光工艺；外墙为高弹性外墙乳胶漆饰面，采用拉细毛收面工艺。内墙抹灰前应检查安装工程预埋的管线有无遗漏，并冲筋、规方；施工中重点注意对门窗洞口与阴阳角以及电气箱、盒等细部的处理，阳角必须做2m高1∶2水泥砂浆护角。室外抹灰重点注意对脚手眼和接槎的处理，做好窗台、压顶、突出装饰物等部位的流水坡度和滴水线，防止雨水污染墙面；大角粘贴成品塑料条控制垂直度。

抹灰工程的重点是防止墙面开裂。加气混凝土砌块吸水快，抹灰前应用界面处理剂进行处理。门窗洞口抹灰工艺复杂，必须细化其抹灰工艺。墙面（特别是外墙面）抹灰在气温较高或风较大时，应加强养护，防止墙面风裂。

7.5.4 楼地面工程

在内墙抹灰结束后及时插入作业。本工程包括水泥楼地面和地砖楼面，楼地面施工前彻底将基层上的施工垃圾清理干净，然后浇水湿润，并满刷水泥浆，以增强与基层的粘结力。

(1) 水泥楼地面工程

公共空间的水泥楼地面采用原浆收光，做细石混凝土垫层或找坡的楼地面采用在刚浇筑的基层混凝土上洒1∶1水泥黄砂收面的方法，分三遍压实抹光成活。施工中，关键控制好表面的平整度和光洁度，边角部位及管道周围应抹压到位，防止产生返砂、裂缝等质量缺陷。

户内房间由于采暖及给水管道从楼面敷设，做40mm厚陶粒混凝土找平层。施工前应对埋设的管道进行隐蔽验收，并在其两侧5cm范围内用水泥防水珍珠岩填平。该楼地面采用木抹子搓平收面，施工中重点控制好表面的平整度。

(2) 地砖楼面工程

公共走道及电梯厅等部位采用地砖楼面。地砖铺贴应先根据设计尺寸及地砖规格整体考虑地砖的排砖方案，应采取对称铺贴，以不出现小板块、不闪缝为宜。铺贴时先根据控制标高贴出标筋，再依据标筋进行大面铺贴。地砖采用“干贴法”铺贴，对缝整齐一致，接缝平整，不得有错缝、错边、空鼓等缺陷。随铺随用黑水泥膏补缝、擦缝，并将板面清理干净。

7.5.5 内墙仿石砖饰面工程

电梯厅电梯门一侧墙面采用仿石面砖饰面。

面砖采用错缝粘贴，横缝8mm，竖缝10mm。粘贴在底层灰六七成干时进行，粘贴前，做好分格排砖工作，并粘贴标筋，墙面不得出现小于1/2砖。面砖掺加陶瓷胶粘剂粘贴，以增加砖与基层的粘结力。粘贴自下向上进行，铺浆应满，防止四角空鼓，电梯门洞周围应套割吻合，粘贴好后，及时将缝内的水泥砂浆清除。整堵墙粘贴完成后，统一用掺色料的1∶1水泥细砂浆勾缝，勾缝应密实、光洁，宽窄一致，深浅一致，略凹入面砖2～3mm，不能有麻面、砂眼，水平缝与竖缝应相交成“八”字形。最后，用棉纱将砖表面擦净。

7.5.6 涂料、油漆工程

(1) 室内乳胶漆工程

乳胶漆工程必须是在门窗和楼地面工程施工完毕，抹灰面基本干燥，基层含水率不大于8%后进行。乳胶漆施工严格按如下程序操作，防止出现颜色不匀、露底、接槎明显、刷纹明显等质量缺陷，并加强保护，防止污染。

1) 清理、修补基层

将基层表面的浮浆、污物清理干净，用石膏将基层凹陷部位补平，干燥后用砂纸磨平，并将浮尘扫净。

2) 刮腻子

遍数可由墙面平整程度决定，一般为两遍，腻子用纤维素溶液、福粉、白水泥，加少量108胶、光油和石膏粉拌合而成。第一遍横向满刮，一刮板紧接着一刮板，接头不得留槎，每刮一刮板最后收头要干净平顺。干燥后磨砂纸，将浮腻子及斑迹磨平磨光，再将表面扫净。第二遍竖向满刮，所用材料及方法同第一遍腻子，干燥后用砂纸磨平并扫净。

3) 做角

抹灰面满刮一遍腻子后，即可用色粉弹出阴、阳角线，用白水泥加胶把阴阳角做顺直。

4) 刷第一遍乳胶漆

乳胶漆施涂按先顶棚后墙柱面、由上而下的顺序进行。采用排笔涂刷，使用新排笔时，应将活动的笔毛去掉。乳胶漆使用前要用密目网过滤，并搅拌均匀，适当稀释。由于涂膜干燥较快，因此，应连续操作。涂刷时，从一端开始，向另一端依次推进，上下顺刷，互相衔接，避免出现干燥后接头。第一遍涂料干燥后，复补腻子，腻子干燥后用砂纸磨光，清扫干净。

5) 刷第二遍涂料

第二遍涂料操作要求同第一遍。使用前要充分搅拌，如不是很稠，不宜加水或少加水，以防露底。

(2) 外墙涂料

在外墙抹灰层干燥后进行。外墙涂料最易犯的质量通病是颜色不均匀，在施工时，应重点防范。

1) 抹灰时控制好抹灰面的平整度及观感效果；

2) 施涂前，应重点做好基层清理和质量缺陷修补工作，将污染物彻底清理干净，对凹陷、缺棱掉角部位进行修补，对突出部位进行打磨；

3) 基层清理、处理完毕后，涂刷配套的外墙防渗液；

4) 涂料选用同厂家、同品种、同批号产品。

施工中，还应注意以下事项：

1) 施涂时，每一操作层的同一外墙面应一气呵成，间隔时间不能太长；

2）施工后4～8h内避免淋雨，预计有雨时停止施工；

3）风力四级以上时不宜施工，外界气温过低不宜施工；

4）施工器具不能沾上水泥、石灰等。

（3）油漆工程

各种油漆在大面积施工前，应先提供样品或样板，选定颜色经鉴定合格后再全面施工。油漆时基层应干燥、干净，根据油漆的性质决定温度、湿度及空气流通程度。木门做油漆前应仔细检查，开启扇与框之间预留适当缝隙，以保证各部分油漆做完后对缝严密，开启灵活。油腻子干燥后，用砂纸打磨光滑，但不能磨穿油底，不可磨损棱角。油漆的工作稠度应加以控制，以涂刷时不流淌、不显痕为宜，涂刷每遍油漆时，应在前一遍油漆干燥后进行，涂刷最后一遍时，不得在油漆中加入催干剂。

7.6 施工协调配合

本工程涉及土建、装饰、水电安装等专业施工，协调配合难度大，因此，配合工作是完成任务的关键，应做好以下工作：

1）预留预埋配合

预留人员按图纸进行预留预埋，预留中不得随意损伤建筑钢筋，与土建结构有矛盾处，由施工员与土建协商处理，在楼地坪内错、漏、堵塞或设计增加的埋管，必须在未作楼地坪面层前补埋。

2）卫生间施工配合

在土建主体施工时配合进行安装留孔，安装时由土建给定楼地面标高基准，装好卫生器具及地漏后，土建施工不得损坏安装管口（孔）等。

3）暗设箱盒安装配合

暗设箱盒安装，应随土建墙体施工而进行。由于采用清水混凝土施工工艺，箱盒应定位准确，固定牢靠，防止错位或移位。土建注意该部位的抹灰处理，确保密实，不空鼓、不开裂。

4）开关、插座的面板安装配合

开关、插座盒处抹灰应沿盒口切齐，并收压平整；安装灯具与开关、插座的面板时，不得损伤、污染墙面和顶棚。

5）成品保护的配合

安装施工不得随意在土建墙体上打洞，因特殊原因必须打洞，应与土建协商，确定位置及孔洞大小，安装施工中应注意对墙面、顶棚的保护，避免污染。土建施工人员不得随意扳动已安装好的管道、线路、开关、阀门，未交工的厕所不得使用，不得随意取走预埋管道管口的堵头。

7.7 防水工程

本工程包括地下室防水工程、屋面防水工程、卫生间防水工程。

7.7.1 地下室防水工程

（1）防水构造做法

地下室采用抗渗混凝土自防水，在底板、外墙迎水面及承台四周和地梁两侧做聚氨酯防水涂膜，底板做 40mm 厚 C20 细石混凝土保护层，外墙、承台和地梁做 20mm 厚 1∶3 水泥砂浆保护层，外墙砌筑 120mm 厚实心砖保护墙。

底板、外墙防水构造做法如图 7-38 所示。

地梁防水构造做法如图 7-39 所示。

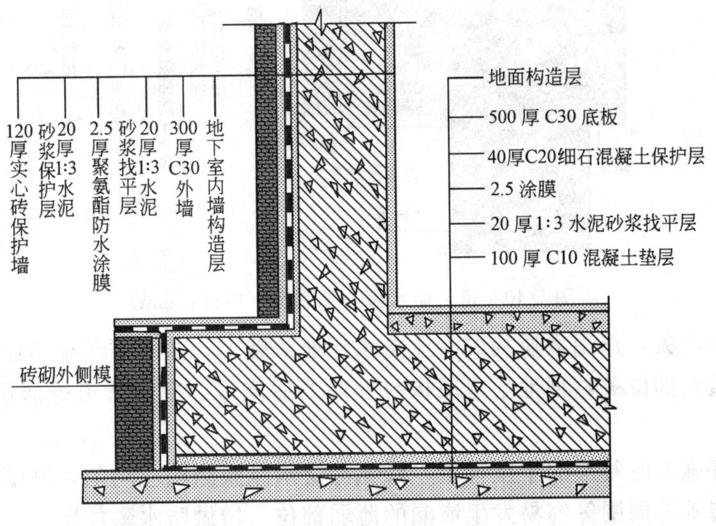

图 7-38 地下室底板、外墙防水做法示意图（单位：mm）

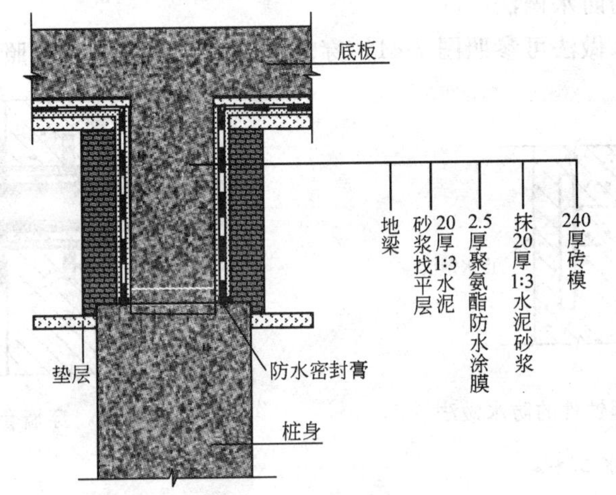

图 7-39 地梁防水做法示意图（单位：mm）

承台防水构造做法如图 7-40 所示。

(2) 抗渗混凝土

地下室防水主要控制抗渗混凝土的配合比及防水外加剂的用量，控制混凝土的浇筑工艺及后浇带的处理工艺，增强自身的抗渗能力。

(3) 聚氨酯涂膜防水层

施工中要重点控制以下几点：

1) 严把原材料关，凡进场原材料要有产品质量证明书，并抽样复检合格后方准用于工程中。

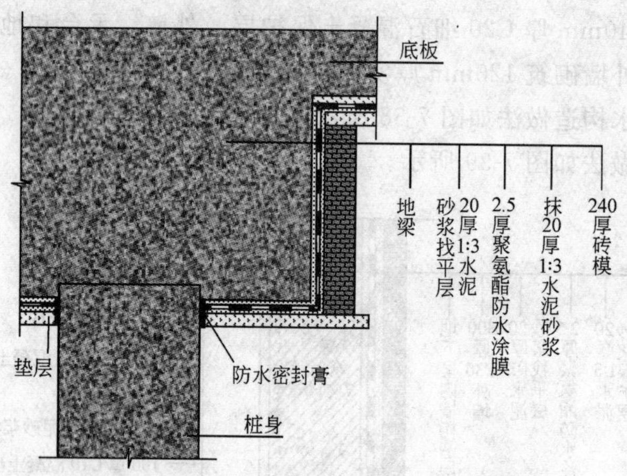

图 7-40 承台防水做法示意图（单位：mm）

2）严把作业关，选用素质高的专业防水作业队施工，并要求现场作业技工持证上岗。

3）严把重点部位关，把地下室底板与外墙的后浇带、穿墙管道等部位作为防水施工控制重点。

4）控制好施工时基层的干湿程度，聚氨酯防水涂膜涂刷应均匀，厚度满足要求。

5）对穿墙管道周围等容易发生渗漏的薄弱部位，增做防水附加层。

6）保护层施工，应防止防水层在施工中受到损坏。

（4）特殊部位的防水做法

预埋铁件的防水做法可参照图 7-41，穿墙套管的防水做法可参照图 7-42。

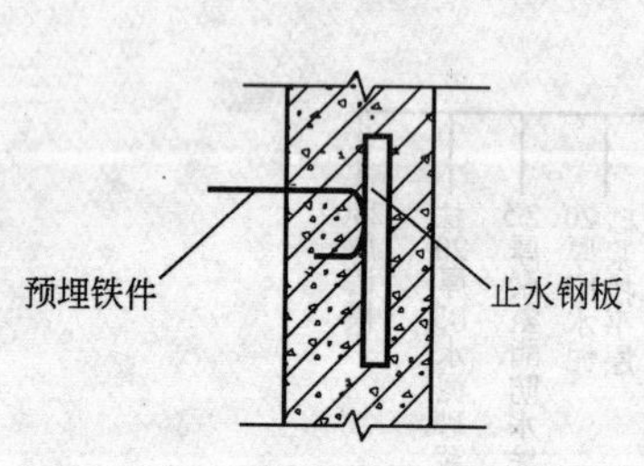

图 7-41 预埋铁件的防水做法

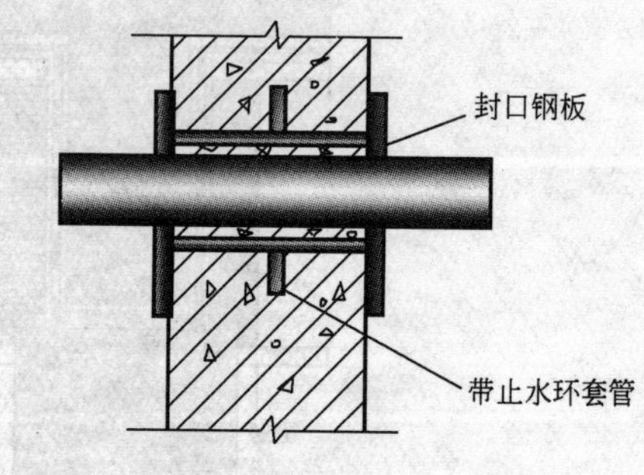

图 7-42 穿墙套管防水做法

7.7.2 屋面防水工程

（1）防水构造做法

屋面采用水泥防水珍珠岩板找坡，聚氨酯涂膜隔汽，SBS 改性沥青卷材防水，挤塑泡沫板保温，上人屋面表面做细石混凝土刚性防水层，构造做法如图 7-43 所示。

（2）SBS 改性沥青卷材防水层

SBS 改性沥青防水卷材，采用热熔法搭接。在粘贴防水层前，应将基层表面的突起物铲除，并将尘土杂物等彻底清理干净。基层处理剂用稀释剂稀释胶粘剂制成，涂刷要均匀一致，切勿反复涂刷。

1）卷材铺贴

采取边涂刷胶粘剂边向前滚铺贴的方法，并及时用压辊进行压实处理，滚压时须注意不要卷入空气或异物。卷材铺贴顺序如图 7-44 所示。

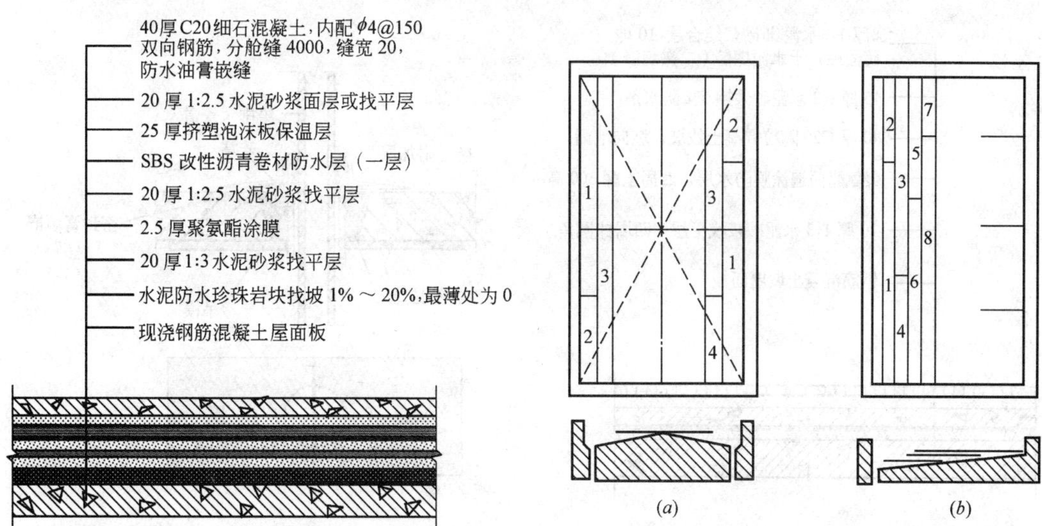

图7-43 平屋面构造做法示意图（单位：mm）

图7-44 屋面卷材铺贴顺序

（a）屋面中间起脊；（b）屋面一侧起脊

平面与立面相连接的卷材，由上而下压缝铺贴，并使卷材紧贴阴角，不允许有明显的空鼓现象存在。当立面卷材超过300mm时，用氯丁乳胶粘剂（如404胶等）进行粘结或采用下木砖钉压条与粘结复合的方法处理，以达到粘结牢固和封闭严密的目的。

2）卷材搭接处理

卷材纵横之间底边界宽度为100mm，一般接缝既可用胶粘剂粘合，也可用煤油喷灯进行熔接，其中以加热熔接的效果为理想。接缝边缘和卷材的末端收头应刮抹浆膏状的胶粘剂进行粘合封闭处理，以达到封闭防水的目的。必要时在经过封闭处理的末端收头处，再用掺入占水泥重量20％的108胶的水泥砂浆进行压缝处理。

3）细部增强处理方法

待基层处理剂干燥后，可先对排水口，管道根等容易发生渗漏的薄弱部位，在其中心250mm范围内，均匀涂刷一道胶粘剂，涂刷厚度为1mm左右，涂胶后随即粘贴一层聚酯纤维无纺布，并在无纺布上再涂刷一道厚度为1mm左右的胶粘剂，干燥后即可形成一层无接缝和弹塑性的整体增强层。

（3）保护层或刚性防水层

保护层或细石混凝土刚性防水层必须按设计要求和施工规范规定设置分仓缝，防止保护层或刚性防水层开裂。表面应平整、光洁，无返砂、起皮、裂缝等质量缺陷。

7.7.3 卫生间防水工程

（1）防水构造做法

卫生间做聚氨酯涂膜防水层，构造做法如图7-45所示。

（2）穿楼板管道防水处理

卫生间关键要控制好套管、下水口周围嵌灌细石混凝土的质量。嵌混凝土前，要支设好吊模，吊模应按套管、下水口套割吻合，使之接缝严密，不漏浆。细石混凝土中应掺入适量膨胀剂，分两层嵌灌，每层仔细插捣密实。灌缝做法如图4-46所示。

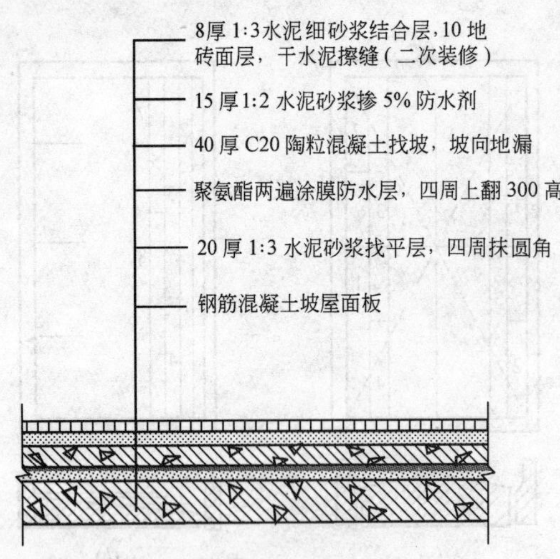

图7-45 厕所地面构造做法示意图（单位：mm）

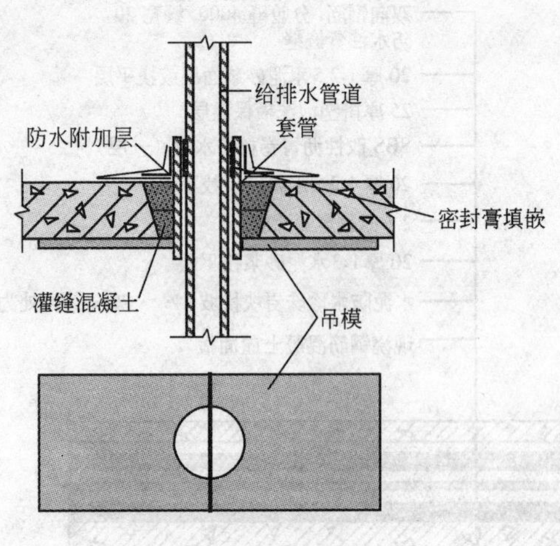

图7-46 穿楼板管道防水处理

(3) 聚氨酯涂膜防水层

涂膜防水层施工前，应对水泥砂浆找平层的裂缝进行密封处理。涂刷时，重点控制涂膜的均匀性和厚度，做好墙根及穿楼板管道周围的防水处理。防水涂膜翻上墙300mm高，外粘粗砂。

7.7.4 防水工程控制要点

为了防止地下室、屋面、卫生间渗漏，有必要在管理制度、操作程序、技术复核等方面，从以下几个角度加以强调：

1）严格技术交底制度

将设计意图和《建筑工程细部做法标准》传递到每一个操作工人，在没有弄懂之前，不得随意开工。

2）严格技术复核制度

对于关键部位，应采取技术复核制度，未经复核或复核未通过的，均不得进入下道工序；复核通过的，应填写技术复核记录。

3）隐蔽工程验收制度

对于各构造层材料的材质、厚度、施工质量等在隐蔽前必须进行严格的检查。

4）蓄水试验

不论是卫生间还是屋面防水，最管用的方法也是最直观方法，就是按照设计考虑的条件，进行蓄水试验并填写试验记录，作为分部工程验收的附件。

5）加强细部处理

对地下室（墙根、穿墙管道等）、屋面（山墙泛水、落水口、出屋面管道、伸缩缝等）、卫生间（套管、地漏、下水口）等细部的各构造层严格按细部做法要求施工，对不符合要求的，必须进行返工。

7.8 安装工程

安装工程的施工，总体上分为三个阶段，随土建结构施工进行预埋预下；随土建的粗装饰进行各零配件的粗安装；随土建的精装饰及其以后，进行其零配件的精安装。

7.8.1 给排水系统安装

(1) 管道施工工艺

管道施工工艺流程如图 7-47 所示。

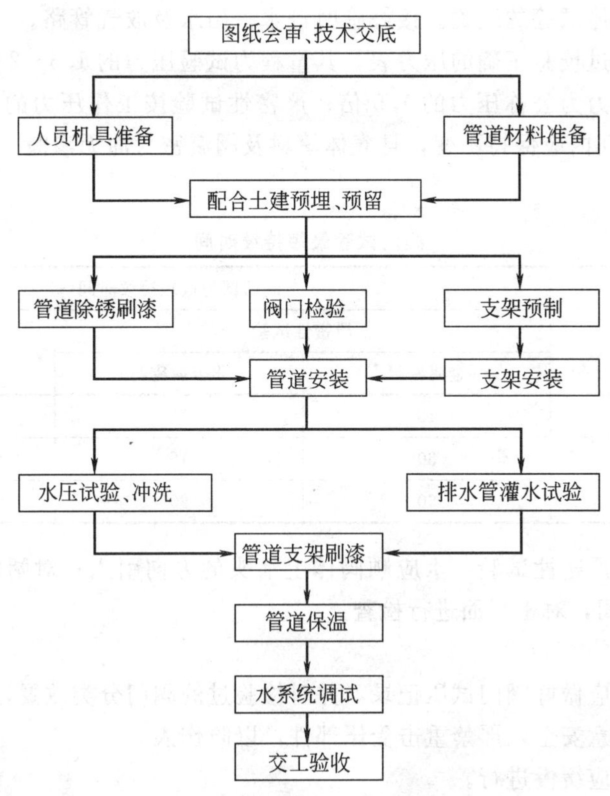

图 7-47 管道施工工艺流程图

(2) 准备工作

1) 施工前，熟悉各类管线图纸，图纸会审纪要和有关变更、联系单。施工班组应把变更内容标注在图纸中，防止错误施工。对于弄不清楚的问题，要提前与技术人员联系，弄清后再施工。

2) 图纸熟悉完后，与材料部门联系，掌握材料的到货情况。对已到货的管件、阀门、法兰、管材进行质量、型号和几何尺寸的检查，不符合设计要求的材料或伪劣产品绝不能用在工程上，对未到货的材料，应催促材料人员尽快联系解决，以防误工。

3) 材料到货情况和现场满足施工要求后，施工班组长要组织人员进行开工准备，领料出库，堆放在施工合适的位置，并准备好必要的施工用具。

4) 每一条管线开工前，技术人员、班组长应将图中管线的位置、走向及支吊架生根处与实际现场核对；如发现问题，应及时与甲方和设计院联系，争取尽快解决。

5) 核对设计与设备连接的法兰是否满足实际需要，与设备、电气各专业核对设计图纸；如有矛盾之处，通知设计部门及时做相应的变更。

(3) 阀门的检验

1) 各类阀门在打压前应首先进行下列检查：

① 应检查填料是否符合要求，其压盖螺栓应有调节裕量。

② 填料密封处的阀杆有无锈蚀，开闭是否灵活。

③ 检查阀门的介质流向是否正确。

2）阀门的强度试验和严密性试验

① 做好阀门单体试验的装置。接好临时进水、出水及放气管路。

② 必须使用经过校验正确的压力表，其量程为试验压力的1.5～2倍。

③ 强度试验压力为公称压力的1.5倍；严密性试验按工作压力的1.1倍进行；试验压力在试验持续时间内应保持不变，且壳体填料及阀瓣密封面无渗漏。试压持续时间按表7-1规定。

阀门试验最短持续时间 **表7-1**

阀门公称直径 DN (mm)	阀门试验最短持续时间(s)		
	严密性试验		强 度 试 验
	金属密封	非金属密封	
0～50	15	15	15
65～200	30	15	60
250～450	60	30	180

④ 对截止阀的严密性试验，水应顺阀体上箭头的方向引入；对闸阀、蝶阀的严密性试验，应将阀门关闭，对密封面进行检查。

3）注意事项

① 阀门检验后应做好阀门试压记录，并对检验过的阀门分类放置，做好标记。

② 试压时应注意安全，严禁重击受压部件，以防伤人。

③ 阀门开闭时应缓慢进行。

(4) 支吊架制作、安装

1）支吊架的制作与安装应该符合设计图纸的规定。支吊架的焊接不允许有漏焊、欠焊的现象，如出现焊接变形应予以校正。

2）对于甲方代表现场同意更改的支吊架应及时写出联系单，并按联系单要求的形式制作安装。

3）支吊架的间距要根据不同材质的的管道，按照《建筑给水排水及采暖工程施工质量验收规范》GB 50242—2002所提供的间距标准设置。

(5) 管道的焊接

1）焊条使用前，必须经烘烤合格，烘烤温度为150～200℃，烘烤保温时间为1～2h。焊接使用时，应放入焊条保温筒中，并随用随取。

2）管道壁厚δ大于或等于3mm时，必须用砂轮机坡口，坡口形式为V形，夹角70°±5°，对口间隙1～2mm。

3）管道和管件外壁10～15mm范围内的油漆、锈污等异物在对口前应清除干净。

4）焊缝的外观质量要求：无裂纹、夹渣、气孔等表面缺陷，咬边深度小于或等于0.5mm，且连续长度不得大于焊缝全长的20%。

5）管道对接焊缝要求两条焊缝间距不宜小于管道外径，当DN大于或等于150mm

时，间距不应小于 150mm；当 *DN* 小于 150mm 时，间距不应小于管道外径。焊缝不宜设置在套管内、支架上等不便于检查修复的部位，焊缝距支吊架位置不得小于 50mm。

6）两个成型管件的相互焊接应该按照设计加接短管。

（6）管道的安装

1）钢管的安装

① 管道、管件及阀门，法兰片安装时要按设计要求复核无误，并将内部异物清理干净，法兰密封面应无缺陷。

② 法兰连接时应保持平行，其偏差不大于法兰外径的 1.5%，且不大于 2mm，法兰螺栓孔中心偏差不超过孔径的 5%，并且保证螺栓自由穿入，螺栓露出螺母 2～3 扣，不允许过长或未露出，单头螺栓方向一致。

③ 截止阀、止回阀、水流指示器安装方向要正确，阀门手柄无设计要求时，宜朝向操作方便、布置美观的位置。

④ 所有阀门应连接自然，不得强力对接。法兰周围紧力均匀，以防止由于附加应力而损坏阀门。

⑤ 与设备连接的管道，其固定焊口一般应远离设备，以免焊接应力影响设备。

⑥ 管道安装时，应注意管道的坡度、坡向要符合设计要求。

⑦ 管道穿墙或楼板时应按要求设置套管，穿墙套管的长度不小于墙厚，穿楼板的套管宜高出楼面 20～50mm。管道与套管的间隙应填以不燃烧的软质材料。

⑧ 管道安装工作间断时，应临时封闭敞开的管口，待安装时再拆除封闭。

⑨ 各类管线与总管碰头时，应先搞清楚每根管道的介质及供回关系，并通知技术人员和业主得到同意后方可连接。

⑩ 镀锌钢管应采用螺纹连接。被破坏的镀锌层表面及管螺纹露出部分，应做防腐处理。

⑪ 施工过程中，出现与图纸不符之处，及时向有关技术人员提出，待商定后再行施工，不得随意更改。

2）柔性铸铁管的安装

① 柔性铸铁管安装前，应清除粘砂、毛刺、沥青块等，并烤去承插部件的沥青涂层。

② 柔性铸铁管道按照承口朝向来水方向安装连接，管道连接应平直，预留口准确。

③ 考虑到高层建筑管道的胀缩补偿，法兰柔性管件连接时，在承口处要留出 5～10mm 的补偿余量。

④ 柔性铸铁管道上的吊钩或卡箍应固定在承重结构上。固定构件间距：横管不得大于 2m；立管不得大于 3m。楼层高度小于或等于 4m 时，立管可安装一个固定件。立管底部的弯管处应设置支墩。

⑤ 铸铁排水立管与横管连接时应采用 TY 型三通，立管与排出口应采用两个 45°弯头组合件。

⑥ 暗装或埋地的排水管道，在隐藏前应做灌水试验，灌水高度不应低于底层地面高度。

3）PE、PEX 管的安装

a. 室内给水管道进户支管采用聚乙烯（PE）塑料管，热水管道进户支管采用交联聚乙烯（PEX）塑料管和专用接头。

b. PE、PEX管安装时应遵循生产厂家的有关技术要求。

c. 施工现场与材料堆放处温差较大时，安装前应将管材和管件在现场放置一段时间，使其温度接近施工现场的温度。

d. 管道系统安装间断或完毕的敞口处，应随时封堵保护。

e. 管道穿墙、楼板及卫生间暗配管要配合土建预留孔槽，其尺寸应符合按照下列规定：

① 预留孔洞尺寸宜较管径大50～100mm；

② 嵌墙暗配管墙槽尺寸的宽度宜为（d+60)mm，深度宜为（d+30)mm；

③ 架空管顶的上部净空不宜小于100mm；

④ 暗配管的墙槽必须用1∶2的细石混凝土砂浆填补；

⑤ 在PE、PEX管的各配水点、受力点处，必须采用可靠的固定措施。

（7）管道试压

1）准备好两套经校验合格的压力表，其精度不低于1.5级，表的满刻度为试验压力的1.5～2倍为宜。

2）连接好打压用的临时管路系统，将管道所有敞口处封闭，并将系统中所有仪表件、安全阀等不宜参与打压的部件隔离。管道中如加盲板，应做出明显的标志。试压管线的最高处应设置放气阀。

3）参加打压的人员应掌握打压的基本知识与要求，打压现场应清除无关人员，打压时防止重击或剧烈振动管道，阀门开启与关闭应缓慢。

4）试压用的水应清洁，水温、环境温度宜在5℃以上；否则，必须根据具体情况，采取防冻及防止金属冷脆折裂的措施，试压水温不宜超过70℃。

5）试压过程应缓慢，分级进行并仔细检查，发现异常问题立即中止升压，分析原因，采取妥当的处理措施；如遇泄漏不得带压修理，压力超过0.4MPa后不得再紧固螺母，泄压处理漏点后再行试压。

6）管道试压完毕后，应及时泄压，并将系统中的水全部泄净，拆除临时管路、支撑、盲板，恢复系统安装。

（8）管道的冲洗

1）冲洗管道时应用洁净水，冲洗水的流速不低于1.5m/s。

2）不允许吹洗的设备及管道应与吹洗系统隔离。

3）吹洗的顺序应按先主管、支管、疏排水管依次进行，吹出的脏物不得进入已合格的管道。

4）水冲洗应连续进行，以排出口的水色透明度与入口水目测一致为合格；生活给水系统管道在交付使用前必须冲洗和消毒，并经有关部门取样检验，符合国家生活饮用水标准方可使用。

5）当水管经水冲洗合格后暂不运行时，应将水排尽。

（9）管道刷漆与防腐

1）钢管表面除锈后刷防锈漆和调合漆各两道，镀锌钢管外刷银粉漆两道，管道支架和管卡等铁件除锈后刷红丹防锈漆两道、银粉漆两道。

2）所用涂料应有制造厂的质量证明书。

3）焊缝及其标记在压力试验前不涂漆，管道安装后不易涂的部位应先涂漆。

4）涂漆的种类、颜色、涂敷的层数和标记等应符合设计文件和规定。

5）油漆涂层应均匀，颜色一致；漆膜应牢固、完整无损；色环间距均匀、宽度一致。

7.8.2 消防水系统安装

（1）消防部件的检验

1）消火栓系统管材应根据设计要求选用，管材不得有弯曲、锈蚀、重皮及凹凸不平等现象。

2）消火栓箱体的规格类型应符合设计要求，箱体表面平整、光洁。金属箱体无锈蚀、划伤，箱门开启灵活。箱体方正，箱内配件齐全，栓阀外形规矩、无裂纹、启闭灵活、关闭严密、密封填料完好且有产品合格证。

3）消防产品均应有消防部门的制造许可证及合格证方可使用。

（2）施工工序

安装准备──→干管安装──→报警阀安装──→立管安装──→消火栓及支管安装──→水流指示器、消防水泵、高位水箱、水泵接合器安装──→管道试压──→管道冲洗──→系统通水试验。

（3）支架安装

1）管道应固定牢固，钢管支架或吊架之间的距离不应大于表 7-2 的规定。

钢管支架或吊架之间的距离（直径（mm）/间距（m）） 表 7-2

公称直径		15	20	25	32	40	50	70	80	100	125	150
间距	保温	1.5	2	2	2.5	3	3	4	4	4.5	5	6
	不保温	2.5	3	3.5	4	4.5	5	5	5	5.5	7	8

2）管道支架、吊架、防晃支架的形式、材质、加工尺寸及焊接质量等应符合设计要求和国家现行有关标准的规定，支架的形式以施工图纸为准，图纸中没有具体做法的，参见《全国通用给水排水标准图集》S1、S2、S3 中的有关做法。

3）对于甲方代表现场同意更改的支吊架应及时写出联系单，并按联系单要求的形式制作安装。

4）对于设计做成固定或滑动的支架，一定要按照设计要求，不得随意更改。固定支架要牢固、可靠，滑动支架的工作面应平滑、灵活，无卡涩现象。

5）支架制作完毕安装之前，需先除锈再刷红丹防锈漆两道，支架安装后如发现有漏漆或磨损的地方，需补刷红丹防锈漆两道。支架的钻孔采用钻床钻孔，严禁使用气割吹孔。

（4）干管、立管及支管安装

1）本消防系统管道用镀锌管材，当 *DN* 大于或等于 70mm 时，管道采用卡箍连接；当 *DN* 小于 70mm 时，管道采用螺纹连接。

2）镀锌钢管及管件的种类应符合设计要求，管壁内外镀锌均匀，无锈蚀、无毛刺，管件无偏扣、乱扣、丝扣不全等缺陷。管材及管件应有出厂合格证。

3）根据图纸加工管道丝扣，并将加工好的管段编号。

4）安装前清扫管内的污物，在管道丝扣上抹上铅油，缠好麻丝，用管钳按编号依次上紧，丝扣外露2～3扣，安装完后找直找正，复核甩口的位置、方向及变径无误后，清除麻头，所有管口要加好临时丝堵。

5）对于大管径的镀锌钢管，管道的开孔与卡箍的连接出口应对正，以防影响消防水的流量。

（5）消火栓安装

1）消火栓箱及箱内短管在砌体验收完、粉刷前安装完成。安装时需把铝合金边框拆下，待墙面涂料结束后再装上。

2）消火栓口距地标高为1.1m，甲型箱底标高0.75m，乙型箱底标高为0.95m，在配合土建安装过程中，应保护好消防箱，特别是铝合金箱体，箱体与装饰框分次安装，箱体严禁气割开孔或扩孔，因此，消防箱生产厂家要有准产证，产品要有合格证，产品与设计要求相符。

（6）消防部件安装

1）消火栓配件在交工前进行安装，消防水龙头带应折好放在挂架上或卷实、盘紧放在箱内。消防水枪要竖放在箱体内侧，消防水带与水枪快速地连接采用卡箍，消防箱内电控按钮应注意与电气专业配合施工。

2）自动喷水系统设置一套湿式报警阀，在每个防火分区自动喷水干管上设置信号阀和水流指示器，在管网末端设系统检验装置。信号阀安装水流指示器前的管道上，与水流指示器的间距应不小于300mm。

3）消防水泵规格型号应符合设计要求，水泵进出水口应设置减振器，水泵出口采用缓闭式逆止阀。

4）水泵配管安装应在水泵定位找平、稳固后进行，安装顺序为逆止阀、阀门，依次与水泵紧牢，水泵进水前应装配过滤器，与水泵相连接配管的一片法兰先与阀门法兰紧牢，用线坠找直找正，量出配管尺寸，配管先点焊在这片法兰上，再把法兰松开取下焊接，冷却后再与阀门连接好，最后再焊与配管相接的另一管段。阀门安装手轮方向应便于操作、标高一致，配管排列整齐。水泵设备不得承受管道的重量。

（7）管道试验

1）强度试验：消防栓系统试验水压低区为1.4MPa，高区为1.6MPa，保持30min，无明显渗漏、无变形，且压降不大于0.05MPa为合格，并做好记录。

2）严密性试验：在管道强度试验和管网冲洗合格后进行，试验压力为设计工作压力，稳压24h无泄漏为合格。

7.8.3　采暖系统安装

（1）概述

1）本工程采暖系统为一户一表的分户计量以及与此相对应的公用立管的供热系统，分为高、低区采暖两个系统。一至十八层为低区，十八层以上为高区。

2）公用立管及热计量表、过滤器以及与锁闭调节阀设置于每层楼梯间的管道井内，高低区公共立管采用下分式双管系统，最高点设排气、最低点设泄水。

3）户内设置集分水器，入户管道接至集分水器后再分别接至各采暖房间，户内系统为放射双管——水平串联式系统，每个散热器设置一个高阻恒温两通阀和排气阀。

（2）材料的选用

1）散热器采用钢制翅片管散热器，工作压力为1.6MPa。

2）供回水干管、公用立管、入户分支管管径 DN 小于或等于 32mm 时采用镀锌钢管，螺纹连接；DN 大于 32mm 时采用无缝钢管，焊接连接。管道穿墙或楼板处设置套管，焊缝应避免设在套管处。

（3）采暖安装措施

1）采暖管道穿墙及穿楼板时均应预埋套管，穿墙套管与墙壁平齐，穿楼板套管下口与楼板底平齐，上口高于室内地坪 20mm。

2）在垫层内埋设的管道均不应有任何连接配件及接头，集配器处管道密集部位，设置柔性套管等保温措施。

3）安装管径小于或等于 32mm 的不保温的采暖双立管，两管中心距应为 80mm，允许偏差 5mm，送水管应置于面向的右侧。

4）连接散热器的支管一律采用 DN20 的钢管，当支管全长小于或等于 500mm 时，坡度值为 5mm；大于 500mm 时为 10mm。当一根立管接往两根支管，任其一根超过 500mm 时，支管坡度值均为 10mm。

5）散热器支管，当长度大于 1.5m 时，应在中间安装管卡或托钩。散热器立管与支管相交时，立管应煨弯绕过支管。

6）散热器支架、托架安装位置应正确，埋设平整、牢固。其数量应符合设计要求和规范规定。

7）热水管道支架、管卡等铁件除锈后刷红丹防锈漆两道、银粉漆两道。

8）暖气片在安装前应进行水压试验，试验合格后方可安装。

（4）暖气系统试压

1）本工程试压参数见表 7-3。

采暖试压参数 表 7-3

试压项目	强度试验(kPa)	稳压时间(min)	允许压降(kPa)	严密试验(kPa)	稳压时间(min)	观察时间(min)
高区试压	1600	60	50	1610	120	30
低区试压	900	60	50	805	120	30

2）同时还应遵守《建筑给水排水及采暖工程施工质量验收规范》GB 50242—2002。

（5）采暖保温

1）供回水干管、公用立管、入户支管需要采取保温措施，保温材料采用难燃橡塑保温管壳。

2）不同管径对应的保温材料厚度见表 7-4。

保温材料厚度 表 7-4

管　径	保温材料厚度	管　径	保温材料厚度
DN40～DN80	25mm	DN100～DN250	35mm

3）根据不同保温管壳的直径大小选用 18～20 号镀锌钢丝进行绑扎，保温管壳的纵缝应错开，绑扎接头不宜过长，并将接头插入瓦块内。

4）立管保温时，其层高小于5m，每层应设一个支撑托盘固定在管壁上，其位置应在立管卡子上部200mm处，托盘直径不大于保温层的厚度。

5）保温管道的支架处应留设膨胀伸缩缝，并用石棉绳填塞。

7.8.4　电气系统安装

(1) 电气施工工艺

电气施工工艺流程如图7-48所示。

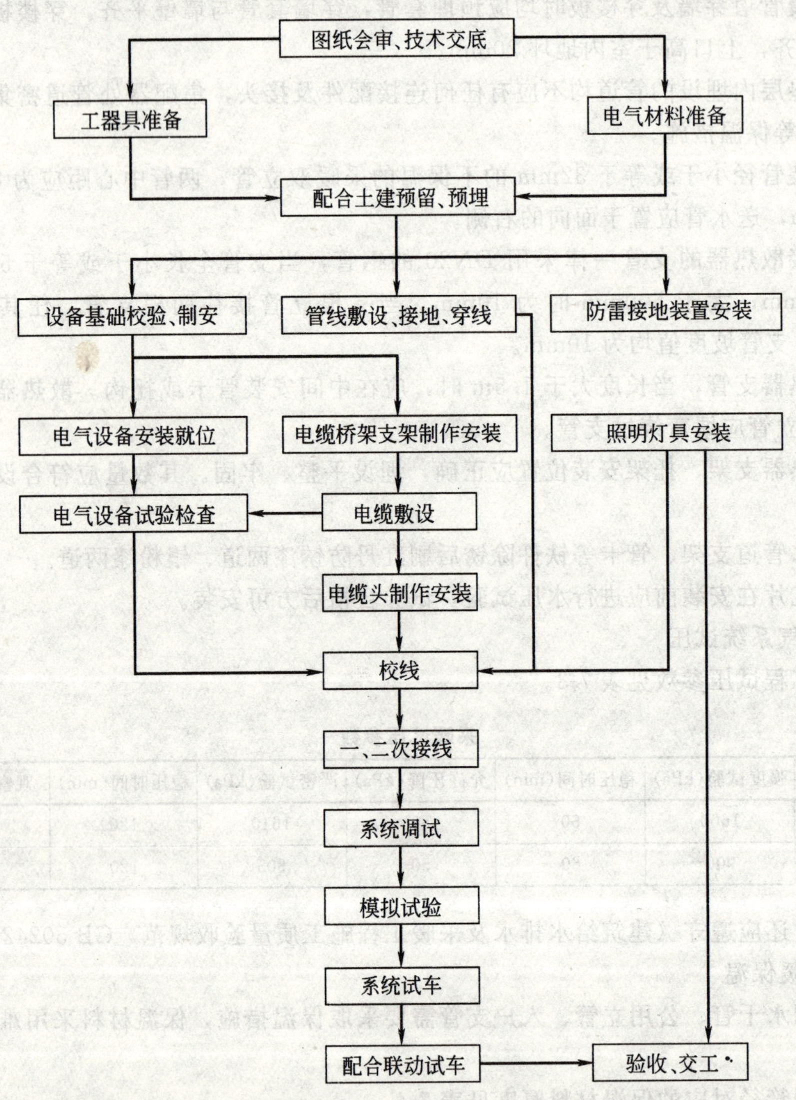

图7-48　电气施工工艺流程图

(2) 配电柜（盘）及动力开关柜安装

1）施工程序

设备开箱检查──→二次搬运──→基础型钢制作──→柜（盘）安装──→柜（盘）母线配制──→二次回路接线──→各回路检查调试──→送电运行验收。

2）设备开箱检查

① 设备开箱应会同设备生产厂家和建设（监理）单位共同开箱检查：设备包装及密封应良好，制造厂的技术文件应齐全，型号、规格应符合设计要求，附件备件齐全。

② 柜体外观应无损伤、变形，油漆完整无损，柜内电气元件齐全，无损伤、裂纹。

3）二次搬运

① 依据柜（盘）的重量及形体的大小，结合现场施工条件决定运输设备。

② 吊装时，柜上有吊环的，钢索应穿过吊环；无吊环的，钢索应挂在四角主要承力处。搬运时防止磕碰、损害设备元件、仪表、损坏油漆及造成变形。

4）基础型钢制作安装

① 原则上按施工图施工。制作前应将型钢矫正、矫直，再按图纸上柜（盘）的实际尺寸制作基础型钢。低压配电柜离墙不得小于0.8m。

② 安装基础型钢时，应用水平仪找正。基础型钢安装的不平度，每米长度应小于1mm，全长应小于5mm。基础型钢的位置偏差及全长的不平行度均应小于5mm。

5）柜（盘）安装

① 柜（盘）安装前，应按图纸规定的顺序将柜（盘）做好标记，然后放置到安装位置上。

② 单柜安装时，应找好柜（盘）正面和侧面的垂直度。

③ 成列柜安装时，应先调整柜的排列顺序，就位后再精确调整第一面柜，然后以第一面柜为标准逐级调整。其调整顺序可以从左到右，也可从右到左。

④ 柜（盘）找正时，垫片最多不得超过3片，柜间缝隙应小于2mm。基础型钢与柜的连接采用螺栓连接。

⑤ 柜（盘）组立安装后，其垂直度应小于1.5mm/m，相互间接缝不应大于2mm，成列柜盘面安装偏差不应大于5mm。

6）柜（盘）接地

每个柜（盘）应单独与基础型钢做接地连接。每个柜（盘）从后面左下部的基础型钢侧面焊上鼻子，用不小于6mm^{2}铜线与柜上的接地端子牢固连接。

7）柜（盘）一、二次回路接线

① 按图施工，接线正确，导线接触面、开关与母线连接处必须接触紧密。芯线无损伤，不应有接头。控制电缆及芯线的端部均应标明回路编号，字迹清楚不易脱色，配线应整齐、美观、清晰。

② 进入柜内的控制电缆应排列整齐，编号清晰，牢固可靠，不得使端子排受阻力。

8）柜（盘）试验调整

① 二次回路绝缘电阻试验

二次回路的每一支路和断路器、隔离开关操作机构的电源回路等均应大于1MΩ。

② 交流耐压试验

当绝缘电阻值大于10Ω时，用2500V兆欧表摇测1min，应无闪络击穿现象；当电阻值在1～10Ω时，做1000V交流工频耐压试验，时间1min，应无闪络击穿现象。

③ 模拟试验

按图纸要求，接通临时控制和操作电源，分别模拟试验，控制、联锁、操作和信号动作，应正确无误，灵敏可靠。

9）送电、验收

柜（盘）经试验调整后，经有关部门检查，可送电试运行，送电空载24h无异常现象，可办理交接手续。

（3）变压器安装

1）施工程序

设备点件检查→变压器二次搬运→变压器安装→附件安装→变压器吊芯检查及交接试验→送电前的检查→送电运行验收。

2）按照设备清单、施工图纸及设备技术文件核对变压器本体及附件备件的规格、型号是否符合设计图纸要求，附件备件是否齐全。

3）变压器本体外观检查无损伤及变形，油漆完好无损。

4）根据图纸要求，测量轨道和变压器轨距是否相符，并确定出高、低压出线方位。

5）变压器验收合格后，应由起重工进行二次吊装搬运，电工配合。吊装时索具必须检查合格，钢丝绳必须挂在油箱的吊钩上，上盘的吊环仅作吊芯用，不得用此吊环吊装整台变压器。

6）变压器搬运时用木箱或纸箱将高低压瓷瓶罩住，以防瓷瓶被破坏，搬运过程中不应有冲击或严重震动情况，利用机械牵引时，牵引的着力点应在变压器重心以下，以防倾斜，运输倾角不得超过150°，防止内部结构变形。

7）变压器运至变压器室门口后，调好变压器的推进方向，垫好枕木，将变压器推到位置上，变压器就位时，应注意其方位和距墙尺寸与图纸相符，允许误差为±25mm。

8）连接高低压母线及中性线，干式变压器的支架或外壳应接地（PE），所有连接应可靠，紧固件及防松零件齐全。

9）根据说明书及厂家要求，如果需要做变压器的吊芯检查。

10）对变压器清理，擦拭干净，顶盖上无遗留杂物，本体及附件无缺损，一、二次引线相位正确，绝缘良好，接地线良好。

11）变压器第一次投入时，可全压由高压侧投入冲击合闸，如无异常声音，持续时间不应少于10min。试运时要注意冲击电流、空载电流、一二次电压、温度，并做好详细的记录。变压器应进行3～5次全压冲击合闸，如无异常则可进行24h空载运行，再无异常情况，便可投入负荷运行。

（4）钢管暗敷设

1）施工程序

熟悉图纸→选管→切断→套丝或套接→揻管→涂防腐漆（镀锌管不需）→埋设→焊接地线。

2）选管

根据所穿导线截面和根数选择管径。当三根及以上绝缘导线穿于同一根管时，导线面积（含外护层）的总和，不应超过管内径面积的40%（参考图集JD 50—606）。

3）切断

一般使用切割机（无齿锯）。管道切断后，断口应锉平、刮光，管口应整齐、平滑。

4）管道套丝或套接

套丝时，将管子固定在台虎钳上，再把绞板套在管端，调整绞板，手压绞板手柄，平稳向里进刀。顺时针转动，用力缓慢，不得骤然用力。第一次套完后，第二次调整绞板再套一次。套丝过程中要及时给绞板加油。第二次丝扣套完时，稍松板牙，边转边松。管与管的连接也可用比此稍大一号的管套套接，管套周边应焊接牢固严密。

5）管道揻弯

管道煨弯有冷煨和热煨两种，冷煨的工具有手动和电动两种，弯曲角度不应小于90°，弯扁度不应大于管径的10%，弯曲半径不应小于管外径的6倍，埋设在混凝土中的管道弯曲半径不应小于管外径的10倍。敷设后的管道两端护口齐全、牢固，并应做好标记。

6）管道接地

采用丝扣连接时，要在管道接头两端焊跨接线。

（5）钢管明敷设

1）施工程序

熟悉图纸→选管和型材→支吊架制作→定位→支吊架安装→管道敷设。

2）支吊架制作

支吊架一般采用角钢、扁钢、钢板制作，为了美观应采用无齿锯下料，不得用气割。防腐漆、外层漆面光滑。管道敷设前应按设计图纸或标准图，做好各支架、抱箍等金属支持件，为明敷管作准备。

3）测量定位

在明敷管之前，应按图纸和现场情况确定好各种箱、盘、柜及用电设备的安装位置，将箱、盘、柜固定牢固，然后确定管路走向。应横平竖直吊线定位，并注意管路排列整齐。

4）支吊架安装

支吊架安装可用膨胀螺栓固定，也可焊接在预埋件上。

5）管道敷设

明敷钢管应采用丝扣连接，管道接头焊跨接线。管道排列整齐，固定点间距应均匀。

（6）管内穿线

1）依照图纸中的供电回路要求，结合用电设备，选择适合图纸要求（型号、规格、截面）的导线。

2）导线两端在盒箱内应有适当余量，在管内应无接头，导线连接牢固，保护严密，绝缘良好，不伤芯线。

3）导线整齐，护线套（护口、护线套管）齐全、不脱落，导线两端应做上标记。

（7）电缆桥架的安装

1）施工程序

定位→铁件预埋→固定支吊架→桥架外观检查→桥架组装→桥架接地。

2）桥架外观检查

检查装箱单、产品合格证、出厂检验报告；托盘、梯架、镀层应均匀，无毛刺、伤痕、缺陷；紧固件应齐全好用。

3）预埋铁件

应根据图纸要求，提前埋预埋件，预埋件用100mm×100mm×10mm钢板。

4）支吊架安装

支吊架一般固定在墙、柱、楼板上，当支吊架水平敷设时应高度一致，一般不要安装在热力管道上面或有腐蚀性管路的下面。敷设高度按图纸要求进行，支吊架一般用螺钉、膨胀螺栓固定或焊接在预埋件上。

5）桥架组装

桥架应固定牢靠，横平竖直，布置合理，盖板平整，接口严密，转角整齐。桥架进出电缆开口应使用开口器，严禁气割；管线进出桥架应套丝，用锁紧螺母固定管口，管子露出锁紧螺母螺纹2～3扣。

6）桥架接地

桥架应有可靠的电气接地。用-25×4镀锌扁钢地线，沿桥架长度敷设，要求与电缆托架焊接，距离20m之内做一次重复接地。

(8) 电缆敷设

1）施工程序

保护管、接线管预埋──→配电箱、灯具到货验收──→管内穿线──→器具安装──→校线、接线──→各回路调试检查──→器具试用。

2）电缆检查

电缆型号、规格、长度应符合设计及订货要求。产品技术文件齐全，外观无损伤，绝缘良好，电缆密封严密。

3）电缆保护管的加工和安装

参见明敷和暗敷管路。

4）电缆的搬运

① 电缆搬运前应检查其规格、型号是否符合要求，尤其要注意电压等级和芯线截面及芯线根数。

② 电缆盘在存放和搬运时不得平放，以防止线缆松弛、脱落。

③ 电缆轴运输时也不得平放。短距离搬运时，可以滚动，但要注意方向，防止电缆松脱。

5）电缆敷设

① 电缆敷设有两种方法，即人工敷设和机械敷设，无论采用哪一种敷设方法，均应将电缆盘架设到滚动支架上牵引敷设。

② 电缆敷设时在转弯处、终端处、接头处均应留有备用长度。

③ 电力电缆与控制电缆不应敷设在同一支架上，但1kV以下的电力电缆和控制电缆可以并列敷设在同一支架上。高低压电缆、强电、弱电控制电缆应按由上而下顺序敷设。

④ 电缆固定可用管卡子、U形夹、塑料夹等。

⑤ 电缆在穿入保护管前、保护管应安装牢固，不得将穿入电缆的管子直接焊接在支架上。穿入管子的电缆其截面积以管子内径截面积的40%为极限值。

(9) 电气照明器具及其配电箱（盘）安装

1）施工程序

保护管、接线管预埋──→配电箱、灯具到货验收──→管内穿线──→器具安装──→校线、接线──→各回路调试检查──→器具试用。

2）吊钩、预埋固定件埋设

吊钩、预埋固定件必须按要求埋设，并固定牢固。

3）配电箱、灯具进货验收

设备材料到货后包装及密封应良好，开箱检查规格应符合设计要求，规格、附件、备件、产品技术文件齐全；验收后，产品要标识，不合格产品严禁使用。

4）配电箱、照明器具安装

① 器具及其支架牢固端正，位置正确，有木台的安装在木台中心；灯具内外干净、明亮，吊杆垂直，双链平行；成排灯具中心线偏差应小于5mm。

② 暗插座，暗开关的盖板应紧贴墙面，四周无缝隙，并且安装高差、面板垂直度应小于或等于0.5mm。

③ 配电箱（盘）的安装，位置正确，部件齐全，箱体开孔合适，切口要整齐；暗式配电箱盖要紧贴墙面；零线经汇流排（零线端子）连接，无绞接现象。箱内接线整齐，回路标识齐全、正确，管子与箱体连接有专用锁紧螺母，箱体（盘）油漆完整。箱（盘）垂直度允许偏差应小于或等于3mm。

5）导线与器具的连接

① 连接牢固紧密，绝缘保护良好。压板连接时压紧无松动，螺栓连接时，在同一端子上导线不超过两根，防松垫圈等配件齐全。导线在器具、盒（箱）内的余量适当，吊链灯引下线整齐美观。

② 开关切断电源，螺口灯头相线在中心触点的端子上；单相插座的接线，面对插座，右极接相线，左极接零线，单相三孔、三相四孔及三相五孔的插座的接地（接零）线接在正上方，插座的接地线单独敷设，不与工作零线混用。

③ 照明器具及配电箱（盘）的接地（接零）应连接紧密牢固，截面选用正确，需防腐的部分涂漆均匀、无遗漏，各回路调试、检查、接线正确，绝缘电阻不小于0.5MΩ。灯具开关、插座工作正常。

（10）防雷及接地装置安装工程

1）施工程序

利用基础钢筋网做接地极──→选引下线的钢筋并标识──→做均压环──→引下线连接──→避雷带安装──→避雷连线焊接、安装──→接地电阻测试──→降阻措施。

2）接地极制作

① 将基础内底板钢筋焊接成可靠的电气道路。

② 采用$\phi12$的镀锌圆钢做避雷带，沿女儿墙顶部明敷，引下线用$\phi12$的镀锌钢筋暗敷引下，与柱内$\phi16$的两根主钢筋作电气连接。

3）接地端子预埋

① 测量接地电阻端子：引下线到距地0.5m处的户外地面上焊出的40mm×4mm的一段扁钢，作为接地电阻测试极。

② 接地电阻要求不大于1Ω，最终测试电阻如不能满足要求时，可补打接地极至接地电阻符合要求。

4）接地装置的检查验收

接地装置施工完成后，应及时请建设单位、监理公司及质量监督单位有关人员核定接地体材质、位置、焊接质量是否符合施工规范规定，并做好隐蔽工程记录，注明接地体和接地线的实际走向，最后用接地摇表测接地电阻。

7.8.5 消防与控制系统安装

(1) 配电管、箱、盒安装

1) 火灾报警系统的配管布线，应符合现行国家标准《建筑电气工程施工质量验收规范》GB 50303—2002 的规定。

2) 暗配电线管按图纸及实际现场按最近线路敷设，水泥保护层面不得少于 15mm，应尽量避免三根管路交叉于一点。

3) 电管揻弯不允许有折皱和裂缝，管截面椭圆度不大于外径的 10%，弯头半径大于 $6d$。

4) 明配电管，必须用支架和骑马卡固定，水平及垂直管敷设时，管长在 2m 时，偏差不得大于 3mm。

5) 所有钢质电线管均采用丝扣连接，管接头及过路盒应有圆钢跨接。对于大于 *DN*40 的电钢管连接处应有套管，连接处管道应顺直，焊接严密。管口进入箱盒小于 5mm，管口毛刺应用圆锉锉平并用锁母双夹固定。并用管堵，防止异物进入管道。

(2) 电缆、配线施工要求

1) 管内穿线时应先清理管道，清除积水，电线在管路内严禁接头、打结。

2) 不同系统、不同电压、不同回路的电线严禁穿入同一根管内。但以下情况除外：

① 同一台设备的电机回路和无抗干扰要求的控制回路；

② 各种电气、电机和用电设备的信号回路；

③ 穿线时应尽可能进行分色处理以便于识别，同时做好绝缘测试检查，做好安装记录；

④ 末端用电设备的连接，必须从接线盒、箱内用金属软管引出保护，严禁裸露明线；

⑤ 电缆敷设前应先严格复核长度才能截断，同时做好回路识别，做好端头的保护，在配电缆头时做好绝缘测试，并做安装记录。

(3) 火灾探测器安装

1) 本工程设置火灾自动报警及控制系统对全楼的火警信号进行监视和控制，消防中心设在一层，内设中央电脑、CRT、打印机、火灾报警控制器、手动控制柜、紧急广播系统、消防对讲电话、消防直通电话、电梯运行监视盘。

2) 在住宅楼首层、走道、变配电室、楼梯间、机房等场所设智能感烟探测器；在车库设普通感温探测器，在主要入口、楼梯口等场所设地址码手动报警器，在地下车库、走廊处设置警铃。

3) 感温感烟探测器吸顶安装，手动报警器距地 1.4m 明装，警铃距顶 0.3m 明装，主要入口消防对讲电话插孔距地 1.4m 暗装，变配电室、消防电梯机房所设消防电话出线口距地 0.3m 暗装。

4) 探测器的底座应固定牢靠，其导线连接必须可靠压接或焊接。

5) 探测器的“+”线应为红色，“—”线应为蓝色，其余线应根据不同用途采用其他颜色区分，但同一工程中相同用途的导线颜色应一致。

6) 探测器底座的外接导线，应留有不小于 15cm 的余量，入端应有明显标志。

7）探测器底座的穿线孔宜封堵，安装完毕后的探测器底座应采取保护措施。探测器的确认灯，应面向便于人员观察的主要入口方向。

8）探测器在即将调试时方可安装，在安装前应妥善保管，并应采取防尘、防潮、防腐蚀措施。

9）安装在顶棚上的探测器边缘与下列设施的边缘水平间距保持在：

① 感温探测器距高温光源灯具（如碘钨灯、功率大于100W的白炽灯等）的净距不应小于0.5m；

② 距不突出的扬声器净距不应小于0.1m；

③ 与各种自动喷水灭火喷头净距不应小于0.3m；

④ 探测器的底座通常分为编码底座和并联底座，但并联底座个数不应超过产品生产厂家所规定的最大数量，一般不应超过4只；

⑤ 对二进制地址编码开关进行编码时，应按正确的方法进行。

（4）手动报警按钮安装

1）手动火灾报警按钮应设置在明显和便于操作的部位，安装在墙上距地（楼）面高度1.4m处，且应有明显的标志。

2）手动火灾报警按钮应安装牢固，并不得倾斜。

3）报警区域内的每个防火分区，应至少设置一只手动火灾报警按钮。从一个防火分区内的任何位置到最邻近的一个手动火灾报警按钮的步行距离，不应大于30m。

4）手动火灾报警按钮的外接导线，应留用不小于10cm的余量，且在其端部应有明显标志。

（5）火灾报警控制器安装

1）火灾报警控制器在墙上安装时，其底边距地面高度不应小于1.5m，落地安装时，其底宜高出地坪0.1～0.2m。控制器应安装牢固，不得倾斜。

2）引入控制器的电缆或导线，应符合下列要求：

① 电缆芯线和所配导线的端部，均应标明编号，并与图纸一致，字迹清晰，不易褪色；

② 端子板的每个接线端，接线不得超过两根；

③ 电缆芯和导线，应留有不小于20cm的余量；

④ 配线应整齐，避免交叉，固定牢靠，导线应绑扎成束；

⑤ 导线引入线后，在进线管下应封堵；

⑥ 控制器的主电源引入线，应直接与消防电源连接，严禁使用电源插头，主电源应有明显标志；

⑦ 控制器的接地应牢固，并有明显标志。

（6）火灾事故广播安装

1）火灾事故广播分配线路应按疏散楼层或报警区域划分分路配线，各输出分路应设有输出显示信号和保护控制装置等。

2）当任一分路有故障时，不应影响其他分路的正常广播。

3）火灾事故广播线路，不应和其他线路（包括火警信号、联动控制等线路）同管或同线槽槽孔敷设。

4）火灾事故广播用扬声器不得加开关，如加开关或设有音量调节器时，应采用三线，式配线，强制发生火灾事故时广播开放。

（7）防排烟设施安装

1）排烟阀宜由其排烟分担区内设置的感烟探测器组成的控制电路在现场控制开启。

2）由消防中心控制排烟风机、正压风机的启、停，根据火灾信号打开相应的排烟阀，280℃防火阀动作联锁停排烟风机，将风机的运行状态、故障及阀门动作信号反馈至消防中心。

3）同一排烟区的多个排烟阀，若需同时动作时，可采用接力控制方式开启，并由最后动作的排烟阀发送动作信号。

4）设在排烟风机入口处的防火阀动作后应联动，停止排烟风机。

5）设置于通风井道上的防排烟阀，宜采用定温保护装置直接动作阀门关闭，只有必须要求在消防控制室远方关闭时，才采取远方控制；需同时动作时，应采取接力控制方式关闭，并由最后动作的防排烟阀将关闭信号反馈消防控制室，并停止有关部位风机。

6）消防控制室能对防烟、排烟风机（包括正压风机）进行应急控制。

（8）消防自控系统调试

1）土建、内装修施工达到消防试车条件的情况下，可以进行局部单体调试；当消防设备供电回路正常，各单体设备、元件调试基本完成的情况下才能进行系统调试。

2）系统调试之前，首先制定出调试方案以及工作进度表，报业主、监理审批，备齐竣工图纸、设计变更等有关资料和相应的记录表格。

3）系统调试由我局有资格的消防专业调试人员同供货厂家工程师联合调试；所有参加调试人员应职责明确，并应按照审批后的调试方案进行。

4）按设计要求查验设备规格、型号备用品、备件等，按《火灾自动报警系统施工及验收规范》的要求检查系统的施工质量。对属于施工中出现的问题，应会同有关单位、人员协商解决，并有文字记录。

5）检查检验系统线路的配线、接线、线路电阻、绝缘电阻、接地电阻、终端电阻、线号、接地、线的颜色等是否符合设计和规范要求，发现错线、开路、短路等达不到要求的，应及时处理、排除故障。

6）分别对探测器、报警控制器、火灾报警装置和消防控制设备等逐个进行单点、单机通电检查，正常后方可进行系统调试，并填写详细的调试报告。

7）单机检查试验合格，进行系统调试，报警控制器通电接入系统做火灾报警自动检测功能、消声、复位功能、故障报警功能、火灾优先功能、报警记忆功能、电源自动转换和备用电源的自动充电功能、备用电源的欠压和过电压报警功能等功能检查。通电检查上述所有功能必须符合条例《火灾报警控制器通用技术条件》GB 4717的要求：

◆ 按设计要求分别用主电源和备用电源供电，逐个逐项检查试验火灾报警系统的各种控制功能和联动功能，其控制功能和联动功能应正常；

◆ 系统功能调试后应用专用的加温加烟试验器逐个试验，对于其他报警设备也要逐个试验，动作无误后可投入运行；

◆ 按系统调试程序进行系统功能自检，系统调试完全正常后，应连续无故障运行120h，并写出调试开通报告，进行验收工作。

7.8.6 通风系统安装

(1) 通风施工工艺

通风施工工艺流程如图 7-49 所示。

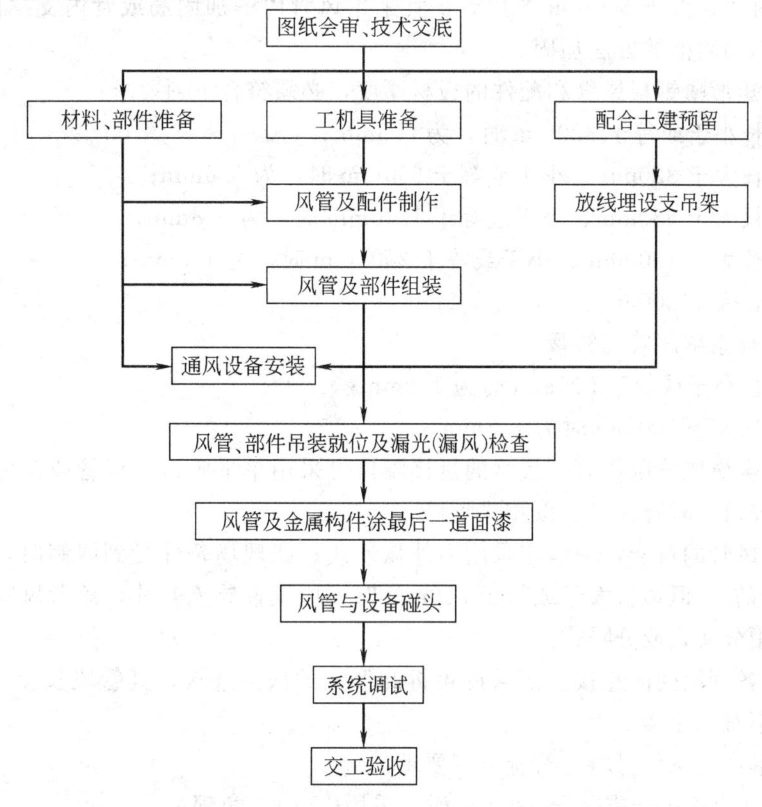

图 7-49 通风施工工艺流程图

(2) 材料、设备质量要求

1) 该工程所使用的主要材料、设备、成品及半成品，必须是按标准生产的产品，并须具有出厂检验合格证明文件。

2) 若为非标准产品，须具有质量检验的合格文件，并应符合国家有关部门强制性标准的规定。

(3) 风管制作

1) 矩形风管外边长尺寸的允许偏差：

① 当小于或等于 300mm 时，为－1～0mm；

② 当大于 300mm 时，为－2～0mm；

③ 绝不允许大于图注尺寸。

④ 其法兰的内边长尺寸的允许偏差为 1～3mm，绝不允许小于图注尺寸。平面度的允许偏差为 2mm，两对角线之差不应大于 3mm。

2) 风管与法兰连接采用翻边时，翻边应平整，宽度应一致，不得小于 6mm，并不得有开裂和孔洞。

3) 风管与配件的表面应平整，咬口缝应严密，宽度应一致，并不得有十字交叉的拼接缝。

4）矩形风管边长大于或等于 630mm 和保温风管边长大于或等于 800mm，且管段长度大于 1200mm 时，应采取加固措施。对边长小于或等于 800mm 的风管，宜采用楞筋的方法加固；对边长大于 800mm 的风管，宜采用风管内壁加固筋或管内支撑的方法加固，也可采用角钢加固框的方法加固。

5）一般矩形薄钢板风管和配件的板材厚度，必须符合下列要求：

① 大边长小于或等于 320mm 时，为 0.5mm；

② 大边长大于 320mm、小于或等于 630mm 时，为 0.6mm；

③ 大边长大于 630mm、小于或等于 1000mm 时，为 0.8mm；

④ 大边长大于 1000mm、小于或等于 2000mm 时，为 1.0mm；

⑤ 大边长大于 2000mm 时，为 1.2mm。

6）防排烟系统风管用料量

① 大边长小于或等于 500mm 时为 1.0mm；

② 大边长大于 500mm 时为 1.2mm。

7）矩形金属风管制作时，板材的拼接咬口可采用单平咬口，风管或配件的四角组合可采用转角咬口、联合咬口、按扣式咬口。

8）矩形风管的弯管，一般应采用内外弧形式；如现场条件受到限制时，可采用内弧形或内斜线弯管，但边长大于或等于 500mm 时，应设置导流叶片。矩形风管的三通或四通，一般采用分叉式或分隔式。

9）风管各管段间的连接全部采用可拆卸形式的法兰连接，其管段长度一般为 2m 左右，但最长不宜大于 4m。

10）矩形风管法兰材料应符合下列要求：

① 风管大边长小于或等于 630mm 时，采用∟25×3 角钢；

② 大边长大于 630mm、小于或等于 1250mm 时，采用∟30×4 角钢；

③ 大边长大于 1250mm、小于或等于 2500mm 时，采用∟40×4 角钢；

④ 大边长大于 2500mm、小于或等于 4000mm 时，采用∟50×5 角钢。

11）法兰螺栓及铆钉的间距应小于或等于 150mm，矩形法兰的四角处应设螺孔。法兰焊接时，要注意焊缝牢固、焊接变形，要清除全部焊渣和表面锈迹后，再刷 2 道防锈油漆。

12）风管与角钢法兰的连接，管壁厚度小于或等于 1.5mm 时，应采用翻边铆接，并应铆接牢固。风管与法兰铆接前，各面应注意两端相互平行，对角线误差不得大于 2mm；否则，须调整好后方可铆接。

13）风管上的测孔应在风管安装前装于设计要求的部位，其结合处应严密牢固。

(4) 风管及部件安装

1）风管及部件穿墙、过楼板或屋面时，应设预留孔洞，尺寸和位置应符合设计要求。

2）风管及格配件可拆卸的接口及调节机构，不得装设在墙或楼板内。

3）风管及部件安装前，要清除内外杂物或污物，并保持清洁。

4）风管及部件安装完毕后，要对系统作漏光检测，每 10m 接缝，漏光点不得超过两处，且每 100m 接缝平均漏光不得大于 16 处；否则，应进行处理。当漏光检测不合格时，应按规定的抽检率，作漏风量测试。

5）现场风管接口的配置不得缩小其有效截面。

6）风管支吊架的施工要根据现场实际情况，严格按照施工验收规范和 T616 国标图施工，尽量采用组合通用构架形式，支吊架上的螺孔必须采用机械加工，严禁采用气割开孔。

7）风管安装时，应及时进行支吊架的固定和调整，其位置应正确，受力应均匀。

8）支吊架不得设置在风口、阀门、检查门及自控机构处；吊杆不宜直接固定在法兰上。

9）水平安装风管支、吊架的间距，长边长小于 400mm 时，间距不得大于 4m；长边长大于或等于 400mm 时，间距不得大于 3m。垂直安装风管支、吊架的间距不得大于 4m，但每根立管的固定件不得少于 2 个。悬吊的风管与部件应设置防止摆动的固定点。

10）法兰垫料采用 8501 胶带，垫料应与法兰平齐，并不得凸入管内。

11）连接法兰的螺栓应均匀拧紧，其螺母应在同一侧。

12）明装风管水平安装，水平度的偏差，每米不应大于 3mm，总偏差不应大于 20mm。明装风管垂直安装，垂直度的偏差每米不应大于 2mm，总偏差不应大于 20mm。暗装风管位置应正确，应无明显偏差。

13）钢板风管与砖、混凝土风道的插接应顺气流方向，风管插入端与风道表面应平齐，并应进行密封处理。

14）柔性短管的安装应松紧适度，并不得扭曲。

15）可伸缩性金属或非金属软风管的长度不宜超过 2m，并不得有死弯或塌凹。

16）调节阀、蝶阀、防火阀等应安装在便于操作的部位。

17）防火阀安装方向应正确，易熔件应迎气流方向，气流方向必须与阀体上的箭头一致，且必须单独设立支吊架，安装后应做动作试验，其阀板的启用应灵活，动作应可靠。

18）风口的安装，风口与风管的连接应严密、牢固；边框与建筑装饰面贴实，外表面应平整不变形，调节应灵活。风口水平安装，水平度的偏差不应大于 3/1000；风口垂直安装，垂直度的偏差不应大于 2/1000。同一厅室、房间内的相同风口的安装高度应一致，排列应整齐。

（5）通风设备安装

1）通风机与空气处理设备必须有装箱清单、图纸说明书、合格证等随机文件。

2）设备安装前，应进行开箱检查，开箱检查人员应由建设单位、监理单位、施工单位的代表组成。开箱检查时，应及时做好检查记录。

3）设备就位前应对设备基础进行验收，合格后方可安装；对于吊装安装的风机，均应采用减振吊架。

4）通风机安装应严格按照国标的具体做法和《通风与空调工程施工质量验收规范》GB 50243—2002 的要求进行施工。

5）消声器安装的方向应正确，不得损坏和受潮；紧固消声器部件的螺钉应分布均匀，接缝平整，不得松动、脱落；穿孔板表面应清洁，无锈蚀及孔洞堵塞；消声器安装应单独设支吊架，其重量不得由风管承受。

（6）金属构件油漆防腐

1）支吊架涂底漆前，应清除表面灰尘、污垢与锈斑，并保持干燥。

2）金属构件涂漆，全部涂红丹防锈漆两道。明装风管部分，外表面须涂调合漆两道，最后一道面漆宜在安装后喷涂。油漆工程施工应采用防火、防冻、防雨措施，并不得在低温或潮湿环境下喷涂。

(7) 系统试运转及调试

1）安装后的通风系统，在投入使用前，应按照规范规定的程序进行无负荷试运转等系统的测定和调整。

2）测定使用的仪表性能应稳定、可靠，其精度应高于被测定对象的级别，并应符合国家有关部门计量法规及检定规程的规定。

3）通风设备单机试运转前，应根据安装使用说明书的指定位置，加上适度的润滑油，检查各项安全措施，注意旋转方向必须正确，在额定转速下试运转时间不得少于2h。试运转应无异常振动，滑动轴承最高温度不得超过70℃，滚动轴承最高温度不得超过80℃。

4）系统联动试运转应在设备单机试运转和风管系统漏光或漏风量测定合格后进行。系统联动试运转时，设备及主要部件的联动必须协调，动作正常，无异常现象。

5）防排烟系统联合试运行与调试的结果（风量及正压），必须符合设计与消防的规定。

8 冬、雨期施工措施

根据施工进度计划安排，本工程部分结构工程跨越冬期或雨期施工。施工中，应根据施工进展状况编制具体的冬、雨期施工方案。

8.1 冬期施工措施

1）按照冬期施工规范的要求，结合有关工艺标准和本工程的特点编制冬期施工方案。有针对性地制定有关分部、分项工程的冬期施工措施，并向有关人员进行交底；

2）做好冬期施工的技术、物质准备工作，加强构件的保温和防火管理；

3）在冬期施工阶段，加强天气预报工作，了解当天和近几天的天气情况，以采取相应的措施；

4）吊运混凝土、砂浆的吊斗应采取保温措施，控制混凝土的入模温度；

5）混凝土、砂浆中掺加防冻剂；

6）混凝土、砂浆的配制应选用抗冻性好的硅酸盐水泥或普通硅酸盐水泥，并控制好最小水泥用量和水灰比，适当提高混凝土、砂浆的稠度；

7）砂子使用前应过筛，防止砂中夹杂有冻块；

8）搅拌用水采用锅炉加热，搅拌棚应进行封闭；

9）现场供水管道应采取保温防冻措施，防止冻结；

10）混凝土采取二次收面，减少由温差引起的表面收缩裂缝，用塑料薄膜和草袋覆盖保温养护。

11）气温较低时，不宜进行室外抹灰作业，室内抹灰作业应临时封闭。

8.2 雨期施工措施

1）以预防为主，采取防雨措施及加强现场排水手段；加强气象信息反馈，及时调整施工计划，将在雨天施工对工程质量有影响的施工内容避开雨中施工；

2）施工现场设排水沟，地下室施工时设8台水泵，做到雨水排放畅通，无积水；

3）新浇混凝土、新砌墙体应及时覆盖，大雨时应停止浇筑混凝土；

4）原材料及半成品保护，采取防雨措施并垫高堆码和通风良好；

5）对机电等设备的电闸箱采取防雨、防潮等措施，并安装接地保护装置；

6）塔吊、脚手架要做好避雷接地。

9 “四新”技术推广运用计划

9.1 计算机辅助管理技术

拟投入本工程的计算机辅助管理，包括：

1）梦龙项目管理软件系统，用于施工进度管理、劳动力管理、主材管理、资金管理等；

2）Office系列、WPS系列等文档管理系统，用于文件管理、图纸管理、设计（技术）变更管理、来往函件管理等；

3）计算机辅助制图，施工现场平面管理系统；

4）其他：包括工程预算软件、钢筋下料软件等。

9.2 新型模板、支撑系统

投入本工程的模板、支撑体系，包括：

1）板式全钢大模板，铰接筒模；

2）双面腹膜竹胶合板或木夹板体系；

3）可调早拆、快拆支撑体系，用于梁、板支撑系统。

9.3 新型钢筋连接技术

电渣压力焊施工技术，用于现场柱竖向钢筋焊接。

9.4 其他

1）激光经纬仪、激光水准仪、激光铅垂仪建筑物轴线控制、平面控制、垂直度控制综合测控技术；

2）电动提升导轨式外爬架；

3）采用铁件代替墙体拉接筋预埋技术。

10 施工质量控制

严格按新的质量验收标准及质量验收系列规范实施，并严格按徐州市质量监督站颁发的《住宅楼工程竣工预验收检验细则》执行，以确保达到省优工程“扬子杯”质量目标。

10.1　建立质量保证体系

(1) 以合同为质量管理制约手段，推行GB/T 19000—ISO 9000质量标准，强化质量管理职能，建立以项目经理为领导，总工程师中间控制，各职能部门管理监督，各专业施工队具体操作的项目质量管理保证体系，如图10-1所示，形成从项目经理→各施工段→各专业施工队（包括指定分包队）的质量管理控制网络。

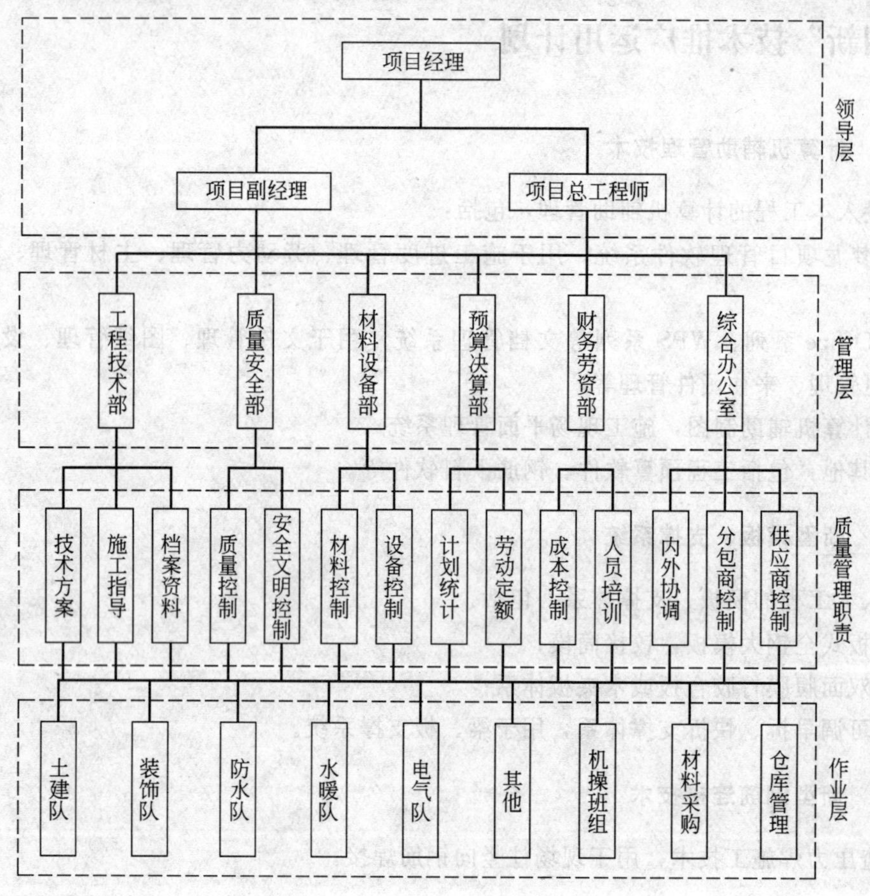

图10-1　质量保证体系组织结构图

(2) 坚持"质量第一，预防为主"的质量控制方针和"计划、执行、检查、处理"的质量控制循环工作方法，不断改进过程质量控制，重点抓好执行（施工）和监督（检查）两大质量控制线如图10-2所示。

(3) 制定项目质量管理制度、奖罚制度和质量岗位责任制，明确分工职责，落实质量控制责任，各行其职。项目经理对项目质量控制负责，过程质量控制由每一道工序和岗位的责任人负责。

(4) 做好"人、机械、材料、方法、环境"五大控制，推行质量样板制。

(5) 严格质量检查验收制度，每道工序必须按作业班组自检、互检、交接检──→项目质检员检查──→监理工程师检查的程序进行质量验收，验收不合格，不能进入下道工序施

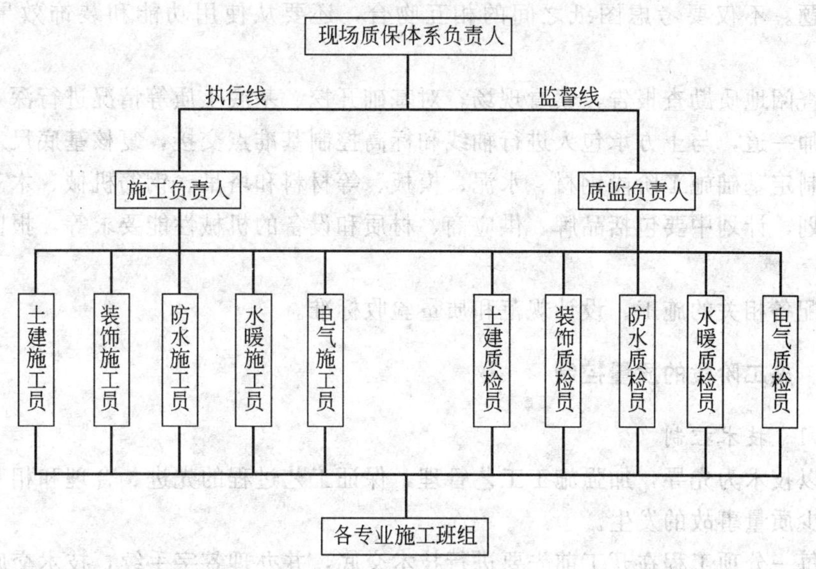

图 10-2 两大质量保证控制线示意图

工，加强过程质量控制，将质量问题消灭在过程中。

(6) 建立各级 QC 小组，实行全面质量管理，从施工准备到工程竣工，从材料采购到半成品与成品保护，从工程质量的检查与验收到工程回访与保修，对工程实施全过程的质量监督与控制。

10.2 编制项目质量计划

(1) 项目质量计划编制由项目经理主持，项目总工程师把关，各职能部门相互配合编写。质量计划要体现从工序、分项工程、分部（子分部）工程到单位工程的过程控制，体现从资源投入到完成工程质量的最终检验和试验的全过程控制。

(2) 将确定的工程质量目标层层分解到每一分部工程、分项工程，以分项、分部工程质量目标的实现来保证工程总体质量目标的实现。

(3) 质量计划要以质量管理的组织协调措施和对工程测量、技术方案（作业指导书）、材料及工序产品的检验和试验、机械设备的保养与维修、工程细部的施工设计等质量控制为编制的重点对象（图 10-1）。

(4) 结合本工程的具体特点，将地下室底板及外墙工程、砌筑工程、构造柱浇筑、厨房和卫生间地砖工程、墙面抹灰防裂、防水工程、工程细部施工设计等作为施工的重点和难点，对相应的关键工序和特殊过程要编制作业指导书。

(5) 对质量计划的实施要有严格的控制措施，以保证取得最佳的质量控制效果。定期验证质量计划的实施效果，以改进质量控制中存在的问题，达到工程质量的持续改进（图 10-2）。

10.3 准备阶段的质量控制

(1) 由项目总工程师组织对设计图纸进行认真、细致的审核，力求多发现图纸设计中存在的问题。不仅要考虑图纸之间的相互吻合，还要从使用功能和装饰效果方面加以考虑。

(2) 查阅地质勘查报告，察看现场，对基础开挖、基底土质等情况进行深入了解。和监理工程师一道，与土方承包人进行轴线和标高控制基准点交接，复核基底尺寸及标高。

(3) 制定基础施工阶段钢材、水泥、模板、等材料和塔吊、钢筋机械、木工机械等设备采购计划，计划中要包括品牌、供应商、材质和设备的机械性能要求等，报监理、业主审批。

(4) 配备相关的施工、设计规范和质量验收标准。

10.4 施工阶段的质量控制

10.4.1 技术控制

(1) 以技术为先导，加强施工工艺管理，保证工艺过程的先进、合理和相对稳定，以预防和减少质量事故的发生。

(2) 每一分项工程在开工前先要进行技术交底，并办理签字手续，技术交底要逐级落实到操作工人一级。

(3) 在施工过程中，业主和监理工程师提出的有关施工方案、技术措施及设计变更的要求，在执行前向执行人员进行书面技术交底。

10.4.2 工程测量控制

(1) 配备具有相应资格证书和足够工程测量经验的测量工程师或测量员，配备先进的测量仪器，并经过监理工程师的审批。

(2) 测量工具在使用前和使用过程中，要按要求进行鉴定，以保证测量的准确性和精度。

(3) 所有定位点和水准点的位置应报经监理工程师审批。

10.4.3 材料质量控制

(1) 在合格供应商名册中按计划招标采购材料、半成品和构配件。

(2) 严格控制进场原材料的质量，对钢材、水泥、防水材料等除必须有合格证外，尚需抽样进行复检；业主提供的材料、半成品等也应按规定进行检验和验收，严禁不合格材料用于工程。

(3) 材料的搬运和储存应符合要求，入库、出库均应建立台账。并对入场的材料、半成品、构配件进行标识，材料在使用前均应报监理工程师审批。

(4) 对需要提供样品的材料或半成品，样品经监理工程师认可后，按要求进行标识，并作为大批材料或半成品进场验收的依据。

(5) 材料的使用情况应做好记录，使材料使用具有可追溯性。

10.4.4 机械设备的质量控制

(1) 合理配备施工机械，使施工机械满足施工要求。

(2) 搞好施工机械的维修保养，使之处于良好的工作状态，并做好标识。

(3) 机械设备操作人员应熟练掌握机械的操作规程，并持证上岗。

10.4.5 计量控制

(1) 根据工程所需配齐所有计量器具。

(2) 国家规定强制鉴定的计量器具必须100%按时送检，同时做好平时的抽检工作。计量过程必须使用鉴定合格的计量器具，无鉴定合格证、超过鉴定周期或检验不合格的计量器具严禁使用。

10.4.6 工序质量控制

(1) 施工作业人员必须经过考核合格后持证上岗。施工管理人员和作业人员必须按操作规程、作业指导书和技术交底文件进行施工。

(2) 推行质量样板制度，在主体结构施工阶段应提供以下主要工序的工艺质量样板：

① 典型的钢筋绑扎，包括各类连接方式；

② 典型模板，包括支撑和拉结方式；

③ 典型清水混凝土构件浇筑成型后的表面；

④ 典型的填充墙砌体。

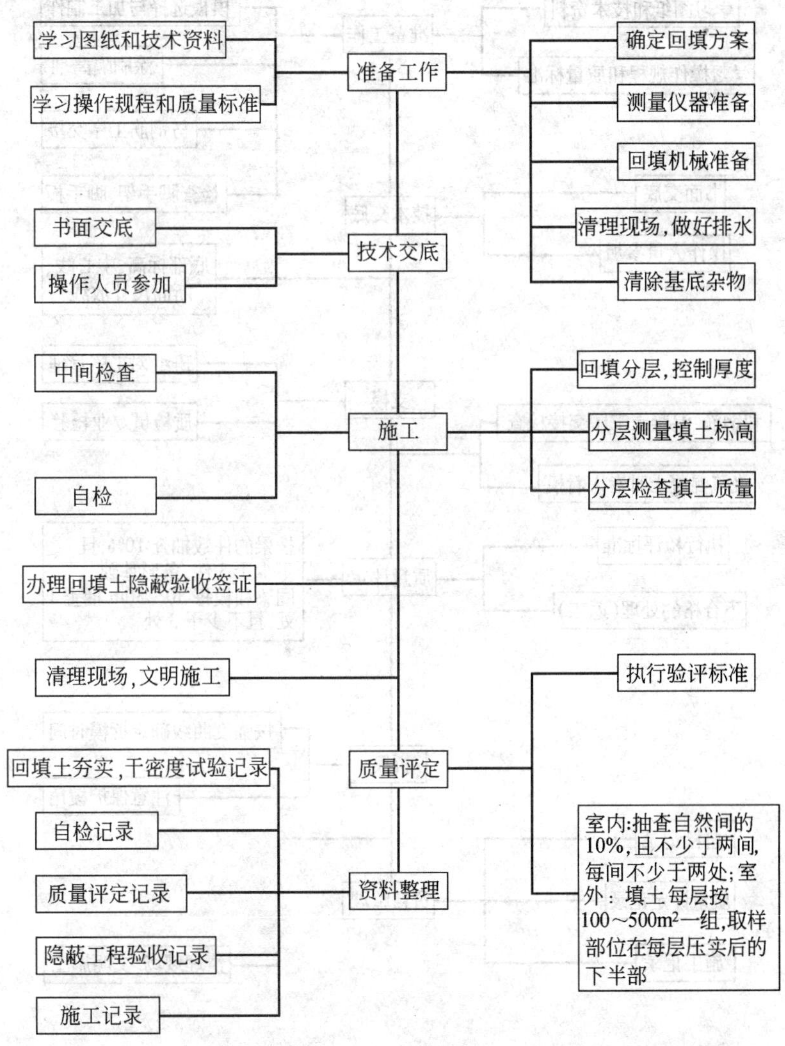

图10-3 土方回填工程质量控制程序

在装修阶段，影响装修质量的每道工序均应提供样板，典型房间的各类装修和装备工作工艺质量均应提供样板间，以确定房间的整体装饰效果。安装工程也应提供样板。

(3) 加强施工过程中的跟踪检查，发现质量问题及时处理，并在每天上午、下午的下班前，对刚作业的工程各组织检查一次。

(4) 工序的检验和试验应符合过程检验和试验的规定，对查出的质量缺陷应按不合格控制程序进行处置。

(5) 隐蔽工程做好隐蔽预检记录，专业质检员做好复检工作，然后再报请监理或质监站验收。

(6) 主要分项工程（包括土方、模板、钢筋、混凝土与砌筑工程）的质量控制程序如图10-3～图10-7所示。

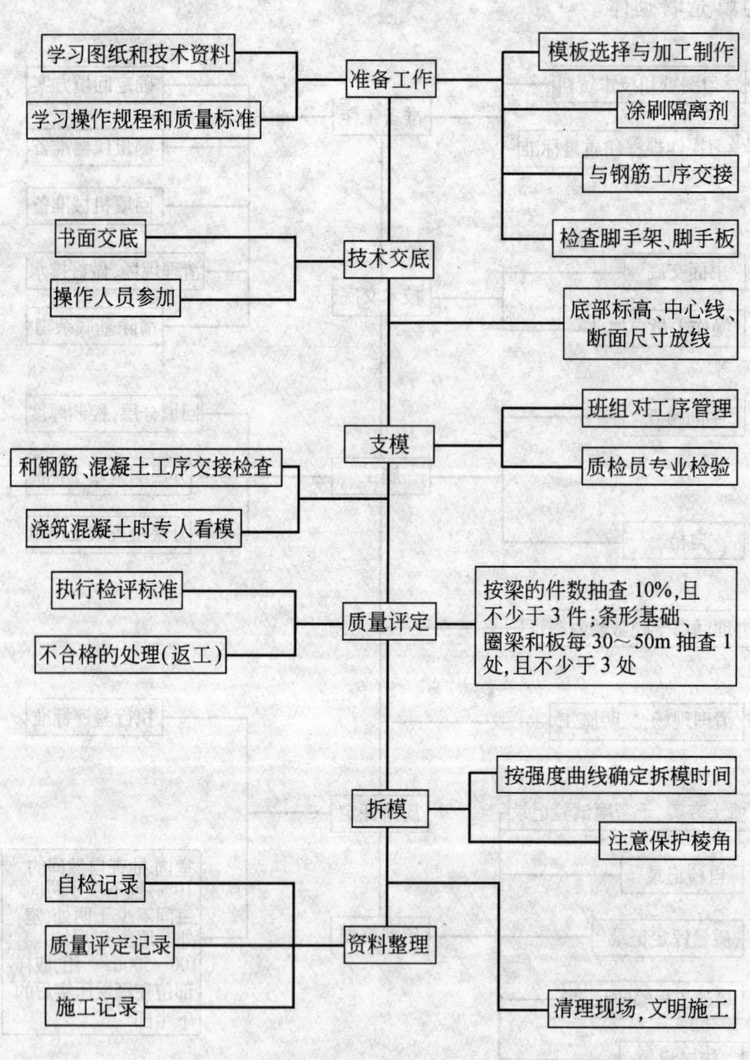

图10-4 模板工程质量控制程序

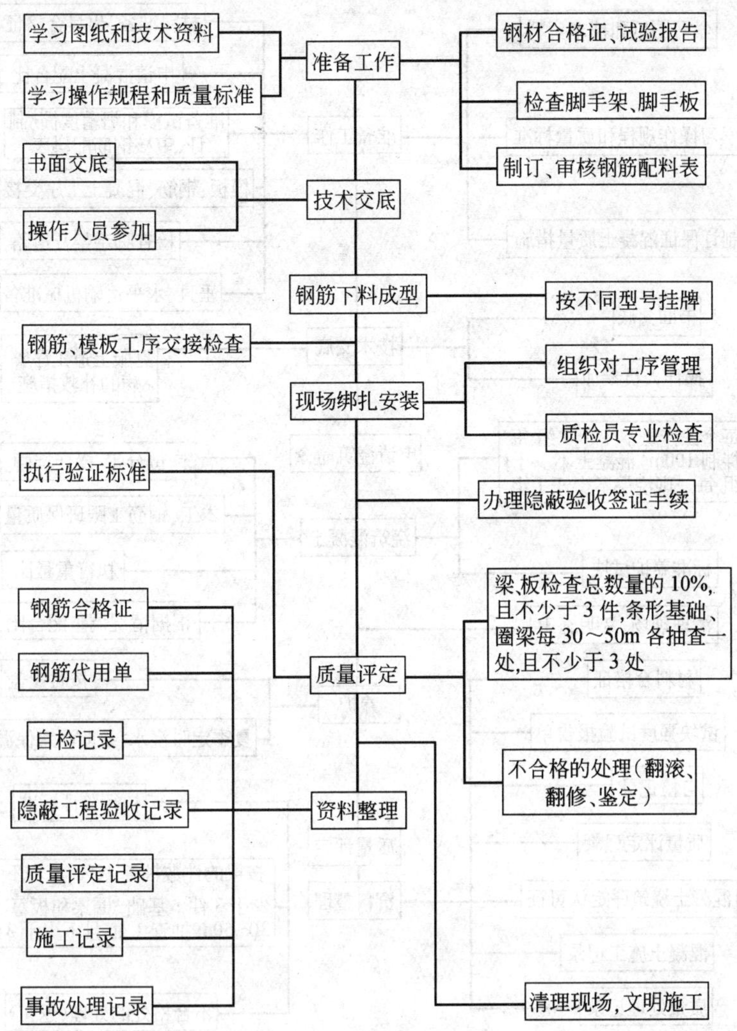

图 10-5 钢筋工程质量控制程序

10.4.7 特殊过程质量控制

(1) 对在项目质量计划中界定的特殊过程，应设置工序质量控制点进行控制，并编制专门的作业指导书和质量保证措施，经项目总工程师批准后执行。

(2) 对于质量容易波动、容易产生质量通病或对工程质量影响比较大的部位和环节，加强预检、中间检和技术复核工作。

10.4.8 工程变更控制

严格执行工程变更程序，工程变更经有关单位批准后方可实施。工程变更的内容应在相关的施工图纸上及时标识清楚。

10.4.9 成品保护

(1) 各工序成品采取有效措施妥善保护，下道工序的操作者即为上道工序的成品保护者，后续工序不得以任何借口损坏前一道工序的产品。

(2) 施工专业队伍多，穿插施工量大面广，不仅要保护好自己的成品不受他人破坏，

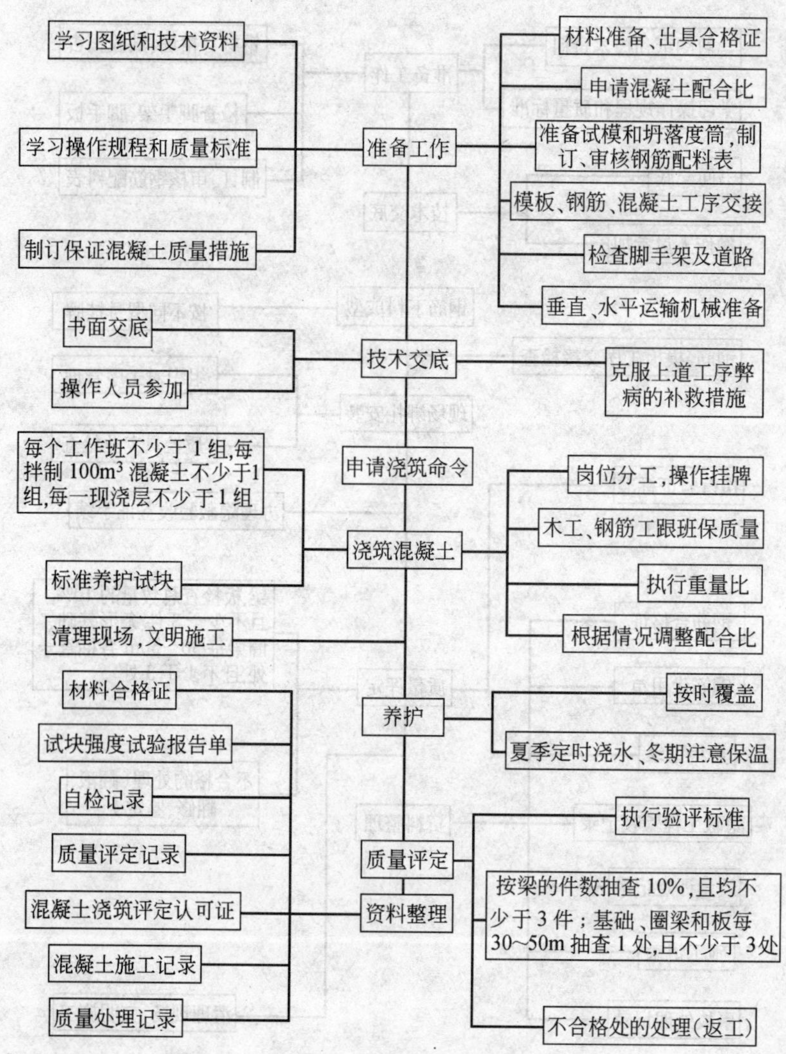

图 10-6　混凝土工程质量控制程序

还要防止破坏他人的成品。

10.4.10　收集整理施工资料

及时准备、收集施工原始资料，并做好整理归档工作，为整个工程积累原始的、真实的质量档案，使资料的整理与施工进度同步，并能如实反映各部位工程质量。

10.5　竣工验收阶段的质量控制

(1) 单位工程竣工后，项目总工程师应组织有关专业技术人员按最终检验和试验的规定，根据合同要求对工程质量进行全面验证。在最终检验和试验合格后，对建筑产品采取防护措施。

(2) 按编制竣工资料的要求收集整理质量记录，并按合同要求编制工程竣工文件，并做好工程移交准备。

(3) 编制质量保修书和产品使用说明书。

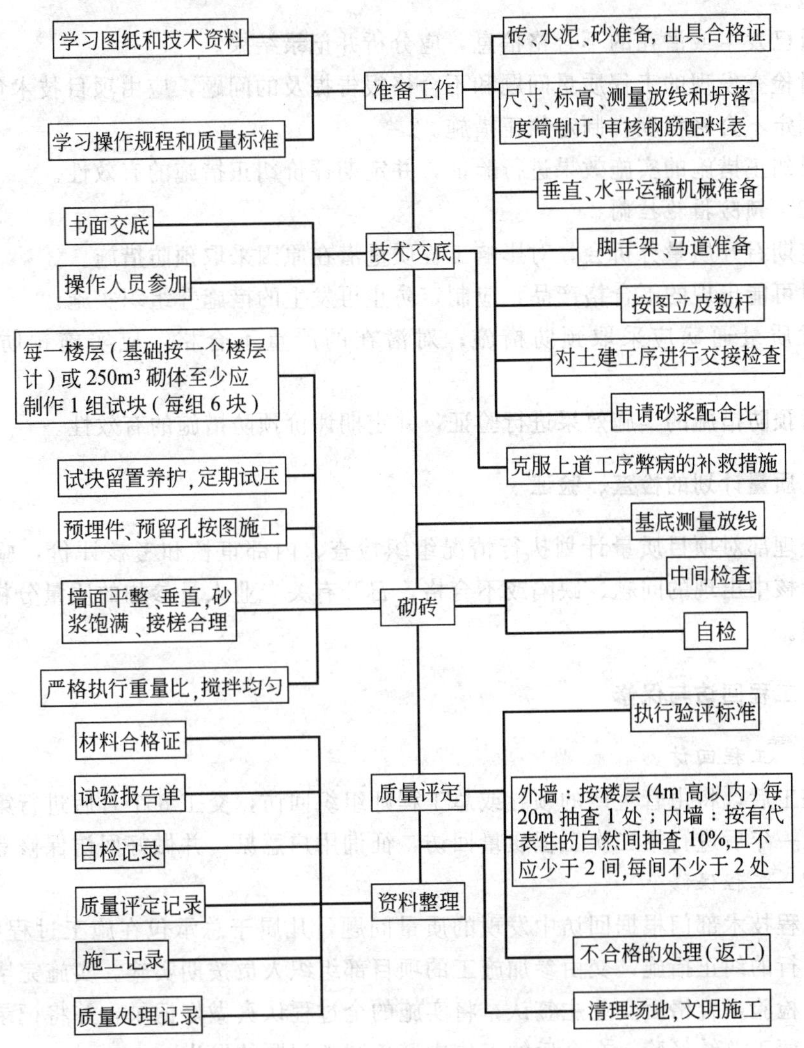

图10-7 砌筑工程质量控制程序

（4）工程交工后，项目经理部应编制符合文明施工和环境保护的撤场计划。

10.6 质量持续改进

分析评价质量管理现状，识别质量持续改进区域，确定改进目标，实施选定的解决方法。质量持续改进应按全面质量管理的方法进行。

10.6.1 不合格控制

（1）控制不合格物资进入施工现场，对检验中发现的不合格物资全部清退出场。

（2）严禁不合格工序未经处理而转入下道工序。对验证中发现的不合格产品和过程，应按规定进行鉴定、标识、记录、评价、隔离和处理。对返修或返工后的产品应进行检验和试验，并保存记录。

10.6.2 纠正措施控制

（1）对业主或监理工程师、设计人、质量监督部门提出的质量问题，应分析原因，制定纠正措施。

(2) 对已发生或潜在的不合格信息，应分析并记录结果。

(3) 对检查发现的工程质量问题和不合格报告提及的问题，应由项目技术负责人组织有关人员判定不合格程度，制定纠正措施。

(4) 对纠正措施的实施效果进行验证，并定期评价纠正措施的有效性。

10.6.3　预防措施控制

(1) 定期召开质量分析会，对影响工程质量潜在原因采取预防措施。

(2) 对可能出现的不合格产品，应制定防止再发生的措施并组织实施。

(3) 对质量通病应采取预防措施；对潜在的严重不合格，应实施预防措施控制程序。

(4) 对预防措施的实施效果进行验证，并定期评价预防措施的有效性。

10.7　质量计划的检查、验证

项目经理部对项目质量计划执行情况组织检查、内部审核和考核评价，验证实施效果。依据考核中出现的问题、缺陷或不合格，召开有关专业人员参加的质量分析会，并制定整改措施。

10.8　工程回访与保修

10.8.1　工程回访

工程完工后，将由管生产的领导或总工程师组织回访，交工6个月后进行第一次质量回访，交工一年后进行第二次工程质量回访，征询用户意见，并做好回访保修登记。

10.8.2　工程保修

(1) 工程技术部门根据回访中发现的质量问题，凡属于总承包在施工过程中造成的，制订切实可行的纠正措施，交由参加施工的项目部组织人员按期实施。实施完毕后由专职质检员进行检验，合格后交业主签认；将实施的全过程认真做好记录，并将记录交质检部门备案，以便于总结经验，在今后的工作中避免同类问题的发生。

(2) 凡不属于总承包造成的问题，而发包方要求维修的，总承包方协助解决，费用由发包方承担。

11　安全生产及文明施工控制

严格按徐建发（2002）71号文的要求和江苏省及国家有关安全生产及文明施工的法律、法规的规定执行，确保创省级安全文明工地。

11.1　安全施工保证措施

11.1.1　建立安全生产保证体系

(1) 成立以项目经理为组长的安全生产领导小组。项目设专职安全员，负责日常的安全生产工作。各专业队、生产班组设兼职安全员，负责落实各项安全技术措施。各职能部门在各自相应的业务范围内，对安全生产负责，使安全生产在纵向上从项目经理到作业班组、工人，在横向上从各施工队长到各业务部门都来参与安全生产管理工作，使施工得以安全顺利进行。

(2) 建立安全生产责任制，把安全责任目标分解到岗，落实到人。明确项目经理、安全员、施工队长、作业班组长、操作工人的安全职责，项目经理对项目安全生产负总责。

(3) 认真贯彻“安全第一，预防为主”的方针，建立健全各项安全管理制度，包括安全生产责任制度、安全生产教育制度、安全生产检查制度、安全生产奖惩制度、安全生产例会制度、伤亡事故管理制度、劳保用品管理制度、安全技术措施计划管理制度、特殊作业安全管理制度、场区交通安全管理制度、防火安全管理制度、施工用电管理制度、施工机具管理制度等。

(4) 实行两级安全技术交底，即项目专职安全员对各专业工长、班组长进行安全技术交底，专业工长、班组长对作业工人进行安全生产实施措施交底。

11.1.2 编制安全保证计划

(1) 安全施工组织设计、安全保证计划在开工前编制，经项目经理批准后实施。

(2) 安全保证计划内容包括：工程概况、控制程序、控制目标、组织结构、职责权限、规章制度、资源配置、安全措施、检查评价、奖惩制度。

(3) 项目经理部应根据项目施工安全目标的要求配置必要的资源，确保施工安全，保证目标实现。

(4) 根据工程特点、施工方法、施工程序、安全法规和标准的要求，采取可靠的技术措施，消除安全隐患，保证施工安全。

(5) 对塔吊、整体提升外爬架、模板支设、施工用电等专业性强的施工项目，应编制专项安全施工组织设计，并采取安全技术措施。

(6) 对防触电、防雷击、防坍塌、防物体打击、防机械伤害、防高空坠落、防交通事故，防火、防毒、防洪、防尘，防暑、防寒等应有专门的安全技术措施。

11.1.3 安全保证计划实施

(1) 安全教育

1) 按有关规定做好新工人及特殊工种、新操作法、新操作岗位、从事尘毒危害作业工人、各级管理人员的安全教育工作；

2) 重点做好施工队和作业班组的安全教育；

3) 安全教育主要包括：安全思想教育、安全知识教育、安全法制教育、安全法律教育等。

(2) 安全检查

1) 安全检查的形式和内容包括：定期安全检查、季节性安全检查、临时性安全检查、专业性安全检查、群众安全检查、安全管理检查。

2) 安全检查的方法包括：对安全生产制度、安全教育、安全技术、安全业务工作的检查。

3) 对班组的安全检查包括：作业前检查、作业中检查和作业后检查。

(3) 安全技术措施

1) 各分部、分项工程施工前，应对施工队负责人、班组长有针对性进行全面、详细的安全技术交底，双方保存签字确认的安全技术交底记录。

2）全体职工必须熟悉本工种安全技术操作规程，掌握本工种操作技能，对变换工种的工人实施新工种的安全技术教育，并及时做好记录。

3）对操作人员的安全要求是：没有安全技术措施，不经安全交底不准作业；没有有效的安全措施不准作业；发现事故隐患未及时排除不准作业；不按规定使用安全劳动保护用品的不准作业；非特殊作业人员不准从事特种作业；机械、电器设备安全防护装置不齐全不准作业；对机械、设备、工具的性能不熟悉不准作业；新工人不经培训，或培训考试不合格不准上岗作业。

4）下列情况职工有权拒绝该项工作命令：安排施工生产任务时，如不安排安全生产措施；现场条件发生变化，安全措施跟不上；设备安全保护装置不安全；管理人员违章指挥等情况下，作业人员有权拒绝上岗操作。

（4）安全管理措施

1）在主入口设置安全生产宣传牌、安全生产倒计时牌，主要施工部位、作业点和危险区域以及主要通道口都设有醒目的、有针对性的安全宣传标语或安全警告牌。

2）对全体职工进行安全生产三级教育，考核合格后方可进场。

3）各特种作业人员都要按要求培训，经考试合格后持证上岗，操作证不超期，名册齐全，真实无误。

4）对大型施工机械以及脚手架等重要防护设施报有关部门验收，合格后挂牌使用。

5）按规定对事故进行报告处理，事故档案齐全，并认真做到“三不放过”。

6）进入施工现场人员一律戴安全帽，系好帽带。

7）施工现场严禁吸烟，严禁随地大小便。

8）严禁穿拖鞋、高跟鞋进入施工现场，严禁酒后作业。

9）严禁打架斗殴现象的发生。

（5）安全防护措施

1）整体提升外爬架工程是施工中的主要安全防护对象，在施工前编制详细的专项施工方案。外爬架采用双排钢管架，从一层开始防护，采用一层竹篱笆和一层密目安全网进行全封闭防护。每一操作层满铺竹跳板，设踢脚板和防护栏杆，其下一层应水平封闭。防护层应高于作业层1.5m以上。

2）攀登作业应搭设符合安全规定的梯子，高空作业处应有牢靠的立足处，并视情况配置防护栏网、栏杆或其他安全设施。

3）各工种尽量避免立体交叉作业，不准在同一垂直方向操作，下层作业的位置必须处于上层作业高度可能坠落的半径范围之外，并设置安全防护棚。

4）直径或边长在200～1500mm范围内的洞口，可用废钢筋制成网片盖子或用竹笆防护；宽度在1500mm以上的洞口，四周应设防护栏杆，洞口下张拉小眼安全网防护。

5）人员进出的通道口、临近建筑物的操作棚，均应搭设安全防护棚，棚顶采用双层顶棚满铺木板。

6）基坑四周、楼梯口、电梯井口、楼层临边装设临时防护栏杆，长度大于2m时，设置立柱。临时护栏涂红白安全色标。

7）安全帽、安全网、安全带等防护用品，须经有关部门按国家标准检验合格后使用，不使用缺衬、缺带及破损的安全帽，并且正确使用好，扣好帽带。

8）高空作业人员必须系挂安全带，高挂低用，不将绳打结使用，作业人员须穿防滑鞋，扣紧袖口和脚管。

（6）施工用电管理

1）编制临时用电单项施工方案，用来指导临时用电设施布置和线路敷设，明确所采用的安全措施，并作为现场临时用电档案的主要资料之一。

2）施工现场临时用电工程必须采用TN-S系统，设置专用的保护零线，使用五芯电缆配电系统，采用“三级配电，两级保护”，同时开关箱必须装设漏电保护器，实行“一机、一闸、一漏电保护”。

3）总配电箱、分配电箱、现场照明、线路敷设等必须符合国家标准的规定。

4）各类施工机械、电动机具必须要有良好的接地保护装置，皮线无破损，操作应按规定进行。

5）宿舍照明使用36V安全电压，布线规则，严禁乱拉电线，乱用电炉和取暖设备。

11.1.4 安全生产动态管理

1）项目安全员做日常安全检查，项目部每天进行一次现场安全巡视检查，发现违章作业和不安全隐患及时纠正，并下发安全隐患通知单，要求指派专人及时整改。

2）项目部每周组织一次安全大检查，并召开安全生产例会，对安全检查情况进行讲评，布置下周安全工作任务。

3）项目部定期对安全控制计划的执行情况进行检查考核和评价，对施工中人的不安全行为、物的不安全状态、作业环境的不安全因素和管理缺陷进行原因分析，并制定相应的整改防范措施，以提高安全控制能力。

4）项目安全员对纠正和预防措施的实施过程和实施效果应进行跟踪检查，保存验证记录。

5）建立健全安全资料管理，使安全工作有章可循，有准确的文字和数字档案，有据可查。

11.2 消防保证措施

11.2.1 建立消防保证体系

（1）编制消防方案、消防预案，到政府消防管理部门办理施工消防手续。

（2）成立以项目经理为组长的消防管理领导小组，各指定分包人共同参与施工现场的消防管理。

（3）严格按照《徐州市消防防火管理条例》的规定，建立和执行防火管理制度。

（4）建立防火管理责任制，明确防火职责，落实到人。项目经理对消防管理负总责。

11.2.2 防火管理措施

（1）施工平面布置、施工方法和施工技术必须符合消防安全要求，现场临时消防系统应经过监理工程师和政府消防管理部门的审批和验收。

（2）重点防范部位明确，防火奖惩、火灾事故、消防器材管理记录齐全。

（3）现场设3m宽施工临时道路，以满足消防车辆出入、行驶。

（4）在建筑物的南侧设消防栓，消防用水设专用管线，并保证足够的水压。

（5）木工间、油漆间等按每25m² 设一只种类合适的灭火器，油库、危险品仓库应配备足够数量、种类合适的灭火器，同时设置砂箱，配备灭火桶、灭火铲。

(6) 宿舍、办公室等设常规消防器材，一般每100m^{2}配备两只10公升灭火器，同时设置砂箱，配备灭火桶、灭火铲。

(7) 建筑物每一楼层配备适量的灭火器、砂箱。

(8) 消防通道、紧急疏散楼道不堆放物品，保证畅通，并设置明显标志或指示牌。

(9) 消防器材设施完好有效，专人负责维护管理。

(10) 在易引发火灾的区域施工或储存、使用易燃、易爆器材时，应采取可靠的消防安全措施。

(11) 建立动用明火审批制度，按规定划分级别，审批手续完善，并有监护措施。

(12) 氧气与乙炔瓶的使用距离不小于5m。割、焊作业点距离危险品不小于10m，与易燃易爆品的距离不小于30m，氧气、乙炔瓶上应装有减压阀和回火装置及压力表等。

11.3　文明施工保证措施

严格按照建设部颁布的施工现场管理条例及徐州市有关规定进行文明现场管理。按照现代工业生产的客观要求，在施工现场保持良好的生产环境和施工秩序，达到提高劳动效率、安全生产和保证质量的目的；从培养和尊重科学，遵守纪律，服从集体的大生产意识，提高企业的整体素质，用高水准的施工现场，来提高企业的知名度，树立企业的形象，增强企业的竞争能力。确保文明施工，创省、市级安全文明工地。

11.3.1　建立文明施工保证体系

(1) 成立以项目经理为组长，技术负责人、工长等管理人员为成员的现场文明施工管理小组，委派专人负责文明现场管理。

(2) 建立文明施工岗位责任制，按分区划片原则进行施工现场管理，项目经理部负责施工现场场容文明形象管理的总体策划和部署，各专业队伍和指定分包队伍对各自工作区域的现场管理负责，服从项目经理部文明施工管理。

(3) 建立文明施工管理制度，严格执行检查制度和奖罚制度，把文明施工管理和经济利益挂钩，一同“包”、“保”、检查与复核。

(4) 坚持文明施工例会制度，对检查情况进行讲评，分析文明施工现状，针对实际存在的问题，制定改进措施。

11.3.2　健全管理资料

(1) 备齐上级文明施工标准、规定、法律等资料。

(2) 文明施工自检资料应完整填写，内容符合要求，签字手续齐全。

(3) 要有文明施工活动情况记录。

(4) 开展竞赛、加强文明施工教育培训工作。在现场各专业之间开展文明施工竞赛活动，将其与检查、考核、奖惩相结合，竞赛评比结果张榜公布于众，对工人进行岗位文明施工教育。

11.3.3　现场管理措施

(1) 施工平面图管理

1) 施工平面图设计要做到科学合理化，根据不同施工阶段的需要，设计阶段性施工平面图。

2）严格按监理审批后的施工平面图划定的位置，布置现场办公、生活、生产临时设施，布置施工道路、材料堆场和机械设备等。

(2) 形象宣传管理

1）围墙做到美化。工地四周必须设置连续、整齐、牢固的围挡。临街围挡统一采用彩色钢板搭建，高度2m，围墙用色及宣传标语按地方标准结合中建CI标准要求设置。

2）门头做到亮化。主入口设置门楼式大门，门宽8m（加门垛10m)，高6.5m。大门为四扇薄钢板实心大门，在一侧留设人行便门，门头设置灯箱。大门上书写“中国建筑”，门楼上书写“中建企业名称和承建工程名称”，两侧门垛书写安全文明施工对联，具体按中建CI标准设置。大门内设置传达室和门卫，并悬挂门卫管理制度。

次入口大门宽6m（加门垛7.6m)，高2.2m。具体按中建CI标准设置。

3）在主入口处醒目位置，按规定设置“五牌一图”，即“施工平面布置图和工程概况牌”、“项目组织机构牌”、“文明施工牌”、“安全生产牌”、“消防保卫牌”。图牌设置要美观整齐，并进行标准化管理。

4）在主入口设置不锈钢工程名称牌、导向牌，设置安全生产无重大事故计时牌，设置施工宣传栏、报刊栏。

5）在主入口设置旗台，挂国旗和企业旗帜；围墙上插彩旗。

6）办公设施统一配置，按中建CI形象和文化要求布置。

7）职工统一着装，佩戴胸卡。加强职工文明施工教育，做到形体整洁、礼貌待人。

8）管理人员佩黄色安全帽，起重工戴红色安全帽，机械司机、电工戴蓝色安全帽，其他工种一律戴白色安全帽。

9）施工现场要适时悬挂，张贴质量、安全、企业形象等方面的宣传标语和条幅。

(3) 场容管理

1）出入口、施工道路、办公楼和宿舍楼前采用混凝土硬化，设置宽、深各25cm左右，覆盖钢筋网片的排水明沟。现场排水进入市政排水管网前，应先经过沉淀池沉淀。

2）钢筋及木工加工与堆放场地、混凝土及砂浆搅拌场地、材料堆场全部硬化。

3）大门内侧应有冲洗用水管，并设专人对汽车开出工地前进行冲刷，防止带泥出场。

4）施工道路、出入口禁止堆放材料、禁止布置施工机械，以保证场区交通畅通。

5）施工现场排水畅通，无积水。

(4) 材料设备管理

1）材料必须按施工平面布置分类、分区域有序堆放。材料分规格、型号码放整齐，并标识清楚，钢筋架高堆放。

2）砂、石等松散材料进料池堆放，即在四周砌筑挡墙。

3）库房、工具房设置料架，物品摆放整齐，并进行标识。

4）袋装水泥库内存放，散装水泥罐应搭设防尘封闭棚，防止扬尘、污染环境。

5）木材、油漆等易燃品应分开堆放，并备足消防设施。

(5) 作业面管理

1）作业面的材料应分类集中堆放，施工工具在下班时交还库房保存。

2）作业面的垃圾及时清理，做到自产自清、日产日清、工完场清。

(6) 卫生管理

1) 设专人负责打扫场区的清洁卫生，洒水防止风吹扬尘。施工楼层设垃圾箱，现场设垃圾池，施工垃圾和生活垃圾分开堆放，并及时清运出现场。建筑垃圾在场内的存放时间不得超过7个工作日；施工垃圾实行袋装化，每天清理出场。

2) 职工宿舍采用保温夹心彩色钢板搭设，开间3.6m，进深6.3m，层高2.7m，前后开设窗户，水泥地面。宿舍设上下铺铁架床，统一配备床单、被套，毛巾统一拉线张挂。设置工具架及餐具架，整齐摆放各类物品，做到清洁美观。宿舍建立卫生管理制度和卫生值班表，实行轮流值班打扫清洁卫生，保持宿舍窗明地净。

3) 食堂面积45m^2，檐高3m，距离污染源30m以上。食堂采用地砖地面，铝合金龙骨、石膏板吊顶，墙面贴地砖、踢脚线、白色涂料涂刷，灶台、案台贴白色瓷砖。

食堂必须使用天然气，配置通风排烟设施，排水畅通，污水排放要符合市政和环保要求。食堂建立卫生管理制度，保持卫生洁净。炊事员持健康证上岗，穿戴白衣、白帽、白口罩，文明操作。食堂卫生设施齐全，符合卫生防疫要求，生熟食分开，设置纱门、纱窗、纱罩。餐厅桌凳齐全，卫生整洁。

4) 设水冲式厕所和环保厕所，远离食堂30m以上。厕所地面贴地砖，隔断、便槽贴白色瓷砖，设洗手池和水冲设备。厕所派专人打扫清洁卫生，便槽内无污垢、垃圾，无明显臭味。粪便污水必须经化粪池处理后，才能排入市政排污管网中。

(7) 门卫管理

1) 建立门卫管理制度，工人进出场应进行登记，工人退场自觉接受检查。

2) 加强保卫工作，防止偷盗事件发生。

12 环境保护控制

根据《环境管理系列标准》GB/T 24000—ISO 14000的要求建立项目环境监控体系，不断听取临近单位、社会公众的意见和反映，采取整改措施，切实搞好周边的环境保护。

12.1 防止扰民措施

(1) 施工期间，做好各项协调工作，尽一切可能不影响附近居民的正常工作、生活秩序。

(2) 对产生噪声、振动的施工机械，采取控制措施，努力减轻噪声扰民。

(3) 严格控制作业时间，晚20：00到次日早6：00之间和午休时间停止作业，确因特殊情况必须昼夜施工时，对搅拌、振捣机械采取降低噪声措施。

(4) 实行“门前三包”，保持周围环境的清洁卫生。出场车辆应进行冲洗，防止车轮带泥出场。

(5) 施工中，采取措施防止扬尘，以减少粉尘污染。

(6) 按照徐州市的要求办理夜间施工许可证。和附近居民经常沟通，取得谅解，并按徐州市有关规定对其进行经济补偿。

(7) 搞好现场保卫工作，禁止非施工人员进入现场。

12.2 防止大气污染措施

(1) 不得在施工现场及其周围焚烧沥青、油漆等会产生有毒有害烟尘和恶臭气体的物质。

(2) 建筑采取全封闭防护施工，以减少扬尘。

(3) 散装水泥的储存地点应搭设防尘封闭棚，防止扬尘。

(4) 楼层建筑垃圾实行“袋装化”，用塔吊运输至建筑物外，或用封闭通道运输至建筑物外，严禁从楼层直接向下倾倒。

(5) 施工现场垃圾、渣土及时清理出现场。

(6) 四级以上风力时，严禁装卸垃圾及含有粉尘的东西。

(7) 土方及建筑垃圾装运时，应洒水湿润，防止扬尘；运输时应覆盖严密，防止撒落、飞扬，土方及建筑垃圾按城管要求弃于指定地点。

12.3 防止水污染措施

(1) 施工现场排水畅通，严禁污水流溢至场外。

(2) 泥浆水必须经过沉淀池沉淀后，才能排入市政雨水管网；粪便污水必须经过化粪池处理后，才能排入市政污水管网。

(3) 现场临时食堂设置简易污水桶，定期排出。

(4) 外加剂要妥善保管，库内存放。

12.4 防止噪声污染措施

(1) 施工时间（早6：00至晚20：00），噪声应控制在80dB以内。对噪声较大的机械设备，尽量不同时开启或尽量避开夜间和午休时间。

(2) 严格控制作业时间，晚20：00到次日早6：00之间停止作业，确因特殊情况必须昼夜施工时，采取措施降低噪声。

(3) 如浇筑混凝土必须连续施工，超出规定时限，应提前2d写出报告，须经市建设局建工处审查后报环保局批准，并严格按要求施工。

(4) 学生高考期间，要提前做好施工安排，按环保部门要求避开夜间施工，以免造成不良影响。重大节日和活动期间施工，要遵守相关规定的要求。

(5) 钢筋加工、木材加工一律在作业棚内进行，作业棚搭成封闭式，以起到隔声的效果。

(6) 采用环保型振动器，以减小混凝土振捣噪声。

(7) 控制人为噪声，现场不得高声喊叫，无故丢打模板，乱吹口哨。

13 降低成本的技术措施

(1) 钢筋集中配料加工，采用对焊、电渣压力焊等连接技术，降低钢筋损耗；

(2) 采用清水混凝土施工工艺，可取消抹灰层施工；

(3) 采用掺加外加剂、粉煤灰等技术，节约水泥；

(4) 采用板式全钢大模板，节约木材、降低劳动强度；
(5) 采用早拆快拆支撑体系，减小楼板模板占用量；
(6) 加强现场管理，合理利用材料，降低材料损耗；
(7) 粉碎、过筛，利用落地水泥灰，并减少建筑垃圾外运；
(8) 合理选择塔吊，安放位置正确，使其回转半径范围内能覆盖整个工程。

14 项目信息管理

信息是管理的基础，是决策的依据。在施工管理中，应及时收集工程质量、进度、安全等方面的信息，运用计算机辅助系统和计算机网络系统进行分析，建立项目监测系统和项目调整系统，如图14-1、图14-2所示。通过该系统的运行使项目中的质量目标、进度目标、安全及文明施工目标、成本目标等项目控制目标得以圆满实现。

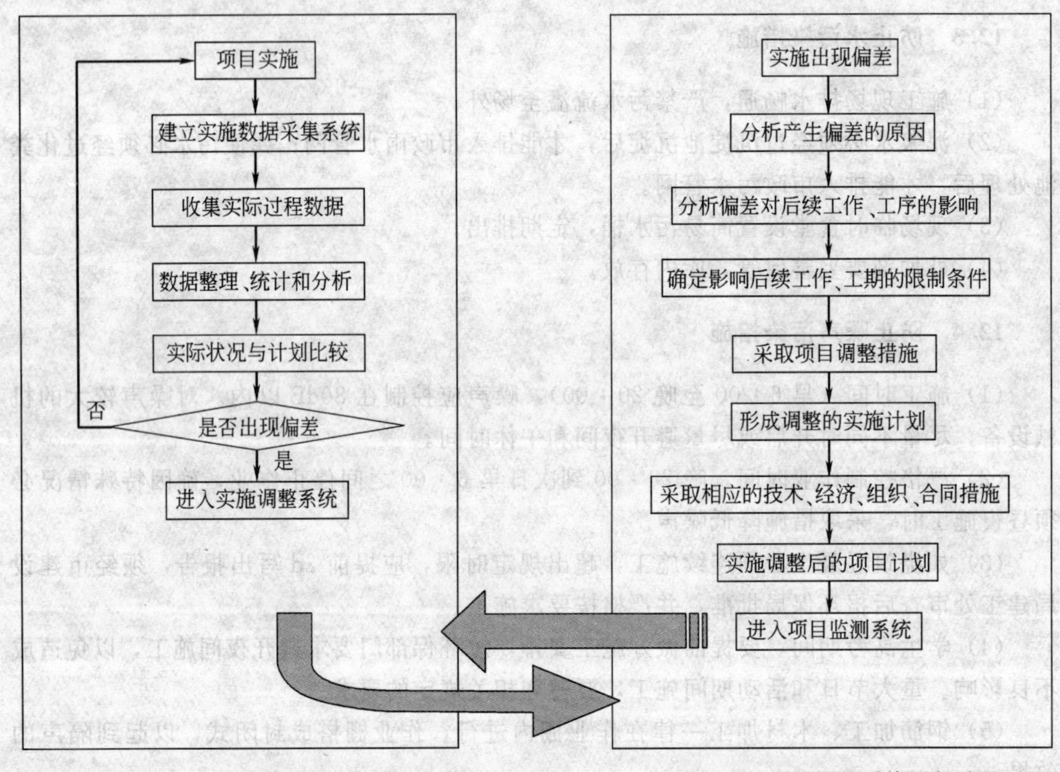

图14-1 项目监测系统运行过程　　图14-2 项目调整系统运行过程

第六篇

福州中城都市花园施工组织设计

编制单位：中国建筑第七工程局第三建筑公司
编 制 人：郭长顺
审 核 人：林峰

目 录

1 编制依据

1）中城都市花园施工合同和2003年6月23日补充施工合同；

2）中城都市花园地质勘察报告；

3）中城都市花园施工图、会审纪录；

4）本工程所涉及的主要国家或行业规范、标准、规程、图集以及地方标准、法规、图集（表1-1）。

规范、标准、文件一览表 **表1-1**

类 别	名 称	编号或文号
国家标准	建筑工程施工质量验收统一标准	GB 50300—2001
国家标准	混凝土结构工程施工质量验收规范	GB 50204—2002
国家标准	建筑地面工程施工质量验收规范	GB 50209—2002
国家标准	屋面工程质量验收规范	GB 50207—2002
国家标准	砌体工程施工质量验收规范	GB 50203—2002
国家标准	建筑地基基础工程施工质量验收规范	GB 50202—2002
国家标准	建筑装饰装修工程质量验收规范	GB 50210—2001
国家标准	地下工程防水技术规范	GB 50108—2001
国家标准	地下防水工程质量验收规范	GB 50208—2002
国家标准	建设工程文件归档整理规范	GB/T 503208—2001
国家标准	工程测量规范	GB 50026—93
国家标准	建筑给水排水及采暖工程施工质量验收规范	GB 50242—2002
国家标准	建筑电气工程施工质量验收规范	GB 50303—2002
国家标准	钢结构工程施工质量验收规范	GB 50205—2001
行业标准	钢筋焊接及验收规程	JGJ 18—2003
行业标准	建筑施工安全检查标准	JGJ 59—99
行业标准	钢筋机械连接通用技术规程	JGJ 107—96
行业标准	建设工程施工现场供用电安全规范	GB 50104—93
国家标准	电气装置安装工程接地装置施工及验收规范	GB 50169—92
国家标准	低压电器施工及验收规范	GB 50254—96
国家标准	建筑物防雷设计规范	GB 50057—94
地方标准	建筑给水排水硬聚氯乙烯管道安装工程施工技术操作规程	DBJ 13-23—99
地方标准	民用建筑电气工程施工技术操作规程	DBJ 13-22—99
国家图集	混凝土结构施工图整体表示方法制图规则和构造详图	03G101—1
地方图集	地下工程防水	协 97J101
地方图集	装修	闽 85J802
地方图集	无障碍设施	闽 99J17

续表

类　别	名　　称	编号或文号
地方图集	室外工程	闽 86J901
地方图集	墙体	闽 85J101
地方图集	外墙面装修	闽 95J05
地方图集	卷材防水屋面	闽 93J01
地方图集	住宅厨房卫生间变压式排风道选用图集	闽 2002J20(1)
地方图集	顶棚	闽 99J02
行业图集	铝合金门窗	协 91J604
地方图集	楼地面	闽 97J09
地方图集	阳台栏杆	闽 95J03
地方图集	施工电梯、井字架卸料平台及防护门搭设	SGTC 闽-01—2003
地方图集	厕所卫生间淋浴间	闽 87J704
地方图集	楼梯栏杆	闽 98J04
地方图集	硬聚氯乙烯(PVC-U)推拉塑钢门窗图集	DBJT 13—59
地方图集	胶合板门	闽 86J601
地方图集	钢质防火门	闽 95J14
地方图集	内装修	88J4(一)
地方图集	建筑电气安装工程图集	DBJT 13—11
地方图集	防雷接地安装图集	DBJT 08-75—96
地方图集	防空地下室平战转换设计图集	榕 RF0201
国标图集	等电位联结安装	97SD567
国标图集	平屋面建筑构造(一)	国标 99J201—1
国标图集	楼地面建筑构造	国标 01J304
国标图集	室外工程	国标 02J003
国标图集	钢梯	国标 02J401
国标图集	公共建筑卫生间	国标 02J915
国标图集	住宅建筑构造	国标 03J930—1
国标图集	卫生设备安装图集	90S342
国标图集	管道支架及吊架安装图集	S161
国家图集	给排水标准图集	96S341
国家图集	接地装置安装	86D563
国标图集	建筑物、构筑物防雷设施安装	99D562
国家图集	硬塑料管配线安装	86D467
国家图集	电缆安装	86SD164
国家图集	电缆桥架安装	86SD169

2　工程概况

2.1　工程建设概况（表 2-1）

工程建设概况一览表　　表 2-1

工程名称	中城都市花园		工程地址	福州古田路交六一路环岛西北角
建设单位	中城联合股份有限公司		勘察单位	化工部福州地质工程勘察院
设计单位	福州市房管局建筑设计院		监理单位	福州宏诚工程建设监理有限公司
质量监督部门	福州市工程建设质量监督站		总包单位	中建七局三公司
合同工期	650d		建筑总造价	约 1.5 亿
工程主要功能或用途	南区	地下室为停车库，战时部分转换为六级人防防护单元，8 号楼地上一至五层为商业用房，六层以上为 30～50m² SOHO；9 号楼一层为商店，二层为社区服务场所，二层以上为住宅		
	北区	地下室均为车库，战时部分转换为六级人防防护单元，1 号、2 号、3 号、5 号、6 号、7 号楼一层以上均为住宅		
	幼儿园	一至四层均为幼儿教学用房		
	连接体	商店		

2.2　工程建筑设计概况（表 2-2）

建筑设计概况一览表　　表 2-2

占地面积	36595m²	上部面积	102466m²	建筑占地面积	9147m²
总建筑面积	123168m²	地下室面积	20702m²（北区 14416m²，南区 6286m²）		

各单位工程层数、层高及建筑面积

单位工程	层数	层　高	建筑面积（不含地下室）
1 号楼	25	一层 4.25m，二至二十四层 3.0m，二十五层 3.3m	12650m²
2 号楼	18	一层 5.35m，二至十七层 3.0m，十八层 3.15m	18511m²
3 号楼	17	一层 5.40m，二至十六层 3.0m，十七层 3.15m	10605m²
5 号楼	24	一层 4.25m，二至二十四层 3.0m	15656m²
6 号楼	24	一层 5.40m，二至二十三层 3.0m，二十四层 3.15m	14530m²
7 号楼	18	一层 5.40m，二至十七层 3.0m，十八层 3.15m	15785m²
8 号楼	12	一层 5.40m，二、三层 4.20m，四、五层 3.90m，六至十二层 3.0m	12610m²
9 号楼	15	一层 5.40m，二层 3.90m，三至十五层 3.30m	10756m²
幼儿园	4	一、二层 3.0m，三层 4.20m，四层 3.30m	2000m²

装饰装修做法

外墙面	主墙面为浅蓝色面砖镶贴，其余线条、弧线为外墙漆
楼地面	室内水泥砂浆找平，厨房、卫生间找平做防水层
内墙面	水泥砂浆抹平

续表

顶棚	水泥砂浆抹平，腻子刮两遍				
门窗	外门窗采用88系列铝合金门、外窗选用38～85系列铝合金门窗，门玻璃厚6mm、窗玻璃厚5mm				
楼梯	防滑缸砖楼地面，水泥漆墙面				
电梯厅	墙面、地面均为玻化砖镶贴				
防水做法					
屋面	3mm厚SBS防水卷材铺贴				
地下室	3mm厚双层合成高分子防水卷材，结构混凝土C30P8				
厨、卫	地面和墙面刷一道水泥基聚合物防水涂料防水层，墙面刷1800mm高				
其他指标					
绿地面积	$11160m^2$	绿化率	30.5%	人防面积	$5809m^2$
防火等级	1号楼、5号楼、6号楼为高规一类，其余为高规二类				
保温节能	外墙采用190mm厚土空心砖砌筑，外墙内表面均抹30mm厚水泥膨胀珍珠岩砂浆，住宅平屋面采用倒置式屋面做法，25mm厚挤泡沫板隔热层				

2.3 工程结构设计概况

本工程±0.00标高相当于绝对标高+7.30m，抗震设防烈度为7度，建筑抗震设防类别为丙类，各单位工程抗震等级见表2-3。场地类别为Ⅲ类，人防等级为六级。

各单位工程抗震等级　　表2-3

单位工程	抗震等级	单位工程	抗震等级
4号楼(幼儿园)	框架三级	5号楼	剪力墙三级
1号、6号楼	框架、剪力墙均为三级	2号、3号、7号、8号、9号楼	框架三级、剪力墙二级

本工程地基基础设计等级为乙级，采用$\phi500$预应力高强混凝土管桩（局部采用$\phi400$），桩基持力层为⑫圆砾层，桩入土深度约为36～47m，$\phi500$壁管桩的单桩极限承载力为5000kN。地下室底板厚度为350mm、外墙厚度300mm，顶板厚度200～250mm。

上部结构：本工程除4号搂（幼儿园）为4层框架结构外，其余均为12～26层框架剪力墙结构。楼盖均为钢混凝土梁板体系。

2.3.1 混凝土强度（表2-4）

各单位工程混凝土强度　　表2-4

部位 单位工程	承台	地下室底板及侧墙	地下室内墙柱	一至六层		七至十一层		十二至十七层		十八层以上	
				柱墙	梁板	柱墙	梁板	柱墙	梁板	柱墙	梁板
1号、5号、6号楼	C35	C35P8	C45	C45	C30	C40	C25	C35	C25	C30	C25
2号、3号、7号、8号、9号楼	C35	C35P8	2号、3号、7号楼为C45；8号、9号楼为C40	C40	C30	C35	C25	C30	C25	C30	C25
4号楼	基础、柱C25，其余C20										

注：① 屋面及水箱均采用密实性混凝土，抗渗等级为P6；

② 框架节点区柱混凝土强度不大于梁混凝土强度5MPa的节点柱混凝土强度等级同本层梁混凝土；大于5MPa的，其节点混凝土按柱混凝土强度等级。楼梯梁板混凝土强度等级同本层柱墙混凝土。

③ 垫层混凝土为C15。

2.3.2　钢筋

HPB235 级钢 $f_y=210N/mm^2$；

HRB335 级钢 $f_y=310N/mm^2$；

部分采用 HRB400 级钢；

钢筋直径为 6.5～25mm。

2.3.3　主要截面尺寸

框架柱主要截面尺寸为 400mm×400mm、500mm×500mm、500mm×600mm、600mm×600mm、400mm×800mm、600mm×400mm、550mm×400mm、650mm×650mm、700mm×700mm；框架梁主要截面尺寸有 300mm×700mm、300mm×570mm、300mm×800mm、400mm×800mm、300mm×570mm、300mm×400mm、200mm×600mm、200mm×500mm；剪力墙厚度为 200～300mm，地下室底板厚度为 350mm，地下室顶板厚度为 200～250mm，最大柱间距为 8100mm×7900mm。

2.3.4　钢筋的锚固和连接

（1）钢筋的锚固长度和搭接位置、长度，按图集 03G101 施工。

（2）框架梁柱、剪力墙钢筋直径大于等于 22mm 的采用直螺纹套筒连接，HRB400 级钢均采用直螺纹套筒连接，其余按 03G101-1 要求施工。

2.3.5　墙体

外墙采用 190mm×190mm×90mmMU7.5 承重空心砖，内墙为 190mm×190mm×190mmMU2.0 非承重烧结空心砖，地下室墙同外墙采用承重烧结空心砖，发电机排烟囱采用耐火砖砌筑。

2.4　建筑设备安装（表 2-5）

建筑设备安装概况一览表　　表 2-5

给排水	冷水	①本工程由古田支路及六一北路市政低压给水管网，引入管管径为 *DN*200，为二路供水；供水采用地下室水池、生活泵、屋顶生活水箱联合供水系统采用 YCK 型高位水箱全自动供水系统。各水箱设置高度均能保证顶层分户水表前给水静压不小于 50kPa。屋顶每只生活冷水箱分别设置一套 SCⅡ-5HB 水箱消毒机 ②室内给水管采用钢塑复合管，螺纹连接；支管采用 PEX 管卡压连接 ③卫生设备安装
	热水	①温泉热水系统水源引自古田支路市政温泉水管，引入管 *DN*100，在温泉水引入总管设一总热水表进行计量，住宅分户热水表采用远传式水表计量系统 ②供热水供水采用地下热水池、热水泵，屋顶热水箱联合供水，热水供应竖向采用减压阀进行分区，以保证最低卫生器具配水点处的静水压力小于 0.5MPa 分区方式。供水系统采用 HYCK 型高位水箱全自动供水系统，水箱采用 CLSK-Ⅲ型水位自动显控仪实现自动控制
	排水	①生活污废水与雨水分流，污废水经化粪池处理后，由小区污废水经化粪处理后，由小区污废水管道收集汇总排入六一路及古田路市政污水管网系统；地下室排水集中至中集水池，由排污潜水泵提升后排至室外污水管 ②雨水与污水分流，屋面雨水设雨水斗，阳台雨水经地漏排入雨水立管，各雨水立管排入建筑周边的雨水暗沟，排入处设置检查用箅子，雨水经小区雨水管汇集后，排入市政雨水管网系统 ③污水管、雨水管均采用无承口柔性抗震排水铸铁管，采用不锈钢卡箍连接，冷凝水管采用给水 UPVC 管，采用粘接连接

续表

<table>
<tr><td rowspan="6">电气</td><td>防雷</td><td>①本工程4号楼按三类防雷建筑物，其他各楼按二类防雷建筑物设置避雷装置
②防侧击雷：各单体45m以下每3层利用结构圈梁水平主钢筋与防雷引下线焊接成均压环，建筑物内的各种竖向金属管道均应与均压环连接，45m以上每层利用结构圈梁内的主筋与防雷引下线焊接成一环型水平避雷带，以防侧击雷，并将金属栏杆及金属门窗等较大的金属物体与防雷装置连接，竖直敷设的金属管道及金属物的顶端和底端均应与防雷装置连接</td></tr>
<tr><td>接地</td><td>①本工程6号楼及北区地下室采用TN-S接地保护系统，其他单体采用TN-C-S接地保护方式；所有电气设备上露可导电部分均应可靠接地
②本工程实施总等电位联结，各弱电机房、弱电间、住宅卫生间实施局部等电位联结
③接地电阻不大于1Ω</td></tr>
<tr><td>电源</td><td>①本工程地下一层为人防地下室，分南北两区，平时做车库及变配电房、发电机房、水泵房等设备用房，地上9座单体；地下人防6个单元，为二等人员掩蔽所，地下室发电机储油间存储柴油，电气按火灾危险环境21区设计，其余场所按正常环境设计
②负荷等级：一级负荷包括消防中心、消防水泵、防烟排烟设施、应急照明、消防电梯、防火卷帘等消防设备负荷；人防区的应急照明、重要的通讯报警设备等。二级负荷包括：普通客梯、变频生活水泵、人防重要的风机水泵等。三级负荷包括除一级及二级负荷以外的所有用电负荷
③本小区按一级负荷供电，高压10kV双电源供电，高压电源一用一备，备用自投，10kV母线采用母线接线，另设一台600kW的自启动柴油发电机组，作为应急电源
④变电所设在大厦的地下一层，变压器总装机容量为5kV·A(其中一台800kV·A，一台1000kV·A变压器供办公餐饮商场等公建用电；四台800kV·A专用变压器供住宅用电)，变电所内还设有相应的高压配电柜及低压配电柜
⑤发电机房位于地下一层，安装一台6000kW自启动柴油发电机组，发电机组自启动电压信号取自正常高压电源开关的辅助接点，发电机30s之内带应急母线负荷自动投入，并与外电有严格电气及机械连锁</td></tr>
<tr><td>线路敷设</td><td>①导线在吊顶上敷设的穿钢管或沿金属线槽敷设
②消防用电设备的配电线路均采用NH-YJV型一根电缆在防火桥内敷设，或采用ZR-BV型一根导线在金属线槽内或穿焊接钢管敷设</td></tr>
<tr><td rowspan="2">暖通</td><td>通风空调</td><td>①本工程为9座多层及高层住宅小区组成，地下一层分南、北两区，南区建筑面积624m²，分设三个防火分区；北区分设五个防火分区，平战结合，共设七个六级人防单元
②8号楼一至三层商场、酒楼设中央空调系统；高层住宅楼梯间前室，合用前设防排烟系统；地下车库设备通风系统及厨房卫生间排气系统；人防地下室通风系统</td></tr>
<tr><td>水系统</td><td>空调冷冻水管系统采用双管异程，总管及空调设备进、出水管上设调节阀，水系统最高点设自动排气阀，最低点设泄水阀，膨胀水箱设在屋顶上</td></tr>
</table>

2.5 自然条件

2.5.1 气候条件

福州地处亚热带，降雨量丰富，夏季有台风，冬季气温0℃以上，本工程地下室施工在2～5月之间，正处于雨期，因此，需加强对基坑支护变形观测，做好风雨期施工保护措施。

2.5.2 工程地质及水文条件

本工程位于福州市古田路与六一北路交叉路口西北角，场地内土体自上而下大约为：
① 杂填土：堆积时间10年以上，厚度约0.7～3.10m；
② 黏土：软塑～软可塑，分布地段厚度为0.30～2.10m；
③ 淤泥：饱和、流塑，干强度中等，厚度4.45～11.10m；
④ 淤泥夹砂：饱和，流塑，厚度7.50～23.60m；
⑤ 中砂夹淤泥：饱和，稍密～中密，局部缺失，分布地段厚度1.10～10.60m；
⑥ 粉质黏土：饱和，可塑，分布于1号、2号、4号楼地段，厚度1.0～7.70m；

⑦ 淤泥质土夹砂：饱和、流塑～软可塑，仅分布于局部地段，厚度 1.80～3.60m；

⑧ 中砂：灰绿色，饱和，中密～密实，n=20～52 击，n=33.9 击，本层在大部分地段均有分布，该层厚度变化较大，为 0.9～9.80m，顶板埋深为 25.40～34.40m；

⑨ 淤泥夹砂：深灰色，流塑～软塑，分布于大部分地段，厚度 0.70～9.70m；

⑩ 粉质黏土：灰绿色、灰黄色，饱和、可塑，分布于场地部分地段，厚度 0.50～3.50m。

⑪ 中砂：浅灰色、灰黄色，饱和，中密～密实；仅分布于部分地段，分布厚度 0.70～3.70m，一般厚度为 1.0～1.5m，顶板埋深为 34.40～38.80m；

⑫ 圆砾：饱和，中密～密实；以圆砾为主，局部为不采砂或卵石；其间不均匀地分布有淤泥质土夹砂、黏性土及粉砂，中砂类层，其他分布无明显规律；揭穿厚度 7.80～12.30m，顶板埋深为 36.50～46.70m；

⑬ 卵石：密实，以卵石为主，揭穿厚度 1.70～8.00m，顶板埋深 45.10～50.20m；

⑭ 强风化花岗石，顶板埋深 50.70～59.20m；

⑮ 中风化花岗石，顶板埋深 55.55～69.10m。

⑯ 水文条件：本工程与晋安河较近，地下水位高，地下室施工期正值雨期，降水排水难度较大。

2.5.3　地形条件

本工程场地原为福州汽车厂厂区，目前场地基本平整，场地自然标高约为－1.0m，相当于绝对标高 6.30m。

2.5.4　周边道路及交通条件

本工程位于福州市古田路交六一路环岛西北角，距离福州市中心点——五一广场约 500m，环岛东北角为长城沃尔玛购物广场，西南角为海峡装饰材料商城及福州市著名高层住宅“凤翔大第”，东南角为在建的商业办公区，车辆可由六一北路或古田支路出入，交通十分便利。

2.5.5　场区临时设施及地下管线（含周边）

场地内原围墙、大门等临时设施不能满足施工要求，需按照省、市有关地方要求及中建总公司 CI 形象要求进行策划、布置；场区内应设临时办公室、宿舍、食堂、传达室、厕所、浴室、道路洗车台、沉淀池、排水沟（管线）、施工用电、给水等临时设施。目前施工道路部分已能满足要求，临时用电、给水已接至现场。

2.6　工程特点

（1）工程占地面积 36595m^2，总建筑面积 123168m^2，建筑规模大，工期紧，地下室一层，地上 12～25 层带电梯高层公寓。建筑立面形式采用简洁、挺拔的现代风格。主墙面为浅蓝色面砖，阳台梁板结合，直线与弧线结合，凸窗、落地窗、转角窗、弧形阳台、退台小阁楼及细节处理均显得亲切生动，充满现代气息。顶部、露台结合局部拔高的框架和楼梯间及镂空葡萄架子，使建筑天际线较为丰富。

（2）本工程北区地下室南北向总长 150m，东西向总长约 120m，顶板上平均覆土厚度约 900mm，为减少混凝土收缩，每个方向设置三道后浇带。本工程除 4 号楼（幼儿园）为 4 层框架结构外，其余均为 12～25 层框架剪力墙或剪力墙结构，楼盖均为钢筋混凝土梁板体系。其中2号楼总长度约为68.9m，上部设置一道温度缝（抗震缝），5号、7号、9号楼上部结构中间均设一道后浇带。9号楼Ⓐ、Ⓑ轴上的1/8、1/9柱及1/14、1/15柱在二层通过桁架转换合并成单柱。

（3）本工程节能要求高，外墙采用190mm厚空心砖砌筑，在外墙的内表面均抹30mm厚水泥膨胀珍珠岩砂浆；住宅屋面采用倒置式屋面做法，保温隔热层采用25mm厚挤塑泡沫板。

（4）本工程地处鼓楼区繁华地段，西面、北面为居民住宅区，东面为在建住宅及长城沃尔玛购物广场，南面为永德信酒楼及海峡装饰材料商城。因此，对施工文明要求高，给夜间施工的连续性带来不利。

（5）本工程建筑规模大，单位工程多，人力调配、物资、设备安排布置等施工组织难度大。

2.7 群体工程组织管理

（1）本工程划分为三个区，实行区块负责制，Ⅰ区1号、2号、3号、5号楼由汪××负责，Ⅱ区6号、7号楼由冯××负责，Ⅲ区8号、9号楼、幼儿园由林××负责，区块长全面负责该区块技术、生产、安全协调管理。

（2）本工程共需用4台塔吊、8台施工电梯大型设备，所有机械设备由工程管理组协同租赁公司根据进度计划要求组织进场，并负责日常调度管理。

（3）由劳资预算组组长×××编制施工图预算，分析材料用量计划，根据工程进度与建设单位签定材料价格，由工程管理组组长×××统一安排材料进场，通过招标选择质优价廉材料。

（4）本工程参建劳务班组均从我公司合格劳务分包商名册中选择，综合质量、单价成本、班组实力、业绩通过招标确定，并由公司纪委、监审部、劳动人事部、技术部、质量部、合约部共同参与确定，即体现了阳光下作业、公平竞争、降低成本，又使作业班组不断意识到需要提高综合素质，方可立足市场，进一步挖掘和培养长期合作劳务班组。

（5）不断完善管理制度，提高管理人员工作积极性，增强管理人员责任心。分公司与项目部签订“项目管理目标责任书”，完善了激励约束机制，使项目经营的好坏直接与项目管理人员经济收入挂钩，贡献、能力、绩效与二次分配挂钩，做到有章可循、奖罚分明。

（6）减少材料加工和施工过程中的材料浪费，项目部与劳务班组签订协议，按损耗率包干方式，超用量由班组负责，节省部分由项目部和班组进行分成，以鼓励班组参与材料管理。

（7）实行样板作业制度，每一个分项工程均进行事先策划，样板经验收符合要求后方可开工，加强施工过程控制，使质量问题在过程萌芽中得以清除，每天召开班组以上会议，分析各区块进度、质量、安全情况，协调各工序交叉矛盾，每月公布质量、安全、进度、信息专栏，奖优罚劣，使各班组、各区块管理人员管理意识加强，形成赶班比学的良好势态。

2.8 效益管理

2.8.1 合同风险控制

本工程合同条件较为苛刻，施工前向全体项目管理人员交底，分工负责规避合同条款风险，确保工期提前 30d 以上，实现省优“闽江杯”小区和省级文明工地。

(1) 工期：按批准的施工组织设计规定超出 30d，工期索赔不低于 300 万元；在合同约定的总日历天数内每超过一天扣除总造价的 0.2‰作为罚款（约 3 万元/d）。

(2) 质量：工程质量若达不到两栋“省优”、三栋“榕城杯”，扣除总造价 2%作为罚款（约 330 万元）。

(3) 文明工地：未达到文明工地标准，扣减文明施工费约 118.8 万元。实现自营成本降低额 11%，联营收入 4%，整个项目成本降低额 7%。

2.8.2 社会效益

① 实现省级文明工地，争创全国安全文明工地之最；

② 力争得到省建设厅组织相关企业观摩，作为典范项目；

③ 在电视、报纸、新闻媒体报道不少于二次；

④ 积极开展技术攻关，实现两篇国家级优秀 QC 成果奖。

2.9 本工程施工重点难点分析

2.9.1 桩基

本工程采用 ϕ500 预应力高强混凝土管桩，桩基持力层为⑫圆砾层，桩入土深度约 36～47m，ϕ500 厚壁管桩的极限承载力为 5000kN。由于本工程地质条件复杂，根据地质钻探报告表明预应力管桩需穿越第⑤层中砂夹淤泥（1.10～10.6m）、第⑧层中砂（0.9～9.8m），需采用水冲法铺助静压预应力管桩穿越深厚砂层。

2.9.2 地下室支护

地下室面积为 20702m^2（其中北区 14415m^2，南区 6286m^2），基坑开挖深度为 4.2m，土方采用机械分层开挖，大面积支护采用喷锚网土钉墙支护，2 号楼边、公路局宿舍边采用水泥搅拌桩支护，变形监测基坑开挖过程中支护结构放大的水平位移在 40mm 以内，边坡坡顶地面沉降在 30mm 以内，以保证基坑的稳定，四邻建筑、道路的安全。

2.9.3 地下室

地下室底板厚 350mm，底板、承台、地梁混凝土一次浇筑成型，地下室剪力墙厚度 200～300mm，地下室顶板厚度为 200～250mm，最大柱间距为 8100mm×7900mm。地下室防水在混凝土结构自防水基础上，迎水面防水层为 1.5mm 厚 JS 水泥基复合防水涂料，并采用黄黏土分层夯填。底板面上浇筑 200mm 厚 C20 素混凝土一次磨光面层，避免今后车辆行走后产生空鼓、起砂、开裂。

地下室后浇带采用钢丝网架作为模板，混凝土浇筑后表面毛糙保证新旧混凝土结合良好，同时在底板后浇带垫层降低 20cm，作为今后混凝土渣块落积，减少后浇带凿打清理费用。在后浇带主次梁两侧设置 200mm×200mm 素混凝土柱作为临时支撑，减少支撑、模板投入，同时可有效防止常规留置支撑被误拆或碰撞。

2.9.4 主体结构为框架-剪力墙结构

目前漏裂是住宅工程投诉热点，为防止高层住宅楼板开裂，建议开工前由建设单位、监理单位、施工单位共同邀请专家研讨，从设计、材料、施工工艺上进行防治楼板裂纹的产生，在框支墙部位增加暗梁、板面负筋增设 2ϕ14 支撑和马凳筋，保证板面负筋位置，对商品混凝土坍落度、粉煤灰掺量严格控制，同时加强混凝土养护，有效控制了楼板裂缝的产生。

(1) 钢筋保护层控制：采用塑料卡扣式保护层垫层，施工工艺简单、速度快，有效避免传统使用砂浆垫块强度低、厚薄不均，使保护层大小不一。

(2) 外墙装饰：外墙立面采用白色与咖啡色相搭配，大面积贴 45mm×95mm 锦砖，墙裙采用 200mm×400mm、600mm×1200mm 玻化砖，立面线条采用涂料装饰，整个立面线条丰富、造型美观。

1) 外墙面大面积采用 45mm×95mm 锦砖，由于锦砖镶贴采用水泥胶浆工艺，若直接勾缝日晒雨淋后容易出现收缩细小裂缝，改变采用清缝，二次勾填专用勾缝剂，使锦砖缝内填塞饱满，表面光滑，观感较好，同时在砌筑前预先进行排砖，根据砖模数位置，确定门窗位置、尺寸、避免盲目施工，出现非整砖或凿打窗侧现象。

2) 沿六一路墙裙采用 600mm×1200mm 挂贴玻化砖，在玻化砖上贴敷预埋挂件，在墙面上预留挂孔，在玻化砖后满刮卓能 1 号胶粘剂，使玻化砖形成粘挂相结合，玻化砖缝隙之间为 6mm，缝内填密封胶。

3) 外墙线条采用涂料装饰，为防止涂料面层开裂，竖向成条粉刷按每楼层进行分格，线条按柱距进行分格，分格缝内填密封胶，外墙专用腻子刮第一遍时贴一层 5mm×5mm 密目玻纤网，约束抵抗收缩，面层采用韩国优芬三合一弹性涂料。

3 施工部署

3.1 工程目标

3.1.1 质量目标

① 合同质量目标：两幢省优工程，三幢“榕城杯”。

② 公司单位工程目标：单位工程合格率100%，8 号、9 号楼创省优工程（“闽江杯”）1 号、2 号、3 号、5 号、6 号、7 号楼创“榕城杯”优质工程，争创小区全优组团工程。

3.1.2 工期目标

南区 8 号、9 号楼工期计划为 500 天，北区 1 号、3 号、6 号楼工期计划为 620 天，2 号、5 号、7 号楼工期计划为 550 天，4 号楼（幼儿园）工期计划为 100 天。

3.1.3 安全目标

加强对进场人员的三级教育，坚持持证上岗，各种安全防护用品符合要求，无重大伤亡事故，轻伤事故率控制在 5‰以下。

3.1.4 文明施工目标

按照中建总公司 CI 形象策划和省级文明工地要求进行布置，创中建总公司 CI 优良和省级安全文明工地。

3.1.5 成本目标

通过科学组织，严格管理，依靠科技进步，应用新技术、新工艺实现直接费利润 2%。

3.1.6 实施精品策划

为了确保本工程创优目标的实现，依据现行施工验收规范，编制质量计划、项目管理制度、教育培训制度等。认真实施施工组织设计和专项施工方案，并将质量目标层层分解，提出了高于国家现行质量标准的项目质量标准，根据工程的实际情况明确质量控制点及关键点。针对重点分项工程、关键工序和特殊工序，编制作业指导书，内容包括分项工程概况、施工部署、施工方法、工艺流程、采用的材料和质量要求等。

3.1.7 加强细部装饰质量控制

在装饰施工执行样板指导制度的基础上，项目部加强细部质量的二次策划，并认真实施，塑造精品。做到滴水线、挡水线、踢脚线整齐划一；水管及消防管管根、管后平整到位；配电箱进出管统一，导线规矩有序；伸缩缝、分仓缝宽窄一致，填缝饱满平整。

3.2 项目部组织机构

(1) 本工程具有规模大、单位工程多，工期紧，工程质量要求高，地处繁华地段等特点，为顺利完成施工任务，中国建筑第七工程局第三建筑公司拟组建中城都市花园项目经理部。项目部设技术质量组、工程管理组、劳资核算组、综合办公室（三组一室），组建土建、装饰、安装工程队伍进行施工。

(2) 成立以项目经理为首的项目班子，对工程工期、质量、安全、成本等诸要素进行全面组织与管理，履行甲、乙双方签订的施工合同。

项目经理部组织劳务专业队伍进行施工，分钢筋、模板、混凝土、装饰、防水、水卫、暖通、电气等专业队。

(3) 机构设置

1) 管理层设项目经理一名，项目技术副经理、生产副经理各一名；技术质量组 6 名，工程管理组 6 名，劳资核算组 5 名，办公室 3 名（图 3-1）。

2) 作业层设木工 200 人，钢筋工 90 人，混凝土工 120 人，水泥工 420 人，油漆工 180 人，水电安装工 90 人，机械工 66 人，电工 6 人，焊工 8 人，防水工 20 人，共计 1200 人。

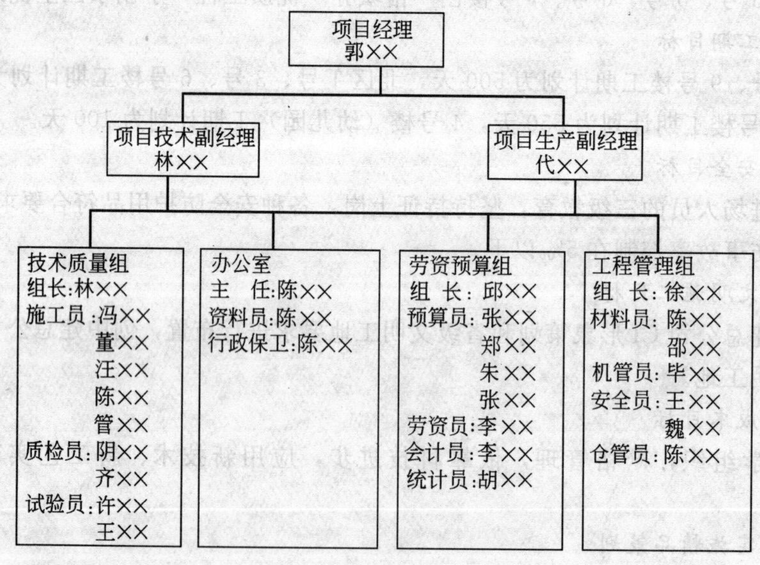

图 3-1 项目组织机构图

(4) 各级管理人员职责

1) 项目经理职责

① 贯彻总公司的质量方针，代表公司全面履行工程承包合同规定的职责。

② 负责项目组织机构的建立和确定各职位职责及权限，对进入现场的技术人员统一管理及聘用。

③ 组织编制项目质量计划、文明施工计划，领导项目的各项管理工作，确保质量体系及合同要求的所有活动有计划的实施和控制。

④ 根据授权进行项目经营管理决策，负责项目资源的组织配置。

⑤ 负责项目总策划，总体指导并协调公司内部相关部门，协调项目各分包商、施工班组间的关系，协调项目与其他各方的关系。

2) 项目生产副经理职责

① 协助项目经理做好分管工作，对项目经理负责。

② 贯彻落实分管的质量体系要素的工作，认真执行公司其他质量体系文件的规定。

3) 项目部技术副经理职责

① 对项目经理负责，主管项目内工程技术和质量工作，并对项目技术质量工作和工程质量符合性负责。

② 组织图纸自审，并将自审结果报公司技术科及总工审核，参加业主主持的图纸会审并形成记录。

③ 参与编制项目质量保证计划，组织编制施工组织设计、施工方案、作业指导书并上报技术科审核、总工批准，处理施工方案更改问题，推广应用“四新”技术。

4) 其他管理人员职责

详见公司的质量职责规定。

3.3 任务划分及总分包管理

3.3.1 承包合同范围

土建（含桩基）、装饰（未含二次装修）、水电暖通。

3.3.2 业主自行组织施工的范围

① 桩基工程地下室围护、土方工程；

② 商场二次装修；

③ 电梯安装；

④ 消防工程；

⑤ 煤气管道工程；

⑥ 综合绿化工程。

3.3.3 合同范围内施工与业主分包之间交叉管理

1) 由于存在厚度约6m砂层，采用冲水法辅助预应力管桩沉桩工艺，本工程西面省公路二公司砖混6层住宅，估计未有桩基处理，建议冲水桩施工前先对西面省公路二公司住宅围护桩施工，围护桩桩长应穿过砂层；否则，冲水时，若水压较大引起砂层流动，容易造成该住宅倾斜、开裂。

2) 桩基地下室围护设计、施工、监测由业主自行分包施工，但必须能保证安全要求，对周围建筑物及道路的保护由业主自行负责，本工程质量要求较高，呼吁业主减少工程肢解分包。

3）在商场二次装修前双方需办理交接手续，要求加强对产品保护工作，并按照造价部门规定收取相应配合费，进场工人需遵守有关工地的规章制度。

4）电梯安装前双方做好标高、安全防护交接手续，以及电梯门洞口节点处理。

5）消防应能与土建装修进度同步，烟感、喷淋调试成功，相关工序完毕后办理书面交接。

6）煤气管道安装及绿化工程可以提前进行施工，但应不影响土建装修及水电工程施工。

3.4 施工流水段的划分及施工工艺流程

3.4.1 施工流水段的划分（图 3-2）

本工程北区地下室建筑面积 14416m²，南北向总长约 150m，东西向总约 120m，根据设计要求，每个方向设置三道后浇带，将地下室分成 8 个区，如图 3-2 所示，一层板（地下室顶板）以上按照各单位工程划分为六个施工区。其中 2 号楼总长 68.9m，在⑭₂ 轴与⑮₂ 轴之间设置一条温度缝（抗震缝）分为两个施工段，如图 3-3 所示；南区东西向长约 112m，南北向 58.85m，根据设计要求，东西向、南北向各设置一条后浇带，将地下室分成 4 个区，如图 3-4 所示，一层以上按照单位工程划分为两个施工区。

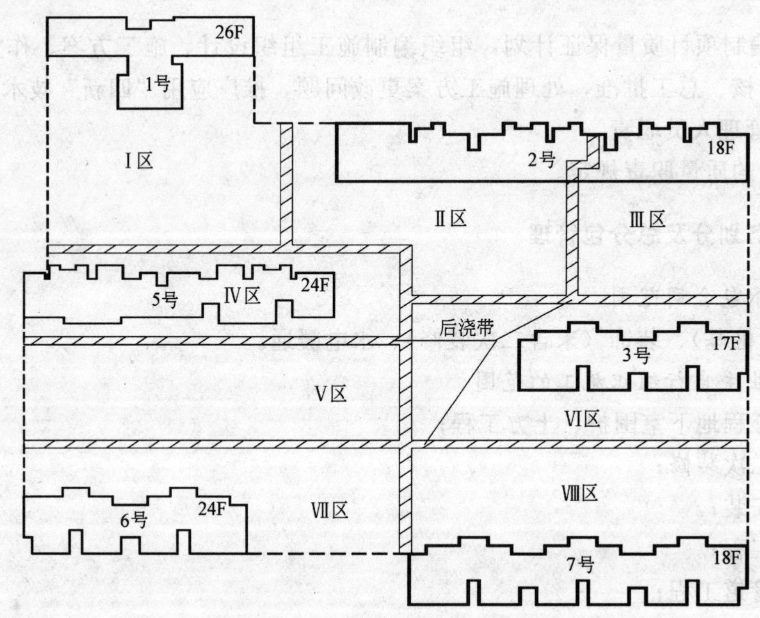

图 3-2 北区地下室分施工区划分

3.4.2 施工工艺流程

根据本工程特点和公司的技术装备、劳力、机械状况及现场情况，计划在中城都市花园采取以主体结构施工为主导的工序，主体结构施工期间以土建施工为主，安装等预留预埋随土建进度及时跟上。本着保证主体结构的质量前提下，集中力量加快主体工程进度，以主体结构施工为序，主体施工中进行分阶段验收。当主体结构封顶后由上而下进行楼地

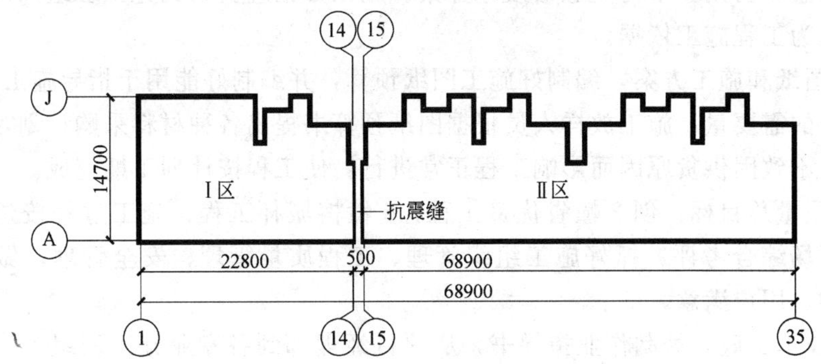

图 3-3　2 号楼施工区划分（单位：mm）

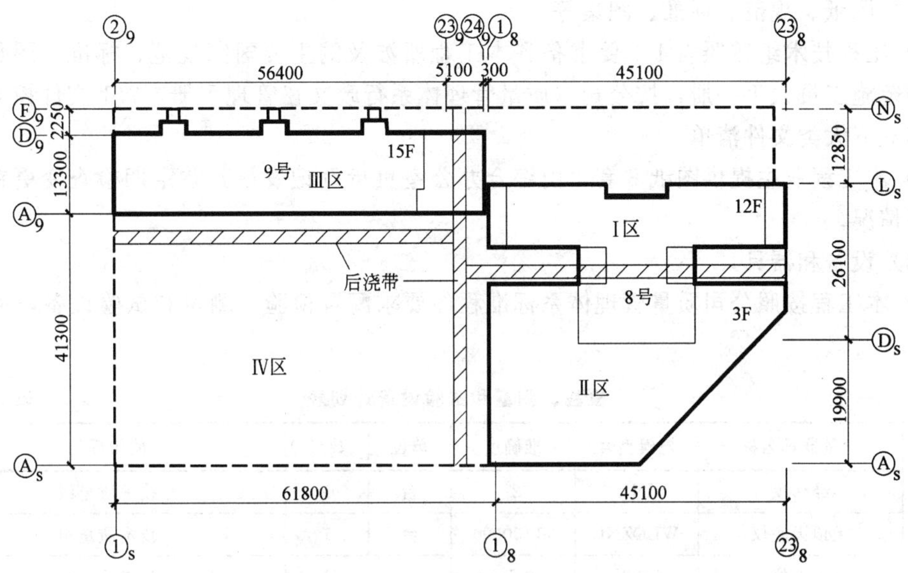

图 3-4　南区地下室施工区划分（单位：mm）

面工程，室内、外墙面装修，门窗安装以及其他水电等安装工程的施工。

3.5　施工准备

3.5.1　施工技术准备

(1) 施工图设计交底及图纸会审

施工前应将施工图纸提前交给工程技术人员与项目施工员，以便熟悉图纸，将施工图纸设计问题及施工过程可能遇到的问题以及各专业图纸之间的相互矛盾，先进行内部自审。根据自审结果由建设单位组织各有关单位进行图纸会审，尽可能把问题在图纸会审时提出解决，使工程顺利进行，以免出现返工现象。工程技术人员应将图纸发放给施工班组并进行交底，做到操作时能按设计要求进行，确保工程施工质量。

(2) 施工图深化设计

1) 本工程施工组织设计在工程开工之前应经公司部门进行审核，以便在工程施工过程中进行贯彻。工程施工中必须按施工方案进行组织施工，若有变更应经方案设计人与公司有关部门同意；否则，不得随意修改原方案。施工方案应贯彻到施工班组以及每一分部工程中去，作为工程施工依据。

2）根据图纸和施工方案，编制好施工图纸预算，并编制好能用于指导施工的预算书，提供各种资源的需要量。施工放样人员根据图纸预算书提出各种材料采购计划，以便进行加工、订货，不致因供货原因而影响工程正常进行，使工程按计划工期完成。

3）确定质量总目标：创 2 幢省优良工程，6 幢榕城杯工程，施工过程按建设部《建设项目施工现场综合考评》抓好施工组织管理、工程质量管理、安全管理，做到文明施工、保质守约、用户满意。

4）组织技术交底，编制作业指导书，从项目经理部到各专业施工班组，均以书面形式表达，班组长在接受交底后，认真贯彻执行。

5）组织人员进行钢筋翻样、预埋件加工，落实成品、半成品的货源。

(3) 图纸、规范、标准、图集等

1）工程技术组按照表 1-1 要求备齐本工程所涉及的主要国家规范、标准、图集，常用的规范施工员人手一册，按公司《质量管理体系行政文秘管理手册》7.1 文件控制程序要求建立五大类文件清单。

2）本工程业主提供图纸 8 套，由综合办公室负责登记发放，并定期检查变更在图纸上标识情况。

(4) 设备和器具

1）本工程按照公司质量管理体系标准程序要求配置检验、测量和试验设备，见表 3-1 所列。

检验、测量和试验设备计划表 **表 3-1**

序号	计量器具名称	规模型号	准确度	单位	数量	使用部门
1	经纬仪	DJ2	2″	台	1	技术质量组
2	天顶天底仪	WLDZNL	1/3000	台	1	技术质量组
3	水准仪	Ni005	±0.5mm	台	1	技术质量组
4	水准仪	DS_3	±3mm	台	3	技术质量组
5	质量检测器		±0.5mm	套	3	技术质量组
6	水准标尺	5m	±0.02mm	把	4	技术质量组
7	钢卷尺	50m	±0.1mm	把	3	技术质量组
8	钢卷尺	5m	±0.1mm	把	50	技术质量及工程量管理组
9	游标卡尺		±0.02mm	把	3	工程量管理组
10	台秤	JGJ-500	±1%	台	3	工程量管理组
11	水平尺	500mm	±0.2mm	把	6	技术质量组
12	坍落度筒			个	2	技术质量组

2）项目部办公室设在工地南面，为 2 层砖混结构，办公桌、椅、办公用品由分公司提供，项目部配计算机三台，复印机、数码相机各一台。

(5) 测量基准交底、复测验收。

1）根据业主提供的各单位工程 4 个角点，引测至围墙、场外路面或永久性建筑物，最后由业主请福州勘测院进行核样。

2）根据甲方提供的道路绝对标高引测至场内，建立三个固定水准点。

3）房屋角坐标经复核无误后，建立测量控制网办理测量定位记录。

（6）技术工作计划

1）分部、分项工程施工方案编制计划（表 3-2）

2）混凝土强度及抗渗试验计划（表 3-3）

3）钢筋接头试验计划

4）防水工程试验计划（表 3-4）

5）建筑设备安装工程试验、测试计划（表 3-5）

分部、分项工程施工方案编制计划 **表 3-2**

序号	施工方案名称	完成日期	编制人	审核人	批准人	备注
1	安全施工组织设计	2004.2	×××	×××	×××	
2	临时用电施工方案	2004.2	×××	×××	×××	
3	模板工程施工方案	2004.2	×××	×××	×××	
4	外脚手架施工方案	2004.2	×××	×××	×××	
5	CI 实施策划	2003.11	×××	×××	×××	
6	后浇带施工作业指导书	2004.3	×××	×××	×××	
7	外墙面砖作业指导书	2004.10	×××	×××	×××	
8	屋面工程作业指导书	2004.10	×××	×××	×××	
9	塔吊基础方案	2003.12	×××	×××	×××	
10	基坑排水方案	2003.11	×××	×××	×××	

混凝土强度及抗渗试验计划 **表 3-3**

序号	单位工程	取样的分层、分段部位		混凝土强度等级	取样组数	见证取样组数	养护方法	龄期(d)	备注
1	1号楼	地下室	承台、底板外墙	C35P8	12	4	标养	28	①各单位工程结构实体混凝土同条件养护强度检验试件具体取样部位及组数，与监理单位共同确定。其等效养护龄期按日平均温度逐日累计达到 600℃ ②各单位工程各层梁板（含悬臂构件）混凝土应留拆模同条件养护试块，当试块同条件养护满足规范底模拆除的混凝土强度要求后，方可拆除相应模板
			内墙柱	C45	4	2	标养	28	
		柱墙	一至六层	C45	12	4	标养	28	
			七至十一层	C40	10	4	标养	28	
			十二至十七层	C35	12	4	标养	28	
			十七层以上	C30	15	5	标养	28	
		梁板	一至六层	C30	18	6	标养	28	
			六层以上	C25	60	20	标养	28	
2	2号楼	地下室	承台、底板外墙	C35P8	19	7	标养	28	
			内墙柱	C45	3	1	标养	28	
		柱墙	一至六层	C40	26	9	标养	28	
			七至十一层	C35	12	4	标养	28	
			十一层以上	C30	30	10	标养	28	

续表

序号	单位工程	取样的分层、分段部位		混凝土强度等级	取样组数	见证取样组数	养护方法	龄期(d)	备注
2	2号楼	梁板	一至六层	C30	48	16	标养	28	①各单位工程结构实体混凝土同条件养护强度检验试件具体取样部位及组数，与监理单位共同确定。其等效养护龄期按日平均温度逐日累计达到600℃ ②各单位工程各层梁板(含悬臂构件)混凝土应留拆模同条件养护试块，当试块同条件养护满足规范底模拆除的混凝土强度要求后，方可拆除相应模板
			六层以上	C25	16	6	标养	28	
3	3号楼	地下室	承台、底板外墙	C35P8	15	5	标养	28	
			内墙柱	C45	2	1	标养	28	
		柱墙	一至六层	C40	12	4	标养	28	
			七至十一层	C35	10	4	标养	28	
			十一层以上	C30	14	5	标养	28	
		梁板	一至六层	C30	22	8	标养	28	
			六层以上	C25	41	14	标养	28	
4	5号楼	地下室	承台、底板外墙	C35P8	16	6	标养	28	
			内墙柱	C45	3	1	标养	28	
		柱墙	一至六层	C45	12	4	标养	28	
			七至十一层	C40	9	3	标养	28	
			十二至十七层	C35	10	4	标养	28	
			十七层以上	C30	16	6	标养	28	
		梁板	一至六层	C30	25	7	标养	28	
			六层以上	C25	55	19	标养	28	
5	6号楼	地下室	承台、底板外墙	C35P8	21	7	标养	28	
			内墙柱	C45	4	2	标养	28	
		柱墙	一至六层	C45	12	4	标养	28	
			七至十一层	C40	10	4	标养	28	
			十二至十七层	C35	10	4	标养	28	
			十七层以上	C30	11	4	标养	28	
		梁板	一至六层	C30	28	10	标养	28	
			六层以上	C25	48	16	标养	28	
6	7号楼	地下室	承台、底板外墙	C35P8	17	6	标养	28	
			内墙柱	C45	3	1	标养	28	
		柱墙	一至六层	C40	12	4	标养	28	
			七至十一层	C35	10	4	标养	28	
			十一层以上	C30	14	5	标养	28	
		梁板	一至六层	C30	20	7	标养	28	
			六层以上	C25	45	15	标养	28	
7	8号楼	地下室	承台、底板外墙	C35P8	22	8	标养	28	
			内墙柱	C40	3	1	标养	28	

续表

序号	单位工程	取样的分层、分段部位		混凝土强度等级	取样组数	见证取样组数	养护方法	龄期(d)	备注
7	8号楼	柱墙	一至六层	C40	12	4	标养	28	①各单位工程结构实体混凝土同条件养护强度检验试件具体取样部位及组数，与监理单位共同确定。其等效养护龄期按日平均温度逐日累计达到600℃ ②各单位工程各层梁板（含悬臂构件）混凝土应留拆模同条件养护试块，当试块同条件养护满足规范底模拆除的混凝土强度要求后，方可拆除相应模板
			七至十一层	C35	104		标养	28	
			十一层以上	C30	4	2	标养	28	
		梁板	一至六层	C30	56	19	标养	28	
			六层以上	C25	19	7	标养	28	
8	9号楼	地下室	承台、底板外墙	C35P8	23	8	标养	28	
			内墙柱	C40	4	2	标养	28	
		柱墙	一至六层	C40	12	4	标养	28	
			七至十一层	C35	10	4	标养	28	
			十一层以上	C30	10	4	标养	28	
		梁板	一至六层	C30	20	7	标养	28	
			六层以上	C25	32	11	标养	28	
9	4号楼	梁板	一至屋面	C25	8	3	标养	28	
		基础、柱	一至屋面	C25	10	4	标养	28	

防水工程试验计划 **表 3-4**

栋　号	序号	防水工程的部位	试验方法	试验次数
1～9号楼	1	屋面	淋雨试验检查	2
	2	一层以上卫生间	闭水200mm高	1

建筑设备安装工程试验、测试计划 **表 3-5**

序号	试验、测试名称	试验、测试的部位或系统	试验、测试时间	仪器仪表型号
1	接地电阻测试	保护接地系统	基础完成后	ZC29B-2
2	绝缘电阻测试	电气绝缘系统	管内穿线后	ZC25B-3
3	阀门强度及密闭性试验	阀门	阀门安装前	
4	给水系统试压	各给水系统	系统安装完毕	
5	电气装置试电	电气低压系统	系统安装完毕	
6	风管漏风检验	各通风系统	系统安装完毕	
7	风机试运转	各通风系统	系统安装完毕	

3.5.2 现场准备

(1) 工程轴线控制网测量定位及控制板、控制点的保护。

根据甲方提供的角点坐标，按总平面图尺寸关系建立轴线控制网，在地面的控制桩用混凝土作固定保护（控制桩保护如图 3-5 所示），围墙上做红油漆标志。将城市永久性绝对标高引入施工现场，设 3 个固定引测点（图 3-6）。

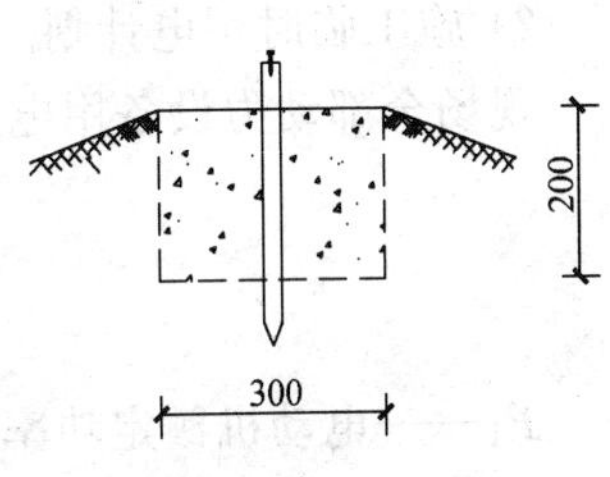

图 3-5　控制桩保护（单位：mm）

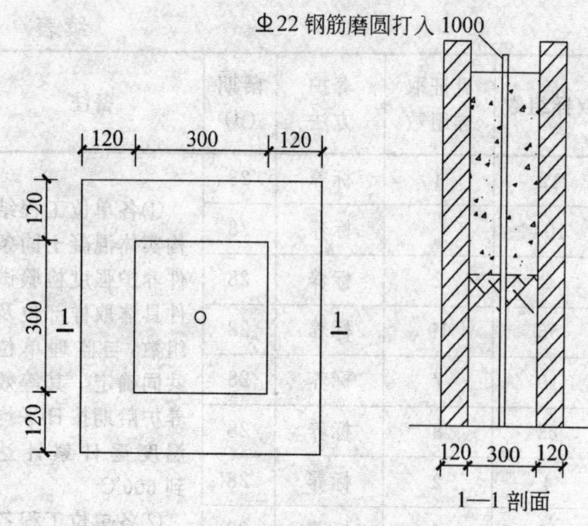

图 3-6 标高固定引测点（单位：mm）

(2) 临时供水、供电

1) 施工临时用水量计算及管线布置

施工用水包括三个方面：分别是施工生产用水、现场生活用水、消防用水。

A. 施工生产高峰期用水量

$$q_1 = K_1 \times K_2 \frac{\sum q_1 \times N_1}{8 \times 3600}$$

K_1——未预计的施工用水系数，本工程取 1.10。

K_2——用水不均衡系数，取 1.5。

q_1——每台班实物量，浇筑混凝土 400m^3，砌砖 100m^3，抹灰量 500m^2。

N_1——施工用水定额，浇筑混凝土取 300L/m^3，砌砖取 200L/m^3，抹灰取 30L/m^2。

则：$q_1 = 1.1 \times 1.5 \times \frac{400 \times 300 + 100 \times 200 + 500 \times 30}{8 \times 3600} = 9.74\text{L/s}$

B. 施工现场生活用水

$$q_2 = \frac{P_1 \times N_3 \times K_4}{I \times 8 \times 3600}$$

P_1——施工现场高峰昼夜人数，取 1000 人。

N_3——施工现场生活用水定额，夏天取 30L/(人·d)。

K_4——施工现场生活用水不均衡系数，取 1.1。

I——每天工作班数，取 3。

则：
$$q_2 = \frac{1000 \times 30 \times 1.1}{3 \times 8 \times 3600} = 0.38\text{L/s}$$

C. 消防用水量：取 $q_4 = 10\text{L/s}$

D. 总用水量 Q：因为 $q_1 + q_2 = 9.74 + 0.38 = 10.12\text{L/s} > q_4 = 10\text{L/s}$，故取 $Q = q_4 = 10.12\text{L/s}$，即 36m^3/h。

E. 供水管线选择：$D = \sqrt{4Q/(\pi \times v \times 1000)}$ （v 取 1.5m/s）

$$= \sqrt{4 \times 10.12/(3.14 \times 1.5 \times 1000)} = 0.093\text{m} = 93\text{mm}$$

取 $D = 100\text{mm}$

供水管径选用 ϕ100，从水源处接出一支 ϕ100 管绕场地四周环形布置，并根据平面布置需要设分管和水龙头。各单位工程楼层上水管选用 ϕ48 钢管，随工程主体施工逐层上接，每层设一个 ϕ25 管头，用胶皮管接至使用地点。

2) 施工临时用电计划

现场全部动力设备用电量为：

$$P = 1.1 \times \left(K_1 \times \frac{\sum P_1}{\cos\phi} + K_2 \sum P_2 \right)$$

$$= 1.1 \times (0.6 \times 439.0/0.65 + 0.6 \times 403.8) = 712.3\text{kV} \cdot \text{A}$$

P_1——电动机额定功率，kW。

P_2——电焊机、塔吊额定容量，kV·A。

$\cos\phi$——电动机平均功率因子，取 $\cos\phi=0.65$。

照明按总用量10%考虑，施工用电计划为：

$$P_{总}=P\times1.1=712.3\times1.1=783.5\text{kV}\cdot\text{A}$$

施工现场业主提供的配电房额定容量为800kW，能满足施工临时用电需求。

(3) 临时排水

在东、西、南、北四面围墙边设置排水沟形成有组织排水，在南面、北面各设置一个沉淀池，现场污水经沉淀过滤后排入城市地下水道。

(4) 临建布置

详见附图2施工平面布置图的内容。

3.5.3　*劳动力需用量计划*

对劳务操作层各分项施工班组将从公司合格劳务分包商花名册中择优使用，施工过省优项目的班组优先，对进场工人进行三级教育，办理有关保险等各方面手续，特别对特殊工种应加强管理，坚持持证上岗（表3-6）。

单位工程劳动力需用量计划　　**表3-6**

序号	分项工程名称或工种	人数(人)	进场时间	退场时间	备　注
1	静压预应力管桩	40	2003.9	2003.12	
2	围护工程	45	2003.12	2004.3	
3	土方开挖	50	2004.1	2004.3	
4	混凝土工程	120	2004.1	2004.12	
5	钢筋工程	90	2004.2	2004.12	
6	模板工程	200	2004.2	2004.12	
7	给排水	40	2004.2	2005.8	
8	电气安装	50	2004.2	2005.8	
9	塔吊司机	16	2004.2	2004.12	
10	电梯司机	32	2004.6	2005.6	
11	砌体工程	160	2004.6	2005.3	
12	门窗工程	60	2004.6	2005.7	
13	油漆工程	180	2004.12	2005.8	
14	室内装饰	240	2004.8	2005.8	
15	外墙装饰	180	2004.10	2005.8	
16	室外工程	30	2005.3	2005.9	

3.5.4　*材料需用量计划*

根据施工组织设计和施工图预算的工料分析，由预算员编制详细的材料、成品、半成品需用计划，项目部从建立的合格物质供货商册中选择物质供货商，根据用料计划备料。材料的采购严格按ISO 9002物质管理手册执行，做好各种材料的申请、订货、加工、采购、运输、库存等准备工作。模板、门架由模板分公司负责，钢管由租赁分公司负责提供（表3-7）。

材料需用量计划　表 3-7

序号	物质名称	单　位	数　量	进场时间	备　注
1	钢筋	t	12817	分批进场	
2	水泥	t	36657	分批进场	
3	胶合板	m^2	506447	分批进场	
4	钢管	t	786	分批进场	
5	砂	m^3	35528	分批进场	
6	石灰	t	743	分批进场	
7	空心砖	千块	6260	分批进场	
8	面砖	千块	115.6	分批进场	
9	地面玻化砖	m^2	25020	分批进场	
10	墙面玻化砖	m^2	32030	分批进场	
11	防水材料	m^2	25200	分批进场	
12	防火门	m^2	6620	分批进场	
13	不锈钢管	m	2850	分批进场	
14	外墙涂料	m^2	13558	分批进场	

注：具体详见每月材料需用量计划和采购计划。

3.5.5　机械设备需用量及进场计划（表 3-8）

主要施工机械设备需用量计划　表 3-8

序号	机械设备名称	规格型号	单位	数量	功率(kW 或 kV·A)	进场时间
1	静压桩机	750T-YZY	台	4	120	2003.9
2	CO_2 气保焊机	CS	台	12	35	2003.9
3	塔吊	QT80EA	台	3	60	2004.1
4	塔吊	F0/23B	台	1	75	2004.1
5	施工电梯	SCD200/200J	台	8	15	2004.6
6	混凝土搅拌机	JZ350	台	2	7.5	2004.4
7	砂浆搅拌机	UJ325	台	16	2.8	2004.5
8	直螺纹套丝机	闽侯建机	套	8	2.5	2004.2
9	钢筋切断机	GQ40-Ⅱ	台	3	5.5	2004.2
10	钢筋对焊机	B3-500	台	2	100	2004.2
11	钢筋弯曲机	GW6-40	台	3	2.8	2004.2
12	卷扬机	JJK0.5T	台	3	5.5	2004.2

续表

序号	机械设备名称	规格型号	单位	数量	功率(kW或kV·A)	进场时间
13	平板式振动器	B11	台	12	1.2	2003.12
14	插入式振动器	ZN-50	台	45	1.1	2003.12
15	电焊机	BX3-500-2	台	8	19	2004.2
16	电焊机	ZX5-400	台	4	28	2004.2
17	锯台	MJ102	台	2	2.8	2004.2
18	手持电锯	HZ6X-30	台	56	0.5	2004.2
19	潜水泵	QK-7	台	18	2.2	2004.2
20	高压水泵	扬程100	台	3	3	2004.5
21	套丝机	ZTL15-100	台	3	0.75	2004.6
22	型材切割机	J3C-400	台	3	2.2	2004.2
23	电动式压泵	4D-SY30	台	3	1.5	2004.2
24	台钻	Z301ϕ13	台	3	1.5	2004.2
25	电锤	D2L	台	6	1.5	2004.2
26	电钻	J12-6	台	9	1.0	2004.2

4 施工进度计划

4.1 工期目标

本工程地下室分为南、北两区，南区桩基施工完后先行组织地下室施工，按照后浇带把南区划分为Ⅰ、Ⅱ、Ⅲ、Ⅳ四个施工区段，因此该区按照后浇带和上部两个单位工程分两个区段分别组织流水作业；北区地下室纵横各三道后浇带把该区分为八个施工区段，故地下室及上部按上述各施工区段组织流水作业，其中2号楼上部按温度缝（防震缝）分为两个小施工段组织流水作业。为加快工程进度，各单位工程主体分部进行分段验收，使砌体工程和装修工程能随主体结构从下而上进行穿插施工，当主体封顶后从上而下进行外墙装修、室内细部装修、门窗安装以及给排水安装分部分项工程施工。为确保合同工期内竣工交付，必须严格按照工期保证措施进行组织施工。

南区8号、9号楼工期计划为500d，北区1号、3号、6号楼工期计划为620d，2号、5号、7号楼工期计划为550d，4号楼（幼儿园）工期计划为100d。整个工程至2005年7月18日全面竣工交付。

4.2 进度计划

详见中城都市花园施工进度网络图（图4-1）。

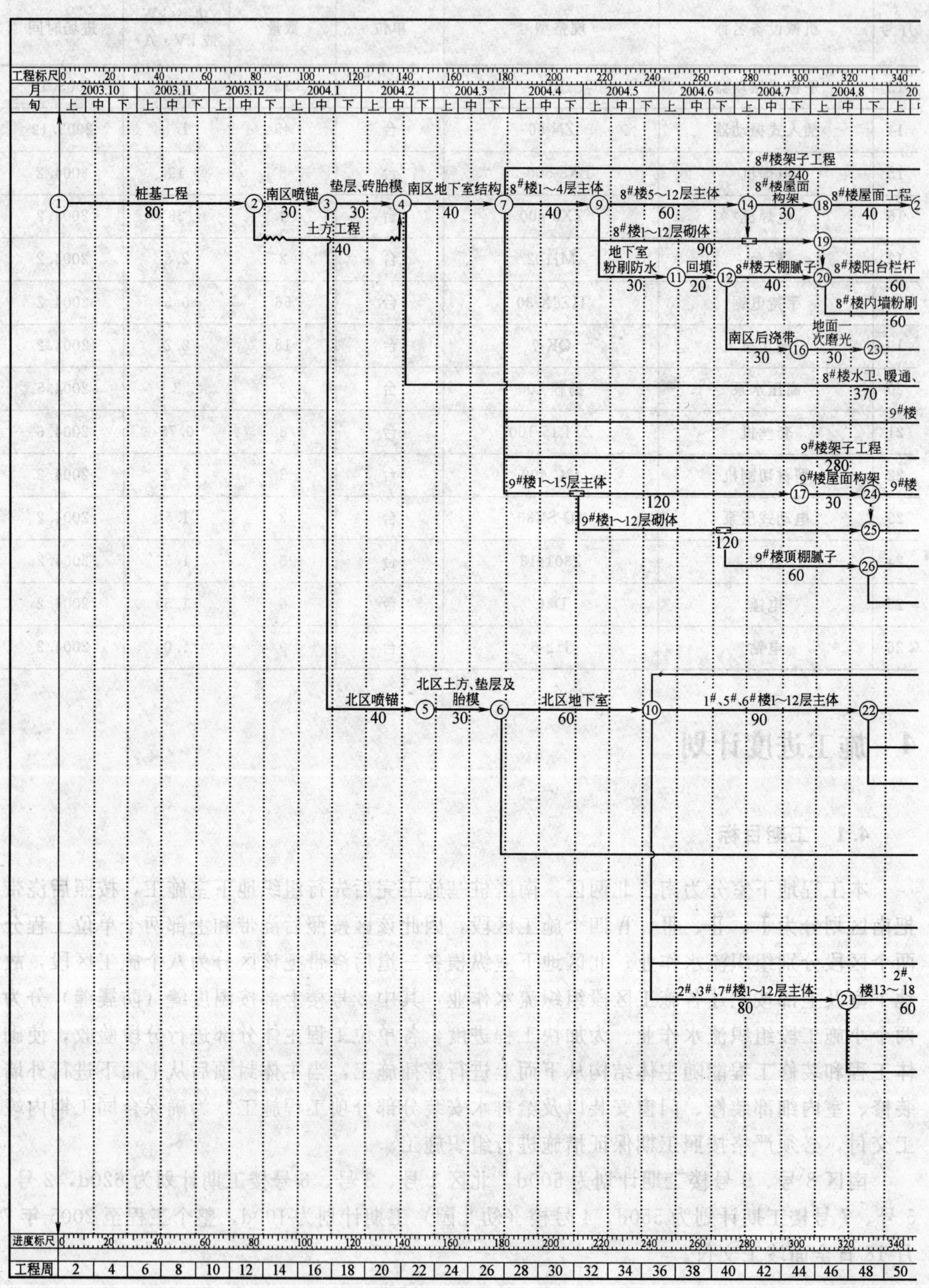

工程标尺
月
旬
2003.10
2003.11
2003.12
2004.1
2004.2
2004.3
2004.4
2004.5
2004.6
2004.7
2004.8
桩基工程
80
南区喷锚
30
垫层、砖胎模
30
土方工程
40
南区地下室结构
40
8#楼1～4层主体
40
8#楼5～12层主体
60
8#楼架子工程
240
8#楼屋面构架
30
8#楼屋面工程
40
8#楼1～12层砌体
90
地下室粉刷防水
30
回填
20
8#楼天棚腻子
40
8#楼阳台栏杆
60
8#楼内墙粉刷
60
南区后浇带
30
地面一次磨光
30
8#楼水卫、暖通、
370
9#楼
9#楼架子工程
280
9#楼1～15层主体
120
9#楼屋面构架
30
9#楼
9#楼1～12层砌体
120
9#楼顶棚腻子
60
北区喷锚
40
北区土方,垫层及胎模
30
北区地下室
60
1#、5#、6#楼1～12层主体
90
2#、3#、7#楼1～12层主体
80
2#、楼13～18
60
进度标尺
工程周

图 4-1 中城都市花园施

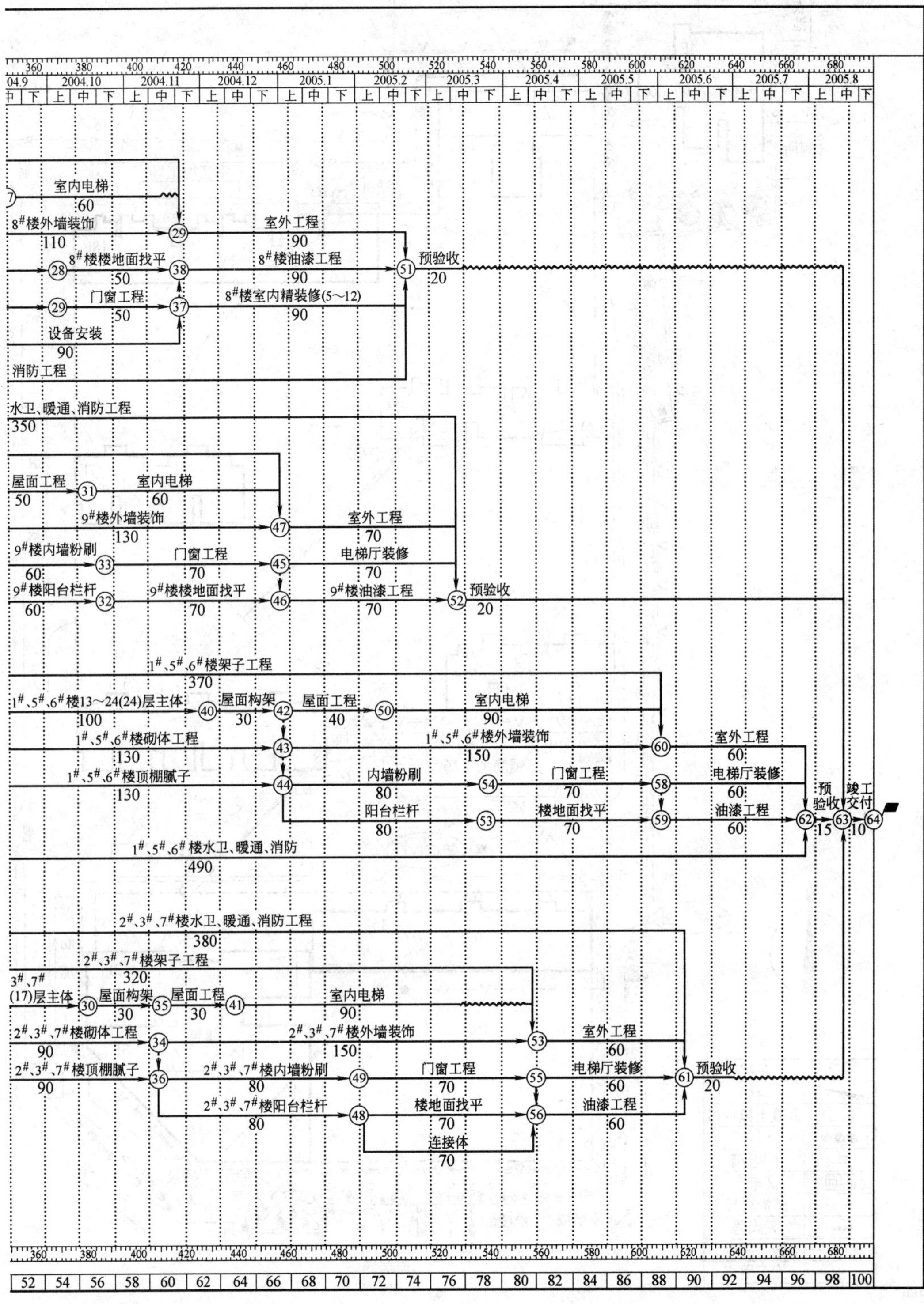

2004.10
2004.11
2004.12
2005.1
2005.2
2005.3
2005.4
2005.5
2005.6
2005.7
2005.8
上 中 下
室内电梯
60
8#楼外墙装饰
110
室外工程
90
8#楼楼地面找平
50
8#楼油漆工程
90
预验收
20
门窗工程
50
8#楼室内精装修(5～12)
90
设备安装
90
消防工程
水卫、暖通、消防工程
350
屋面工程
50
室内电梯
60
9#楼外墙装饰
130
室外工程
70
9#楼内墙粉刷
60
门窗工程
70
电梯厅装修
70
9#楼阳台栏杆
60
9#楼楼地面找平
70
9#楼油漆工程
70
预验收
20
1#、5#、6#楼架子工程
370
1#、5#、6#楼13～24(24)层主体
100
屋面构架
30
屋面工程
40
室内电梯
90
1#、5#、6#楼砌体工程
130
1#、5#、6#楼外墙装饰
150
室外工程
60
1#、5#、6#楼顶棚腻子
130
内墙粉刷
80
门窗工程
70
电梯厅装修
60
阳台栏杆
80
楼地面找平
70
油漆工程
60
预验收
15
竣工交付
10
1#、5#、6#楼水卫、暖通、消防
490
2#、3#、7#楼水卫、暖通、消防工程
380
2#、3#、7#楼架子工程
320
3#、7#
(17)层主体
屋面构架
30
屋面工程
30
室内电梯
90
2#、3#、7#楼砌体工程
90
2#、3#、7#楼外墙装饰
150
室外工程
60
2#、3#、7#楼顶棚腻子
90
2#、3#、7#楼内墙粉刷
80
门窗工程
70
电梯厅装修
60
预验收
20
2#、3#、7#楼阳台栏杆
80
楼地面找平
70
油漆工程
60
连接体
70

工总进度计划网络图

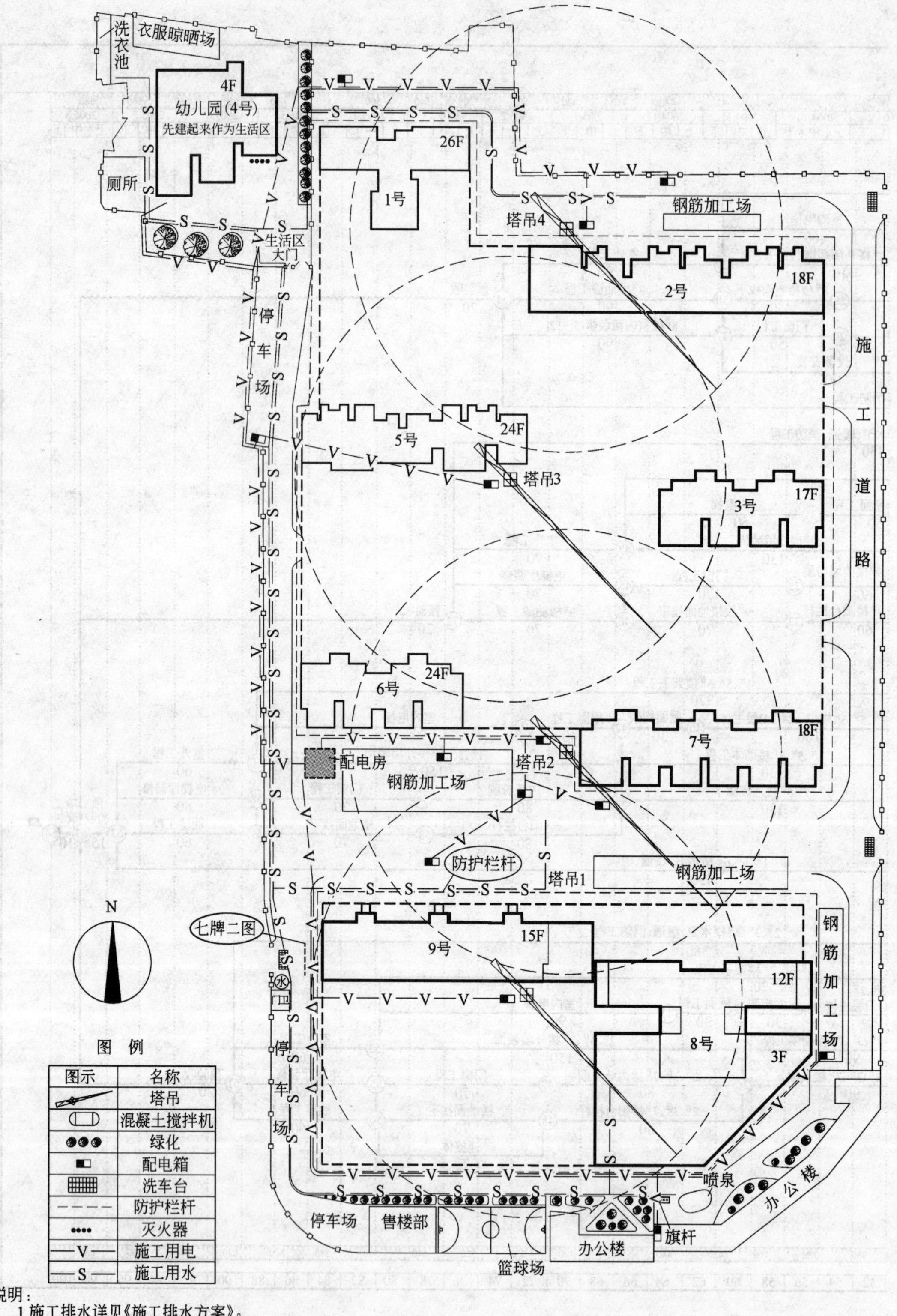

说明：
1.施工排水详见《施工排水方案》。
2.幼儿园底层为工人食堂，二～四层为工人临时宿舍。

图 4-2 中城都市花园地下室施工阶段平面布置图

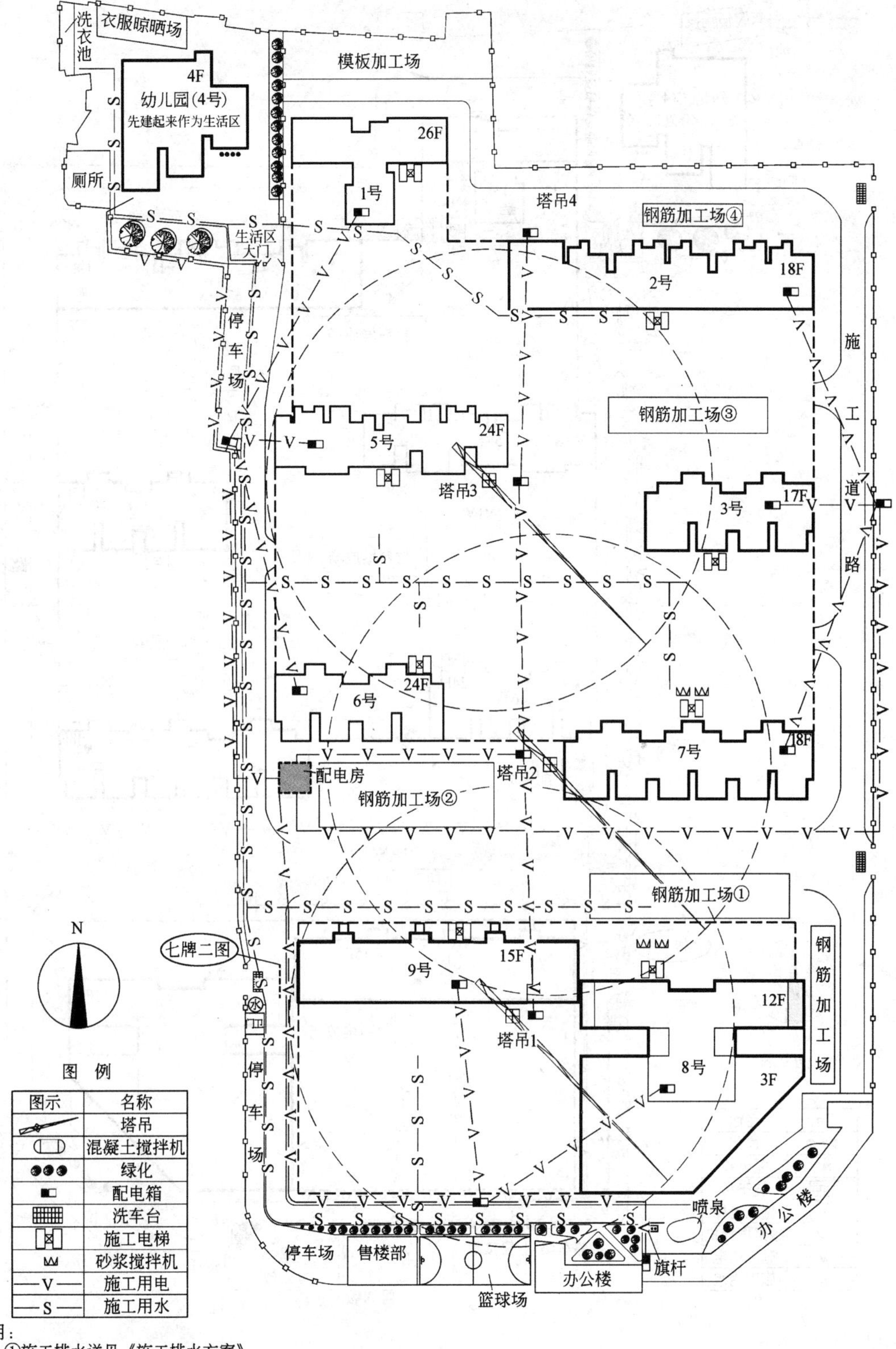

说明：

①施工排水详见《施工排水方案》

②幼儿园底层为工人食堂，二～四层为工人临时宿舍

③水泥堆放在各栋号一层

图 4-3　中城都市花园主体阶段施工平面布置图

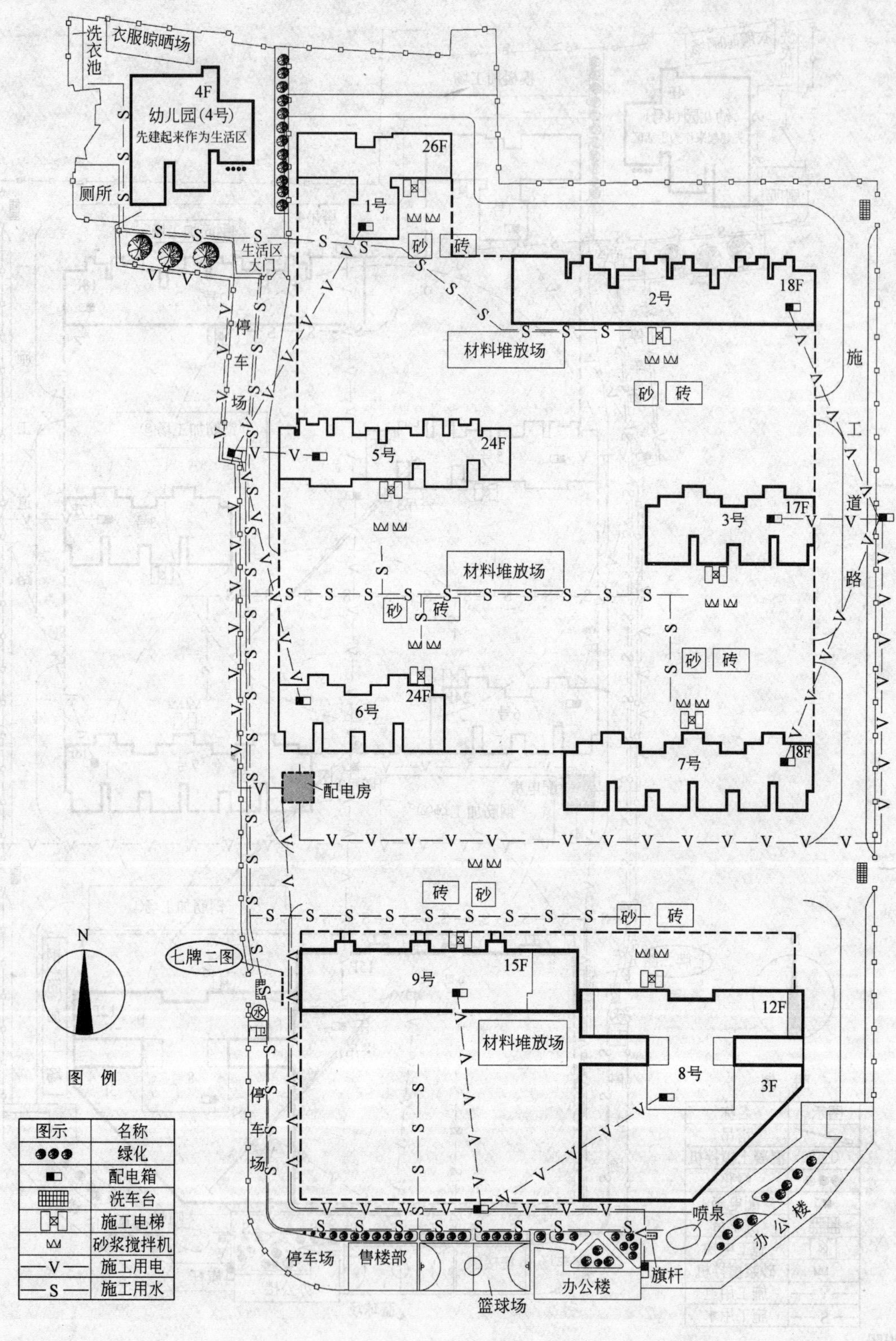

说明：

①幼儿园底层为工人食堂，二～四层为工人临时宿舍

②水泥堆放在各栋号一层

图 4-4 中城都市花园装饰阶段施工平面布置图

5 施工总平面布置

5.1 施工总平面布置依据

1）根据规划部门审批的总平面图；

2）大型机械定位；

3）现场踏勘实际场地情况；

4）福州市文明工地施工要求。

5.2 施工平面布置图（详见图 4-2、图 4-3、图 4-4 基础、主体、装修阶段施工平面布置图）

5.3 施工平面图的内容

5.3.1 现场出入口及围墙

现场在场地东面设置两个次出入口、西面设置一个主出入口，门口设置洗车台、沉淀池，铁门尺寸为主出入口 8m×2.0m、次出入口 6m×2.0m，门扇上面用白色蓝体字书写企业标志字样，门柱截面尺寸为 0.8m×0.8m，高度为 2.2m，其中 0.2m 柱帽为梯形，门柱通体为蓝色。现场策划将按创文明工地标准布置。

5.3.2 现场道路及排水

本工程在东、西、南、北面围墙边砌筑排水沟，在南面和西面设置各一个沉淀池，场地污水经过滤后排入城市地下水道。根据现场文明施工要求，施工现场四周道路均在泥土面上浇筑 100mm 厚 C20 混凝土地面，以便在雨期能保持道路畅通，不致产生泥坑、积水。

5.3.3 现场机械设备的布置

现场布置四台塔吊，1 号、2 号楼共用一台，3 号、5 号楼共用一台，6 号、7 号楼共用一台，8 号、9 号楼共用一台，分别附着在 2 号、5 号、7 号、9 号楼上。1 号、2 号、3 号、5 号、6 号、7 号、8 号、9 号楼分别各布置一台施工电梯。南区北面设置一个钢筋加工场，北区在东面、北面分别设置钢筋加工场，钢筋加工场设有对焊机、钢筋弯曲机、钢筋切断机、卷扬机等加工设备。

以上机械具体布置详见施工平面布置图（附图 2）。

5.3.4 现场办公区、生活区

现场南面设一幢两层办公室，底层作为地下施工时临时宿舍，二层作为办公室，办公室内装饰按照 CI 要求布置；生活区设在现场西北角，4 号楼（幼儿园），作为施工时临时宿舍，每间住宿 12 人，设上、下床架、电风扇，照明采用 36V 低压电源，各种消防器材配置齐全，食堂、厕所、浴池等均设在生活区，食堂内整洁卫生，砌筑冲刷池、洗涤池、消毒池，现场临时厕所，采用自动水冲式，并做好临时化粪池，沉淀池等配套设施。

5.3.5 临时用水布置

根据现场施工、生活用水及消防要求的计算，供水管径选择 $\phi100$，从水源处接出一

支 ϕ100 管绕场地四周环形布置，并根据需要设分管和水龙头，各单位工程楼层上水管选用 ϕ48 钢管，随工程主体施工逐层上接，每层设 1～3 个 ϕ25 管头，用胶皮管接至使用地点。

5.3.6　临时用电布置

施工临时用电设计应随工程施工不同阶段作动态调整，现以现场用电高峰——结构施工后期为例，简述电源分路设计情况。

电源由配电房分 5 路引出：其中第 1 路供生活照明用电；第 2 路供塔吊专用线路，分别为塔吊 1、塔吊 2、塔吊 3、塔吊 4；第 3、4 路分别向北区加工现场配电箱，提供钢筋、模板及水电加工场地等施工设备用电、施工电梯和楼层供电；第 5 路向南区加工现场配电箱提供钢筋、模板及水电加工场等施工设备用电、施工电梯和楼层供电。

6　主要（分部）分项工程施工方法

6.1　测量放线

6.1.1　施工测量设备

(1) 本工程执行建设部标准《工程测量规范》GB 50026—93，按二等水准测量要求施测。

(2) 测定水平角选用 J_2 级精密经纬仪。

(3) 主体垂直度控制选用苏光 DZJ_6 激光垂准仪。

(4) 测定建筑物高程及沉降监测选用北光的 AL25A 自动安平精密水准仪及配套的钢卷尺。

(5) 主要施工测量仪器配备情况如表 6-1 所列。

主要施工测量仪器配备表　　表 6-1

序号	测量设备	型号	生产厂家	性能	精度
01	水准仪	Ni005	蔡司厂	精密水准测量	0.5mm/km
02	经纬仪	J_2-J_D	苏光一厂	精密测量	2″/测回
03	天顶天底仪	WILDZNL	瑞士	垂直度控制	1/30000
04	水准仪	Dsa	北光	普通水准测量	3mm/km
05	钢卷尺	50m	中长城精工厂	普通测距	1mm/测回

6.1.2　施工测量技术要求

(1) 平面控制测量

1) 测角。水平角观测为 3 测回，2C 误差不大于 13″，测回误差不大于 9″，直角误差不大于±15″。

2) 经纬仪光学对中误差不大于 1mm，长水准管气泡偏移水准管中心位置不大于 1 格。

3) 钢尺量距。钢尺量距测量次数为 2 次，尺段高差不大于 10mm，测回差不大于

3mm；边长相对误差不大于 1/10000。

（2）精密（二等）水准测量

1）水准仪 i 角不大于±15″，前后视距差不大于 3m，视距不大于 50m，前后视线高不小于 0.5m，长水准管气泡偏移水准管中心位置应小于 1 格。

2）基辅尺常数差小于±0.5mm，或红黑面读数差应不大于±0.5mm，基辅分划所测高差之差不大于±0.7mm。

3）水准测量闭合差不大于$\pm 4\sqrt{L}$mm（L 为路线长）。

4）水准点埋设距离开控边线不小于 25m，距离振动影响范围不小于 15m。

（3）标高测量

1）标高抄平测量，最大视线长 30m，前后视距差不大于 3m，黑白红面所测标高差不大于 3mm。

2）施工区基准点相互差值不大于 2mm。

（4）沉降观测技术要求（表 6-2）

结构测量精度控制 **表 6-2**

序　号	项　　目	允许偏差(mm)
1	主体平面轴线尺寸偏差	±3
2	主体平面垂直尺寸偏差	±20[9.3/1000(H)]
3	主体总高标高偏差	±20
4	沉降观测闭合差	$\pm 4\sqrt{L}$(L 为测量路线长)

1）按二级水准测量方法进行。

2）基辅分划常数读数允许偏差为±0.5mm，基辅分划所测高程允许偏差为±0.5mm。

3）合线路闭合差为小于$\pm 0.6\sqrt{n}$mm（n 为测站数），水准仪的 i 应小于 15″。

6.1.3　平面控制网建立和测设

1）所测平面控制网依据建设单位提供的中城都市花园放样略图及现场给定的各单位工程角点，设计计算出地下室轴线控制网。

2）平面轴线控制网施测。点与点最大距离小于 30m，控制点的埋设采用混凝土浇筑、弹线标注采用油漆点，点与点的高差不能超过 20cm。为提高施测精度，防止误差积累，顾及仪器性能条件和施工环境影响测程，故采用分段控测、分段设点方式，如图 6-1（a）、（b）所示。

3）平面轴线控制点施测过程中，用 J_2 经纬仪进行水平角测设，采用下倒镜双测回法取中数，严格控制测回差，不能超过±9″。

4）严格按照规范要求，对各点间距进行丈量，丈量所用的两把 50m 钢尺必须是同厂生产，必须经过计量检定合格。

5）平面轴线控制网点施测结束后，做永久性标志、精确定点，设立保护盖。

6.1.4　水准网布设施测

1）根据建设单位给定高程基点，在施工现场设立水准网。按照二等水准测量要求测量。

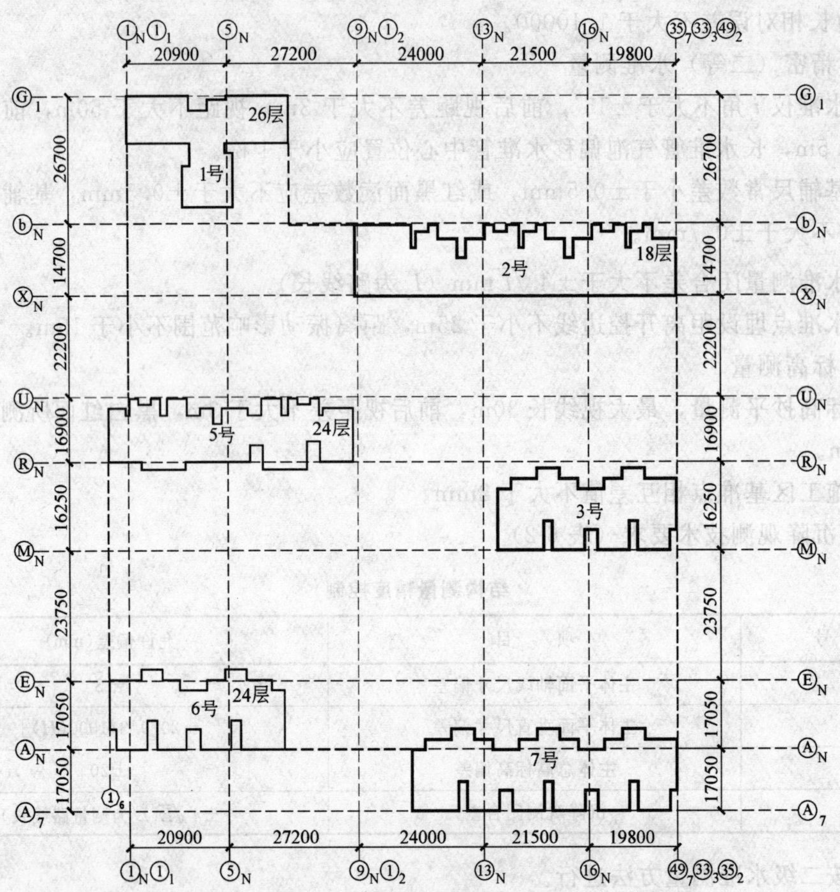

(*a*) 中城都市花园北区轴线放样分段设点控制图（单位：mm）

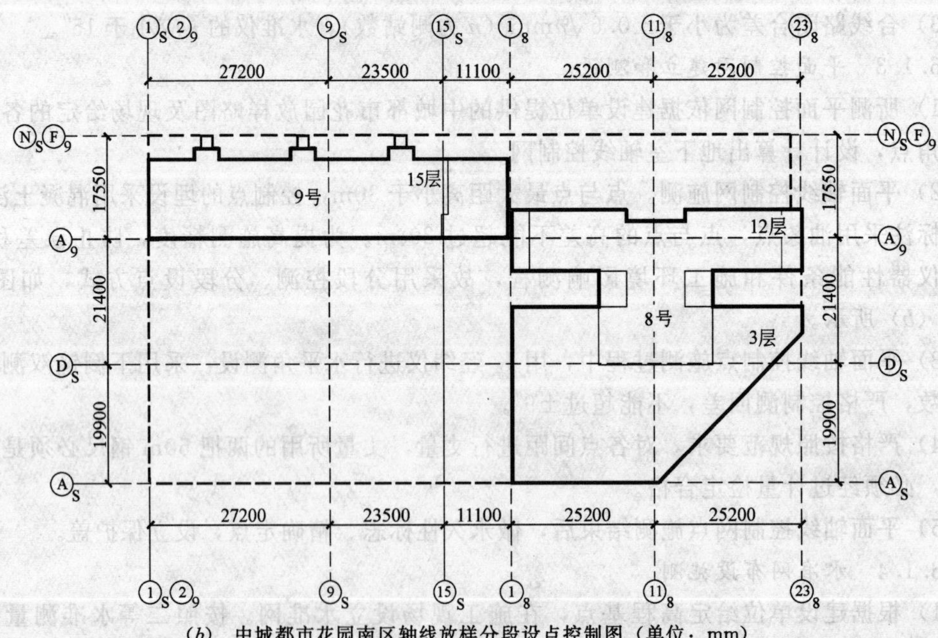

(*b*) 中城都市花园南区轴线放样分段设点控制图（单位：mm）

图 6-1 轴线放样分段设点控制图

2）水准点引测，采用闭合线路，2 次测回取两次平均值，标明高程，记好原始值，作为施工中的高程基准点。

3）水准网的基点要定期复核，每 10d 进行一次高程引测，及时发现沉降，计算高程基准点值，以防因沉降引起的高程点下沉。

6.1.5 地下室工程施测

(1) 垫层及承台砌体施工轴线引测。当土方开挖形成垫层工作面后，依据平面控制网对轴线引测，在各区内打轴线木桩标记，形成小矩形网。在测角、距离测量无误后，分别引测各轴线，进行桩承台、基础梁的施工放样。当各区垫层施工结束后，要立即进行第二次轴线引测，由平面控制网引测到垫层后，首先要丈量点与点距离是否符合规范要求，当超过规范允许差值时，要检查是否平面基准网变形，在反复测设无误后，各线轴线点用红油漆标记。

(2) 地下室底板各区基准网的测设。根据施工段划分情况，在南北两区分别设立小基准网。当底板混凝土施工结束后，轴线引测到底板上，在两个施工区内各设 4 或 6 个基点，作为一层板（地下室顶板）轴线引测的基准网。在±0.00 板相对位置留 200mm×200mm 预留洞，基点直接引测至一层板（地下室顶板）面（图 6-2）。

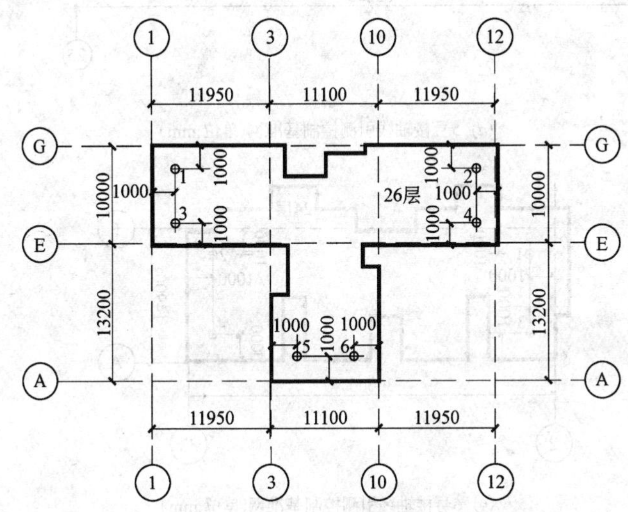

(*a*) 1号楼轴线引测控制基准网(单位:mm)

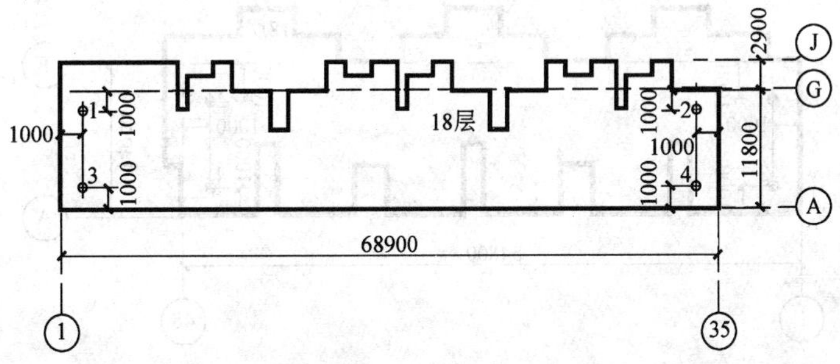

(*b*) 2号楼轴线引测控制基准网(单位:mm)

图 6-2 轴线引测控制基准网（一）

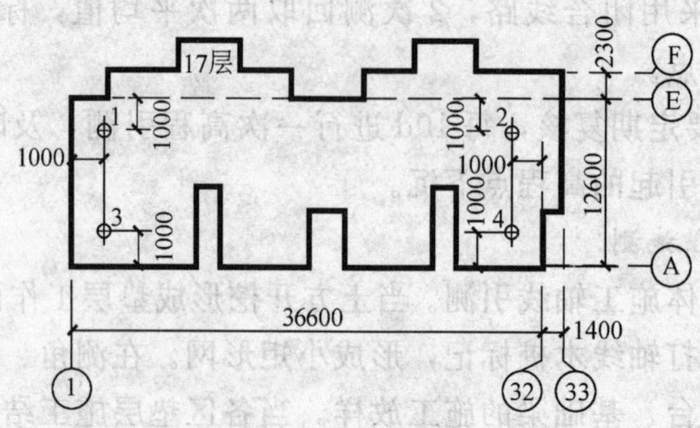

(c) 3号楼轴线引测控制基准网(单位:mm)

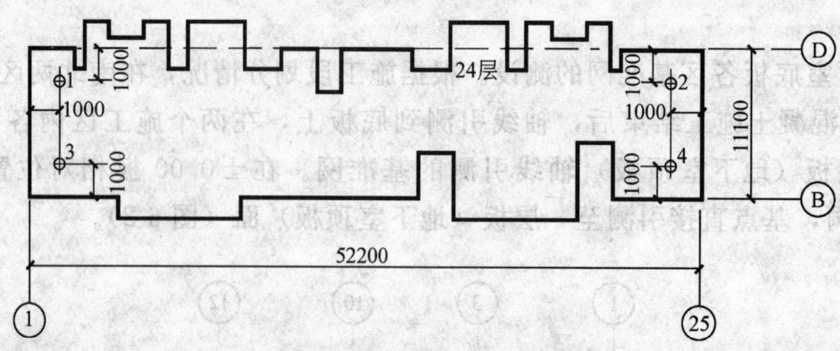

(d) 5号楼轴线引测控制基准网(单位:mm)

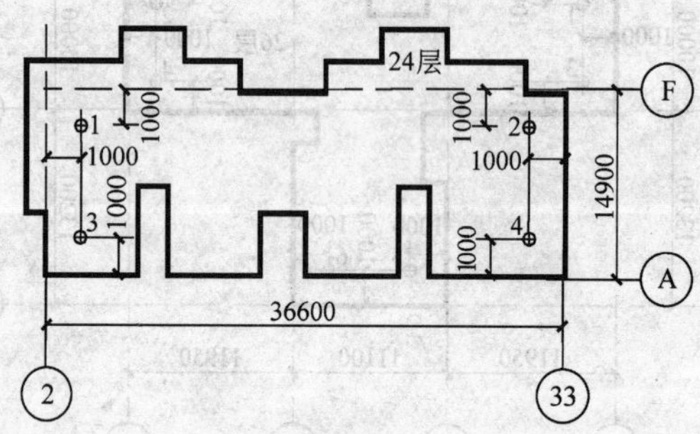

(e) 6号楼轴线引测控制基准网(单位:mm)

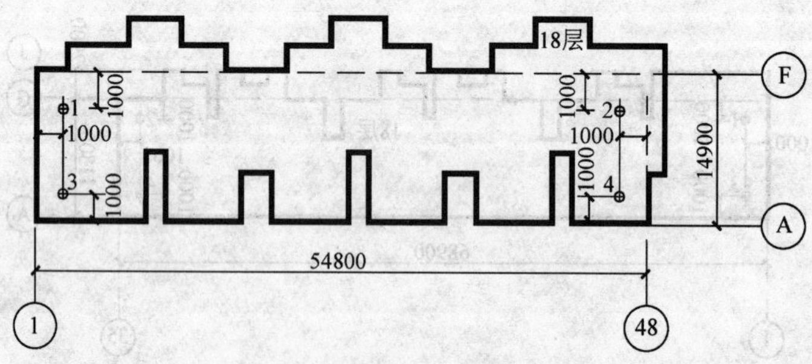

(f) 7号楼轴线引测控制基准网(单位:mm)

图 6-2　轴线引测控制基准网（二）

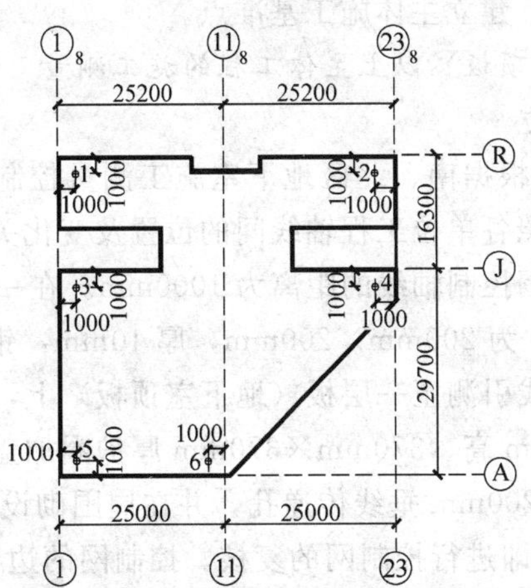

(g) 8号楼五层及以下轴线引测控制基准网(单位:mm)

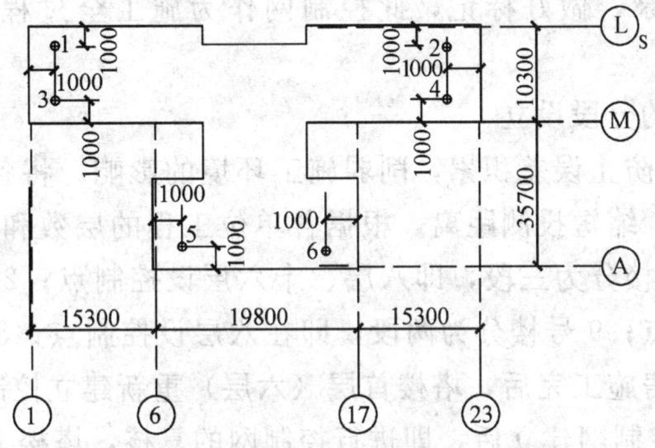

(h) 8号楼五层以上轴线引测控制基准网(单位:mm)

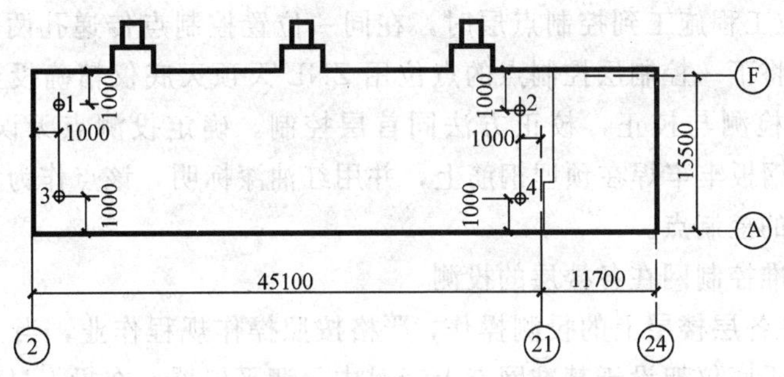

(i) 9号楼轴线引测控制基准网(单位:mm)

图 6-2 轴线引测控制基准网（三）

(3) 一层板（地下室顶板）轴线施测。根据两个施工区原底板基准网用 ZNL 天顶天底仪投测到一层板（地下室顶板）上，并对各基准网进行角度测量，点与点间距丈量。当符合规范允许值后，分别引测各相关轴线位置，进入下一道工序施工。

(4) 地下室水准测量控制。根据地下室采取分区段施工，在地下室设立水准点三点，形成小水准基准网，在反复引测两测回，各点水准高程无误后，分别做红油漆标记，写明高程，作为各区段高程引测点。考虑到沉降因素，必须一个星期复测一次，及时纠正高程引测点。当一层板（地下室顶板）施工结束后，将三个基准点引测至＋1m 处，再与水准网联测，修正水准高程差值，建立主体施工基准点。

6.1.6 一层板（地下室顶板）以上主体工程的施工测量

(1) 轴线内控制网的建立

1) 首层控制点的设立。根据南、北区地下室施工测量控制网，建立一层板（地下室顶板）主体轴线控制网。按照各单位工程轴线间的位置及变化关系，确定各单位工程的垂直控制基准网，控制网与外围控制轴线的距离为1000mm。在一层板（地下室顶板）混凝土浇捣前预埋钢板，钢板尺寸为200mm×200mm，厚10mm，钢板直接焊在板面筋上，待混凝土浇捣完毕后将控制轴线引测至一层板（地下室顶板）上，即为各控制点，并用红油漆标明。在钢板周围砌500mm高、370mm×370mm厚护圈加盖板予以保护。各层楼面控制点位置上均预留200mm×200mm垂线传递孔，并在周围砌设60mm高砖砌体。

2) 首层控制网建立后，即进行控制网的复核。控制网的边长固定用一把50m钢卷尺丈量。量边精度要求不低于1/10000边长，四个直角精度要求不低于20″。满足以上条件后，即做好原始值记录，做好标记，此控制网作为施工全过程的垂直度和施工放样的依据。

(2) 轴线控制网的分段设立

1) 为提高工效和防止误差积累，削弱施工环境的影响，将各单位工程轴线垂直控制点采用分段投点方式，缩短投测距离，根据各单位工程的层数和总高度，分为不同段数。其中1号、5号、6号楼分为三段，即八层、十六层设控制点；2号、3号、7号楼分为2段，即在九层设控制点；9号楼分为两段，即在八层设控制点；8号楼分为2段，裙房一至五层为一段，当裙房施工完后，塔楼首层（六层）重新建立控制网，控制网与外围轴线的距离为1000mm，控制网建立后，即进行控制网的复核，塔楼上部六至十二层轴线垂直控制点按五层控制网垂直控制。

2) 当各单位工程施工到控制点层时，在同一位置控制点传递孔两侧预埋直径10mm以上钢筋，然后将下一控制层控制点的点位用ZNL天顶天底仪精确投至该层楼面，并进行矩形控制网的检测与校正，校正方法同首层控制。确定投测点无误后，将200mm×200mm×10mm钢板牢牢焊在预埋钢筋上，并用红油漆标明，该点作为上控制段各层垂直控制和施工放样的控制点。

(3) 轴线基准控制网在各楼层的投测

1) 控制点在各层楼层上的投测操作，严格按照操作规程作业，当上一层混凝土施工结束后，将天顶天底仪架设于基准网点上，对中，调平仪器。在投点过程中，为消除仪器本身的缺陷对测量精度的影响，应将仪器在水平方向作360°回转，反复调平水准管轴，使仪器在360°范围内水准管轴保持平行。对仪器的对点器同样回转90°、180°、360°方向反复调整，校核圆心位置，当仪器中心与控制点完全一致后，用ZNL天顶天底仪两测回(0°～180°、90°～270 °) 向上投点。

2) 当控制点投测好后，在矩形网四点固定好夹板，置经纬仪于四点上，检测闭合矩形网的各夹角，丈量各边长，其误差必须符合平面控制技术要求，符合要求后，测定各轴线，并依据该轴线与其他轴线柱、墙的尺寸关系，进行该层放样。

(4) 主体施工过程的标高测量

1) 在该工程地下室施工结束后，根据施工现场水准基准网，将高程引测到一层外两对角柱上+1000mm处，引测按闭合环形测量，在闭合差符合要求后，在各引测的高程点上标出“▲”红色标志，并记好原始记录，作为该工程主体施工中的首段标高测量基准网。

2）在向上高程传递中，由于钢卷尺丈量距离长，会产生积累误差等原因，根据各单位工程层数及总高度，将各单位工程主体标高测量分为若干段。其中1号、5号、6号楼分为四段，即一至六层为一段、六至十二层为一段、十三至十八层为一段、十九至二十四（二十五）层为一段；2号、3号、7号楼分为三段，即十六层为一段、七至十二层为一段、十三至十八（十七）层为一段；8号、9号楼分为两段即一至六层为一段、七至十二（十五）层为一段。对各段的高程基准网同样要进行闭合测量、平差。

3）在主体标高测量中，各段楼层标高由下一层高程点引测，引测用检验过的钢尺，同时对引测点要进行复核，为避免误差积累，必须每隔3～5层从各段基准网复核一次高程，如发现错误，应追溯、分析原因，找出问题，予以调整。

6.1.7 主体工程沉降观测

（1）水准基准网的建立。根据建设单位提供六一路永久性高程基准点（BM0）引测高程并建立水准基准网BM0～BM3。水准网的测设按二等测量要求进行。采用环型闭合观测2测回，其闭合差不得超过$\pm 4\sqrt{L}$mm（L为测量线路长），基准点的埋设在反复观测、计算无误后，记好原始高程，作为该工程沉降观测的基准点。基准点设三点，与建筑物距离不小于30m。

（2）沉降观测点的布设。依据设计院沉降观测布点置图，埋设各沉降点。在首层混凝土柱室外地坪以上10～30cm处按沉降点的埋设要求埋设。

（3）按《工程测量规范》二等精密水准测量技术要求测量，测量线路应与基准点BM0形成闭合环。在闭合差符合要求时，将闭合差平均分配给每一沉降点，记录好各沉降点的基本高程，作为各沉降点的原始值。

（4）沉降观测次数：根据设计要求，工程进度，荷载增加情况定期和不定期不间断地进行沉降观测，主体每上一层观测一次，在主体封顶后，根据沉降量的大小变化情况，适当减少次数。

（5）每次沉降观测结束后，及时检查记录，正确计算，并填写沉降记录汇总表，作为工程验收技术资料；如发现沉降点的沉降异常，应对沉降点复核以及对所使用的水准点检测，有错误应及时更正，确认无误后，通报有关技术人员。

6.2 气举冲水法辅助静压PHC管桩沉桩

6.2.1 分项概况

工程设计采用高强混凝土预应力管桩（PHC管桩）PHC500-125-A型，总桩数1448根，持力层为⑫圆砾层，桩长30m～40m，单桩竖向极限承载力标准值5000kN。由于本工程地质条件复杂，部分桩桩端必须穿过厚达9.8m的密实中砂层，采用常规静压法无法穿透此砂层。借鉴我公司在其他项目中施工相关经验，建议采用气举水冲法辅助静压桩沉桩穿透砂层。

6.2.2 施工难点

我公司名城花园首次使用冲水法辅助静压预制方桩沉桩，因工艺不完善，穿透率只有

94.7%，经分析穿透率低的原因为穿层过程遇到稍大粒径的砾卵石，砾卵石上排过程中卡在水（气）管法兰盘处，是导致穿层失败的主要原因，如图 6-3 所示。与名城花园相比，中城都市花园桩基施工有以下难点：

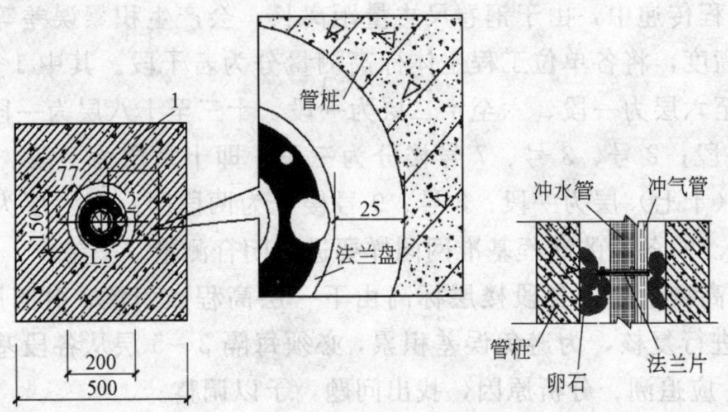

图 6-3　卡管现象示意图（单位：mm）

1—预制方桩；2—冲气管

1）砂层距持力层较近，穿层后桩端很快将进入持力层，因本工程有一层地下室，需送桩 4.5～5m，要在送桩过程中冲水，施工难度较大。

2）砂层厚度及力学性能差异大，无法根据地质报告准确判断哪根桩需要冲水沉桩。

6.2.3　施工工艺

气举冲水法辅助静压 PHC 管桩沉桩主要工艺同普通静压 PHC 管桩沉桩相同，其主要控制以下几个方面：①桩尖设计不合理将会造成冲水时卡管，是穿层失败的主要原因，应重点进行控制。②在压桩过程中，应对是否冲水进行准确判断，这是能否穿层的关键所在。③冲水持续时间控制至关重要，冲水时间太短，将导致无法穿透砂层，冲水时间太长，将影响周围桩的承载力。

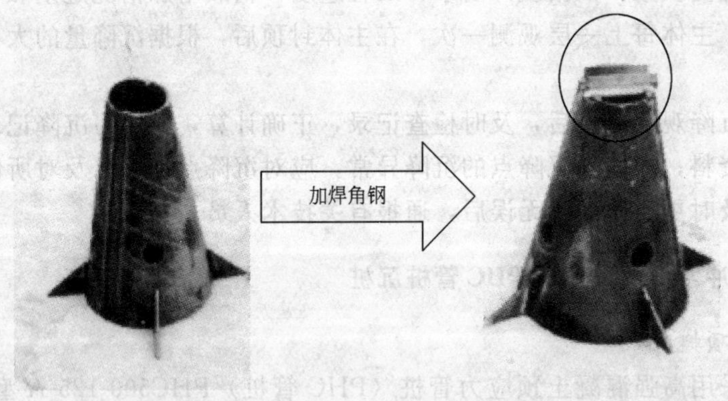

图 6-4　改进桩尖法示意图

（1）改进桩尖，在桩尖处加焊角钢，挡住大粒径的砾卵石，防止卡管，使桩尖符合冲水工艺要求。PHC500-125A 管桩内径为 250mm，冲水（气）管法兰盘直径为 170mm，法兰盘与管桩内壁之间的空隙仅为 40mm。名城花园冲水施工中因砾卵石卡在法兰盘处而导致穿层失败，因此，必须阻止大于 40mm 的砾卵石进入管桩内腔。经分析计算，决定在桩尖处焊接两道∟2×2 的角钢，使进入管桩内腔的砾卵石小于 40mm，确保冲水时不卡管（图 6-4）。

(2) 根据压桩力大小判断是否需要冲水，通过以下两个方法确定是否冲水：①通过试桩确定冲水条件。②对所有试桩进行综合分析，制定工艺流程，能准确判定是否冲水。

(3) 根据试桩情况，确定工艺流程如图 6-5 所示。

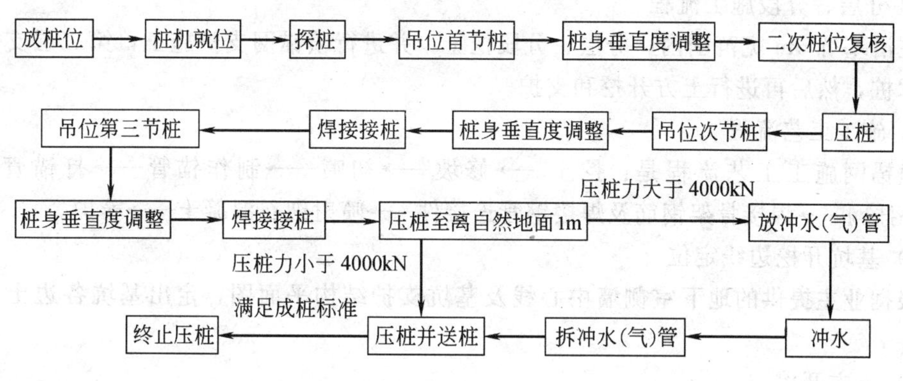

图 6-5　沉桩工艺流程图

冲水持续时间难以控制，根据现场试桩确定冲水时间。①对试桩的冲水持续时间进行统计分析。②对试桩及其周围桩的承载力进行测试，分析冲水对桩基承载力的影响，最终确定冲水持续时间。确保冲水后，能穿透砂层，同时保证桩基承载力满足设计要求。冲水时间必须控制在合理的范围内，冲水时间太短，将导致桩端无法穿透砂层，冲水时间太长，土层会严重破坏，将影响周围已施工的桩的承载力。

6.3　地下室工程

6.3.1　基坑排水要点

1）采用截、导、排相结合。

2）坡顶沿基坑周围砖砌明沟，引入集水坑，排入市政管道。

3）坡面在挖深的 1/4 处，及挖深的 1/2 处设置两道导水孔，把上层滞水导入基坑。

4）基坑底沿周围设置砖砌排水明沟，排入基坑四角的集水坑，用污水泵引入坡顶集水坑，然后排入市政管道。

6.3.2　喷锚基坑支护施工技术

(1) 专项概况

本工程地下室一层，面积为 20702m^2，分为南、北两区，其中北区 14416m^2，南区 6286m^2；北区地下室基坑周长约 503m，开挖深度为 3.9m，支护面积约为 2062m^2；南区地下室基坑周长约 346m，开挖深度为 4.2m，支护面积约为 1350m^2。地质条件：

第一层：杂填土，含砂、块石、建筑垃圾及黏性土和砂砾等，堆积时间 10 年以上，厚度约 0.7～3.10m；

第二层：黏土，灰黄色，软塑或软可塑，分布地段厚度为 0.30～2.10m；

第三层：淤泥，饱和、流塑，干强度中等，分布于整个场地厚度 4.45～11.10m；

本工程场地地下水主要是地表水，受大气降水和地表人工排水的影响。

本工程锚杆为 $\phi4.8\times3$，$L=8000$mm 的焊接钢管，锚杆水平间距为 1200mm，共 3

道；骨架钢筋均采用 HRB335 级ⲫ16 钢筋，挂网钢筋采用 HPB235 级 ϕ6 钢筋；喷射混凝土强度等级为 C20；木桩直径 800～100mm，间距密布压桩。

(2) 喷锚施工工艺及主要技术措施

1）施工流程

a. 分层、分段施工流程

在沿基坑 6m 宽范围内，分层、分段挖土，并进行喷锚网支护施工，第二层支护后进行压木桩，然后再进行土方开挖和支护。

b. 施工工艺流程

喷锚网施工工艺流程是：挖土⟶修坡⟶初喷⟶制作锚管⟶打锚管⟶注浆⟶挂网⟶焊接骨架钢筋及焊接钢管连接件⟶喷射细石混凝土⟶养护。

2）基坑开挖边线定位

根据业主提供的地下室侧墙中心线及基坑支护结构平面图，定出基坑各边土方开挖边线。

3）土方开挖

土方开挖在基坑壁 6m 范围内严格按照分层分段跳槽开挖进行，第一层分段开挖每段不得超过 20m（第二层每段开挖不得超过 10m，挖到淤泥层及淤泥夹砂层时，开挖长度不得超过 6m)，并且每层开挖高度控制在锚杆以下 0.3～0.5m，不得随意开挖，并与喷锚密切配合施工。

土方开挖不得在大雨天施工。

土方随挖随运，不得堆放在基坑四周造成支护结构负荷的额外增加，允许堆载为 $10kN/m^2$，并且基坑土方开挖要确保围护结构的完好。

土方开挖应采取跳槽开挖，下一层开挖应待上一层水泥砂浆和喷射混凝土达到一定强度后再进行。

土方开挖采用机械开挖，应注意不得不碰撞已有的支护结构，不得扰动原状土，机械设备不许来回碾压，严禁超挖，采取人工清除浮土，发生异常情况时，应立即停止，并应立即查明原因和采取措施后，方能继续挖土。

4）修坡

按照设计要求的放坡角度修坡，去除表面松土并修整平直。

5）初喷

初喷即为第一次喷射混凝土，喷射混凝土配合比为水泥：石子：砂＝1：2：2（重量比)。当开挖后出现较多渗水时，可采用细石混凝土内掺 1.2%～1.8%水泥用量的速凝剂，初喷厚度不小于 40mm，在初喷混凝土前埋设控制喷射混凝土厚度标记。

6）锚杆制作

锚杆采用 ϕ4.8、δ=3mm 的焊接钢管，锚管制作时，在钢管周边每隔 100mm 呈 120° 开设一个孔，靠近锚头 1.5m 不设孔眼，在锚管端头（入土端）做不小于 80mm 直径的扩大头；锚管的连接采用对接焊接，并在接头焊接处拼焊不少于 3 根ⲫ16 的加强筋。

锚管每隔 1500mm 设一套定位器，在安装锚管前绑好注浆管和止浆袋。

7）注浆

锚管注浆前，要用清水清洗管体，直到管内流出清水为止，注浆采用的水泥砂浆配合比为水泥：砂＝1：0.5（重量比），水灰比为0.38，为了加速凝固掺入水泥用量0.05%的三乙醇胺早强剂；水泥浆要随拌随用，每次拌浆液在初凝前用完，用不完的不能再用，以防止结块，注浆压力控制在0.65MPa。

8）安装排水管

按照设计要求，排水孔间距为2000mm×2000mm，孔眼尺寸为100mm，排水孔外斜坡度为5%。

9）铺设钢筋网

分层分段铺设钢筋网ϕ6间距为250mm×250mm，钢筋网的搭接采用绑扎，左右段的搭接长度不小于$20d$，上下段的搭接长度应大于30mm，当搭接长度不能满足要求时，应用点焊加强。边壁上的钢筋网网顶应延伸至地表面，水平包顶长度为1000mm。加强骨架钢筋纵横向采用⌀16钢筋，纵横向间距为锚头间距，锚头接点施工采用L型钢筋焊接。

10）浇筑格构梁、柱并喷射第二层混凝土

混凝土配合比、外加剂与第一次相同，其喷射厚度约为60mm，使其整个喷射混凝土厚度达到100mm；为了上下层喷射混凝土更好的连接，下部面层喷成45°斜面。

11）养护

喷射混凝土终凝2h后开始浇水养护，养护时间不少于7d。

12）第二道喷锚网施工：当第一道锚杆的抗拉强度达到设计值的70%后方可进行第二道施工，间隔时间宜为7d，不得少于5d。其做法同第一道。

13）压木桩

在第二层支护完毕后进行压木桩施工，采用长度4m的杉木，木桩直径不小于80mm，用挖掘机密布压桩，每根木桩在压入前必须在端头套上桩帽，以防止在机械施工时压坏。木桩顶标高控制在距基坑底面1300mm处。

14）第二道喷锚网施工：做法同第二道，要求钢筋网、结构梁及混凝土把木桩覆盖。

15）最后一道喷锚网施工完后，应立即施工地下室垫层，防止水浸和暴露，并及时进行地下室结构施工。

16）基坑排水施工

坡顶排水：在坡顶距坑边700mm处开挖并砌筑一条截面为400mm×400mm、坡度为0.1%～0.2%的截水沟，使地面水汇入沉淀池经市政管网排出。

坑内排水：每层开挖应设置排水沟距坡脚不得小于800mm，挖至基坑底后沿四周每20m设置一个集水坑（800mm×800mm×800mm），距坡脚不得小于1.0m，坑内水要用水泵及时排出。

17）其他措施

施工时应对进场的原材料型号、品种、规格按设计要求进行认真检查验收，如需送检的应按要求取样送有关部门试验，合格后方准使用。

要求所有的工程技术人员、管理人员、操作人员必须严格执行有关施工规程和质量验收标准。

做好开工前的技术消化，现场规章制度建立健全，定员定岗，明确责任制。

严格按设计布孔，孔径、角度、布置方式等应符合设计和有关规定的要求，其中：孔径、孔深不小于设计值，排眼距偏差不大于±100mm，角度误差不大于5%。

据喷锚网工艺的要求，喷射混凝土前应严格控制配合比；注浆配制时，严格遵守设计的水灰比进行。

严格按照喷锚网施工操作规程施工，前一道工序施工完毕后，必须经现场施工技术人员和监理人员检查合格后，才能进入下一道工序施工，并做好隐蔽工程验收记录。

(3) 质量要求

1) 锚孔定位偏差不大于 20mm；

2) 锚孔偏斜度小于 5%；

3) 钻孔深度超过锚杆长度大于 0.5m；

4) 灌浆前应清孔，排放孔内积水；

5) 注浆管应与锚杆同时放入孔内，注浆管端头到孔底距离为 100mm；

6) 浆体强度检验用试块的数量每 30 根锚杆不应少于一组，每组试块不少于 6 个；

7) 外锚头应埋入喷射混凝土内 50mm；

8) 锚杆应除锈，保证砂浆保护层厚度大于等于 25mm。

(4) 监测和对周围建筑物市政管道的保护措施

1) 监测

A. 监测工作的主要内容见表 6-13 所列。

监测工作主要内容 **表 6-3**

序号	监 测 项 目	测点布置位置和要求
1	坑顶水平位移和垂直位移	支护结构顶部(见结施护—03)
2	地表裂缝	坑顶距坡边 4m 范围内
3	坑顶建筑物变形	距边坡最近的建筑物的墙面和基础
4	锚杆拉力	锚杆主筋(不少于锚杆总数的 5%且不少于 3 根)
5	支护结构变形	支护面中段(应力最大处)

注：要求锚杆拉力大于等于 50kN。

B. 监控极限

① 坡顶位移限值——3cm；

② 支护最大位移限值——5cm；

③ 地面最大沉降值——3cm；

④ 锚杆拉力最大限值——300N/mm^2。

C. 当遇到下列可能影响建筑物安全的情况之一时，应立即报警，若情况比较严重，应立即停止施工，并对支护结构和已有建筑物采取以下应急措施：

① 支护结构的最大水平位移已大于坡高的 1/200，或其水平位移速率已连续 3d 大于 3mm/d；

② 临近建筑沉降大于 20mm，道路水平位移大于 20mm，或其附近地面出现宽度大于 10mm 的裂缝，且上述裂缝尚可能发展；

③ 坡底土体出现可能导致剪切破坏的迹象或其他可能影响安全的征兆，如少量流砂、涌土、隆起、陷落等。

监测过程中发现上述或其他异常情况，应及时通知施工单位及设计人员，施工单位应有紧急防患措施（如备有足够砂和砂袋），以防发生工程事故。

2）对周围建筑物、市政管线的保护措施

施工前首先了解市政管线（包括下水道、煤气管道、通信电缆线等），施工中打锚杆时一定要避免碰到这些管线，若可能碰到则调整锚杆位置。

（5）应急预案

在挖至第二层以后，场地内保证有一台挖土机可以随时调用，如发现开挖后，坡顶位移呈增大趋势（超过规定值）且不收敛，立即用挖土机挖土向坡脚回填反压，直到位移稳定后再采取加固措施，然后再继续开挖；当挖至最后一层，且挖土机已退出场地，无法用挖土机挖土回填反压时，则用砂袋回填反压（平时准备好500个编织袋，其中100个预先装好砂）。

（6）主要安全注意事项

锚杆注浆前，应检查设备是否完好，并进行试压；注浆时应随时注意压力表的变化，发现异常情况应立即切断电源进行卸压，处理完毕后方可继续送浆。

喷射作业时，严禁将喷头对准任何人，严禁喷面方站人。注意应先开风，后开水，再开机，若遇堵管或停机时，应先停电，再停风。

在工地配备急救药箱，内备各种应急药物。

6.3.3 地下室土方开挖

地下室土方开挖分两次进行，第一次开挖是沿基坑边挖6m宽沟槽，为喷锚网施工提供足够的工作面，待喷锚网施工完毕后，再进行第二次大面积土方开挖。

1）采用机械开挖结合人工修槽，分段分层开挖。

2）土方开挖前应对定位控制桩，标准水平桩及开槽的灰线尺寸进行检验；确定机械行驶路线。

3）工艺流程

确定开挖的顺序 → 分段分层平均下挖 → 修边和清底

4）本工程土方开挖分南、北两区，根据施工进度网络计划，南区工程桩及塔吊桩施工完毕后，基础先行施工。南区土方开挖时，挖土机从基坑的东侧以倒退行驶的方法进行开挖；北区开挖时，挖土机从基坑北侧以倒退行驶的方法进行开挖。自卸汽车配置在挖土机的两侧装运土。

5）土方开挖宜从上到下分层分段依次进行，随时作成一定坡势，以利排水。

6）开挖过程中随时检查边坡的状态。深度大于1.5m时，根据土质变化情况，作好基坑的支撑准备，以防塌陷。

7）机械开挖至基底30cm左右时改用人工清底。

8）在距槽底设计标高50cm处，抄出水平线，钉上小木橛，然后用人工将暂留土层挖走；同时，由两端轴线引桩拉通线，检查基坑尺寸，以此修整基边。

9）开挖好的土方根据回填土方量留足，留置的土方按事先规划好的场地堆放，其余的一次运走。机械开挖时，严禁碰动工程桩。

10）基坑开挖前应对邻近原有建筑物、构筑物及其地基基础、道路和地下管线的状况进行详细的调查。发现裂缝、倾斜、滑移等损坏迹象，应做标记和拍照，并存盘备案。

11）开挖过程中应做好截水、排水工作，基坑周围地面设截水沟，坡脚设临时排水沟，基坑底四角及各边按 20～40m 间距挖一直径 800mm、深 500mm 的集水井，用水泵抽取集水井地下水排入坡顶截水沟，再经沉淀池沉淀后，排入市政管线。

12）开挖的土方应随挖随运，不得长时间堆于基坑边上，基坑边 3m 范围内堆载不大于 $15kN/m^2$。

13）土方开挖遇到工程桩及塔吊桩时，桩身四周土方应对称开挖，以免桩移位，铲车臂不得磕碰工程桩。

14）基坑开挖至设计标高后应尽快浇筑混凝土垫层，避免扰动基底土层。

15）开挖后，基土不能受烈日暴晒或雨水浸泡。雨期施工或基坑（槽）挖好后不能及时进行下一道工序时，可在基底标高以上留 200～300mm 不挖，待下一道工序开始前挖除。

16）开挖基坑（槽）不得超过基底标高；如个别超挖时，应用与基土相同的土料填补，并夯实至要求的密实度，或用中、粗砂碎石类土填补并夯实。

17）基坑（槽）挖到基底标高后，应会同有关单位检查基底土质是否符合要求，并做好隐蔽工程验收记录。

18）当地下室外墙防水施工完毕，即进行黏土回填。每次回填应沿基坑四周均匀回填，分层夯实，每层厚度不大于 300mm。

6.3.4 安全注意事项

（1）土方开挖过程中应做好排水、疏水和截水工作，尤其应查清填土层水源源头，以便有效做好堵水工作，应避免漏水渗水进入基坑内。

（2）基坑围护监测

1）由于基坑施工受到的不确定因素很多，因此，必须采取信息化施工的方法对基坑施工的全过程进行监测。

2）监测工作未进场不得进行基坑开挖，监测工作由业主委托有相关资质监测单位进行。

3）施工监测的主要内容：支护变形监测，坑顶位移监测、邻近构筑物（包括塔吊）的沉降倾斜情况及损坏程度。

4）在基坑开挖过程中，每天每个变形观测点至少提供一次基坑土体水平位移曲线图，当水平位移超过 2.5mm/d 或累计变形超过 30mm 时，应及时通知各有关单位。

（3）异常情况下的应急措施

1）如发现开挖后，坡顶的邻近地表出现较大面积下沉量达 9cm 的凹陷，或当基坑水平位移达 3cm 时，或当基坑内出现无法消除的涌土时，立即用挖土机挖土向坡脚回填反压，或用准备好的砂袋反压，直至位移稳定再采取加固措施，然后继续开挖。

2）现场准备好足够砂子和 300 个纺织袋。

（4）在基坑四周做防护栏杆，并加警示标志。防护栏杆由上、下 2 道横杆及栏杆柱组成，上杆离地高度为 1.2m，下杆离地面为 0.5～0.6m，每隔 2m 设一根栏杆柱。栏杆柱采用钢管并打入地面 50～70cm 深。钢管离边口的距离，不应小于 50cm。

1）南区基坑在北面 9 号楼$⑧_9$ 轴～$⑨_9$ 轴间以及南面 8 号楼$③_8$ 轴～$⑥_8$ 轴间各布置一个上下爬梯；北区在东面 2 号楼与 3 号楼之间、南面 6 号楼与 7 号楼之间、西面在 1 号楼与 5 号楼之间各设一个上下铁爬梯，施工人员应从铁爬梯上下。

2）挖掘土方时要注意从上而下进行，不可掏空挖脚，以免蹋空，在同一坡面上作业时，不得上下同时开挖，也不得上挖下运。如果必须上下层同时开挖，一定要岔开进行，以防落土伤人。

3）用挖土机施工时，挖土机的工作范围内，不得进行其他工作。且应至少留 0.3m 深不挖，最后由人工修挖至设计标高。人工开挖时，两个操作间距应保持 2～3m。

4）挖出的土不要堆放在坡顶上，应立即运出场地。在基坑边缘上侧移动机械时，应与基坑边缘保持 1m 以上的距离，以保证边坡稳定。

5）挖土时注意防止碰撞支护结构、工程桩或扰动基底原状土。

6）塔吊必须严格遵守有关规章制度，无塔吊指挥，不准吊运任何物体。

（5）雨期施工措施

1）雨期开挖基坑时，应在坑外开挖排水沟，防止地面水流入。

2）道路路面应根据需要加铺炉渣、砂砾等防滑材料，道路两侧应修好排水沟。

3）雨期施工工作面不宜过大，应逐段、逐片的分期完成，并且至少要留最后 200～300mm 土方不挖。

4）遇雨暂停土方开挖。

5）遵守本地区城管及环保的有关规定，办理有关土方准运证及夜间施工手续。

6）所有外运土方汽车在离现场前，专人检查装土情况，防止滴、洒、漏等影响市容。通过洗车台时，应派专人进行清洗。

6.4 结构工程

6.4.1 模板工程

本工程地下室一层，为现浇钢筋混凝土结构，地下室底板厚为 350mm，地下室层高为 3.9m、4.1m，地下室外墙厚为 300mm，内剪力墙 200～300mm，梁最大断面为 40mm×800mm，柱最大截面尺寸为 700mm×700mm，最大柱距为 8000mm×8000mm。1 号、2 号、3 号、5 号、6 号、7 号楼地上一层层高为 4.2～5.4m，其余标准层层高为 3.0m；8 号楼层高为一层 5.40m，二、三层 4.20m，四、五层 3.90m，六至十二层 3.0m；9 号楼一层层高为 5.40m，二层层高为 3.90m，三至十五层为 3.0m；4 号楼一、二层 3.0m，三层 4.20m，四层 3.30m。

（1）模板施工方法

1）底板模板施工

本地下室承台、基础梁、底板连成一体，采取一次同时浇筑方案，基础梁、承台、底板四周侧模采用实心砖 M5 水泥砂浆砌 240mm 厚砖模。

2）柱、剪力墙模板施工

A. 柱模板施工工艺流程

放线⟶在柱外皮线外弹 50cm 检查线⟶焊定位筋⟶清理⟶钢筋隐蔽验收⟶工序交接⟶模板就位⟶模板加固支设⟶校正⟶模板验收⟶工序交接⟶浇筑混凝土、看模、校正⟶拆模。

B. 柱模采用胶合板制作，拼装严密，确保不漏浆。柱配模时，柱顶梁口不足处采用 50mm×50mm 刨光木方拼补，每面模在现场拼成大块，然后四面大块竖立组合成形。竖向采用 100mm×100mm 木方，间距 350mm，沿竖向每隔 500mm 设对拉螺栓，对拉螺栓使用 M12 及模板夹，间距 500mm（图 6-6）。

C. 柱子以所弹柱边线为柱根，准确就位。浇筑混凝土前，用高压水枪冲洗干净。柱子间交叉撑撑好，四周应派专人负责校正加固。柱模在梁底下 3cm 应钻眼，有利于排除积水，保证柱混凝土接头质量。

D. 地下室外墙、剪力墙及电梯井筒体，模板采用 18mm 厚贴面胶合板在现场预制成大模板，竖楞采用 100mm×100mm 木方，间距 350mm，横向采用 2 根 100mm×100mm 木方，间距为 500mm，M12 对拉模板夹（地下室墙体使用螺杆加焊 60mm×60mm×3mm 止水片），间距 500mm，地下室外墙、标准层剪力墙支模图如图 6-7 所示。

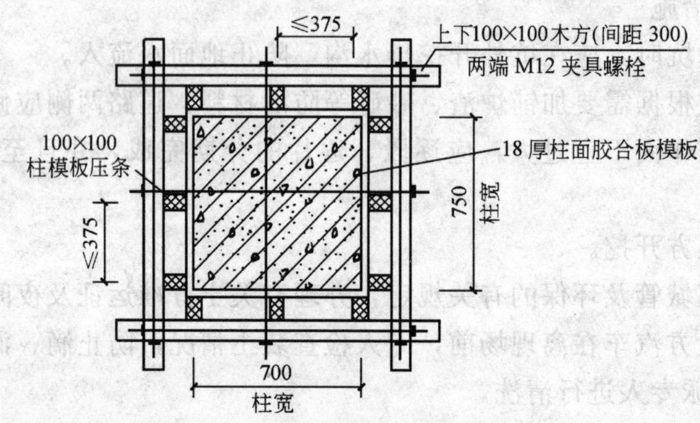

图 6-6　柱模拼装图（单位：mm）

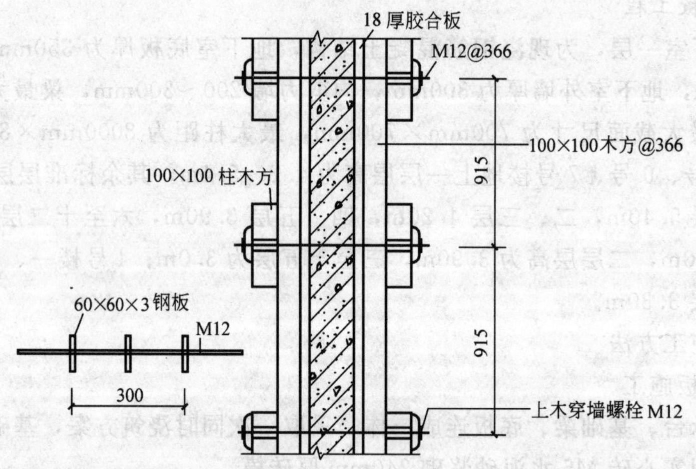

图 6-7　桩基外墙、剪力墙支模图（单位：mm）

3）梁、板支模

A. 本工程梁板模使用胶合板模，规格按梁板开间尺寸选用 1830mm×915mm×18mm 或 2440mm×915mm×18mm，搁栅用 100mm×100mm 木方，如图 6-8 所示。

B. 支撑系统采用门架

C. 根据弹在楼层柱上的标高线和轴线，严格控制梁底标高和梁的中线位置。当梁板跨度大于 4m 时，跨中应按跨长的 2/1000 起拱。

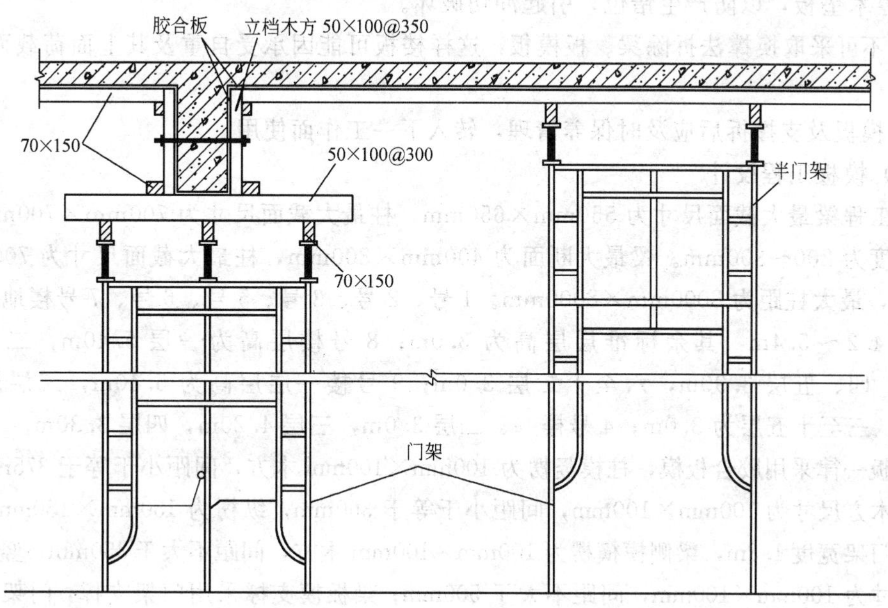

图 6-8 梁板模板支撑示意图（单位：mm）

D. 所有胶合板四角均应包薄钢板护角，每次涂刷两遍脱模剂作隔离，每次脱模后应立即用铲刀、砂纸、钢丝刷等将粘在模板上的砂浆附着物清除，以使表面平整，梁、板交接处用胶布粘贴，以防漏浆。浇筑前应将杂物清理干净，模板提前浇水湿润。

4）模板验收

建立模板三级验收制度，认真做好轴线位置、垂直度、平整度、标高、模板刚度和整体稳定性的检查验收。

施工员、质检员实行跟班制度，使潜在不合格工序在施工过程中得以纠正，并对模板在自检和验收中不符合要求的部位负责监督整改，浇筑混凝土时木工组派人 24h 值班看模。

5）拆模措施

A. 侧模在混凝土强度能保证其表面及棱角不因拆除模板受损坏后，方可拆除，一般在浇混凝土后 2～3d。

B. 底模拆模：同条件养护试块制作 1～2 组，其达到《混凝土结构工程施工质量验收规范》GB 50204—2002 表 4-3-1 规定值后方可拆除。

C. 拆模申请制度：拆模由技术质量组组长亲自指挥，任何人无权下令拆模，拆模按以下程序执行：

① 木工班组提出拆模申请报告，当同条件养护混凝土试块经试压满足规范要求后，经技术质量组审批后，由技术质量组长向木工组下令拆模。

② 项目质检员负责监督拆模，以免发生错误操作。

6）质量保证措施

① 施工前应按照结构形式和模板材料进行模板设计及支撑验算。

② 施工前，应对有关操作人员进行技术安全交底，确保按模板设计要求制作安装。

③ 钢筋混凝土梁板结构上下层支撑要对正，在放撑时弹出支撑位置线，支撑底要加

50mm 厚木垫板，以防产生错位，引起冲切破坏。

④ 不可采取换撑法拆除梁、板模板，这样楼板可能因承受自重及其上面荷载而变形、塌落。

⑤ 模板及支撑拆后应及时保养清理，转入下一工作面使用。

(2) 模板工程设计

本工程梁最大截面尺寸为 550mm×650mm，柱最大截面尺寸为 700mm×700mm，剪力墙厚度为 200～300mm。梁最大断面为 400mm×800mm，柱最大截面尺寸为 700mm×700mm，最大柱距为 8000mm×8000mm。1 号、2 号、3 号、5 号、6 号、7 号楼地上一层层高为 4.2～5.4m，其余标准层层高为 3.0m；8 号楼层高为一层 5.40m，二、三层 4.20m，四、五层 3.90m，六至十二层 3.0m；9 号楼一层层高为 5.40m，二层层高为 3.90m，三至十五层为 3.0m；4 号楼一、二层 3.0m，三层 4.20m，四层 3.30m。

模板一律采用胶合板模，柱模竖楞为 100mm×100mm 木方，间距小于等于 375mm，横楞加固木方尺寸为 100mm×100mm，间距小于等于 360mm，纵楞为 150mm×150mm 木方，间距为门架宽度 1.2m，梁侧模横楞为 100mm×100mm 木方，间距不大于 350mm，竖楞加固木方尺寸为 100mm×100mm，间距不大于 500mm；梁板模支撑采用门架支撑，门架间距为 1.8m。剪力墙内竖楞为 10mm×10mm 木方，间距小于等于 366mm，横楞为100mm×100mm 木方，间距小于等于 783mm，并且在横楞设置 $\phi12$ 对拉螺栓，间距小于等于 366mm。

1) 柱模板设计

A. 柱模使用材料：18mm 厚覆膜胶合板、100mm×100mm 木方、$\phi12$ 对拉螺栓。

B. 柱模板形式如图 6-9 所示。

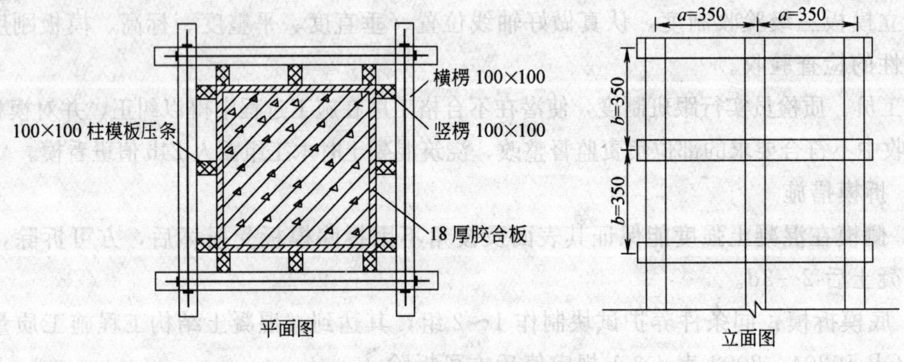

图 6-9 柱模板形式（单位：mm）

C. 条件：柱截面按 700mm×700mm，层高 5.2m，混凝土自重 $\gamma_0=24\text{kN/m}^3$，混凝土强度等级 C40，坍落度 100mm，浇筑速度 2m/h，混凝土温度为 30℃，用插入式振动器振捣，不加缓凝剂。

D. 荷载计算 $F_1=0.22\times\gamma_c\times t_0\times\beta_1\times\beta_2\times v^{1/2}$

$$t_0=200/(T+15)=200/(30+15)=4.444$$

式中 γ_c——混凝土重力密度，取 24kN/m^3；

t_0——混凝土浇捣时温度；

β_1——外加剂影响修正系数；

β_2——混凝土坍落度影响修正系数；

v——混凝土浇筑速度；

F_1——新浇筑混凝土对模板侧压力。

$$\gamma_c = 24\text{kN/m}^3$$

$$\beta_1 = 1 \qquad \beta_2 = 1.15 \qquad v = 2$$

所以：
$$F_1 = 0.22 \times 24000 \times 4.444 \times 1 \times 1.15 \times 2^{1/2}$$
$$= 38161\text{N/m}^2 = 38.2\text{kN/m}^2$$
$$F_2 = \gamma_c \cdot H = 24 \times 5.2 = 124.8\text{kN/m}^2$$

取两者最小值，即 $F_1 = 38.2\text{kN/m}^2$

混凝土侧压力设计值：$F_3 = F_1 \times 1.2 \times 0.9 = 38.2 \times 0.9 = 41.256\text{kN/m}^2$

倾倒混凝土产生的水平力 F_3

设计值：$F_4 = F_3 \times 1.4 \times 0.9 = 2 \times 1.4 \times 0.9 = 2.52\text{kN/m}^2$

荷载组合：强度验算时，$F = F_3 + F_4 = 41.256 + 2.52 = 43.776\text{kN/m}^2$

挠度验算时，$F' = F_3 = 41.256\text{kN/m}^2$

E. 侧压力换算成线荷载

柱侧模线荷载

$$q_1 = F \cdot b = 43.776\text{kN/m}^2 \times 0.350\text{m} = 15.32\text{kN/mm}$$
$$q_2 = F' \cdot b = 41.256\text{kN/m}^2 \times 0.35\text{m} = 14.44\text{kN/mm}$$

柱竖楞线荷载

$$q_1 = Fa = 43.776\text{kN/m}^2 \times 0.35\text{m} = 15.32\text{N/mm}$$
$$q_2 = F'a = 41.256\text{kN/m}^2 \times 0.35\text{m} = 14.44\text{N/mm}$$

柱横楞集中荷载

$$P_1 = q_1 \times b = 15.32\text{N/mm} \times 400\text{mm} = 6128\text{N}$$
$$P_2 = q_2 \times b = 14.44\text{N/mm} \times 400\text{mm} = 6776\text{N}$$

F. 柱模验算

胶合板抗弯强度设计允许值 f_m 取 15N/mm；松木抗弯强度设计允许值 f_m 取 13N/mm。抗剪强度设计值 f_v 取 1.4N/mm²，允许挠度 $w = L/250$，弹性模量胶合板 $E = 5850\text{N/mm}^2$，松木 $E = 9000\text{N/mm}^2$。

a. 柱侧模验算

$$q_1 = 15.32\text{N/mm}$$
$$q_2 = 14.44\text{N/mm}$$

① 抗弯强度验算

$$M = K_m \cdot q_1 \cdot a^2 = 0.125 \times 15.32 \times 350^2 = 2.345 \times 10^5\text{N} \cdot \text{mm}$$

$$\sigma = \frac{M}{W} = \frac{2.345 \times 10^5}{bh^2/6} = \frac{2.345 \times 10^5 \times 6}{350 \times 18^2} = 12.35\text{N/mm}^2 < f_m = 15\text{N/mm}^2$$

② 柱侧模抗剪强度验算

$$V = K_v \cdot q_1 \cdot a = 0.625 \times 15.32 \times 350 = 3351\text{N}$$

$$\tau = \frac{3V}{2bh} \times \frac{3 \times 3351}{2 \times 350 \times 18} = 0.798\text{N/mm}^2 > f_v = 1.4\text{N/mm}^2$$

③ 柱侧模挠度验算

$$w=\frac{0.521\cdot q_2\cdot a^4}{100EI}=0.644\times\frac{0.521\times14.44\times350^4\times12}{100\times5850\times350\times18^3}$$

$$=0.73/\text{mm}<[w]=1.6\text{mm}$$

E——18mm 胶合板，6500×0.9＝5850

$$I=bh^3/12$$

通过以上计算，柱侧模能满足要求。

b. 柱竖楞验算：

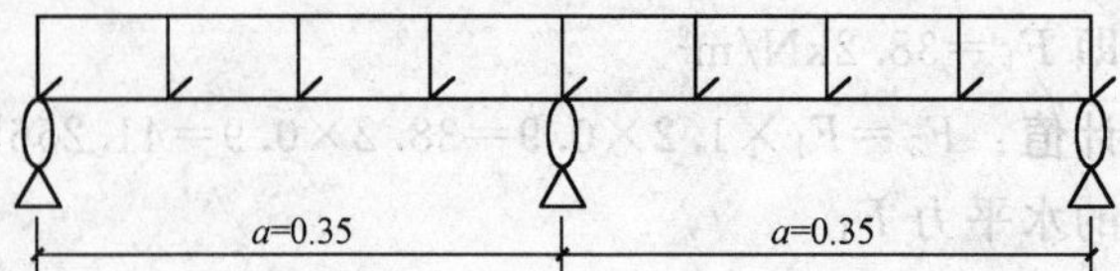

① 计算简图

$$q_1=15.32\text{N/mm}$$

$$q_2=14.44\text{N/mm}$$

② 柱竖楞抗弯强度验算

抗弯强度验算

$$M=0.1\times15.32\times400^2=2.45\times10^5\text{N}\cdot\text{mm}$$

$$\sigma=\frac{M}{W}=\frac{2.45\times10^5}{bh^2/6}=\frac{2.45\times10^5\times6}{100\times100^2}=1.47\text{N/mm}^2<f_m=13\text{N/mm}^2$$

柱竖楞抗剪强度验算

$$V=K_v\cdot q_1\cdot a=0.6\times15.32\times400=3677\text{N}$$

$$\tau=\frac{3V}{2bh}\times\frac{3\times3677}{2\times100\times100}=0.55\text{N/mm}^2<f_v=1.4\text{N/mm}^2$$

柱竖楞挠度验算，查模板施工手册，木方弹性模量 $E=9000\text{N/mm}^2$

$$w=\frac{0.677\cdot q_2\cdot b^4}{100EI}=\frac{0.677\times14.44\times400^4\times12}{100\times9000\times100\times100^3}=0.033\text{mm}<[w]=1.6\text{mm}$$

c. 柱横楞验算

① 计算简图

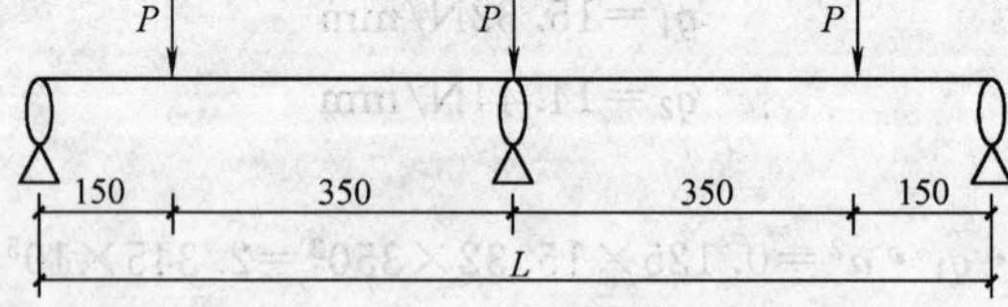

② 柱横楞抗弯强度验算

抗弯强度验算

$$M=P_1\cdot(L/4-150)=6128\times(1000/4-150)=612800\text{N}\cdot\text{mm}$$

$$\sigma=\frac{M}{W}=\frac{612800}{bh^2/6}=\frac{612800\times6}{100\times100^2}=3.376\text{N/mm}^2<f_m=13\text{N/mm}^2$$

③ 柱横楞抗剪强度验算

$$V=3\cdot P_1/2=3\times6128\div2=9192\text{N}$$

$$\tau=\frac{3V}{2bh}=\frac{3\times9192}{2\times100\times100}=0.945\text{N/mm}^2<f_v=1.4\text{N/mm}^2$$

④ 柱横楞挠度验算

$$w=\frac{P_1}{48EI}(L^3+6\times150\times L^2-8\times150)$$

$$=\frac{6128\times12}{48\times9000\times100\times100^3}(1000^3+6\times150\times1000^2-8\times150)$$

$$=0.323\text{mm}<[w]=1.6\text{mm}$$

符合要求。

G. 对拉螺栓验算：查模板施工手册，M12 螺栓截面净面积 $A=76\text{mm}^2$

① 允许拉力

$$N'=12.9\text{kN}$$

② 对拉螺栓拉力

$$N=F\times竖向间距(a)\times横楞间距(b)$$

$$N=F\times a\times b=43.776\text{N/mm}^2\times0.4\times0.4=7.004\text{kN}$$

$$\sigma=\frac{7.004\times10^3}{76}=92.15\text{N/mm}^2$$

③ 对拉螺栓允许应力

$$[\sigma]=N_1/76=12.9\times10^3/76=169.7\text{N/mm}^2$$

$\sigma<[\sigma]$，符合要求。

2）梁模板设计（图 6-10）

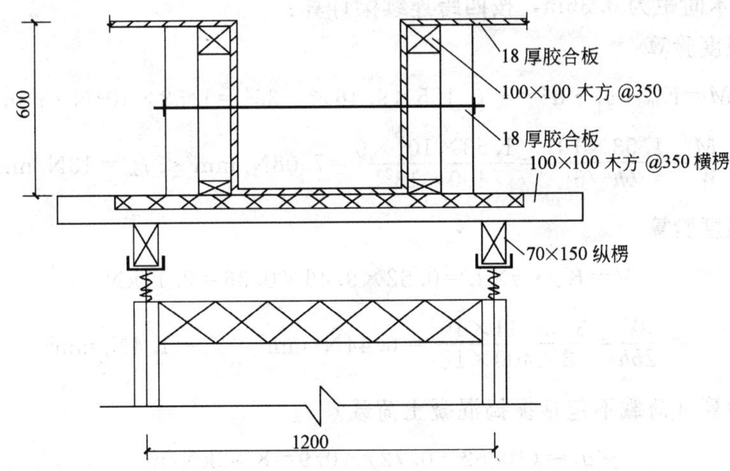

图 6-10 梁模板设计示意图（单位：mm）

梁模板设计包括梁底模，梁侧模，横、竖楞，梁底模及支撑。梁侧模设计同柱侧模，故不作重复介绍，仅介绍梁底模及支撑设计。

A. 计算原理 梁底模及楞属受弯构件，故按受弯构件进行计算。

B. 计算简图 梁截面尺寸取最大：$b\times h=400\text{mm}\times800\text{mm}$。

① 底模计算简图

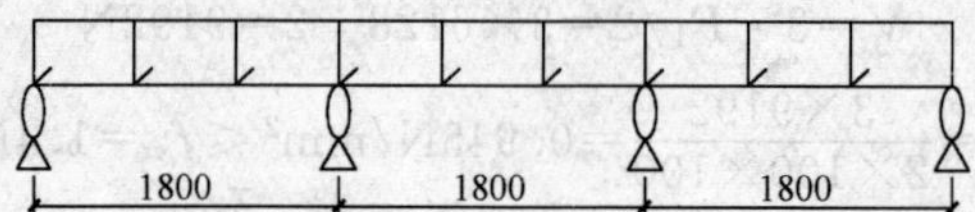

② 横楞计算简图

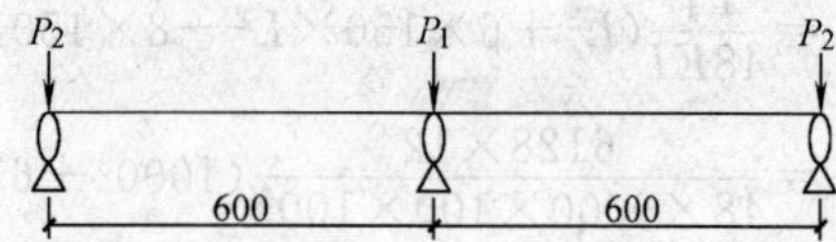

③ 纵楞计算简图

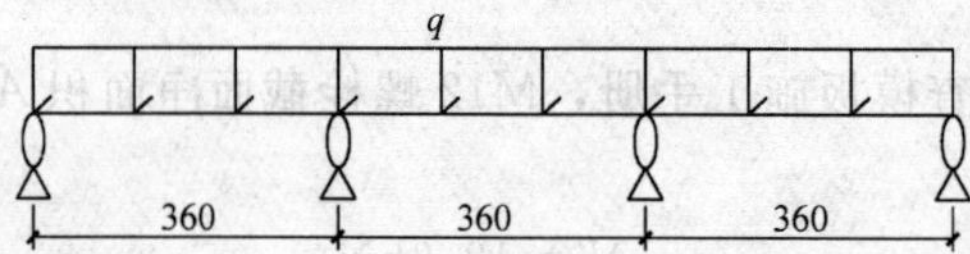

C. 荷载计算

底模自重	0.5×0.36×0.018×1.2=0.00388kN/m
混凝土自重	24×0.40×0.80×1.2=9.216kN/m
钢筋荷重	1.5×0.40×0.80×1.2=0.576kN/m
振捣混凝土荷载	2×0.3×1.2=0.72kN/m
	$\sum$ =10.52kN/m

乘以折减系数 0.9，则 $q=10.52\times0.9=9.46\text{kN/m}$

D. 梁底模抗弯强度验算

底模下楞木间距为 0.36m，按四跨连续梁计算：

① 抗弯强度验算

$$M=K_{\rm m}\cdot q_1\cdot a^2=-0.125\times9.46\times0.36^2=1.53\times10^5\,\text{N}\cdot\text{mm}$$

$$\sigma=\frac{M}{W}=\frac{1.53\times10^5}{bh^2/6}=\frac{1.53\times10^5\times6}{400\times18^2}=7.08\text{N/mm}^2<f_{\rm m}=13\text{N/mm}^2$$

② 抗剪强度验算

$$V=K_{\rm v}\cdot q\times L=0.62\times9.46\times0.36=2.11\text{kN}$$

$$\tau=\frac{3V}{2bh}=\frac{3\times2.11\times10^3}{2\times400\times18}=0.44\text{N/mm}^2<f_{\rm v}=1.4\text{N/mm}^2$$

③ 挠度验算（荷载不包括振捣混凝土荷载）

$$q_1=(10.52-0.72)\times0.9=8.82\text{kN/m}$$

$$w=\frac{K_{\rm w}\cdot q\cdot L^4}{100EI}=\frac{0.976\times8.82\times360^4\times12}{100\times5850\times400\times18^3}=1.27\text{mm}<[w]=1.44\text{N/mm}$$

E. 梁底横楞验算

$$qL=9.46\times0.36=3.41\text{kN}$$

$$q_1L=8.82\times0.36=3.17\text{kN}$$

① 抗弯强度验算（查模板施工手册）

$$M=PL/4=3.41\times1.2/4=1.023\text{kN}\cdot\text{m}$$

$$\sigma=\frac{M}{W}=\frac{1.023\times10^6\times6}{100\times100^2}=6.138\text{N/mm}^2<f_\text{m}=13\text{N/mm}^2$$

抗剪强度符合要求。

② 抗剪强度验算

$$V=P/2=3.41\div2=1.705\text{N}$$

$$\tau=\frac{3V}{2bh}=\frac{3\times1.705\times10^3}{2\times100\times100}=0.256\text{N/mm}^2<f_\text{v}=1.4\text{N/mm}^2$$

③ 挠度验算 $q_1L=p_1=8.82\times0.36=3.175\text{kN}$

查施工手册

$$w=\frac{pL^3}{48EI}=\frac{3.175\times10^3\times1200^3\times12}{48\times9\times10^3\times100\times100^3}=1.52\text{mm}<[w]=4.8\text{mm}$$

F. 梁底纵楞验算

$$q_1=5\times P_1/1.8=5\times3.41/1.8=9.47\text{kN/m}$$

$$q_2=5\times P_2/1.8=5\times3.17/1.8=8.81\text{kN/m}$$

① 抗弯强度验算（查模板施工手册）

$$M=0.1\times9.47\times1.8^2=3.07\text{kN}\cdot\text{m}$$

$$\sigma=\frac{M}{W}=\frac{3.07\times10^6\times6}{150\times150^2}=5.46\text{N/mm}^2<f_\text{m}=13\text{N/mm}^2$$

② 抗剪强度验算

$$V=0.6\times q\times1.8=0.6\times9.47\times1.8=10.23\text{kN}$$

$$\tau=\frac{3V}{2bh}=\frac{3\times10.23\times10^3}{2\times150\times150}=0.682\text{N/mm}^2<f_\text{v}=1.4\text{N/mm}^2$$

③ 挠度验算

$$w=\frac{K_\text{w}\cdot q_2\cdot L^4}{100EI}=\frac{0.677\times8.81\times1800^4}{100\times9000\times150\times150^3}=1.37\text{mm}<[w]=7.2\text{mm}$$

符合要求。

G. 支撑验算（梁模板支撑采用门架体系，按两端铰接轴受压杆件验算）

门架型号为 $\phi42$，M1215 体系，$L=1500\text{mm}$

M1215，$\phi42$ 门架承载力为 6.5t=65kN

① 强度验算 $\sigma=N/2A\leqslant f$

② 稳定性验算 $\sigma=N/24A\leqslant f$

$$N=q\times1.2=9.47\times1.2=11.36\text{kN}$$

$$A=\pi r_1^2-\pi r_2=3.14\times(21^2-19.5^2)=191\text{mm}^2$$

$F_{抗、压、弯}=215\text{N/mm}$，受压构件允许长细比 $\lambda=200$

③ 强度验算

$$\sigma=\frac{11.36\times10^3}{2\times191}=29.7\text{N/mm}^2<f_\text{m}=215\text{N/mm}^2$$

④ 稳定性验算

$$\lambda = L/I$$

$$i = \sqrt{(d^2 + d_1^2)/4} = \sqrt{(42^2 + 39^2)/4} = 28.7$$

$$\lambda = 1200/28.7 = 41.8$$

$$\phi = 0.882$$

$$\sigma = \frac{11.36 \times 10^3}{2 \times 191 \times 0.882} = 33.7\text{N/mm}^2 < f_m = 215\text{N/mm}^2$$

符合要求。

所以，经验算，门架支撑体系符合要求。综上所述，大梁支撑体系是安全可行的。

本工程其余梁截面均小于 800mm，梁模板支撑方案同 400mm×800mm 梁支撑做法。

3）对 250mm 厚平板的支撑的验算

A. 对内楞（次龙骨）50mm×100mm 木方间距 400mm 验算

① 荷载模板自重　　0.3×0.4×1＝0.12kN/m

② 混凝土自重　　24×0.4×0.25＝2.4kN/m

③ 钢筋自重　　1.1×0.4×0.18＝0.079kN/m

(0.12＋2.4＋0.079)×1.2＝2.61kN/m

当施工人员及设备荷载标准为均布时取 2.5kN/m²，为集中荷载时取 2.5kN 再进行验算，显然集中荷载较集中产生的跨中弯矩大，故取 2.5×1.4＝3.5kN。

因此 $M_{max} = M_{均} + M_{集} = 0.08 \times 2.61 \times 1.2^2 + 0.175 \times 3.5 \times 1.2 = 1.036\text{kN} \cdot \text{m}$

$$\sigma_{max} = \frac{M_{max}}{W} = \frac{1 \times 10^6 \times 6}{50 \times 100^2} = 12.4\text{MPa} < 13\text{MPa}$$

$$W = 0.677 \times \frac{2.31 \times 1.2^4 \times 10^{12} \times 12}{100 \times 10^4 \times 50 \times 100^3} = 0.881\text{mm} < \frac{1200}{300} = 4\text{mm}$$

符合要求。

B. 对外楞（主龙骨）70mm×150mm 间距 1200mm 进行验算（按三跨连续梁计算）

$$P = 2.61 \times 1.2 + 3.5 = 6.32\text{kN}$$

$$M_{max} = 0.175 \times 1.2 \times 6.32 = 1.33\text{kN}$$

$$\sigma_{max} = \frac{M_{max}}{W} = \frac{1.32 \times 10^6 \times 6}{70 \times 150^2} = 5.067\text{MPa} < 13\text{MPa}$$

$$W = 0.615 \times \frac{6.27 \times 10^3 \times 1200^4 \times 12}{100 \times 10^4 \times 70 \times 150^3} = 0.64\text{mm} < \frac{1200}{400} = 3\text{mm}$$

符合要求。

同时，门架顶托承受的荷载为 $4P = 4 \times 6.27 = 25.0840\text{kN}$，门架安全，并符合施工要求。综上所述，平板支撑方案是合理可行的。

4）混凝土墙模板设计：墙厚 300mm，墙高 $h = 5.4\text{m}$，混凝土 C30。

A. 材料：18mm 厚胶合板，100mm×100mm 松木方，ϕ12 对拉螺栓。

B. 模板简图（图 6-11）

C. 荷载计算

① 混凝土侧压力浇捣混凝土温度为 30℃，混凝土坍落度为 100mm，取 $\beta_1 = 1.2$，$\beta_2 = 1.0$，混凝土浇筑速度 2m/h。

则　　$t_0 = 200/(30+15) = 4.44$

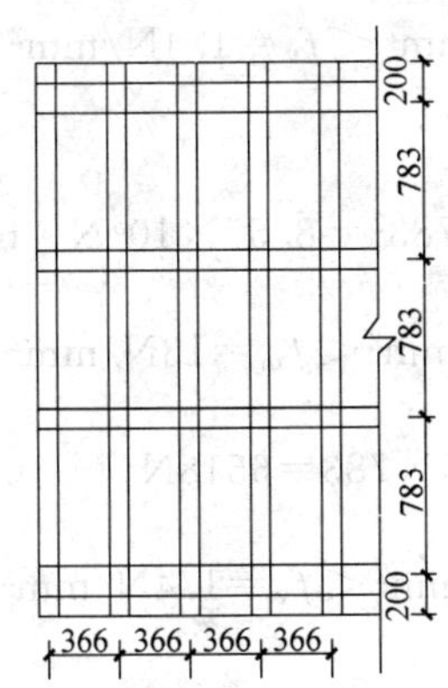

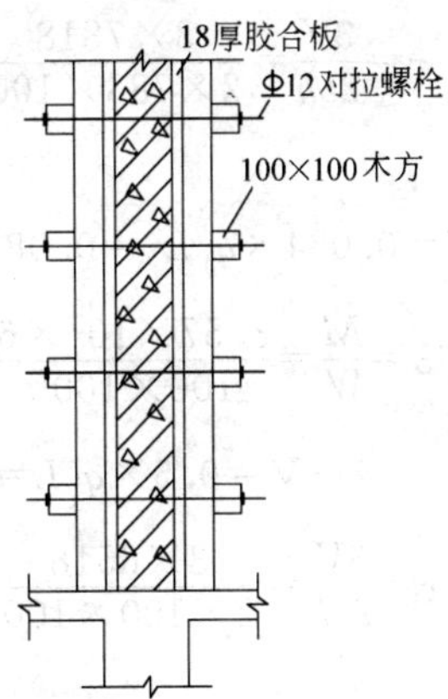

图 6-11 混凝土墙模板设计示意图（单位：mm）

$$F_1=0.22\cdot r_c\cdot t_0\cdot \beta_1\cdot \beta_2\cdot v^{1/2}=0.22\times 24\times 4.44\times 1.2\times 2^{1/2}=39.78\text{kN/m}^2$$

$$F_2=\gamma_c\cdot H=24\times 5.4=129.6\text{kN/m}^2$$

取两者较小者，则 $F_1=39.78\text{kN/m}^2$

混凝土侧压力设计值 $F=F_1\times 1.2\times 0.9=39.78\times 1.2\times 0.9=42.96\text{kN/m}^2$

② 倾倒混凝土时产生的水平荷载，采用泵送商品混凝土查表 $F_3=2\text{kN/m}^2$（水平力），设计值为 $2\times 1.4\times 0.9=2.52\text{kN/m}^2$

D. 验算

a. 计算简图

① 混凝土墙侧模计算简图

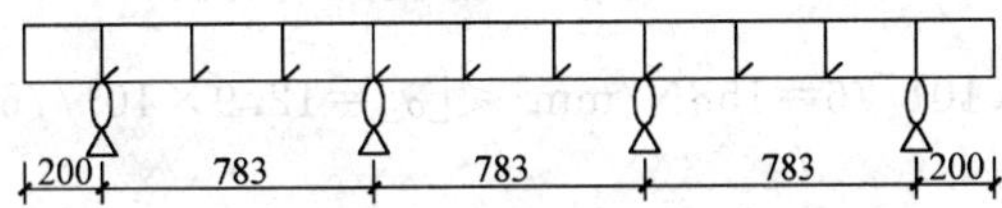

② 混凝土墙内竖楞计算简图

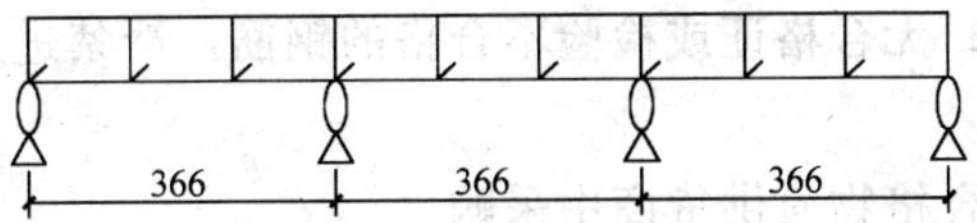

③ 化为均布荷载

侧模线荷载 $q_1=(42.96+2.52)\times 0.783=35.6\text{N/mm}$

$q_2=42.96\times 0.783=33.64\text{N/mm}$

竖楞线荷载 $q_1=(42.96+2.52)\times 0.366=16.65\text{N/mm}$

$q_2=42.96\times 0.366=15.72\text{N/mm}$

b. 强度验算

① 墙侧模板

$$M=K_m\times q_1 L^2=35.6\times 366^2=4.77\times 10^5\text{N}\cdot\text{mm}$$

$$\sigma=\frac{M}{W}=\frac{4.77\times 10^5}{bh2/6}=\frac{4.77\times 10^5\times 6}{783\times 18^2}=11.28\text{N/mm}^2<f_m=13\text{N/mm}^2$$

$$V=0.6\times q_1 L=0.6\times 35.6\times 366=7818\text{N}$$

$$\tau=\frac{3V}{2bh}=\frac{3\times7818}{2\times783\times100}=0.83\text{N/mm}^2<f_v=1.4\text{N/mm}^2$$

② 墙竖楞

$$M=0.084\times q_1L^2=0.084\times16.65\times783^2=8.57\times10^5\text{N}\cdot\text{mm}$$

$$\sigma=\frac{M}{W}=\frac{8.57\times10^5\times6}{100\times100^2}=5.142\text{N/mm}^2<f_m=13\text{N/mm}^2$$

$$V=0.5\times q_1L=0.5\times16.65\times783=6518\text{N}$$

$$\tau=\frac{3V}{2bh}=\frac{3\times6518}{2\times100\times100}=0.978\text{N/mm}^2<f_v=1.4\text{N/mm}^2$$

c. 挠度验算

① 墙侧模挠度验算

$$w=\frac{0.667\times q_2L_4}{100EI}=\frac{0.677\times33.64\times3664}{100\times5850\times783\times182/12}=1.84\text{mm}<[w]=2\text{mm}$$

② 墙竖楞挠度验算

$$w=\frac{0.273\times q_2L_4}{100EI}=\frac{0.273\times15.72\times7834\times12}{100\times9000\times100\times1002}=0.215\text{mm}<[w]=3.13\text{mm}$$

d. 对拉螺栓验算

① 查模板施工手册，M12截面净面积 $A=76\text{mm}^2$

允许拉力 $N'=12.9\text{kN}$

② 对拉螺栓拉力

$$N=F\times0.366\times0.783=(42.96+2.52)\times0.366\times0.783=12.03\text{kN}$$

$$\sigma=\frac{N}{A}=12.03\times10^3/76=158\text{N/mm}^2<[\sigma]=12.9\times10^3/76=169.7\text{N/mm}^2$$

6.4.2　钢筋工程

(1) 进场的所有钢筋均必须有产品合格证，并按规范规定分批取样，做物理力学性能试验，合格者方能使用；无合格证或检验不合格的钢筋，严禁进入施工现场，严格执行见证取样制度。

(2) 钢筋应在公司合格物质供货商中采购。

(3) 钢筋加工在现场西侧钢筋加工场进行，钢筋翻样、下料、领发料统一，以确保钢筋半成品进入施工作业面有条不紊地进行。

(4) 梁板钢筋制作、安装

所有钢筋接头的位置及钢筋锚固长度都必须符合规范和设计要求。直径大于或等于22mm的钢筋以及HRB400钢接头采用直螺纹连接，当直径大于等于12mm小于等于22mm时，应尽量采用焊接接头，竖向钢筋采用电渣压力焊，水平钢筋采用闪光对焊或电弧焊搭接焊接（搭接长度为单面焊 $10d$，双面焊 $5d$）。钢筋焊接、机械连接应符合JGJ 18、JGJ 107要求。

钢筋混凝土板的上排负筋采取通长支承筋架设，以保证其位置，间距1m。下排钢筋均用塑料垫块支垫保护层。所有钢筋支架严禁直接与底板混凝土面接触。

承台底板钢筋必须严格按设计标高、间距、排距位置绑扎或焊接牢固，不致因其他工种操作或在以后浇混凝土时，钢筋网片发生塌落，影响结构受力。当发现钢筋撑尚不牢时，增设 ϕ25 钢筋支撑柱。

板面负筋按照榕筑 34 号文件规定增加马凳筋。

(5) 墙、柱钢筋

直径大于或等于 22mm 的钢筋以及 HRB400 级钢采用直螺纹连接，直径 16～20mm 钢筋采用电渣压力焊。为保证竖向钢筋不发生位移，在梁板面筋上绑扎一根水平筋或箍筋，将其与梁板面筋、竖筋焊牢，确保浇筑混凝土时墙、柱钢筋不变位。

剪力墙门窗洞口边的钢筋，应根据建筑要求适当加大保护层，如门洞宽 900mm，钢筋应为 980mm。洞口侧暗柱上、下拉通线，暗梁拉水平通线，严格控制线位尺寸。

门窗洞口的上下边梁主筋较密，钢筋安装时应尽量留出空隙，保证混凝土浇筑入模和振捣。边梁超密部位，将严重影响混凝土浇筑质量，应分排放置，保证混凝土的浇筑质量。

施工楼面时，严禁钢筋集中堆放在浇筑时间不长的楼板上，杜绝由于施工超载而造成楼板损伤。每层楼面混凝土浇筑完毕，运钢筋上楼板均由技术质量组直接指挥调度，无技术质量组指令，视为违章作业。

(6) 楼梯钢筋绑扎

在楼梯段底模上画主筋和分布筋的位置线。

根据设计图纸主筋、分布筋的分布，先绑扎主筋后绑扎分布筋，每个交点均绑扎；如果有楼梯梁时，先绑梁筋后绑板筋，且板筋要锚固到梁内。主筋接头数量和位置均要符合施工及验收规范要求。

底板筋绑完，待踏步模板吊绑支好后再绑扎踏步钢筋。

(7) 轴线位置和标高控制

钢筋安装的轴线控制采取四复核两固定方法，确保墙、柱、梁钢筋的轴线位置和标高准确。

1) 四复核

① 地下室底板或楼层浇筑混凝土后，在板面立即测设轴线和标高，质检员根据轴线和标高全面检查复核墙、柱钢筋是否偏位，并对偏位钢筋进行纠偏处理。

② 每层梁板梯模板初步安装完成时，由测量组在模板面上测放轴线和标高，质检员根据图纸全面检查复核已绑扎完的墙、柱钢筋轴线和标高是否准确。

③ 墙、柱混凝土浇筑后，质检员必须根据楼面模板轴线、标高再次复核墙、柱钢筋是否偏位；若有偏位，则在梁、板安装钢筋前进行纠偏。

④ 梁、板梯钢筋安装完成时，再次根据模板上轴线和标高，全面复核各部位钢筋偏位和标高。

钢筋检查不论偏差多少，纠偏方案均由技术质量组制定，并在技术人员的指导下进行纠偏。

2) 二固定

① 楼板混凝土浇筑完，根据轴线、标高复核确认钢筋部位正确后，将墙、柱竖向钢筋根部与水平筋（或箍筋）采用点焊焊牢。

② 墙、柱钢筋安装完成后，在楼面模板轴线复核位置正确时，往钢筋在距模板面约

60cm 处加设箍筋一道，并将竖向钢筋与柱箍筋焊牢。墙钢筋距模板 60cm 高加设一道水平筋和横向拉筋，以确保浇筑混凝土时，墙、柱钢筋位置正确。

(8) 梁、柱接头处钢筋安装到位控制：框架梁施工前，应先将箍筋放入梁柱核心区，待框架梁绑扎完后，再固定箍筋。梁高如大于等于 800mm，改变常规的在框架梁双面侧模支设完毕后再安装梁筋的方法，在先立一面框架梁侧模的基础上安装好节点箍筋；然后，原位安装框架梁钢筋，再封另一面侧模，以确保节点钢筋安装到位。

(9) 与水电分部的配合：由钢筋班组施工的梁板的钢筋安装完毕后，水电班组即可进场预埋点盒和预留洞口。在板的底筋完成到一定的工作面时，水电班组方可进行管道铺设。在铺设的过程中，若碰到钢筋过密使管道无法穿过时，应与钢筋班组协调，共同解决，切勿乱敲乱打，必要时还要补扎。在多条管道重叠致使板厚增厚时，应及时与建设单位和设计院联系，找出合理的解决方案。土建方面应为水电分部提供一定的工作面，并主动配合水电的施工，在水电管道安装完毕后，进行板的负弯距钢筋的绑扎。

(10) 隐蔽工程验收

隐蔽工程验收内容：柱、梁板模尺寸、标高、轴线、钢筋、预埋件、预留洞。

隐蔽工程验收前班组认真作好工序交接，检查钢筋间距、数量、钢筋焊接性能情况、铁件、水电管洞位置、数量是否符合要求。项目班组自检合格后，向质检员申请验收。

项目技术质量组现场抽检并填写检查表，由工程管理组组织检查各种质检、质保、技术资料是否齐全。

项目质检员检查合格后，请业主、质监站、监理等部门来进行隐蔽工程验收，并统一会签。

(11) 钢筋支撑

对楼层板面负筋，为防止楼板开裂，按照榕建筑第 34 号文件规定施工，即楼板钢筋按设计和施工规范要求，应保证板筋的有效高度，板面负筋应增设有效的支撑马凳筋，支撑马凳筋不小于 $\phi10$。当板筋大于 $\phi12$ 时，间距不小于 1000mm×1000mm；当板筋直径小于 12mm 时，间距不小于 600mm×600mm。同一方向上的支撑不小于两道，且距板筋的末端不大于 150mm。

地下室底板、顶板筋采用 $\phi14$ 间距 1000mm 的马凳筋，具体做法详见南区地下室结施 5 改架立马凳筋大样。

(12) 钢筋安装位置的允许偏差和检验方法及保护层允许偏差详见《混凝土结构工程施工质量验收规范》GB 50204—2002 表 5-5-2。地下室结构迎水面钢筋保护层厚度不得小于 40mm。

(13) 钢筋对焊

A. 对焊工艺

根据钢筋品种、直径和所用焊机功率大小选用连续闪光焊、预热闪光焊、闪光—预热—闪光焊。对于可焊性差的钢筋，对焊后宜采用通电热处理措施，以改善接头可塑性。

① 连续闪光焊：工艺过程包括连续闪光和顶锻过程。施焊时，先闭合一次电路，使两钢筋端面轻微接触，此时端面的间隙中即喷射出火花般熔化的金属微粒闪光，接着徐徐移动钢筋使两端面仍保持轻微接触。形成连续闪光。当闪光到预定的长度，使钢筋端头加热到将近熔点时，就以一定的压力迅速进行顶锻，再灭电顶锻到一定长度，焊接接头即告

完成。

② 预热闪光焊：工艺过程包括一次闪光、预热、二次闪光及顶锻等过程。一次闪光是将钢筋端面闪平。

预热方法有连续闪光预热和电阻预热两种。

③ 闪光一预热一闪光焊：是在预热闪光焊前加一次闪光过程。

工艺过程包括一次闪光、预热、二次闪光及顶锻过程，施焊时首先连续闪光，使钢筋端部闪平，然后同预热闪光焊。焊接钢筋直径较粗时，宜用此法。

④ 焊后通电热处理：方法是焊毕松开夹具，放大钳口距，再夹紧钢筋；接头降温至暗黑后，即采取低频脉冲式通电加热；当加热至钢筋表面呈暗红色或橘红色时，通电结束；松开夹具，待钢筋冷后取下钢筋。

B. 对焊注意事项

① 对焊前应清除钢筋端头约 150mm 范围的铁锈污泥等，防止夹具和钢筋间接触不良而引起“打火”。钢筋端头有弯曲应予调直及切除。

② 当调换焊工或更换焊接钢筋的规格和品种时，应先制作对焊试件（不小于 2 个）进行冷弯试验，合格后方能成批焊接。

③ 焊接参数应根据钢种特性，气温高低，电压、焊机性能等情况，由操作焊工自行修正。

④ 焊接完成，应保持接头红色变为黑色才能松开夹具，平稳地取出钢筋，以免引起接头弯曲。

⑤ 不同直径钢筋对焊，其两截面之比不宜大于 1.5 倍。

⑥ 焊接场地应有防风雨措施。

C. 质量标准

钢筋对焊完毕，应对全部接头进行外观检查，以及机械性能试验。其检验项目、程序、方法按 JGJ 18 规范相应规定进行。

a. 保证项目

对焊所用钢筋材质性能和工艺方法必须符合质量检验评定标准规定；对焊钢筋应具有出厂合格证和试验报告；钢筋焊接时所选用对焊机性能要符合焊接工艺要求。

b. 基本项目

钢筋对焊完毕，应对全部焊接进行外观检查，其要求是：对焊接头，接头处弯折角大于 4°；钢筋横向没有裂缝和灼伤；接头轴线位移不大于 $0.1d$，且不大于 2mm。

机械性能试验，检查方法如下。

在同一台班内，由同一焊工完成 300 个同级别、同直径的钢筋焊接接头作为一批。当同一台班内的焊接接头数量较少，可在一周内累计计算，累计仍不足 300 个接头，应按一批计算。力学性能试验时，从每批取 6 个试件，3 个作抗拉试件，3 个作冷弯试验；3 个试件抗拉强度值不得低于该级别钢筋的抗拉强度；至少有 2 个试件断于焊缝之处，并呈延性断裂。冷弯试验（包括正弯和反弯试验）弯曲时接头位置应处于弯曲中心处，冷弯按规定角度进行，至少 2 个试件不得发生断裂。

钢筋冷弯试验工作可在万能试验机或钢筋弯曲机上进行，钢筋对接接头，冷弯试验指标见表 6-4 所列。

钢筋对接接头弯曲试验指标　　表 6-4

钢筋级别	弯心直径(mm)	弯曲度(°)
HPB235	$2d$	90
HRB335	$4d$	90
HRB400	$5d$	90

注：钢筋直径 d=25mm 时，弯心直径应增加 $1d$。

(14) 钢筋直螺纹连接

1) 工艺原理

直螺纹钢筋连接是一种能承受抗拉、抗压两种作用力的机械连接接头，其工艺是先在施工现场，用直螺纹钢筋接头专用套丝机，把钢筋的连接端头加工成直螺纹，然后通过直螺纹连接套，用管钳把钢筋与连接套拧紧在一起。d 大于等于 22mm 的钢筋，用直螺纹套筒连接。

2) 施工机具：钢筋直螺纹套丝机、压圆设备、量规、扳手、砂轮锯、磨光机、砂轮机等。

3) 劳动力组织：

① 套丝机 3 台，每台操作工人 1 人；

② 下料 3 人；

③ 搬运钢筋 3 人；

④ 检查套丝质量，拧连接套 1 人；

⑤ 连接钢筋，每组 3～4 人。

4) 材料：

① 连接的钢筋应符合钢筋 GB 1499 标准；

② 直螺纹连接套筒的材料：Φ45 优质碳素钢。

5) 工艺流程：

A. 钢筋加工（图 6-12）

B. 连接钢筋

钢筋就位⟶回收连接钢筋上的密封圈和保护帽⟶用手拧上钢筋⟶用扳手扭钢筋上端对接钢筋⟶用油漆在接好的钢筋接头上做好标记⟶质检人员检查钢筋连接质量，直螺纹无丝扣外露为合格接头⟶现场随机抽样，进行力学试验报告存盘。

6) 操作要点

A. 钢筋端头切平压圆

检查被加工钢筋是否符合要求，然后将钢筋放在砂轮切割机上切头约 0.5～10mm，达到端部平整。

按规格选择与钢筋端头相适配的压模，调整压合高度及长短定位尺寸。然后将钢筋端头放入模腔中，调整压泵压力进行压圆操作。经压圆后，钢筋端头形成圆柱形的回转体。

B. 钢筋滚压螺纹

根据钢筋规格选取相应的滚丝轮，装在专用的滚丝机上，将已压圆端头的钢筋由尾座卡盘的通孔中插入至滚丝轮的引导部分并夹紧钢筋；然后，开动电动机，在电动机旋转的驱动下，钢筋轴向自动进入，即可滚压出螺纹来。

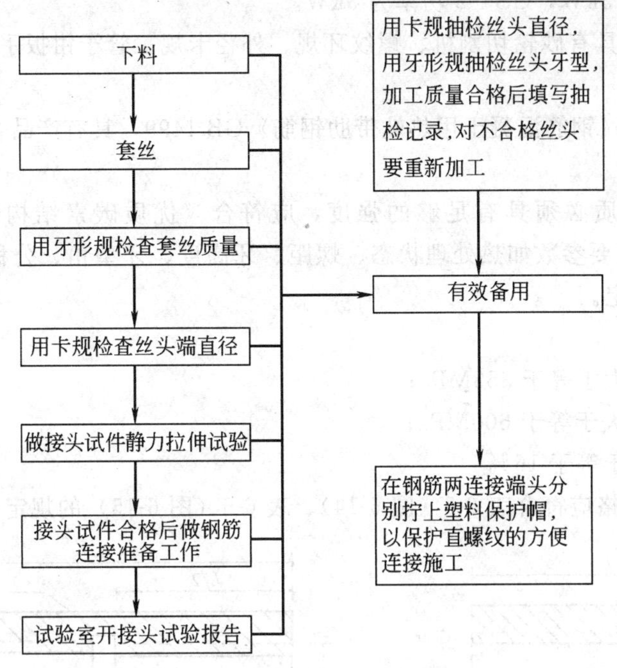

图 6-12　钢筋加工流程图

C. 螺纹保护

把钢筋端部加工好的螺纹涂上机油套上塑料保护套，然后按规格分别堆放。

D. 现场安装方法

a. 钢筋旋转拧合的安装方法

取下保护套，按规格取相应的螺纹套筒，套在钢筋端头，用管钳顺时针旋转螺纹套筒到定位；然后，取另一根带螺纹的钢筋对准螺纹套筒，用管钳顺时针旋动钢筋拧紧为止。

b. 螺纹套筒旋转拧合的安装方法

螺纹套筒旋转拧合的安装方法适用于弯曲钢筋及其他施工工艺要求钢筋不能旋转的相互连接上。

把待连接的两根钢筋的端头分别制成右旋螺纹及左旋螺纹，同样将连接用螺套内部一半加工为右旋内螺纹，另一半加工成左旋内螺纹的双向螺套。安装时，把有右旋螺纹的螺套一端对准有右旋外螺纹的钢筋端头，并旋进 1～2 扣，把有左旋外螺纹的钢筋对准双向螺套的另一端。用管钳顺时针旋动钢筋拧紧为止（图 6-13）。

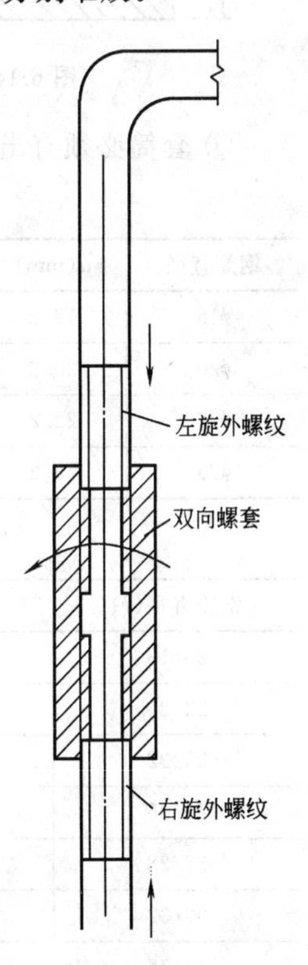

图 6-13

7）设备与材料

A. 设备机具

① 压圆设备由液压泵、供油软管、回油软管、导线钳、压模等组成，液压泵最大工作压力为 63MPa。

② 滚丝设备由回转驱动器、滚丝轮、尾座及夹紧卡盘、送料操纵机构、底座导轨等组成。滚丝机有 GST-1、GST-2 两种型号，其

中 GST-1 功率为 1.5kW，GST-2 功率为 3kW。

③ 其他设备工具有砂轮切割机、螺纹环规、外径卡规、管子钳扳手等。

B. 材料

a. 钢筋应符合《钢筋混凝土用热轧带肋钢筋》GB 1499，具有产品合格证，并经二次抽验合格的钢材。

b. 螺纹套筒材质必须具有足够的强度，应符合《优质碳素结构钢技术条件》GB 699—88 的规定，主要参数如热处理状态、螺距、牙高度、牙型角、公称直径、螺纹公差等均应符合有关规定。

① 机械性能：

屈服强度：σ_s 大于等于 355MPa；

抗拉强度：σ_b 大于等于 600MPa；

延伸率：δ_s 大于等于 16%

② 螺纹套筒规格应符合表 6-5（图 6-14）、表 6-6（图 6-15）的规定。

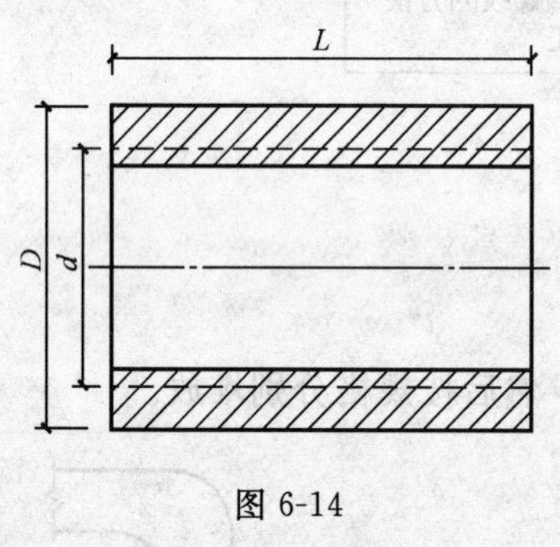

图 6-14

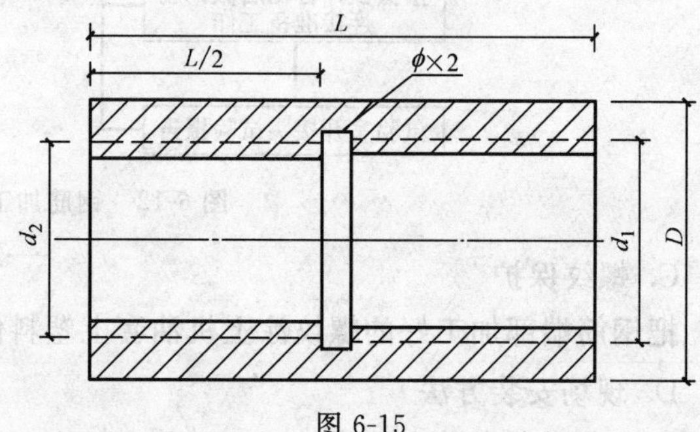

图 6-15

③ 套筒必须有出厂合格证。

等径丝套筒的基本尺寸 **表 6-5**

钢筋直径	d(mm)	$D\geqslant$(mm)	$L\geqslant$(mm)	钢筋直径	d(mm)	$D\geqslant$(mm)	$L\geqslant$(mm)
ϕ18	18.2	28	50	ϕ28	28.2	44	66
ϕ20	20.2	32	54	ϕ32	32.2	50	74
ϕ22	22.2	36	58	ϕ36	36.2	56	82
ϕ25	25.2	40	62	ϕ40	40.2	62	90

异径螺纹套筒的基本尺寸 **表 6-6**

钢筋直径(ϕ)	D_1(mm)	D_2(mm)	$D\geqslant$(mm)	$L\geqslant$(mm)
20/18	20.4	18.4	32	54
22/20	22.4	20.4	36	58
25/22	25.4	22.4	40	62
28/25	28.4	25.4	44	66
32/28	32.4	28.4	50	74
36/32	36.4	32.4	56	82
40/36	40.4	36.4	62	90

8）质量要求

A. 螺纹套筒

螺纹套筒进场应有合格证，表面不得有裂缝、结疤等缺陷，内螺纹不得缺牙、错牙。

B. 钢筋端头外螺纹的基本尺寸应符合图 6-16 及表 6-7 的规定。

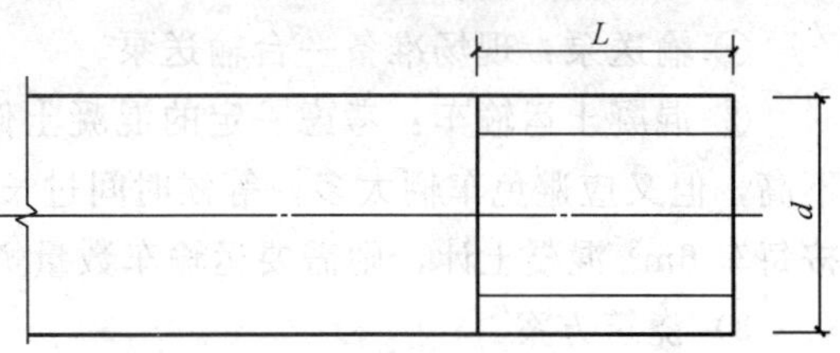

图 6-16　钢筋端头外螺纹基本尺寸

钢筋端头外螺丝基本尺寸　　表 6-7

钢筋直径(ϕ)	18	20	22	25	28	32	36	40
D	18.4	20.4	22.4	25.4	28.4	32.4	36.4	40.4
L	29	31	33	35	37	41	45	49

C. 钢筋外螺纹的牙完好率应不小于 95%。

D. 安装时钢筋端头螺纹旋入螺套后，允许外露 1～1.5 扣。

E. 接头的现场检验应符合 JGJ 107 中的规定。

9）安全措施

① 参加直螺纹钢筋接头套丝及连接钢筋的人员，必须经培训，考试合格后持证上岗。

② 进行高空作业或电机操作人员必须遵守《建筑安装工程技术规程》和技术交底。

③ 现场搭设的架子必须牢固稳定。

6.4.3　混凝土工程

(1) 地下室混凝土工程

1）概况

本工程地下室底板、承台、基础梁连成一体，底板厚 350mm，板面标高为 −5.0 (−4.8) m，底板混凝土总量约 13000m^3，C30 抗渗等级为 P8，根据设计图纸要求在北区设置六条后浇带，将北区地下室分为八个小区；南区设置两条后浇带将南区地下室分为四个小区。混凝土为商品混凝土。

2）施工准备

A. 技术准备：钢筋工程作好隐蔽验收，工序交接班及各专业人员会签完毕。商品混凝土从公司合格供货商中选择。商品混凝土进场时，会同业主、监理等有关部门进行开盘鉴定，并且按规范规定取样试块，检查混凝土强度和抗渗性能试验。

B. 人员准备

① 混凝土的运输车辆设四人专门管理，随时观察各输送泵所负担的浇筑区域的进展情况，进行调整分配，使各浇筑小组速度一致。

② 每一台混凝土输送泵投料区域建立一个浇筑小组，每组配工人 15 人，其中组长一名，持振动器工人三名。

③ 每个工作班设立一个专门负责泵管拆接，按时处理堵塞情况的小组共三人，以便拆接泵管。

④ 每个工作班安排三人进行表面找平抹压，安排三个负责保温的覆盖工作，看筋两人，看模一人，修理振动棒两人，维修电工三人，制作混凝土试块一人。

C. 混凝土的运输

① 输送泵：现场准备一台输送泵。

② 混凝土运输车：考虑一定的混凝土储备，避免因混凝土供应不及造成输送泵效率不高，但又应避免车辆太多，等候时间过长，影响混凝土料质量，计划供应量为 $30m^3/h$，按每车 $6m^3$ 混凝土计，则需要运输车数量 $N=(30\times1.2)/6=6$ 辆。

3）浇筑方案

A. 本地下室底板与承台连成一体，底板厚度 350mm 不分层，但在承台厚度达 1.0～1.8m，需用"斜面分层法"即采用"一个坡度，循序推进，一次到顶"的浇筑方法。

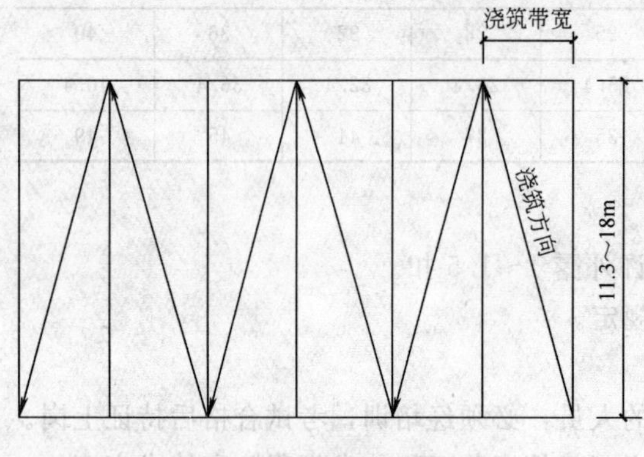

图 6-17 混凝土浇筑方向

B. 混凝土浇筑方向和浇筑带宽度

① 地下室混凝土浇筑顺序。北区：自西向东、自北向南整体推进；南区：自东向西、自南向北整体推进（图 6-17）。

② 浇筑带宽度计算

商品混凝土泵输送量：$Q=25m^3/h$，商品混凝土初凝时间调整为 2h，运输车辆路途 40min。

$L=(2-40/60)\times25\div(1.8\times0.40)=5.29m$

考虑到承台、基础梁的混凝土量以及施工方便，浇筑带宽取 3.0m。

C. 本工程地下室底板有承台处采用斜面分层法，其上、下两层时间间隔不能超过 2h。

D. 混凝土在振捣时，分层厚度控制在 450mm 左右，振动器直上、直下、快插慢拔，插点形式为行列式，插点距离为 600mm 左右，上下层振动器搭接 50～100mm，并在混凝土浇筑过程中始终保持每个斜面层的上下各布置一道振动器，上面的一道振动器布置在混凝土卸料处，保证上部的混凝土振捣密实，下面的一道布置在近坡脚处，确保下部混凝土密实。

E. 混凝土的浇筑

① 混凝土浇灌工作，应连续进行，斜面分层浇灌时，要保证在下一层混凝土初凝之前，将上一层混凝土灌下，并捣实完毕，使上、下两层混凝土能结合良好。

② 注意钢筋密集处（即柱、墙交处）混凝土振捣要振实，尽快避免浇灌工作在此停歇或分班施工交接。

③ 控制浇筑面的标高和平整度。

④ 浇筑混凝土时，应经常观察模板、支架、钢筋、预埋件和预留孔洞的情况，当发现有变形、移位时，应立即停止浇筑，并应在已浇筑的混凝土初凝前修整完好。

F. 混凝土泌水处理

泵送混凝土是属于大流动性混凝土，振捣过程中会出现泌出部分水并涌到混凝土表面，然后顺坡而下汇集到坑底。为有效地排出此部分积水，在施工垫层按照地面坡度做成坡度，使其自然流到集水坑和东部高低处；然后，用软轴泵将其排出，在临近结束时，混凝土的浇筑应反向进行，避免水泥浆沉积于一端，对基础底板混凝土质量不利。此时，大量的积水便会在混凝土中汇积成潭，可用软轴泵将其排出。

4）浇筑防雨措施：施工现场预备塑料薄膜。

5）大体积混凝土的安全措施

① 做好现场防暑降温工作，配备足量的防暑降温药品，配备医务人员24h值班，以做相应应急处理。

② 每台振动器均应安设漏电保护器，一机一闸，现场用电按三相五线制要求布设，电线材料绝缘性能要好，工人应穿绝缘鞋，戴绝缘手套。

③ 严禁工人酒后及带病上岗作业。

④ 现场管理人员成立相应组织机构，协调机构生产，安排现场昼夜值班及劳务作业和休息。

⑤ 现场混凝土运输车进场要派专人指挥。

6）预防措施

a. 为避免交通等各种不可抗力影响，使底板混凝土浇筑中断，形成冷缝，拟通过调整商品混凝土交通高峰期前供应量和现场备50m^{3}混凝土材料，能满足底板混凝土浇筑连续进行，保证底板施工质量。

b. 底板混凝土必须采用同一厂家、同一品种、同一强度等级水泥。底板混凝土浇筑前7d，混凝土供货商将混凝土配合比报送我公司，由公司试验室进行校核，如有问题及时调整。正式浇筑前，混凝土供货商应提供与本批混凝土有关的质量保证资料，经检查合格由甲方、监理、我项目部三方开盘鉴定签字认可，下达送料通知单，方准送料。

c. 混凝土浇筑前，应认真检查预留洞口、预埋件等是否齐全，模板及其支撑是否牢固，做好钢筋隐蔽验收工作。对模板内的杂物、钢筋上的油污等应清理干净，对模板的缝隙和孔洞应堵严，对木模浇水湿润，但不得有积水。浇混凝土时，每个浇筑点配备4根插入式振动器，12名操作工人（搬移泵管的人员另计）。混凝土浇筑采用自然流淌、斜面分层施工方法，4根振动器设前后2排，振动器插入间距不大于400mm，并插入下面。振动器应快插慢拨，底板表面木制尺刮尺刮平，混凝土收水后用滚筒压两次，并用木抹子压实抹平，禁止混凝土从高处倾浇，高度不应超过2m。

d. 底板混凝土面标准控制：在上层钢筋网片上每2m焊Y形标高架，底板混凝土浇筑时，将ϕ20钢管架于标高架上，用于控制混凝土面标高。混凝土浇筑完毕后，用铝合金刮尺（或木刮尺）以钢管面为标准刮平，待混凝土初凝后将钢管取出，用混凝土填补钢管位置，混凝土收水后用滚筒碾压，再覆盖塑料薄膜和麻袋，麻袋要有一定的搭接长度。

7）保证工程质量的技术措施

a. 混凝土配合比应通过试验确定，抗渗等级应比设计高0.2MPa（P10）。

b. 严格控制商品混凝土的坍落度与水灰比。混凝土入泵坍落度控制在120±20mm，入泵前坍落度每小时损失不应大于30mm，坍落度总损失不大于60mm。水灰比不大于0.55。

c. 在混凝土中掺加水泥重量一定比例的粉煤灰，掺入适量的减水剂和缓凝剂及微膨胀剂。控制粗细骨料，控制砂、石料的含泥量，可以控制水化热的增加。

d. 粗细骨料采用合理碎卵石级配，减少用水量使混凝土的收缩和泌水随之减少；同时，由于水泥用量的减少，水泥的水化热减少，降低了混凝土温升。

e. 砂、石料的含泥量控制：砂石的含泥量必须严格控制，砂石含泥量超过规定，不仅增加了混凝土的收缩，同时又降低了混凝土抗拉强度，对混凝土的抗裂是十分不利的。因此，在这次大体积混凝土施工中，必须将石子的含泥量控制在1%以内，砂含泥量控制在2%以内。

f. 为保证地下室底板、楼地面表面平整，精确控制混凝土面标高，采用在坡度标高变化处焊钢筋标高，作为地下底板、楼板面浇筑混凝土标高控制依据（图6-18）。

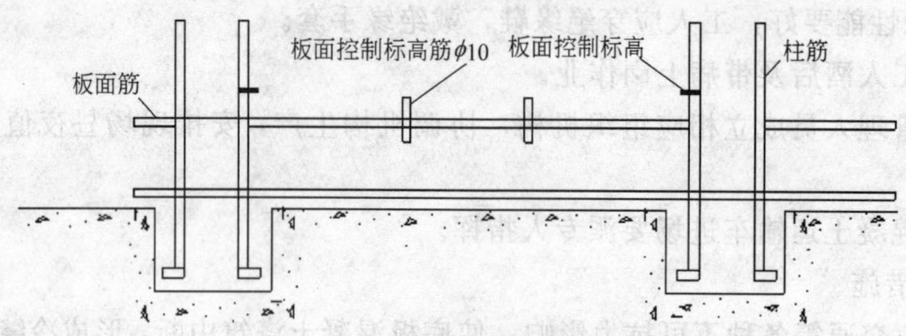

图6-18　浇筑混凝土标高控制依据

8）施工组织措施：成立由项目部经理领导的指挥部，在混凝土浇筑养护期间统一协调管理。现场值班为两班制，每班均配备领导、技术、试验人员。

9）雨期施工技术有关措施：底板浇筑前应注意天气预报，混凝土浇筑应避开大雨；另外，现场应准备一定量的钢管、防水布，混凝土浇筑过程如有雨应搭设雨棚，保护新浇筑的混凝土面。

10）试样试验：每200m^{3}混凝土取一组试块做强度试验，每500m^{3}取同一配合比的两组试块做抗渗试验用。严格控制水灰比和坍落度进行检查，坍落度控制在120±20mm内，坍落度检测在交货地点15min内完成，对于不合格的混凝土予以退货，并通知搅拌站及时调整。

（2）主体混凝土工程

1）本工程混凝土采用商品混凝土，由项目部选择有资质供货商提供，利用塔吊和混凝土泵送运至浇筑地点。

2）混凝土拌制严格按配合比下料，开盘时由建设单位、监理单位、施工单位共同进行鉴定。以后每车混凝土运至现场时，均需观测坍落度；若发现有离析现象，应进行二次拌合。

3）浇筑混凝土前，应对模板及其支撑进行检查，对模板内的杂物和钢筋上的油污等清理干净，对模板的缝隙、孔洞予以堵严，对模板表面进行浇水湿润，但不得有积水。浇筑竖向结构（柱墙）混凝土前，应先在其底部填以50～100mm厚与混凝土内砂浆成分相同的水泥砂浆，防止出现蜂窝麻面，并在柱墙模板外楼面处铺一层干砂，便于清除漏浆。

4）混凝土自高处倾落的自由高度不应超过2m；当浇筑高度超过2m时，应采用串筒、溜槽使混凝土下落。

5）柱、墙、梁及承台底板混凝土采用插入式振动器，楼板采用平板式振动器。使用插入式振动器应注意快插慢拨，插点均匀，间距不大于振动器作用半径的1.5倍（约500mm），依序分别振实，以混凝土表面泛浆和不再沉落为宜；使用平板式振动器时，其移动间距应保证振动器的平板能覆盖已振实部分的边缘约100mm。梁板混凝土表面应及时用木抹子按标高线进行平压实。混凝土浇筑的虚铺厚度：柱、墙、梁小于等于500mm，板小于等于200mm。混凝土浇筑应连续进行，当必须间歇时，其间歇时间应尽量缩短，并应在前层混凝土凝结前，将次层混凝土浇筑完毕。混凝土运输、浇筑及间歇的全部时间控制在150min以内。浇筑楼面混凝土时，同时浇筑卫生间隔墙下200mm高、300mm厚素混凝土反梁。

6）除在流水段分接口处，原则上混凝土浇筑不留施工缝；若因施工需要必需设置施工缝时，宜留置在结构受剪力较小便于施工的部位（次梁跨中1/3范围内）。施工缝处继续浇筑混凝土前，应对施工缝进行处理：凿毛→清理→湿润（冲洗）→铺水泥浆→捣实混凝土。

7）混凝土浇筑完毕后12h以内对混凝土进行浇水养护，一般结构养护7d，防水混凝土养护14d，每天浇水次数以能保持混凝土表面湿润为宜。在混凝土强度未达1.2MPa前，不得对其施加荷载。屋面混凝土必须加覆盖层养护，28d后立即做隔热层，避免由于温差造成开裂。

8）按国家规定进行混凝土抗压强度、抗渗性检查，试件应在浇筑地点随机抽取制作，每台班或每楼层或每100m³制作一组抗压试块，每500m³防水混凝土做2组抗渗试块。

9）混凝土缺陷修整：混凝土表面的小面积蜂窝、麻面用钢丝刷清理，再用1∶2水泥砂浆补平。较大面积的蜂窝，通知质监站、设计院另行处理。

10）现浇结构尺寸允许偏差和检验方法详见《混凝土结构工程施工质量验收规范》GB 50204—2002表8.3.2.1。

11）梁柱节点混凝土施工，本工程梁板混凝土与柱混凝土强度等级相差大于5MPa的，需按以下节点（图6-19）施工要求施工。

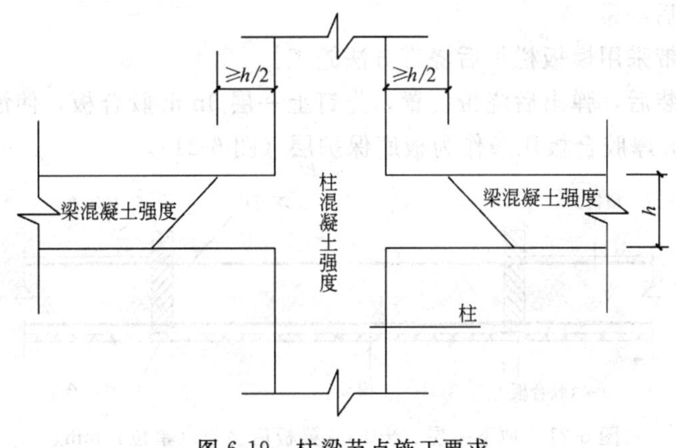

图6-19 柱梁节点施工要求

(3) 后浇带

1）后浇带的留设

A. 本工程北区地下室南北向总长150m，东西向总长约120m，顶板上平均覆土厚度约900mm，为减少混凝土收缩，故每个方向设置三道后浇带；南区地下室在东西向和南北向各设一条后浇带。地下室底板、墙采用专用钢筋架绑5mm×5mm钢丝网作为模板，一层梁板采用模板栏护。后浇带宽度为0.8m。

B. 钢筋架后浇带施工

① 根据设计图纸标注位置，在底板垫层面上弹出后浇带位置线。外侧墙待钢筋绑扎（未绑拉结筋前）画线。

② 板底筋绑扎完毕后，根据放线位置焊接钢筋架，高度为400－25×2－16×2－14×2＝290mm，随后进行绑扎5mm×5mm钢丝网，扎点间距为200mm，上、中、下全部满扎，保证钢丝与支架要绑扎牢固，足以作为模板拦护底板混凝土（图6-20）。

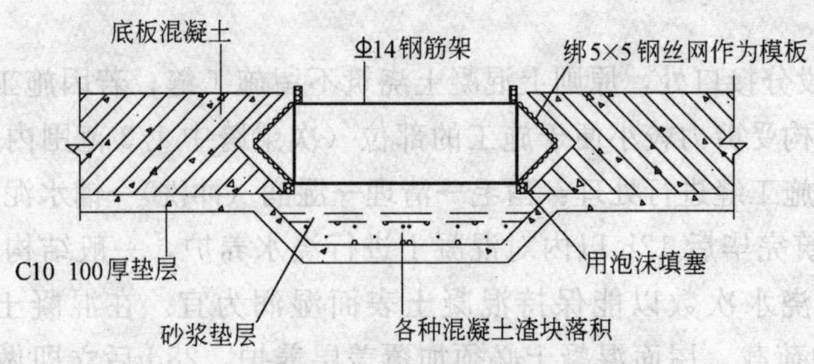

图 6-20　底板后浇带钢筋模（单位：mm）

③ 在钢筋架焊成型并绑 5mm×5mm 钢丝网后，绑扎面筋，此时钢筋架有利于加强底板钢筋骨架。

④ 在浇筑混凝土前，为防止上下口漏浆，上口采用模板栏，下口用泡沫堵塞。注意不应在后浇带处锯模板，减少后浇带垃圾。

⑤ 为防止混凝土渣块等杂物掉入后浇带难以清理，采取在底板垫层处降低 20cm 作法，今后在浇筑混凝土时，在后浇带上先铺一层砂浆接近底板底，即可进行底板后浇带混凝土施工，减少清理。

⑥ 墙后浇带长度较短且数量少，采用在现场预制成型，用塔吊配合安装到位。

C. 模板栏护后浇带

① 楼层后浇带采用模板栏护后浇带方法施工。

② 在梁板安装后，弹出后浇带位置，先钉上一层 3mm 胶合板，使混凝土成型后形成凹槽，再钉 1.8cm 厚胶合板压条作为板底保护层（图 6-21）。

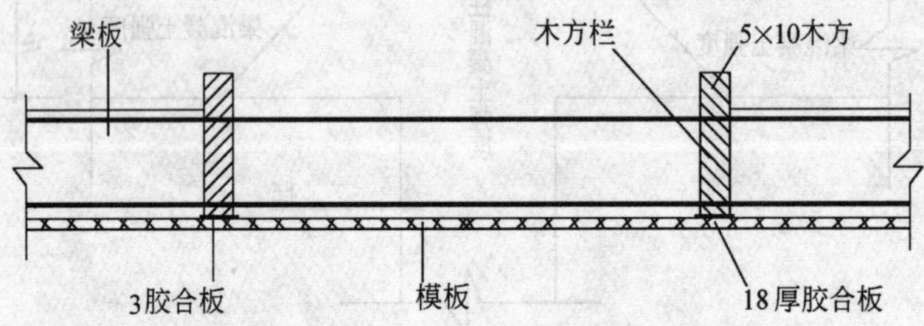

图 6-21　地下一层、＋0.00 梁板后浇带（单位：mm）

③ 在板筋绑扎后，根据板厚扣上下主筋保护层压木条。面筋绑扎后压上一条 5mm×10mm 木方栏护。

2）施工准备

A. 材料

水泥：42.5 级；

砂：中砂或粗砂，含泥量不大于 2.0%；

石子：粒径 5～40mm，含泥量不大于 0.5%；

水泥砂浆垫块：垫板底筋保护层用。

B. 机具：磅秤、双轮手推车、混凝土搅拌机、钢凿、插入式振动器、平板式振动器、木抹子、铁板。

3）作业条件

① 底板、侧墙后浇带钢筋表面混凝土渣清理干净，并用水冲洗干净；

② 楼层后浇带拆除后，用錾子敲去松动石子，并冲洗干净（后浇带混凝土强度达100％后方可拆除模板，并且执行申请审批制度）；

③ 后浇带钢筋、预埋管线隐蔽验收；

④ 水泥、砂石经检查符合要求，试验室已下达混凝土配合比通知单。

4）人员要求

由董理满组织人员进行施工，机械工、电工持证上岗。

5）操作工艺

a. 本工程地下室后浇带混凝土掺12％UEA外加剂。

b. 设计要求地下室后浇带封浇时间：地下室底板、侧墙、梁板后浇带在主体完成一个月后封浇。

c. 浇筑后浇带混凝土前应用水清洗干净，将表面凿毛，去除松动石子，并在板两侧先浇一层与混凝土成分相同的砂浆。

d. 后浇带的设置对于解决混凝土收缩裂缝，缓解混凝土供应力，处理好施工接槎有许多有利因素，但同时由于后浇带的留设也给底板防水带来不利，尤其对结构自防水混凝土更是如此，因此，需严格控制底板、墙混凝土浇筑。

e. 后浇带清理、模板支设

① 底板、侧墙采用钢丝网作模板，接触面毛糙，混凝土粘结性能好。浇筑混凝土前用高压水枪冲洗干净，清理钢筋表面混凝土渣块（图6-22、图6-23）。

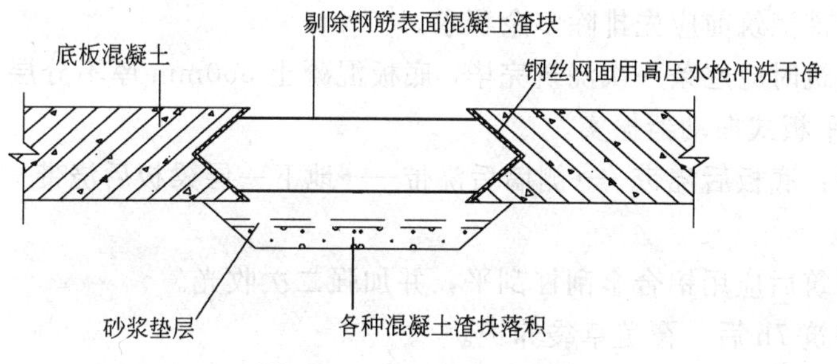

图6-22　底板后浇带处理

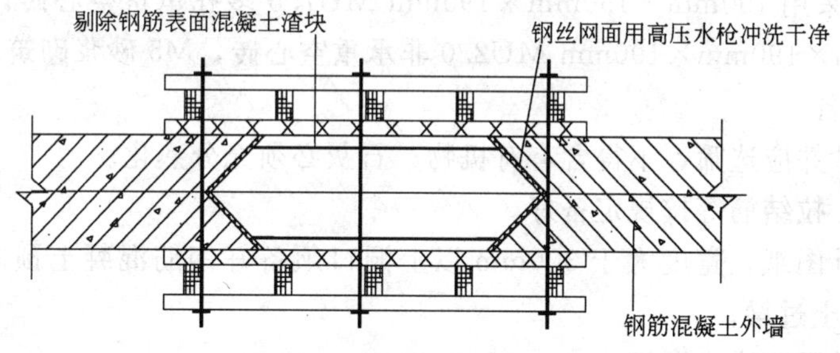

图6-23　墙后浇带清理及支模

② 梁板后浇带浇筑前需拆除拦木，用錾子剔除表面松动石子，用水冲洗干净，并支设模板（图6-24）。

f. 混凝土的搅拌

① 后浇带混凝土采用现场搅拌，根据每盘各种材料用量及车辆重量，分别固定水泥、

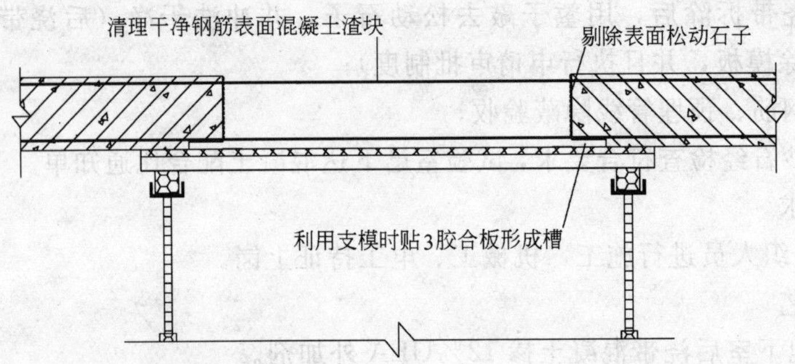

图 6-24 地下一层、±0.00 梁板后浇带清理及支模

砂、石各个磅秤标量，用小黑板写出当天混凝土施工配合比，悬挂于搅拌机旁。

② 微膨胀剂 UEA 应由专人负责添加。

③ 搅拌时间：为使混凝土搅拌均匀，自全部拌合物装入搅拌筒起，到混凝土由筒中开始卸料止，一般不小于 90s。

g. 混凝土的运输

混凝土自搅拌机卸出后，应及时送到浇筑地点，在运输过程中要防止混凝土离析，水泥浆流失，坍落度变化以及产生初凝等现象；如混凝土运到浇筑地点有离析现象时，必须在浇筑前进行人工二次拌合。

h. 混凝土的浇筑与振捣

① 底板后浇带浇筑前应先排除多余积水。

② 后浇带浇筑时应逐条一次浇筑完毕，底板混凝土 350mm 厚不分层，用插入式振动器插捣，面上用平板式振动器振实。

③ 浇筑顺序：底板后浇带──→侧墙后浇带──→地下一层梁板后浇带──→一层板（地下室顶板）后浇带。

④ 混凝土浇筑后应用铝合金刮杠刮平，并加强二次收光。

⑤ 混凝土浇筑 7h 后，覆盖草袋养护。

6.4.4 砌体工程

本工程外墙采用 190mm×190mm×190mm MU7.5 多孔承重空心砖，M5 砂浆砌筑；内墙采用 190mm×190mm×190mm MU2.0 非承重空心砖，M5 砂浆砌筑。

(1) 施工准备

1) 砂用中砂并应选筛，不得含有有机物；石灰必须充分熟化。

2) 皮数杆、拉结筋等按规定备好。

3) 根据设计图纸，宽度大于 300mm 以上洞口须备好钢筋混凝土预制过梁及窗户上的预制钢筋混凝土过梁。

4) 砖应提前隔夜浇水湿润。

5) 实验室根据现场取砂、水泥样品做级配试验后，提供砂浆配合比。

(2) 施工顺序及施工要点

清理砌筑部分，放出墙身中心线及边线──→找平──→立皮数杆，架头角拉紧弦线砌墙，将锚固筋、拉结筋安放在砌体中──→水电等配合留设──→工完场清。

1) 砌体工程开始前必须经过结构验收，放好墙边线并做好砂浆配合比。

2）砌空心砖宜采用刮强法，竖缝应先批砂浆后再砌筑。当孔洞呈垂直方向时，水平铺砂浆，应用套板盖住孔洞，以免砂浆落入孔内。

3）灰缝应横平竖直。水平灰缝合竖向缝宽度应控制 10mm 左右，但不应小于 8mm，也不应大于 12mm。

4）灰缝应砂浆饱满，水平灰缝的砂浆饱满度不得低于 80%，竖向灰缝不得出现透明缝。

5）空心砖中不够整砖部分，宜用无齿锯加工制作非整砖，不得用砍砖打断，补砌时灰缝砂浆应饱满。

6）砖墙应同时砌起，不得留斜槎，每天砌筑高度不应超过 1.8m。

7）依设计要求，墙体沿框架柱每隔 600mm 配 2ϕ6 拉结筋伸入填充墙。

8）墙上门洞、窗洞应依规范要求，预埋混凝土预制或木预制块。

9）顶上斜砌封顶砖应留待下部墙体砌筑 3d 后，有专人砌筑以确保质量。

10）严禁在空心砖墙上打通长缝埋设管线。

（3）质量要求

砌体的一般尺寸允许偏差按《砌体工程施工质量验收规范》GB 50203—2002 表 5-3-3 中 1～5 项的规定执行。

（4）质量、安全保证措施

1）现场施工员加强监控，保证质量、避免返工。

2）拉结筋预埋位置正确，孔洞应做到预先留设，减少返工开凿现象。

3）砂、石、砖、水泥按规定取样测试，不合格的材料不准使用，施工中按要求留置砂浆试块。

4）墙砌体应做到当天砌筑，当天检查，当天验收。

5）控制每天砌筑高度不超过 1.8m，雨天及五级以上大风不宜施工。

6）工人施工时按规范操作，进入现场戴好安全帽。

7）砌筑外墙时，砍砖应朝室内，不准对脚手架，防止伤人。

8）每天下班时，要做好防雨措施，以防雨水冲走砂浆。每天作业前，应检查安全设施和防护用品是否齐全，齐全后方可施工。

6.5 脚手架

本工程 2 号、3 号、4 号、5 号、6 号、7 号、8 号、9 号楼外架采用扣件式双排落地钢管脚手架，1 号楼外架采用钢管挑架，架体保证高出操作面 1.5m 以上，所有外架全部挂密目网，全封闭施工。

6.5.1 扣件式钢管脚手架搭设要求

6.5.2 双排落地架搭设方法

（1）脚手架的搭设顺序：立杆设置⟶横向水平杆⟶纵向水平杆⟶绑剪刀撑⟶（铺脚手板）⟶挡脚杆及栏杆⟶挂安全网

（2）立杆横距 1.05m，纵距 1.5m，步距 1.8m，使用荷载不得大于 5.4kN/m^2。

（3）每根立杆底部应设置底座或垫板。底座、垫板均应准确地放在定位线上；垫板宜采用长度不少于 2 跨、厚度不小于 50mm 的木垫板，也可采用槽钢。

（4）立杆接长除顶层顶步可采用搭接外，其余每层每步接头必须采用对接扣件连接。

对接、搭接应符合下列规定：

① 立杆上的对接扣件应交错布置；两根相邻立杆的接头不应设置在同步内，同步内隔一根立杆的两个相隔接头在高度方向错开的距离不宜小于500mm；各接头中心至主节点的距离不宜大于1/3步距；

② 搭接长度不应小于1m，应采用不少于2个旋转扣件固定，端部扣件盖板的边缘至杆端距离不应小于100mm。

(5) 立杆顶端宜高出女儿墙上皮1m，高出檐口上皮1.5m。

(6) 双管立杆中副立杆的高度不应低于3步，钢管长度不应小于6m。

(7) 开始搭设立杆时，应每隔6跨设置一根抛撑，直至连墙件安装稳定后，方可根据情况拆除。

(8) 当搭至有连墙件的构造点时，在搭设完该处的立杆、纵向水平杆、横向水平杆后，应立即设置连墙件；本工程采用钢管作为连墙件，水平方向每3跨，垂直方向每2步设一个连墙件。

(9) 脚手架必须配合施工进度搭设，一次搭设高度不应超过相邻连墙件2步以上。每一次搭设完后，应按JGJ 130—2001表8-2-4的规定校正步距、纵距、横距及立杆的垂直度。

(10) 脚手架必须设置纵、横向扫地杆。纵向扫地杆应采用直角扣件固定在距底座上皮不大于200mm处的立杆上。横向扫地杆亦应采用直角扣件固定在紧靠纵向扫地杆下方的立杆上。当立杆基础不在同一高度上时，必须将高处的纵向扫地杆向低处延长两跨与立杆固定，高低差不应大于1m。靠边坡上方的立杆轴线到边坡的距离不应小于500mm。

(11) 纵向水平杆宜设置在立杆内侧，其长度不宜小于3跨；纵向水平杆应采用对接扣件连接，两根相邻纵向水平杆的接头不宜设置在同步或同跨内；不同步或同跨两个相邻接头在水平方向错开的距离不应小于500mm；各个接头中心至最近主节点的距离不宜大于纵距的1/3。在封闭型脚手架的同一步中，纵向水平杆应四周交圈，用直角扣件与内外角部立杆固定。

(12) 主节点处必须设置一根横向水平杆，用直角扣件扣接且严禁拆除。主节点处两个直角扣件的中心距不应大于150mm。在双排脚手架中，靠墙一端的外伸长度 a 不应大于0.41，且不应大于500mm。

(13) 双排脚手架横向水平杆的靠墙一端至墙装饰面的距离不宜大于100mm。

(14) 剪刀撑应沿脚手架外侧立面整个长度和整个高度上连续设置，剪刀撑斜杆的接长采用搭接，搭接长度不应小于1m，应采用2个旋转扣件固定，端部扣件盖板的边缘至杆端距离不应小于100mm。

(15) 横向斜撑应在同一节间，由底至顶层呈之字形连续布置。并应随立杆、纵向和横向水平杆等同步搭设，各底层斜杆下端均必须支承载垫块或垫板上。

(16) 扣件安装应符合下列规定

扣件规格必须与钢管外径相同；螺栓拧紧力矩不应小于40N·m，且不应大于65N·m；在主节点处固定横向水平杆、纵向水平杆、剪刀撑、横向斜撑等用的直角扣件、旋转扣件的中心点的相互距离不应大于150mm；对接扣件的开口应朝上或朝内；各杆件端头伸出扣件盖板边缘的长度不应小于100mm。作业层、斜道的栏杆和挡脚板的搭设应符合下列规定：栏杆和挡脚板均应搭设在外立杆的内侧；上栏杆上皮高度应为 1200mm；挡脚板高度不应小于 180mm；中栏杆应居中设置。

（17）脚手板的铺设应符合下列规定

脚手板应铺满、铺稳，离开墙面 120～150mm；脚手板应设置在三根横向水平杆上。当脚手板的长度小于 2m 时，可采用两根横向水平杆支承，但应将脚手板两端与其可靠固定，严防倾翻。脚手板对接平铺时，接头处必须设两根横向水平杆，脚手板外伸长度应取 130～150mm，两块脚手板外伸长度的和不应大于 300mm；脚手板搭接铺设时，接头必须支在横向水平杆上，搭接长度应大于 200mm，其伸出横向水平杆的长度不应小于 100mm。脚手板探头应用直径 3.2mm 的镀锌钢丝固定在支承杆件上；在拐角、马道、平台口处的脚手板，应与横向水平杆可靠连接，防止滑动；自顶层作业层的脚手板往下计，宜每隔 12m 满铺一层脚手板。

6.5.3 双排落地式脚手架的计算

（1）脚手架的设计参数

立杆纵距 $L=1.5$m，立杆横距 $L_b=1.05$m，步距 $h=1.8$m，铺设竹笆片 3 层，同时进行施工层数为 2 层；脚手架与建筑主体结构连接点的布置，其竖向间距 $H_1=2h=3.6$m，水平距离 $L_1=3L=3\times1.50=4.50$m。

（2）各单位工程所需搭设的外架高度分别为

2 号楼＝56.5＋0.9＋1.5＝58.9m，3 号楼＝53.55＋0.9＋1.5＝55.95m，4 号楼＝13.5＋0.9＋1.5＝15.9m，5 号楼＝73.25＋0.9＋1.5＝75.65m，6 号楼＝74.55＋0.9＋1.5＝76.95m，7 号楼＝56.55＋0.9＋1.5＝58.95m，8 号楼＝42.6＋0.9＋1.5＝45.0m，9 号楼＝52.20＋0.9＋1.5＝54.6m。

（3）其他计算参数

立杆截面积 $A=489\text{mm}^2$；立杆的截面抵抗矩 $W=5.08\times10^3\text{mm}^3$

立杆回转半径 $i=15.8$mm；钢材抗压强度设计值 $f_c=0.205\text{kN/mm}^2$

均布施工荷载 $Q_K=3.0\text{kN/m}^2$

（4）试验算采用单根钢管作立杆所允许的搭设高度

按《建筑施工安全技术手册》（以下简称《手册》）公式（3-174）与公式（3-173）进行验算：

1）由 $h=1.80$m，$H=2$h，$b=1.05$m，查《手册》表 3-176 得：$\phi_{Af}=48.491$kN。

2）由 $b=1.05$m，$L=1.50$m，脚手板铺设层数为 3 层，查《手册》附表 3-12-1 得：$N_{GK2}=2.33$kN。

3）由 $b=1.05$m，$L=1.50$m，$Q_K=3.0\text{kN/m}^2$。查《手册》附表 3-12-2 得：$N_{QK}=6.30$kN。

4）由 $h=1.80$m，$L=1.50$m，查《手册》表 3-172 得：$N_{GK1}=0.442$kN。

5）将 ϕ_{Af}、N_{GK2}、N_{QK}、N_{GK1} 代入公式（3-174）与公式（3-173），其中 $K_A=0.85$（采用单根钢管）

$$H=\frac{K_A\phi_{Af}-1.30\times(1.2N_{GK2}+1.4N_{QK})}{1.2N_{GK1}}\times h$$

$$=\frac{0.85\times48.491-1.30\times(1.2\times2.33+1.4\times6.30)}{1.2\times0.442}\times1.8$$

$$=88.63\text{m}$$

最大允许搭设高度：

$$H_{\max} \leqslant \frac{H}{1+H/100}=\frac{88.63}{1+88.63/100}=46.99\text{m}$$

(5) 根据上述计算结果采用单立杆只允许搭设 46.99m，对照以上各单位工程外架所需搭设高度，仅有 4 号、8 号楼满足要求，其余 6 个单位工程拟采取下部双钢管作立杆，即由架子顶往下算 0～46.99m 为单立杆，2 号楼 46.99～58.9m、3 号楼 46.99～55.95m、5 号楼 46.99～75.65m、6 号楼 46.99～76.95m、7 号楼 46.99～58.95m、9 号楼 46.99～54.6m（以上均为从上往下算）采用双立杆。

6.5.4 验算架子结构的整体稳定与单杆局部稳定

以上各单位工程外架高度均不同，现以高度最高的 6 号楼（76.95m）进行验算。脚手架上部 46.99m 为单根钢管作立杆，其折合步数 $n_1=46.99\div 1.8=26$ 步，实际单根钢管作立杆部分的高度为 $26\times 1.8=46.8$m，下部双钢管作立杆的高度为 $76.95-46.8=30.15$m，折合步数 $n_1'=30.15\div 1.8=17$ 步。

(1) 验算脚手架的整体稳定

按《手册》公式（3-169）进行验算

$$\frac{N}{\phi A}\leqslant K_{\text{A}}\cdot K_{\text{H}}\cdot f$$

① 求 N 值

按最底部压杆轴力最大，最不利情况计算。

先求双钢管部分，每一步一个纵距脚手架的自重 N_{GK1}'：

$$N_{\text{GK1}}'=N_{\text{GK1}}+\underset{\text{（钢管增重）}}{2\times 1.8\times 0.0376}+\underset{\text{（扣件增重）}}{0.014\times 4}$$

$$=0.442+0.135+0.056=0.633\text{kN}$$

再按《手册》公式（3-170）求 N

$$\begin{aligned}N&=1.2\times(n_1N_{\text{GK1}}+n_1'N_{\text{GK1}}'+N_{\text{GK2}})+1.4N_{\text{QK}}\\&=1.2\times(26\times 0.442+17\times 0.633+2.33)+1.4\times 6.3\\&=38.32\text{kN}\end{aligned}$$

② 计算 ϕ 值

由 $b=1.05$m，$H_1=3.60$m，计算 λ_{X}

$$\lambda_{\text{X}}=\frac{H_1}{b/2}=\frac{3.60}{1.05/2}=6.86$$

由 $b=1.05$m、$H_1=2h$，查《手册》表 3-174 得：$\mu=25$

∴ $$\lambda_{0\text{X}}=25\times 6.86=171.25$$

由 $\lambda_{0\text{X}}=171.25$ 查《手册》表 3-175 得：$\phi=0.242$

③ 验算整体稳定

由立杆采用双钢管得 $K_{\text{A}}=0.7$

计算高度调整系数 K_{H}，由于 $H=76.95>25$，

$$K_{\text{H}}=\frac{1}{1+H/100}=\frac{1}{1+46.8/100}=0.681$$

将 N、ϕ、K_{H}、K_{A} 代入《手册》公式（3-169），

$$\frac{N}{\phi A}=\frac{38.32\times10^3}{0.242\times4\times4.893\times10^2}=80.09\text{N/mm}^2$$

$$K_A\cdot K_H\cdot f=0.7\times0.681\times205=97.75\text{N/mm}^2>80.09\text{N/mm}^2$$

∴安全。

（2）验算单根钢管立杆的局部稳定

单根钢管最不利步距位置，是在由顶往下数 46.8m 处往上的一个步距（即由顶往下数第 26 步），最不利的荷载情况是在 46.8m 处，为一个操作层，其往上还有一个操作层，3 层脚手板均在 46.8m 往上位置铺设，最不利的立杆为内立杆。

按《手册》公式（3-172）验算：

$$\frac{N_1}{\phi_1 A_1}+\sigma_M\leqslant K_A\cdot K_H\cdot f$$

式中，N_1 为最不利立杆的轴力，假设活荷载在操作层上均匀分布，故 N_1 计算式如下：

$$N_1=\underset{①}{\underline{\frac{1}{2}\times1.2\times n_1\cdot N_{GK1}}}+\underset{②}{\underline{\frac{0.5\times1.05+0.35}{1.40}\times(1.2N_{GK2}+1.4N_{QK})}}$$

上式①项为上面 26 步架钢管与扣件重。

上试②项为上面 26 步架上铺设 3 层脚手板、物品及两层活荷载对内立杆的轴心压力。

$$\therefore\quad N_1=\frac{1}{2}\times1.2\times26\times0.442+\frac{0.875}{1.40}\times(1.2\times2.33+1.40\times6.30)$$

$$=14.16\text{kN}$$

由 $\lambda_1=\frac{h}{i}=\frac{1800}{15.78}=114$　查《手册》表 3-173 得：$\phi=0.498$

由于　　$Q_K=3.0\text{kN/m}^2$　　$\sigma_M=55\text{N/mm}^2$

单根钢管截面面积 $A_1=489\text{mm}^2$

由于计算部分为单管作立杆 $K_A=0.85$，

取　　$K_H=0.665$

将 N_1、ϕ_1、A_1、σ_M、K_A、K_H 代入公式（3-172），

$$\frac{N_1}{\phi_1 A_1}+\sigma_M=\frac{14160}{0.489\times489}+55=114.2\text{N/mm}^2$$

$$K_A\cdot K_H\cdot f=0.85\times0.681\times205=118.66\text{N/mm}^2>114.2\text{N/mm}^2$$

满足要求。

6.5.5 脚手架与主体结构连接点抗风压强度验算及风荷载作用的架子整体稳定验算

（1）计算风压标准值

查《建筑结构荷载规范》GB 50009—2001 附表 D.4 得：福州市的基本风压值 $\omega_0=0.70\text{kN/m}^2$，根据脚手架计算有关规定乘以 0.75 调正系数：

$$\therefore\quad \omega=0.75\beta_z\mu_z\mu_{stw}\omega_0$$

根据钢管脚手架计算有关规定 $\beta_z=1$。

μ_z——风压高度系数，根据脚手架高度 76.95m 及城市市区密集建筑群高层房屋地面粗糙度为 D 类查《建筑结构荷载规范》GB 50009—2001 表 7-2-1 得：$\mu_z=1.02$

μ_{stw}——脚手架的风压体型系数，查荷载规范得公式

$$\mu_{stw}=\phi\mu_s\frac{1-\eta^n}{1-\eta}\quad 本工程双排架\ n=2$$

$$\therefore\quad \mu_{stw}=\phi\mu_s(1+\eta)$$

ϕ——挡风系数，本工程 $h=1.80$，$L=1.50$，查《手册》表 3-183 得：$\phi=0.104$

根据荷载规范 $\omega_0\cdot d^2=0.7\times0.048^2=0.0016128<0.002$ 得：$\mu=1.2$

由 $\phi=0.104$ 及 $\frac{立杆纵距}{立杆横距}=\frac{1.50}{1.05}=1.428$ 查荷载规范得：$\eta=1$

$$\therefore\quad \mu_{stw}=0.104\times1.2\times(1+1)=0.2496$$

$$\begin{aligned}\omega&=0.75\beta_z\mu_z\mu_{stw}\omega_0\\&=0.75\times1\times1.02\times0.2496\times0.7\\&=0.134\text{kN/m}^2\end{aligned}$$

(2) 验算连墙点抗风强度

风荷作用对每个连墙点产生的拉力或压力

$$\begin{aligned}N_t&=1.4H_1L_1\omega\\&=1.4\times3.6\times4.5\times0.134\\&=3.039\text{kN}\end{aligned}$$

一个扣件的抗滑能力设计值为 6.0kN>3.039kN

满足要求。

(3) 验算架子整体稳定

按《手册》公式 (3-171) 验算

$$\frac{N_1}{\phi_A}+\frac{M}{bA_1}\leqslant K_A\cdot K_H\cdot f$$

先计算作用于格构式压杆的风荷载 q

$$q=1.4L\omega=1.4\times1.5\times0.134=0.281\text{kN/m}$$

$$M=\frac{qH_1^2}{8}=\frac{0.281\times3.6^2}{8}=0.455\text{kN}\cdot\text{m}$$

$$\frac{M}{bA_1}=\frac{0.455\times10^6}{1050\times489\times2}=0.443\text{N/mm}^2$$

$$\frac{N}{\phi_A}=80.09\text{N/mm}^2$$

$$\frac{N}{\phi_A}+\frac{M}{bA_1}=80.09+0.443=80.53\text{N/mm}^2$$

$$K_A\cdot K_H\cdot f=0.7\times0.681\times205=97.72\text{N/mm}^2>80.53\text{N/mm}^2$$

$\therefore$ 安全。

6.5.6 挑出式钢管架

(1) 挑出式钢管架形式

挑出式钢管架沿建筑物竖向分段，每 4 层一翻，采用与结构预埋钢管锚固方式，其纵横之间采用扣件连接（图 6-25）。

(2) 挑出式钢管架子施工技术要点

1）挑出式钢管架对其钢管部分搭设要求，架子与工程结构锚固规定，安全防护的设置及其使用荷载的控制，均与扣件式钢管架搭设相同。

2）对挑出的支承桁架和纵向支承钢管主柱的纵梁等杆件，应根据支承段架与重量及其使用荷载，按《钢结构设计规范》的有关规定验算强度、刚度和稳定性，挑出横管的挠度变形宜控制在1/250跨度以内（具体详见安全施工组织设计）。

3）为防止架子的立柱位移，在纵横的位置上要加与立杆套接的短管，内、外立柱下要增设纵横扫地杆，以加强架子下脚处的平面刚度，剪力撑以9m×9m设立叉撑以加强竖向刚度。

4）架子的底面和外侧面安全部用密目安全网，架子每次全部装完，须经检查验收合格方可使用。

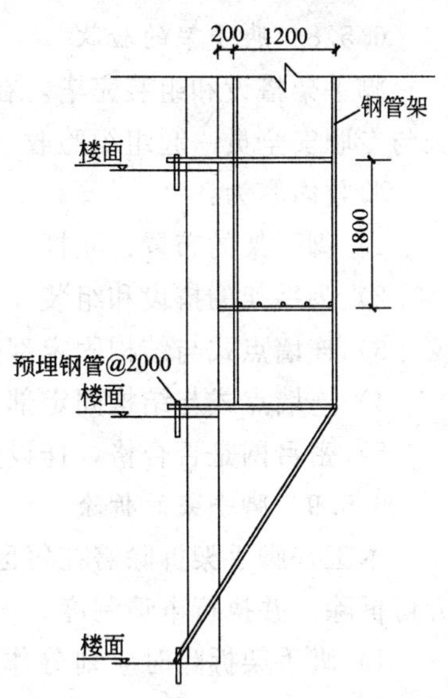

图 6-25 钢管架扣件连接方式（单位：mm）

6.5.7 堆木料吊运平台

堆木料吊运平台采用钢管搭设，其主要杆件有立杆、横杆、水平拉杆、剪刀撑、栓杆等。根据本工程塔吊布置情况，堆木料搬完后拆除，平台搭成长方形3m宽、2m深，利用外脚手架作内立杆，采用三角支架外挑，斜撑采用三根双层支搭，平台设置横杆两层，其间距为300mm，平台上方外沿做1m高的防护栏杆，密目安全网防护，防护栏杆与外脚手架立杆相连（图6-26）。

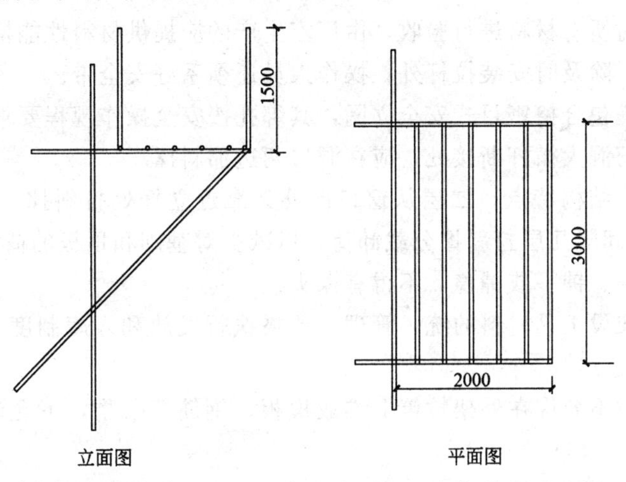

图 6-26 堆木料吊运平台示意图（单位：mm）

堆木料吊运平台计算

荷载计算，按脚手架上操作层荷载不得大于2700N/m^{2}操作层荷载为

$$W=2700\times3\text{m}\times2\text{m}=16200\text{N}=1.65\text{t}$$

$$0.05\text{m}\times0.1\text{m}\times4\text{m}\times n\times500\text{kg/m}^3=1650\text{kg}$$

$$n=1650/(500\times0.05\times0.1\times4)=165\text{ 根（木方）}$$

即最大堆载5×10木方4m长的165根。

6.5.8 脚手架的验收

脚手架搭设和组装完毕，在投入使用前，应逐层逐流水段，由主管工长、脚手架班组长与专职安全员一起组织验收，并填写验收单。

验收内容为：

1）脚手架的布置：立杆、大、小横杆间距。

2）脚手架的搭设和组装。

3）连墙点式与结构固定部分是否安全、可靠；剪刀撑是否符合要求。

4）连墙点式与结构固定部分是否安全、可靠；剪刀撑、斜撑是否符合要求。

5）密目网是否合格，挂设是否符合要求。

6.5.9 脚手架的拆除

本工程脚手架拆除需在每区段外墙面砖清洗干净，门窗边胶已打完，各项工作已完成方可拆除，并执行申请制度。

1）脚手架拆除时应划分作业区，周围设围栏或竖立警戒标志，地面应有专人指挥，严禁非作业人员入内。

2）拆除高处作业人员，必须戴安全帽，系安全带，穿软底鞋。

3）拆除顺序应遵循由上而下、先搭后拆、后搭先拆的原则。即先拆栏杆、脚手板、剪刀撑、斜撑，后拆小横杆、大横杆、立杆等，并按一步一清的原则依次进行，要严禁上下同时拆除作业。

4）拆立杆时应先抱住立杆再拆开最后两个扣，拆除大横杆、斜撑、剪刀撑。

6.5.10 安全措施

1）搭设前应对所有材料进行验收，由厂家生产的应提供材料性能检测报告。

2）搭设外架，除及时安装拉杆外，操作人员还须系好安全带。

3）架子外侧满包合格密目式安全立网，其绑扎按安全操作规程要求。

4）底层遇到门洞大横杆断接处，应在洞口两边加斜撑。

5）根据建筑物结构特点，二层从窗口向外架靠近立杆处打斜撑，以达到分载卸荷，其他根据需要适当间隔几层打斜撑分载卸荷，以减少对基础和顶板的荷载。

6）竹笆要铺满、铺平或铺稳，不得有探头板。

7）应加强对架设工具材料的统一管理，严格执行发放和入库制度。及时进行维修保养，剔除不合格品。

8）结构施工时不允许在外架竹笆上堆放模板、钢筋等杂物，不允许外墙钢模板支撑于外架上。

9）作用在外架上施工均匀荷载不得超过 $2kN/m^2$。粉刷装饰等施工时外架上垂直各步均匀荷载总和不超过 $5.5kN/m^2$，即同时作业层不超过 3 步。

6.5.11 施工安全注意事项

1）架子工必须熟悉安全技术操作规程，并持证上岗作业。患有高血压、心脏病等病者不准高空作业；架子操作必须系安全带、戴安全帽、穿软底鞋、扎裤脚、袖口等。并有权制止他人任意拆除架子的行为，未经过安全操作规程学习培训的架子工，不准参加操作。

2）脚手架的构配件质量必须等符合标准，并经检查抽检合格后方准使用。

3）本工程外架，应设置避雷措施，并做好可靠的接地装置。

4）遇有六级以上的大风、大雨，不得上架操作。

5）搭设立杆时，首先应用扣件扣好钢管，并用带子绑住，以免安装时滑落造成高空坠落；搭设时，严禁抛接扣件，严禁乱丢钢材，以免滑落，发生意外。

6）脚手架应随搭设随验收，发现问题及时纠正，经验收合格后方准使用。拆除脚手架，周围应设围栏或警戒标志，并设专人看管，拆除顺序应由上而下，一步一清，上下不准同时作业。

7）拆下的手脚杆、竹笆、钢管、扣件钢丝绳等材料，应向下传递或用绳子吊下，禁止往下投；严禁非架子工拆卸或松动外架扣件。

8）结构施工时不允许在外架竹笆上堆放模板、钢筋等杂物，操作层上的施工荷载应符合设计要求，不得超载；不得将模板支撑、缆风绳等固定在脚手架上。

9）应设专人负责对脚手架进行经常检查和保修。

10）严禁在脚手架基础附近进行挖掘作业。

11）脚手架的拆除应经技术人员同意后方可进行。

6.6 装饰工程

6.6.1 楼地面装饰工程

（1）地砖楼地面（包括防滑地砖、缸砖）的装饰。

1）施工准备

A. 材料

① 水泥：32.5 级及其以上的普通硅酸盐水泥。

② 砂：粗砂，中砂。

③ 地砖：抗压、抗折强度及规格尺寸符合设计要求，颜色一致、表面平整，无凹凸和翘曲。

B. 作业条件

① 室内外抹灰已完。

② 弹好墙身＋50cm 水平线。

③ 地砖应在使用前一天用水浸泡。

④ 地砖及应按颜色和花纹分类，有裂缝、掉角和表面上有缺陷的板块应予剔出，强度等级、品种不同的板块不得混杂使用。

⑤ 地砖材质均应有出厂证明，且表面要求光滑，图案花纹正确，颜色一致，板块的长、宽、厚，允许偏差不得超过±1mm。平整度用直尺检查空隙不得超过±0.5mm。

⑥ 对复杂的地面应绘制施工大样并做出样板间。

2）操作工艺

A. 基层处理

将混凝土楼面上的砂浆污物等清理干净，如基层有油污，应用 10％的火碱液刷洗干净后，用清水冲扫其上的碱液，并认真将板面的凹坑内的污物剔刷干净。

B. 水泥砂浆打底

① 刷素水泥浆一道：在清理好的基层上，浇水浸透，并撒素水泥面，然后用扫帚扫

匀，扫浆面积的大小应依据打底铺灰速度的快慢决定，应随扫随铺。

② 冲筋：房间四周从＋50cm 水平线下反至底灰上皮标高（从地面平减去面砖厚度及粘结砂浆厚度）。抹灰饼，房间中每隔 1m 左右冲筋一道。有地漏的房间应由四周向地漏方向做放射形冲筋，并打好坡度，冲筋应使用干硬性砂浆，厚度不宜小于 2cm。

③ 装档：用 1∶2 水泥砂浆根据冲筋的标高，用小平锹或木抹子将砂浆摊平、拍实，小杠刮平，使其所铺设的砂浆与冲筋找平，再用大杠横竖检查其平整度，并检查标高及泛水的正确，用木抹子搓平。24h 后浇水养护。

C. 找规矩，弹线：在房间纵横两个方向排好尺寸，缝宽以不大于 1cm 为宜，当尺寸不足整块砖的倍数时，可裁割半块砖用于边角处；尺寸相差较小时，可调整缝隙。根据确定后的砖数和缝宽，在地面上弹纵横控制线约每隔 4 块砖弹一根控制线，并严格控制方正。

D. 铺砖：从门口开始，纵向先铺几行砖，找好规矩（位置及标高），以此为准从里向上退着铺砖，每块砖要跟线。铺砖的操作程序是：

① 浇水泥浆于底灰上。

② 砖的背面朝上，抹铺粘结砂浆。其配合比不小于 1∶2.5，厚度不小于 10mm，因砂浆强度高，硬结快，应随拌随用，防止假凝后影响粘结效果。

③ 将抹好灰的砖，码砌到浇好水泥浆的底灰上，砖上楞跟线。

E. 用木板垫好，木锤砸实找平。

F. 拨缝、修整：将已铺好的砖块，拉线修整拨缝，将缝找直，并将缝内多余的砂浆扫出，将砖面砸实，如有坏砖应及时更换。

G. 勾缝：用 1∶1 水泥砂浆勾缝，要求勾缝密实，缝内平整光滑。如设计要求不留缝隙，则要求缝隙平直，在砸平、修整好的砖面上，撒干水泥面，并用水壶浇水，用扫帚将其水泥浆扫入缝内，并将其灌满并及时用拍板拍振，将水泥浆灌实，最后用干锯末扫净，同时修整高低不平的砖块。

H. 养护：铺完面砖后，常温下 48h 放锯末浇水养护。整个操作过程应连续完成。最好一次铺设一间或一个部位，接槎最好放在门口的裁口处。

I. 踢脚板的施工：踢脚板一般使用与地面块材同品种、同规格、同颜色的材料。所以块材的立缝应与地面缝对齐，铺设时应在房间阴角两头各铺贴一块砖，出墙厚度及高度符合设计要求，并以此砖上楞为标准挂线。开始铺贴，将砖背面朝上，铺抹粘结砂浆。其砂浆配合比为 1∶2 水泥砂浆，使砂桨能粘满整块砖为度，及时粘到墙上，并拍实，使其上口跟线，随之将挤出砖面上的余浆刮去。将砖面清理干净。

3）施工注意事项

A. 地面标高错误：多出现在卫生间、开水间等处的地面标高，较原设计标高提高了。原因：

① 楼板上皮标高超高。

② 防水层过厚。

③ 压毡的混凝土过厚。

在施工时应对楼层标高认真核对，防止超高，并应严格控制每遍的施工厚度，防止超高。

B. 泛水过小或局部倒坡：地漏安装的标高过高，基层处理不平，有凹坑，造成局部存水；基层坡度没找好，形成坡度过小或倒坡。首先应给准墙上＋50cm的水平线，水暖工安装地漏时标高要正确，并应在抹找平层时先抹好放射形的筋，按规矩施工。

C. 地面不平，出现小高低：砖的厚度不一致，没严格挑选，或砖面不平、劈棱窜角，或铺贴时没敲平、敲实，或因上人养护不力造成。为解决此问题，首先要选好砖，不合格、不标准的砖一定不能用。铺贴时要砸实，铺好地面后，封闭入口，常温48h锯末养护后方可上人操作。

D. 面层和踢脚空鼓：面层空鼓主要原因是基层清理不净，浇水不透，早期脱水所致；另一原因是上人过早，粘结砂浆未达强度时受到外力振动，将块材与粘结层脱离成空鼓。解决办法是加强清理及施工前基层的检查，注意控制上人施工的时间，加强养护。踢脚空鼓原因是墙面基层清理不净，尚有余灰没洗刷干净，粘贴面层后将底灰拉起造成空鼓；浇水不够，形成早期脱水；踢脚板背面铺抹粘结砂浆时不到边，且砂浆量少，压实后，边角处没有砂浆，形成边缝处空鼓。解决办法，加强基层清理浇水，粘贴踢脚板时做到满铺满挤。

E. 黑边：不足整块砖时，不切割半砖或小条铺贴而采用砂浆修补，形成黑边，影响观感。解决办法是，按规矩进行砖块的切割铺贴。

4）产品保护

① 对已完工程应进行保护，如门框，门扇要钉保护薄钢板，防止磕碰；应用窄车运料为减少碰撞，车脚宜用胶皮、塑料或布包裹。

② 剔凿和切割砖时下边应垫好木板。

③ 在已铺贴好的缸砖或地砖面层上工作时，严禁钢材、铁件等重物在地上乱砸乱扔。

④ 油漆工程施工时严禁污染面层。

5）允许偏差：详见《建筑地面工程施工质量验收规范》GB 50209—2002 表 6.1.8.2 “板、块楼面层的允许偏差和检验方法”。

6.6.2 内墙（天棚）水泥漆涂料

（1）作业条件：门窗安装完毕，地面施工完毕，底层抹灰面基本干燥。

（2）施工工艺

1）先打好1∶1.6水泥石灰沙浆底，再刮腻子，待干燥后用磨砂纸将墙面磨平磨光。

2）刷第一遍涂料：涂料在使用前先用箩斗过滤。涂刷顺序是先刷顶板后刷墙柱面，墙柱面是先上后下。涂料用排笔涂刷。使用新排笔时，将活动的排笔毛拔掉。涂料使用前应搅拌均匀，适当加水稀释，防止头遍漆刷不开。由于涂料漆膜干燥较快，因此，应连续迅速操作。涂料时，从一头开始，逐渐向另一头推进，要上下顺刷，互相衔接，后一排笔接前一排笔，避免出现干燥后接头。待第一遍涂料干燥后用砂纸磨光，清扫干净。

3）刷第二遍涂料：第二遍涂料操作要求同第一遍，使用前要充分搅拌，如不是很稠，不宜加水或少加水，以防露底。

（3）防止质量通病

1）透底：避免涂层薄，刷涂料时除要注意不漏刷外，还要保持涂料的稠度，不可随意及水过多。避免磨砂纸时磨穿腻子，以出现透底。

2）接槎明显：涂刷时要上下顺刷，后一排笔接前一排笔，避免间隔时间过长，在大面积涂刷时，应配足人员，互相衔接。

3）涂颜色涂料时，配比要合适，保证独立面每遍用同一批涂料，并且一次用完，保证颜色一致。

6.6.3　外墙面砖镶贴

（1）墙面抹灰打底

1）抹灰前先将后浇构造柱顶、外墙砖顶、砌砂浆不饱满处、脚手眼等先修补，为防止顶层梁底开裂，建议采用梁位钉10mm×10mm钢丝网1m宽，对于局部粉刷可能出现的超厚处，钉一层钢丝网，以防出现空鼓开裂。

2）吊垂直、套方、找规矩：在建筑物大角和门窗用经纬仪打垂直线找直，然后根据面砖的规格尺寸分层设点、做灰饼，横线则以楼层为水平基线交圈控制，竖线则以四周大角、外突柱为基线控制，排砖应全部是整砖。每层打底时则以此灰饼作为基准点进行冲筋，使其底层灰做到横平竖直；同时，要注意找好突出窗口、线角等饰面的流水坡度。

3）抹底层砂浆

① 抹灰前墙面必须清扫干净，浇水湿润。

② 梁柱面先刮一层海菜粉水泥胶浆，紧跟对同墙面用1∶3水泥砂浆掺入10%海菜粉，粉刷底层砂浆，第一遍厚度宜为5～7mm，抹后用扫帚扫毛，待第一遍六七成干时，即可抹第二遍，厚度为8～12mm。随即用铝合金杠刮平、木抹搓毛，终凝后隔天浇水养护。

（2）贴砖前准备工作

1）排砖：饰面砖镶贴前，由技术员、班组长根据现场粉刷尺寸进行预排，以使面砖拼缝均匀，注意外突柱应排整砖，以及在同一墙面上横竖排列，不得一行以上的非整砖。非整砖应排在次要部位或阴角处，但亦要注意一致和对称。非整砖长度不小于1/3砖长。

2）弹线分格、确定门窗洞口尺寸：根据预排情况，在墙面上弹出面砖镶贴横竖线和每层密封竖贴环线位置；同时，根据弹线量出实际窗洞口尺寸，作为贴砖与门窗加工配合依据。同时进行面层贴标准点的工作，以控制面层出墙尺寸及垂直、平整。

3）浸砖：镶贴前由各班组派专业人员选砖，将砖的背面清理干净，并浸水2h以上，等表面晾干后方可使用。

（3）贴砖

本工程采取自上而下分段施工，程序为：

打底──→样板认可──→大面贴砖──→安装门窗──→门、窗框边贴砖──→外墙勾缝──→清洗、检查──→拆架。

1）外墙面砖采用1∶1.5水泥砂浆镶贴，水泥与砂搅拌后，用海菜粉胶水进行拌合（无须掺水拌合），以加强粘结力。砂浆厚度为5～7mm。

2）面砖在每一分段均为自下向上镶贴，同时必须找准标高，垫好底尺。确定水平位置及垂直竖向标志，挂线镶贴，做到表面平整，不显接槎，接缝平直，宽度符合设计要求。

3）面砖基层面遇有水电支承架，应用整砖砌吻合，不得用非整砖拼凑镶贴。

4）面砖贴上墙后用小灰铲柄轻轻敲打，使之附线，并用铝合金杠通过标准点调整平整度、垂直度。

5）女儿墙压顶、窗台等部位平面镶贴面砖时，应采取顶面面砖压立面面砖的做法，以免向内渗水。排水坡度内外高差控制在 10mm 以内。面砖应伸入框内侧 10mm 以上，同时离框边留 3mm 作为打胶，避免面砖离框边距过小，产生吃框现象。

（4）勾缝

1）本工程外墙面砖建议采用勾平缝，缝宽 5～7mm。

2）用 1∶1 水泥砂浆勾缝，先勾水平缝再勾竖缝，勾好后要求统一凹进面砖外表 2～3mm。要求表面光滑，深浅一致，横平竖直，颜色均匀一致，阴阳角交角方正，线条笔直、清晰。

3）嵌缝后，应及时将面层残存的水泥砂浆清洗干净，并做好成品保护。

（5）墙面清洗、检查

① 在每段整个外墙面勾缝水泥强度达 75%后，污染处用低浓度草酸清洗，整个墙面用清水清洗一遍。

② 在拆架前由质检员检查验收，执行拆架申请制度，由技术组长审批后方可进行拆架。在拆架过程中，各班组注意修补外架拉结点管洞。

6.6.4 卫生间

（1）卫生间堵洞：卫生间管道安装完后，凿打管道洞口四周混凝土，使之成为漏斗形。清理洞口四周松散的杂物，并用水冲洗干净。在下一层顶棚支好模板，用细石混凝土掺 U 型微膨胀剂浇灌至板厚的 2/3 高，浇水养护 2d 后，再用 1∶1 水泥砂浆封堵剩余的 1/3，并在 24h 后浇水养护 7d 以上。

（2）卫生间内墙找平

1）找平

① 基层清理：彻底清理结构层（包括墙面）上面的松散杂物，并用水冲洗干净，凡凸出基层的混凝土疙瘩、钢筋头、落地砂浆等用凿子凿去。表面光滑者应凿毛。

② 冲筋或贴灰饼（施工时先做墙面后做楼地面）：根据坡度要求拉线找坡贴灰饼，顺排水方向冲筋。

③ 操作前，先将基层洒水湿润，扫纯水泥浆一次，随刷随铺砂浆。

④ 按配合比拌好水泥砂浆，水灰比不能过大，应拌成干硬砂浆（即砂浆外表湿润，手握成团，不泌水分），经过压尺刮平打实后，用木磨板搓平。

⑤ 墙边四周应做成 R20 的小圆角；地漏及管道立管与基层接角处留宽 20mm 凹槽。

⑥ 养护：找平层压实后，常温时在 24h 后浇水养护，养护时间不少于 7d。

2）海特 991 防水层施工（卫生间、厨房楼地面满铺，墙面做 1.8m 高）。

A. 施工准备

a. 材料：海特 991、玻璃纤维布等。

b. 施工机具：①基层清理工具：锤子、凿子、铲子、钢丝刷、扫帚、抹布等；②取料工具：塑料桶、剪刀、裁刀等；③涂刷工具：滚子、刮板、刷子等。

c. 作业条件：①基层表面清洗平整，不得有空鼓、开裂、起砂、起皮等缺陷；②找平层坡度符合设计要求，不得有积水现象；③基层表面基本干燥。

d. 人员要求：应由防水专业队伍施工，施工人员应有防水操作证。

B. 操作工艺

a. 基层处理：将涂料与水按 3∶1 的比例配比，充分搅拌，按 0.3kg/m^2 滚涂，基层不得有漏底、堆积现象。

b. 铺涂顺序：下涂⟶铺无纺布或玻璃纤维布⟶中涂⟶面涂两遍，每一涂层用量 $0.8kg/m^2$。

c. 操作要求：①无纺布（玻纤布）铺贴需平直，并且刷子刷实，不得有起鼓；②每层涂覆必须按上述用量取料，涂料（尤其是打底材料）如有沉淀应搅拌均匀后使用；③涂层涂刷要均匀，不能有局部沉积，并要求多滚几次，使涂料与基层之间不留汽泡；④后一道涂层应等前一道涂层干燥、不粘脚时（不般不少于 4h）再滚涂；⑤防水层厚度不小于 2mm，若不满足要求，可加涂一层或数层；⑥墙边圆角处加做一道附加层。

C. 成品保护

① 涂膜实干前，不得在防水层上进行其他作业，也不能在防水层上直接堆放物品。

② 防水涂膜固化后，应及时做好保护层。

6.6.5 **混凝土面原浆一次抹光成活**

(1) 本工程地下室为停车场，建议做 10cm 厚 C25 混凝土面原浆一次抹光成活工艺，达到经济、均匀效果。

① 可彻底解决混凝土找平层的空鼓，达到永久使用目的。

② 利用混凝土原浆，通过混凝土抹光机的提浆作用，使混凝土面混合物间相互咬合强度有了保证，解决了找平砂浆强度控制不匀的技术难题。

③ 采用混凝土原浆一次抹光施工，由于抹光机不锈钢叶片的高速旋转，混凝土面无刮痕痕迹，色泽均匀一致，这是手工收光所达不到的效果。

④ 节约了找平抹灰层的材料，减少了施工工序，缩短了工期。

⑤ 有利于现场文明施工。

⑥ 有利于日后地面清理工作。

(2) 使用范围：适用于混凝土强度等级 C25 以上，坍落度值在 80mm 以上，有较大开间，不需做二次装修的水泥楼地面工程，尤其适用于面层需承受较大往复荷载的地下停车场、车间道路等工程。

(3) 工艺原理：混凝土面原浆一次抹光成活施工是在混凝土找平后接近初凝前（人行走无明显痕迹），首先调整抹光机叶片旋转，依靠叶片旋转产生的机械压力作用，使混凝土面混合物挤密压实，起到混凝土面提浆的作用，从而提高混凝土面层的抗压磨和表面抗拉裂能力；然后调节叶片高速旋转，达到混凝土表面收光的效果。

(4) 工艺流程：设置标高架⟶浇筑混凝土⟶混凝土振捣刮平⟶去除标高架横杆⟶混凝土初凝⟶初抹（提浆）⟶精抹（收光）⟶覆盖保护。

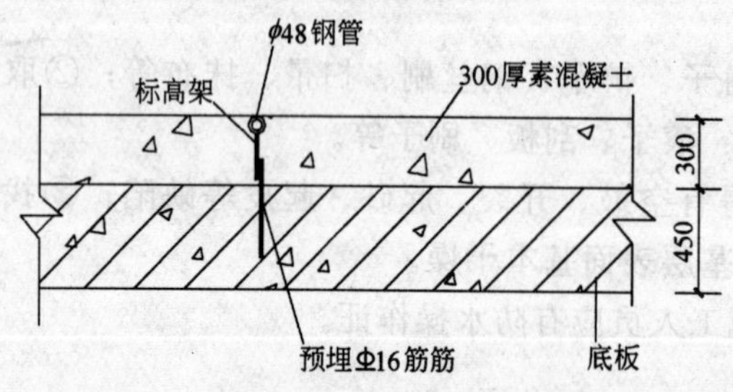

图 6-27 隐藏式标高控制法（单位：mm）

(5) 施工操作要点

1) 标高架的设备：为保证抹光机叶片在开抹过程中不触碰铁件等坚硬物而打滑，以及精确控制混凝土面标高，采用隐藏式标高控制法（图 6-27）。

① 根据混凝土楼地面的设计坡度、排水方向等事先做好标高点控制图。

② 制作月牙形标高架。

③ 将标高架用水准仪按设计间距（一般为 2～3m）用水准仪逐点精确施测后，点焊在钢筋支撑架或混凝土块支撑架等不易变形的支撑物上，确保在混凝土浇筑过程中标高架不变位。

④ 在混凝土浇筑前，视钢筋保护层大小在月牙形标高架上搁置相应管径的钢管，钢管与标高架用钢丝扎牢，以防混凝土振捣过程中钢管滑移而影响标高控制的精确度。

⑤ 混凝土浇筑振捣后，用 6m 铝合金刮尺沿相邻钢管面间将混凝土浆刮平，钢管面标高为混凝土面最终标高。

⑥ 拆除钢管横杆，补平凹缝，找平。

2）初抹（提浆）：初抹的最佳时间为混凝土接近初凝前，且人行走无明显痕迹时，初抹时叶片速度应慢，角度应贴近混凝土面，以增大叶片转动所产生的机械压力，使混凝土面混合物充分咬合，从而最终增强其表面的抗压耐磨及抗拉裂能力，初磨二至三遍。

3）精抹（收光）：应在混凝土终凝前完成；精抹时，叶片转速变快，角度应远离混凝土面，精抹应持续三遍左右，彻底消除混凝土面收缩裂缝，保证混凝土面无刮痕，且色泽均匀。

4）遇墙、柱根等障碍物叶片无法触及的范围，应采用人工收光的方法弥补。局部细小缺陷应随时补浆，抹平收光。

5）养护：精抹后即采用塑料薄膜覆盖，浇水养护 7d，防止水分蒸发过快而产生表面裂缝，期间严禁钢筋、模板等施工材料直接搁置在混凝土面上。

（6）主要施工机具

1）主要机械

F36/48 混凝土抹光机：该机械为内烯式抹光机，既可提浆也可抹光。其叶片角度可通过连接拧杆调整，叶片旋转速度可通过变速箱调节器调整。

2）辅助机械：6m 铝合金刮尺、交流电焊机、不锈钢抹子、混凝土插入式振动器、平板式振动器。

（7）劳动组织：根据工作面的情况，一般每 $800m^2$ 工作面可配备抹光机操作工 2 人，混凝土浆找平 2～4 人，人工收光及成品覆盖保护 1 人。其余人员按正常混凝土浇筑人员组织配置。

（8）质量要求

① 严格按《混凝土结构工程施工质量验收规范》GB 50204—2002 及《建筑地面工程施工质量验收规范》GB 50209—2002 的有关规定施工。

② 混凝土面标高偏差控制±3mm，用靠尺检查。

③ 混凝土面泛砂面积不得大于 $25cm^2$，且在一个检查范围内不多于 2 处。

④ 混凝土面抗压强度不得低于混凝土设计抗压强度。

⑤ 表面无明显刮痕，混凝土色泽均匀一致。

（9）安全要求

① 月牙形标高架应刷红色油漆起警示作用，以防触碰伤脚。

② 抹光机操作人员应持证上岗。

③ 抹光机加燃油和机油时，严禁烟火。

④ 因抹光机在使用中会产生 CO 有毒气体，勿在密闭环境中操作。

6.6.6　门窗及油漆工程

本工程门窗主要采用塑钢门窗及木质胶合板门。

(1) 木门安装

1) 木门框安装

① 木门框安装在墙面抹灰之前，即冲筋阶段进行。

② 安装时应对照图纸检查门框的规格、平面位置、开启方向，对照墙上水平线控制高度。

③ 立框时用线坠找直吊正，并在砌筑，抹灰时随时检查是否倾斜和移动。

④ 门框应用钉子固定在墙内的预埋防腐木砖上，每边固定点应不少于两处，其间距离不大于 1.2mm。

⑤ 施工时应考虑框支头，安装洞口就位后封住。

⑥ 在安放门框时，应按图纸核对，并做到平整方直，框与墙体中木砖有缝隙时应用木垫实，以防止门框变形。

⑦ 门框安好后，抹灰时应加盖保护防止污染，1.0m 以下贴木板防止小车行走时碰撞门框。

⑧ 安装时应注意成品保护，不能直接用锤敲打门框。

⑨ 框安装调整后，随即用 1∶3 水泥砂浆填嵌边缝。

2) 门扇安装

① 门扇安装在抹灰及地坪施工完毕进行。

② 门扇安装应按设计施工，注意开启方向。

③ 安装前先量好门框的尺寸，然后在相应的扇边画好线，用细刨处理平直。

④ 小五金安装时均用相应规格的木螺钉固定，固定时先用锤打入其长度的 1/4，然后再拧入，严禁全部打入。

⑤ 铰链距门上、下端宜取主梃高度的 1/10，并避免上下冒头，安装后开启灵活。

⑥ 门拉手位于门高度中点，门拉手距地面 1.05m，门锁距地面 1.0m。

(2) 铝合金窗安装

① 铝合金窗采用统一加工生产，现场安装。

② 运输装卸堆放时注意弯曲、变形，防止造成关闭不严、阻滞等缺陷。

③ 进场铝合金门窗原材料必须有合格证。

④ 在安装前先弹好水平线、垂直线，计算好面砖的模数，根据墙面冲筋，控制好墙面进出一致。

⑤ 加工铝合金窗时，两侧各收缩 25mm，安装时统一以距外墙面 100mm 向内立框。

⑥ 安装前，应按图纸要求核对型号、规格，注意开启方向。

⑦ 安装时，先用木楔在框四角临时塞住，然后用水平尺和线坠检查、调整，达到横平竖直，高低一致，开启灵活，再用铁角固定。

⑧ 安装好后，四边缝隙按设计要求塞填密实。

(3) 油漆工程

1) 工艺流程

基层处理润色油粉──→满刮油腻子──→刷油色──→刷第一遍漆（修补腻子，修色，磨砂纸，过水布）──→刷第二遍漆（补腻子，修色，磨砂纸，过水布）──→刷第三遍漆。

2）施工要点

① 油漆工程刷底前应将基层清理，缺陷修理。

② 底油涂刷后应打腻磨平，油腻须用油性同颜色油漆，每层油漆后均应打腻找补和面上打磨，才能再刷后一遍漆。

③ 底油漆应涂刷均匀，不流坠，不漏刷（特别扇的上下端部），涂刷厚度一致，无刷痕，油漆工程不能污染玻璃或其他分项，发生的即应整改。

④ 油漆最后一遍应于其他有污染分项工程完成以后进行，已进行油漆的房间应有产品保护措施。

6.6.7 玻化砖挂贴施工技术

（1）概况

中城都市花园 8 号楼、9 号楼位于小区南侧，紧邻古田支路及六一路，是整个小区规划中的重点商业区域，同时也是今后福州六一环岛商圈的引领者。8 号楼五层以下均设计为商用，六层以上为住宅，9 号楼底层和二层为商用和物业用房，三层以上为住宅，住宅部分外墙装饰同其余幢号，为凸显商业部分效果，又与其余幢号外墙装饰协调统一，设计单位设计该部位外墙采用与其余幢号底下两层墙群外墙面砖色泽一致的大面积玻化石(600mm×1200mm）进行装饰。

（2）采取施工方法

这种较大面积玻化石的施工且应用于外墙，现成可借鉴经验较少，为此，项目部召集了设计、施工、监理等单位有关专家进行了铺贴方案的论述，提出了以下几个方案：

1）采用室内玻化砖粘贴的普通湿贴法。

2）采用背栓嵌入式加湿贴法。

3）采用背栓式锚固干挂法。

考虑所采用玻化砖面积大、重量大，采用普通湿贴安全性能差，淘汰第一种方案；由于结构施工时，在结构中未设计预埋干挂固定件，如采取措施植入，将花费巨大；研究认为，采用背栓嵌入式湿贴法较可靠、经济。

（3）工艺介绍

所谓背栓嵌入式湿贴就是一种全新的玻化砖幕墙锚固技术。通过专业的钻孔设备，在玻化砖的背面加工出一个里面大、外面小的圆孔，置入锚拴，拧入螺杆，就形成一个无应力的凸型结合，通过小型的勾挂件就可以将玻化砖幕墙挂在建筑物墙体上预先钻好的挂孔上，并辅以传统的面砖湿贴技术，使玻化砖与墙体间粘结更牢固。安装参数见表 6-8 所列。

玻化砖安装规格 **表 6-8**

项目名称	单位	板的规格（600mm×1200mm）	项目名称	单位	板的规格（600mm×1200mm）
板材厚度极限值 H	mm	12±0.5	钻关额定直径 D	mm	7
边线距	mm	100～200	附加厚度 T	mm	≥1.5
植入深度 H_s	mm	≥7	螺栓长度 C	mm	10＋T
剩余厚度 U	mm	≥5			

（4）施工难点

1）600mm×1200mm 玻化砖面积庞大，且在外墙施工，施工难度大。

2）大面玻化砖硬度大，割切不方便，割切不好将影响非整砖部位铺贴效果。

3）大面玻化砖重量大，且位于外墙，施工不到位将给质量和安全埋下隐患。

（5）施工工艺

1）工艺流程

基底处理 ⟶ 弹线分格 ⟶ 选砖、切割砖 ⟶ 在玻化砖上钻孔、紧固螺栓 ⟶ 在外墙上钻孔 ⟶ 贴砖 ⟶ 清缝打胶 ⟶ 清理外墙面

2）施工准备

精选施工班组，挑选具有该方面施工经验和施工器具的分包队伍。

挂贴部位外窗均已安装完毕，水泥塞缝完成。

外墙面已按要求用 1∶(2.5～3) 水泥砂浆打底验收完毕。

大面积施工前应先进行样板施工，确定施工工艺及操作要点，并向施工人员做好交底工作。样板墙完成后必须经质检部门鉴定合格后，还要经过设计、甲方和监理单位共同认定验收，方可组织班组按照样板墙来施工。

3）施工工艺

A. 基层处理：将凸出墙面的砂浆块剔平，对由于施工粘贴在基层抹灰面上留下的尘土、污垢等，洒水用扫帚清除干净或用湿布抹干净。

B. 弹线分格：以大面尺寸为依据，并按砖的模数进行吊线分格。考虑大面砖会在窗洞处或阴阳角收口处产生小砖现象（小于 600mm 宽），先分外墙洞口处砖线，即在大于 1200mm 宽以上洞口处采取单独中分，使洞口处不再产生不规则断缝及小砖，再统筹考虑阴阳角处，尽量避免不出现小砖现象，以保证外墙面整体效果。

C. 选砖及切割砖：应挑选颜色、规格一致的砖，特别要注意的是大面砖因尺寸较大，在生产过程中在长方向容易出现变形现象，应对进场玻化砖外观尺寸进行把关，施工前精心选砖，以避免影响成品平整度。

D. 在玻化砖上钻孔、紧固螺栓：选完砖后，首先按现场外墙已分格好尺寸对部分玻化砖用专用机械进行钻孔，钻孔时要严格按要求操作（表 6-8），并上好固定螺栓（图 6-28）。

E. 在外墙上钻孔：外墙钻孔可用稍大于锚栓径的钻关钻孔，一般可采用 ϕ12 钻头。在玻化砖上量出螺栓位置后，用尺子在外墙上量出相应尺寸位置，用红铅笔圈上记号再打钻，打钻深度应适中，不宜太深也不应太浅，应以比锚栓锚入墙深度深 1～2cm 为宜，清干孔洞后应将玻化砖锚栓放入孔洞就位，观察孔洞是否偏位，如玻化砖摆放与分格线有偏差，则应对孔洞进行重新调整，直至玻化砖能按分格线准确就位，方可进行下面工序施工。

F. 贴砖：墙体上孔洞确认准确无误后，即可进行粘贴工作。粘贴施工应尽量在晴天施工，雨天及大风天气严禁施工。玻化砖粘贴应采用专用溢胶泥进行粘贴，把试挂的玻化砖取下，用配好的溢胶泥在玻化砖的背面用刮刀均匀满刮，并在已钻好的墙体洞上也满塞溢胶泥，两人配合，小心将上好溢胶泥的玻化砖抬上就位，将锚栓插入孔洞中，用手在砖中部压贴，以保证均匀受力，先相邻面砖角点平整为基础，并用长靠尺比靠调整。玻化砖

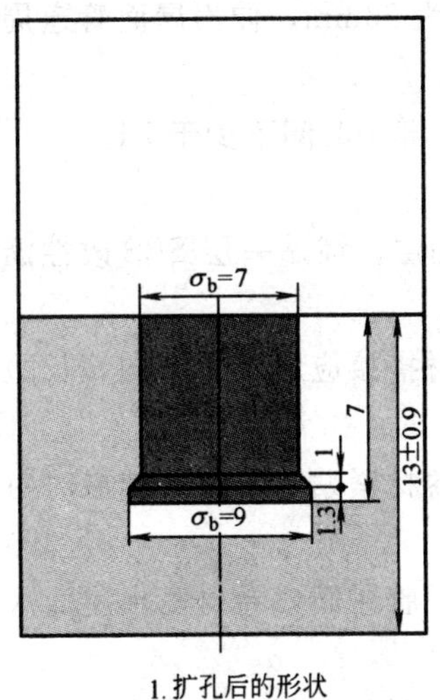

1.扩孔后的形状

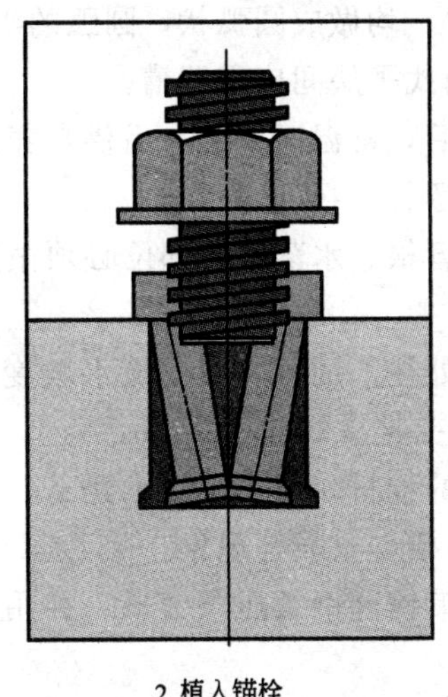
2.植入锚栓

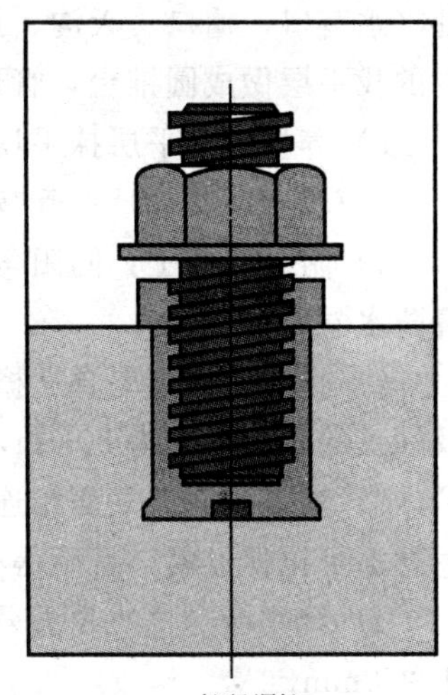
3.拧紧螺栓

图 6-28　玻化砖上钻孔、紧固螺栓示意图

宜从底部往上施工，砖缝统一留设 5mm，用专用卡子加以固定控制。

G. 清缝打胶：面砖挂贴施工完成 2～3d 后即可进行打胶，打胶前应先进行清缝处理，将粘贴时砖缝中松动溢胶泥及杂物清除干净，即可用防水玻璃胶进行打胶；如缝隙深度较深，亦可先用泡沫等填缝，但应保证打胶厚度不小于 3mm，并注意阴阳角交接处及窗台阴阳角处玻化砖的打胶，以保证外墙的防渗功能。

H. 清理外墙面：最后进行卫生清理，全部玻化砖粘贴完毕后，应对整面外墙进行认真检查，看是否有漏打胶之处，对面层上污染物清洗干净后方可落架。

6.7　建筑屋面工程

设计屋面工程作法：屋面找平层──→SBS 防水卷材防水层──→保护层──→挤塑板隔热层──→保护层。

6.7.1　*屋面找平层施工*

1）基层清理：彻底清除结构层上面的松散杂物，并用水冲洗干净，凡凸出基层的混凝土疙瘩、钢筋头、落地砂浆等用凿子凿去，表面光滑者应凿毛。

2）冲筋或贴灰饼：根据坡度要求拉线找坡贴灰饼，顺排水方向冲筋，冲筋间距为 1.5m，在排水沟、雨水口处找出泛水。

3）操作前，先将基层洒水湿润，扫纯水泥浆一次，随刷随铺砂浆。

4）按配合比拌好水泥砂浆，水灰比不能过大，应拌干硬砂浆（即砂浆外表湿润，手握成团，不泌水分），经过 2m 压尺刮平打实后，木磨板磨平，然后用铁抹子压实抹光。

5）找平层表面压实平整，排水坡度应符合设计要求，对于雨水口部位的直径 50cm 范围以内，应加大找坡（坡度不小于 5%），形成锅底状。水泥砂浆找平收水应三次压光，充分养护，不得有疏松、起砂、起皮等现象。

6）找平层按弹线留置分格缝，缝宽为 20mm，留置的位置横纵向按照不大于 6m 的宽度进行等分布置。

7）基层与突出屋面结构（女儿墙、柱、排烟道、出气孔等）连接处，以及基层转角处（水落口、檐口、天沟、屋脊）均做成圆弧状，圆弧的半径为20mm，伸出屋面管道周围的找平层做成圆锥台，管道与找平层间应留凹槽。

8）养护：找平层抹平压实后，常温时应24h后供水养护，养护时间不少于7d。

6.7.2 SBS改性沥青防水卷材（4mm厚）

1）附加层施工：阴阳角、管根、水落口等部位必须做附加层，铺贴一层SBS改性沥青防水卷材处理。

2）卷材应平行屋脊从檐口处往上铺贴，双向流水坡度卷材搭接应顺流水方向，长边及端头的搭拉宽度为80mm，端头接槎错开250mm。

3）铺贴平面与立面相连接的卷材，应由下向上进行，使卷材紧贴阴阳角，铺展时对卷材不可拉得过紧，且不得有皱褶、空鼓等现象。

4）女儿墙卷材的收头采用镀锌薄钢板压条钉压，并用密封胶封固，卷材高出屋面大于250mm。

5）水落口周围直径500mm范围内坡度不小于5%，并用密封胶涂封，其厚度不小于2mm。水落时不与基层接触处应留宽20mm。深20mm凹槽，嵌填密封胶。

6）伸出屋面管道与找平层间留的凹槽用密封材料嵌填，防水层收头处用金属箍箍紧，并用密封胶封严。

7）防水层蓄水试验：卷材防水层施工后，经隐蔽工程验收确认做法符合设计要求，然后做蓄水试验，确认不渗漏水，进行保温层施工。

6.8 电气部分

6.8.1 预留预埋

预留预埋是建筑安装工程首要关键的一环，它的时间跨度大，效益低，要依赖于土建进度一直从基础到主体封顶，砌体完成，预埋不仅直接影响到安装工程的质量进度及有关安装方案的顺利进行，而且也关系到土建的工程质量和进度。因此，强调预埋管路敷设走向、位置、标高必须正确、系统、完整，规格符合设计图纸要求，不得漏埋、错埋，更不允许任意破坏结构强度。

本工程现浇混凝土中预埋强电采用PVC管暗敷设，弱电采用焊接钢管暗敷设。敷设应在土建底板筋绑扎后、附加筋绑扎前进行。暗配管路敷设的原则，要求管路敷设长度不得超过规范规定数值，若有超过者要增加过渡盒。弯头宜少，转弯半径要大（大于$10d$），以便于穿线。暗配管路的施工工序是：管材选择（根据设计图纸规格及材料标准选择所需管材）⟶管路加工（根据图纸与现场实际进行）切管⟶线路敷设。

管路敷设应注意事项：

1）埋入墙或混凝土中的管道保护层距管表面净距不少于15mm，管口高出地坪不少于200mm，管路减少交叉。如交叉，大管应放在下面，成排暗配管间隙应不小于25mm，进入落地式配电箱的管路应排列整齐，管口高出基础面不小于50mm。

2）暗埋管路的弯曲半径不应小于管外径10倍，弯曲处不应有皱褶、凹陷和裂缝等缺陷。弯扁度小于10%管外径，管路连接套管长度为被连接管直径的1.5～3倍。

3）钢管与钢管连接应采用套管焊接法，管路敷设结合实际应进行固定，固定可用钢丝与钢筋固定间距小于1m。套管长度为1.5～3倍的被连接管的直径。应采用全径焊，并应采用 $\phi8$ 钢筋在套管两边跨接焊，焊缝长度为 $6d$，焊缝应饱满，满焊，无虚漏焊。

4）PVC管与PVC管连接应采用套管胶水粘接法，套管长度为1.5～3倍被连接管的直径，管路敷设结合实际应进行固定，固定可用钢丝与钢筋固定间距小于1m。管子入盒应顺直，入盒处应固定牢固。

5）接线盒、灯头盒预埋位置正确，标高、坐标应符合设计及规范要求。安装端正、牢固，盒内塞满水泥纸等，盒应紧贴模板不留缝隙，用铁钉固定牢固，防止水泥砂浆进入盒中，造成堵塞。钢管与盒间用 $\phi6$ 以上圆钢跨接，焊长为 $6d$，双面焊接，焊缝要求饱满均匀，无虚焊现象，以保证构成完整电气通路。

6.8.2 配电箱安装

本工程电气部分的配电箱分落地式、悬挂式二种方式，施工前认真熟悉图纸，全面收集有关产品样本和标准图集，了解各配电箱的形体结构，安装尺寸、安装方法、考虑支架，进出线方面及检修操作等情况，根据设计指定安装部位的建筑结构选择符合规范要求的安装方案。

安装前对到货进行下列检查：①产品随行合格证，盘、柜铭牌型号、规格及电压等级须符合设计要求；②盘、柜面漆应完整、无损伤，柜架尺寸正确、无变形；③盘、柜母线标志颜色清楚，柜门可开启，柜间应有软铜芯线与接地装置连接作保护作用。

（1）落地箱柜安装

槽钢底座安装是成排落地柜安装的首要环节，其质量直接影响到柜的安装，为此底座安装要端正，水平度和垂直度控制在5mm以内，须使框边的上侧面在同一水平上。框的四周应均为直角，要用大于500mm的直角测量，底座整体是否矩形，可通过两对角线测量复核。底座水平面宜高出抹平地面10mm，底座型钢应可靠接地。落地箱、柜安装应用电钻、钻床开孔，不能焊死于底座型钢上，柜盘安装允许偏差：垂直度为1.5mm，水平度单个2.5mm，成列为1.5mm，盘间接缝2mm。

（2）悬挂式配电箱安装

悬挂式配电箱安装分混凝土墙上和电气井支架上安装，为了确保配电箱安装牢固，必须合理选用膨胀螺栓，一般不小于M10，支架安装应事先安装好，固定支架膨胀螺栓应不小于M8，所有配电箱必须可靠接地，安装牢固。

（3）嵌入式配电箱安装

本工程嵌入式配电箱为砖墙上安装，在土建砌墙前一定要根据箱体尺寸预留好孔洞，并根据箱体敲落孔整理好进出线管路，要求所安装配电箱面的四周边缘，应紧贴墙面、端正、接地可靠、高度统一。

（4）配电箱安装应牢固、平整，其垂直度允许偏差：箱体高50cm以上的为3mm，箱体50cm以下的为1.5mm。

（5）配电箱（柜）内配线需排列整齐，并绑扎成束，在活动部位应两端固定。盘面引出线及引进的导线应留有适当余度，以便检修。

（6）照明配电箱上应标明用电回路名称。

6.8.3 管内穿线

（1）导线敷设

导线在管内敷设时应注意：①检查导线的型号、规格是否符合设计要求；②管内穿线应在建筑物抹灰、粉刷及地面工程结束后进行，先清理管内杂物及积水，套好护口，穿线时用 ϕ1.2 钢丝作引线 ，由两人操作，一个拉，一个送，不许硬拉以防断；③管内不得有接头、扭结，接头应设在接线盒（箱）内，管内导线总截面面积不大于管内空截面 40%。

（2）导线连接：导线与设备器具的连接应符合下列要求：

1）截面为 10mm^2 及以下的单股导线可直接与设备、器具的端子连接；截面为 2.5mm^2 及以下的多股铜芯线应先拧紧搪锡或压接端子后，再与设备、器具的端子连接；

2）多股铝芯线和截面大于 25mm^2 的多股铜芯线的终端，除设备自带插接式端子外，应焊接或压接后再与设备、器具的端子连接；

3）剖削导线的绝缘层时不得损伤线芯，电工不应垂直于导线切入，导线接头表面的氧化物及污物必须清除干净。电缆和导线连接后，器具安装前应进行绝缘电阻测试，其电阻不得小于 0.5MΩ。

6.8.4 灯具及开关插座安装

（1）灯具安装

灯具配件应齐全，无机械损伤、变形、油漆剥落、灯罩破裂等现象，一般灯具安装应符合下列要求：①同一室内成排安装的灯具，其中心偏差不大于 5mm；②日光灯起辉器应朝向门口，便于检修；③固定灯具用的螺钉或螺栓不少于两个，灯台直径在 75mm 及以下时可用一个螺钉或螺栓固定；④灯具低于 2.4m 时，应设置专用接地线；⑤密闭型工厂灯、隔爆灯采用钢管作吊杆，钢管内径不应小于 10mm，壁厚不应小于 1.5mm。

（2）开关插座安装

① 同一室内开关、插座、标高应一致，高差不大于 5mm，安装应牢固、可靠，紧贴墙面。

② 同一场所开关的切断位置应一致且操作灵活，接点接触可靠。

③ 开关控制相线、插座单相为左零右火上接地线，三相上孔为地线。

6.8.5 电缆沿支架、桥架敷设

A. 电缆安装前应进行下列检查：①电缆桥架施工结束，明敷支架应全，油漆完整，进户保护管增高结束；②电缆型号、电压、规格应符合设计要求；③电缆绝缘无机械损伤。电缆敷设从盘的上端引出，应避免电缆在支架及地面摩擦拖拉，电缆上不得有未消除的机械损伤，在电缆终端与接头附近应留备用长度，并设标识牌。

B. 水平敷设

① 敷设方法可用人力或机械牵引。

② 电缆沿桥架或托盘敷设时，应单层敷设，排列整齐，不得交叉，拐弯处应以最大截面电缆允许弯曲半径为准。

③ 同等级电压的电缆沿支架敷设时，水平净距不得小于 35mm。

C. 垂直敷设

① 自上而下敷设。土建未拆吊车前，将电缆吊至楼层顶部。敷设时，同截面电缆应先敷设低层，后敷设高层。要特别注意，在电缆轴附近和部分楼层应采取防滑措施。

② 自下而上敷设时，低层小截面电缆可用滑轮大绳人力牵引敷设。大截面电缆宜用机械牵引敷设。

③ 沿支架敷设时，支架距离不得大于 1.5m，沿桥架或托盘敷设时，每层最少明装两道卡固支架。敷设时，应放一根立即卡固一根。

④ 电缆在竖井内敷设完后用防火材料堵死。

沿支架桥架敷设电缆，在其两端、拐弯处、交叉处应挂标志牌，直线段应增设标志牌，标志牌规格应一致，并有防雷性能，挂装应牢固，标志牌上应注明电缆编号、规格、型号及电压等级。在支架、桥架内敷设的电缆应进行固定，固定位置在电缆首末两端、电缆接头处、电缆转弯处、垂直敷设支架处。垂直敷设支架间距为 2m。

6.8.6 电缆终端头制作安装

① 电缆终端头的制作安装应符合规范规定，绝缘电阻合格，将电缆终端头固定牢固，芯线与线鼻压接牢固，线鼻与设备螺栓连接紧密，相序正确，绝缘包扎严密。

② 电缆终端头的支架安装应符合规范规定。支架的安装应平整、牢固，成排安装的支架高度应一致，偏差不应大于 5mm，间距均匀、排列整齐。

6.9 给排水安装工程

6.9.1 孔洞预留及套管制作安装

给排水管道穿楼板应预留孔洞，预留用木盒，木盒与管位对应尺寸为 *DN*50，150mm×150mm；*DN*100 以下，200mm×200mm；*DN*150 以下，250mm×250mm。

1）准备工作：根据设计要求检查预留孔洞是否符合要求。按设计要求进行管材、管件、阀门及支架型钢备料。

2）支架安装制作：支架规格质量均须符合要求，首先测好两端支架的标高和位置，然后拉线测定支架位置。立管支架高于本层板 1.5～1.8m，水干管支架根据各种材料要求设置。

① 管道连接时，要焊接。

② 断管后，管道要进行扩孔。

3）套管安装制作：根据有关图集按管道管径所需尺寸进行安装制作。

6.9.2 钢塑管安装

钢塑管是镀锌钢管内表面衬塑料所成，*DN* 小于或等于 100 时采用丝扣连接；*DN* 大于 100 采用沟槽式卡箍、衬塑配件连接，明装镀锌管接口处刷樟丹两道，通刷银粉两道。

(1) 准备工作：根据设计要求，检查预留孔洞是否符合要求。按设计要求进行管材、管件、阀门及支架型钢备料，必须附有合格证、说明书。

(2) 支架安装制作：支架规格质量均须符合规范规定和设计要求，测好两端支架的标高和位置，然后拉线，在直管位置中心的墙上，画好卡位标记，高度距本层板 1.5～1.8m，按标记剔直径为 60mm，深度不少于 10mm 的洞，用水泥填入一半，再放预制好的管卡，用碎石卡牢找正，再用水泥抹平。

(3) 工艺流程

选材 → 断管套丝 → 干管安装 → 支管安装 → 管道试压 → 管道消毒冲洗 → 管道刷漆、防腐

(4) 按设计要求选材下料，套丝要分2～3次套完，且有1°左右的锥度，安装前要清扫管壁、丝扣连接时抹白厚漆，缠好麻丝，按编号安装，丝扣外露2～3扣。安装完后找正找直复核甩口位置、方向及标高无误后清除麻丝。阀门安装前要按规定做强度和严密性试验。

(5) 螺纹连接应符合以下规定：螺纹清洁、规整，断丝乱丝扣数少于螺纹全扣数的10%，连接牢固、严密，镀锌管及衬塑配件管件的镀锌层、衬塑层完好。给水管的纵横偏差及垂直度要求见表6-9。

表 6-9

	项	目		允许偏差(mm)	检验方法
1	水平横管	每米	$DN \leqslant 100$	0.5mm	用水平尺、直尺、拉线和尺量
		全长(25m以上)	$DN \leqslant 100$	13mm	
2	立管	每米		3mm	吊线和尺量检查
		全长(5m以上)		≤10mm	

6.9.3　PEX给水管安装

1) 施工前对材料和外观及配件进行检查，安装前勿打开包装和切开管子封口。

2) 切割采用专用切割剪，弯曲用弯管卡或电热风机加热弯曲定型。

3) 连接采用专用接头连接，可用夹紧方式或卡环式连接。

4) 暗敷PEX管，必须进行水压试验合格签字后方可隐蔽。

6.9.4　管道试压

系统安装完后进行综合水压试验，水压试验时放净空气，充满水后进行加压；当压力达到规定要求时停止加压，进行检查，如各楼口和阀门均无渗漏，持续到规定时间，如观察其压力降在允许范围内，通知有关人员验收并做好记录。

6.9.5　无承口柔性排水铸铁管安装

1) 材质要求：采用柔性铸铁排水管，管件规格要符合设计要求，铸铁管壁厚均匀，管内外光滑、整洁，无浮砂、包砂，绝不允许有砂眼、裂纹、毛刺，所有材料均有产品合格证。

2) 无承口柔性铸铁管的安装

一般按准备工作⟶立管安装⟶干管安装⟶支管安装⟶闭水试验的顺序安装，根据施工图校对预留孔洞尺寸，确认合格后方可进行铸铁管的安装。

A. 安装前应先清除管内杂物；管材切割口应清除切口的毛刺，外圆棱角应略锉倒角。安装顺序宜沿逆水流方向从下游向上游安装，按施工图纸在必要部位做好支架，将接口处外表面擦干净，把不锈钢管箍先套到接口一端的管身上，选择优先固定的直管（或管件），并将其初步固定住，将橡胶圈套在管头上。一般先套在已初步固定的直管或管件这一端，并把橡胶垫圈另一头向外翻卷，将要连接的直管或管件的管口放入翻卷的橡胶垫圈内，校准方位，把橡胶圈翻回正常状态，初步固定住管道，将不锈钢管箍移到接口处，对准部位并把专用套筒拧紧，箍上紧固螺栓。最后，将支架上所有螺栓拧紧即可。

B. 水管道安装时，必须符合设计及施工验收规范要求，排水横管坡度：$DN50$，i大于0.035；$DN75$，i大于0.025；$DN100$，i大于0.02。排水立管与出户管均采用两个45°弯头连接，排水横管相连接采用顺三通或斜三通，排水管道支吊架做法详见S161，固定在承重结构上。

C. 闭水试验：室内排水管的埋地铺设及吊顶，管井内的隐蔽工程在封顶回填土前都要做闭水试验，试验前应将各预留口堵严，在系统最高处留灌水口，灌水满后观察15min，再灌满延续5min，水面不下降为合格。

D. 管道支架防腐，明装镀锌钢管接口处刷樟丹两道，通刷银粉两道，明装铸铁管除锈后刷防锈漆两道，银粉两道，吊顶及管道井内等部位给排水暗装管道均刷防锈漆两道，油漆种类和涂刷遍数应符合设计要求，附着良好，漆膜厚度均匀，色泽一致，无流淌及污染现象。

E. 工程结束时应做系统通水能力试验，把给水系统的1/3配水点同时开放，检查各排水点是否畅通，各接口处无漏渗为合格。埋地管道安装好后须灌水试验合格后方可隐蔽，排水系统还需做通球试验合格后方可验收（表6-10）。

室内排水管道安装的允许偏差和检验方法 表6-10

项次	项目			允许偏差(mm)	检验方法
1	坐标			15	用水准仪(水平尺)、直尺、拉线和尺量检查
2	标高			±15	
3	水平管道纵横方向弯曲	铸铁管	每米	1	
			全长25m以上	≤25	
4	立管垂直度	铸铁管	每米	3	吊线和尺量检查
			全长5m以上	≤15	

6.9.6 卫生洁具安装要点

1）卫生器具安装在土建粉刷完后进行，安装前应对卫生器具、给水配件进行检查，给水配件应开启灵活，镀铬完好无损，卫生器具完好，且有产品合格证明。

2）给水配件安装的标高应符合施工规范的要求，接口应严密、牢固、不漏水，镀铬层应完好无损，铜管搣弯要均匀，椭圆度不大于8%，不得有凹凸现象。

3）卫生器具与排水管连接采用油灰作密封填料，在器具排出口均匀涂抹，然后按划线正确就位，安装完后用水冲洗器具，冲去可能入管内的多余填料。

4）地面地漏、清扫口不应设在水池下、踏步内及不易清扫、维修的位置。

5）安装好的器具应做好保护工作，防止器具的污染损坏，临时塞好排水口，不让施工产生的污物进入，造成堵塞。

6.10 空调部分

6.10.1 空调系统工艺流程图（图6-29）

6.10.2 玻璃钢风管制作

1）本工程所有空调管道均采用玻璃钢风管，法兰连接，橡胶衬垫。玻璃钢风管制作要求如表6-11所列。

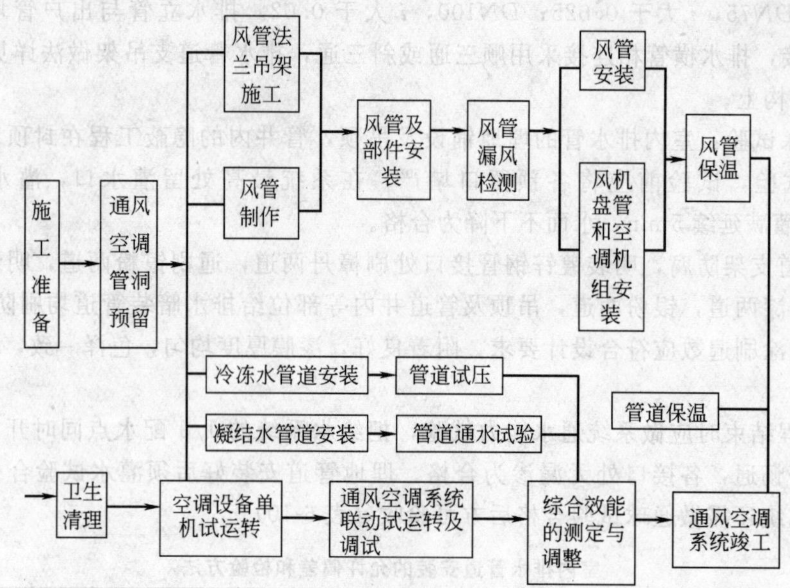

图 6-29　空调系统工艺流程图

玻璃钢风管制作要求　　表 6-11

风管长边尺寸(mm)	风管壁厚(mm)	风管边长允许偏差(mm)	法兰规格(mm)	螺栓规格(mm)	保温厚度
<300	3±0.5	±3	30×4	M8×25	2.5cm
320～500	4±0.5		40×6	M8×30	
530～1000	5±0.5	±4	40×6	M8×30	
1060～1500	6±0.5				
1600～1900	7±0.5	±5	50×8	M10×35	
≥2000	4±0.5				

2）材料：玻璃钢风管和配件的制作所用的合成纤维，玻纤布及填充料应根据设计要求选用。合成树脂中填充料的含量应符合玻璃钢制作技术文件的要求玻璃钢中的玻纤布的含量与规格应符合设计要求。玻纤布应干糙，清洁，不得含蜡。玻纤布的铺置接缝应错开，不应有重叠现象。风管采用1：1经纬线的玻纤布加强，树脂的含量应为50%～60%。

3）玻璃钢风管和配件不得扭曲，内表面应平整、光滑，外表面应整齐镁光，厚度应均匀，且边沿无毛刺，并不得有气泡和分层现象。法兰和风管或配件应成一整体，并应与风管轴线呈直角。加固筋与风管应为同种材料，并应成为一整体。

6.10.3　玻璃钢风管及配件安装

1）风管与配件可拆卸的接口及调节机构，不得装设在墙或楼板内。

2）支吊架不得设置在风口、阀门、检查门及自控机构处；吊杆不宜直接固定在法兰上。悬吊的风管与部件应设置防止摆动的固定点。

3）柔性短管的安装应松紧适度，不得扭曲。可伸缩性金属或非金属软风管的长度不宜超过 2m，并不得有死弯或塌凹。

4）多叶阀、三通阀、蝶阀、防火阀、排烟阀、插板阀、止回阀等应安装在便于操作的部位。防火阀安装，方向、位置应正确，易熔件应顺气流方向，安装后应做动作试验，其阀板的启闭应灵活，动作应可靠。

5）风口的安装，风口与风管的连接应严密、牢固；边框与建筑装饰面贴实，外表面平整、不变形，调节应灵活。风口水平安装，水平度的偏差不应大于3/1000；风口垂直安装，垂直度的偏差不应大于2/1000。同一厅室、房间内的相同风口的安装高度应一致，排列应整齐。铝合金条形风口的安装，其表面应平整、线条清晰，无扭曲变形，转角、拼缝处应衔接自然，且无明显缝隙。

6）风管及部件安装完毕后，应按系统压力等级进行严密性检验，漏风量应符合规范的规定。系统风管的严密性检验应符合漏光法检测和漏风量测试的规定。低压系统的严密性检验采用抽检，抽检率为5%，且抽检不少于一个系统。在加工工艺及安装操作质量得到保证的前提下，采用漏光法检测。漏光检测不合格时，应按规定的抽检率，作漏风量测试。系统风管漏风量测试被抽检系统应全数合格；如有不合格时，应加倍抽检直至全数合格。

6.10.4 通风与空调设备安装

（1）设备安装前，应进行开箱检查，开箱检查人员应由建设、监理、施工单位的代表组成。空调设备的开箱检查应符合下列规定：

1）应按装箱清单核对设备的型号、规格及附件数量；

2）设备的外形应规则、平直，圆弧形表面平整，无明显偏差，结构应完整，焊缝应饱满，无缺损和孔洞；

3）金属设备的构件表面应作除锈和防腐处理，外表面的色调应一致，且无明显的划伤、锈斑、伤痕、气泡和剥落现象；

4）非金属设备的构件材质应符合使用场所的环境要求，表面保护涂层应完整；

5）设备的进出口应封闭良好，进风口、出风口的位置等应与设计相等。随机的零部件，应齐全、无缺损。

（2）设备就位前应对设备基础进行验收，合格后方可安装。

（3）通风机的进风管、出风管等装置应有单独的支撑，并与基础或其他建筑物连接牢固；风管与风机连接时，不得强迫对口，机壳不应承受其他机件的重量。

（4）消声器安装前，应检查设备是否符合下列规定：

1）消声器外壳表面应平整，不应有明显的凹凸、划痕及锈蚀；

2）吸声片外包玻纤布应平整、无破损，两端设置的导风条应完好；

3）紧固消声器部件的螺钉应分布均匀，接缝平整，不得松动、脱落；

4）穿孔板表面应清洁，无锈蚀及孔洞堵塞。

（5）消声器安装方向应正确，不得损坏和受潮。

（6）消声器、消声弯道均应单独设支架，其重量不得由风管承受。

（7）风冷分体与整体式空调机组的安装应符合下列规定：

1）分体式室外机组和风冷整体式机组的安装，周边空间除应满足冷却风循环要求外，尚应符合环境保护有关规定的要求；

2）室内机组安装应位置正确，目测应呈水平，冷凝水排放应畅通；

3）制冷剂管道连接必须严密、无渗漏；

4）管道穿过的墙孔必须密封，雨水不得渗入。

(8) 风机盘管机组的安装应符合下列规定：

风机盘管机组安装前应进行单机三速试运转及水压试验。试验压力为系统工作压力的1.5倍，不漏为合格。

卧式风机盘管应由支吊架固定，并应便于拆卸和维修。

排水坡度应正确，冷凝水应畅通地流到指定位置。供、回水阀及水过滤器应靠近风机盘管机组安装。

立式风机盘管安装应牢固，位置及高度应正确。

(9) 供、回水管与风机盘管机组，应为弹性连接（金属或非金属软管）。

6.11 结构、装修细节措施

6.11.1 防止楼板开裂措施

1）对楼层板面负筋，为防止楼板开裂，按照榕建筑第34号文件规定施工。即楼板钢筋按设计和施工规范要求，应保证板筋的有效高度，板面负筋应增设有效的支撑马凳筋，支撑马凳筋不小于ϕ10。当板筋大于ϕ12时，间距不小于1000mm×1000mm；当板筋小于ϕ12时，间距不小于600mm×600mm。同一方向上的支撑不小于两道，且距板筋的末端不大于150mm。

2）地下室底板、顶板筋采用ϕ14间距1000mm的马凳筋，具体做法详见南区地下室结施5改架立马凳筋大样。

3）楼板采用普通硅酸盐水泥拌制，并控制粉煤灰参量，其用大于水泥用量的15%，等级不低于Ⅱ级。

4）对进场的预拌混凝土坍落度进行逐车检查，对不符合坍落度要求的不得使用。

5）及时采取有效的养护措施，防止混凝土早期收缩裂缝。

6）模板拆除应满足现行国家施工标准、规范的规定，支撑拆除应考虑已浇楼（屋）面板混凝土强度的可能承载力和实际挠度变形要求。

6.11.2 楼梯后插板做法

本工程楼梯模板计划只安装到每层的休息平台至楼层梯段1/3处，但此部位剪力最大，楼梯板筋必须及时预留插筋并要补强，以便于施工中人员上下走动，不会造成踩筋等问题。

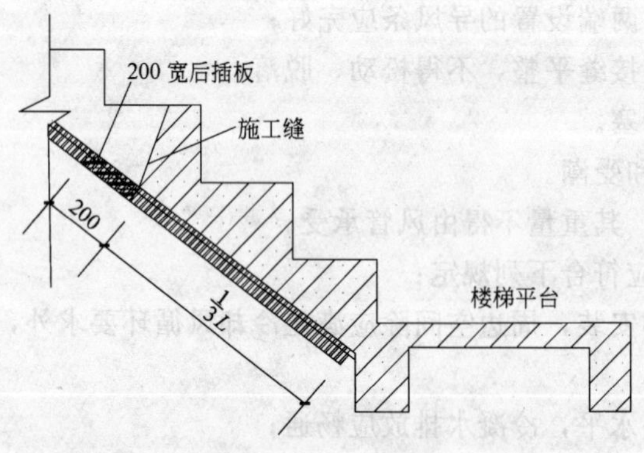

图6-30 楼梯后插板做法示意图（单位：mm）

模板施工缝的留设采用预留20cm宽后插法进行施工（图6-30）。

6.11.3 装修创优细部要求

1）锦砖（玻化砖）外墙在粉刷打底前，应拿样品砖进行预排，做到阳角不得小于半砖，阴角不得小于1/4砖，且两端要求做到对错排列；凡做不到以上要求，墙位根据实际情况应进行调整。

2）外墙锦砖（玻化砖）在阳角处一律按45°切割进行合角，确保合角90°方正。

3）楼梯间踏步砖铺贴前应按要求排砖，做到两边对称，尽量减少非整砖。

4）楼梯间踏步踢脚线砖位置在铺贴前，可不打底，以免踢脚线砖出墙厚度过大，铺贴时控制在7～8mm。

5）楼梯间踏步挡水线宽度控制在25～30mm，高度控制在15～20mm，做到宽窄、高度一致。

6）各种滴水线宽度控制在10～12mm，高度控制在15～20mm，做到宽窄、高度以及水平一致，底面刷白色油漆。

6.12 季节性施工

本工程处于福州，冬季气候较暖和，所以，季节施工主要考虑风雨季的影响。

1）现场要有足够的覆盖材料，要保证新浇筑的混凝土不被雨水冲刷，模板上的脱模剂不被雨水冲掉。顶板混凝土施工前，要了解近2～3d的天气预报，尽量避开大雨。

2）本工程地下室施工时间正值梅雨季节，因此，要及时做好防雨排水措施，底板施工时要挖好排水沟及集水坑，采用多部抽水机集中排水；混凝土浇筑时备好覆盖材料，以防刚浇筑的混凝土被雨水冲刷，影响工程质量。及时做好地面排水措施，构件不能靠近围护桩堆放，以防土方坍塌。

3）现场宿舍、食堂、库房、办公室等均需要定期全面检查，做好防渗防漏工作，维护道路及保证车辆通行，所有机械棚搭设严密，有防止漏雨、防淹措施。设备的接地装置、开头箱的接地及漏电保护装置灵敏、可靠。

4）构件堆放场地要高于自然场地至少100mm，以防积水。

5）防止雨水流入地下室，楼板孔洞要覆盖，楼梯口做挡水措施。

6）在雨期来临前，应对塔吊和人货电梯接地装置进行一次摇测检查。塔吊基础、人货电梯基础四周要高出自然地面100mm，及时排除地表水，严禁积水浸泡。

7）塔吊、人货电梯等应设专用避雷针，以确保安全。

8）台风到来前，塔吊要将吊钩提起，人货电梯应加固，防止风吹塌。

9）夏季施工时，抓好防暑降温工作，落实清凉茶水供应，施工现场遮阳通风，分发防暑药品。避开中午高温等防暑降温措施，现场做好冲凉房，并对职工进行防中暑急救培训。

10）及时收听、收看有关天气预报，提前做好防风、防雨、防洪、防暑准备。

6.13 “四新”应用

本工程科技推广项目主要有以下7项，具体使用情况详见主要分部分项施工方法：

1）粗直径钢筋连接技术。

2）新型模板支撑体系及梁板。

3）地下室自防水混凝土施工技术。

4）泵送混凝土施工技术。

5）混凝土、砂浆外加剂应用技术。

6）海菜粉应用技术。

7）顶棚直接刮腻子技术。

7 各项管理及保证措施

7.1 质量保证

7.1.1 项目质量保证体系的组成及人员分工（表 7-1）

项目质量保证体系的组成及人员分工　　表 7-1

条款号	GB/T 19001 标准条款名称	要素负责人	经办人	组室责任划分			
				综合办公室	工程管理组	技术质量组	预算劳资组
4.2.2	质量手册	×××	×××	▲	△	△	△
4.2.3	文件控制	×××	×××	▲	△	△	△
4.2.4	记录控制	×××	×××	▲	△	△	△
5.1	管理承诺	×××					
5.3	以顾客为关注焦点	×××	×××	△	△	△	△
5.4.1	质量目标	×××	×××	△	△	▲	△
5.5.1	职责、权限	×××	×××	△	△	△	▲
5.5.3	内部沟通	×××	×××	△	△	△	△
6.1	资源提供	×××	×××	△	△	△	△
6.2	人力资源	×××	×××	△	△	△	▲
6.3	基础设施	×××	×××	△	▲	▲	
6.4	工作环境	×××	×××	△	▲	△	△
7.1	产品实现的策划	×××	×××	△	△	▲	△
7.2.1	与产品有关的要求的确定	×××	×××	△	△	△	▲
7.2.2	与产品有关的要求的评审	×××	×××	△	△	△	▲
7.2.3	与顾客沟通	×××	×××	△	△	△	▲
7.4	采购	×××	×××	△	▲	▲	▲
7.5.1	生产服务提供的控制	×××	×××	△	▲	▲	△
7.5.2	生产服务提供过程的确认	×××	×××	△	▲	▲	△
7.5.3	标识和可追溯性	×××	×××	△	▲	▲	△
7.5.4	顾客财产	×××	×××		▲	△	△
7.5.5	产品防护	×××	×××		▲	△	
7.6	监视和测量装置的控制	×××	×××		△	▲	
8.1	总则	×××		△	△	△	△
8.2.1	顾客满意	×××	×××	△	▲	△	
8.2.2	内部审核	×××	×××	▲	△	△	△
8.2.3	过程的监视和测量	×××	×××	△	△	▲	△
8.2.4	产品的监视和测量	×××	×××	△	△	▲	△
8.3	不合格品的控制	×××	×××	△	△	▲	△
8.4	数据分析	×××	×××	△	△	▲	△
8.5.1	持续改进	×××	×××	△	△	▲	△
8.5.2	纠正措施	×××	×××	△	△	▲	△
8.5.3	预防措施	×××	×××	△	△	▲	△

图例：▲：主控责任　△：相关责任

7.1.2 质量目标

（1）合同要求质量目标为：两幢省优工程，三幢“榕城杯”。

本公司计划质量目标：单位工程合格率100%，省优工程（“闽江杯”）两幢，“榕城杯”六幢，争创小区全优工程。

（2）本工程共有地基与基础工程、主体结构、建筑装修装饰、建筑屋面、建筑给水排水及采暖、建筑电气、通风与空调、电梯、智能建筑共九个分部，各分部（子分部）质量等级均合格，检验批一次验收合格率达到99%，观感评定等级为“好”。

（3）明确质量标准

总的要求做到安全、可靠，使用方便，便于拆装检修，不渗不漏，屋面坡度准确，能畅通排水，无积水、漏水、渗水现象，地下室及墙面工程不渗漏，地面工程泛水好，不空裂，不起砂，不渗漏；烟囱及垃圾道要畅通；门窗开启灵活，踏步高宽差均匀一致，水管上下畅通，不堵塞，不渗漏；电气暖卫安装位置要准确，牢固、安全、可靠，使用方便。避雷线要接地接零；开关位置及零火线安装要按规定做，不得倒置搞乱，尺寸准确。

（4）地基与基础及主体工程

自始至终抓好结构安全可靠，抓好轴线标高和方位的准确性；重点抓好砌体工程、钢筋混凝土工程。

1）砌体工程：首先抓好原材料的品种、规格的检验，抓组砌方法和垂直度的检测工作，确保凳高不超差。做到结构尺寸准确，门窗洞位置正确，避免组砌花乱，游丁缝严重错位；同时，要做到灰缝砂浆饱满，避免产生瞎缝、透缝、对缝和通缝；不允许留直槎，若非留不可，必须加筋，不允许留阴槎。不得干砖上墙，灰缝大小要均匀一致；砂浆强度要符合设计要求，试块组数要做足，具有代表性。

2）钢筋混凝土工程：首先抓好模板工程的施工质量，抓好轴线、标高和结构尺寸的准确性；在这基础上，要确保混凝土强度符合设计要求，要严格控制混凝土的水灰比，重量比和配合比，混凝土的外观不得有蜂窝、麻面、露筋，不允许有狗洞，主筋的规格、品种、型号、数量必须严格核验，做好隐蔽记录，混凝土的试块组数要按规定做足，要有真实性和代表性，不允许“吃小灶”。

（5）装饰工程质量标准

1）外墙面砖：面砖的表面平整度、立面垂直度偏差要求做到0～2mm标准，阴阳角方正0～2mm，阴阳角特别大角顺直要求做到挺直，经得起正面、侧面、45°角近远视目测，必要时用吊线或经纬仪检验。面砖灰缝宽度选用6～8mm。所有面砖的相邻高差、十字灰缝处中心差都要求做到0.5mm以内，相邻缝宽（管上下左右缝）最大允许偏差为±1mm，但不得递增或递减，所有面砖灰缝勾凹缝，凹深3～3mm，灰缝要求大小一致，宽窄一致，深浅一致，且做到平直、通顺、光滑，在十字交圈处做到均匀一致，无高低槎感觉，手感通顺光滑。灰缝的周边不得有污染。主要墙面不允许有非整砖出现。

2）外墙涂料：在外墙面确保打底砂浆强度、表面平整度、立面垂直度、大角、阴阳角方正、顺直的基础上，砂浆面层做到厚薄均匀一致，无起壳空鼓裂缝，无凹坑、凸面，无明显接槎，无波浪形；然后，上面层涂料，面层涂料做到平整、光滑，无波浪形，无铁板钝，无接槎痕迹，无漏涂和流坠，色泽、色差均匀一致，手感通顺，特别在阳光照耀下，做到远看近看、45°看，无上述的明显缺陷为止。整个面层平整度偏差做到0～2mm，大角、阴阳角方正，偏差小于±2mm，大角阴阳角顺直，做到既挺且直，经得起目测、线坠和仪器检验。整个墙面上涂料后，还要做到无变色、无沾污，无粉化、龟裂和剥落现象。

3）内墙抹灰墙面：内墙面、顶棚面都要求面层做到赶平、压实、催光、光滑、手感通顺、无波浪形、无铁板印、无接槎痕迹，不得有气泡、爆灰、起壳或空鼓裂缝；色泽均匀一致。表面平整度、墙面垂直度偏差要求控制到 2mm 以内，阴阳角方正偏差小于 2mm，阴阳角顺直要求做到毕迁笔直，看不到局部有弯曲现象，经得起正面看，侧面看和 45°方向看，做到无懈可击。对墙面、顶棚面交界的水平线，交角处的阴三角和阳三角的交会三线要求做到三线垂直归中，顶上、下角上下一致；连门洞窗洞口的周边四角也同样要求做到三线垂直归中，上下一致，力争要求一级品质量要求。

(6) 楼地面

1）缸砖（玻化砖）地面：缸砖地项材料、品种、规格、颜色必须符合设计要求，不得有缺棱掉角、裂纹、暗痕、翘曲弯表等缺陷；色泽均匀一致，无明显反差。缸砖表面平整允许偏差应小于 2mm，接缝平直度拉 5m 线偏差应小于 2mm，相邻高低差小于 0.5mm，相邻宽差小于±1mm；十字缝中心差 0.5mm，空鼓率不超过 5%。地面砖不得用小于砖长的 1/2 非整砖。

2）水泥砂浆找平层：室内楼地面水泥砂浆找平层与基层应粘结牢固，不得起壳、空鼓、裂缝或脱层，表面应平整，不得起砂；面层拉毛粗糙度应均匀一致，观感通顺，无明显铁板印、波浪形或一团一团的迹象。砂浆强度要保证达 15MPa。

(7) 屋面工程

屋面隔热层、阀门井、天沟、女儿墙、水电管线等，都要求纵向（包括坡向）拉通线，施工做到横平竖直，不歪斜，阴阳角方正（偏差应小于 2mm），顺直；屋面坡向、天沟泛水坡向符合设计要求；特别天沟泛水坡不得积水，更不允许倒泛水。所有边角细部做到干净利索，清晰美观，不允许拖泥带水，污染墙面，面层抹灰、涂料（包括女儿墙）要做到平整、光滑、无波浪形，无铁板印，无接槎痕迹，色泽、色彩均匀一致；女儿墙的压顶板、挡水线、滴水线顺直，清晰美观；天沟处的防水层返口（收口）高度要高出屋面面层 25cm 以上，返口线要凿槽嵌入女儿墙墙面，并用金属压条压牢固，涂上密封材料；返口线外另加金属保护带，并起到装饰线艺术美观作用。整个屋面分部工程力求做到艺术美观，阴阳角方正、顺直，边角细部及线条清晰，质感好，而屋面光滑，色泽色彩均匀柔和，给人一个美的感觉和享受。

(8) 门窗工程

1）木门窗：门窗安装必须牢固，固定点符合设计规范要求，外观质量应表面洁净。大面无划痕、碰伤、锈蚀，截口顺直、刨直，平整光滑，开启灵活，无回弹。预埋件的数量、位置、埋设连接方法必须符合设计要求，小五金安装准确齐全，槽深一致，边缘整齐。门窗安装的各项允许偏差：框的正侧垂直度 3mm，框对角线长度 2mm，框与扇接触面平整度 2mm。门窗框扇间立缝及对口缝允许留缝宽度为 1.5～2.5mm（油漆后），不允许用敲打榫头办法来调整对口缝宽度，框与扇上缝宽 1～1.5mm，窗扇与下坎间缝宽 2～3mm；门扇距地面间留缝宽：外门 4～5mm，内门 6～8mm，卫生间门 10～12mm。

2）铝合金门窗：门窗所用的品种、规格、开启方向及安装位置应符合设计要求，门窗安装必须牢固，横平竖直，高低一致，进出一致。框与墙体缝隙处应嵌填饱满密实，表面平整、光滑、无裂缝等。门窗扇安装应开启灵活，无倒翘、阻滞及反弹现象。五金配件齐全，位置正确。关闭后密封条应处于压缩状态。整个门窗安装后，外观质量应表面洁净，大面无划痕、碰伤、锈蚀；涂膜大面平整、光滑，厚度均匀，无气孔。允许偏差：门窗槽口宽度、高度差±(1.5～2)mm，槽口对边尺寸差±(2～2.5)mm，槽口对角线偏差±(2～3)mm；门窗框正侧面的垂直度差2mm，水平度差1.5mm；门窗框扇搭接宽度差1～1.5mm；门窗开启力小于等于60N，门窗横框水平标高小于5mm等。

7.1.3 组织保证措施

(1) 施工员培训：项目部将分期分批对进场施工人员组织岗位培训，合格后方准进场施工，分部分项在施工前由施工员组织技术及安全交底。

(2) 质量检查制度：本工程将严格执行“三检”制度即自检、互检、交接检，每道工序完成后须由项目部有关组室检查验收合格后方准进入下道工序，重要工序、分项、分部还需经业主、监理单位及政府监督部门验收合格后，才准进入下道工序。装修阶段执行样板制，每一分项施工前应先做样板，经有关单位人员验收合格后方准施工。

(3) 奖罚制度，本项目将制定完善的奖罚制度，首先在合同中明确质量要求，对施工中能达到合同所规定质量要求的给予物质奖励，对达不到要求的给予经济制裁，严重的予以除名。

(4) 材料、成品、半成品的检验、计量、试验控制：严格贯彻执行公司《工程质量检验监督管理手册》中7.1检验和试验程序、7.2不合格品的控制程序及《物资管理手册》中7.6物资标识和可追溯性的有关规定。

7.1.4 采购要素的控制

按物资管理手册有关规定执行。

7.1.5 工程质量的程控与管理措施

(1) 首先明确本工程的一般过程、关键过程及特殊过程。

(2) 一般过程的控制

1) 一般工程施工前，由项目施工员依据施工组织设计、施工图纸、有关规范标准、工艺标准向作业班组进行技术交底，并组织实施。

2) 项目施工员依据图纸进行测量放线，标明轴线、标高及截面尺寸位置。

3) 项目施工依据施工技术文件的规定检查材料、半成品的品种、规格、等级是否符合要求，是否经检验合格，随行文件是否齐全等。

4) 针对作业环境采取相应控制措施。

5) 组织作业班组对施工质量进行“三检”，做好隐蔽验收手续。

(3) 关键过程的控制

包括地下室底板混凝土，地下室后浇带，屋面防水工程，外墙饰面工程。

1) 编制作业指导书。

2) 施工前由项目技术负责人依据施工方案，作业指导书、工艺标准及项目质量计划的有关要求向施工员、班组长进行详细的技术质量及安全交底，并做好记录。

3) 项目技术负责人组织技术、质检人员、施工员对关键过程作业人员、施工机具、材料、作业环境、计量器具进行检查。

4) 确定控制点的监控目标和要求，并对其过程参数、质量特性进行监控、检测，并做好记录。

5）如关键过程施工质量出现波动，应及时组织人员进行分析，查找原因采取相应纠正措施。

6）关键过程完成后，项目技术负责人组织技术、质检、施工员进行检验评定。

（4）特殊过程控制（地下室防水工程）

1）特殊过程施工前的技术质量交底同关键过程施工前的交底要求。

2）对特殊过程作业人员的技能资格、施工机具设备维护保养情况、计量器具检定状况、施工工艺方法、原材料质量和作业环境，由项目技术负责人组织人员预先进行鉴定。

3）对特殊过程的重要参数、质量特性逐一列出，制定连续控制计划，确定监控目标要求及检测手段，由施工员、质检员进行连续监视和控制，并做好记录。

4）其他控制办法同关键过程控制的要求。

7.1.6 成品保护

（1）设专人负责成品保护工作，制定正确的施工顺序，采取护、包、盖、封防护。

（2）做好工序标识工作，在施工过程中对易受污染破坏的物品、半成品标识“正在施工，注意保护”的标牌。

（3）工序交接全部采用书面形式，由下道工序作业人员和成品保护负责人同时签字确认，并保存工序交接书面材料，下道工序作业人员对成品的污染、损坏或丢失负直接责任，成品保护负责人对成品保护负监督、检查责任。

7.2 技术保证措施

7.2.1 技术投入

1）人员投入：首先成立项目部，项目部机构组织人员均由有岗位资质证的人员组成并且具有相当相关工程施工工作经验。详见项目组织机构图。

2）“四新”技术投入。

7.2.2 技术资料的管理

根据国家、地方对技术档案的要求以及本单位对技术档案材料的管理规定，建立符合本工程实际情况的技术档案资料收集、整理、归档的责任制，特别是对于分包单位、业主及业主直接分包的工程的有关资料要有切实有效的收集制度，并将有关责任落实到人，从而形成责任明确、信息畅通的技术档案资料收集渠道。所有技术档案的收集应真实、准确、及时、齐全。

7.3 工期保证措施

1）合理安排好总体施工网络进度控制计划，在计划实施过程中，进度与网络计划有出入的应及时调整计划，使各工序能在计划时间内完成，并紧紧抓住网络计划的关键工序，强化项目的计划管理，以施工组织设计为依据，分期编制各项资源供应的详细计划，认真组织实施，确立计划管理的权威，确保工程有组织、有秩序、按计划进行。

2）做好各种材料进场计划，需要提前订货的设备、材料应尽早落实。

3）严格把好各种进场材料质量，防止因材料质量原因造成延误工期。

4）要选择精干的现场管理人员组织施工。

5）施工班组要选择熟练工人，能保证施工质量和工期。

6）工程在主体阶段及内装饰阶段应安排两班制。

7）采取新技术、新工艺，如采用粗钢筋连接技术、顶棚直接刮腻子技术、混凝土原浆面一次磨光成活、海菜粉应用技术，保证质量，加快进度。

8）加强各种机械设备保养工作，配备必要的机修和熟练的修理人员，认真执行机械操作规程，避免因机械故障影响施工。

9）在主体施工阶段进行分段验收，当主体上到七至十层后进行中间验收，封顶后分二次进行验收，以便其他工序穿插施工，加快工程进度。

10）加强各方面的协调工作，以及土建与安装工程的配合，不致因相互间关系不理顺而影响工期。

11）加强施工生产安全工作，安全第一，贯穿整个施工过程。

12）加强成品、半成品保护。

13）加强各工序之间衔接，特别是在装饰阶段的协调更重要。

14）每天下午17：00召开例会，由班组长以上人员参加，总结当天质量进度情况，安排第二天工作。

15）执行奖优罚劣制度，项目部有权对有关班组工作矛盾决策处置。

16）保证资金供应，确保各项费用支付。

7.4 降低成本措施

7.4.1 加强施工期间的成本控制的管理

1）加强施工任务单和限额领料单的管理，特别要做好每一个分部分项工程，完成后的验收以及材料实耗的数量核对。

2）将施工任务单和限额料单的结算资料与施工预算进行核对，对材料消耗有差异及时分析原因，并采取有效的纠偏措施。

3）严格贯彻执行公司有关材料采购、验收、运输、贮存使用的有关程序标准，避免使用不合格材料、运输、贮存不当等引起不必要的材料浪费。

4）施工班组的选择采取竞标方式，依照低价质优的原则选择班组，降低人工费成本。

5）做好工期管理，尽量缩短工期，降低人工费、机械费、管理费的开支。

7.4.2 采用"四新"技术有效降低成本

1）柱筋采用电渣压力焊，其中粗钢筋采用直螺纹套筒连接。

2）模板采用胶合板模，施工后混凝土平整、光滑，可节省抹灰材料，支撑体系选用门架支撑体系，能加快模板的周转，节省模板的投入及工期。

3）在混凝土、砂浆施工中加适量的外加剂或粉煤灰，节约水泥用量，从而降低成本。

4）顶棚采用直接刮腻子技术，节省工序及费用。

7.5 安全、消防保证措施

7.5.1 现场生产、生活安全措施

(1) 安全责任制度

根据管生产必须管安全的原则，建立各级安全生产责任制，项目经理对整个施工安全

总负责，分管生产的项目副经理对安全生产负直接的领导责任，具体组织实施各级安全措施和安全制度。质量安全组负责组织安全技术措施的编制，并报公司技术科和安全站审核，负责安全技术的交底和安全技术教育，施工员应对分管施工范围内的安全生产负责，贯彻落实各项安全技术措施，工地设专职安全员两名，负责安全管理监督检查。

(2) 安全教育及安全技术交底制度

全体职工进入工地后应进行进场教育，定期进行安全意识教育，新工人进行上岗教育，各工种结合培训进行安全操作规程教育，特殊工种必须持证上岗，对具体的分部分项工程及新工艺、新材料的使用要进行技术安全交底，每一次下达任务时对班组要进行安全技术交底，班组长每天上班时应对全班进行上岗安全交底。

(3) 安全设施验收挂牌制度的最重要组成部分有：

1) 全部垂直运输设备（塔吊起重机、井架等）的验收挂牌；

2) 脚手架的验收挂牌；

3) 各种洞口临边围栏及防护设施的验收挂牌；

4) 操作平台和活动悬挑平台的验收挂牌；

5) 有防火需要、作业安全等要求的专门配置的各种设施的验收挂牌。

(4) 安全检查制度

本工程安全检查分定期的例行检查和不定期的专业检查。定期检查采取工地每月一次的全面安全检查，由工地各级负责人与有关业务人员参加，每月一次的全面安全检查，由工地各级负责人与有关业务人员参加，对整个工地从安全意识、安全制度、安全措施落实情况等各个方面检查，将检查结果进行安全生产讲评；区段每旬进行一次的例行定期检查，由施工员实施，检查结果在班长会议上讲评，专职安全员每天对各区段进行监督、检查，不定期的专业检查一般是为迎接省、市安全文明检查，对安全隐患进行彻底清理。或针对工地产生突发安全事故，进行事故原因分析和整改落实。

(5) 塔吊

1) 本工程使用一台 145t·m 塔吊、两台 80t·m 塔吊、一台 60t·m 塔吊，附着式起重机的固定防雷接地必须严格按产品说明书执行，在特殊气候条件下要有应急锚固措施准备。

2) 塔吊的使用和管理要建立专门制度，有专人指挥操作，对保险及限位装置，每天班前要检查，看其是否灵敏、可靠，按规定定期检查和保养。

3) 施工用的大型塔吊的装拆都应编制装拆方案，在技术和劳动安全部门监护下装拆。

4) 塔吊安装后，在无荷载情况下，塔身与地面的垂直度偏差不得超过 3‰。

5) 检查电缆、电线的绝缘是否良好，电机接线是否正确，各行程动作要灵敏、可靠。

6) 要有专人指挥，相互配合，确保安全生产。

(6) 高处作业安全防护措施

1) 洞口防护

① 洞口与栏杆用材要求

本工程防护选用钢管 $\phi48$（$\delta=2.75\sim3.5$mm）的管材，选用安全网（平网和立网）必须符合 GB 725 标准。

② 楼梯口防护

楼梯口、梯段边须设置牢靠的防护栏杆，防护栏杆由上、下两道横杆及栏杆组成，上杆离地高度为1.2m，下杆离地面为0.5～0.6m。横杆长度大于2m时，必须加设栏杆柱。

③ 电梯口防护

电梯口每层须设固的防护栏杆或固定栅门，不得擅自挪动、移动，梯井内每层铺设ϕ25、间距200mm的钢筋网片防护。

④ 预留洞口、坑井的防护

预留洞口、坑井四周牢固防护栏杆，上杆离地高为1.2m，下杆离地高为0.5～0.6m。挡脚板高18cm，当边长大于1.5m时，需加设立杆柱。其材质与楼梯防护材相同，洞口的上方铺设ϕ25、间距200mm的钢筋网防护，边长小于1.5m的洞口使用坚实的盖板盖设，并固定防止挪动、移动，设置夜间红灯警示。

⑤ 信道口设置牢靠的防护棚，防护棚宽度大于道口，长度按现场的实际情况设置，采用双层防护棚，间距大于等于70cm，下部防护棚离地面高度为2.5～3m，并设置安全信道标志。

⑥ 阳台、楼板、屋面等临边防护

其防护栏杆设置及用材与楼梯口防护要求相同，本工程绝大部分采取砖墙作防护用，弧形屋面防护栏高度为1.5m，并加挂安全网。

2）交叉作业防护

① 施工信道口要搭双层防护棚。

② 在临边、洞口附近不准堆放杂物，其临时转运必须有专人监护。

③ 在垂直运输坠落物半径内，要画出人员行走专门路线，做好隔离棚。

④ 无隔离措施时，不得在同一垂直面内上、下交叉作业，拆脚手架等难以避免的交叉作业，要临时画出禁界，专人监护。

⑤ 本工程基础四周设置防护栏杆，高为1.2m。栏杆刷红白相间油漆（图7-1）。

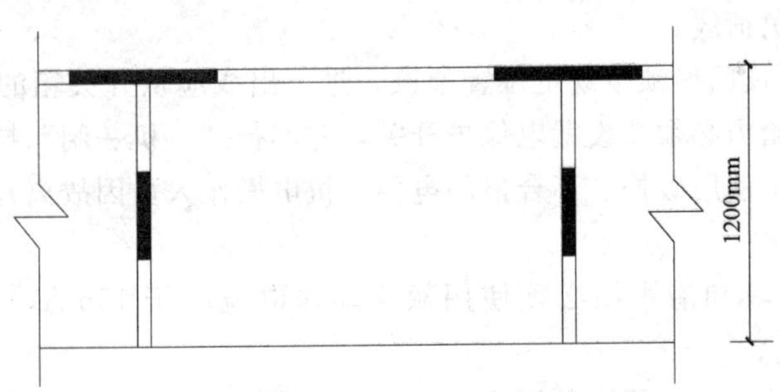

图7-1 基础四周的防护栏杆示意图

⑥ 模板的支撑体系必须进行结构强度、刚度和稳定性验算。

⑦ 模板等周转材料拆除后从楼层内调运出时，不得横向拉出，应设置活动悬挑平台，使物料集中在平台上然后垂直吊运。悬挑平台必须专门设计，平台应按钢结构设计，斜拉杆每边至少两道，每道都能单独安全受力，为双重保险，平台两边有不低于200mm的挡脚板，防止零星物体坠落。

⑧ 钢筋、脚手架、支撑管、横楞木等材料的垂直运输，必须按类别、长度成捆吊运，一般吊索成三角式，两点吊起。

⑨ 零星物料如模板的销子、卡具、顶撑垫木、水泥垫块等，必须装箱或装袋吊，防止天女散花式坠落。

⑩ 在已浇筑混凝土的楼面上堆置钢筋、模板，应规定范围和限量，施工人员必须随时检查，在已安装的模板上堆置钢筋更应规定限量，防止局部超载引起破坏。

⑪ 超过2m坠落高度绑扎钢筋，安装模板时，应采用活动平台式临时小脚手架，大块柱模及墙模安装要两人以上配合，必要时设临时支撑，防止风吹倾倒伤人。

⑫ 混凝土浇筑时泵车、塔式起重机、吊装机械等，都应在设计路线和程序进出，斗车运输要搭设灵便、可靠的通道，吊斗运混凝土时不得直接放在模板平台上卸料，泵管要专门设计可靠的固定，沿外墙柱面或电梯井道固定立管，设计专用支架固定水平管。

⑬ 基础结构施工阶段，应搭设安全、可靠的上下钢管梯。

(7) 安全用电技术措施

1）所有参加的人员必须遵守《建筑安装工人安全技术操作规程》，不得无证人员电工作业。

2）配电线路、机电设备，必须按照确定的位置，走向布设，禁止临时乱接，禁止将电源线直接绑在钢管等金属物上。

3）不得在高、低压线路下方施工，堆放构件、架具、材料、杂物或搭设临时设施。

4）线路的安全距离必须满足规范要求，如因受现场等原因限制达不到安全距离时，必须增设屏障，遮栏、围栏或保护网等保护措施，并悬挂醒目的警告标志牌。

5）电源干线的起止杆、中转柱和丁字杆，都应设拉线。拉线上端2m处要设绝缘瓷珠，与地面的夹角成45°为宜。

6）各种电动机械设备，必须按规定作保护接零或作保护接地（接地电阻4Ω），禁止同一电网的设备接零、接地混用。

7）保护零线不得装设开关或熔断器，并使用绿、黄双色线。在任何情况下，不得使用绿、黄双色线作负荷线。

8）开关箱必须设门加锁按规定位置架设。进、出线应从开关箱的下方穿行，并采取防雨、防尘措施。箱内必须装设漏电保护开关，并实行“一机一闸”挂牌制，箱内的电器必须可靠完好，不得使用破损、不合格的电器。机电操作人员因故离开岗位时必须拉闸断电，并锁好开关箱。

9）手持电动工具和潜水泵必须使用额定动作电流小于15mA，额定动作时间小于0.1s的漏电保护器。

10）照明线路的架设必须满足规范的要求，特殊场所按规定使用安全电压，禁止照明线、动力线混合使用。大型机械在夜间应装设醒目的红色信号灯。

11）其他措施

① 本工程施工期间配备专职电工3名，负责现场所有用电设备的线的装拆，并负责保护所有设备的电线和开关箱，电工作业应严格执行《施工现场临时用电安全技术措施》，非专业电工严禁装拆电线。

② 实行分级配合。分配电箱中应设总隔离开关和分路隔离开关、总漏电保护器。每台设备配一个开关箱，内装漏电保护器，开关箱应能防水并加锁，容量大于5kW的动力电路采用自动开关；小于5kW的用手动开关。

③ 电气设备一律采用保护接零防护触电措施，并重复接地。

④ 地面用电设备干线原则上采用架空线路，电杆采用木杆，高度保证离地面以上3m，沿地面铺设的导线应采用槽钢或钢管作保护，电工应经常检查线路情况，发现问题及时解决。

⑤ 及时更换破损电线和失灵的漏电保护器，发现漏电设备马上停止使用，并请专业人员检修。水中作业及浇筑混凝土的现场人员一律穿防水绝缘胶鞋操作。

⑥ 照明与动力不能混用，夜间施工应用足够的照明灯，并派电工值班，负责装拆电线。

⑦ 出现断电情况，电工负责检查线路。

⑧ 室内导线采用绝缘导线瓷珠，固定在绝缘体上，过墙时穿管保护，室外路灯和临时灯采用灯具单独装设电熔断器。

⑨ 经常检查电气设备及线路运行状况，发现起火、冒烟、漏电等异常情况，立即断电，由电工负责检修处理，不得使用不合格的用电器和材料。

⑩ 本工程施工前，要加强检查并对电器设备操作人员进行交底和教育。

12）为了更好地落实各项技术措施的实施，本工程应建立并严格执行安全事故风险抵压金制度。

(8) 台风、雨季、洪水等自然灾害具体的防灾减灾措施详见“6.12 季节性施工”。

7.5.2 现场消防、保卫措施

(1) 现场消防措施

1）建立消防组织和制度，施工中必须认真执行《中华人民共和国消防条例》，建立以工地主管参加的消防领导小组，实行防火责任制度。贯彻消防工作“以防为主、消防结合”的原则。

2）配备必要的消防设施和器材

① 必须有充足的消防水源，保证必要的水压和水量，设置变压泵供水。

② 要设置两路电源，除正常施工用电外，启动消防水泵、安全通道及紧急情况使用的电器设备必须另备电源。

③ 施工现场防火器材的设置，要按规定和计算的数量设置。

3）禁火管理，整个工地禁止明火，关键部位要悬挂明显标志牌，禁止一切可能引起明火的火种进入。

4）现场防火要求

① 要规划消防通道，保证消防车通行无阻。

② 焊、割作业点与氧气瓶和乙炔器等危险物品的距离不得少于10m，与易燃物品的距离不得少于30m；如达不到上述要求，应设专门隔离设置并经过专门审批。

③ 现场焊割作业人员要进行专门防火教育，工地按工程情况建立焊割作业的安全规定。

④ 在装饰施工阶段，对油漆等有散发可燃气体的作业，除注意及时通风外，还应制订消防安全措施。

⑤ 严格按平面布置图设消防栓，并设明显标志。

5）电气防火措施

① 电气设备应按《国家电器规程》进行安装，按期对电气、设备、开关、线路和照明灯具等进行检查，凡不符合安全要求的应及时维修或更换。

② 电动机械应注意防潮、防尘、防腐，严禁超负荷运行。对长期没有运行的电动机械，在启动前应测量其绝缘电阻。合闸后，如果不运转，应立即切断电源，排除故障。

③ 不准使用电炉、电热器具，木工车间（棚、房）易燃易爆场所严禁烟火。

④ 照明设备在安装保险丝或自动开关装置，与可燃物之间应保持适当的距离。灯泡上不准用布或纸包裹。

⑤ 照明线的安装高度、架设方法应符合规范要求，在有防爆炸危险的场所，必须选用防爆灯具，并应符合防爆要求。

⑥ 高压碘钨灯等照明设备的整流器，不应安装在可燃建筑物上。碘钨灯使用的导线，应采用绝缘的耐热线。

⑦ 开关箱、配电箱内禁止存放易燃易爆物及杂物。

⑧ 焊接作业人员应严格遵守《建筑安装工人安全技术操作规程》，焊接作业场所应符合要求，与可燃物要保持安全距离。

⑨ 消防器材应按规定配置。消防水泵、消防给水管道、消防水箱和消防栓等设施，不得任意改装或挪作他用。

（2）现场保卫措施：现场组织安装保卫系统，成立经济民警中队，建立完善门岗制度，积极主动与本地派出所联系，做到一天24h有人值班。杜绝违法事件的发生。

7.6　施工现场环境保护措施

1）要遵守福州市有关环卫、市容管理的有关规定，挖运土方时运土汽车驶出现场要配备专人检查装土情况，关好车槽，采取全封闭式运土。为防止汽车轮胎带土污染市容，现场出口铺设一段碎石路面及洗车台，每辆汽车出场时对其轮胎进行冲洗。

2）挖卸运输要设安全岗，配备专人指挥车辆，汽车司机要遵守交通法规和有关规定，要按指定的路线行驶，按指定地点卸土。

3）所有材料、构件运至工地后及时卸货，并按规划地点整齐堆放，运输车辆尽快离开现场，凡能夜间运输及有污染的材料应尽量夜间运卸，天亮前打扫干净。

4）结施施工阶段，要设专用垃圾通道，及时清除建筑垃圾，不得从高处把建筑垃圾抛下。

5）在装饰阶段有粉尘的作业和有毒气体的作业，除必要的防护设备外还要加强通风。

6）有毒物品要设专人存库保管，领用时要有负责人审批手续并说明使用要求。

7）对周围环境有噪声污染的机械设备，应尽量避免在夜间施工。

8）设置垃圾清理组，由技术组、材料组管理，负责：①清理现场生活垃圾，保证临时设施、食堂、厕所、仓库等清洁；②清扫现场，做到现场如街道，路面平整、清洁；③及时清理运送工作面的建筑垃圾，做到工完场清。

9）食堂应砌筑冲刷池、洗涤池、消毒池，厨师及伙房临时工须经学习、教育，食堂必须符合卫生管理要求，争取做到无蚊蝇、无鼠害、无食物中毒，保证职工吃得满意，吃得卫生。

10）现场设置临时厕所，采用自动水冲式，并做地临时化粪池、沉淀池等配套设施。

7.7 施工文明与 CI

（1）大门及工地围墙：工地主大门宽 8m、六一北路次出入口两个 6m 门，门上书写白底蓝字的中建总公司标志。工地设围墙，大门两侧采用标准砖砌筑，高 2m，外侧抹灰刷白，书写各类宣传标语。围墙上端 0.2m 高，下端 0.3m 高刷蓝色涂料。

（2）旗帜：办公区竖三根旗杆，中间最高旗杆悬挂国旗，两侧为中建总公司标志和建设单位旗帜，旗杆基座为钢筋混凝土结构，外贴花岗石，旗杆采用不锈钢管。

（3）现场办公室及会议室：外墙墙体为白色，上端 0.2m 高，下端 0.3m 高为蓝色，门窗框扇内外侧均为蓝色，内墙面、顶棚为白色，地面为水泥砂浆压光，会议室室内窗帘为蓝色，会议桌为长圆弧形。

（4）现场门卫室、宿舍、食堂、卫生间：外墙装饰现场办公室、门卫室、宿舍、食堂内装饰同办公室，其门室挂“责任制度牌”，宿舍附近有导向牌标明“宿舍区”字样，卫生间墙面贴瓷砖 1.5m 高，并设冲水设备。

（5）标牌：施工图牌（包括工程简介、工程平面图、组织机构、工作制度、安全制度）采用统一标准，现场办公室入口处显要位置墙面上悬挂项目经理部铭牌，各办公室门上贴办公室门牌，各办公室悬挂岗位责任制，图牌及施工网络图。

（6）导向牌：各主要路口均设导向牌。

（7）着装和安全帽：工作服装和安全帽统一配置和穿戴，均带有中建总公司标志。

（8）文件和信笺：文件格式、信笺、纸张、包装袋均统一格式。

（9）建立文明施工与 CI 领导小组，搞好实施、检查及日常管理。

8 主要经济指标

（1）工期指标：总工期 650d。

（2）分部、检验批优良率指标

两幢省优、六幢榕城杯；本工程共九个分部，分别为地基与基础、主体、装饰、屋面、给水排水及采暖、电气、电梯、通风及空调、智能建筑共九个分部，各分部（子分部）质量等级均合格，检验批一次验收合格率达到 99%，观感评定等级为“好”。

（3）降低成本指标

实现完成直接工程费利润 2%。

第七篇

万国公寓项目施工组织设计

编制单位：中建国际建设公司
编 制 人：李高来　李健

［简介］ 万国公寓为高档公寓项目，建筑面积 54551m²，地下 3 层，地上 32 层。工程平面采用四边形、三角形、弧线的有机结合构成平面布局；在立面上，全部采用透明玻璃幕墙与铝板。本工程采用均衡小节拍流水，减少了模板支撑投入，缩短了工期。在土方开挖、基坑支护、模板、混凝土、爬架、装饰装修等方面都采用先进的施工工艺，推广应用了新技术、新材料，降低成本目标为总产值的 2%以上。

目 录

1 工程概况

本工程为高档公寓项目，位于北京市工体西路东侧，亮马河北岸，北侧紧邻京盛一期工程。工程平面采用四边形、三角形、弧线的有机结合构成平面布局；在立面上，全部采用透明玻璃幕墙与铝板，既端庄沉稳又豪华富丽。本工程建筑占地面积1470m^2，建筑面积54551m^2，地下建筑面积13860m^2，地上建筑面积40691m^2，标准层建筑面积约1281m^2，地下3层，地上32层，±0.00相当于绝对标高39.60m，建筑物最高点为106.40m，基底相对标高－12.30～－18.55m。标准层建筑面积约1281m^2。建筑物结构类型为框架-剪力墙结构，基础形式为筏形基础。

1.1 建筑设计特点

（1）室内装修

1）内墙面　主要有：大理石、涂料、瓷砖等；

2）楼地面　主要有：瓷砖、木地板、地毯等；

3）顶棚　主要有：石膏板、乙烯基底板、声学顶板等；

4）门窗　主要有：实心木制门空心金属门、玻璃门。

（2）外墙装修

外墙装修采用铝板和明框玻璃幕墙，入口雨篷为悬挂式轻型钢结构，外包铝板，大门为不锈钢玻璃旋转门。

（3）屋面

1）上人屋面（屋1）：预制混凝土铺地砖；浮镘饰面；挤压成型聚苯乙烯板；2mm聚氨酯防水层；混凝土结构板。

2）不上人屋面（屋2）：撒小8mm绿豆砂保护层；浮镘饰面；挤压成型聚苯乙烯板；2mm聚氨酯防水层；混凝土结构板。

3）地下室屋面（屋3）：40mm厚C10细石混凝土保护层；麻布保护层一道；2mm聚氨酯防水层；30mm厚1∶3水泥砂浆找平层；钢筋混凝土顶板；顶板下方聚苯乙烯泡沫塑料隔热板。

（4）防水

1）地下室、屋面、游泳池采用薄层防水建材；

2）厨房、厕浴间采用聚氨酯防水；

3）生活、消防水箱采用水泥砂浆加弹性材料罐体衬层防水。

（5）保温

1）地下室顶板采用聚苯乙烯泡沫塑料保温；

2）屋顶采用聚苯乙烯板保温。

1.2 结构设计特点

（1）结构形式

基础：筏形基础；

主体：现浇钢筋混凝土框架-剪力墙结构体系；

屋顶：现浇钢筋混凝土平面屋盖体系。

（2）地下防水系统

混凝土自防水：底板、外墙、水池、外露顶板掺入外加剂形成自防水混凝土；

桩头防水：2mm 聚氨酯涂膜；

底板防水：Bituthene 3000（1.5mm 厚）防水涂料；

外墙防水：Preprufe 160（1.07mm 厚）防水卷材。

（3）混凝土强度等级

主要有：C15、C30、C35（P8）、C35、C40、C45、C45（P8）、C50、C55、C60 等。

（4）钢筋类别

HPB235 级钢（Ⅰ）：ϕ6、ϕ8、ϕ10、ϕ12、ϕ14；

HRB335 级钢（Ⅱ）：Φ16、Φ20、Φ25、Φ28、Φ32、Φ40。

（5）钢筋的接头形式

绑扎搭接、竖向气压焊和电渣压力焊。

1.3　建设单位提供的施工条件

建设单位可提供的施工用地面积为 4778m^2、其中建筑占地面积为 1470m^2，在施工现场只能布置一栋 3 层活动房作为办公用。木加工和钢筋加工厂外租，业主提供的水源供给能力为 ϕ100 给水管，电源功率为 550kV·A。施工现场地下、地上障碍物已拆除、改线，场地平整、道路畅通有待硬化，水准点已引入施工现场。

1.4　工程特点与难点

（1）施工工期紧：工程合同总工期为 802d，周边还存在扰民现象。因此，施工阶段要遵守政府对施工时间的限制。对总承包商的管理、协调、组织能力要求较高。

（2）三个冬期及两个雨期的影响：施工总工期内逢三个冬期、两个雨期，其中基础工程施工、部分外装饰工程在雨期；上部结构施工、部分内装修和部分室外装饰工程工在冬期；因此，合理的安排和组织是项目管理中的重中之重。

（3）施工场地异常狭小：本工程施工场地呈三角形，场地狭小。本工程紧邻红线建，北、东南、西侧地下室结构外墙皮距红线分别为 1200mm、50mm、940mm；且京盛广场一期工程的上、下水管线局部地段已越进大使公寓工程的建筑红线，最大越进量为 0.50m，严重影响北侧护坡桩及降水管井的施工；除此之外，在本工程㉕～㉗轴之间约 15.0m 宽度范围的北侧红线紧邻京盛一期工程的地下车道。在北侧和南侧还有煤气管道。现场内只有南侧及西北侧有场地可以利用，材料堆场、施工机械设备场地已难以布置，需租用第二场地解决材料加工等相关问题。由于现场东北侧紧邻京盛一期，没有可利用的场地，且北侧道路被切断封死。现场场地严重不足和现场无法设置循环道而造成运输车辆调度困难将是施工面临的最大难题。

（4）建筑层高高：地下一层结构层高 5.4m，标准层层高为 3.05m、3.19m。给模板施工和混凝土施工带来很大的难度。

（5）底板大体积混凝土：底板的厚度为 500mm 和 2000mm，根据留置的施工段最大一次（主楼底板）混凝土的浇筑量达 3493.8m^3，根据主楼底板的特征和规范的要求，主楼的底板混凝土浇筑属于大体积混凝土施工。底板混凝土的施工质量关系到结构的抗渗、防水质量能否达到要求，须加强管理和监测，以避免底板混凝土出现收缩裂缝而影响混凝土的防水质量。

（6）外墙装饰复杂：根据建筑设计要求，外墙装饰由透明玻璃幕墙与铝板等组成，为了与京盛一期建筑协调一致，给材料的选购带来了困难；同时，建筑物属于超高层，给外墙施工带来困难，需加强前期工作准备。

（7）内墙装修复杂：地下室有桑拿浴室、游泳池等，地上有接待厅、儿童娱乐场所、成人健身房等。

（8）本工程建筑造型较为复杂：地下室外形平面三角形，主楼平面由四边形、三角形、弧线的有机结合构成的多边形，给主体结构施工模板的配置带来了难度；同时，在工期紧张的情况下，各专业工种立体交叉作业多，需要加强施工组织和调度。

（9）环境影响：由于工程处于二环与三环之间的第二使馆区，大宗材料的运输只能夜间，这将给材料、混凝土、设备的运输带来影响。

（10）本工程基底标高深－12.30～－18.55m，且在基底面标高变化多；建筑物的层高变化多且比较高；建筑物为超高层，最高点达 106.40m；内墙墙厚变化多，且直墙和圆弧墙连接，直墙与多边形柱连接，地下室外墙厚度为 450mm 和 600mm。柱子的截面尺寸大且有一部分为多边形；同一轴线位置的墙柱随着楼层的增加，墙柱截面的尺寸和形状均有变化。由于场地的限制地下室北侧外墙结构施工时，只能在地下室内侧采用单侧模板和碗扣脚手架系统支模。

（11）本工程从地下三层到地上三层有四个劲性混凝土柱，在三层处劲性柱之间有劲性梁；主体的部分混凝土等级为 C60，属于高性能混凝土；同时，在梁柱接头处要分别按相应的混凝土浇筑；在一层前后门厅的天井处，在标高 6.10m 有钢筋混凝土大梁。

（12）任务量大：合同中内容包括工程全部结构、装修、机电和室外等工程的内容，还包括工程结构、机电和消防等的二次设计和大型设备的采购等内容，这要求施工技术人员要素质过硬。

（13）机电工程安装量大：机电工程涉及的专业多且复杂，加之工期紧交叉作业多，因此，如何组织与协调是项目管理的重点。

（14）新材料、新工艺、新技术的应用：超流态混凝土灌筑基础桩、粗直径钢筋电渣压力焊和气压焊、新型建筑防水材料、地下室外墙新型防水材料、玻璃幕墙、铝板安装的施工和 UPVC 管材等。

2　施工部署

2.1　施工总工艺流程

2.1.1　±0.00 以下结构施工工序

测量定位放线──→基坑护坡桩和降水──→第一步土方──→锚杆施工和护坡砖和构造柱施工──→第二步土方──→锚杆的施工──→基础桩施工──→第三步土方及清槽──→底板垫层

浇筑⟶砖台模砌筑⟶防水层施工⟶防水保护层浇筑⟶底板钢筋放线⟶底板混凝土浇筑⟶底板混凝土养护⟶测量放线⟶地下三层墙柱钢筋绑扎⟶地下三层墙柱支模⟶地下三层墙柱混凝土浇筑⟶墙柱混凝土养护⟶地下三层内架搭设⟶地下三层顶板、梁支模⟶地下三层顶板、梁钢筋⟶地下三层顶板、梁混凝土浇筑⟶梁板混凝土养护⟶测量放线⟶地下二层墙柱钢筋绑扎⟶地下二层墙柱支模⟶地下二层墙柱混凝土浇筑⟶墙柱混凝土养护⟶地下二层内架搭设⟶地下二层顶板、梁支模⟶地下二层顶板、梁钢筋⟶地下二层顶板、梁混凝土浇筑⟶梁板混凝土养护⟶测量放线⟶地下一层墙柱钢筋绑扎⟶地下一层墙柱支模⟶地下一层墙柱混凝土浇筑⟶墙柱混凝土养护⟶地下一层内架搭设⟶地下一层顶板、梁支模⟶地下一层顶板、梁钢筋⟶地下一层顶板、梁混凝土浇筑⟶梁板混凝土养护⟶地下外墙防水⟶外墙防水保护层⟶土方回填

2.1.2　±0.00 以上结构施工工序

以一个标准层施工工序为例。

Ⅰ段外架搭设⟶Ⅰ段平台放线⟶Ⅰ段墙柱钢筋绑扎⟶Ⅰ段墙柱支模⟶Ⅰ段墙柱混凝土⟶Ⅰ段墙柱混凝土养护⟶Ⅰ段内架搭设⟶Ⅰ段梁、板模板支设⟶Ⅰ段梁、板钢筋绑扎⟶Ⅰ段梁、板混凝土浇筑⟶Ⅰ段梁板混凝土养护⟶Ⅱ段外架搭设⟶Ⅱ段平台放线⟶Ⅱ段墙柱钢筋绑扎⟶Ⅱ段墙柱支模⟶Ⅱ段墙柱混凝土⟶Ⅱ段墙柱混凝土养护⟶Ⅱ段内架搭设⟶Ⅱ段梁、板模板支设⟶Ⅱ段梁、板钢筋绑扎⟶Ⅱ段梁、板混凝土浇筑⟶Ⅱ段梁板混凝土养护

2.1.3　装修及其他分部施工工序

(1) 外装修：测量放线⟶预埋件的清理、调整⟶安装铝竖龙骨⟶安装铝横龙骨⟶玻璃和铝板的安装⟶打胶⟶成品保护⟶“三性”试验⟶清理

(2) 内装修（以一套公寓为例）

A. 厕浴间和厨房：测量放线⟶抹灰⟶门窗框安装⟶抹灰收口⟶防水层的施工⟶蓄水试验⟶防水保护层的施工⟶墙面砖的施工⟶吊顶⟶浴缸的安装⟶地面铺贴⟶闭水试验⟶台面的安装⟶镜子的安装（或橱柜安装）⟶其他设备的安装⟶油漆⟶五金件的安装

B. 其他房间：测量放线⟶抹灰⟶水电等专业插入⟶门窗框安装⟶抹灰收口⟶轻质隔墙的安装⟶刮腻子⟶涂料⟶门扇的安装⟶木地板⟶油漆⟶地毯⟶清理

2.2　施工流水段的划分

依据合同工期和资源状况，根据本工程的特点和设计要求。本工程结构施工流水段划分如下：

2.2.1　±0.00 以下结构施工流水段的划分

(1) 基础底板施工流水段划分（图 2-1）

根据设计要求，基础底板施工时划为三大段及两小段，主楼和裙房分界处设置800mm 宽后浇缝，主楼基础底板混凝土一次连续浇筑完成，裙房底板考虑长度因素，划分为两块进行浇筑。后浇缝待主楼沉降稳定后，经设计师认可再进行混凝土的浇筑。

(2) ±0.00 以下外墙结构施工流水段划分

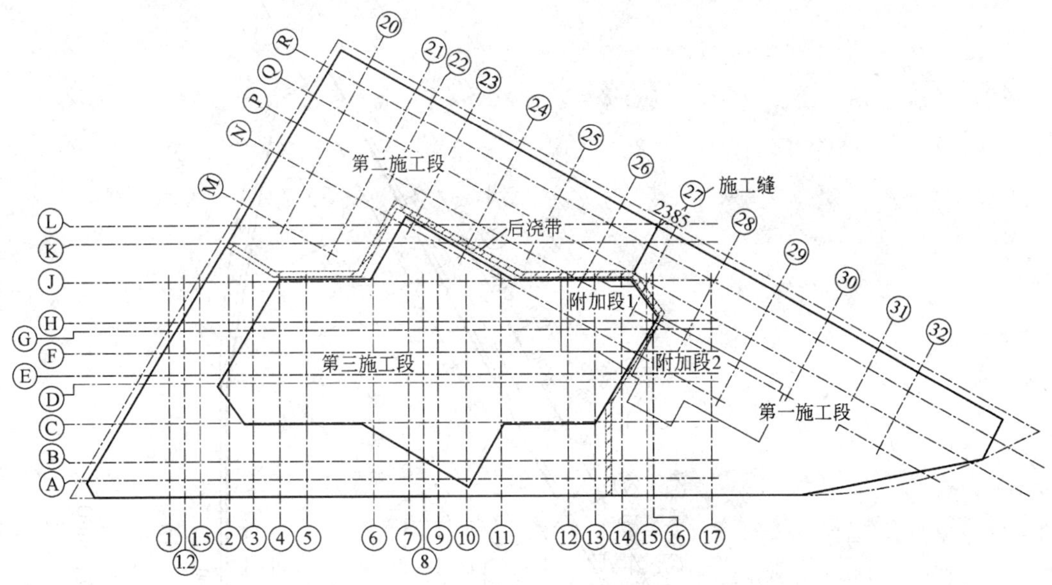

图 2-1 基础底板施工流水段划分平面图

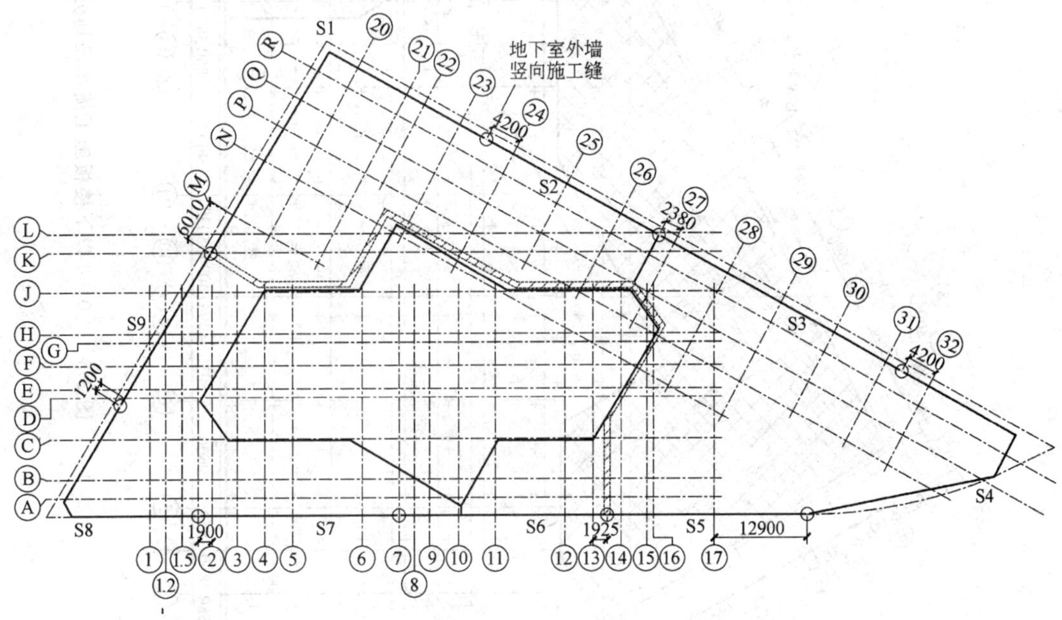

图 2-2 ±0.00 以下外墙施工竖向施工缝布置图（单位：mm）

±0.00 以下外墙结构施工以外墙一次浇筑长度不超过 25m 为原则。地下室外墙施工流水段划分为九段（图 2-2）。

(3) ±0.00 以下楼板施工流水段划分（图 2-3）

±0.00 以下顶板划分为四大段。施工缝留在次（或主）梁的跨中 1/3 处。

2.2.2 ±0.00 以上结构施工流水段的划分（图 2-4）

±0.00 以上结构施工时，划分为两个流水段，其中第二段又划分为二段东和二段西

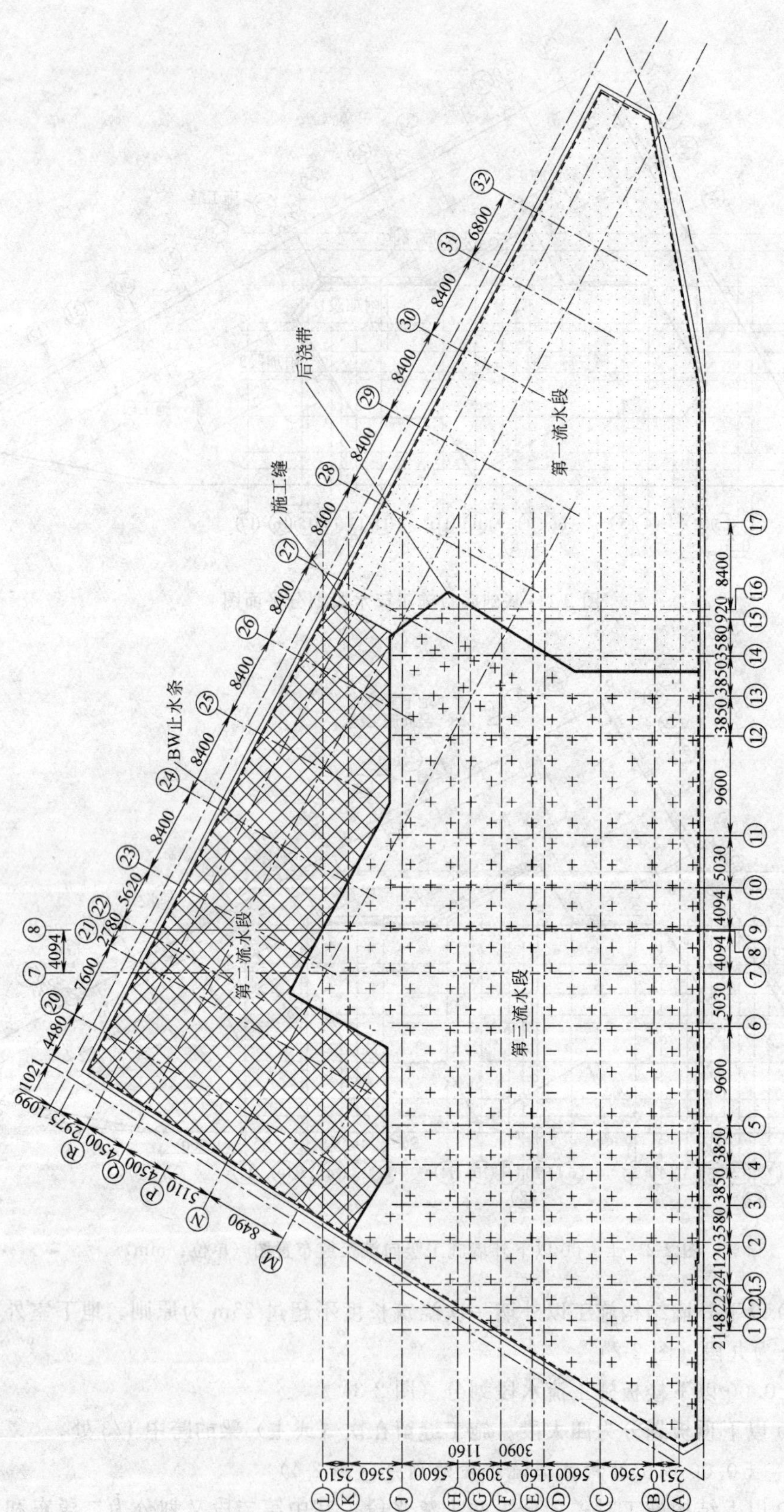

图 2-3　±0.00 以下楼板施工流水段划分图（单位：mm）

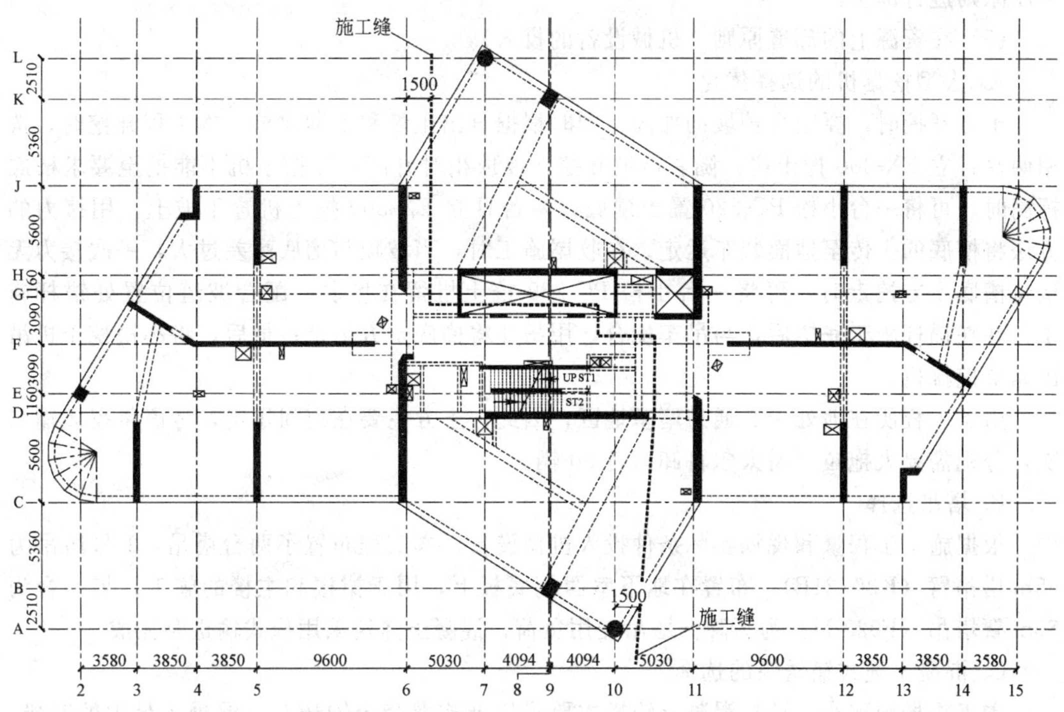

图 2-4 ±0.00 以上施工流水段划分图（单位：mm）

两小段。

2.3 施工进度计划

2.3.1 施工进度计划编制原则

(1) 本工程工程量大、结构质量、装修标准高，总工期却只有802天，工期非常紧张。为了保证基础、主体、装修均尽可能有充裕的时间施工，保质按期完成施工任务，考虑各方面的影响因素。

(2) 在时间上的部署原则（季节施工的考虑）

根据总施工进度的安排，基础结构施工在2000年6月16日出地面，回填土在雨期施工期之前基本完成，保证基坑护坡的稳定；主体结构在2001年1月21日封顶；屋面工程等开春施工；外立面的玻璃幕墙、铝幕墙等在2001年雨期施工前完成，保证密封胶体的施工质量；为了确保装修工程的质量，在冬期施工前、室内通暖前，所有的湿作业均施工完成；室外工程及时穿插进行，确保总图施工在冬期施工前完成。

(3) 在空间上的部署原则（立体交叉施工的考虑）

为了贯彻空间占满、时间连续、均衡协调有节奏、力所能及、留有余地的原则，保证工程按照总控计划完成，需要采用主体和隔墙的砌筑、主体和安装、主体和装修、安装和装修的立体交叉施工。为了使上部结构正在施工，而下部隔墙的砌筑、安装、装修及时插入施工，需要将结构分四次验收。

(4) 总施工顺序上的部署原则

按照先地下，后地上；先结构，后围护；先主体，后装修；先土建，后专业的总施工顺序原则进行部署。

(5) 在资源上的部署原则（机械设备的投入）

A. 大型挖掘机的选择优化

土方开挖时，要结合护坡的加固，同时根据日出土量和工期要求，本工程开挖时，选用两台日立 EX-300 挖土机。随着坡道开挖，坡顶相对升高，在挖土机不能挖至要求槽底标高时，可将一台小松 PC-220 置于槽底，两台日立 EX-300 挖土机置于坡上。用接力的方法将槽底的土传至地面装车运走。在收尾施工时，当坡顶与槽底高差过大，一次接力无法将槽底土方挖走时，可将一台小松 PC-220 挖土机留在坑底，配合坡道位置处锚杆施工，并在锚杆施工完毕后，与吊车配合，用吊斗将槽底土方吊走；最后，将小松挖土机吊出基坑挖掘机。

由于工程所在地处于交通易堵塞地区，因此，土方主要在夜间运走，考虑每夜运输二次，分别需要太拖拉、斯太尔自卸车各 30 辆。

B. 塔吊选择

根据施工工程量和现场实际条件投入机械设备。本工程布置了两台塔吊，1 号塔吊为 55m 塔吊臂（K30/21B），布置在地下室西侧底板上，用于裙楼和主楼的施工；另一台为 50m 臂塔吊（F023B），为了降低塔吊使用负荷，混凝土浇筑采用拖式输送泵完成。

C. 混凝土拖式输送泵的选择

本工程场地狭小，预拌混凝土输送主要采用拖式混凝土输送泵，混凝土量大的时候，如果需要，可以调混凝土泵车协助浇筑。场内拖式输送泵会安装在西侧，一次混凝土浇筑量最大是在地下室底板混凝土的浇筑，在地下结构的混凝土浇筑，主要采用泵送，配备三台地泵（其中一台备用）进行底板和楼板的混凝土浇筑，两台地泵的平均效率为 $100m^3/h$，需要 15～20 台辆罐车配合。两台塔吊用于竖向墙柱的混凝土浇筑。地上结构选择一台拖式混凝土输送泵。

D. 大型机械选择一览表（表 2-1）

大型机械选择一览表　　　**表 2-1**

序　号	大型机械名称	规　格	数　量
1	挖掘机	EX-300	2
2	挖掘机	PC-220	1
3	自卸斗车	太拖拉	30
4	自卸斗车	斯太尔	30
5	塔吊	F023B	1
6	塔吊	K30/21B	1
7	混凝土拖式输送泵	HBT80	1
8	外用电梯	SC200/200TD	2

(6) 根据基础、结构、装修三个阶段施工不同的特点安排总体施工部署。

A. 基础施工阶段

在基础施工阶段，最棘手的问题是场地狭小，因此，在保证工期和质量的前提下如何增加现场施工使用面积是非常重要的。基坑护坡形式的选择是决定是否占用更多的使用面积的关键。本着既安全又经济的原则，根据本工程场地土质情况，以及通过计算和多年的施工经验，最后决定本工程基坑支护采用钻孔灌注桩结合微型桩、锚杆和砖墙加混凝土构造柱等进行综合护坡。

为了保证施工的顺利进行，需要在施工现场附近租赁第二场地，用于施工的加工场地，现场只是作为零星加工场地和主要材料、设备的堆场。

本工程是框架-剪力墙结构，为了保证主体结构墙体的清水混凝土效果，结构竖向模板均采用定型大钢模板体系，大钢模板均在加工厂完成，根据施工进度随时进场。水平模板采用 12mm 厚的多层板，支撑系统采用碗扣脚手架。

基础结构施工复杂，且基础有 533 根钻孔灌注桩；并且局部阶段处于冬期施工期内，因此，在施工时间安排上，基础结构施工时间适当长一些，这样有利于保证基础结构的施工质量。

回填土工程控制在 2000 年雨期施工开始前完成，以保证基坑支护的安全。

B. 主体施工阶段

为了确保整个工程的进度，主体的结构施工是关键。根据小流水的原理和以往的施工经验，主体施工时可以划分两个施工流水段，计划每个月施工六层，平均 5d 左右就要完成一层。

由于使用功能上的需要首层、二层设计为非标层，因此，首层、二层的施工时间相对上部结构其他标准层用时长一些。在施工安排上予以充分考虑。

每年的 6 月 10 日～7 月 10 日是国家规定的高考复习时间，22：00～次日 6：00 禁止施工。主体结构施工一至四层的施工期正好处于这个阶段，因此，在施工进度安排上要考虑这个影响。

为了保证总体进度计划按时完成，室内装修和外墙装饰提前插入施工。外墙装饰提前插入部分主要是弹线、安装龙骨，这同时要求外围结构偏差符合龙骨提前插入要求（幕墙施工单位向土建施工单位提供结构偏差要求）。

为了确保屋面工程的质量和不影响外墙的装修，屋面工程计划安排在冬期施工之后，2002 年 3 月底左右施工。

主体结构施工的外爬架设计时，考虑外装幕墙的施工要求。

C. 装修施工阶段

本工程的装修标准要求高，工期紧；施工时各分包单位多，交叉作业多，土建与专业交叉多。首先，要成立装修协调小组来协调各方面的问题；其次，要提前作好样板间，供业主、监理和业主顾问审核；再次，做好样本和样品的报验和审批。由于专业施工和室内精装修密切相关，同时专业往往成为装修工程的绊脚石，因此，为了保证总体工程按期完成，要求加强专业的施工力量，提前作好专业与土建的配合。

2.3.2 施工进度计划编制依据

为了优质、高效地完成施工任务，保证各施工进度目标的顺利实现，确保正常工期，优质、高效地交付使用。本工程的施工进度计划编制依据下列条件：

(1) 合同要求：工期为 802d。

(2) 配置资源：本工程配一套大钢模、一台塔吊（地下室两台）、一台地泵、两台外用电梯，楼板 4 层架模工具、4 层模板。

(3) 采用先进的施工技术小流水施工工艺、加大机械化施工程度和实施标准化管理。

(4) 有效利用公司的整体优势，完善进度计划管理体系，长计划、短安排编制阶段目标计划进行控制。

(5) 从建设单位利益出发，依据本工程特点，结合公司的技术、资源等状况确定。

2.3.3 施工总进度计划

针对本工程的特点和采用的施工方法，编制了控制施工总进度的施工总进度计划，施工总控进度计划表。

2.4 施工准备工作计划和资源计划

2.4.1 施工准备工作

(1) 技术准备

A. 图纸、图集、规范、规程等的准备

由设计院出图后，及时组织技术员、工长等施工人员熟悉图纸，在出图后一周内进行图纸会审和设计交底，并当面解决落实存在的问题，及时整理，图纸会审后一周内以图纸会审纪要的形式确定，如当时无法确定的以变更洽商形式解决。

在熟悉图纸的过程中，技术部门根据工程需要及时准备相关的图集、规范、标准、法规等，如项目没有的图集向公司技术中心借阅，如借阅不到则申请购买。

B. 试验工作计划

原材料试验：原材料、半成品如水泥、粉煤灰、砂、石、外加剂、钢筋、防水材料、砖等进场后，物资部门应及时填写委托单，委托通知试验室按规定进行取样复试。

工序试验：钢筋焊接、混凝土浇筑、砌筑砂浆、回填土等工序施工前，负责施工的工长委托通知试验员进行工序过程取样试验。

见证取样和送检管理：在原材和工序取样试验中，结构受力钢筋、原材、焊接、混凝土和防水材料按规定进行有见证取样和送检。每种原材和工序取样的第一次进行有见证取样和送检，以后每隔两组至少进行一次有见证取样和送检，确保有见证取样和送检次数符合规定要求，达到总试验次数的30%。

试验工作管理：试验员应做好试验仪器、设备的管理和保养，并建立台账，在仪器、设备上做出标识，对试验和送检项目做好台账和记录。主要项目如下：钢筋原材料委托台账；钢筋焊接委托台账；防水材料、砖、外加剂委托台账；砂浆试块制作台账；现场混凝土试块制作登记台账；标准养护室温湿度记录；回填土、砂、石取样记录；商品混凝土检查记录台账。对试验结果不合格的项目，及时向工程技术负责人报告。

样板计划：坚持样板制。每道工序第一次施工由技术较高的操作人员按规程要求力求完美，作为工序样板，并形成分项工程样板；在一个流水段施工完毕后，进行组织学习评比，确定样板墙、样板间；每层施工完作一次总评，选出样板段，做出标识，并尽量提出缺陷，进行改正，有利于下步工作提高。以此方法不断进行纵向、横向评比，使样板不断提高，使整体工程水平不断提高。

(2) 施工现场准备工作

A. 高程引测和定位

本工程标高引测依据北京市测绘研究院工程编号为“99普879”的普通测量成果(BM1—39.008m、BM2—39.680m)，进场后复核建筑物控制桩，引入高程控制水准点，做好建筑物控制桩、水准点的测设和保护工作。

B. 临时供水

根据本工程施工现场地域狭小，现场内没有足够通畅的消防环形通道，一旦发生火灾，有些区域消防车根本无法到达，故设计采用临时高压消防给水系统。设临时消防泵，平时管网内的水压为市政水压，仅能满足施工生产用水的需要，不能满足消防需要，一旦发生火灾，立即启动消防水泵，临时加压使管网内的流量和水压达到消防要求。本工程室外消火栓系统用水量为30L/s。

本室外消火栓给水主管沿基坑开挖线外围，在基坑的南侧和西北侧布设。在给水主管沿线上按不小于60m的间距布置室外地下式消火栓，消火栓规格为SX100-1.6，为节约工程投资，设计室外消防与室内消防合用一台水泵，室外给水环管与室内消防及生产用水管之间设阀门，该阀门平时常闭，当着火须启动室外消火栓时立即打开，现场周围设四个消防水井。

室内消火栓用水量设计为15L/s。设临时泵房，将市政来水加压后送至主楼内。加压泵采用两台，一台为生产用水加压泵，一台为临时消防泵，互做备用。消防泵可满足室内消防及室外消防用。

设计一根 *DN*100 竖管供主楼施工及消防用，竖管每层设一个施工用水源，每两层设一个消防用水源。室内消火栓设计采用19mm喷嘴、ϕ65栓口、25m长麻质水龙带。

C. 临时供电

根据工程的实际和以往的施工经验，现场的临时供电按结构施工的最大用电量（负荷）就能满足施工临时用电的要求。现场临电总容量569.4kW，考虑现场的实际因素，经过计算。业主需提供的总供电容量应在550kV·A以上。

2.4.2 各种资源需用量计划

(1) 劳动力需要量及进场计划（表2-2）

单位工程劳动力需要量计划 **表2-2**

序号	分部工程＼时间	1999.10.18～2000.1.17	2000.1.18～2000.4.17	2000.4.18～2000.7.17	2000.7.18～2000.10.17	2000.10.18～2001.1.17
1	结构	120	400	450	360	280
2	砌筑/装修				120	300
3	机电		20	40	40	80
4	幕墙					40
	总和	120	420	490	520	700

序号	分部工程＼时间	2001.1.18～2001.4.17	2001.4.18～2001.7.17	2001.7.18～2001.10.17	2001.10.18～2001.12.27
1	结构				
2	砌筑/装修	350	450	350	220
3	机电	160	200	180	150
4	幕墙	120	150	30	
	总和	630	800	560	370

（2）劳动力动态图（图 2-5）

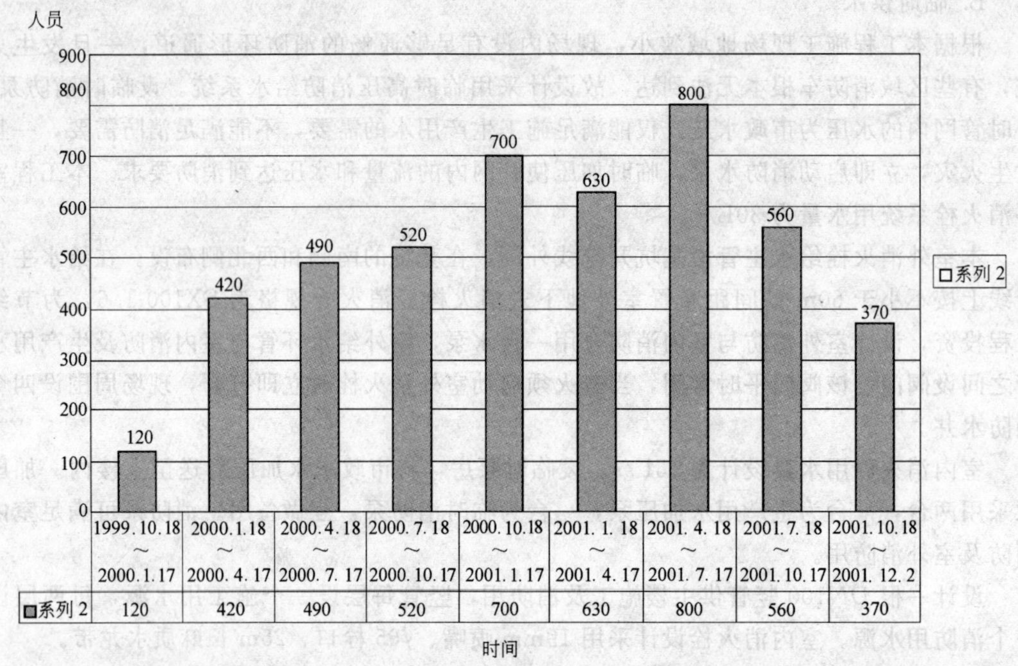

图 2-5 万国公寓劳动力动态管理图

（3）主要工程量（表 2-3）

表 2-3

序 号	项 目			单 位	数 量
1	开挖土方量			m^3	55000
2	防水工程	地下室		m^2	7700
		屋面		m^2	1500
		厕浴间		m^2	
3	现浇混凝土	地下	抗渗	m^3	6300
			普通	m^3	4000
			高强	m^3	1000
		地上	普通	m^3	17000
			高强	m^3	1500
4	砌体	地上		m^2	19000
5	钢筋	地上		t	3400
		地下		t	2500
6	外装修（幕墙）			m^2	15560

2.5 垂直运输与吊装工程

2.5.1 塔吊的布置

本工程布置两台塔吊，一台为 55m 臂塔吊（K30/21B），布置在地下室西北侧底板上，用于裙楼主楼施工；另一台为 50m 臂塔吊（F023B），布置在东南角基坑外侧，用于地下室结构施工，在地下室结构完成后即可拆除。

由于现场的施工场地狭窄，经过施工单位，业主，设计院三方共同研究，用来施工主楼 K30/21B 塔吊布置在裙楼底板上。其塔吊位于裙楼底板承台，基础梁之间，具体位置在Ⓜ-Ⓝ/⑳-㉑轴之间。

K30/21B 塔吊，塔吊离地高度 117m，地面以下 11m，塔身总高度 128m。经查塔吊说明书手册：$P=1310\text{kN}$，$M=2430\text{kN}\cdot\text{m}$，$F=410\text{kN}$。

塔吊附墙：根据施工图纸，塔吊施工说明书，施工技术规范的要求，在施工主楼的第五层、第十四层、第二十三层、第三十一层对塔吊进行锚固。锚固拉点设置在Ⓙ-Ⓛ/⑤-⑦轴之间的横梁上。

2.5.2 钢卸料平台的布置

每栋塔楼根据需要在门窗洞口处设钢卸料平台，并在结构上提前预埋固定件，用钢丝绳拉接固定。

2.5.3 外用电梯的布置

根据施工的要求：本工程在结构施工时，设立两台外用电梯，以满足材料垂直运输的需要。

2.6 施工现场总平面图布置

2.6.1 现场施工条件

(1) 业主提供一台 550kV·A 的变压器（在现场东北角外），负责现场施工的用电。现场施工用电总柜从变压器引入。550kV·A 可以满足现场施工用电的要求。

(2) 业主提供现场临水的水源在建筑物的西侧，水源的水管为 $\phi100$，可以满足施工用水要求。

(3) 业主提供多条电话线路供施工总包、现场监理和主要分承包方使用。

(4) 施工总包进场前，现场内的障碍物已经被清除，具备了施工条件。建筑物的北侧靠京盛一期，南侧有天然气管道。

(5) 本工程现场用地非常狭小，基坑北侧无施工用地利用，基坑西侧自建筑红线向外有一条 10m 宽区域，主要作为临时道路和临时堆放材料使用。基坑南侧自亮马河边有一条 17m 宽区域，这是本工程现场主要可使用的施工用地。由于场地狭小，钢筋加工将安排在加工厂进行。

(6) 现场南侧有一个市政下水口，现场内的雨水和需要排掉的施工用水将从这个下水口排入市政管线。为了保证排入市政管线的水符合要求，现场内地面全部硬化处理，施工用水从结构的积水坑中经沉淀后抽出，保证排入市政管线的水不带有泥沙。在现场的南侧还设立一个沉淀池、隔油池和化粪池，所有的生活污水经过处理达到要求后排入市政水口。

2.6.2 现场出入口及围墙布置

根据施工场地的条件，为了保证进出现场的车辆方便，现场主入口大门设置在现场的西南角，同时在现场的东北角和西北角各设一个次入口。现场主出入口及围墙布按 CI 要求进行布置。主出入口净宽为 10m、两侧设 800mm×800mm 门柱，围墙高度为 2m，大门、门柱和围墙上口 30cm 根部 40cm 刷淡蓝色，其余刷白色。大门上写“中国建筑”。大门内入口处设“八板一图”。为了施工的方便，西侧的围墙采用可拆卸活动式挡板。

2.6.3　现场道路布置

现场的临时道路浇筑 150mm 厚 C20 混凝土路面，以保持雨天现场道路不受影响。沿南侧道路外布置 300mm×500mm 排水沟。

2.6.4　办公区与生活区设施布置

办公室、工具房、库房等均沿亮马河边外侧紧贴柳树边缘进行布置，办公室为 3 层轻钢结构活动房，其他建筑为简易砖混结构。在装修和机电安装阶段，专业分包商的集装箱办公室经业主批准后，可在地下室顶板上合理布置。基坑西侧红线以外有一条 10m 宽区域，可堆放材料。

2.6.5　施工区、施工设施、现场机械及设备布置

(1) ±0.00 以下结构施工期间施工现场平面布置

A. 现场临建设置：现场南侧的西头设置 3 层集装箱式轻钢结构活动房作为总包、监理和业主方现场的办公室；现场南侧的东头设置分承包方的生活区、库房、工具室、试验室、总配电室。现场垃圾分类设置在现场南侧大门附近。主出入口大门设置警卫室。现场的食堂设置在东南角。

B. 现场堆场：基坑南侧地狭小，只能做临时料场和钢筋半成品、模板的临时周转场地。少数模板可以堆在基坑的西侧；但是，要求距基坑边缘 2m 以外，确保基坑的安全。大部分模板要求从作业层直接周转到下一段的作业层。

C. 现场环形路：现场场地狭小，无法设置现场循环路。

D. 塔吊布置：本工程布置两台塔吊，1 号塔吊为 55m 塔吊臂（K40/21B），布置在地下室西侧底板上，用于裙楼和主楼的施工；另一台为 50m 臂塔吊（F023B），布置在东南角的基坑外侧，用于地下室结构施工，在地下室结构完成后即可拆除。

(2) ±0.00 以上结构施工期间施工现场平面布置

A. 现场大门、临时建筑、道路等布置同地下结构施工期间施工现场平面布置。

B. 塔吊布置：地上结构施工时，只有 55m 臂 K40/21B 的 1 号塔吊。

C. 现场堆场布置：部分结构到±0.00 封顶，加上回填土施工完毕后，现场场地适当增大。增大部分作为料场使用。考虑二次维护结构插入施工，该场地作为空心砖和砂料料场，并且设置一台砂浆搅拌机，负责搅拌砌筑和抹灰砂浆。考虑 ISO 14001 环保要求，在砂浆搅拌机旁设置一个洗浆池，洗浆池的水要经过沉淀后排入市政管线。洗浆池内的沉淀要求定期清理，防止大雨时将沉渣冲入市政管线。水泥放置在楼层内，防止淋雨结块。水泥要分散放置，防止楼板荷载过大。

D. 外用电梯布置：为了配合砌筑和装修施工，在主体结构施工至六层时，在主楼的南北两侧各设一台双笼外用电梯。

(3) 装修施工期间现场平面布置

A. 现场大门、临时建筑、循环路和外用电梯的布置同地上结构施工期间施工现场平面布置。

B. 塔吊在结构封顶后拆除，拆除塔吊用的起重机行走路线结构部分，应在结构中相应增强。

C. 现场堆场：石材、地砖、墙砖、铝板、铝合金等材料放置在室外的堆料区内，水

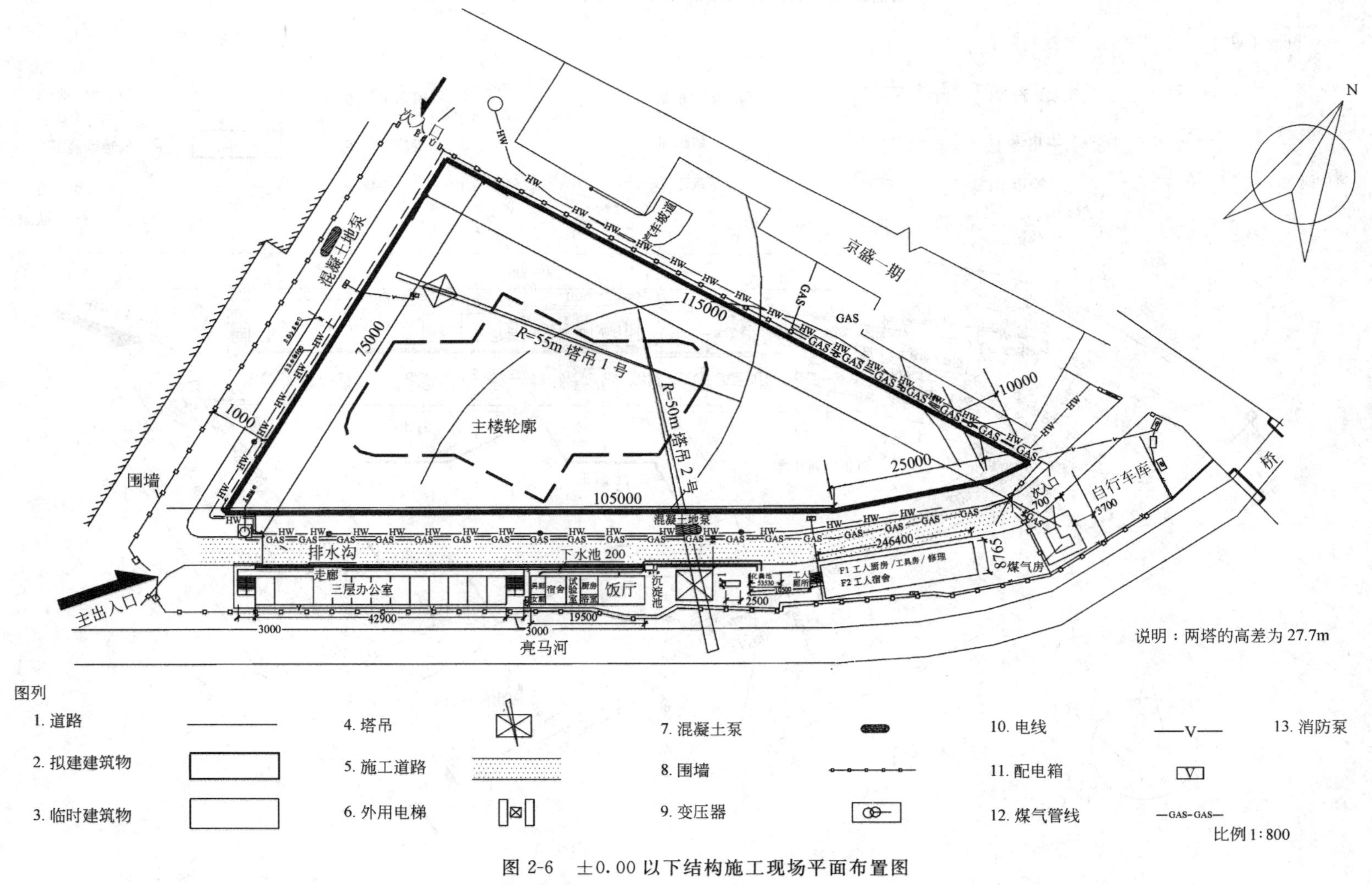

图 2-6 ±0.00以下结构施工现场平面布置图

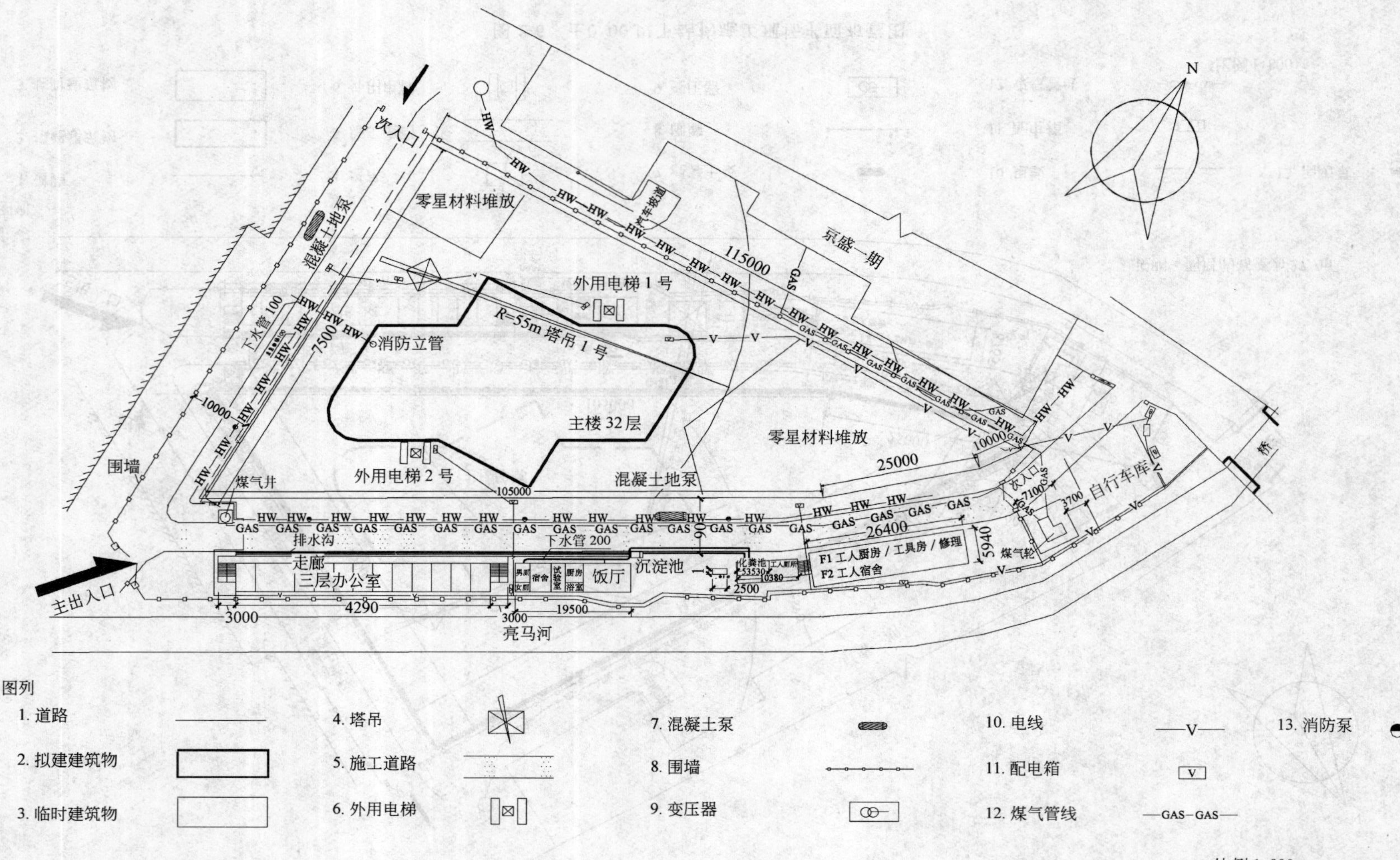

图2-7 ±0.00以上结构施工现场平面布置图

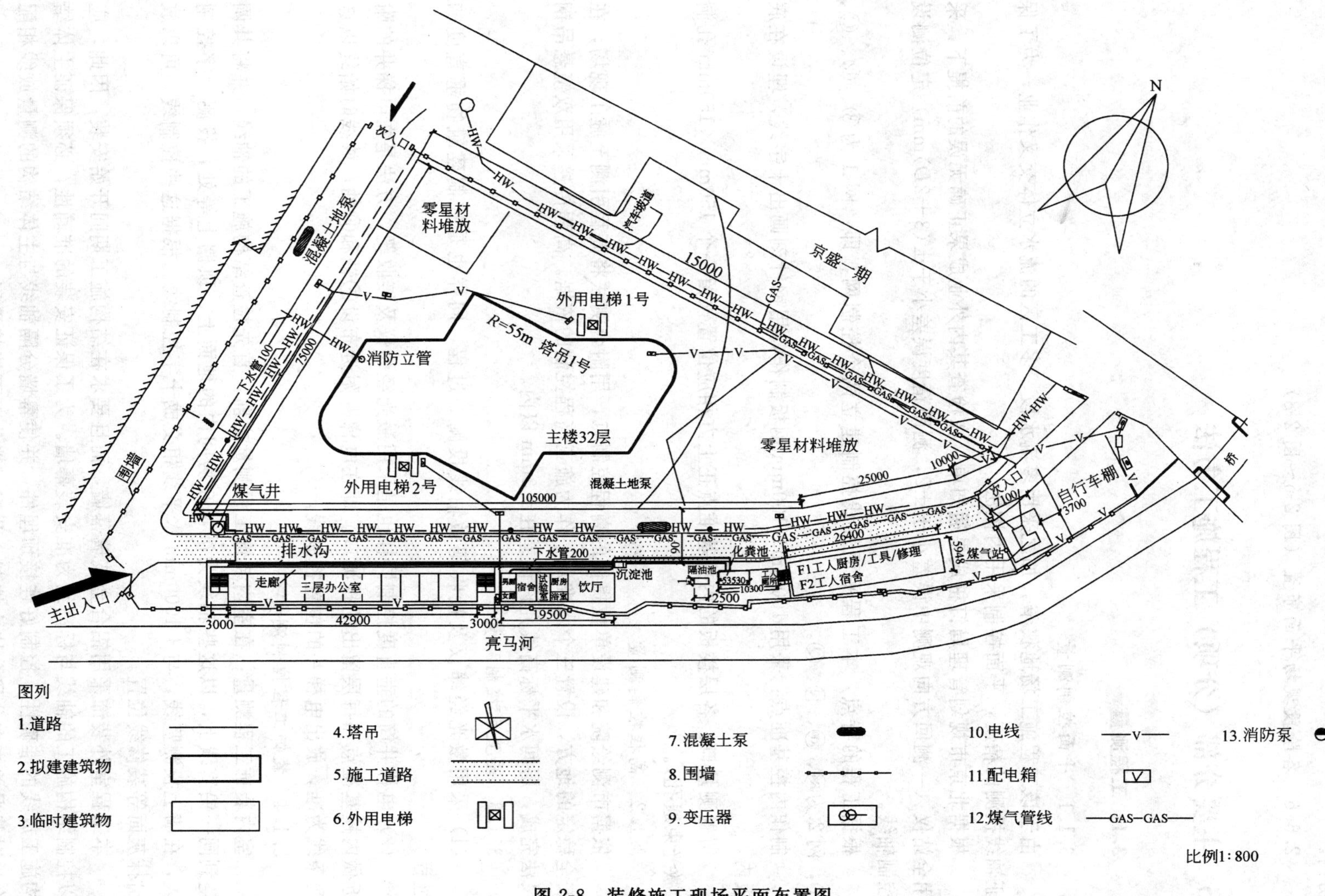

图 2-8　装修施工现场平面布置图

泥、腻子、木门窗、木材、板材、吊顶材料存放在楼层内，油漆等挥发性材料存放在库房内。

2.6.6　各阶段现场平面布置（图 2-6～图 2-8）

3　主要分部（分项）工程施工方法

3.1　工程测量

3.1.1　平面控制测量

由于该工程施工场地狭窄，加之采用多流水段、多工区的流水立体交叉作业，为了保证轴线投测的精度，平面控制采用内控法。

根据北京市规划管理局钉桩成果通知单，在检查其内外业成果正确无误的前提下，采用全站仪（一测回方向观测中误差小于±2，测距精度误差小于±(3＋2D)mm）定位测设控制轴线。

根据工程的特点，本工程平面轴线控制建立两个控制网，即：网 1 为③、⑫、Ⓒ、Ⓙ，网 2 为Ⓡ4、Ⓡ10、Ⓝ、Ⓠ。

制作内控基准点：采用 100mm×100mm 钢板制作，用钢针刻画出十字线，埋设在底板内。

留置测量口：各层楼板的内控基准点正上方相应位置预留一个 150mm×150mm 孔洞（激光束通孔）。

3.1.2　高程控制测量

依据市测绘院和建设单位提供的高程控制点，用附合测法将高程引测至施工现场，在安全稳定的地方，设置三个水准点，作为施工高程控制的依据。高程传递采用双镜悬吊钢尺法完成，层间水平标高线允许误差在±3mm 以内。

3.1.3　垂直度控制测量

（1）采用激光经纬仪及接收靶做轴线投侧的过程，同样也是控制建筑物垂直度的过程。

（2）电梯井筒的垂直度控制同样也是采用激光经纬仪及接收靶，方法是在电梯井的附近做内控基准点和每层留出的投测口。即在电梯井附近布设Ⓕ轴和⑩轴，放线时始终以这两条线为准，放出电梯井的位置控制线。

3.1.4　装饰工程控制测量

室内装饰工程测量：在室内装饰工程测量之前，首先检查结构施工的轴线，并将其调整到同一铅直线上，以这些轴线为准，在房间内的地面上、顶棚上等处，投测十字控制线，在墙上投测竖线，与＋1000mm 水平线相交成十字控制线。根据这些控制线，可以放出抹灰面等装修线位置。

本工程室外装饰采用铝合金玻璃幕墙，而且要求在结构施工期间开始安装，因此，应以控制结构施工的轴线与标高线为准安装幕墙。为了保证安装的准确性，必须保证主体结构施工放线的准确性，控制好连接预埋件，并使幕墙分隔轴线与主体结构的测量放线相配合，对其误差应在分段分块内控制、分配、消化而不使其累积。

3.1.5 沉降观测

根据设计要求，本工程沿基坑边布置18个观测点，观测沉降及水平位移；主楼布置8个沉降观测点；裙楼沿后浇带布置8个沉降观测点。沉降观测按要求进行。

3.2 基坑支护、降水、排水

本工程地下建筑平面约呈直角三角形，北侧直角边轴线（东西向）长约115.0m，西侧直角边轴线（南北向）长约75.0m。京盛广场一期工程刚刚竣工，大使公寓工程建筑紧邻于一期工程结构的南侧，两者间距为5～9m。本工程基底相对标高－12.30～－18.55m。为确保地下结构施工的安全，本着既安全又经济的原则，根据本工程场地土质情况，以及通过计算和多年的施工经验，最后决定本工程基坑支护采用钻孔灌注桩结合微型桩、锚杆和砖墙加混凝土构造柱等进行综合护坡。即在基坑的东南侧采用护坡桩基、锚杆和砖墙加混凝土构造柱支护结构。北侧支护结构采用垂直桩带锚杆、锚杆和微型桩支护形式。

本工程基坑护坡桩的轴线在东南侧、西侧、北侧为地下室外墙皮分别向外1300mm、1500mm、600mm本工程基坑支护具体布置如图3-1所示。

护坡桩施工可选用机型：REED DRILL-Ⅱ型短螺旋钻机、长螺旋钻机，投入3～4台设备。施工作业人员15～20人。锚杆施工采用地质工程钻机成孔，投入4台设备。施工作业人员12～16人。砖墙施工时人工砌筑，施工作业人员20人。

施工时，首先在西坡、南坡降水井点施工的同时，进行北坡护坡桩的施工。施工工期14d。降水井点围降抽水7～10d后，根据水位观测结果，进行西、南坡护坡桩的施工，工期15d。同时，北坡进行微型斜桩及桩顶连梁的施工。进行西、南坡沟槽开挖，然后进行西、南坡护坡桩的连梁及桩顶砖墙施工。在基坑西、南两侧的护坡桩位置开挖出宽度5.0m的工作面（工作面相对标高在－3.0m），然后进行大面积土方开挖。进行大面积土方开挖前，在基坑北侧的护坡桩留宽度5.0m的工作面，工作面相对标高为－5.10m（桩顶下4.50m），其他位置土方开挖至－6.0m，然后进行北坡护坡桩第一道锚杆西南坡锚杆施工。北坡土方开挖至－7.60m（第二道锚杆位置），然后进行北坡第二道锚杆施工。除马道位置外，开挖至设计深度，预流地基处理必要的土层厚度。

3.2.1 工程地质概况

人工填土：

① 杂填土①$_1$层，以建筑垃圾为主，杂色，含大量砖头、瓦片、灰渣。层厚0.60～3.00m，层底标高36.34～39.65m。

② 素填土①$_2$层，以人工回填的杂土为主，夹有碎砖头渣。层厚0.80～2.70m，层底标高35.58～38.15m。

③ 黏质粉土②层：灰褐色～黄褐色，含小云母片及褐红色氧化物条纹，土质不均匀，夹有砂质粉土薄层及粉质黏土透镜体，可塑，中压缩性。层厚2.80～8.60m，层底标高29.52～35.28m。

④ 粉质黏土③层：黄褐色，可见氧化物条纹，含姜石及小螺壳。土质不均匀，夹有黏质粉土及黏土透镜体。可塑，局部软塑硬塑，中压缩性。层厚4.10～9.30m，层底标高24.86～28.09m。

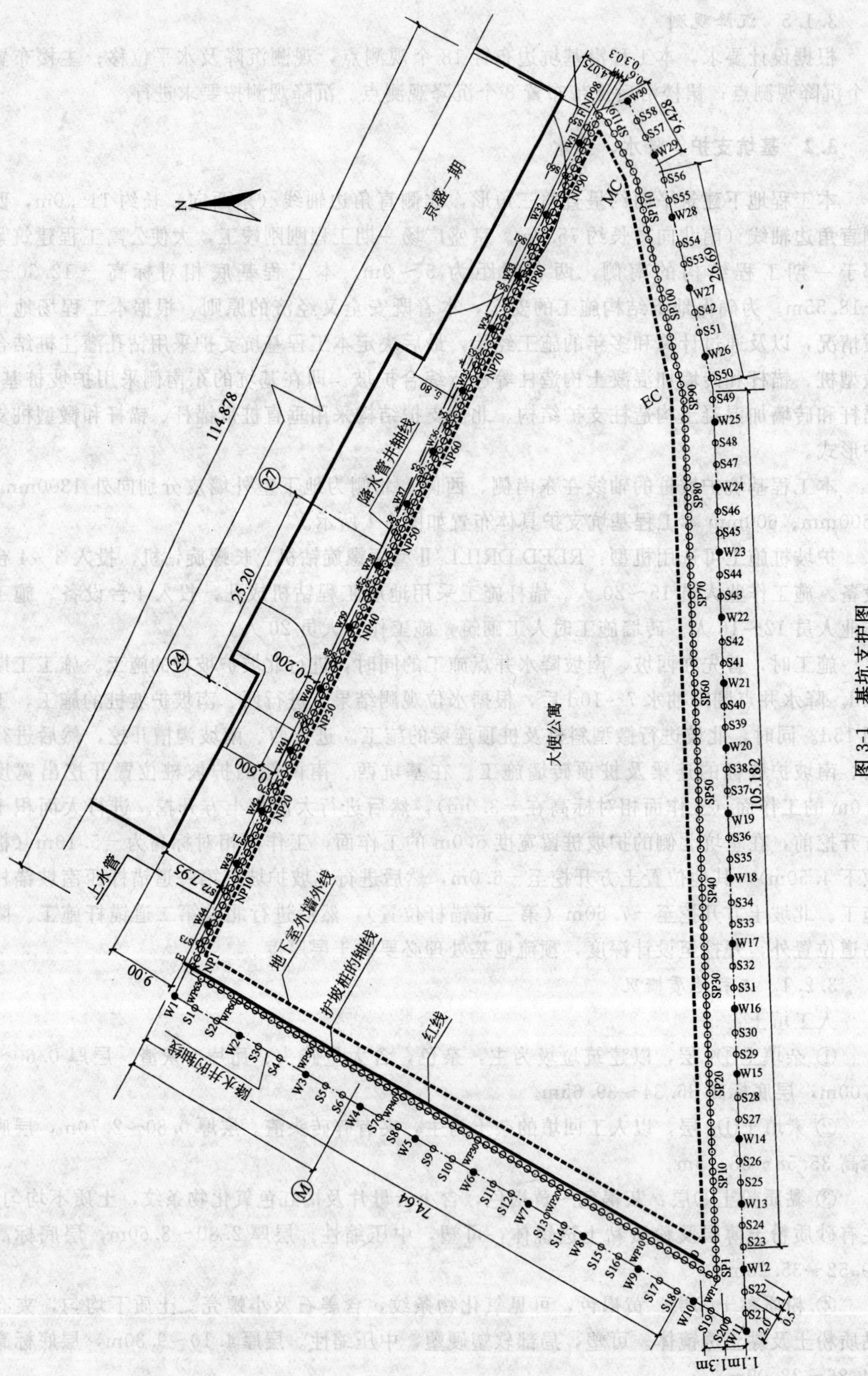
京盛一期
降水管井轴线
大使公寓
地下室外墙外线
护坡桩的轴线
红线
上水管
降水井的轴线
MC
EC
114.878
25.20
105.182
26.69
9.428
74.64
7.95
9.00
0.200
0.600
24
27
M

图 3-1 基坑支护图

⑤ 细中砂④层：黄褐色，湿，密实，成分以长石、石英为主，砂质不纯，局部为粉砂，含少量黏性土团块。土质不均匀，夹有黏质粉土及黏土透镜体，可塑，局部软塑硬塑，中压缩性。层厚0.40～3.60m，层底标高22.30～26.09m。顶部覆有不连续砂质粉土薄层。

⑥ 粉质黏土⑤层：黄褐色，可见氧化物条纹，含姜石及小螺壳，土质不均匀，夹有黏土及黏质粉土，重粉质黏土和砂质粉土透镜体，可塑，局部软塑硬塑，中压缩性。层厚2.70～7.80m，层底标高17.28～19.84m。

⑦ 细中砂⑥层：黄褐色，饱和，密实，成分以长石、石英为主，粒度不均，含小圆砾，底部圆砾含量较大。层厚1.20～5.40m，层底标高13.74～17.60m。

⑧ 圆砾⑦层：杂色，饱和，密实，粒度不均，磨圆度中等，成分以沉积岩为主，含卵石，充填物为细中砂。层厚1.10～2.70m，层底标高13.39～15.85m。

⑨ 卵石⑧层：杂色，饱和，密实，粒度不均，粒径3～6cm，磨圆度中等，成分以沉积岩为主，含卵石，充填物为细中砂。层厚1.60～4.20m，层底标高10.24～11.90m。

⑩ 黏土⑨层：黄褐色，含姜石及小螺壳，可见氧化物条纹，土质不均匀，局部夹有黏土粉土透镜体。可塑，中压缩性。层厚4.00～5.20m，层底标高5.84～7.09m。

⑪ 圆砾⑩层：杂色，饱和，密实，粒度不均，磨圆度中等，成分以沉积岩为主，含卵石，充填物为细中砂。层厚1.50～2.30m，层底标高4.04～4.98m。

⑫ 卵石⑪层：杂色，饱和，密实，粒度不均，粒径3～6cm，磨圆度中等，成分以沉积岩为主，含卵石，充填物为细中砂。层厚3.70～8.30m，层底标高－3.32～1.09m。

3.2.2 水文地质概况

场区普遍存在两层上层滞水及第一层潜水。

第一层上层滞水，静水位标高在33.95～36.15m（－3.45～－5.65m），其补给来源为管道渗水、地表径流渗透及大气降水。

第二层上层滞水，静水位标高在24.16～25.97m（－13.63～－15.44m）。其补给来源为地表径流渗透及大气降水。

第一层潜水，静水位标高为18.29～22.95m（－16.65～－21.31m），蕴藏于第⑥层砂层及⑦层砾石中，具有微承压性。其补给来源为地表径流渗透及大气降水。

根据场区取水样进行的化学分析，地下水对混凝土无腐蚀性。

3.2.3 工程特点

万国公寓±0.00以下建筑平面约呈直角三角形，东北侧直角边轴线长约115.0m，西北侧直角边轴线长约75.0m，南侧斜边约为141.30m。施工场地亦呈三角形，场地非常狭小，工程紧邻红线建，地下室结构外墙皮在东北、南、西北侧，距红线分别为1.20m、0.50m、0.94m。

万国公寓基坑靠东北侧深为－12.3m；万国公寓地下室东北侧靠西端外墙皮距京盛一期裙楼地下室外墙皮为7.06m，京盛一期裙楼基础深－10.87m；靠东端距京盛一期主楼地下室外墙皮为4.8～5.0m，京盛一期主楼基础深－13.27m。在东北侧京盛广场一期的上、下水管线局部地段已越进大使公寓的建筑红线，最大越进量为0.50m，在万国公寓东北侧㉕～㉗轴之间约15.0m宽度的范围。北侧紧邻京盛一期的地下车道，在㉙～㉜轴之间还有京盛一期主楼的雨篷（高度距自然地面约6.0m），越进万国公寓建筑红线2.0m

等，严重影响东北侧护坡桩及降水管井的施工。因此，在大使公寓±0.00以下结构施工时，首先，要确保基坑边坡的稳定。

由于使用上的要求，万国公寓基础底标高从－11.30～－16.95m达十多种，裙楼的地梁（高1500mm）顶标高和承台板（厚500mm）标高以及主楼底板（厚2000mm）标高相同，地下室三层还有游泳池（深2000mm）。这样，给工程的降水带来了相当大的困难。

3.2.4　基坑降水方案的选择

根据场区内含水层的结构及地下水位情况，20m以上存在二层上层滞水，含水层以细颗粒为主，渗透性差，且多以透镜体存在。降水时，若全部采用管井抽降不仅速度慢且易造成层间托水现象，经分析宜采用数量较多的砂井自渗，便于穿透所有含水透镜体。20m以下含水层为粗颗粒的砂、砾卵石层，静止水位埋深低于槽底，是一个理想的自渗排泄层，因此，采用砂井自渗与管井相结合的降水方案，将上部滞水层的水排入下部层。

3.2.5　基坑支护方案的选择

本工程地下建筑平面约呈直角三角形，北侧直角边轴线（东西向）长约115.0m，西侧直角边轴线（南北向）长约75.0m。京盛广场一期工程刚刚竣工，大使公寓工程建筑紧邻于一期工程结构的南侧，两者间距为4.8～7.06m。本工程基底相对标高－12.30～－18.50m。为确保地下结构施工的安全，本着既安全又经济的原则，根据本工程场地土质情况，通过计算和以往的施工经验，本工程基坑支护采用钻孔灌注桩结合微型桩、锚杆和砖墙加混凝土构造柱等进行综合护坡。即：在基坑的南、西侧采用钻孔灌注桩、锚杆和砖墙加混凝土构造柱支护结构。北侧支护结构采用钻孔灌注桩、锚杆和微型桩支护形式护坡。

为了确保北侧京盛一期的安全，经过综合考虑北侧护坡桩的施工先于降水井的施工，采用水下灌注的方法现场浇筑混凝土。基坑西侧、南侧护坡桩的施工安排在降水井施工之后，采用干孔作业的方法现场浇筑混凝土。

3.2.6　基坑降水和支护的平面图布置

根据万国公寓场地的实际情况，万国公寓基坑土方开挖边线在基坑的南侧、西北侧、东北侧为地下室外墙皮分别向外1000mm、1200mm、300mm。护坡桩的轴线在基坑南侧、西北侧、东北侧为地下室外墙皮分别向外1300mm、1500mm、600mm；降水井的轴线在南侧、西北侧、东北侧为护坡桩的轴线分别向外1100mm、2000mm、300mm。

3.2.7　方案的设计

(1) 基坑降水方案的设计计算

A. 降水井的计算

① 干扰单井自渗量

设井距$2a=2.50$m，单井计算数量$n=130$，井径之半$r_w=0.15$m。

R_1为降水影响半径；

r_0为基坑换算半径；

F为基坑计算面积；

H_1为含水层厚度，$H_1=20.5-3.5=17.0$m；

S 为降深，S=15.5m；

K_1 为土层综合渗透系数，K_1=0.2m/d。

② 基坑中心水头值

h_0 水头埋深=20.5－1.82=18.68＞18.50（基坑深度），表明自渗砂井稳定动水位保持为 20.5m 就可满足降水要求。

③ 检验井点处混合水头值

K_3=5.0m/d；H_3=9.0m。

h_0 埋深=27.5－9.25=18.25m＜(18.5＋0.5)=19.00m 的基坑挖深，需以管井配合抽降。

④ 管井抽降计算

设管井间距为 8.0m，管井计算数量 n=42，孔径 $2r_w$=0.30mm。

管井应降深：20.5－18.25=2.25m

管井单井干扰涌水量：

砂层渗透系数 K_2=5.0m/d；

弱承压水层厚度 M=7.0m。

B. 降水井设计孔深和布置

① 自渗砂井孔深

降水漏斗状曲线的水力坡度 i=1/10

$D=H+iL+0.5$=22.0m，所以，砂井必须穿透⑥层细中砂层顶。

H 为基坑最大开挖深度，H=18.5m；

L 为降水井排轴线最大跨度之半，$2L$=60m。

② 管井孔深

管井配合自渗砂井抽水，其深度必须应穿透⑥层细中砂及⑦层圆砾，取 D=25.5m。

③ 管井的数量和布置（图 3-2～3-5）

管井沿基坑周边均匀布置，中心距 8.0m，则实际管井数量 n=44 口；考虑场地环境及基坑开挖边线，自渗砂井与降水管井应布于一条轴线上，则设计布置于管井位置处的砂井（44 口）可取消；另外，基坑北坡与京盛一期工程毗邻，京盛一期的基础埋置深度为－10.87～13.27m，考虑其截水作用，则北坡实际地下水位埋深 H 应大于降水井初步设计时的地下水位埋深 3.5m。因此，北坡砂井数量可进一步减少，在两口管井之间布置一口砂井即可，自渗砂井数量 n=130－44－15=71 口，因基坑开挖时应预留 1.0m 的工作面，开挖线在建筑结构轴线之外 1.0m，实际设置 73 口，以满足自渗砂井中心距 2.5m。

C. 降水井的技术参数

① 自渗砂井

井深：22.0m；

井直径：300mm；

滤料：ϕ2～7mm 的水洗混合料。

布置方式：自渗砂井布置于基坑周边，共 73 孔。

基坑北侧：每两口管井中间布设一孔自渗砂井，共 15 孔自渗砂井；

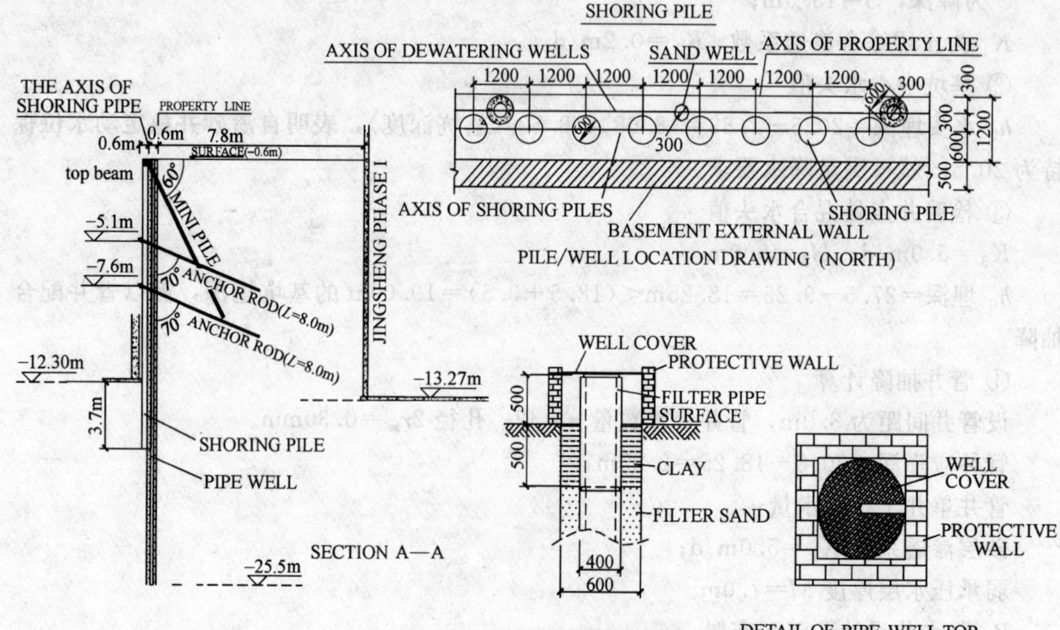

图 3-2　北侧东段降水井的位置和剖面图

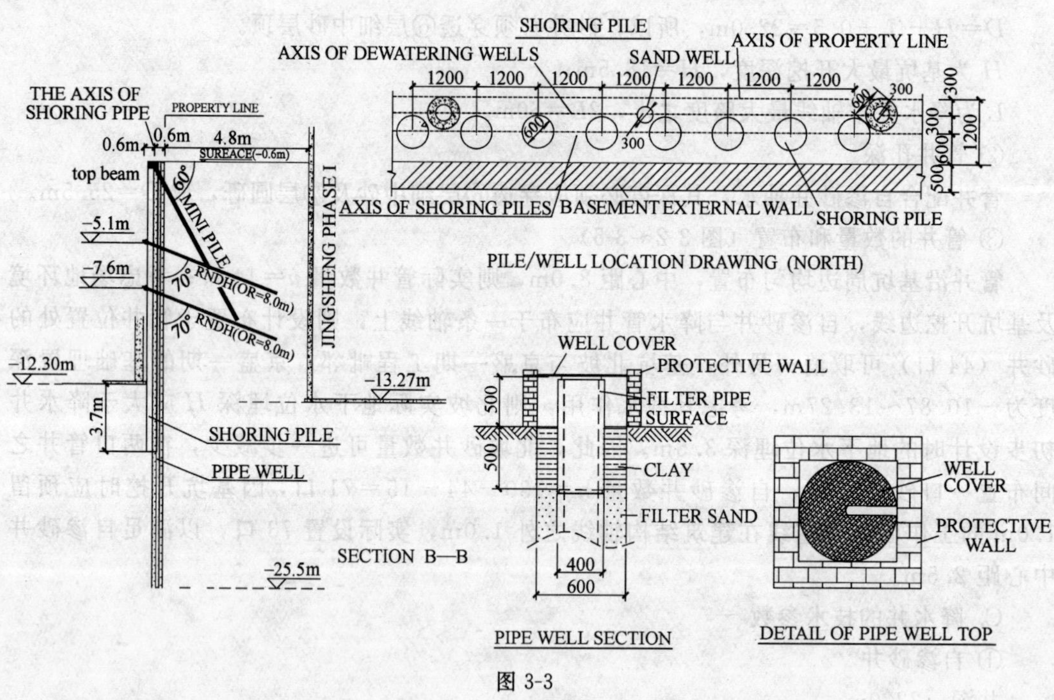

图 3-3

基坑南侧：每两口管井中间布设两孔自渗砂井，共 38 孔自渗砂井；

基坑西侧：每两口管井中间布设两孔自渗砂井，共 20 孔自渗砂井。

② 管井

井深：25.50m；

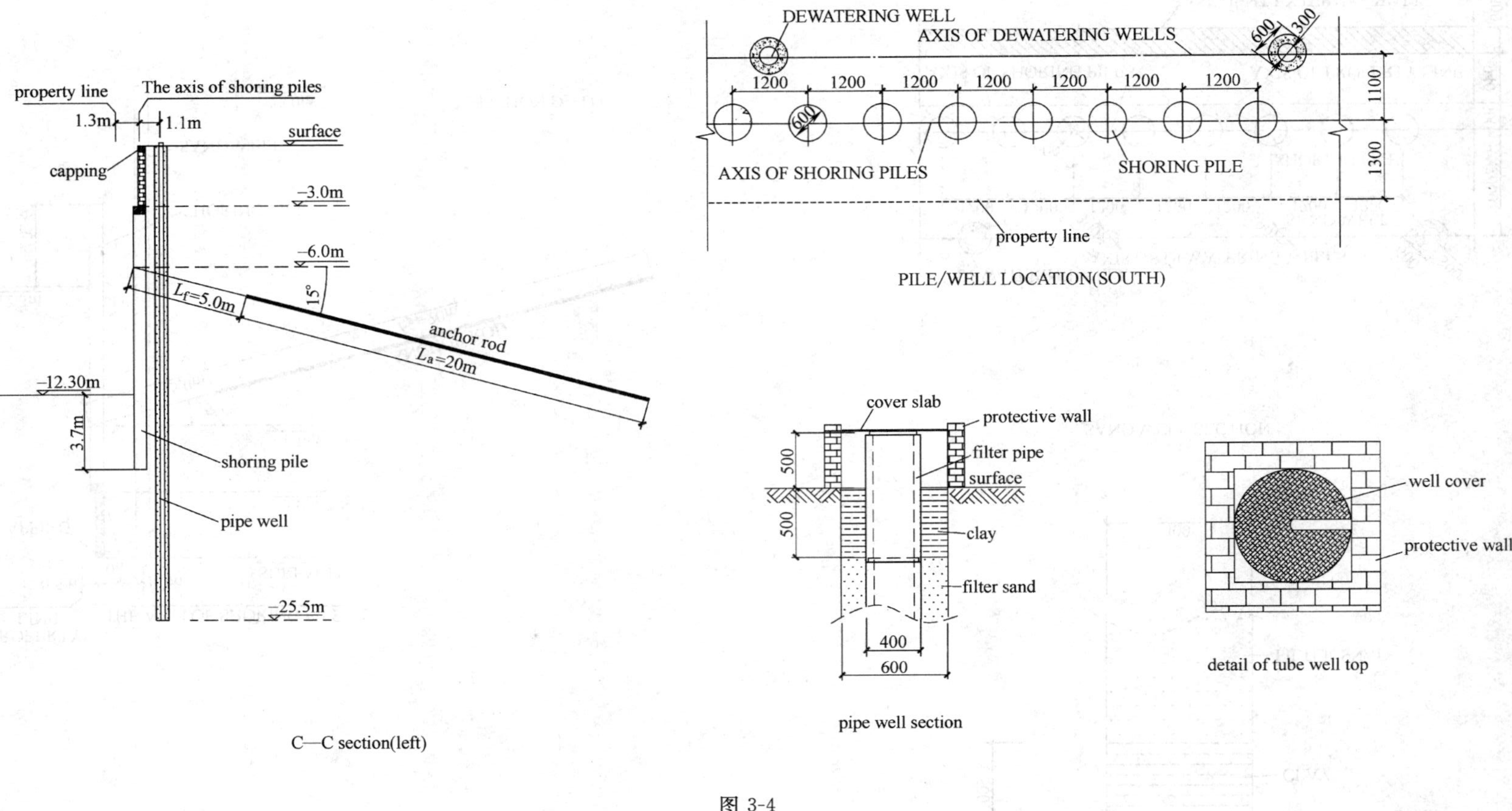
property line
The axis of shoring piles
1.3m
1.1m
surface
capping
-3.0m
-6.0m
15°
L_f=5.0m
anchor rod
L_a=20m
-12.30m
3.7m
shoring pile
pipe well
-25.5m
C—C section(left)
DEWATERING WELL
AXIS OF DEWATERING WELLS
600
300
1200
1100
1300
AXIS OF SHORING PILES
SHORING PILE
property line
PILE/WELL LOCATION(SOUTH)
cover slab
protective wall
filter pipe
surface
clay
filter sand
500
500
400
600
pipe well section
well cover
protective wall
detail of tube well top

图 3-4

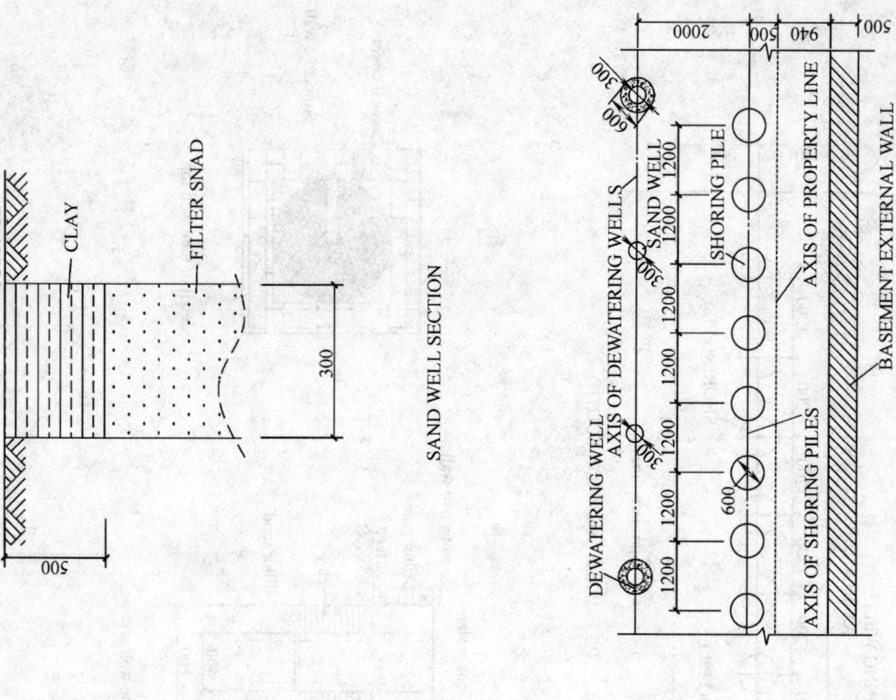

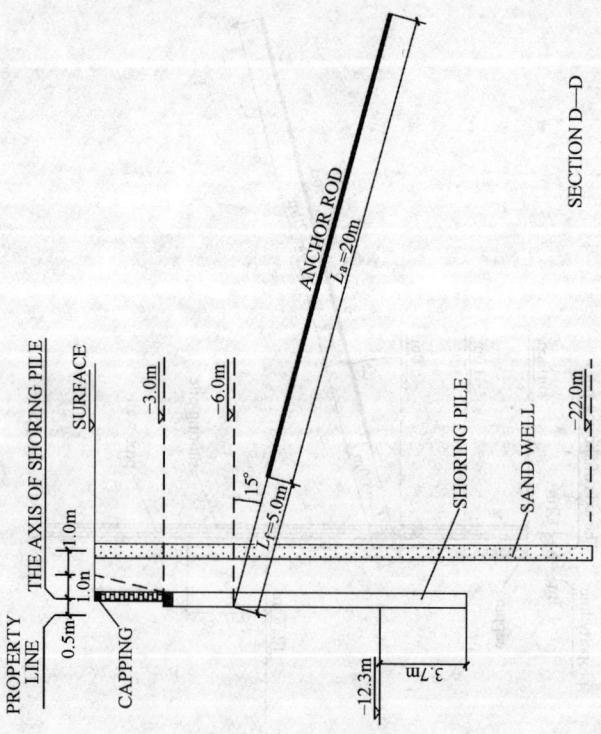

图 3-5 西侧降水井的位置和剖面图

井距：8.0m；

管井孔径：600mm；

滤水管：预制混凝土管（外径：ϕ400，长度：950mm/根）。

滤料：直径 2～7mm 的水洗混合料。

布置方式：基坑周边均匀布置，井数 44 个。

D. 抽排水系统

潜水泵：数量：44 个；

型号：QX6-25-1.1；

抽排水管：采用直径 ϕ30.5 的塑料管；

布置形式：基坑周边均匀布置了 44 个管井，洗井完毕后，及时对每个管井安放潜水泵，排水管一头在井内同潜水泵连接，另一头一直延长到甲方指定的排水地点，不再另设其他形式的排水管道。

自渗砂井不安放潜水泵，亦不需安放排水管道。

E. 降水设计对邻近建筑物的影响

本工程基坑北侧紧临已建京盛一期大厦，降水过程中对一期工程大厦造成的附加沉降经计算最大值为 2.21mm。根据水位观测结果，如发现与地勘报告出入较大，降水井的数量将做适当调整。

根据勘察报告，⑥层细中砂层的地下水微具承压性，实际计算沉降过程中承压水头取值 2.0m，安全系数较大；另又取⑥层细中砂层潜水水位向下 2.0m 的降深，计算总降深值取 4.0m。而在实际抽降水过程中，施工时可以通过控制降水井内潜水泵的设置位置，控制降水井内的实际降深小于等于埋深 23.5m，达到使降水井的实际降深小于 4.0m 的目的，则京盛一期大厦的实际沉降量必小于计算值 2.21mm。考虑京盛一期大厦对地基土层的压力作用，地基土层的实际压缩模量应比勘察报告所提供的数值大，所以万国公寓降水造成的沉降值预计比计算值低，即小于 2.21mm。

（2）基坑支护的设计

1）西坡和南坡支护设计

A. 护坡桩参数　桩顶标高：相对标高为－3.0m，绝对标高为 36.60m；桩全长（含 0.30m 桩顶连梁高度）13.0m；桩嵌入基底土层深度：3.70m；桩直径为 0.60m；桩中心距 1.2m；桩身配筋量：临坑面 5ϕ22，沿受拉面等间距布置，钢筋中心间距 12cm；临土面 3ϕ22，沿受压面等间距布置，钢筋中心间距 13cm；构造配筋 2ϕ16；箍筋 ϕ6@200mm；加强筋 ϕ14@2000mm；混凝土强度等级 C25；保护层厚 25mm。

B. 桩顶连梁参数　连梁的尺寸为 600mm×300mm；配筋 4ϕ16＋2ϕ14、箍筋 ϕ6@200mm；混凝土强度 C25；混凝土保护层厚度 25mm。

C. 锚杆参数。锚杆布置在桩顶以下 3.0m（相对标高－6.0m）；布置形式：二桩一锚；锚杆轴向设计拉力值 N_t＝412.38kN；锚杆与水平面夹角为 15°；锚杆自由段长 5.0m；锚杆锚固段长 20m；锚杆采用 3 根 ϕ15 钢绞线（抗拉强度标准值 $f \geqslant 1570\text{N/mm}^2$）；腰梁由 2 根：I 22b 热轧碳素钢；垫板采用普通热轧碳素钢板，规格：300mm×300mm，厚度 20mm；锚杆注浆采用素水泥浆，水灰比 0.45～0.55。

D. 桩顶砖墙参数。西坡和南坡桩顶采用砖墙加混凝土构造柱支护结构。砖墙厚：

370mm；烧结普通砖强度：MU7.5；构造柱间距：3.60m；柱截面：370mm×400mm；柱配筋：5根ϕ16钢筋，箍筋ϕ6@200mm。砖墙混凝土压顶截面：370mm×200mm；砖墙混凝土压顶配筋：4根ϕ14钢筋，箍筋ϕ6@200mm。构造柱及混凝土压顶强度等级：C25；混凝土保护层厚：25mm。

2）北坡支护设计

北坡支护结构采用垂直桩带锚杆加微型桩支护形式。

A. 垂直护坡桩参数：桩顶标高：绝对标高39.0m；桩全长（含0.30m桩顶连梁高度）：15.40m；桩嵌入基底土层深度：3.70m；桩直径：0.60m；桩中心距：1.2m。

B. 桩身配筋量：临坑面5ϕ22，沿受拉面等间距布置，钢筋中心间距12cm；临土面3ϕ22，沿受压面等间距布置，钢筋中心间距13cm；构造配筋2ϕ16；箍筋ϕ6@200mm；加强筋ϕ14@2000mm；桩顶设连梁，连梁的尺寸为600mm×300mm，配筋6ϕ16；混凝土强度C25；混凝土保护层厚度25mm。

C. 微型斜桩参数：桩全长为10.0m；桩直径为0.20m；桩中心距为1.2m；桩身配筋量：4ϕ16，沿桩身圆周均匀布置；箍筋ϕ6@200mm；加强筋ϕ14@2000mm；桩身采用素水泥浆（水灰比0.45～0.55），设计强度M20；混凝土保护层厚度25mm；成桩角度：与垂直护坡桩竖直夹角30°。微型斜桩顶设在自然地面，与垂直护坡桩的桩顶连梁（截面600mm×300mm）浇筑在一起连接起来。

D. 锚杆参数：锚杆设两道，分别布置在桩顶以下4.50m（即－5.1m）、桩顶以下7.00m（－7.6m）；布置形式：一桩一锚；锚杆轴向设计拉力值N_t＝100kN；锚杆与水平面夹角西侧为15°，东侧为30°；锚杆全长6.0～8.0m，进行全段注浆；锚杆杆体采用1根ϕ25钢筋；腰梁由1根[20热轧碳素钢；锚杆注浆采用素水泥浆，水灰比0.45～0.55。

3.2.8 施工部署

（1）施工准备

1）平整场地，提供设备电源，容量不小于100kW，水源两处。

2）作好现场标高及坐标控制点，放出开槽线，并对其进行复测。

3）清查地下障碍物。

4）施工机械准备，并组织施工所需的机械设备进场，进行必要的检修，以保证施工的顺利进行。

本工程基坑护坡需要的主要机械详见表3-1所列。

（2）降水施工

自渗砂井采用小回转钻机成孔，投入3台设备。

管井采用反循环钻机成孔，投入设备3套。

降水施工人员约25人。

（3）支护施工

护坡桩施工可选用机型：REED DRILL-Ⅱ型短螺旋钻机、长螺旋钻机，投入4台设备。施工作业人员15～20人。

锚杆施工采用地质工程钻机成孔，投入4台设备。施工作业人员12～16人。

砖墙施工时人工砌筑，施工作业人员20人。

基坑护坡主要机械　　表 3-1

序　号	名　　称	数　　量	功率(kW)	备　　注
1	REED DRILL 短螺旋钻机	1		柴油机
2	长螺旋钻机	4	30×4	
3	锚杆钻机	4	15×4	
4	搅浆机	2	0.8×2	
5	注浆泵	1	10	
6	钢筋切断机	1	5	VBJ-160
7	钢筋撅弯机	1	5	
8	空压机	1	120	
9	反循环钻机	3	30×2	
10	小回转钻机	3	15×3	

（4）实施步骤

A. 降水井的实施步骤

降水井施工，西坡从北角逐步向南展开，西坡 11 口管井，计划工期 8d；南坡从东北角逐步向西展开，南坡 19 口管井，计划工期 13d；这样做，可以及时抽水，为护坡桩施工尽快准备施工条件。

西坡、南坡降水井施工同时，北坡进行护坡桩施工（水下灌注法成桩），护坡桩工期 14d。

北坡成桩完毕，西、南坡降水井已抽水 5d，预计地下水位已降至 10～15m，开始进行北坡降水井的施工。北坡 14 口管井，计划工期 8d。

结构主体施工到一定阶段，监理工程师通知停止抽降水后，对基坑周边的 44 口管井应及时进行封井。

基坑降水施工，计划总工期 22d。

B. 护坡桩的实施步骤

由于工期紧张，在基坑开挖前降水和护坡桩支护结构需同期施工，尤其在基坑北侧，必须先进行护坡桩的施工，再进行降水井的施工。

首先在西坡、南坡降水井施工的同时，进行北坡护坡桩的施工。施工工期 14d。

降水井围降抽水 7～10d 后，根据水位观测结果，进行西、南坡护坡桩的施工，工期 15d；同时，北坡进行微型斜桩及桩顶连梁的施工。

进行西、南坡沟槽开挖，然后进行西、南坡护坡桩的连梁及桩顶砖墙施工。在基坑西、南两侧的护坡桩位置开挖出宽度 5.0m 的工作面（工作面相对标高在－3.0m），然后进行大面积土方开挖。

进行大面积土方开挖前，在基坑北侧的护坡桩留宽度 5.0m 的工作面，工作面相对标高为－5.10m（桩顶下 4.50m），其他位置土方开挖至－6.0m，然后进行北坡护坡桩第一道锚杆西南坡锚杆施工。

北坡土方开挖至－7.60m（第二道锚杆位置），然后进行北坡第二道锚杆施工。

除马道位置外，开挖至设计深度，预流地基处理必要的土层厚度。

基坑降水、支护、土方开挖等工序交叉作业。

3.2.9 *施工方法*

(1) 工艺流程

工艺流程：测量放线定位⟶护坡桩和降水井的施工（基坑南、西侧：降水井施工⟶护坡桩施工；基坑北侧：护坡桩施工⟶微型桩的施工⟶降水井施工）⟶基坑观测井施工⟶第一层土方开挖⟶（基坑南、西侧挡土墙的施工；基坑北侧第一道锚杆的施工）⟶局部加强锚杆施工⟶第二层土方施工⟶锚杆施工（基坑南、西侧第一道；基坑北侧第二道）⟶553 根钻孔灌注桩（基础桩）施工⟶第三层土方施工⟶基坑护坡监测。

(2) 降水施工方法

1) 施工工序：确定排放地点⟶放线定位⟶成孔⟶下管填料⟶洗井⟶管井抽水管安装⟶封井

2) 具体施工方法

① 首先，确定地下水排放地点。

② 放线定位：根据基础轴线位置，放置降水井位置。

③ 成孔：管井井点采用反循环钻机成孔，自渗砂井采用小循环回转钻机成孔。成孔要垂直，孔深满足设计要求。

④ 下管填料：成孔达到要求后，管井孔放入井点管，井管下好后，填干净滤料至孔口；砂井成孔完毕，直接投放干净滤料至孔口即可。

⑤ 洗井：管井采用 $6m^3$ 及 $6m^3$ 以上空压机自上往下洗井。洗井时若井内水量不大，须加水洗井。5m 以下采用分段憋洗的方法，使水从井管和滤料中溢出，反复 5 次以上，以达到洗井目的。出水管每次移动范围为 1.0～1.5m，待水基本变清后再向下移动出水管，直至水清砂净，井内沉淀不超过 30cm。砂井不必洗井。

⑥ 安装抽水（管井）：洗井完毕，安装潜水泵。立即抽水，抽水开始后，无特殊情况应禁止停泵和停停抽抽现象，抽出的水必须经管道安全排出场地。

⑦ 封井：主体结构施工到一定阶段，监理工程师通知停止抽降水后，对基坑周边的 44 口管井及时进行封井。封井材料选用匀质黏土，自井口直接向井内投放，封填至自然地面并夯实井口，防止井口黏土塌陷。

(3) 护坡桩施工方法

北坡护坡桩需采用泥浆护壁、水下灌注的方法进行施工，西坡、南坡护坡桩在降水井抽降一段时间后才进行，干孔作业。

1) 护坡桩施工工序：放桩位线⟶钢筋笼制作⟶钻机就位⟶技术人员复测⟶成孔⟶清孔⟶安装钢筋笼⟶灌注混凝土⟶制作桩顶连梁施工⟶桩间土处理。

2) 具体施工要点

a. 桩位放线：按照设计图纸中的控制点放桩位，施工前由技术员复测后，才能施工。

b. 钢筋笼加工：依照附图制作钢筋笼。钢筋笼主筋应采用水平埋弧焊接（或搭接焊），搭接长度单面焊 $10d$（主筋直径），双面焊 $5d$。同一截面钢筋搭接数量不得超过 40%。主筋应调直，箍筋采用绑扎，箍筋须经拉直后盘成螺旋状方能使用。在灌注桩成孔前，应至少加工 15～20 个钢筋笼。钢筋笼搬运时，为防止变形可采用支撑筋加固，吊装时注意其方向，严禁将钢筋笼方向扭转。

c. 钻孔就位：钻机采用长螺旋钻机或美国 REED DRILL 700-Ⅱ短螺旋钻机。操钻员在地面人员的指挥下，将钻机钻头中心点对准预先放好的桩点位上，调整钻杆及钻机支腿，保证钻杆垂直。

d. 成孔：在灌注桩全面施工之前，宜进行现场试钻，以观察其成孔效果。现场进行试钻成功后则在预制钢筋笼 15～20 个。每次钻孔前，应联系好商品混凝土情况下，方可正式钻孔。成孔和灌注的顺序宜采用隔孔施工。由于多台钻机同时进行成孔作业，因此，为避免相互干扰，宜将钻机放在不同侧面。管理人员应做好调配工作。钻孔时，须间隔一个以上的桩位进行成孔。钻进时注意导向，遇到孔塌、偏斜、弯曲时应分析原因，并采取措施进行处理。

西坡、南坡护坡桩的施工可干孔作业，采用短螺旋钻机及长螺旋钻机成孔。在保证钻头对准桩位及钻杆垂直后，可开机钻进。成孔深度用尺量控制，钻进深度达到设计孔深后，由施工人员尺量确定后，迅速停钻移机。

北坡护坡桩的施工因在降水之前施工，需带水作业。成孔采用长螺旋钻机。钻机就位并调整好钻杆垂直度后，开机钻进，达到设计深度停止钻进，提升钻杆；同时，开始压注预先搅拌好的黏土泥浆，压浆至自然地面下 2.50m（第一层上层滞水的埋深，见勘察报告）停止。钻杆提出钻孔后，由施工人员尺量确定钻孔达到设计孔深，迅速移机。

每次成孔后，技术人员应做好测量和记录工作。记录必须及时按表格要求认真填写，记录要完整，不得涂改，交接班时要交代钻进情况及下一班应注意的事项，钻孔记录表向下一道工序移交时，应有班组长签字。

e. 钻孔要求：

① 垂直度偏差不大于孔深的 1%；

② 桩中心位置偏差不得大于 50mm；

③ 桩孔径大于等于 600mm。

f. 下放钢筋笼：桩成孔后，应迅速将钻机移走，尽量缩短终孔与灌混凝土时间。立即组织人员和汽车吊进行吊放钢筋笼工序。钢筋笼须检查合格后方能使用。下放钢筋笼用吊车吊下，严禁将钢筋笼方向倒置和扭转。为防止钢筋笼变形，下笼时，吊车吊钩不得直接挂在钢筋笼第一个或第二个加强筋上。

g. 浇筑混凝土：严格按设计要求灌至桩标高，水下灌注注意导管插拔的深度控制，干孔作业的桩应注意振捣。

对干孔作业桩，灌注前在打好的桩孔地面安放承接铁板或木板，由混凝土罐车对准孔位直接浇筑混凝土，承接铁板或木板可防止浇筑过程中混凝土冲刷孔壁，造成桩身缺陷，混凝土灌注至桩顶设计标高以上 10cm。

对水下成孔作业桩，采用水下灌注法。吊放固定钢筋笼完毕，根据孔深吊放钢导管，导管下放直至距孔底 30～50cm。浇筑过程中上拔导管 2～3 次，严格控制每次上拔导管的长度，保证导管埋入混凝土中的深度不小于 2.0m。混凝土灌注至桩顶以上 30～50cm，保证桩顶质量。

干孔作业桩采用强度为 C25 的商品混凝土，坍落度 12～14cm。水下成孔作业桩采用 C25 的商品混凝土，坍落度 18～22cm。灌注之前，应要求混凝土供货商提供混凝土的配合比及坍落度。成孔后的桩应尽快浇筑，而且当天成孔当天浇完，严禁成孔后灌注时间间隔超过 24h。浇筑混凝土时，干孔作业桩桩顶下 5.0m 之内应用振动器振捣。每天制作一组试块。

h. 桩顶连梁施工：在进行连梁施工之前，应按设计要求标高对桩顶进行量测。凡标高超出设计要求的灌注桩，都应进行凿桩头工作。凿桩头采用气动风镐，要求凿出的桩头平整。

凿桩工作完毕后，开始进行连梁施工。连梁施工分段进行，直接在土中挖槽做模具。施工中要求放线准确，模深一致，模壁平直。有塌土处，可用灰土抹平或用模板支平。连梁使用 C25 商品混凝土，浇筑完毕后注意养护，并保证垂直桩与斜桩在桩顶连接牢靠。

i. 桩间土处理：若地下水较多，桩间土松散，需进行桩间土处理。桩间土防护可采用钢丝网混凝土护面的办法加以处理。即：用铆钉将钢丝网钉在护坡桩上，同时用 $\phi16$ 钢筋将钢筋网钉住，$\phi16$ 钢筋垂直间距为 1.5～2.0m，长度为 0.5m。为排除上层滞水，在桩中间应设置排水管。排水管系直径为 20mm、长度为 0.5～1.0m、垂直间距为 2m 的塑料管。面层 C15 混凝土，厚度 30～50mm，钢丝网网格规格：40mm×40mm。

当基坑面土质较好，暴露时间短，可不对桩间土进行防护处理。

（4）锚杆施工

a. 锚杆施工工序：钻机就位→杆体制作→钻孔→杆体安放→注浆→养护7～8d→安装腰梁→锚头部位制作及安装→锚杆试验→张拉锁定→验收试验。

b. 钻孔定位：应按照设计要求采用水准仪进行锚杆定位放线。锚杆位置应准确放点，每间隔 10m 设一控制点。

c. 成孔：采用三套土锚专用钻机和一套德国英格索兰钻机进行成孔作业，钻孔直径为 130mm。锚杆钻机就位，对准孔位点，并做好孔位标记，保证锚杆在一条水平直线上。调整钻机倾斜角度，符合设计要求后再钻孔。

d. 杆体制作与放置：钻孔前加工锚体。锚杆锚体应就地加工，杆体导向采用专门的导向器。杆体应先除锈、去油污，下料长度误差不大于 50mm。钢绞线上每隔 1.5m 设置一个隔离架，杆体保护层不小于 20mm。钢绞线自由段应用塑料管包裹，与锚固段相交处的塑料管口应密封并用钢丝绑紧。成孔验收合格后，立即放置杆体。

e. 注浆：采用 1～2 套锚杆专用的搅拌机和注浆泵。锚固体采用水灰比 0.45～0.55 的素水泥浆，现场边搅拌边灌注，必要时可加入一定量的掺合料、外加剂，注浆时孔口端部应进行封口。每天做一组水泥浆试块。锚杆注浆后未锁定期间内，外锚头不得悬挂任何重物，且不应碰撞锚头。

f. 腰梁安装：锚杆施工完毕后，进行腰梁安装。安装时吊线，以保证腰梁在一条直线位置上，使其均匀受力。腰梁钢应与护坡桩柱面接触紧密，不得为线接触。

g. 锚杆张拉：锚杆锚头部位设置台座，其承压面平整且与锚杆的轴线方向垂直。待锚杆张拉在浆体强度达 15MPa（约 7～10d 时间）后，按规范要求进行张拉。锚杆张拉采用配套的电动机油泵和千斤顶，并用 60MPa 油压表控制张拉荷载进行锚杆的张拉和锁定预应力，锚杆锁定荷载为设计荷载的 80％。

h. 锚杆载荷试验：按设计要求，选取 5％的锚杆进行验收试验，一旦发现异样情况，应及时采取措施进行处理。

（5）微型桩施工

a. 基坑北侧微型桩施工工艺：放桩位线⟶钢筋笼制作⟶钻机就位⟶技术人员复测⟶成孔⟶清孔⟶安装钢筋笼⟶注浆⟶养护。

b. 成孔：成孔采用德国英格索兰钻机，根据预先设置好的桩位就位，调整好钻杆角度（与垂直线成 30°），按设计深度成孔。成孔过程中需带水钻进，达到设计孔深后，停止钻进，继续压注清水，直至孔内泥浆返净，提出钻杆移机。

c. 钢筋笼加工：与护坡桩钢筋笼加工的做法要求相同。

d. 下放钢筋笼：与护坡桩下放钢筋笼的做法要求相同。

e. 注浆：注浆采用锚杆专用的搅拌机和注浆泵。浆液采用水灰比 0.45～0.55 的素水泥浆，现场边搅拌边灌注，必要时可加入一定量的外加剂。注浆管必须插到距孔底0.30～0.5m，保证注浆质量。每天做一组水泥浆试块。

(6) 桩顶砖墙及构造柱施工

西、南坡桩顶（－3.0m）以上的土坡采用砖墙及构造柱支护。构造柱钢筋与护坡桩钢筋焊接起来，以增加整体刚度。桩顶砖墙应在桩顶连梁施工完成后及时进行。

桩顶砖墙施工工序如下：放线⟶构造柱钢筋绑扎⟶砖墙砌筑⟶构造柱、压顶支模⟶压顶钢筋绑扎⟶浇筑混凝土。

3.2.10 工程施工验收标准

(1) 降水井施工质量要求

实际孔深与设计孔深偏差宜小于 500mm；

孔径应达到或大于设计孔径；

降水井的井身应圆正、竖直；

顶角的偏斜不得超过 1°；

降水效果满足基坑开挖后不影响基础施工。

(2) 护坡桩施工质量要求

A. 护坡桩孔位偏差允许值如下：

在轴线方向上应小于 50mm；

在垂直轴线方向上应小于 50mm；

桩孔径大于等于设计孔径，桩长大于等于设计长度。

B. 钢筋笼制作偏差允许值及主筋焊接搭接长度：

直径：±10mm；

主筋长度：±50mm；

主筋间距：±10mm；

箍筋间距：±20mm；

钢筋笼标高：±50mm；

护坡桩严禁倾向基槽一侧，垂直度应小于 1%；

主筋焊接搭接长度：双面焊 $5d$，单面焊 $10d$。

C. 锚杆施工技术要求：

锚杆水平方向孔距误差不应大于 50mm；

垂直方向孔距误差不应大于100mm；

钻孔底部的偏斜不得大于 100mm，钻孔设计长度的 3%；

锚杆孔深应比锚杆主筋长 300～500m；

锚杆孔深不应小于设计长度，也不宜超过设计长度的 1%；

锚杆杆体的制作与安放应严格按设计要求进行；

锚杆浆采用素水泥浆，水灰比 0.45～0.55，应随拌随注，保证孔内浆液的质量和数量，不得漏浆；

锚杆张拉在浆体强度达 15MPa（约 7～10d 时间）后，按《土层锚杆设计与施工规范》要求进行张拉。预应力锚杆锁定荷载为设计荷载的 80%。

3.3　土方工程

本工程基坑土方分三步开挖，局部加深部分采用两台挖土机倒土的方法，直至标高。

土方开挖必须为护坡桩、桩顶砖墙、锚杆施工及基础桩施工创造条件。本工程土方开挖边界为：土方开挖边线在东南侧、西侧、北侧为地下室外墙皮分别外 1000mm、1200mm、300mm。本工程的土方开挖具体尺寸如图 3-6 所示。

第一步土方开挖：第一步沿基坑灰线内侧由两台挖土机并排由东向西一字退后挖行，为了配合挡土墙与护坡桩施工，开挖时沿灰线内侧一次下挖至－3.5m，预留出坡道位置。由于北侧的桩顶冠梁及微型桩均在地面施工，因此，除北侧留出 10m 外，其余部位挖至－3.5m。本步土方量约为 11200m^3，配备翻斗车 45 台。在第一步土方挖运和挡土墙施工完成后，再进行下一步开挖。

第二步土方开挖：由于基坑南侧及西侧的锚杆位置为－6.0m，而北侧的两道锚杆的位置分别为－5.1m 和－7.6m，考虑锚杆施工需要，第二步开挖时，先在北侧留出一条宽 10m，深－5.6m 的锚杆施工面，其余位置挖至－6.5m，为北侧第一道锚杆及南侧锚杆施工创造条件。待北侧第一道锚杆施工完成后，接着挖至北侧第二道锚杆往下 0.5m 处。

第三步土方开挖：待锚杆施工完成后，进行第三步土方开挖。开挖至槽底标高以上 1.0m，进行基础桩的施工。因为基底深度不一，局部最深处为－18.55m，因此，在基础桩施工完成后，由机械配合人工进行局部加深处的土方开挖。

坡道收尾：随着坡道开挖，坡顶相对升高，在挖土机不能挖至要求槽底标高时，可将一台小松 PC-220 置于槽底，两台日立 EX-300 挖土机置于坡上。用打接力的方法将槽底的土传至地面装车运走。

在收尾施工时，当坡顶与槽底高差过大，一次接力无法将槽底土方挖走时，可将一台小松 PC-220（铲斗容量 1.0m^3）挖土机留在坑底，配合坡道位置处锚杆施工，并在锚杆施工完毕后，与吊车配合，用吊斗将槽底土方吊走，最后将小松挖土机吊出基坑。

3.4　地下防水工程

3.4.1　地下防水层施工

在桩承台、主楼及群楼底板、基础梁、结构叠级处、集水坑、电梯井的侧面、底面及西、南侧的地下室外墙（采用“外防外贴法”）外表面、地下 1 层顶板的上表面采用 Bituthene3000（1.5mm 厚）单层防水涂料；保护层水平防水区域内为 50mm 厚 C15 混凝土；除地下室外墙以外的其他竖向处的防水保护层为 25mm 厚的水泥砂浆。北侧地下室外墙防水施工时采用“外防内贴法”，即在外墙外表面，采用 Preprufe160（1.07mm 厚）防水

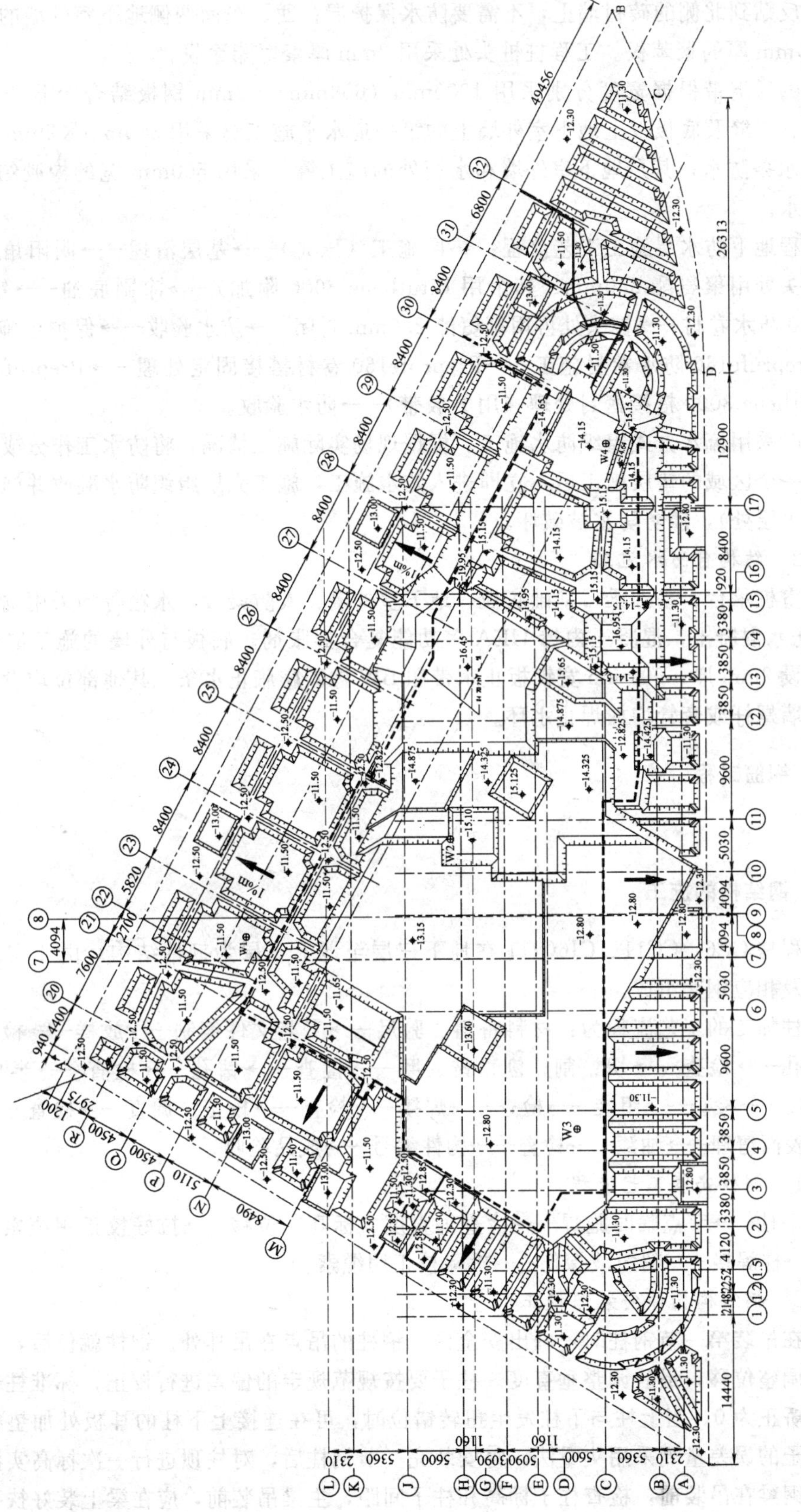

图 3-6 土方开挖示意图

卷材单层反贴到北侧的砖衬墙上，不需要防水保护层；西、东南两侧地下室外墙的防水保护层为50mm厚的聚苯板。工程桩桩头处采用2mm厚聚氨酯涂膜。

底板的后浇带根据宽度分别采用1000mm（600mm）×2mm钢板结合WB止水条防水；底板施工缝及底板以上地下室外墙上的第一道水平施工缝采用300mm×2mm钢板结合WB止水条防水；其余地下室外墙和水箱处的施工缝均采用500mm宽的橡胶结合WB止水条防水。

本工程地下防水层施工工艺流程：垫层施工（压光）⟶基层清理⟶阴阳角附加层施工（桩头处用聚氨酯2.0mm、其余用Bituthene 3000附加）⟶涂刷底油⟶铺Bituthene 3000防水卷材⟶桩头处再用聚氨酯2.0mm封闭⟶防水验收⟶保护层施工⟶北立墙Preprufe160防水卷材施工⟶Preprufe160卷材搭接固定处理⟶Preprufe160卷材与Bituthene 3000搭接密封处理（用P胶带）⟶防水验收。

施工时采用流水方式组织防水施工。根据现场实际施工情况，将防水工作分成几个区域，完成一个区域的垫层施工后，立即进入防水施工，施工完毕组织防水验收并施工保护层（有保护层处），谨防防水被破坏。

3.4.2 结构自防水施工

地下室桩承台、基础梁、基础底板、地下室外墙、人防梁板、水箱等均采用抗渗等级为P8的防水混凝土，混凝土内掺UEA多功能复合膨胀剂。底板与外墙的施工缝和后浇带处等均设2mm厚、600mm宽钢板止水带和BW橡胶膨胀止水条，其他部位均设橡胶止水条，穿墙螺杆或套管均加焊止水环。

3.5 钢筋工程

略。

3.6 钢结构的施工

本工程柱CC6、CC11、CJ6CJ11在地下三层至地上三层为韧性结构。由4支组焊型十字钢柱及相应钢梁组成。

组合柱加工的工艺流程为：材料备料、验尺⟶工艺文件编制⟶放样⟶检查⟶划线、号孔⟶检查⟶切、割、刨、铣、磨⟶检查⟶钻孔⟶检查⟶半成品验收⟶拼接⟶检查⟶组装⟶检查⟶焊接⟶检查⟶校正、调直⟶检查⟶成品编号⟶表面清理⟶油漆⟶检查⟶构件编号⟶成品验收。

3.6.1 钢柱安装工艺流程

安装钢柱⟶节点临时施焊⟶检查垂直度、标高、位移⟶拉好校正用缆索⟶整体校正⟶柱焊接⟶超声波探伤⟶拆除校正用缆索。

3.6.2 钢结构构件安装与校正

（1）在吊装第一节钢柱时，画出安全区，钢柱的吊点在吊耳处。钢柱就位后，先调整标高，再调整位移，最后调整垂直度。柱子要按规范规定的偏差进行校正，标准柱子的垂直偏差应矫正为0。当上柱与下柱发生扭转错位时，可在连接上下柱的耳板处加垫板进行调整。柱子的误差量测采用丈量法。每安装完一节钢柱后，对柱顶进行一次标高实测。

（2）钢梁在吊装前，检查柱子标高和柱子间距，主梁吊装前，应在梁上装好扶手杆和扶手绳，待主梁就位后，将扶手绳与钢柱系牢。在钢梁上翼缘处开孔，作为吊点。安装梁时，要根据焊缝收缩量预留焊缝变形量。

3.6.3 钢结构构件的连接施工

(1) 高层钢结构焊接顺序：从中心向四周扩展，采用结构对称、节点对称的焊接顺序。

(2) 柱与柱、柱与梁之间的焊接多为坡口焊，其工艺流程为：焊接设备、材料、安全设施准备──→定位焊接衬板、引弧板──→坡口检查与清理──→气象条件的检测──→预热──→焊接──→焊缝外观及超声波检测──→焊接验收。

(3) 焊接的准备工作：焊条烘焙、气象条件检测、坡口检查、垫板和引弧板。

(4) 焊接：柱与柱的对接焊，应由两名焊工在相对面等温、等速对称焊接。加引弧焊时，先焊第一个两相对面，焊层不宜超过4层，然后切除引弧板。清理焊缝表面，再焊第二个两相对面，焊层可达8层，再换焊第二个两相对面，如此循环直到焊满整个焊缝。梁和柱接头的焊缝，先焊H型钢的下翼缘板，再焊上翼缘板，梁的两端先焊一端，待其冷却至常温后再焊另一端。柱与柱、梁与柱的焊接接头，应试验测出焊缝收缩值，反馈到钢结构制作单位。

3.6.4 焊缝质量检查

钢结构高层建筑的焊缝质量检查，属于2级检验。即焊缝全部进行外观检查，并对50%的焊缝长度进行超声波检查。

3.7 模板工程

模板工程是影响工程质量的最关键的因素。为了使混凝土的外形尺寸、外观质量都达到较高要求，我公司将充分发挥在模板工程上的优势，利用最先进、最合理的模板体系和施工方法，满足工程质量的要求。

3.7.1 模板选用

(1) 垫层周围用ϕ32长300m的钢筋头固定100mm×100mm的木方。

(2) 底板周围砌240mm厚砖台模，加深部分采用多层板。从垫层开始，到底板上表面标高300mm处，即达到底板挡土墙的高度。为了保证砖胎模在底板混凝土浇筑时不移位，浇筑底板混凝土之前，将砖胎模高度的回填土回填完成。为了保证底板侧面钢筋保护层的厚度，砌筑砖胎模前，在底板垫层上弹出砖胎模的位置线，位置线预留出砖胎模的抹灰层和防水卷材的厚度。

(3) 地下墙体

A. 地下直墙体采用钢制大模板。钢制大模板面板采用5mm钢板，垂直于模板长边的钢骨架采用∟80，面板与钢骨架通过焊接连接，在钢骨架两端和模板四角设节点板。模板做成高2.7m，宽1.2m、0.9m、0.6m等宽系列（本工程用2.7m×1.2m模板为标准块模板）。根据使用情况，利用分块模板组合为大块钢模板。每块模板在面板和相应的节点板上设有相对模板间的对穿螺栓孔，孔径为25mm，不用时，可用塑料孔塞堵住。边框四周和连接板上的连接孔，均为直径20mm圆孔。内墙模板的高度同内墙高，若墙高不合模数，模板可略高于墙。外墙模板的高度，其上口应与楼板面平齐，其下部应包住下层混凝土300mm。

B. 地下一层内墙 5.4m 高的模板由 2 块 2.7m 高模板组合而成，每块 4.8m 的大钢模板，在 2.7m 位置处模板与模板之间接高时，用 16 个 M16 标准螺栓连接固定。

C. 基坑模板等面板组拼时，根据每一道墙的长度，将模板的面板 12mm 多层板预先与竖向背楞（50mm×100mm 木方）钉成大块板，板块的高度按照实际放大样的高度；在直墙处水平横背楞采用 100mm×100mm 木方，并钉在竖向背楞的外侧，从低部开始每隔 0.6m 设置一道。

D. 弧墙采用多层板在圆弧墙处采用普通钢管，按实际放大样弧度滚出圆弧，竖向背楞为 50mm×100mm 木方，竖向背楞的间距为 600mm，水平横向背楞由两根 ϕ48×5.3 钢管组成，水平背楞钢管的竖向间距为 300mm，穿墙螺栓穿在两根钢管间，水平尺寸不得大于 0.6m。

（4）柱采用定型大模板

A. 方柱：所有独立方柱模板采用定型钢模板，该柱模可调节柱截面，模板的刚度大、平整度好，混凝土外观效果好。

B. 圆柱：所有圆柱模板均采用组合式钢圆柱模板，圆柱模板的面板采用 4mm 钢板卷曲成型，竖向边框弧形，边框及弧形加强肋均为 6mm 厚钢板，竖向加强肋为－50×5 扁钢，边框四周设 17mm×21mm 椭圆孔作组合连接用。每块圆柱模均设节点板，用于斜撑及平台挑架连接。每套圆柱模板由两块半圆钢模板，通过 M16 标准螺栓连接而成。

（5）楼板采用 12mm 厚多层板。楼板水平模板和梁侧模等均采用 12mm 厚多层板为面板，梁底模采用 12mm 厚的木模；水平模板后背主次龙骨，次龙骨为 50mm×100mm 木方，间距为 300mm；主龙骨为 100mm×100mm 木方，间距为 1500mm。

（6）地上标准层墙体和电梯井等均采用大钢模。

A. 本工程大钢模板基本块的高度定为 2700mm，由于标准层层高为 3.05m 和 3.19m，顶板厚为 0.15m 和 0.225m，为满足施工要求，使用 250mm 宽的模板进行组拼使用，当层高为 3.05m，模板的配置高度为（2700＋250)mm，当层高为 3.19m，模板的配置高度为（2700＋450)mm，模板与模板之间接高时，用 M16 标准螺栓连接固定。

B. 电梯井平台由 2 根钢梁、4 套杠杆、滑轮和调平丝杠组成。在施工现场安装钢管和铺板。每根钢梁采用 2 根[12 槽钢焊接而成，槽钢上设孔眼同钢管连接。钢梁两端安装杠杠，杠杆外端安装滑轮，内端安装调平丝杠。

（7）楼梯段、预留洞口、门窗洞口采用 50mm 厚贴混凝土面刨光松木板材，阴角采用∟100×100 护角连接。

（8）后浇带：结构施工时采用钢板网封堵，采用多层板模板施工，后浇带侧面按照设计要求做成企口形式，模板上穿钢筋的部位，要求使用钢板网封闭，防止从该处漏浆。模板底部要粘贴海绵条，防止混凝土浆从底部漏出。防水施工时，墙外侧用规格 80mm×600mm×(后浇带宽＋100mm）配筋 ϕ10@150mm 的钢筋混凝土预制板与后浇带预埋件焊接固定，接缝转角修补要符合防水基层要求。

3.7.2　支撑选用

墙体定型大钢模可调支撑头作斜撑，槽钢作背肋，M16 对拉螺栓紧固，外墙及水池壁墙对拉螺栓加焊止水片。柱模板采用槽钢作柱箍，必要时采用 M16 对拉螺栓紧固。顶板支撑系统采用碗扣式脚手架早拆支撑体系。主龙骨采用 100mm×100mm 木方，次龙骨采用 50mm×100mm 木方。

3.8 混凝土工程

本工程为现浇混凝土框剪结构，混凝土需求量很大，现场场地狭小、工期紧张、结构质量标准高；结构混凝土采用商品泵送混凝土。

3.8.1 混凝土强度等级

本工程混凝土强度等级有 C15、C30、C35、C40、C45、C50、C55、C60 等级混凝土。

3.8.2 混凝土碱含量的控制

预拌混凝土必须满足《预防混凝土工程碱集料反应技术管理规定》第十三条第 2 款规定，对于Ⅱ类工程“使用 B 类低碱活性集料配制混凝土，混凝土含碱量不超过 5kg/m³”的要求。

3.8.3 场内混凝土运输

（1）混凝土运输成垂直和水平运输，使混凝土运输到浇筑面；浇筑竖向结构的墙、柱混凝土时，为保证浇筑布料的灵活、方便，保证浇筑质量，采用移动式布料机一台。

（2）运输时间：混凝土从搅拌机卸出到浇筑完毕的连续时间（min）。

场内混凝土运输时间 **表 3-2**

序　号	温　度	混凝土强度等级低	混凝土强度等级高
		时间(min)	时间(min)
1	≤25℃	120	90
2	＞25℃	90	90

（3）季节施工：在风雨或暴热天气时运输混凝土，罐车上应加遮盖，以防进水或水分蒸发。

（4）质量要求：混凝土送到浇筑地点后，如混凝土拌合物出现离析或分层现象，应对混凝土拌合物进行二次搅拌；同时，应检测其坍落度，所测数据应符合施工方案中对此数据的要求，其允许偏差值应符合有关标准的规定。

3.8.4 浇筑方法

略。

3.8.5 大体积底板混凝土施工

本工程裙楼底板厚度 500mm；主楼底板厚度 2000mm；在主楼底板标高变化处，混凝土厚度最深达到 5450mm。经研究，底板混凝土浇筑，均用泵送混凝土浇筑。为了确保底板的质量，要从以下几个方面入手。

（1）浇筑前控制温度和收缩裂缝的技术措施

① 正确选择混凝土搅拌站。

② 正确选择混凝土的原材料，根据设计要求，通过多次试配确定底板混凝土的配合比。

③ 提前计算混凝土水化热，为有效控制做好准备。

④ 控制好混凝土入模温度。

⑤ 加强施工中的温度控制（控制分层厚度、测温和保温）。

⑥ 改善约束条件，消减温度应力。

（2）底板混凝土的浇筑

A. 分层和振捣方式

混凝土浇筑采用平面分条、斜面分层、薄层浇捣、自然流淌的方法。即两台移动泵设于基坑南侧、固定泵布置于基坑西侧，使用硬管布料。为防止混凝土施工中产生冷缝，混凝土浇筑时应采取斜面分层，按前后两道工序振捣，第一道在斜面顶部卸料处，主要解决上部混凝土的密实。随混凝土振捣层的移动，混凝土浇捣从下端开始，逐渐向上移动并进行第二道振捣，以确保分层振捣混凝土的质量。为防止漏捣，振捣前采用“行列式”，每次移动距离为作用半径的 1.5 倍，且不大于 450mm。浇筑期间，钢筋工、木工、安装工应跟班观察，发现模板、钢筋或铁件管线位移，应立即加固和纠正。

B. 泌水处理

利用底板上的集水坑，在浇筑过程中混凝土的泌水及时处理。避免粗骨料下沉，混凝土表面水泥砂过厚，致使混凝土强度不均和产生收缩裂缝。

（3）底板的养护、测温

A. 通过计算结果表明，大体积混凝土的配合比、蓄水 100mm 厚和覆盖一层塑料布养护的方法，能够保证底板混凝土的施工质量，满足设计和施工规范的要求。

B. 底板混凝土的养护

在混凝土浇筑 2h 后，按标高用长刮尺初步刮平后，在初凝前用木抹搓面两遍后立即覆盖一层塑料布，塑料布的搭接不少于 100mm，在钢筋头周围再覆盖一层塑料布，将混凝土表面盖严，以减少水分的损失，保温保湿。当混凝土强度达到人行走不留痕迹时，再在塑料布下面进行蓄水养护，并将塑料布上盖严，混凝土养护期不得少于 14d。

C. 底板混凝土的测温

底板混凝土共布置了 14 个测温点，测温采用北京建筑工程研究院生产的 JDC-2 建筑电子测温仪测温。在测温过程中，一旦发现混凝土内外温差大于 25℃，马上采取措施。

3.8.6 后浇带的施工

本工程底板设有一条折线形后浇带，将底板与地下室三层楼板分成两个部分，后浇带宽度为 800mm 和 400mm。

底板的后浇带根据宽度分别采用 1000mm（600mm）×2mm 钢板结合 WB 止水条防水；地下室外墙后浇带均采用 500mm 宽的橡胶结合 WB 止水条防水；楼板的后浇带与施工缝原则上与底板的设置相同；混凝土浇筑前做好混凝土等级试配，采用比原有混凝土抗压强度和抗渗要求提高一个等级。混凝土浇筑前，要做好缝内垃圾清理、钢筋除锈、钢丝网凿除、浮动石子凿除清理等工作。混凝土浇筑前，检查其防水有否损坏，如有损坏要及时进行补救。确保混凝土浇筑后的养护条件。后浇带混凝土施工待主楼结构沉降观测相对稳定后，经设计师批准后再浇筑。

3.8.7 泵送混凝土

（1）泵送混凝土配合比要求

预拌混凝土中要掺加粉煤灰，改善预拌混凝土的和易性与减少预拌混凝土的坍落度损失，保证泵送效果。

泵送混凝土配合比中要控制砂率，砂率高可以增加混凝土的可泵性；但是，砂率过高会使混凝土软卧层增厚，同时会增加混凝土表面的裂缝。因此，砂率要控制在一个合理的范围内，常规是控制在38%～40%左右。

(2) 混凝土配管设计

A. 配管设计中考虑范围包括：混凝土的输送压力，收缩短管的长度，少用弯管和软管，便于装拆维修，排除故障和清洗，特别要考虑混凝土的输送压力。为保证配管的稳定，本工程地上部分采用结构内布管的形式，即配管从首层顶板进入建筑物，沿预留洞口向上伸展。到浇筑平面时甩出弯管，接水平管，直到要浇筑部位。注意水平管和立管之比要满足规范要求。

B. 配管的固定

配管不得直接支承在钢筋、模板及预埋件上，且应符合下列规定：水平管每隔1.5m左右用支架或台垫固定，以便于排除堵管、装拆和清洗管道。

C. 泵管要在以下部位进行固定

泵管与拖式输送泵接口部位附近受到的冲击力最大，采用埋入地下的混凝土墩固定。泵管进入楼层，在门口处进行固定，采用架料钢管夹住门口两侧，并通过木楔固定泵管。泵管在首层由水平管变成立管处，通过架料钢管借助上下楼板将泵管固定。垂直管在每层楼板（洞口）的固定采用垂直泵管，用木楔将泵管在楼板预留洞处塞死的方法。

3.9 架子工程

3.9.1 地上结构施工用架子

根据本工程主楼外边缘只有楼板梁而无混凝土墙的特点，主楼主体和外装修时采用导轨式手动提升式爬架，并在爬架上设置吊装楼板外边缘梁侧模的装置，以减少塔吊的吊次，提高整个工程的施工进度。

导轨式爬架随结构施工到顶，装修时一次下降完成装修。本工程共设31个提升点，提升点的预埋点位置依照“导轨式爬架平面图”提升单元位置预埋。提升点处采用主框架和底部水平桁架，部分架体离墙距离较远，需要搭设挑架。

内架子采用碗扣式钢管脚手架。

3.9.2 马道搭设

在悬挑架高度以下利用结构楼梯，在悬挑架高度用钢管搭设与架等宽的踏步式马道到施工操作层。

3.10 装修、装饰工程

3.10.1 外墙饰面工程

外墙面采用铝板和玻璃幕墙。施工前根据本工程的形状和地理位置等，同设计、业主和监理等研究避免本工程玻璃幕墙产生的“光污染”，幕墙采用的骨架材料、板材、密封填缝材料、结构粘结材料应符合国家现行产品标准的规定。金属构件应采用精制铝合金型材，铝合金阳极氧化膜厚度不小于3mm。结构硅酮密封胶必须有生产厂家出具的粘结性、相容性试验报告，严格检查出厂日期，严禁在幕墙工程中使用过期的结构胶。要加强玻璃安装的质量管理，割玻璃的操作平台上不允许有细玻璃渣，以防玻璃出现划痕。凡是玻璃出现有碎纹、掉角、尺寸规格偏小、划痕者，都禁止使用。

根据设计要求，在结构施工期间要将幕墙的预埋铁件直接埋入到混凝土结构中。玻璃幕墙的安装要求预埋件的空间位置十分准确，因此，施工时需采取可靠的措施予以保证。

当埋件设在混凝土表面时，模板安装完成后在埋件中心线处钉小铁钉在木模上，防止混凝土浇筑完后找不到中心位置。楼板混凝土浇筑完后，将埋件用小铁锤轻轻敲击，平稳沉入混凝土中，这样可保证埋件下混凝土的密实度。

当埋件设在侧立面时，支模后先将埋件的中心线或边线画在模板上，然后每块埋件用1.5″铁钉将其钉牢在模板上，从而保证其位置不会偏移。

浇完混凝土后，用1kg线坠吊至下层楼用尺量校核埋件的平面位置，如有异常及时纠正。

玻璃幕墙的预埋件设专人进行；同时，幕墙施工的专业分包商需派人现场配合、指导、检查，使所有质量问题都在过程中解决，为以后的安装顺利进行。

(1) 幕墙施工中成品保护

A. 防电焊火花烧伤玻璃、铝板、铝框

外墙装饰施工原则为由上向下进行，但是由于工期紧张，不可避免各工种立体交叉作业。因此，当下层或相邻的铝框、铝板、玻璃安装完成后，上层或相邻的电焊作业火花要采取挡遮措施，可用铁皮制作挡火花板派专人扶挡，防止已经做好的幕墙面层被破坏。

B. 防物体打击

楼层外围设置密目安全网，对楼层周边进行围挡，防止楼内杂物坠落至外脚手架上，反弹后打碎玻璃、砸瘪铝板。

C. 铝框架的保护

出厂时包裹的保护膜严禁撕掉，损坏的应补贴。当铝框开始安装时，在十层和二十层的四周分别设水平封闭式平台，用木龙骨上铺胶合板封闭，防止上层水泥浆、垃圾及其他有害物质的坠落伤及铝框。

(2) 施工要点控制

A. 连接件的防腐

铝件与埋件之间的连接件在焊接完成后须将焊药屑敲净，然后做冷镀锌处理。镀锌层厚度满足设计及规范要求。

B. 玻璃幕与铝幕节点处理

玻璃幕墙与铝幕处理的好坏将直接影响到幕墙的水密性、气密性，处理不当将产生雨天漏水现象，直接影响建筑物的使用功能。因此，必须做好耐候胶。

C. 玻璃幕墙的三性试验

玻璃幕墙的“三性”（气密性、水密性、结构性）试验应在施工图及材料报批完成后委托专业部门进行，合格后方可展开大面积施工。

D. 打密封胶的施工环境

幕墙玻璃的密封胶是影响外观的重要因素，打胶前应将缝隙内清擦干净，将缝两侧贴胶带，防止玻璃的污染及胶缝的顺直、美观。

打胶时需保证空气的洁净度，避开大风天、雨天等不良环境，温度保持在5℃以上，以保证施工的质量。

3.10.2 内墙面装饰

略。

4 技术保证措施

4.1 施工方案的准备

(1) 制定优良的施工方案，采用先进合理的施工工艺、材料、新技术和设备，科学划分流水段，采用均衡小节拍流水施工。

(2) 新型模板体系的应用：墙体和电梯井的模板采用工业化大钢模，顶板采用多层板，支撑系统采用碗扣支撑架和可调试支撑头快拆体系。

(3) 钢筋连接技术：采用闪光对焊、全自动电渣压力焊和气压焊等。

(4) 混凝土及高性能混凝土的应用：混凝土内掺泵送剂提高泵送能力。底板混凝土采用水化热较低的水泥内掺定量的UEA多功能复合膨胀剂。

(5) 工程资料采用计算机管理。

4.2 技术资料管理

1) 技术资料是工程内在质量的真实反映，是对施工过程的真实记录。严格按相关文件及档案馆归档资料的要求管理，做到真实、准确、及时、完整。

2) 项目设专职资料员负责汇总和整理各分包单位编制的全部施工资料。

3) 工长、质检、技术等施工管理人员严格把关，对资料不具备验收要求的拒绝验收，不准其进行下道工序施工。

4) 分包单位的资料员在每道工序验收后，将技术资料及时上报总包单位进行整理汇总。

5) 项目设兼职摄像师，提供各阶段工程施工的音像资料。

4.3 计量器具管理

(1) 计量员负责本项目所有计量器材的鉴定及管理工作。

(2) 现场计量器具必须确定专人保管、专人使用。他人不得随意动用，以免造成人为损坏。损坏的计量器必须及时申报修理调换，不得带病工作。

(3) 计量器具要按规定定期进行校对、鉴定，严禁使用未经校对过的器具。

5 安全生产技术措施

5.1 土方工程施工中安全技术措施

(1) 土方开挖前要做好排水工作，坑边砌好挡水墙，防止地表水、施工用水和生活废水浸入施工现场或冲刷边坡。

(2) 在基坑边堆放砌土、材料和机械时，应与坑边保持一定的距离，不小于1m，以免影响基坑的稳定，造成土体滑坡。

(3) 基坑四周距坑边 50cm 应设立两道护身栏杆，上杆距地高度为 1.0～1.2m，下杆距地高度 0.5～0.6m，立杆间距小于等于 2m，并打入地面 50～70cm 或在硬化地面上预埋锚桩固定。在危险处，夜间应设红色标志灯。

(4) 室外回填土施工过程中，由于地上和地下同时施工，交叉作业，所以肥槽处必须支搭防护棚，以免高处坠物伤人。

5.2 轨道式爬架作业安全防护措施

(1) 搭设爬架所用材料必须符合有关规定要求。

(2) 爬架搭设时必须按楼层与结构有可靠拉结，拉结点间距离不得超过有关规定和方案要求。

(3) 爬架的操作面必须满铺脚手板，不得有空隙和探头板、飞跳板，爬架下层兜设水平网，操作面外侧设两道护身栏和一道挡脚板。

(4) 爬架作业时，要做到"四不升降"：下雨、六级以上大风不升降；视线不好不升降；没进行升降前检查不升降；分工、责任不明确不升降。

(5) 在升降作业时应设警戒线，任何人员不得在警戒线内走动。施工现场应配备足够的步话机，加强通信联系。

(6) 在遇六级以上大风天气时，应将支架同建筑物结构加固。

(7) 爬架使用时应遵守《导轨式爬架的使用规定》，杜绝违章使用行为。

(8) 支架节点每升降 5 层，全面检查一次，爬升机构和提升系统每次提升前检查一次，如有部件损伤应及时更换。

5.3 洞口、临边防护安全措施

(1) 1.5m×1.5m 以下的孔洞，应预埋通长钢筋网或加固定盖板，1.5m×1.5m 以上的孔洞四周必须设两道护身栏杆，中间支挂安全网。

(2) 电梯井口必须设高度不低于 1.2m 的金属防护门。电梯井内首层和首层以上每隔四层设一道水平安全网，安全网应封闭严密。电梯井内禁止做垂直运输通道和垃圾通道。

(3) 楼梯踏步及休息平台处，必须设两道牢固防护栏杆。

5.4 高处作业安全防护措施

(1) 建筑物首层四周必须支固定 6m 宽的双层水平安全网，网底距下方物体表面不得小于 5m。其上每隔四层固定一道 3m 宽的水平安全网。每层的水平安全网必须严密交圈。

(2) 建筑物的出入口需搭设长 6m，宽于出入通道两侧各 1m 的防护棚，棚顶应满铺设双层 5cm 厚的脚手板，非出入口和通道两侧必须封严。

(3) 高处作业，严禁投掷物料。

5.5 料具存放安全技术要求

(1) 大模板必须按照指定地点存放，自稳角为 70°～80°，并将支腿支撑牢固，或放入大模存放支架内。

（2）砌体材料、小钢模等必须码放稳固，高度不超过1.5m，脚手架上堆料不能超过标准值。

5.6 临时用电安全防护措施

（1）临时用电必须建立对现场的线路、设施的定期检查制度，并将检查、检验记录存档备查。

（2）配电系统必须实行分级配电。各类配电箱、开关箱的安装和内部设置必须符合有关规定，箱内电器必须可靠完好，其选型、定值要符合规定，开关电器座标明用途。各类配电箱、开关箱外观应完整、牢固、防雨、防尘，箱体应外涂安全色标，统一编号，箱内无杂物。停止使用的配电箱应切断电源，箱门上锁。

（3）独立的配电系统必须按部颁标准采用三相五线制的接零保护系统，非独立系统可根据现场实际情况，采取相应的接零或接地保护方式。各种电气设备和电力施工机械的金属外壳、金属支架和底座，必须按规定采取可靠的接零或接地保护。在采用接地和接零保护方式的同时，必须设两级漏电保护装置，实行分级保护，形成完整的保护系统。漏电保护装置的选择应符合规定。

（4）手持电动工具的使用，应符合国家标准的有关规定。工具的电源线、插头和插座应完好，电源线不得任意接长和调换，工具的外绝缘应完好无损，维修和保管应由专人负责。

（5）电焊机应单独设开关，外壳应做接零或接地保护。一次线长度应小于5m，二次线长度应小于30m，两侧接线应压接牢固，并安装可靠防护罩。焊把线应无破损、绝缘良好、双线到位，不得借用金属管道、金属脚手架、轨道及结构钢筋作回路地线。电焊机设置地点应防潮、防雨、防砸。

5.7 施工机械安全防护措施

（1）施工现场应有施工机械安装、使用、检测、自检记录。

（2）塔式起重机的安装必须符合国家标准及原厂使用规定，并办理验收手续，经检验合格后，方可使用。使用中，定期进行检测。塔式起重机的安全装置（四限位，两保险）必须齐全、灵敏、可靠。

（3）施工电梯的地基、安装和使用须符合原厂使用规定，并办理验收手续，经检验合格后方可使用。使用中，定期进行检测。施工电梯的安全装置必须齐全、灵敏、可靠。

（4）蛙式打夯机必须两人操作，操作人员必须戴绝缘手套和穿绝缘胶鞋。操作手柄应采取绝缘措施。夯机用后应切断电源，严禁在夯机运转时清除积土。

（5）氧气瓶不得暴晒、倒置、平躺，禁止沾油。氧气瓶和乙炔瓶（罐）工作间距不小于5m，两瓶同焊炬间的距离不得小于10m。

（6）圆锯的锯盘及传动部位应安装防护罩，并应设置保险档、分料器。凡长度小于50cm、厚度大于锯盘半径的木料，严禁使用圆锯。破料锯与横截锯不得混用。

（7）砂轮机应使用单向开关。砂轮必须装设不小于180°的防护罩和牢固的工件托架。严禁使用不圆、有裂纹和磨损剩余部分不足25mm的砂轮。

（8）吊索具必须使用合格产品。

(9) 钢丝绳应根据用途，保证足够的安全系数。凡表面磨损、腐蚀、断丝超过标准的，打死弯、断股、油芯外露的不得使用。

(10) 吊钩除正确使用外，应有防止脱钩的保险装置。

(11) 卡环在使用时，应使销轴和环底受力，吊运大模板和混凝土斗等大件时，必须用卡环。

5.8 大模板施工安全措施

(1) 作业前应做好安全交底和安全教育，检查绳索、卡具及每块模板上的吊环是否完整可靠。设专人指挥，统一信号。

(2) 大模板存放在楼层上时，必须安全可靠，不得沿外墙放置。

(3) 在大模板拆、装区域设置围栏，并挂明显的标志牌，非作业人员不得入内。

(4) 安装时“先内后外”，即从第二间内模板开始组装。拆模时“先外后内”，拆外模时应先挂好吊钩，绷紧吊索后方能拆除螺杆。吊钩应垂直模板或略向拆模方向，待微动确定无误后慢速起吊，要防止碰撞相邻模板、墙板或脚手架。

(5) 对筒模吊装要先调整好重心，后起吊。

(6) 严禁操作人员随模板起落，要站在可靠的地方操作。

(7) 双面模板就位后，用拉杆和螺栓固定，未固定前不得摘除吊钩。

(8) 风力六级以上时，应停止吊模作业。

6 经济效益分析

采用先进的施工工艺，推广应用新技术、新材料，降低成本目标为总产值的2%以上。

(1) 采用均衡小节拍流水，减少模板支撑投入，加快进度、缩短工期。

(2) 采用工业化大钢模、清水混凝土工艺，节省抹灰。

(3) 混凝土内掺外加剂、粉煤灰、掺合料，节省水泥。

(4) 钢筋广泛采用闪光对焊、电渣压力焊，节约钢材。

(5) 基础土方就近存放，节约回填土购买及运输费用。

(6) 基础桩合理选择分包单位和施工工艺。

(7) 在满足装修标准和档次的条件下，尽量采用国产材料替代进口材料，以降低材料的成本。

第八篇

星标住宅小区（二期）7～12号楼工程施工组织设计

编制单位：中建一局二公司
编 制 人：杨　勇　李金元　雷顺祥
审 核 人：刘卫东

[简介]　星标住宅小区（二期）7～12号楼工程楼体众多，建筑密度很高，造成施工场地狭小，给材料堆放、交通组织、加工场地设置等带来很大困难，同时由于工程建筑面积很大，在施工流水组织、施工段划分上面对组织管理水平的要求很高。在施工技术方面，防水与人防工程是项目的关注重点，而临水临电的组织与管理是该项目的一个特色。

目　录

1 工程概况

1.1 工程建设概况（表 1-1）

工程建设概况一览表 **表 1-1**

工程名称	星标住宅小区(二期)7～12 号楼	工程地址	北京市海淀区巴沟村南路
建设单位	北京亿城房地产开发公司	勘察单位	北京市勘察设计研究院
设计单位	北京华咨工程设计公司	监理单位	中咨工程建设监理公司
质量监督部门	北京市海淀区监督站	总包单位	中建一局二公司
主要分包单位	江苏南通常乐、江苏正太、江苏中兴建筑劳务有限公司	工期	426d
工程主要功能或用途	本工程主楼为住宅楼，主楼地下二层为六级人防，7、8 号楼之间为 1 号地下两层车库，9、10 号楼之间为 2 号地下两层车序		

1.2 工程建筑设计概况（表 1-2）

表 1-2

工 程 概 况 表

一般情况	工程名称	星标住宅小区(二期)7～12 号楼	建设单位	北京亿城房地产开发有限公司
	建设用途	民用建筑	设计单位	北京华咨工程设计公司
	建设地点	北京市海淀区巴沟村万柳南路	监理单位	中咨工程建设监理公司
	总建筑面积	19.6 万 m^2	施工单位	中建一局二公司
	开工日期	2003.2.24	竣工日期	2004.3.31
	结构类型	框架-剪力墙	基础类型	筏形基础
	层数	地上 12～16 层、地下 2 层	建筑檐高	39.9～48m
	地上面积	167522.46m^2	地下室面积	24032.39m^2
	人防等级	六级	抗震等级	Ⅰ、Ⅱ级
构造特征	地基与基础	筏形基础		
	柱、内外墙	框支、框架柱 C40、C50、C60；剪力墙外墙 C40P8、C40、C30；剪力墙内墙 C40、C30		
	梁、板、楼盖	现浇梁、板及楼盖混凝土强度等级有 C40P8、C40、C30		
	外墙装饰	外墙面砖、涂料		
	内墙装饰	普通房间耐水腻子、厨房卫生间水泥腻子、公共楼梯间涂料		
	楼地面装饰	卫生间、厨房间水泥砂浆保护层，其他均为原混凝土地面压光		
	屋面构造	60mm 厚聚苯板保温，陶粒混凝土找坡，Ⅲ型 SBS 卷材防水 6mm 厚		
	防火设备	各层均设消防箱等耐火等级为Ⅰ级		

1.3　工程专业设计概况（表1-3）

专业设计概况一览表　　表1-3

序号	项目		设计要求及系统作法	管线类别
1	给水排水系统	上水	分高低两个区。四层以下为低压，市政水直供。五层以上为高区，由变频调速泵供给	表前采用热浸镀锌钢管、丝接，表后采用PP-R管、热熔连接
		中水	中水处理设施设在11号楼地下二层中水站内。楼内回用系统由变频供给，用于冲厕。分高低二区，六层以下为低区，七层以上为高区	表前采用热浸镀锌钢管、丝接，表后采用PP-R管、热熔连接
		下水	分为两个系统，首层单排、地下二层污水由潜污泵提升排至室外	采用机制铸铁管、柔性连接。有压排水采用镀锌钢管、丝接
		热水	热源由锅炉供给，分高、低两区，四层以下为低区，五层以上为高区	表前采用热浸镀锌钢管，表后采用PP-R管
		饮用水	不分区，六层以下支管设减压阀	采用PP-R管
		消防水	消防栓系统上下连成环状，水泵及水池设在一期5号楼地下二层。五层以下消防栓，选用减压型消防栓	采用焊接钢管。小于100mm丝接，大于100mm焊接
2	消防系统	消防	地下和商业部分设置湿式自动喷水灭火系统。不采暖车库设预作用或喷洒系统	采用热浸镀锌钢管
		排烟	有外窗采用自然排烟，无外窗采用正压送风。风机设在屋顶，风机前设防倒流阀，经常有人停留房间，有可燃物房间设置防排烟系统	采用焊接钢板
		报警	消防广播、手动报警按钮、消防手动、联动系统	地下焊接钢管地上JDG管
		监控	地下室及商业设感烟探测器	焊接钢管
		通风	地下室设通风	采用镀锌焊钢板
4	电力系统	照明	按白炽灯设计，吸顶安装为主。配电室采用荧光灯吸顶安装	JDQ
		动力	住宅配电室设高层住宅配电柜，均采用三相五线制，各层设有电气竖井	干线采用桥架和封闭母线敷设
		弱电	电话、电视、火灾、自动报警、楼宇可视电话对讲、计算机通信、远程监测	干线采用桥架和封闭母线敷设，支线采用JDQ敷设
		避雷	二类防雷、屋顶采用$\phi 10$镀锌圆钢，利用柱内主筋作引下线。上端与避雷网焊接，下端与基础内主筋焊接成环状。作为接地装置，接地电阻不大于1Ω	
5	设备安装	电梯	三菱快速电梯，9号楼8部，10号楼7部，均兼作消防电梯	
		污水泵	在地下二层集水坑设污水泵，一备一用，提升排出室外	镀锌钢管
		集中供暖	热源由小区锅炉房供给，供回水温度95/70℃，工作压力0.5MPa，分户式下供下回双管系统	钢管、PP-R管

1.4　工程特点

(1) 建筑密度高，场地紧凑

星标住宅小区（二期）工程共6栋住宅，密度高，7号、8号楼工程相连，中间为1号地下车库；9号、10号楼工程相连，中间为2号地下车库；11号、12号楼独立。整个施工场地狭小，只有基坑周围有部分场地可以利用，施工平面布置难，为结构施工带来很大的难度，充分利用地下结构施工完后，车库顶板在结构施工阶段变成加工场地。

（2）建筑平面大，结构构件尺寸特殊

平面尺寸大，建筑物外型复杂，弧形尺寸构件存在。建筑面积 19.6 万 m^2，要求合理划分施工流水段，布置垂直运输机械，组织施工流水，加强资源投入。

7～12 号楼工程均为混凝土框架-剪力墙结构，其中 7～10 号及 12 号楼地下部分为人防，人防顶板厚度 350mm、400mm，外墙厚度 350mm、400mm，需要采取特殊的施工工艺。

（3）防水要求高

地下防水工程质量标准要求高：地下室人防顶板、车库顶板及外墙混凝土采取自防水（抗渗混凝土），车库顶板及外墙外加卷材防水，并且车库顶板为种植屋面，因此，必须从设计及施工措施方面采取严格的防水措施，确保防水细部节点整体的施工质量。

（4）功能特殊，性质重要

7～10 号楼及 12 号楼地下工程为人防工程，工程性质极其重要，其内部结构复杂，各种防护设备齐全，施工安排上要土建与专业施工队协作施工，统筹安排，顺利完成此项工程。干好本工程无论对施工单位还是业主、监理，都具有重要的意义。

（5）临水临电管理难

施工现场大，临水临电布置困难，根据消防循环管网的要求，整个现场的市政管网压力还必须通过增加的 2 台自动水泵增补压力。施工用电设置两台变压器解决。

（6）工程工期紧，质量标准高，施工难度大

本工程工期紧，任务重，近一年半的时间完成基础工程、主体结构和初装修，而且经过两个冬期和一个雨期，为组织施工带来了较大的难度。

面对日益激烈的市场竞争，要树立企业的良好形象，必须从质量抓起，本工程对甲方承诺达到以下质量标准：

结构标准：工程质量要创北京市“结构长城杯”金杯。

整体工程标准：确保北京市优质工程。

（7）扰民及民扰问题

北侧为居民区，扰民及民扰问题较为严重，必须严格控制施工时间，夜间不许施工，并采取可靠的降噪措施。

2　施工部署

2.1　施工部署原则

（1）满足规范、标准要求的原则

施工严格执行国家、行业、地方的法规、法令，以及现行的有关规范、验收标准和设计要求等，组织严格有序的施工生产。

严格按照企业制定的各项作业标准和企业 ISO 9002“质量管理体系模式”、ISO 14000“环境管理体系”以及 ISO 18000“职业健康安全管理体系”组织施工，严格执行

公司的质量方针。

公司对该工程实行项目管理，将工程列入企业的重点工程，充分发挥企业的优势，全面履行施工合同及对顾客的承诺，确保工程质量、工期目标及安全管理目标的实现。

（2）满足业主合同要求原则

根据本工程质量目标较高，工期较短的特点，为满足与业主签订的施工合同的要求，必须做到合理解决好质量与工期的矛盾，以质量管理为重点，严格把关，并且采取有效的技术措施，合理安排施工工期。力求多、快、好、省地完成工程任务。

（3）满足工序逻辑关系的原则

施工中应遵循“先地下，后地上；先基础，后主体；先土建，后设备”的施工原则。为保证连续施工，要求专业预埋应随结构施工进行，设备安装及装修施工待分段结构验收完毕后随时插入，穿插进行，从而缩短工期。

（4）处理好季节施工的原则

本工程开工日期2002年9月，竣工时间为2003年12月，将跨越一个雨期和两个冬期，季节施工是本工程的关键，技术部门应提前作好季节施工措施方案，物资部门及时准备现场所需季节施工材料，工程部门制订出切实可行的生产计划，掌握好施工进度和施工质量。

（5）分段交叉流水的原则

根据工程平面大小及特点，为合理压缩工期、节约劳动力，采取分段交叉流水作业的施工方法。

（6）时间连续、空间占满的原则

根据工程特点，以尽量减少地下室外墙施工缝为原则，合理利用后浇带分段，进行分段流水组织施工。根据工程进度及现场工作面情况，合理加大设备、人员、物质投入，保证各工种的连续施工。

地下室外墙防水、回填工程以及室内装修等工序，待地下结构验收完立即插入，地下室装修由上而下，顶板防水、土方回填施工待结构封顶后与地上结构交叉进行。

（7）推广运用四新技术的原则

依据本工程的设计特色及施工部署，本着提高工程质量、合理缩短工期、有效节约成本以及改进技术管理水平的原则，合理利用和推广运用四新技术。

2.2　施工管理组织体系

根据工程特点，为确保工程质量目标、工期目标及安全目标的实现，精心挑选专业能力强、施工管理技术过硬的人员，组建强有力的项目经理部。

小区项目部组成以刘××经理为首的领导班子，分工负责工程质量、进度、安全、消防、文明施工、经济效益、科学管理等方面的工作。在项目部的精心策划下，把星标小区（二期）工程分成两部分，设立南、北区域，由区域项目经理进行单独管理，设立七个职能部门（技术部、质量部、工程部、物资部、经营部、机电部、办公室），并配齐各种管理人员，以满足施工生产的需要。

项目部主要领导见表2-1所列。

项目管理班子情况一览表 表 2-1

序号	姓 名	职 位	职 称	持证情况
1	×××	项目经理	工程师	国家一级项目经理
2	×××	执行经理	工程师	国家二级项目经理
3	×××	项目书记	助 工	—
4	×××	总 工	高级工程师	—
5	×××	机电经理	工程师	国家一级项目经理
6	×××	商务经理	工程师	注册造价工程师
7	×××	南区项目经理	工程师	国家二级项目经理
8	×××	北区项目经理	工程师	国家三级项目经理

2.3 总、分包管理

本工程实行总承包管理的模式，对工程施工进行统一管理。

(1) 总包方拟定分包单位，会同监理、业主对该单位进行考察，采用招投标的方法，择优选用，所选用的分包单位江苏南通××建筑劳务有限公司（负责7、8号楼）、江苏××建筑劳务有限公司（负责9、10号楼）以及江苏××建筑劳务有限公司（负责11、12号楼），三家公司无论是资质和管理经验均符合本工程要求。

(2) 责成三家分包单位所选用的设备、材料必须事前征得业主、监理和总包单位的审定，严禁擅自代用材料和使用劣质材料。

(3) 责成三家分包单位严格按施工总进度计划和施工组织设计，建立质量保证体系，确保工程总目标的实现。

(4) 各分包单位严格按照总包制定的施工总平面图“按图就位”，并且按总包制定的现场标准化施工的文明管理规定，做好施工现场的标准化工作。

(5) 分包单位进场前，均与总包单位签订施工合同，总包严格按合同的条款检查落实分包单位的责任、义务。

(6) 参照《工程项目管理实施细则》，项目部以各种指令，组织指挥分包单位科学合理的施工生产，协调施工中所产生的矛盾，以合同中明确的责任，来追究贻误方的失责，尽可能避免施工中出现因责任模糊和推诿贻误工程和造成经济损失。

(7) 对分包单位不断加强教育，项目部提请分包单位增强员工成品保护意识，做到上道工序对下道工序负责，完工产品对业主负责，使产品不污、不损。

(8) 总包方遵循“谁施工，谁负责”的原则，对各分包单位进行全面质量管理和追踪管理。

(9) 凡分包单位在施工过程中违反操作规程，不按图施工，屡教不改或发生质量问题的，总包方有权对分包单位进行处罚，处罚形式分为整改停工、罚款直至勒令退场。

(10) 三家分包单位在施工过程中，通过质量联检、抽查及巡查等，评选出当月质量达到优良，排名第一的分包单位，总包方对该分包单位进行奖励，奖励形式分为表扬、表彰、发放奖金。

2.4　施工协调

（1）同监理的协调

1）在施工全过程中，严格按照经业主及监理单位批准的“质量保证计划”进行该工程的质量管理。在自检合格的基础上，接受监理工程师的检查和验收，并做好施工记录。

2）所有进入现场的成品、半成品、设备材料、器具，均主动向监理工程师提供检测、检验报告，保证所使用的材料合格。

3）严格执行“上道工序不合格，下道工序不施工”的原则，使监理工程师能顺利开展工作。对可能出现工作意见不统一的情况，遵循“先执行监理指令，后予以磋商统一”的原则。在工程施工过程中，维护好监理工程师的权威性。

（2）同设计的协调

积极与设计单位联系，了解设计意图及对工程施工的特殊要求，以及本工程全部的设计内容，做好设计交底。

针对施工过程中出现的设计问题，项目部及时同设计单位磋商，共同研究解决办法。服从设计人员指导，积极配合设计变更。

（3）同业主的协调

我方管理人员与业主积极配合，及时向业主汇报施工情况，听取业主代表的意见，加强沟通。在涉及使用功能和外观的设计修改时，必须及时向业主汇报，并积极争取缩短设计变更的过程时间，避免影响工程进度。

（4）施工组织协调

为了达到按质按期竣工全面交付施工的目标，加强与工程相关的各方面单位的配合及协同工作。总的协调工作，由监理工程师主持，坚持每周有业主参加的监理例会予以协调解决，与设计单位随时沟通，发现问题及时办理洽商，并将洽商文件及时传递到各方（业主、监理单位及项目部内部）；总分包的协调工作由生产副经理与主任工程师共同负责召开生产、技术例会；项目部内部坚持生产例会制度、质量分析会制度、交底制度（包括设计交底、施工组织及方案交底、技术及安全交底等）。

2.5　流水段划分

根据施工部署的原则进行分区管理，7、8号楼组成北区，9～12号楼组成南区，考虑到三家分包单位施工管理思路、劳动力及材料的投入不同，其施工流水段划分各不相同，并且以小流水施工为分段依据进行分段。具体见表2-2所列。

（1）结构施工分段

结构施工分段　　表2-2

楼　号	地　下	地　上
7号	9段	7段
8号	备注:地下1号车库分为3段	7段
9号	15段	6段
10号	备注:地下2号车库分为3段	6段
11号	2段	4段
12号	2段	4段

（2）装修施工阶段

装修阶段北区将7号楼、8号楼、1号车库划分为三个独立的大作业区，其中7号楼和8号楼分别划分为地下室作业区、地上住宅作业区、外檐作业区等三个小区域，南区将9号楼、10号楼、11号楼、12号楼、2号车库划分为五个独立的大作业区，9～12号楼分别划分为地下室作业区、地上住宅作业区、外檐作业区等三个小区域，将大作业区和小作业区组织同步流水作业。

确定内外两条主线，外线为外檐封闭，内线为土建先行，为设备安装、专业施工提供条件。待主体封闭后，以设备安装、专业为主线。

2.6 施工平面布置

（1）施工总平面布置依据

根据施工工艺流程、施工现场的作业条件、地下管线布置图，以及工程进度安排进行施工总平面布置。

（2）施工总平面的绘制及布置原则

满足施工工艺流程的要求下尽量紧凑，尽量缩短运输路线及各种管线的距离和长度。结构施工阶段以塔吊和泵送站为主体，其他场地围绕主体布置的原则。装修阶段围绕外用电梯为主体。

（3）施工总平面的内容

1）现场出入口及围墙

① 施工场地四周用瓦楞铁封闭，确保周围工作秩序不因施工而受到干扰。

② 在办公区入口处按CI要求设立统一标准式样的标牌“五板一图”。

2）现场道路及排水

临时道路做法为路基夯实后上铺15cm厚混凝土，路面横向坡度3%，沿路边挖排水沟，纵向坡度为5‰。现场组织专门力量对临时道路进行维护、清扫、冲洗，确保路面无遗物，无灰尘。

3）现场机械及设备

现场大型机械主要为塔吊、外用电梯以及地泵，分别从幅度高度、水平运输距离、泵送扬程和高程考虑塔吊、外用电梯以及地泵的布置。

4）现场材料场地

现场材料围绕大型机械周围布置，考虑材料装卸、垂直运输的方便布置。

5）办公及生活区布置

办公及生活区设置在工程西边，距离7号楼约50m。

2.7 施工进度计划

根据总体进度及阶段性目标的要求，必须在2002年底完成7～10号楼地下二层结构及车库地下一层顶板，11、12号楼完成地下结构，才能保证2003年7月的结构封顶，以及装修在2003年底完成，并且保证7～10号楼在地上施工时，1、2号车库顶板能够具备加工钢筋及大钢模板场地的要求。

2.8 周转物资配置（表 2-3）

主要周转材料 表 2-3

序号	名称	单位	数量	备注
1	小钢模板	m^2	13700	按照流水段，7～10号楼配置1/3段，11～12号楼配置1/2段
2	大钢模板	m^2	13850	按照流水段，7～10号楼配置1/3，11～12号楼配置1/4段
3	竹胶板	m^2	25000	按照周转5～8次及流水段划分，7～10号楼配置3层，11～12号楼配置4层
4	木方	m^3	920	
5	钢管	t	710	双排架设置，结构、装修使用，外檐装修后拆除
6	扣件	只	140000	
7	钢跳板	块	9100	
8	碗扣式立杆	根	76000	顶板模板支撑体系（地下加密立杆）
9	碗扣式横杆	根	152000	
10	顶托	个	76000	

2.9 主要施工机械的选择（表 2-4）

主要的机具设备 表 2-4

机械名称	型号	单位	数量	进场时间	备注
塔吊	QTZ80G	台	3	2002.10	7、8号楼
塔吊	QTZ125G	台	1	2002.10	
塔吊	QTZ80G	台	1	2002.10	9、10号楼
塔吊	QTZ5013	台	3	2002.10	
塔吊	FO/23B	台	1	2002.10	11号楼
塔吊	ST60/14	台	1	2002.10	12号楼
外用电梯	MCD200/200	部	10	2003.7	7～12号楼
地泵	HBT60	台	1	2002.10	7号楼
地泵	HBT80	台	1	2002.10	8号楼
地泵	GT3/9	台	2	2002.10	9、10号楼
地泵	HBT80T	台	2	2002.10	11、12号楼
插入式振动器	JTM-5	台	20	2002.10	7～12号楼
钢筋弯曲机	BX300-2	台	6	2002.10	7～12号楼
钢筋切断机	AT-300	台	6	2002.10	7～12号楼
圆锯	ZX50	台	6	2002.10	7～12号楼
压刨	NIB2-80/1	台	6	2002.10	7～12号楼
电、气焊具	HW-60	套	10	2002.10	7～12号楼
砂轮机	MJ114	台	2	2002.10	7～12号楼
切割机		台	6	2002.10	7～12号楼
施工消防泵		台	2	2002.10	7～12号楼
电焊机	SCD200	台	16	2002.10	7～12号楼

2.10 劳动力组织

经过工效分析和公司施工经验提出劳动力安排（表 2-5～表 2-7，图 2-1）。

地下结构施工队伍各工种分配表 **表 2-5**

工　种	人　数(人)	工　种	人　数(人)
木工	500	架子工	110
钢筋工	490	机械工	15
混凝土工	240	配合工种	70
地下室结构施工阶段日平均劳动力约为 1425 人			

地上主体结构施工队伍各工种分配表 **表 2-6**

工　种	人　数(人)	工　种	人　数(人)
木工	570	架子工	140
钢筋工	570	机械工	15
混凝土工	290	配合工种	70
地上主体结构施工阶段日平均劳动力约为 1655 人			

装修施工队伍各工种分配表 **表 2-7**

工　种	人　数(人)	工　种	人　数(人)
木工	450	架子工	120
钢筋工	350	机械工	25
混凝土工	200	管工	120
油漆工	250	电工	150
装修施工阶段日平均劳动力约为 1405 人			

施工现场劳动力人数动态图（从基础结构施工开始）：

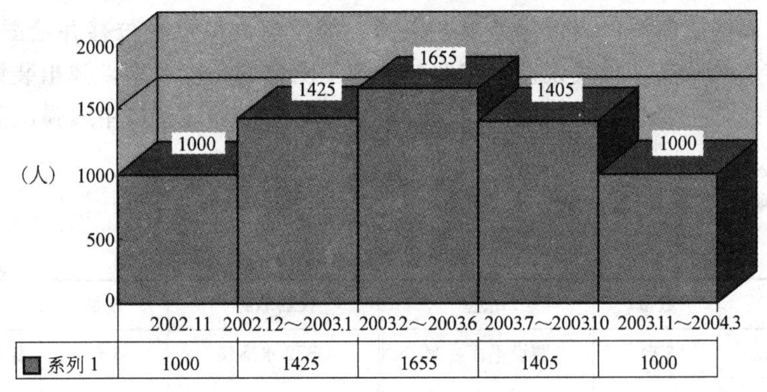

图 2-1　施工现场劳动力数量动态图

3　主要分项施工方法

3.1　测量放线

3.1.1　工程定位

本群体工程建筑平面不规则，工程定位之前，先熟悉总平面图及建施、结施图，搞清建筑物与建筑红线的关系，以及建筑物相邻的轴线关系。

根据复测后的现场界桩，确定主要轴线控制桩。复测现场原有高程控制网，当其在规范规定限差内，确定为现场高程控制网。

3.1.2 轴线竖向投测

选用3台激光铅垂仪（7、8号楼一台，9、10号楼一台，11、12号楼一台）进行作业，在基础施工完成后，根据各建筑物场地平面控制网，校测建筑物轴线控制桩后，在首层测试室内控制网，使用激光经纬仪在各控制点由首层向上铅直投测施工层后，经图形闭合校对调整后，再放出各细部。室内控制点以建筑物轮廓轴线和电梯井轴线的投测为关键部位。

3.1.3 标高投测

用钢尺沿结构电梯井筒墙壁以起始标高线为准向上竖直测量，各层的标高线均应由各处的起始标高线向上直接量取，并在传递高度超过钢尺长度时，根据引测的两个永久水准点，用水准仪在该层精确测定第二条起始标高线，作为再向上引测的依据，每一流水段至少应由三处分别向上引测。

3.1.4 施工层的放线与抄平

施工层放线时，应先在结构平面上校核投测轴线，闭合后再测设细部轴线，然后据此测设细部线。施工层抄平前，应先校测首层传递上来的各标高点，当校差小于3mm时，以其平均点引测水平线。

为了有效控制各层轴线及标高误差在允许范围内，并达到在装修阶段仍能以结构控制线为依据测定，要求在施工层的放线与抄平中弹放所有细部线、各外墙大角轴线、各开间+50cm水平控制线等各控制线。

结构施工中每层施工完毕，应检测外墙偏差并记录，并每层检查门窗洞口净空尺寸偏差，同一外立面同层窗洞口高低偏差及各层同一部位窗洞口水平位移并绘图记录；同时，应及时抄测该层的标高、轴线误差，按照装饰施工测量的精度要求，弹出装饰工程所需的控制点、控制线，主要有：内外墙+100cm水平控制线，外墙窗口中线弹出竖直通线，房间的十字线。

3.1.5 测量设备配置（表3-1）

测量设备配置表 表3-1

仪器名称	数量	用途	仪器名称	数量	用途
SET2BⅡ全站仪	3台	测设平面控制	DSZ2水准仪	6台	标高的测量与传递
J2经纬仪	6台	投测轴线	50钢尺	6把	轴线量距

3.2 土方及护坡

3.2.1 土方开挖

(1) 本工程为筏形基础，基底标高为－7.85～－9.65m。采用机械开挖土方，人工配合清土，由于土方开挖量大，确定采用一台反铲挖掘机，配备相应的自卸汽车。土运出场外，场内不设堆土区。

(2) 本工程为地下二层，根据基础埋设深度、基础尺寸确定挖土方的放线尺寸，及放坡坡度。机械开挖土方边坡修整由人工进行，确保坡度准确。

(3) 机械开挖至基底标高以上 300mm 处，避免基底土受到扰动，用人工清理槽底。土方开挖过程中，测量人员应随时测量标高，严禁超标高挖土。

(4) 基坑开挖时，如遇到异常地质情况，与勘察、设计协商处理后，方可进行下道工序。

(5) 基坑开挖连续进行并尽快完成，防止地面水流入坑内，以免边坡塌方或基土被破坏。挖土上边缘 3m 内，不得堆放材料、土方等，并沿坑边四周设护栏，夜间应有警示灯，且应有足够的照明。

3.2.2 护坡工程（详见护坡方案）

放坡 1：0.4，插筋水平间距 1.5m，竖向间距 1.2～1.5m，插筋长 1.0m、1.5m、1.5m、1.2m、1.0m（端头部分长 0.3m，采用同级别钢筋焊接成 T 形），级别 ϕ16、采用梅花形布置。插筋倾角垂直于坡面。

面层铺挂铁丝网，规格 20mm×20mm，T 形插筋固定，在 T 形插筋间隙，采用 ϕ6.5 钢筋制作成 V 形卡子，随机固定钢丝网，间距位置不限，以钢丝网固定牢固、便于施工为准。然后喷射 C20 混凝土，厚度为 60～80mm。面板在坡顶外展宽度 1m。

土方开挖完进行基础结构施工期间，护坡单位每周至少观察边坡护壁两次，直至回填土施工完为止，并将观测结果及时反馈给总包单位，如发现护壁变形或产生裂缝，应及时报告总包，以便采取有效防范措施。

3.2.3 验槽

土方开挖完成后，由施工单位会同建设单位、监理单位、勘察单位、设计单位进行土方隐蔽工程的验收，填写地基验槽检查记录，合格后方可进行垫层施工。

3.2.4 土方回填

(1) 当结构施工至±0.00 后，地下工程混凝土外墙防水层和保护层开始施工，紧跟着进行回填土工程。

(2) 由于地下结构施工完后，继续进行地上结构的施工，因此，回填土与结构施工穿插进行，制定安全防护措施，做好临边防护，确保回填土施工中交叉作业的安全。

(3) 回填土施工前，将肥槽底的垃圾等杂物清理干净，且必须清理到基础底面标高。

(4) 肥槽回填土距外墙 1m 范围采用 2：8 灰土，其余为素土。回填时先将土过筛，粒径不得大于 5cm，不得含有有机杂质，含水率符合规定。灰土要拌匀，随拌随下，每层土厚度 250mm，用蛙式打夯机夯打。

(5) 土方回填时，由试验员按规范取土样，进行击实试验分析，严格控制土的含水率，保证回填土的压实系数大于 0.94，填土的有机物含量不得超过 5%。

3.3 钢筋工程

3.3.1 钢筋进场

钢筋原材由物资部门采购，应提前进场。钢筋进入现场要有合格证和出厂检测报告，并按批量取样做试验，钢筋取样每批量重不大于 60t，合格后方可使用。1、2 号地下车库框架柱及 7～10 号楼框支柱的主筋要验算其屈标比和强屈比，数值符合抗震规范的要求。

钢筋试验：见证取样试验在北京市认可并已经过监理审查同意的试验室进行试验。

3.3.2　钢筋加工

钢筋加工顺序：进场钢筋检验──→钢筋调直及除锈──→钢筋切断──→有接头处滚压直螺纹──→弯曲成型──→按型号、规格绑扎成捆，分段堆放，并附有标识牌。

(1) 加工场设立专人负责钢筋原材的进场验收、原材送检通知单、焊件送检通知单、钢筋加工单、钢筋加工任务单、钢筋成品的发料、加工质量、钢筋场地的安全文明施工等的管理。

(2) 现场加工时，将同规格钢筋根据不同长度，长短搭配，统筹排料；一般应先断长料，后断短料，减少短头，减少损耗。并按部位编号，设置标识，分区堆放。

(3) 钢筋配料单由项目经理部现场技术质量组负责设计，项目技术负责人负责审核、把关。

(4) 钢筋下料时，根据构件配筋图，先绘出各种形状和规格的单根钢筋简图，并加以编号，然后分别计算下料长度和根数，填写配料单，申请加工。钢筋配料时，要计入钢筋弯曲及弯钩对其长度的影响，了解有关混凝土保护层、钢筋弯曲、弯钩等规定，再根据图中尺寸，计算其下料长度。钢筋配料时，除注明钢筋类型外，还要考虑附加钢筋，如基础双层钢筋网中采用的钢筋马凳筋，墙、板双层钢筋网中采用的钢筋支撑铁，钢筋骨架中用于临时加固的斜撑等。

(5) 钢筋调直：盘圆钢筋采用卷扬机拉直、调直，冷拉率不大于4%（HPB235级钢筋）。

(6) 钢筋切断：要保证断料正确，钢筋和切断机刀口要成垂线，并严格执行操作规程，确保安全。在切断过程中，如发现钢筋有劈裂、缩头或严重的弯头，必须切除。当钢筋为直螺纹接头时，必须采用无齿锯切割钢筋。

(7) 钢筋的弯曲应按：画线──→试弯──→弯曲成型的顺序进行。钢筋弯曲前，应根据钢筋料牌上注明的尺寸，用石笔将各弯曲点位置画出。画线时应根据不同的弯曲角度扣除弯曲调整值，即从相邻两段长度中各扣除一半。钢筋端部带出圆弯钩时，该段长度画线时增加0.5d，画线工作宜从钢筋中线开始向两边进行。弯曲分布钢筋及箍筋时，应在工作台上按各段尺寸要求钉上若干标志，按标志进行操作，以确保钢筋弯曲形状正确。钢筋成型后，要求其形状正确，平面上没有翘曲、不平现象，弯曲点处不得有裂缝。

(8) 钢筋弯曲调整值（表3-2）

钢筋弯曲调整值　　**表3-2**

弯曲角度	30°	45°	60°	90°	135°	180°
调整值	0.35d	0.5d	0.85d	2d	2.5d	πd

(9) 钢筋成型后允许偏差：全长±10mm，弯起钢筋起弯点位移20mm，弯起钢筋的弯起高度±5mm，箍筋边长±5mm。

3.3.3　钢筋连接方式

根据设计要求，基础底板采用搭接连接，其余部位不大于ϕ22的均采用绑扎搭接，大于及等于ϕ22的均采用直螺纹连接。

(1) 绑扎连接

基础底板全部采用绑扎连接，其余部位不大于ϕ22的均采用绑扎搭接。绑扎搭接接头位置、搭接长度等必须符合规范及设计要求。

(2) 直螺纹连接

除基础底板外大于ϕ22（含）均采用直螺纹接头。

1）工艺流程

施工准备⟶钢筋直螺纹加工⟶直螺纹检验⟶现场钢筋连接⟶接头施工现场的检验与验收。

2）施工准备

凡参与接头施工的操作工人、技术管理和质量管理人员，均应参加技术培训，操作工人应经考试合格后持证上岗。

3）套筒要求

① 套筒出厂应有合格证，套筒在运输和储存中，应防止锈蚀和沾污，套筒应有保护盖，保护盖上应注明套筒的规格。

② 标准型套筒的几何尺寸应符合表 3-3 的规定。

③ 套筒尺寸的偏差应符合表 3-4 规定。

标准型套筒的几何尺寸要求 **表 3-3**

规　　格	螺纹直径(mm)	套筒外径(mm)	套筒长度(mm)
22	M23×2.5	33	65
25	M26×3	39	70

套筒尺寸的偏差允许值 **表 3-4**

套筒外径(D)	外径允许偏差(mm)	长度允许偏差(mm)
≤50	±0.5	±2
>50	±0.01D	±2

4）钢筋直螺纹加工

钢筋应先调直再下料。采用无齿锯切割，切口端面应与钢筋轴线垂直，不得有马蹄形或挠曲。不得用气割下料。

加工钢筋直螺纹丝头的锥度、牙形、螺距等必须与连接套的锥度、牙形、螺距一致，且经配套的量规检测合格；加工钢筋直螺纹时，应采用水溶性切削润滑液；当气温低于0℃时，应掺入15％～20％亚硝酸钠，不得用机油做润滑液或不加润滑液套丝。

5）钢筋连接

连接时，钢筋的规格和连接套的规格应一致，并确保钢筋和连接套的丝扣完好无损。

6）现场检验及验收

① 工程中用滚压直螺纹接头时，技术提供单位应提交有效的型式检验报告。

② 钢筋连接作业开始前及施工过程中，应对每批进场钢筋进行接头连接工艺检验，工艺检验应符合下列要求：每种规格钢筋的接头试件不应小于三根。接头试件的钢筋母材应进行抗拉强度试验。三根接头试件的抗拉强度均不小于该级别钢筋抗拉强度的标准值，同时应不小于0.9倍钢筋母材的实际抗拉强度，计算钢筋实际抗拉强度时，应采用钢筋的实际横截面面积。

③ 滚压直螺纹接头的现场检验按验收批进行，同一施工条件下采用同一批材料的同

等级、同形式、同规格接头，以500个为一个验收批进行检验与验收，不足500个也作为一个验收批。

④ 随机抽取同规格接头数的10%进行外观质量检查，钢筋与套筒规格应一致，接头无完整丝扣外露。

7）接头的应用

① 滚压直螺纹接头的混凝土保护层厚度宜满足现行国家标准《混凝土结构设计规范》中受力钢筋保护层最小厚度的要求，且不得小于15mm。

② 受力钢筋滚压直螺纹接头的位置应相互错开。在任一接头中心至长度为35d的区段范围内，有接头的受力钢筋截面面积占钢筋总截面面积的百分率，应符合下列规定：受拉区的受力钢筋接头百分率不宜超过50%。在受拉区的钢筋受力小的部位，接头百分率可不受限制。接头宜避开有抗震设防要求的框架的梁端和柱端的箍筋加密区；当无法避开时，接头的百分率不应超过50%。受压区中钢筋受力较小部位，接头百分率可不受限制。

③ 对现场直螺纹连接取样后采取补强措施，采用帮条双面焊，焊接长度5d（d为梁主筋直径）。

3.3.4 钢筋绑扎

（1）基础底板钢筋绑扎

1）工艺流程：放线⟶验线⟶放基础下铁底层钢筋⟶绑扎基础下铁的上部钢筋⟶放置垫块⟶安放钢筋马凳筋⟶绑扎梁钢筋⟶放上铁下部钢筋⟶绑扎上铁上部钢筋⟶墙体及柱插筋⟶绑扎水平固定钢筋。

2）墙柱位置线：用红油漆标明柱、墙钢筋的位置和钢筋的根数，根据钢筋的间距弹线，以保证钢筋位置和间距的正确。

3）底板上下两层筋之间设置直径ϕ18间距1000mm马凳支撑。基础底板钢筋接头位置，下层钢筋在跨中接头，上层钢筋在支座接头。

4）基础底板绑扎方法：应先画好底板钢筋间距的分档标志，再摆放下层钢筋，绑扎钢筋时，除靠近外围两行的相交点全部扎牢外，中间部分的相交点可交错扎牢，绑扎时应注意相邻绑扎点的钢丝要成“八”字形，以免网片歪斜变形。双向受力的钢筋不得跳扣绑扎。为保证钢筋位置正确，应在上面钢筋网下面设置钢筋马凳，然后方可绑扎上层钢筋的纵横向钢筋，绑扎方法同下层，底板下层钢筋弯钩应朝上，不要倒向一边，上层钢筋钩应朝下。底板上下层钢筋接头应错开，钢筋绑扎接头处，应在中心和两端按规定用钢丝扎牢。

5）底板钢筋绑扎应注意的问题：

① 底板为双层双向钢筋，并严格按图纸设计要求顺序绑扎；

② 架立筋不能穿透底板；

③ 暗梁钢筋和底板筋同标高；

④ 钢筋马凳筋不能直接设在防水保护层上；

⑤ 底板钢筋按25%满铺错开。

（2）墙柱插筋绑扎

墙柱插筋在梁板钢筋施工完毕后，先在梁板上面放好定位钢筋与梁板上铁绑扎牢固，插筋与定位筋点焊牢固，柱墙定位框采用ϕ12筋按柱墙钢筋间距制作。

保证插筋位置正确，可适当加大暗梁箍筋尺寸，以使主筋不偏位。柱插筋下端用90°

弯钩与基础钢筋进行绑扎，插筋位置要固定牢靠，以免造成柱轴线偏移，在浇捣混凝土时也要随时注意校正。

(3) 墙、柱钢筋绑扎

1) 绑扎柱、墙前必须检查立筋垂直度和保护层，有偏差的按钢筋直径 1∶6 调整，用钢丝刷清理柱墙钢筋上的混凝土渣。

2) 柱箍筋和墙水平筋按预先抄好的水平线划好间距，确保水平。绑扎第一根箍筋、水平筋时从结构面向上 50mm。

3) 立筋采用绑扎接头必须满足三套扎丝，距端部 50mm 各一套，中间一套。搭接区箍筋加密，箍筋间距不大于主筋的 5*d*，且不大于 100mm。洞口连梁箍筋进暗柱一道。

4) 墙体留洞，在下料时就把洞口处钢筋加工好，严禁现场乱割。应按设计要求对洞口进行加筋，洞口加筋锚固长度符合设计规定。

5) 柱、墙钢筋施工完毕后，上部采用定距框固定好间距和排距，防止下道工序施工时产生偏差。

(4) 梁、板钢筋绑扎

1) 梁纵向受力钢筋出现双排或多排时，两排钢筋之间应垫上与纵向钢筋相同规格且不小于 25mm 的短钢筋。

2) 梁箍筋的接头（弯钩叠合处）应交错布置在两根架立钢筋上，箍筋转角与架立钢筋交叉点均应扎牢，绑扎箍筋时，绑扣相互间应成"八"字形。

3) 绑扎箍筋按规定在主筋上画线，采用梅花扣绑扎，确保主筋到角，不偏位，箍筋第一道和最后一道距支座 5cm。

4) 板、次梁与主梁交叉处，板的钢筋在上，次梁的钢筋在中层，主梁钢筋在下。

5) 后浇带位置的板筋为保证钢筋间距和保护层厚度，在两层钢筋之间摆放好定位夹。

6) 板筋保护层用塑料垫块，双层钢筋网沿双向间距 800mm 设置钢筋马凳筋，马凳的支腿应放在下部钢筋网上，防止马凳腿露筋造成混凝土表面锈点。

7) 绑扎底板钢筋前先在模板上弹好钢筋位置线，确保钢筋横平竖直。

8) 楼梯的负弯矩钢筋要确保锚固长度及钢筋位置，用钢筋马凳架好上层钢筋并铺好脚手架，禁止踩踏，防止变形。

(5) 保护层

为严格控制墙体（柱）保护层厚度，墙、柱内外侧钢筋使用塑料卡。塑料卡分规格统一外加工制作，运至现场后，经检查合格后分类装箱保存。顶板保护层采用塑料垫块来控制。底板、外保温外墙钢筋保护层采用细石混凝土垫块，梅花式布置。

(6) 搭接长度和锚固长度

钢筋绑扎接头的搭接长度和锚固长度除设计要求特殊注明者外其余按照表 3-5 与表 3-6执行。

钢筋抗震锚固长 L_{ae} 　　**表 3-5**

混凝土强度 / 钢筋级别	C20	C30	C35	C40
HRB235	36*d*	28*d*	25*d*	23*d*
HRB335	44*d*	35*d*	31*d*	29*d*

钢筋搭接长度 L_{le} 表 3-6

钢筋级别 \ 混凝土强度		C20	C30	C35	C40 以上
HRB335	25%	40d	35d	35d	29d
	50%	48d	41d	41d	35d
HRB235	25%	52d	40d	40d	35d
	50%	62d	48d	48d	42d

（7）钢筋代换

当需要代换时，应征得设计单位同意，办理洽商后方可进行，钢筋的级别、种类直径应按设计要求采用。

（8）根据“长城杯”的要求，钢筋安装绑扎允许偏差见表 3-7 所列。

钢筋安装绑扎允许偏差 表 3-7

序号	项目		允许偏差值(mm)	检查方法
1	绑扎骨架	宽、高	±5	尺量
		长度	±10	
2	受力钢筋	间距	±10	尺量
		排距	±5	
3	箍筋、构造钢筋间距		±10	尺量连续 5 个间距
4	钢筋弯起点位移		±15	尺量
5	受力钢筋保护层	基础	±5	尺量受力钢筋外表面至模板内表面垂直距离
		梁、柱	±3	
		墙板、楼板	±3	
		套筒外露半扣	3 个	

3.4 模板工程

本工程争创“结构长城杯”，模板的施工极为重要，必须优选模板体系，达到少投入、高质量的目标。针对施工现场的实际情况，编制相应的模板方案。

3.4.1 地下室底板外侧模板

砌 80cm 高 240mm 砖墙以砖代模，基槽边与砖墙之间填满回填土，保证底板混凝土浇筑时砖墙不至于倒塌。

3.4.2 地下室墙模板

地下室内外墙均采用 60 系列组合钢模板，墙体由钢模板、钢管背楞双向双杆、可调组合支撑和 $\phi14$ 间距 600mm×600mm 对拉穿墙螺栓等组成，拼缝采用同厚度木方，用螺栓连接拼装，拼缝处加设海绵条，防止漏浆，确保混凝土表面外观质量。

穿墙螺栓的间距按竖直向间距 600mm（从地面不大于 400mm 起），水平向间距 600mm，纵横双道钢管同间距紧固，并在最下二道加设保险螺帽。

为防止墙根部漏浆、烂根，在墙模板下口通长粘贴海绵条；另外，在门、窗框模及预留洞模板两侧交圈加贴海绵条，以防漏浆，框边均匀涂刷脱模剂。特别要求：60 系列的模板接缝间一律加设增强海绵条，以防漏浆。

本工程 60 钢模共投入约 13700m²（7、8 号楼 7000m²，9、10 号楼 5500m²，11、12 号楼 1200m²）。

3.4.3 顶板、梁模板

根据我公司施工经验，本工程主体结构模板材料计划投入量为 4 层。支撑系统投入量为 4 层。

梁、板模板是模板工程中量最大的部分，主要分板面和支撑两部分。板面均采用 12mm 竹胶板，可达到清水混凝土要求。主龙骨 100mm×100mm 木方，次龙骨 100mm×100mm 木方。

支撑采用满堂碗扣件带可调支撑体系，利用可调支撑头可上下调节。强调：支撑底部必须垫木方（50mm×100mm×40mm），且方向要一致。

梁板安装工序：梁、板模板支撑搭设⟶拉通线安装梁底钢管⟶安装梁底模、刷脱摸剂⟶绑扎梁钢筋⟶梁钢筋隐蔽合格⟶安装梁侧模并加固⟶拉通线安装钢梁⟶放置木方⟶平铺竹胶板⟶模板缝隙处理⟶均匀涂刷脱模剂⟶模板预检合格⟶进行下道工序。

(1) 梁模支设

1) 梁底次楞间距 200mm，每道木楞接头应错开，搭接长度不小于 500mm，不得在同一截面上。梁底设三根钢管支撑排距 600mm，与板下排架连为一体。

2) 梁高小于 700mm（含）不设对拉螺栓，采用梁夹加固，间距为 500mm，净高大于 700mm 的梁采用对拉螺栓，纵向间距为 600～800mm。距梁侧模上、下口 250mm 各设一道，梁侧模与底板相接触采用 8cm 铁钉钉牢固，间距 300mm。

3) 对于跨度大于等于 4m 的梁、板，按全跨长度的 2‰进行梁底模起拱，悬挑梁要有 6‰的起拱，起拱时保证梁中间截面高度不变，侧模上口水平。

4) 梁、板模板支设时，必须按照板和梁的面积范围设置清扫口，距梁支座 500mm 在梁底模上留设清扫口，清扫口按梯形预留，上口宽度 100mm，下口宽 140mm，长度同梁宽，浇筑混凝土前封堵严，以保证梁、板内的杂物及时、方便地清理，避免发生浇筑混凝土时，杂物混入结构内。

(2) 顶板模板支设

1) 模板均采用硬拼缝的原则。

2) 梁施工完毕后包括调平，进行顶板模板施工。顶板模的次楞间距 150～250mm，主楞间距 600～800mm，支撑采用满堂碗扣件带可调支撑体系，间距同主楞（双向）。

3) 铺设现浇板时，梁侧模拉通线，确保上口平直和截面尺寸。顶板模盖在梁侧模上用 2.5 寸铁钉钉好，间距 300mm。

4) 顶板预留洞口，在顶板模铺设后，根据图纸上的位置弹好墨线，把预钉好的洞口盒子安放好，用铁钉钉在顶模板上，防止偏位。

(3) 车库柱模及柱帽模板

柱模板安装工序：钢筋隐蔽验收合格⟶放模板就位线⟶做砂浆找平层⟶安装模板⟶调整模板垂直度⟶模板预检合格⟶进行下道工序。

柱及柱帽模板采用 12mm 竹胶板，背楞采用 100mm×100mm 木方，柱箍采用[8 槽钢，距地面向上 250mm 开始设置，然后按 450mm 间距设置，柱模支撑采用活动顶撑，与楼面成60°角。

为保证柱模在同一轴线上，减少柱模底端偏差，在混凝土梁板浇筑时，在柱每边插2ϕ18钢筋头，柱模板支设前，利用短钢筋头固定一木框，即起到传统做法的导墙作用。

在距柱子边根部3～5mm处贴20mm宽50mm厚自粘海绵条，防止根部跑浆，造成烂根现象。

柱模定位在模板上口采用定位框，保证钢筋的保护层。

（4）地上部分墙体大钢模板

地上部分墙体采用定型大钢模板。7号、8号楼各配置两个流水段模板，由专业模板厂家定做。共计7000m^2。

墙模板安装工序：钢筋隐蔽（预埋管线）验收合格⟶安放角模⟶安装内模⟶安装穿墙螺栓⟶安装外模固定⟶调整模板垂直度⟶模板预检合格⟶进行下道工序。

模板安装前先弹出模板就位线，大模板下口粘贴海绵条，以防止模板穿墙螺栓高低错位及下口跑浆。

模板安装前把板面清理干净，脱模剂应涂刷均匀，不得漏刷。

电线管、电线盒等应与墙体钢筋固定牢固，并确保位置准确，门窗洞口模板支好后，内用木方对撑及“八”字撑，门窗洞口模板与大模板接触处要粘贴海绵条。为防止模板错位，增加限位钢筋。

支模前将模板内的杂物清理干净，模板安装完成后要注意保护，避免杂物掉入模内。

（5）门窗口模板

地下部分门窗口模板采用多层板与木方定做，地上部分采用定型钢模，周转使用。

（6）楼梯模板

采用12mm竹胶板，100mm×100mm木方，以及ϕ48钢管支撑体系组成。

踏步地下部分采用竹胶板拼装，地上部分采用定型钢模。

在混凝土墙上弹好侧梆线、踏步线，抄好水平线。

踏步施工时，控制好各部位踏面的标高，保证建筑装饰时踏步一条线。

楼梯施工缝留在各层楼面至楼梯平台跨中1/3处。

（7）施工缝及后浇带模板

1）施工缝模板

内墙垂直施工缝：墙体垂直施工缝留置于门洞口、过梁跨中1/2处，采用竹胶板封挡，并绑扎固定于墙体竖筋上，遇钢筋处竹胶板留豁口。无法采用竹胶板支设的部位，采用密目钢丝网绑扎在竖向钢筋上。

地下部分外墙垂直施工缝：止水钢板每隔1m，中间焊170mm长ϕ12钢筋头，用于锚固、固定止水钢板。两侧采用50mm×100mm木方支设，防止漏浆。

地下室外墙水平施工缝：导墙模板采用12mm厚竹胶板，预埋地锚筋加可调斜撑固定导墙根部，上口采用对拉螺栓拧紧，间距均为700mm。其余各层地下室外墙水平施工缝为平口的接缝形式，墙中间设置BW橡胶止水条。

顶板施工缝：顶板施工缝留置于跨中1/3处，绑顶板底筋前，先用同下排下铁钢筋保护层厚度相同15mm×30mm宽通长木条钉在顶板上，绑完顶板钢筋后，用竹胶板支设挡板。木挡板遇纵向钢筋锯豁口，用木方固定，通长木条在下一段施工前将其拆除。

外墙根部与顶板接茬水平施工缝模板支设：采用 100mm×100mm 木方紧靠外墙根部，并利用下一层的螺栓眼穿对拉螺栓固定，作为外墙外模板的支撑平台；楼板混凝土浇筑时，控制墙根部混凝土标高外高内低，墙根部弹线切割剔凿后，保证外侧混凝土面高出内侧 20mm 左右；同时，预插钢大模板定位撑的固定筋。

外墙与梁施工缝留置：为避免施工缝外露及梁筋锚固长度不够，在梁与墙的交接处，墙体水平施工缝留成企口形式，低处确保梁筋的锚固长度，高处保证剔凿后高出梁底标高 5mm，使梁底模与外墙混凝土结合严密。墙体垂直施工缝保证剔凿后入梁 5mm，使梁侧模与外墙混凝土结合严密。

2）后浇带模板

后浇带底板模板选用 12mm 竹胶板，1000mm×100mm 木方，间距 300mm。先用与下排下铁钢筋保护层厚度相同 15mm×30mm 宽通长木条钉在顶板上，绑完顶板钢筋后，用竹胶板支设挡板。挡板遇纵向钢筋锯豁口，用木方固定，豁口处塞海绵条，防止漏浆。

后浇带底板模板在浇筑后浇带前重新支设（后浇带混凝土进行切割），后浇带模板两侧 50cm 增加顶撑后，方可进行拆除、支设。

（8）根据“结构长城杯”的要求，模板安装允许偏差如表 3-8 所示。

模板安装允许偏差　　　　**表 3-8**

<table>
<tr><th>序号</th><th colspan="2">项　目</th><th>允许偏差(mm)</th><th>检 查 方 法</th></tr>
<tr><td rowspan="2">1</td><td rowspan="2">轴线位移</td><td>基础</td><td>3</td><td rowspan="2">尺量</td></tr>
<tr><td>柱、梁、墙</td><td>3</td></tr>
<tr><td>2</td><td colspan="2">底模上表面标高</td><td>±3</td><td>水准仪或拉线尺量</td></tr>
<tr><td rowspan="2">3</td><td rowspan="2">截面尺寸</td><td>基础</td><td>±5</td><td rowspan="2">尺量</td></tr>
<tr><td>柱、梁、墙</td><td>±3</td></tr>
<tr><td>4</td><td colspan="2">每层垂直度</td><td>3</td><td>2m 托线板</td></tr>
<tr><td>5</td><td colspan="2">相邻两板表面高低差</td><td>2</td><td>直尺、尺量</td></tr>
<tr><td>6</td><td colspan="2">表面平整度</td><td>2</td><td>2m 靠尺、塞尺</td></tr>
<tr><td rowspan="2">7</td><td rowspan="2">阴阳角</td><td>方正</td><td>2</td><td>方尺、塞尺</td></tr>
<tr><td>顺直</td><td>2</td><td>5m 线尺</td></tr>
<tr><td rowspan="2">8</td><td rowspan="2">预埋铁件预埋管、螺栓</td><td>中心线位移</td><td>2</td><td rowspan="2">拉线、尺量</td></tr>
<tr><td>螺栓外露长度</td><td>5，−0</td></tr>
<tr><td rowspan="2">9</td><td rowspan="2">预留孔洞</td><td>中心线位移</td><td>5</td><td rowspan="2">拉线、尺量</td></tr>
<tr><td>尺寸</td><td>+5，−0</td></tr>
<tr><td rowspan="3">10</td><td rowspan="3">门窗洞口</td><td>中心线位移</td><td>3</td><td rowspan="3">拉线、尺量</td></tr>
<tr><td>宽、高</td><td>±5</td></tr>
<tr><td>对角线</td><td>6</td></tr>
</table>

（9）模板拆除

模板拆除前，主管责任工程师必须向作业层进行书面的技术交底，交底内容包括拆模时间、拆模顺序、拆模要求、模板堆放位置等。

墙模、柱模、梁侧模在正常情况下，在保证墙体混凝土表面及棱角不因拆模面受损，即混凝土达到 1.2MPa 后方可拆除模板。冬期施工时，待混凝土强度达到 4MPa 后拆除模板，具体操作时由混凝土工长和木工工长到现场检测混凝土强度，报项目技术负责人，经监理同意后方可拆模。

顶板模板及梁底模板拆除：现场制作同条件试块，根据同条件试块的试压强度报告结果，由技术负责人填写拆模通知单后方可拆模。后浇带处模板与其他楼板应脱离支设。

同条件试块必须放置在混凝土浇筑部位，以更准确地代表现场混凝土的强度值。

挑板模板及楼梯模板底板拆除时间同顶板模板，为保护楼梯踏步角，楼梯踏步侧模拆除时间同底板模板。

拆除后的模板清理干净，刷脱模剂，按部位、编号分别堆放。以便周转使用。

(10) 脱模剂的选用：墙体钢模板采用油性脱模剂，柴油和机油混合，比例为7：3；梁、板、柱木模板采用水性脱模剂，脱模剂的使用由质量总监专人负责验收。

3.5 混凝土工程

本工程混凝土采用商品混凝土。现场设置6台地泵解决混凝土的垂直运输，并在作业层设布料杆，将混凝土（水平方向）送至浇筑地点。

本工程混凝土地下室为C40P8、C40等（其中基础底板、人防和车库顶板、外墙为抗渗混凝土），地上部分为C30、C35、C40、C50、C60等。严格按合同要求进行混凝土的供应，并保证预拌混凝土的质量。预拌混凝土运输必须保证快速到场，对运输时间超过规定的预拌混凝土一律退货。

浇筑混凝土时设专职试验员全过程值班，对预拌混凝土的坍落度、和易性要随时观察测定，对不符合要求的混凝土坚决退货。现场严禁通过加水来调节坍落度。

混凝土浇筑在隐蔽工程验收合格后，办理完浇筑申请手续后方可进行。

3.5.1 施工准备

混凝土配合比由搅拌站试验室提供。

混凝土坍落度要求：墙体混凝土160～180mm，梁、板140～160mm。

泵管在墙体和顶板中留洞顺着楼层布置，泵管水平拐弯处要用钢管固定在地锚上，固定要牢固，竖向弯头处要有紧固措施。

为防止意外情况，同时联系好汽车泵备用。施工中采用手动布料杆进行布料。

3.5.2 基础底板混凝土

地下室结构流水施工中按规定留设施工缝或后浇带（流水段划分略）。留设位置及施工缝处混凝土处理符合施工规范要求，不随意留置。施工缝表面应与轴线或板面垂直，不留斜楼，施工缝用钢板网后，再木板挡牢。

振动器插点间距为450mm，每插点振捣时间控制在20s左右，一般情况以混凝土表面开始出现浮浆，不再下沉和不再出现气泡上冒为止。上下层接浇时，振动器插入下层混凝土50mm，混凝土接浇时间控制在混凝土初凝前。

3.5.3 基础底板混凝土施工技术措施

在施工过程中，因为水泥的水化热而造成混凝土内外温差过大，导致混凝土产生裂缝，特采取如下措施：

(1) 降低水泥水化热：采取水化热低的水泥，如矿渣水泥、粉煤灰水泥等。采取粉煤灰等代替部分水泥，减少水泥用量，可以降低混凝土内温度；

(2) 掺加相应的缓凝剂；

(3) 加强温度的监测，随时控制温度的变化，内外温差控制在25℃以内；

(4) 浇筑完后，做好混凝土的保温、养护；

(5) 底板混凝土施工正值冬期施工初期，可采用蓄热法施工。

3.5.4 墙、柱混凝土

(1) 混凝土浇筑前应先检查模板位置、标高是否符要求，检查模板支撑系统是否可靠，检查钢筋和预埋件位置是否正确有无遗漏。

(2) 墙、柱混凝土浇筑时，用红白相间标尺杆控制分层浇筑厚度，分层厚度500mm。第二次浇筑振捣在第一次初凝前完成（图 3-1）。

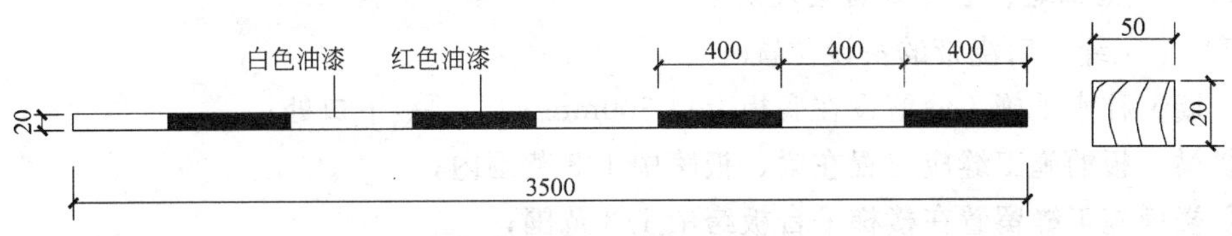

图 3-1 墙柱混凝土标尺杆（单位：mm）

(3) 墙、柱混凝土浇筑之前，先在底部均匀浇筑 5cm 厚与同墙体混凝土配合比减石子的水泥砂浆，并用铁锹入模，不应用料斗直接灌入模内。

(4) 浇筑墙、柱混凝土应连续进行，间隔时间不应超过 2h，每层浇筑厚度控制在50cm 左右，因此，必须预先安排好混凝土下料点位置和振动器操作人员数量。

(5) 振动器移动间距应小于 30cm，每一振点的延续时间以表面呈现浮浆为度，为使上下层混凝土结合成整体，振动器应插入下层混凝土 5cm，振捣时注意钢筋密集及洞口部位，防止出现漏振。

(6) 墙、柱混凝土浇筑完毕后，将上口甩出的混凝土加以整理，用木抹子按标高线将表面混凝土找平。

(7) 墙柱混凝土浇筑高度为超过顶板底标高 3cm；混凝土自吊斗下落的自由倾落高度不得超过 2m，浇筑高度如超过 2m 时，必须采用溜槽（剪力墙浇筑高度可放宽至 3m）。

3.5.5 梁、板混凝土

梁、板应同时浇筑，浇筑方法应由一端开始用“赶浆法”即先浇筑梁，根据梁高分层浇筑成阶梯形；当达到板位置时，再与板的混凝土一起浇筑，随着阶梯不断延伸，梁板混凝土浇筑连续向前进行。

浇筑板混凝土的虚铺厚度应略大于板厚，用振动器垂直浇筑方向来回振捣，用铁插尺检查混凝土厚度，振捣完毕后用长木抹子抹平。施工缝处或有预埋件及插筋处，用木抹子找平。浇筑板混凝土时，不允许用振动器铺摊混凝土。

梁、板混凝土浇筑方向应顺着次梁方向推进，标高控制：用水准仪抄平，用红胶带粘贴在墙柱钢筋上做标记，拉线控制，刮杠找平标高。

3.5.6 楼梯混凝土

根据工程实际情况，楼梯随结构施工层施工，混凝土施工缝应符合施工规范和设计要求。

楼梯段混凝土自下而上浇筑，先振实底板混凝土，达到踏步位置时，再与踏步混凝土一起浇捣，不断连续向上推进，并随时用木抹子将踏步上表面抹平，楼梯混凝土宜连续浇筑完。

3.5.7 抗渗混凝土

本工程的底板、地下室外墙、车库顶板采用抗渗混凝土。抗渗混凝土须在混凝土中掺加适量的膨胀剂，使混凝土产生适量的微膨胀，补偿混凝土的收缩，解决混凝土的裂缝问题；同时，水化反应产生大量的晶体填充混凝土的毛细孔，大大提高混凝土的抗渗性。本工程中按照掺加 UEA 等膨胀剂的方案。

抗渗混凝土结构防水施工重点控制是细部处理问题，如施工缝、后浇带、穿墙螺栓等部位。

3.5.8 施工缝、后浇带留置及浇筑

(1) 施工缝、后浇带的留设位置

① 墙、柱水平施工缝留设在底板上口 300mm 处，顶板下口处；

② 梁、板的施工缝应留置在梁、板跨中 1/3 范围内；

③ 楼梯施工缝留置在楼梯平台板跨中 1/3 范围；

④ 后浇带，施工时必须按图纸要求留设；

⑤ 施工缝的表面应与梁轴线或板面垂直，不得留斜槎。

(2) 施工缝、后浇带处理

顶板采用由小木块组拼而成的定位工具作为后浇带及施工缝处的加固，同时可控制钢筋间距、排距、保护层。

梁、板后浇带处模板应单独设置、单独支撑。

(3) 后浇带排水、清理和保护措施

底板后浇带上两侧设直径为 50cm、深 50cm 的半圆形集水坑，后浇带垫层设 0.5％的坡度，使积水流向积水坑。

浇筑完毕 24h 后，清理后浇带内杂物，上面采用彩条布和木板封严实，防止以后施工中的杂物和污水进入后浇带内。

(4) 后浇带及施工缝处再施工

后浇带浇筑时间：地下室温度后浇带 60d 后方可施工，地上温度后浇带 7d 后即可封闭；沉降后浇带在主体施工结束，并沉降稳定后，方可施工。

施工缝继续浇筑时间：施工缝处必须待已浇筑混凝土的抗压强度不小于 1.2MPa（一般在 12h 以上）时，才允许继续浇筑。

后浇带用比同部位混凝土高一个强度等级、掺 10％UEA 微膨胀剂的混凝土浇筑。

施工缝、后浇带再施工时，混凝土表面要凿毛，剔除松动石子，刷去钢筋上污浆，并用水冲洗干净后，抹一层同成分水泥砂浆，然后继续浇筑混凝土。

施工缝、后浇带继续浇筑时应浇筑密实，使新旧混凝土结合紧密。同时，混凝土先覆盖一层薄膜，薄膜上覆盖草帘被保湿保温，加强养护。

3.5.9 后浇带、施工缝的防水技术措施

后浇带、施工缝是混凝土结构自防水的薄弱环节，为确保后浇带、施工缝接缝处的防水质量，除满足设计要求外，还将采取如下措施：

(1) 增加防水卷材

底板后浇带部位防水层做 3 层卷材防水，卷材伸出后浇带边各 1m。

底板及外墙施工缝处防水层均做 500mm 防水附加层，两边均分。

(2) 设置止水条、钢板止水带

外墙后浇带及竖向施工缝两侧设钢板止水带。

外墙水平施工缝设 BW 止水条。

(3) 后浇带两侧混凝土表面经凿毛、清洗干净后，在浇筑混凝土后浇带之前，涂刷厚4mm 的界面处理剂，增加新、旧混凝土之间的粘结力、强度和密实度，提高防水性。

(4) 后浇带浇筑限制膨胀率大于 2/10000 的微膨胀防水混凝土。

(5) 穿墙螺栓的防水处理

螺栓中央焊止水环，止水环要满焊。

拆模后，将钢筋沿平凹处割去，然后用膨胀防水砂浆封堵。

3.5.10 混凝土养护

(1) 地下结构

地下结构施工时正值冬施阶段，基础底板体积大，采用蓄热法进行养护，表面覆盖塑料布一层及草帘被一层进行养护；墙柱、顶板采用综合蓄热法进行养护，一是采取掺加早强剂的方法，提高混凝土早期强度；二是在新浇混凝土的表面覆盖塑料布进行保湿养护，再用草帘被加盖，以防受冻（可根据天气情况加盖双层草帘被），时间不少于 72h。

(2) 地上主体结构

墙体模板拆除后，墙面喷水进行养护。顶板采用浇水养护，设专人倒班，始终保持湿润状态。当气温较高时，用草帘被或塑料薄膜覆盖，以保证楼面湿润。施工缝处混凝土需要覆盖湿草帘被或湿麻袋养护。

养护时间一般在混凝土浇筑后 12h 内进行养护。普通混凝土养护至少一周，抗渗混凝土、掺有缓凝外加剂的混凝土、施工缝处混凝土，浇水养护至少两周。

3.5.11 混凝土试块留置

在混凝土浇筑过程中，按要求留置混凝土强度试块和抗渗试块，并按要求做见证试验，混凝土取样要提高科学性和随机性。试验员严格按照浇筑申请所提供的时间、部位、工程量留置试块。

3.5.12 预防混凝土碱—集料反应的措施

(1) 优先选用碱含量低于 0.6%的低碱水泥，在选定水泥厂家时，应考虑水泥的含碱量。

(2) 选用低碱外加剂。

(3) 选用碱活性物质含量低的骨料，砂、石等骨料进场时，提供的检测报告中必须有碱活性含量指标。

(4) 选用活性细掺合料，如粉煤灰，不但降低水泥用量，增加混凝土的性能，还能中和混凝土中多余的碱。

(5) 根据水泥、石子、砂、外加剂的检测报告，试验室进行试配，把混凝土中的碱含量控制在 5%以内，混凝土总碱含量不超过 $3kg/m^3$。

(6) 试验室试配后，出具试配报告，报告中必须有碱含量指标。

3.5.13 清水混凝土质量控制

清水混凝土质量标准：梁、板、柱轴线通直，位置准确，尺寸均应符合标准（表 3-9)，混凝土表面平整，颜色均匀一致，无蜂窝、麻面、漏筋、夹渣、粉化、锈斑和明显气泡。在结构阳角部位无缺楞掉角，墙梁接头平滑方正，混凝土施工缝处接缝平整、顺直。

项目质量控制标准 表 3-9

项目	允许偏差(mm)	
	国家标准	内控标准
柱、梁轴线位置	8	5
标高：层高	10	±5
全高	30	±25
截面尺寸：柱	8	±2
梁	5	±2
柱垂直度：每层	5	4
全高(H)	H/1000 且≤30	H/1000 且≤20
表面平整度(2m长度以上)	8	3
预埋钢板中心位置	10	3
预埋管、预留孔中心线位置	5	2
预埋螺栓中心线位置	5	2
预留洞中心线位置	15	10
电梯井：井筒长、宽、对中心线井筒全高垂直度	+25 H/1000 且≤30	+15 H/1000 且≤20

项目质量控制标准见表 3-9 所列。

3.6 防水工程

本工程防水包括地下室防水、厕浴间、屋面三部分。

3.6.1 地下室防水

地下室防水施工程序：在混凝土垫层上放线──→砌 1000mm 高的 240mm 厚砖墙作为永久保护墙──→接砌临时保护墙抹找平层──→垫层表面抹找平层──→刷冷底子油──→铺粘底板及保护墙上的卷材防水层──→抹砂浆保护层──→地下室底板及墙体施工──→地下室外墙刷冷底子油──→粘贴立面卷材防水层──→做卷材封口处理──→聚苯板保护层──→回填土施工。

地下室底板及地下室外墙防水是本工程防水的重点之一。在施工过程中，除严格过程控制之外，还要重点加强后浇带、施工缝、阴阳角、机电穿管处、防水收边处、变形缝处等细部节点的防水处理，以确保地下室的防水质量达到合格标准。

地下室底板和外墙后浇带的施工质量是整个地下室防水的关键，后浇带的施工须按设计要求施工，每道工序经监理验收后进行下一道工序。对后浇带的处理，必须制定可靠的方案并严格执行。

地下室外墙采用外防水外贴的方法。

(1) 施工要点

1) 防水卷材进场前，应具有准用证、合格证和厂家送检的报告单，防水卷材进场后应检查其是否具有防伪标志，并现场取样进行复试，合格后方准使用。

2) 在混凝土垫层上，结构墙外侧砌 1000mm 高的永久保护墙，墙下干铺一层油毡隔离层。

3) 铺贴防水层的基层应干燥、平整、牢固，并不得有起砂、空鼓、开裂等现象，阴阳角处应做成圆弧形钝角。

4）卷材铺粘时的搭接长度应符合规范要求。卷材铺粘完后，应及时做好隐蔽验收记录，并报监理认可，方可进行下道工序。

5）穿墙管道及预埋件，必须在浇筑混凝土前按设计要求予以固定，并检查合格后方准浇筑，预埋套管应设置止水环，并满焊严密。

6）卷材防水层与穿过防水层的管道连接处，如套管有法兰盘时，应将卷材贴在法兰盘上，粘贴宽度应不小于 100mm。铺粘卷材前，应将套管上的锈蚀、杂物清刷干净，然后按照规范要求分层铺粘；如套管无法兰时，应逐层增设卷材附加层。

(2) 施工中应注意的事项

1）底板基层须平整、干燥。

2）应注意底板与墙体防水卷材接头的保护。

3）穿墙套管周围应剔宽 2cm、深 1cm 的槽，用油膏嵌实，以免套管处渗水。

4）墙体表面应平整、无硬槎，穿墙螺栓应割除且凹进混凝土表面 5mm，然后用砂浆填满搓平，以免扎破卷材。

5）不得在阴雨天做防水，以免接头粘结不牢。

3.6.2 厕浴间防水

(1) 施工工艺

通风管道安装──→墙面抹灰──→竖向管道安装──→地面堵洞找平──→专业打压──→管井封闭──→PP-R 管安装──→地面防水找平层──→地面防水层施工──→闭水试验──→防水保护层及找坡──→闭水试验。

备注：工作安排

本工程厕浴间面积小而工序多，并且专业采暖及给水支管在防水层下安装，因此，成品保护和工序衔接是该分项工程的关键。为解决好这一问题，必须合理安排好工序，且每道工序要认真细致，做好成品保护工作，PP-R 管安装完后，PP-R 管带压，保证 PP-R 管安装无返修，避免造成防水破坏和工期延误。

(2) 施工要点

1）首先应根据地面坡度、地面做法厚度、基准线位置，确定好地漏、出水口顶面标高。安装地漏、出水口时，标高应低保护层 0.5～1.0cm。

2）做防水层前，所有竖向管道施工完毕，洞口应用细石混凝土堵严。禁止防水层或地面面层做完后再凿洞，这是防水的第一道防线。管道根滴水就是因为在防水层失效的情况下，管根未堵严造成的，若堵严仅会出现潮湿现象。

3）做找平层时，墙角泛水圆角半径应控制在 2cm 左右；不得将圆弧做得太大，否则将影响墙面装修。在管根、地漏、出水口周围应留出宽 1cm、深 1cm 的小槽，待找平层干燥后，用油膏填平。若管道根处（尤其是铸铁管）生锈，应适当除锈。管道支卡应做改进，否则将凸出地面，影响地面装修。

4）做完找平层，即按涂刷底胶、做附加层、涂膜防水层顺序施工。施工中注意：附加层到位；各层应有 24h 以上的固化时间；各层涂刷方向相互垂直；三次涂膜总厚度达到 1.5mm。

5）试水：防水层做完后，必须试水。试水要方法得当，保证其有效；蓄水高度不小于 3.0cm，堵塞点应设在地漏和出水口杯顶 4cm 以下，蓄水时间在 24h 以上。

6）第二次试水：保护层及装修完成后，进行第二次试水。

7）注意 PP-R 管的成品保护。

3.6.3　屋面防水

（1）施工程序

基层清理→墙管堵洞→弹线→保温找坡层铺设→找平层抹灰→防水层→防水保护层→屋面蓄水试验。

（2）施工要点

1）屋面找平层：屋面找平层应按地面做法来做，浇水、冲筋、压光。浇水应适量，不能用水浇透，以达到找平层、找坡层能牢固结合。找平层应每 6m 设一条分格缝。找平层与突出屋面结构（女儿墙、管道口等）的连接处，均应做成圆弧，圆弧半径为 5cm，做圆弧时应弹线，使半径大小保持一致。在落水管半径 50cm 之内应做成漏斗状，坡度为 5%。

2）防水层施工前应检查：基层是否有空鼓、起砂现象；坡度是否正确；出水口标高是否合适；穿墙管道、洞口是否已经施工完毕；泛水高度（应大于等于 250mm）是否满足；如果达不到要求，应补救使其满足。如果局部洼陷，将造成局部积水，可用沥青砂修补。

3）屋面施工时，应先做好节点处附加层：分格缝处应先粘一条宽 100mm 防水卷材；在出墙管、洞、泛水等部位均应做附加粘卷材，然后由低向高施工。卷材须搭接，搭接长度应大于 100mm。如果是两层卷材，则上下层不得相互垂直铺贴，且上下层接头应错开卷材 1/3 幅宽。在水落口周围应留宽、深各 20mm 的凹槽，用油膏等密封材料嵌封后再做附加粘贴。

4）该屋面为广场砖装饰面层作为防水保护层。

3.7　外脚手架工程

根据本工程特点在地下结构施工时、首层结构施工时采用双排落地式脚手架；地上主体结构施工及装修阶段，在主楼与车库顶板相交处采用双排落地式脚手架，其余部位二层以上采用双排悬挑式脚手架，悬挑式脚手架待回填土施工完后，改为落地式脚手架。

脚手架搭设、拆除必须按方案执行，脚手架搭设完毕，经检查验收合格后，方可使用。

3.7.1　施工准备

（1）在搭设之前，工长按搭设方案中有关搭设要求，向搭设工人进行技术交底和安全交底。

（2）搭设材料进场后，要进行检查验收，不合格的钢管、脚手板及构件不得使用，经检查合格后，应按品种、规格分类堆放整齐平稳。

（3）清除地面杂物，平整搭设场地，使排水畅通。

（4）搭设人员应持证上岗，人员稳定。脚手架的搭设作业，要统一指挥，按要求搭设。

3.7.2　落地式脚手架搭设要点

（1）脚手架搭设方案：采用双排脚手架，外挂密目安全网，操作层满铺脚手板，设挡脚板、两道牢固的护身栏，下设水平兜网，柱距 1.5m，排距 1.1m，步距 1.8m，里排立杆距离结构 300mm，连墙件的竖向间距 2.8m，水平间距 4.5m，搭设最大高度 45m。

(2) 地基处理：基础必须夯实，且排水畅通。根据脚手架平面图，夯实架子基，按柱距、排距进行放线、定位，铺垫木板，标定立杆位置。

(3) 脚手架搭设顺序：基底素土夯实──→顺内外立杆横向铺设脚手板、摆放扫地杆──→逐根排竖立杆并与扫地杆扣紧──→校对立杆垂直度、间距尺寸──→安装第一步小横杆（与扫地杆扣紧）──→安装第一步大横杆（与立杆扣紧）──→加临时斜支撑与大横杆扣紧──→安装第二步小横杆──→与墙体硬性连接──→安装剪刀撑──→操作面满铺脚手板──→安装下一步横杆、挂水平安全网──→安装防护栏杆、全封闭安全立网及挡脚板──→安装支搭到位。

(4) 立杆搭设要求：立杆接头采用对接扣件，接头应交错布置，相邻接头不设在同一步内。立杆间距不得大于 1.5m，内外立杆间距不小于 1.1m，内杆距墙体不大于 300mm。

(5) 横杆搭设要求：大横杆每步不得大于 1.8m，小横杆间距不得大于 1.5m。纵横扫地杆采用直角扣件，固定在距底座下皮 200mm 的立杆上，横向扫地杆应在纵向扫地杆下方。纵向水平杆设在立杆内侧，用直角扣件与立杆扣紧，纵向水平杆接头应采用对接扣件连接，交错布置，不设在同跨内。横向水平杆在主节点处必须设置，操作层上的横向水平杆宜根据支撑脚手板的需要等间距设置。

(6) 脚手板设置布置：操作面满铺脚手板，操作面两侧设挡脚板，脚手板应设在三根横向水平杆上；当脚手板长度小于 2m 时，可采用两根横向水平杆，将脚手板两端与其可靠固定。

(7) 连墙杆设置要求：连墙杆均匀布置，采用花排形式，水平间距不大于 4.5m，垂直间距不小于 2.8m。

(8) 支撑设置要求：剪刀撑从脚手架两端搭起，搭设宽度为 6 根立杆，连续设置，与水平面的夹角为 45～60°，剪刀撑的底部要插到垫板处，与立杆相交处要加扣件。剪刀撑采用搭接方式，搭接长度不小于 60cm，且至少加两个扣件。

(9) 安全网设置要求：脚手架外侧满挂绿色安全网，首层设水平兜网。操作面下一步大横杆处设安全水平兜网，脚手架第一步大横杆处做一道安全水平兜网。安全水平兜网内不得有杂物。

3.7.3 悬挑式脚手架搭设要点

(1) 脚手架搭设方案：二层部分及装修部分采用挑式双排脚手架，搭设最大高度 47m，外挂立安全网，操作层满铺脚手板，设挡脚板、两道牢固的护身栏，下设水平兜网，柱距 1.5m，排距 1.1m，步距 1.8m，里排立杆距离结构 300mm，连墙件的竖向间距 2.8m，水平间距 4.5m；每 4 层采用上拉下撑的形式卸荷，拉杆采用 ϕ12.5mm 的钢丝绳，支撑为 ϕ48mm 的钢管。

(2) 挑架准备：根据脚手架平面图，在二层地面设置双钢管挑梁，间距 1.5m，外挑 1.5m，按柱距、间距进行放线、定位，铺设挑梁。

(3) 脚手架搭设顺序：双钢管挑梁──→放置纵向扫地杆──→立杆──→横向扫地杆──→第一步纵向水平杆──→第一步横向水平杆──→连墙杆──→安装剪刀撑──→操作面满铺脚手板──→安装防护栏杆、全封闭安全立网及挡脚板──→安装支搭到位。

(4) 外脚手架：外挑式脚手架分两次挑设，第一次设置在二层地面上，第二次设置在五层地面上。

(5) 挑式脚手架搭设要求同落地式脚手架。

(6) 回填土施工完成后将挑架立杆延伸落地。

3.7.4　脚手架拆除

(1) 二层外挑式脚手架完成之后，立即拆除基础部分的落地式脚手架，以此给回填土工程创造条件。

(2) 主体结构完成后，外挑式脚手架不立即拆除，以便进行外檐施工，故外挑式脚手架拆除需要按照外檐施工进度逐层进行拆除。

(3) 脚手架的拆除应遵循自上而下、先搭的后拆、后搭的先拆的原则，先横杆后立杆再拆连墙杆，逐层拆除。严禁上下同时作业。

(4) 拆除时，必须划分作业区，分段拆除，周围设置警示标志、警戒线，必须设专人看护场地，禁止人员随意穿行。

(5) 架体拆除必须由专业架子工进行操作，拆除时，操作人员必须佩戴安全带等劳保用品。

(6) 在拆除过程中，凡已松开连接的杆配件及时拆除运走，避免误扶、误靠。

(7) 拆下的杆的配件装入随身携带的袋子，用绳子将其运下。严禁向下抛掷。

(8) 连墙件应随脚手架逐层拆除。

(9) 拆除后，及时清理现场，做到活儿完场清。

3.8　钢丝网架聚苯板外保温工程

3.8.1　外墙外保温板安装要点

(1) 外墙钢筋绑扎经验收合格后，方可进行保温板安装。

(2) 按照设计所要求的墙体厚度弹水平线和垂直线，以确定外墙厚度尺寸；同时，在外墙钢筋外侧绑卡100mm×100mm垫块，每块板内不少于6块。

(3) 拼装保温板：保温板就位后，将L形钢筋按垫块位置穿过保温板，用火烧丝，将其与钢丝网及墙体钢筋绑扎牢固。保温板拼缝处附加20cm宽平网（平网可以在浇筑完混凝土墙后抹灰前布设）。

L形钢筋：$\phi 6$；长15cm；弯钩3cm，其穿过保温板部分刷防锈漆两道。

(4) 分缝：保温板外侧钢丝网片均按楼层层高断开分缝，竖缝视具体部位而定，一般为$15m^2$左右，但塔形建筑可适当放宽。

(5) 外墙阳角及窗口，阳台底边外，须附加角网及连接平网。搭接长度不小于20cm。

(6) 安装外墙外侧模板时，安装前须在现浇混凝土墙体的根部或保温板外侧采取可靠的定位措施，以防模板挤靠保温板。

3.8.2　混凝土浇筑

墙体混凝土浇筑前，保温板顶面采用制作的竹胶槽板盖住；浇筑时，避免破坏保温板。

3.9　隔墙板安装

3.9.1　安装工艺流程

弹线──→立板──→嵌缝──→堵洞──→贴布。

3.9.2 技术要求

（1）安装

1）调合好胶粘剂，界面剂：水泥：砂＝0.5：1：1.2，要求在30min内用完。隔墙板上口用聚苯板将板上方孔洞堵严，并用砂浆填孔深至少6cm。

2）安装顺序应从结构墙处开始，下一块板的凸槽插入前一块板的凹槽，最后安装门头板。

3）每块板凹槽用专用L形卡紧靠凹槽钉入楼板顶面。安装第一块板应用U形卡。U形卡安装应与隔墙板平齐，并刷防锈漆。门头板安装是否设卡，视门头板高度及长度而定。

当门头板高度小于200mm，且长度小于1000mm时，可不设卡；当门头板高度大于等于200mm，且门头板长度小于1000mm时上口设两道U形卡；当门头板长度大于等于1000mm时，应每1000mm设一道U形卡，且至少应设两道；当门头板无肩膀头时，应在门头板无肩膀头一侧的侧面设一道U形卡。

4）隔墙板顶部及两侧企口粘结前，先均匀涂界面剂一道，用胶粘剂铺满，将板下对准墨线用撬棍在板底将板上端顶紧，企口挤压严实，并将挤出的胶粘剂刮平，用靠尺检查，门窗洞口垂直，用两组木楔将板底塞紧。

5）当每面墙安装完后，板底用C20细石混凝土填塞密实，认真浇水养护，待3d后，撤出木楔，并用同强度等级细石混凝土将木楔留下的空洞堵严。

（2）堵洞

堵洞用C20细石混凝土。堵洞前先用水将洞口湿润，涂刷一层界面剂；然后，用C20混凝土封堵，堵完后浇水养护3d。混凝土面应比隔墙面低5mm。

（3）板缝处理

板缝凹槽处，先贴50mm宽玻纤带，然后用底层粉刷石膏找平（卫生间内部用水泥砂浆找平）后，再用界面剂粘贴200mm宽网格带。线管开槽处和阴角也必须用界面剂粘贴200mm宽网格带。

（4）水电配合安装

1）水电专业安装必须与隔墙板安装密切配合，安装应在隔墙板底缝填塞细石混凝土10d后进行。

2）所有开孔、割槽必须使用切割机，不得用锤猛击敲打。

3）按电气安装图找准位置，画出定位线，铺设电线管、稳接线盒。所有电线管必须顺板局孔铺设，严禁横铺或斜铺。安装接线盒、插座四周应用胶粘剂粘牢，其表面应与隔墙板面平。按指定的方法安装水暖管卡和吊挂埋件，背面应设置扁铁垫片。

（5）质量标准、质量控制

1）安装完毕墙体不得有起皮、掉角、空鼓等现象，表面不得有飞边毛刺，阴阳角平直。玻纤布不得有皱折、起角。

2）垂直不大于3mm，平整不大于3mm，板高差不大于±2mm，阴阳角方正，偏差不大于4mm。

3）板缝胶灰要饱满，饱满度在90％以上。胶灰尽量少加水，以减少胶灰收缩。

4）在板底垫混凝土后10d内，不得进行开孔等振动工作。

5）板缝处理；隔墙板安装后10d，检查所有缝隙是否粘结良好，有无裂缝，应查明原因后进行修补。

6）施工中各专业工期种应紧密配合，合理安排工序，严禁颠倒工序作业。隔墙板安装后10d内不得碰撞、敲打，不得进行下道工序施工。严禁运输小车碰撞隔墙板。

7）在混凝土楼地面施工时，应防止砂浆污染墙板。

8）安装、水暖埋件时，宜用切割机开槽扩孔，不得对隔墙用力敲击，对刮完腻子的隔墙，不应进行任何剔凿。

9）隔墙板塞进细石混凝土后，3d内不得在隔墙板上斜靠物品。

10）隔墙板材码放时要侧立，倾角应大于70°，不同规格的板材应分类码放。安装前检查板是否有裂缝。

3.10 装修工程

施工顺序：弹500mm线⟶放门窗口位置线⟶立门窗口⟶门窗口塞缝⟶安装窗台板⟶顶棚、墙面装修⟶地面装修⟶安装窗扇⟶安装玻璃⟶刷油漆。

装修工程必须达到优良标准，严格按照工艺标准施工。

各种材料的装修施工都必须做样板，室内应做样板间。通过做样板间，对设计选料、颜色搭配进行评定，选择合理的施工工艺，制定质量标准，理顺各专业作业程序，解决存在的矛盾，便于大面积施工。装饰、装修的材料选用应符合设计标准，要先看样，后订货，样品要经过设计、建设单位的认可，并严格把住材料质量验收关，不合格或标准较低的材料严禁使用在工程上。

3.10.1 细石混凝土楼面

根据墙面弹好的500mm线定好地面标高，浇筑细石混凝土前一天要洒水湿润。浇筑混凝土前，在基层表面刷一道1∶0.4（或1∶0.5）的素水泥浆，并随刷随浇，防止地面空鼓。

房间四周根据标高线做出灰饼，必要时应冲筋（间距1.5m），有地漏的房间要在地漏四周做出0.5%的泛水坡度。

细石混凝土应采用机械搅拌，拌合均匀，颜色一致，面层要做好三遍压光和养护工作。

第一遍抹压：用铁抹轻轻抹压面层脚印。

第二遍抹压：面层开始凝结，面层不下陷时，进行再抹压，不得漏抹。

第三遍抹压：抹压时用力稍大，将抹子纹抹平压光，压光时间应控制在终凝前完成。

地面交活24h后，及时满铺湿润锯末养护，以后每天浇水两次，至少连续养护7d后，方准上人。

地面中有PP-R管，因此地面施工过程中，PP-R管带压，并且过门口处垫木跳板，保护PP-R管，直至地面做完时压力足够，表明PP-R管成品保护措施到位。

3.10.2 室外贴面砖

(1) 工艺流程：基层处理⟶吊垂直、套方、找规矩⟶贴灰饼⟶抹底层砂浆⟶弹线分格⟶排砖⟶浸砖⟶镶砖⟶勾缝、擦缝。

（2）施工要点

1）清除保温板上混凝土浮浆。

2）吊垂直、套方、找规矩、贴灰饼：在四大角和门窗口边用经纬仪打垂直线找直。横线则以楼层为水平基线控制，竖向线则以四周大角和通天柱、垛子为基线控制应全部是整砖。每层打底时，以灰饼作为基准点进行冲筋，使其底层灰作到横平竖直。同时，要注意找好突出檐口、腰线、窗台、雨篷等饰面的流水坡度。

3）抹底层砂浆：先刷一道水泥素浆，紧跟分层分遍抹底层砂浆和面层砂浆，用木杠刮平，木抹搓毛，终凝后浇水养护。

4）弹线分格：待基层灰六七成干时，即可按图纸要求进行分格弹线，同时进行面层贴标准点的工作，以控制面层出墙尺寸及墙面垂直、平整。

5）排砖：根据大样图及墙面尺寸进行横竖排砖，以保证面砖缝隙均匀，符合设计图纸要求，注意大面和垛子排整砖以及在同一墙面上的横竖排列，均不得有一行以上的非整砖。非整砖行应排在次要位置，如窗间墙或阴角处等。但亦要注意一致和对称。如遇突出的构件，应用砖套割吻合，不得用非整砖拼凑镶贴。

6）浸砖：面砖镶贴前，首先要将面砖清扫干净，放入净水浸泡2h以上，取出待表面晾干或擦干净后方可使用。

7）镶贴面砖：在每一分段或分块内的面砖，均为自下向上镶贴。从最下一层砖下皮的位置线先靠好靠尺，以此托住第一皮面砖，在面砖外皮上口拉水平通线，作为镶贴的标准。

3.11 季节性施工

3.11.1 雨期施工措施

（1）北京地区6月15日～9月15日为雨期施工期，结构工程、装修工程均位于雨期施工期间。项目部提前成立了雨期施工领导小组，负责组织、布置、检查、落实各项工作。

（2）现场道路将路基碾压坚实，并将道路全部硬化，对原排水沟进行清理修补，应事先检查埋设电缆、排水涵管等设施，确保雨期道路循环通畅，不淹不冲，不陷不滑。

（3）凡有可能积水的区域，应事先填筑平整，各种构件、大型模板、机具等物的存放场地，以及现场钢木加工生产场地，应分层碾压密实，严禁积水，防止雨期下沉。

（4）基坑底部做环路式的排水系统，基坑底面四周结构以外，设置排水沟和集水井，排水沟呈周圈设置，集水井的位置主要在建筑物结构后浇带处。集水井内的积水要随时用潜水泵排出，以确保基坑底和后浇带干燥。

（5）现场准备足够的防雨布，用以材料、结构的防雨覆盖，特别是刚浇筑的混凝土应注意防止雨淋。

（6）雨期施工前，应对各类仓库、变电室、机具料棚、食堂、宿舍（包括电气线路）等进行全面检查，加固补漏，做好大型机械的安全接地及防雷装置。

（7）混凝土施工时必须注意气象预报，尽可能避开下雨时浇筑混凝土；当在浇筑中遇雨时应随时准备遮盖、挡雨和排出积水，以防雨水浸泡、冲刷，影响质量。

3.11.2　冬期施工措施

（1）北京地区室外日平均气温连续5天稳定低于＋5℃时进入冬期施工，进入冬施前应完成保温、外加剂等材料的准备工作，生活区配备采暖设备。施工现场冬施准备工作在11月10日前完成。

（2）本工程冬期施工期间有结构施工、专业安装及室内装修。进入冬施前，根据现场实际情况编制详尽的冬施方案，明确不同项目的冬期施工的主要措施、采购计划等，为相关部门采购订货提供依据以及加强冬施安全保障措施。

（3）冬期施工提前通知搅拌站进行冬期施工的准备工作。

（4）冬期施工特殊工种的准备：试验工、测温人员、外加剂掺加人员应经过培训合格后，持证上岗。

3.12　临水工程

（1）该工程消防用水以及施工生活用水均采用市政用水，从星标住宅小区一期工程引入。

（2）通过计算，市政水满足不了整个消防水管网压力，因此，在本工程的7号楼东北角建立一间消防泵房，设置两台自动加压泵，以弥补市政水压不足造成的影响。

（3）消防循环管网以及施工用水按区域分别进行循环设计。

3.13　临电工程

（1）结合本工程场地大，大型机械多的特点，根据施工机械和生活用电计算，现场业主提供安装两台630kV·A的变压器才能满足施工要求。施工时加强对用电设备管理，调节使用，从而来保证箱内供电系统的正确运转。考虑无法预见的停电造成对施工的影响，现场增设一台150kV·A发电机。

（2）根据业主预留电源低压柜出线情况，现场设置10台一级箱；每台一级箱三路出线，分别供塔吊、钢筋加工场、现场作业面等用电。

（3）结构施工期间，随结构上升，主体建筑每3层作业面各3台二级箱随结构上升，楼层施工完后留于楼层做装修用，结构完时留于屋顶做装修用，共计70台二级箱，并根据大型机械的设置，配备足够专用箱。

（4）变压器在7号楼东北角，因此，需要对变压器外围设置杉篙防护，并围上大眼网，设置专人看护。其余的电闸箱按照集团公司临电安全管理规定和CI标准，做好防护设置等工作。

3.14　机电工程

（1）施工技术重点

本工程给水、热水及采暖支管均采用PP-R、PB塑料管及铝塑复合管，因此，支管的安装是该机电工程安装的重点。给水管、热水管、采暖支管连接的塑料管均采用热熔连接，铝塑复合管的连接采用专用管件连接，如何在安装中保证施工质量以及成品保护是给排水支路系统施工的关键之一。

（2）分项工程施工方法

1）PP-R管道连接：为保证接头质量，创“整体长城杯”工程，PP-R管材用盘管。

2）管件与管件连接均应采用热熔或电熔连接方式，不允许在管材和管件上直接套丝。与金属管道及用水器连接必须使用带金属嵌件的管件。

3）热熔连接施工必须使用热熔机具，以确保熔接质量。手持式熔接工具适用于小口径管及系统最后连接，台车式熔接机适用于大口径管预装配连接。

4）熔接施工应严格按规定的技术参数操作，在加热和插接过程中不得转动管材和管件，应直线插入，正常熔接在结合面应有一均匀的熔接圈。

5）住宅部分垫层内给水管道安装及试压

A. 垫层内管道应在土建结构施工完后进行，由于垫层厚度只有10cm，垫层内管道没有余量考虑坡度，同时要注意采暖管道与给水管道相互避让，在施工前责任工程师应编排好具体的施工实施措施。

B. 因结构施工跨越整个冬期，且工期较紧，管道的水压试验及严密性试验不可避免在冬施期间进行，打压完毕后，必须用气泵对管道景象吹扫，排尽管内积水，防止冻裂管道及配件。

C. 管道试压完后，土建铺设垫层时在布置管道处应用细砂或中砂铺设，严禁用素混凝土铺设。

6）住宅部分垫层内采暖管道安装及试压

A. 垫层内管道应在土建结构施工完后进行，由于垫层厚度只有10cm，垫层内管道没有余量考虑坡度；同时，要注意采暖管道与给水管道相互避让，在施工前责任工程师应编排好具体的施工实施措施。

B. 因结构施工跨越整个冬期，且工期较紧，管道的水压试验及严密性试验不可避免在冬施期间进行，打压完毕后，必须用气泵对管道径向吹扫，排尽管内积水，防止冻裂管道及配件。

C. 管道试压完后，土建铺设垫层时，在布置管道处应用细砂或中砂铺设，严禁用素混凝土铺设。

7）管道试压及清洗吹扫

A. 试压

试压介质为洁净水，用电动试压泵加压，实验要求，先升至试验压力，保持1h，压降不超过0.05MPa，则强度实验合格，后降至工作压力，保持24h，不渗漏者为严密性试验合格。

B. 管道冲洗、吹扫

吹扫前，法兰连接的阀件要先行拆下，吹扫顺序按先主管后支管依次进行吹扫，吹扫要求，以不小于1.5m/s的流速进行吹扫，至出水与源水水质目测一致即为合格。

4　施工管理措施

4.1　技术管理措施

4.1.1　图纸会审与设计交底管理

收到正式图纸后，项目部主任工程师组织相关人员熟悉施工图纸，学习有关规范和标准，掌握施工中的关键部位和问题，并与相关专业进行图纸的自审和互审工作，在此基础上再进行设计交底和图纸会审工作，保证把图纸差错纠正在施工之前；同时，解决好各专业之间的配合。

4.1.2　施工方案管理

施工中必须以优质工程为目标，加强技术管理，优化技术方案，由主任工程师负责组织编制单项工程施工方案及新工艺、新技术，并要结合实际，严格审批、变更及中间检查制度，保证施工组织方案的严肃性、有针对性、科学性和可行性。

4.1.3　技术交底的管理

施工前由项目部总工程师及技术负责人对工程的总体情况及技术要求、施工方案进行总交底，由工长根据现场实际情况向有关管理和施工操作人员进行分部交底。要求做到交底内容及时准确、技术先进、切合实际，并要有针对性的安全技术措施。交底主要为书面方式，交底人和接受交底人分别签字，口头交底或其他形式可作为辅助手段，但必须办理书面交底手续。技术交底由技术员负责整理，按时报技术部资料员一份保存。

4.1.4　工程洽商管理

及时办理工程洽商，不得后补。技术洽商由技术部办理，在施工前进行的图纸会审和设计交底中应做好一次性洽商，在施工中出现的设计变更，经建设单位、监理单位及设计单位一致同意后进行签认办理。

4.1.5　施工加工计划管理

组织加工订货翻样小组，统一管理内外加工订货事务，并执行加工订货复验工作。各种加工计划必须经过技术部或主任工程师审核后方可转交材料部门落实，并做好交接手续和记录。

4.1.6　计量管理

项目部设专人负责计量工作，并制定相应管理措施。计量器具的购买要有计划，做好申请并办理审批手续。计量员要对所有使用的计量器具进行登记管理，督促使用人按规定正确使用计量器具。计量员还要负责对计量器具的保管和保养工作，并按规定及时送检。

4.1.7　测量管理

认真做好施工中的测量放线工作，做好各种原始测量记录，并及时归档和妥善保管。测量放线工作由项目部技术部统一管理，由现场测量主管负责实施。施工中必须坚持测量放线工作程序，认真负责，保证施工质量。

4.1.8　试验管理

开工前由项目部主任工程师根据工程实际组织试验员、技术部人员提前编制好试验计划，并由试验员进行实施，技术部负责监督。施工前，技术员必须提前向试验员进行交底或提出申请，使试验人员做到心中有数，保证混凝土浇筑及各种试验报告的相关内容填写一致，资料交圈。试验员要负责对进场材料的抽样、送检、报验工作，认真填写并收集试验报告，严格按规范取样和制作试块并及时送检；此外，试验员还要认真建立好试验台账，保证资料齐全、交圈，及时做好资料的报送工作，并随时向工长、技术部、主任工程师反馈试验结果提供的信息，发现问题及时整改。

4.1.9 技术资料管理

由项目部技术部在施工过程中根据北京市建委颁发的《建筑工程资料管理规程》DBJ 01—51—2003文件汇集、编制、整理所有施工技术资料。

施工过程中的技术资料由有关负责人收集、填写，确保资料真实、无误、签认齐全后交资料员存档、编目、保管。施工技术资料必须随时收集，不得后补，更不得涂改、伪造。工程竣工前一个月，由项目部与甲方签订竣工图编制合同，我方将按合同要求编制出城建档案馆及甲方所需的竣工图和竣工资料。对重点工序、部位，要拍摄照片等影像资料保存。

4.1.10 隐蔽、预埋预留施工检查管理

严格执行班组自检、互检和交接检制度，达到一次成活不返工。主任工程师、质检员应认真做好检查，并填写好"隐蔽、预埋预留检单"，按要求进行报验。

4.1.11 施工报验管理

施工中必须规范监理报验程序，严格按《工程建设监理规程》的要求进行各项报验工作，使各项工作完全处于受控状态。各种报表要求及时、准确，所附资料及签字齐全。

4.1.12 纠正与预防措施

对施工中出现的质量通病，由主任工程师组织技术、质量等有关人员进行认真研究，提出整改措施，并制定有效的预防措施，并派专人负责实施。

4.2 质量管理措施

根据我公司的质量方针"用我们的承诺和智慧雕塑时代的艺术品"，在本工程具体实施中，将运用先进的技术、科学的管理、严谨的作风，精心组织、精心施工，以优质的产品满足业主的要求。本公司已通过了ISO—9002质量体系认证，并编制了本公司的《质量保证手册》，对各项工作实行规范化管理，大力推行"一案三工序管理措施"即"质量设计方案、监督上工序、保证本工序、服务下工序"和质量管理活动，全面推行标准化管理，加强了质量管理的基础工作，使企业对工程质量综合保证能力显著提高。

4.2.1 质量管理目标

(1) 分项工程合格率100%，评定项目90%以上符合国家规范及"长城杯"要求。

(2) 分部工程合格率100%，地基与基础工程、主体工程达到"长城杯"金杯的标准，装饰工程、电气工程、水暖工程达到"长城杯"银杯标准。

(3) 单位工程达到北京市"长城杯工程"标准。

(4) 观感质量评定项目90%以上为好，一般项目占10%。

(5) 保证质量资料齐全。

4.2.2 建立工程质量管理体系

(1) 建立项目经理部，落实质量责任制，使责权统一，把工程质量与责任挂钩，项目经理对工程进行全面领导，生产经理对质量全面负责，是质量的第一责任者；质检总监代表项目经理对质量工作进行具体的管理，是质量第二责任者。建立由项目经理领导，生产经理中间控制，质检总监监督检查的三级管理系统，形成一个从土建到安装、从项目经理到生产班组的质量管理网络。

(2) 项目经理部人员由土建、水、暖、电等专业人员组成，从而使土建和安装更好地协调配合，更好地实行网络管理。

(3) 加强质量意识教育，树立“百年大计，质量第一”的思想，使每个施工人员意识到质量、效益是企业的生命，只有创造优质的工程，提高经济效益，提供优质的服务，才能提高自身的竞争力。

(4) 每周召开一次由施工单位、建设单位、监理等参加的例会，检查工程质量，解决一些主要技术质量问题。

(5) 严格试验管理、计量管理，使各项与工程质量有关的工作得到有效控制。

4.2.3　质量管理制度

(1) 质量活动日制：把每周三定为质量活动日，在当天组织质量专题会，实施质量联检、评比。

(2) 质量否决制：坚持质量一票否决制，管理人员所负责质量方面出了问题，扣发奖金；施工分项没有达到规定标准，不予拨付工程款、不确认工程量；质量没把握的，不得继续施工。

(3) 坚持样板制：所有工序施工前，必须先做样板，经各有关人员验收合格后，方可进行工序的大面积施工。

(4) 坚持三检制：班组要设自检员，施工队设专检人员，每道工序都要坚持做好自检、互检、交接检；否则，不得进行下道工序。

(5) 坚持方案先行制：每项工作必须有实用有效的书面技术措施，否则不得施工。

(6) 坚持质量合格制：每个部位施工完，应由质检人员进行检查，标出作业人员、质量数据及质量等级，合格部位贴上质量合格证，不合格者返工重做。

(7) 坚持审核制：每一项工作至少一个人进行审核，特别对技术措施及施工实施，必须多道把关、双重保险。

(8) 坚持标准化制：对工作做法，日常工作程序要制定标准，使之整齐划一，不得人为改动。做到事事有标准，人人按标准。

(9) 坚持质量目标管理制：根据本工程质量目标为区优，制定详细的阶段目标及分部、分项工程质量目标，确保质量总目标的顺利实现。

(10) 坚持工序作业挂牌制：各分项或工序作业完成后，对半成品或是成品实行挂牌，将作业人员的姓名、完成日期、技术质量参数标写清楚，提高工程质量的可追溯性。

4.2.4　施工准备过程质量保证措施

(1) 按优化的施工组织设计和施工方案进行各项施工准备工作，编制工程项目质量保证计划，预防质量通病。

(2) 做好图纸会审、技术交底及技术培训工作，专业工种要持证上岗，对于推广应用的新技术、新工艺，要组织有关人员认真学习。

(3) 正确选择、合理调配施工机械设备，做好维修保养工作，使机械设备处于良好技术状态。

(4) 选派合格的劳务队伍。我公司经常深入工地，对各劳务队伍进行考核，随时解决存在的问题，对不合格队伍坚决予以除名。

4.2.5 施工过程质量保证措施

(1) 严格按照施工工艺标准施工。严格工序管理，坚持自检、互检、交接检，做好隐蔽、预检工作。

(2) 严格作业指导书制度。为了确保工程质量，在每道工序进行前均要由工长制定作业指导书，明确作业条件、操作工艺、质量标准和成品保护措施等内容，并对施工班组进行交底。实行工程质量全员管理、分层把关，管理层与劳务层对口交底、对口管理、对口控制。

(3) 建立内部用户制，实行工序质量否决权，不合格工序坚决返工。

(4) 在关键部位建立质量管理点，在班组中成立 QC 小组，开展群众性的 QC 活动，向科学管理要质量。设置质量管理点，明细见表 4-1 所列。

关键分项工程质量管理点 表 4-1

序号	管理点名称	质量标准	责任人
1	测量定位	轴线，标高引测符合图纸要求及规范规定	姚××
2	钢筋连接及焊接	符合设计图纸要求及有关规范规定，由质检员逐一检查	朱××
3	墙、板模板接头	连接严密，不漏浆，由质检员负责监控	朱××
4	地下室防水	不渗漏	覃××
5	门窗	符合设计要求及规范规定	覃××
6	砌块抹灰	不空，不裂	李××
7	混凝土振捣	振捣密实、到位，避免蜂窝麻面气泡等通病	李××
8	灯具安装	符合设计要求及规范规定	马××
9	电气管路暗埋	符合设计要求，不堵塞	马××
10	箱、盒安装	位置符合要求，箱、盒平整	马××
11	管路穿线	分色标进行穿线	马××
12	采暖管道坡度	符合设计要求	牛××
13	地漏标高	低于地面 5～10mm	牛××

(5) 建立高效、灵敏的质量信息反馈系统。在施工过程中，我们建立以项目经理为中心，以专业管理人员、施工队、业主、监理及工程质量监督站为节点的信息反馈系统，发现问题及时解决，以保证工程质量。

(6) 加强质量意识教育，使每个施工人员明确提高工程质量是企业提高竞争力的有效手段，工程质量一次达标、降低成本、提高效益。

(7) 严格试验管理、计量管理，使各项与工程质量有关工作得到有效控制。

4.2.6 质量检验

(1) 做好分项工程质量验评工作。内部质量验收实行超规范、标准控制，以保证项目的优良率。

(2) 所有原材料，半成品必须有合格证（材质证明）或检验报告，所有原材料均由我公司物资分公司统一采购。

(3) 所有隐蔽记录必须经业主、监理、公司有关单位验收签字认可，才能组织下道工序施工。

（4）加强成品、半成品的保护工作。

（5）技术资料对工程质量具有否决权，因此，技术资料必须齐全、完整、及时，真实交圈。

（6）严格执行公司对工程质量的奖罚规定，以经济手段促进和确保工程质量的全面提高。

4.2.7　预防质量通病措施

（1）楼地面起砂的预防

1）严格控制细石混凝土的水灰比

水灰比的大小是直接影响强度的一个重要因素，水灰比过大，意味着水泥量过少，地面强度低，地表面粗糙，不耐磨，容易起砂；反之，水灰比过小，水泥量过多，则混凝土干硬，施工操作困难，干缩大，地面容易产生裂缝。

2）尽量使用普通硅酸盐水泥（不低于42.5级）

普通硅酸盐水泥水化热高，抗冻性好，同时饱水性好，干缩性小，特别是早期强度较高，避免楼地面起砂。

3）禁止使用过期和受潮水泥。

4）楼面面层不要用细砂。

细砂无论在强度或耐磨上均不如中砂。细砂拌制的混凝土，往往干缩性大，地面易开裂；同时，注意砂子的含泥量不大于3％。

5）控制好压光时间

细石混凝土应随铺随拍实，用木抹抹平，铁抹压光。铁抹压光的时间控制在终凝前完成。

6）加强养护

养护时间不少于7昼夜。严禁过早上人及使用，禁止在新做的地面上拌制砂浆。

（2）钢筋偏位的预防

在结构施工中，经常出现墙、柱钢筋偏位、间距不均匀现象，通过多次调查研究，发现其主要原因是墙、柱钢筋的绑扎不牢固，措施不当；再则由于工人施工中不注意保护，致使钢筋出现偏位。

在施工墙、柱过程中，除了采用定位卡及“S”拉钩外，墙、柱钢筋间距采用钢筋定位梯控制，通过多次实践，效果很明显，钢筋偏移最大误差为5mm。采用$\phi12$的钢筋做成定位梯，将其固定墙、柱主筋位置，以保证钢筋的排距及保护层厚度。

（3）混凝土裂缝控制

根据设计的配筋情况，工程的结构尺寸，施工用的水泥、砂、石、UEA膨胀剂等原材料的情况，施工期间的温度情况，设计要求的混凝土强度和抗渗等级，进行混凝土的抗裂分析，确定混凝土抗裂所需限制膨胀大小。

根据混凝土的限制膨胀率，确定UEA膨胀剂的最佳掺入量。

进行抗裂混凝土的配合比设计，并在实验室进行混凝土的试配工作，确定施工用的混凝土配合比。配置的防水混凝土除满足抗裂性、强度和抗渗等级要求外，还必须有一定的缓凝时间，确保施工过程中能满足混凝土接槎时间的要求，确保施工过程中不出现冷缝；此外，混凝土必须具有良好的可泵性、和易性，坍落度损失小等。

（4）钢筋保护层控制

为严格控制墙体（柱）保护层厚度，墙、柱内外侧钢筋使用塑料卡。塑料卡分规格统一外加工制作，运至现场后，经检查合格后分类装箱保存。顶板保护层采用塑料垫块来控制。底板钢筋保护层采用50mm×50mm×40mm细石混凝土垫块，间距800mm，梅花式布置。

（5）防止冷缝措施

混凝土浇筑时控制好接缝时间，一般情况下不能出现冷接缝，出现特殊情况时应采取紧急措施，如紧急检修、换上备用泵、塔吊吊运混凝土、加入适量的缓凝剂等。当预计冷缝无法避免时，应控制在适当的位置，作为施工缝处理。

（6）卫生间顶板渗水及漏水的预防措施

1）管道穿过楼板处的预留或剔凿的空洞尺寸要合理，孔洞与管外径间的空隙不得超过30mm，堵此孔隙时要正式支模，用与楼板相同强度等级的水泥砂浆或细石混凝土浇筑严密，在设计要求的地面做法，分别进行施工。因厨房地面常有积水，如设计未考虑做地面防水，在管道穿过楼板的同时，做局部防水处理。

2）卫生间等有防水设计的给水管道，穿楼板处的防水交圈应搭接严密，其热管道必须设钢套管，套管的外壁周围与楼板交圈处的防水处理必须搭接严密。

3）坐便器的铸铁排水管甩口应高出地面10mm。

4）地漏及地面水泥池槽的排水口与楼板交接处，必须用沥青油膏嵌实。

5）凡有地面防水层的，应按施工规范进行闭水试验。

4.2.8 建立材料保证体系

（1）材料由材料部统一计划土建和水电专业的材料供应管理，严格按计划组织材料和半成品进场，尽可能减少现场库存量和搬运次数。

（2）选用材料时，应对厂家的资质能力进行考查，厂家应提供材料的材质单、合格证，经监理同意和甲方认可后方可采购。

（3）为保证工程质量必须严格把好材料关，加强进货检验和试验的控制，对要进场的材料采购员、库管员、质检员层层把关，按有关规定对原材料（如钢筋、水泥、防水材料等）进行复试，复试合格后方能使用，不合格物资禁止入场。

（4）建立材料台账，实行限额领料，有效地控制材料和配件的损耗率，装修材料平均损耗率不宜超过4%～6%。

（5）领用材料必须材料主管人员签字，实现对材料供应的有控管理。

4.3 安全管理措施

4.3.1 安全总方针及目标

（1）项目安全总方针：安全第一、预防为主；健全体系、分层管理、分层负责、预控预防、落实责任。

（2）项目安全管理目标

创北京市文明施工工地；杜绝重大伤亡事故、因工死亡责任指标为零；因工负伤频率6‰以下；杜绝急性中毒事故；杜绝重大机械事故等。

4.3.2 编制安全策划方案

对本工程的安全方针和安全目标作出具体规定，它贯穿了本工程施工过程中安全文明管理全过程的纲领性文件，是项目安全生产、精品实施计划、创安全文明样板计划及各项安全保证措施方案的最为重要的依据，并描述了项目整个施工过程安全职能的各要素，适用于本工程施工管理的全过程。

4.3.3 组织机构及管理职责

在公司安全监督部的领导下，项目经理部成立安全策划实施小组，具体负责本“安全策划方案”的策划、创建及实施过程中的管理、监督、检查及补充完善。认真执行安全规章制度，责任具体落实到个人。

(1) 安全方案总策划

组　长：×××

副组长：×××

成　员：×××以及各栋号负责人

(2) 岗位职责

项目经理：负责“安全方案”的总体策划及各项目安全生产目标的确定；

执行经理：负责领导“安全方案”具体策划、责任的落实及审批；

现场经理：负责“安全方案”编制、管理及协调；

项目总工程师：负责提供各项技术规范、规程、标准及各项施工方案责任的落实及审批工作；

项目书记：负责“安全方案”的宣传报道审批工作；

安全总监：负责“安全方案”的具体策划、实施与落实。

(3) 安全管理体系

4.3.4 安全管理

(1) 在公司安全监督部的领导下，项目经理部成立经理部安全生产领导小组，由项目经理主持安全生产领导小组开展工作，行使职责。

(2) 安全生产领导小组日常工作由经理部安全组负责。

(3) 安全生产领导小组每周召开安全例会，贯彻上级安全生产重大决议和要求，分析研究本工程安全生产形势和现状，制定和审定有关安全生产重大措施，审议安全生产工作专项报告，并做出相应记录。

(4) 安全生产各级职责和责任体系责任制分解

1) 项目经理为项目安全生产第一责任人，对项目安全生产负全面领导责任。领导制定并组织实施年度及阶段安全生产目标与规划，对安全专职机构设置与人员配备负责。

2) 项目执行经理协助项目经理全面负责经理部安全生产工作，保证安全技术措施费用及时到位，按规定审批各项劳动保护费用和安全生产奖励资金。领导制定并组织实施年度及阶段安全生产目标与规划，决定和批准安全管理工作重要活动及重要决议、决策和文件的制定、贯彻与执行。

3) 项目总工程师对项目安全技术管理负领导责任，组织领导各项安全技术措施的编制、审定和批准，使其符合有关安全规程和技术规范，保证施工的安全性。领导新工艺、新技术、新材料开发及应用。

4）项目区域项目经理协助项目经理实施对经理部安全生产工作的管理，领导工程部实施全面安全管理工作，是本项目安全生产的直接责任者。负责贯彻执行安全生产方针、政策和法规。

5）项目商务经理负责合约、报价等系统贯彻落实安全生产相关职责，按国家有关部门规定，审批核准与分包单位安全生产责任与义务。

6）项目党支部书记对项目安全生产负领导责任，领导后勤、工会、行政系统积极配合安全生产管理，负责领导有关法规的宣传贯彻，以及对施工管理实施过程中上级有关部门检查接待的领导协调工作。

7）项目安全总监在现场经理的直接领导下，履行对项目安全生产管理和监督职责，宣传贯彻安全生产方针、政策和规章制度，推动项目安全保证体系的运行。对项目各项安全管理制度的贯彻与落实情况进行检查与具体指导，及时发现薄弱环节或失控部位，向工程部及时下达整改指令书，并跟踪复查，督促如期整改；组织分包队伍安全专、兼职人员开展安全监督与检查工作；查处违章指挥、违章操作、违反劳动纪律的人员，对重大事故隐患采取有效的控制措施，必要时可采取局部停产的非常措施；做好安全相关资料的记录、管理、备案工作。每月召开一次安全讲评会，分析与总结本月安全生产情况；参与安全事故的调查与处理；协助项目综合部门对进场分包队伍的三级安全教育，并负责考核、办理与发放安全上岗证；定期或不定期对现场使用中的劳动保护用品、护具抽样检测。在每月底，对本月安全生产动态、存在问题、解决方法与下月安全防范重点，以书面形式报项目经理、生产经理、工程部及公司安全部，并做好本工程安全设计的编制工作。

8）项目区域生产经理为安全生产的责任人。每周配合安全部进行现场安全检查；负责贯彻执行安全生产方针、政策、法规及施工组织设计与安全设计所明确的安全技术保证措施；定期组织对施工现场文明施工进行检查，对发现的安全隐患及安全部所发安全隐患整改指令书按要求及时整改。管理和指导分包队伍认真履行安全生产职责，搞好现场安全防护与管理。认真做好各分项施工的安全技术交底，以及相应季节安全技术交底。负责安排组织大、中、小型设备设施的安装、验收和使用。

9）现场区域责任工程师是所辖区域安全生产的直接责任者，必须认真贯彻各项安全生产政策法规，全面履行责任工程师安全生产职责。对分包队伍进行安全技术交底并监督检查；及时发现并制止分包队伍的违章指挥、违章操作行为；确保施工人员的作业环境与条件是否符合安全生产规定。深入现场，加强对安全薄弱环节的监控，把好安全生产关口。

10）项目技术负责人为本项目安全生产技术管理的直接责任人。负责提供项目工程安全技术措施、方案审核稿。提供新工艺、新技术安全技术标准。向安全部反馈安全技术措施、方案修改意见，并负责提供新的安全技术规范。

11）项目物资部为本项目安全生产的相关责任部门。负责提供劳动保护用品、安全防护用品的质量状况，产品合格证、数目、价格、厂家、进场时间一览表。负责提供有毒有害建筑、装饰化工材料产品性质介绍和安全使用说明。安全监督部门负责提供重要劳动保护用品指定厂家范围。

12）项目综合部为本项目安全生产的相关责任部门。负责提供分包队伍安全生产资格证书、市建委人员注册手续、分包队伍人员进场计划以及进场人员花名册，便于安全部安排进场安全培训。对经理部安全组负责起草，并经有关主管领导审批的有关安全问题的通知、致函，进行编号、打印、签发。安全监督部门应及时向经理部综合部门反馈劳务、分包队伍安全管理方面存在的资质、证件的有效性等安全管理中存在问题。

4.3.5　安全生产具体管理点

（1）贯彻执行公司颁发的《项目安全管理手册》，完善安全管理体系，落实安全生产各项管理制度，确保安全生产。

（2）安全生产管理实施分级管理、分层负责、预控预防的原则，各级各类人员必须履行自己的职责。从项目的策划开始就建立以项目经理为第一负责人的项目安全生产、文明施工管理责任体系，并不断促其有效运行，并将所有分包队伍纳入项目的安全管理体系中，使安全责任体系落实到基层。

（3）坚持安全生产教育培训考核审核制度，重点抓好三级安全教育和特种作业人员的教育培训取证及经理部自身管理人员安全资格年审工作。

（4）发挥安全技术措施在安全生产、文明施工方面的保证和促进作用。所有施工必须遵循经批准的施工组织设计（或方案）。施工组织设计（或方案）中，能保证施工人员安全的安全技术措施贯穿施工全过程的各个环节。

（5）加强对分包队伍的管理，高度重视总分包合同和安全生产施工协议书（责任状）的签订及管理。

（6）严格审查分包队伍的资质，凡进入本工程的分包队伍人员和机械设备，必须是合格的、是符合有关标准和法规要求的，其素质与数量必须满足现场安全生产的需要。

（7）特种作业人员必须持有合格有效证件。

（8）在分项工程具体实施前必须签订有明确的安全生产、文明施工、消防管理目标和管理责任划分条款的经济合同（或含有上述内容的协议书、责任状）。

（9）分包队伍必须贯彻执行安全生产、文明施工法规，必须认真执行安全生责任制，必须尊重并服从经理部对施工现场的安全生产管理。

（10）加强经理部监督管理力度，对严重违章指挥、违章作业、违反劳动纪律者进行必要的处罚及曝光。

（11）重要劳动防护用品必须使用局集团公司定点厂家的认定产品。

（12）严肃事故报告制度及事故现场的保护制度，以及紧急意外事件的应急处理。

4.4　环境保护措施

环境保护按ISO 14000标准执行。

为了保护和改善生活环境与生态环境，防止由于建筑施工造成的作业污染和扰民，必须做好建筑施工现场的环境保护工作。施工现场的环境保护是文明施工的具体表现，也是施工现场管理达标考评的一项重要指标。环境保护按ISO 14000标准执行。

4.4.1　施工现场预防大气污染

（1）建筑垃圾清理，采用封闭式专业垃圾容器吊运，严禁随意凌空抛撒，造成扬尘，施工垃圾及时清理，清运时提前洒水湿润，减少扬尘。

（2）施工前做好施工道路的规划和设置，施工现场采用混凝土硬化处理，加强绿化，建成花园式施工现场，每天派有专人早、中、晚各洒一次水。

(3) 工程材料采用环保型材料。

(4) 如有易飞扬的细颗粒散体材料，安排库房存放。

(5) 施工现场茶炉采用电茶炉，食堂用火使用液化气，减少烟尘。

4.4.2 施工现场预防水污染

(1) 施工现场使用混凝土泵、运输车清理处设置沉淀池，排放的废水排入沉淀池内，经过二次沉淀后，方可排入市政污水管线或回收用于洒水降尘。未经处理的泥浆水，严禁直接排入城市排水设施。

(2) 施工现场设置专业的油漆油料库，油库内严禁放置其他物资，库房地面和墙面做防渗透的特殊处理，使用和保管有专人负责，防止油料的跑、冒、滴、漏，污染水体。

4.4.3 施工现场防噪声污染

(1) 施工现场应遵照《中华人民共和国建筑工场界噪声限值》GB 12523—90 制定降噪制度。不同施工阶段的作业噪声限值见表 4-2 所列。

各施工阶段作业噪声阻值 **表 4-2**

施工阶段	主要噪声源	噪声限值(dB)	
		白天	夜间
结　构	振动器、电锯等	70	55
装　饰	吊车、升降机、手持电动工具等	65	55

注：表中所列噪声值是指与敏感区域相应的建筑工地边界线处的限值。

(2) 施工现场强噪声设备必须封闭使用，在施工过程中自觉形成环保意识，要创造良好的生产工作环境，最大限度地减少施工所产生的噪声与环境污染，本次参与施工的设备噪声均控制在国家和北京市允许的范围内。

(3) 杜绝扰民

本工程邻近居民区，一方面要正常施工，另一方面不影响周围居民正常的工作、休息。为此将进行精心组织，对一些工作噪声大的设备进行隔声封闭处理，并将一些噪声大、对周围生活环境产生影响的工序安排在白天进行。

在施工期间将按照北京市建委颁发的有关夜间施工规定进行施工。

4.4.4 防止装修材料污染的控制

本工程所选用的装修材料必须使用绿色环保型的材料，材料进场前必须按照设计要求进行考察，考察合格以后才允许采购进场。并提供材料的相应证明。

装修施工前应做样板间，用以控制室内五种有害气体的排放量，并确保整个工程的室内有害气体排放量符合规范的要求。

装修工程施工阶段的建筑垃圾，分布面广，是一个严重的污染源。装修工程施工阶段必须加强对建筑垃圾的管理，文明施工，减少和消除二次污染。

5 经济效益分析

在整个施工生产过程中，不断地加强和完善施工管理，提倡科学文明施工，并采取有效的技术措施，积极推广、采用新技术、新工艺、新材料等措施，并最终保证工程的顺利完成，同时获得良好的经济效益。

（1）合理组织，节约成本

施工现场场地狭小，给施工平面布置带来一定的难度，通过合理安排和进度控制，地下结构施工中以先车库后主体的施工顺序，在2003年春节前把1、2号地下车库封顶，为地上结构的施工场地布置提供了可能。在地上结构施工中，钢筋加工场地、大钢模拼装及堆放场地均设置在车库顶板上，这样既减少场地硬化5000m^{2}以上，又节约了成本。为保证安全，根据计算，该方案保证均布荷载不超过设计，并且在顶板下方加设支撑。

钢筋加工及模板场地节约硬化场地的直接费为：

[13.90＋(100－50)÷5×1.28]×5000＝133500元（查预算定额，按混凝土面层100mm厚计算）

（2）采用新技术，节约成本

1）钢筋工程

钢筋接头$\phi22$：$\dfrac{41\times22\times2.98\times3500}{1000\times1000}=9.4$元

钢筋接头$\phi25$：$\dfrac{41\times25\times2.98\times3500}{1000\times1000}=10.7$元

实际上直螺纹接头平均8元/个。因此，粗钢筋采用机械连接方式，节约钢材、降低成本。

2）模板工程

合理划分施工流水段，制定配模方案，采用大模板体系，配置$\dfrac{1}{4}\sim\dfrac{1}{2}$的量，通过流水组织，提高周转速度等，从而降低费用。

3）混凝土工程

在施工规范允许的范围内，满足强度的前提下，混凝土或砂浆中加入适当的外加剂，如减水剂等材料，可节约水用量。

（3）综合管理，增加效益

1）严格各种材料的计量，做到准确及时，避免了浪费。

2）严格执行材料消耗定额，必须按施工任务书下达的数量领用发放施工材料，严格执行限额领料。贯彻节约有奖、浪费有罚的原则。施工中应密切注意现场进料情况，防止损坏丢失。

3）合理使用材料，严禁长料短用、优材劣用。施工废料应及时回收利用，如短钢筋头可加工马凳筋，作拉钩、支撑筋等：落地灰可清理回收再利用。废短木料、竹胶板可留做预埋盒子等，尽量减少浪费。

4）严格控制结构轴线尺寸、洞口位置尺寸、楼层标高和墙体垂直度，避免剔凿，造成返工浪费。

5）尽量减少其他各专业施工给土建专业带来的二次返工现象，做好成品保护工作。土建专业与各专业技术人员在施工前应认真地核对施工图纸，做好相互的技术交底，保证各种预埋位置正确，减少重新剔凿、修补所耗费的人工。

6）由技术部门牵头，发动工地所有人员提出合理化建议，对提出合理化建议并节约材料、改善劳动强度等措施的人员给予重奖，项目部成立技术改革、技术攻关小组。

第九篇

北京金苑小区 A、B、C、D 座施工组织设计

编制单位：中建二局三公司
编 制 人：张皎　章涛　伍占强　侯丽霞
审 核 人：倪金华　杨发兵

［简介］ 金苑小区工程位于北京金融街区域，周围环境复杂，施工现场狭小，对于材料进出与堆放、机械安装等施工组织带来很大困难，该工程采用了多种新材料、新工艺，在地下工程防水、大体积混凝土温度控制、弧形墙体单面支模等方面都很有特色。

目　录

1 编制依据

本施组是依据金融街 F4 金苑小区 A、B、C、D 座工程施工承包合同及国家和行业规范、规程、标准、法规、图集，地方法规、图集。

2 工程概况

2.1 工程建设概况（表 2-1）

工程建设概况一览表 **表 2-1**

工程名称	金苑小区 A、B、C 座	工程地址	北京市金融街 F4 地块
建设单位	金融街控股股份有限公司	勘察单位	北京市勘察设计研究院
设计单位	中国建筑技术开发总公司 SOM 国际建筑设计有限公司	监理单位	北京市双圆工程咨询监理有限责任公司
质量监督部门	北京市质量监督站一室	总包单位	中建二局三公司
主要分包单位	江苏宿迁三建劳务有限公司 金坛市建昌建筑安装工程有限公司	建设工期	2004 年 2 月 1 日开工 2005 年 6 月 30 日竣工
合同工期	516d		
合同质量目标	确保北京市“结构长城杯”，争创“长城杯”金杯或“鲁班奖”		
合同投资额	21954 万元		
工程主要功能或用途：公寓、商场			

2.2 施工现场条件（表 2-2）

现场概况一览表 **表 2-2**

序号	项目		内容
1	地理位置		北京西城区金融街 F4 地块
2	环境地貌		东侧为新修建的交通干道太平桥大街，西侧、北侧；南侧均为拟建建筑
3	现场水源	供应点位置	场地西南侧
		管径	100mm
4	现场电源	供应点位置	场地西北侧
		变压器	一台 500kV·A

2.3 工程建筑设计概况（表 2-3）

建筑设计概况一览表 **表 2-3**

<table>
<tr><td colspan="2">占地面积</td><td colspan="2">11511.44m^2</td><td colspan="2">总建筑面积</td><td colspan="4">59003.4m^2</td></tr>
<tr><td rowspan="3">层数</td><td>地上</td><td colspan="2">A座、B座为6层
C座为13层
D座14层</td><td rowspan="3">层高</td><td>首层</td><td colspan="2">A座5.35m
B座5.35m
C座6.00m
D座3.00m</td><td>地上面积</td><td>34373.95m^2</td></tr>
<tr><td rowspan="2">地下</td><td colspan="2" rowspan="2">3层</td><td>标准层</td><td colspan="2">A座3.25m
B座3.25m
C座3.00m
D座3.00m</td><td>地下面积</td><td>24629.5m^2</td></tr>
<tr><td>地下</td><td colspan="4">三层3.6m；二层5.0m；一层A、B座6.1m，C座5.45m等D座三层3.6m，二层5m，一层4.45m，夹层2.7m</td></tr>
<tr><td colspan="2">±0.00绝对标高</td><td>47.70m</td><td>室内外高差</td><td colspan="2">最大处0.15m</td><td colspan="3">自然地坪标高</td><td>47.50m</td></tr>
<tr><td colspan="2">基底标高</td><td colspan="8">−16.31m，−15.91m，−15.71m</td></tr>
<tr><td colspan="2">檐口高度</td><td colspan="8">A、B座27.37m，C座48.69m，D座44.7m(局部49.2m)</td></tr>
<tr><td rowspan="6">装饰</td><td>外墙</td><td colspan="8">玻璃幕墙、石材墙面</td></tr>
<tr><td>楼地面</td><td colspan="8">耐磨混凝土防水地面、环氧地面漆地面、混凝土地面、地砖楼面、架空地板、强化复合木地板</td></tr>
<tr><td>墙面</td><td colspan="8">水泥砂浆墙面、矿棉吸声板墙面、乳胶漆墙面、釉面砖墙面、贴壁纸墙面</td></tr>
<tr><td>顶棚</td><td colspan="8">刮腻子喷涂顶棚、纸面石膏板吊顶、涂料顶棚、铝合金条板吊顶</td></tr>
<tr><td>楼梯</td><td colspan="8">铺地砖地面、水泥砂浆墙面、刮腻子喷涂顶棚</td></tr>
<tr><td>电梯厅</td><td colspan="2">地面：石材楼面</td><td colspan="3">墙面：花岗石板墙面</td><td colspan="3">顶棚：纸面石膏板吊顶</td></tr>
<tr><td rowspan="4">防水</td><td>地下</td><td colspan="8">SBS复合防水卷材(Ⅳ＋Ⅲ型)</td></tr>
<tr><td>屋面</td><td colspan="8">自粘橡胶防水卷材、种植土屋面采用SBS复合防水卷材(Ⅳ＋Ⅲ型)</td></tr>
<tr><td>厕浴间</td><td colspan="8">聚氨酯防水涂膜</td></tr>
<tr><td>雨篷</td><td colspan="8">2.5mm聚氨酯涂料</td></tr>
<tr><td colspan="2">保温节能</td><td colspan="8">本工程外墙、地下室顶板室外部分外贴70mm厚聚苯板保温
屋面采用100mm厚聚苯板保温</td></tr>
</table>

2.4 工程结构设计概况（表 2-4）

结构设计概况一览表 **表 2-4**

<table>
<tr><td rowspan="2">地基基础</td><td>埋深</td><td>−16.31m
−15.91m
−15.71m</td><td>持力层</td><td>砂卵石层</td><td>承载力标准值</td><td>260kPa</td></tr>
<tr><td>筏形基础(mm)</td><td colspan="4">底板厚度1600，局部1200、800、防水板600</td><td>顶板厚度：200、150、120</td></tr>
<tr><td rowspan="2">主体</td><td>结构形式</td><td colspan="5">框筒结构及钢筋混凝土剪力墙结构体系</td></tr>
<tr><td>主要结构尺寸(mm)</td><td>梁：500×600
300×550
400×700
400×750</td><td>板：120、150
180、200</td><td colspan="2">柱：900、750
1000、2000</td><td>墙：500、400、
350、250、
200</td></tr>
</table>

续表

抗震设防烈度	8 度			
混凝土强度等级/抗渗等级	基础	C40/P8	墙体	C30、C45
	板	C40	楼梯	C30、C35
钢筋类别	HPB235、HRB335、HRB400			
其他需要说明的事项：护坡桩施工及土方开挖不在本施工组织设计中反映				

2.5　建筑设备安装概况（表 2-5）

设备安装概况一览表　　表 2-5

电气系统	动力系统	低压配电系统采用放射式与树干式相结合的方式，对于重要负荷和消防用电设备、信息网络设备、消防中心、电话机房等均采用双回路专用电缆供电，在最末一级配电箱处设双电源自投，自投方式采用自投自复。其他电力设备采用树干式与放射式相结合的供电方式
	照明系统	照明系统采用树干式配电方式，每层各电气竖井均设事故照明和一般照明，事故照明配电箱双路电源互投，停电后由 EPS 配电箱供电，持续供电时间不小于 90min。商业、餐饮部分电源预留
	防雷、接地及电气安全系统	本工程按第二类防雷建筑物设计，采用法拉第式防雷体系。设防直击雷、侧击雷、雷击电磁脉冲保护
通风与空调系统	采暖系统	本工程冷源由 A1、A2、B 楼屋面 3 台风冷式冷水机组提供，热源由地下二层热交换站提供。空调供热负荷为：600kW
		热源由地下二层热交换站提供，采暖热负荷分别为：500kW 与 700kW。供暖系统的立管为双管异程式，公寓各户的采暖系统为下分双管同程式
消防系统	自动喷淋系统	水源为市政给水管网。地下车库采用欲作用系统，共设 10 套欲作用报警阀组。地下二层消防泵房内设自动喷水加压泵 3 台，供水干管与室外 2 套水泵结合器相连，报警阀前供水管道成环状。自动喷水灭火系统与消火栓系统共用消防专用水箱和增压稳压装置，地上各层采用 4 套湿式报警阀组
	消火栓系统	室内消火栓系统设计为临时高压给水系统，在地下二层消防泵房内设消火栓加压泵 3 台，消防管网不分区，供水干管在地下二层，并与室外 2 套水泵结合器相连，屋顶设有消防专用水箱，并设增压稳压装置一套
给排水系统	生活给水系统	水源由市政给水管网引入二路 *DN*200 管在红线内呈环状供给本建筑生活用水，采用分区供水：地下三层至地上二层由市政直接供水；三层以上由变频供水设备供水，采用远传式水表计量方式
	废水系统	污、废水分流，废水搜集后经中水处理后回用，污水直接排入市政管网，地面层以上为重力流排水，地面层以下排入集水坑
	雨水、冷凝水系统	雨水采用虹吸压力排水系统，汇集后排入室外雨水井。空调冷凝水在室内自成排水系统，经汇集后排至室外排水干管
	热水系统	热水水源 A、B、C 座为深井地热水，D 座为市政热源，换热后使用，供水采用下供下回式循环系统，在各户设置远程水表计量
	中水系统	以收集卫生间盥洗废水为水源，经中水处理合格后供坐便器冲洗用水，本系统采用变频供水方式，户内设远传水表计量

2.6　地形条件

本工程地处北京市金融街与二环路地区 F4 地块，东临太平桥大街，北面为锦什坊东街，西临锦什坊街，与金融街F3、F2地块相邻。施工场地狭窄，基础施工阶段现场无环形通道。

2.7 工程特点与难点

本工程具有以下特点：

(1) 地处北京市金融街核心区段，周围办公用房相对集中，场地狭窄，基础施工阶段现场无法形成环形通道，现场平面布置，环保、文明施工等综合布置难度较大；

(2) 前期准备时间短，要求施工单位在劳动力、材料、机械、技术等方面迅速进入角色，展开施工的能力。

(3) 采用的新技术、新材料、新工艺较多。如地下室底板、外墙采用SBS防水卷材防水，楼地面采用聚氨酯涂膜防水层，屋面防水为自粘橡胶防水卷材，防水防渗漏质量要求高。

(4) 地下三层、地下二层外墙与护坡桩距离极近（净距离300mm），需将防水层做在护坡桩内侧保护墙上，施工时要注意对防水层的保护。且此部分墙体施工采用单面支模，混凝土外观质量要求达到清水混凝土的效果。

(5) 混凝土工程特点突出

1) 混凝土强度等级多，包括C15～C50等强度等级（地下框架柱、墙C50）。应保证不同强度等级交接处的混凝土施工质量，采取严格的施工工艺和质量控制措施，确保达到设计要求。

2) 本工程包括了C50高性能混凝土、抗渗混凝土（抗渗等级P8）的施工。

3) 筏形基础混凝土施工属大体积混凝土施工，控制大体积混凝土的温度裂缝是工程重点。

(6) 施工工期短，质量要求高

确保北京市结构“长城杯”是质量管理目标，同时根据本公司的工程进度计划，结构混凝土施工达到清水混凝土的效果是本工程施工重点。

(7) 本工程根据场地狭窄的特点，在必须满足施工材料垂直运输要求的条件下，特制定一台塔吊安装在基坑内的方案，此塔吊将在最后一步土方开挖后安装完毕，以满足垫层和底板施工时投入使用。

(8) 根据施工图纸，本工程基础极其复杂，施工难度较高，其中东、南侧外墙为弧形且为单面支模，技术含量高，对施工质量要求高。

3 施工部署

3.1 施工流水段的划分及施工总协调

3.1.1 施工流水段划分

本工程地下结构施工按两个作业队伍考虑，根据后浇带位置及工程量大小，将地下室基础底板及地下室结构施工阶段划分为两个大流水段组织施工（Ⅰ段、Ⅱ段），每个大施工段内再根据具体情况划分小的流水段，各段在所划区域内，分别按钢筋、模板、混凝土等工序进行流水作业。

主体结构施工阶段流水段的划分，仍根据地下施工期间流水段之间的后浇带位置，参照地下结构施工阶段流水段划分。地上结构工程按两个大施工段组织施工（Ⅰ段包含B座、D座；Ⅱ段包含A座、C座），每个施工段内再划分两个小流水段形成自身小流水施工。整个主体结构按C座和D座作为主要工段，A座、B座作为次要工段的原则组织施工。

3.1.2 施工总协调

本工程工期较紧，为确保按期完工，必须做好结构、外装、内装、机电的总体协调。根据本工程的实际特点，本工程的施工划分为主体结构施工阶段、外幕墙安装阶段及室内装修三个主要阶段。在结构施工阶段以土建为龙头，机电专业积极配合，计划在2004年9月12日完成主体结构施工；主体结构完成后即开始外幕墙埋件的清理修整，幕墙开始进入施工，计划于2005年2月底完成幕墙的安装，期间同时开始室内二次结构砌筑；室内装修阶段以机电安装为主，土建施工配合。

在装修阶段优先安排与消防验收有关的各种设备用房施工，特别抓好各种机（泵）房（高、低压配电室，强、弱电室，送、排风机房，空调机房等）待安装基本完成后的各种装饰工作，以利于设备调试运转。机电专业抓好高、低压配电室，强、弱电室及配电箱、柜安装，以"送电"为目标做好相关工作。确保2005年1月15日具备电气设备安装条件。机电部所承担的电气安装工程要全力保证高、低压配电室4月25日发电，并送电至各箱柜以满足设备调试的需要。抓好热力站，送、排风机房，空调机房，中控室及各种泵房安装，以便及时装饰及设备运转。并自2005年3月20日开始，逐台、逐机进行调试。加强与热力、电力部门协调力度按计划时间完成。

3.2 施工进度计划

3.2.1 工期目标

本工程工期从2004年2月1日开始进入底板垫层施工，至2004年6月8日完成基础结构施工；从2004年6月9日开始进入地上结构施工，至2004年9月12日完成主体结构施工；从2004年7月15日开始进入装修施工，至2005年5月20日完成装修施工。机电安装从2004年2月1日开始进行电气主体配合防雷接地及等电位施工，同时开始结构预留；地下三层结构支撑脚手架及模板拆除后，2004年5月15日开始进行地下三层平层主干管施工，机电安装正式插入；2004年10月1日进入设备安装。

3.2.2 进度计划

根据施工图纸及工程特点编制本工程基础、主体施工进度计划。

3.3 临时用电用水设计

通过计算结构施工阶段用电量相对较大，电源选择根据计算业主提供一台500kV·A的变压器。

临时供水：通过计算，确定供水干管管径为100mm，为防止冬期受冻，水管采用暗管，埋深800mm。

3.4 各种资源准备

3.4.1 劳动力需用量及进场计划（表 3-1、表 3-2 与图 3-1）

劳动力需用量计划　　表 3-1

序号	分项工程名称	人数(人)	进、出场时间	备　注
1	混凝土工程	100	2004.2.20～2004.9.25	
2	防水工程	60	2004.3.1～2004.10.31	
3	钢筋工程	200	2004.3.8～2004.10.25	
4	模板工程	250	2004.2.20～2004.10.20	
5	砌筑工程	120	2004.2.25～2004.10.31	
6	装修工程	1000	2004.7.15～2005.6.20	

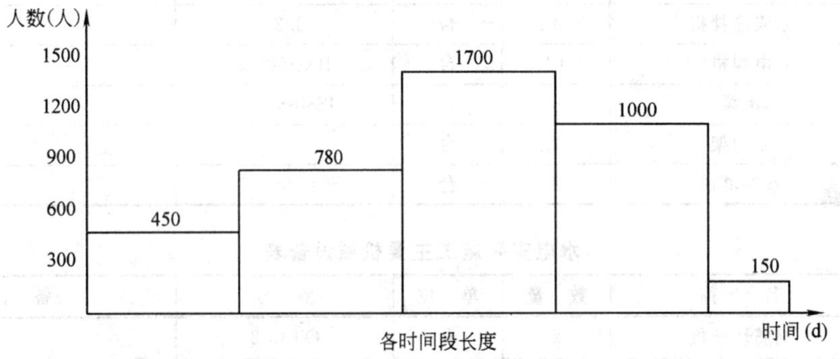

图 3-1　劳动力动态管理示意图

分承包进出场计划　　表 3-2

序 号	分承包项目	进场时间	材料进场时间	退场时间
1	地下室底板防水卷材施工	2004.2.15	2004.2.20	2004.3.31
2	外墙防水施工	2004.2.15	2004.2.20	2004.6.8
3	商品混凝土	2004.3.15	按混凝土浇筑申请令要求时间进场	
4	电梯安装	2004.6		
5	弱电安装	2004.7		
6	消防弱电安装	2004.6		
7	变配电安装	2004.8		
8	市政外线安装	2005.2		
9	中水设备安装	2004.8		

3.4.2 机械设备需用量计划

（1）主要施工机械设备需用量计划（表 3-3）

（2）水电安装施工主要机械设备计划（表 3-4）

主要施工机械设备计划 表 3-3

序 号	材料名称	数 量	单 位	规格型号	备 注
1	塔吊	2	台	C7030、C6020	各一台
2	轮胎吊	1	台	16t	
3	混凝土固定输送泵	3	台	BSA2100	备用一台
4	钢筋切断机	2	台	GT5Y-32	
5	钢筋成型机	3	台	GJ7-60	
6	插入式振动器	20	台	HZ-50	
7	插入式振动器	10	台	HZ6X-30	
8	平板振动器	10	台	HZ2-10	
9	木工电锯	4	台	MJ106	
10	木工电刨	4	台	MIB2-80/1	
11	蛙式打夯机	10	台	HW-60	
12	各种手持电动工具	80	套		
13	钢筋直螺纹机	6	套		
14	砂浆搅拌机	4	台	0.25	
15	电焊机	12	台	BX_3-500-2	
16	水泵	6	台	IS80-65/60	
17	龙门架	2	台		
18	室外电梯	2	台	SCD200/200	

水电安装施工主要机械设备表 表 3-4

序 号	名 称	数 量	单 位	型 号	备 注
1	钢筋切断机	2	台	GT40-2	
2	电动弯管机	6	台	PWQ7-108	
3	剪板机	2	台	QII-8X2000	
4	切割机	2	台	QJ40-2	
5	电动套丝机	15	台	ZJ4-D5	
6	直流电焊机	2	台	ZX7-160	
7	交流电焊机	15	台	BX3-500-1	
8	点焊机	3	台	PN1-75	
9	电动卷扬机	2	台	TTM-5	
10	手电钻	15	把	J_1ZC-10	
11	角向磨光机	3	台	SIMJ-125	
12	电锤	30	把	TE-15	
13	台钻	10	台	ϕ16	
14	咬口机	4	套	YZL-16	
15	空调试仪表	1	套		
16	万用表	4	个		
17	绝缘摇表	4	个		
18	接地摇表	2	个		
19	电动打压泵	4	台	扬程 3MPa	

施工器具配置表 表 3-5

仪器名称	数量	规格型号	用途	备注
J_2 经纬仪	1台	THEO 010B	投测轴线	有合格证
DS_3 水准仪	1台	DZS3-1	传递高程	有合格证
激光垂准仪	1台	DZJ3	竖向传递轴线	有合格证
钢尺	1卷	50m	轴线量测	有合格证
全站仪	1台	GTS-711S	投测定位点	有合格证
便携式电子测温仪	2台		测量混凝土温度	有合格证
氧气、乙炔表	8套			有合格证
无线对讲机	4对		上下联络	

3.4.3 主要周转材料用量计划

根据本工程施工流水段划分、施工进度计划和采用的模板体系（详见模板工程），现场主要周转材料需用量见表 3-6、表 3-7 所列。

主要模板需用量计划 表 3-6

序号	部位	模板体系	配置数	需用量(m^2)
1	墙体模板	86 系列钢模板	1层	5200
2	梁板模板	12mm 厚竹夹板	3层	12000
3	框架柱模板	18mm 厚木夹板	3层	1800

其他周转材料需用量计划 表 3-7

序号	材料名称	单位	数量	备注
1	ϕ48×3.5 钢管	t	500	外架等
2	碗扣钢管支撑	t	600	
3	扣件	个	119000	
4	100mm×100(50)mm 木方	m^3	650	
5	木脚手板	块	1200	

4 施工总平面布置

4.1 现场出入口及围墙

(1) 现场出入口

现场的主出入口设在东南角 1 号大门、北侧（靠近丰盛医院处）2 号大门，宽度 6m，作为车辆进出的主要通道，1 号大门、2 号大门处设置洗车池；西北角设置 3 号大门，宽度 2m，作为施工人员出入的通道。

(2) 现场围墙

根据建设单位提供的工程红线桩、工程的角点坐标桩和给定的用地范围边线，结合现场实际情况，本着经济实用原则，整个场地设置压型钢板单元块进行围挡封闭，东侧局部采用砖筑围墙，围墙范围详见各阶段平面布置图。

4.2 现场道路及排水

本工程地下施工阶段东侧场地狭窄，基础施工阶段现场无法设置循环道路。施工期间，为保证现场人员及车辆通行，沿拟建筑物周边进行场地硬化。根据场地现状，南、北侧部分场地采用 200mm 厚 C15 混凝土硬化，西侧待拆迁户移走场地平整采用 200mm 厚 C15 混凝土硬化，其余场地铺 500mm×500mm 方砖。场地硬化范围及尺寸见基础施工阶段现场平面布置图。

4.3 现场机械、设备的布置

（1）垂直运输

本工程使用一台 C7030 塔吊（R=70m），安装于基坑内（中心距Ⓒ轴 1550mm，距⑨轴 4500mm），另一台 C6020 塔吊（R=60m）安装在北侧基坑外（中心距Ⓠ轴 7150mm，距⑧轴 7650mm）。塔吊在基础底板施工前安装，以保证地下结构施工使用。因施工高度达 43m，基坑内塔吊中间需附壁一次；C6020 塔吊自由高度可达 52m，故可不附壁；主体结构封顶（包括屋顶钢结构安装完毕）以后拆除塔吊。结构施工期间主要解决钢筋、模板、钢管等材料和部分混凝土的垂直运输。

装修施工阶段两台塔吊均拆除，在 A、B 座各设一部龙门架，C、D 座各安设一部室外电梯，以满足施工时的垂直运输需要。

（2）其他机械设备

本工程全部采用商品混凝土，现场考虑混凝土浇筑时泵车的停放位置。根据流水段划分及混凝土浇筑顺序的需要，现场共设 3 台地泵（其中一台备用）。主要施工机械设备计划见表 3-3 和表 3-4。

4.4 现场材料加工、堆放场地

（1）本工程钢筋加工在 F6 地块设置一小型钢筋加工场，形状简单的钢筋及剥肋滚轧直螺纹套丝在此加工场内加工，其他形状复杂如箍筋等及其他预制构件在我公司钢筋加工厂内加工，根据进度计划及时运至施工现场。

（2）钢筋、模板、砂、石、设备安装用管材等露天堆放，水泥、设备及设备安装用小型配件、电焊条等入库存放。

（3）利用现场南北侧空地做模板堆场。因本工程地下结构单层面积约 12500m^2，模板需用量很大，为此要尽量减少在现场内的堆放面积及停放时间，根据工程需要，有计划、有组织的安排进场，尽量直接运至施工作业面。

（4）其他周转材料（包括脚手架、设备安装材料），利用场地南、北侧部分空地堆放。

（5）86 系列大钢模板分别堆放在建筑物的东北角和西南角。

4.5 现场办公区及生活区

由于场地狭小，因此，考虑本工程临建在场内及场外各设置一部分，场内临建设置主要包括作业队伍现场用房。

5 主要分部（分项）工程施工方法

5.1 结构工程

5.1.1 钢筋工程

本工程地下结构钢筋量初步估算约 4600t。所使用的钢筋包括 HPB235、HRB335、HRB400，直径包括 ϕ8、ϕ10、⌀12～⌀32mm 不等。结构施工的质量目标确保北京市“结构长城杯”，因此，施工过程中强调过程控制，对钢筋分项施工的全过程进行全面检查，检查的重点在于：进场检验、钢筋加工、钢筋绑扎、锚固、接头、抗震规定、钢筋到位、保护层、审图把关等方面。

本工程设计图纸要求为：凡钢筋直径大于等于 22mm 基础底板、梁中水平主筋采用剥肋滚轧直螺纹接头，局部采用正反丝接头；柱、剪力墙中竖向主筋采用剥肋滚轧直螺纹连接，其余接头采用搭接（具体情况根据图纸会审情况确定）。

5.1.2 模板工程

为保证结构达到清水混凝土效果质量要求，首先要做到清水模板，模板工程是控制混凝土外观质量的关键因素。鉴于此，本工程所有墙体模板，均采用 86 系列钢模板，阴阳角采用定型钢制角模，异形角部位采用钢木结合设计；框架柱采用 18mm 厚木夹板加木肋作模板，利用槽钢柱箍控制柱子截面尺寸，既能保证工程质量，又便于拆装，还可以采用人工安装，降低塔吊利用率；梁板模板采用 12mm 厚竹夹板加木肋现场制作；顶板模板采用 12mm 厚竹夹板，主次龙骨分别采用 100mm×100mm、50mm×100mm 木方，利用早拆支撑体系，以达到提高模板的利用率、减少模板投入、降低工程成本的目的。

模板工程施工对特殊部位（包括地下外墙附壁柱、地下外墙单侧支模施工、梁柱及主次梁结点）模板的设计、制作和安装质量等进行严格控制。主要结构部分的模板方案如下：

（1）本工程基础形式为筏形基础，护坡桩距结构外皮仅预留 300mm，因此，基础底板外模及地下三层、地下二层外墙外侧模板采用 240mm 厚砖胎模，其余地下一层外墙、地下室内墙、地上所有混凝土墙体等均采用 86 系列钢模板（电梯井筒壁采用 86 系列平模拼装），利用塔吊吊运安装。地下室部分单面支模的墙体须在基础底板混凝土内预留直径不小于 25mm 的地锚筋，预留三排下端埋入底板内 200mm，露出板面 200mm。第一排距墙体 3000mm，第二、三排排距 2000mm，纵向间距 3000mm。

（2）框架柱基本为方柱，主要截面尺寸为 1000mm×1000mm、900mm×900mm 以及 750mm×750mm 等，柱网尺寸为 9m×9m。方柱模板均考虑采用 18mm 厚木夹板、50mm×100mm 木肋，柱箍采用[16a 槽钢、M20 对拉螺栓紧固，槽钢柱箍采用可调结构，在加工厂加工制作，现场拼装，柱周围在底板混凝土内预埋地锚筋，地锚筋直径不小于 25mm。

（3）地下框架梁基本为主次梁结构，截面尺寸较多，梁断面为 600mm×600mm～600mm×1950mm，主次梁及楼顶板模板均采用 12mm 厚竹夹板加木肋，支撑体系碗扣式多功能早拆体系，以加快施工进度，降低劳动强度，提高模板周转率。

（4）本工程采用井字梁楼板体系，梁柱节点模板、主次梁交接处模板设计及安装质量，是框架结构梁柱节点施工质量的直接表现。本工程采用 18mm 木夹板配制成工具式标准模块，柱头部位单独加工制作，柱头模板与标准模板采用螺栓连接，以确保接头处混凝土质量。

(5) 基础底板后浇带部位模板采用密目双层钢丝网片，用Φ16 钢筋与基础底板钢筋焊接固定，顶板、梁后浇带双层钢丝网，利用钢筋控制。

(6) 墙体上预留洞口采用钢框和木夹板制作成定型洞口模板。

(7) 楼梯模板采用竹夹板加木肋。为保证装修后上下楼梯踏步线条对齐美观，结构施工时楼梯踏步立面起步处、相邻两跑楼梯段立面要退缩 30mm，以便装修时梯段的终点与上梯段起点在一条线上。

5.1.3　混凝土工程

本工程全部使用商品混凝土，施工流水段划分为两段。基础底板混凝土量比较大，对此项施工工艺及技术要求编制专项方案。

商品混凝土由混凝土搅拌站集中供应，选择供应厂家时须确定两家，其中一家作为备用，以确保混凝土连续施工。商品混凝土的管理必须按北京市及我公司关于商品混凝土的管理规定执行。

现场设置混凝土地泵两台，地泵布置尽可能接近浇筑工作面的地点，控制弯管接头数量，减少泵送阻力。

(1) 混凝土基本要求

1) 泵送混凝土坍落度一般为 16～18cm，商品混凝土的管理必须按北京市及公司关于商品混凝土的管理规定执行。

2) 地下室混凝土的含碱量不得超过 5kg/m^3，又因采用泵送混凝土，其配合比设计时，要提高混凝土的可泵性。

3) 地下室结构混凝土预防碱集料反应的技术措施：

① 本工程地下结构所用水泥、砂石、掺合料等材料，必须具有市技术监督局核定的法定检测单位出具的《碱含量和集料活性检测报告》，无检测报告的材料搅拌混凝土禁止使用；

② 混凝土试配时首先考虑使用 B 种低碱活性集料以及优选低碱水泥（碱含量为 0.6%以下）、掺加矿粉掺合料及低碱、无碱外加剂。碱活性集料按砂浆棒长度膨胀法试验，根据测得的膨胀量大小划分 A、B、C、D 类——B 种低碱活性膨胀量大于 0.02%，小于或等于 0.06%，其配制的混凝土含碱量不超过 5kg/m^3；

③ 在工程验收时，将设计、施工、材料、监理各单位所签定的技术责任合同、预防混凝土碱集料反应的技术措施、混凝土所用各项材料的检测报告和混凝土配合比、混凝土强度试验报告及混凝土碱含量评估等一并作为验收工程时的必备档案，检查无误签字留存。

4) 氯化物含量控制

钢筋混凝土结构中，当使用含氯化物的外加剂时，混凝土中氯化物的总含量应符合现行国家标准《混凝土质量控制标准》GBJ 164 的规定。室内正常环境下，氯化物含量不得超过水泥重量的 1%；地下室氯化物含量不得超过水泥重量的 0.3%。钢筋混凝土结构中，严禁使用含氯化物的水泥。

(2) 施工缝设计与处理

1）施工缝留置

① 底板后浇带部位采用木模拼制。

② 地下室外墙与底板交接处不设水平施工缝，地下三层外墙水平施工缝留设位置距底板顶面 500mm，施工缝处除加设 3mm×300mm 钢板止水带外，在止水带外侧另加一条通长膨胀止水条，以确保施工缝处不出现渗漏；内墙水平施工缝设置在底板表面处。墙体竖向施工缝原则上应随“后浇带”设置，如因施工需要另设置施工缝时，则采用中间加止水钢板，外侧加设膨胀止水条的方式进行处理。浇筑混凝土时要仔细振捣密实，隐蔽钢筋验收时应作为检查重点。外墙后浇带（施工缝）两侧采用两片梳子板拼接后（其厚度比墙体厚度小 2mm），用海绵条堵塞严密。

③ 框架梁、顶板施工缝设置在相应跨度中间 1/3 处，施工缝的表面应与梁轴线或板面垂直，不得留斜槎。板施工缝处采用梳子板支模，梁的施工缝采用双层钢丝网（一层孔径 10mm，另一层孔径 3mm），并用钢筋封挡牢固。

④ 楼梯施工缝留置在梯段长度的 1/3 处，在相交处梯段范围的楼梯梁和 1/3 休息平台混凝土亦预留，与上层楼梯混凝土一起浇筑。

⑤ 墙柱顶施工缝处浮浆和缺少粗骨料混凝土应进行人工清理，剔凿平整。

2）混凝土接槎

混凝土接槎前必须先将表面凿毛，直至凿出石子为止，清除松散混凝土，用清水将接槎部位冲洗干净，并在混凝土浇筑前先浇筑 50mm 厚同强度等级水泥砂浆，以使新老混凝土结合紧密。后浇带处混凝土强度等级要提高一级（有抗渗要求的，抗渗等级为 P10）。

5.1.4 *砌筑工程*

(1) 概述

本工程为框架-剪力墙结构，内墙除钢筋混凝土墙体外，主要包括非承重隔墙；外墙除玻璃幕墙外为砌筑墙体。本工程砌筑墙体采用陶粒砌块，厚度包括 150mm、200mm、250mm 三种。

(2) 墙体砌筑

1）施工工艺流程（图 5-1）

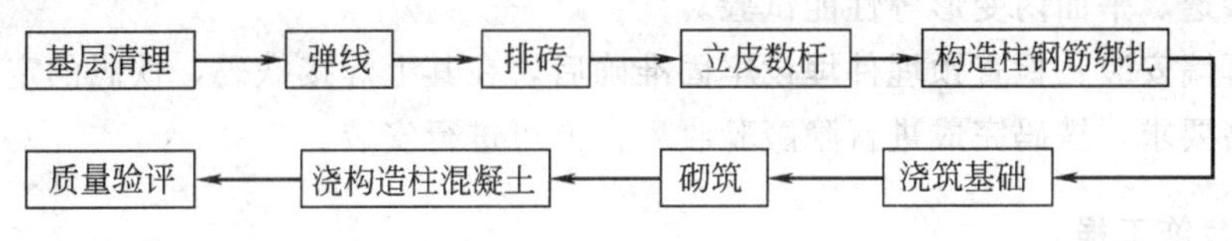

图 5-1 墙体砌筑施工工艺流程图

2）操作要点

① 砌筑前，应提前 2d 以上适当浇水湿润砌块，砌块表面有浮水时，不得进行砌筑；同时，将楼面清扫干净，弹线验线，墙体位置、宽度、门窗洞口位置必须符合图纸要求。弹线时，在楼板、框架柱及梁底或板底弹出闭合墙边线，按线砌筑，严防墙体“里进外出”。

② 拌制砂浆时，严格按照试验室提供配合比进行计量，投料顺序为砂子、水泥、石灰、水，搅拌时间不少于 90s。砂浆随拌随用，常温下砂浆应在 3h 内使用完毕，气温超

过 30°时要在 2h 内用完，砌筑砂浆要按规定制作试块。

③ 砌筑前，先在楼地面上的隔墙位置处，浇出 C20 素混凝土基础带，高 200mm，待基础达到一定强度后在其上砌筑砌块，砌至板或梁底时留 100～200mm 用烧结砖斜砌挤紧沉实。应注意每天砌筑高度不得超过 1.8m。

④ 砌筑时，必须遵守反砌原则，使砌块底面向上砌筑。上下皮应对孔错缝搭砌，竖向灰缝相互错开 1/2 砌块长，并不应小于 120mm；如不能保证时，在水平灰缝中设置 2 根 ϕ6 的拉结钢筋。

⑤ 墙体砌筑灰缝应横平竖直，砂浆饱满，水平缝砂浆饱满度不低于 90%，竖向缝不低于 80%，并在砂浆终凝前后将灰缝刮平。灰缝宽度控制在 8～12mm。

⑥ 施工时严格按照要求位置设置构造柱、圈梁、过梁和现浇混凝土带，并与其他专业密切配合，各种施工洞及预埋件事先设置，避免剔凿，影响墙体质量。

⑦ 拉通线砌筑时，随砌、随吊、随靠，保证墙体垂直度、平整度达到要求，不允许砸砖修墙。

⑧ 所有留洞待管道安装完毕，周边必须封堵严密，所有通风竖井、管道井要求边砌边抹灰，保证内壁光滑平整，气密性良好。但应注意先安装管道设备，后砌筑管井。

5.2　幕墙工程

本工程的外装修，以全玻璃幕墙及玻璃铝板幕墙为主。全玻璃幕墙的安装，与传统的安装方法一样，即在现场先安装纵横龙骨，再嵌装玻璃。其立面风格造型、幕墙标准单元件尺寸及安装方案待厂家二次设计，并报经设计部门审核认可，具体要求如下：

(1) 幕墙材料：依据设计使用的主要材料有铝型材、铝板、中空玻璃、结构胶及密封胶，所有材料均须选样经设计部门业主认可，并经相融试验满足要求方能使用。

(2) 幕墙结构：结构施工时需依据厂家提供的埋件图准确埋设埋件，埋件、铁码等连接件的大小以及所有连接部位均需进行严格的设计计算。

(3) 幕墙制作：幕墙工序、配备机具及排列生产过程中均应建立完善的检验制度和档案资料，并在正式制作前，以实际样本和模拟状况对幕墙系统进行性能测试，包括空气渗透、雨水渗透、平面内变形等性能试验。

(4) 幕墙安装：检查预埋件埋设牢固准确后，在其上焊接铁码，铁码的定位及焊接质量必须严格要求，铁码完成进行隐蔽验收后，方可进行安装。

5.3　装饰工程

装修施工总原则：先外后内，先上后下，互创条件，室内外交叉，合理安排，统一协调，交叉配合，有效衔接。结构施工分阶段验收，粗装修提前插入，精装、安装施工及时跟进。

装修开始之前，重点做好准备工作，包括装修队伍的选定、装修材料厂家的考察选定、各分部分项装修作法的明确、计算装修材料的使用量等。每一分项装修开始之前，装修材料由厂家送样，经过监理、业主确定。

本工程装修阶段，装修施工与水电安装互相交叉，必须互相协调，避免下道工序施工时，将上道工序已施工的成品破坏或污染，并且每个分项工程施工前，各专业必须进行成品保护交底。每一层从设备、机房开始，然后安排办公室、管理用房、卫生间，最后安排走道、前室和楼梯间装修。装饰施工时，本着“方案领先、样板引路”的原则，每个分项大面积施工前均先作样板，经业主、监理及设计认可后，施工方可全面展开。

本工程外墙主要采用玻璃幕墙、花岗石石材墙面及部分金属框架遮阳体系等。楼面装饰主要有耐磨混凝土防水地面、环氧地面漆地面、混凝土地面、地砖楼面、架空地板、强化复合木地板楼面、水泥楼地面、抗静电活动楼面、花岗石楼面、双层软木地板楼面、防滑地砖楼面、橡胶弹性地板砖楼面等；墙面装饰主要有水泥砂浆墙面、矿棉吸声板墙面、乳胶漆墙面、釉面砖墙面、贴壁纸墙面、花岗石墙面等；顶棚装饰主要有刮腻子喷涂顶棚、纸面石膏板吊顶、涂料顶棚、铝合金条板吊顶、矿棉吸声板吊顶、乳胶漆顶棚、铝合金方板吊顶等；门窗主要为防火卷帘门、铝合金门窗、铝合金百叶窗、防火门、装饰木门、无框玻璃门等；部分房间作法业主拟定二次装修。

5.4 设备安装工程

5.4.1 给排水工程

(1) 管材

室内生活给水管、热水管 *DN* 小于 100mm 采用铜管，焊接；*DN* 大于等于 100mm 采用纳米抗菌不锈钢复合管，法兰连接。室内污废水管及通气管采用柔性离心排水铸铁管，平口对接，橡胶圈密封不锈钢卡箍卡紧。自动喷水灭火管道采用热镀锌钢管或镀锌无缝钢管，*DN* 小于等于 70mm 者丝接，*DN* 大于等于 80mm 者沟槽连接；机房内管道及与阀门等相连的管段采用法兰连接，喷头与管道采用锥形管螺纹连接。消火栓管道采用热镀锌钢管，连接做法同喷淋管道。空调冷凝水管、冷却塔补水管采用热镀锌钢管，连接做法同喷淋管道。压力污、废水管道采用热镀锌钢管，连接做法同喷淋管道。

(2) 流程

预制──→干、立管安装──→闭水试压──→支管、卫生洁具安装──→连接卫生洁具与支管──→通水、油漆。

(3) 选材、抽检

材料进场后首先应检查其有无出厂合格证，再检查其材质。管壁应薄厚均匀，内外光滑整洁，不得有砂眼、裂纹、疙瘩，管件无偏扣、乱扣、丝扣不全等现象。材料不合格者不得使用。

(4) 预制加工

1) 采用丝扣连接，包括断管、套丝、配装管件、管段调直。螺纹连接时，应在管端螺纹外面敷上填料（麻丝或生料带），用手拧入 2～3 扣，再用管子钳一次装紧，不得倒回，装紧后应留有 2～3 扣尾丝，丝扣连接后将麻丝、生料带等杂物清理干净后，露丝部分刷 2 道防锈漆。

2) 采用焊接，*DN*40 以下或薄壁钢管可用气焊，*DN*50 以上用电弧焊。

(5) 给排水管道安装

给排水管道安装包括引入管、排出管安装、给排水干管安装、给排水立管安装等。

(6) 特殊材料施工方法及施工要点

1) 铜管施工方法及施工要点：铜管可采用专用接头或焊接。当管径小于 22mm 时宜采用承插或套管焊接，承口应迎介质流向安装；当管径大于或等于 22mm 时，宜采用对口焊接。

2）铸铁管施工方法及施工要点：本工程污废水管采用柔性离心排水铸铁管，平口对接，不锈钢卡箍连接。

3）铸铁管施工应遵守的规定：排水铸铁管在安装前，应逐根进行 0.1MPa 强度试验，合格后再进行安装；排水铸铁管的支吊架安装、检查口留设、立管垂直度、承插口安装，必须符合设计要求和施工规范规定。

4）污废水支管施工方法及其要点：不锈钢卡箍连接的排水铸铁管是由无承口铸铁管、管道配件、不锈钢卡箍及橡胶密封圈等四大部分组成。

5）不锈钢卡箍连接：管材和管件在安装前应先清洗，管内不得有泥、砂、石及其他杂物。管材可采用砂轮切割机、锯等切割，切割口应清除毛刺，外圆略锉倒角。

6）卡箍接口安装

首先，将接口处的管外表面清理干净。将接口橡胶圈旋套在排水管端，使套环内侧面紧贴排水管端外侧面。再把未和铸铁管接触的半边接口橡胶圈翻转，把另一截排水管或配件沿接口橡胶圈内纹路对好，然后把翻转开的接口橡胶圈恢复原状，箍住这截铸铁管。把不锈钢卡箍套上。

最后，校准管道坡度、垂直度和位置，用支架初步固定管道，移动不锈钢卡箍套在橡胶圈外，拧紧卡箍上的固紧螺栓，接口完成；同时，必须将锁紧处的导片与螺纹片平行地紧缩在一起，以防连接处错位变形，随即将管道牢固固定在支架上。

(7) 水压试验与闭水试验

本工程试验用水采用临时供水，具体试验步骤如下：

1）水压试验：给水试压首先将入户阀门与各支管阀门关闭，形成闭路后用加压泵向系统供水，满水后加压至工作压力的 1.5 倍，10min 压降不应大于 0.02MPa，全面检查无泄漏为合格。

2）闭水试验：污废水、雨水、空调凝结水管做灌水试验。排水管满水 30min 后不渗不漏为合格。室内雨水管应做闭水试验，注水应满至最高上部雨水斗，30min 内不渗不漏为合格。有压排水管按排水泵扬程的 2 倍进行试压。所有水箱、贮水池做充水试验，水箱、池内充满水，24h 各处无渗漏和明显阴湿为合格。

3）将试验用水及时排至室外。

(8) 防腐、保温

明设镀锌钢管刷银粉 2 道，丝扣外露处刷防锈漆 2 道、银粉 2 道；埋设和暗设的镀锌钢管均涂刷沥青漆 2 道。离心浇铸排水铸铁管刷防锈漆 2 道，银粉 2 道。

地下车库给水管道采用电伴热保温。设在管井、管槽、吊顶内的给水管、排水管需做防结露保温，为 20mm 橡塑管壳。

5.4.2 采暖工程

(1) 采暖管道安装

1）采暖管道采用带阻氧保护层的 PB 管，热熔连接。干管安装应从进户或分支路点开始，管道安装前应先依据坡度和间距栽好卡架，再安装管道。

2）立管安装前，先吊线、剔眼、栽卡子，然后进行立管安装。立管变径采用同心大小头。干管于立管安装连接处，做乙字弯连接，以防伸缩变形，立管控制阀安装高度为

1.8m。每根立管最高处设自动跑风。

3）支管安装应在散热器安装完毕后进行。支管与暖气片连接采用乙字弯，支管同侧进出支管距墙面60mm，支管长大于1.5m时应设托架。支管坡度大于等于2%，散热器支管全长高差为10mm。

（2）散热器安装

1）地下设备房散热器采用SGGZ306型钢管柱型散热器，卫生间采用YA系列钢制柱型散热器，厨房、卧室、客厅采用3060钢制三柱散热器。在土建地面与墙体饰面、地面踢脚完成后，安装散热器。

2）窗下散热器装在中心线，散热器中心线与窗台中心线偏差不超过20mm。

（3）防腐、保温

保温材料为带铝箔玻璃棉管壳保温管。

（4）试压、冲洗

采暖管道试验压力为1.30MPa，1h内压降不大于0.05MPa，外观整洁且无渗漏为合格。施工中及时清理铁锈砂石，冲洗至水流清澈、无污浊为合格。

（5）通暖

通暖时，对每一个控制环路逐一通暖。上供下回系统通暖宜先从回水开始，供水阀门暂不打开，以便系统排气。排气完毕，打开供水阀门，供回水阀门的开启度应一致，发现滴漏及时处理，无法处理时，该系统哪根立管出问题，关闭上、下阀门，立即抢修，并将水集中排至有地漏的房间。

5.4.3 通风空调工程

（1）通风与空调风工艺流程

配合留洞⟶风管及部件的制作⟶风管及部件的安装⟶严密性试验⟶设备安装⟶保温⟶单机试运转。

1）配合留洞

首先核查空调专业留洞，核实洞尺寸。室外出入口进风管道安装时，要求密闭盘焊接严密，应在浇筑墙体时预埋，不得预留孔洞后安装。

2）风管及部件的制作

空调及通风系统的风管材质选用镀锌薄钢板，其法兰垫料采用8501型阻燃密封胶带，排风兼排烟系统的风管采用镀锌薄钢板及普通薄钢板，其法兰垫料采用3mm厚的石棉橡胶板。排烟系统的柔性短管采用耐火帆布内衬不锈钢丝网。

A. 金属风管制作

通风管道在施工现场集中预制加工，选用成套的轻巧的风管加工机具，组成移动式的通风管道生产线，适用于金属圆形风管和各种咬口形式的矩形风管。

按风管规格尺寸下料，下料时留出咬口量，各种风管展开下料工序如下：

a. 圆形风管的展开下料

圆形风管展开时根据图纸给定的直径D、管段长度L，按风管的圆周长πD及长L的尺寸作矩形。为了保证风管质量，对圆形风管过程的矩形的四个边严格角方。圆形风管矩形的边长为$\pi D\times L$，根据板厚留出咬口余量M和法兰翻边量10mm，圆形风管的展开图如图5-2所示。

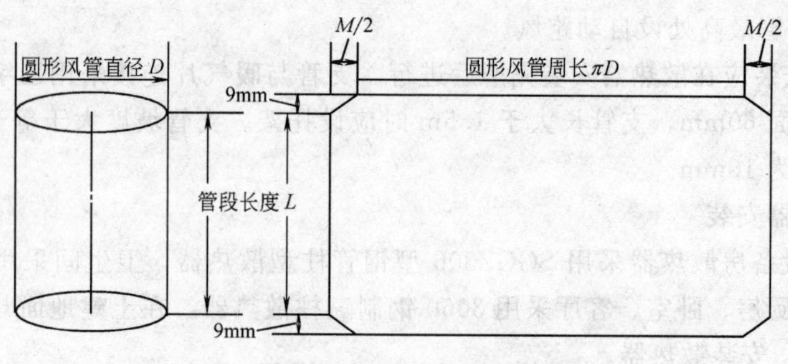

图 5-2 圆形风管展开图

b. 矩形风管的展开下料

矩形风管的展开方法与圆形风管相同，就是将圆周长改为矩形风管的四个边长之和，即 2×(A+B)，咬口留量根据咬口的形式而定。矩形风管展开后，为避免风管扭曲、翘角，对其四个边严格角方。钢板下料时必须角方、线平、等分准确；下料后、轧口前，必须用倒角机或剪刀进行倒角。

B. 金属薄板风管可采用咬口连接及焊接

a. 采用咬口连接的风管

板材的拼接和圆形风管的闭和咬口采用单咬口，矩形风管、弯管、三通管及四通管的四角采用联合角咬口（图 5-3），咬口缝应紧密，宽度均匀。

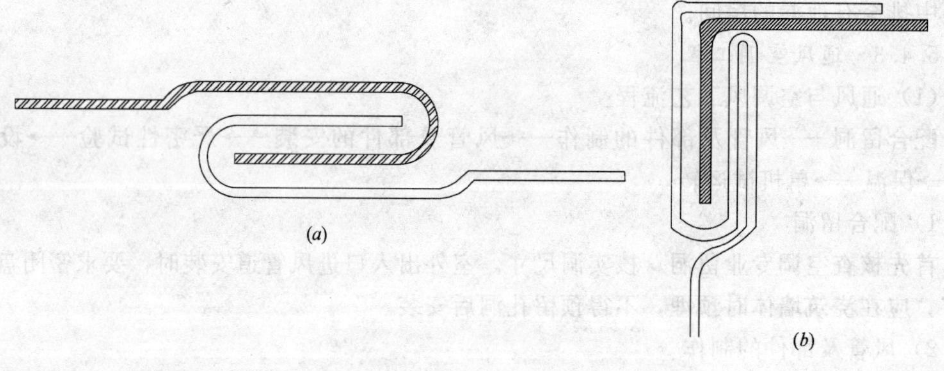

图 5-3 风管咬口形式

(a) 单咬口；(b) 联合角咬口

b. 采用焊接连接的风管

焊接时可采用气焊、电焊或接触焊，板材的拼接缝、圆形风管的闭合缝采用对接缝、搭接缝，矩形风管或配件的四角采用角缝、搭接边角接缝（图 5-4）。

焊接前，必须清除焊接端口处的污物、油迹、锈蚀，采用点焊（图 5-5）或焊缝时还须清除氧化物。对口应保持最小的间隙，手工点焊定位处的焊瘤应消除。

风管要求负偏差。风管和配件表面应平整，圆弧均匀，纵向接缝应错开。

C. 弯头制作

a. 矩形风管的弯管，一般应采用曲率半径为一个平面边长的内外同心弧形弯管。当采用其他形式的弯管时，如内弧形或内斜线矩形弯管（图 5-6）。当边长大于或等于 500mm 时，应设置导流叶片。

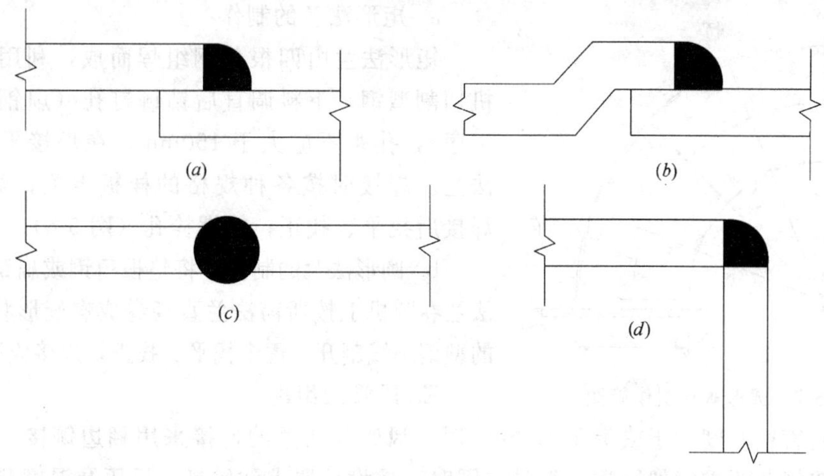

图 5-4 焊接风管焊缝形式

（a）圆形与矩形风管的纵缝；（b）圆形风管及部件的环缝；（c）焊接风管的对接焊缝；（d）矩形风管及配件直缝的焊缝

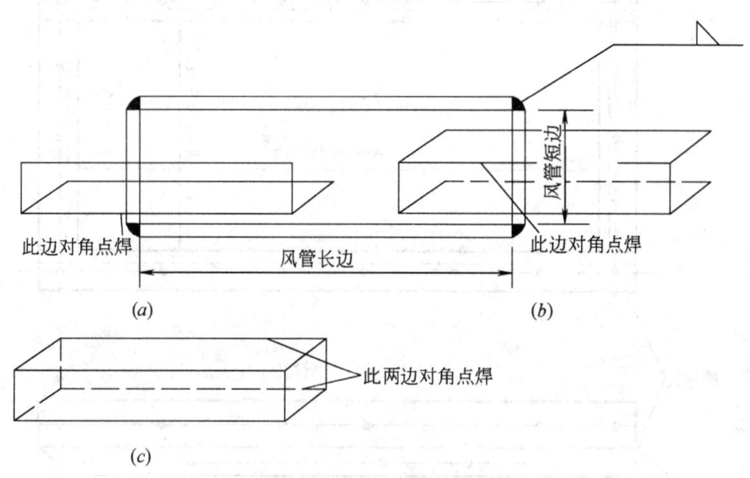

图 5-5 风管点焊成型示意图

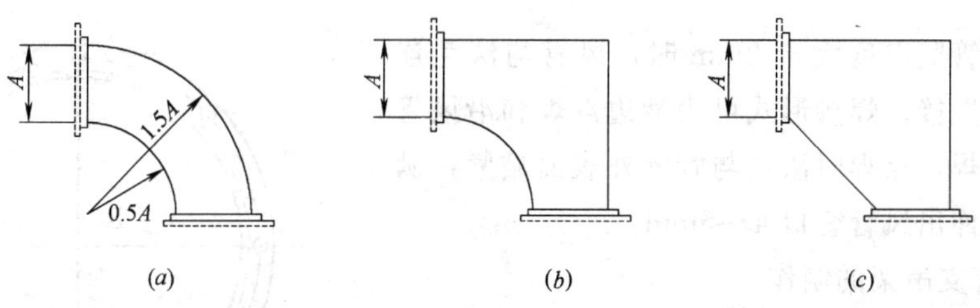

图 5-6 矩形弯管制作简图

（a）内外弧形矩形弯管；（b）内弧形矩形弯管；（c）内斜线矩形弯管

b. 圆形风管的弯管（图 5-7）

D. 法兰制作

注意法兰要求正偏差（法兰内径应比风管外径略大 2～3mm），首先制作各种规格的样板，然后按样板制作法兰。

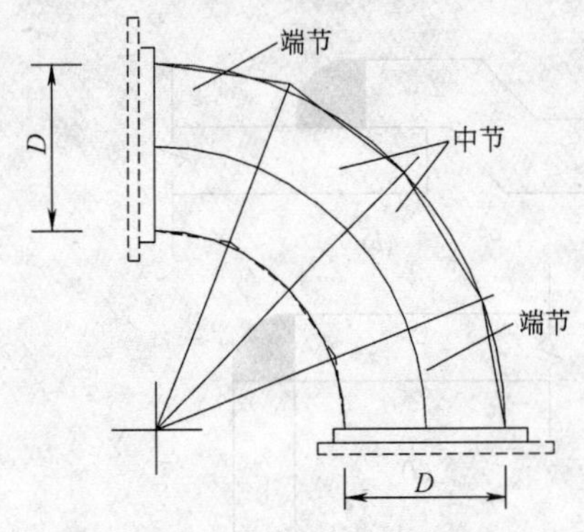

图 5-7 圆形弯管制作简图

a. 矩形法兰的制作

矩形法兰由四根角钢组焊而成，利用型钢切割机切割型钢；下料调直后钻铆钉孔（扁钢法兰无此工序），孔距不应大于 150mm，在焊接平台上焊接法兰。焊接时按各种规格的样板卡紧，焊接成型；焊接后找平、找正；钻螺栓孔（图 5-8）。

b. 圆形法兰的制作：将整根角钢或扁钢放在冷揋法兰卷圆机上按所需法兰直径卷成螺旋形状，将卷好的型钢画线割开，逐个找平、找正，焊接成型，钻孔。

E. 风管的组配

风管的管壁厚度小于或等于 1.2mm 时，风管与法兰的连接采用翻边铆接，将铆接法兰的风管按规范要求铆加固框、编号；同时，按设计要求钻风量、风压及温度测定孔，避免因安装后高空作业打孔，使风管变形不易修整。

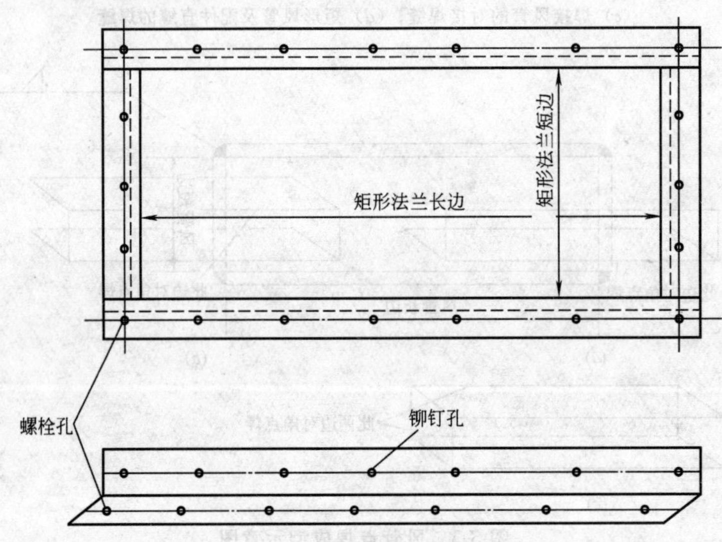

图 5-8 矩形法兰制作简图

风管的管壁厚度大于 2mm 时，风管与法兰连接采用焊接连接，焊接形式可为翻边点焊和沿风管管口周边满焊，点焊时法兰与管壁外表面贴紧，满焊时法兰应伸出风管管口 4～5mm。

F. 风管支吊架的制作

a. 吊架的制作：吊、托架分为吊杆、托架，吊杆为圆钢制，吊杆的一端套有 10cm 的丝，托架为型钢制；所用材料规格随风管尺寸、标高而改变，制好后刷油。

b. 支架的制作：支架由风管抱箍及拖架组成，抱箍由扁钢或圆钢制成，拖架由角钢或槽钢制成。

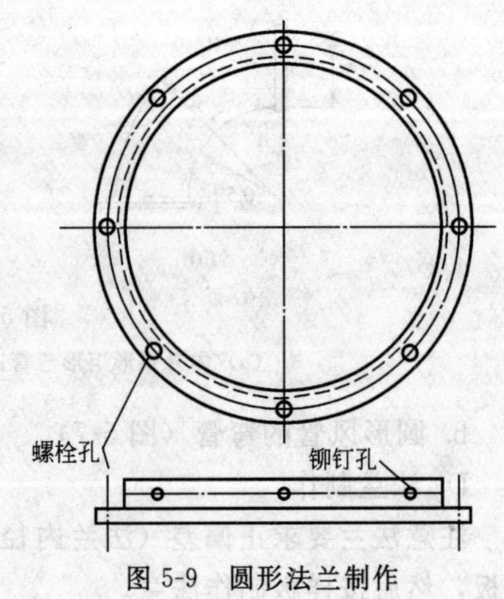

图 5-9 圆形法兰制作

3）风管及部件的安装

A. 安装步骤：选择平整的地面，组对直管段风管、拉线，确定吊架位置，固定膨胀螺栓如图 5-9 所示，起吊风管，安装拖架，紧固螺栓，安装部件，风管吊装高度留出保温层余量。

B. 通风部件安装包括风口的安装、风阀安装、柔性短管、测孔、检查门等。

4）风管的严密测试

风管安装完毕，且在风管保温前，首先进行风管的检漏。

5）通风管道保温

空调送、回风风管的保温材料采用铝箔离心玻璃棉，厚度 25mm，外缠玻璃丝布，吊顶内的排烟管道采用 30mm 厚的玻璃棉板保温，外缠玻璃丝布。

保温板敷设原则：纵、横向的接缝应错开；粘结材料均匀地涂在风管、部件、设备的外表面上（图 5-10、图 5-11）。

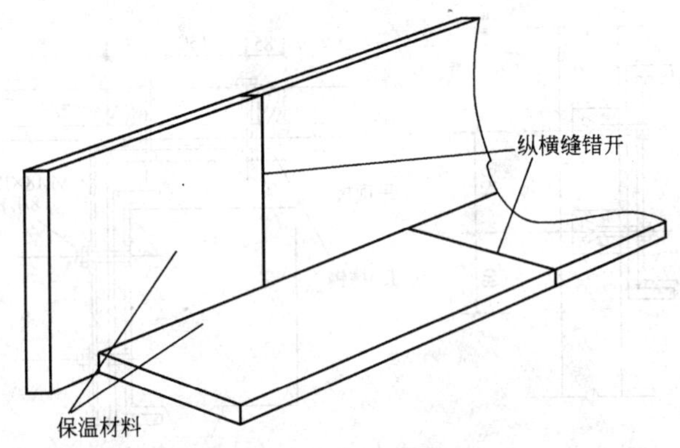

图 5-10　保温材料铺覆

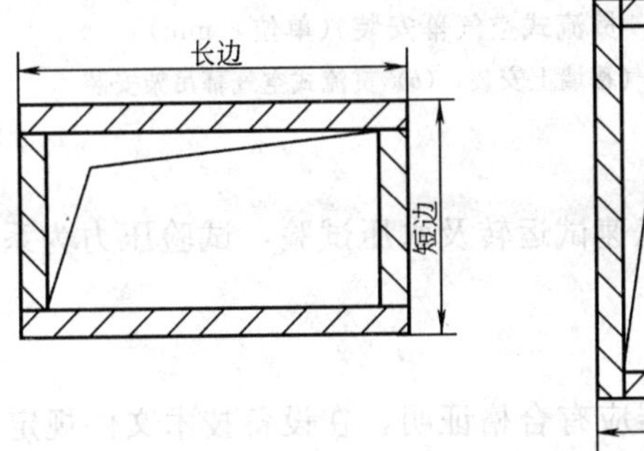

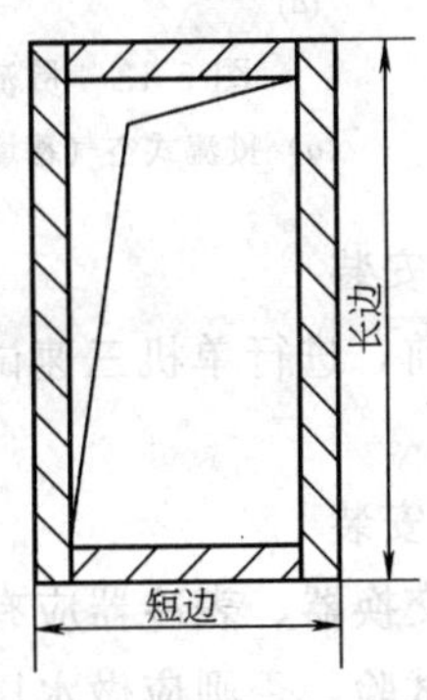

图 5-11　保温材料搭接

6）设备的安装

A. 风机的安装

安装风机前，检查风机叶轮是否平衡，可用手扒动叶轮，每次转动终止时，不停在原来的位置上即可。

风机接出管出口至弯管的距离应大于或等于风口出口长边尺寸 1.5～2.5 倍；如果受现场条件限制，在弯管内设导流叶片弥补（图 5-12）。

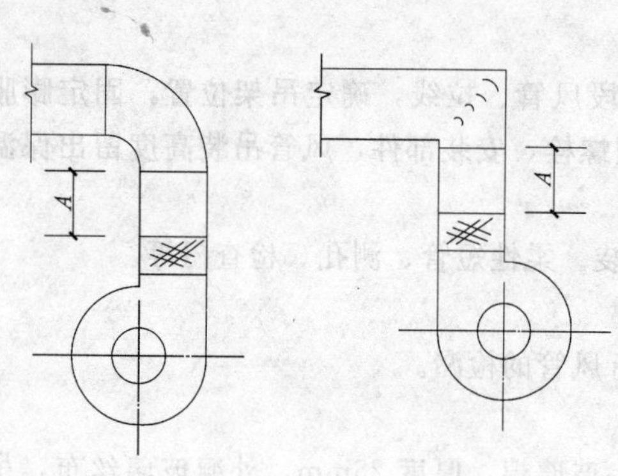

图 5-12　通风机出口接管

风机底座有直接安装在基础上，和安装在减振装置上两种，安装在基础上的风机，将通风机用斜垫铁找平，最后用碎石混凝土灌浆；安装在减振器上的风机，垫平减振器，使各减振器受力均匀，用垫木支撑风机，撤下减振器，待竣工使用时在将减振器换上。

B. 空气幕安装

热媒为热水或蒸汽的风幕，安装前作水压试验，试验压力为系统最高工作压力的 1.5 倍，同时不小于 0.4MPa，无渗漏者合格。

空气幕一般位于入口或出口位置，成排安装。安装前要吊线，设置固定点，挂机，固定（图 5-13）。

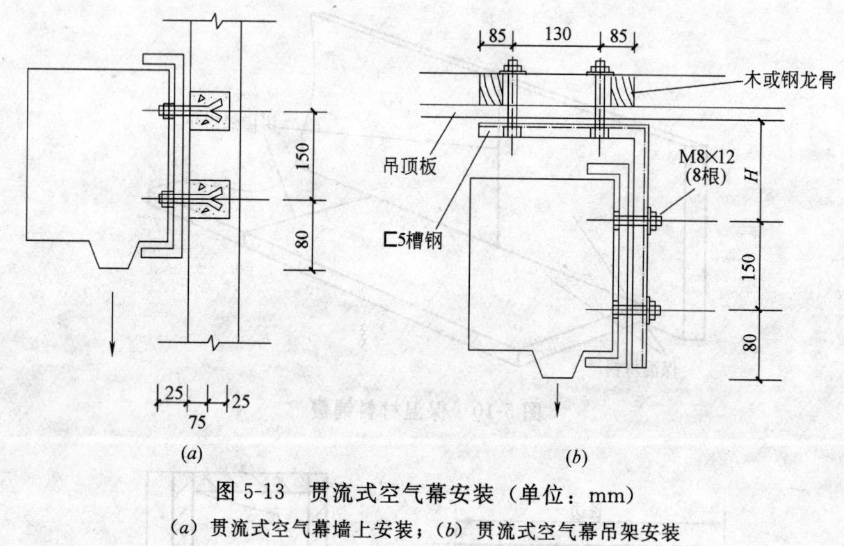

图 5-13　贯流式空气幕安装（单位：mm）

(*a*) 贯流式空气幕墙上安装；(*b*) 贯流式空气幕吊架安装

C. 风机盘管的安装

风机盘管安装前，进行单机三速试运转及水压试验，试验压力为系统工作压力的 1.5 倍，不漏者为合格。

D. 空调机组的安装

空调机组的热交换器、表冷器应有合格证明，在设备技术文件规定的期限内外表无损伤，可以不做水压试验，否则应做水压试验。

E. 消声器安装

消声器进场必须有出厂合格证及厂家生产资质，运输、存放过程中不得损坏及受潮，安装方向正确，单独设置支吊架，连接消声器的进出端平滑。

7）单机试运转

系统安装完毕后，对各系统做外观检查，进行单机试运转。

安装风机前，检查风机叶轮是否平衡，可用手扒动叶轮，如果每次转动终止时，不停在原来的位置上即可。

启动、运转风机：风机经试运转检查一切正常，再进行连续运转，运转持续时间不少于2h。

（2）空调水系统安装

1）管道安装

A. 工程概况：空调水管道包括空调供回水系统和凝结水系统。冷冻水供回水管采用钢管或无缝钢管焊接，凝结水管使用热镀锌钢管丝接。

B. 主要施工程序

a. 管道安装总原则：先预制后安装，先干管后支管，先立管后水平管，先里后外，先系统试压后冲洗，最后进行防腐、保温及隐蔽验收。

b. 主要施工程序：施工准备⟶预留、预埋⟶材料的采购、检验及保管⟶管道预制⟶管道放线⟶支吊架制作、安装⟶管道及附件安装⟶管道试压、冲洗⟶管道防腐⟶管道保温及刷标识漆⟶系统调试。

c. 管道预制：为了提高施工效率，加快施工进度，保证施工质量，在熟悉图纸及现场的基础上，根据工程进度计划的要求组织安排，在预制场地集中进行预制。本工程可集中预制如下配管：

风机盘管的配管（设备数量多，管件和阀件丝扣连接口多）；

空调机和新风机的配管（设备数量多，管路相似）。

d. 预制程序如图5-14所示。

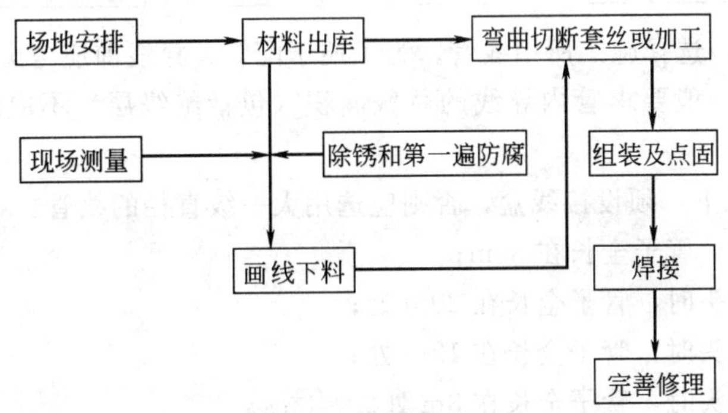

图5-14　空调供回水管道预制程序

C. 支架的安装

制作支、吊架时，采用砂轮切割机切割型钢，并用磨光机将切口打磨光滑；用台钻钻孔，不得使用氧乙炔焰吹割孔；摵制要圆滑均匀。各种支吊架要无毛刺、豁口、漏焊等缺陷，支架制作或安装后要及时刷漆防腐。

要根据管道支架位置充分考虑管线的坡度，空调供回水管道坡度为0.003，凝水干管坡度不小于0.005。在支架上固定管道，采用U形管卡。

D. 立管安装：自下而上逐层安装。水平管的安装：放线、定位核准，支架正确安装后，管子就要上架。上架前，进行调直，对用量大的干管进行集中热调，小口径的管子用手锤敲击冷调。

E. 管道防腐。可以在预制时进行第一遍防腐，涂刷底漆前，用电动钢丝刷清除表面的灰尘、污垢、锈斑、焊渣等杂物；涂刷油漆，厚度均匀，色泽一致，无流淌及污染现象。

5.4.4 电气工程

电气安装工艺流程如图 5-15 所示。

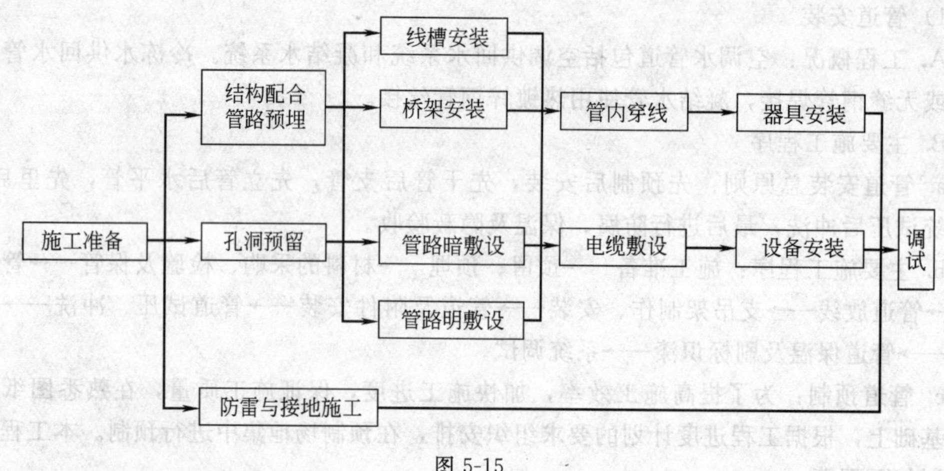

图 5-15

(1) 钢管敷设

1) 工艺流程

预制加工 → 测定盒箱位置 → 固定盒箱 → 管路连接 → 变形缝处理 → 跨接地线

根据设计要求，选择施工所用线管，为了便于配管，穿线前应考虑导线的截面、根数和管径是否合适，一般要求管内导线的总截面积（包括绝缘层）不应超过管内径截面积的 40%。

2) 在下列情况下，须设接线盒，否则应选用大一级直径的线管：

① 当无弯头时，管子全长在 30m；

② 当用一个弯头时，管子全长在 20m 处；

③ 当用两个弯头时，管子全长在 12m 处；

④ 当用三处弯头时，管子全长在 8m 处。

3) 垂直敷设的电线保护管遇下列情况之一时，应增设固定导线用的拉线盒：

① 管内导线截面为 $50mm^2$ 及以下，长度每超过 30m；

② 管内导线截面为 $29\sim95mm^2$，长度每超过 20m；

③ 管内导线截面为 $120\sim240mm^2$，长度每超过 18m。

4) 为了便于穿线，明配时管子的弯曲半径不应小于管子直径的 6 倍。管子的弯曲部位不应有皱扁和裂缝现象，扁曲程度不应大于管子外径的 0.1 倍。钢管煨弯可采用手动和液压顶管机进行。如果管径较大的，要采用热煨法。

5) 线管敷设按设计进行配管，一般从配电箱处开始配至设备，也可由设备处向配电箱处；钢管与配电箱本体、电器具箱盒均连接为一体。配电箱、盒进出线端成排线管的连接，必须按要求保证每根线管口的焊接长度。管进箱柜必须采用丝扣连接、锁母固定。钢管暗敷在钢筋混凝土结构中，严禁与钢筋、主筋焊接固定，可用钢丝将管子绑扎在结构钢筋上，将管子垫起，以防止保护层小于 15mm。需二次配管接盒的预埋管，预埋时用管箍封上。

6）消防箱暗装时，严禁将接线盒敷设在消防箱后侧面的墙上。暗管进暗装消火栓箱做法。配管时应将管路配在箱体左侧，在箱左侧 300--500mm 处做暗装接线盒，由暗装接线盒暗配水平管进箱。混凝土结构配合时可以预留管箍（封闭应严密），待稳装箱体时用丝扣短管引入箱内；箱内配线应用阻燃管或包塑金属软管。暗装于墙体各部位的箱盒须做好预留孔洞。

7）钢管的连接方法

管径在 20mm 以下的钢管连接时必须用管箍连接，管径在 25mm 以上的钢管连接时，

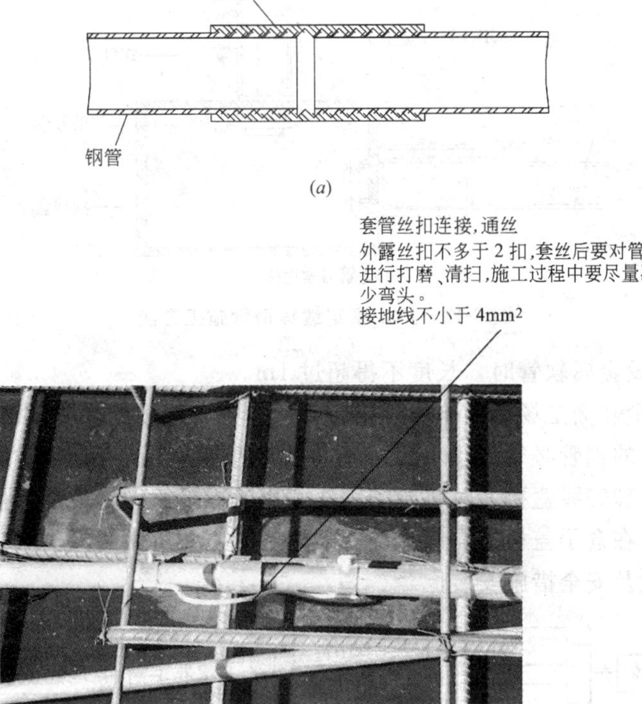

图 5-16 丝扣连接示意图

图 5-17 镀锌钢管管盒连接示意图

可采用管箍和套管连接。

① 本工程所有管材均为镀锌钢管。钢管的连接采用丝扣连接或采用紧定镀锌钢管专用的管件连接（图 5-16、图 5-17）。

② JDG 紧定镀锌钢管施工方法：管与管的连接采用紧定螺钉紧定，管与盒连接用爪形锁母紧锁：螺钉紧定连接和爪形锁母连接，无需再做跨接地线，即可保证良好的电气连接性（图 5-18）。

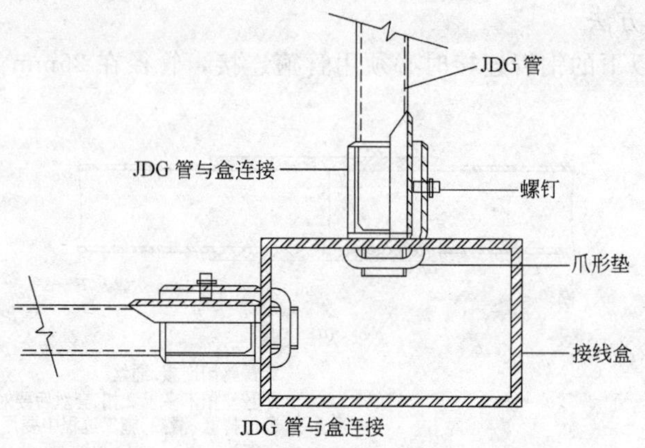

图 5-18　JDG 紧定镀锌钢管施工方法

8）吊顶内敷设金属软管时，长度不得超过 1m。

9）敷设于多尘和潮湿场所的电线管路、管口、管子连接处均应做密封处理。

10）穿越外墙的钢管必须焊止水片，埋入土层的钢管用沥青油做防腐处理。

11）拆模后清理完线盒要及时将盒子刷漆并用盖板封好做好成品保护。本工程面积较大；作业队较多，在盒子盖板上需用标签标上施工队伍和所做的人员名字。

（2）防雷接地及安全措施安装

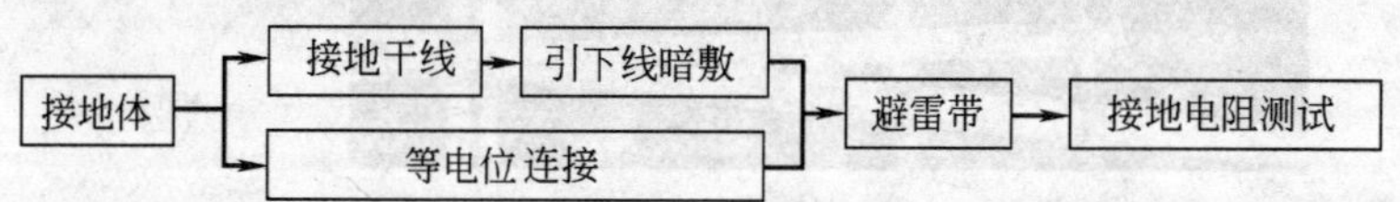

1）本工程设等电位连接系统。在变配电室适当柱子处预留 100mm×10mm 铜带作为主接地线，并设置总等电位连线端子板，主接地线应与柱内主钢筋可靠焊接，本工程的所有用电设备的金属外壳均应与专用接地线可靠连接。

2）在电话机房、消防控制室、弱电设备间及公寓卫生间内做局部等电位连接，总电位连接端子板及局部等电位连接端子板应将建筑物内保护干线、设备金属总管、建筑物金属构件等部位进行连接，总等电位连接线采用 BV-1×25SC25。总等电位连接均用各种型号的等电位卡子，绝不允许在金属管道上焊接。

3）本工程建筑群按第二类防雷建筑物设计，采用法拉第式防雷体系。接闪器采用环状避雷带（ϕ12 镀锌圆钢），并在屋面装设不大于 10m×10m 或 12m×8m 的网格防直击雷，屋顶上所有凸起的金属构筑物、屋顶风机或管道等，均应与避雷带可靠焊接。无金属外壳或保护网罩的设备置于避雷针或避雷网的保护之下。

4）为防侧击雷和构成等电位，建筑物每层楼板、墙、梁、柱内的水平或竖向钢筋，以及外墙上的所有金属构件均应连成一体，建筑物首层顶板及高度 30m 以上每 3 层楼板的外侧各敷一圈-40×4 的镀锌扁钢作为均压环，并与建筑物外侧柱内作为避雷引下线的钢筋相连，同时将建筑物内的各种竖向金属管道每 3 层与柱内或梁内钢筋连接一次。

5）本工程利用建筑物结构柱内主钢筋（直径大于等于 16mm）作为引下线，避雷带与主钢筋可靠焊接，引下线与基础底板钢筋焊接为一整体作为接地装置，并在地下层四周外墙适当位置引出镀锌扁钢-40×4 与护坡桩相连，室外接地凡焊接处均做防腐处理。

6）本工程强、弱电防雷接地系统统一设置采用共用接地极，故要求总接地电阻不大于 0.5Ω，当接地电阻达不到要求时，可补打人工接地极。

7）外墙引下线距地 0.5m 设测试卡子。

8）变配电室高低压开关柜进线处均设避雷器，接地保护线引至室内均压环，所涉及的金属构件也可靠接地。

9）所有埋地进户线入口处，将进户线缆的外金属护套以及进户的金属穿墙套管接地，接地线引至综合接地极。

10）城市有线电视光缆进户入口处，加装过电压保护器；同时，将电缆的外导电屏蔽层以及进户的金属穿墙套管接地，接地线引至综合接地极。

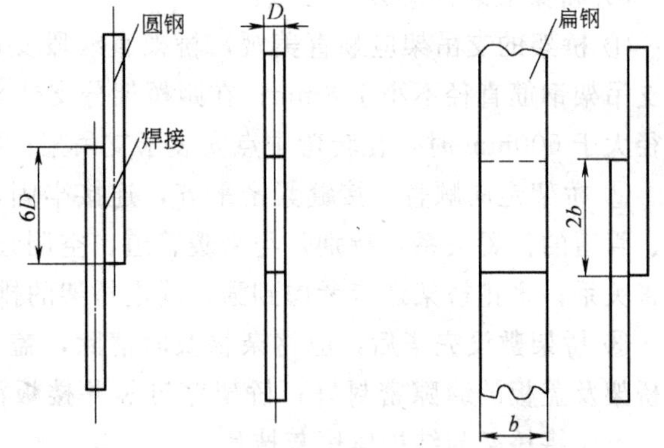

图 5-19　镀锌扁钢接地体连接示意图

11）模块局进线总配线架应加装安全保护器，防止过压过流信号侵入；同时，将电缆的外导电屏蔽层以及进户的金属穿墙套管接地，接地线引至综合接地极。

12）人工接地体

-40×4 镀锌扁钢的连接方法如图 5-19 所示。

13）本工程的用电设备外壳、配电箱、控制箱及插座箱的金属外壳、金属电缆桥架、电梯轨道、保护钢管必须与配电系统保护线（PE）连接。

（3）桥架、金属线槽安装（图5-20）

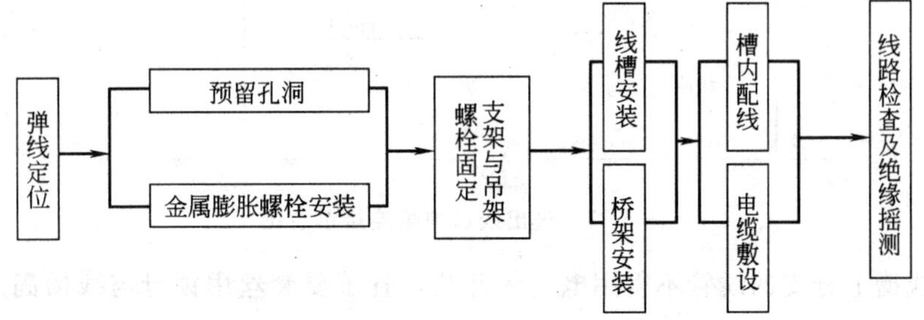

图 5-20　桥架、金属线槽安装示意图

1）桥架主要在地下室及各层竖井内安装，订货时必须配套订购调高片、连接片、调角片、隔板罩等。它们主要是用于变高连接，水平和垂直走向中的小角度转向等必须的附件。

2）本工程桥架和线槽为热镀锌线槽、桥架；桥架和线槽安装时不能直接焊在钢架上，必须加固定配件或螺钉固定，螺母应位于线槽、桥架的外侧。连接处弹垫、平垫要齐全，不用做跨接地线。

3）所有安装的线槽均须盖板齐全、牢固，线槽内敷设的导线应按四路绑扎成束并应适当固定，导线不得在线槽内接头，桥架内不应直接敷设导线。

4）直线段钢制电缆桥架长度超过 30m 设有伸缩节；电缆桥架跨越建筑物变形缝处设置补偿装置。

5）桥架、线槽主要安装在地下室和各种竖井内，安装时严禁用气焊切割。

6）桥架安装注意以下几点：

① 桥架的支吊架应顺直美观，桥架直线段支吊架间距为 1.5～3m，布置均匀；桥架的支吊架钢筋直径不小于 8mm；在距桥架分支处 500mm 内应均匀设置支吊架，桥架弯曲半径大于 600mm 时，在转弯中点安装了支吊架；桥架的支吊架与桥架固定牢固。

② 桥架走向顺直，接缝紧密平齐，连接牢固，终端有封堵；桥架安装应考虑到与风管、管道的位置关系，特别是与采暖管道、空调管道、介质为腐蚀性气体或液体的管道的位置关系；多排桥架还应考虑到强、弱电桥架的排列间距、位置等。

③ 桥架敷设完毕后，应将杂物及时清除，盖好盖板，在户外、潮湿、多尘的场所应将桥架及盖板的缝隙密封好；桥架穿过竖井楼板洞、过墙洞后，应用防火堵料将洞口密封，不应将桥架与结构体用灰抹死。

7）线槽进箱、盒、柜时，进线和出线口等处应采取抱角连接，并用螺钉紧固（图 5-21）。

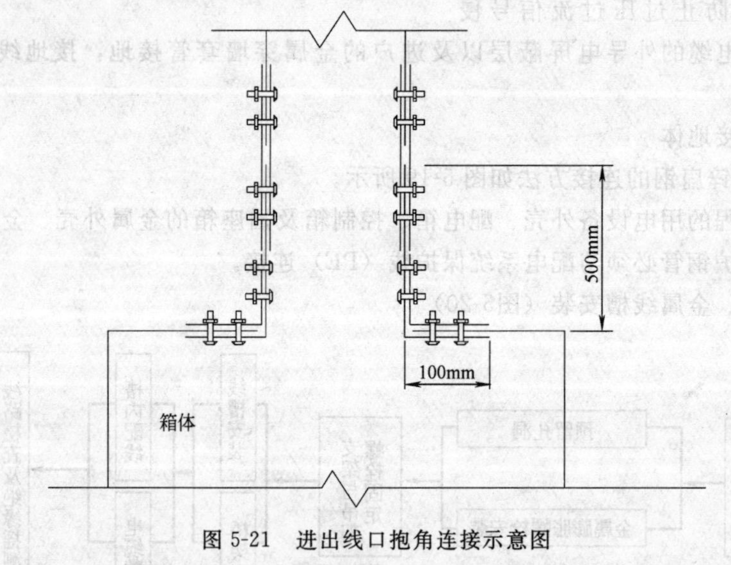

图 5-21　进出线口抱角连接示意图

8）从线槽上分支的线管不得用电气焊开孔，管子要套丝用锁母与线槽固定，在距开孔处 300mm 内管子应加一道支架固定（图 5-22）。

9）插接母线安装前必须进行绝缘检测，绝缘电阻不得低于 20MΩ，并且在安装过程中，装一节测一节，安装完毕后进行整体测试，合格后再做耐压试验，最后才能做通电试运行。

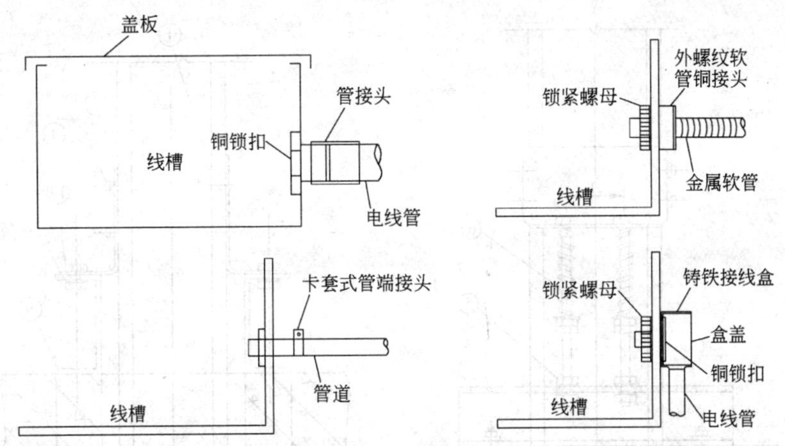

图 5-22 金属线槽引线安装方法

10）插接母线垂直安装（图 5-23）。

（4）导线敷设

工艺流程示意图：扫管——→选择导线——→穿引线——→放线及断线——→导线与带线绑扎——→带护口——→管内穿线——→导线焊接——→导线包扎——→导线绝缘摇测。

1）管内穿线必须满足下列条件：

① 混凝土结构工程必须经过结构验收和核实。

② 砖混结构工程必须粗装修完成以后。

③ 电线管内不得有积水及潮气侵入。

④ 导线的规格、型号必须符合设计要求，并有出厂合格证。

⑤ 检查各个管口的护口是否齐全。

2）管内穿线的要求：

① 当管路较长或转弯较多时，要在穿线的同时往管内吹入适量的滑石粉。

② 管内敷设的绝缘导线，其额定电压不应低于 500V，导线在变形缝处，补偿装置应活动自如，导线应留有一定的余度。导线在管内不应有接头和扭结，接头应设在接线盒内。管内导线的总截面积不应大于管道内空截面积的 40%。

（5）电缆敷设

1）本工程电力系统主要 1kV 阻燃及耐火型 YJV 电缆，施工前应对电缆进行详细检查，规格、型号、截面、电压等级均符合设计要求，外观无扭曲、坏损等现象。对电缆，用 1kV 摇表摇测线间及对地的绝缘电阻应不低于 10MΩ。电缆测试完毕后，并按回路做好记录，电缆头必须封好。

2）电缆敷设可用人力或机械牵引。电缆沿桥架或托盘敷设时应单层敷设，排列整齐，不得有交叉，拐弯处应以最大截面电缆允许弯曲半径为准。不同等级电压的电缆应分层敷设，高压电缆应敷设在上层。同等级电压的电缆沿支架敷设时，水平净距不得小于 35mm。

3）电缆垂直敷设，有条件的最好自上而下敷设。在屋顶安装吊装架，把电缆吊到楼层顶部。敷设时，同截面电缆应先敷设低层，后敷设高层，要特别注意，在电缆轴附近和部分楼层应采用防滑措施。自下而上敷设时，低层小截面电缆可用滑轮、绳，宜用人力牵

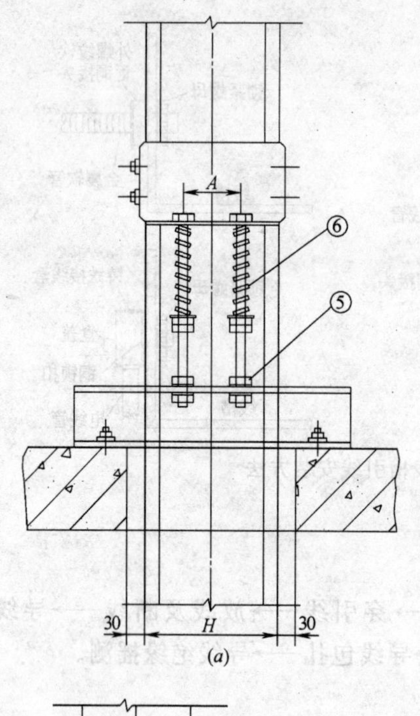

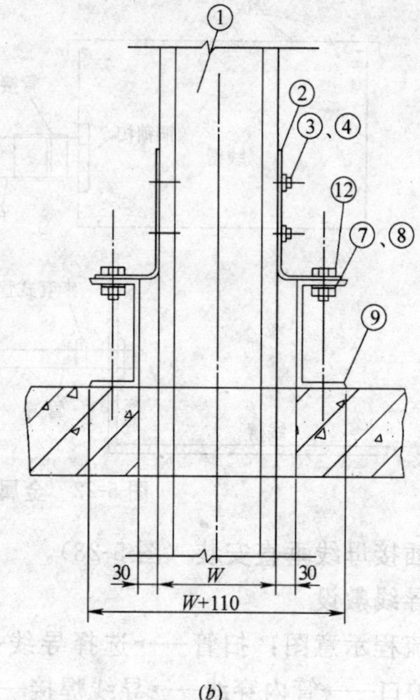

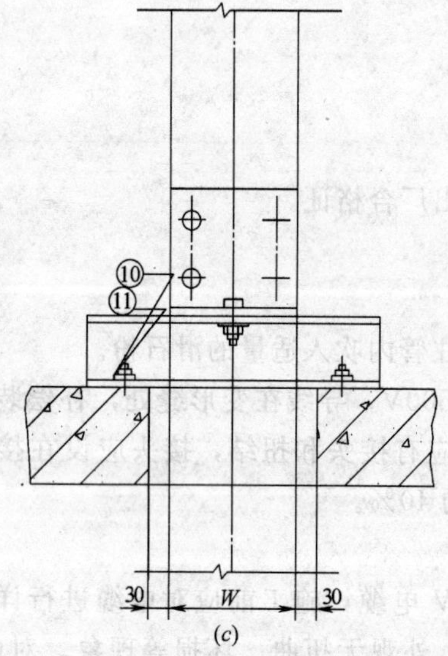

编号	名　称	型号及规格
①	母线槽	4×1600A+1×800A
②	支件	
③	螺钉	
④	螺母	
⑤	螺栓	M16
⑥	弹簧	200
⑦	垫圈	ϕ16
⑧	螺母	M16
⑨	槽钢支架	[10
⑩	胀管螺栓	M10×80
⑪	弹簧垫圈	ϕ10
⑫	螺栓	M16×60

图 5-23　插接母线垂直安装示意图

引敷设。高层、大截面电缆，宜用机械牵引敷设。

4）沿梯架敷设时，每 1.5m 加卡固定。敷设时应放一根立即卡固一根。电缆穿过楼板时，敷设完后用防火材料堵死（图 5-24）。

5）电缆敷设完毕，应挂标志牌，标志牌规格一致，并有防腐性能，挂装应牢固。标志牌上应注明电缆编号、规格、型号及电压等级。沿支架、桥架敷设电缆，在其两端、拐弯处、交叉处应挂标志牌，直线段应适当增设标志牌。

（6）开关、插座、灯具安装

1）在安装前应对灯位盒、开关盒、插座盒等，预先进行处理（如调正、调平、清扫

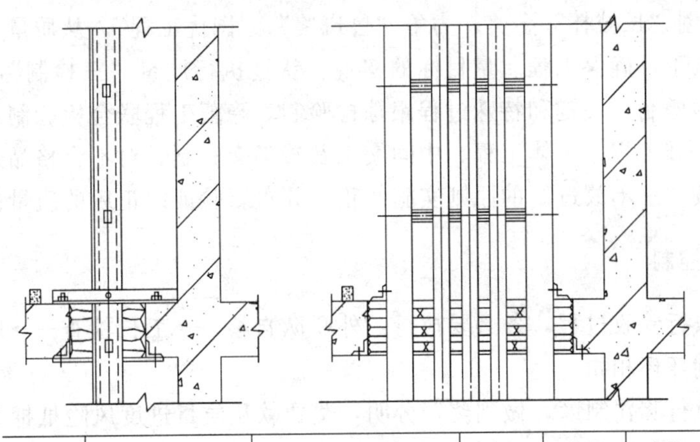

编号	名 称	型号及规格	单位	数量	备注
1	电缆桥架	见工程设计			
2	角钢支架	∟50×50×5	个	2	
3	胀管螺栓	M10×80	套	8	
4	钢丝网		m^2		
5	固定角钢	∟40×40×4	m		预埋
6	防火枕	SDFZ-Ⅰ			

注：① 施工前将要封堵部位清理干净
② 钢丝网应刷防火涂料
③ 防火枕应按顺序依次摆放整齐，防火枕与电缆之间空隙≤1cm
④ 电缆竖井摆放防火枕厚度≥24cm
⑤ 防火枕规格为三种：Ⅰ型—320×120×25、Ⅱ型—160×120×25、Ⅲ型—160×75×25

图 5-24 沿梯架敷设

等)，安装时应先检查位置高度与设计要求有无偏差，导线数量是否符合，然后再安装。

2）开关插座安装牢固，位置准确，所装开关插座在任何房间都不应装到门后。开关位置与灯位相对应，同单位工程其跷板式开关的方向一致。

3）一般插座安装高度距地 0.3m，同一房间，同一平面高度的插面板应水平。插座的接线面对插座左零右相上接地。

（7）配电箱安装

施工准备 → 弹线定位 → 箱体安装 → 跨接地线 → 配接线 → 箱芯安装 → 绝缘摇测

配电箱安装时，位置应正确，部件齐全，箱体开口合适，切口整齐，零线经零线端子连接，PE 线压接牢固。配电箱的配线须排列整齐，绑扎成束固定在板上，引入的导线应留出适当的余量。

6 质量保证措施

6.1 管理措施

质量管理是工程管理的重点和难点，本工程要求工程质量等级合格，确保北京市“结构长城杯”，争创“长城杯”金奖，力争“鲁班奖”、“国优工程”。从质量保证体系和质量保证措施方面入手，确保工程质量目标的实现。认真执行质量“三检制”，测量放线复验制，地基联合验槽制，关键和特殊过程跟踪检验制，隐蔽工程联合检验制，分项分部工程质量评定制，基础工程、主体工程、中间交工及竣工交验制。对不合格品进行控制，对出现的不合格品按“三不放过”的原则实施纠正，并重新验证纠正后的质量。

6.2　过程控制

(1) 认真执行验收过程，务必要执行：外联队自检⟶工长检查⟶质检员检查⟶监理验收，做到环环相扣。

(2) 严格执行奖罚制度，做到奖罚分明，奖罚款从质量进度风险抵押金中扣除。

(3) 实行样板引路制度，任何专业的任何工序，开始务必实行样板制度，经监理验收通过后方可大面积推广。

(4) 交底要详细且有针对性，忌搞形式，务必使交底具有可行性，以作业工人要知道为根本目的。

(5) 出现质量问题切忌私自处理，务必反馈到项目部，由项目部做出处理。

(6) 成立质量通病攻关小组，制定预防方案，使质量通病尽可能地减少。

(7) 加强成品保护，成立成品保护小组，避免待验或已验工程遭受破坏。

(8) 坚持每周质量问题专题会，务必做到发现问题及时解决问题。

7　安全保证措施

7.1　主要分项工程安全管理规定

对钢筋工程、模板工程、泵送混凝土、“三宝、四口、五临边”等制定了安全防护措施，实施效果良好，施工全过程中无重大安全事故发生，确保了项目安全管理目标的实现。

7.2　消防、保卫措施

7.2.1　施工现场保卫

成立了现场保卫工作组织机构，制定了治安保卫措施，对项目所有人员进行治安保卫教育，现场保卫进行定期检查。

7.2.2　施工现场消防

(1) 现场消防工作组织机构

针对本项目成立消防安全工作领导小组，以项目经理为组长，项目消防安全负责人为副组长，各施工段工长、劳务作业队队长、安全员、现场保安员为组员。

(2) 消防措施

对机电设备、焊接工程、易燃易爆物资存放与管理、明火作业、现场堆料防火等制定了实施措施。

8 施工现场环境保护措施

8.1 施工现场

(1) 为降低施工现场扬尘发生和现浇混凝土对土的污染，施工现场主要道路采用混凝土预制块硬化。大门处设置混凝土洗车台和三级沉淀池，车轮经高压冲洗后方可出大门。

(2) 钢筋加工棚、木工棚、露天仓库或封闭仓库地面均采用机制砖干铺，并做到每天清扫，经常洒水降尘。

(3) 施工现场建筑垃圾设专门的垃圾分类堆放区，并将垃圾堆放区设置在避风处，以免产生扬尘；同时，根据垃圾数量随时清运出施工现场，运垃圾的专用车每次装完后，用布盖好，避免途中遗撒和运输过程中造成扬尘。

(4) 施工现场主要施工道路每天设专人用洒水车，随时进行洒水压尘。

(5) 地下室回填土所用的石灰，采用袋装或搅拌好后进入施工现场。

(6) 施工现场按单位工程进行分区管理，责任到人。

8.2 降低噪声措施

施工现场遵照《建筑施工场界噪声限值》(GBI 2523—90) 制定降噪措施，调整施工噪声分布时间。

9 施工总结

9.1 施工情况

本工程于 2004 年 2 月 1 日进场施工，2004 年 6 月 30 日出地面，2004 年 9 月 28 日结构封顶，2005 年 6 月 30 日通过四方验收。该工程被评为 2004 年度北京市“结构长城杯”金奖工程。

9.2 新技术、新工艺、新材料推广应用

本工程在施工中十分重视新技术、新工艺、新材料的推广应用，被列为中建二局科技推广示范工程，积极推广应用建设部 10 项新技术，保证和提高工程质量，加快施工进度，节约能源和国土资源，取得显著社会效益和经济效益。通过推广应用多项新技术，取得经济效益 463.14 万元。其推广应用的主要新技术、新工艺、新材料如下：

(1) 地下室深基坑工程采用的钢筋混凝土灌注桩及预应力锚杆支护技术

由于本基坑开挖范围较大，且基槽较深，槽壁人工填土层较厚，须采取有效的边坡支护措施以保证边坡稳定，并避免对邻近已有建筑物、道路、地下交通隧道和地下管网的不利影响。本着安全可靠、经济合理的原则，经过认真计算和多方案比较，同时借鉴本工程附近已经完成的基坑实例，本工程选用桩-锚支护和土钉墙喷锚支护相结合的方案，本工程在−0.95m向下 8m 范围（即−0.95∼−8.95m，绝对高程 47.4∼39.4m），采用土钉墙

喷锚支护（现场已机械降方至－0.85m，基坑周边 1m 范围内人工清除浮土至－0.95m 处），在确保安全前提下，降低了工程造价（图 9-1、图 9-2）。

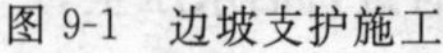

图 9-1　边坡支护施工

图 9-2　边坡施工完成后效果

（2）C50 高强混凝土

共应用 C50 混凝土 224.72m^3。由于采取了可靠的技术、质量保证措施，混凝土强度全部达到设计要求强度等级，通过试配，与混凝土供应商及时沟通，确保了混凝土生产质量。为确保本工程"结构长城杯"金奖的质量目标，通过一系列的技术上的措施及科学、合理的施工过程控制，通过掺加高性能超塑化剂和粉煤灰等掺合料，来降低混凝土的水胶比，提高混凝土的流动性，保持适度的黏度系数，合理的配合比设计，使混凝土高性能化。C50 混凝土在强度、耐久性、工作性、各种力学性能、实用性、体积稳定性、经济合理性等方面均达到较好效果。

（3）粗直径钢筋连接技术

钢筋直径大于等于 16mm 的均采用剥肋滚轧直螺纹连接技术。接头质量全部达到技术标准和规范要求，保证了工程质量，加快了施工进度，节省了大量钢材，降低了工程成

图 9-3　柱钢筋直螺纹连接

图 9-4　梁钢筋直螺纹连接

本（图 9-3、图 9-4）。

（4）大钢模施工技术

本工程剪力墙均采用 86 系列全钢大模板，加快了施工进度，且保证了混凝土浇筑质量（图 9-5、图 9-6）。

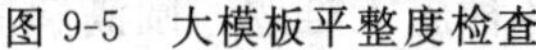

图 9-5　大模板平整度检查

图 9-6　应用大模板浇筑的混凝土效果

（5）地下室采用二道防线的综合防水技术

混凝土为 P8 抗渗自防水混凝土；底板及外墙外面采用 SBS 防水卷材；确保了地下室无渗漏。

（6）屋面防水技术应用

本工程屋面防水材料种类多，有自粘橡胶防水卷材、SBS 改性沥青防水卷材、聚氨酯涂膜防水、JS 水泥基渗透结晶材料。为确保屋面防水质量，专门开展了 QC 活动，本项目的消除屋面渗漏 QC 小组获得了 2005 年度公司 QC 成果二等奖。

（7）大体积混凝土施工技术

本工程基础底板东、南部分 1600mm 厚底板为筏形基础，南北向长 84m，东西向长 95.375m，其中底板大体积混凝土量约为 8700m^3。根据设计图纸要求，本工程留设的底板后浇带将整个底板结构分为五块，底板混凝土最多分两次进行浇筑。在施工过程中通过优化配合比，精心划分施工段，采用合理的养护方法，加强测温控制，混凝土表面未出现裂缝和其他质量缺陷，保证了大体积混凝土的施工质量。

（8）计算机的应用

计算机用于项目网络计划管理、施工方案编制和工程技术资料管理等，主要表现在：

1）AutoCAD 软件、测量放线、施工平面图制作、模板配置和钢筋放样中的应用；

2）数码相机在工程管理中的运用；

3）梦龙软件和 Project 项目管理软件的运用；

4）工程资料管理系统软件的应用；

5）互联网技术的运用。

本工程通过计算机、数码相机及互联网技术的应用，解决了许多施工中用常规方法不易解决的技术问题，并且提高了计算的精度及速度，并能及时了解新技术、新材料的推广和应用情况，为项目的科学管理提供了较多方便。

(9) 耐磨楼地面施工技术

本工程地下车库楼地面采用了 NVC 高强耐磨抗油渗掺合料。基本做法为将原有混凝土表面清理，洒水湿润，涂刷混凝土界面处理剂后，浇筑与 NVC 搅拌好的混凝土，并使其达到设计标高，3d 后用砂轮磨光机磨光，除去表面浮浆即可。该技术不仅节省了交叉作业的时间，而且施工简单，耐磨性能也比传统的手撒骨料的耐磨楼地面性能好。

(10) 橡胶支座安装技术的应用

A、B 座地上部分均为 6 层，中间通过一个 9m 长的连廊进行连接，为保证地震期间其中一栋楼被破坏后而不影响另外一栋楼，结构设计师在连廊端头（B 座）梁的底部设置四氟乙烯滑板式橡胶支座。四氟乙烯滑板式橡胶支座比铝合金消能活动支座性能有较大的提高，施工工艺简单且加工周期短，有较好的经济效益。支座施工质量的好坏直接影响日后地震期间工程的使用寿命。橡胶支座被广泛应用于公路、铁路、桥梁工程中，在民用建筑中应用较少，土建工人对它的操作不熟练，施工中易出现的质量通病一直没有得到很好的解决。为此该工程专门成立了 QC 小组，通过抓原材料质量、安装工艺入手，加强现场监控，对橡胶支座的安装，运用全面质量管理体系标准，强化了质量技术管理，优化施工方案，逐步完善施工工艺，克服了在施工过程中出现的各种施工难题，圆满解决了橡胶支座安装中所出现的各种质量通病。该 QC 小组还获得公司二等奖和 2004 年度北京市优秀 QC 成果奖。

(11) 种植土屋面塑料防水板铺土工布技术的应用

本工程车库顶板为种植土屋面，其排水层原设计为卵石，荷载大，施工不便，造价高，通过综合比较后，与业主及设计协商采用防水板施工，保证了施工质量，而且降低了工程成本。

(12) 墙、顶、地变形缝施工技术

本工程的变形缝较多，原图纸设计的是采用美国 CS 专利产品，但经过市场调研，并进行多种技术指标比较，最终与设计洽商改用江苏常熟生产的变形缝，产品性能完全满足设计效果，节省了大量成本，仅材料费直接节省 24 万多元。

(13) 火克板封堵技术

火克板是一种新型的建筑防火材料，具有环保、便于安装、价格低等优点。

(14) 建筑节能技术

本工程大量使用加气混凝土砌块、陶粒混凝土砌块及岩棉隔声墙，节约能源及土资源。

(15) 离心柔性铸铁管施工技术

本工程污废水管采用柔性离心排水铸铁管，平口对接，不锈钢卡箍连接，取得了很好的技术经济效益。

(16) 制冷系统管道采用了橡塑保温材料

粘结密实牢靠，保温效果好、整齐、美观。

(17) 采暖管道采用带阻氧保护层的 PB 管和热熔连接技术

施工方便，质量可靠。

(18) 风管保温采用了 40mm 厚的带铝铂的超细玻璃棉保温材料，外缠玻璃丝布，刷防火漆，保温效果好，外形美观。

9.3 应用总结

在本工程施工中，项目部始终把科技推广与创精品工程相结合，为高质量、高速度、低消耗地完成合同范围内工作奠定了基础，有利地推动了企业施工技术和管理技术的进步，同时也为项目成本控制创造了有利的条件。本工程通过推广建设部推荐的10项新技术中的相关技术及其他新材料、新工艺应用，取得了良好的效果，创经济效益463.1万元，完成施工产值21950.60万元，技术进步效益率为2.11%。

第十篇

郑州卷烟厂 2 号、3 号高层住宅楼施工组织设计

编制单位：中建二局二公司

编 制 人：史新红　董亚兴

审 核 人：谢利红

目 录

1 编制前言

本设计为郑州卷烟总厂2号、3号高层住宅楼工程施工的纲领性技术文件，经过内部会签和主管部门技术负责人审批，施工中必须严格按相应条款执行。实施的过程中，若发现不完善之处，需通知编制人员，由编制人员按程序进行变更。

本方案内容针对总承包合同范围工作内容编制，不包括建设单位独立分包的基坑支护及其他设备安装工程等。

2 项目简述

2.1 工程亮点及技术要点

2栋单体建筑通过3层裙房联系一起，共同组成建筑面积64518m^{2}的商住楼工程。

预应力梁式转换层梁截面高度最高达2m，宽度最宽达1.2m，沿梁长方向施工荷载每米最重达6t左右，所以，在支撑设计时，需对下一层梁板进行结构验算，并根据验算结果进行加固处理。

受后浇带影响，预应力梁不能一次张拉，需进行分段张拉，设计要求后浇带的施工时间为主体结构施工完成以后，周转材料占用量较大，占用时间较长。

2.2 工程其他特点及难点

(1) 工程造型独特，主体结构复杂，地上一至三层为框架结构裙房，上部为短肢剪力墙住宅楼，不同结构之间通过梁式转换层传力。

(2) 本工程场地极其狭窄，为周转材料堆放、加工车间布置、施工机械布置等带来很大难度，工程进度平面规划设计比较重要，本工程将根据施工不同阶段编制相应平面规划图。

(3) 本工程合同工期较长，施工跨越三个雨期施工和两个冬期施工，季节性施工保障措施相当重要。

(4) 本工程设计有外墙外保温，保温材料选用粘贴式聚苯板，而外装饰面层为涂料，两种材料如何结合是工程外立面施工效果和安全保证的难点。

(5) 工程主体施工工期较为紧凑，所以给装饰及安装工程剩余的时间较少，装饰工作需穿插进行，主体结构验收必须分阶段进行，本工程结构验收将分为基础验收、八层以下结构验收、八至二十一层结构验收和二十一层以上结构验收4次，其他分部验收在分部工程完成后及时进行。

3 工程概况

3.1 工程简介

郑州卷烟总厂2号、3号高层住宅楼工程由两栋28层点式住宅楼通过三层商用裙房连体组成，一字形排列在紫荆山路东侧，总高 106.42m，造型新颖。

3.2 工程建设项目概况（表 3-1）

工程建设项目概况 表 3-1

工程名称	郑州卷烟总厂2号、3号高层住宅楼	工程地址	郑州市紫荆山路路东，熊耳河以南
建设单位	郑州卷烟总厂	勘察单位	河南豫中地质勘察工程公司
设计单位	郑州市建筑设计院 河南省人防建筑设计院	监理单位	河南省工程建设监理中心
质量监督部门	郑州市工程质量监督站	总包单位	中建二局二公司
主要分包单位	山西岩土工程有限公司	建设工期	920d
合同工期	920d	总投资额	10060万元
合同工程投资额	10060万元		
工程主要功能	地下二层为人防库，一至三层裙房为商业用房，四层以上为住宅楼		

3.3 建筑设计概况

工程位于郑州市紫荆山路路东，熊耳河以南，建筑基底面积 5230m^2，建筑总面积 64518.6m^2，建筑最高标高为 106.42m。本工程地下 2 层，地上 28 层，地下 2 层设 6 级人防物资库，平时为小型汽车和微型车库，一至三层裙房为商业用房，四层以上为住宅楼。住宅楼部分标准层层高 3m。两栋单体塔楼呈品字形布置，一字排列在紫荆山路东侧。

工程地下水位－18.0m，无浸蚀性。主体建筑分类Ⅰ类一级，裙房耐火等级为二级，地下汽车库为Ⅱ类，地下室耐火等级为一级。

工程地下室防水等级为二级，防水混凝土抗渗等级 P6 或以上。屋面防水等级为二级。抗震设防烈度为 7 度。

工程墙体除现浇混凝土构件外，填充墙部分主要为加气混凝土砌体。

室外采用涂料装饰，室内住宅部分内墙面、顶棚及楼地面均为水泥砂浆面层或混凝土砂浆面层，公共部位采用了乳胶漆墙面及花岗石（陶瓷地砖）楼地面等。

屋面排水采用内、外排水方式结合；外排雨水管选用 ϕ100 硬质 UPVC 管，内排水管采用 ϕ100 不锈钢管。

工程采用塑钢窗，裙房部分 12mm 厚无框钢化玻璃，住宅部分选用银灰色塑钢框，净白中空玻璃，外墙窗（除阳台封窗）均加纱窗扇。

工程地下二层设有人防物资库，平时为地下车库，战时用作人防物资贮备及人员躲避。

3.4 结构设计概况

(1) 综述

本工程建筑结构的安全等级为二级，建筑抗震设防类别为丙类，抗震设防烈度为 7 度，按 8 度抗震设防要求采取构造措施。主体结构设计使用年限为 50 年。

六层以下剪力墙的抗震等级为一级，六层及以上剪力墙的抗震等级为二级。裙房框架的抗震等级为一级，框支框架的抗震等级为特一级，地下二层框架的抗震等级为三级。

（2）混凝土强度等级

工程基础采用复合地基，基底标高作用在第③层粉质黏土层上，CFG 桩混凝土强度为 C25。混凝土强度等级除四层以下内框架柱强度为 C60 外，其他部位均为 C50，地下室有防水要求部位的混凝土抗渗等级均为 P6；九至二十一层（标高 32.620～71.620m）混凝土强度等级为 C40，二十二层以上（标高 71.620m 以上）混凝土强度等级为 C30。上部水箱、水池混凝土抗渗等级为 P6。本工程地下室外墙及转换层梁板混凝土内加入杜拉纤维，每立方米混凝土掺加量分别为 0.6kg 和 0.8kg。本工程设计裙房及地下室梁板、墙设计有后浇带，在主体施工完成后浇筑，混凝土强度等级比相对应部位混凝土等级提高一个等级。

（3）砌体填充墙

标高±0.00 以上砌体填充墙壁采用 200mm 厚 A5.0 级加气混凝土砌块。加气混凝土砌块构造做法按国标 87SJ139 施工。

3.5 建筑设备安装

安装部分包括给排水系统、防排烟、采暖系统、电气照明配电系统和防雷接地系统。

（1）给排水系统

2 号、3 号楼建筑内给水分两个区：地下二层至地上三层为一区，由市政管网直接供水；地上四层至顶层，采用蓄水池-变频泵供水系统。热水系统采用燃气热水器与电热水器，供应生活洗浴用水。生活污水采用伸顶透气排水立管排水，排水立管采用柔性铸铁排水管，支管采用 PVC 管，胶粘连接。雨水系统为内排式雨水系统，排至室外地面，采用内螺旋 U-PVC 管，胶粘连接。

采暖系统采用共用立管的分户独立式系统，户内采用下供下回单管跨越式系统。

（2）电气系统

本工程为一级负荷用电单位。电气专业包括照明配电系统，安全接地与防雷系统，电源由 1 号楼地下室配电所引入，低压接地形式为 TN-S。

（3）通风及防排烟系统

本工程所有室内楼梯间均分别设有机械加压送风系统，分别用 2 号、3 号楼顶的加压送风机送风，主楼的楼梯间，共用前室均设自垂式百叶风口，与屋顶风机连锁。地下设备房，自行车库设有机械送排风兼排烟系统。地下汽车库有诱导式通风系统和机械送风排烟系统。

3.6 自然条件

（1）气象条件

根据工程合同工期情况，本工程施工需跨越三个雨期施工和两个冬期施工，从近几年郑州的天气情况来看，雨期连续下雨持续时间长，暴雨出现几率大是雨期施工主要特点；冬期平均气温相对较高，一般平均最低温度均在－10℃左右，其他季节均比较适宜工程建设。

(2) 工程地质及水文条件

本工程场地内地层分布稳定，呈水平状，且具有一定的承载力。除④和⑯层土为低压缩性土以外，其他各层土均为中等压缩性。

根据土工试验，场地内地基土不具湿陷性。拟建建筑为丙类，场地土内无液化土层。

本工程地下静水位在自然地面以下18.1m，属潜水微承压，年变化幅度2m。由水质分析结果可知，地下水对混凝土结构及对钢筋混凝土结构中的钢筋无腐蚀性。在基础施工和竣工后，应杜绝水浸地基土。

(3) 周围道路及交通条件

工程现场相当狭窄，东侧相邻家属楼距基坑上口外侧仅5m左右，北侧仅1m就是正在启用的公园，西侧7m左右是紫荆山路的人行道，南侧10m左右是相邻家属楼的交通干道，场地周边仅能存放一些零散材料或单体重量较小的设备。工程进出场材料通过紫荆山路进场，大宗材料需在夜间进场。

(4) 场区及周边地下管线

场区西边坡上有市政供水管线及阀门阴井一个；东边坡上有天然气井一个，天然气管道暗埋部位无明显标识，根据阴井走向显示，天然气管道应在家属院内。

3.7　工程特点

(1) 工程单体建筑面积大，商用裙楼部分跨度大，单跨最长12m左右，故设计采用了预应力形式以减少因跨度带来的混凝土抗裂和截面问题。

(2) 工程外墙采用单面钢丝网聚苯板外保温节能设计，在当地是一种新材料的应用。

(3) 工程预应力与梁式转换层的结合应用，且设计要求后浇带的封闭时间为主体结顶后，所以，何时进行转换层处预应力的张拉对结构影响较大。若张拉时间过早，张拉应力将引起梁变形甚至开裂；若张拉过晚，缺少预应力的作用，梁亦会提前变形。

(4) 该工程场地极其狭窄，受场地影响，塔吊需布置在裙房内部，施工电梯布置在两侧坡道位置，坡道后置施工。

4　施工总体部署

4.1　施工总体部署及施工流水段的划分

本工程的总工期920d，将主要分为基础施工阶段、一至三层裙房施工阶段、转换层施工阶段、主楼施工阶段和装饰施工阶段等五个阶段，其中一至三层预应力梁的张拉有一部分需后置进行，也就是在同层后浇带浇筑完成并达到强度后才能张拉，砌筑工程、初装修工程、安装工程、电梯工程以及精装修工程等穿插进行。

4.1.1　施工流水段的划分原则

本工程根据施工阶段划分流水段，即基础施工阶段、地上裙房施工阶段和主楼施工阶段。基础施工阶段分为二个流水段和一个后置施工段，以设计后浇带为划分依据；地上裙房施工阶段（转换层以下不含转换层）分为三个流水段，即按照地下室后浇带位置向上顺延至相近的，设计允许位置留设施工缝，形成三个施工段；转换层以上（不含转换层）按照塔楼分为二个施工段，在二个施工段内独立组织施工。

4.1.2 施工流水段划分平面图

基础施工和一至三层裙房流水段按后浇带分区。

四层以上主体施工段按照2号楼和3号楼分区进行组织。

4.1.3 施工工序

(1) 基础阶段施工工序（从人工清土开始编制，图4-1）。

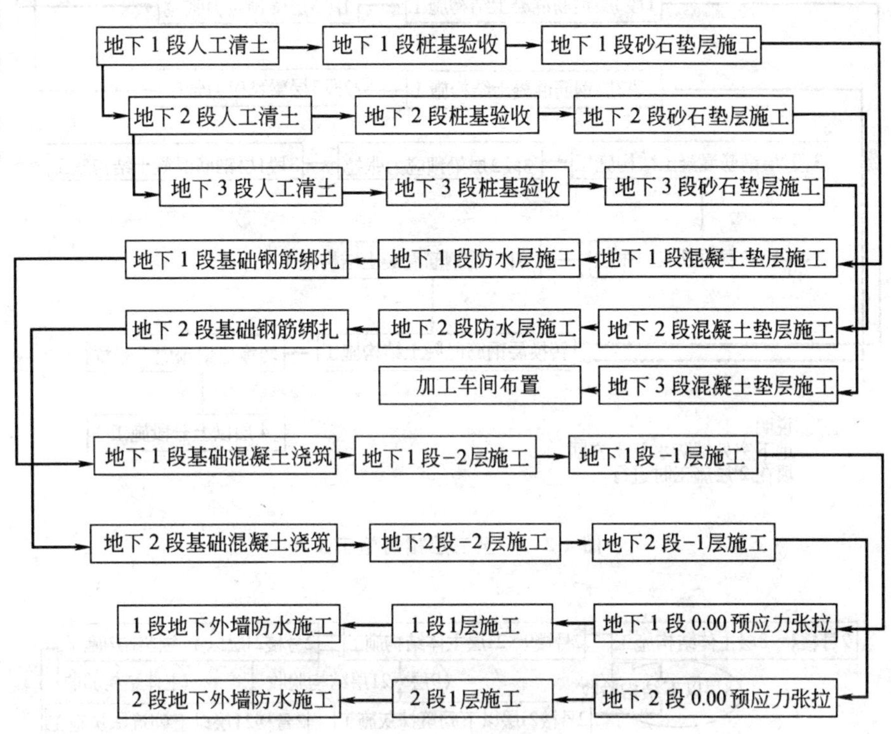

图4-1 基础阶段施工工序

(2) 一至三层裙房施工工序（图4-2）

(3) 四层以上主体工程施工工序

主体工程施工工序时间包括了结构验收的插入以及初装饰、门窗工程等介入时间。

2号楼四层以上主体工程施工工序如图4-3所示。

3号楼四层以上主体工程施工工序如图4-4所示。

4.2 施工总平面布置

受场地限制，本工程平面规划必须分阶段进行。本工程施工平面规划分基础施工平面规划图、裙房施工平面图、主楼施工平面图和装饰阶段施工平面图四个阶段进行考虑。详见平面图（图4-5～图4-8）。

4.2.1 基础施工平面图（图4-5、图4-6）

(1) 工程基础施工平面图设计特点

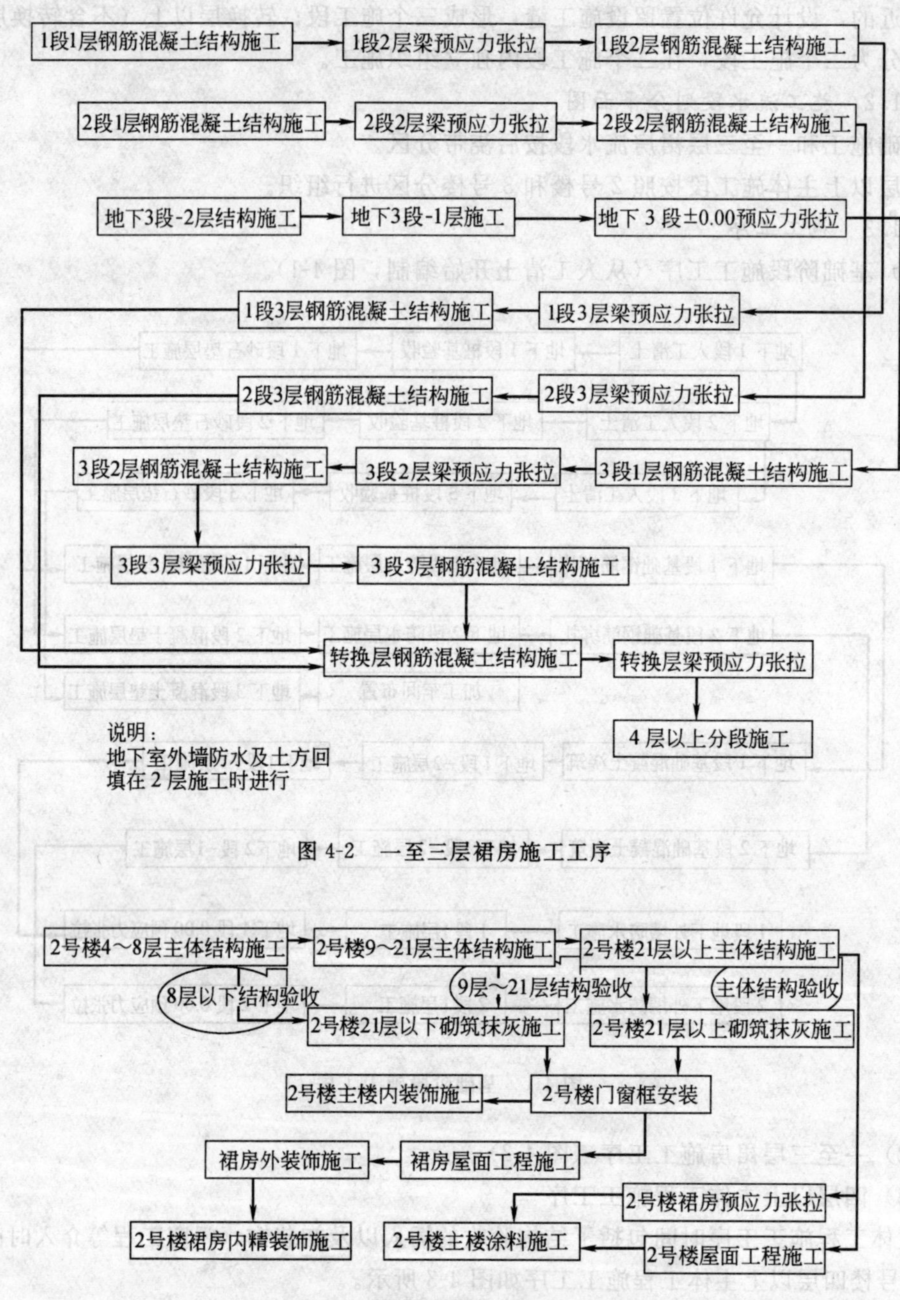

图4-2　一至三层裙房施工工序

图4-3　2号楼四层以上主体工程施工工序

1）场地异常狭窄，在已建围墙内侧仅有南面距离稍远，可供布置现场临建，其他三面距基坑距离1.5～4m左右，不具备搭设临建条件。

2）周围公共性建筑多，北面紧靠公园，西面和南面与交通要道相邻，而东侧又是已有家属楼，所以安全文明规划较为重要。

3）工程基础埋深较大，在自然地面下12m左右，基坑临边防护尤为重要。

4）基坑护坡采用土钉墙体系，该体系最大特点是怕水，雨水的渗入会导致土钉的失

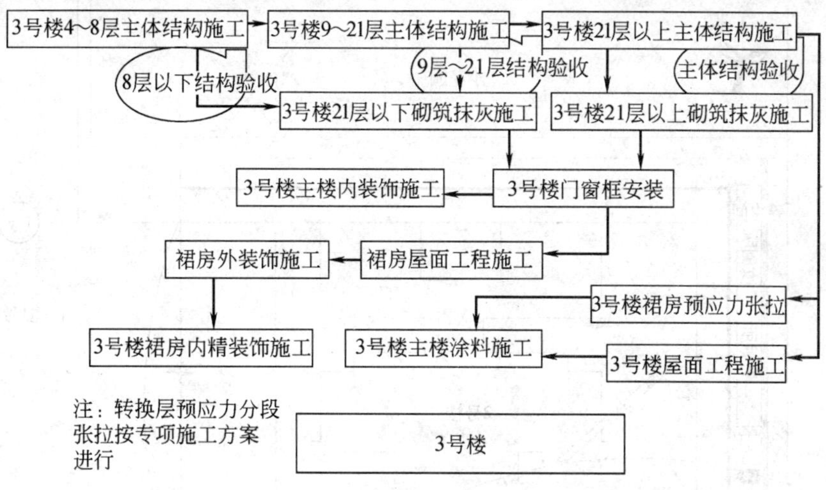

图 4-4　3 号楼四层以上主体施工工序

效，而基坑的深度又达到土钉墙体系所适用的临界深度，所以，做好土钉的防雨水渗入是护坡安全的重要因素。

5）整个工程基础分为厚板和薄板两种形式，通过后浇带将两个厚板（主楼基础）分开，中间薄板（裙房基础）可以后置施工，可利用其进行钢筋加工及周转材料堆放用。

（2）主要布置依据及布置内容

1）现场临建

预计工程高峰期劳动力将达到 400 人左右，现场管理人员在 25～30 人，住现场机操人员 15 人。根据人员情况及项目机构设置情况，项目在办公及住宿方面做如下安排：

① 所有工人均考虑在场外租房居住，现场仅考虑办公及管理人员住宿。办公及住宿采用双层成品板房，设一间面积 $27m^2$ 会议室。

② 现场设置职工食堂一个，采用砖砌体结构。食堂面积 $18m^2$。

③ 现场设置厕所面积 $21m^2$，养护间面积 $9m^2$。

2）加工及存放区域规划

由于基础平面图中后浇带将工程基础划分为独立的三个区域，本次布置考虑将中间裙房薄板基础后施工，在基础垫层施工后，将其作为钢筋套丝、模板存放、钢管及扣件存放、块体材料存放、成品钢筋堆放等临时用场地，在地下室施工完成后，立即进行土方回填。土方回填后可将此区域的临时用材料挪至地上，即参照地上主体施工平面布置图布置。

HPB235 级钢筋的调直及成型在西南方向护坡顶面上。

考虑到卸车和材料运输的可行性，基础施工时搅拌区设置在大门的北侧。

3）基础施工机械

基础施工时需考虑塔吊基础施工及塔吊安装，另外还需考虑混凝土泵车的位置。因工程四周均为公共性建筑，泵车只能考虑在场内，这样就限制了泵车位置仅能设置在门口。塔吊基础通过综合考虑设置在两栋主楼的偏中部位，塔身穿过裙房，裙房相应位置的楼板、梁、墙等需留后置施工洞口。

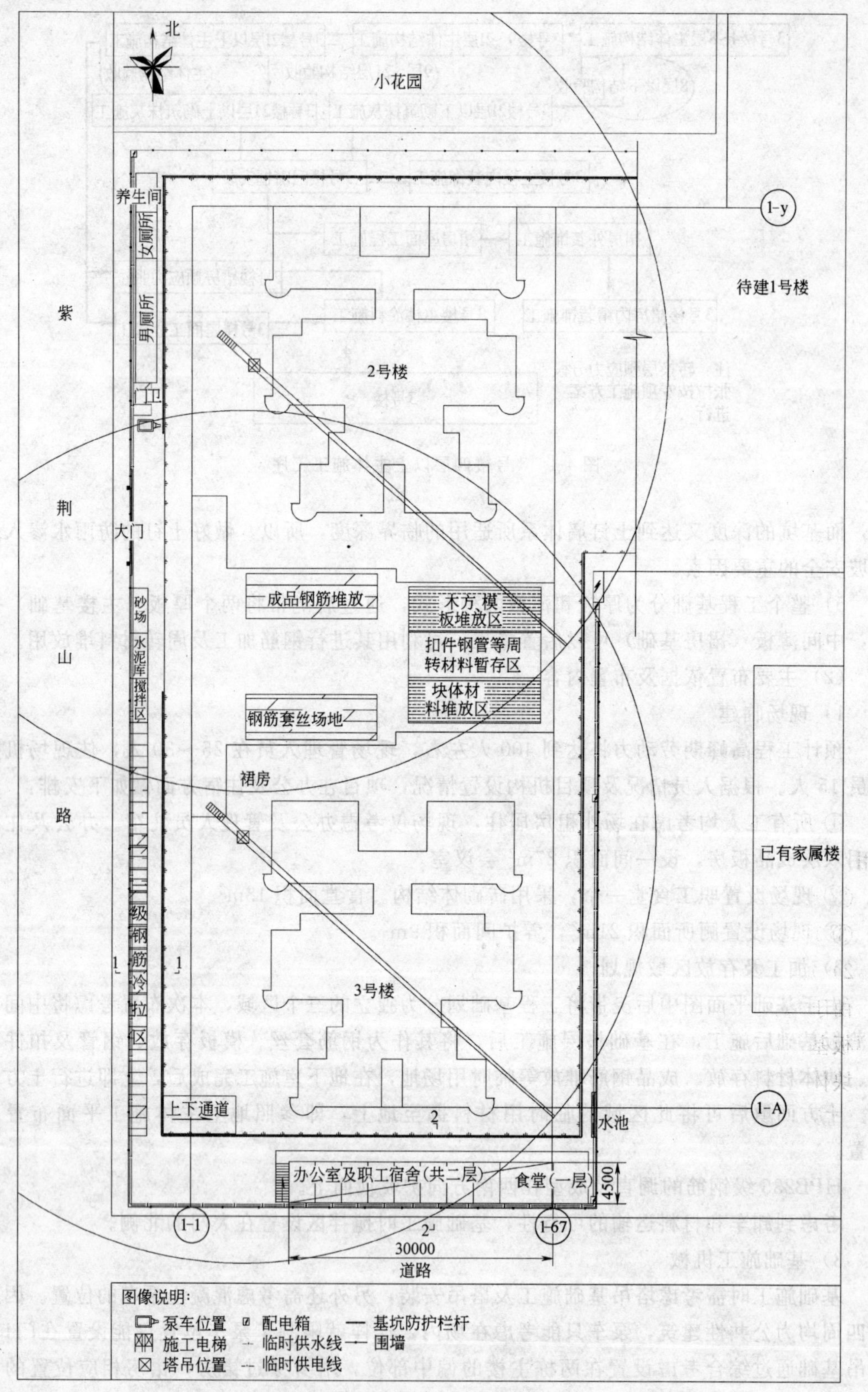

图 4-5　基础施工平面布置图

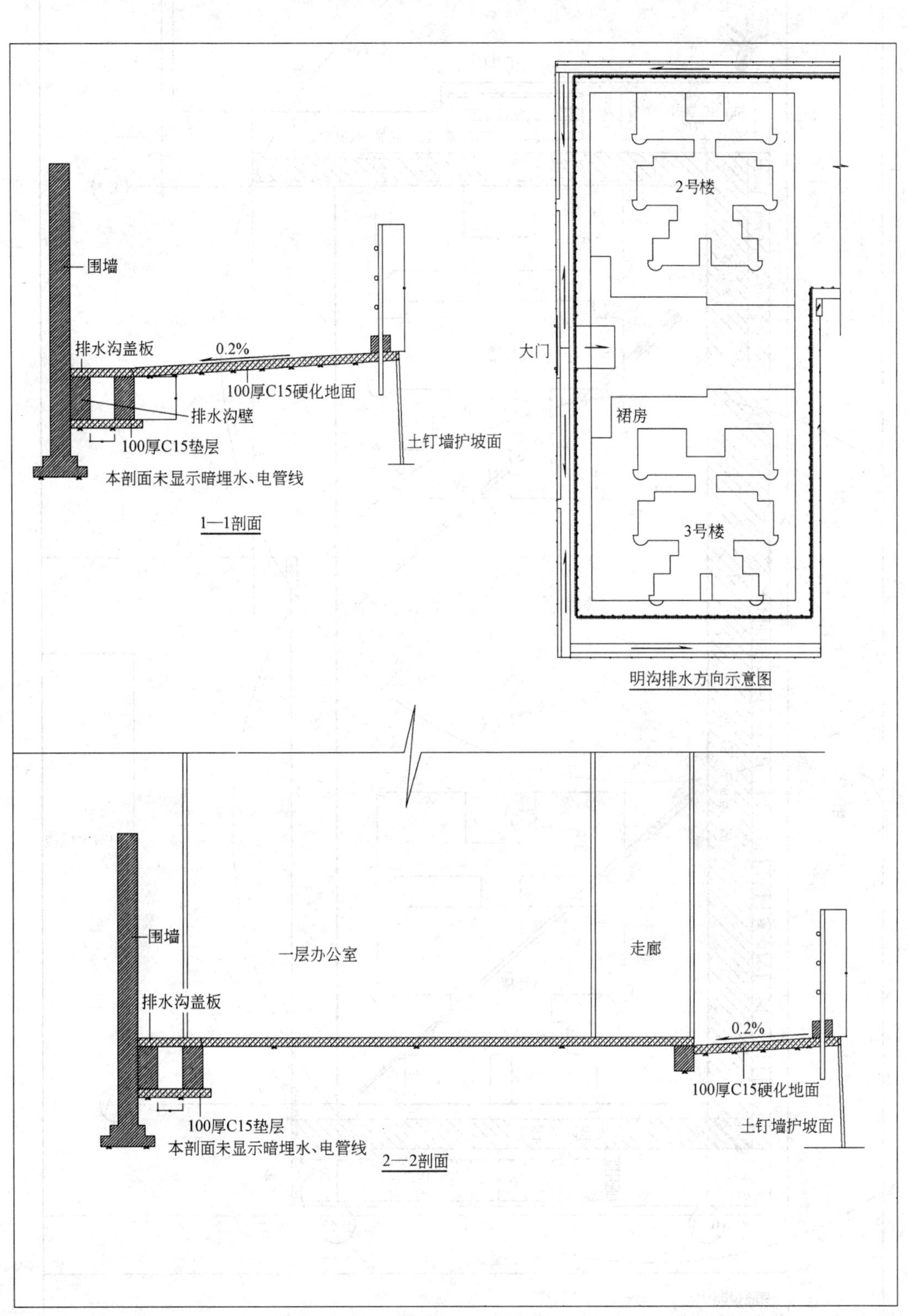
围墙
排水沟盖板
0.2%
100厚C15硬化地面
排水沟壁
100厚C15垫层
土钉墙护坡面
本剖面未显示暗埋水、电管线
1—1剖面
2号楼
大门
裙房
3号楼
明沟排水方向示意图
围墙
一层办公室
走廊
排水沟盖板
0.2%
100厚C15硬化地面
100厚C15垫层
土钉墙护坡面
本剖面未显示暗埋水、电管线
2—2剖面

图 4-6 基础施工剖面图

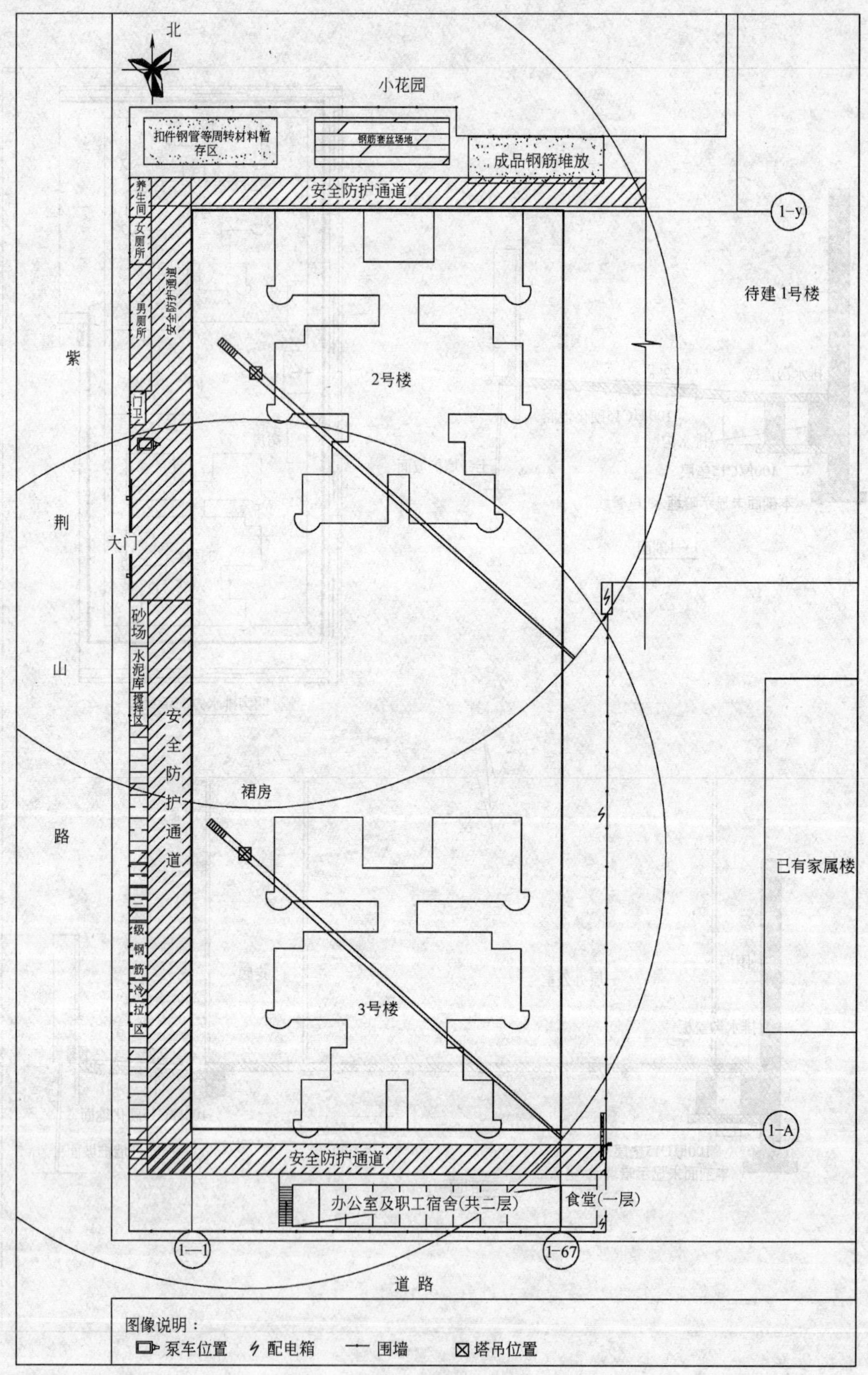

图 4-7　一至三层裙房施工平面布置图

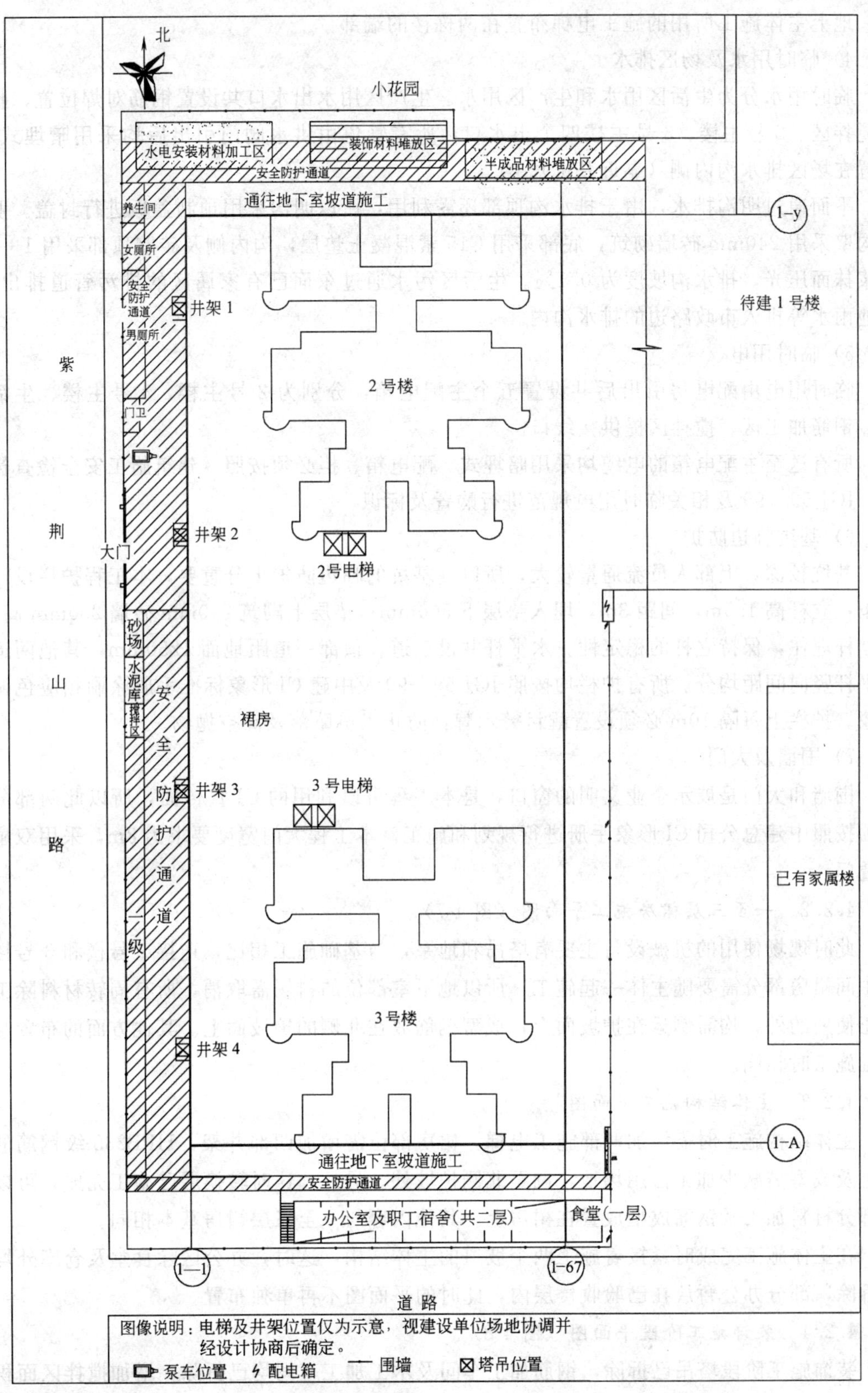

图 4-8　装饰阶段施工平面布置图

地上主体施工所用的施工电梯布置在两栋楼的端部。

4）临时用水及场区排水

临时用水分为生活区用水和生产区用水。生产区用水出水口共设置钢筋对焊位置、临时搅拌区、2号主楼、3号主楼四个出水口，所有管道由供水阀门引出后均采用暗埋式，布置在场区排水沟内侧（靠近基坑）。

平面通过明沟排水，由于排水沟顶部还需利用，所以明沟采用预制盖板进行封盖。明沟沟壁采用240mm砖墙砌筑，底部采用C15素混凝土垫层，沟内侧及砖壁顶部采用1∶2砂浆抹面压光。排水沟坡度为0.1%。生活区污水通过东面已有家属区的排污管道排出，其他雨水等排入市政路边的排水沟内。

5）临时用电

临时用电由配电房引出后共设置五个主配电箱，分别为2号主楼、3号主楼、生活区、钢筋加工区、搅拌区提供接线口。

所有送至主配电箱的电缆均采用暗埋式。配电箱、柜必须按照《建筑施工安全检查标准》JGJ 59—99及相关临时用电规范进行购置及标识。

6）基坑临边防护

基坑较深，上部人员流通量较大，所以，基坑的临边防护十分重要，本工程护栏设计如下：立杆高1.5m，间距3m，埋入垫层下500mm；垫层上砌筑240mm砖墙200mm高，将立杆埋住，保持立杆的稳定性。水平杆共设三道，顶部一道距地面1250mm，其他两道水平杆竖向间距均分。所有护栏均按照JGJ 59—99及中建CI形象标准手册涂刷相应色调油漆。护栏上每隔10m必须设置醒目警示牌，防止人员坠落及高空抛物。

7）围墙及大门

围墙和大门是展示企业文明的窗口，是本工程可以利用的CI宣传面，所以此两部分必须按照中建总公司CI形象手册进行规划和施工。本工程大门宽度要求为8m，采用双扇折叠门。

4.2.2 一至三层裙房施工平面图（图4-7）

此时现场使用的机械设备主要有塔吊和地泵，与基础施工相比，连接2号楼和3号楼的中间裙房部分需要随主体一起施工，所以地下室部位的料场需取消，所有周转材料除工程正使用的外，均需倒运在护坡面上，成型钢筋放在北侧的护坡面上。其他方面的布置与基础施工时相同。

4.2.3 主体结构施工平面图

主体结构施工时需增加两部施工电梯，裙房部位需增加四部井架，HPB235级钢筋的调直及成型需减少加工占用场地，调至北侧护坡处。另外，这时转换层已施工完成，可以将部分材料加工及钢筋成型放置在裙房上。其他内容与一至三层裙房基本相同。

在主体施工完成时紧接着施工两个坡道的主体结构，这时，办公区除食堂及仓库外均需拆除，部分办公暂放在已验收楼层内，此时的平面图不再单独布置。

4.2.4 装饰施工阶段平面图（图4-8）

装饰施工阶段塔吊已拆除，钢筋加工车间及木工加工车间均已拆除，增加搅拌区面积和装饰材料堆放及加工区。

4.3 施工进度计划

4.3.1 工期目标

本工程从桩基施工开始计入合同工期，工期目标为 920 日历天，开工日期为 2004 年 4 月 10 日，竣工日期为 2006 年 10 月 16 日。

主要节点控制工期如下：

基础底板完成时间：2004 年 9 月 6 日；

±0.00 完成时间：2004 年 11 月 25 日；

转换层施工时间：2005 年 3 月 25 日～2005 年 5 月 10 日；

主体封顶时间：2006 年 2 月 5 日；

外装饰完成时间：2006 年 9 月 20 日；

工程综合调试：2006 年 9 月 20 日～2006 年 10 月 6 日；

竣工验收：2006 年 10 月 7 日～2006 年 11 月 16 日。

4.3.2 进度计划

详见图 4-9“郑州卷烟总厂 2 号、3 号高层住宅楼工程施工总体进度计划图”。

4.4 材料需用量计划

(1) 周转材料需用量计划详见表 4-1。

(2) 工程标准层单层主要材料用量计划详见表 4-2。

(3) 工程实体主要材料用量汇总详见表 4-3。

单层周转材料需用量计划表 表 4-1

序号	材料名称	规格	单位	数量	进场日期
1	φ48×3.5 钢管	底座、顶托	套	40000	按每层施工进度
		2.5～2.7m 标准杆	根	7500	主楼按每层施工进度
		3.4～3.8m 标准杆	根	10000	地下二层裙房用
		3.9～4.3m 标准杆	根	20000	地下一层和三层裙房用
		4.7～5.1m 标准杆	根	20000	一层、二层裙房用
		其他型号钢管	t	850	四层裙房内满樘架用，分批进
				280	裙房及主楼外架，各 140t
2	扣件	配套	万个	36	按每层的施工进度进场
3	木胶合板	15mm 厚	万 m^2	2.2	裙房暂定 1.2，主楼 1.0，用于楼板梁
4	脚手板	50mm 厚	m^2	1800	主楼 1200，裙房 600
5	木胶合板	18mm 厚	m^2	10000	裙房墙、柱用
6	木方	50mm×100mm	m^3	500	顶板用，主楼 100，裙房 400
		50mm×100mm	m^3	600	竖向结构使用，裙房 600
7	大标准块钢模板	600mm×1500mm； 600mm×1200mm	m^2	4000	主楼钢筋混凝土墙体
8	定型圆弧阳台		套	12	钢筋混凝土主楼施工前

标准层单层材料用量计划表　　表 4-2

序号	分项工程名称	规格型号	单位	工程量
1	钢筋工程	直径 10mm 以内	t	41.4
		直径 10mm 以上	t	38.3
		HRB335、HRB400 级直径 10mm 以上	t	41.2
2	混凝土工程	C30、C40、C50	m^3	686.4
3	砌筑工程	/	m^3	231

2号、3号楼工程主要材料用量总表　　表 4-3

序号	分项工程名称	规格型号	单位	工程量
1	钢筋工程	直径 10mm 以内	t	1315.4
		直径 10mm 以上	t	1157
		HRB335、HRB400 级直径 10mm 以上	t	5886.6
2	混凝土工程	C15～C60	m^3	50760
3	砌筑工程	加气混凝土	m^3	6505
		机制烧结砖	千块	281
4	预应力钢绞线		t	69.3
5	水泥	32.5、42.5 级	t	3128.4
		白水泥	t	42.7
6	砂	中粗砂	m^3	7976.5
		细砂	m^3	44.4
7	石子	12～13 级	m^3	902

4.5 机械设备需用量及进场计划（表 4-4）

施工机械、机具配置情况表　　表 4-4

序号	设备名称	规　格	单位	数量	进场日期
1	自升塔吊	QTZ-5313	座	2	2004.6.10
2	牵引式地泵	不小于 70 型	台	2	2004.8.5
3	插入式振动器	50 型	台	20	2004.5.10
4	平板式振动器	1.1kW	台	4	2004.5.10
5	滚筒式砂浆搅拌机	0.3m^3	台	2	2004.6.20
6	砂浆车	0.1m^3	辆	10	分批进场
7	翻斗车	0.3m^3	辆	1	2005.7.5
8	钢筋切断机	GQ40 型	台	1	2004.7.15
9	砂轮切割机		台	3	2004.7.15
10	钢筋成型机	GJ40 型	台	3	2004.7.1
11	钢筋调直机		台	1	2004.7.15
12	直螺纹加工机械	套丝直径 18～32mm	台	4	2004.7.15
13	木工压刨	双面 600mm 以内	台	2	2004.9.5
14	木工圆盘锯	直径 500mm 以内	台	2	2004.9.5
15	木工平刨	刨宽 300mm 以内	台	2	2004.9.5
16	电渣压力焊机	交流	台	20	2004.9.10
17	电焊机		台	10	2004.7.30
18	气割机具	氧气、乙炔	台	2	2004.12.1
19	双笼施工电梯		台	2	2005.5.10
20	混凝土布料机		台	1	2004.9.10

4.6 劳动力组织情况

劳动力需用量及进场计划如表 4-5 所列。

人力资源配备计划 表 4-5

序号	工 种	人数	人员配备日期	工作范围
1	钢筋工	100	基础钢筋加工时进场	钢筋加工、制作、连接
2	木工	120	根据主体施工进度进场	模板制作、安装
3	混凝土工	80	基础施工时进场	混凝土浇筑、养护
4	瓦工	80	钢筋混凝土主体施工 9 层时进场	室内填充墙砌筑
5	电焊工	20	主体施工前进场	钢筋连接、铁件制安
6	水、电、暖安装工	60	随土建施工进度进场	安装预埋预留
7	架子工	50	基础挡土墙施工前	建筑通道、施工爬梯搭拆
8	电工	6	开工后进场	现场施工用电
9	杂工	6	已经进场	保持整个现场文明施工
10	机械操作工	16	设备安装时进场	电动机械的使用维修保养
11	防水工	30	根据土建进度进场	基础防水、屋面防水施工
12	其他专业工			详专项施工方案

注：专业分包单位的特殊工种未进行统计，劳动力曲线详见施工总体网络计划劳动力曲线表。

5 项目主要施工方法

5.1 测量放线

略。

5.2 地基基础与地下工程

5.2.1 基础概况

本工程地基基础采用复合地基，是 CFG 混凝土桩与天然地基相结合的一种地基形式，主楼部分采用筏形基础，裙楼局部采用独立承台基础，通过 300mm 厚底板与主楼筏形基础相连，筏形基础厚度为 2.1m，属于大体积混凝土。因结构变形需要，基础设有 800mm 宽后浇带；基础向上至±0.00 每层相同位置均留设后浇带。待主体完工后，用高一等级的微膨胀混凝土进行浇筑。

基础防水采用双防水，除自防水混凝土结构的底板及侧壁外，底板下及外侧壁做 4mm 厚 SBS 柔性防水层。

本工程±0.00 层结构梁设计有预应力梁，还有部分预应力梁被后浇带断开，此部分施工工艺将在预应力章节中说明。

5.2.2 施工工艺流程

略。

5.2.3 主要施工方法

(1) 人工清土

人工清土关键技术在于标高控制，地质层土质的校核以及基坑尺寸控制，本部分已编制专项施工方案。

(2) 砂石垫层、大体积混凝土基础施工及基础底板防水施工

本部分重点控制工作是砂石垫层的配合比控制、小型压路机压实控制；大体积混凝土施工的过程控制着重在钢筋工程控制、浇筑方式设计、大体积混凝土养护、测温及保温控制；基础底板防水施工的过程控制主要是原材料控制、基层控制、施工工艺控制以及成品保护等几方面。

(3) 钢筋工程

1) 钢筋支撑方法及保护层垫设

由于主楼大筏板厚2.1m，底板上下层钢筋高差达2.02m，间距较大，为保证基础底板上下层钢筋的位置、间距准确，根据经验及招标答疑文件，采用$\phi22$钢筋马凳，间距1000mm，呈梅花形布置。

梁内受力筋上下层如有双排钢筋者，为保证双排钢筋间距准确，用$\phi25$垫筋相隔，垫筋长度同梁宽，以满足钢筋净距的要求。板的钢筋若为双层双向配置，则两层之间加设马凳筋支撑上层钢筋网片，保证上层钢筋网片的保护层厚度；同样，板负弯矩筋下也做马凳筋支撑或撑脚，用$\phi14$的钢筋加工，按800mm×800mm垫设，一次性投入使用。

梁钢筋的保护层垫块按每60cm间距垫设，板保护层垫块按每80cm垫设。墙、柱钢筋保护层按小于1000mm垫设，垫块为定型环型塑料卡。

2) 关键工序控制

墙体插筋应在浇筑混凝土面以上500mm范围内，绑扎两排水平筋，并在模板上口焊接定位钢筋进行加固，以保证墙体钢筋平直，不产生侧向位移。

柱筋在浇筑混凝土前应拉通线校正找直，通过短钢筋点焊，固定其与模板的相对位置。

墙体钢筋绑扎时，必须在浇筑面下30mm处绑扎通长水平钢筋（有圈梁处可不绑扎水平筋），水平筋的拉结筋及砂浆垫块必须按规定放置；同时，间隔1m用同墙厚尺寸的短钢筋点焊于墙体竖筋上，以保证钢筋同模板的相对位置准确。

基础部分外墙及水池隔墙插筋严格按图纸要求留设，同时基础各层设备基础的预留插筋不可遗漏。

(4) 模板工程

1) 基础砖胎模承台高度在1m以上的采用240mm砖墙作为模板，1m以下的采用120mm砖墙作为模板，砖胎模与护坡间土方及时回填密实，作为混凝土保温及挡土墙，内抹20mm厚水泥砂浆一道，与周边垫层连为一体，避免基坑内水渗入垫层以上；然后，进行外防水施工。砖胎模采用MU10烧结砖、M5水泥砂浆砌筑。

2) 后浇带模板

后浇带模板选用双层钢板网片做模板，该模板可根据要求的后浇带样式随意调整，并在混凝土表面形成微小的楔形接触面，使新旧混凝土结合良好。

(5) 混凝土工程

1) 混凝土的供应及运输

基础底板要求混凝土浇筑能力为50m³/h，全部使用外购商品混凝土，由混凝土搅拌

运输车运输。现场设置两台混凝土输送泵。

2）混凝土的配合比技术要求（表 5-1）

混凝土的配合比技术要求　　表 5-1

项　目	技术要求
水	饮用水
水泥	基础采用低水化热水泥
碎石	石子粒径为 5～20mm，含泥量不超过 1%
砂	中砂，粒径在 0.315cm 以下的砂不少于 15%，含泥量不超过 3%
防水剂	UEA 掺水泥用量的 8%
外加剂	一级粉煤灰，掺量 10%
坍落度	运至现场坍落度为 16～18cm

3）混凝土配合比的计量

全部采用电子计量，派专人进行监督执行，雨期根据骨料含水率，及时调整用水量。

4）基础大体积混凝土浇筑

① 本工程承台混凝土厚度较大（2.1m），根据施工规范，按大体积混凝土考虑。大体积混凝土容易出现的质量问题是产生温度裂缝，裂缝产生的主要原因是由于混凝土内外温差产生的收缩应力和混凝土自身的收缩应力超过了混凝土本身的抗拉强度而产生的裂缝。控制裂缝是大体积混凝土施工的关键，控制裂缝的产生，重点控制水泥的水化热和降低混凝土内部和表面温差。本工程大体积混凝土采用低水化热水泥，并掺加一级粉煤灰，在保证混凝土强度的前提下，减少水泥用量，降低水泥的水化热。

② 浇筑方式：底板浇筑时采用两台地泵（也可汽车泵），浇筑顺序每个施工段均自东向西，呈斜面向前推进，一次浇到底板顶面。

③ 振捣方法：每台地泵布置 3～4 台振动器，第一道振动器布置在出料点，主要解决上部的振捣，最后一道布置在坡角部位，确保下部混凝土的密实。为防止集中堆料，先振捣出料点处的混凝土，形成自然坡度，然后再全面振捣。严格控制振捣时间、振动点间距和插入深度。混凝土泵设专人统一指挥、布料。

同时，对分层的混凝土采用二次振捣技术，即在浇筑上一层混凝土时，先将振动器卧倒，对初凝前的混凝土均匀振捣一次后，立即浇筑混凝土，在振捣上层混凝土时，将振动器再插入下层混凝土 5cm 深振捣。以排除混凝土因泌水在粗骨料、水平筋下部生成的水分和空隙，提高混凝土与钢筋的握裹力，防止因混凝土沉落而出现的裂缝，减少内部微裂，增加混凝土密实度，增加、提高抗裂性。

④ 斜面分层示意如图 5-1 所示。

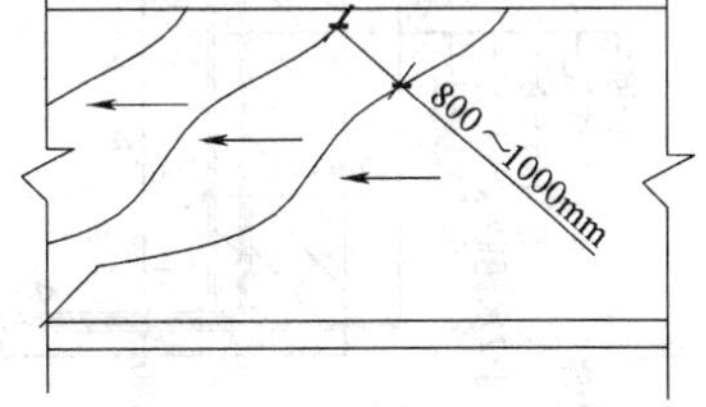

图 5-1　混凝土斜面分层示意图

⑤ 表面泌水处理

由于商品混凝土坍落度较大，在振捣过程中会产生泌水现象。为防止泌水对混凝土外观、质量产生影响，采取在模板上开洞使水排出，用软轴潜水泵将水排出基坑外。

⑥ 表面收平

泵送混凝土表面水泥浆较厚，在浇筑后先按设计标高用长刮尺刮平，用木抹子抹压两遍，然后再在终凝前用木抹子抹压密实并进行拉毛，封闭收水裂缝，终凝后及时养护。

⑦ 混凝土养护

为了保证新浇筑的混凝土有适宜的硬化条件，防止在早期由于干缩而产生裂缝，在混凝土浇筑成型后，覆盖塑料薄膜和双层麻袋进行保温。然后在麻袋上浇水，使其一直处于湿润状态。

⑧ 混凝土测温

测温点的布置具有代表性和可比性，沿浇筑高度布置在底板的底部、中部和表面，间距约为770mm，同一面上点的位置呈正三角形，间距约为20m。用智能电子测温仪进行测温。以准确反映混凝土内实际温升，在温度上升阶段每4h测记一次，温度下降阶段每8h测记一次，同时测记大气温度进行比较。根据测温结果，采取有效措施控制混凝土内外温差不大于25℃，温度陡降不应超过10℃。

⑨ 混凝土试块制作

结合本工程的实际情况，安排每浇筑100m³混凝土时必须做一组标养试块，每浇筑500m³抗渗混凝土做两组抗渗试块，作为28d强度评定的依据；同时，分别做一组同条件养护3d、7d、28d抗压试验试块。

⑩ 施工缝处理

若因暴雨等不可抗力因素影响，造成施工缝的，在施工缝上浇筑混凝土前，应将混凝土表面凿毛，清理杂物冲净并湿润，再铺一层2～3cm厚的同一配合比的减石子混凝土，而后再浇筑混凝土。

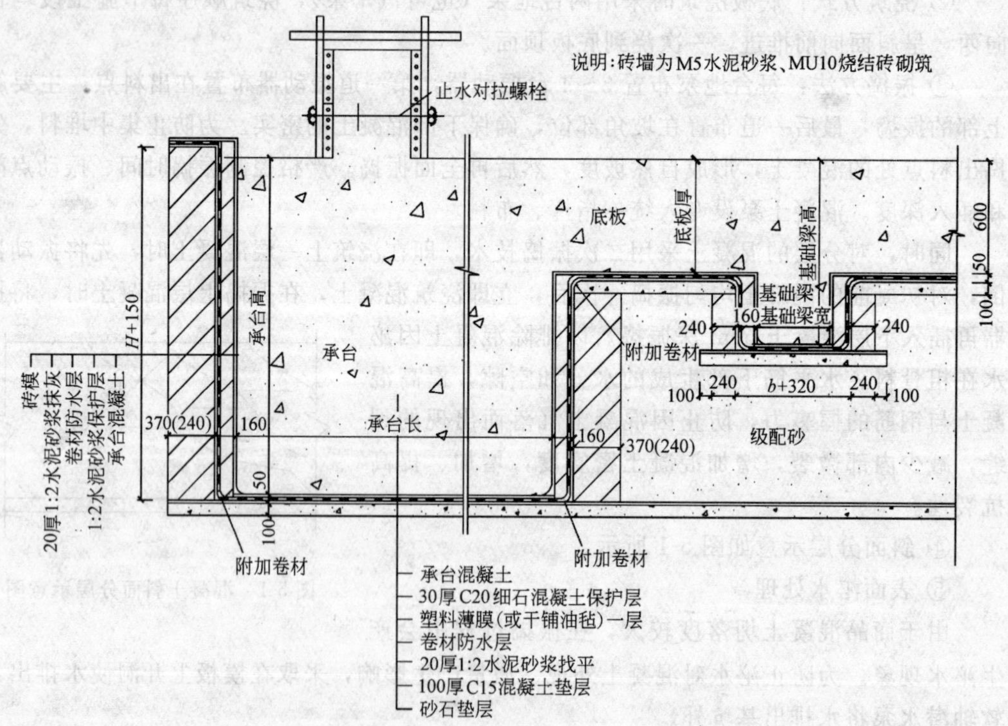

图5-2 底板的侧面及地梁侧面防水做法（单位：mm）

（6）地下室外墙防水

施工方法略，各类节点防水的做法如下：

1）底板的侧面及地梁的侧面防水做法如图 5-2 所示。

2）地下室外墙与底板防水的连接大样如图 5-3 所示。

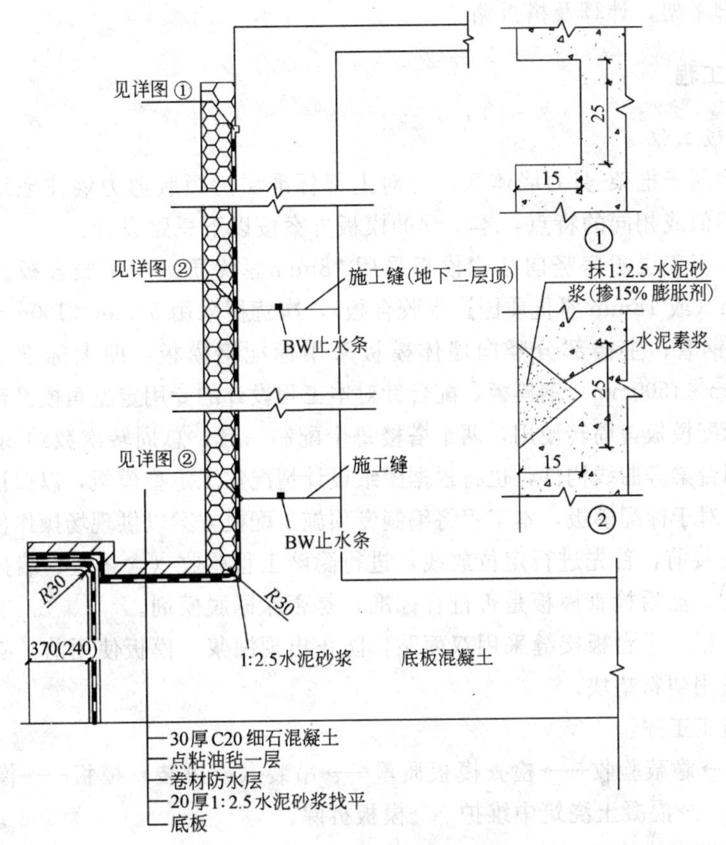

图 5-3　细部处理方法（单位：mm）

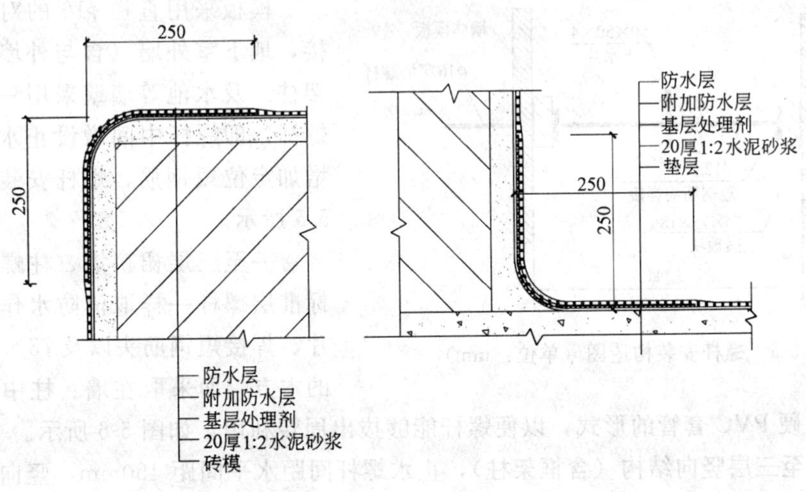

图 5-4　防水层阴阳角做法（单位：mm）

3）防水层阴、阳角做法如图 5-4 所示。

（7）地下室回填土

略。

（8）地下室及裙房外架

采用双排脚手架，计算及搭拆略。

5.3 结构工程

5.3.1 模板工程

本工程结构属于框架-剪力墙体系。针对上部标准层为短肢剪力墙住宅结构，标准层多，墙体截面相似或相同的特点，本工程的模板方案按以下思路设计：

地下室及一至三层裙房竖向结构模板采用 18mm 厚优质国产木胶合板，梁板等水平构件采用 15mm（或 18mm 厚优质国产木胶合板），次背楞采用 50mm×100mm 木方，主楞采用 $\phi48\times3.5$ 钢管；主楼部分竖向墙体模板采用标配钢模板，即大标准块（600mm×1200mm，600mm×1500mm）钢模板，配合针对本工程设计的专用定型角模及部分非标模板组成一层竖向标配模板，周转使用，两个塔楼每个配制一套，总周转次数约 30 次左右。对于标准层圆弧阳台梁等曲线构件，也将根据图纸设计情况加工定型模板，以保证构件截面尺寸和观感质量。对于标配模板，本工程将编制专项施工配模方案以供现场操作使用。

模板支设安装前，首先进行定位放线，进行隐蔽工程验收（含垫块、墙拉筋埋件、安装工程埋件）后，然后检查模板是否符合标准，是否涂刷脱模剂。

混凝土墙、梁、平台板接缝采用双面贴，防止出现漏浆。模板使用前，必须涂刷脱模剂。钢筋垫块采用塑料垫块。

（1）模板施工工序

模板放线⟶隐蔽验收⟶检查模板质量⟶吊装（或拼装）模板⟶模板连接、加固⟶模板校验⟶混凝土浇筑中维护⟶模板拆除。

（2）针对性节点措施

1）框架柱、剪力墙（含地下室外墙）模板体系

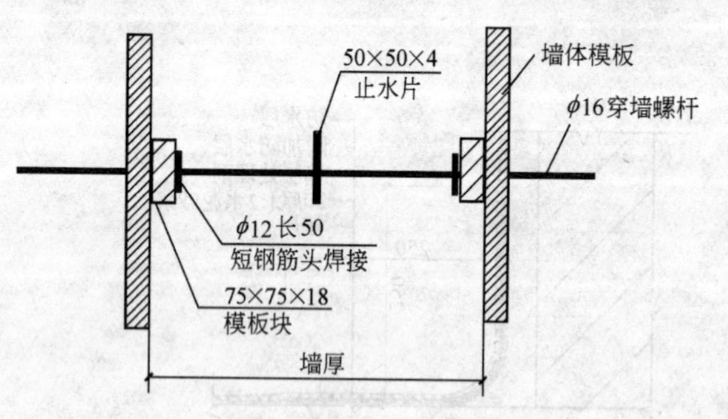

图 5-5 螺杆安装构造图（单位：mm）

模板采用直径 $\phi16$ 的对拉螺栓连接，地下室外墙（含与外墙相连的框架柱）及水池等墙壁采用一次性防水螺杆，即螺杆中间增设止水片，两端增加定位短钢筋，螺杆安装构造如图 5-5 所示。

一至三层裙房墙、柱螺杆同地上标准层螺杆一样取消防水作用的止水片、焊接短钢筋头以及 75×75×18 厚的木方，而采取在墙、柱中间埋设直径 20mm 的硬 PVC 套管的形式，以便螺杆能够拔出周转利用，如图 5-6 所示。

地下室至三层竖向结构（含框架柱），止水螺杆间距水平间距 450mm，竖向间距底下 6 排间距 450mm，上部间距 600mm，竖向间距如图 5-7 所示。

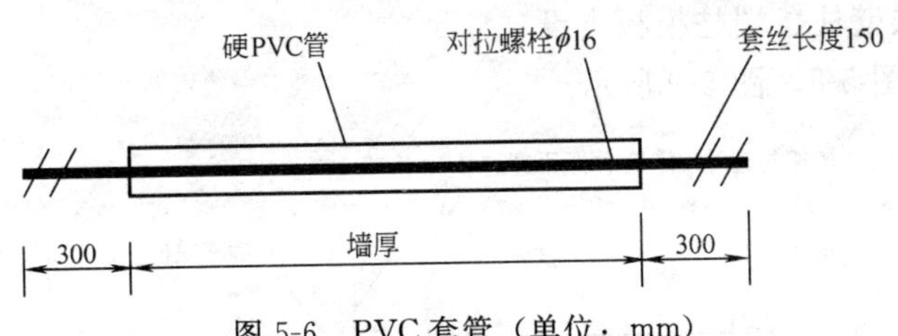

图 5-6 PVC 套管（单位：mm）

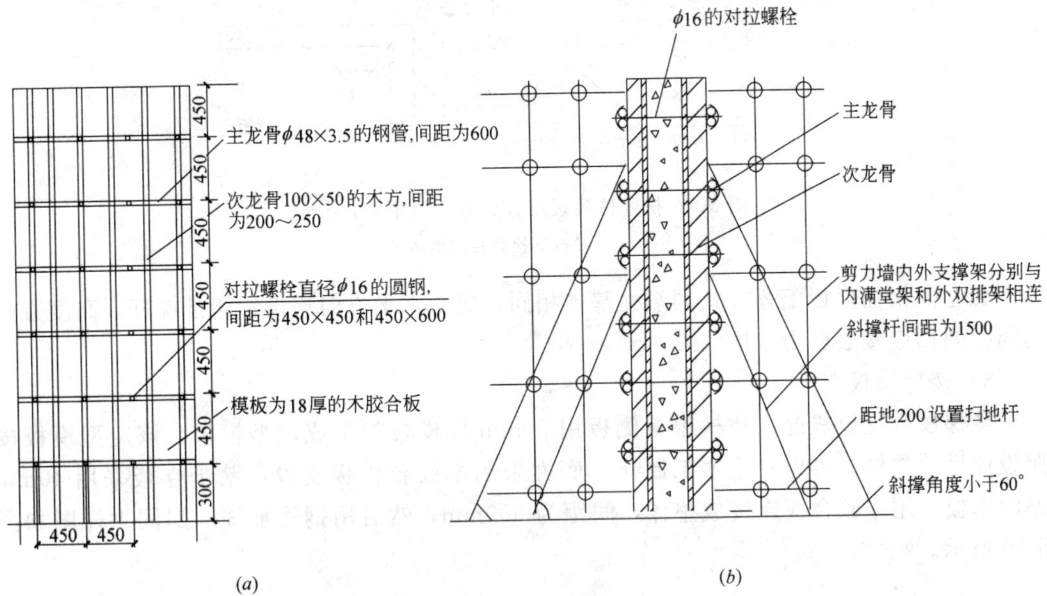

图 5-7 地下室至三层竖向结构模板支设图（单位：mm）

（a）墙体模板立面图；（b）墙体模板剖面图

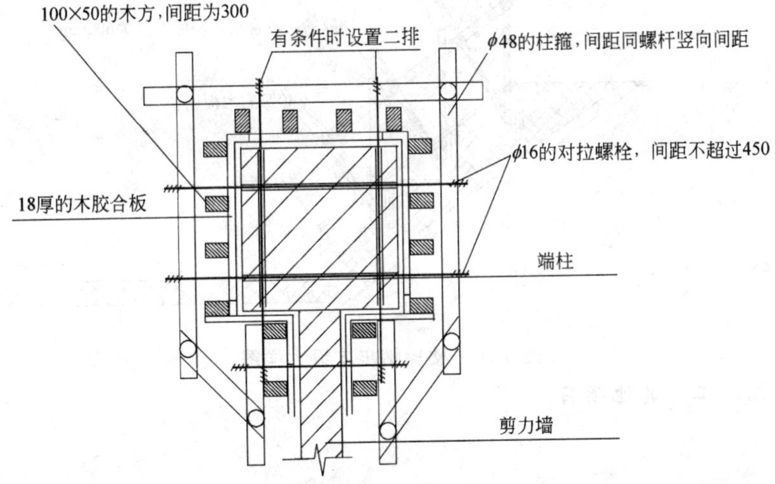

图 5-8 端柱模板配置大样图（单位：mm）

标准层对拉螺杆的设置间距为不超过 600mm×600mm，并根据模板标配图进行个别设计。

2）框架柱、扶壁柱、端柱模板支设

支设大样图如图5-8、图5-9所示。

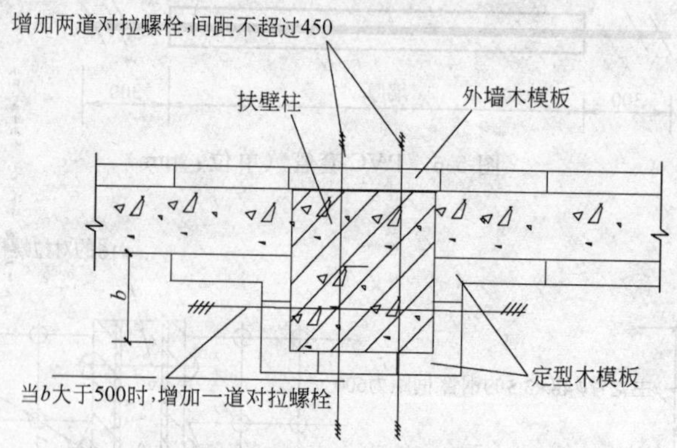

图5-9　扶壁柱模板配置大样图（单位：mm）

注：对拉螺栓直径同墙体

独立框架柱模板配置方式同端柱基本相同，每个水平方向均设置两排螺杆，高度方向的间距同相应楼层剪力墙体。

3）楼梯模板支设

楼梯模板支设概况：楼梯模板侧板用50mm厚模板加工成定型模板，该定型模板按照设计尺寸放样，再由专业木工制作，底模采用木胶合模板支设，踏步立板采用40mm厚的木板，用木胶合板连接成整体，间距为500mm，然后用钢管加固。加固大样图如图5-10所示。

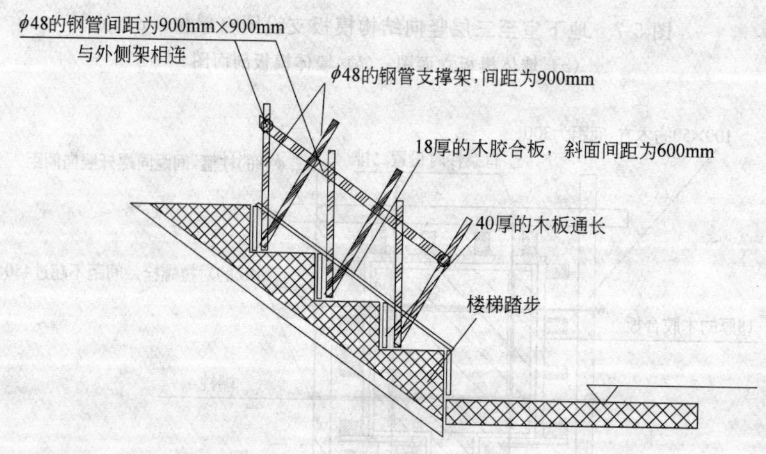

图5-10　楼梯踏步支设大样图

5.3.2　结构工程其他项目

略。

5.4　屋面工程

5.4.1　设计概况

本工程屋面主要是三层裙房顶屋面、二十八层屋面和水箱间、电梯机房屋面，屋面防水等级为Ⅱ级，柔性防水材料采用 SBS。一层出入口雨篷和小面积雨篷分别采用了 SBS 防水卷材和无机铝盐防水砂浆防水。

5.4.2 屋面防水施工重点要求

首先做好堵洞、管根、阴阳角基层处理。找平层与突出屋面结构边连接处，均做成半径不小于 100mm 的圆弧或斜边长度为 100mm 的钝角，凹槽内抹灰成 45°（立面抹灰高度不小于 250mm）。排水口周围应做成半径为 500mm 和坡度不小于 5%杯形洼坑。

在女儿墙、落水口、管根、檐口、阴阳角等细部先做附加层，严格按照《屋面工程质量验收规范》GB 50207—2002 施工。

从屋面最低标高处开始，逐幅顺序向屋脊方向铺贴，用汽油火焰喷枪热熔卷材粘贴面的热熔胶，并滚动卷材，使其直接粘于找平层上。搭接缝口处、卷材收头处均用密封材料封口。

5.5 装饰工程

5.5.1 土建、装饰、安装交叉配合原则及措施

(1) 结构施工与装修的插入交叉施工原则

工程工期较紧，为解决总工期紧张的关键在于初装修施工的提前插入，因此，结构采取分阶段验收的方法，在主体结构框架施工到九层时，即插入地下室的抹灰、砌筑、管道安装和地上砌筑工作，在施工中，将重点解决以下交叉矛盾。

1) 工作面的交叉

装饰插入后要与结构工作面适当隔离，以不影响结构施工为原则，当主楼主体先行施工到九层后，可从地下室开始进行装饰及安装工程的施工。

2) 装饰与水电安装之间的交叉施工

土建装饰与水电通风等安装之间的交叉施工，历来是工程中最尖锐的矛盾。须统筹安排，重点解决。

(2) 内外装修的交叉施工

遵循先外后内的总原则。外墙装修是网络计划中的关键线路，一切内部工作要为此提供条件和工作面。整个装修工程贯彻以“样板”引路的方针，各个工序必须先按设计图的样板做样板工序，做“样板间”。得到质检、监理、甲方、质量监督站认可后，方可大面积施工。

5.5.2 装修施工顺序

(1) 内装修

1) 内装修遵循先上后下的工序和先房间后走道的施工程序，土建装饰和机电安装等专业设施安装使用统一的标高线（设计建筑标高＋50cm 线）。

隔墙砌筑⟶安装门、窗框⟶地面清理⟶厕浴间防水⟶内墙面初装修⟶楼地面、踢脚、墙裙⟶内墙面层⟶吊顶⟶收尾。

2) 无吊顶房间装修施工工序

放线⟶穿套管⟶墙面修整⟶顶棚初涂料⟶安电气管、线盒⟶顶棚中涂料⟶木作油漆⟶顶棚终涂料⟶水电、开关安装⟶墙面饰面⟶地面饰面板施工。

3) 有吊顶房间装修施工工序

放线→顶棚龙骨→水电管线→顶棚板→木作装饰→水电安装→墙面饰面→地面饰面板施工。

4）卫生间装修施工工序

放线→水电管线→墙、地面孔洞修整→地面防水→防水保护层→地面防滑砖→墙面瓷砖→卫生洁具→电气安装→五金配件→门油漆。

（2）外装修施工工序

屋面防水→外窗→外墙装饰→外架拆除→室外台阶、散水→收尾。

5.5.3 施工工艺

（1）总体要求

本工程中装饰种类多、工程量大，必须保证一次交验合格。因此，在进度安排上，先施工对影响工期长、工程量大的装饰工程，配合建设单位主管部门对装饰材料品种、颜色、价格等逐步确定，并按设计要求施工样板间。装饰所需材料必须是优良产品。装饰各专业要互相配合，成品由专人负责看护，保证以优良高速完成装饰施工任务。砌筑施工时，要配合安装工程布置线管，严禁漏放和事后剔凿放置。

（2）冬期施工

1）冬期抹灰砂浆应采用热水拌合，并采取保温措施，涂抹时砂浆温度不宜低于5℃。

2）砂浆抹灰层硬化初期不得受冻，喷、滚、弹涂层未硬化前不应受冻。

3）大气温度低于5℃时，室外抹灰砂浆中可掺入能降低冻结温度的食盐和氯化钙等，其掺量由设计决定，外加剂掺量及品种根据试验确定。

4）用冻结法砌筑的墙，室外抹灰应待其完全解冻后再抹灰，不得用热水冲刷冻结的墙面，或用热水消除墙面的冰霜。

5）为防止灰层早期受冻，抹灰砂浆不得掺入白灰膏，为增加砂浆的和易性，可用同体积的粉煤灰代替。

5.6 门窗工程

5.6.1 设计概况

本工程采用塑钢窗，裙房部分12mm厚无框钢化玻璃，住宅部分选用银灰色塑钢框，净白中空玻璃，外墙窗（除阳台封窗）均加纱窗扇。

室内门分为常用木门、二次装修门和木质防火门等几种，防盗门由甲方自定。

5.6.2 塑钢门窗安装工艺

（1）工艺流程（图5-11）

（2）安装方法（略）。

5.7 现场垂直、水平运输

根据工程场地条件，本工程所有的水平运输和垂直运输均需通过塔吊和施工电梯完成，根据进度计划安排本工程拟投入的机械设备有：

① QTZ5313塔吊两台，该塔吊最大臂长53m，后臂长12m，最大高度140m，最大起重量6t。

② 双笼施工电梯两台，拟布置在南北两侧坡道上，一层进出料口采用倒进方法，即

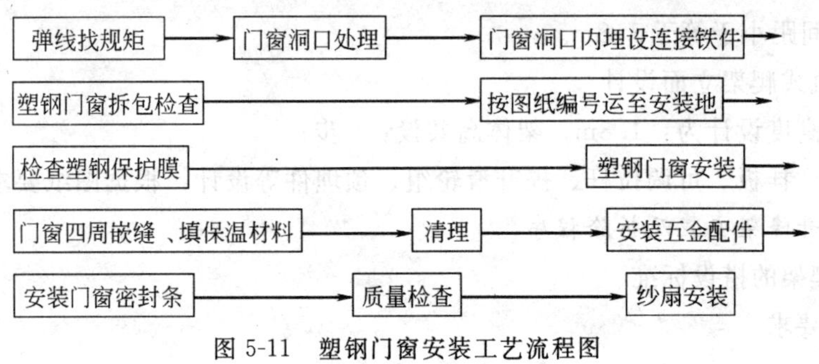

图 5-11 塑钢门窗安装工艺流程图

从一层裙房内进出，解决两栋主楼的材料运输问题。

5.8 架子工程

5.8.1 本方案设计特点

(1) 导轨式爬架架体一次性搭设 4.5 倍标准层高。

(2) 导轨式爬升机构多点附墙，保证架体荷载有效地传递到建筑结构，对单点单层建筑结构强度要求不高。

(3) 导轨式爬升机构具备垂直导向及防止架体外倾功能。

(4) 导轨式爬架架体在升降及使用工况下具备防坠功能。

(5) 导轨式爬架架体的竖向框架和水平桁架的设计和搭设，符合建设部 JGJ 59—99 标准规定。

(6) 可按施工要求，架体进行分片升降。

5.8.2 主要技术参数

(1) 搭设高度 4.5 倍标准层高度；

(2) 步距 1.8m；

(3) 立杆纵距 0.9m；

(4) 立杆间距小于等于 1.8m；

(5) 机位间距小于等于 7.2m；

(6) 内立杆中心线离外墙间距大于等于 0.35m，小于等于 0.8m；

(7) 允许施工荷载：主体 $3kN/m^2$；装修 $2kN/m^2$；升降 $0.5kN/m^2$；

(8) 升降速度 0.08m/min；

(9) 升降机额定起重量 5t；

(10) 每台升降机额定功率 0.75kW。

5.8.3 方案设计

(1) 导轨式爬架平面设计

本专项工程 2 号楼投入提升机构 39 套，3 号楼投入提升机构 38 套，参照标准层平面图。由于单层面积比较大，阳台圆弧比较多，工人作业面过于分散，整体提升工人施工强度大，因此，这两栋楼的外爬架均采用流水段分片升降施工方式，能够充分满足施工需要，确保施工安全。

1) 内外立杆中心宽度 900mm；

2）立杆间距小于等于1.8m。

（2）导轨式爬架立面设计

1）每步高度设计为：1.8m；架体高共设：8步；

2）导轨、挂板、可调拉杆、提升滑轮组、预埋件等设计，根据图纸要求选定。

5.8.4　升降架安装及拆除程序

（1）外爬架的搭设标准

A. 材料要求

略。

B. 技术要求

外爬架的搭设必须严格按照施工组织设计中的外爬架机位布置平面图的要求施工，搭设过程中如有修改和变动，应由原方案设计人进行补充或修改。外爬架搭设单元最大跨度为8m，步高为1.8m，架体宽度为0.9m，立杆垂直度控制在1.5/400范围内。每面脚手架横杆高低相差小于30mm，架体的大剪刀撑为每榀架均设，角度为45°～60°之间。

（2）导轨式升降架的施工工艺及操作规程

1）导轨式升降架的施工工艺流程如图5-12、图5-13所示。

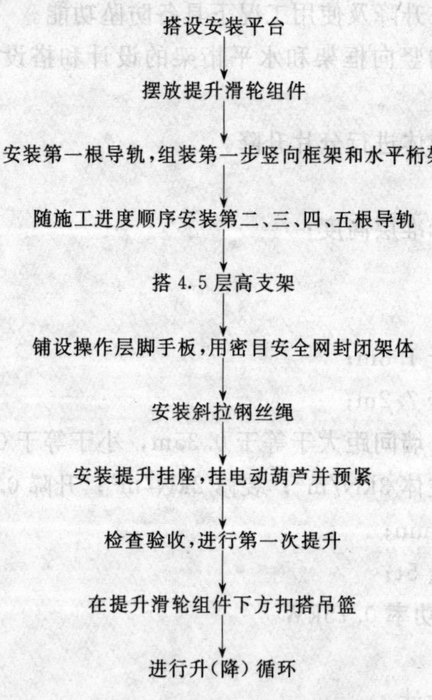

图5-12　导轨式爬架安装工艺流程图（一）

2）标准双排架的搭设方法

桁架以上的立杆即为冲天管，每步脚手架高为1.8m，共搭设7.5步，为4.5层楼高，大横管用十字扣装于两冲天杆内侧，横旦管用十字管扣装于牵管下方并扣在立杆上。其搭设步骤为：首先安装好水平桁架，调平后，用钢管进行固定，安装水平桁架以上冲天管，

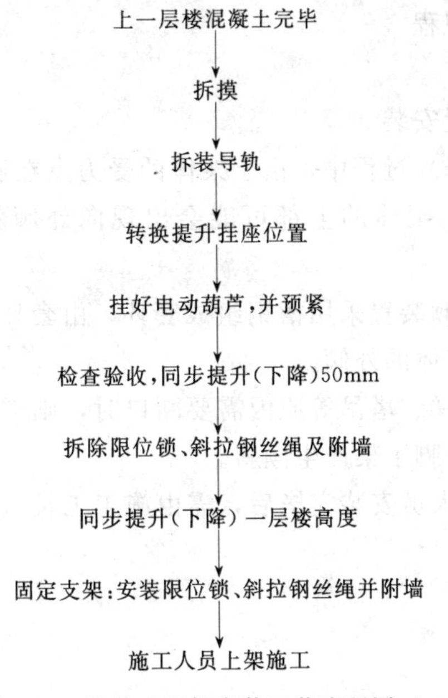

图 5-13　导轨式爬架安装工艺流程图（二）

再装大横杆及小横杆，铺设脚手板与挂安全网。架体搭设，扣件必须锁紧牢固，要求其紧固力矩应保持在测力扳手的实测的 45～65N·m 范围内。

3）升降脚手架的安全围护

外爬架的安全防护措施必须稳固有效，底部靠墙距离为 50cm，全部为安全网及木板所封闭，外爬架外侧须采用竹笆与防火细眼密目网全封闭挂设，安全网应平直扎牢，跳板竖挡笆应按要求安放，并用 18 号钢丝扎牢。

4）临时拉结

外爬架交付施工使用时，应将提升滑轮组固定好，上好限位锁夹、临时拉杆、紧固螺栓后，方允许进入正常的施工，要求每榀架体上、下、左、中、右不得少于 6 处硬拉结。如遇有台风警报，必须另增加一倍的临时拉结，以确保施工安全。

5）电控升降系统

外爬架要求每幢架体必须搭设一个控制室，控制室搭设必须规范，有防雨、防晒功能，控制室有门，并挂好锁。电控柜接线规范，外壳应有接地线。控制台应性能良好，调试复检符合安全使用要求，严禁带电移动电控柜，总电源进线必须安装漏电自动保护开关。

6）分片下降措施

本外爬架如因施工需要（如施工电梯阻碍等原因），要求做单片下降时，必须采取措施，防止在单片下降时因重心偏移而倾斜，此时，可在断口两边增加一套防外倾装置，使外爬架保持垂直状态，确保施工安全。

7）外爬架承载要求

外爬架正常活荷载参照国家外墙脚手架规范，主体施工荷载为 $3kN/m^2$；外装饰时外爬荷载为 $2kN/m^2$ 且为均布荷载；升降时荷载为 $0.5kN/m^2$；并不得使用集中荷载和偏心荷载。

(3) 外爬架施工操作规程

略。

(4) 外爬架防外倾装置安装

外爬架在提升（或下降）过程中，由于架体的受力点在底部桁架部分，提升（下降）时，架体的重心发生位移，架体的上部可能会出现向外倾斜，因此，必须设置防外倾装置。

1）本工程设置的防外倾装置采用槽钢组成套环，由套环固定架体上，套环扣在导轨上，达到拉结架体，防止架体的外倾。

2）外爬架若遇人货电梯、塔吊等原因需要断口时，则需在断口处的两边各增加一套防外倾装置，以防止断口处脚手架产生倾斜。

3）防外倾装置经操作人员安装完毕后，需由施工工长检查验收，方可投入提升或下降施工。

5.9　设备安装工程

5.9.1　设计概况

安装部分包括给排水系统、防排烟、采暖系统和电气照明配电系统及防雷接地系统。

5.9.2　主要施工步骤

(1) 配合土建阶段：主体结构封顶前，主要进行各专业与土建的配合，管道专业主要是配合土建预留过墙及楼板孔洞、预埋套管。电气专业主要是防雷接地系统的配合及电气预埋管线和预留洞的配合，通风专业主要是配合土建预留洞、下料、预制风管等。

(2) 主体安装阶段：各专业根据土建结构完成情况逐步进入主体安装阶段。管道专业按3个小组考虑，分别负责给水、排水系统安装和采暖系统安装。电气专业按2个小组考虑，分别负责动力、照明、防雷。防排烟通风专业一个班组，负责防排烟风管制做安装。

(3) 收尾阶段：作为配合装修试运、验收。管道专业主要进行收尾工作，做好水龙头安装、卫生洁具管道的清洗及通水验收。通风专业主要配合装饰进行风口等安装和系统试运行验收。电气专业主要进行灯具安装及通电试运行验收。

5.9.3　主要施工方法

略。

5.9.4　系统调试及综合调试

(1) 专业系统调试

1）给排水、采暖交验前要做好各部位的调试，做好自检记录、水压试验、通水通球、管道冲洗消毒、闭水试验、卫生器具满水及通水试验。

2）电器及防雷：做好交验前电缆、电线绝缘电阻测试，避雷及接地装置接地电阻测试，漏电保护器模拟漏电测试，配电箱、插座、开关接线（接地）通电检查。

3）防排烟交验前编制调试方案，先做好自检、互检、设备单机试运转和无生产负荷下的联合试运行调试，旁站观察、做好现场记录。

(2) 综合调试

给排水、采暖全系统充水、加热，进行调试、观察、测量，室温应满足设计要求。

5.10　特殊项目

本工程属特殊项目的有预应力工程、高性能混凝土和转换层施工，为保证工程质量，我们对该部分采取考察学习──→深化设计──→专家论证──→方案设计──→专家论证──→组织实施的程序进行，每一项我们都将出深化设计图纸和专项施工方案，并将QC活动贯穿其中，以达到科学策划，精心组织，保证工程过程安全和质量可靠。

5.10.1　预应力工程

(1) 工程概况及预应力技术施工特点

1) 工程概况

本工程在一、二、三层及转换层梁中采用了预应力框架梁，预应力筋采用了1860高强低松弛预应力钢绞线，$f_{ptk}=1860MPa$。预应力混凝土强度等级C50。

2) 预应力工程设计的必要性

① 框架-剪力墙结构中跨度较大，使用预应力可以减小框架梁的有效截面高度。

② 通过预加应力，抵消或部分抵消框架梁的挠度，减少梁的变形。

③ 通过预加应力，减少框架梁在使用过程中产生裂缝。

④ 预应力结构形式比其他结构形式更为经济，效用也最为突出。

3) 本工程施工难点

① 预应力梁体量大，梁截面大，最大达到1200mm×2000mm。

② 梁板中设计有后浇带，一些预应力梁被后浇带断为两部分，所以无法实现一次张拉，故大量的措施材料占用时间较长。

③ 转换层需承受上部传下的荷载，根据施工进度荷载传递量不同，所以张拉也不能一次到位，需根据经验逐步加荷。

4) 降低预应力工程造价的措施

① 预应力分段张拉。根据后浇带布置情况，将预应力梁分段错开，后浇带部分后张拉，具备条件的先张拉。

② 完善深化设计，在深化设计过程中解决好预应力筋搭接、张拉端形式选择（如斜向张拉等）、补偿预应力损失及防反向裂缝的粘结钢筋（胡子筋）等。

③ 转换层的张拉根据上部荷载增加情况分时间段张拉，以防止预加应力的过高或过低造成梁体开裂，因此，对施工及设计经验要求相当重要，深化设计必须严谨、科学。

5) 初步设计、结构施工与深化设计配合

① 深化设计方面需初步设计提供相关的荷载及深化设计一些具体要求。

② 内外锚形式的确定，需结构设计与建筑设计相结合，外立面采用外锚需做建筑处理，内锚则需结构对梁柱纵向钢筋进行局部调整。

③ 结构施工的工期、支撑及模板加固方法等需满足深化设计要求。

(2) 预应力施工组织总体安排和进度计划

1) 技术准备

① 深化设计

工程需对设计图纸进行深化设计，计划完成日期为2004年9月30日。

② 施工方案设计

根据设计图纸及现行规范编制预应力施工方案；绘制预应力施工详图；完成日期为2004年10月15日。

③ 准备预应力材料进场前的检验和试验资料；根据总体进度计划安排。

④ 向业主、监理报送有关施工资料。

⑤ 同现场配合工种进行交接和技术交底。

⑥ 组织预应力分项施工人员熟悉图纸，熟悉现场情况。

⑦ 向作业人员进行技术和安全交底。

2）劳动组织及机械、材料、进度计划

预应力工程的劳动组织应充分考虑预应力施工的特点，即：存在各工种之间同时交叉作业，铺放时间限制严格，预应力筋张拉可能受工期约束等，根据综合考虑，确定本工程预应力施工劳动力安排，见表5-2所列。

预应力劳动力需用量计划　　表5-2

工　种	波纹管和预应力筋铺放	预应力张拉灌浆
人数	10～20人	30人

3）材料准备

预应力钢绞线按照施工图纸规定进行下料，下料长度＝曲线长度＋n×张拉长度。预应力筋下料应用砂轮切割机切割，严禁使用电焊和气焊。然后，将各种类型的预应力筋按照图纸的不同规格进行编号堆放。

4）进度计划

预应力筋、波纹管、锚具及配件均按照图纸具体要求在专业厂家加工车间内提前加工组装并及时运到工地现场。进度上做到与总体施工进度相一致。

本工程预应力的施工进度控制应配合土建总的结构施工进度，做到在保证质量前提下，与同层的钢筋工程同步穿插进行，尽量少占工期，要保证预应力筋、波纹管、锚具、承压板、螺旋筋等材料供应充足、及时。预应力筋铺放不拖工期，不耽误混凝土的正常浇筑。混凝土强度达到张拉设计要求，且具备混凝土强度试验报告单及张拉端张拉条件后，立即张拉，不占用过多模板。

(3) 成品保护

当预应力筋、波纹管、锚具及配件运到工地，铺放使用前，应将其妥善保存放在干燥、平整的地方，下边要有垫木，上面采取防雨措施，以避免材料锈蚀。锚具、配件要存在室内，波纹管的存放应注意堆放整齐，按规格分类，避免长期受潮，切忌砸压和接触电气焊作业，避免损伤。

(4) 材料节约措施

各型号预应力筋严格按图纸定长下料，张拉端外露长度控制在规范范围之内；预应力筋专用架立筋按梁宽投影长度下料；波纹管按模数下料，降低损耗；张拉用锚具由专人负责发放，做到一孔一锚；夹片用橡胶圈套好后再装入锚具，防止丢失。

(5) 预应力梁施工方法

1）施工程序（图5-14）

2）预应力梁施工流程

放线、编束──→支设梁底模、起拱（0.5‰）和校正底标高──→绑扎非预应力筋──→

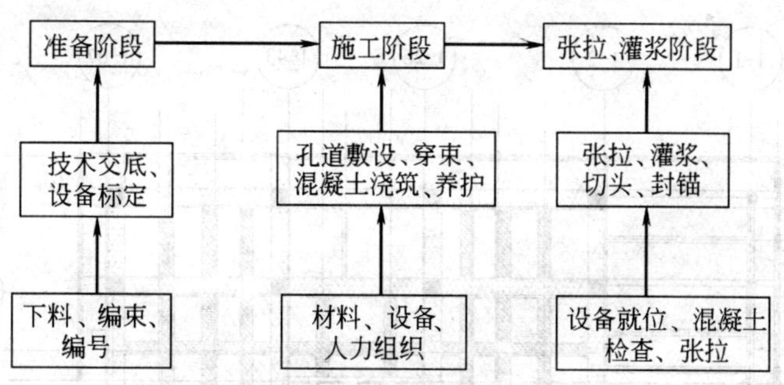

图 5-14 预应力梁施工程序

划预应力筋坐标位置、焊接定位筋——→孔道敷设、固定——→安装螺旋筋——→安装梁侧模穿束——→支设张拉端模板、安装出气孔——→自检、修补、验收——→混凝土浇筑、养护——→混凝土试块强度检测——→梁侧模、板底模拆除——→锚具复检——→张拉——→灌浆——→封锚——→拆除梁底模和支架。

3）预应力标准施工工艺

预应力工程的施工工艺将单独编制专项施工方案。

（6）预应力施工验收和技术资料

1）预应力专项工程施工

预应力施工按照《混凝土结构设计规范》（GB 50010—2002）、《混凝土结构工程施工质量验收规范》（GB 50204—2002）的有关规定。

2）应提供的技术资料

① 钢绞线出厂合格证及复验报告和检查资料；

② 锚具出厂合格证及复验报告；

③ 油泵、千斤顶标定试验单；

④ 张拉记录；

⑤ 灌浆记录；

⑥ 预应力隐蔽记录；

⑦ 分项工程质量评定表；

⑧ 施工图纸和技术函件。

5.10.2 高性能混凝土

根据图纸设计要求，本工程应用了 C60 混凝土，应用部位为 17.25m 以下框架柱。对高性能混凝土的控制主要应从原材料控制、配合比设计和混凝土养护三方面考虑。其他如运输及浇筑等与普通混凝土基本相同。

（1）原材料控制：水泥应用 42.5 级的普通硅酸盐水泥，粗骨料最大粒径 25mm，且应为精选的碎石或卵石，针片状颗粒含量不大于 5%，含泥量不大于 0.5%，泥块含量不大于 0.2%，其他质量指标应符合现行行业标准《普通混凝土用碎石或卵石质量标准及检验方法》JGJ 53 的规定。细骨料的细度模数宜大于 2.6，含泥量不大于 2%，泥块含量不大于 0.5%。其他质量指标应符合现行行业标准《普通混凝土用砂质量标准及检验方法》JGJ 52 的规定。掺入的高效减水剂应符合相应规范要求。

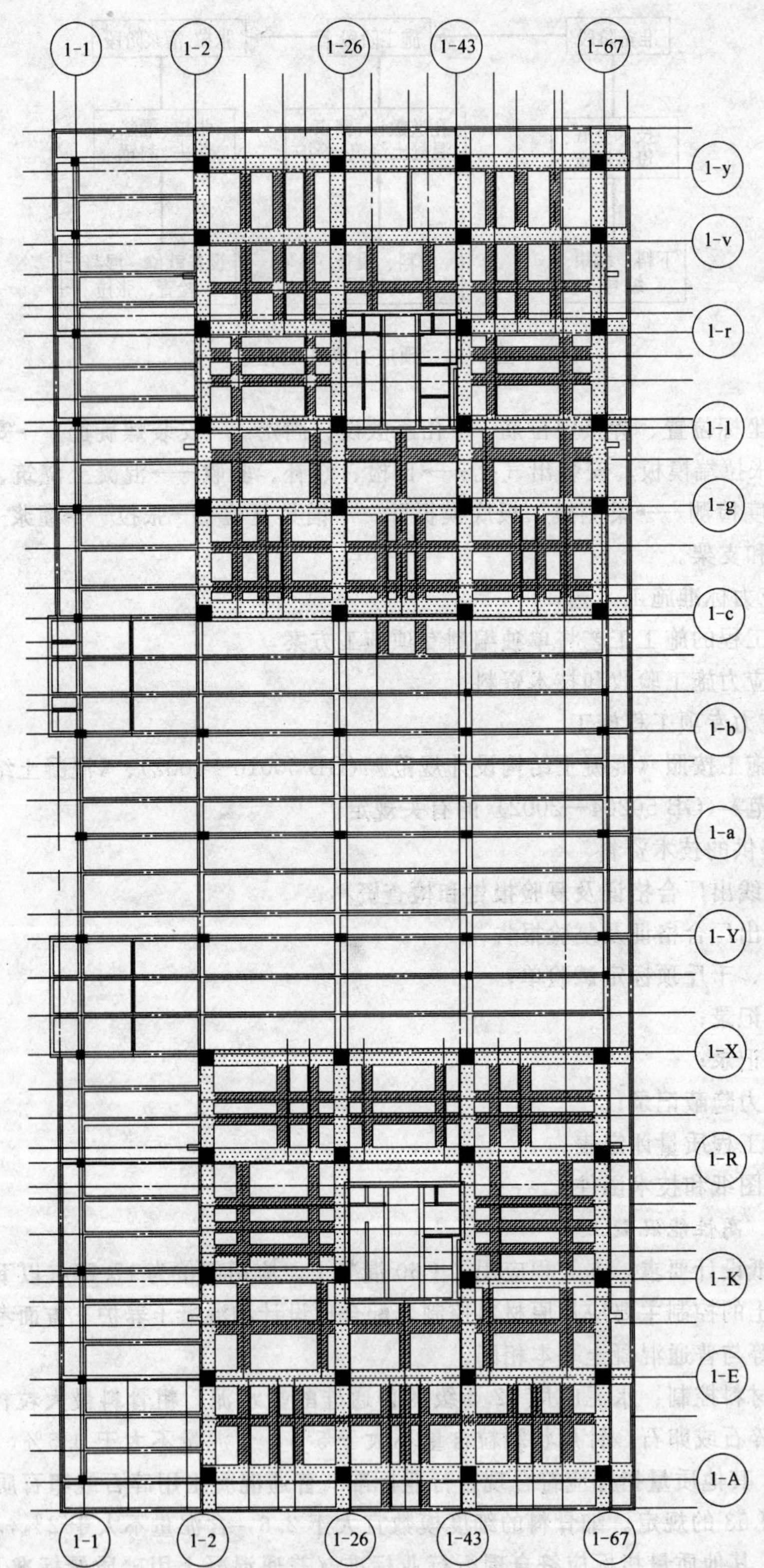

图 5-15 结构转换层梁板设计方案

（2）高性能混凝土配合比设计过程中，应综合考虑混凝土的工作度和可泵性。主要控制指标为水灰比、坍落度、和易性、流动性等。根据经验和规范要求进行判断。

（3）高性能混凝土的养护期跨跃一个冬期施工期，冬期施工时根据冬期施工方案进行养护，其他时间的养护采用一层或二层岩棉被包裹，并喷水养护。

5.10.3　转换层施工方案

（1）工程概况

1）设计概况

结构转换层梁板顶标高 17.250m，板厚 250mm，主框架大梁高 2m，宽度大部分为 1.2m，井字次梁高 1.8m，宽度主要为 1m 和 0.8m，具体布置如图 5-15 所示。

转换层为三层顶板，三层底板板厚 150mm，配筋（受力筋）ϕ12@200mm，主梁截面 400mm×800mm（大部分），受力钢筋 4ϕ25（带预应力），次梁截面 400mm×700mm，受力钢筋 4ϕ25；二层底板板厚 150mm，配筋（受力筋）ϕ12@200mm，主梁截面 400mm×800mm（大部分），受力钢筋 4ϕ25（带预应力），次梁截面 400mm×700mm，受力钢筋 4ϕ25；一层底板板厚 200mm，配筋（受力筋）ϕ10@100mm 双层双向，主梁截面 400mm×800mm（大部分），受力钢筋 4ϕ25（带预应力），次梁截面 400mm×700mm，受力钢筋 4ϕ25mm；负一层板厚 250mm，ϕ12@150mm 双层双向，主次梁截面均为450mm×800mm，受力钢筋 4ϕ25mm；负二层底板为地下室底板。

2）环境条件

A. 现场条件

施工现场相当狭窄，如平面图所示，通过照片可以看出，现场四周无法存放混凝土运输车，混凝土地泵泵管的接设也需通过中间扶梯部位通到浇筑层（图 5-16）。

B. 气候条件

转换层混凝土浇筑时间约为 2005 年 1 月 25 日，处于冬期施工时间，根据郑州市历年天气情况，该期间天气平均温度较低，约为－5℃，极端最低温度－18℃左右。施工期间将提前一周根据天气预报信息，做好浇筑及养护保温措施准备。

C. 技术准备条件

a. 设计方面

目前转换层设计方面已全面完成，框架柱、墙、楼梯与梁板的混凝土强度等级均为 C50 并掺加杜拉纤维。其他设计细部节点与设计沟通解决。

b. 技术方案

技术方案初稿已准备充分，专家论证后进行修编定稿。QC 小组活动已就绪，前期调研及学习资料融入施工方案。

c. 现场技术交底

待转换层方案批准后进行，材料方面可提前进行。

D. 材料准备条件

转换层材料分为三方面，辅助材料、周转材料和实体材料。周转材料主要有：钢管、扣件、模板、槽钢、顶托、底座（或 30mm 厚宽木）；实体材料主要有钢筋和混凝土；辅助材料主要有中砂。

a. 周转材料主要用于地下二层到地上三层的支撑加固材料、模板料等，槽钢用于三

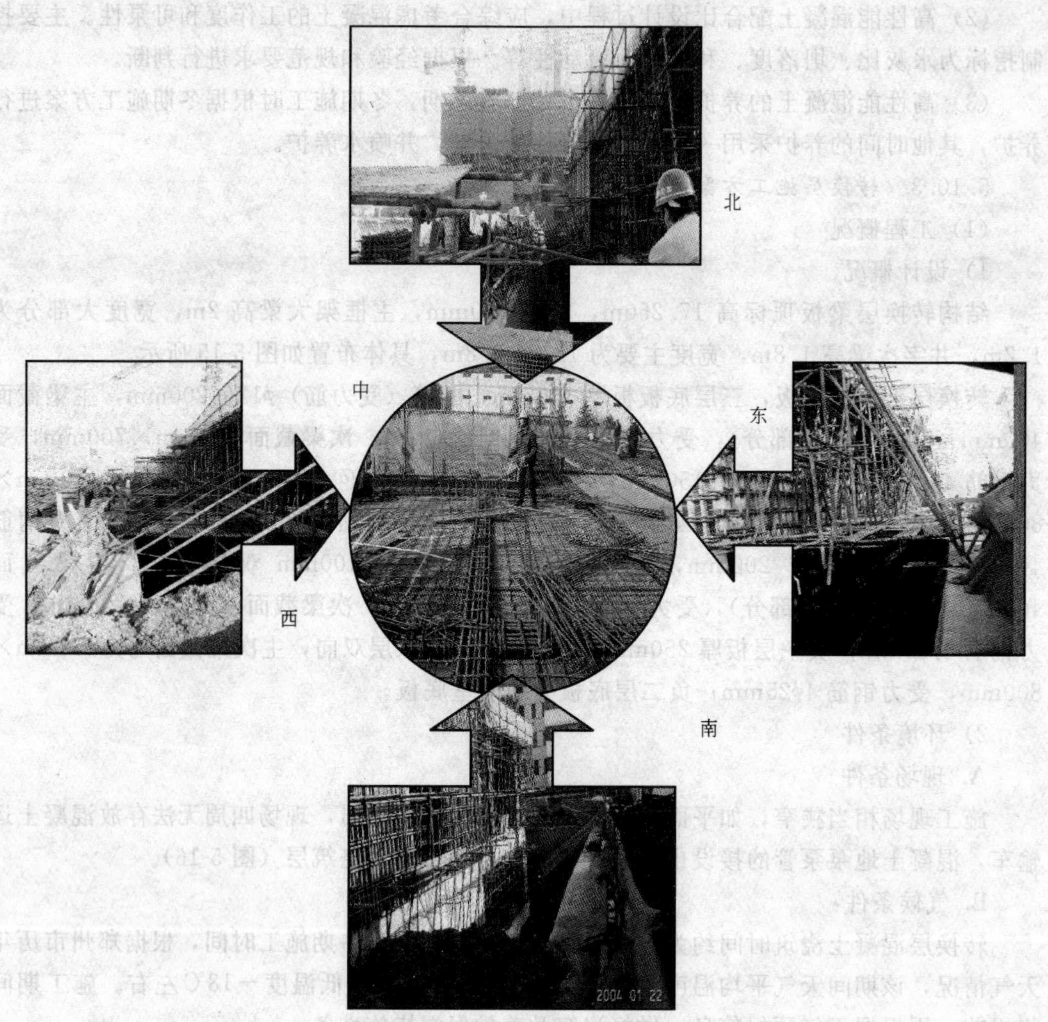

图 5-16

层支撑底部，底座用于地上二层底部。

b. 实体材料：钢筋按图纸设计要求组织进场，由于钢筋绑扎过程时间较长，为便于钢筋的清理及除锈（即成型后因雾雪侵蚀而引起的铁锈），与大梁上部留设下人孔；提前一个月设定混凝土的配合比，防冻剂选用对钢筋无腐蚀的可靠产品。

c. 辅助材料：中砂主要用于三层底平铺1～2cm做柔性垫层，⊏12热轧槽钢平放在砂层上，支撑起转换大梁竖向支承杆。

E. 机械设备条件

机械设备分为加工车间设备、起重吊装设备、混凝土运输设备、混凝土浇筑用工器具等，现场按照表4-1～表4-3进行准备。

(2) 施工部署

1) 工序及安排

A. 平面分区规划

转换层施工分为2号楼和3号楼两个独立段，每一段上又分为两个施工区，组织施工及验收按照两个独立段分别进行，仅在混凝土浇筑时才将每一段按两个区分别浇筑。

B. 工序流程

2 号楼 3 层楼板主控线放线⟶2 号楼 3 层竖向钢筋绑扎⟶2 号楼 3 层竖向模板支设⟶2 号楼砂垫层铺设⟶2 号楼立管支撑下槽钢布设⟶2 号楼支撑架支设⟶2 号楼梁底模板铺设⟶2 号楼大梁钢筋绑扎⟶2 号楼平台模板、梁侧模板支设⟶2 号楼板筋绑扎⟶混凝土浇筑。

3 号楼工序流程同 2 号楼。

2) 主要分项工程施工方法

A. 测量放线

测量放线与底层的放线组织相同，通过内控法将主控轴线引至三层楼面上，然后支设转换层模板及绑扎梁钢筋，在梁钢筋绑扎完成且平台模板支设完成后，重新将主控轴线再引至模板上，以便于上口模板及上部插筋的校正。标高控制通过引至柱子钢筋上的标高点进行控制，通过塔吊标准节上的点进行校核。

为便于上部主楼轴线的内外控制，转换层混凝土浇筑后，在楼板上面设置预埋铁件，并设置好外控点。

B. 钢筋工程

钢筋工程难点在于梁钢筋直径大、密度大，梁箍筋肢数多，二排筋到位程度受影响；井字梁布置，梁上部钢筋保护层控制难度大，主梁上部钢筋保护层需相应增加；梁与柱截面宽度相同，使得梁宽度方向在靠近柱子部位的保护层需相应增加；预应力波纹管需在 2m 高梁内固定，混凝土压力对波纹管的影响较大，需固定牢固。

相对其他层钢筋的下料加工，转换层梁钢筋尤其要保证下料精度，需严格进行检查控制，控制人员为主管工长；收头于转换层内的柱子主筋需根据现场实际情况，通过实测实量进行下料，避免上部钢筋弯折段过高或过低影响梁主筋及箍筋的位置；当柱子钢筋弯折过高时（或者其他梁、柱主筋弯折不符合要求时），严禁用气焊或电焊烤弯钢筋。

主梁箍筋的下料必须通过微机预放样，显示无误后方可加工。图 5-17 为 1200mm 大梁的箍筋下料方法示意。

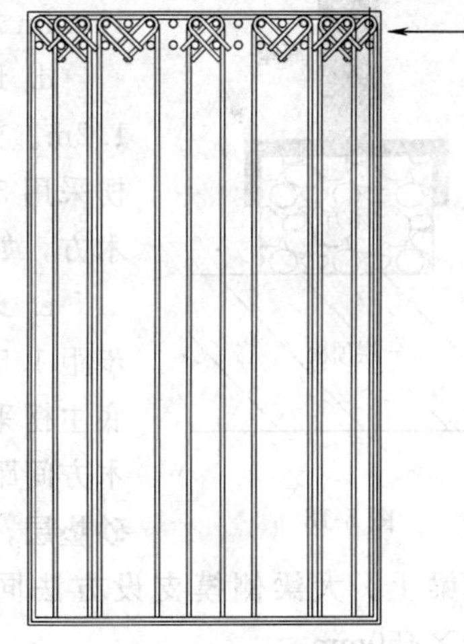

图 5-17　1200mm 大梁箍筋下料方法

C. 钢筋绑扎安装

钢筋绑扎安装必须按照顺序进行，对转换层而言，合理的施工顺序决定钢筋的绑扎质量。本次大梁钢筋绑扎的顺序通过场外模拟实验方法进行试验，然后再大面积于现场应用。初定顺序如下：

柱子及墙钢筋绑扎到梁底⟶柱子箍筋（墙水平筋）梁内部分预套（暂不绑扎固定）⟶主梁（及同向次梁）穿纵向钢筋⟶梁套箍筋配合⟶绑扎部分箍筋定住主梁受力筋位置⟶穿次梁主筋及套箍筋⟶梁箍筋绑扎到位⟶柱（墙）在梁内部分箍筋绑扎到位⟶垫块调整⟶验收⟶成品保护。

转换层钢筋的绑扎强调一次性绑扎的成功率，返工是影响质量和工期的最大因素，所以，全部操作人员必须先通过交底才能上岗作业，现场管理人员必须熟练掌握图纸设计内容和规范要求。

梁下部钢筋的垫块采用钢筋垫块，通过 ϕ28 钢筋头将下部钢筋支起。上部钢筋通过箍筋固定，梁侧面保护层控制通过塑料垫块来保证。

后浇带部位框架梁为相对截面较小的框架梁，后浇带部位通过钢丝网加木条隔断处理。

D. 模板工程

模板面板采用18mm厚优质国产木胶合板，次背楞采用50mm×100mm木方，主背楞采用 ϕ48×3.5 钢管；支承体系采用钢管支承架支承大梁（高度超过1800mm的梁）模板。

转换层模板体系采用支撑架支承体系，支撑架共设五层，即从地下二层支设到地上三层，为便于施工，地下一层、一层、二层支撑架支设完成后不再拆除，直接作为上层传力的支承架，地下二层模板拆除后，在转换层混凝土浇筑前重新进行支撑的二次支设。具体每层的设计参数如下：

a. 地下二层：立杆间距 1.5m×1.5m，高度方向设三步架，高度分别为 1.5m、3.0m、4.0m，立杆顶托与顶板连接处垫 150mm×150mm×18mm 模板，加固范围为转换层大梁（截面高度超过 1.5m 梁）所对应的跨。

b. 地下一层：立杆间距 1m×1m，步距 1.8m、1.5m、1.2m。梁底及板底模板同施工组织总设计，主楞采用 ϕ48×3.5 钢管，次楞采用 50mm×100mm 木方，间距及支撑方法同施工组织总设计。

c. 地上一层：立杆间距 1m×1m，步距 1.8m、1.5m、1.2m。梁底及板底模板同施工组织总设计，主楞采用 ϕ48×3.5 钢管，次楞采用 50mm×100mm 木方，间距及支撑方法同施工组织总设计。

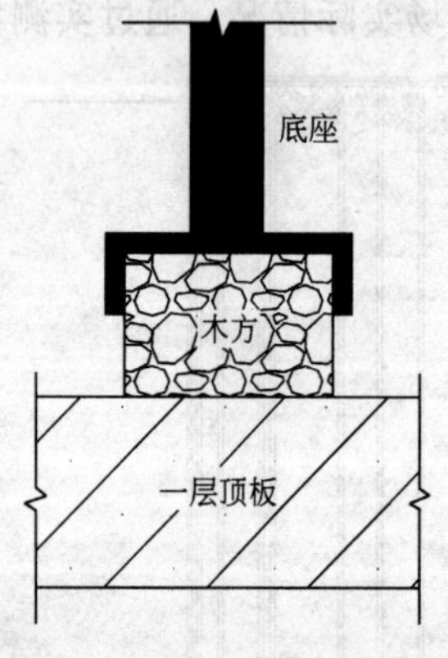

图 5-18

d. 地上二层：立杆间距 1m×1m，步距 1.8m、1.5m、1.2m。梁底及板底模板不拆除，主楞采用 ϕ48×3.5 钢管，次楞采用 50mm×100mm 木方，立杆底部与楼板处增加底座和木方，如图 5-18 所示，以便于将集中力均匀传至楼板上。

e. 地上三层：大梁底立杆间距 0.45m（沿梁宽）×0.6m，步距 1.5m、1.5m、1.2m，1.2m 底部必须设置扫地杆。梁板底主楞采用 ϕ48×3.5 钢管，次楞采用 50mm×100mm 木方，木方间距 200mm，立杆底部与楼板处增加槽钢和 1～2cm 中砂垫层，如图 5-19 所示，以便于将集中力均匀传至三层楼板及楼层梁上。大梁侧模支设方法同相应楼层剪力墙支设方法，螺杆布置为 ϕ12 间距 450mm×450mm。

E. 模板体系拆除

模板的拆除必须通过总工及监理单位的审批方可，审批可分楼层进行，地下二层和地下一层的支撑拆除可在混凝土终凝 3～7d 后拆除，其他楼层的拆除需在相应楼层混凝土达到设计强度要求后拆除。

竖向模板支撑拆除的依据为同条件养护试块的强度及预应力张拉情况，板及非预应力

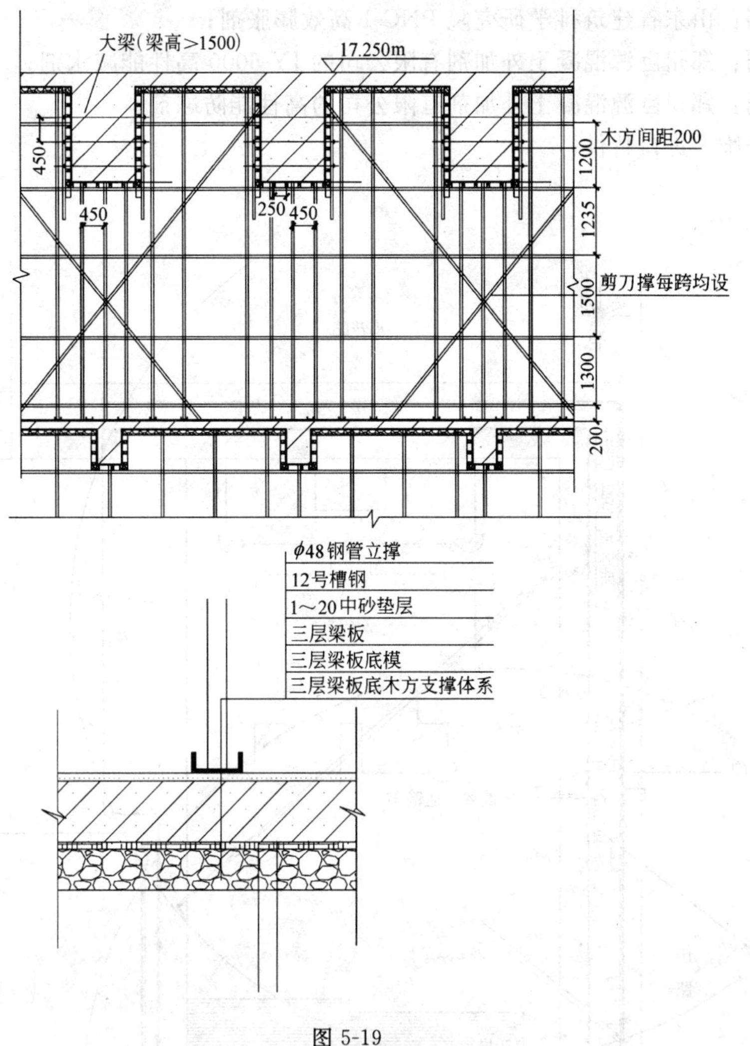

图 5-19

梁底支撑可在同条件试块强度达到设计强度后即可拆除，预应力梁侧模拆除时间同 3 层墙模板的拆除时间，预应力梁底支撑体系在预应力筋张拉完成后方可拆除。

根据施工图纸及规范要求，转换层支撑架开始搭设至拆除工期共 75d，其他层根据方案设计要求，按照施工记录或以隐蔽验收资料为准。

F. 混凝土工程

a. 原材料

转换层混凝土采用商品混凝土，除防冻剂外，其他外加剂均已选定。混凝土配合比已按设计要求试验完毕，冬期施工时按比例掺入防冻剂即可。

主要材料选用如下：

水泥：长城 P・O42.5 级；

中砂：含泥量不大于 2%；

石子：粒径 5～20mm 连续级配，含泥量不大于 1%；

粉煤灰：河南明远电力有限公司Ⅰ级粉煤灰；

膨胀剂：山东省建筑科学研究院 PNC-1 高效膨胀剂；

减水剂：郑州巨源混凝土外加剂有限公司的 JY-6000 高性能减水剂；

防冻剂：郑州巨源混凝土外加剂有限公司的高性能防冻剂；

杜拉纤维：进口特供；

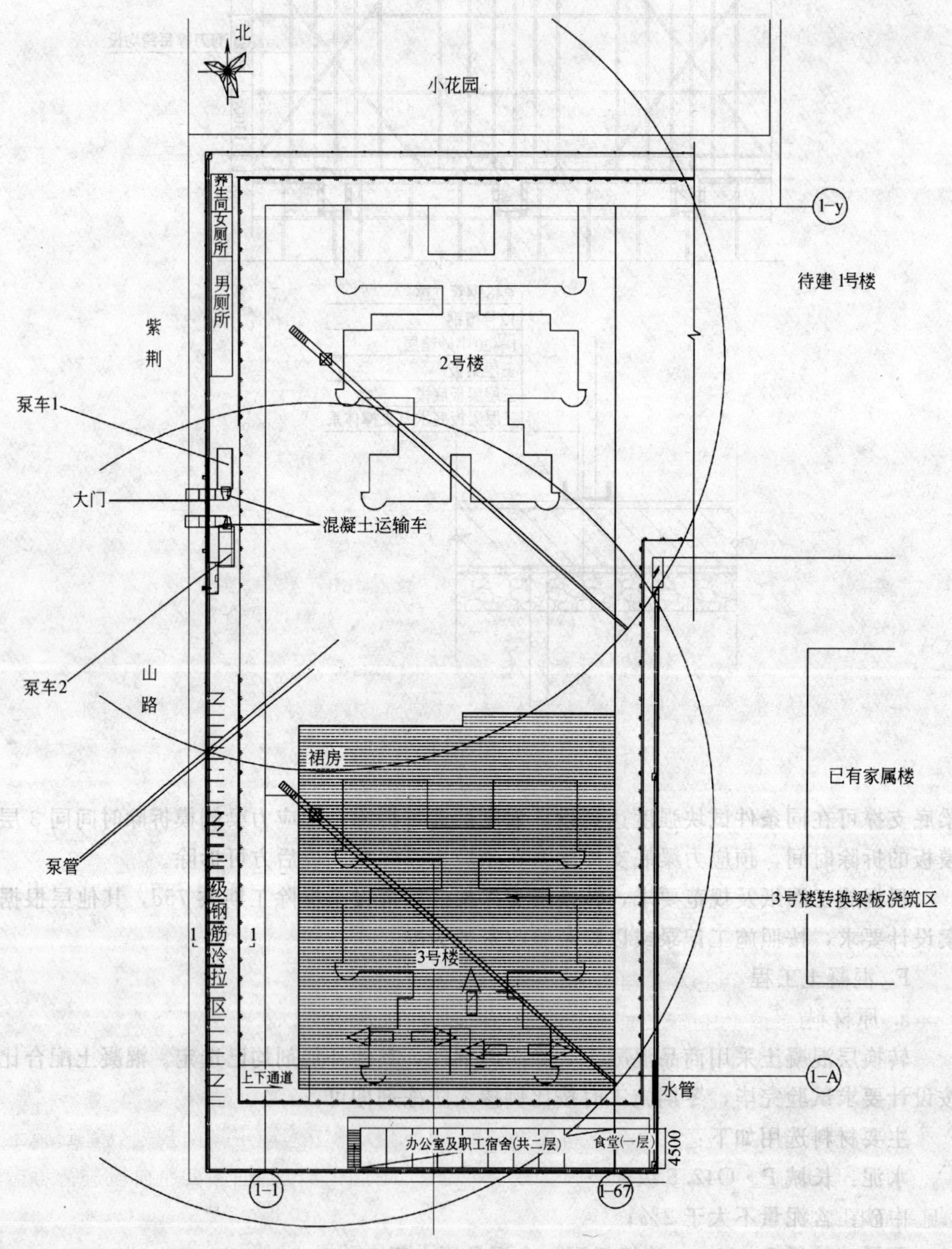

图 5-20 混凝土浇筑方向及泵管布设方法

各种材料已准备就绪；

混凝土坍落度：18cm。

b. 混凝土浇筑

浇筑方向及泵管布设方法如图 5-20 所示。

梁板混凝土采用斜面分层法浇筑，从南北两侧向中间推进。分层示意图如图 5-21 所示。

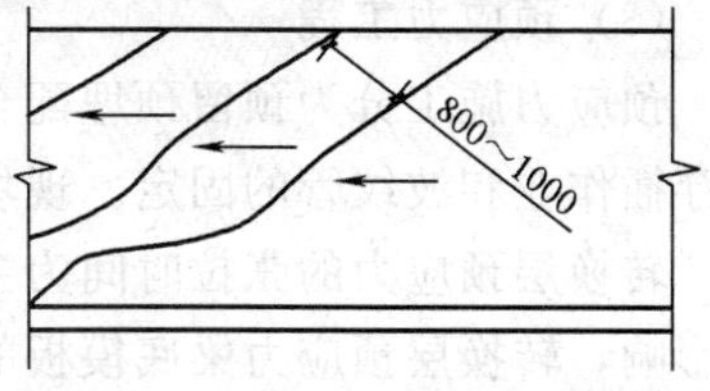

图 5-21 混凝土分层浇筑示意图

每台地泵布置 3～4 台振动器，第一道振动器布置在出料点，主要解决上部的振捣，最后一道布置在坡角部位，确保下部混凝土的密实。为防止集中堆料，先振捣出料点处的混凝土，形成自然坡度，然后再全面振捣。严格控制振捣时间、振动点间距和插入深度。混凝土泵设专人统一指挥、布料。

同时，对分层的混凝土采用二次振捣技术，即在浇筑上一层混凝土时，先将振动器卧倒，对初凝前的混凝土均匀振捣一次后，立即浇筑混凝土。在振捣上层混凝土时，将振动器再插入下层混凝土 5cm 深振捣，以排除混凝土因泌水在粗骨料、水平筋下部生成的水分和空隙，提高混凝土与钢筋的握裹力，防止因混凝土沉落而出现的裂缝，减少内部微裂，增加混凝土密实度，提高抗裂性。

c. 混凝土收面

混凝土初凝前，第一次收面采用长刮尺（要有 5m 长左右，60mm×300mm 左右的铝合金）和木抹子弹线搓平；第二次收面在收水后立即进行，收面采用 2～3m 刮尺和木抹子反复压实；第三道收面在终凝前，即有轻微的脚印，但没有印坑时，收面用木抹子压实，混凝土表面不得有脚印和刮尺印等；最后，用钢丝刷认真拉毛，拉毛后在保持混凝土表面处在湿润状态下（表面不得见干），平贴塑料薄膜一层保护。

d. 顶板混凝土收面的要求：必须做到三遍成活，严格按规范操作，达到的效果——表面平整，拉毛后纹路清晰，标高准确，养护得力。

e. 混凝土保温及养护要求

①混凝土的养护时间执行冬期施工方案。施工前做好充分的施工准备，混凝土浇筑过程中做到及时的过程养护，混凝土浇筑后按规范、规定进行养护，贯穿始终的温湿度控制。

② 平面混凝土在贴好塑料薄膜后，迅速平铺一层草袋子（或岩棉被），注意在贴塑料薄膜和铺草袋子时，必须保证相邻草袋子之间不得有空隙，搭接宽度在 5cm 左右。下层草袋子铺好后再铺上层草袋子，上层草袋子应盖严下层保温材料，并保证本层搭接宽度不小于 5cm。根据测温结果或天气低于－10℃时，上下层草袋子间增加一层 3cm 厚聚苯板保温层。

③ 冬期施工严禁洒水养护。

④ 混凝土的养护还应根据测温结果的反馈情况进行相应调整，所以，混凝土的测温结果每天都需汇总到总工处，由总工根据实际情况决定是否增减养护措施。

⑤ 混凝土下表面和梁侧面的保温采用模板系统自保温，当测温结果不能满足冬期施工要求时，下表面模板次楞空隙处通过填塞 3cm 厚聚苯板的方法进行保温。

⑥ 混凝土测温：混凝土测温每天进行四次，分别为 7：00、12：00、18：00 和 0：00 各测一次。

（3）预应力工程

预应力施工分为预留预埋配合阶段和预应力张拉阶段二个过程，配合阶段的难点是工序穿插作业和波纹管的固定。现场由项目生产经理直接协调控制。

转换层预应力的张拉时间为主体结构施工完第八层且混凝土达到设计强度后进行，受此影响，转换层预应力梁底模板的拆除时间将根据需要延长。

（4）特殊部位特殊要求施工的技术措施

1）前期策划及专家论证

根据本工程转换层施工的技术特点和难点，项目开工之初就有针对性地进行参观学习，并向有类似工程施工经验的专家进行咨询，形成策划性文件，在通过筛选后形成本方案。

为做到慎重起见，做到转换层施工先进科学、经济合理，特组织知名专家对方案进行论证，并根据专家意见对方案进行改进。

2）方案可行性研究

A. 梁板加固承载法

即通过对下一层或下几层梁板进行复核验算，将施工荷载分级卸于几层上。本工程由于底下几层均为预应力梁，结构体系为框架-剪力墙体系，受力较为复杂，建模又较为困难，所以未采用本方法。

B. 转换层分层施工法

即将转换层厚梁（板）分二层施工，下层混凝土靠支撑体系承担施工荷载及混凝土凝固前的自重，上层混凝土主要靠有了强度后的下层混凝土承担自重及施工荷载。本工程为梁式混凝土，梁板高差较大，梁又为预应力梁，所以不适用本工程。

C. 钢桁架支撑法

将转换层的结构分开施工，先将竖向结构（框架柱、剪力墙）等施工至梁底，并在竖向结构内增设埋件，然后在竖向结构有了强度后将钢桁架梁等焊接在竖向结构上，形成钢结构承重体系，承担上部施工荷载及混凝土自重。这种方法施工速度慢，占用工期长，且不太适用于井字结构大梁，故也未采用此种方法。

表 5-3

序号	施工项目		施工技术措施		增加项目
			常规施工	转换层施工	
1	钢筋加工		精细	精细	
2	钢筋绑扎安装		快	慢	增加1/3工作量
3	模板体系	模板配置层数	2层	5层	增加3层模板
4		模板支撑层数	（厚梁板）2层	5层	增加3层支撑体系
5		模板立杆支撑间距	1000mm×1000mm	450mm×600mm	约增加3.7倍
6		主要支撑配套材料	顶托	顶托、底座、木方、槽钢、中砂	增加数量详见方案相应条款
7	混凝土		常规	需增加测温、加强养护、增加防裂措施	布置测温点、增加保温层厚度，混凝土内掺加杜拉纤维
8	工期		短	长	从地下二层周转材料使用开始至转换层支撑拆除时间较长

D. 支撑到底板法

将转换层以下楼层原有模板不再拆除，一直将上部混凝土自重和施工荷载分层传至底板上。这种方法适用于转换层标高较低、自重较大的结构，特点是安全可靠，经济适用。

通过对比分析，本工程拟采用支撑到底板法进行施工。

3）特殊部位技术措施

与常规施工相比，转换层的特殊要求及对策见表5-3所列。

5.11 季节性施工措施

根据施工进度计划，该工程整个施工过程要经过两个冬期，三个雨期。冬期施工主要项目有：结构主体工程；雨期施工主要项目有：基础施工、结构施工及部分装修工程。为保证工程顺利进行，必须从思想上、措施上和物质上作好充分准备，严格制定冬、雨期施工质量保证措施，工期不延误，针对特殊分项采取如下措施：

5.11.1 冬期施工

该工程冬期施工的主要内容有主体结构工程施工，控制好混凝土搅拌温度和浇筑温度十分重要，必须在材料等有关环节方面作好充分准备。

（1）该工程采用商品混凝土，但商品混凝土站的混凝土质量控制也应是本工程质量控制的重点。搅拌站要通过控制砂、石、水等材料的温度来控制混凝土的出灌温度，并要做好混凝土运输车辆的保温工作和混凝土泵管保温工作，保证混凝土入模温度。

（2）现场要根据梁板位置做好测量控制点布置，培训专职测温人员进行技术交底，备好测温仪。混凝土测温采用北京建筑科学研究院生产的JDZ-2型建筑电子测温仪，可随时直观地测出点位混凝土内温度，仅用一根导线与主机连接，方便适用。

保温及测温工作要持续到混凝土强度达临界强度以后，并经技术部门同意方可终止。

对混凝土温度预先计算，为保温措施的确定和准备提供理论依据。

为确保混凝土受冻前达到临界强度，拆模时间以现场同条件试块抗压强度为准。

本工程采用模板上面挂保温被或模板外聚苯板对墙体进行保温。顶板保温采用先覆盖一层塑料布，再盖一层保温岩棉被的方法进行保温养护，保温材料要覆盖严实，确保混凝土不受冻。

测温点的布置图在冬期施工方案中予以明确。

（3）在必要情况下，分片区可用炉子烧炭取暖，派专人负责。

（4）其他要求：冬期施工必须根据工程施工部位，制定具体的冬期施工方案，并严格执行。在所施工项目上制定的技术保证措施和有关规定，做到组织保证，措施得力，确保冬期施工顺利进行。

5.11.2 雨期施工

本工程土方开挖、大体积混凝土施工、混凝土主体结构施工和部分装修工程将在雨期施工，为保证雨期正常施工，雨期施工期间必须做好“排水、挡水、防水”工作。

（1）地下室施工应做好基坑周边的排水工作，在基坑四周设排水沟（坡），并保持畅通，每隔25m左右设一集水井，及时排出积水。

（2）现场配备抽水设备和覆盖材料，成立防汛小组，并派专人看护基坑，编制雨期施工方案，作好一切技术准备。

(3) 按照小雨不间断施工，大雨过后继续施工，暴雨过后不影响施工的原则来布置工作。

(4) 现场建筑物周边采用150～200mm厚C15混凝土硬化，坡度直接找向围墙排水口处，施工道路高出周围地势200mm。

(5) 在场区南侧设置排水沟，使雨水有组织排入市政雨水管网。

(6) 雨期中作预留洞，地下室入口等防雨、防水工作，防止地雨水流入地下室，并根据需要配备水泵，及时抽出流入地下室的积水。

(7) 原则上不在雨中进行混凝土作业，确实需要在雨中作业，则必须采取有效措施，防止雨水冲刷。

(8) 雷雨天禁止露天高空作业，以防雷击。

(9) 室外使用的中小型机械、机电设备、电路等进行检查，保证机械正常运转。

(10) 其他。

雨期施工对室外装修的影响较大，必须根据工程部位制定具体的施工方案，做到组织保证，措施得力，正常施工。

6 各项管理及保证措施

6.1 质量技术措施

6.1.1 质量保证体系的组成

(1) 项目质量目标，质量承诺

分部工程质量目标：一次验收合格率100%，达到市优质结构。

质量承诺：坚持用户至上，顾客满意，完全达到合同约定。

(2) 项目质量保证体系组织机构

以项目经理为质量第一责任人，负责项目管理和领导工作，总工程师（执行经理）代表总指挥长负责日常质量活动。

成立以总工程师为首，由项目各职能科室负责人及施工队队长参加的全面质量管理领导小组，对工程进行全面质量管理，建立完善的质量保证体系与质量信息反馈体系。对工程质量进行控制和监督，层层落实工程质量管理责任制和工程质量责任制。

质量保证体系组织机构如图6-1所示。

(3) 分包工程质量保证体系组织机构如图6-2所示。

6.1.2 项目各部门职责和权限

略。

6.1.3 质量控制

(1) 质量检查流程图（图6-3）

(2) 质量控制程序

为确保实现以上质量目标，建立健全质量体系，完善质量责任制，制定切实可行的质量保证措施和相应质量控制程序，为工作创优确立可靠保证。

A. 文件和资料控制

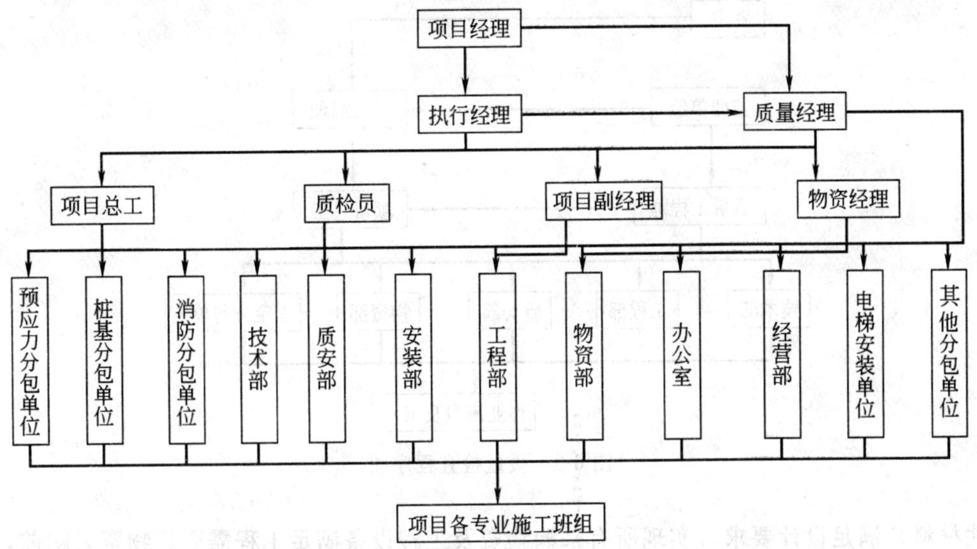

图 6-1 质量保证体系组织机构图

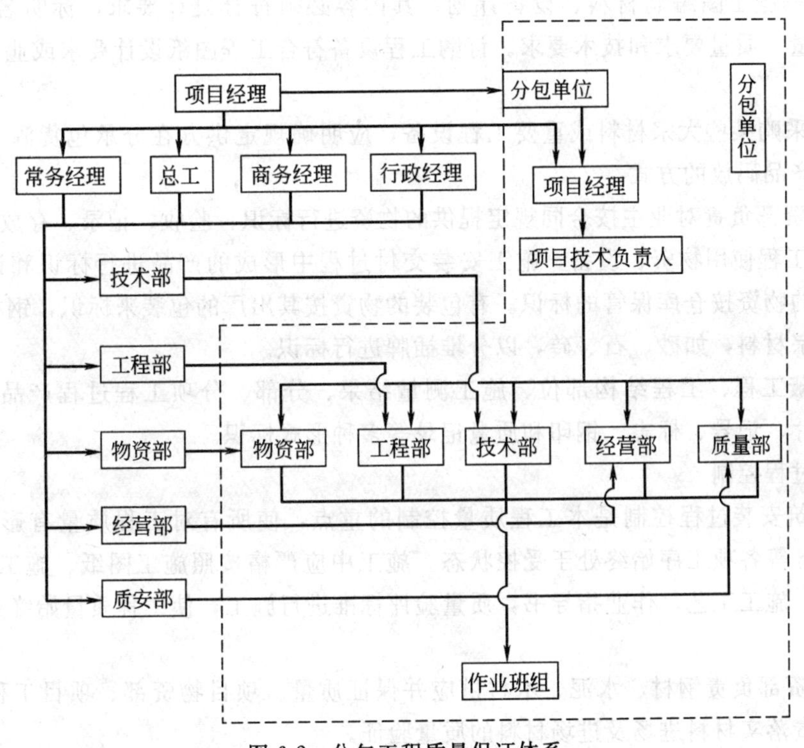

图 6-2 分包工程质量保证体系

本工程质量体系文件和工程技术资料由项目资料员负责收集、整理，按郑州市建筑安装工程施工技术资料管理规定和郑州市城市建设档案管理规定进行整理归档。做到资料与工程同步、完整齐全。

B. 物资采购

a. 为保证所有同工程质量有关的采购产品符合规定要求，采购订货的设备（包括装

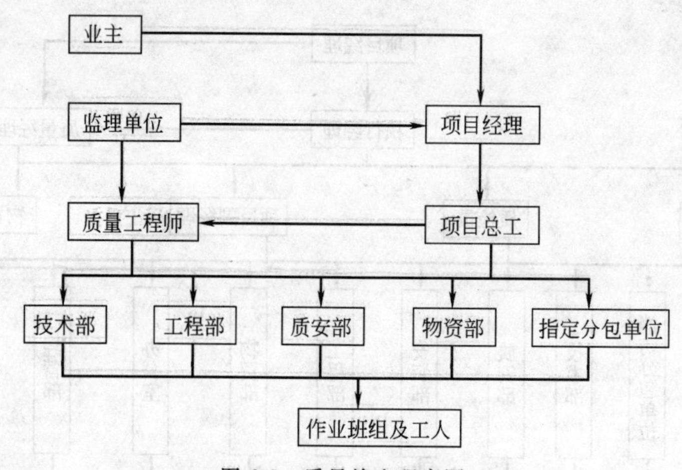

图 6-3 质量检查程序图

置性材料）满足设计要求，实现所有采购物资及工程设备满足工程需要。物资采购前，应按物资采购对分供方进行评定，对其资质证书、营业执照进行审查。

b. 依据施工图编制材料、设备计划，其内容必须符合设计要求，标明名称、品种、规格、数量、质量要求和技术要求。订购工程设备符合工程图纸设计要求或业主规定的产品要求。

c. 对采购某些大宗材料或重要工程设备，应明确规定供方在分承包货源处进行验证的安排及产品码放的方式。

d. 物资部负责对业主按合同规定提供的物资进行标识、验收、记录、存放保管。

e. 对工程使用物资、设备，施工安装交付过程中形成的产品进行标识和记录。凡从库内领出的物资按仓库保管的标识。有包装的物资按其出厂的包装来标识，钢材挂牌进行标识。大宗材料，如砂、石、砖，以分堆插牌进行标识。

f. 隐蔽工程、工程结构部位、施工测量结果、分部、分项工程过程产品采用标牌、印章、卡片、记号、标志、钢印和质量记录等多种形式标识。

(3) 过程控制

a. 建筑安装过程控制是本工程质量控制的重点，使所有对工程质量有影响的施工、安装和服务等各项工序始终处于受控状态。施工中应严格按照施工图纸、施工组织设计、施工规范、施工工艺、作业指导书，质量验评标准进行施工，使工程质量始终处于良好的受控状态。

b. 物资部负责钢材、水泥、木材供应并保证质量。项目物资部、项目工程部、项目质保部负责落实材料进场及进场材料的质量验证。

c. 项目质安部负责组织专业质量检查员对施工质量执行全过程跟踪检查，进行工序质量控制。

d. 试验室、项目技术部的试验及计量员，配合完成施工中所有的材料、混凝土试块、砂浆试块等试验及计量器具的检验、校正工作。

e. 工序过程控制程序

人员配备及物资检验——→技术交底——→过程自检——→项目质检部验收——→质量工程师

验收签字⟶监理单位验收⟶成品保护⟶下道工序施工⟶质量评定⟶质量记录。

f. 物资设备控制程序

略。

6.1.4 不合格品的控制

物资采购中和施工工序、分项工程出现不合格品应进行标识记录、评估处理，并采取隔离措施。未经处理和未征得项目部、监理单位书面认可，不得在工程中使用和转入下道工序施工。工序中不合格成品、半成品要标清部位，停止继续施工，进行整改。必要时要编制具体整改方案，待总工或监理单位批准后实施，整改完成后重新报验评定。

6.1.5 纠正和预防措施

施工过程控制中坚持以预控为主、防止发生不合格品，若发生不合格品应调查原因，并通知技术、质量负责人和业主、监理进行评审，查明原因进行处置。制定相应预防纠正措施，防止不合格品的再发生。

6.1.6 其他质量保证措施

过程控制严格按照技术方案、质量标准进行控制，要做到程序化、规范化。采用部门会签制度，每道工序必须检查合格后才能进行下一道工序，发现问题坚决处理。对于一般性质量问题，原则上项目部书面下达整改通知单，整改完毕符合质量标准要求后，在质量整改反馈单上由质检工程师签字认可后，可以进行下道工序。对于出现较大的质量问题，属于专业分包的范围，要按照由专业分包报处理方案，经总包单位审核后，报业主和监理审批后，再进行处理；属于我方施工范围的，要由项目质量组和工程技术部现场察看后，制定处理方案，报业主和监理单位审核后实施整改。具体要求如下：

a. 现场工程师必须对分项工程负责，质量经理分部工程负责，项目经理对单位工程质量负责。

b. 实行分包的工程，分包单位必须对所分包的工程质量负责，必须服从项目总包管理，分包单位在开工前应向总包单位提供详细质量控制方案，经审批后，方可予以实施。

c. 分包单位对所有材料必须有有效的材质证明和实验报告，使用前应向项目经理部出示，完工后作为竣工的质量保证资料，提交资料员收集、整理、汇总，报总包单位。

d. 分包单位必须实行“三检制”，分项工程未经经理部质检工程师验收签认，分包单位不得进行下道工序施工。

e. 质量控制验收

各队、现场工程师对分项工程必须进行自检、互检、交接检，并填写自检记录和隐蔽工程，在自检合格的基础上交专职质检工程师进行验收签证。报技术部门验收签证的分项工程，未验收签证前，不得进行下道工序施工。

6.1.7 质量目标及其分解

1）主体结构检验批验收全部合格；

2）分项工程一次验收合格率100%，质量控制点重点在钢筋工程、混凝土工程、预应力工程、砌筑工程（水电安装工程详见专项施工组织设计）；

3）分部工程验收全部合格；

4）单位工程验收合格，观感质量达到好标准；

5）工程质量结构达到郑州市优良结构要求。

6.1.8 制订工程的检验和试验计划

工程检验和试验计划是工程基础资料的重要内容，是工程质量控制最有力的证明，所以，本工程非常重视检验和试验计划，将编制单独的检验和试验计划方案，主工程检验和试验计划内容见表6-1所列。

检验和试验计划表 表6-1

序号	试验(检验)项目	标准	仪器(设备)	完成时间

6.1.9 材料、成品、半成品的检验、计量、试验控制（表6-2）

材料、成品、半成品的检验、计量、试验控制 表6-2

序号	试验检验项目	标准	工程部位	完成时间

具体项目详见试验与检验计划。

6.1.10 过程产品保护

(1) 通过合理安排工序，加强成品保护意识，完成的成品必须依据相应方案条件执行有关保护措施。

(2) 建立责任追究制度，成品破坏按照工序交接办法，由最后一道工序进行接收和保护，根据成品破坏程度，对负责保护者和恶意破坏者进行处罚。

(3) 对各种工序和过程成品必须有相应的成品保护措施，一般在技术方案和技术交底中明确。

(4) 过程产品的保护必须增加全员意识和全方位意识。重点部位和隐蔽项目应进行标识，如暗埋线管位置等，以免造成被动破坏。

6.1.11 计量器具的监视和测量装置控制

项目根据《监视和测量装置的控制》中的有关内容进行控制。项目经理部设兼职计量人员，负责建立本项目总体监视和测量装置台账，建立本项目监视和测量季度检定或校准计划台账，对本单位进行监视，并负责测量装置送外委托鉴定和自行校准。监督本项目监视和测量装置的使用管理；对本项目的监视和测量装置进行标识，确定校准状态。

6.1.12 质量记录的收集计划

本工程的质量记录分为交工技术资料、交工备案资料、安全资料、日常管理资料等四大部分，其中交工技术资料和交工备案资料以郑州市质量监督站提供的目录进行整理。

安全资料竣工后作为公司长期备案资料，主要清单包括“安全入场教育”、“职工安全花名册”、与分包单位和劳务分包单位签订的“安全生产责任书”、“安全技术交底”、“安全及文明施工技术方案”（施工组织设计）、“安全预案”、“环境保护及职业健康方案”、“安全及文明整改通知”、上级部门安全文件、安全文明活动记录、安全文明施工日记、相关安全文明施工技术声像资料、安全文明事故处理资料等，均由项目主管安全的副经理负责安排，记录人和保存人均由专职安全员完成。

日常管理资料由各部门进行分散管理，竣工时由资料员负责统一收集，作为内控资料，形成声像版，交分公司存档，个人也可收集。

6.1.13　竣工、交工

（1）竣工验收的条件

1）工程按照设计、合同的要求完成了所有施工项目。

2）单位工程技术资料收集整理齐全。

（2）单位工程质量的评定

由公司总工组织工程技术、质量部门、项目经理等有关人员参加，进行竣工质量评定，内容如下：

1）工程观感质量评定；

2）分部工程质量评定；

3）质量保证资料评定。

（3）竣工报验

以上工作完成后，由分公司填写工程竣工报验单，项目经理在报验单上签字后报送监理单位，申请竣工验收。

（4）单位工程竣工验收记录

按《房屋建筑工程和市政基础设施工程竣工验收备案管理暂行办法》和市政府规定，参加由建设单位组织的设计、监理、施工、勘察单位五方的验收工作。五方验收后，在单位工程验收记录上签字。

在办理工程竣工验收的同时向业主提供《工程质量保修书》。

（5）保修服务

根据与建设单位签订的施工合同，在规定的保修期内对已交付使用的工程实施保修。

施工过程中的服务由项目经理部、工程技术、质量、材料等相关部门的人员实施。

工程交付使用后的服务，由分公司工程技术部门指定专人，负责按单位工程交工时间，建立顾客联系表，按规定时间与顾客进行沟通，并负责回访资料的整理工作。

6.2　工期技术措施

本工程合同工期920d，合同开工日期是2004年4月10日，合同竣工日期是2006年10月16日。为保证在合同工期内顺利完成合同任务，特制订以下措施：

（1）进度计划管理

以工程总控计划为依据，制定分阶段工期控制目标，如地下室结构完成时间、主体结构封顶时间、全部工程完工时间等控制点，通过控制分段计划来确保总工期。根据总控计划、分段计划以及业主不同时期对工程工期的要求，适时制定更加详细的月度计划、周计划，每周检查、对比、分析，找出关键问题，当月计划必须当月完成。

本工程施工进度计划包括设计、采购、制造、安装、试运行、移交等内容。整个工程的施工进度计划由五级计划形成，各级计划的编制均以上一级计划为依据，逐级展开。五级施工进度计划通过总进度计划、年计划、季计划、月计划和周计划的形式来体现。

1）总进度计划：以合同要求的工期和合同中规定的工作内容为依据编制的总控制计

划，是为施工总决策人提供的一个概要性的计划。这个计划由以下因素确定：

① 开工前的准备工作；

② 开工日期的确定；

③ 合同中规定的工程内容；

④ 以里程碑形式确定各分包商在全部施工过程中各阶段的控制点。

2）年计划：该计划是承包商进行计划管理的主要依据，是施工监督、管理报告（内部）和按照规定做好每季施工进度分析的基础，其内容是对总进度计划的适当细化。

3）季度计划：是总承包单位做好月计划安排的前瞻性计划，严于月计划。

4）月计划：是总承包商作为当月工程施工的主要计划。该计划是现场最重要、应用性最强的计划，包括以下内容：

① 设计进度；

② 现场进度；

③ 试运行进度。

这些计划要体现出机械设备使用状况、必要的临时工作、各项工程内容工作的持续时间和施工顺序以及各分包商之间交叉配合的安排。有每月底按照计划对照完成情况，向建设单位提交质量、安全、进度综合月报的基础（图 6-4）。

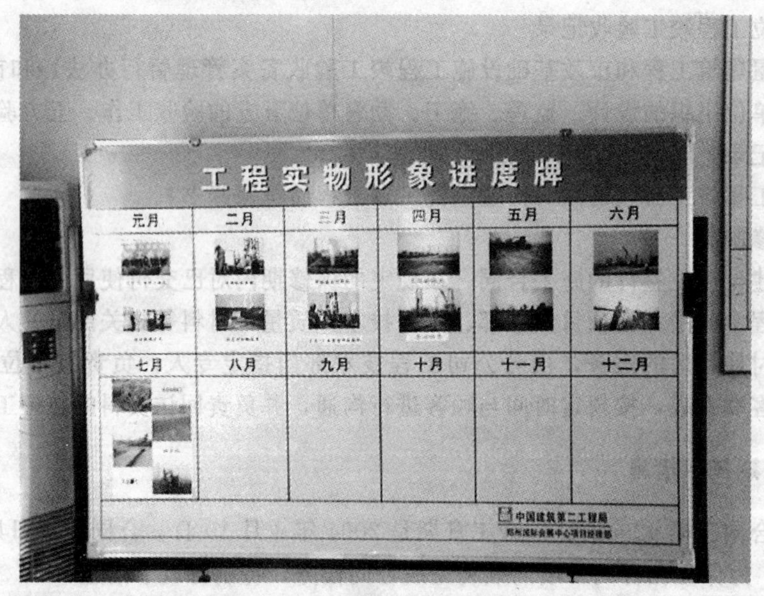

图 6-4 拟采用的进度计划形象牌

5）周计划：是详细的阶段进度计划，依据四级计划（月计划）编制。是实现总进度计划工期目标的根本保证，该进度计划将被总承包商紧密监控，最后将提供逐日“密集”管理计划表。

（2）进度计划控制

在施工生产中影响进度的因素纷繁复杂，如设计变更、技术、资金、机械、材料、人力、水电供应、气候、组织协调等，要保证目标总工期的实现，就必须采取各种措施预防和克服上述影响进度的诸多因素，其中从技术施工入手是最直接有效的途径之一。

A. 设计变更因素

设计变更因素是进度执行中最大干扰因素，其中包括改变部分工程的功能引起大量变更施工工作量，以及因设计图纸本身欠缺而变更或补充或造成增量、返工，打乱施工流水节奏，致使施工减速、延期甚至停顿。

针对这些现象，项目经理部要通过理解图纸与业主意图，组织专人对图纸事先进行自审、会审，再与设计院交流，采取主动姿态，最大限度地实现事前预控，把影响降低到最低。

B. 保证资源配置

合理安排各工种的劳动力进入现场。必要时，实行两班倒昼夜施工（办理夜间施工许可证），进入现场后优化工人的技术等级、思想、身体素质的配备并加强管理，确保总工期的实现。

根据年进度计划和季、月、周计划详细编制有关资源供应计划；在结构施工期间，投入足够的模板、钢管、木方等周转材料，保证施工的连续性。由物资部负责本工程中需采购的材料供应，确保工程需要。

要配置足够的机械设备，并在现场组织专人负责对机械设备进行维修保养，保证设备的正常运转。

根据施工实际情况编制月度进度报表，根据合同条款申请工程款，并将工程款合理分配于人工费、材料费等各个方面，使施工能顺利进行。

后勤保障人员要做好生活服务供应工作，重点抓好吃、住两大难题，食堂的饭菜保证品种多、味道好，同时开饭时间要随时根据施工进度进行调整，夏季做好防暑降温保障，冬季做好取暖保障。

C. 技术因素

装修、水电设备工程采取提前插入、交叉作业等综合措施，尽可能减少其实际占用工期天数。

大力推广应用“四新”技术（新材料、新技术、新工艺、新工法），运用计算机工程软件等现代的管理手段或工具为本工程的施工服务。并充分利用已有的先进技术和成熟的工艺保证质量，提高工效，保证进度。

施工期间适逢雨期，为确保施工进度不延误，要采取合理的组织安全防范措施，以消除不利因素的影响。

D. 现场狭窄因素

因工程现场狭窄因素，许多施工设备、材料无法正常进场，加工车间无法正常安排，所以，必须通过在向建设单位合理争取施工场地的前提下，依靠有效技术手段解决好料场、设备用地的措施，本工程拟将塔吊布置在裙房内，将施工电梯布置在转换层梁板上，以减少地面空间不够的难题，这需要通过与设计单位的积极沟通，在结构进行适当加强的基础上进行。

6.3 安全技术措施

6.3.1 项目安全保证机构（图 6-5）

6.3.2 特殊安全技术措施

（1）临边作业

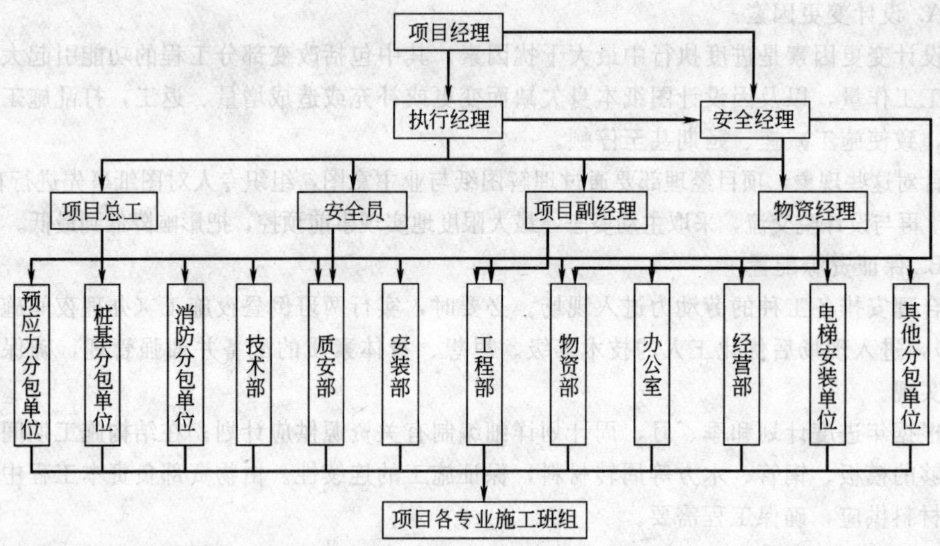

图 6-5 项目部安全保证体系

1）基坑周边，尚未安装栏杆或栏板的阳台边，料台与挑出平台周边，雨篷与挑檐边屋面与楼层周边等处，都必须设置防护栏杆。

2）分层施工的楼梯口和梯段边，必须安装临时护栏。顶层楼梯口应随工程结构进度安装正式防护栏杆。

3）施工脚手架与建筑物通道的两侧边，必须设防护栏杆。地面通道都应装设安全防护棚。窗笼井架通道中间，应予分隔封闭。

4）各种垂直运输接料平台（井架），除两侧设防护栏杆外，平台口还应设置安全门或活动防护栏杆。

5）搭设临边防护栏杆时，防护栏杆应由上、下两道横杆及栏杆柱组成，上杆离地高度为1.2m，下杆离地高度0.6m。坡度大于1∶22的屋面，防护栏杆应高1.5m，并加挂安全立网。

6）1.5m×1.5m以下的孔洞，应预埋通长钢筋网或加固盖板，1.5m×1.5m以上的孔洞，四周必须设两道护身栏护，中间支挂水平安全网。

7）楼梯踏步及休息平台处，必须设两道牢固防护栏杆或用立挂安全网做防护。阳台栏板应随楼层安装。建筑物楼层临边四周无维护结构时，必须设两道防护栏杆或立杆安全网加一道防护栏杆。

8）电梯井口必须设高度不低于1.2m的金属防护门。电梯井内首层和首层以上每隔两层设一道水平安全网，安全网应封闭严密。未经上级主管技术部门批准，电梯井内不得做垂直运输通道和垃圾通道。

（2）交叉作业安全防护

1）板上的洞口，必须设置牢固的盖板、防护栏杆、安全网或其他防坠落的防护设施。电梯井内应每隔两层且最多隔10m设一道安全网。施工现场通道附近的各类洞口与坑槽等处，除设置防护设施与安全标志外，夜间还应设红灯示警。楼板、屋面和平台等面上短边尺寸小于25cm但大于2.5cm的孔口，必须用坚实的盖板盖设。盖板应能防止挪动移位。边长在150cm以上的洞口，四周设防护栏杆，洞口下张设安全平网。

2）钢模板、脚手架等拆除时，下方不得有其他操作人员。钢模板部件拆除，临时堆放处离楼层边沿不应小于1m，堆放高度不得超过1m。楼层边口、通道口、脚手架边缘等处，严禁堆放任何拆下物件。

3）结构施工自二层起，凡人员进出的通道口（包括井架、施工用电梯的进出通道口），均应搭设安全防护棚。高度超过2m的层次上的交叉作业，应设双层防护。由于上方施工可能坠落物件或处于起重机拨杆回转范围之内的通道，在其受影响的范围内，必须搭设顶部能防止穿透的双层防护棚。

6.4 施工现场环境保护及文明施工技术措施

6.4.1 文明施工保证措施

（1）场区内实行路面全硬化，排水坡度2‰，雨天做到场内无积水，晴天场内无垃圾，清扫干净、整洁。

（2）设置文明施工班组，负责日常打扫场区、厕所、食堂周边的卫生。

（3）做好与市政环保机构的结合，及时清运出场内生活和生产垃圾。

（4）办公区设置卫生责任区，各部门负责自己责任区内的文明施工。

（5）生产区对施工班组进行教育，必须按照平面规划整齐摆放物资材料，施工操作面必须做到工完场清。

（6）建立项目文明施工管理办法及制度，及时检查并根据结果给予奖惩。

（7）现场人员服装进行统一，管理人员按照CI形象视觉规范要求进行着装，并佩戴胸卡、安全帽等。

6.4.2 环保施工措施

（1）尽量选择在白天进行混凝土浇筑施工，减少噪声影响周边居民的正常休息时间。

（2）操作层外架满挂安全网，减少噪声的传播强度。

（3）现场污水及雨水分开排放，污水经化粪池后再排入市政污水管。

（4）及时做好周围居民的思想工作，在居民理解的前提下再合理安排施工作业。

（5）对于可能产生扬尘的工作，应避开风向影响。当在大风操作时，需用模板等进行挡风处理后方可操作。

（6）高处施工时，严禁直接将垃圾从临边处往下清扫。

7 经济效益分析

7.1 经济目标

（1）主要材料节约指标

钢筋：1％；

混凝土：0.5％。

（2）降低成本指标

本工程成本降低率定为5％。

7.2 控制效果

由于工程尚未竣工，目前最终评价尚未结束，但通过月结成本情况来看，达到了预控目标。

7.3 成本控制体会

通过现阶段成本控制情况，以下方面技术措施比较适用于同类项目采用，具有一定的推广价值。

7.3.1 月结成本核算

本项目成本核算实行月结成本制，具体月结成本工作组织流程及所需报送资料如下：

1）每月末，由工程部下达月生产计划，送至各部门及项目领导；

2）每月26日，工程部组织工程盘点，于次日报出“工程盘点表”，送经营、财务、物资、项目部领导各一份；

3）每月26日，物资部组织现场盘点退料工作，次日由物资部报出“现场盘点退料明细表”；

4）每月27日，物资部向财务部提供“本月材料收发存明细表”及相关明细资料，包括暂估和在途材料，时间段为上月26日（工程盘点日）至本月26日（工程盘点日）；

5）每月27日，经营部负责组织本月分包预提和提供“预算收入盘点表”及“工料分析表”，送财务部；

6）每月初，财务部门报上月工程成本报告及相关明细资料，送项目负责人；

7）每月初，召开成本分析会，项目领导及各部门负责人参加，对上月各项成本开支进行分析总结，制定本月成本控制措施及对策，办公室笔录整理，于会后一天内形成正式文件报送至各个部门，以遵照执行（表7-1）。

各部门应提供的月结成本基础资料　　表7-1

序号	名称	责任部门
1	工程盘点表	工程部
2	预算收入盘点表	经营部
3	工程分析表	经营部
4	人工费结算资料	经营部
5	材料收发存情况表	物资部
6	周转材料摊销明细表	物资部
7	现场盘点退料明细表	物资部
8	现场机械及小型工具盘点表	物资部
9	内部材料机械转账资料	财务室
10	临设摊销明细表	财务室
11	现场经费及各项管理费用资料	财务室
12	月结成本报告及各种辅助资料	财务室

注：以上资料报送必须真实、准确、完整、及时，格式一经确定不得随意简化，报送资料必须附加封面，并由填报人和部门负责人签字，纸张原则上采用A4纸，字体应统一。

7.3.2 材料降低率控制

材料是工程成本的最重要因素，本工程根据合同文件，通过预算测算初定材料降低率为5%，以此为思路进行材料管理，在保质保量完成工程的前提下降低工程材料成本。以材料成本降低率为入手点，做好价差控制和量差控制。

(1) 价差控制

在同等质量的前提下，通过货比三家，选择价格适中的产品；另外，大宗材料可通过直接从厂家提货的思路，减少货物流通渠道，减少中间商的价差。

(2) 量差控制

合理安排施工工序，增加施工劳务队伍的成本意识，建立严格的材料浪费惩罚制度，现场讲求工完场清，杜绝人为损耗，减少材料浪费。

优化钢筋下料单，通过技术控制和提前控制，减少材料浪费。

7.3.3 人工费控制

通过合理组织资源，严格过程控制减少人工窝工、费工和重复用工，减少人工费用开支。

7.3.4 缩短施工工期，减少间接费用

通过合理安排施工工序，适宜流水作业时组织流水作业，以便缩短施工工期，减少人工费开支、机械闲置费用以及周转材料消耗费用等。

7.3.5 其他措施

加大安全投入，确保安全指标的实现，减少意外的经济支出。

编制科学、经济、实用的施工方案，加大科技投入，改变落后的操作方法。合理安排工序，采取交叉、流水施工法，提高工效。

制订成品保护措施，加强成品保护，减少成品损坏，避免工程维修费用。

第十一篇

上海陆家嘴中央公寓一期工程施工组织设计

编制单位：中建四局华东公司

编 制 人：龙敏健　陈静

审 核 人：方玉梅

［简介］ 陆家嘴中央公寓一期工程是一幢集住宅、商业于一体的综合住宅小区，功能齐全完备，从空间体量与活动内容上形成区域性的生活及社交活动中心。工程地下室 50000m^2 大面积底板超长超宽，不设沉降缝，为目前全国类似工程之最。塔楼与纯地下室部分差异沉降控制和超长混凝土收缩裂缝控制，采用施工后浇带来解决，在混凝土中添加微膨胀剂及采用混凝土 60d 龄期强度，对裂缝控制起到一定作用。

目 录

1 工程概况及目标

1.1 工程概况

陆家嘴中央公寓（一期）工程位于上海浦东新区，东至锦绣路、南至花木路、西至东绣路、北至锦严路，占地面积 76503m²，南北向约为 340m、东西向约为 260m，计划建造总建筑面积为 219570m²，是以住宅为主，辅以与住宅配套的会所公建、地下停车库等功能的高档居住小区。该工程由上海陆家嘴联合房地产有限公司筹建；上海建科院建筑工程监理部监理；上海现代设计（集团）有限公司设计；中国建筑第四工程局总承包。

该工程为大底板地下室上有 12 幢小高层住宅及 2～3 层公建项目和会所，其中 1 号楼、2 号楼、3 号楼、9 号楼、11 号楼、12 号楼均为 18 层；4 号楼 16 层，5 号楼 21 层，6 号楼 23 层，7 号楼、8 号楼 17 层；10 号楼 12 层，4 号楼、5 号楼、6 号楼、7 号楼、8 号楼设有转换层，地下层数均为 2 层，其余部分地下室均为一层，小高层住宅楼除 4 号楼、5 号楼、6 号楼、7 号楼、8 号楼底层为大空间（5.0m 层高）夹层为 2.2m 层高外，其余地上部分均为 3m 层高，住宅楼地下部分地下自行车库为 2.6m 层高，地下夹层 4 号楼、5 号楼、6 号楼、7 号楼、8 号楼为 2.8m 层高，该建筑群±0.00 以下与地下车库相连，地下车库层高为 3.8m。小高层住宅与地下车库之间采取 1m 宽后浇带分隔开。

本工程基础采用桩形基础，桩基采用 ϕ500PHC 管桩，其中 12 幢小高层住宅楼下采用承压桩（桩长分别为 30m、32m 和 34m），其余部分为抗拔桩（桩长 22m），承压桩桩尖位于⑦$_{1b}$层（草黄色砂质粉土）上，地质钻探剖面显示，桩尖下 8m 左右为⑦$_2$ 层（草黄—灰色粉砂），且桩尖下 25m 左右⑦$_2$ 层未钻穿。据地质钻探报告资料，⑦$_2$ 层（草黄—灰色粉砂）层厚达 70m 左右。因此，本工程地质条件对控制桩基沉降很有利。据电算结果，本工程沉降最大值约 5.0cm，估计实际沉降在 2～3cm。小高层住宅楼为 1200mm 厚，地下车库为 1000mm 厚，混凝土强度等级为 60d 强度 C30，抗渗等级为 P6。

小高层住宅楼为钢筋混凝土剪力墙结构体系，其中 4 号、5 号、6 号、7 号、8 号楼底部为大空间（带转换层），抗震等级为二级，其余各楼抗震等级为三级。墙体厚地下室外墙为 350mm，内墙为 250mm，地上部分外墙为 250mm、200mm，内墙为 200mm；会所及公建部分为现浇钢筋混凝土框架结构，抗震等级为三级，混凝土强度均为 C30，其中，地下室外墙、地下车库、顶板混凝土均为 C30S6。

1 号～12 号楼±0.00 以下与地下车库相连，纯地下室部分框架抗震等级按二级考虑。

该工程采用 200mm 厚加气混凝土砌块作为填充墙，地下室外墙防水采用 1.5mm 厚自粘改性橡胶防水卷材，屋面采用 2mm 厚 911 防水涂料和 1.5mm 厚 PVC 防水卷材防水，40mm 厚挤塑聚苯板作保温层，外墙内侧采用保温砂浆粉刷，外墙面为铝塑板、玻璃幕墙和涂料墙面。

1.2 质量目标

我局承诺陆家嘴中央公寓一期工程的质量目标为：一次交验合格率 100%，确保两栋单位工程达到上海市“白玉兰”和上海市“优质结构”工程，其余单位工程争创上海市优质结构工程。

1.3　工期目标

我们确保陆家嘴中央公寓一期总承包工程施工的总工期在 568 日历天完成。

本工程计划开工日期为 2004 年 2 月 15 日，计划竣工日期 2005 年 9 月 4 日；实际开工日期以甲方通知为准。

1.4　安全目标

施工现场达到上海市“标化工地”、“文明工地”称号。安全目标：杜绝重大伤亡事故，年轻伤率控制在 0.15%，安全管理通过上海市“安保体系认证”。

2　施工进度计划

2.1　进度计划编制说明

我局根据自身的施工经验，利用科学工序搭接和流水作业，充分发挥现场机械设备和材料优化配置，选用熟练的操作工人，完全可以在 568 日历天完成本工程合同范围内的全部的工作内容，保质保量按期给业主一个满意称心的工程。

本工程施工计划总工期为 568 日历天。计划开工日期 2004 年 2 月 15 日，计划竣工日期 2005 年 9 月 4 日，实际开工日期以甲方通知为准。

2.2　施工流水段划分

2.2.1　流水段划分

(1) 本工程按施工平面布置及工程的规模分 8 个区施工，±0.00 以下结构施工按设计预留的后浇带进行分隔；±0.00 以上按单位工程划分。

(2) 8 个区分别划分为：

1) 第一区为 10 号楼、11 号楼、12 号楼；

2) 第二区为 9 号楼、8 号楼、7 号楼；

3) 第三区为 4 号楼、5 号楼、6 号楼；

4) 第四区为 1 号楼、2 号楼、3 号楼；

5) 第五区为地下车库南块；

6) 第六区为地下车库中块；

7) 第七区为地下车库北块；

8) 第八区为公建部分。

2.2.2　施工区域划分平面示意图（略）

2.3　施工总进度计划

2.3.1　总工期安排

总工期：568 日历天。

假定计划开工：2004 年 2 月 15 日。

计划竣工：2005 年 9 月 4 日。

2.3.2 主要节点工期

(1) 主体结构完成节点工期（表 2-1）

表 2-1

节点 / 楼号	±0.00 以下结构完成	主体结构完成至 2/3	结构封顶
1 号楼	2004.5.18～2004.6.17(31 日历天)	2004.6.18～2004.8.21(65 日历天)	2004.6.18～2004.10.30(135 日历天)
2 号楼	2004.5.21～2004.6.16(27 日历天)	2004.6.17～2004.8.20(65 日历天)	2004.6.17～2004.9.24(100 日历天)
3 号楼	2004.5.24～2004.6.19(27 日历天)	2004.6.20～2004.8.23(65 日历天)	2004.6.20～2004.9.17(100 日历天)
4 号楼	2004.4.27～2004.5.23(27 日历天)	2004.5.24～2004.7.22(60 日历天)	2004.5.24～2004.8.21(90 日历天)
5 号楼	2004.4.24～2004.5.23(27 日历天)	2004.5.21～2004.8.3(75 日历天)	2004.5.21～2004.9.12 (115 日历天)
6 号楼	2004.4.21～2004.5.21(31 日历天)	2004.5.22～2004.8.14(85 日历天)	2004.5.22～2004.9.28(130 日历天)
7 号楼	2004.4.6～2004.5.7(32 日历天)	2004.5.8～2004.7.11(65 日历天)	2004.5.8～2004.8.15(100 日历天)
8 号楼	2004.4.3～2004.5.4(32 日历天)	2004.5.5～2004.7.8(65 日历天)	2004.5.5～2004.8.12(100 日历天)
9 号楼	2004.3.31～2004.5.4(32 日历天)	2004.5.5～2004.7.8 (65 日历天)	2004.5.5～2004.8.15(103 日历天)
10 号楼	2004.2.18～2004.3.20(32 日历天)	—	2004.3.20～2004.5.28(70 日历天)
11 号楼	2004.2.15～2004.3.19(34 日历天)	2004.3.21～2004.5.24(65 日历天)	2004.3.21～2004.6.28(100 日历天)
12 号楼	2004.2.21～2004.3.22(31 日历天)	2004.3.23～2004.5.26(65 日历天)	2004.3.23～2004.6.30(100 日历天)
地下车库施工：2004.3.18～2004.1.6(295 日历天)			

(2) 装饰完成节点工期（表 2-2）

表 2-2

节点 / 楼号	室内初装饰施工	公共部位精装饰施工	外墙装饰施工
1 号楼	2004.11.20～2005.5.18(180 日历天)	2005.5.14～2005.8.31(110 日历天)	2004.11.20～2005.3.9(110 日历天)
2 号楼	2004.10.15～2005.4.12(180 日历天)	2005.4.10～2005.7.28(110 日历天)	2004.10.15～2005.2.1(110 日历天)
3 号楼	2004.10.18～2005.4.15(180 日历天)	2005.4.16～2005.8.3(110 日历天)	2004.10.18～2004.2.4(110 日历天)
4 号楼	2004.9.11～2005.3.9(180 日历天)	2005.3.10～2005.6.17(100 日历天)	2004.9.11～2004.12.24(70 日历天)
5 号楼	2004.10.3～2005.5.10(220 日历天)	2005.5.7～2005.8.14(100 日历天)	2004.10.3～2005.1.15(105 日历天)
6 号楼	2004.10.19～2005.5.26(220 日历天)	2005.5.14～2005.8.21(100 日历天)	2004.10.19～2005.1.31(105 日历天)
7 号楼	2004.9.5～2005.3.3(180 日历天)	2005.3.4～2005.6.21(110 日历天)	2004.9.5～2004.12.23(110 日历天)
8 号楼	2004.9.2～2005.2.28(180 日历天)	2005.3.1～2005.6.18(110 日历天)	2004.9.2～2004.12.20(110 日历天)
9 号楼	2004.9.5～2005.3.23(200 日历天)	2005.3.24～2005.7.11(110 日历天)	2004.9.5～2004.12.23(110 日历天)
10 号楼	2004.6.18～2004.10.15(120 日历天)	2004.10.16～2005.1.3(80 日历天)	2004.6.18～2004.9.5(80 日历天)
11 号楼	2004.7.19～2005.1.14(180 日历天)	2005.1.15～2005.5.14(120 日历天)	2004.7.19～2004.11.15(120 日历天)
12 号楼	2004.7.21～2005.1.16(180 日历天)	2005.1.17～2005.5.16(120 日历天)	2004.7.21～2004.11.17(120 日历天)

(3) 提供指定分包单位施工时间

1) 提供电梯单位开始施工时间

第一施工区：2004 年 8 月 29 日

第二施工区：2004 年 10 月 4 日

第三施工区：2004 年 11 月 17 日

第四施工区：2004 年 12 月 19 日

2) 提供小区独立分包单位开始施工时间：2005 年 1 月 14 日

2.4 总工期计划表

略

3　施工机械配备

3.1　施工机械的选择

从全局出发，考虑施工机械在整个工程中的综合利用，在现有的或可能获得的机械中选择。选用的机械必须满足施工的需要，考虑各种机械的相互配套，保证主导施工机械充分发挥作用。

根据我局的机械资源状况和本工程的特点，选用 8 台塔吊和 12 台人货电梯，确保工程施工的顺利进行。施工现场考虑设置 4 套钢筋加工机械，在现场东、西面沿施工道路布置。

施工现场布置 2 台 750L 混凝土搅拌机和 3 台 350L 搅拌机，布置在现场地下车库顶上。结合实际情况，现场设置 4 套钢筋机械和 3 套木工机械。其余机械和设备的选用，详见主要施工机械设备一览表（表 3-1）。施工机械进出场必须符合发包方的要求。施工机械的选用中，考虑了特殊情况的备用。

3.2　垂直运输机械的布置

根据我局的机械资源状况和本工程的特点，因本工程占地面积大，栋号多且分散，特别是近 6 万 m^2 的地下室，钢筋半成品及大宗周转材料的水平、垂直运输工作量很大，为保证本工程能按期完成，我们根据现场实际情况，结合本工程的特点，共布置 8 台塔吊，具体定位见平面布置图。其中选用 125t·m 一台（大臂长度 55m），80t·m 3 台（大臂长度 55m），60t·m4 台（2 台 45m，2 台 35m）。

人货电梯的安装考虑在每一单位工程主体结构施工至 6 层时安装，8 台塔吊安装时间：布置于地下车库底板以下的考虑在基础底板施工完成后安装；塔吊布置于基础承台以外的在土方开挖前安装，具体施工机械布置详见施工平面布置图（略）。

3.3　主要施工机械设备一览表（表 3-1）

表 3-1

机械名称	型号	单位	数量	备　注	机械名称	型号	单位	数量	备　注
塔吊	QT-125	台	1	（臂长 55m）	混凝土搅拌机	350L	台	3	
塔吊	QT-80	台	3	（臂长 55m）	混凝土搅拌机	750L	台	2	
塔吊	QT-60	台	2	（臂长 45m）	钢筋切断机	GF-40	台	4	
塔吊	QT60	台	2	（臂长 45m）	钢筋弯曲机	GJT-40	台	4	
人货电梯	SCD20/200J	台	10		木工圆锯	MT-104	台	4	
人货电梯	SCD10/100J	台	2		木工刨床	MB-106	台	2	
轻型井点降水设备	一级	套	64		插入式振动器	HZ-50	个	30	
混凝土泵	PM2110	台	4		平板式振动器	PZ-500	台	4	
挖土机	320B	台	4		卷扬机		台	4	
挖土机	350	台	2		增压泵		台	3	
灰浆泵	UB3	台	8～9		污水泵		台	15	
浆液搅拌机	SM-200	台	8～9		潜水泵		台	30	
交流电焊机	BX2-300-1	台	15		经纬仪	J2、JJ2A	台	各 3	
对焊机	UNB-75	台	4		水准仪	DS3	台	8	
电渣压力焊机		台	6		全站仪	NTS-202	台	1	

4 施工方案

4.1 施工流程

4.1.1 总体施工流程（图 4-1）

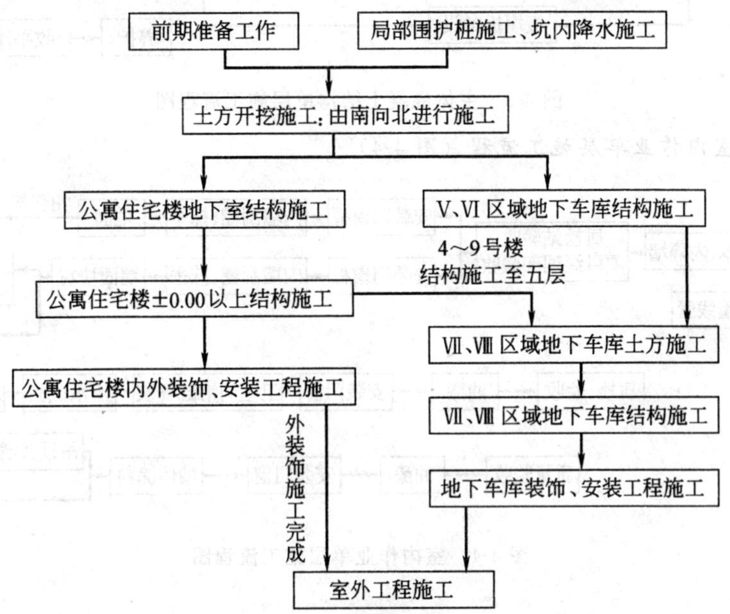

图 4-1 总体施工流程图

4.1.2 地下结构施工流程（图 4-2）

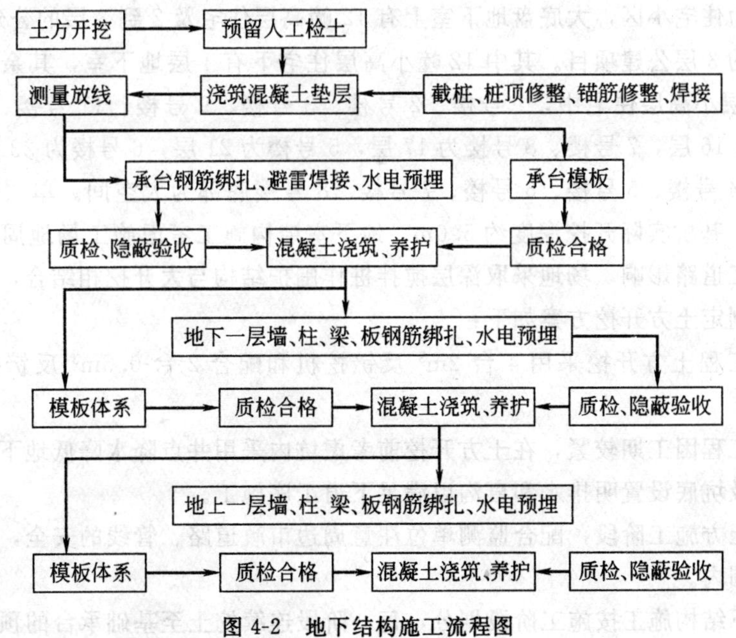

图 4-2 地下结构施工流程图

4.1.3 主体混凝土结构单层施工流程（图 4-3）

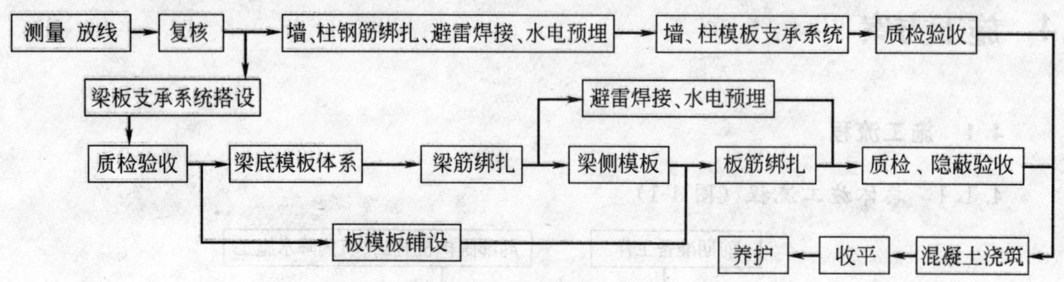

图 4-3 主体混凝土结构单层施工流程图

4.1.4 室内作业单层施工流程（图 4-4）

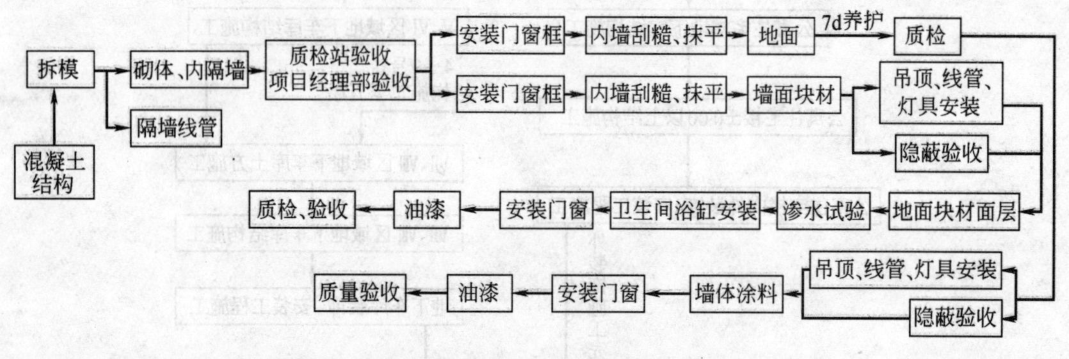

图 4-4 室内作业单层施工流程图

4.2 施工总体设想方案

4.2.1 地下结构工程施工设想

本工程为住宅小区，大底盘地下室上有 12 幢高层住宅及 2 到 3 层的公建项目和会所。另有一独立的 3 层公建项目。其中 12 幢小高层住宅下有 1 层地下室，其余部分地下室均为一层。12 层小高层住宅中，1 号楼、2 号楼、3 号楼、9 号楼、11 号楼、12 号楼为 18 层，4 号楼为 16 层，7 号楼、8 号楼为 17 层，5 号楼为 21 层，6 号楼为 23 层，10 号楼为 12 层。其中 4 号楼、5 号楼、6 号楼、7 号楼、8 号楼底部为大空间。单层地下室顶板上覆土 1.15m，基坑实际开挖深度约 5.0m，地下室结构施工考虑施工场地周围环境及沿场地四周的施工道路影响，场地采取深层搅拌桩作围护结构与大开挖相结合，因此，根据本工程特点，制定土方开挖方案如下：

(1) 本工程土方开挖采用 4 台 $2m^3$ 反铲挖机和配合 2 台 $0.5m^3$ 反铲挖机开挖桩间土方。

(2) 本工程因工期较紧，在土方开挖前考虑坑内采用井点降水降低地下水位，土方开挖后在坑内及坑底设置明排水和盲沟以满足下道工序施工。

(3) 在土方施工阶段，配合监测单位注意周边市政道路、管线的安全，以确保位移量在容许的范围内。

(4) 地下结构施工按施工阶段划分，每一阶段连续挖土至基础承台的预留土方标高位置，基底检土、混凝土垫层、桩头处理随土方开挖同步进行。

(5) 对地下室大体积混凝土的控制温度和收缩裂缝及地下室外墙的防裂防渗，将采取可靠的混凝土配制和保温保湿有效的技术措施。

(6) 在后浇带位置承台板侧面上层与下层钢筋间设置一层快易收口钢板网，规格为1600mm×1500mm，以确保在后浇带位置承台板侧面不出现表面裂缝和在该位置混凝土面层的粗糙度。

(7) 本工程在现场设置4个钢筋加工厂满足现场的钢筋加工需要。

(8) 混凝土使用商品混凝土，采用汽车泵或固定泵接硬管输送浇捣。

(9) 地下室模板采用九夹板，钢管扣件排架支撑。

4.2.2 地上结构工程施工设想

(1) 上部结构施工总承包将协调好各指定分包，以确保整个工程的准点完成。

(2) 在高层钢筋混凝土建筑施工中，由于使用模板、支撑、钢筋的数量较大，塔吊的垂直运输量大，本工程配备了8台塔吊作为垂直运输机械。

(3) 为确保钢筋混凝土剪力墙的几何尺寸和外观质量，剪力墙、电梯井核心筒内模采用优质九夹板和50mm×100mm木方加工成定型模的施工工艺，该模板体系加工完成后将能承受混凝土侧压力100kN/m^2。

(4) 后浇带施工时间按设计规定的时间要求、并结合工程实测的沉降变形情况与设计、监理协商决定，在施工缝的侧面位置附加一层快易收口钢板网，以确保施工缝位置混凝土新旧面更好的接触。

(5) 上部结构核心筒采用筒子模，墙体、楼板、梁用优质九夹板作模板体系，钢管扣件排架支撑。

(6) 混凝土使用商品混凝土，采用固定泵接硬管输送浇捣。

(7) 钢筋采用现场加工厂加工的成型钢筋，利用塔吊作垂直运输。

(8) 高层外架采用型钢挑架，作为结构和装饰脚手架。

(9) 在主体、装饰施工期间采取可靠的混凝土防裂措施及防渗漏措施，做到本工程为无渗漏工程。

(10) 工程测量及本工程基础承台混凝土的浇捣，以后浇带为分格线，每段连续进行浇捣或按进度计划安排浇捣。

4.3 测量复核方案

(1) 测量原则：根据《工程测量规范》(GB 50026—93)和业主提供的施工平面布置图、工地红线范围和水准点高程，确定本工程测量定位方案。

(2) 按照工程红线和施工平面图，从业主指定的控制桩进行工程轴线测量。

(3) 根据业主指定的水准点高程，将施工所需标高引测至所需部位，按照设计图纸标高对已完工程标高进行复核检查。

(4) 轴线、标高的检查复核应在征得业主代表的同意和在其监督下进行，检查所用的仪器设备和配备，且应事先得到业主的同意。

(5) 轴线、标高检查完毕，及时进行成果整理，汇集成数据资料，送业主批示，以判定是否符合国家规范或达到业主要求。

4.4 井点降水

(1) 根据以上地质条件、现场环境、地下室开挖深度、地下室施工工期、基坑支护结构的形式等因素综合考虑，为给土方开挖及基础垫层施工创造良好条件，确保基础工程的进度与质量，应采用22套轻型井点疏干基坑地下水。

(2) 井点布置为在沿基坑边线，距基坑边线5m的基坑内单排布置，基坑内排与排之间距离为25～30m，但在下沉式广场、会所部位井点管之间的距离为20m。井点间距1.6m，总管约每套40m，每套井点射流泵带动井点数量为25根。

(3) 降水施工程序：放线定位——→铺设总管——→开挖井点沟槽——→冲孔——→安放井点管、填粗砂滤料——→上部填黏土密封——→用弯联管将井点管与总管接通——→安装集水箱和排水管——→开动射流泵排气再开动离心泵抽水——→测量观测井中地下水位变化。

(4) 井点降水系统在土方开挖前15d开始运行。拆除井点系统与土方开挖施工同步交叉作业。拔管采用葫芦，所留孔洞用砂或土堵塞。为防止其他未开挖区域的地下水向开挖区域基坑流动，造成开挖区域基坑出现流砂、管涌现象，在开挖区域的外侧一排井点管仍旧降水。

(5) 轻型井点平面布置图、基坑降水平面图（略）。

4.5 基础施工方案

4.5.1 土方开挖

当拟开挖区域内的井点降水至15d后，通过观察井观测地下水位降至基础垫层底面50cm下后，即可进行基坑土方的开挖。开挖土方时，考虑今后地下室结构完成后进行回填和绿化用土，约6万m^3土方堆置现场二期工程的空地上，其余土方全部外运。在公建部分北面，由于靠近锦严路较近，土方无法一次开挖到位，在北面位置先留置1∶1.1土方，待施工好公建部位北面围护的斜支撑后，再用人工进行留置土方的施工。土方开挖总体从南向北进行，先开挖第一、五区，待第五区开挖好后，再施工第六区的下沉式广场、会所土方，再从第二区从南向北依次进行开挖。

4.5.2 基坑内和基坑外排水措施

(1) 基坑挖土从开始起在基坑的各大角挖800mm×800mm×500mm深的集水井，中间每隔30m左右再设置一个集水井，转角处增设集水井，各集水井之间用300mm×200mm排水沟相连通，使基坑内排水形成畅通路径。

(2) 挖最后一层2.5m厚土方时，基坑四周按上面所述的排水办法对基坑进行排水，集水井内用240mm厚砖砌筑。在电梯基坑中，在其最深处标高挖一较小的集水井，便于抽水即可；集水井上口略低于基坑土表面，以利排水。但是必须注意，所有基坑除电梯井内外的大面积水，都应排向基坑四周的排水沟，不应使基坑大面积水流向电梯井基坑。

(3) 基坑外的排水按围护结构设置的要求，在围护结构远离基坑的一边设300mm×200mm排水沟。排水沟内用水泥砂浆抹光，并与市政排水系统或围护结构处畅通的管沟连接。排入市政管网系统或管沟的水必须是经二次沉淀的清水。

(4) 基坑内排水和基坑外排水设专职人员24h抽水，基坑内不得积水，基坑围护结构外水不能滞留，以防基坑积水和围护结构外滞留水对基坑土质浸泡和对围护结构造成损坏，以保持基坑内基础施工场地干燥和施工安全。

4.5.3 基础钢筋施工方案

(1) 我局将在局合格供应商名录里挑选几家，进行综合评审，进货时货比三家，选定合适的作为本工程的钢材供应商，严把进货关。

(2) 根据本工程的实际情况，翻样时依据图纸结构说明及 03G101—1 标准图集进行。

(3) 主要技术措施：基础底板钢筋主要受力钢筋Φ32 采用镦粗直螺纹连接，周边Φ16 的钢筋采用闪光对焊，剪力墙外墙、柱竖向钢筋采用电渣压力焊焊接。

(4) 根据工程实际情况，考虑钢筋的垂直运输问题，我局在现场设立两个钢筋加工房以便钢筋吊运，可缩短基础部分钢筋的水平运输距离。

(5) 钢筋的制作加工严格按经审批后的翻样单进行，并对制作与下料统筹安排，利用好原材，做到尽量节省材料。

(6) 针对本工程的实际情况，在基础工程施工阶段，长钢筋 18m 以上钢筋用人工从搭设的施工通道运输。18m 以下钢筋及箍筋可用塔吊运输至指定位置。

(7) 基础底板：针对本工程特殊情况，底层钢筋在绑扎之前先根据图纸所规定的间距尺寸画出钢筋摆放位置。在垫层上摆放与基础垫层相同强度的 100mm×100mm×100mm 混凝土垫块，每平方米一个，1.2m 以下厚底板筋上下层各铺一层双向钢筋，上下层钢筋之间用Φ25 钢筋制作马凳支撑，每平方米设置一个，马凳支撑在混凝土垫块之上，马凳制作净高为底板厚度扣除保护层及相应钢筋尺寸。

(8) 主筋的摆放顺序从下至上为：主梁底 1 ⟶次梁底 1 ⟶主梁底 2 ⟶次梁底 2 ⟶主梁面 2 ⟶次梁面 2 ⟶主梁面 1 ⟶次梁面 1，主筋摆放间距均匀且净距不小于 50mm，两层筋之间每 1.5m 用Φ25 作为垫铁保证其净距，在主筋上画出箍筋位置，箍筋开口应交错布置，钢筋绑扎用 20 号钢丝，不得漏扎。

(9) 墙筋柱独立绑扎时，扎好后用一根Φ20 钢筋支撑，支模时再拆除。

(10) 钢筋代换：在基础工程进行中，除非特殊情况，一般不采用钢筋代换，代换钢筋级别、规格需经设计院同意，作业班组及施工员不得擅自改变。

4.5.4 基础模板工程

(1) 本工程基础底板混凝土是筏形基础大体积混凝土，因此，模板大部分是侧模，只有电梯井部分隔墙采用吊模支撑。

(2) 基础侧模采用 20mm 厚胶合木模板，现场切割安装。模板支撑采用钢管支撑。模板内侧模板的定位用短节钢筋与基础钢筋焊接支撑，限定模板不移位。

(3) 本工程地下室、首层墙、柱、梁模板全部选用木质胶合板。木质胶合板质量要求成型好，表面光滑，纹理清晰，强度好，厚薄均匀，能重复利用多次。

(4) 墙、墙柱模板工程开始安装在墙柱钢筋绑扎完成，并通过验收后进行。梁、板模板的安装在钢筋绑扎完成之前。墙模板、梁板模支撑采用 $\phi48\times3.5$ 的钢管。

(5) 内外墙模板的拉结均采用 $\phi14$ 对拉螺杆固定。外隔墙用对拉止水螺杆，内墙直接用对拉螺杆连结；对拉螺杆按 500mm×600mm 间距设置。内墙对拉螺杆用 ϕ20PVC 管贯穿墙柱（图 4-5～图 4-7）。

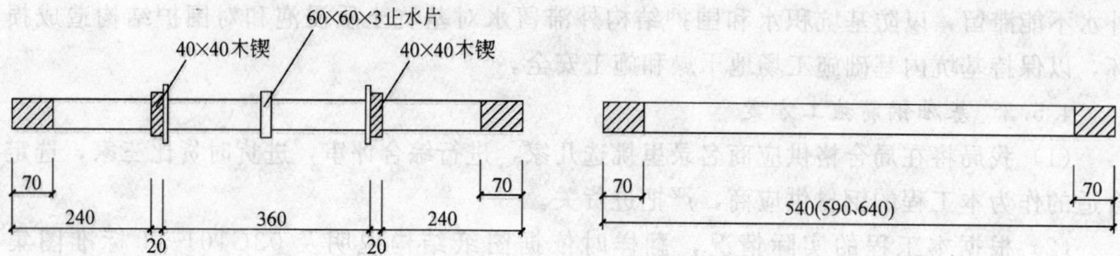

图 4-5 用于 300、350、400 内墙对拉螺栓详图（单位：mm）

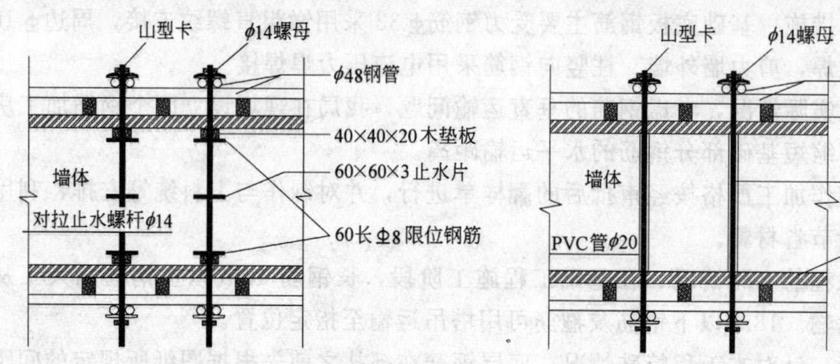

图 4-6 外墙用对拉螺杆作法（单位：mm）

图 4-7 内墙用对拉螺杆作法（单位：mm）

(6) 本工程所有模板的支撑均采用 $\phi 48\times 3.5$ 的钢管，扣件选用对接、十字扣件和旋转扣件。

(7) 对外墙模板安装采用双排架操作，内墙及梁板承重和人员操作设置为满堂架。满堂架间距设置按 800～1000mm 进行设置。满堂架底端距楼地面 200mm 处设纵横扫地杆，中部距楼地面 1800mm 设纵横水平管，所有水平管和扫地标均通长连通。

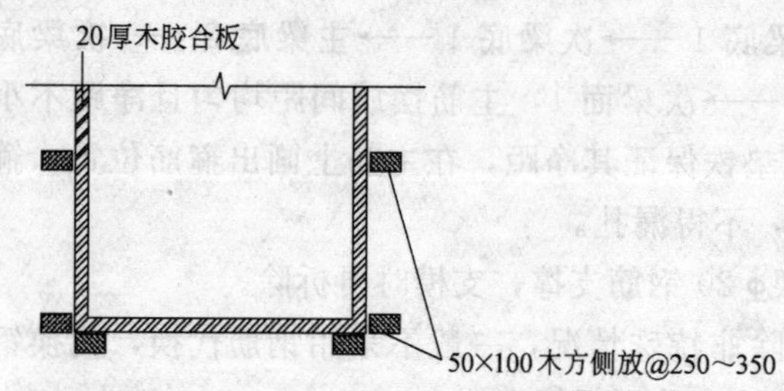

图 4-8 梁侧木方钉法（单位：mm）

(8) 钢管的受压应力按强度和稳定性计算均远小于其受压容许荷载 215N/mm²，故按间距 1m、步距 1.8m 设置可满足要求，并有足够的支承能力储备；梁模支撑简图如图 4-8 所示。

4.5.5 混凝土工程

(1) 本工程基础承台混凝土的浇捣以后浇带为分格线，每段连续进行浇捣或按进度计划安排浇捣。

(2) 混凝土的浇捣必须在基础侧模、后浇带定型模板、基础钢筋、墙柱钢筋、轴线复查、标高复查、止水片安装固定完成并请监理验收，做好工程资料之后开始浇捣。浇捣用两台（或四台）汽车泵或固定泵（备用一台），将混凝土直接打入基坑内。

(3) 为保证大体积混凝土工程质量，特编制以下控制措施：

1) 根据施工图和初定的混凝土配合比，由混凝土供应商和现场分别对大体积混凝土进行热工计算，并以热工计算为纲，调整混凝土配合比，决定混凝土的生产、运输、浇筑的技术程序和管理原则，相应拟定温控、防裂技术措施。混凝土供应商需将混凝土从搅拌站搅拌混凝土到运输至现场的所有程序施工控制方案提交施工单位。

2）混凝土由专业搅拌站生产、运输、泵送，专业厂家具有的技术、责任和能力，是大体积混凝土质量管理的重要组成部分。

3）混凝土连续浇捣，一气呵成，不留施工缝，避免出现施工冷缝。

4）成立现场 QC 小组，由项目技术部门牵头组织，对大体积混凝土进行测温、控温、防裂等质量控制。

5）本混凝土由专业搅拌站生产，现场负责浇筑、保温和防裂，技术责任划分为：混凝土泵送到基坑后的温控防裂措施由现场负责，如因温控不当引起裂缝，由现场负责。而混凝土因原材料不合格或混凝土水泥用量超过商定的标准等质量原因，引起混凝土裂缝，由搅拌站负责。双方既要对自己负责的技术方面严格把关，同时也要对对方责任区做好监控，相互制约。

（4）对施工模板、钢筋、放线高程控制，机械、电工、材料、试验、技术、质安、混凝土班、后勤逐一落实到负责人，并实行内部签字认知的制度，以便分别落实责任。

（5）浇筑次序由南端、北端浇捣向中间靠近，以后浇带为分界线分段连续浇筑，循序合拢。集水坑及电梯井落底部分待底部浇平后停歇 1～2h 再浇侧壁及隔墙；外墙高出承台的 300mm 高止水部分，待墙底下的承台混凝土浇筑 0.5h 后方能浇筑上凸部分，在初凝时间内，对已浇筑的混凝土进行一次重复振捣。

（6）地下室墙板均采用抗渗混凝土，整个地下室混凝土浇捣采用汽车泵或固定泵，每施工段配 2 台汽车泵或固定泵。

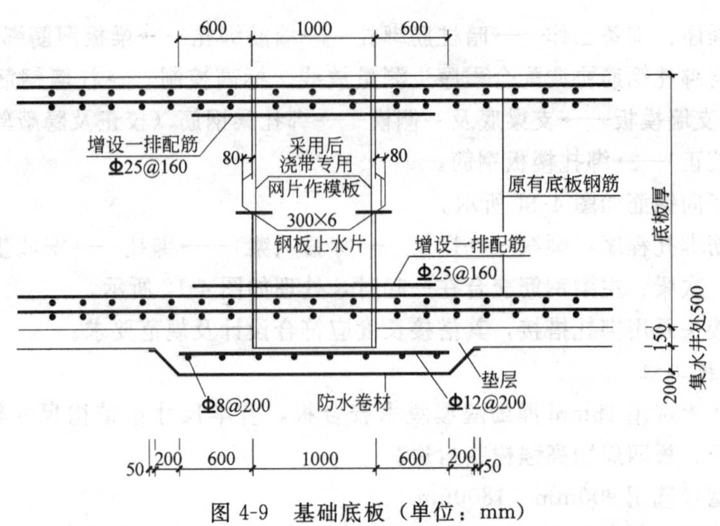

图 4-9 基础底板（单位：mm）

（7）混凝土的浇捣仍按基础底板施工浇捣程序要求，严格对混凝土生产运输过程进行控制。混凝土的浇捣以后浇带为分界线，项目部在混凝土浇捣时，可根据实际情况再补充制定相应措施。

（8）后浇带的施工在主楼封顶和其两边混凝土浇捣完成后两个月以上再浇筑。使用混凝土比原两侧混凝土等级高一级的微膨胀混凝土浇筑。

（9）后浇带处理简图如图 4-9、图 4-10 所示。

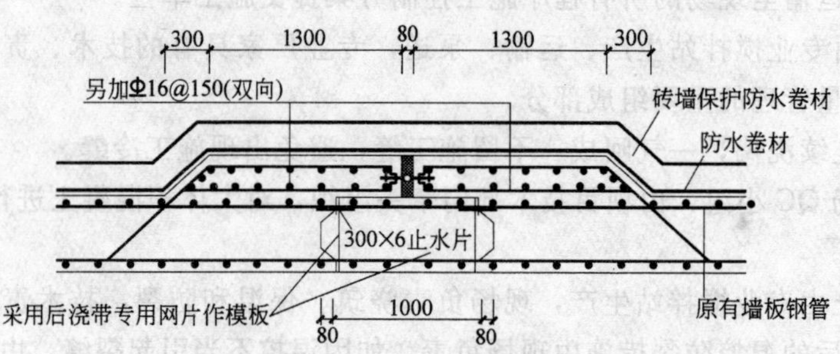

突出部分做到标高－1.10m，顶部卷材封闭

图 4-10　地下室外墙板（单位：mm）

4.6　主体结构工程

4.6.1　钢筋工程

（1）钢筋抽样单，由钢筋工长根据构件配筋图（图 4-11），先绘出各种形状和规格的单根钢筋简图并加以编号，然后分别计算钢筋下料长度和根数。

（2）钢筋加工房为两个，各 20m×5m，在施工现场南面沿施工道路分别布置，配置钢筋弯曲机两台、钢筋切断机两台、调直机一台、冷拉设备一套、对焊机一台。

（3）根据工程进度，按审核后的抽样单进行配料，并将每一编号的钢筋制作一块料牌，作为钢筋加工的依据，并在安装中作为区别各分部分项工程、构件和各种编号钢筋的标志。

（4）施工程序：准备工作──→暗柱筋绑扎──→墙筋绑扎──→梁板钢筋绑扎。

（5）支模与绑扎钢筋协调配合程序：测量放线、标高控制──→柱墙钢筋绑扎（校正、隐蔽验收）──→支墙模板──→支梁底及一侧模──→绑扎梁钢筋（校正及隐蔽验收）──→封梁模支楼板模（校正）──→绑扎楼板钢筋。

（6）墙板竖向钢筋如图 4-11 所示。

（7）板钢筋绑扎程序：画线──→摆筋──→穿箍（梁）──→绑扎──→安放垫块。

（8）当板、次梁、主梁钢筋交合在一起时，处理如图 4-12 所示。

（9）板筋接头采用绑扎搭接，其搭接长度应符合设计及规范要求。

4.6.2　模板工程

（1）模板面板选用 18mm 厚酚醛覆膜木胶合板，基本尺寸按结构尺寸辅配其他不规则尺寸补缺面板，板四周用高强树脂封边。

（2）模板型号选用 900mm×1800mm。

（3）模板安装前应将各种水、电管按图就位，避免安装好模板后二次开洞。

（4）模板拆除后及时清洗养护，如有破损应及时修补或更换面板。

（5）内墙、梁板模板安装：安装墙一侧模──→钢筋绑扎后安装墙另一侧模──→支承加固细部处理。

（6）内墙、梁板模板安装程序为：测量放线──→满堂支承架──→梁、板底模根据复核后的轴线测出墙、柱构件的边线──→弹出模板的边线和外侧控制线。

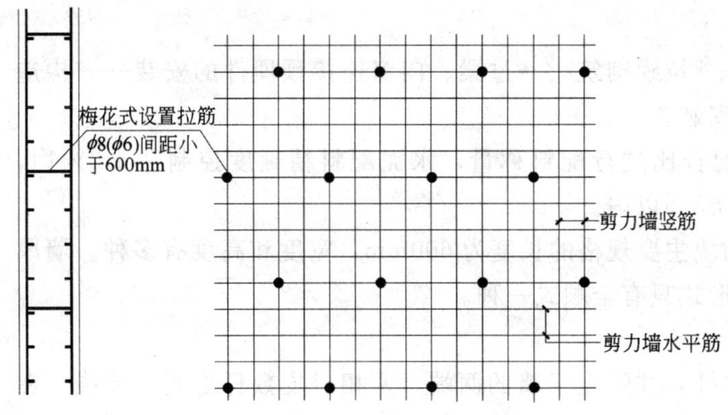

图 4-11 墙板竖向钢筋加拉筋详图（单位：mm）

说明：墙厚 350 和 400 拉接筋用 ϕ8

墙厚 350 以下拉接筋用 ϕ6

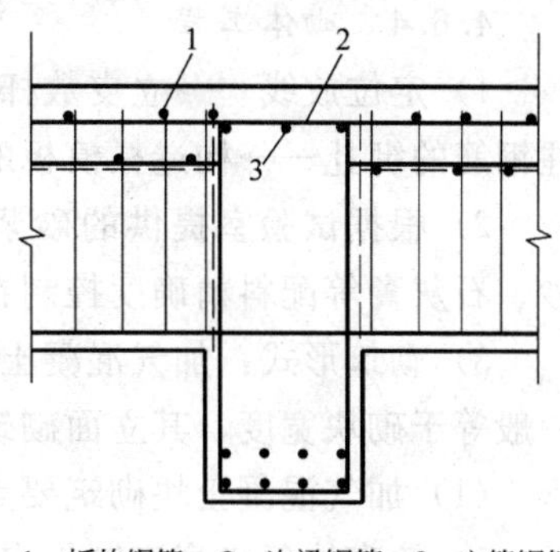

图 4-12

4.6.3 混凝土工程

本工程选用与我局有长期合作关系的商品混凝土供应商，确保对本工程商品混凝土的施工要求。

(1) 根据本工程采用泵送混凝土的特点，对配合比提出以下要求：

1) 碎石最大粒径与输送管内径之比，宜小于或等于 1∶5；

2) 最小水泥用量为 300kg/m^3；

3) 混凝土的坍落度为 8～18cm；

4) 混凝土内宜掺入适量的外加剂；

5) 混凝土配合比设计，应符合国家现行标准《普通混凝土配合比设计规程》(JGJ 55—2000)、《混凝土结构工程施工质量验收规范》(GB 50204—2002)、《混凝土强度检验评定标准》(GBJ 107—87) 和《预拌混凝土》的有关规定。

(2) 混凝土泵选择大象 PM2110 型固定泵四台。

(3) 混凝土运输车（视具体情况定），独立式混凝土布料器一台（可选用移动式布料器或固定式布料器）以及配套的混凝土泵管，管内径选用 125mm 总长约 400m（包括弯头和直管全套）。

(4) 混凝土泵送应连续进行；如必须中断时，其中断时不得超过混凝土从搅拌至浇筑完毕允许的延续时间。

(5) 混凝土的浇筑顺序应沿泵管的布置由远而近。

(6) 在同一区域的混凝土应按先竖向结构，后水平面结构的顺序，分层连续浇筑。

(7) 区域之间、上下层之间混凝土浇筑间歇时间不得超过混凝土的初凝时间。

(8) 当下层混凝土初凝后，浇筑上层混凝土时，应按留设施工缝规定处理。

(9) 混凝土浇筑分层厚度，一般为 300～500mm。当水平结构的混凝土厚度超过 500mm 时，可按 1∶6～1∶10 坡度分层浇筑，且上层混凝土应超前覆盖下层混凝土 500mm 以上。

(10) 混凝土浇筑完 12h 后淋水养护，经常保持湿润，养护时间不得少于 7d。掺有外加剂的养护时间不得少于 14d。

4.6.4 砌体工程

1）定位放线⟶立皮数杆⟶拉线砌筑⟶过梁、门窗连接预埋件的安装⟶构造柱钢筋的绑扎⟶构造柱模板的安装。

2）根据试验室提供的砂浆配合比进行配料称量，水泥配料精确度控制在±2%内，砂、石灰膏等配料精确度控制在±5%以内。

3）砌筑形式：加气混凝土砌块主要规格的长度为600mm，宽度和高度有多种。墙厚一般等于砌块宽度，其立面砌筑形式只有全顺式一种。

(1) 加气混凝土块砌筑要点

1）按砌块每皮高度制作皮数杆，并竖立于墙的两端，两相对皮数杆之间拉准线。在砌筑位置放出墙身边线。

2）加气混凝土砌块砌筑时，应向砌筑面适量浇水。在砌块墙底部用烧结普通砖或多孔砖砌筑，其高度不小于200mm。

3）不同干密度和强度等级的加气混凝土块不应混砌。加气混凝土砌块也不得与其他砖、砌块混砌。

4）灰缝应横平竖直，砂浆饱满。水平灰缝厚度不得大于15mm。竖向灰缝宜用内外临时夹板夹住后灌缝，其宽度不得大于20mm。

5）砌块墙的转角处，应隔皮纵、横墙砌块相互搭砌。砌块墙的T字交接处应使横墙砌块隔皮端面露头。

6）砌到接近上层梁、板底时，宜用烧结普通砖斜砌挤紧，砖倾斜度为60°左右，砂浆应饱满。

7）墙体洞口上部应放置2根直径6mm钢筋，伸过洞口两边长度每边不小于500mm。

8）砌块墙与承重墙或柱交接处，应在承重墙或柱的水平灰缝内预埋拉结钢筋，拉结钢筋沿墙或柱高每1m左右设一道，每道为2ϕ6的钢筋（带弯钩），伸出墙壁或柱面长度不小于700mm。在砌筑砌块时，将此拉结筋伸出部分埋置于砌块墙壁的水平灰缝中。

9）加气混凝土砌块墙每天砌筑高度不宜超过1.8m。

(2) 确保砌体与混凝土结构连接位置墙面不开裂的技术措施

1）墙体与混凝土交接处应设置拉结筋，拉结筋可用ϕ6或ϕ8，一端伸入混凝土达到锚固长度，另一端加90°弯钩打入灰缝中，长度应符合规范要求。

2）墙体上的洞口宽度大于300mm时，应在该洞口上放置预制过梁或用混凝土现浇梁，其两边伸入支座长度应分别大于等于250mm。

3）加气混凝土砌块砌筑至接近上层梁、板底时，结构接触处，采用定制斜砖斜砌一层（60°），上下顶紧、灌浆堵实。

4）在砌块砌筑前一天，应将预砌砌块墙与原结构相接处浇水湿润，确保砌体与原结构的粘结。

4.7 外脚手架工程

根据本工程特点，标准层结构施工外架采用槽钢作水平梁挑出，端部用角钢支持，组成三角支持结构体系。型钢三角支持结构上部采用常规的双排钢管扣件式脚手架搭设，采用六层一挑的架设工艺。

型钢梁采用槽钢[16和组合槽钢[10，钢管均为外径$\phi48\times3.5$的钢管，扣件形式与管匹配。挑梁槽钢为[16槽钢，采用预留孔洞布置在钢筋混凝土墙柱内，紧贴楼板面，伸进墙内500mm（不包括墙厚240mm），槽钢挑出墙外距离小于1700mm，槽钢间距1500mm，槽钢与墙体预留孔间的孔隙用木方塞紧（或可后浇素混凝土使其密实）。

4.8 屋面工程

4.8.1 施工要求

（1）主体结构竣工验收合格后，选择干燥晴朗季节，由专业施工队伍进行施工；

（2）各块屋面按其构造层次由下而上逐层施工；

（3）各层施工必须在下层已施工完毕且达到上层对基层的要求后方可组织施工；

（4）各道工序施工完毕经隐蔽验收并会签后，方可进行下道工序的施工。

4.8.2 屋面工程验收

（1）屋面工程按构造层次由下而上，施工完一层即按施工及验收规范进行自我验收，合格后邀请甲方及监理单位进行隐蔽验收。

（2）每次检查验收的隐蔽工程项目，符合设计要求后，及时办理签证手续。

（3）上层施工必须待下层隐蔽验收合格并会签后，方可进行。

（4）检查找平层的厚度、平整度、坡度及防水构造节点处理的质量是否达到质量目标。

（5）检查各种防水层的原材料、制品配件是否符合质量标准，各防水层必须达到设计要求的抗渗性、强度和耐久性。

4.9 装饰工程

本项目工程量大，种类繁多，材料高档，施工要求严格，施工工期紧，交叉作业多。施工必须先做样板，经业主及质检部门认可后方可大面积施工。内装饰工程工种多，互相交错，在制订施工作业计划时必须互相协调，要重点考虑其施工顺序，避免下道工序施工时，将上道工序的成品破坏或污染。

4.9.1 室内装饰施工

（1）按施工总体部署，主体结构分段验收后插入室内粗装饰施工。

（2）室内粗装饰与门窗、楼地面工程从下而上组织流水施工。

（3）按先粗后细的原则进行，合理安排好各道工序的衔接，做好成品保护，防止相互污染。

（4）内装修脚手架的搭设视房间的层高情况，使用高低适中的活动马凳，铺脚手板或用钢管搭满堂脚手架。

4.9.2 外墙装饰施工

（1）施工工序：基体表面处理——→准备工作——→外墙涂料。

（2）主体结构封顶，且经主体验收后方能进行外墙装饰施工。

（3）外墙装饰前外墙洞眼裂缝应处理，门窗框应安设，且嵌缝完毕，墙面基层应清理干净。

(4) 外墙装饰材料已备好，且已进行选料，大面积操作前应定做样板，确定好施工工艺和操作要点，且经监理和建筑师同意认可。

(5) 施工前做好各项技术交底。

4.10 安装施工设想

4.10.1 预埋阶段施工工序

(1) 地下室：配合土建施工进度，做好管线、防水套管的预埋，防雷接地扁钢焊接以及各工种预留洞的尺寸、设备基础方位的核实。

(2) 上部结构：根据土建施工方案和施工进度，安排若干电气施工班组紧跟土建进度，原则上不需要独立工期；同时，给排水和暖通工种配合土建预留洞尺寸的复核。给排水工程师在了解掌握卫生洁具的样本尺寸或实样后，对预埋管及预留洞根据以往施工经验进行现场核对。

(3) 结构封顶屋面工程：预埋出屋面立管套管，做好防水处理工作，做好防雷接地网支撑件的预埋以及各类管线预埋工作。

4.10.2 安装毛坯阶段

根据工程工期要求和施工经验，在土建结构施工完毕后，开始安排各工种展开大面积安装毛坯，毛坯阶段施工按不同工种表述如下：

(1) 电气工程在土建拆除脚手架和模板后，随即进行箱盒的清理及预埋管线的疏通，穿上镀锌钢丝，便于粉刷完成后的管内穿线。土建砌筑时，配备相应劳动力，配合镶接管线和嵌装开关箱盒。土建粉刷每结束一层，进行桥架、线槽的安装施工。垂直桥架的安装就在结构封顶后，土建单位先粉刷整个强弱电管弄，完成后安装垂直桥架，然后安装用户配电箱及相关配电柜箱等。大面积粉刷完成后，逐层完成管内的穿线，并进行线槽内或管内电缆的布放工作。

(2) 管道工程：依据土建拆除脚手架和模板的进度，首先安排管道的预制工作，立管在砌筑管弄砖墙前应先安装到位。根据土建管弄的砌墙计划，拟采用分段试压方案，确保管道施工质量。污废水支管在污废水立管的三通定位后进行安装，横向管道安装至各使用设备的排水口楼板下方，留下登高管在精装修时施工。土建完成砌筑后，卫生间的生活给水支管和热水支管可以定位、凿槽、配管、固定，分层进行试压，合格后进行热水管道保温，交付土建粉刷。

(3) 消防箱箱壳及管道镶接在消防立管二次安装到位、土建砌好砖墙后施工。

(4) 暖通工程：通风空调打算在安装工作开工约一个月后进场，首要工作是对地下室排烟、排风管道、所有立管以及支架进行预制。土建拆除模板和脚手后，要求土建先对安装部位清理粉刷，安装通风管道，通风立管紧跟土建进度逐层安装，并做好产品保护和安全工作。土建砌墙前，分段进行漏光试验；墙分隔后，吊装室内机组、冷媒管和平面风管支管的安装；粉刷完毕后，安装机组及管道镶接。空调风管在漏光试验合格后进行保温，冷媒管经试压合格后保温。

(5) 安装工程：由于本工程工作量较大，为争取施工工期，施工前期要求土建尽可能在水泵房、高低配电间、机房等部位先进行清理粉刷，地面浇捣处理，以便设备放线定位和配管线，在大楼结构封顶进入全面内外装修阶段后，开始对各类水泵等的安装，并根据设备安装方案进行施工。

4.10.3 配合阶段

(1) 电气工程：灯具电源线和金属软管必须到位，装修油漆，还剩最后一度时安装灯具、开关插座、弱电面板以及照明配电箱，并做好产品保护和保洁工作。

(2) 管道工程：主要工作量在卫生间、水泵房等部位。在安装毛坯完成的基础上，安装废污水登高管在浇毛地坪前完成，磁砖贴面完成后安装卫生洁具和消火栓箱门，龙头落水镶接和消防喷头。

(3) 安装工程：大部分设备应已基本就位，剩余设备安装在装修前期完成。

(4) 单机运转，系统调试及竣工验收：参与施工的各工种工程师应共同参与抽调全过程，会同监理，进行最后阶段的冲刺。

4.10.4 施工工序安排

(1) 先系统，后局部。即在同一专业同一系统中，先施工系统干线，后施工局部支线。

(2) 在同一空间要采用自上而下的原则。

(3) 在结构施工时期，先施工室外管道和与城市公用设施相关的安装工程，如煤气、热力、雨水、污水、供电、消防、上水、通信等。

(4) 在建筑内部，结构施工未封顶时，先施工地下及非标准层部分；结构封顶后，立即施工机械竖井、管道井、电缆井和电梯井。最后与土建装修装饰配合交叉施工标准层内的安装工程。

5 保证施工质量、安全、文明施工技术措施

5.1 质量保证措施

5.1.1 质量目标

本工程质量目标：单位工程一次交验合格率100%，本工程质量两栋结构达到上海市“优质”标准，并创“白玉兰”优质工程奖。

5.1.2 质量保证的总体措施

1) 严格按照国家的施工技术标准、施工验收规范、上海市的有关质量管理规定、中建四局的质量保证措施执行。

2) 严格按照ISO—9001族质量标准体系制度和完善各项质量保证措施。在施工过程中执行谁主管谁负责工程质量，做到质量管理具体落实到人、落实到位，并制定相应的经济奖罚措施。

3) 在生产中，做到多级质量控制，即生产负责人控制专项负责人，专项负责人控制各操作班组，各操作班组进行自控、互控。

5.1.3 工程质量的检查验收程序

班组自检、互检──→施工负责人自检──→技术复核──→专职检查员检查──→总包方验收──→监理验收──→下一道工序。

5.1.4　创优施工管理措施

1）严格按照上海市优质结构检查标准的要求执行。

2）建立QC活动小组，攻克质量通病和使用新材料、新工艺带来的质量问题。严格控制原材料的进场质量，不合格的应坚决退换，把好质量管理的首道关。

3）针对不同的施工部位、不同的施工环境，制定相应的施工技术方案和施工技术措施，做到方案最优秀、最科学，力争向科技要效益、要质量。

4）选择劳动素质和身体素质好的施工操作班组。在施工过程中，做到由分项工程质量控制分部工程质量，由分部工程质量控制单位工程质量。

5）在开工前，应充分熟悉和理解施工图纸，清楚设计构想和设计意图，搞好施工图纸的会审工作，对不确信之处，应与设计方取得联系，使问题得到解决。

6）在开工前，局总工程师应向项目各级管理人员进行施工组织的技术、质量、安全交底，施工管理人员应向各操作班组进行技术、质量、安全的交底工作。

5.1.5　计量与计量仪器的管理

1）设置专人控制与管理各材料的计量与计量仪器。严格按照试验室设计出的配合比进行计量；如需调整，应征得试验部门的同意许可后才能进行。

2）严格控制计量仪器的管理，过时、失效的计量仪器不得使用，计量仪器应按规定期限进行检验、校正。

3）配制砂浆和混凝土时应挂牌计量，专职计量人员应随时抽查计量的执行情况。特种作业人员应经过培训合格后，方能上岗操作，在操作时应持证上岗。

4）针对不同工序的相互关系及相互之间的影响，制定全面和专项的成品保护措施。做好资料的收集与整理，使资料与工程进度同步进行，保证资料的真实性、可靠性。

5.1.6　重要分部分项工程质量保证措施

（1）模板工程

1）模板应选择平整度好、表面光滑、强度较高、能周转多次而不影响模板表面形状的模板材料。

2）模板的配设应有设计计算说明书。复杂、特殊部位应有模板翻样大样图。模板的配设应构造简单、装拆方便，便于钢筋的绑扎与安装，符合混凝土的浇筑与养护等工艺要求。

3）模板的接缝应严密，不得漏浆。做好梁、板的标高控制工作，确保工程结构和构件各部分形状尺寸和相互位置的正确。

4）在模板支设时，应做好模板的放线定位工作，并应有专人进行技术复核，无误后方能开始支模。当梁的跨度大于或等于4m时，应在模板中部起拱，起拱高度宜为全跨度的1‰～3‰。

5）模板表面应涂刷脱模剂，脱模剂应涂刷均匀。应计算模板的支撑及其卡具强度，支撑及卡具的安装应牢固。

（2）钢筋工程

1）钢筋的进货质量应符合建筑工程的使用要求。钢筋应分规格、分批次堆码整齐，堆码场地应有良好的排水设施。

2）钢筋的下料尺寸应准确，在下料时应充分考虑钢筋锚固要求和加工制作误差。成品钢筋吊运时，吊点应合理，吊运过程中不得碰、刮其他物件，以免钢筋变形。

3）钢筋的绑扎应符合表5-1的要求。

钢筋绑扎技术要求 **表5-1**

项次	项目		允许偏差(mm)	检验方法
1	网眼的长度、宽度		±10	尺量检查
2	网眼尺寸	焊接	±10	尺量连续三档取大值
		绑扎	±20	
3	骨架的宽度、高度		±5	尺量检查
4	骨架的长度		±10	
5	受力钢筋	间距	±10	尺量两端中间各一点取其最大值
		排距	±5	
6	箍筋、构造筋间距	焊接	±10	尺量连续三档取最大值
		绑扎	±20	
7	钢筋弯起点位移		±20	尺量检查
8	焊接预埋件	中心线位移	±5	
		水平高差	+3,－0	
9	受力钢筋保护层	基础	±10	
		梁、柱	±5	
		板	±3	

4）钢筋保护层砂浆垫块的厚度应根据设计要求而定，垫块的放置数量应符合规范要求。在浇筑混凝土时，应在绑扎成型的钢筋上设置钢筋撑脚，然后在撑脚上铺放层板，以免钢筋被踩踏变形、移位。

5）钢筋的搭接应满足设计和规范要求。钢筋的焊缝应满足强度要求，咬边的深度、气孔、夹渣的数量和大小不得超过规定要求。

6）在浇筑混凝土前，应对照图纸仔细检查钢筋的数量、规格、放置位置是否符合设计要求。

7）会同相关部门做好钢筋的隐蔽验收工作。

(3) 混凝土工程

1）仔细研读图纸，明确各部位、各构件的混凝土强度等级。

2）控制混凝土的运输时间和坍落度在要求以内。结构部位在倾倒混凝土前，应预先用水冲洗干净，确保定型混凝土内不夹有垃圾和其他有害物质。

3）混凝土自卸料口倾落入模的自由高度不得超过2m；如超过2m，应采用串筒或溜槽。墙、柱和梁采用插入式振动器振捣，插点间距不大于振动器作用半径的1.5倍，振动器距模板不大于振动器作用半径的二分之一，振动器应插入下层混凝土100mm左右，以便上下层混凝土结合成为一个有机的整体；插入式振动器应遵循快插慢拔的原则，每一插点的振捣时间约为20～30s，直至混凝土表面呈现浮浆、不再下落为止。

4）楼板采用平板式振动器，平板式振动器的间距，应能满足平板覆盖住已振实部分的边缘，前后位置搭接30～50mm为宜，每一位置上的振捣时间为25～40s。

5）在混凝土浇筑过程中，应派专人观察模板、支架、钢筋、预埋件、预留孔洞情况，发现模板有变形、移位时，应立即停止浇筑，并应在已浇筑混凝土终凝前修好。

6）混凝土的表面收光应密实、平整，收光应分三步进行。

第一步：随浇随收光；

第二步：初凝前收光；

第三步：终凝前收光。

7）混凝土浇筑完毕后，应在其外露表面加以覆盖并进行保护，混凝土终凝后，即可浇水养护，每天浇水次数以能保持混凝土具有足够的润湿状态为宜，浇水养护的日期不得少于 7d。

8）混凝土的拆模应符合规定，一般构件在混凝土强度达到 75％时即可拆模，悬挑部位和特殊部位应达到混凝土强度的 100％时方可拆模。

（4）砌体工程

1）砌块进场强度应符合设计要求，并应有出厂合格证书和试验合格证书。

2）各物料的掺量计量应准确，物料的投放顺序、搅拌时间均应符合规定。

3）在砌筑前应做好砖的定位放线工作，在主要轴线部位应设置皮数杆，以控制门窗线角的标高、位置等。

4）在砌筑时，应用水冲洗干净基础表面的灰尘，基础垫层如有局部不平，当高差超过 30mm 时，应用 C20 以上细石混凝土找平后方可砌筑，不得仅用砂浆填平。

5）在砌筑过程中应随时检查砖墙表面的平整度和垂直度。墙内预埋拉结筋的数量、放置位置，锚固长度均应满足设计要求。砌砖与水电管线安装应密切配合，禁止相互破坏。

6）砌体尺寸、位置允许偏差和检验方法，应符合表 5-2 规定。

砌体尺寸、位置允许偏差及检验方法 **表 5-2**

项 次	项 目	允许偏差(mm)	检 验 方 法
1	轴线位置偏移	10	拉线和尺量检查
2	砖砌体顶面标高	±15	用水准仪和尺量检查
3	垂直度(每层)	5	用 2m 托线板检查
4	表面平整度(混水墙)	10	用 2m 靠尺和楔形塞尺
5	水平灰缝平直度(混水墙)	10	拉 10m 线和尺量检查
6	水平灰缝厚度(10 皮砖累计数)	±8	与皮数杆比较尺量检查
7	门窗洞口宽度	±5	尺量检查
8	高度	±15,(−5)	尺量检查
	预留构造柱截面(宽、深度)	±10	尺量检查
9	外墙上下窗口偏移	20	经纬仪或吊线

（5）一般抹灰工程

1）在进行抹灰前，应清除干净砖墙面上的松动砂浆块和污物，并应提前浇水湿润。

2）室内墙面应按规范要求做好标筋，阳角、柱角应用 1∶2.5 水泥砂浆做护角。

3）砂浆和易性应好，各层抹灰厚度控制在 8mm 以内。底灰宜用粗砂，中层灰和面层灰宜用中砂。抹灰前应在四周墙上弹出水平控制线，先抹顶棚四周，圈边找平。

4）底子灰表面应扫毛或画出纹道。采用水泥砂浆面层时，应注意接槎，表面压光不得少于两遍，罩面后次日应洒水养护。

5）采用纸筋灰粉面时，宜在底子灰或中层灰五六成干时进行，底子灰或中层灰如过于干燥应先浇水湿润，罩面分两遍压实赶光。

（6）管道安装工程质量保证措施

1）各类管道、管配件、阀门等在安装时应按规范要求检查、检验规格、型号、数量，符合要求方可使用。管子在下料、组对前应将管内浮锈、杂物清除干净，安装中断或完毕的敞开口应临时封堵。

2）钢管（除镀锌外）在安装前应涂刷防锈漆，安装完毕试压结束后按设计要求涂刷面漆。

3）管道的坡口可用气割（不锈钢管材料除外）或机械加工，用气割加工的坡口须除去氧化皮。管子对口前，坡口管端的15～20mm范围的铁锈、油污等应清除干净。

4）相同壁厚的管道组对时其内壁应平齐，内壁错边量不应超过壁厚的20%，且不大于2mm。对口时不得用强力对正，以免引起附加应力。

5）法兰安装前对法兰、垫片、螺栓进行检查，清除法兰表面及密闭面上的铁锈、油污等杂物，法兰安装垂直于管子中心线，其表面相互平行，连接法兰的螺栓，其螺杆突出螺母的长度一般为0～2扣。

6）配件在安装前应进行质量检查，以防有砂眼、裂纹等缺陷存在。

7）埋地及暗装的管道应及时做好试压、灌水、通球等工作，办理隐蔽工程验收手续。

8）排水管道安装走向和位置应符合设计要求，水平管的坡度不得小于规范规定的最小排水坡度，不得有倒坡现象。

9）喷淋系统管道施工时，选用的喷头、报警阀、压力开关、水流指示器等主要组件应为国家消防产品监督检测中心检测合格的产品，其商标、型号、规格等标志应齐全。

10）要求喷淋系统管道施工设有0.002～0.005的坡度，坡向排水管。水流指示器安装后浆片、膜片不得与管壁碰擦。喷头安装的位置除要符合图纸要求外，还应符合规范的要求。

11）管道安装要作好防堵措施，即在管道毛坯施工时，采取“上堵下开”工艺，为此要加工各类管道的临时堵头，防止管道被建筑垃圾或异物堵塞。

12）管道施工完毕后，按系统进行完整性检查。完整性检查分硬件和软件两部分，硬件检查是检查安装的管道、管配件、阀门、仪表、支吊架等是否符合设计和规范的要求，是否已全部施工完毕。软件检查是指管道安装的各类记录、签证是否及时、正确，只有完整性检查合格的管线，才能进行压力试验。

13）管道系统试压前应编制方案，绘制试压系统图，便于管道的试压和系统的调试。

14）管道的保温要求铺设平整、绑扎紧密，无滑动、松弛、断裂等现象。

15）对于管道螺纹连接处渗漏的预防措施

a. 钢管螺纹加工的锥度应适宜，螺纹应清洁、规整，断丝或缺丝不大于螺纹全扣数的10%，管螺纹根部应露出2～3扣。螺纹连接处应不松不紧，连接牢固。

b. 对不符合要求的管配件应进行调换。

c. 钢管螺纹连接的填料选用要恰当，填料顺丝扣方向拧紧后不得倒回。

d. 管道安装完毕，应及时按设计或规范要求进行压力试验，以不渗不漏为合格。试压记录和给水管道隐蔽验收单应有施工单位相应专业工程师和建设单位监理部门的签字，并加盖单位公章。

16）对于钢管焊缝渗漏的预防措施

a. 在管道施工中，焊接工艺是很重要的一环。因此，专职焊工及多面手焊工一定要经过技术培训和考核，持证上岗。

b. 在焊接操作中，应正确调节焊机电流、熟悉焊机性能及合理选用焊条。焊接时手势要稳定，焊条角度要正确，焊条应沿焊缝中心线对称和均匀摆动，使焊波均匀一致。

c. 根据管道的管壁厚度，在对口焊接时应留有一定的间隙，并按规定要求制作坡口。管道焊口允许偏差及焊缝的加强面高度和宽度应符合规范规定。

（7）电气安装工程质量保证措施

1）电气安装时应了解土建进度和施工方法，采取相应的措施，密切配合，既保证工程进度，又确保配管质量。

2）按规范规定设过路箱，过路箱位置如处在吊顶内，则吊顶应设检修孔。遇建筑物变形缝，则管线（包括电缆及桥架）必须在变形缝处作补偿处理。

3）按现行规范作好管路的接地跨接，跨接所用材料截面和接触面应符合规定。

4）灯具安装时要特别注意与风管、水管施工协调，不能占用上述管道的位置。照明灯具位置要与安装的喷淋头、烟（温）感报警器、风口位置协调，保证美观。灯具安装应牢固。当灯具重量大，超过固定装置的承载能力，应专设固定灯具的支架。

5）本工程配电箱数量较多，配电箱内开关、电器质量是保证安全可靠供电的主要因素之一，同时要选用与建筑协调的安装方式和箱体颜色。为此，要求做到以下两点：

① 与制造厂签订合同时，要强调配电箱内开关、电器的质量，不能装上质量不可靠的产品。制造过程中，如有可能应派专业技术人员到场抽检。运到工地必须进行质量检验；

② 产品应符合同行国家技术标准，有铭牌、有合格证，还应有施工图设计的编号，产品技术文件齐全。

6）应坚持文明施工，安装前必备的土建条件是：屋顶无渗漏、门窗已安装完毕，可能损坏配电箱的装饰工作应结束。地坪已完成，至少毛地坪已完成，地坪标高已标出，无积水。不同时具备以上条件时，应有妥善的产品保护措施。

7）安装用紧固件的水平垂直偏差应符合规定，接地应牢固、可靠，测量绝缘时应注意保护，不损坏弱电电器。

8）电气调试要点

a. 电气设备的单体试验可与安装交叉进行，以利加快进度。

b. 电气调试用的仪表应当良好，其误差应在规定范围内，属计量器具的仪表应有有效性检定合格证。调试用仪器、仪表精度应至少高于被校设备一个级别。

c. 易受外部磁场影响的仪表，应放置在离大电流导线1m以外的地方测量。

d. 认真记录调试数据，判断必须正确、及时，调试报告应完整、清晰。

9）对于槽架配线不符合要求的预防措施

a. 槽架到达现场后，应进行检查验收并做好产品保护工作，槽架应平整，无扭曲变形，内壁应光滑、无毛刺。

b. 槽架的连接应连续无间断，每节槽架设置的固定支架间的距离为 1.5～3m，且间距均匀，在转角、分支处和端部均应有固定点。

c. 槽架敷设要求平直、整齐，在设置支架或吊架前准确测量、定位。

d. 金属槽架应可靠接地，槽架包括其支架全长不少于两处与 PE 排连接，槽架本身不可作为接地干线。

e. 槽架接口保持平直、严密，盖板应齐全、平整、无翘角。

10）对于导线接线、连接及包扎质量较差的预防措施

a. 规定在接线螺栓或接线端子上的导线连接宜为一根，最多不能超过两根。在螺栓上连接两根导线时，中间应加平垫片，并应有紧固件。

b. 多股导线的连接，宜采用镀锡铜接头压接。如做成"羊眼圈"状搪锡的，加工成型应与连接螺栓直径相匹配。搪锡部位应做到均匀、饱满、光滑，不得损伤导线绝缘层。

c. 使用安全型压接帽连接导线的应是本市质监总站向施工单位推荐的经各种测试数据合格的产品。对压接帽的检验可做燃烧试验，以离开火种能自行熄灭为合格。

d. 采用铜接头连接导线的，应使用镀锡接头并压接，不宜使用开口铜接头或灌锡式铜接头。

11）对于吊平顶内配管、配线不规则的预防措施

a. 吊平顶内的电气配管应按照明配管的要求施工，基本上做到"横平竖直"，不应斜走或交叉。吊支架的设置也应按照明配管的要求，间距均匀、对称，电气管线的吊支架应单独设置。

b. 吊平顶内的导线，无论是强电还是弱电，都一律穿入电线管内保护，严禁明露在吊顶内。导线的连接接头应在接线盒内或灯具内，严禁明露在吊平顶内。灯具近旁应有一只接线盒，接线盒的安装位置应便于检查维修并加盖板，接线盒本身应接地可靠。采用钢管的，其跨接接地线焊接要求应符合规范规定，不得"点焊"。利用金属软管连接灯具的，金属软管本身应作跨接地保护，但不得作接地保护线。金属软管的长度不宜超过 1m。

（8）通风空调工程质量保证措施

1）在施工准备阶段，要在采购、运输、储存、使用等环节上加强管理，在投入使用前应有专业人员加以复核，以免发生差错。

2）风管和管配件在预制时，要特别注意施工图与现场具体情况的相符性，避免发生差错，确保施工质量和进度计划完成。

3）严格执行风管和管配件的制作工艺，确保制作质量，风管连接安装时作好防漏风的措施，以满足达到国际检测标准。

4）风管保温要特别作好内层保温，外表要有一层严密、不透气的隔气层，以杜绝保温不善而引起的凝露现象。

5）空调设备安装时要作好隔振措施，防止隔振失效而产生振动噪声。

6）对于风管法兰铆接不严密的预防措施：

a. 铆接间距应按规范要求，一般间距不应大于 150mm。

b. 铆钉与铆孔应紧密配合，铆钉铆接要穿过法兰和风管壁，并留有一定的铆接长度，铆钉的直径与长度应与法兰角钢的规格相匹配。

c. 咬口风管在风管法兰上的翻边尺寸不小于6mm；如无翻边时，应在未焊接的部分采用密封措施。

d. 风管翻边四角处是容易开裂的部位，翻边时可用小型的崭口榔头将四角处的钢板敲打变薄，又不开裂。形成弧形的翻边。如果四角开裂应用焊锡或密封胶嵌填。咬口缝重叠处的翻边突出部分应铲平。

7）对于室内机的管道连接处渗漏的预防措施：

a. 冷凝水管坡度、坡向必须符合设计规定，不得倒坡，也不得接至卫生间的下水道内。

b. 本工程的户式中央空调采用塑料管作为凝结水连接时，其接头处必须用卡箍固定，不得用钢丝结扎。

8）对于风管保温质量差的预防措施：

a. 施工前认真选择胶粘剂：胶粘剂应具备无腐蚀、固化快、不老化、粘结强度高及粘结后在潮湿环境中不脱落等性能。

b. 保温钉固定在风管表面是依靠胶粘剂的粘结作用，如果金属表面的油污、水分或垃圾等污物不清除干净，保温钉与风管表面间又增加一层薄膜，胶接剂不能与金属表面粘牢，降低其粘结强度。因此，在粘结保温钉前，必须用清洗剂将风管表面和保温钉表面的油污清洗干净。粘结后不能马上进行保温作业，必须待胶粘剂固化、有一定的胶结强度后方能进行，防止保温钉脱落。

c. 保温钉在风管上单位面积的数量需达到规范要求，且必须分布均匀，防止分布不均集中受力，使保温钉脱落。

（9）设备安装工程质量保证措施：

1）落地设备基础浇筑达到水平要求。

2）设备吊装就位后须找平，接管安装时无应力产生，严禁强制连接。

3）转动设备在配管安装后，再次复测轴器的同心度、水平度的精度；如有变化，进行调整。

4）及时进行设备的试运转，发现问题要找出原因并及时调整。

5.2 安全保证措施

5.2.1 安全目标

施工现场力争上海市“标化工地”、“文明工地”称号。安全目标：杜绝重大伤亡事故，年轻伤率控制在0.15%以内。安全管理通过上海市“安保体系认证”。

5.2.2 安全、消防保证总体措施

1）建立、健全各级安全生产责任制，职责明确，落实到人。

2）在各项经济承包合同中有明确的安全指标和奖罚措施。严格按照中华人民共和国行业标准《建筑施工安全检查标准》JGJ 59—99 执行。

3）严格按照《上海市建设工程施工现场安全标准化管理标准》执行。

4）严格按照中建四局安全生产管理措施执行。建立并严格执行定期安全检查制度，对于检查出的安全隐患应及时定人、定时、定措施整改完毕。

5）专业性较强、操作工艺较特殊的项目，应编制单独的、专项的安全施工组织设计。

对于各分部分项工程应进行书面的安全技术交底，交底应根据建筑物的不同部位、不同的施工环境、不同的操作工人班组进行有针对性的交底，交底应全面并应履行签字手续。

6）新入场工人应严格进行三级安全教育，安全教育的内容应全面而富有针对性。对于特种作业人员，应经过培训合格后方能从事特种作业，在操作时应做到持证上岗。

7）现场应按安全标志布置总平面图及安全标志。

5.2.3 安全生产管理组织机构（图5-1）

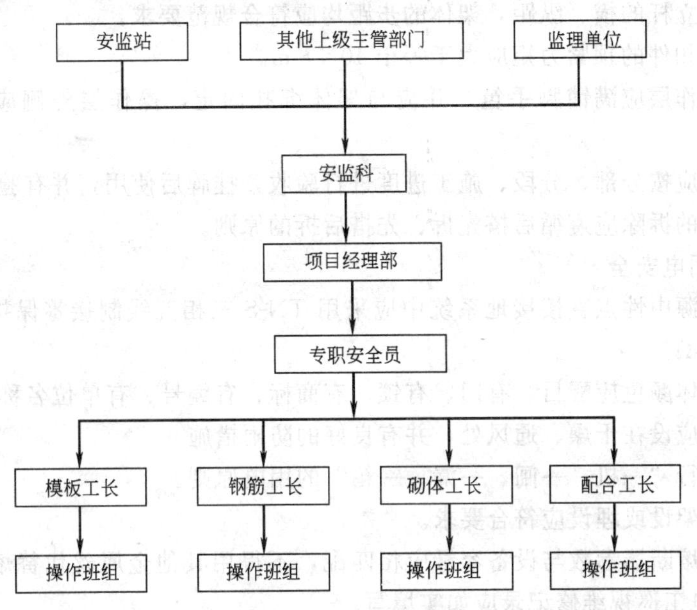

图5-1 安全生产管理组织机构图

5.2.4 安全设施及其管理措施

（1）防火措施

1）根据消防、防火的总平面布置图，配备足够数量、种类合适的消防灭火器材。

2）工地应设防火安全管理人员，建立三级防火责任制，施工现场应配备足够的消防器材，指定专人维护、管理。

3）严格执行三级动火审批制度，操作时带好两证一器，落实好监护人，严格执行“十不烧”制度。

4）焊割作业点与氧气瓶、乙炔气瓶距离不得少于10m，与易燃易爆物品的距离不得少于30m；氧气瓶、乙炔气瓶应设专用仓库，且必须进库，不准乱放。

5）加强电源管理，防止发生电器火灾。

（2）机械设备安全措施

1）严格执行机械设备验收制度。

2）严格执行机械设备的保养规程和定期保养制度，做好操作前、后的设备清洁、润滑、紧固、调整的防护工作。

3）严格执行机械设备安全操作规程，机械设备应按原有的技术性能的规定正确使用，严禁机械设备超负荷使用和带病运转。

4）中小型机具，如：砂浆机、木工平刨、电焊机等机械须设操作棚，各类离合制动器、防护罩必须安全、可靠、有效，各类机具应有良好的接地保护。

5）塔吊的“三保险”、“五限位”必须齐全、灵活、可靠，严格执行“十不吊”的规定，吊具和锁具应符合国家有关标准，塔吊使用应设专职指挥。

(3) 脚手架安全措施

1）脚手架的基础应坚实、平整，并应有良好的排水措施。

2）脚手架应按规定设置防雷接地装置，接地电阻不大于10Ω。

3）脚手架立杆的横、纵距，架体的步距均应符合规范要求。

4）脚手架扣件的预紧力矩应大于等于40N·m。

5）施工操作层应满铺脚手笆，并应与架体绑扎固定，操作层外侧应设置两道扶手栏杆。

6）脚手架应按分部、分段、施工进度进行验收，挂牌后使用，并有验收记录。

7）脚手架的拆除应遵循后搭先拆、先搭后拆的原则。

(4) 施工用电安全

1）专用电源中性点直接接地系统中应采用TN-S三相五线制接零保护系统，接地电阻值小于等于4Ω。

2）配电箱体颜色应醒目、有门、有锁、有商标、有编号、有单位名称。

3）配电箱应设在干燥、通风处，并有良好的防雨措施。

4）严格执行“一机、一闸、一漏、一箱”的用电原则。

5）电缆的架设或埋设应符合要求。

6）闸具、熔断器参数与设备容量应相匹配，不得用其他金属丝代替熔断丝。用电应有专人管理，电工巡视维修记录应如实填写。

(5) 基坑支护安全管理措施

1）基坑施工临边防护措施采用钢管栏杆高度为1.2m，双栏杆第一根离地30cm，第二根离地1.2m，并且用1.2m×6m密目式安全网封闭。

2）基坑开挖前，坑壁支护设置围护桩结构的做特殊支护。

3）基坑施工设置坑内外排水的有效措施。

4）机械开挖土方时，坑边严禁堆放积土、料具。

5）基坑人员上下通道采用钢管搭设的，坡度为1∶3，脚手板上面设置木防滑条，每隔30cm一道，木条厚为20mm。

6）通道两侧为1.2m高的双钢管栏杆。第一根离脚手板为30cm，第二根为1.2m。

(6) 基坑支护变形监测

1）基坑土方开挖严格按规定进行基坑支护变形监测。

2）基坑土方开挖严格按规定，对毗邻建筑物重要管线和道路进行沉降观测。

3）基坑内作业人员必须站在安全的地方进行操作。

4）垂直作业上下必须用钢管防护棚作为隔离防护措施。

5）夜间施工应设置足够照明。

5.2.5　模板工程安全管理措施

(1) 施工方案

1）模板工程严格按审批施工方案进行施工。

2）本工程采用泵送混凝土输送方法，泵送管道设置单独的支撑安全措施。

（2）支撑系统

1）现浇混凝土模板的支撑系统严格按施工方案的要求。

2）支撑模板的立柱采用钢管，间距为80～100cm。

3）立柱底部混凝土楼板上用木垫板垫。

4）按规定立杆，纵横设置扫地杆，两端设置纵横向剪刀支撑。

5）模板施工中严格控制荷载，模板上堆料必须均匀，严禁超过规定堆放。

6）大模板存放要有防止倾倒措施。

7）各种模板存放必须整齐，堆放最高为1.2m，确保安全要求。

8）2m以上高处作业必须铺设跳板，无法铺设跳板时，下方必须兜安全平网。

9）模板拆除区域必须设置警戒线且有专人监护，严禁留有未拆除的悬空模板。

10）模板支拆前，有木工长和安全员进行安全技术交底。

11）模板拆除前，木工长必须书面提出拆模申请，经技术部主任和安全员同意批准，混凝土强度达到拆模强度后，在安全措施和监护人到位的情况下才能拆模。

12）支拆模板完成后，经班组自检、互检合格后，再由工长、质安、班长进行验收合格，报请监理复查，复查合格后才进行下一道工序的施工。

（3）混凝土强度

1）模板拆除前混凝土强度必须达到拆模强度要求。

2）严禁混凝土强度未达规定强度提前拆模。

3）浇捣混凝土时，在模板上架设小马凳上铺跳板作为操作人员作业通道。走道垫板必须平稳、牢固。

4）作业面孔洞采用自身的模板作为防护，作业面的临边主要采用爬架作为防护措施。

5）垂直作业上下钢管防护棚作为隔离防护措施。

6）夜间施工有足够的照明，严禁使用“小太阳”取暖。

5.2.6 “三宝”、“四口”防护措施管理

（1）安全帽

1）进入施工现场必须戴好安全帽，严禁未戴安全帽的人员进入施工现场。

2）安全帽必须符合国家标准。

（2）安全网

1）在建工程外侧全部用1.8m×6m密目安全网封闭。

2）安全网规格为1.8m×6m，材质符合国家标准要求，取得上海市建筑安全监督管理部门准用证。

（3）安全带

2m以上的高空作业无任何防护措施时，必须拴好安全带，安全带应高挂低用，必须符合国家标准要求的规定。

（4）楼梯口、电梯井口防护

1）采用钢管双防护栏杆，立杆间距为1.8m，高度为1.2m防护措施。

2）电梯井采用1.8m定型钢筋，铁栅门宽度比门框的宽度每边大15cm。

3）电梯井内没有独立设置的四步一隔离，那么每隔两层（高度不大于10m）兜一道

水平网防护。

(5) 洞口临边作业的安全防护

1) 在未安装栏杆或栏板的内天井与挑平台等周边，用钢筋或钢管设置栏杆防护，其高度不得小于1.2m。

2) 临边防护栏杆必须自上而下设立安全网或挡脚板。根据洞口尺寸大小，采取相应的防护措施，如图5-2所示。

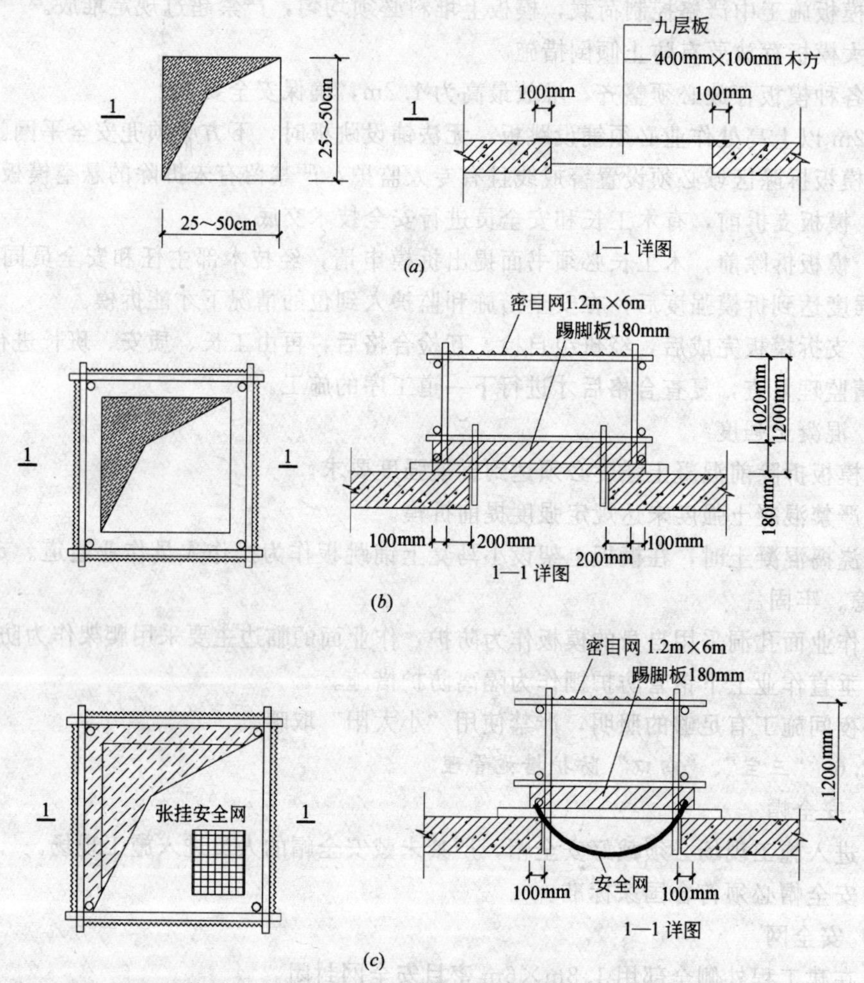

图5-2　洞口防护示意图

(a) 边长25～50cm的洞口防护；(b) 边长50～150cm的洞口防护；(c) 边长150～200cm的洞口防护

3) 悬空作业处有牢靠的立足处，并视情况配制防护栏网、栏杆或其他安全设施。

4) 悬空作业所用的脚手架（板）、平台、索具等设备，经技术鉴定合格，书面验收合格后方可使用。

5) 各工种进行上下立体作业时，不准在同一垂直方向操作，下层作业的位置必须处于根据上层作业高度确定的可能坠落物体的半径范围之外，并设置安全防护棚。电梯口也设置相应的防护棚（图5-3）。

6) 楼梯梯段边、阳台临边均应设置临时栏杆（图5-4）。

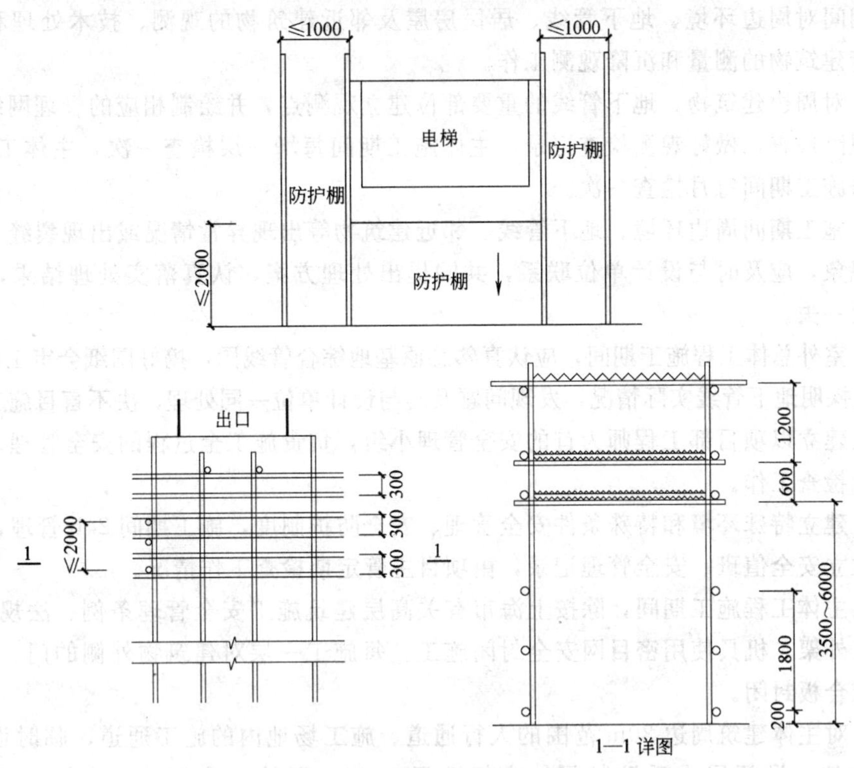

图 5-3 电梯口防护棚示意图（单位：mm）

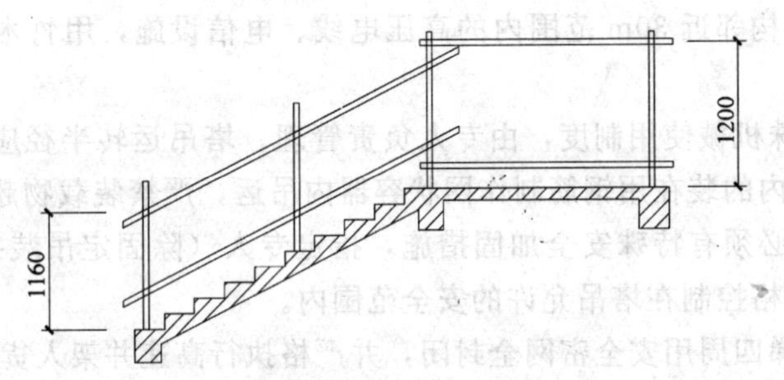

图 5-4 临边临时栏杆示意图（单位：mm）

7）“三宝”应用前应经有关部门按国家标准检验，“三宝”的佩戴及安装应符合规定要求。

(6) 通道口防护

通道口采用双层防护棚，防护棚顶层高度为 5m，防护棚宽度为 6m，两层防护棚的间距，立杆间距为 3.6m，大横杆的间距为 1.8m。两侧用密目式安全网封闭。

(7) 防护阳台、楼板、屋面等临边防护

阳台、楼板、屋面等临边采用钢管双栏杆，高度为 1.2m，立杆间距为 2m，下横杆离地高度为 50mm，上横杆为 1.2m，并且用密目式安全网封闭。

5.2.7 周边防护措施

(1) 根据对该工程地下综合管线的了解，成立环境保护监测组，由项目主管负责，负责施工期间对周边环境、地下管线、居民房屋及邻近建筑物的观测、技术处理和保护工作，负责建筑物的测量和沉降观测工作。

(2) 对周边建筑物、地下管线的重要部位建立观测点，并绘制相应的管理网络图，定期进行观测检查，做好观测检查记录。主体施工期间每增一层检查一次，主体工程完工，进入装修施工期间每月检查一次。

(3) 施工期间周边环境、地下管线、邻近建筑物等出现异常情况或出现裂缝、不均匀沉降等现象，应及时与设计单位联系，共同提出处理方案，认真落实处理结果，确保安全、万无一失。

(4) 室外总体工程施工期间，应认真熟悉原基地综合管线图，搞好图纸会审工作。施工前，认真探明地下管线实际情况，发现问题及时与设计单位一同处理，决不盲目施工。

(5) 建立以项目部工程师为首的安全管理小组，负责施工全过程的安全管理、安全防护和安全检查工作。

(6) 建立特殊环境和特殊条件安全管理、安全防护制度，施工期间 24h 管理，全过程监护。建立安全值班、安全管理记录，由项目主管定期检查工作情况。

(7) 主体工程施工期间，除按上海市有关高层建筑施工安全管理条例、法规执行外，要求所有外架、机具使用密目网安全封闭施工。每施工一层对建筑物外侧的门、窗洞口，及时用胶合板封闭。

(8) 对主体建筑周边 30m 范围的人行通道、施工场地内的施工通道、临时设施搭设钢管防护架，设两层木质防护层，木板选用 1.8cm 厚的胶合板，两防护层的间距大于 50cm。

(9) 对主体结构邻近 30m 范围内的高压电线、电信设施，用竹木材料按规定搭设安全防护架。

(10) 制定特殊机械使用制度，由专人负责管理。塔吊运转半径应在安全范围内，起吊物长度在 3m 以内的装在用钢筋制作网状容器内吊运，严禁装载物超过容器的上沿。长度超过 3m 以上的必须有特殊安全加固措施，指定专人（除固定吊装指挥外）监护吊装。起吊物的重量应严格控制在塔吊允许的安全范围内。

(11) 人货电梯四周用安全密网全封闭，并严格执行高速井架人货电梯安全管理制度。

(12) 加强施工人员的安全宣传、安全教育工作，对所有本工程的施工人员，包括所有分包队伍，进场前必须进行入场安全教育，建立“陆家嘴中央公寓（暂名）一期工程施工安全管理制度和奖惩制度”，除坚持分部分项工程安全交底工作外，要求班前安全交底，班后安全总结，做到施工人员人人懂安全、人人讲安全，使整个工地成为一个“不伤害他人，不被他人伤害”的安全文明工地。

5.2.8　防汛防台

(1) 建立防汛防台工作机构

项目部建立防汛防台工作机构和应急救险队伍，防汛防台工作机构由项目部生产经理和书记负责，成员由动力材料设备部负责人、技术部负责人、质安部负责人及应急班组人员组成。

(2) 防汛防台工作组职责

1) 理顺指挥决策系统、信息传递系统，层层落实责任。

2）加强对施工现场的设施安全检测和巡查，督促整改，完善应急预案、救险措施和信息网络。

3）重点列出施工现场脚手架、大型机械设备、施工用电和施工用水设备、60m（20层）以上施工楼面设施、零星材料及施工临时设施等检查表。

4）在防汛防台季节，加强安全防范措施。

（3）预防防汛防台措施

1）明确主要领导负责制，建立施工现场设置安全监督责任制。

2）做好应急准备，落实值班人员和施工设施抢修队，做好各类交通工具和通信器材的准备及修理调试工作。

3）完善防汛防台期间施工设施检查、整改措施。

4）落实台风侵袭之前施工现场用电设备的电源切断等应急措施。

5）管理部门尤其提醒有关施工班组，当预报台风风力达到12级时，项目部各施工部门及施工班组必须提前列出施工现场脚手架、大型机械设备、施工用电和施工用水设备、60m（20层）以上施工楼面设施和零星材料及施工临时设施等检查表，并及时采取拉布、撤板、透空及根基加固等必备措施，以防止坠落事故的发生。

6）项目部各管理部门坚持“以防为主、抢防结合”，做到不疏、不漏，严禁瞒报或漏报事故情况，尽最大努力杜绝安全事故的发生。

7）项目部防汛防台指挥部组织防汛防台设施、设备、队伍的管理，措施落实等检查，负责并组织制定防汛防台应急预防工作。

8）对施工现场的临时设施进行摸底工作。组织、督促对各类违章、违法临时设施和生产设施进行加固处理，并实施督办。

5.3 文明施工措施

5.3.1 场容场貌

1）本工程采用硬地法施工，建筑物四周浇混凝土散水坡，散水坡侧设排水明沟，保持场地平整、不积水。

2）建立场地排水系统，主要道路、施工便道等一侧须设排水沟，排水沟上设铁栅盖板。

3）经项目经理审定后，在施工现场设置“七牌二图”以及安全宣传标语和警告牌，并架设一板，上书工程、发包方、工程监理及有关单位等的名称。

4）施工现场布置临设、设备等按平面布置图搭设；若在不同施工阶段需调整时，需在征得项目经理同意后，合理调整临时布置。

5.3.2 文明建设措施

1）经项目经理同意后，在工地四周的围墙建筑物、办公室外墙等地方，依照公司CI战略，设置反映企业精神、时代风貌的醒目宣传标语，工地内设置宣传栏、黑板报等宣传设施，及时反映工地内各类动态。

2）工地现场做到道路畅通、平坦整洁，不乱堆乱放，无散落物，建筑物四周保持洁净，地面平整，不积水，场地排水构成系统，并畅通无阻。

3）开展文明教育，要求广大施工和管理人员遵守上海市的“七不”规范。

4）加强班组建设，搞好“三上岗一讲评”的安全活动，有良好的班容班貌。

5）加强工地治安综合治理，做到目标管理，制度落实，责任到人。施工现场治安防范措施有力，重点要害部位防范设施有效到位。

6）现场施工人员按不同单位佩戴不同颜色的安全帽，现场施工人员均佩戴胸卡，胸卡按工作部门、单位分类，根据一定规则统一编号。

7）了解施工现场的外包队伍人员组织，建立其档案卡片，与分包队伍签订“治安防火协议书”，对分包队伍人员加强法制教育。

8）混凝土浇捣时，混凝土搅拌车必须在场内清理干净，否则不准出场，在场内所散落的砂浆应做到随落随清理。

9）混凝土浇筑施工时，应组织专人负责指挥商品混凝土搅拌车出入场，并组织其合理停靠，防止堵塞交通，并与交通部门做好协商工作，争取其支持，维护好交通安全。

10）做好社区服务工作，工地有专人负责协调与周围居民、所在地居委会、市政交通、环卫等单位横向关系，定期主动召开会议，听取他们对工程建设的有关意见，保证文明施工，使工程成为爱民工程、便民工程。

5.3.3　*材料堆放管理*

1）砂、石料（零星）分别堆放，底脚料随用随清，灰池砌筑符合标准，布局合理，安全整洁，做到灰不外溢，渣不乱倒。

2）对钢筋（已制作）、砖、竹笆、架料等材料运到现场应分类堆放，分别挂标牌。

3）只要荷载不超过设计荷载，不会阻碍工程的进展，不会阻碍进入工程已完成的部分，经项目经理同意后，物料也可以贮存在工程已完成的部分。

4）所有工地上或建筑物内的物料必须整齐存放，并挂牌标识。

5）易燃品贮藏必须分别建在许可的地区。易燃物品如油漆、煤油、稀释剂、硝化纤维、清漆、沥青类等的产品，不许贮藏在建造的建筑物内。

5.3.4　*现场污水控制*

1）负责对现有化粪池、出口沉淀池进行管理，依照上海市“标化工地”的有关规定，并根据本工程规模和特点，对其维修和增设。

2）施工区建筑物内，每三层设置的可冲洗厕所，其污水单独接出后，汇入化粪池内，事先经市政有关部门同意后，接入市政污水系统。

3）施工区域内的排水沟沿建筑物四周布置，详见平面布置图，并在排水沟上盖有开孔的混凝土盖板，在出口处设立沉淀池。

4）在大门口做拦水沟，设沉淀池和高压水泵，供车辆出门之前冲洗用，施工污水必须经沉淀后才能排入城市管网。

5.3.5　*现场废渣控制*

1）成立卫生责任包干区，派人打扫办公区和施工区（建筑物四周）卫生。

2）施工阶段各班组必须搞好工完场清工作，施工过程所产生的建筑垃圾在指定地点堆放。

3）与市政环卫部第一时间联系，在靠南面大门边设立一个垃圾转运点，由市政环卫部门定期清运垃圾。

4）对材料转运、堆码等产生的废渣必须责成相关人员进行清理。

5）定期进行检查，对责任人和班组实行奖罚处理。

5.3.6 消防管理措施

1）成立消防管理领导小组，由工地主管带头，抓消防措施的落实。

2）在工程上部施工中，专门设立消防用水，消防用水用 $\phi 2$ 镀锌管上楼，附在主体结构垂直向上敷设，并选用扬程 80m 的 ZGC-5 型水泵，一次输送至施工楼层。

3）工程消防设施，要求每两层设一个临时消防栓，每消防栓旁设一封闭式手动开关，火警时能启动临时消防水泵。

4）施工工地在木工房、电焊房、配电间、库房等处配备一定数量的灭火器，在办公区也配制相应的灭火器和消防桶，并在现场设置相应的消防水池。

5）执行三级动火审批制度，严格动火管理，加强动火监护人责任制。

6）施工外脚手架按每隔 30m 设置两台灭火机，每隔一层进行设置，并在机械设备操作棚内配备相应的灭火器材。

7）灭火器材必须定人检查、更换，保证使用的有效性。对工程消防设施，安排专人负责日常监管和维修工作，确保此重要救险系统不被滥用及 24h 操作能正常。

8）消防管理人员定期进行学习和培训，并针对正确使用消防器具方面，组织广大施工人员进行现场操作示范。提高大家的防火意识，规范工地的消防管理。

9）易燃物品专门设立库房，不允许贮藏在建筑物之内。并采取隔离措施，不得与其他物品混合堆放。

10）氧气瓶、乙炔瓶分别放置于专门的库房内，不得混合存放，使用时两者之间距离不得小于 10m。

5.3.7 强化工地卫生建设

1）工地现场设有环境卫生宣传标牌和卫生责任包干图，现场达到无大面积积水。

2）现场设置医务室。做好对职工卫生防病的宣传教育工作，针对季节性流行病、传染病等，利用黑板报等形式向职工介绍防病、治病的知识和方法。

3）定期检查现场卫生情况，医务人员对生活卫生起监督作用，并监督盒饭供应处卫生情况，监督做好留菜、留饭的检查工作。

4）防止蚊蝇孳生，落实各项除“四害”措施，工地内做到排水畅通，无污水外流或堵塞排水沟现象。

5.3.8 环境保护措施

1）项目上设专人负责处理与周边居民关系，宣传周边环境与工程进度之间的重要性。

2）加强与当地环保局之间的联系，在环保局指导下，仔细安排施工工序，夜间连续施工以低噪声为主，不影响周边居民夜间休息，遇有连续浇捣混凝土，我们将事先出具安民告示，通知居民事先做好准备。

3）积极加强与当地居民办事处的联系，定期召开居民座谈会，听取居民对我们施工单位的意见，加强沟通，争取理解。

4）施工现场成立义务服务队，利用节假日，发挥职工特长，为周边居民小修小补，以我们的诚意赢得居民的谅解。

5）加强施工现场防护，让周边居民具有安全感。

6）加强劳务队伍管理，确保劳务队伍不扰民、闹事。

7）施工车辆进出，严格执行上海市有关交通运输的法律、法规，并与当地交警、环卫和市容监察部门取得联系，共同建立管理机制，确保工程顺利施工。

6　施工平面布置

6.1　施工总平面布置

根据现场情况及工程施工要求，我局将施工现场布置分两个阶段进行部署，对于整个施工现场区域划分，按业主要求的部位采用砖砌围墙加以划分。

6.1.1　地下结构施工阶段

(1) 我局将根据业主的总体规划，在施工现场东北面、西面设置3个大门，并沿大门布置主要进入施工现场的道路，主要施工道路宽4.5m，路面碾平压实，做20cm厚道渣，上铺10cm混凝土，道路两侧设明沟排水（图6-1～图6-3）。

(2) 根据施工现场条件在大门入口处设置清洗处，并在工地现场大门处设专人进行车

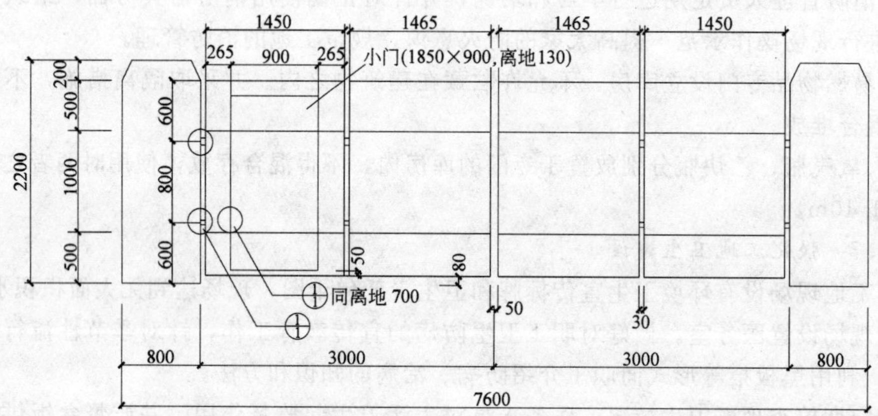

图6-1　大门正立面图1∶50（单位：mm）

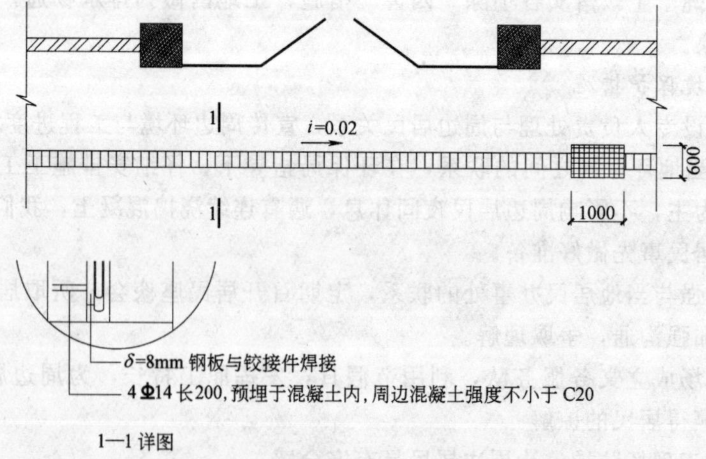

图6-2　大门口平面图（单位：mm）

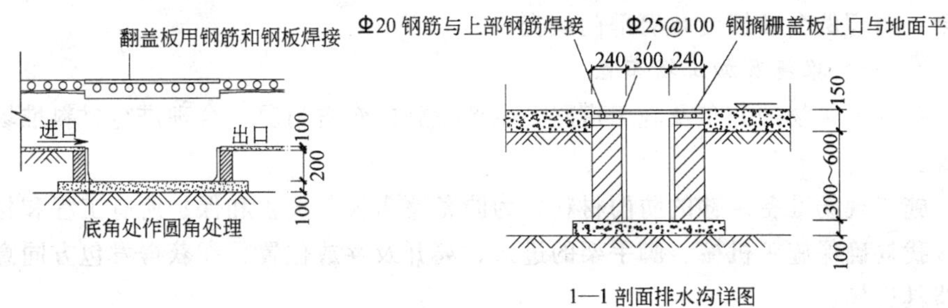

图 6-3 沉淀地与排水沟连接图（单位：mm）

辆出入管理。开出工地的车辆须先清洗车轮后，方可允许进入市区，确保不影响市容卫生。在本工程东面设置一个大门。

(3) 在大门口做拦水沟，设沉淀池和高压水泵，供车辆出门之前冲洗用，施工污水经沉淀后才能排入城市管网。

(4) 在场区内，施工现场沿大门进行现场施工道路的布置；同时，在入口位置布置“七牌二图”及宣传栏。

(5) 根据总平面布置的原则，将在二期工程场地布置一栋两层办公楼，解决总承包、业主、监理及各分包单位的办公室。两层办公楼采用保温彩钢板搭设。

(6) 地下室承台结构施工前，即进行塔吊安装。

(7) 根据本工程施工现场场地情况和工程施工特点，混凝土供应采用商品混凝土，现场只考虑设搅拌机，设一间标准养护室（4.5m×6m），养护室要求设立冷暖空调和养护池等。

(8) 在现场出入口门卫旁集中放置消防器材，在其他临时设施，特别是重点防火区域，按规定设置消防器材，并绘制消防器具分布及责任包干图，张贴于明显部位。

(9) 现场设警卫室，值班室内应制定有效的门卫管理制度，备好安全帽，并做好进出场登记记录，每天 24h 警卫值班。

(10) 沿主干道道路设置宽 4.5m 的现场施工道路，设置道路出入口标示，作警告告示，以及夜间的标示点等，并设专人进行车辆出入场的管理。

6.1.2 地上结构施工阶段

1) 本工程在地下结构施工阶段搭设的临时办公室继续使用。主要临时设施包括总包、监理、设计单位驻工地代表、各分包单位在工地的临时办公室，以及我局统一布置的材料样品间、仓库、大会议室、保安岗，各分包的材料仓库、材料堆场、试块池、工地厕所。以上各临时设施均在总平面布置图中作总体布置，在各分包进场后，我局将视其人员多少和工期长短，再更详细地在现场对其布置进行整体安排和协调。

2) 各分包的加工场地、材料仓库、材料堆场在地下车库施工、场外回填完毕后，再进行调整，即分两次布置。

3) 我局将要求各分包单位办公室进行标准化布置，各分包办单位办公室均应布置电话、电脑、传真机等快捷有效通信工具，以及空调、风扇等设施。

4) 我局办公室按部门、职责分隔成各处不同大小办公室，保证 30 人左右规模的办公需要。我局将搭设一个能容纳20人开会的圆桌式会议室，能在此召开各种日常会议，如总包例会、监理例会和接受政府部门检查。

6.1.3　材料堆场及加工场布置

(1) 根据建筑物的分布及施工道路、生产设施的布置情况，合理进行材料堆场及加工场的布置。

(2) 施工现场准备足够的防雨材料，为防备恶劣天气覆盖和保护所有工程和材料。

(3) 我局确保施工机械、脚手架的进入、离开及存放位置，在获得发包方同意后方组织机械器具进场。

(4) 在未征得发包方同意前，在施工期间，我局的人员及机械、材料等绝不进入已使用的建筑物。

(5) 我局将在发包方同意的指定地点搭建材料库房及加工车间，并维护和保持其良好的状态。

(6) 我局确保施工材料的堆放与管理，现场的布置遵守有关政府部门及发包方对工程现场安全管理的规章要求。

(7) 为满足主体结构的施工，在建筑物东、西面设置两个木、钢筋加工厂；

(8) 在建筑物地下车库顶布置成品钢筋的临时堆场、钢管、扣件等周转材料堆场，与建筑物不少于5m以上的距离。考虑砌体使用情况，安排适宜数量进场，不能大量堆置，并尽量保证数量正确，少占场地。

6.2　施工用水、用电方案

6.2.1　临时用电布置

1) 本工程施工用电甲方提供的临时电力系统800kV·A至红线（包括临时变电所及掣柜）。

2) 临时用电分两个阶段进行布置，即地下结构施工阶段和地上结构施工阶段。

3) 地下结构施工阶段由配电房接电缆沿西面和东面布置。

4) 根据工程特点，施工用电平面和立面分开布置，在平面上办公区用电与施工区用电分开布置。

5) 施工区电缆设计规格为150mm^2，约每40m设置一个2级电箱，电缆线路埋于地下，并在相应地方设立警告标志。办公用电与施工用电分别从这些电箱接出。

6) 施工临时用电竖向布置，选用电缆规格25mm^2，每隔4层设置一个三级电箱，该三级电箱除符合上海市建筑施工安全规范条例外，还必须达到是60A三相五线施工配电箱，箱内装置带漏电保护开关控制的单相220V 15A插座6个，漏电保护开关控制的三相380V 20A插座3个，380V 30A插座1个，并装置4个10A单级开关，以供拉设临时照明。

7) 每一楼层装设临时施工用日光灯20支（36W×2），日光灯应平均分布在电梯厅、楼梯口、预留洞口以及疏散通道等地方。

8) 塔吊、施工电梯等大型机械的用电从专用电箱单独拉出电缆供应，电缆规格为150mm^{2}和120mm^2、75mm^2。所有配电箱的制造和线路布置按照《上海市建筑施工安全规范条例》规定执行。

6.2.2 临时用水布置

1）本工程施工用水甲方提供施工所需的工程临时用水 ϕ150 装置至红线，红线内管线及储水设施由乙方负责。

2）水管和电缆沿场地四周布置，每 50m 设一只水龙头，每 40m 设一只电源箱，业主提供临时用水管径为 ϕ150，由我局将其引至现场，与四周敷设的 2″水管接通。

3）施工用水在平面上和立面上分开布置，在平面上沿施工场地周边布置，水管用 2″管，在施工场地周边的水管每隔 40m 左右，设一个 0.75′水龙头。

4）为满足高层施工需要，在首层楼板面设四个蓄水池，装 4 台高压水泵。考虑采用扬程 100m 的 ZGC-5 型水泵，可一次输送至施工楼层。

5）竖向供水要求每层设一只 0.75′施工水龙头，每两层设置一临时消防栓，每消防栓旁设一封闭式手动开关，火警时能启动临时消防泵。

6）总承包方成立施工用水和消防用水管理小组，派专人负责日常监管和维修工作，保证消防重要救险系统不被滥用及 24h 操作性能正常，以及确保施工正常用水。

7 质量通病防治措施

7.1 钢筋混凝土工程质量通病防治措施

钢筋混凝土结构出现裂缝主要由温度、收缩、沉降和荷载变化引起，根据这一特点在施工中采取以下防治措施。

7.1.1 混凝土浇筑

混凝土的浇筑振捣技术对混凝土密实度是很重要的，可改善混凝土强度，提高抗裂性，也是裂缝控制的重要措施，对泵送流态混凝土也需要振捣，混凝土振捣时间 5～15s 为宜。

7.1.2 混凝土养护

(1) 施工过程中严禁早拆模、过早施工堆料、喷水式的养护方式、混凝土表面压光工作不到位而引起的混凝土开裂现象。

(2) 混凝土养护采取保湿保温养护，使混凝土保持良好的潮湿状态，这有利于增加强度和减少收缩。

(3) 混凝土拆模根据工程实际情况，尽可能多养护一段时间，拆模后混凝土表面的温度下降值不应超过 15℃。

7.1.3 混凝土面层蜂窝、麻面处理

(1) 认真设计、严格控制混凝土配合比，经常检查，做到计量准确、混凝土拌合均匀、坍落度合适；

(2) 模板表面应清理干净，不得粘有干硬水泥砂浆等杂物；

(3) 浇筑混凝土前，模板应浇水充分湿润，模板缝隙应用油毡纸、腻子等堵严；

(4) 应选用长效模板隔离剂，涂刷均匀，不得漏刷；

(5) 模板缝应堵塞严密，浇灌中应随时检查模板支撑情况，防止漏浆；

(6) 基础、柱、墙根部应在下部浇完间歇 1～1.5h、沉实后再浇上部混凝土，避免出现“烂脖子”；

（7）混凝土应分层均匀振捣密实至排除气泡为止；

（8）如出现小蜂窝：洗刷干净后，用1∶2或1∶5水泥砂浆抹平压实；如出现较大蜂窝：凿去蜂窝处薄弱松散颗粒，刷洗净后支模，用高一级细石混凝土仔细填塞捣实；如出现较深蜂窝：若清除困难，可埋压浆管、排气管、表面抹砂浆或浇筑混凝土封闭后，进行水泥压浆处理；

（9）如出现麻面：表面作粉刷的，可不处理，表面无需粉刷的应在磨面部位浇水充分湿润后，用原配合比去石子砂浆混凝土，将磨面抹平压光。

7.1.4　混凝土表面不平整处理

（1）严格按施工规范操作，浇筑混凝土后，应根据水平控制标志或弹线用抹子找平、压光，终凝后浇水养护。

（2）模板应有足够的强度、刚度和稳定性，应支在坚实地基上，有足够的支承面积，并防止浸水，保证不发生下沉。

（3）在浇筑混凝土时，加强检查；混凝土强度达到1.2MPa以上，方可在已浇构件上走动。

（4）如出现表面不平整：表面要做细石混凝土，粉刷及饰面时，使表面层能覆盖且不影响质量的可不做处理；如不能，则必须凿除突出部位混凝土至满足表面质量要求。

7.1.5　塑性收缩裂缝处理

（1）拌制混凝土时，严格控制水灰比和水泥用量，选择级配良好的石子，减少空隙和砂率。

（2）混凝土要振固密实，以减少收缩量，浇筑混凝土前，将基层和模板浇水湿透。

（3）混凝土浇筑后，表面应及时覆盖，认真养护；在高温、干燥及刮风天气，应及早喷水养护或设挡保护。

（4）如表面发现细微裂缝时，应及时抹压一次，再覆盖养护，或重新振捣消除；如已硬化，可向裂缝装入水泥加水润湿、嵌实，再覆盖养护。

7.1.6　干缩裂缝处理

（1）控制混凝土水泥用量、水灰比和砂率不要过大；严格控制砂石含泥量，避免使用过量粉砂；

（2）混凝土应振捣密实，并注意对板面进行二次抹压，以提高抗拉强度、减少收缩量；

（3）加强混凝土早期养护，并适当延长养护时间。长期露天堆放的预制构件，可覆盖草袋，避免暴晒，并定期适当洒水，保持湿润；

（4）薄壁构件应在阴凉的地方堆放并覆盖，避免发生过大湿度变化；

（5）如表面出现干缩裂缝，可将裂缝加以清洗，干燥后涂刷两遍环氧胶泥或加贴氧玻璃布进行表面封闭；如出现深进的或贯穿的，应用环氧胶泥灌缝或在表面加刷环氧胶泥封闭。

7.1.7　温度裂缝处理

（1）预防表面温度裂缝，可控制构件内外不出现温差；浇筑混凝土后，应及时用草帘或草袋覆盖，并洒水养护。

（2）在冬期混凝土表面应采取保温措施，不过早拆除模板和保温层；对薄壁构件，适当延长拆模时间。

（3）预防深进和贯穿温度裂缝，应尽量选用矿渣水泥或粉煤灰水泥配置混凝土；或在混凝土中掺适量粉煤灰、减水剂，以节省水泥，减少水化热量；降低水灰比（0.6以下），加强振捣，提高混凝土密实性和抗拉强度。

（4）如出现表面温度裂缝：可采用涂刷两遍环氧胶泥，或加贴氧玻璃布进行表面封闭；对有防渗要求的结构，缝宽大于0.1mm的深进或贯穿性裂缝，可根据裂缝程度，采用灌水泥浆或环氧胶泥方法进行修补，或灌浆与表面封闭同时采用，宽度小于0.1mm的裂缝，一般自行愈合，可不处理或只进行表面处理。

7.1.8 现浇钢筋混凝土楼板裂缝的成因及防治

（1）裂缝产生的原因

1）由外荷（包括施工和使用阶段的静荷载、动荷载）引起的裂缝；由变形（包括温度、湿度变形，不均匀沉降等）引起的裂缝；由施工操作（如制作、脱模、养护、堆放、吊装等）引起的裂缝。裂缝主要由以下原因产生：

2）混凝土水灰比、坍落度过大，或使用过量粉砂；

3）混凝土施工过程中过分振捣，模板、垫层过于干燥；

4）混凝土浇筑后过分抹干压光和养护不当；

5）楼板的弹性变形及支座处的负弯矩；

6）后浇带施工不慎而造成的板面裂缝。

（2）钢筋混凝土楼板裂缝的种类

1）板面收缩裂缝：混凝土板收缩可分为凝缩、平缩、冷缩三种情况。三种不同的收缩都会使板的体积缩小，出现有规则的裂缝。

2）板面不规则裂缝：在钢筋混凝土板上出现的不规则裂缝，多由于混凝土原材料质量不合格所致，如：水泥凝结或膨胀不正常时，会产生短又不规则的裂缝。这种裂缝多产生在混凝土硬化的早期，如：骨料中泥土含量多，随着混凝土干燥产生不规则的网状裂缝。

3）现浇钢筋混凝土楼板裂缝：现浇钢筋混凝土楼板裂缝主要是由于混凝土强度低、板厚不够、钢筋不到位、配筋不足等，会造成板的挠度过大，从而在板受弯受拉处产生裂缝，刚浇筑的钢筋混凝土板，因模板支撑下沉，使楼板变形，挠度加大，拆摸后也会出现裂缝。

4）钢筋混凝土悬臂结构板裂缝：雨篷、挑檐和阳台属于悬臂结构，它们出现裂缝的原因有：混凝土强度不足、支撑拆除过早或负弯矩钢筋量不够，但最常见的原因是工人在浇筑混凝土时，将负弯矩钢筋踩倒，使其不能承受负弯矩所致。

（3）预防和处理方法

1）预防

根据上述原因分析，要防止钢筋混凝土板发生裂缝，必须在施工中抓好混凝土质量管理工作，做好混凝土强度的配合比设计。施工时，水泥、砂石、水、外加剂等材料要按照配合比通知书的要求配置，并做好捣固和养护工作，对使用的钢筋型号、规格、数量要认真核对检查，防止用错。对于现浇板，模板支撑要牢固，采取适当措施保证钢筋位置准确，板的厚度要按设计要求严格控制，不宜过薄或超厚。预防措施主要从以下方面进行控制：

a. 严格控制混凝土施工配合比。根据混凝土强度等级和质量检验以及混凝土和易性的要求确定配合比。严格控制水灰比和水泥用量。选择级配良好的石子空隙率和砂率，以减少收缩量，提高混凝土抗裂强度。

b. 在混凝土浇捣前，应先将基层和模板浇水湿透，避免过多吸收水分，浇捣过程中应尽量做到振捣既要充分又避免过度。

c. 混凝土楼板浇筑完毕后，表面刮抹应限制在最小程度，防止在混凝土表面撒干水泥刮抹，并加强混凝土早期养护。

d. 严格遵守施工操作程序，不盲目赶上。杜绝过早上传、上荷载和过早拆模。在楼板浇捣过程中，要派专人护筋，避免踩弯面负筋。

e. 施工后浇带施工时，应认真领会设计意图，制定施工方案，杜绝后浇带施工时出现混凝土不密实、不按图纸要求留企口缝，以及施工中钢筋被踩弯等现象。

2）处理方法

a. 对于一般混凝土楼板表面的龟裂，可先将裂缝清洗干净，待干燥后用环氧浆液灌缝或用表面涂刷封闭。

b. 其他一般裂缝处理，其施工顺序为：清洗板缝后，用1∶2或1∶1水泥砂浆抹缝，压平养护。

c. 当裂缝较大时，应延裂缝凿八字形凹槽，冲洗干净后，用1∶2水泥砂浆抹平，也可以采用环氧胶泥嵌补。

d. 当楼板出现裂缝面积较大时，应对楼板进行静载试验，检验其结构安全性，必要时可在楼板上增做一层钢筋网片，以提高板的整体性。

e. 通长、贯通的危险结构裂缝，裂缝宽度大于0.3mm的，采用结构胶粘扁钢加固补强。板缝用灌缝胶高压灌胶。钢筋混凝土空心板如出现横向裂缝，在保证受力的条件下，可采用凿孔配筋加固法来进行处理。

f. 精心养护，在补强层混凝土达到设计强度后，拆除临时顶撑，投入使用。

g. 钢筋混凝土附加层法：由于设计或施工的错误造成配筋量断面厚度或混凝土强度等级不足时，由原有的现浇混凝土板上面，经过处理，再浇筑一层钢筋混凝土板，使两层板成为一个整体，其承载力大大提高，补强方法如下：

① 确定结合面：如果钢筋混凝土的上面层为细石混凝土，要经过严格检查。

② 用热碱水将老混凝土面层刷洗并用清水冲洗干净。

③ 在板的跨中部位下面设置临时支撑，支撑间距为1m，顶撑下要有木楔，利用木楔调整顶撑，使板原有挠度消失或减少。

④ 按照受力需要，配置新浇层钢筋。

⑤ 再用水冲洗一次，并将积水扫除，然后浇补强混凝土层，强度等级为C20，厚度不小于30mm，用平板式振动器拍平出浆，应严格控制混凝土水灰比。

7.2 砌体工程质量通病及防治措施

7.2.1 *砖砌体组砌混乱*

（1）砖砌墙注意组砌形式，砌体中砖缝搭接不得少于1/4砖长；

（2）内外皮砖层，每隔五层砖应有一层丁砖拉结（五顺一丁），使用半砖头分散砌于砖墙中；

(3) 同一栋号工程中，尽量使用同一砖厂的砖。

7.2.2 墙体留置阴槎，接槎不严

(1) 纵横墙交接处，有条件时尽量安排同步砌筑。

(2) 砌墙时，对施工留槎应做统一规划，外墙大角尽量做到同步砌筑，以加强墙角的整体性。

(3) 留退槎确有困难时，应留引出墙面 12cm 的直槎，并按规定设拉结筋，使咬槎砖缝由纵横墙交接处，移至内墙部位，增强墙体的整体性。

(4) 后砌 12cm 隔墙，宜采取在墙面上留槎的做法，接槎时，应在槎洞口内先填塞砂浆，顶皮砖的上部灰缝用大铲或瓦刀将砂浆塞严，以稳定隔墙，减少留槎洞口对墙体截面的削弱。

7.2.3 干砖上墙，砌体粘贴不良

(1) 建立专人在砖笼上浇水，应避开供水高峰。

(2) 尽量使用早、中、晚时间在砖笼上浇水湿润，或建蓄水坝池，蓄水浇砖。

(3) 坚持浇湿已风化的砖，瓦工应带水壶，先浇水湿墙，后铺灰浆砌筑。

(4) 坚持戴指套砌筑；建立“干砖上墙，推倒重砌”的制度。

7.2.4 立柱、门窗、洞口、阳台上下左右不成线

(1) 层层弹出墙体中心线和砌筑边线，砌筑大角校准垂直线；

(2) 皮数杆上应标明楼地面、门窗洞口及梁标高；

(3) 每层弹线，应从同一端轴线上量尺寸，消除偏差，立柱、门窗洞口、阳台逐层分中定位，弹好砌筑边线，安装时先测好标高，上下吊角边，砌筑作好左右拉通线，上下挂线坠。

7.2.5 灰缝厚薄不均、砖墙挑毛（螺丝墙）

(1) 按进场砖的实际尺寸画皮数杆，房屋四角、楼梯间或纵横交接处立皮数杆；

(2) 拉线要直，皮数杆与第一层砖不符时，应用细石混凝土找平；

(3) 按皮数杆砌好大角，坚持皮皮拉通线，线应绷紧、平直，做到上跟线，下跟棱，左右相跟要对平。

7.3 抹灰工程质量通病及防治措施

7.3.1 开裂

(1) 混凝土表面的油污、油漆、隔离剂等，均应在抹灰前清除干净，在抹灰前，需涂抹一道界面剂。

(2) 抹灰前墙面应浇水，浇水量应根据气温不同进行，在常温下一般隔夜浇水两次，因气候和操作环境变化大时，应根据实际情况进行调整。

(3) 严格控制砂浆级配比，抹灰砂浆必须具有良好的和易性和保水性，常用砂浆厚度控制如下：

底层抹灰砂浆为 10～12cm；

中层抹灰为 7～8cm；

面层抹灰为 10cm。

(4) 当抹灰层不平整时，中层抹灰应分层抹平，每层抹灰厚度控制在 7～10mm。水

泥砂浆、混合砂浆应待前一层抹灰凝固后再抹后一层，一般宜隔夜进行。

(5) 水泥砂浆不得抹在混合砂浆上。

7.3.2 空鼓

(1) 认真作好基层处理，表面清理干净；混凝土墙面光滑，应适当凿毛，或加刷掺水泥重量20%的108胶水泥浆一层；墙面或基层应浇水湿润；抹灰砂浆应保持良好的和易性及粘结强度。

(2) 适当掺石灰膏和粉煤灰或塑化剂；板安装高低差应不大于5mm；墙面抹灰前应将门窗与砖墙间的缝隙用砂浆塞严；水泥砂浆面层应加强养护，时间不少于7d。

7.4 防水工程质量通病及防治措施

7.4.1 开裂

(1) 严格控制原材料和敷设质量。

(2) 控制耐热度和提高韧性，防止老化。

(3) 严格认真操作，采取搽油法粘贴。

(4) 如出现开裂，在开裂处补贴卷材。

7.4.2 鼓泡、起泡

(1) 严格控制基层含水率在6%以内；

(2) 避免雨、雾天施工；防止卷材受潮；

(3) 加强操作程序和控制，保证基层平整，涂油均匀，封边严密，各层卷材粘贴平顺严密，把卷材内的空气赶净；

(4) 潮湿基层上铺设卷材，采取排气屋面做法；

(5) 将鼓泡处卷材割开，采取打补钉办法，重新加贴小块卷材护盖。

7.5 施工过程中防渗漏措施

7.5.1 屋面预防渗漏技术措施

(1) 水落口、地漏

1) 大面积防水层施工前，应先对水落口、地漏进行密封处理。

2) 在水落口杯埋设时，水落口杯与竖管承接的连接处用密封材料嵌填密实，防止该部位在暴雨时发生渗漏现象。

3) 水落口和地漏周围直径500mm范围内，用防水涂料或密封材料涂封作附加层，厚度不少于2mm。

4) 在水落口杯和地漏与基层交接处，抹好找平层后要预留20mm×20mm的凹槽，填嵌密封材料。

5) 水落口和地漏口的防水层，均应粘贴在杯口上，用雨水罩的盘底将其压紧，盘底与防水层间应满涂胶结材料予以粘结，盘底用密封材料封堵严实。

(2) 天沟、檐沟

1) 由于天沟、檐沟水流量大，防水层经常受雨水冲刷或浸泡，因此，在天沟和檐沟转角处应先用密封材料涂封，平面和立面的每边宽度不少于30mm。然后，铺一层卷材或刷2mm厚的高分子涂料作附加层。

2）为防止零变位现象的危害，天沟、檐沟与屋面相交处的附加层宜铺或点粘，其宽度应为 200mm。以上部位处理好后，再做天沟、檐沟的整体防水层。

3）如是卷材防水层，特别要注意铺贴方法，天沟或檐沟铺贴卷材应从沟底开始，顺天沟或檐沟逆水流方向铺贴；如沟底过宽，会有纵向搭接缝，搭接处要用密封材料封口。

7.5.2 伸缩缝设置要点

(1) 分格缝有刚性防水层分格缝，找平层分格缝和保护层分格缝。其中刚性防水层分格缝和找平层分格缝，按规范要求都设置在屋面板的支承端、屋面转角、防水层与突出屋面的交接处。这些部位都是屋面应力最集中的地方。如果施工不到位，势必成为漏源之一，故疏忽不得，必须严格按规范要求嵌填密封材料。

(2) 施工前还应检查分格缝是否顺直、平整、密实、清洁，符合其他要求；否则，应及时修补，以确保嵌缝质量。

(3) 找平层分格缝必须在大面积防水层施工前处理好，刚性防水层和保护层分格缝须待防水层施工完毕后进行处理。

(4) 屋面沉降缝处，一般设有附加墙，附加墙与屋面交接处，应先做好附加层，再顺缝铺盖整幅卷材，缝中卷材宽度应是缝宽的 2～3 倍，使其顺缝凹陷下去。缝的两边平面和外侧立面必须满粘，如果缝过长，需要横向搭接，搭接处要用配套胶粘剂胶结密封，接着在缝中嵌填背衬材料，然后在顶部加盖混凝土板或金属盖板。

(5) 如是高低跨沉降缝，则不适宜加盖混凝土板，而应加扣与之相适应的金属或高分子卷材盖板。其上下两端应用带垫片的钢钉分别固定在高跨外墙和附加墙的立面上，盖板两端及钉帽用密封材料封严。这样，雨水便无法进入缝内，渗漏也就无从产生了。并且，由于缝内是整幅的防水卷材，而且其宽度大大超过缝宽，足以应付基层变形的任何影响，所以，雨水即使能突破盖板进入缝内，也绝不会起渗漏。

7.5.3 留置反梁过水孔注意要点

(1) 反梁过水孔是经常出现渗漏的部位之一。出现这种情况，设计人员往往负有一定责任。如有的设计要求不明确，造成施工人员盲目施工。结果要么孔底标高留置不准，造成孔中积水；要么过水孔留置太小，孔内无法进行防水施工。但只要施工人员认真负责，只要及时采取整改措施，以上弊端是完全可以克服的。

(2) 首先，孔底标高的位置要绝对准确，以免孔中积水；其次，过水孔横截面要改大，即高度不小于 150mm，宽度不小于 250mm，以利排水通畅。

(3) 最后，精心进行防水施工，先将孔内转角及孔的两端用密封材料封堵严实，再用施工高分子涂料或卷材，涂膜要确保一定厚度（不少于 2mm），刮涂要均匀；卷材铺贴要规范、平整。如果把过水孔改为埋设管道，管径不得小于 75mm，管道两端周围与混凝土接触处要留凹槽，并用密封材料封严。只有这样，才能有效地防止因过水孔引起的屋面渗漏。

7.5.4 突出屋面的管道施工要求

(1) 管道与屋面的交接处也是一个很关键的地方，应予高度重视。

(2) 突出屋面的管道有倒板时已安装固定好的和倒板后才凿眼安装上去的两种。对于前者，可先在管道与屋面的交接周围防水砂浆做成圆锥台形，并预留 20mm×20mm 的凹槽，以便嵌填密封材料，然后作好附加层。因其部位关键，附加层应做两道。如是卷材施工，管道上端应加金属箍或用钢丝扎牢，下端与基层必须衔接自然，铺贴平服严密。至于后者尤为关键，处理不好，极易漏水。应首先用膨胀水泥在其穿插处封堵加固，以防收缩裂缝，再严格按前一种管道的处理方法精心施工。

7.5.5 阴阳角施工要点

(1) 防水层阴阳角处的基层应按规范要求作成圆弧形（或钝角），圆弧半径根据不同的材料分为：20mm 厚合成高分子卷材、50mm 厚高聚物改性沥青卷材及防水涂膜和 100～150mm 厚沥青卷材。

(2) 由于这些部位应力集中，往往先于大面积防水层受到破坏，因此，在这些部位必须作好增强附加层。附加层可采用涂料加筋涂刷，或采用卷材条加铺。其宽度每边（立面、平面）必须大于等于 200mm。

(3) 阴角处应实铺为主，阳角处应以空铺为主，宽铺每边粘贴宽度以 50mm 为宜。

7.5.6 防水层收头施工要点

(1) 防水层收头部位的处理既棘手，又关键，弄不好随时都可能出现翘边、脱层而导致漏水。故应严格按规范要求精细施工，决不能掉以轻心。

(2) 防水层在檐口部位的收头，应距檐口边缘 50～100mm；在泛水部位的收头，距屋面找平层最低高度不应小于 250mm。

(3) 在防水层施工前，首先在收头处预留凹槽，凹槽必须深宽一致、顺直平整，以便在施工时将防水层端头压入凹槽；待大面积防水层施工后，再专门对收头进行精细处理。即先将压入凹槽的卷材端头用金属压条加固，再用密封材料封严，然后用水泥砂浆抹缝。

7.5.7 厨房、卫生间渗漏防治措施

(1) 厨房、卫生间渗漏的防治与屋面工程基本相同。

(2) 厨房、卫生间楼面结构层四周除门洞外，设置向上翻的连梁，其高度不低于 120mm，宽度不小于 100mm。

(3) 管道孔在管道安装后清除四周垃圾，在板底吊模洒水湿润洞壁和外壁，先铺一层 15mm 厚的水泥砂浆，再用 C20 细石混凝土将管道四周修补好，在补洞砂浆中加入防渗剂，待达到一定强度后按设计要求施工防水层。

(4) 厨房、卫生间防水层完工检查，做 24h 渗水实验。

7.5.8 外墙面渗漏防治措施

(1) 外墙渗漏原因分析

1) 外墙由于施工的需要，经常留有脚手架眼等孔洞，堵砌时，采用同级砂浆一次性堵砌，砖砌体与框架梁、柱间的砂浆不饱满或干缩、裂缝等。

2) 外墙砌体砌筑施工中，没有按照“铺、挂、填”法进行，砌筑砂浆不饱满，尤其竖缝砂浆，以致造成“瞎缝”、“透明缝”；砌体砖块没有提前浇水湿润，砂浆中的水分被砖吸收后，砖墙整体强度降低，砖与砂浆分离，灰缝砂浆产生裂缝，水从砖缝间渗入。

3) 外墙装饰基层粉刷打底，为保证墙面垂直度，而使局部粉刷打底厚薄不一，造面基层空鼓、龟裂，面层与结构层粘结不良，甚至产生离析、脱落等现象。

4) 外墙采用面砖，由于施工操作不规范，铺贴面砖的砂浆不饱满，而造成面砖空鼓；面砖的勾缝不密实或勾缝龟裂，密缝没有进行擦缝处理等，都是造成墙面渗水、积水的原因。

5）窗台、雨篷等构件的表面施工中未找坡度，甚至倒坡，造成返水或积水。

6）外墙墙体裂缝，是造成渗水的重要原因。裂缝有的由结构变形引起，如基础沉降等，有的由温度应力应变产生。不同材料接触界面，如墙体与梁底、窗框与墙体连接处等，易发生渗水。

（2）外墙渗漏预防及治理措施

1）预防措施：预防措施以“层层防渗，细部加强处理”为原则，做好施工前技术交底，施工中对砖墙砌筑、粉刷打底及外墙面砖粘贴三道工序进行严格把关，并做好检查和监督工作。

2）砌墙时，严禁干砖上墙，砖的含水率应保证10%～15%，严格控制砂浆配合比，保证砂浆饱满度。采用“铺、挂、填”砌筑法，先铺水平灰，竖缝采用砖头挂竖灰后挤砌来保证其饱满度。对不饱满的灰缝，应用抹子仔细补喂，勾填灰浆。对于留有脚手架眼等孔洞，在抹灰前3d，专人分二次堵砌，堵砌砂浆应提高一级，以免留有隐患。施工中，框架填充外墙的斜砌砖宜于墙体砌筑完2～3d后补砌，并确保上、下灰缝的饱满，遇到干缩、沉降裂缝，应凿打裂缝30～50mm，清洗干净，并重新勾缝填实。

3）由于基层沉降等运动产生裂缝，影响面层质量造成渗漏的，则应在基层施工过程中，加大管理力度。基层施工前，首先应对外墙砖砌体、窗框灰缝进行检查，分层砂浆不饱满或裂缝的，应修补至灰缝砂浆完全饱满。其次再分层分遍打底，厚度控制在8～12mm。第一遍抹后用扫帚扫毛，七成干后再抹第二遍。打底在终凝前应防止快干、暴晒、水冲、撞击和振动。并加强砂浆养护。同时应做好基层分格线，特别在装饰面层为大面积粘贴面砖。外墙面、基层及面砖应留置分格线，用耐候胶填缝（分格线的留置由设计定）。

4）窗台、遮阳板、雨篷等水平构件应按要求进行找坡，与墙面接触部分应处理成圆弧角。窗框周边应勾缝打胶，窗框与墙体间缝要用砂浆及密封材料填塞紧密。屋面施工时，应特别注意女儿墙墙根位置处混凝土应比屋面排水面混凝土多浇一定高度。保证屋面女儿墙墙根施工缝高于屋面排水面，然后再砌筑女儿墙墙体，这样不会造成女儿墙墙根渗水，保证建筑外观不受污染。

7.5.9 墙体缝渗漏防治措施

（1）渗漏治理前，应对渗漏墙体的墙面、外粉刷分格缝、门窗框周围、窗台、阳台、雨篷与墙体的连接处等渗漏部位进行查勘，并在雨天观察或采取墙体淋水等方法，确定渗漏部位，查明原因，制定修缮方案。

（2）对于结构变形或基础沉降等原因引起外墙墙体裂缝而造成渗水现象的，应会同设计单位提出补强方案，先解决地基或结构问题，然后再修补墙体裂缝。

（3）墙体裂缝宽度小于0.5mm的，可直接在外墙面喷涂无色或墙面相似色涂料和防水剂，或喷涂合成高分子防水涂料二遍。我公司在处理此类裂缝时，采用憎水剂（方可涂等）喷涂外墙面二遍。

（4）大于0.5mm且小于3mm的裂缝，应清除缝内浮灰、杂物、嵌填无色或与外墙面相似色密封材料或用高分子水泥砂浆修补裂缝后，喷涂两遍憎水剂。

（5）大于3mm的裂缝，宜做凿缝处理，清除干净缝内的浮渣和灰尘等杂物，分层嵌填密封材料，将缝密封严实后，面上喷涂两遍憎水剂。

（6）门窗框与墙体连接缝隙渗漏时，沿缝隙凿缝并用密封材料（硅橡胶等）嵌缝，在窗框周围外墙面上喷涂两遍方可涂憎水剂。

（7）阳台、雨篷根部墙体渗漏

1）阳台、雨篷倒泛水，应在结构允许条件下，凿除原有找平层，用细石混凝土或水泥砂浆重新找平，调整排水坡度，以符合各设计要求。

2）阳台、雨篷与墙面交接处裂缝渗漏，应在板与墙连接处沿上、下板面及侧立面的墙上剔成截面为20mm×20mm的沟槽，清理干净，嵌填密封材料，压实刮平。

3）女儿墙局部开裂，按上述方案处理。

4）女儿墙根部出现水平、贯通的裂缝时，先在女儿墙与屋面连接阴角处剔凿出宽度20～40mm、深度不小于30mm的角缝，清除缝内浮灰、杂物，然后按上述方案处理，密封材料应做成半圆弧形，并用水泥砂浆加以保护。

（8）墙面渗漏

1）面砖间没有勾缝或勾缝不严实时，清除墙面灰缝、污垢、浮灰后，用水泥砂浆进行勾缝。勾缝应密实，再用憎水剂喷涂两遍。

2）墙面较小面积渗漏时，宜采用室内修缮方案。首先清除墙面粉刷层污垢及其周围100～200mm面层，剔除并清理渗漏的灰缝，深约15～20mm，用水泥砂浆勾缝，并均匀满刮一层2～3mm厚高分子水泥砂浆，最后进行内墙面装饰。

3）填充墙应在梁底或板底留三皮，待结构到顶后自上层到下层用立砖侧砌挤紧，砂浆应饱满。

4）外墙粉刷前，留置的孔洞必须内外两面镶嵌严密，砂浆不饱满的灰缝、空头缝、瞎眼缝均用水泥砂浆嵌实，粉刷前墙面要充分浇水湿润。

5）阳台、挑檐、遮阳板、雨篷等应作出排水坡度，防止倒泛水或积水，同时安放滴水线槽。

6）后砌填充墙与混凝土结合部，敷设宽不小于200mm的钢丝网片并粘贴牢固。

8 项目人员及劳动力配备

本章涵盖内容包括项目组织管理体系、施工组织设计总体构想、施工队伍的组建和劳动力的配备等方面，具体内容略。

第十二篇

上海网球俱乐部公寓楼工程施工组织设计

编制单位：中建四局六公司

编 制 人：金学胜　胡际珍

审 核 人：白蓉

[**简介**]　该项目由13栋公寓楼及配套设施组成，单体多，分布广，而且朝向各自不同，建筑风格非常有特色。总体平面定位要高，速度要快，且该工程中的新技术、新材料、新工艺较多。另外，该工程是由外商投资、外商管理的全装饰住宅，这是本工程一大特色。

目　录

项目简述

上海网球俱乐部公寓楼工程是由 13 栋 5 层无梁预应力钢筋混凝土框架结构公寓住宅及附属设施组成的高档外销住宅小区，建筑设施组成，占地面积 8.1 万 m^2，工程于 1998 年 11 月 18 日开工，并于 2000 年 8 月 26 日竣工（如上图）。整个工程具有以下特点：

(1) 该工程的设计先进合理，造型独特美观。整个公寓楼是按国际标准设计，尽显法国地中海式建筑风格。每栋房型各异，并且采光效果好，站在每户的露台上，都能尽览整个社区庭院的美丽景观。

(2) 该工程的外墙墙面采用的是新型材料 ABA 彩色泥灰粉刷，这种以柔和的紫黄色为基调，并伴以淡粉红、淡黄、紫红和奶油色等多种调合色的外墙面，与周围的小桥流水、绿树花丛互相映衬，更显社区建设的和谐统一。

(3) 该工程的屋顶为斜屋顶，采用的是西班牙式的土黄色筒瓦，并有紫黄色整木顶梁架设其间，再配以线条流畅的屋檐线，显得古色古香，意蕴生动。

(4) 整个工程的露台、阳台层落叠致，富有特色。公寓顶层有环形露台，露台的八角形陶土地砖铺贴平整严实，不积水、不渗露。每户的阳台，设计大方，铸铁栏杆，配柚木扶手、铁艺花架，感观效果很好。

(5) 该工程的木制品制作精细。公寓的进户门采用的实心橡木门；窗户采用的是红柳桉木法式小方格窗，式样精美；松木墙裙，镶贴牢固，表面平整；康派斯木地板上漆均匀，庄重美观。并且所有的木制品都以紫红色为基调，在色彩上保持了与建筑物主体的和谐统一。

(6) 工程的精装饰用料精良，达到了星级标准。除室内的木制品装修外，走道的八角形陶土地砖也铺贴得十分考究，卧室象牙色加厚地毯，色泽温馨，再以特色灯具，给人十分舒适的感觉。

(7) 公寓的厨房间、卫生间配备齐全，设施先进。厨房按国际标准定制的橱柜，配以米色的大理石和多功能电冰箱、电烤箱、洗碗机、粉碎机等多种进口的通用电器，装备先进，安放到位。卫生间的科勒卫浴洁具，防雾镜、照明排气扇以及照明加热器等多种附属设施，更让人感受到现代生活的品味。

(8) 该工程在建设上还力求环保，追求环境与建筑的完美统一。公寓建立了RO纯净水处理系统，所有进户的自来水都可以直接饮用。为了不破坏社区的景观，所有管线、电线和高压变电站都被埋置于地下。中央冷暖空调系统的所有主机，全部都隐藏在屋顶上，从而较好地避免了普通住宅小区到处悬挂空调机的不雅与噪声，所有这些，都体现了该工程设计人员在环保上做出的努力。

(9) 该工程的人文景观特点鲜明。整个公寓的绿化覆盖率达到了59.2%，而由瀑布、溪流、湖泊、拱桥所构成的中央水景系统，连同周围的人工温泉、游泳池等，向人们展示了公寓小区的空灵与神韵。而庭院局部地势被抬高2m多，使道路、景观和建筑物更好融为一体。小区内绿色草地蜿蜒起伏，银杏、梧桐、红枫和樟树遍布各处，杨树、玉兰、红枫和樱桃点缀其间，还有高大的华盛顿棕榈树、低矮的进口灌木丛篱笆，连同法式三拱石桥、观湖的亭台等，都向人们全方位展示了公寓小区的建筑风格和欧美风情。

网球俱乐部公寓楼作为多层住宅工程，其主要的施工组织管理的难点和技术管理特点有以下几点：

1) 单体多、分布广，而且朝向各不相同，总体平面定位要求高，难度大。

2) 13个单体同时施工，从开工到精装饰完毕合同总工期为10个月，工程量大，工期紧，高峰期用工达到了2000多人，有些工种用工时间很短，无法形成流水，给施工组织与管理带来了很大的难度。

3) 本工程的外墙砌体采用的是混凝土空心砌块砌筑的双层空心墙，此墙的砌筑方法当时在国内是首次采用，没有熟练的技术操作人员，施工进度慢，质量较难控制。

4) 作为住宅工程，本工程开间大，结构新颖，为全框架无梁结构，楼板厚度达到了200～350mm，还有1/2的楼面配制了后张法的预应力钢绞线，结构施工比较复杂。

5) 本工程为当时较少的全装饰住宅，家庭独用VRV中央空调，所有室外机都放在屋面平台上，通风空调的室内布管弯头较多，通风效果不容易保证。

6) 本工程的外墙饰面采用的是ABA彩色外墙批嵌腻子，鱼鳞状的装饰效果操作难度大。

7) 本工程为外商投资，外国管理，我公司项目管理人员对他们管理思想的理解及与他们沟通交流都存在一定的难度。

1 工程概述

1.1 工程概况

上海网球俱乐部会所及公寓楼是由上海优为华房地产开发有限公司开发的高级外销房，上海同济大学建筑设计研究院联手设计，英国宝维士咨询公司进行项目工程顾问管理，我公司负责该工程土建、安装、精装饰的总承包施工。

网球俱乐部公寓楼位于上海闵行区诸翟镇保乐路101号，由13栋五层框架结构公寓及附属设施组成，总占地面积73392m^2，总建筑面积51059m^2，总投资3.4亿元。13幢公寓共有 4 种房型，其中：A_1 型 3358m²/幢；A_2（A_{2a}）型 3368m²/幢；B_1（B_{1a}）型 3263m²/幢；B_2（B_{2a}）3273m²/幢。工程开工于 1998 年 11 月 2 日，2000 年 9 月 28 日竣工。公寓设施先进合理，装修高档美观。

本工程的结构为框架结构全现浇梁板式，条形基础，地基采用 ϕ500、深 12m 的深层搅拌桩进行地基处理，在基础下设有 1m 的砂垫层，柱间跨度 8m，同一楼层板厚 200～350mm 不等，本工程采用无梁板设计，在大跨度楼板配置普通钢筋的同时，还在部分区域采用了无粘结预应力钢绞线，增加了楼板的抗拉性能，改善了结构延性。外墙采用双层舒布洛克空心砌块，中间留 6cm 中缝，采用钢丝网片牢固连接，较好地起到了承重、保温、隔热、防渗漏作用。内墙全部采用轻钢龙骨石膏板搁置，增加了居住空间；斜坡屋面上铺盖仿西班牙黄色筒瓦古色古香；柳桉实木双层玻璃方格外门窗，格式变化多样；外墙采用 ABA 彩色灰泥粉刷，9 种颜色相间；阳台、露台错落有致，整个公寓外立面如同一幅美丽的油画。每栋房子都配有通用电梯、小中央空调、热水锅炉、燃气报警、纯净水、安保、电视、电话、网络接口等各种现代化生活设施、管理系统。

室内全部精装饰采用橡木实心门，坚实牢固；客厅与通道铺设康派斯木地板，卧室铺设白色呢绒地毯；墙、顶棚采用环保型涂料涂刷，石膏挂角线，配以仿古壁灯、吊灯，使人倍感温馨、舒适。厨房配有实木橱柜，进口的通用多功能电冰箱、烤箱、四眼煤气灶、脱排油烟机、洗碗机、微波炉、摩恩水龙头、水槽和粉碎机，洗衣配有通用洗衣机和干衣机，每户都有 2～3 个卫生间采用美国科勒洁具，浴缸、淋浴房、坐便器、防雾镜、洗手盘、台盘柜、药箱、照明排气扇等设施给生活带来方便和乐趣。

纵观整个小区，13 栋公寓楼均沿中央水景四周错落排列，草坪连绵起伏，小道蜿蜒曲折，绿树、花丛、瀑布、溪流、室外游泳池、人工温泉、小桥等构成了一个富有特色的中央水景系统。返朴归真的建筑外貌与美妙的中央水景系统及绿化相映成趣，先进高档的生活设施与自然美观的装饰和谐统一，突现了法国地中海式的人文景观与东方文化的完美结合，深受各国在沪人士的喜爱。

1.2 工程的难点

网球俱乐部公寓楼由 13 栋公寓楼及配套设施组成，单体多、分布广，且朝向不同，总体平面定位要求高，速度要求快，且该工程中的新技术、新材料、新工艺较多。又是由外商投资、外商管理的工程。

1.3 工程质量特色

参见“项目简述”。

2 施工部署

2.1 组织机构

网球俱乐部是我公司的重点工程项目，工程一开始深受领导重视，由于本工程量大，幢号多，工期紧，施工组织复杂，为确保该工程能优质高效地完成，确保各管理目标的实现，我公司对此工程实行了项目法管理施工，并组建了强有力的、技术过硬的、善管理、重技术、在施工中有丰富实践经验的项目领导班子，项目部的主要领导均由我公司近年在创优工程中表现突出的人员担任，全面负责该工程的土建施工任务，并与水电、装饰和专业队伍一道，共同拼搏、精心管理，为公司创造出更好的社会效益，让业主满意，让用户放心。该项目组织机构配备如图 2-1 所示。

（1）组织机构网络图

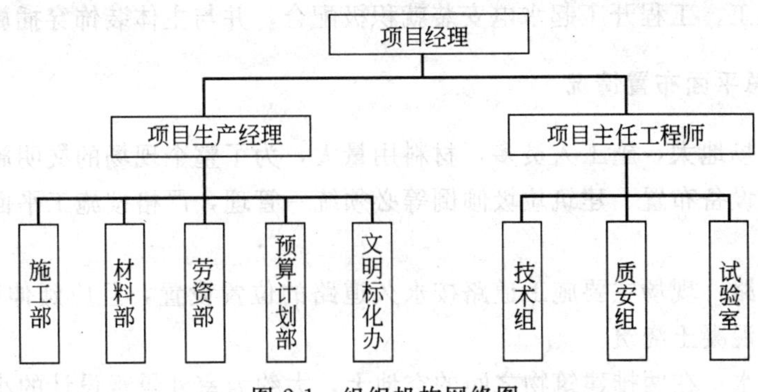

图 2-1 组织机构网络图

（2）主要管理人员名单（表 2-1）

表 2-1

序号	姓　名	职　务	职　称	备　注
1	杨××	项目经理	工程师	国家一级项目经理
2	涂××	项目生产经理	助理工程师	
3	李××	项目主任工程师	工程师	
4	崔××	材料科长	助理经济师	
5	鲍××	质安科长	助理工程师	
6	韩××	动力科长	工程师	
7	李××	栋号经理	技师	
8	袁××	栋号经理	助理工程师	
9	蔡××	精装饰总负责	工程师	
10	汪××	水电安装总负责	助理工程师	
11	辜××	木工工长	助理工程师	
12	陈××	木工工长	技师	
13	陈××	钢筋工长	助理工程师	
14	陈××	钢筋工长	技术员	
15	杨××	混凝土工长	技师	
16	范××	试验员	助理工程师	
17	张××	资料员	技术员	

2.2 总体和重点部位施工顺序

本工程结构与粗装饰计划于 1998 年 11 月正式开始打桩，1998 年 3 月 15 日结构封顶，1999 年 8 月 8 日竣工验收，总工期为 10 个月，为了能顺利地完成此合同工期，我项目部将此工程的建筑施工共分为四大块，13 幢房子同时开工，二班制连续作业，按每幢房子作为一个流水段，由于是同时施工，施工前必须安排足够的劳动力。

主要施工顺序为：场地平整⟶施工深层搅拌桩⟶土方开挖⟶砂垫层⟶基础施工⟶主体结构⟶砌筑工程（轻质隔墙）⟶粗装饰⟶楼地面⟶门窗安装⟶屋面防水⟶外墙装饰⟶室外工程⟶精装饰。

土建完工前，即插入精装饰的施工，首先要将本工程所用的装饰材料选择并报业主认可，然后进行样板房的施工，通过样板房来检验装饰效果，样板房也经业主确认后才能进行大面积装饰施工，工程开工起水电安装就积极配合，并与主体装饰穿插施工。

2.3　施工总平面布置情况

由于本工程场地大，施工人员多，材料用量大，为了整个现场的文明施工，对所有的材料堆放、机械设备布置、建筑垃圾倾倒等必须统一管理，严格按施工平面布置图的要求堆放布置。

（1）现场道路：现场主要施工道路按永久道路的位置设置，且应延伸到每幢建筑物，以便材料运输和混凝土浇筑。

（2）现场排水：在两排建筑物之间的空地上，大约为室外景观设计的小湖处挖一条施工现场内的主排水沟，利用水泵将此排水沟的水排入市政管网，各楼房边均用砖砌排水沟，将水排入主排水沟内。

（3）主要临时设施：在工地的主入口处设置 120m 的办公室，办公室采用新彩钢板，现场的主要工具房、加工车间等均设在主入口处的道路边，生活区单独设置。

（4）机械设备的布置：每幢楼房均设置一台井架或升降机。在井架或升降机的基础边均要设置排水沟，以免基础积水，所有钢筋机械和木工机械放在车间内部或在机械设备的使用处搭设防护棚。

2.4　施工进度计划安排

本工程于 1998 年 10 月下旬进场进行三通一平等现场施工准备工作，计划于 1998 年 11 月 1 日正式开式打桩 1999 年 8 月竣工验收，本工程每幢房平均约用搅拌桩 680 根，共采用 13 台桩机，打桩施工工期约为 30d，由于土方开挖主要采用人工开挖，不能使用挖土机。因而土方开挖和砂垫层回填约需 20d，基础施工约需 15d，主体结构安排 75d 左右，争取在 1999 年 3 月 15 日前封顶，1999 年 3 月 1 日开始砌筑和粗装饰，4 月 1 日精装饰全面展开施工，确保在 8 月 8 日正式竣工。

2.5　周转物资的配置情况

本工程的原材料供应量大，时间要求紧，且资金周转困难，项目材料部门每月根据施工预算和工程进度计划，提前列出材料需用量和月度采购计划，并根据材料的需用计划按要求将材料先送检，检验合格后方能进入施工现场，保证了工期。本项目的大宗材料主要有：模板约 10000m^2、钢材约 3400t、商品混凝土约 16000m^3。

2.6　施工机械的选择情况

本工程场地较大，幢号多，需要的机械设备数量也大，此工程计划采用的垂直运输机械主要为井架和升降机，钢筋机械有钢筋弯曲机、钢筋切断机、钢筋对焊机，木工机械主要有：平刨机、压刨、圆盘锯等，所需用的主要机械详见表 2-2 所列。

网球中心项目主要机械设备一览表 **表 2-2**

序 号	名 称	型 号 规 格	数 量	功率(kW)
1	装载机	ZLM-30	1 台	
2	翻斗车	FC-LA	3 辆	
3	混凝土搅拌机	JZ350C	4 台	15
4	钢筋切断机	QT-40	10 台	24
5	钢筋弯曲机	GJB7-40B	8 台	12
6	电焊机	BX500-1	11 台	21
7	对焊机	UNL-100	5 台	100
8	木工圆锯机	MJ106	2 台	6
9	木工平刨机	MB5-4	1 台	8.5
10	木工压刨机	MB-106A	1 台	3
11	升降机	A-100	3 台	7.5
12	井架(卷扬机)	0.5t 或 1t	10 台	7.5
13	卷扬机	JJ-10A	4 台	7.5
14	离心水泵		10 台	0.75
15	灰浆机	FJZ-200	10 台	3
16	平板夯	GP-300	1	37
17	振动器		台	1.1
18	电渣焊机		4 台	

2.7 劳动力组织情况

根据本工程的规模和按照总计划的安排，在最高峰时，现场约需工人 1500 人左右，所进主要施工队伍都是在确定施工队伍前，由公司主管部门按要求精心筛选、已具备相应的操作技能和身体素质的人员，确保了所进队伍能适应施工现场的高强度、快节奏的生产要求，劳动力的总体需用量如表 2-3 所示。

表 2-3

序号	工种	数量	序号	工种	数量	序号	工种	数量
1	木工	400	5	泥工	350	9	机操工	26
2	钢筋工	500	6	粉刷工	650	10	电工	8
3	混凝土工	200	7	水电安装	130	11	电焊工	70
4	架子工	70	8	精装饰	600	12		

3 主要项目施工方法

3.1 深层搅拌桩施工

根据地质勘测报告情况表明，该工程土质松软，地基沉降量超过规范规定的沉降量要求，同时存在7度抗震时，有轻度液化趋势的砂质粉土层，因此，为保证该地基沉降不超过规范且为使累计沉降量控制在20cm以内，设计采用了深层搅拌桩对单体地基加固，使其成为承载力较高、稳定性较好的复合地基。本工程的地基处理为深层搅拌桩，桩径均为500mm，有效桩长为11m，桩顶绝对标高2.40m，停灰面标高2.90m，桩底绝对标高为－8.60m，水泥采用32.5级普通硅酸盐水泥，并掺入20％水泥用量的磨细粉煤灰，水灰比为0.5，每米桩长水泥用量为50kg/m，且在桩头4m深范围内进行二次复搅。

3.1.1 施工区划分

为使该工程地基处理能按期顺利完成，根据Ⅰ期工程的总体平面布置图，将其划分为三大施工区，该三个区在施工过程中均按照同步作业、同步进行的原则。

1～3号楼为第一施工区，成立第一施工组；

4～8号楼为第二施工区，成立第二施工组；

9～13号楼为第三施工区，成立第三施工组。

每一施工组要根据桩机数量，配备各个施工班。

各单体内施工顺序为：1～3号楼、11～13号楼均按从南到北的施工方向；4～8号楼、9～10号楼按从西到东的施工方向进行。

在具体施工前，应根据各单体搅拌桩平面布置图，结合以上总的施工顺序和方向，拟定各单体打桩顺序图，在拟定时应避免多转弯。

3.1.2 施工准备

施工准备工作是正常施工的前提，只有切实地抓好施工前的准备工作，才能确保整个工程施工的顺利进行。

(1) 施工现场准备：根据前期施工准备工作计划，修筑好临时施工道路，挖设好整个现场的排水沟，清除地表耕植土并进行场地平整（已完成）。

(2) 根据施工区的划分和灰浆机的平面布置，拉设好临时施工用电和施工用水，确保水电到位，并且每台桩机应配备一个配电箱，实行一机一闸控制。

(3) 劳动力准备

1) 工作制度：为保质保量按期顺利完成，每台桩机应每天24h连续工作，12h为一个工作班制。

2) 每班工作人员配备见表3-1。

(4) 机具准备：根据该工程的地基处理工作量、计划工期及施工区的划分，准备如下施工机具（表3-2）。

劳动力配备 **表3-1**

序号	工　种	每班人数	序号	工　种	每班人数
1	配浆	2人/机	5	材料搬运	2人/机
2	开机	2人/机	6	记录员	1人/机
3	电工	1人/机	7	施泵工	1人/机
4	机修	1人/机			
每班每台桩机配备总人数为10人					

施工机具 表 3-2

序号	机具名称	型号	数量	序号	机具名称	型号	数量
1	水准仪	DS3	3台	5	深层搅拌桩机	GPF-5	13台
2	经纬仪	J2	3台	6	灰浆泵	HB6-3	13台
3	磅秤		3台	7	灰浆集料斗	500L	13台
4	灰浆机	200L	13台	8	发电机	120kW	5台
备注：各施工区各单体分别配制一台桩机及配套设备							

(5) 材料准备：根据设计施工图、计算工作量，提出各材料需用计划，并根据需用计划，按施工进度提前8d分批分类进场。进场后，进行原材料送检试验，合格后方可使用。整个施工现场的水泥和粉煤灰进行集中采购，实行统一发货，水泥要有7d用量的储备量。

(6) 技术准备：在施工前，应熟悉施工图、施工规范，了解施工工艺，编制详细的施工组织设计，并进行必要的安全技术质量交底。

根据业主所提供的建筑控制红线、高程，引测到施工现场内，经技术复核后，施放出各单体的控制轴线，打好控制桩，经业主、监理规划验收后，加以保护。

(7) 所有机具、人员应提前4d进场，机具进场后，接通电源进行组装调试。

3.1.3 *主要施工方法*

(1) 施工程序：放桩位⟶桩机就位⟶预搅下沉⟶上提喷浆搅拌⟶复搅⟶清理移位⟶插避雷接地钢筋。

(2) 桩位放线：根据各单体的定位控制轴线，放出各单体各桩位，经监理验收后，方可施打。

(3) 桩机就位：根据各单体的打桩顺序，进行桩基就位，钻机端头对准桩头，调整好桩架垂直度。

(4) 预搅下沉：桩机就位后，待桩机冷却水循环正常，启动电机，放松起重机钢丝绳，使搅拌机沿导向架搅拌切土下沉。下沉速度由电流监测表控制，并使工作电流小于等于70A。

(5) 制备灰浆：待搅拌机下沉到一定深度后，开始按设计配合比配制灰浆，在压浆前将水泥浆倒入集料斗中。

(6) 提升、喷浆、搅拌：搅拌机下沉到设计深度后，开启灰浆泵，将灰浆压入经搅拌后的地基中，边喷边旋转；同时，严格控制设计确定的提升速度提升搅拌机。

(7) 重复下沉搅拌：深层搅拌桩机提升到设计加固深度的顶面标高时，集料斗中的灰浆正好用完。为使上部4m长的软土和灰浆搅拌均匀，再次将搅拌机边旋转边沉入土中，到桩顶下4m深处，再将搅拌机边旋转边提升出地面。

(8) 清理移位：当该根桩搅完后，清洗集料斗搅拌头和全部管路，以防止管路堵塞。清洗完后，按施打顺序将桩机移到第二根桩位处，经校正后，开始施打第二根桩。

(9) 插避雷接地钢筋：桩机移位后，根据桩位平面布置图，在有避雷接地的桩顶采用220mm的通长钢筋，插入搅拌桩内，插入深度应大于等于2m。

3.1.4　质量标准及保证措施

(1) 质量标准（表 3-3）

表 3-3

序号	名　　称	偏差范围	序号	名　　称	偏差范围
1	桩位定点	≤5cm	4	下沉速度	≤50～80cm/min
2	桩架垂直度	≤1.5%	5	提升速度	≤40～50cm/min
3	成桩偏位	≤10cm			

(2) 保证措施

1) 施工现场必须平整，地上、地下障碍物必须清除干净。

2) 施工所测放的定位轴线应妥善保护好。

3) 水泥必须经复试合格后方可使用，粉煤灰必须是Ⅱ级或Ⅰ级粉煤灰，严禁使用Ⅲ级粉煤灰。

4) 掺用粉煤灰后，必须通过加固土室内试验的检验，方能使用。

5) 各种计量器具在使用前，必须经校检合格后方能使用。

6) 按设计要求严格控制原材料的掺量，特别是水灰比和水泥的掺合比。

7) 不得使用已离析的浆液，浆液放置超过 2h 不得使用。

8) 浆液倒入集料斗中时应加筛过滤，以免浆内结块损坏泵体，泵管应保持潮湿，以利输浆。浆液拌制时，应有专人统计记录。

9) 施打过程中不得冲水下沉。

10) 搅拌至地面以下 1m 喷浆提升出地面时，速度宜慢。

11) 施打过程中，做好每根桩的施工记录。

(3) 桩身强度及承载力检验

1) 桩身强度测试

① 成桩 7d 内，抽取 2%数量的工程桩进行轻便触探桩身试验，观察桩身搅拌均匀程度，并根据触探数（$n=10$）用对比法判断桩身强度。

② 土方开挖后，从开挖外露土体中取样，进行无侧限抗压强度试验，直接测定工程桩的桩身强度。

2) 承载力测试

成桩龄期达到 28d 以后，采用载荷试验测试单桩承载力，加载重为单桩承载力的 2 倍，检测数为：3 根/栋。

3.1.5　安全保证措施

(1) 认真做好安全宣传教育工作，做到人人讲安全。

(2) 进行安全技术交底，做到人人心里有数。

(3) 严格按施工操作规程操作，严禁违章。

(4) 场地必须平整，符合桩基承载力要求。

(5) 桩机行走时，应缓慢运行，禁止急转弯。

(6) 遵守“三保”制度，确保安全生产。

3.1.6 施工进度计划（图 3-1）

施工项目	工 期(d)						
	5	10	15	20	25	30	35
施工准备	——						
搅拌桩施打	——	——	——	——	——		
设备退场					—		

图 3-1 施工进度计划横道图

3.2 砂垫层施工

基坑开挖结束后，应及时组织设计院、监理等有关部门进行验槽工作，并填写地基验槽记录，签字认可后，方可进行砂垫层的施工。

砂垫层所用材料应选用级配良好、洁净的中砂，含泥量不超过 3%。

用自卸汽车将砂堆于两侧，利用挖土机将垫层砂转运至基坑内，臂长够不到的区域，利用人工转运。

垫层应分层铺垫、分层振实，分层厚度 50cm，用插入式振动器进行振捣。铺筑时，从基坑的一端平行后退，用两根振动器一字排开，每根振动器配一根水管灌水，每个基坑内设 4 只 60cm 见方排水井，排水井是用九夹板制作的木盒，在木盒的四周钻直径 10mm 的小孔，间距 100mm，在木盒外包钢丝网，以保证砂垫层回填时处于饱和水状态，并要做好进水、排水的平衡，施工完毕用砂填满排水井。

每铺好一层，根据规定用环刀取样，测定其干重度不小于 1.55kN/m^3，方可进行上一层施工。砂垫层施工后，应及时进行混凝土垫层和条形基础施工。

3.3 基础工程

本工程地基采用深层搅拌桩复合地基，上填 1m 深中粗砂垫层，上置钢筋混凝土条形基础，基础底面标高 3.500m，垫层的混凝土强度等级为 C10，基础宽 2～2.6m，基础梁均为反梁，梁截面为 500mm × 900mm、600mm × 1200mm、500mm × 1100mm 等几种形式。

工艺流程：整个一期划分大流水段，1、3、5、7、9 号楼为一流水段，2、4、6、8、10 为一流水段，11、12、13 号楼另行组织施工流水。

3.3.1 测量定位与放线

(1) 控制点的设置

用红线桩 EC1、A1 作为后视点，利用全站仪设站，定出建筑坐标点：1 号点（0，0）。其中 1 号点位于金丰路与保乐路的交叉口上，2 号点位于保乐路中心线上，两点皆用蓝油漆标志，并打入水泥钉，以作为场地内 13 幢房屋控制。

(2) 定位方格

1) 设站

将仪器在大概距 1 号、2 号点距离相等的地方，以保证良好的图形条件，然后将 1 号、2 号点，以交会出本站坐标。

2）定位

将定位坐标输入全站仪，由仪器中自动计算出方位及距离，根据仪器显示屏上偏差量，指挥测量员左右前后移动棱镜，以标定出设计点位置。

（3）房屋放线

1）放线依据

根据1号、2号点，在场地内用全站仪加密控制点，以作为放线依据。

2）轴线控制

根据加密点，在房屋底层地板上布设三点一字控制线，同时计算三点之间的角度及距离条件；若不超限，则平差，并以此三点作为底层及以上各层轴线放线的依据。

3）轴线放样过程

激光经纬仪架设在底层控制点上，整平对中后，将激光直接打到上层接收靶上，然后将仪器架设到上层，检测接收靶上的控制点；若不超限，则平掉偏差，然后以此“一”字控制线放出各轴线位置。

3.3.2 土方开挖

根据地质勘察报告，基坑开挖深度范围内土质为褐色粉质黏土，含水量为31%，黏聚力为17kPa，内摩擦角为$\phi=14.30$。

（1）机械选择和人员配置

选用6台W-501型反铲机，其中2台斗容量$1.2m^3$，4台容量$0.2m^3$，铲斗宽度50cm，每台挖土机配备15～20名辅工，用于修坡和人工清土，一名测量人员跟机随时测试标高，用红油漆标识在搅拌机桩上，作为挖土时的标志，严防超挖。

（2）开挖方法

根据现场场地标高，计算挖土深度，基坑深度离底小于50cm时以及13号房加短桩部位采用人工挖土，其他部位采用机械配合人工挖土，挖机停于基坑端头，后退挖土，弃土堆于基坑两侧，放坡系数控制在1∶0.5，先用斗容量为$1.2m^3$的挖土机挖去桩顶浮土，再用容量为$0.2m^3$的挖土机挖至基坑底以上30cm处为止，留作人工清理土。挖土时挖机严禁碰撞桩头，用人工将桩周围剥除，随挖土机带出基坑。剩下10cm高，用平口凿修凿整齐。

3.3.3 排水措施

基坑面上四周设一圈截水沟，20cm×30cm（宽×深），防止雨水和地面水流入坑内，并将积水引至现有排水沟排走；基坑内沿四周设600mm×800mm的集水井，将坑内的积水用水泵抽到排水沟内，排出场外。

3.3.4 挡土墙施工

按尺寸定出挡土墙的位置，施工时在挡土墙脚部每间距2m，留设60mm×60mm方洞作为排水通道。为保证砖壁稳定，挡土墙两侧应对称填土和填砂。

3.3.5 模板工程

垫层浇筑完成，待其达一定强度后，根据场内坐标控制网，放出轴线主控线，根据主轴线再放出各部位的边线、轴线及支模控制线。经复核无误后，方可支模。

支模前应认真熟悉了解图纸中的轴线距离、斜向梁的起、终点，按梁距截面高低计算配制模板。基础底板外围模板采用组合钢模拼装，背肋及支撑采用$\phi48\times3.5$钢脚手架，其他部位模板均采用九夹板，50mm×100mm木方背肋，钢管支撑。电梯井部位底内纵横墙的模板均采用吊模形式，沿梁长方向设间距 2～2.5m 的钢管，支设于垫层面（端部焊以 60mm×60mm×4mm 的钢板封口），作为支承模板重量及施工荷载，加以横杆、斜杆连成骨架。再在满堂脚手架上吊设基础梁侧模。基础梁高大于 1000mm，在其中部设一道 ϕ14 对拉螺杆，套内径 16mm 塑料套管，水平间距 800mm。电梯井底部的施工缝处设置 300mm 高止水钢板。模板必须有足够的强度、刚度和稳定性，模板的接缝不得大于 2.5mm，接缝处必须用模板封口，防止漏浆。

模板工程验收重点控制刚度、垂直度、平整度，特别注意外围模板、柱模、电梯井模板等轴线位置。非承重模板拆除时，结构混凝土强度应不小于 1.2MPa，拆模时不要用力过猛，拆下来的材料要及时运走整理，清理干净，板面涂刷隔离剂，按规格分类堆放整齐备用。

3.3.6 钢筋工程

本工程所有钢筋均根据业主的施工图纸及现行的规范规程要求，现场集中制作，制作好后运至各施工点绑扎成型。

钢筋进场必须附有出厂合格证书，进场后按规范取样送检，并按规范分别堆放、悬挂标识牌，对未经检验或试验不合格的钢筋，严禁在工程中使用。

柱梁的箍筋必须是封闭型，开口处设 135°弯钩，弯钩长度不少于 $10d$，电梯井部位底板内上下层钢筋利用 ϕ16 钢筋马凳支固，间距 1000mm×1000mm，对钢筋要重点验收。

底板水平钢筋采用闪光对焊。钢筋绑扎时，要严格注意钢筋规格、间距及保护层厚度。对焊接头应按规范错开，上层钢筋利用 ϕ20 钢筋撑脚支固。

各种柱、墙插筋，经复核位置正确后，在底板上、下层钢筋上焊 ϕ14 导筋与插筋固定，经验收合格，填写隐蔽验收单，方可进行混凝土浇筑。

3.3.7 混凝土工程

本工程基础混凝土全部采用商品混凝土，要求拌合物入模坍落度控制在（12±2）cm 之内，水泥选用 42.5 级普通硅酸盐水泥，掺加 10%～15% Ⅰ级或Ⅱ级粉煤灰，减少其水化热和收缩裂缝的产生，石子选用粒径 5～40mm，含泥量不得大于 1%，砂用中粗砂，含泥量不得大于 2%。

必须对模板、钢筋和各类资料验收，验收合格方可进行混凝土浇筑。每幢单体采用两台 28m 臂长、管径 125mm 泵车布料，臂长范围够不到的部位在泵管端头接 10m 长软管，配以人工转运。

混凝土入模处配备 5 只插入式振动器，振捣时要做到快插慢拔，振动时间以混凝土不下沉、不再冒气泡为准，插入间距为 50cm 左右，梅花形布置，插入下层 5～10cm，不允许出现漏振和过振现象，振捣过程中不得碰撞模板或钢筋，浇筑过程中，拌合物严禁随便加水。商品混凝土进场后应及时收集混凝土配合比、主要材料质保书等资料，并按规定做好混凝土试块。混凝土浇筑时，先浇底板混凝土，待其初凝后，再回头浇筑基础梁上部混凝土。混凝土振捣要密实，浇完混凝土后 3～5h，即铺一层麻袋，浇水养护，养护时间一般为 4～6h 一次，连续养护 3～5d。

3.3.8 回填土工程

回填土应待基础验收后方可进行，每层虚铺厚度约为 30～40cm，室外回填土分三次用电动打夯机压实，室内填土采用人工回填，每层厚度 20～30cm，蛙式打夯机夯击密实。

3.3.9　质量保证措施

(1) 土方开挖时要严格控制机械开挖深度，机械开挖至基底以上 10～15cm，改为人工挖土，尽量避免超挖。承台底如发生超挖，应用道渣回填密实后再浇混凝土垫层。

(2) 混凝土垫层浇捣要按标高进行控制，平整度应控制在规范允许范围以内。

(3) 承台钢筋应设在基础梁钢筋下面，基础梁钢筋的搭接长度和锚固长度均要满足设计要求，达到 35d。

(4) 模板的支撑要牢固，拼缝要严密，以避免漏浆跑模现象。

(5) 基础浇完后，要及时养护，养护时间根据天气情况安排，以保持混凝土表面的湿润。

(6) 回填土时要分层压实，每层虚铺厚度为 40cm 左右。

(7) 操作工人进场后，主管工长应分工种进行技术交底，施工中加强检查和监督。

3.4　主体结构工程的施工

本小区公寓楼均为 5 层，层高为 3～3.15m，多为板式结构，梁较少，主体结构质量目标为优良，争创优质结构。

3.4.1　标高引测

楼层轴线控制的方法为：底层结构施工完后，将轴线控制点引测到二层楼面上，在二层楼面上做好轴线控制网和主要控制点，以后每层在结构施工时，在相应的控制点的位置都要分别留一个投测孔，将轴线控制点逐层传递，直到主体结构封顶，每层轴线控制点引测到楼面后，用经纬仪和 50m 的钢卷尺，测放出建筑物的每条轴线墙身线及柱和梁的位置线，并经质量员和木工工长检查合格后，方可进行下道工序的施工。

3.4.2　模板工程

本工程的梁、板、柱模板，支撑全部用 ϕ48×3.5 的钢管支撑，梁和柱截面大于 600mm 的，要在梁或柱上设一道 12mm 的对拉螺杆，在楼板拼接缝时，应从梁或柱截面边开始，将不合模数的小块放在中间，以使拼缝严密不漏浆；如果缝隙较大，还应在模板边上贴双面胶带补缝，模板的支撑必须有足够的强度、刚度和稳定性，在梯井的剪力墙部位，共设 4～5 道对拉螺杆。

3.4.3　钢筋工程

由于本工程较大，钢筋用量也很多，因此，钢筋进场必须有钢材的出厂合格证，并在监理见证下取样试验，合格才进行加工。在现场共设三个钢筋加工场，由专门人员负责钢筋的加工，钢筋加工半成品后要分规格、分房型堆放，并做好标识，半成品发放要有专人负责，不得随意取料，造成材料的浪费。

(1) 钢筋的绑扎

柱、墙、梁钢筋保护层厚度要按设计或规范设置，不得使钢筋接触模板，钢筋绑扎顺序为：墙柱钢筋──→梁的钢筋──→板的钢筋，墙柱的主筋接头采用对焊或电渣压力焊接头，接头应错开 50mm，错开长度应大于 500mm，且不小于 35d，柱筋箍筋在支座段应按图纸要求加密处理，墙桩筋在顶层锚入板中，锚固长度要满足设计要求。梁的钢筋采用对焊接头，绑扎梁的钢筋时，主筋的规格和数量必须准确，位置等应符合规定要求，板的钢筋采用搭接接头，板上钢筋的支架不少于 4 个/m^2，板内钢筋必须绑扎每个交叉点。

(2) 预应力的施工

预应力钢筋的施工顺序为：钢绞线进场、取样试验──→下料加工──→绑扎板底非预应力筋、设置钢筋马凳──→铺放钢绞线──→绑扎反面钢筋、安放穴模、承压板、弹簧筋──→浇混凝土──→拆模、清理张拉端──→预应力张拉──→钢绞线切割、端头封堵。

3.4.4 混凝土工程

楼层混凝土分为C40区和C35区两大块，由于是同时浇筑，应特别注意不能产生混乱，并要避免接缝处出现冷缝；如出现意外，导致浇筑停止的时间超过初凝时间，那么就要留设施工缝。施工缝的位置设在下列位置：柱留在板底下口或梁下口；板留在横向跨的1/3区域内；与板连成整体的梁留在板底的2～3cm处。

3.4.5 砌筑工程

本工程的砌筑材料主要有两种，一种是外墙的舒布洛克空心砌块，一种为粉煤灰加气块。基础为标准砖砌体。砌筑工程的一般要求为：

1) 内墙粉煤灰加气块下面须砌4块标准砖，卫生间、厨房没有，最下面150mm厚就用混凝土浇筑。

2) 砌筑前要将楼面清扫干净，按照图纸放线并经检查验收合格后才能砌筑。

3) 砌筑前还要在混凝土柱或墙上画出砌筑用的皮数杆，注明门窗洞口的高度和位置，并根据皮数杆，调整预埋拉结筋的位置。

4) 砌筑前还要做好材料的进场和检测工作，特别是新型材料，其质量必须经检验合格后方能使用。

5) 在砌筑前必须进行详细全面的技术交底，必要时还要砌样板墙，组织现场学习。

6) 内墙粉煤灰砌块在墙顶、梁底必须斜砌挤紧，最好也使用与墙体相同的材料。

7) 舒洛克复合墙做法为：

① 在每层楼的第一皮砌块要加设披水油毡，油毡宽度为380cm，两片墙间用ϕ4网片拉结筋拉结在一起。

② 在门窗的两侧也要加设防水油毡。

③ 在门窗边要加设芯柱，用以固定门窗。

④ 复合墙厚度为240mm，内外墙厚均为60mm，两片墙间有60mm厚的空腔。

⑤ 复合墙与混凝土结构的拉结筋为60cm一道，两片墙之间每隔40cm设置拉结筋一道。

⑥ 墙上的水电预埋管线一般可利用两片墙间的空隙，到了标高后再在墙上用切割机开洞。

3.4.6 外墙舒洛克复合墙施工方法

(1) 施工准备

1) 材料要求

① 舒布洛克空心砌块

砌块规格：390mm（长）×90mm（宽）×190mm（高）

390mm×140mm×190mm

190mm×90mm×50mm

390mm×240mm×190mm

技术性能：强度等级 MU5.0（平均值不小于 MU5.0，单块最小值不小于 MU4.0），密度级别：700kg/m³，龄期不足 28d 的砌块不得使用，进入施工现场的舒布洛克空心砌块强度等级应符合设计要求，其外观质量、尺寸应满足 GB 8239—1997 标准，见表 3-4 和表 3-5 的要求。

尺寸允许偏差（mm）　　表 3-4

名　称	优等品(A)	一等品(B)	合格品(C)
长度	±2	±3	±3
宽度	±2	±3	±3
高度	±2	±3	+3，−4

外 观 质 量　　表 3-5

项　目　名　称		优等品(A)	一等品(B)	合格品(C)
弯曲(mm)不大于			2	3
掉角缺棱	个数(个)，不多于	0	2	2
	最小值(mm)不大于	0	20	30
裂纹延伸的投影尺寸累计(mm)不大于		0	20	30

砌筑时，砌块一般不宜浇水，但在气候特别干燥的情况下，可在砌筑前稍加水湿润。严禁使用过湿的小砌块砌筑。

② 披水板搭接 250mm，350 号沥青防潮卷材

③ 滴水孔（外墙）

棉纱间距 600mm。

④ 墙体拉筋

ϕ4 镀锌桁架式钢筋网片。

⑤ 芯柱钢筋 ϕ12。

⑥ 砌筑用砂浆

M5 混合砂浆，或舒布洛克材料供应商提供的干拌袋装灰缝砂浆，使用时，每袋加水 12kg，稠度以 50～70mm 为宜。

⑦ 灌芯柱混凝土

C20 细石混凝土。

2）主要机具

① 机械：切割机、搅拌机、磅秤

② 工具：灰刀、线坠、水平尺、橡皮锤、48mm 宽木板（挡空腔内砂浆）。

3）堆放

① 舒布洛克砌块堆放场地应平整夯实，便于排水，并不宜着地堆放，同时须按规格分别堆放，严禁翻斗车倾卸和任意抛掷。雨期时，应采取防雨措施。

② 砌块堆放高度不宜超过 1.6m，当采用集装托板时，其叠放高度不宜超过两格（每格五皮小砌块）。

4）作业条件

① 砌块砌筑施工前，彻底清理混凝土楼板，并用水充分湿润，结合砌体和砌块的特点，按照图纸要求及现场具体条件，准备好施工机具。

② 弹好砌体墙身位置线、门窗口等位置线，验线符合设计图纸要求，预检合格。

③ 按砌筑操作需要，找好标高，立好皮数杆。做好拉结筋，验收合格后进行下道工序。

④ 搭设好操作和卸料架子。

⑤ 配制异形尺寸砌块，砂浆、细石混凝土经试配确定配合比，准备好试模。

⑥ 拉结筋：垂直间距 600mm，在混凝土墙或柱上打 2 根 $\phi6$ 膨胀螺栓，与 1m 长 $\phi4$ 钢筋网片焊接。

(2) 施工工艺（外墙）

1) 工艺流程

墙体放线⟶制备砂浆⟶砌块排列⟶立芯柱钢筋⟶铺砂浆⟶砌块就位⟶铺防潮卷材⟶校正⟶竖缝灌砂浆⟶芯柱灌细石混凝土⟶勒缝。

① 墙体放线：墙体施工前，应将楼层结构面的标高找平，依据砌筑图放出第一皮砌块的轴线、砌体边线和洞口线。

② 砌块排列：按砌块排列图在墙体线范围内分块定尺、画线、排列砌块的方法和要求如下：

砌块砌体在砌筑前，应根据工程设计施工图，结合砌块的品种、规格以及相应的节点处理要求，绘制砌体砌块的排列图，经审核无误，按图排列砌块。

砌块排列应从楼板面向上排列，确保上下层砌块的垂直勾缝错开 50% 砌块的长度，除非有端接面或方向变化等不可错开处。即使这些位置也应通过切割砌块的长度来保证最小 100mm 的缝交错。

砌体水平灰缝厚度一般为 8～12mm，垂直灰缝宽度为 10～12mm。

③ 墙体拉筋：每两皮砌块，在砂浆接缝中，插入镀锌墙体拉筋，拉筋贯通整个空腔砌块墙长度，以保证外层与内层砌块墙的整体连接。

④ 拉结筋：每 3 皮砌块，垂直相隔 600mm，在与柱子相邻处，将柱子膨胀螺栓和 1000m 长 $\phi4$ 网片焊接埋入水平砂浆缝，由此可以将内、外层砌块墙与每个柱相连接。

⑤ 竖直防潮层：在需安装门窗框处，使用 140mm 厚的轻质混凝土砌块封住 50mm 的空腔；然后，在外层砌块墙与 140mm 封堵砌块间，插入一垂直的沥青防潮卷材。

⑥ 过梁：门窗楣上放置钢筋混凝土过梁，以封住墙的 50mm 空腔，为挡住潮气的渗入，窗下加通长混凝土压顶，内配 $2\phi10$ 筋，与柱通过 $2\phi10$ 膨胀螺栓连接。

⑦ 芯柱：

a. 墙体长度如小于 3m，不需要灌芯柱。

b. 墙体长度如大于 3m，则每隔 3m 在 140mm 厚砌块壁柱内埋设 $\phi12$ 钢筋，壁柱由 190mm×140mm×390mm 的砌块构成。

⑧ 砌块墙顶部与混凝土梁的连接：

a. 砌块墙的砌块皮数可通过砌筑前，测量墙体空间的实际高度决定，当实际高度与砌块的皮数不能吻合时，可切割砌块墙中的某一道砌块。

举例：需填充的空间高度是 2300mm，砌块的高度模数是 200mm。2300÷200＝11.5 道，因此，将某道砌块切成 100mm 高，这样就能与实际高度吻合了。

b. 在砌块墙顶部用砖砌成斜槎，用斜槎来调节墙顶部与楼板或过梁的间隙误差，砖斜槎需在复合墙的内外两片单墙上砌筑。

⑨ 内外墙相交处：由于内墙砌块模数与外墙砌块模数不符，在其相交处设一个构造柱，间隔 500mm 设拉结筋，与内墙拉结；间隔 600mm 设拉结筋，与外墙拉结，如图 3-2 所示。

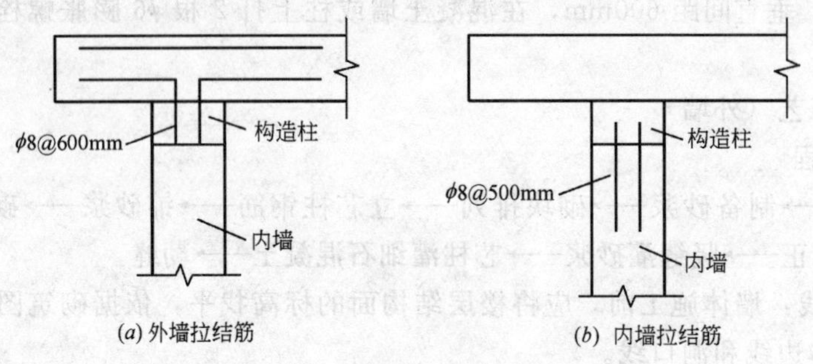

图 3-2　拉结筋设置示意图

(3) 配制砂浆、芯柱混凝土

按设计要求的砂浆、细石混凝土品种、强度配制砂浆以及细石混凝土，配合比应由试验室确定，采用重量比，计量精度为：水泥±2%以内；砂、灰膏±5%以内。应采用机械搅拌，搅拌时间不少于 1.5min。

砂浆、混凝土的搅拌地点要邻近砌块施工地点，以保证砂浆的持续供应，不允许砂浆水分流失，以防变干或凝结。

(4) 砌筑

在混凝土基层上先铺 5mm 厚、90mm 宽的砂浆，然后在砂浆上铺设准备好的沥青防潮卷材，在防潮卷材上再均匀抹上 5mm 厚的砂浆，开始砌筑砌块。

在砌完一层内砌块后，在砌块上抹 5mm 厚的砂浆，再铺设沥青防潮卷材，最后均匀抹上 5mm 厚的砂浆，放上砌块。

用规格为 390mm×190mm×90mm 的轻质中空混凝土砌块平直地砌筑墙的外侧，保证砌块间的接缝约为 10mm，最大不超过 12mm，并用砂浆均匀填充砌块间勾缝。

与外层砌块间隔 50mm，砌筑内层砌块墙，先前的防潮层要撤去，先在混凝土基层上抹 10mm 厚、90mm 宽的砂浆，然后砌 390mm×190mm×90mm 轻质中空混凝土砌块。水平竖直方向都要平直，用砂浆均匀填充砌块间勾缝。

在砌块过程中，需应保持 50mm 空腔清洁，不可有砂浆漏入，放置 48mm 的木条，在每隔二皮砌块放入墙体拉筋前，取出木条，清理施工中漏入的砂浆。

(5) 水电预埋管线质量标准

1) 保证项目

使用的舒布洛克空心砌块的原材料中，其技术性能、强度、品种必须符合设计要求，并有出厂合格证，规定试验项目必须符合标准。

砂浆（细石混凝土）的品种，强度等级必须达到设计要求，按规定制作试块，强度等级不得低于设计强度。

2）基本项目

砌筑错缝应符合规定，不得出现竖向通缝，压缝尺寸应符合设计要求。

灰缝应做到横平竖直，水平灰缝的砂浆饱满度不得低于90%，竖缝的砂浆必须饱满。

拉结钢筋、钢筋网片的规格、根数、间距、位置、长度应符合设计要求。

3）允许偏差项目见表3-6所列。

混凝土小型空心砌块尺寸、位置的允许偏差　　表3-6

项次	项目			允许偏差(mm)	检验方法
1	轴线位置偏移			10	用经纬仪或拉线和尺量检查
2	基础和墙砌体顶面标高			±15	用水准仪和尺量检查
3	垂直度	每层		5	用线坠和2m托线板检查
		全高	≤10m	10	用经纬仪或重锤挂线和尺量检查
			>10m	20	
4	表面平整度	混水墙、柱		8	用2m靠尺和塞尺检查
5	水平灰缝平直度	混水墙10m以内		10	用10m拉线和尺量检查
6	水平灰缝厚度(连续五皮砌块累计)			±10	与皮数杆比较，尺量检查
7	垂直灰缝宽度(水平方向连续五块累计)			±15	用尺量检查
8	门窗洞口(后塞口)	宽度		±5	用尺量检查
		高度		±5	
9	外墙上下窗口偏移			20	以底层窗口为准，用经纬仪或重锤挂线检查

注：每层垂直偏差大于15mm时，应进行处理。

3.4.7　外墙脚手架施工

由于本工程栋号多、工程量大，根据实际情况，外脚手架采用两种材料搭设，道路边的建筑多采用钢管脚手架，其他全部采用毛竹材料搭设；均为落地式双排脚手架。

3.5　屋面防水工程的施工

本工程的防水做法共分为三个部分，一个为斜屋面的卷材＋平瓦的防水做法：先在斜屋面的混凝土基层上做1.5mm厚的三元乙丙防水层，然后再在防水层上做保护层铺贴筒瓦；另一种为上人露台的防水做法：在露台基层上铺贴保温板，然后做整浇层和1.5mm厚三元乙丙防水层；还有一种为厨卫间的涂料防水做法，是JS防水涂料。由于防水工程属于特殊过程，防水工程施工质量直接影响使用功能，为了更好地控制工程质量，施工中编制了详细的施工方案具体指导防水工程的施工。

3.6　装饰工程

砌筑工程完成，主体结构经过验收合格即进行内外装饰施工，内墙的粉刷根据工作面的提供情况，从二层开始到三层、四层、首层和五层的顺序进行，外墙粉刷应从上向下进行，外墙门窗也应提前安装好，以减少后期修补的工作量。

室内装饰全面展开施工前，应做一套样板房，样板房应按设计规定的标准进行施工，样板房做好后经甲方、监理和设计单位进行验收合格后方可全面展开施工。

3.6.1　门窗工程

(1) 木门

1) 木门购置

网球俱乐部一期工程13栋200个单元所有进户门和内门均采用0.9m×2.1m规格的榉木实心门，该批木门计划全部在外购置，在购置前，项目材料部应提供样品，送业主、监理认可。认可后，根据设计和规范要求提出采购计划，在购置时应对每一樘的型号、规格、材质、加工质量进行全面检查，且木材含水量不得超过10%，分供方应提供木门半成品产品合格证明。

2) 堆放

木门进场后，技术、质量、材料部门应对木门半成品做进场质量验收，凡有翘曲、劈裂、拼接处结合不严、材质不符合要求、含水量过大等有质量问题的，应予以退货。同时木门进场后，应堆放在干燥、防水、不易暴晒的地方，并挂好标识。

3) 门框安装

① 门框安装时，应检查每个门框的质量是否符合要求，靠墙侧门框边防腐油是否涂刷，对安装时发现有质量问题的应执行退货处置；同时，门框安装应根据每道墙的抹灰厚度确定各门框的进出位置。

② 安装时应按设计图纸要求确定平面位置和开启方向，用通线和线坠作水平和垂直校正，校正后，用对楔楔紧。

③ 砌墙预留木砖，每边固定点不少于3处，其间距应为0.8～0.9m，用木楔将门框固定在门框洞内，并用砸扁钉帽的钉子，钉牢在木砖上，钉帽陷入1～2mm。

④ 在砌体和混凝土墙未留木砖时，用宽30mm、长80mm、厚1.2～2mm的直铁脚，先钉牢框靠墙一面，与墙体面贴紧，用木楔将框临时固定在门洞内后，用射钉或水泥钉钉牢。

⑤ 门框安好后，应用胶带纸对门框表面进行粘贴保护，防止抹灰砂浆污染门框；同时，在手推车出入门框易碰撞的部位，应附钉护框板或护框橡胶皮。

⑥ 安装后应及时组织专业嵌缝人员对门框三边缝隙进行嵌缝，嵌缝材料为1∶3干硬性水泥砂浆，由下往上分层勾嵌密实，干硬后，应派专业队对嵌缝进行浇水养护，防止开裂。

⑦ 对嵌缝后的门框，应防止碰撞。

4) 门扇安装

① 门扇安装应在贴面后进行。

② 依据图纸及设计要求确定开启方向和使用小五金、门锁的型号和规格，并采购样品送业主、监理认可。

③ 用尺量框上、中、下端尺寸，对应画在门扇上，修刨后先塞入框内核对；如不合适，再画线进行修刨，直至合适为止。

④ 门扇立梃与框接合部分要刨成斜面，以不影响缝隙为准。

⑤ 门扇开启后易碰撞，为固定门扇位置，应安装门轧头。

5）门扇小五金安装

① 合页铰距门上、下的距离宜取立梃高度的1/10，安装后应开关灵活。

② 小五金均应用木螺钉固定，不得用钉子代替，且应先用锤钉入1/3深度，然后拧入，严禁打入全部深度。采用硬木时，应先钻2/3深度的孔，孔径为木螺钉直径的0.9倍。

③ 不宜在帽头与立梃结合处安门锁。

④ 门扇拉手应位于门扇高度中点以下，距地面以上0.9～1.05m为宜。

⑤ 小五金要安装齐全，位置适宜，固定可靠。

（2）塑钢门窗

一期工程13栋公寓式住宅，所有窗和阳台门均采用塑钢门窗双层玻璃，该批塑钢门窗全部在外定制加工，运到现场，再行安装。

1）施工准备

① 塑钢门窗在购置前，材料部应根据设计要求采集样品，并送交业主、监理认可。

② 根据设计施工图、业主要求和有关规定，项目部提出塑钢门窗加工计划，经审定后，送交经考核认可的专业生产厂家，厂家应根据项目提供的计划，进行专业设计，并返回项目技术主管、业主、设计院进行审定，确认后方可进行批量生产。

③ 塑钢窗品种、规格、开启方式应符合设计要求，各种附件配套齐全，并具有产品合格证。

④ 附属材料、填缝材料、密封材料，保护材料、清洁材料等应符合设计和有关规定要求。

⑤ 塑钢门窗应根据工程进度分批配套进场，进场后，项目应组织材料、技术、质量人员进行进场质量验收，验收合格后按型号、规格分别堆放整齐，并挂好标识。

2）作业条件

① 检查门窗洞口尺寸是否符合设计要求；如有预埋件的门窗洞口，应检查预埋件数量、位置及埋设方法是否符合设计要求；如有影响安装的问题，应及时进行处理。

② 根据每道墙的垂直度、平整度、房间方正情况，打出各道墙灰饼，确定出抹灰层厚度。

③ 检查各门窗，如有表面损伤、变形及松动等问题，应及时进行修整，校正处理合格后方可安装。

3）门窗框安装

① 根据门窗安装控制墨线，将塑钢门窗装入就位，将木楔塞入门窗框与四周墙体的安装缝隙，调整好门窗框的水平、垂直、对角线长度位置及形状偏差，使其符合检评标准，用木楔临时固定好。

② 采用射钉将塑钢门窗连接件与墙体直接固定，连接铁件至门窗角距离不应大于180cm，铁脚间距应按设计要求或间距控制在60cm以内。

③ 塑钢门窗安装校正固定后，应先进行隐蔽工程验收，检查合格后再进行门窗框与墙体安装缝隙的密封处理。

④ 门窗框与墙体间安装缝隙应采用玻璃保温矿棉进行填塞，密封严实。

⑤ 五金配件安装齐全，并保证其使用灵活。

(3) 门窗扇安装及玻璃安装

① 待室内装饰基本完成后，再安装门窗扇及玻璃，装饰完一层，安装一层。

② 平开门窗一般在框与扇构架组装上墙，安装固定好后安装玻璃，先调好框与扇缝隙，再将玻璃入扇调整，最后镶嵌密封条和填嵌密封胶。

③ 推拉门窗一般在门窗框安装固定之后，将配好玻璃的门窗扇整体安装，即将玻璃入扇镶密封完毕，再入框安装，调整好框与扇的缝隙。

3.6.2　内粉刷工程

(1) 内粉刷要求

1) 抹灰工程所用砂浆配合比、材料品种要符合设计要求，抹灰砂浆的配合比、稠度等，应经检查合格后方可使用。掺有水泥或石膏拌制的砂浆，应控制在初凝前完成，掺加外加剂时，其掺入量应由试验确定。

2) 不同结构材料相交处基体表面抹灰，应先铺定金属网，并绷紧牢固，金属网与各基体的搭接宽度不应小于70mm。

3) 在抹灰前，应对各墙、柱、顶棚的垂直度、平整度及房间方正情况进行全面检查，以确定各道墙抹灰厚度，并保证各房间规方。

4) 室内墙柱面和门洞阳角，宜用1∶2.5水泥砂浆做护角，其高度不应低于2m，每侧宽度不应小于5cm。

5) 水泥砂浆的抹灰层应在湿润的条件下养护。

6) 凡面层灰浆要收光的，最后一次“过硬匙”，应在灰浆初凝后“收身”(即经过灰匙压磨，灰浆表面不会变成糊状) 及时进行。

7) 抹灰用砂宜用中砂，使用前应过筛，不宜采用特细砂，石灰膏应使用经熟化的石灰膏，且内不得含有未熟化的颗粒和其他杂质。

8) 在正式抹灰前，应选用一小间做内墙粉刷样板间，通过样板间施工，找出差距，预防后部大面积施工再犯同样错误；同时，经样板间确认后，方可进行大面积施工。

9) 凡有吊顶的墙柱抹灰，应抹至吊顶标高上100mm。

(2) 墙面抹灰

1) 施工准备

A. 材料

① 水泥：宜采用42.5级经检验合格的普通水泥或矿渣水泥。

② 砂：采用中砂，使用前宜过筛。

③ 石灰膏：采用经熟化的石灰膏。

B. 作业条件

① 主体结构抹灰部位均已检查验收，门窗框及需预埋的管道已安装完毕，并经检查合格。

② 抹灰用脚手架已准备好。

③ 对混凝土墙等表面凸出部位应凿开，对蜂窝、麻面、露筋、疏松部位等凿到实处，用1∶2.5水泥砂浆分层补平，把外露钢筋和钢丝头等清除干净。

④ 对于砖墙，应在抹灰前1d浇水湿透，对于砌块墙面，因其吸水速度较慢，应提前

2d浇水，每天宜浇两遍以上。

2）基层处理

清除墙面灰尘、污垢、碱膜、砂浆块等附着物，洒水湿润，对钢筋混凝土墙柱面抹灰部位，采用曹杨胶结剂厂生产的JCTA-400混凝土界面处理剂处理，界面处理层厚度控制在2mm左右，一边抹界面剂，一边抹底灰，以增加抹灰层与基层的黏聚力，防止空鼓。

3）套方、吊直、做灰饼

抹底灰前，必须先找好规矩，即四角规方，横线找平，立线吊直，弹出基准线和墙裙、踢脚线，用托线板检查每道墙柱表面的平整度、垂直度，并在控制阳角方正（可用方尺规方）的情况下，大致确定抹灰厚度后（最薄处不少于7mm），进行挂线打灰饼。对于贴地砖、花岗石和顶棚挂吊顶的房间，应先将房间规方，一般可先在地面上弹出十字线，作为准线，并结合墙面平整度、垂直度大致确定墙抹灰厚度，进行挂线打灰饼。打灰饼时，应先在左右墙角上各做一个标准饼，然后用线坠吊垂直线做墙下角两个标准饼，再在墙角左右两个标准饼之间拉通线，每隔1.2～1.5m左右及在门窗口阳角等处上下各补做若干灰饼。

4）墙面冲筋

等灰饼结硬后，使用与抹灰层相同的砂浆，在上下灰饼之间做宽约30～50mm的灰浆带，并以上下灰饼为准，用压尺推平，冲筋完后应待其稍干后才能进行墙面底灰作业。

5）做护角

根据灰饼和门框边离墙面的空隙，用方尺规方后，分别在阳角两边吊直和固定好靠尺，抹出水泥砂浆护角，并用阳角抹子推出小圆角，最后利用靠尺，在阳角两边50mm以外位置以40°斜角将多余砂浆切除、清净。

6）抹底灰和中层灰

在墙体湿润前提下抹底灰，对混凝土墙面应先批一层2mm左右的混凝土界面处理剂，并随抹底层灰，底灰厚度控制在5～7mm，待底灰稍干后，再以同样砂浆抹中层灰，厚度宜为7～9mm；若中层灰过厚，则应分遍涂抹，然后以冲筋为准，用刮尺刮平找直，用木磨板磨平。中层灰抹完毕后，应全面检查其垂直度、平整度、阴阳角是否方正、顺直，发现问题及时修补处理。

7）抹面层灰

等中层灰有七成干后，再抹面层灰，厚度为4～5mm，分两遍压实磨平，先用灰匙抹上砂浆，然后用刮尺刮平，待灰浆“收身”后再浇水使表面湿润，并用抹子打抹起浆后，用灰匙赶压至表面平整光滑。

抹水泥砂浆面层时，应待中层灰浆抹好第二天，用1∶2.5水泥砂浆抹面层，厚度为5～8mm，操作时应将墙面湿润，然后用砂浆薄刮一道，使其与中层灰粘牢，紧跟着第二遍用刮尺刮平找直，待其“收身”后，用灰匙压实抹光。

对于墙柱表面需粘贴面砖的部位，应待面层灰抹平找直后，用磨板搓出毛后，用扫帚扫毛或铁抹子每隔一定距离交叉画出斜线。

（3）顶棚抹灰

1）基层处理：将混凝土顶板板底表面凸出部位凿平，对蜂窝、麻面、露筋、漏振等处应凿至实处，用1∶2水泥砂浆找平，把外露钢筋头或钢丝头等清除干净。

2）在墙面和梁柱侧面弹出水平标高控制墨线，连续梁底应弹出由头到尾的通长墨线。

3）检查顶棚板底、平整度和倾斜度，并根据平整度和倾斜度确定不同部位的顶棚抹灰厚度。

4）根据各部位抹灰厚度，打出各部位灰饼，灰饼间距控制在1.5m以内。

5）抹底灰：在顶板混凝土湿润的情况下，先批抹一道1～2mm左右厚的混凝土界面处理剂，并随即抹底灰。对顶板凹度较大的部位，先大致找平并压实，待其干后，再抹大面积底灰，其厚度宜控制在8mm以内。操作时用力压抹，然后用刮尺刮抹顺平，再用磨板磨平，要求平整稍毛，不必光滑，但不得过于粗糙，不许有凹陷深痕。

6）抹面灰：待底灰约六七成干后，即可抹面层灰；如停歇时间过长，底层灰过分干燥，则应用水湿润，涂抹时分两遍抹平，压实。待面层稍干后，“收身”时要及时收光，其表面不得有气泡、匙痕、接缝不平现象，顶板与墙边、梁边相交处阴角应成一条水平线，梁端与墙面、柱面、梁边相交处应成垂直线。

3.6.3 细石混凝土地面

所有垃圾间、楼梯间、设备间、停车场、配电间、液压机房、煤气热水炉等房楼地面均为细石混凝土地面原浆收光。

(1) 基层处理

基层必须坚实，清洁（无油污、浮浆、残灰及其他杂物等），做底灰前，必须提前一天用清水洗擦净基层，保持湿润，影响面层厚度的凸出部位要凿平，并洗擦干净，过度凹陷部位应事先用与设计配合比相同的砂浆分层抹压找平。

(2) 施工准备

1）材料

水泥：采用32.5级普通水泥或矿渣水泥。

砂：中粗砂，含泥量不大于3%。

石：采用粒径为5～15mm的碎石，含泥量不大于1%。

2）作业条件

① 施工前应在四周墙上弹出+50cm高的水平墨线，并经技术复核。

② 门框和楼地面预埋件，水电设备管线等均应施工完毕，并经隐蔽验收合格。

③ 各种主管空洞等缝隙应事先用膨胀细石混凝土分层灌实堵严（细小缝隙可用水泥砂浆灌堵），并经闭水实验检查合格。

④ 办好作业前的结构隐蔽验收。

⑤ 作业层的顶棚、墙柱面抹灰施工完毕。

⑥ 各种外露立管管道已采取成品保护。

(3) 施工工艺

1）刷素水泥浆结合层：宜刷水灰比为0.4～0.5的素水泥浆，也可在基层上均匀洒水湿润后，再撒干水泥，用扫把均匀涂刷，随刷随做面层，并控制一次涂刷面积不宜过大，防止结合层干燥脱壳。

2）打灰饼、冲筋：根据四周墙柱上50cm高水平控制线，在地面四周灰饼拉线打中间灰饼，再用干硬性水泥砂浆进行冲筋，冲筋间距控制在1.5m左右，在有地漏和有坡度要求的地面，应按设计和规范要求进行找坡，而对面积较大的地面，则应用水准仪测出地坪平均厚度，然后边测标高边打灰饼。

3）细石混凝土地面操作。

4）细石混凝土地面应采用干硬性混凝土，其坍落度应控制在3cm以内，应采用自拌混凝土（由于商品混凝土坍落度均在8cm以上，因此不宜采用商品混凝土）。

5）操作时，先在两冲筋之间均匀地铺放混凝土，比冲筋面高，然后用刮尺以冲筋为准刮平拍实，待表面水分稍干后，用木抹子打磨，要求把砂眼、凹坑、脚印打磨掉，操作人员在操作半径内打磨完后，即可用纯水泥浆（水灰比约为0.6～0.8）均匀满涂在面上（约1～2mm厚），再用铁抹子抹光，向后退着操作，在水泥初凝前完成。

6）第二遍压光：在水泥浆初凝前，即可用铁抹子抹压第二遍（此时人站在上面有脚印，但不下陷，采用水泥袋纸包裹平整的木板垫脚），做到压实、不漏压、收光，凹坑、砂眼和脚印都要填补压平。

7）第三遍压光：在水泥浆终凝前，此时人踩上去有细微脚印。当试抹无抹纹时，即可用灰匙抹压第三遍，压时用力稍大一些，把第二遍压光时留下的抹纹、细孔等抹平，达到压平、压实、压光。

8）养护：细石混凝土地坪完工后，第二天要及时浇水养护，使用矿渣水泥尤应注意加强养护，养护时间不应小于7d。

3.6.4 墙面砖

卫生间、厨房间、工作间、垃圾间墙面均为墙面砖。

（1）施工准备

1）材料

① 水泥：32.5级普通硅酸盐水泥或矿渣硅酸盐水泥、白水泥（擦缝用）。

② 砂：中砂。

③ 石灰膏：使用时，石灰膏内不应含有未熟化的颗粒及杂质。

④ 釉面瓷砖：品种、规格、花色按设计规定，并应有产品合格证，釉面砖的吸水率不得大于10%，砖表面平整方正，厚度一致，不得有缺棱掉角和断裂等缺陷，在使用前应派专人进行挑选，不合格的产品严禁使用。

2）作业条件

① 顶棚、墙、柱面粉刷抹灰已完工。

② 墙柱面暗配管线、电线盒及门、窗框安装完，并经检验合格。

③ 墙、柱面必须坚实、清洁，影响面砖铺贴、凸出墙柱面的部分应凿平，过于凹陷的墙柱面应用1∶3水泥砂浆分层抹压找平（先浇水湿润后再抹灰）。

④ 安装好的门窗框与墙柱间缝隙，用1∶3干硬性水泥砂浆堵灌密实，且在铺贴前应将门窗框保护好。

⑤ 在大面积施工前，应先做样板墙和样板间，并经技术、质量、监理等有关部门检查认可符合要求。

（2）选砖

面砖一般按1mm差距分类选出若干个规格，选好后根据墙柱面积、房间大小分批分类计划用料，选砖要求方正、平整、楞角完好。同一规格的面砖力求颜色均匀一致。

(3) 基层处理和抹底子灰

1) 基层处理

与前述墙面抹灰基层处理相同。

2) 抹底子灰

吊垂直、找规矩、打灰饼、冲筋。找规矩时，应与墙面的窗台、腰线、阳角、阴角、立边等部位面砖贴面排列方法、对称性以及室内地面块料铺贴方正综合考虑，力求方正、整体完美。

将基层浇水湿润，先刮一层界面剂，随后分层分遍用1∶2.5水泥砂浆抹底灰（也可用1∶0.5∶4混合砂浆），第一层宜为5mm厚，用铁抹子均匀抹压密实，待第一层干至七八成后即可抹第二层，厚度约为8～10mm，直至冲筋大致相平，用刮尺刮平，再用木抹子搓毛压实，划成麻面，要求该面层平整度、垂直度必须达到优良标准。

(4) 预排砖块，弹线

1) 预排砖块应按照设计色彩要求，一个房间、一整幅墙柱面贴同一类规格面砖，在同一墙面，最后只能留一行（排）非整块面砖，非整块面砖应排在靠近地面或不显眼的阴角等位置，砖块排列一般自阳角开始，至阴角停止（收口）。如果水池、镶柜及凸出柱面时，必须以其中心往两边对称排列，墙裙、浴缸、水池等上口和阴阳角处应使用相应配件砖块。

2) 弹好花色变异分界线及垂直与水平控制线，垂直控制线一般以1m设一度为宜，水平控制线一般按5～10排砖间距设一度为宜。砖块从顶棚往地面排列至最后一排整砖为一度，应弹置一度控制线，墙裙、踢脚线应弹最高度控制线。

(5) 贴面砖

1) 预先将釉面砖泡水浸透晾干（一般应隔天泡水晾干备用）。

2) 在每一分段或分块内的面砖，均应自下向上铺贴，从最下一排砖的下皮位置用钉子装好靠尺板，以此承托最下一排面砖。

3) 浇水将底子灰面湿润，砖面要求垂直平整，并应用靠尺校平砖面和砖上皮。

4) 以最下一排贴好的砖面为基准，贴上基准点，并用线坠校正，以控制砖面出墙面尺寸和垂直度。

5) 铺贴应从最低一皮开始，并按基准点挂线，逐排由下向上铺贴，面砖背面应满涂水泥膏（厚度一般控制在2～3mm内），贴上墙面后用铁抹子木把手着力敲击，使面砖粘牢；同时，用靠尺校平砖面和上皮，每铺完一排应重新检查每块面块，发现空鼓应及时掀起，加浆重新贴好。

6) 在有吊顶的房间的墙柱面铺贴瓷砖时，应铺贴到吊顶标高上100mm处。

7) 铺贴完毕，待粘贴水泥初凝后，用清水将砖面洗干净，用白水泥将缝填平，完工后，用棉纱、片布将其表面拭擦干净，至不留残灰迹为止。

3.6.5　地砖

(1) 施工准备

1) 材料

① 水泥：32.5级普通硅酸盐水泥或矿渣硅酸盐水泥、白水泥（擦缝用）。

② 砂子：中、粗砂。

③ 面料：花色、品种、规格按图纸设计要求。

2）作业条件

① 墙柱饰面、天棚（天花）粉刷吊顶施工完毕。

② 门框、各种管线、埋件安装完毕，并经检验合格。

③ 楼地面各种孔洞缝隙应事先用细石混凝土灌填密实（细小缝隙可用水泥砂灌填），并经检查无渗漏现象。

④ 弹好＋50cm 水平墨线，各开间中心（十字线）及花样品种分隔线。

⑤ 釉面砖、水泥花阶砖在铺贴前一天，应浸透，晾干备用。

（2）抹结合层

1）根据＋50cm 水平线，打灰饼（打墩）及用刮尺（靠尺）推好冲筋（打栏）。

2）浇水湿润基层，再刷水灰比为 0.5 的素水泥浆。

3）根据冲筋厚度，用 1∶3 干硬性水泥砂浆（以手握成团，不泌水为准）抹铺结合层。结合层应用刮尺（靠尺）及木抹子（磨板）压平打实（抹铺结合层时，基层应保持湿润，已刷素水泥浆不得有风干现象，结合层抹好后，以人站上面只有轻微脚印而无凹陷为准）。

4）对照中心线（十字线），在结合层面上弹上面块料控制线（靠墙一行面块料与墙边距离应保持一致，一般纵横每 5 块面料设置一度控制线）。

（3）地砖铺贴

① 根据控制线先铺贴好左右靠边基准行（封路）的块料，以后根据基准行由内向外挂线，逐行铺贴。

② 用软毛刷湿水适量，将块料表面（沿贴纸的一面）灰尘扫净，在结合层上均匀抹一层水泥膏后，将块料贴上，并用平整木板压在块料上，用木锤着力敲击、校平正。

③ 将挤出的水泥膏及时清干净。

④ 块料贴上后，在纸面刷水湿润，将纸揭去（一般待 15～30min），并及时将纸屑清干净；拨正歪斜缝子，铺上平正木板，用木锤拍平打实。

⑤ 灌缝：待粘贴水泥膏凝固后，用白水泥、颜料（色泽根据面料颜色调配）填平缝子（对大缝子要拌细砂填灌），用锯末（木糠）、棉丝将表面擦干净至不留残灰为止。

3.6.6 *花岗石面层*

（1）施工准备

1）材料

① 花岗岩的品种、规格、图案、颜色按设计图纸验收，并应分类存放。

② 水泥：32.5 级普通硅酸盐水泥或矿渣硅酸盐水泥，备适量擦缝用白水泥。

③ 砂子：中、粗砂。

④ 矿物颜料：视饰面板色泽定，用于擦缝。

2）作业条件

① 做好墙柱面、顶棚、吊顶及楼地面的防水层和保护层。

② 门框和楼地面预埋件及水电设备管线等施工完毕，并经检查合格。

③ 各种立管孔洞等缝隙应先用细石混凝土灌实堵严（细小缝隙可用水泥砂浆灌堵）。

④ 在四周墙身弹好＋50cm 的水平墨线、各开间中心线（十字线）及花样品种分隔线。

⑤ 选料：同一房间、开间应按配花、品种挑选，尺寸基本一致，色泽均匀，纹理通顺，进行预先安排编号，分类存放，待铺贴时按号取用。必要时可绘制铺贴大样图，再按图铺贴。分块排列布置要求对称，厅、房与走道连通处，缝子应贯通；走道、厅房如用不同颜色、花样时，分色线应设在门口的内侧；靠墙柱一侧的板块，离开墙柱一侧的宽度应一致。

(2) 操作工艺

1) 先将石板块背面刷干净，铺贴时保持湿润。

2) 根据水平线、中心线（十字线），按预排编号铺好每一开间及走廊左右两侧标准行（封路）后，再进行拉线铺贴。

3) 铺贴前应先将基层浇水湿润，再刷素水泥浆（水灰比为 0.5 左右），水泥浆应随刷随铺砂浆，并不得有风干现象。

4) 铺干硬性水泥砂浆（一般配合比为 1∶3，以湿润松散、手握成团不泌水为准）找平层，虚铺厚度以 25～30mm 为宜，放上石板块时高出预定完成面约 3～4mm 为宜。用铁抹子（灰匙）拍实抹平，然后进行石板块预铺，并应对准纵横缝。用木锤着力敲击板中部，振实砂浆至铺设高度后，将石板掀起，检查砂浆表面与石板底相吻合后（如有空虚处，应用砂浆填补），在砂浆表面先用喷壶适量洒水，再均匀撒一层水泥粉，把石板块对准铺贴。铺贴时四角要同时着落。再用木锤着力敲击至平正。

5) 铺贴顺序应从里向外逐行挂线铺贴。缝隙宽度如设计没有要求时，不应大于 1mm。

6) 铺贴完成 24h 后，经检查石板块表面无断裂、空鼓后，用稀水泥（颜色与石板块调和）刷缝填饱满，并随即用干布擦净至无残灰、污迹为止。铺好石板块 2d 内，禁止行人和堆放物品。

3.6.7　轻钢龙骨 TK 板吊顶

(1) 施工准备

1) 材料

① 材料级别、规格及零配件应符合设计要求。

② 材料应有产品质检合格证书和有关技术资料，配套齐备。

③ 所有用料运输进场不得随意乱扔、乱撞，防止踏踩，堆放平正，防止材料变形、损坏、污染、缺损。

2) 作业条件

① 首先应熟识图纸、所用材料、施工工具、工程量、劳动力情况、施工工序、现场情况、工期等。

② 该建筑物原始资料齐全。

③ 吊顶施工前，应在上一工序完成后进行。

④ 对原有孔洞应填补完整，无裂漏现象。

⑤ 对原有的（埋）吊杆（件）应符合设计要求。

⑥ 对上工序安装的管线应进行工艺质量验收；所预留出口、风口高度应符合吊顶设计标高。

(2) 龙骨安装

1）根据吊顶的设计标高要求，在四周墙上弹线，弹线应清楚，其水平允许偏差±5mm。

2）根据设计要求定出吊杆的吊点坐标位置。

3）主龙骨端部吊点离墙边不应大于 300mm。

4）主龙骨安装完成应整体上校正其位置和标高，并应在跨中按规定起拱，起拱高度应不小于房间短向跨度的 1/200。

5）各种金属龙骨如需接驳，应使用同型号的接驳配件，如产品确无配件，应作适当处理。

6）如主龙骨在安装时与设备、预留孔洞或其他吊件、灯组，工艺吊件有矛盾时，应通知设计人员协调处理吊点构造或增设吊杆。

7）主龙骨与吊杆应在同一平面的垂直位置。如发现偏离应作适当调整。使用柔性吊杆作为主吊杆的，应做足够的刚性支撑，以免在安装罩面板时吊顶整体变形。

8）主龙骨安装应留有副（次）龙骨及罩面板的安装尺寸。

9）如设计无明确要求，主龙骨应设在平行于吊顶短跨边。

10）安装金属次龙骨，应使用同型号产品的配件，并应卡接牢固。

11）TK 板安装方法

TK 板是采用水泥胶浆和自攻螺钉粘钉结合的方法固定在龙骨网架上，为了使板面平整，在两张 TK 板接缝与龙骨之间放一条 50mm×3mm 的再生橡胶垫条。

（3）注意事项

1）TK 板装运时，要立垛堆放，用草垫塞紧，装饰时严禁抛掷和碰撞，长距离运输需装箱包装，每箱不超过 60 张。

2）堆放场地要平整、坚实，码垛堆放，堆高不超过 1.2m，严禁暴晒。

3）TK 板与龙骨固定时应钻孔，钻孔孔径应比螺钉孔径小 0.5～1.0mm，固定时应注意钉帽必须压入板面内 1～2mm。

4）板缝及钉帽处应用掺 108 胶的水泥浆或砂浆刮平，并用砂纸磨光。

3.6.8 乳胶漆饰面

厨卫间顶棚 TK 板吊顶，卧室、客厅墙面及顶棚，工作间顶棚，电梯厅墙面及顶棚，垃圾间顶棚，门厅墙面及顶棚，楼梯间、设备间、停车场、配电间、液压机房、煤气热水炉房等墙面及顶棚，均涂刷乳胶漆。

（1）施工准备

1）材料

涂料：按设计调腻子用料：滑石粉或福粉、石膏粉、羧甲基纤维素、聚醋酸乙烯乳液、108 胶。

颜料：各色有机或无机颜料。

2）作业条件

① 墙、柱表面应基本干燥，基层含水率不大于 8%。

② 过墙管道、洞口等处应提前抹灰找平。

③ 门窗安装完毕，地面施工完毕。

④ 环境温度保持在 5℃以上。

⑤ 做好样板间并申请鉴定。

（2）操作工艺

1）清理墙、柱、顶棚表面：首先将墙、柱顶棚表面起皮及松动处清理干净，将灰渣铲干净，然后将墙、柱顶棚表面扫净。

2）修补墙、柱、顶棚表面：修补前，先涂刷一遍用3倍水稀释后的108胶水；然后，用水石膏将墙、柱、顶棚表面的坑洞、缝隙补平，干燥后用砂纸将凸出处磨掉，将浮尘扫净。

3）刮腻子：遍数可由墙面平整度决定，一般为两遍，腻子以纤维素溶液、福粉，加少量108胶、光油和石膏粉拌合而成。第一遍用抹灰钢光匙横向满刮，一刮板紧接着一刮板，接头不得留槎，每刮一刮板最后收头要干净平顺。干燥后磨砂纸，将浮腻子及斑迹磨平磨光，再将墙柱、顶棚表面清扫干净。第二遍用抹灰钢光匙竖向满刮，所用材料及方法同第一遍腻子，干燥后用砂纸磨平并扫干净。

4）刷第一遍乳胶漆：乳胶漆在使用前要先用箩斗过滤。涂刷顺序是先刷顶板后刷墙柱面，墙柱面是先上后下。乳胶漆用排笔涂刷。使用新排笔时，将活动的排笔毛拔掉。乳胶漆使用前应搅拌均匀，适当加水稀释，防止头遍漆刷不开。由于乳胶漆漆膜干燥较快，因此应连续迅速操作。涂刷时，从一头开始，逐渐向另一头推进，要上下顺刷，互相衔接，后一排笔紧接前一排笔，避免出现干燥后接头。待第一遍乳胶漆干燥后，复补腻子，腻子干燥后用砂纸磨光，清扫干净。

5）刷第二遍乳胶漆：第二遍乳胶漆操作要求同第一遍。使用前要充分搅拌，如不很稠，不宜加水或少加水，以防露底。

（3）施工注意事项

避免工程质量通病：

① 透底：产生原因是涂层薄，因此，刷乳胶漆时除应注意不漏刷外，还应保持乳胶漆的稠度，不可加水过多。有时磨砂纸时，磨穿腻子可能会出现透底现象。

② 接槎明显：涂刷时要上下顺刷，后一排笔紧接前一排笔，若间隔时间稍长，就容易看出接头，因此，大面积涂刷时，应配足人员，互相衔接。

③ 刷纹明显：乳胶漆稠度要适中，排笔蘸漆量要适当，多理多顺，防止刷纹过大。

④ 刷分色线时，施工前认真画好粉线，用力均匀，起落要轻，排笔蘸漆量要适当，从上至下或从至右刷。

⑤ 涂刷带颜色的乳胶漆时，配料要合适，保证独立面每遍用同一批涂料，并且一次用完，保证颜色一致。

（4）产品保护

1）墙、柱、顶棚表面的乳胶漆未干前，室内不得清扫地面，以免尘土沾污墙、柱、顶棚面，干燥后也不得往墙柱面泼水，以免沾污。

2）墙柱、顶棚面涂刷完乳胶漆后，要妥善保护，不得碰撞。

3）涂刷墙柱、顶棚面时，不得沾污地面、门窗、玻璃等已完的工程。

3.6.9　质量保证措施

（1）严格把关各种装饰原材料的质量，在材料进场前，应组织有关部门对原材料分供方进行考虑，建立合格分供方记录，并从中选择有实力、质量较好的材料分供方，材料进场应提供产品合格证。并经项目材料、技术、质量和监理认可后，方可使用，严禁采购劣质和未经业主、监理许可的装饰材料，只有确保原材料合格，才能确保工程质量。

(2) 原材料进场后，应按规范、规定要求，对原材料进行取样、试验，合格后方可使用，否则应予以退货。

(3) 严把技术关，对各分项工程，技术部门都要根据设计、规范、施工工艺要求，制定详细的技术交底方案，包括质量标准、施工过程质量控制等，而在具体实施过程中，应对各工序进行检查，特别是关键工序、细部处理等部位。

(4) 严把质量监督，成立 QC 小组，对各分项工程进行循环质量检查，发现问题及时处理。

3.6.10 分项工程施工质量注意事项

(1) 木门安装

1) 有贴脸的门窗框安装后与抹灰面不平，主要因为立框时没掌握好抹灰层的厚度。

2) 门窗框与门窗洞缝隙过大或过小：因为安装门窗框时事先没有量一下洞口尺寸，计算缝隙宽度，安装时心中无数。可以在安装时以缝隙、标高及水平线来调整，使其满足各要求，混水墙如果洞口尺寸小，可以把砖墙剔掉一部分再安装；清水墙不允许剔凿，偏差在 2cm 以内的，把框的两根立梃各修掉一部分再安装；超出 2cm 的，可把框、扇同时分匀改小。

(2) 门窗框安装

1) 由于预埋的木砖数量少，将木砖碰松或木砖不牢。砌墙时直接砌木砖，干后木砖收缩，应在向砌体面钉上钉子，增加摩擦部分。为保证门窗框安装牢固要求，木砖的设置一定要满足数量和间距要求。2m 以内高的门窗框每边不少于 3 块木砖，木砖间距应在 0.8～0.9m 为宜；2m 高以上门窗框，每边木砖间距不得大于 1.2m。

钉子伸入木砖及砌体深度不够，固定不牢，为满足门窗框安装牢固，钉子进入木砖或砌体内应有 40～50mm。

2) 合页铰槽不平，螺钉松动，螺钉倾斜，缺少螺钉；合页铰槽深浅不一，安装时螺钉钉入太长，或倾斜拧入。因此，合页铰槽应深浅一致，安装螺钉严禁一次钉入，钉入深度不得超过螺钉长度 1/3，拧入深度不得小于 2/3，拧时不得倾斜；安装时如遇木节，应在木节上钻眼，重新塞入木塞处理后再拧螺钉；同时，应注意拧足螺钉数。

(3) 塑钢门窗安装

1) 门窗框固定不好，水平度、垂直度、对角线长度等误差超标，门窗框起鼓变形。门窗框临时固定后，在填塞与墙体缝隙时，注意不要使门窗框移位倾斜变形，应待门窗框安装固定牢固后，再除掉定位木楔或其他器具。

2) 塑钢门窗表面腐蚀变色。施工时严格做好产品保护，及时补封破损掉落的保护胶纸和薄膜，并及时清除溅落在塑钢门窗表面的灰浆污物。

3) 门窗扇玻璃密封条脱落。玻璃厚度与扇梃镶嵌槽及密封条的尺寸配合要符合国家标准及设计要求，安装密封条时应有伸缩余量。

4) 门窗表面划痕。使用工具清理门窗表面时不得划伤、割伤型材表面。

5) 外观不整洁。门窗表面胶污尘迹应用专门溶剂或洁净的水及棉纱清洗掉，填嵌密封胶时，多余的胶痕要及时清理掉，确保完工的铝门窗表面整洁、美观。

(4) 抹灰

1) 门窗洞口、墙面、踢脚板、墙裙上等抹灰空鼓、裂缝，其主要原因有如下几点。

① 门窗框两边塞灰不平、不严，墙体预埋木砖间距过大或木砖松动，经门窗开关振动，在门窗框周边处产生空鼓、裂缝。应重视门窗框塞缝工作，设专人负责堵塞实。

② 基层清理不干净或处理不当，墙面浇水不透，抹灰后，砂浆中的水分很快被基层（或底灰）吸收，应认真清理和提前浇水。

③ 基底偏差较大，一次抹灰过厚，干缩率较大。应分层找平，每遍厚度宜为7～9mm。

④ 配制砂浆和原材料质量不好或使用不当，应根据不同基层配制所需要的砂浆，同时要加强对原材料的使用管理工作。

2) 抹灰面层起泡，有抹纹、开花（爆灰）。主要原因有如下几点：

① 抹完面层灰后，灰浆还未收水就压光，因而出现起泡现象。基层混凝土时较为常见。

② 底灰过分干燥，又没有浇透水，抹面层灰后，水分很快被底层吸去，因而来不及压光，故残留抹纹。

③ 淋制石砂膏时，对过大灰颗粒及杂质没有过滤好，灰膏熟化时间短。抹灰后，继续吸收水分熟化，体积膨胀，造成抹灰面出现开花（爆灰）现象。

3) 抹灰表面不平，阴阳角不垂直、不方正。主要是抹灰前吊线坠，套方以及打砂浆、冲筋不认真，或冲筋后间隔时间过短或过长，造成冲筋被损坏，表面不平；冲筋与抹灰层收缩不同，因而产生高低不平，阴阳角不垂直、不方正。

① 门窗洞口、墙面、踢脚板、墙裙等面灰接槎明显或颜色不一致。主要是操作时随意留施工缝造成。留施工缝应尽量在分格条、阴角处或门窗框边位置。

② 踢脚板、水泥墙裙和窗台板上口出墙厚度不一致、上口毛刺和口角不方等。主要是操作不细，墙面抹灰时下部接近踢脚板等处不平整，凹凸偏差大或踢脚板等施工时没有拉线找直，抹完后又不反尺把上口赶平、压光。

③ 管道后抹灰不平。主要是工作不认真细致，没有分层找平、压光。

(5) 细石混凝土地坪

1) 起砂、起泡

其原因有：水泥质量不好（过期或受潮致使强度降低），水泥砂浆搅拌不均匀，砂子过细或含泥量过大，水灰比过大，压光遍数不够及压光过早或过迟，养护不当等。因此，原材料一定要经试验合格才可使用；严格控制水灰比，用于地面面层的细石混凝土坍落度不宜大于3.5cm；掌握好面层的压光时间。水泥地面的压光一般不应少于三遍。第一遍随铺随进行，第二遍压光应在初凝后终凝前完成，第三遍主要是消除抹痕和闭塞细毛孔，亦切忌在水泥终凝后进行，连续养护时间不应少于7d。

2) 面层空鼓（起壳）

其原因有：砂子粒度过细，水灰比过大，基层清理不干净，基层表面不够湿润或表面积水，未做到素水泥浆随扫随做面层砂浆。因此，在施工前应严格处理好底层（清洁、平整、湿润），重视原材料质量，素水泥浆应与铺设面层紧密配合，严格做好随刷随铺。

(6) 墙面砖

1) 空鼓：基层清理不够干净；抹底子灰时，基层没有保持湿润；面砖铺贴前没有事先浸泡或底子灰面没有保持湿润；面砖背抹水泥不够均匀或量不足；砂浆配合比不准，稠度控制不好，砂浆中含砂量过大，以及粘贴砂浆不饱满，面砖勾缝不严密、均匀也可引起空鼓。

2) 墙面脏：主要因为铺贴完成后，没有及时将墙面清洗干净，贴砖用水泥膏粘着压面，以及擦缝时没有将多余白水泥浆彻底清除干净。此时，可用棉纱蘸稀盐酸加20%水刷洗，然后用清水冲净即可。

(7) 地砖

1) 面料与基层空鼓：主要是由于基层清理不够干净，不够湿润；水泥浆涂刷不均匀或结合层完成后放置时间过久，铺贴块料时没有洒水湿润；地砖铺贴前没有浸水湿润或用毛刷蘸水刷去表面尘土；水泥膏抹涂不均匀等。

2) 错缝：面料尺寸规格不一，事前没有认真挑选分类使用；铺贴时没有认真严格按挂线标准及对好缝子。

3) 相邻两板高低不平（剪口大）：由于块料本身不平正；铺贴操作不当；铺贴后过早上人行走踩踏或堆物品（有时还出现松动现象）。

(8) 花岗石

1) 石板块与基层空鼓：主要由于基层清理不干净；没有足够水分湿润；结合层砂浆过薄（砂浆虚铺厚度一般不宜少于25～30mm，块料坐实后不宜少于20mm)；结合层砂浆不饱满以及水灰比过大等。

2) 墙边出现大小头（老鼠尾）：由于房间间隔净尺寸不方正（不过曲）；铺贴时没有准确掌握板缝，以及选料尺寸控制不够严格。

3) 相邻两板高低不平（剪口大）：由于板块本身不平；铺贴时操作不当；铺贴后过早上人踩踏等（有时还出现板块松动现象），一般铺贴后2d内严禁上人踩踏。

(9) 乳胶漆

1) 透底：产生原因是涂层薄，因此，刷乳胶漆时除应注意不漏刷外，还应保持乳胶漆的稠度，不可加水过多。有时磨砂纸时磨穿腻子可能会出现透底。

2) 接槎明显：涂刷时要上下顺刷，后一排笔紧接前一排笔，若间隔时间稍长，就容易看出接头，因此，大面积涂刷时，应配足人员，互相衔接。

3) 刷纹明显：乳胶漆稠度要适中，排笔蘸漆量要适当，多理多顺，防止刷纹过大。

4) 刷分色线时，施工前认真画好粉线，用力均匀，起落要轻，排笔蘸漆量要适当，从上至下或从左至右刷。

5) 涂刷带颜色的乳胶漆时，配料要合适，保证独立面每遍用同一批涂料，并且一次用完，保证颜色一致。

3.6.11 安全文明施工与成品保护

(1) 抹灰工程

1) 安全技术措施

① 室内抹灰时使用的木凳、金属脚手架等架设应平稳牢固，脚手板跨度不得大于

2m，架上堆放材料不得过于集中，在同一跨度的脚手板内不应超过两人同时作业。

② 不准在门窗、洗脸池等器物上搭设脚手板。阳台部位粉刷，外侧没有脚手架时，必须搭护栏、挂设安全网。

③ 使用砂浆搅拌机搅拌砂浆，往拌筒内投料时，拌叶转动时不得用脚踩或用铁铲、木棒等工具拨刮筒口的砂浆或材料。

④ 机械喷灰喷涂应戴防护用品，压力表、安全阀应灵敏可靠、输浆管各部接口应拧紧卡牢。管路摆放顺直，避免折弯。

⑤ 输浆应严格按照规定压力进行，超压和管道堵塞，应卸压检修。

2）产品保护

① 推小车或搬运物料时，要注意不要碰撞墙角、门框等。压尺和铁铲等工具不要靠在刚完成的墙面抹灰层上。

② 拆除脚手架时，要注意轻拆轻放，不要撞坏门窗和墙面。

③ 要保护好墙上已安装的配件、窗帘钩（罩）、电线槽盒等室内设施，对被砂浆粘上、污染的要及时清刷干净。

④ 抹灰层凝结硬化前应防止水冲、撞击、振动和挤压。

⑤ 要保护好地漏、排水管等处不被堵塞。

⑥ 粘在门窗框上的砂浆应及时清理干净。

（2）墙面砖

1）安全技术措施

① 使用脚手架，应先检查是否牢靠。护身栏、挡脚板、平桥板是否齐全可靠，发现问题应及时修整好，才能在上面操作；脚手架上放置料具要注意分散并放平稳，不许超过规定荷载，严禁随意向下抛掷杂物。

② 在黑暗处作业及夜班施工时，应使用 36V 低压行灯照明。

③ 使用钢井架作垂直运输时，应联系好上落信号，吊笼平层稳定后才能进行装卸作业。

2）产品保护

① 门窗框上粘着的砂浆要及时清理干净。

② 拆架子时不要碰撞墙柱面的粉刷饰面。

③ 对沾污的墙柱面要及时清理干净。

④ 搭铺平桥板严禁直接压在门窗框上，应在窗台适当位置垫放木方（板），将平桥架离门窗框。

⑤ 搬运料具时，要注意不得碰撞已完成的设备、管线、埋件、门窗框及已完成粉刷饰面的墙柱面。

（3）细石混凝土地坪

1）安全技术措施

① 清理楼面时，禁止从窗口、留洞口和阳台等处直接向外抛扔垃圾、杂物。

② 剔凿地面时要带防护眼镜。

③ 夜间施工或在光线不足的地方施工时，应采用 36V 低压照明设备，地下室照明用电不超过 12V。

④ 非机电人员不准乱动机电设备。

⑤ 用卷扬机井架（上落笼）作垂直运输时，要注意联络信号，待吊笼平层稳定后再进行装卸操作。

⑥ 室内手推车拐弯时，要注意防止车把挤手。

2）产品保护

① 推手推车时，不许碰撞门口立边、栏杆及墙柱饰面，门框要适当包薄钢板保护，以防手推车轴头碰撞门框。

② 施工时不得碰撞水暖立管等。

③ 施工时保护好地漏、出水口等部位，安放临时堵头，以防灌入浆液、杂物造成堵塞。

④ 沾污的墙柱面、门窗框、设备立管线要及时清理干净。

⑤ 养护期内（一般宜不少于 7d），严禁在饰面推车，放重物及随意踩踏。

（4）地砖

1）安全技术措施

① 清理地面时，不得从窗口、阳台、留洞口等处往下抛掷淤泥杂物。

② 使用钢井架作垂直运输时，要联系好一下信号，吊笼（上落笼）要平层稳定后，才能进行装卸作业。

③ 夜班和在黑暗处施工时，要使用 36V 低压灯照明。

④ 使用手提电动机，要经试运转合格，并装好漏电掉闸开关及装好安全接地，操作者必须戴好防护眼镜及绝缘胶手套。

2）产品保护

① 调整、擦缝的操作人员，要穿软底鞋，踩踏面料时要垫上平整木板。

② 完成后的地面，2d 内严禁上人行走及堆放物品，表面要覆盖保护（可撒锯末）。

③ 运料具时，不要碰坏墙柱饰面、栏杆及门框，门框在适当高度位置要设置薄钢板夹保护，以防手推车轴头碰坏门框。

④ 施工时不得碰坏各种水电管线及埋件。

⑤ 施工时如有污染墙柱面、门窗、立线管及设备等，应及时清理干净。

（5）花岗石

1）安全技术措施

① 装卸石板块时，要轻拿轻放，防止挤手（夹手）或砸脚。

② 使用手提电动机时，要经试运转合格，并装漏电掉闸开关及可靠接地装置，操作者必须要佩戴保护眼镜及绝缘胶手套。

③ 使用钢井架作垂直运输时，应联系好一下信号，要待吊笼平层稳定后才能进行装卸作业。

④ 清理地面时，不得从窗口、阳台、留洞口等向下抛卸泥头杂物。

2）产品保护

① 石板块存放，不得淋雨、水泡及长期日晒，一般采取立放，光面相对，板底应用木方垫托；运输时应轻拿轻放。

② 试铺、调校及擦缝的操作人员，要穿软底鞋，并只能轻踏木板操作。

③ 完成后的地面，2d 内严禁上人行走及堆放物件，其表面要覆盖保护（如撒锯末、

盖席子、草帘、塑料编织布、油毡）。

④ 完成后的地面，当水泥砂浆结合层强度达到60%～70%后，才允许进行局部研磨（如磨剪口）。

⑤ 运输料具时，不要碰坏各种水电管线及预埋件。

⑥ 施工时，不得碰撞、损坏各种水泥管线及预埋件。

⑦ 施工时，如有污染墙柱面、门面、线管及设备等，应及时清理干净。

（6）乳胶漆

① 墙柱表面的乳胶漆未干前，室内不得清扫地面，以免尘土沾污墙柱面，干燥后也不得往墙柱面泼水，以免沾污。

② 墙柱、顶棚面涂刷完乳胶漆后，要妥善保护，不得碰撞。

③ 涂刷墙柱、顶棚面时，不得沾污地面、门窗、玻璃等已完的工程。

项目部应制定严格的质量管理制度和质量奖惩制度。

（7）精装饰工程的施工质量注意事项

1)～7) 见3.6.10的（1)～(7)。

8）水电安装工程

本工程的水电预埋管均为聚氯乙烯PVC管，所有管线为暗敷，精装饰时要安装好所有的电线盒、灯具、卫生间设备、厨房设备、通风空调等。本工程的空调为全进口大金VRV家庭中央空调，每户一个室外主机，全部放在屋面平台上，室内主机放在走道和卫生间的吊顶里，冰箱、洗衣机、洗碗机、干衣机、消毒柜等家用电器一应俱全。本工程在消防管的施工中，首次采用了卡箍连接取代常用的焊接连接，节约了工期和人工，取得较好的技术效益。

3.7 水电安装工程

本工程的水电管均为聚氯乙烯PVC管，所有管线为暗敷，水电的主要安装方法为：

3.7.1 电气配管穿线

（1）工艺流程：定位→放线→下料敷设→浇混凝土养护→穿铅丝→配线。

（2）施工方法：管线的铺设应在模板支板的底层筋扎好后进行，模板支好后要及时在模板上标出各用电器的位置，以便准确布管，对开关、插座的预留洞要按照楼层标高进行控制，不得出现高低不一致、影响工程质量的情况发生，穿插时要按照规定要求准确接线，不能出现混穿乱穿接现象。

3.7.2 灯具插座安装

（1）工程工艺流程：检查安装→组装→安装→试通电。

（2）施工方法：灯具开关、插座安装前要仔细检查型号、规格，确保无误。灯具安装好后测试绝缘电阻。

3.7.3 给水排水管道

（1）根据设计要求，部分给水管要埋在楼板中，管应从管道井中穿过，管道安装时要横平竖直，管道卡的间距、规格等应符合规范要求，管道接头的处理要可靠，不得有渗水现象。

（2）卫生洁具的安装

1）工艺流程：安装准备→卫生器具及配件检查→洁具安装→配件预装→洁

具——→洁具外观检索——→通水试验。

2）质量要求：坐便器与低水箱中心要对正，安装稳固，洗脸盆安装美观、牢固，尺寸偏差在允许范围内，浴盆安装要求平、表面光洁，排水安装要符合规范。

4 质量、安全、环保技术措施

4.1 质量管理

4.1.1 明确创优目标、建立健全质量体系

工程伊始，公司就根据本工程较好的外部条件，将该工程的质量目标定为创上海市"白玉兰小区"（市优质工程奖）工程。为了实现创优目标，专门成立了网球俱乐部项目创优领导小组，并从工程开始就实行全过程控制。

建立工程质量委员会，项目经理任主任，项目总工程师任副主任，由技术、质量、材料等部门负责人为成员，组织质量管理工作，处理重大事故，质检科长享有否决权，项目配有专职质检员，组织班级自检网，开展全面质量工作。

4.1.2 落实创优措施

（1）组建了强有力的创优项目班子

为了确保创优目标的实现，领导重视，组建了强有力的项目创优班子，干群团结，目标明确，围绕创"白玉兰小区"优质工程，精心组织，合理安排，采用先进施工技术，提高工程质量，进行全面质量管理。并配备了管理能力强、专业知识丰富的各类工程管理人员 40 余人。确保整体工程质量优良。

（2）选择了技术过硬的施工队伍

经过公司有关领导和项目部的慎重研究和考核，选择了与我们长期合作的分包劳务队伍中最优秀的两支合格队伍。

（3）制定并严格的技术保证措施

为指导施工，保证创优目标的实现，我们按照 ISO 9002 质量保证体系要求，编制了质量保证计划书。在技术上采取了如下措施：

1）在开工前，认真编制施工组织设计，组织有关工程技术人员认真阅读、熟悉图纸，并熟悉相应的有关规范、标准和规定，严格组织图纸会审，将图纸上的疑难问题和设计问题消除在施工之前。

2）编制详细有效的质量保证计划，分部分项工程施工前，认真编制分部分项的具体施工方案，并组织学习交流，使施工管理人员和基层操作人员熟悉、掌握这些分部分项的施工工艺和技术难点，在施工过程中严格按照施工方案要求进行过程控制检查工作。

3）对施工过程质量进行严格控制。特殊过程、关键过程和细部处理难点、易产生问题的部位进行重点监控，编制专门的施工方案并制定周密的预防措施，建立 PDCA 循环检查小组，在实施过程中，严格检查各工序质量。

4）对成品保护的控制。为了保证创优目标的实现，制定了严格的成品保护，按计划随工序完成，逐步展开防护措施。强化成品保护意识，对已完工的重点分部分项工程和部

位采取挂、护、盖、封等保护措施，并派专人值班看管。做墙面涂料时，地面采用彩条遮盖，水泥踢脚线上口及侧面用5mm宽的胶带纸遮盖，楼梯从上到下全部采用木板保护，以防硬物碰撞，尤其注意不要碰到棱角。

4.1.3　严格过程控制

(1) 对斜坡屋面结构混凝土的施工技术措施

1) 严格混凝土分段浇筑，每段间用模板隔挡，并严格控制振捣时间。

2) 将每根柱筋逐根配料后捆在一起，并加以标识，防止标高变化引起柱筋绑扎错乱；同时，在模板支架搭设时，通过拉线进行标高控制。

(2) 舒布洛克墙体的砌筑施工

网球俱乐部公寓楼外墙填充墙全部采用舒布洛克空心砌块砌筑成中心留有6cm宽空腔的双层复合墙体，对该种砌块墙体施工尚属首次应用，无论是对材料性能的了解认识，还是对该种墙体的组砌、拉接、芯柱设置、批水板铺设等构造要求都是首次。针对这一技术难点，我们采取了如下措施：

1) 了解材料性能，熟悉构造节点：在正式施工前，请专业生产厂家有关专业技术人员到现场进行讲解，使现场施工技术管理人员和操作人员对原材料及节点的构造有一定的理性认识，为正确砌筑打下基础。

2) 样板开路：在正式施工前请厂家专业技术人员指导样板墙砌筑，使施工操作人员在组砌中了解熟悉施工工艺，并对各节点构造有一定的感性认识和提高。

3) 委派专业技术人员对各道墙进行组砌放样并进行严格的过程节点监控检查。

(3) 彩色ABA外墙腻子花纹粉饰

网球俱乐部公寓楼外墙全部采用彩色ABA外墙专用腻子粉刷，对于该种新型材料尚属首次使用，而表面色差控制和鱼鳞状的花纹粉刷给施工带来极大的困难。针对这一问题我们采取了如下技术措施：

1) 熟悉了解该种外墙腻子原材料性能和施工技术要求，在充分了解材料性能的基础上，进行施工。

2) 样板开路：请专业技术人员现场指导样板施工，使操作人员了解熟悉操作工艺。

3) 配置专用的腻子搅拌器和计量加水桶，并派专人计量。

(4) 斜坡屋面筒瓦施工

本工程斜坡屋面均采用三元乙丙橡胶卷材进行防水，并在其上铺贴筒瓦，其防滑固定施工难度较大。针对这一问题，我们在征得设计和监理同意的前提下，在防水卷材施工后的斜坡屋面上采用直立短筋方式固定筒瓦粘贴用钢筋网片，网片铺在粘贴筒瓦的砂浆中，并用铜丝将筒瓦和网片固定牢固。

(5) 外门窗变形及渗漏预防

网球俱乐部公寓楼外墙全部采用搁栅式木门窗安装，其防水要求高，且易产生变形。为此，我们采取了如下措施：

1) 防止木料的变形其重点是控制木材的含水量。根据上海地区的情况，我们要求供应商在加工前，将含水量控制在11%～13%。

2) 预埋框同墙体的接缝采用泡沫填缝剂进行填缝处理，该填缝剂有高效膨胀性。

3) 预埋框和正式框之间的防水主要通过两道硅胶来处理，第一道设在预埋框和正式框的接缝处，第二道设在门贴脸和门框处，通过两道防水硅胶处理后，封闭了雨水渗入的通道。

4）在扇与框以及门的下冒头同下槛之间安装橡胶止水条，在内开外门扇的下冒头上加钉止水板及门槛上开导流孔，有效地杜绝了渗漏现象的发生。

4.2 安全技术措施

1）加强安全教育，增强职工的安全意识，增强职工的自我保护能力。

2）建立安全管理制度，成立以项目经理为首，由专职安全员和各主管工长参加的安全领导小组，负责施工现场的安全工作，解决安全设施，处理安全事故。

3）落实安全生产小组，实施项目经理负责制，坚持管生产必须管安全的原则，把安全检查制度贯穿于生产的全过程。

4）强化安全检查制度，现场设立专职安全员，班组设立兼职安全员，监督指导，现场的安全工作，凡安全检查中看出的安全问题，均应迅速组织力量进行整改。

5）正确使用安全“三宝”，加强“四口”、“五临边”的设施。

6）严格安全用电制度，执行“三相五线制”“一机、一闸、一漏电保护措施”，配电箱接地接零必须加锁，照明使用低压电源。

7）现场禁止使用明火，木工棚、仓库内禁止吸烟、烧电炉。

8）对易燃易爆物品应严加管理，氧气和乙炔应分开放置在室外专搭设的棚子内。

9）施工现场设立了环形消防车道，根据施工总平面图放置了合适的消防用具，成立义务消防队负责消防工作。

10）编制了各主要分部分项工程安全技术措施，并做好交底工作。

4.3 环保技术措施

1）成立以项目、书记为首的文明施工领导小组，加强对文明施工的管理，明确目标，责任到人，达到市级模范化工地。

2）在施工现场大门入口处书写工程简况牌和绘制施工总平布置图。在塔吊上，外用电梯入口处和其他主要通道上，悬挂安全生产、文明施工的宣传标语和安全生产警示牌，建筑物主体上有醒目的安全生产、文明施工的宣传牌。

3）现场材料，包括架设材料、模板等按施工总平面图堆放，并及时清理，做到工完场清，道路畅通，无积水。

4）定期组织场容检查，每周检查一次，发现问题，限期整改，达到文明施工要求。

5）利用对讲机，解决高空与地面上远距离的联系。

6）在施工现场设有厕所和浴室，饮水就餐用具由后勤部门负责消毒。

7）楼层施工采用了全封闭式脚手架，密目安全网，避免了建筑垃圾和灰尘污染环境的现象。

5 经济效益分析

上海网球俱乐部公寓楼工程为中建四局科技示范工程，在工程施工当中，结合本工程特点，我们推广运用了全站仪定位、深基坑支护、深层搅拌桩地基处理、轻型井点降水、粗钢筋竖向钢筋电渣压力焊，泵送商品混凝土、无粘结预应力施工技术、早拆模板施工技术、舒布洛克新型砌体运用、粉煤灰综合应用、三元乙丙橡胶卷材新型防水材料与 UP-VC 硬塑料管应用、ABA 外墙批嵌腻子应用，现代管理与计算机技术应用等十余项新材料、新技术、新工艺。通过这些新材料、新技术、新工艺的运用，不仅提高了产品质量，降低了工程成本，加快了施工进度，共取得了 201 万元的科技效益，科技进步效益率达到 1.75%。

5.1 新技术、新工艺、新材料的运用

5.1.1 总体平图定位

本工程共包括 13 栋公寓楼和其他一些配套建筑，其分布范围广，而其朝向又各不相同，总体平面定位要求精度高，速度要求快，针对本工程的这些特点和要求，我们采用了全站仪进行定位。

5.1.2 地基处理

本工程地基第④层土为轻微液化层，为满足抗震要求，对工程地基采用了深层搅拌桩进行地基处理，处理后不但满足了抗震要求，且提高了原土地基的承载力，确保了工程沉降量符合规定要求。

5.1.3 深基坑支护

本工程配套地下变电站埋深 5m 多，且离已建公寓楼较近，为防止临近公寓楼因变电站基础施工而产生位移，我们采用了拉森钢板进行基坑支护边坡，并采用压密注浆的方式进行基坑围护止水，确保了地下变电站的正常顺利施工。

5.1.4 竖向电渣压焊焊接技术

网球公寓楼为现浇钢筋框架结构，柱中竖向粗钢筋均采用电渣力焊焊接，采用该种技术施工速度快，质量好，成本低，节约钢筋 107.021t。

5.1.5 早拆模板施工技术

本工程公寓楼施工实行同步作业，为减少模板投入，我们采用了早拆模施工技术进行模板施工、采用该种施工技术，不但确保了工程进度，而且节约了木材 637.66m^3。

5.1.6 无粘结预应力施工技术应用

为了便于房间自由分隔，加大各楼层的房屋净高，本公寓楼现浇板配置了无粘结预应力钢绞线，满足了业主的各种要求。

5.1.7 外墙舒布洛克复合墙体施工技术

网球公寓框架结构外墙填充墙均采用舒布洛克砌块砌筑双层复合外墙，采用该种复合墙体施工节点复杂，防水保温性能好，并能减少墙体荷载。

5.1.8 屋面新型防水材料运用

本工程平屋面均采用三元乙丙防水卷材施工，并在斜屋面配以彩色筒瓦装饰，既确保了屋面防水又能满足整个建筑外观效果。

5.2 工程成果

上海网球俱乐部公寓楼竣工交付使用后，其设计水平和施工质量受到了业主和社会各

界的认可和称赞，认为是符合时代潮流的环保建筑和绿色建筑，被上海市科委评为设计先进项目。该工程单体及总体配套全部优良，11、12号楼为1999年闵行区优质结构。在第二届上海市优秀住宅评选中获“优秀规划设计奖”、“住宅小区生态环境奖”、“住宅科技奖”。整个工程先后获得2000年上海市建筑工程“浦江杯”、“白玉兰”奖，2001年获“中建总公司优质工程金奖”。

第十三篇

重庆龙湖·水晶郦城二期工程 K7 区施工组织设计

编制单位：中建五局第三建筑安装公司
编 制 人：胡沅华　杨天齐　林一　董云
审 核 人：栗元甲

［简介］ 龙湖·水晶郦城二期工程是一片功能较为全面的住宅小区，总建筑面积约 14 万 m^2。本工程基础形式多样，住宅楼基础一般为挖孔桩基；电梯井为筏形基础；此外还有独立柱基、条基等。车库为现浇框架剪力墙结构，因为单层面积大，车库部位设有多道后浇带。本工程施工的最大难点在于地下车库的施工：地下车库占地面积大、埋地深度大，基础施工阶段恰逢雨期，周边渗透水量特别大，故如何组织好车库的基础施工是本工程的重点之一；车库楼面标高变化多、层高大是车库施工的又一重点；车库挡墙后浇带多，施工缝多，自然条件恶劣，车库挡墙防水施工是本工程的难点；4-4、4-5 基础回填层较厚，最深达 18m，加之基底基岩面高差变化大，挖孔桩深度为 18～27m，4-4、4-5 的挖孔桩施工是本工程的又一难点；本工程外部造型奇特、拐点多，增加了外墙装饰的施工难度；本工程施工单体项目多、专业施工队伍多、交叉施工多，抓好各作业队伍的协调配合工作是本工程施工组织的重点。

目　录

1 工程概况

1.1 工程建设概况（表 1-1）

工程建设概况 表 1-1

工程名称	龙湖·水晶郦城二期工程 K7 区	工程地址	重庆北部新区高新区新南路 168 号
建设单位	重庆佳辰经济发展有限公司	勘察单位	重庆川东南地勘院
设计单位	重庆市设计院	监理单位	重庆联盛建设项目管理有限公司
质量监督部门	重庆高新区质量监督站	总包单位	中国建筑第五工程局第三建筑安装公司
总投资额	2.5 亿元	合同工期	540d
合同要求质量	重庆市优质结构工程	合同额	1.3 亿元

1.2 工程设计概况

1.2.1 建筑设计概况

(1) 建筑总概况

龙湖·水晶郦城二期工程分别由 K7 区、K8 区、K11 区三大地块组成。本次施工区段 K7 区是一片功能较为全面的住宅小区，由 2 栋 18 层住宅、4 栋 31 层住宅、沿街低层商铺、幼儿园、会所、物管用房及地下车库等工程组成，总建筑面积约 14 万 m^2。

(2) 单位工程建筑设计概况

地下车库 3 层，占地面积约 1 万 m^2，上部结构沿街局部两层商铺。地下车库根据地势情况分为东西两个区域，东侧区域地势低，建筑标识为负三层、负二层，负二层层高较高，与西侧负一层顶板平齐；西侧区域建筑标识为负二层、负一层。

六栋高层住宅楼分别编号为：4-1、4-2、4-3、4-4、4-5、4-6。4-1、4-6 为两栋 18 层 H 形，其他四栋为 31 层 X 形。其中 4-2 栋坐落于车库中部，底部两层与地下室连为一体；4-1 栋南侧与车库相连，其他各栋均相对独立。

本工程装饰装修工程较简单：主要为外墙面砖饰面，大堂、电梯前室及公用走道地砖面层，电梯前室玻化砖墙面，电梯前室矿棉板吊顶；其他楼地面均为细石混凝土面层，室内墙面、顶棚内抹灰刮腻子（除厨、卫）两遍。

建筑屋面：除车库屋面外，其他均为保温隔热屋面；防水等级均为Ⅱ级防水，设一道聚氨酯涂膜防水层、一道 SBS 卷材防水层、一道刚性防水层；隔热层除幼儿园为挤塑聚苯板作隔热层外，其余屋面隔热层均为水泥膨胀珍珠岩。

1.2.2 结构设计概况

1) 根据地质状况差异本工程基础形式多样，住宅楼基础一般为挖孔桩基；电梯井为筏形基础；此外还有独立柱基、条基等。

2) 车库为现浇框架-剪力墙结构，因为单层面积大，车库部位设有多道后浇带。住宅楼均为剪力墙结构，19 层建筑物剪力墙结构抗震等级为四级，短肢剪力墙为三级；31 层建筑物剪力墙结构抗震等级为三级，短肢剪力墙为二级。

主体结构混凝土强度等级主要有 C40、C35、C30 三个级别。

1.2.3 建筑设备安装概况（表 1-2）

设备安装概况 表 1-2

给水	冷水	使用 *DN*20、*DN*25、*DN*80 等型号的钢型管	排水	污水	采用 *DN*100 的 PVC-U 管和直径为 300 等型号的双壁波纹管
	热水	无		雨水	采用 *DN*100 的 PVC-U 管和直径为 300 等型号的双壁波纹管
强电	消防	采用 *DN*100、*DN*150 的焊接钢管	弱电	电视	电缆、分配器、接线盒
	高压	柴油发电机、高压配电柜、变压器、开关柜		电话	电话光缆、机柜、金属线槽
	低压	低压开关柜、配电箱、灯具、应急灯具		安全监控	摄像机、显示设备、主机
	防雷	采用 25×4 热镀锌扁钢在女儿墙明敷设作避雷带		楼宇监控	红外探头，可视对讲系统
	接地	利用圈梁钢筋作接地网		综合布线	电缆、交换机、信息箱
通风、空调					
消防系统	火灾报警系统	探测器、手动报警按钮、消防对讲电话			
	自动喷淋系统	稳压泵，湿式报警阀，安全信号阀门			
	消防栓系统	消防栓加压泵、消防栓按钮			
	防（排）烟系统	排烟风机、防火卷帘门			
	气体灭火系统	CO_2 气体灭火装置			

1.2.4 辅助、附属工程

其他辅助、附属工程包括：大门、值班室、会所、更衣室、游泳池、物管房及接待中心等。

1.3 水文地质情况

1.3.1 K7 区原始地貌

整个 K7 区原始地貌中间为一独立的丘瘠，四周为洼地，根据地勘资料分析，各栋单体基础地质状况大体如下：

1）4-1 基岩面较高，一般在大开挖完成后即为中风化泥岩层，岩层完整。

2）4-2 局部基岩面埋深约为 4m，基岩面上为粉质黏土层、强风化层；其他部位大开挖完成一般已现持力层。

3）地下车库部位除西侧车道处有约 3m 深的黏土层外，其他部位基础大开挖完成后一般已现中风化泥岩层。

4）4-3 基岩面由北向南呈下坡状，北侧地表已现中风化泥岩，南侧基岩面埋深达 10m 左右，土层由上而下分别为回填层、粉质黏土层、泥岩层。

5）4-4 基岩面由南往北呈下坡状，建筑物南侧局部已现基岩，北侧基岩面埋深达 15m，基岩面高差变化较大。基底土质由上而下一般情况下为：素填土、粉质黏土、强风化泥岩、中风化泥岩。

6）4-4 不利地质状况：根据地勘资料了解，正北面地勘报告 XK54 位置，泥岩、砂岩交错分层，每一个分层厚度 2～4m，挖孔桩深度达 20m；其北侧为原有冲沟，冲沟水位较高。

7）4-5 地质状况与 4-4 相似，基岩面埋深 2～18m，土层分布由上而下分别为：杂填土、粉质黏土、泥岩、砂岩。

a. 不利地质状况一：正北侧基础基岩分布（由上而下）为 5m 厚中风化泥岩、3m 厚中风化砂岩，最下部为中风化泥岩层，因此，该部位挖孔桩施工深达 25m。

b. 不利地质状况二：北侧原始地貌为冲沟，冲沟水位较高，临边道路为新近回填而成，且冲沟水仍在积聚，对基础施工影响很大。

8）4-6 部位基岩面较高，场地已露出中风化泥岩，且岩性完整。

9）幼儿园：基底地质情况较复杂，东侧一般已现基岩层，岩石类别有砂岩层、泥岩层，且分布不均。西侧基岩埋地较深，最深达 14m，且基岩面以上基本上为回填层。

1.3.2 周边道路及交通情况

由于于本工程位于高新区新开发地带，城市主干道及管网尚未形成，目前主干道正进行土方回填，遇雨天人员及车辆进出相当困难；北侧及东侧城市河道（箱涵）正进行施工，对 4-4、4-5 楼基础施工影响较大。

1.3.3 气象条件

该地区属亚热带湿润季风气候，冬暖春早，夏热秋雨。夏季气温高，为 18～39℃；冬季为 1～8℃。夏季应注意防暑降温，作好季节性施工的准备。

1.4 施工特点

（1）本工程施工的最大难点在于地下车库的施工：地下车库占地面积大、埋地深度大，基础施工阶段恰逢雨期，周边渗透水量特别大，故如何组织好车库的基础施工是本工程的重点之一；车库楼面标高变化多、层高大是车库施工的又一重点；车库挡墙后浇带多，施工缝多，自然条件恶劣，车库挡墙防水施工是本工程的难点。

（2）本工程 4-4、4-5 基础回填层较厚，最深达 18m，加之基底基岩面高差变化大，挖孔桩深度为 18～27m，4-4、4-5 的挖孔桩施工是本工程的又一难点。

（3）本工程外部造型奇特、拐点多，增加了外墙装饰的施工难度。

（4）本工程施工单体项目多、专业施工队伍多、交叉施工多，抓好各作业队伍的协调配合工作是本工程施工组织的重点。

2 施工组织与部署

2.1 施工目标及目标管理

2.1.1 施工目标

针对本工程实际情况、建筑市场情况和我公司实力制定本工程施工目标，在实际施工过程中严格按照已制定的目标进行施工管理，工程目标具体如表 2-1 所列。

2.1.2 目标管理

为确保各项目标的实现，开工初，公司与项目经理签订内部管理合同，内部合同明确规定考核标准、考核方式及奖罚办法。

工程施工目标　　表2-1

序号	工程目标	目标内容
1	质量目标	六栋住宅楼主体结构确保创"重庆市优质结构工程",单位工程保证按《建筑工程施工质量验收统一标准》GB 50300—2001验收合格,群体工程争创"巴渝杯"
2	工期目标	确保518天的总工期
3	职业健康安全目标	杜绝死亡、杜绝重大火灾事故、杜绝重大机械事故,杜绝急性中毒事故,因工月负伤频率控制在0.5‰以内。确保本工程为"重庆市安全管理先进项目"
4	环境管理、文明施工	尽最大限度降低现场噪声,施工污水排放前进行沉淀净化,土方、材料外运无遗撒,废弃物分类堆放,回收可再利用的废弃物,最大限度节约能源资源。创重庆市"市级文明建筑工地"

为达到上述目标，项目经理与项目部相关管理人员签订责任书，将目标分解、落实到基层。项目部主要作业人员交纳一定数量的风险抵押金，以增强全体管理人员的目标意识，确保目标实现（表2-2）。

施工目标项目内部责任划分　　表2-2

目标	责任人(部门)	协办人(部门)	工作要点
质量目标	技术负责人	经理办、技术部、工程部、质安部	创优申报;创优方案策划及实施情况跟踪;协助项目经理组织评优验收
工期目标	项目副经理	各区执行经理	二～四级施工计划的编制、督促实施、计划调整;劳动力计划、物资设备需用计划的申请、调控
职业健康安全管理目标	质安部	工程部、技术部	监督职业健康安全管理方案的实施;组织进场人员安全教育;坚持每日安全巡视、组织定期安全大检查
环境管理、文明施工	综合办	工程部、物资设备部	编制项目CI策划并主持实施;按JGJ 59—99标准对施工环境进行检查并督促相关部门整改

2.2　施工组织

2.2.1　项目组织机构和管理模式

(1) 组织机构设置

我公司以实现业主目标和施工目标为目的，选派具有丰富的类似工程施工经验的同志担任项目经理，设两名副经理（土建和安装专业各一名）协助项目经理进行施工现场日常事务的管理，在全公司范围内选拔优秀工程技术人员，组成项目班子进住现场进行施工，在财力、物力上全面确保该项目顺利实施。本工程项目管理机构由六部一室组成，项目经理部全面承担计划、组织、协调、控制、监督等管理职能，是本项目的决策管理层。组成机构如图2-1所示。

(2) 管理模式

实行项目经理部领导下的执行经理负责制和各栋号楼劳务清包及部分分项工程分包制相结合的管理模式。

2.2.2　项目管理人员配备

本工程计划配置管理人员40人。

(1) 项目决策层岗位设置及人数安排（共4人），其中项目经理、总工程师各一人，生产副经理两名（土建安装各1人）。

(2) 一般管理层岗位设置及人数安排（共36人）。其中技术部4人（技术员2人，试

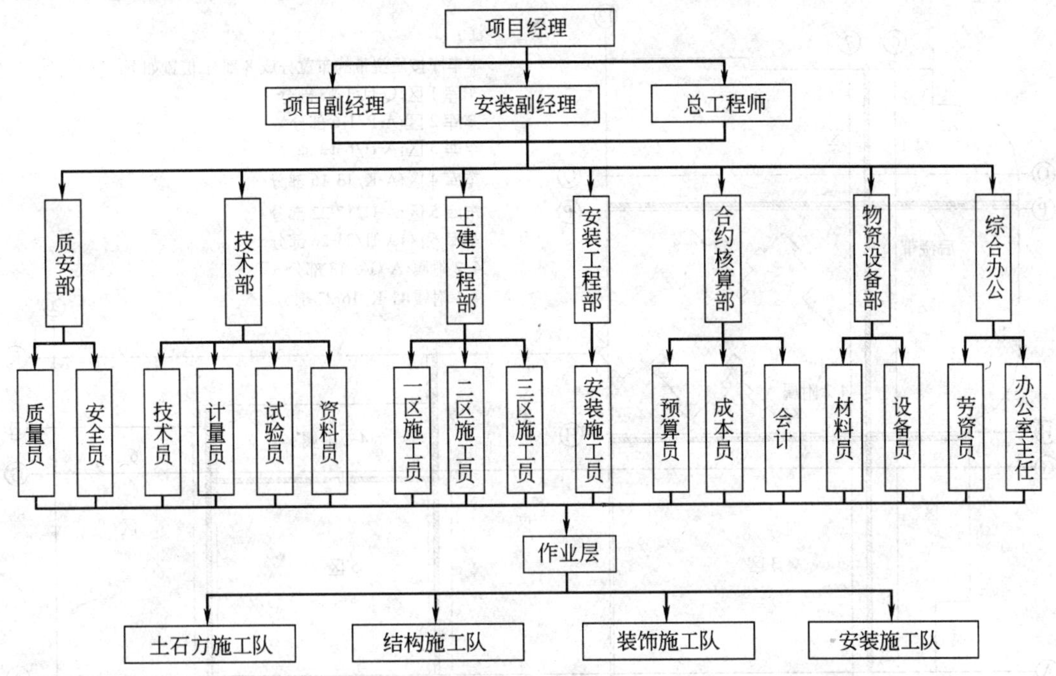

图 2-1 龙湖·水晶郦城项目组织机构图

验计量员、资料员各 1 人)；工程部 12 人（测量组 4 人，钢筋组 5 人，现场组织协调 3 人)；质安部 4 人（安全员、质检员各 2 人)；预算合约部 2 人；物质设备部 5 人（材料员 4 人，设备员 1 人)；安装部 7 人；综合办 2 人（劳资员、保安队长各 1 人)。

2.2.3 项目劳务队安排

项目劳务层根据与我公司长期合作的作业队伍中优先选择“履约能力强、内部管理严谨、服务意识好、组建规模大、经济实力雄厚、综合实力突出”的劳务队。由此本项目部在土石方工程阶段、结构工程阶段、装饰工程阶段分别选用 3 支专业劳动队伍。

项目经理部根据该工程的工程量、合同工期、施工进度计划，以施工组织设计为依据，编制劳动力需用计划。项目部由此及时与劳务队签订工作合同，劳务队按时组织作业人员进场。劳务层的内部管理由劳务队负责，外部则由项目经理部进行指导、监督、控制。

2.3 施工部署

2.3.1 施工区段的划分

根据本工程单位工程多、体量大的特点，为有效实施管理，项目部将整个土建工程划为三个区段，现场施工员组织三套人员分区平行作业（每区为 1 支综合施工能力强，成建制、专业配套的清包工劳务队伍负责施工作业），一区为 4-1、4-6 及所连车库；二区为 4-3、4-2 及所连车库；三区为 4-4、4-5。

在基础施工阶段，分三条线进行施工，第一条线为车库、4-1、4-2 及其周边车库的施工；第二条线是 4-3、4-6 的施工；第三条线是 4-4、4-5 的施工。

车库根据后浇带的分布分成八个区，详见分区示意图所示。施工时分别组织流水（图 2-2）。

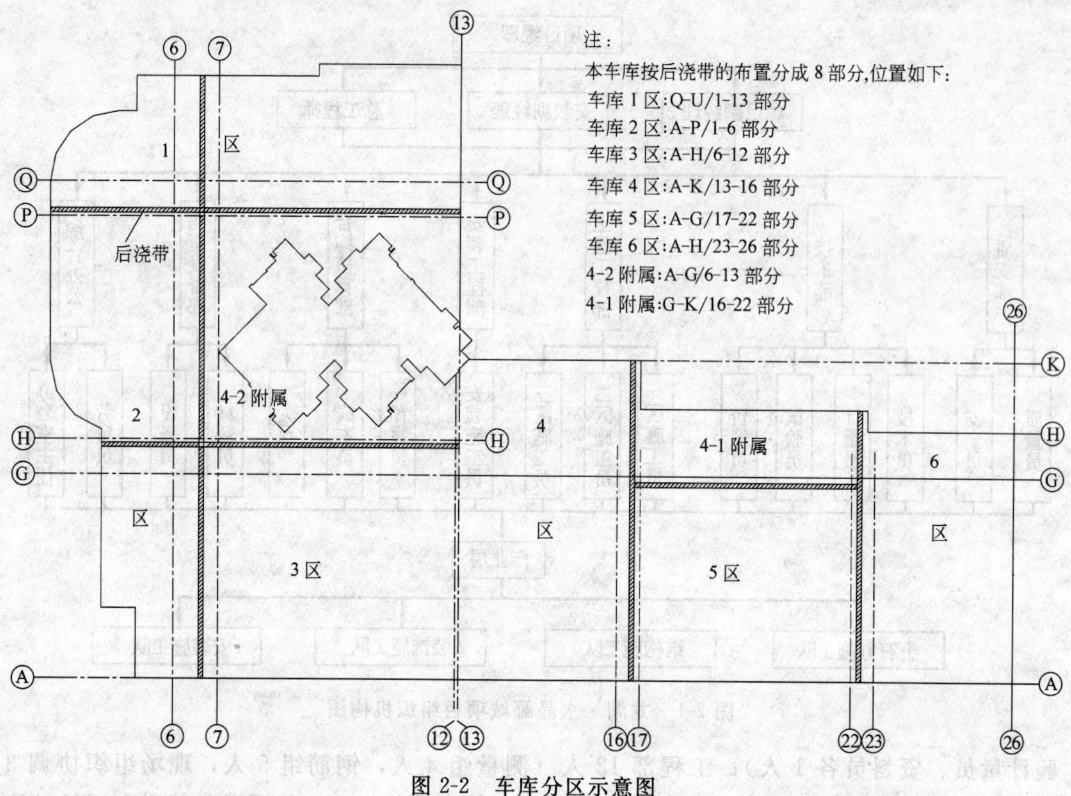

图 2-2　车库分区示意图

2.3.2　施工顺序

(1) 总体施工顺序

受现场施工条件和时间季节的影响，地下结构各施工区和附属工程的开工时间不能同时进行。总体施工顺序为：先 4-6、4-3、4-4、4-5、4-2、4-1 楼，再车库、小商铺，最后施工会所、幼儿园、物管用房和游泳池。

(2) 基础阶段施工顺序

受时间季节的影响，先进行 4-6、4-3、4-4、4-5 基础施工，再对 4-2、4-1 及车库基础作业，最后幼儿园。

(3) 主体结构施工顺序

1) 平面施工顺序

现场 3 个区段进行平行施工作业，资源调配优选考虑二区及车库，二区的施工作业工序为关键作业工序。

2) 施工段内施工顺序

各层采用先竖向再水平方向从下至上逐层施工作业的方法进行。施工顺序：竖向钢筋作业（梁底模、板模支设）⟶梁板钢筋作业（竖向模板支设）⟶梁侧模支设⟶混凝土浇筑。

2.4　主要施工技术措施

(1) 土石方工程

由于业主已将大基坑开挖到位，我方进场后的土石方工程主要为人工挖孔桩基、条基、筏形基础等的开挖，单个基础截面较小，全部采用人工开挖。人工装土由塔吊吊运至场内临时弃土区，再由机械运至场外弃土区。

(2) 模板工程

本工程模板体系全部由双面覆膜胶合板和木方组成，施工现场设 3 个木作加工间。

(3) 钢筋工程

本工程钢筋全部由业主提供，施工现场设 3 个钢筋加工车间，钢筋在现场的转运主要依靠塔吊进行。

(4) 混凝土工程

本工程混凝土全部采用商品混凝土，现场设 3 台输送泵，混凝土一般采用泵送，局部使用塔吊进行配合。

(5) 砌体施工

砖砌体施工材料主要靠塔吊进行转运至各楼层，楼层采取人工转运的方式。

(6) 外围围护

本工程 18 层住宅楼外围采用全封闭斜拉式挑架，31 层住宅楼采用自升降式外爬架。

3 施工准备

3.1 施工准备工作计划（表 3-1）

施工准备计划表 表 3-1

工作的名称	工作内容	主办部门	协办部门・责任人	完成日期
控制网的设定及塔基、道路放线	场区控制网、单体轴网设定	技术部	工程部・执行经理	2004.5.15 前
建筑材料、施工机具定货	模板、木方、架料、塔吊定货	物资设备部	设备主管	2004.5.15 前
材料的检验试验	考察试验室、签订合同	经理部	技术部・试验员	2004.5.15 前
临时设施的搭设	办公室、宿舍	经理部	工程部・执行经理	2004.5.15 前
	钢筋加工车间、木作间			2004.5.30 前
大型机具设备的进场	塔吊	物资设备部	工程部・执行经理	2004.5.20 前
操作人员上岗前的技术培训和安全教育	三级安全教育、管理制度培训、相关技术交底	质安部 工程部	质检员 安监员	2004.5.1～2004.6.15
技术文件的编制	施工组织设计、质量保证计划、安全施工方案及其他专题施工方案	项目总工	技术员 施工员	2004.5.30 前

3.2 技术准备

3.2.1 熟悉和核对施工图纸

(1) 审查施工图纸是否完整、齐全，主要施工图纸和设计资料是否符合国家有关工程验收规范的要求。施工图与其说明在内容上是否一致、施工图各组成部分有无矛盾和错误。

(2) 建筑图与其相关的结构图在尺寸、坐标、标高和说明方面是否一致，技术要求是否明确；审查安装与土建图纸在坐标和标高尺寸上是否一致，土建施工的质量标准能否满足安装的工艺要求。

(3) 基础设计或地基处理方案同建设地点的工程地质和水文条件是否一致，弄清建筑物与地下管线的相互关系；熟悉工程的结构形式和特点，研究施工图纸中工程复杂、施工难度大和技术要求高的分部分项工程或新结构、新材料、新工艺，检查现有施工技术水平和管理水平能否满足工期和质量要求，并采取可行的技术措施加以保证。

(4) 熟悉建设、设计、监理和分包等单位之间的协作、配合关系，以及建设单位可以提供的施工条件。

3.2.2 原始资料调查分析

(1) 自然条件调查分析：了解现场地形、工程地质、水文条件、地上地下障碍物、交通状况。

(2) 技术经济条件调查分析：周边地区生产企业、资源、交通运输、水电及能源、主要设备材料和特殊物资，以及其生产能力的调查。

3.2.3 配合比设计

对建筑材料的试验检验做出计划和安排；混凝土的试配工作尽早联系一级试验室进行。

3.2.4 施工方案编制计划

施工方案编制计划如表 3-2 所列。

施工方案编制计划表　　表 3-2

序号	施工方案名称	编制部门	完成日期	审核人	批准部门
1	塔式起重机安装方案	技术部	2004.6.1	—	分公司
2	测量方案	技术部	2004.5.20	项目总工	项目部
3	环境管理/安全文明施工方案	技术部	2004.5.20	—	分公司
4	临时用水施工方案	安装部	2004.5.25	项目总工	项目部
5	临时用电施工方案	安装部	2004.5.25	项目总工	项目部
6	基础施工方案	技术部	2004.6.1	项目总工	项目部
7	地下车库施工方案	技术部	2004.8.10	项目总工	项目部
8	模板工程施工方案	工程部	2004.6.20	项目总工	项目部
9	钢筋工程施工方案	工程部	2004.6.20	项目总工	项目部
10	混凝土工程施工方案	工程部	2004.6.20	项目总工	项目部
11	装饰装修工程施工方案	技术部	2004.10.18	项目总工	项目部
12	双排脚手架施工方案	技术部	2004.6.15	—	分公司
13	自升式外爬架施工方案	专业公司	2004.6.15	—	分公司
14	砌体工程施工方案	工程部	2004.10.18	项目总工	项目部
15	屋面防水工程施工方案	工程部	2005.1.10	项目总工	项目部

3.2.5 编制施工图预算和计划成本

按照施工图纸、施工组织设计、建筑工程预算定额和有关取费标准及市场价格编制施工图的预算和计划成本。

3.3 资源准备

3.3.1 资源准备工作内容

(1) 建筑材料准备：根据施工预算的材料分析和施工进度计划安排，编制材料需用计划，为施工备料、确定仓库和堆场面积及组织运输提供依据。

(2) 构配件和制品加工准备：根据施工预算提供的构配件和制品加工要求，编制相应计划，为组织运输和确定堆场面积提供依据。

(3) 建筑施工机具准备：根据施工方案和进度计划的要求，编制施工机具需用量计划，为组织运输和确定机具停放场地提供依据。

3.3.2 资源准备工作程序

(1) 编制各种资源需用量计划

(2) 签订物资供应合同或向业主提供物资需用动态计划

(3) 确定物资运输方案和计划

(4) 组织物资按计划进场和保管

3.3.3 资源计划

(1) 主要施工机械设备需用计划

1) 土建主要机具设备需用计划

为保证施工需要，本工程采用 QTZ63 塔吊 3 台，QT40 塔吊 3 台，钢筋机具 3 套，木工机具 3 套，混凝土泵 3 台，人货电梯 4 台，具体设备需用计划详见表 3-3 所列。

主要施工机械设备需用计划表 表 3-3

名称	规格、型号	功率	数量	备注
塔吊	QTZ63	35kW	3 台	基础开挖后 10d 内进场安装
塔吊	QT40	30kW	3 台	基础开挖后 10d 内进场安装
人货电梯	SCD200/200	22kW	4 台	主体完成八层后安装
混凝土输送泵	HBT50C	75kW	3 台	基础土石方完成后进场
离心式水泵	D80-30-4	11kW	6 台	用于向楼上加压送水
潜水泵	QY-15	1kW	60 台	用于挖孔桩的排水
污水泵	70WQ20	2kW	12 台	用于场内的排水
钢筋切断机	GQ40A	7.5kW	6 台	开工后进场
钢筋弯曲机	GJBF-40	3kW	6 台	开工后进场
闪光对焊机	UN1-100	100kW	3 台	开工后进场
电渣压力焊机	LDZ-32A	40kW	6 台	开工后进场
钢筋调直机	GJ6	5.5kW	3 台	开工后进场
交流电焊机	BX3-300	24kW	12 台	开工后进场
木工圆盘锯	M104	4kW	6 台	开工后进场
木工平刨机	MB106	4kW	3 台	开工后进场
木工压刨机	MB503A	3kW	3 台	开工后进场
混凝土振动电机	—	2.2kW	20 台	配备 50、35 型振动器
砂轮切割机	J3G2-400	1.5kW	6 台	用于装修阶段
砂浆机	J350	7.5kW	6 台	用于砌筑抹灰等砂浆搅拌
对讲机	KENWOOD	—	18 台	塔吊操作指挥控制及现场联系等
蛙式打夯机	HW201	1.5kW	6 台	用于基础回填夯实
自卸汽车	5t	—	8～10 台	出渣用
空压机	$3m^3$	15kW	60 台	用于基础土石方开挖
镝灯	—	10kW	12 台	装到塔吊上
气割设备	—	—	6 套	开工后进场

2）安装主要机具设备需用计划

为保证安装工程的顺利实施，本项目配备以下主要安装设备，以满足生产需要（表13-4）。

安装主要机具设备需用计划表　　表 3-4

序号	机械或设备名称	型号规格	数量(台)	备注
1	台式砂轮机	ϕ16	2	—
2	台钻	Z512B-1Z4116	4	—
3	交流电焊机	BX3-300	6	—
4	焊条烘干箱	ZYH-60	1	—
5	手动葫芦	5t	6	—
6	砂轮切割机	—	3	—
7	电动套丝机	SQ-100B	2	—
8	电动试压泵	4DSY120/10	1	—
9	亚弧焊机	—	3	—

(2) 劳动力需用计划

作业层实行工种（队）长负责制，由公司与劳务队签订劳务合同，明确各自的权力与义务，以合同为杠杆，以工期、质量、安全、文明施工目标为制约机制，服从项目部的部署与安排，确保各项施工任务的圆满完成，向业主提供满意的产品与服务。

1）土建部分劳动力需用计划（表 3-5～3-8）

土建部分劳动力需用计划（基础阶段）表　　表 3-5

工种	计划人数(人)	到位时间	备　注
石工	600	开工初	负责基坑、基槽开挖
自卸汽车司机	10～20	开工初	负责出碴
木工	120	开工初	负责模板加工、部分临建搭设
钢筋工	60	开工初	负责钢筋车间布置,基础钢筋加工绑扎
混凝土工	30	第 10 天	负责浇筑混凝土、养护等
砖工	30	开工初	负责围墙基础、挖孔桩井圈等砌筑
抹灰工	20	开工初	负责部分临时设施和围墙的抹灰
涂料工	10	第 10 天	负责临时设施的涂料、装饰等
电工	6	开工初	负责现场施工用电
焊工	6	开工初	负责现场铁件制作等
水工	3	开工初	负责现场施工用水
机操工	12	开工初	负责设备布置、操作及设备维修
普工	30	开工初	负责装卸、搬运、现场环境
保安	6	开工初	负责现场保卫

土建部分劳动力需用计划（主体阶段）表 表 3-6

工 种	计划人数(人)	到位时间	备 注
木工	560	开工后 40 天	负责支、拆模及支模架搭、拆
钢筋工	200	开工后 40 天	负责钢筋加工绑扎等
混凝土工	60	开工后 40 天	负责混凝土浇筑、养护等
砖工	180	开工后 100 天	负责砌体工程
电工	6	开工初	负责现场施工用电
焊工	6	开工初	开工前一天到位 2 人
水工	1	开工初	负责现场施工用水
机操工	60	开工初	塔吊、人货电梯等机械操作及设备维修
普工	30	开工初	负责装卸、搬运、现场环境
保安	8	开工初	现场保卫

土建部分劳动力需用计划（装修阶段）表 表 3-7

工 种	计划人数(人)	备 注
砖工	120	负责砌体工程收尾
抹灰工	480	负责内外抹灰与外墙面砖等
涂料工	120	负责内外墙与公共部分的涂料等
电工	6	负责现场施工用电
焊工	6	负责现场铁件制作等
水工	1	负责现场施工用水
机操工	46	砂浆搅拌机、人货电梯操作及设备维修
普工	60	装卸、搬运、现场环境
保安	8	现场保卫

2）安装部分劳动力需用计划（表 3-8）

安装部分劳动力需用计划表 表 3-8

序号	时间	电工	管工	焊工	油漆	普工	铆工	通风工	合计
1	配合阶段	18	6	12	6	30	6	0	78
2	安装阶段	30	30	15	15	36	6	30	162
3	收尾阶段	15	15	3	15	30	3	9	90

(3) 主要周转材料计划

本工程楼面模板选用 10mm 厚竹胶合板；筒体、剪力墙、短肢柱、梁底、梁侧及框架柱模板选用 18mm 厚木胶合板；模板加固选用 5cm×10cm 木方背楞，ϕ12mm 对拉螺杆；支模架为满堂钢管脚手架；外架采用全封闭双排脚手架或爬升架，主要周转材料见表 3-9。

(4) 主要计量器具使用计划

为满足本工程施工和质量检测需要，项目部配备 NTS-320 全站仪一台，J_2 经纬仪两台，激光铅垂仪两台，S_3 水准仪三台，质量检测器三套，混凝土试模 30 套，具体需用计划详见表 3-10 所列。

主要周转材料计划需用表 **表 3-9**

材料名称	规格型号	单位	需用数量	备注
钢管(前期)	ϕ48×3.5	t	1200	支模搭设和外脚手架用
钢管(高峰期)	ϕ48×3.5	t	2000	支模搭设和外脚手架用
木胶合板	920mm×1840mm×18mm	m^2	17000	梁、柱、墙模
竹胶合模板	1220mm×2440mm×12mm	m^2	32000	板模
木方	50mm×100mm	m^3	900	用作背方
安全网	立网/平网	m^2	90000/5000	安全防护
扣件	十字/旋转/对接	万套	24/3/3	支模搭设和外脚手架用
竹架板	3m 长	块	10000	作业层交通与防护

主要计量器具使用计划表 **表 3-10**

序号	仪器名称	规格型号	数量	备注
1	全站仪	南方 NTS-320	1 台	场区控制桩、复核
2	激光经纬仪	北京博飞 DJD2-1GJ	2 台	单位工程轴线引测
3	激光铅垂仪	北京博飞 DJD2-1GJ	2 台	单位工程轴线引测
4	水准仪	苏光 S	3 台	
5	塔尺	5m	4 把	
6	台秤	TGT-500	1 台	
7	质量检测器	JZC-3	3 套	
8	混凝土试模	100mm×100mm×100mm	30 套	
9	抗渗试模		2 套	
10	天平	1000g	1 台	
11	量杯	2L	1 个	
12	大钢尺	50m	3 把	
13	钢卷尺	5m	30 把	其中一把做比对尺
14	游标卡尺	0～150mm	3 把	
15	坍落度筒	300mm	2 个	
16	兆欧表	ZC25-3	3 个	
17	万用表	VC890D	3 个	
18	氧气表	0～25MPa	6 套	焊工用
19	乙炔表	0～25MPa	6 套	焊工用
20	温度计	－10～120℃	3 根	

(5) 主要办公设备需用计划(表 3-11)

主要办公设备需用计划表 **表 3-11**

序号	名称	数量	序号	名称	数量
1	电脑	12 台	3	复印机	1 台
2	打印机	4 台	4	空调	15 台

3.4 施工现场准备

3.4.1 施工现场控制网测量

根据给定坐标和高程，按照施工总布置图的要求，进行施工场地控制网投测，并设置场区永久性控制桩点。

3.4.2 临时围墙及大门安装

根据业主要求和现场环境状况，一般为沿道路红线内退 1m 设置；场区东侧及东北侧考虑管涵施工的影响，给管涵留出约 10m 宽的施工面后进行设置。设置方式为 240mm 厚、300～500mm 高烧结普通砖基础、钢管扣件搭设骨架、压型彩钢板作面板。现场东面设置一个 8m 宽大门、西面各设置一个 6m 宽大门，其中东面大门为主大门，西面的大门主要作为材料、设备进出场。

3.4.3 临时道路形成

根据我公司对该项目的初步策划，开工前期对施工区域内永久性道路进行修整，做好路基；对于场区内材料堆场、加工场地及主要交通道路用 100mm 厚 C30 混凝土进行硬化。

3.4.4 组织施工机具进场

根据施工机具需用计划，按施工总平面布置图，组织施工机械、设备和工具进场，按规定地点和方式安装、存放，并进行相应的保养和试运转。

3.4.5 生产性临时设施搭设

(1) 混凝土的运输

该工程全部采用商品混凝土。分别在 4-1 和 4-6、4-2 和 4-3、4-5 和 4-6 楼之间各设置输送泵一台，进行混凝土的水平和垂直运输；少量的混凝土浇筑采用塔吊运输。

(2) 钢筋的制作和堆放

在现场分别在 4-1 号楼和 4-6 号楼、4-2 号楼和 4-3 号楼、4-5 号楼和 4-6 号楼之间各设置钢筋加工棚一个，原材料、半成品钢筋堆场，钢筋采用架空堆放，分类堆码。车库施工时，在 4-3 的西面空地上设置临时钢筋加工棚一个，车库地下室施工完后，4-2 和 4-3 共用的钢筋棚转至 4-2 和 4-3 之间的车库平台上。

(3) 模板的制作和堆放

在现场设木作加工车间 3 个进行模板木作加工，材料堆场设在加工房旁。

3.4.6 行政生活福利设施搭设

办公区设置在施工现场北面空地上，建筑面积约 $600m^2$；工人生活及宿舍区均设置在东南面幼儿园位置，建筑面积约 $4000m^2$。办公室及宿舍均采用工具式临时建筑。

3.4.7 做好季节性施工准备

按照施工组织设计的要求，落实冬期施工、雨期施工、高温季节施工的设施和技术组织措施。

3.5 施工场外协调

3.5.1 材料加工及订购

根据各项物资需用计划，由我方采购的，同供货商签订供货合同；由业主提供的，向业主提交物资需用动态计划，以确保按时供应。

3.5.2 施工机具租赁或订购

我方缺少且需用的施工机具，根据需用量计划同有关单位签订租赁或订购合同。

3.5.3 做好业主指定分包劳务安排

指定分包在业主协调下，及早签订分包合同。

4 工程施工进度计划

4.1 施工进度计划管理体系

本项目施工进度计划实行四级管理体系，其编制、审批程序如表 4-1～4-6 所列。

4.2 总工期安排

(1) 开工时间：2004 年 5 月 20 日。

(2) 在基础土石方施工阶段，整个 K7 区的车库、4-1、4-2、4-3、4-4、4-5、4-6 进行全面大开挖。根据地质勘测报告，4-4 和 4-5 基础土石方开挖的时间占用长一些。计划 45d 完成。其余各栋和车库基础土石方大约在 25～30d 内完成。

(3) 竣工时间：从开工日期算起，保证总工期 518d 不变，按时交付业主。

4.3 主要分部分项工程工期要求

为保证总体工期目标的实现，项目部设定了各单位工程的阶段工期控制目标，具体见表 4-1～表 4-6。

4-1 工程阶段工期 表 4-1

序 号	分部分项工程名称	工期(d)	节 点 时 间
1	总工期	353	2004.8.15～2005.8.2
2	基础验收	1	2004.9.17
3	主体结构	148	2004.9.19～2005.2.13
4	主体验收	1	2005.2.20
5	装饰工程	228	2004.11.30～2005.7.15
6	安装工程	319	2004.9.4～2005.7.19
7	竣工交验	14	2005.7.20～2005.8.2

4-2 工程阶段工期 表 4-2

序 号	分部分项工程名称	工期(d)	节 点 时 间
1	总工期	455	2004.8.1～2005.10.29
2	基础验收	1	2004.8.28
3	主体结构	226	2004.8.30～2005.4.12
4	结构验收	1	2005.4.19
5	装饰工程	309	2004.11.28～2005.10.2
6	安装工程	401	2004.8.16～2005.10.9
7	竣工交验	20	2005.10.10～2005.10.29

4-3 工程阶段工期 表 4-3

序 号	分部分项工程名称	工期(d)	节 点 时 间
1	总工期	420	2004.7.1～2005.8.25
2	基础验收	1	2004.7.30
3	主体结构	193	2004.8.1～2005.2.9
4	结构验收	1	2005.2.16
5	装饰工程	289	2004.10.10～2005.7.25
6	安装工程	375	2004.8.1～2005.8.10
7	竣工交验	15	2005.8.11～2005.8.25

4-4、4-5 工程阶段工期 表 4-4

序 号	分部分项工程名称	工期(d)	节 点 时 间
1	总工期	427	2004.7.20～2005.9.20
2	基础验收	1	2004.8.30
3	主体结构	196	2004.8.31～2005.3.14
4	结构验收	1	2005.3.20
5	装饰工程	310	2004.10.30～2005.9.4
6	安装工程	376	2004.8.21～2005.8.31
7	竣工交验	20	2005.9.1～2005.9.20

4-6 工程阶段工期 表 4-5

序 号	分部分项工程名称	工期(d)	节 点 时 间
1	总工期	294	2004.7.1～2005.4.21
2	基础验收	1	2004.7.30
3	主体结构	98	2004.8.1～2004.11.6
4	结构验收	1	2004.11.15
5	装饰工程	220	2004.9.8～2005.4.15
6	安装工程	244	2004.8.1～2005.4.1
7	竣工交验	20	2005.4.2～2005.4.21

车库工程阶段工期 表 4-6

序 号	分部分项工程名称	工期(d)	节 点 时 间
1	总工期	254	2004.8.1～2005.4.11
2	基础验收	1	2004.8.18
3	主体结构	81	2004.8.20～2004.11.8
4	装饰工程	154	2004.11.9～2005.4.11
5	安装工程	217	2004.8.15～2005.3.19
6	竣工交验	10	2005.3.20～2005.3.29

龙湖·水晶郦城 K7 区项目施工进度计划管理体系表　　表 4-7

计划级别	计划名称	编制方式	编制深度	编制责任人	编制时间	审批人	实施负责人	监督考核人
一级	龙湖·水晶郦城 K7 区项目总体施工进度计划	横道图（用 PROJECT 软件编制）	以整个项目为编制对像，落实到分部、主要分项工程	项目总工程师	开工初期	项目经理及监理公司、业主相关部门主管	项目经理	公司项目管理部、监理、业主
二级	月进度计划	用 PROJECT 软件编制横道图	以单位工程为编制对像分别编制，落实到分项工程	项目副经理	每月 25 日出下一个月进度计划	项目经理及监理公司、业主相关部门主管	项目副经理	公司项目管理部、项目经理
三级	周进度计划	用 WORD 或 EXCEL 进行表述	以单位工程为编制对像，落实到检验批	项目执行经理	按业主确定的周例会日期的前一天	项目副经理	项目执行经理	项目副经理
四级	日作业计划	现场公示栏	以作业班组为对象，对施工部位、质量及进度要求进行明确规定	专业施工员	每日下午六点钟左右	项目执行经理	专业施工员	项目执行经理

4.4 施工进度计划（表 4-7）

4.5 施工进度计划网络图说明

(1) 施工准备为 30d，主要进行施工前的技术准备工作、测量放线、机械进场和各种临建的修建。此后在基础施工阶段，分三条线进行施工，一条线为车库、4-1 和 4-2 及其周边车库的施工；第二条线是 4-3 和 4-6 的施工；第三条线是 4-4 和 4-5 的施工。

(2) 车库根据后浇带的分布分成 6 个区，详见图 2-2（分区示意图）所示。1、2、3 三个区面积基本相等，4、5、6 三个区面积基本相等，施工时分别组织流水。

(3) 各住宅单位工程在主体进入标准层施工以后，按 1 层/6d 控制进度，当砌体分别进行到十五层（4-2、4-3、4-4、4-5）和九层（4-1 和 4-6）后，进行中间结构验收，然后开始插入抹灰施工。

(4) 当主体大屋面封顶以后、砌体施工完成后，即进行上部结构的验收，然后开始进行外墙装饰施工；同时，内墙抹灰也转移自上而下进行施工。

(5) 外墙以每二层为一个施工段组织流水施工，三十一层的外墙装饰控制在 112d 内施工完毕。

(6) 考虑到屋面施工受天气的影响比较大，完成屋面防水及屋面工程总体约需要 60d。先做水箱上的小屋面，待大屋面上的外架拆除完毕以后，再做大屋面，但其准备工作可提前。

4.6 进度管理和工期保证措施

4.6.1 组织管理措施

(1) 公司委派具有丰富类似群体工程施工管理经验同志担任本工程项目经理，并在全公司范围内择优选择项目管理人员组成项目管理班子，确保指挥管理系统的全面优化。

(2) 建立由项目经理牵头的进度控制小组，根据本工程单位工程多的特点，整个项目划为 3 个片区，每个片区设一名执行经理，执行经理在项目副经理的领导下具体负责本工程的进度控制工作。

(3) 坚持每月 25 日向监理、业主提交工程进度报告和下月生产计划；如实际和计划有差异时，分析产生的原因，提出调整的措施与方案，报请监理、业主审批后实施。

(4) 项目内部建立每周例会制度，外部参加有业主、监理、总分包施工单位参与的监理例会，及时协调解决施工中出现的各种问题。

(5) 项目执行经理坚持检查每日作业情况，督促专业施工员做好每日作业计划的公示，确保人人了解进度计划。

(6) 现场组织管理

1) 本工程单层建筑面积较大，且层数较多，为加速模板周转，尽快腾出作业面，水平模板全部采用竹胶合板、竖向模板全部采用木胶合板，局部结构板将采用早拆头快拆体系，外墙大板、框架柱及核心筒剪力墙模板采用定型模板，确保工程进度。

2) 由于本工程周边无居民，为了确保工期，将尽量利用晚上加班绑扎钢筋，白天验收、支模、浇筑混凝土，加快施工进度。材料进场道路事先规划后，确保交通畅通，尽量利用晚上进材料，保证白天材料充足。

3）合理划分施工段，及时组织相关验收。与建设方、监理、设计院充分协商，基础、主体结构验收分段组织；在每栋单体的中间组织一次中间结构验收。以便尽快插入抹灰施工。

4）为了防止停水影响，在 6 栋单体附近各修筑一个约 36m^3 蓄水池用以蓄水，并各配一台加压水泵，解决高层施工水的压力问题。

4.6.2 技术保证措施

（1）建立了完善的技术交底制度，使所有的管理层和操作层熟悉和了解相关施工工艺、质量标准，减少施工盲目性，降低返工率。

（2）利用网络计划，实施动态管理。对工期网络和资源优化进行动态控制，使节点工期得到有效的控制，从而保证总工期的实现。

（3）划分合理的工区以及各工区施工流水段：根据以往类似工程施工的经验，标准层主体结构施工进度按每层 6d 进行考虑，单层流水施工进度计划如图 4-1 所示。

时间 工序	1	2	3	4	5	6
竖筋绑扎						
满堂架搭设、梁板模板						
竖向模板、梁钢筋绑扎						
竖向混凝土、板筋绑扎						
梁板混凝土						

图 4-1 标准层流水施工横道图

（4）根据地下车库层数不多、建筑面积大的特点，按设计后浇带位置组织分段流水施工。

（5）充分发挥技术的先导作用，认真做好施工前的技术准备工作。如测量控制网的建立，图纸会审，施工组织设计和作业指导书以及专题施工方案的编制，混凝土、砂浆的提前试配等，以充分有效的技术准备工作来保证工期目标的实现。

（6）采取措施，提高机械设备的完好率和利用率，充分发挥机械设备的作用。

1）挑选经验丰富、技术水平高、责任心强的机操工进场施工；施工设备的主要维修人员 24h 在现场轮流值班。

2）现场购备塔吊、搅拌机、振动器、钢筋、木工加工机械等施工设备中易磨损、易出故障的零、配部件，便于应急。

(7) 采用成熟的施工技术，如水平钢筋窄隙焊、竖向钢筋电渣压力焊，混凝土采用早强性水泥配制，提高混凝土早期强度等，加快施工进度。

4.6.3 经济保证措施

(1) 公司在后备资金的管理上，采取专款专用的措施，并对其提供支持，确保项目部的资金充足。

(2) 将进度控制的好坏作为项目管理人员能力考核的重要依据，并使其与经济挂钩，称职或优秀的在每月的奖金上予以兑现；不称职的或有所欠缺的，将实行罚款，督促其加强对施工进度的控制，以经济手段刺激管理人员的生产积极性。

(3) 本工程根据施工现场的实际情况，采用小流水段施工工艺，减少工程投入及保证各工种的工作连续性，提高工效，降低工程成本。

(4) 对于分包单位的工程款，严格按合同支付，绝不拖欠工人工资，提高工人劳动的积极性和主动性。

5 施工现场总平面布置

5.1 总平面布置说明

5.1.1 生活、办公设施

严格按照《建筑施工安全检查标准》(JGJ 59—99) 的规定，生活区与生产区分开设置。办公区设置在施工现场北面空地上，建筑面积约 600m²；工人生活及宿舍区均设置在东南面幼儿园位置，建筑面积约 4000m²。办公室及宿舍均采用工具式临时建筑。

5.1.2 附属设施

根据周边环境状况，现场东面设置一个 8m 宽大门、西面各设置一个 6m 宽大门，其中东面大门为主大门，西面的大门主要作为材料、设备进出场。大门门口均设洗车池、沉淀池，凡出入车辆必须清洗干净，一律不得带泥上路。凡生产用水、生活污水排出场外前，均先经过沉淀池沉淀后，再用水泵抽排入城市下水道。

5.1.3 生产设施

(1) 混凝土的运输

该工程全部采用商品混凝土。分别在 4-1 和 4-6、4-2 和 4-3、4-5 和 4-6 之间各设置输送泵一台，进行混凝土的水平和垂直运输；少量的混凝土浇筑采用塔吊运输。

(2) 钢筋的制作和堆放

在现场分别在 4-1 和 4-6、4-2 和 4-3、4-5 和 4-6 之间各设置钢筋加工棚一个，原材料、半成品钢筋堆场，钢筋采用架空堆放，分类堆码。车库施工时，在 4-3 的西面空地上设置临时钢筋加工棚一个，车库地下室施工完后，4-2 和 4-3 共用的钢筋棚转至 4-2 和 4-3 之间的车库平台上。

(3) 模板的制作和堆放

在现场设木作加工车间 3 个进行模板木作加工，材料堆场设在加工房旁。

5.1.4 消防设施

(1) 消防用水：本施工场地内利用楼层临时供水系统作消防用水，在各栋楼水池旁留设出水龙头。

(2) 灭火器：备泡沫灭火和干粉灭火器，以应付不同类型的火灾事故，布置（悬挂）于醒目处，间距控制 20～30m，木工房和材料库房重点设置。

5.1.5 环卫设施

(1) 洗车槽：2 个，位于大门处，凡出入车辆均冲洗底盘和轮胎，不带泥上路。

(2) 沉淀池：基础施工阶段 10 个，主体阶段 8 个，供处理施工废水和集中抽排场地积水用。

(3) 化粪池：现场厕所 2 个，每个厕所均设置化粪池 1 个。

(4) 垃圾处理处：在人员活动密集处设垃圾桶收集，然后集中处理并运出工地。

5.1.6 道路、围墙、地坪

(1) 工地入口处设 8m 宽大门，每个大门位置均设置门卫室，并在东面主大门建门楼。

(2) 围墙：采用压型彩钢板，墙基础采用页岩砖砌筑，墙板采用拉杆固定。

(3) 地坪：场平面内道路均采用 C30 混凝土厚 10cm 混凝土硬化，钢筋加工房等临建区域地坪均采用 C20 混凝土 10cm 厚硬化。

(4) 东面大门入口处布置“六牌两图”等，办公区域内设置现场安全防护知识宣传栏、每日工程进度公示栏等。

5.1.7 临时用水布置

临时用水利用甲方提供的水源接口，由东南面接入现场。由于甲方提供的水源接口管径偏小，因此，每栋单体修建一个容量不少于 $36m^3$ 的蓄水池（蓄水池采用 MU10 烧结普通砖、M5 水泥砂浆砌筑 240mm 厚墙体，池壁内抹 20mm 厚 1：2 水泥砂浆），并为每个蓄水池配备一个加压泵，以满足水压不足的用水需要；主体上升后，每栋单体随楼层上升接一根管径为 *DN*48 给水管，每两层设置一个接水口。

5.1.8 临时用电布置

现场共设置三个配电室，其中 4-2 和 4-3 共用一个配电室，4-4 和 4-5 共用一个配电室；4-1 和 4-6 共用一个配电室。线路布置和具体用电计划详见现场平面布置图和“临时用电方案”。

5.2 平面布置的管理

(1) 平面布置由综合办公室结合“项目 CI 策划”全权负责实施与管理，项目部制定与之相适应的管理办法。

(2) 施工现场平面布置图展示于入口处，使有关进场车辆及人员了解现场布置情况。

(3) 项目物资设备部负责材料及设备的进场安排，按施工平面布置图指定的位置摆放现场的材料和设备。

(4) 进场人员由专职保安进行管理，杜绝闲杂人员入场。

(5) 保持场内施工道路畅通无阻，严禁阻塞现象发生。

(6) 水、电、排水管线（沟）按平面布置图的走向设置，防止乱拉乱接。

5.3 总平面布置图（略）

6 总、分包管理

6.1 总包管理内容

总承包商及时为各分包方提供工作面，并在需要时给予必要的支持，同时也对各分包方的工期加强管理，在工期控制上采取下列措施：

（1）分承包商月计划完成统计报表（完成实物量和工作量）应在每月23日前报总承包商项目工程技术部存查；分承包商应在每月25日前向项目工程技术部（安装报安装部）报送下月度进度计划。

（2）分承包商施工负责人（或现场经理）必须按时参加项目部召开的季度、月度及周生产调度会及其他临时召开的生产协调会。对不参加调度会议和拒不执行调度会议安排的单位处以罚款，并承担相关责任。

（3）分承包商应根据总承包商下达的各阶段计划编制各自的总进度计划、月进度计划、周进度计划，并报总承包商经批准后实施。

（4）周生产计划未按时完成应及时调整，必须采取加班或增加作业人员等手段确保月计划完成。各月生产计划执行延误按分承包合同条款或双方协商的其他规定处理。

6.2 总包与分包的配合

6.2.1 总包与分包的配合内容

总包向分包提供现成的设施，包括：脚手架、垂直运输设备、临时设施、围墙、临时水、电管线的使用，提供施工用水、电以及负责作业场所安全防护及提供防护设施，负责现场安全保卫，负责建筑垃圾外运，进入现场材料施工设备保管及确保施工道路畅通。

6.2.2 对分包单位的具体配合事项

（1）配合门窗分包单位

1）向门窗分包单位提供准确的标高，提供准确的安装位置；

2）提供门窗安装所需的电源；

3）配合进行门窗安装，如塞填边缝、修补打凿；

4）提供公共部分夜间作业照明；

5）配合放线、复核安装位置和标高；

6）提供门窗的垂直运输；

7）提供门窗安装时的安全防护；

8）参与由分包单位为主的隐蔽工程验收，参加分包单位为主的分包工程竣工验收；

9）对分包项目的工程实体质量进行监督检查；

10）对门窗工程技术资料的编制要求向分包商进行交底；

11）定期对分包单位的工程技术资料的编制与管理情况进行检查，对门窗安装工程质量承担连带管理责任；

12）负责审查分包编制的竣工技术资料，审查通过后接收分包编制的技术资料，对接收后的技术资料进行管理。

（2）配合消防、空调、及水电、弱电分包单位

1）提供水源、电源；

2）在主体结构施工时，配合进行各种预留预埋工作；

3）对安装完成后的预留孔洞、穿墙、穿楼套管进行封堵；对封堵的质量负责；

4）提供标高和轴线；配合分包施工放线，复核分包安装位置；

5）进行箱、盒边缝补填；明露管线的二次抹灰；

6）组织、配合并协调各专业分包；

7）提供分包材料的垂直运输；

8）参与由分包单位为主的隐蔽工程验收，参加分包单位为主的分包工程竣工验收；

9）对分包项目的工程实体质量进行监督检查；

10）对分包项目的工程技术资料的编制要求向分包商进行交底；

11）定期对分包单位的工程技术资料的编制与管理情况进行检查，对分包项目工程质量承担连带管理责任；

12）负责审查分包编制的竣工技术资料，审查通过后接收分包编制的技术资料，对接收后的技术资料进行管理。

（3）配合电梯分包单位

1）提供电梯安装所需的脚手架，并根据分包的要求改拆脚手架；

2）主体结构施工时，根据分包要求进行预留预埋；

3）负责井内积水清除及采取可靠的断水措施；

4）负责及时提供每层电梯前室地面完成面的标高，为电梯安装提供标高依据；

5）电梯门边缝补填；

6）负责电梯机房的预留、预埋和电梯安装完成后电梯机房的装饰装修工作；配合电梯安装；

7）参与由电梯分包单位为主的电梯工程竣工验收；

8）提供用水、用电、垂直运输；提供电梯进场的运输道路；

9）对电梯安装的质量进行监督检查；

10）对电梯分包项目的工程技术资料的编制要求向电梯分包商进行交底；

11）定期对电梯分包单位的工程技术资料的编制与管理情况进行检查，对电梯分包项目工程质量承担连带管理责任；

12）负责审查分包编制的竣工技术资料，审查通过后接收分包编制的技术资料，对接收后的技术资料进行管理。

（4）配合精装修分包单位

1）提供水源、电源，水、电主管接至作业层；

2）在主体结构施工时，配合进行各种预留预埋工作；

3）负责办理好结构验收手续，协调水电、通风、设备安装、网路与精装修的关系，确认水电、通风、设备安装、网路已经完成，向精装修分包单位下达可以进行精装修的指令；

4）内墙面弹好各层标高控制水平线；

5）提前进行箱、盒边缝补填；明露管线的二次抹灰，进行预留孔洞、穿墙、穿楼套管封堵，为精装修创造条件；

6）协调各专业分包单位工序接口；

7）提供装修材料的垂直运输；

8）提供装修材料的堆放场地或仓库；

9）提供装饰用的脚手架和安全防护；

10）参加分包单位为主的分包工程竣工验收；

11）对分包项目的工程实体质量进行监督检查；

12）对分包项目的工程技术资料的编制要求向分包商进行交底；

13）定期对分包单位的工程技术资料的编制与管理情况进行检查，对分包项目工程质量承担连带管理责任；

14）负责审查分包编制的竣工技术资料，审查通过后接收分包编制的技术资料，对接收后的技术资料进行管理。

6.3 分包应完成的工作内容

6.3.1 分包的义务

(1) 服从总承包商方的管理。提供相应的企业资质等级证书的复印件，给总承包商方作为备档资料。

(2) 认真熟悉设计文件、勘查报告，认真复核总承包商方提供的轴线控制网、标高等相关原始资料。

(3) 进场原材料、成品和半成品的材质证明书，设计要求和规范规定，需进行试验的实验报告提供给总承包商方的相关部门审查。

(4) 建立健全质量管理保证体系，将组织机构和施工管理人员、特殊工种操作人员花名册提供给总承包商方。

(5) 认真听取总承包商方相关部门提出的工程质量意见，对工程质量缺陷和问题认真督促整改，对有争议的质量问题与监理及双方的质量安全部门共同协商处理。

(6) 向总承包商提供质量月报的有关资料。

(7) 评定和核定分项工程质量。

(8) 分包单位应接受总承包商单位的质量管理，分包工程质量向总承包商负责。

(9) 所有分包单位（除门窗分包单位以外，但门窗分包单位必须向总包提供相关材质证明文件和相关检测报告）以外的必须自行编制工程技术资料和整理竣工验收资料，并负责将审查通过的竣工技术资料提交总包单位。

(10) 所有分包单位必须自行组织分包工程的竣工验收，总包只参加分包工程的竣工验收。

6.3.2 分包的具体工作内容

(1) 分包应配备与总包业务对口的管理人员。各分包单位进场前，将进场人员名册（包括1寸照片、性别、年龄、住址、身份证号码）报总包综合办公室登记，办理有关手续、证件后方可进场施工。各分包单位在进场前要严格把关，严禁“三规人员”和有刑事案件及有传染病人员进场。

(2) 按总包单位的技术要求编制施工方案，并报总包审核。

(3) 组织桩基工程图纸预审、参加桩基工程图纸会审。

(4) 根据总包单位的技术要求组织生产技术工作，及时编制工程技术资料，并接受总包的审查和指导。

(5) 进行施工测量，测量成果应报总包复核。

(6) 遵守见证取样原则，分包单位应将桩基工程的工程用材和试块试件委托有资质的检测机构检测。

(7) 分包应建立材料管理台账，进行收、发、储、运等各环节的技术管理，避免混料和将不合格的原材料用到工程上。分包应编制工程材料、设备的报批文件。报批手续完毕后，业主、总承包商和监理各持一份，作为今后进场工程材料质量检验的依据。

(8) 分包方所有进入施工现场的物资、设备都必须填写清单，一式两份，总、分包各执一份，由总承包商有关人员验收签字认可，作为日后出场的证明。分包方所有进入施工现场的物资、设备同总承包商方物资相类似的，必须标明不同的标识以示区别。

(9) 分包所采取的所有施工方法必须以技术文件的形式报总包审批。

(10) 分包方的工序产品、过程产品和最终产品在未办理交接前均应自行保护。不同分承包方工序的交叉作业进行前应进行交接检查并办理交接手续。后续工序有责任对其以前的工序产品进行保护。分承包方之间成品保护纠纷需总承包方进行协调时，由分承包方施工负责人（或明确的专职负责人）解决。

(11) 安全管理

1) 分包施工方案中要有明确针对性的安全技术措施，重点突出、内容全面，并制定专业性较强的安全专题方案，专题安全方案应报总包审批。

2) 分承包方人员入场后应接受项目总承包项目部组织的安全教育，由分承包方施工负责人召集。分承包方人员应按总包要求的标准配齐安全防护用品。

3) 分承包方的安检负责人应准时参加项目部组织的定期或不定期的安全检查，并无条件地执行有关安全施工的指令。

4) 分承包方的施工用电必须严格按总包单位的有关用电管理规定和临时用电施工组织设计执行。

5) 分承包方施工区域内应自行配备必要的消防灭火器材，并定期检查其有效性。

(12) 文明施工

1) 各分包单位的生活、建筑垃圾，倒入总包指定地点，严禁随意乱倒，做到工完场清，并接受总承包商单位的日常检查。

2) 各分包单位的材料进场和机械就位、临时用水用电管线的位置、临时生活行政福利设施的搭设位置必须严格根据总承包商的总平面规划进行设立。

(13) 进度管理

1) 分包单位根据总包下达的本分包项目进度计划编制具体的施工作业计划，分包的施工作业计划同样实行审批程序。分包单位负责对作业计划的实施情况进行检查，根据检查情况进行分析，切实解决影响进度计划实施的因素和困难，保证作业计划的严肃性和有效性。

2) 分包单位每月 25 日向总包项目部提交工程进度报告，内容包括形象进度说明、存在问题及处理措施、下月计划安排建议，并定期监督和跟踪检查分包合同工期执行情况、修改和更新工程进度，以准确地反映出工程的现状和尚未完成的项目。

（14）对于业主指定分包的合同签订，总承包单位参与分包单位与业主的合同谈判，并对谈判内容进行会签。分包单位进场后，必须与总承包商单位签订施工配合协议，作为分包单位与业主合同的附件。

（15）工程项目综合管理

1）总包对货物堆放实行定置管理，要求分包商货物进场前事先到总承包商处签发准发单。货物到场时，由工地门岗保安人员检验后放行进场。货物进场后，分包商按指定的地方卸货堆放，做到条块整齐划一，并按时吊运到施工作业现场。确保施工总平面图布置的实施，高效有序地利用辅助施工面积。

2）在场容场貌管理中，总承包商组建一支由各分包商参与组成的保洁队，负责工地的现场清理，每天两次对工地进行全面清扫，将散落的材料堆放整齐，给施工作业创造良好的工作环境，消除事故苗头和火灾隐患。分包必须对所施工区域按总包的要求进行场容场貌管理。

7 质量控制和保证措施

7.1 质量控制体系（图 7-1）

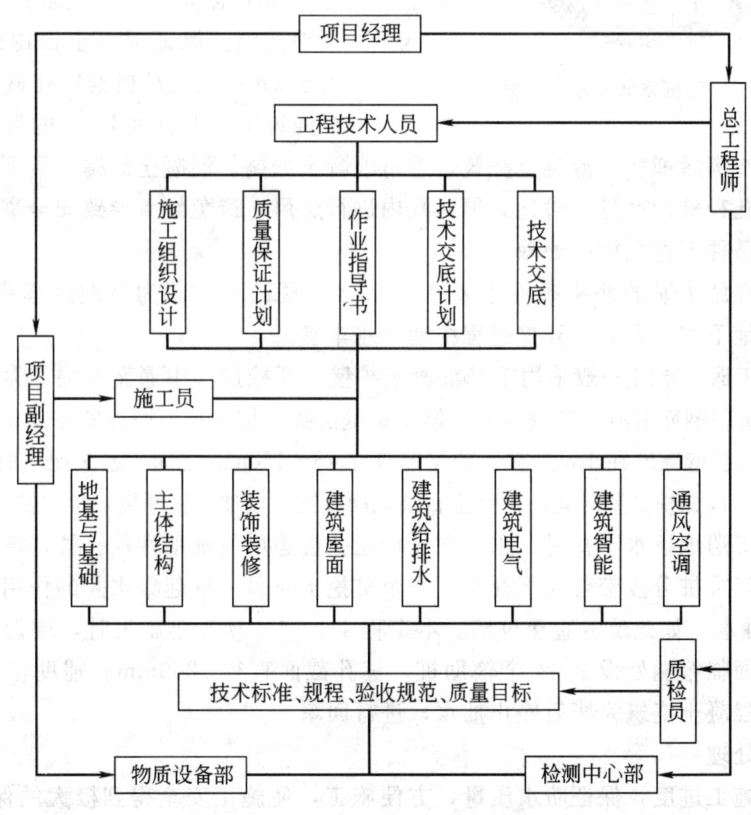

图 7-1 质量控制体系图

7.2　质量保证技术措施

7.2.1　地基与基础工程

（1）基础施工阶段，场区内做好有组织排水，设置排水井，配置足够数量的抽水泵，及时将水排出施工场区，排水组织见排水平面布置图（略）。

（2）挖孔桩施工遇地下水丰富时，采取增设辅助性挖孔桩。

（3）为确保基础持力层及有效嵌岩深度满足设计要求，工程部、技术部相关人员认真分析地勘资料，加强与地勘单位的联系，经常请地勘部门人员作专业技术指导。

（4）基础插筋施工时，必须采用钢管搭设定位固定架，严格按技术措施操作，避免插筋移位。

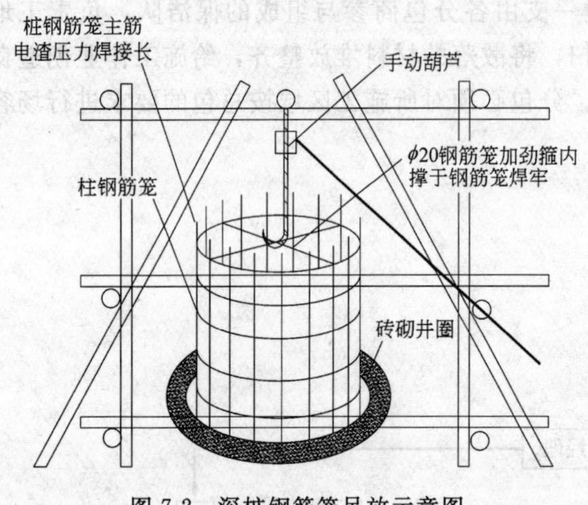

图 7-2　深桩钢筋笼吊放示意图

（5）深桩钢筋、混凝土施工方法

由于 4-5 楼挖孔桩比较深，普遍为 20～25m，桩钢筋笼不能一次成型放入桩孔内，必须边往桩内放边绑扎，因此，对深桩钢筋笼的吊放采用手动葫芦进行，竖向钢筋接长采用电渣压力焊，具体如图 7-2 所示。

深桩的混凝土浇筑：混凝土采用泵送，施工前将泵管前端采用软管接长伸入桩孔内，保证混凝土自由跌落高度不大于 2m；施工员根据桩孔截面先算出每个浇筑层（不超过 1m）的混凝土量，每一层段混凝土浇满后即暂停混凝土浇筑，进行混凝土振捣。混凝土振捣人员下井时必须拴好安全绳，小孔径桩深度过大时还必须对孔内进行送风，避免缺氧导致安全事故。

（6）恶劣条件下挖孔桩的处理

本工程挖孔施工时的恶劣条件主要在 4-4、4-5 楼：一方面为开挖过程中遇淤泥层；另一方面由于地下水位升高，开挖过程中地下水丰富。

挖孔桩施工遇土层时一般采用钢筋混凝土护壁，开挖过程中遇淤泥层，为防止淤泥塌陷，采取降低每层钢筋混凝土护壁高度、增加护壁次数、加大护壁厚度的方式予以解决。如一般挖孔桩一次护壁高度在 1m 左右，护壁厚度在 75～150mm 之间，遇淤泥层时，每次护壁高度设为 0.5m，以加快护壁时间；护壁土石超截面开挖，增加护壁厚度，提高护壁承载力。

挖孔桩施工遇地下水丰富时，采取在设计挖孔桩边增设辅助性挖孔桩，该辅助桩在地下水丰富层与正式桩分段交替向下开挖，一个桩挖土时另一桩起集水井的作用，设置管径 ϕ75 水泵进行抽水，如此反复直至桩底。本工程 4-4、4-5 楼基础施工时，增设辅助性挖孔桩，每栋楼北面临箱涵处设 2～4 个辅助桩，桩孔截面直径 1200mm。辅助桩按正式桩施工，待正式桩混凝土浇筑完毕后停止抽水，进行回填。

（7）边坡处理

可以加快施工进度，保证防水质量，方便施工，使施工安全得到极大的保证，所以，必须对周边土层边坡进行处理。可采取以下两种方式：

1）边坡支护

针对4-3楼建筑物南侧10m多宽区域内基础位于高斜坡上，高差达12m多，且属回填土层，自然条件恶劣、施工难度大的特点，挖孔桩施工前，先将该部位采取机械大开挖，使该部位陡坡地带形成多级台阶，如图7-3所示。

2）土钉支护

H—U/1—5轴区域在现有坡面上设置土钉墙支护，坡底设置引水沟，坡面设置混凝土护面。H—J/1—4区间渗水跨塌区采取机械大开挖清淤，设置混凝土引水槽。

土钉墙设计：土钉长8m，间距为1.5m×1.5m，与水平面夹角为15°；土钉钢筋为ϕ22钢筋，锚孔成菱形布置，间距为1500mm×1500mm，孔径80mm；注浆材料采用1：1水泥砂浆；喷射混凝土面层为80mm厚C20混凝土，内配ϕ8间距200mm双向钢筋，如图7-4所示。

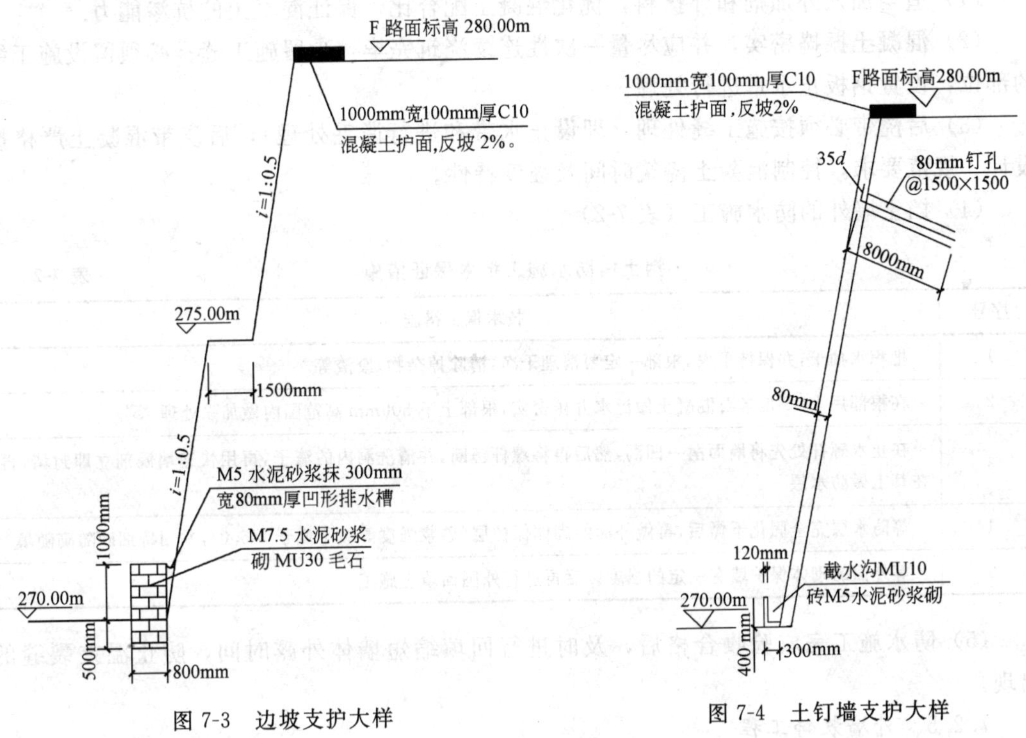

图7-3 边坡支护大样　　图7-4 土钉墙支护大样

7.2.2 钢筋工程

（1）钢筋的绑扎与安装。钢筋绑扎安装完毕后，根据设计图纸，重点检查如表7-1所示几项。

钢筋绑扎与安装重点检查项表　　表7-1

序号	重点检查项	序号	重点检查项
1	规格、型号是否正确	6	梁筋是否顶角，有无梁筋伸入板内
2	直径、根数、间距、排距是否正确	7	钢筋绑扎是否牢固，有无松动、变形现象
3	负筋的位置、长度是否正确	8	钢筋表面是否有油漆、油垢污染和颗粒状铁锈
4	钢筋接头的位置是否符合现行规范要求	9	板筋绑扎是否顺直、均匀
5	混凝土保护层是否在偏差控制范围之内	10	滚压直螺纹连接丝头是否盖好保护套

(2) 混凝土施工时，派责任心强的护筋人员随时将变形钢筋恢复成原状，在混凝土收光前，将钢筋上提，保证钢筋保护层厚度。

7.2.3　模板工程

(1) 针对走模、胀模和梁柱接头不正、不直等质量通病，施工前由施工员制定详细的作业指导书，明确各节点配模大样图，并向作业班组进行有针对性的施工技术交底。

(2) 施工时严格控制好楼板模板质量，拼缝用双面泡沫胶，达到清水混凝土要求（尤其要注重结构板的平整度和模板拼缝的质量），做到顶棚不需抹灰而直接刮腻子即能满足业主要求。

(3) 为保证模板不变形，增加周转次数，保证混凝土浇筑时不露浆，整个工程砌体填充墙拉结筋采取后锚固方式（植筋）。

7.2.4　地下室车库挡墙防渗漏、防水工程

(1) 适当加入外加剂和外掺料，优化混凝土配合比，保证混凝土的抗渗能力。

(2) 混凝土振捣密实，并应尽量一次性连续浇筑完毕，少留施工缝；必须留设施工缝的部位，设置钢板止水带进行处理。

(3) 后浇带必须按施工缝处理（埋设止水带和进行凿毛处理），后浇带混凝土严格按设计、规范要求，控制混凝土浇筑时间及强度特性。

(4) 挡土墙外的防水施工（表7-2）

挡土墙防水施工技术保证措施　　表7-2

序号	技术保证措施
1	把积水抽干，并保持干燥，根部一定要清理干净，清除掉杂物、废渣等
2	在根部用1：2瓜米石混凝土做泛水并压密实，根部上下500mm高范围内做加强处理
3	在止水螺杆处先将墙面凿一凹洞，然后再将螺杆锤断，并清洗洞内的渣子，再用快速堵漏剂立即封堵，再在其上做防水层
4	等防水层完全固化干燥后，再做外面的砌体保护层（砂浆强度等级不低于M5.0），并用特细砂随砌随填
5	等外面的砌体保护墙有一定的强度以后再进行外围回填土施工

(5) 防水施工完成验收合格后，及时进行回填缩短墙体外露时间，防止温差裂缝的出现。

7.2.5　外墙装饰工程

(1) 外窗防渗漏（表7-3）

外窗防渗漏技术保证措施　　表7-3

序号	技术措施
1	所有的外墙窗户的窗台一定要设置60mm厚（横向3ϕ6，短向ϕ4@200）的C20混凝土压顶
2	选用连接方式可靠，制作质量符合标准规定，使用性能符合气密性、水密性及抗风压等技术要求的窗户
3	窗框与洞口墙体间连接固定符合规范要求。缝隙内用柔性材料塞填密实，在填塞时，应在缝隙外侧用木条临时封缝，从室内向室外填塞，直至槽内饱满密实，外口基本平整方可取走木条。然后在室外用密封胶封严，所用密封胶的应与型材具有相容性
4	窗台应做不小于15%的向外坡度，窗楣做滴水槽、滴水线

(2) 外墙防渗漏

进行外墙饰面砖专项设计，并绘制节点大样图。对窗台、檐口装饰线、雨篷、阳台和落水口等墙面凹凸部位，必须采取防水和排水措施。

1) 外墙脚手眼的封堵：在外半砖部位留作填干硬性水泥砂浆（水泥中掺入少量砂，再加水搅拌均匀，配置成干硬性水泥砂浆。水泥与砂子的比例以 1∶0.2 为宜（质量比），水的用量以手攥能成团、松开即散开为佳），并用小抿刀（或小木方）捣实。

2) 外墙的对拉螺杆洞的封堵：由专人用干硬性水泥砂浆进行两面封堵。

3) 找平层施工缝处理：外墙装饰本应是一个整体，但当无法避免留设施工缝时宜留"反槎"，以有效地防止施工缝部位渗水。接槎时，槎口和墙体反复浇水湿润，水浸入深度 10mm 且表面无明水方可抹灰。

"反槎"的具体做法如下：在一个操作层抹灰施工完毕以后，用 2m 长铝合金刮尺垂直水平压在欲留槎的部位，然后用铁抹子沿直尺下沿或一侧，将多余的砂浆切掉；在切除砂浆时，铁抹子尖应略向上或向尺身下挠斜，将斜槎切成 60°左右，形成反槎，如图 7-5 所示。

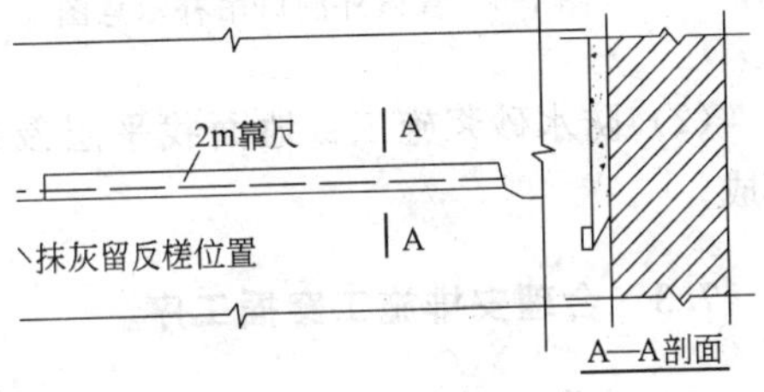

图 7-5　外墙抹灰留反槎示意图

(3) 外墙涂料

分色界面处处理：所有分色界面采取先弹线粘胶带后刷涂料的方式，施工过程中，施工员严格把关。在最后一道涂料工序完成一天后，撕除胶带，以免对墙体和窗框造成污染。

7.2.6 厨房、卫生间和阳台防水

(1) 管道处洞口吊补：洞口吊补后做到防渗、防滴、防漏、防跑。

此部位的防水措施，结构层上的防水层处理固然重要，但结构自防水才是重中之重。而吊洞又是结构自防水的关键，为做好此道工序，项目上派专人管理，并严格按如下程序执行：

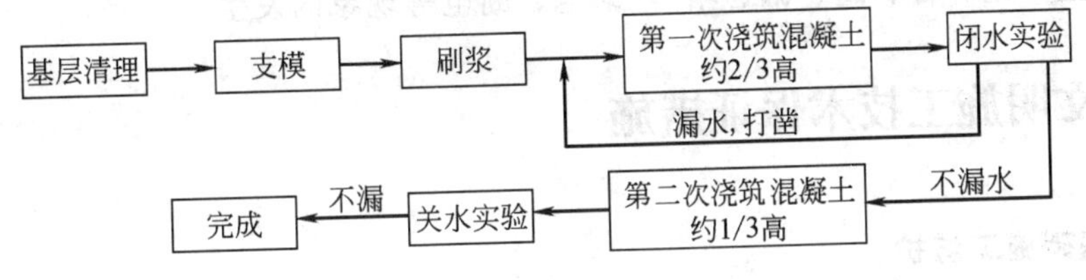

1) 基层清理：清理楼面、顶棚及屋面结构层，把洞口周围的混凝土凿成"V"字形，并用清水冲洗干净；

2) 支模：用加工成型的配套模板支模，并检查有无缝隙，确定无缝隙后固定，经项目部检查，符合要求后方可刷浆及浇筑混凝土（见图 7-6）；

3) 刷浆：在冲洗干净后的混凝土结构基层上满刷素水泥一道；

4) 浇细石混凝土：用 1∶1∶3（水泥∶砂子∶石子）混凝土（内掺水泥用量 10%的膨胀剂）浇筑洞口，混凝土要略干一点，并搅拌均匀。第一次浇筑板厚的 2/3，第二天待混凝土硬化后，并清理基层，刷浆后再浇筑混凝土，使混凝土面略高于原混凝土结构面；

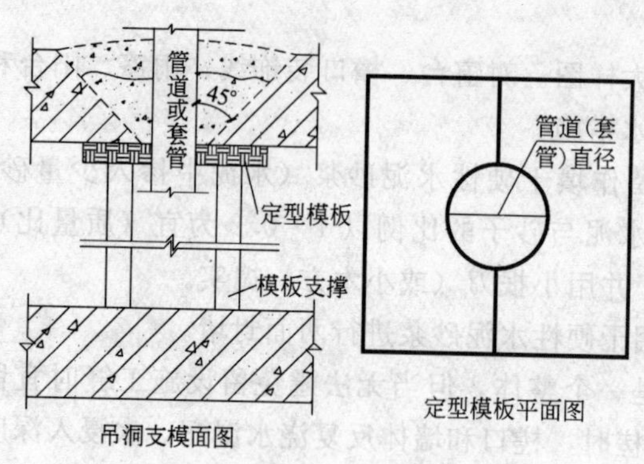

图 7-6　管道外洞口吊补示意图

5）检查：待混凝土完全硬化后，用水泥砂浆筑圈灌水检查，如有渗漏，立即返工；

6）完全完工后，关水 48h，保证水位最浅处 30mm 深。施工班组自检后，由项目部复查，并及时报请监理公司进行灌水隐检。

厨房、卫生间及屋面水电管道吊补后，确保做到结构闭水无一处渗漏，再加上结构层上防水层的施工，使其达到防水双保险。

（2）防水砂浆施工：地面找平层及内墙底部高 300mm 内，须用防水砂浆一次涂抹完成。

7.3　合理安排施工穿插工序

（1）安装的线盒和配电箱等应在内墙大面积抹灰前，由项目土建人员提供建筑 1000mm 标高线和内墙抹灰的厚度。电工按照土建人员提供的条件，按设计标高和位置安装完毕。最后由抹灰工一次性收口即可，既美观又省工节料。

（2）对于公共部分有安装管道的阴角部位，先进行抹灰工序操作，待抹灰工序施工完毕以后，再进行腻子、涂料的施工，最后进行管道的安装施工。以防安装管道以后，不方便进行抹灰和涂料施工。

（3）卫生间、厨房、阳台和屋面等部位防水层施工作业完成后，对防水层逐个全数做 48h 以上蓄水实验，确定全部合格、不漏水以后，再进行下道工序的施工。

（4）水暖、卫生洁具、电器安装工程严格按照设计要求和施工验收规范规定做通水、通球实验，绝缘电阻、接地电阻测试，通电安全检查等工作，不能盲目交付使用，致使安装有可能发生“跑、冒、滴、漏、堵”，漏电、断电等现象的发生。

8　安全文明施工技术保证措施

8.1　基础施工防护

（1）基础人工开挖土方前，先做好排水、降水措施，对周边边坡部位采取有效防护措施。

（2）土方开挖完成后，在基坑四周设置安全防护栏杆，安全防护栏杆高 1.2m，沿地设 200mm 高踢脚板（图 8-1），一直到基坑回填时才能拆除基坑防护栏杆，基坑边严禁堆放任何物品。

（3）挖孔桩施工时，地面桩孔 1m 范围内清理干净，不得堆放石块，防止石头滚入井内伤人，井内作业人员必须戴好安全帽。井孔设置方形钢管护栏，护栏除出渣一侧外，其他三面用密目安全网进行封闭。一方面作为井口护身栏杆，另一方面作为雨天作业时搭设

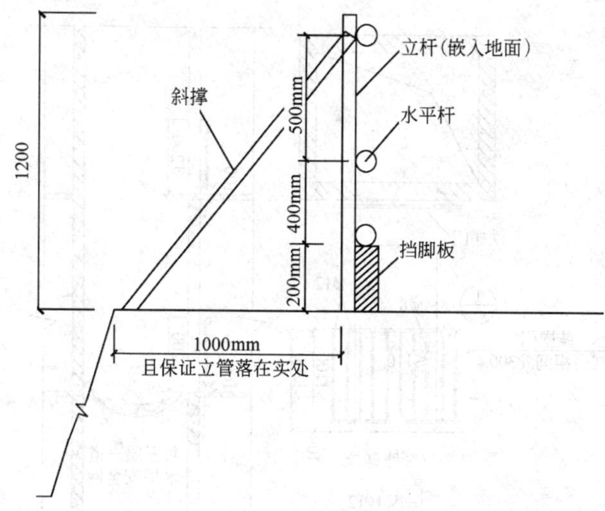

图 8-1 基坑边防护栏杆大样

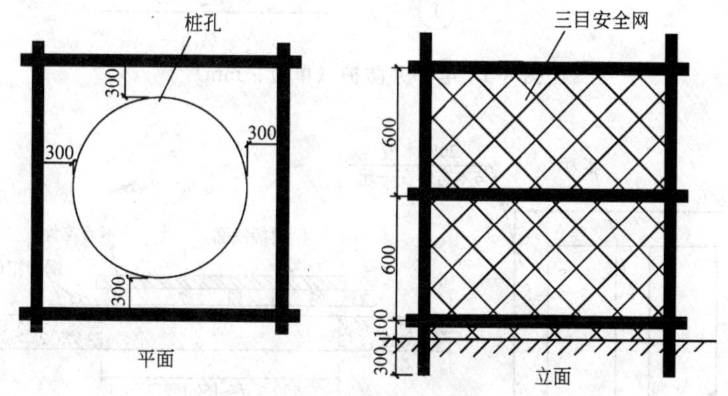

图 8-2 桩口安全架搭设

的雨篷架子；此外，还必须满足作为辘轱架的强度要求（图 8-2）。

（4）针对基础土方施工时各种用电设备多且设备均为作业队自备的特点，电工加大安全用电巡视力度。所有用电设备均需通过项目部安全检测，如漏电保护检测、接线、插头是否满足相关规范规定，其防护装置是否完好、有效等，检测合格后才能使用。

8.2 “四口”、“五临边”防护

（1）施工现场通道附近的各类洞口与坑槽等处，设置防护设施、安全标志、夜间警示红灯。

（2）电梯井口设固定栅门；电梯井道每隔 3 层且最多隔 10m 设一道安全水平网（严禁使用立网代替）进行封闭，如图 8-3。

（3）预留洞口的安全防护，如图 8-4 所示。

1）楼板、屋面和平台等面上短边尺寸小于 250mm 的洞口，采用单根木方作固定撑、面上钉模板的方式覆盖，模板面用白色油漆喷底、红色油漆喷设警告标识。

2）楼板面等部位边长为 250～500mm 的洞口，采用两根木方作固定撑、面上钉模板

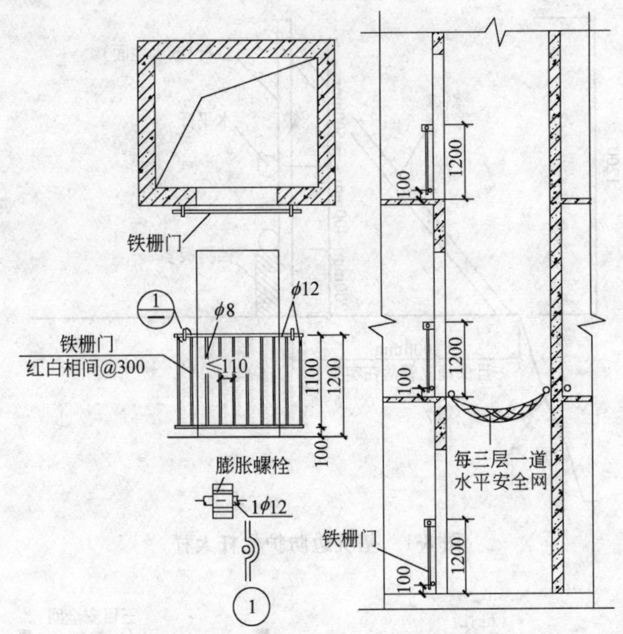

图 8-3　电梯井防护（单位：mm）

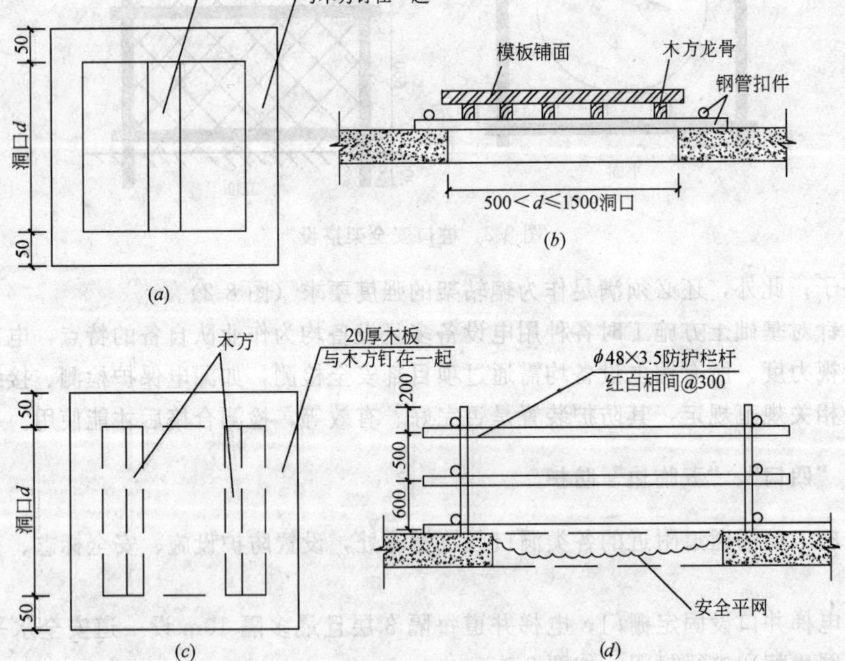

图 8-4　预留洞口安全防护图（单位：mm）

(a) 洞口 d≤250 防护；(b) 500＜d≤1500 洞口防护；(c) 250＜d≤500 防护；(d) 边长＞1500 洞口防护图

的方式覆盖，模板面用白色油漆喷底、红色油漆喷设警告标识。

3）边长为 500～1500mm 的洞口，用钢管扣件平铺设定位架，面上铺木方、粘胶合板。

4）边长为1500mm以上的洞口，四周设钢管扣件搭设的防护栏杆两道，洞口平面上张设安全平网。

(4) 楼层外临边采用钢制栏杆，栏杆距外边300mm，大样见图8-5；所有楼梯临边均设钢制栏杆，栏杆距梯步临边100mm，大样见图8-6。

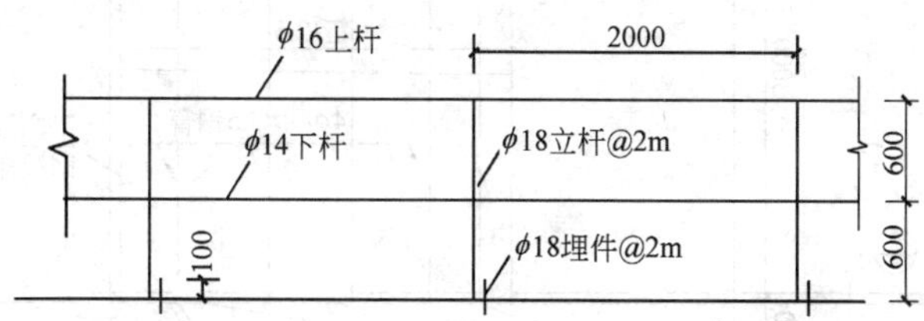

图8-5 楼层外临边栏杆正立面图（单位：mm）

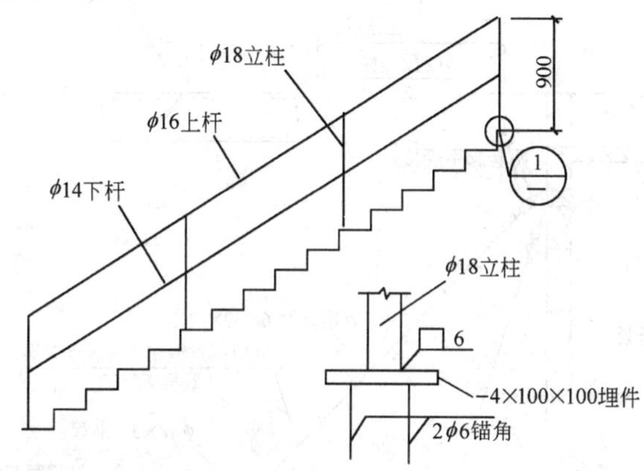

图8-6 楼梯梯步临边栏杆正立面图（单位：mm）

8.3 卸料平台的搭设

(1) 楼层卸料平台采用型钢制作，两侧设防护栏杆，平台口设置安全门，禁止在临边危险部位停留和休息。

(2) 卸料平台与楼层边缘之间的空隙（外架部位）采用竹跳板满铺。平台底板及外围护采用花纹钢板封闭，出料口正面设1m宽空档；卸料台未使用时，楼层临边用钢管搭设栏杆进行封闭，禁止人员进入；卸料平台搭设见图8-7。

8.4 文明施工技术管理措施

8.4.1 文明施工管理制度和工作流程

(1) 管理制度

1）按照我公司《建筑工地文明施工管理条例》的要求对现场文明施工进行管理。项目部每半月进行一次自评，并将自评结果上报公司。公司每月进行一次现场综合考评，发现问题，责令项目限时整改，并进行跟踪检查。

2）强力实行我公司CI战略，树公司文明施工形象。

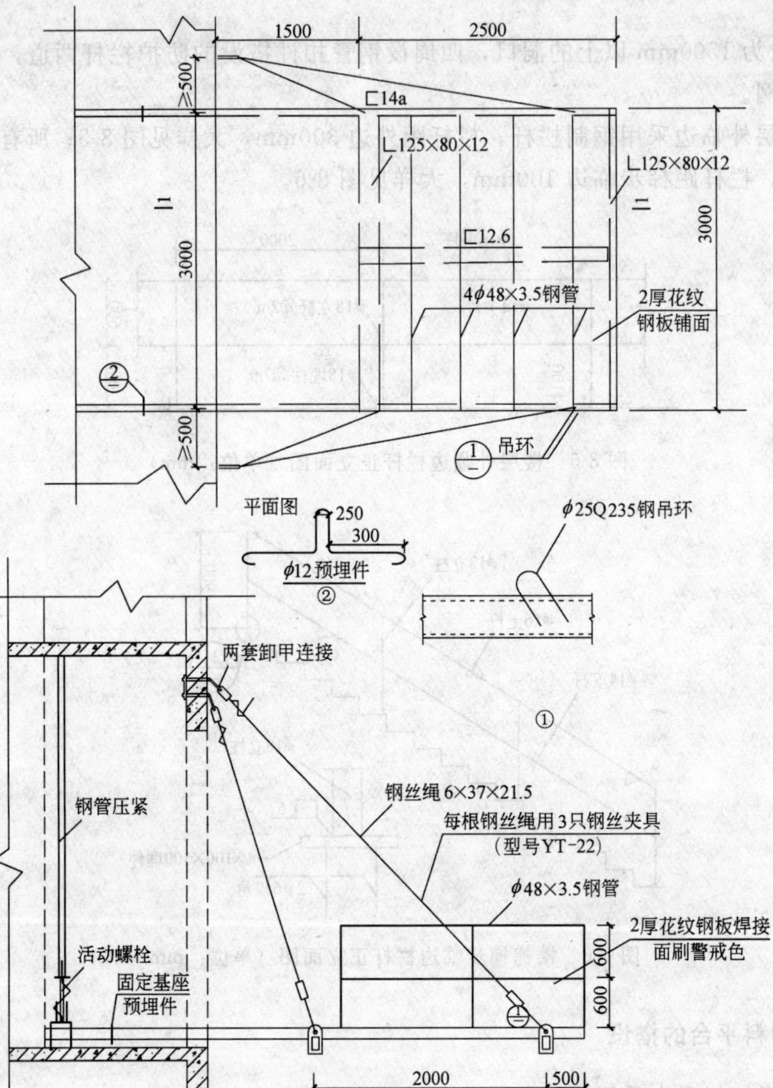

图 8-7　悬挑式钢平台（单位：mm）

3）现场施工设备要求整洁，挂设安全操作规程和岗位责任制告示牌。

（2）工作流程

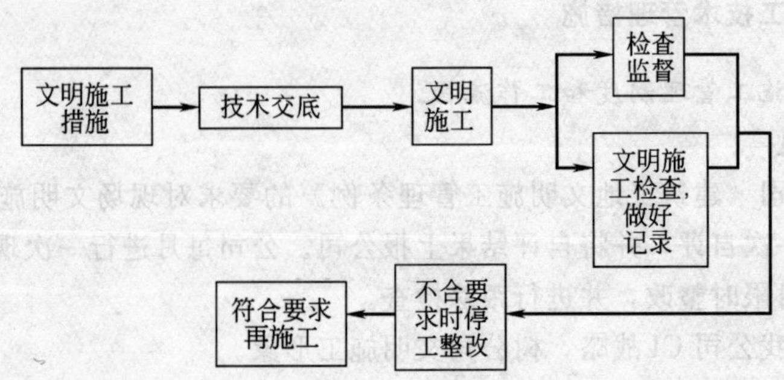

8.4.2 现场管理

(1) 设置文明施工小组，负责现场文明施工管理，项目经理任组长，成员由4名技术管理人员和6名班组长组成，分工明确、责任到人。

(2) 公司与项目部、项目部与劳务队伍、劳务队伍与班组长层层签订文明施工协议，明确目标与责任，使每天的工作、每一工种、每一分部、分项工程都做到工完场清。

(3) 现场办公室做到整洁、清爽，墙上挂有岗位责任制告示牌，施工总平面图，施工总进度计划，晴雨表。各类图纸、资料文件分类编号存放，并由专职资料员妥善保管，各种记录准确真实，字迹工整清楚。

9 环境管理措施

9.1 项目环境管理组织机构（图9-1）

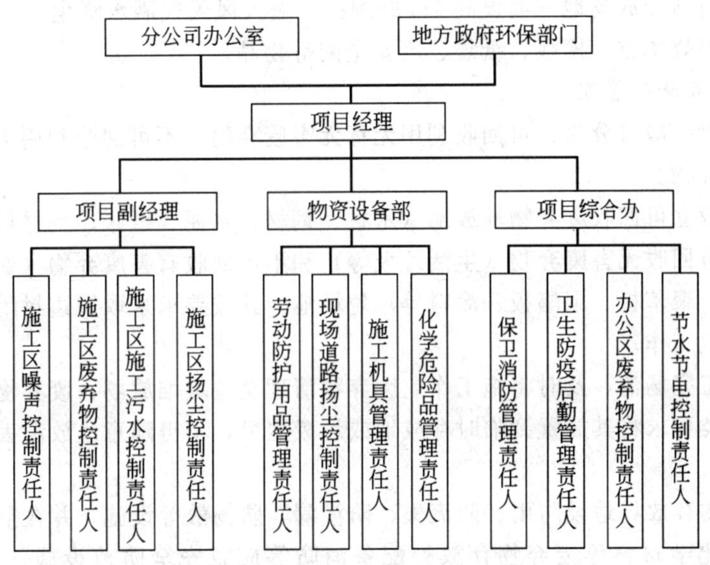

图9-1 项目环境管理组织机构图

项目部非常重视施工现场和周边环境的保护，严格遵守国家、地方有关环境保护的法律法规，并有针对性地编写应对技术措施，控制施工现场的各种粉尘、废气、废水、固体废弃物以及噪声、振动对环境的污染和危害，将各危险源对现场的环境污染控制到最低程度。

9.2 技术保证措施

9.2.1 污水排放管理

(1) 开工前，项目经理部协助建设单位与市政管理部门进行联系，得到批准后，将现场的雨水管网、污水管网与市政相应管网相连，做到雨水、污水分别排放。

(2) 施工污水的最后出口处（搅拌机前台、泵管清洗污水、运输车辆清洗处）设立沉淀池，经过两次沉淀后的污水从城市雨水管网排出，定期清理沉淀池内的泥沙；基础施工阶段，雨水经集水井收集沉淀后由城市雨水管网排放。

(3) 施工现场设置专用的油漆、油料库，油库内严禁放置其他物资，库房地面和墙面(由地面向上返 25cm 内) 要做防渗漏的处理，储存、使用和保管要由专人负责，防止油料跑、冒、滴、漏，污染水体。

9.2.2 粉尘排放管理

(1) 采用封闭式货车运输土方、水泥、砂、石等材料。严禁超载运输，及时处理意外原因产生的遗撒事件。

(2) 为避免运土车发生遗撒，指定专人负责将运土车上的土拍实，扫除多余泥土，防止遗撒，并在出口处铺垫地垫，防止泥土被带出。

(3) 在大门出口处设冲洗池和沉淀池，对驶出车辆，指定专人负责冲洗清车轮等污染部位。

(4) 对主要进出道路硬化，派专人定时对路面清洗；对于裸露场地临时绿化或视具体情况进行洒水降尘处理。

(5) 砂、石料堆放场地三面设高 1m 的围挡，遇大风天气洒水降尘。

(6) 严禁燃烧木方、模板、纸袋、废安全网等物品。

9.2.3 废弃物的管理

(1) 废弃物一般可分为：可回收利用无毒无害废弃物、不可回收利用无毒无害废弃物和有毒有害废弃物。

(2) 现场设立可回收废弃物堆放地（木材、钢材、水泥、纸张、空材料储存桶、废密目网等）和不可回收无害废弃物（生活垃圾等）和不可回收有害废弃物（变质过期的化学稀料、油漆桶、聚苯板、聚酯板、涂料等）垃圾池，并按要求采取周边封闭措施，做好废弃物的分类收集工作。

(3) 做到工完场清，及时将施工作业废弃物清理至垃圾堆放场，废弃物产生后，产生单位人员按分类要求将其放置到临时存放地或垃圾池里，不得随意乱放乱丢，违者给予经济处罚。

(4) 废弃物存放场地设防雨、防流失、防渗漏、防扬散等设施，并在空机油桶、柴油桶、废弃易燃化学材料等废弃物存放处配备消防等应急安全防范设施，且设有醒目的标识。

10 经济效益分析

本项目单位工程多、施工难度大、工程质量要求高、工期短，根据工程特征，结合项目管理人员实际情况及企业实力，项目部以保证工程质量、确保工期、创造最大利润为前提，制定了一系列的管理制度和施工措施，略举其中几个予以说明。

10.1 分区管理

项目部根据工程实际情况，将工程分为三个片区，每片区设一个执行经理，配备 3～4 个专职施工员，既明确了责任人，又加强了工作的执行力度，有利于确保工程进度计划的实施，有利于确保工程质量，有利于材料控制，减少材料浪费，降低材料损耗。

10.2 施工技术措施

(1) 4-2、3、4、5 栋为高层住宅，外架投影面积约 2000m^2，如采用双排钢管脚手架，为节约钢管、扣件，必须多次搭拆，多次发生人工费；如一次性搭拆，则钢管扣件投入太多，租金大大增加，材料损耗量增加。经综合考虑，采用自升降式爬架，易施工、易维护，减少材料投入，减少人工费，节约成本，按一次性搭设双排脚手架计算，每栋架管、扣件租金约 27 万元，人工费 14 万元，合计 41 万元，还没考虑损耗。采用自升降式爬架每栋 31 万元（包括安全文明施工奖），节约 10 万元。

(2) 车库单层面积约 1 万 m^2，如一次性施工，周转材料投入太大、劳动力需用量大，施工难度大，结合实际情况，将车库分成多个区，组织流水施工，这样容易组织劳动力，周转材料投入少，工程质量也好控制。车库施工是在几栋高层主体封顶后，车库梁全是井字梁，板的净空尺寸小，使用新模板浪费大，根据实际情况，车库梁板模板采用旧模板、碎模板拼装，增加点人工费，但减少材料投入，节约成本，如果车库主体结构提前或与几栋高层同时施工，最少要多投入模板 10000m^2，木方 195m^3，即多投入约 60 万元。

(3) 住宅楼竖向结构全是短肢剪力墙，为了控制结构尺寸、降低模板损耗、增加模板及对拉螺杆周转次数，对模板工程采取了多项措施，对拉螺杆采用高强螺杆、模板阴角采用镀锌薄钢板连接，高强螺杆完工后完好率达 90%。

(4) 车库单层面积约 1 万 m^2，长 168.5m，宽 104m，垂直运输机械必须装两台，这样虽然有利于施工，但机械费大增，根据实际情况，车库不单独装垂直运输机械，可利用与车库相连的两栋住宅的塔吊，虽然有部分位置的材料不能一次运输到位，项目部可采取给劳务队补贴部分材料二次转运费的方法，从而节约了机械费。

(5) 加强质量控制，节约不必要发生的费用，如严格控制模板的平整度、刚度，混凝土的浇灌质量，确保顶棚不抹灰，节约顶棚抹灰每 m^2 直接费 5 元。

(6) 严格控制结构尺寸、标高，混凝土浇筑过程中严查商品混凝土进场量、杜绝浪费，节约定额规定的混凝土 2%的损耗和钢筋占用的体积量 3%的混凝土。

(7) 水平钢筋搭接尽量采用闪光焊、帮条焊，节约搭接钢筋量，节约搭接范围内箍筋量，减少钢筋损耗，据不完全统计，每 m^2 可节约钢筋 1kg。

10.3 安全文明施工管理

工程开工前，项目部制定健全的安全文明施工管理制度，明确目标，设置专项安全员，责任落实到人，加强管理力度。通过全体管理员工及劳务人员的共同努力，项目部多次获得甲方、监理和相关政府职能部门的好评，也得到了多项奖励。本工程未发生死亡、重大工伤事故，既减少了不必要的开支，也赢得了荣誉，达到了双丰收的效果。

第十四篇

清华大学大石桥学生公寓研究生公寓C01—C02工程施工组织设计

编制单位：中建六局三公司

编 制 人：李冬梅　高菲菲　边洋　熊菊萍　郭颖

审 核 人：王永刚

［简介］ 本工程总建筑面积为67541m²，工程量大、结构质量、装修标准高，工程业主要求工期为429d，时间比较紧张。由于需要经历一个冬期和两个雨期，势必会对工期产生一定影响，因此，将主体结构施工工期作为重点控制；同时，在施工中做好机电安装与装修工程的交叉施工，通过合理有效地组织人、材、物的投入，精细科学地对工程施工进行部署、组织、协调，工期可提前完成。

目　　录

1 工程概况

1.1 工程建设概况

工程名称：清华大学大石桥学生公寓研究生公寓 C01—C02 工程；

工程地点：清华大学大石桥北围墙外；

建设单位：清华大学北区校园建设办公室；

设计单位：同济大学建筑设计研究院；

工程性质：民用；

工程质量：合格，争创“结构长城杯”；

总建筑面积：$67541m^2$；

建设工期：429d；

开工日期：2003 年 7 月 1 日；

竣工日期：2004 年 9 月 1 日。

1.2 工程结构设计概况（表 1-1）

结构设计概况一览表　　**表 1-1**

基础性质	类　别	箱形	埋　深	－5.65m
	设计等级	乙级	人防等级	5 级
场地类别	Ⅲ类		抗震设防类别	丙类，8 度设防
抗震等级	框架梁、柱	二级		
	剪力墙及连梁	框剪结构	一级	
		剪力墙结构	二级	
结构形式	K、P 区为钢筋混凝土框剪结构，其他为钢筋混凝土剪力墙结构			
耐火等级	二级		安全等级	二级
混凝土强度等级	地下结构	地下室底板、外墙	墙	C30
			梁、板、柱	C30
			抗渗等级	P6
		地下室（除底板、外墙外）	墙	C30
			梁、板、柱	C30
	地上结构	框剪结构	墙	C35
			梁、板、柱	C35
		剪力墙结构	墙	C30
			梁、板、柱	C30
钢筋	HPB235 及 HRB335 钢筋			
填充墙	±0.00 以下		页岩煤矸石砖，M5 水泥砂浆砌筑	
	±0.00 以上外墙		陶粒砖，M5 混合砂浆	
内隔墙	陶粒空心砖，M5 混合砂浆			
建筑功能	地下层为人防及技术层，底层为车库，一至十四层为学生公寓			

1.3 工程建筑设计概况（表 1-2）

工程建筑设计概况一览表 表 1-2

总建筑面积	67541m²				
层数	地下 1 层，地上 14 层				
建筑高度	檐高		46.17m		
室内外标高	±0.00 绝对标高		42.65m	室外地坪相对标高	－0.65m
层高	技术层		2200m	地下人防工程	3500m
	底层车库		2200m	一至六层	2900m
	七层		3300m	八至十三层	2900m
	顶层		3300m		
建筑防水	屋面防水		1.5mm 厚氯化聚乙烯—橡胶共混卷材与硅橡胶防水涂料组合防水		
	卫生间 厨房 洗衣房		1.5mm 厚聚氨酯涂膜防水		
	地下室底板、外墙防水		1.5mm 厚三元乙丙—丁基橡胶防水卷材		
内装饰	地下层	普通用房	细石混凝土地面、防火型乳胶漆墙面、防火型乳胶漆顶棚、防护密闭门、密闭门、夹板木门		
		设备用房	细石混凝土地面、防火型乳胶漆墙面、防火型乳胶漆顶棚、木质乙级防火门		
		卫生间	铺地砖防水楼（地）面、釉面砖墙面、防火型乳胶漆顶棚、夹板木门		
	地面层	停车空间	细石混凝土地面、防火型乳胶漆墙面、防火型保温顶棚		
		设备用房	细石混凝土地面、防火型乳胶漆墙面、防火型保温顶棚、木质乙级防火门		
	一至十四层	设备用房	细石混凝土地面、防火型乳胶漆墙面、防火型乳胶漆顶棚、木质乙级防火门		
		走廊	铺地砖楼面、防火型乳胶漆墙面、矿棉吸声板暗龙骨吊顶、木质乙级防火门		
		楼梯间	铺地砖楼面、防火型乳胶漆墙面、防火型乳胶漆顶棚、木质乙级防火门		
		厨房 洗衣房	铺地砖防水楼面、釉面砖墙面、铝条板吊顶、夹板木门		
		寝室 储藏室	铺地砖楼面、白色乳胶漆墙面、白色乳胶漆顶棚、矿棉吸声板暗龙骨吊顶、夹板木门		
		活动厅	铺地砖楼面、白色乳胶漆墙面、矿棉吸声板暗龙骨吊顶、夹板木门		
		阳台	铺地砖阳台楼面、彩釉面砖墙面、丙烯酸防水涂料墙面、白色乳胶漆顶棚、铝合金门连窗		
		所有卫生间	铺地砖防水楼面、釉面砖墙面、铝条板吊顶、夹板木门		
	保温	一层地面	50mm 厚聚苯板，用聚合物砂浆粘贴在混凝土楼板下面，纵横间距 500mm，用塑料胀钉固定，外贴玻璃纤维网格布增强保温性能，再做防火型平顶面层		
		屋面	120mm 厚水泥聚苯颗粒板粘贴在混凝土屋面板上		
		墙体	本工程采用外墙内保温。60mm 厚浇筑水泥增强石膏板聚苯复合板，外贴玻纤网格布增强保温性能		
	屋面形式	平屋面	A. 防滑地砖面层屋面 B. 架空板屋面（不上人） C. 非架空屋面（不上人）		
外装饰	外墙		白色外墙涂料和米色系列面砖贴面		
	散水		广场砖散水		
门窗	黑色静电喷涂铝合金窗，木门，甲、乙、丙级防火门，铝合金门，人防门窗，固定窗				
环境保护	避免修饰施工对周围环境影响				

1.4 工程人防设计概况（表 1-3）

工程人防设计概况 **表 1-3**

<table>
<tr><td>功能</td><td colspan="6">本工程为民防工程，平时为招待所及相关人防设备用房，战时为 5 级人员掩蔽所，该工程位于清华大学学生公寓 C01—C02 号主楼地下室</td></tr>
<tr><td rowspan="10">面积</td><td colspan="6">地下室总建筑面积 4318.19m^2</td></tr>
<tr><td colspan="2">人防建筑面积</td><td>3558.30m^2</td><td colspan="2">非人防建筑面积</td><td>759.89m^2</td></tr>
<tr><td colspan="2" rowspan="6">人防分区面积</td><td>分区 A 建筑面积</td><td colspan="2">789.21m^2</td><td>掩蔽面积：359m^2</td></tr>
<tr><td>分区 C 建筑面积</td><td colspan="2">543.02m^2</td><td>掩蔽面积：220m^2</td></tr>
<tr><td>分区 D 建筑面积</td><td colspan="2">660.88m^2</td><td>掩蔽面积：201m^2</td></tr>
<tr><td>分区 E 建筑面积</td><td colspan="2">548.44m^2</td><td>掩蔽面积：220m^2</td></tr>
<tr><td>分区 G 建筑面积</td><td colspan="2">491.90m^2</td><td>掩蔽面积：196m^2</td></tr>
<tr><td>分区 H 建筑面积</td><td colspan="2">524.85m^2</td><td>掩蔽面积：128m^2</td></tr>
<tr><td colspan="2" rowspan="2">非人防分区面积</td><td>分区 B 面积</td><td colspan="3">383.62m^2</td></tr>
<tr><td>分区 F 面积</td><td colspan="3">376.27m^2</td></tr>
<tr><td rowspan="2">墙厚</td><td>外墙</td><td>350mm</td><td>窗井外墙</td><td>350mm</td><td>临空墙</td><td>350mm</td></tr>
<tr><td colspan="2">密闭门所在墙体</td><td colspan="2">250mm</td><td>其他墙体</td><td>200mm</td></tr>
<tr><td colspan="3">人防顶板标高</td><td colspan="4">−1.40m</td></tr>
</table>

1.5 专业设计概况

1.5.1 电气工程概况

（1）配电系统：电源由学校变电所采用低压电力电缆埋地引来，电缆埋地方式为引双路电源至楼内总配电间，再采用下出线方式至强电井。

（2）照明系统：本工程设有普通照明和应急照明，普通照明主要选用荧光灯和节能灯，应急照明为在各层疏散走廊及疏散楼梯处应急疏散指示灯，由集中不间断电源 UPS 供电。

（3）动力系统：本工程动力系统中主要有电梯、生活泵、排污泵、人防动力，排烟机等动力设备都设常备两路电源供电。

（4）防雷与接地系统：本工程主楼属三类防雷民用建筑，利用基础联合接地体，接地电阻不大于 1Ω。本工程电源保安接地。

（5）等电位连接：强弱电竖井内所有金属管道及设备外壳，给排水金属管道，做总等电位连接。各层卫生间、洗衣机房做局部等电位连接接地。

（6）通信系统：本工程在每个单元的底层设置通信交接和网络设备间（弱电间）。语音通信电缆由学校电信机房引来；数据通信光缆由学校计算机中心引来。

（7）综合布线系统：综合布线系统的拓扑结构为星型方式，由底层弱电设备间以放射式布线至每层配线间，每一套房均配置一个单孔语音终端。

（8）有线电视系统：有线电视系统的信号由学校有线电视网引来，传输网络由同轴射频电缆和分支分配器、放大器组成。

（9）火灾自动报警及消防联动控制系统：本工程为二类高层建筑，按二级火灾自动报警系统保护对象，系统形式为集中报警方式。

（10）安保监控及门禁系统：整个学生宿舍区设防盗监控及门禁系统中央控制室，在每幢学生公寓主入口大门内设 1 架摄像机。

1.5.2 设备工程概况

由给水系统、消防系统、热水系统、排水系统、采暖系统、通风系统及防排烟系统组成。

(1) 给水系统：本工程给水水源由校区内生活给水管供水至各楼人防、底层及地下水池，各楼采用水泵，屋顶水箱供水方式，水泵设于地下室水泵房内。

(2) 消防系统：本工程室外消防流量 20L/s，室内消防流量 20L/s；自动喷淋流量 14L/s。小区地下泵房内设有消防泵和喷淋泵，湿式报警阀设在各楼地下室泵房内。

(3) 热水系统：各楼设有热交换室，内有容积式热交换器，采用上行下给供水方式，机械循环。

(4) 排水系统：建筑内污废水分流，室外雨污分流，污水经化粪池后与废水一起排入校区污水管网。雨水采用外排系统，室外设置雨水口，各楼室雨水分别接入校区雨水管网。

(5) 采暖系统：本工程采暖系统除地下室外，均采用机械循环，上供下回，同程式供水，单管顺流式系统；地下室非人防区采暖系统采用机械循环，上供上回，异程式双管系统。地下室人防区采暖系统采用机械循环，上供上回，同程式双管系统。

(6) 通风系统：通风系统为平战结合方式，平时为招待所，通风方式为机械进风、机械排风；战时进行人防通风换气，通风方式为机械进风、超压排风。战时通风分别设清洁式、滤毒式、隔绝式三种通风方式。

(7) 防排烟系统：走道设置机械排烟系统，排烟量按走道面积最大层 $120m^3/(hm^2)$ 计算，排烟风机设置在屋顶，每栋楼的排烟量为 $30000m^3/h$。

1.6 自然条件概况

按业主的工期要求，2003 年 7 月～2004 年 9 月需要经历一个冬期和两个雨期。

北京地区雨期集中在 7～9 月份，冬期则在 11 月中旬至来年 3 月份。北京市气象部门统计资料如下：

年平均气温 12～13℃，一月份最冷，平均气温－4℃，年平均结冻期 80 余天，最大冻土深度 0.6m。

1.7 工程地质及水文条件

详见本场地地质勘察报告，工程编号为 2002 技 367。

1.8 地形条件

现场场地比较平坦，但是狭窄，而且临近已建学生公寓。

1.9 周围道路及交通条件

施工现场周围道路业主已修通。

1.10 施工临时用水用电

水电已引至施工现场附近。

2 项目组织与管理

2.1 工程项目管理的主要目标

根据本工程的特殊重要性，该工程项目的综合目标包括以下方面：

(1) 质量目标

工程质量标准符合国家标准，工程质量等级在结构上创“长城杯”。

(2) 工期目标

开工日期 2003 年 7 月 1 日，竣工日期 2004 年 9 月 1 日，总工期 429d。详见施工总进度计划，2004 年 4 月 10 日结构封顶。

(3) 安全目标

我单位采取了切实可行的措施和充足的投入，通过严格管理和有效的控制，杜绝重大伤亡事故、火灾事故和人员中毒事件的发生，轻伤频率控制在 3‰以内。

(4) 环境保护和文明施工目标

该工程在环境保护、文明施工和 CI 形象方面，是我单位的重点工程。我们严格按国家和北京市关于建筑工程施工的各项管理规定执行，加强施工组织和现场安全、文明施工管理，达到“北京市安全文明施工及环境保护达标工地”标准。环境保护实现“绿色工地、绿色建筑”，最大限度地保证社区环境的良好。

(5) 团结合作目标

积极、主动、高效为清华服务，急业主所急，想业主所想，处理好与业主、监理、设计、各专业分包以及相关政府部门的关系，使工程各方形成一个团结、协作、高效、和谐、健康的有机整体，形成合力，共同促进项目综合目标的实现。

2.2 项目管理

2.2.1 项目管理的思想

项目管理思想是企业经营思想在项目管理上的具体体现，项目管理思想是企业理想实现的基本保证。我们认真执行“成本—质量”管理，有效地组合资源，达到预期的目标。

2.2.2 项目管理体系

项目管理体系从纵向分为策划服务——→组织实施——→实际操作三个层次，实际上这三个层次的工作是通过公司——→项目经理部——→作业班组来实现的。

公司负责项目的前期策划服务，主要包括确定目标，配备资源，规范程序，使项目的目标清晰，责任清晰，这项工作是项目成功的关键与前提。

项目经理部负责组织实施，这也是项目管理的具体工作。项目经理部按照企业的项目管理思想，以成本控制为核心，按照程序标准化、工作人性化、管理科学化的要求，完成项目的管理目标。

作业班组负责实际操作，在实际操作中要做到样板引路，以工序控制节点为核心，严格奖惩。

通过三个层次的管理责任的落实来保证项目管理的实现，对本工程我们提出“标准要高、行动要快、质量要好、成本要低”的管理准则，创造出精品工程。

2.3 项目经理部的建立与组织机构

项目经理部的组织机构见图 2-1。

2.3.1 项目经理部的组建

工程中标后，我们立即组织项目经理部人员进场，按照《项目经理部组织条例》组建项目经理部，建立工程项目的管理体系。项目经理是我单位在项目上的全权代表，受法人委托行使项目管理权，在授权范围内负责项目的全方位、全过程管理，完成项目的各项管理目标，实现对业主的合同承诺。

2.3.2 项目经理部的职责

本工程人员选用和机构的设置充分考虑到本工程特点，项目经理部的主要职责为：

(1) 土建结构、水电安装、装修装饰各环节上的综合协调管理；

(2) 对各专业承包商所提供的服务，进行有效的控制；

(3) 在施工现场与工程设计师的沟通，与现场监理工程师、业主之间的协调与配合；

(4) 协调社会关系为现场施工提供保障；

(5) 适应总包管理的体制，为业主全方位服务。

2.3.3 主要管理措施

(1) 质量管理

按照企业质量管理手册的要求，编制本工程质量计划，建立质量管理机构，保证企业质量保证体系在项目内有效运行。项目根据工程质量计划、质量程序文件和作业指导书，编制出各阶段的质量目标和阶段性质量计划，对各工序和分项工程进行目标分解，编制分项工程施工技术方案，落实责任到人，使每个操作程序都处于严格的受控状态，达到过程精品的要求。

(2) 工期管理

本工程工期目标 429d。为保证该工程按期交付，我们精心编制了工程总进度计划，该计划中对各个节点工期进行了重点安排，具体详见施工进度计划部分。

本工程进行工期安排时，充分考虑了水电安装与装修的提前插入。在结构施工阶段，项目将由总工程师牵头，组成专门班子协助配合业主将装修作法及材料考查选定，落实设备选型、订货，适时插入安装及装修，达到了最终工期目标的实现。

(3) 安全管理

本工程的安全管理目标为杜绝重伤亡事故、轻伤事故频率控制在 3‰以下，项目要遵守《企业安全管理手册》和国家、北京市的有关安全管理规定，有针对性地制定本工程安全管理措施。

(4) 技术管理

根据施工特点，编制分项施工方案（基础、测量、水电、装饰、脚手架）。

(5) 资金管理

项目所有资金给予了充分的保证，项目资金做到专款专用，当业主资金出现短期困难时，企业将给予资金上的保证。

(6) 设备、物资管理

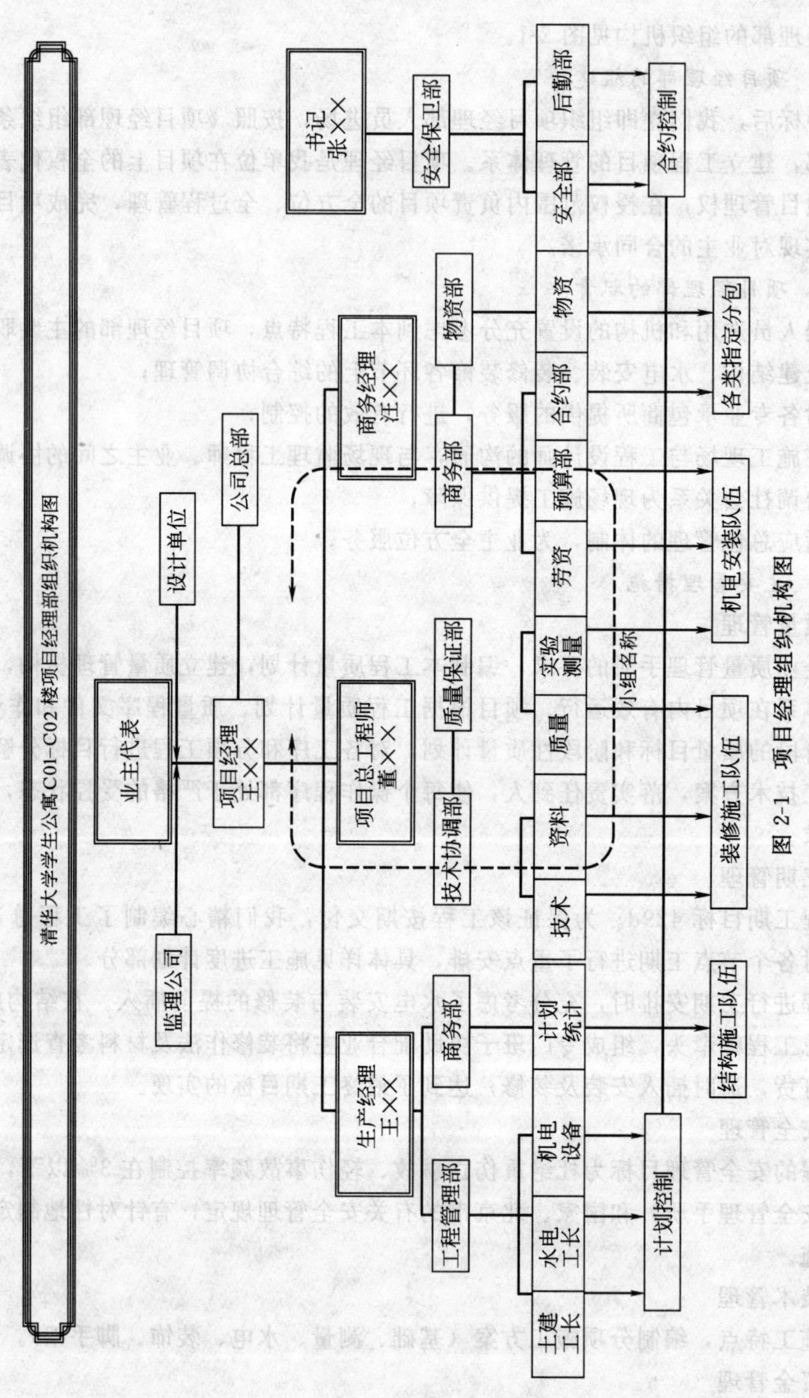

图 2-1 项目经理组织机构图

1）设备、物资的采购，由项目直接组织。这样真正做到了信息一体化，使设备、物资部门更加便利地为项目施工服务。本工程材料采购周期短、数量大、品种多，保证所有采购产品符合规定要求，采购订货的设备达到国家优质产品，保护业主的利益，以合理的价格采购最优的产品。

2）我们在多年的施工中，积累了广泛全面的市场信息和信誉良好的供应厂家的合作关系积淀，这些可保证物资采购的效率与质量。

（7）计算机项目管理信息系统，实现资源共享

我单位全面建立了项目管理信息系统，以项目局域计算机网络为基础，建立项目管理信息网络，实现高效、迅速、条理清晰的信息沟通和传递。信息系统不是众多信息堆积的载体，而是信息畅通的渠道，是提供项目决策依据的信息服务器，因此，信息系统为项目管理领导者提供丰富的决策依据，使项目管理领导者快速、准确、果断地进行决策；同时，向业主及时公布工程的进度、质量动态，提高工作效率，加快了工作进程。

3 施工部署

3.1 施工任务划分及分包管理

3.1.1 施工任务划分及分包计划（表3-1）

施工任务划分及分包计划一览表 表3-1

序号	负责单位	施工范围
1	总承包单位	土建工程（含降水）、给排水工程、电气工程、暖卫工程在图纸设计范围内的全部工程以及各种管线（管线均做到外墙外2.5m处，其中弱电工程中的电话、网络、有线电视、门禁、监控、消防系统只做埋管、穿带线）。本工程不包含的内容为室外工程
2	总承包对外部分承包单位	劳务清包
3	甲方指定分包单位	电梯工程

3.1.2 分包单位管理

（1）经理部及总部相关职能部门，对合格分包方以招投标形式择优选择施工队伍。

（2）对分包队伍审核“五证一书”，考察施工业绩及单位现状，满足要求的才可进场施工；同时，对分包单位进场后试工阶段的施工能力进行考核记录，若实际施工能力与其资质不符，不能满足对工期质量的要求，应坚决予以清退出场。

（3）项目经理部各职能部门对分包单位做好技术及质量交底，分包单位应有切实可行的保证工期和质量的具体措施，并要在施工当中接受总包单位各职能部门的监督检查和验收。

（4）分包单位所分包的工程质量必须满足总承包单位对业主承诺的质量要求，并且保证工程质量和施工过程的资料齐全，满足竣工要求。

3.2 施工部署原则

本工程工程量大、结构质量、装修标准高，总工期却只有429d，工期非常紧张。为

了保证基础、主体、装修均尽可能有充裕的时间施工，处理好各工序间的交叉配合及尽可能地利用空间和时间资源，保质保量如期完成施工任务，施工部署原则如下：

3.2.1 总施工顺序的部署原则

按照先地下，后地上；先结构，后围护；先主体，后装修；以土建为主，各专业穿插施工，立体作业的总施工顺序原则。在主体结构施工至八至十四层时，下部结构将同时进行砌筑等粗装修施工。

(1) 基础工程及地下室结构工程施工

采用井点降水的方法降低地下室水位，机械挖土。基础底板、地下室结构结合后浇带共划分为五段流水段，组织施工，现场设置两台 80m 臂塔吊和一台 60m 臂塔吊，模板采用竹胶板体系。地下室结构混凝土采用现场搅拌混凝土。

(2) 地上结构

地上结构结合变形缝位置划分 3 个大的流水段，将大的流水段又划分为 4 个小的流水段施工。流水段划分详见地上结构施工流水划分示意图。现场设置两台 80m 臂塔吊和一台 60m 臂塔吊，模板采用钢制大模板和木模板体系，混凝土采用现场搅拌混凝土。竖向结构模板按流水段配置，顶板模板各楼各配置 1.5 层。结构施工脚手架采用斜撑式双排外挑架。要求结构施工要尽早完成，以便为后续的装修和机电安装工程的插入创造良好的施工作业面和条件。

(3) 粗装修工程施工

为加快施工速度，对结构采用分段验收的方式，分为基础部分、地面层至四层、四至九层、九层以上 4 次验收结构，便于及时插入砌筑、抹灰、内保温等粗装修作业，为后续装修作业尽早提供工作面。

(4) 屋面、外装修作业

屋面工程在冬期后进行，外装修在外墙砌筑、抹灰完毕后，从上至下进行，中间插入外墙和铝板饰面晾衣架的安装。

(5) 机电安装工程施工

1) 进场后积极做好前期的准备工作，做好避雷接地的工作；

2) 结构施工过程中，进行机电管线的预埋和机电孔洞的预留；

3) 随着结构工程的施工，及时插入机电管道安装工作，随着粗装修工程的施工，及时插入设备安装；

4) 在结构施工期间，协助业主、设计单位进行部分专业分包商的选择和招投标工作；

5) 积极配合协助业主进行设备、材料的选型和订货，以及专业分包商的选定；在施工中，积极解决各专业间的交叉施工中存在的问题，为施工顺利进行创造良好的条件；

6) 组织、协调各承包商进行机电专业安装施工以及机电各系统的调试和联动调试；

7) 协助业主优先保证设备和电梯的安装施工及调试。

3.2.2 交叉施工原则及措施

(1) 粗装修与机电安装之间的交叉施工

装修与机电安装之间的交叉施工，历来是工程中最尖锐的交叉矛盾，装修工作与机电安装交叉工作面大，内容复杂，如处理不当将出现相互制约、相互破坏、相互扯皮的不利局面，土建与机电安装的交叉问题是一切交叉问题中的重点，必须重点解决，解决此矛盾的原则如下：

1）机电安装进度必须服从总体进度计划，保证主导工序的施工进度，选择合理的穿插时机，必须根据总体进度计划进行统一组织、安排和协调，使整个工程形成一个和谐、高效的有机整体；

2）明确责任，正确划分利益关系；

3）建立固定的协调制度；

4）一切从工程全局出发，各承包商应在总包商的统一组织管理和协调下开展施工，互相帮助相互谅解，土建施工要为机电安装创造条件，机电安装要注意对土建成品及半成品的保护。

(2) 室内外装修的交叉施工

进入装修阶段后，室内和外墙装修同样存在许多交叉点，其总体遵循的原则为：先外后内，内装修要为外部装修特别是外窗的安装提供条件和创造工作面。

3.3 施工总体进度计划安排

3.3.1 工程阶段目标控制计划

(1) 根据所确定工程总目标和施工阶段如下

1）总工期目标：2003年7月1日开工，2004年9月1日竣工，共429d；

2）前期准备工作：熟悉图纸，施工机械设备安装、临建搭设和临水电线路敷设：2003年7月1日～2003年7月15日；

3）地下结构工程：2003年7月15日～2003年9月19日；

4）主体结构工程：2003年9月20日～2004年4月10日；

5）内装修工程：2004年3月1日～2004年8月20日；

6）屋面工程：2004年4月11日～2004年8月1日；

7）外墙装修工程：2004年4月11日～2004年7月16日；

8）给排水工程：2003年10月7日～2004年8月10日；

9）空调通风工程：2003年9月13日～2003年11月10日；

10）消防工程：2003年10月7日～2004年7月31日；

11）电梯安装：2004年4月11日～2004年6月30日；

12）电气工程：2003年8月5日～2004年8月20日；

13）竣工清理及验收：2004年8月20日～2004年9月1日；

施工进度详见施工进度总控网络计划。

(2) 保证各阶段目标的实现，采取如下施工步骤：

1）结构施工根据平面布置原则和流水段划分原则，组织各区段内流水段的施工；

2）室内精装修在粗装修和机电安装大部分完成后插入施工，这样可以减少相互污染和相互损坏的现象，可缩短施工工期；

3）实现各个目标，采取四级计划进行工程进度的安排和控制，除每周召开与工程相关各方的工作例会外，每日下午16时召开各分包方的日计划检查和计划安排协调会，以解决当日计划落实过程中存在的矛盾问题，并且安排第二日的计划和所调整的计划，以保证周计划的完成，通过周计划的完成保证月计划的完成，通过月计划的控制保证整体计划的实现。

3.3.2　计划编制形式

科学合理地安排施工先后顺序以及充分说明工程施工计划安排情况，根据我单位多年施工总承包实践，总结出具有实际操作的多级计划管理体系，即：

（1）一级总体控制计划

表述各专业工程的各阶段目标，提供给业主和业主代表、监理、设计和各相关承包商，采用计算机进行管理，实现对各专业工程计划实施监控及动态管理，本次投标提供一级总控计划（初步）。

（2）二级进度控制计划

以专业工程的阶段目标为指导，分解成该专业工程的具体实施步骤，以达到满足一级总体控制计划的要求，便于对该专业工程进度进行组织、安排和落实，有效控制工程进度。

（3）三级进度计划

是以进度计划为依据，进一步的分解二级进度控制计划进行流水施工和交叉施工的计划安排，一般是以月度的形式提供给业主和业主代表、监理、设计和相关承包商及其基层管理人员，具体控制每一个分项工程在各流水段的工序工期。三级计划将根据实际进展情况提前一周提供该计划和上月计划情况分析和下月计划安排。

（4）周、日计划

是以文本格式和横道图的形式表述作业计划，计划管理人员随工程例会下发，并进行检查、分析和计划安排。通过日计划确保周计划、周计划确保月计划、月计划确保阶段计划、阶段计划确保总体控制计划的控制手段，使阶段目标计划考核分解到每一日、每一周。所有计划管理均采用计算机进行严格的动态管理，从而不折不扣地实现预期的进度目标，达到控制工程进度的目的。

3.3.3　建立完善的计划保证体系

（1）建立完善的计划保证体系是掌握施工管理主动权、控制施工生产局面、保证工程进度的关键一环。本项目的计划体系以日、周、月、年和总控计划构成工期计划为主线，并由此派生出设计进度计划、独立承包商招标计划和进场计划、技术保障计划、商务保障计划、物资供应计划、质量检验与控制计划以及安全防护计划及后勤保障等一系列计划，在各项工作中做到未雨绸缪，使进度计划管理形成层次分明、深入全面、贯彻始终的特色。

（2）人、财、物的保障

1）严格按合同文件要求，委派具有同类工程总承包经验和能力的国家一级项目经理和从事项目总承包管理的各类专业人员组成项目经理部，以最大程度地满足工程的需要。

2）总部对项目实施和管理进行支撑、服务和控制。项目经理部具备组装和组合社会优良资源的经验和能力，实力强大的专业化公司提供施工保障能力。

3）企业具有良好的资信、资金状况和履约能力，具备丰富的工程项目策划、管理、组织、协调、实施和控制的经验和水平，在该工程上不折不扣地实行专款专用。

3.3.4　技术工艺的保障

（1）编制有针对性的施工组织设计、施工方案和技术交底本工程按照方案编制计划，制定详细的、有针对性和可操作性的施工方案，从而实现在管理层和操作层对施工工艺、质量标准的熟悉和掌握，使工程施工有条不紊地按期保质完成。施工方案覆盖要全面、内容要详细，配以图表，图文并茂，做到具体、形象，调动操作层学习施工方案的积极性（表 3-2）。

方案编制计划表　　表 3-2

序号	计 划 名 称	责任人	审批人	编制日期
1	临建施工方案	×××	项目总工	2003.6.20
2	临水、临电施工方案	×××	项目总工	2003.6.20
3	施工测量施工方案	×××	项目总工	2003.7.1
4	土方、降水施工方案	×××	项目总工	2003.7.5
5	电气工程施工方案	×××	项目总工	2003.7.25
6	给排水及采暖工程施工方案	×××	项目总工	2003.9.27
7	施工试验管理方案	×××	项目总工	2003.6.20
8	模板工程施工方案	×××	项目总工	2003.7.1
9	钢筋工程施工方案	×××	项目总工	2003.7.1
10	防水工程施工方案	×××	项目总工	2003.6.20
11	混凝土工程施工方案	×××	项目总工	2003.7.1
12	雨期施工方案	×××	项目总工	2003.6.20
13	砌筑工程施工方案	×××	项目总工	2003.7.1
14	安装工程施工方案	×××	项目总工	2004.1.20
15	脚手架施工方案	×××	项目总工	2003.8.20
16	外用电梯安装方案	×××	项目总工	2004.3.11
17	冬期施工方案	×××	项目总工	2004.9.30
18	楼地面工程施工方案	×××	项目总工	2003.7.20
19	屋面工程施工方案	×××	项目总工	2004.3.11
20	门窗工程施工方案	×××	项目总工	2003.2.20
21	装饰装修工程施工方案	×××	项目总工	2004.2.1

（2）采用流水施工

项目根据工程要求和阶段目标要求，按总控计划安排，采用节拍均衡流水的施工方式组织施工。在实际施工中，根据各阶段施工内容、工程量以及季节的不同，采用增加资源投入、加强协调管理等措施满足流水节拍均衡的需要。

（3）广泛采用新技术、新材料、新工艺

先进的施工工艺、材料和技术是进度计划成功的保证，针对工程特点和难点，采用先进的施工技术和材料，提高施工速度，缩短施工工期，从而保证各里程碑工期目标和总体工期目标。

3.3.5　总包管理的保障

（1）发挥综合协调管理的优势，对各专业承包商进行有效的组织、管理、协调和控制。我们以合约为控制手段，以总控计划为依据，发挥综合协调管理的优势，调动各分包商的积极性，使各独立承包商密切合作、相互支持，尤其是交叉施工的合理有效衔接。利用我们长期以来所形成的分包管理手册对各专业承包商进行组织、协调、管理和控制，在计划、工期、质量、安全、文明施工、成品保护、物资管理、技术管理、数据管理、合约管理、工程款支付等方面建立了一整套分包管理规定，我们将站在总包的高度全面协调、组织、控制所有分包商，调整、规范各分包商的行为，高效地实现让设计、监理、尤其是让业主满意的工程目标。

(2) 建立例会制度，保证各项计划的落实

计划管理是项目管理最为重要的手段，我们建立如下的会议制度。每日早 8：00 召开项目经理部部门经理以上人员会议，协调内部管理事务；每日下午 16：00 召开由分包、监理共同参加的生产例会，总结日计划完成情况，发布次日计划；每周五召开由生产经理（项目经理）牵头、由监理、各专业工长、项目质量检查员、安全员、各施工队伍队长等相关人员参加的例会，分析工程进展形势，互通信息，协调各方关系，制定工作对策。通过例会制度，使施工各方信息交流渠道通畅，问题解决及时。制定四级控制计划，通过日计划保证周计划，通过周计划保证月计划，通过月计划保证总进度计划。

(3) 根据不同阶段加强现场平面管理

根据结构、装修等不同阶段的特点和需求设计现场平面布置图，平面图涉及现场道路的布置、各阶段大型机械的布置、各阶段材料堆场等方面的布置。各阶段的现场平面布置图和物资采购、设备订货、资源配备等计划相互配合，实现对现场的宏观调控，在施工紧张的情况下，保持现场秩序井然，这也是施工顺利进行和保证工期的重要保证之一。

(4) 加强对施工详图设计的协调工作

施工详图设计的协调工作是保证工程质量和进度的关键，为此，本工程中配置专门的设计人员负责此项工作。

(5) 加强业主、监理、设计方的合作与协调，积极主动地为业主服务

我单位从工程大局出发，积极协助业主的工作，包括处理好与政府部门工程各方的配合与协调，使现场发生的任何问题能够及时、快捷地解决，为工程创造出良好的环境和条件。

4　施工资源配置管理

4.1　主要工程量一览表（表 4-1）

主要工程量一览表　　**表 4-1**

名　称		单位	用量	备注
混凝土		m^3	34341.13	
钢材		kg	7325289	
钢筋		kg	6940224	
大钢模板		m^2	2315.4	
砌体	陶粒空心砌块	m^3	4554.59	
	页岩砖	m^3	1673.81	
	板方材	m^3	3.74	

4.2　劳动力资源投入

本工程施工任务由拥有高素质的施工管理者、熟练的专业技术工人，且熟悉我单位的管理模式的施工队伍承担。

合理而科学的劳动力组织，是保证工程顺利进行的重要因素之一。根据工程实际进

度，及时调配劳动力。根据施工控制计划、工程量、流水段的划分、机电安装配合的需要，制定现场劳动力计划（图 4-1）和劳动力曲线（表 4-2）。

劳动力计划表 **表 4-2**

序号	工种	2003～2004 年(月)													
		7	8	9	10	11	12	1	2	3	4	5	6	7	8
1	钢筋工	30	180	180	180	180	180	180	180	180	180	60	0	0	0
2	木工	60	240	240	240	240	240	240	240	240	30	30	30	30	30
3	混凝土工	60	90	90	90	90	90	90	90	90	90	20	0	0	0
4	瓦工	30	30	30	60	60	60	0	90	90	90	90	15	15	0
5	架子工	12	20	30	30	30	30	30	30	30	30	30	30	10	6
6	抹灰工	20	20	20	30	30	0	0	0	240	240	300	300	300	300
7	防水工	0	25	0	25	6	0	0	0	15	25	15	25	0	0
8	油漆工	10	0	0	0	0	0	0	0	120	240	240	240	240	240
9	电焊工	4	9	9	9	9	9	9	9	9	15	6	6	3	3
10	电工	12	60	60	60	60	60	60	60	60	90	90	90	90	90
11	管道工	15	15	15	45	45	45	45	40	90	90	90	90	90	90
12	起重工	10	10	10	10	10	10	10	10	10	10	6	6	6	6
13	力工	90	90	90	90	90	90	90	90	90	90	90	90	60	60
14	试验工	2	2	2	2	2	2	2	2	2	2	2	2	2	2
15	测量工	4	4	4	4	4	4	4	4	4	4	4	4	2	2
16	合计	366	803	789	885	867	832	761	847	1273	1230	1078	934	855	837

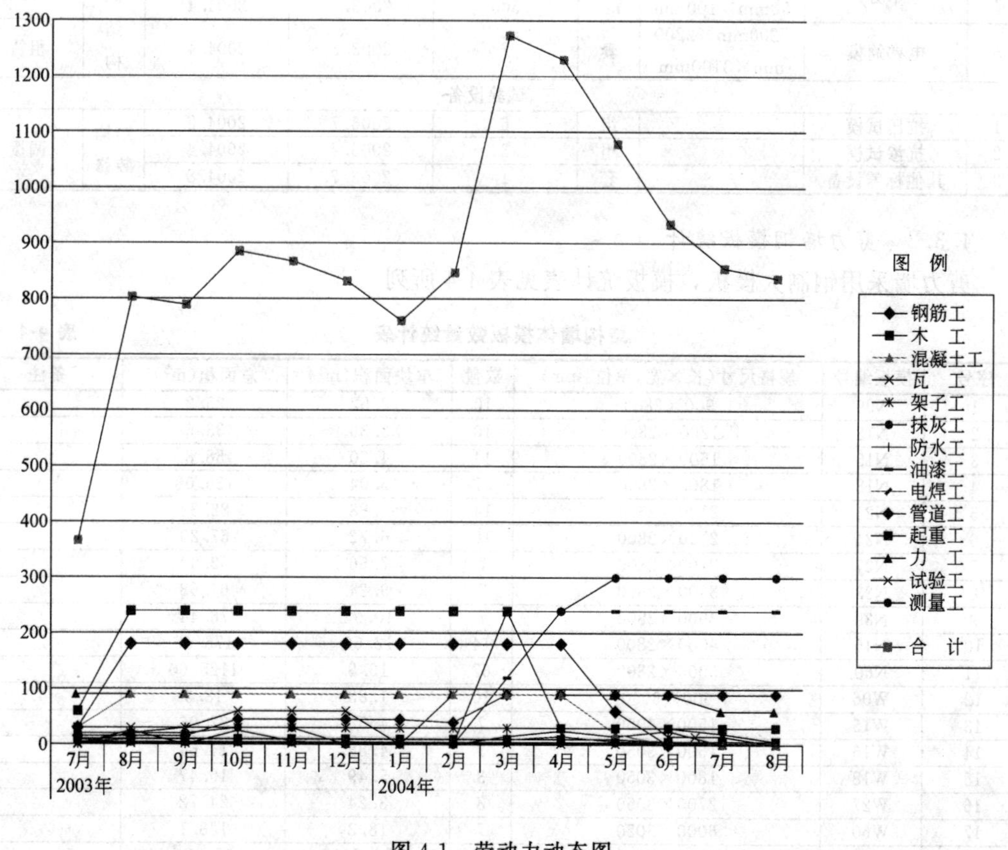

图 4-1 劳动力动态图

4.3 材料投入计划

工程所需材料采用多种形式进行采购。其中业主供应材料将按照公司程序文件中关于甲供材料的相关规定进行管理。钢筋、水泥等 A 类材料由我项目部通过招投标进行采购供应。施工用小型机具及消耗品由项目经理部自行采购或租赁，配属队伍不得随便采购。

4.3.1 现场主要施工用材料投入如表 4-3 所示

主要用料投入表 **表 4-3**

序号	材料名称	规格名称	单位	数量	进场时间	退场时间	使用区域	租赁/购置/调拨
一、脚手架及附件(陆续进场、陆续退场，表中用量为最大用量时)								
1	脚手管	$\phi 48$	T	1200	2003.7	2004.7	结构与装修	租赁/调拨
2	扣件	十字扣	个	120000	2003.7	2004.7		调拨
		旋转扣	个	5000	2003.7	2004.7		
		对接扣	个	10000	2003.7	2004.7		
3	木脚手板	50mm 厚	m^2	1500	2003.7	2004.8		
4	安全网	密目网	m^2	30000	2003.7	2004.7		购置
		平网	m^2	5000	2003.7	2004.7		
二、模板及其配套材料								
1	覆面胶合板	18mm 厚	m^2	12000	2003.8	2004.4	基础主体结构	购置
2	大钢模	86 型	m^2	2315.4	2003.8	2004.4		租赁
3	楼梯踏步模		套	3	2003.9	2004.4		
4	木方	100mm×100mm	m^3	300	2003.7	2004.4		购置
		50mm×100mm	m^3	500	2003.7	2004.4		
5	电梯筒模	2200mm×2200mm×3100mm	套	7	2003.8	2004.4		租赁
三、试验设备								
1	抗压试模		组	6	2003.7	2004.8	结构装修	调拨
2	抗渗试模		组	3	2003.7	2004.4		
3	其他标养设备		套	1	2003.7	2004.8		

4.3.2 剪力墙钢模板统计

剪力墙采用钢制大模板，模板统计表见表 4-4 所列。

结构墙体模板数量统计表 **表 4-4**

序号	模板编号	规格尺寸(长×宽，单位：mm)	数量	单块面积(m^2)	总面积(m^2)	备注
1	N09	900×2800	10	2.52	25.2	
2	N12	1200×2800	10	3.36	33.6	
3	N15	1500×2800	14	4.20	58.8	
4	N18	1800×2800	27	5.04	136.08	
5	N21	2100×2800	14	5.88	82.32	
6	N24	2400×2800	10	6.72	67.20	
7	N27	2700×2800	7	7.56	52.92	
8	N33	3300×2800	7	9.24	64.68	
9	N39	3900×2800	7	10.92	76.44	
10	N45	4500×2800	14	12.60	176.40	
11	N60	6000×2800	67	16.8	1125.60	
12	W06	600×3050	10	1.83	18.3	
13	W15	1500×3050	7	4.58	32.06	
14	W16	1600×3050	3	4.88	14.64	
15	W18	1800×3050	3	5.49	16.47	
16	W27	2700×3050	3	8.24	24.72	
17	W60	6000×3050	7	18.3	128.1	
18	筒模	2200×2200×3100	7	26.84	181.87	

4.4 机械投入计划（表 4-5）

现场主要施工机械设备投入计划表　　表 4-5

序号	机械名称	类型型号	需要量		进场时间	退场时间	备注
			单位	数量			
1	塔吊	QTZ5513	台	2	2003.8.1	2004.5.1	
		QTZ5013	台	1			
2	挖掘机	小松-300	台	2	2003.7.14	2003.7.26	
3	载重汽车	黄河 JN3301	台	30	200.7.14	2003.7.26	
4	混凝土输送泵	HBT-85	台	2	2003.7.22	2004.4.11	
5	直螺纹套丝机	GY-40	台	3	2003.8.2	2004.8.10	
6	电焊机	BX-500	台	8	2003.7.3	2004.8.15	
7	电锯	MT500	台	3	2003.7.5	2004.7.31	
8	平刨	MB503	台	3	2003.7.5	2004.7.31	
9	压刨	300	台	3	2003.7.5	2004.7.31	
10	混凝土振动器	50×4m	根	40	2003.7.20	2004.6.30	
11	蛙式打夯机	40 型	台	7	2003.7.15	2004.8.20	
12	外用电梯	SCD200/200K	台	3	2004.2.20	2004.7.16	
13	混凝土搅拌机	JS500	台	4	2003.7.5	2004.4.11	
14	电动套丝机	3 寸	台	8	2003.9.10	2004.8.15	
15	装载机	ZJM50B	台	2	2003.7.15	2004.4.10	
16	砂轮切割机	300 型	台	5	2003.7.20	2004.8.15	
17	电动打压泵		台	3	2004.2.20	2004.8.25	
18	钢筋切断机		台	3	2003.8.1	2004.4.10	
19	钢筋弯曲机		台	3	2003.8.1	2004.4.10	
20	电动液压煨弯机		台	3	2003.9.10	2004.8.15	

5 施工现场平面布置

5.1 施工现场平面布置原则

（1）现场平面严格按照经甲方审批的“施工总平面布置图”进行布置。

（2）在平面布置中，应充分考虑好施工机械设备、办公、道路、现场出入口、临时堆放场地的优化合理布置。

（3）施工材料堆放应尽量设在垂直机械覆盖的范围内，以减少发生二次搬运为原则。塔吊底下应划定堆料区域，不得随意乱堆乱放。

（4）中小型机械的布置，要处于安全环境中，要避开高空物体打击的范围。

（5）临电电源、电线敷设要避开人员流量大的楼梯及安全出口，以及容易被坠落物体打击的范围，电线尽量采用暗敷方式。

(6) 加强现场安全管理力度，使工程现场处于整洁、卫生、有序合理的状态，使该工程在环保、节能等方面成为一个名副其实的绿色建筑。

(7) 执行 ISO 14000 标准，布置控制粉尘设施、排污、废弃物处理及噪声设施。

(8) 充分利用现有的临建设施为施工所用，尽量减少不必要的临建投入。

(9) 设置便于大型运输车辆通行的现场道路并保证其可靠性。

5.2 临建设施布置

临建设施主要为办公及生活区设施布置（在施工现场北侧）。办公及生活区内主要布置现场办公室、会议室、贵重材料、工具仓库及施工人员食宿等生活用房。办公区平面布置详见现场施工总平面布置图。

(1) 现场办公区

办公区设置办公室、会议室，职工宿舍、食堂及淋浴、厕所等临建设施。办公室、会议室安装组装式活动房；按照我单位 CI 形象标准进行布置，面积 180m²。职工宿舍搭设为 2 层组装式彩板房，面积 240m²。

(2) 民工生活区

在施工现场北侧安排民工生活区。生活区内设置九栋轻质混凝土活动板房作为民工宿舍。

生活区设置食堂、厕所等临建设施（砖混结构，总建筑面积为 180m² 左右）

厕所设置成水冲式，由专业清洁公司进行定期清扫，保证施工现场文明施工。

5.3 施工生产区生产设施

5.3.1 搅拌站设立

施工现场设置 2 个搅拌站，分别布置在场地 C 区和 E 区之间。每个搅拌站安装 2 台 JS500 混凝土搅拌机。搅拌机后台全部采用微机控制电子计量自动布料机。搅拌站设 60m² 粉煤灰、外加剂仓库及 4 个容量为 30t 的水泥筒仓设在搅拌站旁。

5.3.2 钢筋堆放场

钢筋全部委托外加工，现场仅设钢筋堆放场，然后用塔吊运至施工部位绑扎。钢筋堆放场设在各施工段塔吊有效吊运范围内。为处理零星的钢筋加工，在钢筋堆放场内设直螺纹滚压套丝机 3 台、钢筋切断机 3 台、钢筋弯曲机 3 台。

5.3.3 搭设木工棚

共设三个木工棚，其中每施工段设置一个木工棚，内设一台木工圆锯，一台平面刨，一台压刨，面积共为 180m²。

5.3.4 塔吊安装

本工程按计划安装两台 QTZ-5513 塔吊和一台 QTZ-5013 塔吊，具体位置详见“施工现场总平面布置图”。

5.3.5 标养室

标养室设在搅拌站的一侧，面积为 30m²。

5.3.6 外用电梯安装

在装修阶段，现场设三部外用电梯，作为现场垂直运输设备。在每个施工段内设置一处砂浆搅拌站。具体位置详见装修期间现场平面布置图。

粗装修施工为插入工序，结构施工尚未结束，在交叉期间要注意现场的场地调配。

5.4 临时用水设计方案

根据业主提供的现有施工现场情况及有关临时用水要求，参照相应的施工规范，做出临时用水设计方案，本方案包括临时消火栓给水系统、施工生产给水系统及现场临时排水系统。

5.4.1 消防设施布置

在施工场区木工棚、办公区、宿舍、库房附近的适当位置，设置消防器材，设置10个室外地下式消火栓。室外消火栓给水管道沿道路埋设，采用ϕ100焊接钢管。为保证建筑的消防供水，现场设置一个消防水泵房，消防泵扬程为50m，每层设置一个消火栓。设置垂直上水立管，每层设置截门，既供消防用水，又供混凝土养护用水。每层配备一定数量的水桶和防火器材。

5.4.2 排水设施布置

按照有关现场施工卫生设施的设置要求，设计相应的排水系统。在现场出口处设沉淀池，供现场清洗车辆、设备使用，污水经沉淀处理后供现场洒水降尘使用。现场硬化地面向道路找坡，道路统一向现场入口处找坡。入口处设排水沟（上盖箅子），现场雨水及其他地表水经沉淀处理后排入市政污水井。

5.5 现场临时用电设计方案

用电量计算（表5-1）

用电高峰按结构施工阶段的使用情况 表5-1

序号	设备名称	功率	数量	该设备总用电量(kV·A)
1	塔吊	50kW	3	112.5
2	照明	50kW		55
3	混凝土搅拌机	30kW	4	90
4	振动器	1.5kW	40	45
5	钢筋加工设备	3kW	9	20.25
6	木工加工设备	3kW	9	20.25
7	电焊机	3kW	8	210

用电高峰期用电总功率 $P=(1.05\sim1.1)\times(K_1\sum P_1/\cos P+K_2\sum P_2+K_3\sum P_3+K_4\sum P_4)$ $\cos P$取0.75；$P=553\text{kV}\cdot\text{A}$。

需要业主提供容量为630kV·A以上的电源，可以满足现场塔吊、材料场加工机械、作业面上操作机械、室内外照明使用。现场采用TN-S三相五线制接零保护系统供电，根据各路负荷配置电缆，其中塔吊和消防泵房采用专线供电，不得与其他机械混用。电缆的埋设尽量采用暗敷，埋设管路周围砌砖保护，现场临电系统设专人进行维护检修。

6 主要施工方法及技术措施

6.1 主要分部、分项工程施工工艺流程

6.1.1 地下部分施工工序

测量放线⟶井点降水⟶土方开挖⟶钎探验槽⟶垫层浇筑⟶底板放线⟶砖胎模砌筑⟶底板防水卷材施工⟶防水保护层浇筑⟶底板、基础梁钢筋绑扎及墙柱插筋⟶底板、基础梁、墙柱支模⟶底板、基础梁、墙柱混凝土浇筑⟶底板、基础梁、墙柱混凝土养护、地下层外架搭设⟶测量放线⟶地下层墙柱钢筋绑扎⟶地下层墙柱支模⟶地下层墙柱混凝土浇筑⟶地下层墙柱混凝土养护⟶地下层内架搭设⟶地下层顶板、梁支模⟶地下层顶板、梁钢筋绑扎⟶地下层顶板、梁混凝土浇筑⟶地下层顶板、梁混凝土养护⟶地下室外墙防水⟶外墙防水保护层⟶土方回填。

6.1.2 地上部分施工工序

外架搭设⟶测量放线⟶墙柱钢筋绑扎⟶墙柱支模⟶墙柱混凝土浇筑⟶墙柱混凝土养护⟶内架搭设⟶顶板、梁模板支设⟶顶板、梁钢筋绑扎⟶顶板、梁混凝土浇筑⟶顶板、梁混凝土养护。

6.2 主要施工方法

6.2.1 测量放线

(1) 场区平面控制网的布设

采用激光经纬仪和 50m 钢尺测设。依据厂区总平面及轴线关系图，参考场区临建规划、建筑物外轮廓线及场区地质地貌，进行矩形控制网规划、布设。首先在各定位桩（或红线桩）处架设经纬仪，采用极坐标定位放样的方法测设出四角点，经角度、距离校测符合点位限差要求后，依据平面控制网布设原则及轴线加密方法，布设场区平面矩形控制网。

(2) ±0.00 以下测量放线

地下部分根据施工部位不同，用两台经纬仪采用“点交法”将主控轴线的交点分别投射到基底、垫层、底板及楼板上表面，经校核无误后，依据主控轴线测设其余各条轴线。依据轴线放出墙柱中心线、模板边线及模板 1m 线（供模板位置检查使用），经预检合格后方可进行下道工序施工。

(3) ±0.00 以上测量放线

1) 投点引测：把激光铅直仪架设在首层内控点上，将接收靶放在待测层的相应预留洞口上，对中调平铅直仪后，打开发光电源并调整激光束，直至接收靶标明到的光斑最小、最亮。慢慢旋转铅直仪，接收靶将得到一个激光圆，当该圆直径小于 3mm 时，圆心即为该控制点的接收点，然后依次投测所需其他控制点。

2) 轴线放样：利用电子经纬仪和 50m 钢尺对待测楼层的接收点所组成的方格网进行角度、距离的测量。满足精度要求后，即作为该楼层的平面控制网，以此进行各轴线的细部放线工作。

6.2.2 降水、土方施工

(1) 降水施工

根据北京市勘察设计院《清华大学大石桥硕士生及博士生公寓C01—C04楼岩土工程勘察报告》2002技367，本工程的地下水位埋深5.03～8.32m，而基坑开挖深度为5.65m。考虑到在丰水期施工时，该层地下水水位抬升，故需要对基坑进行降水，确保槽底干燥施工。设计采用管井抽水的办法降水。

(2) 土方施工

土方工程待降水降至基底标高500mm以下后，采取整体大开挖的方式开挖，开挖最深度为−5.65m，局部为−6.05m。按1∶0.5自然放坡。土方量约为39000m^3，配备2台反铲挖土机和30辆运土车。

(3) 基坑监测

在基坑上设观测点，基坑开挖每一步每一天都作变形观测一次，土方挖完后，每3d一次，15d后每周一次。每次观测由同一个人用同一种仪器用同一观测方法和线路进行观测。

6.2.3 防水施工

(1) 防水部位有地下室底板和墙体防水、卫生间、屋面等，各部位防水工程做法见表6-1所列。

各部位防水工程做法 **表6-1**

部位	防水做法
地下室外防水	1.5mm厚三元乙丙—丁基橡胶卷材防水层与P6抗渗混凝土结合
卫生间	1.5mm厚聚氨酯涂膜防水层
屋面	1.5mm厚氯聚化乙烯—橡胶共混卷材与硅橡胶防水涂料组合防水

(2) 质量要求

1) 防水材料进场后检查其出厂合格证、试验报告单，并按有关规定复试，执行见证取样制度。

2) 防水层施工按施工工序进行检查，卫生间等楼层地面防水做完经24h蓄水（最浅处20mm）试验，地面保护层做完后，再做二次蓄水实验。屋面做2h淋水试验，合格后方可进行下一道工序的作业。

6.2.4 钢筋工程

(1) 主要部位的钢筋规格见表6-2。

表6-2

类型		主筋	箍筋
地下部分	地下外墙	Φ16、Φ18	φ12、φ10
	内墙	Φ14、Φ12	φ12、φ10
	柱	Φ18、Φ20	φ12、φ10
	梁	Φ22、Φ25	φ10
	顶板	Φ16、Φ18	φ10
地上部分	墙	Φ14	φ10、φ8
	暗柱	Φ22	φ10、φ8
	梁	Φ22	φ10、φ8
	板	φ10、φ8	Φ8分布筋

(2) 钢筋原材

1) 热轧光圆钢筋必须符合《普通低碳钢热轧圆盘条》GB 701 和《钢筋混凝土用热轧光圆钢筋》GB 13013 的规定；热轧带肋钢筋必须符合《钢筋混凝土用热轧带肋钢筋》GB 1499 的规定。

2) 加强钢筋的进场控制，时间上既要满足施工需要，又要考虑场地的限制。所有加工材料，必须有出厂合格证，且必须进行复试（包括三方见证取样试验）合格后方可配料。钢筋复试按照每次进场钢筋中的同一牌号、同一规格、同一交货状态、重量不大于60t一批进行取样，每批试件包括拉伸和弯曲试验各2组。

(3) 钢筋加工

本工程钢筋采用外委托加工。

(4) 钢筋验收

1) 材料的试验和进场验收

钢筋出厂时，应在每捆上部挂有两个标牌（注明生产厂家、生产日期、钢号、炉罐号、钢筋级别、直径等标记），并附有质量证明书。钢筋出厂时，应按批检查和验收。检查内容包括外观检查和力学性能实验等。

为确保优质的工程质量，我们严守“三检制”的验收程序，认真做好班组自检、交接检，质检员以高度的责任心对工程质量进行把关，最后交由监理进行验收，验收合格后方可进行下道工序。

2) 绑扎成型验收

核对图纸，到现场检查钢筋的规格、形状、尺寸、数量是否正确；并用尺检查钢筋的间距和锚固长度；特别是要检查负筋的位置。

(1) 检查钢筋接头的位置及搭接长度是否符合规定。

(2) 检查混凝土保护层是否符合要求。

(3) 检查钢筋绑扎是否牢固，有无缺口、松动、变形现象。

(4) 检查钢筋表面是否有油渍漆污和颗粒状（片状）铁锈等。

(5) 质量保证措施

防止钢筋位移的保证措施：剪力墙、暗柱的竖向钢筋用水平架立梯固定，钢筋绑好、混凝土浇筑后，架立梯可周转使用；剪力墙的水平钢筋用竖向架立梯固定，不再将其取出。具体细部操作如图 6-1 所示。

图 6-1 防止钢筋位移的保证措施

6.2.5 模板工程

(1) 模板板面选择见表 6-3 所列。

(2) 模板的安装

1) 模板安装前的准备工作

模板板面选择　　表 6-3

序号	项　目	面层材料
1	地下室墙体模板	钢木模板
2	垫层、底板模板	小钢模
3	基础梁、导墙模板	15mm 厚双面覆膜竹胶板
4	地上墙、柱模板	6mm 厚大钢模
5	顶板、梁模板	12mm 厚双面覆膜竹胶板
6	电梯井模板	伸缩式定型筒模
7	门窗口模板	钢木组合定型门窗口模
8	楼梯模板	整体钢模板

① 模板的组拼

② 模板的基准定位

③ 标高测量

利用水准仪将建筑物水平标高根据实际要求，直接引测到模板的安装位置。

④ 竖向模板的支设应根据模板支设图，在楼面混凝土浇筑时预埋地锚。

⑤ 已经破损或者不符合模板设计图的零配件及模板不得投入使用。

⑥ 已经检查合格的拼装后模板块，应按照要求堆码放，重叠放置时要使模板与垫木上下齐平，底层模板离地距离在 10cm 以上。

2）模板的支设

① 柱模板的支设

模板安装就位前，在柱边线外侧抹同等级的砂浆找平 20mm 厚（80mm 宽），以防模板下口漏浆。

② 内墙模板的支设

将一个流水段的正号模板按顺序初步吊装就位，用撬棍按照墙位线调整模板位置，对称调整模板的一对地脚螺栓，用托线板测垂直，校正标高后立即拧紧螺栓。

③ 外墙模板的支设

先安装外墙内模板，按照楼板上的位置线将大模板就位找正，然后安装外门窗洞口模板，再合外墙外侧模板，模板放在外平台架子上，模板就位，将穿墙螺栓紧固校正。

为保证连接方便，角模与大模板连接处预留 3mm 的调节余量。为防止模板下口漏浆，在大模板下口粘贴海绵条。角模与大模板连接时，在每个螺栓孔都必须用螺栓进行连接，并且每个螺栓都要加弹簧垫片。阴角模加固钩头螺栓不少于 3 处。

④ 楼板模的支设

工艺流程：抄平放线──→弹板下控制线──→立钢支撑、纵横拉杆──→固定支撑、安放支托──→调整平整度──→在支撑上按房间横向安放主龙骨和 100mm×100mm 木方──→安放次龙骨 50mm×100mm 木方──→铺设木胶板──→调整水平及起拱──→钢筋绑扎隐检段及混凝土浇筑──→拆除支撑──→拆除木方及模板──→清理、刷脱模剂。

（3）模板的拆除

1）模板拆除条件

① 墙体：在混凝土强度能保证其表面及棱角不因拆模而受到损坏，方可拆模。

② 顶板、梁：当跨度大于 2m 且小于 8m 时，混凝土强度达到设计强度标准值的 75%方可拆模；当跨度大于 8m 时，混凝土强度达到设计强度标准值的 100%才能拆模。

③ 悬挑板（梁）：混凝土强度达到设计强度标准值的 100%才能拆模。

④ 门窗、洞口：门窗、洞口的内模拆除时，孔洞表面及棱角不因拆模而受损坏，周围不发生裂缝后方可拆除。

⑤ 拆模时，实行拆模申请制度，由模板工长填写拆模申请，经技术负责人批准后方可拆模。

2）拆除顺序

遵循先支后拆，先非承重构件后承重构件，以及自上而下的原则。

3）模板拆除方法

① 墙体模板拆除

小钢模拆除：先松动穿墙螺栓、螺母、“3”形件，再拆卸支撑及横楞，拆除 U 形卡后，再用撬棍轻轻撬动模板，由上而下拆除墙体、柱模板，拆除时注意保留最上一层螺栓，作为上部墙体模板连接件，确保接缝处平直。

大模板拆除：先松动穿墙螺栓，退出穿墙螺杆，再松动地脚螺栓，使模板向后倾倒，与墙体脱开，如果模板与墙体有吸附或粘连时，可用撬棍从模板下口撬一下，松动模板，不得在上口撬模板或用大锤砸模板，以保证不损伤混凝土墙体表面和棱角。

② 顶板模板拆除

拆除顶板模板时，先拆除水平拉杆，然后拆除支柱，保留跨中支柱以承受上部荷载。拆去支撑之前，在次龙骨处增加临时支撑，以确保主龙骨拆完时不致全面脱落。拆模时，操作人员站在已拆除的空隙中，拆去近旁的支柱，使其余龙骨自由坠落，由近及远，用钩子将模板钩下。

6.2.6　混凝土工程

本工程混凝土采用现场搅拌混凝土，混凝土输送采用两台 HBT85 柴油混凝土泵。

（1）混凝土配合比要求

1）混凝土强度等级见表 6-4 所示。

表 6-4

结构部位或层次			墙	梁板柱	抗渗等级
地下室底板、外墙		（防水密实混凝土）	C30	C30	P6
地下室(除底板、外墙)		底板面—底层结构底	C30	C30	
上部结构	框剪结构	C30	C35	C35	
	剪力墙结构	C30	C30	C30	

2）水泥采用 32.5 级普通硅酸盐水泥，矿物质中铝酸三钙含量小于 0.6%。石子粒径为 10～30mm，最大粒径不得超过 30mm。砂采用中粗砂。砂石料含泥量满足规范要求。

3）石子粒径 5～30mm，级配良好，含泥量小于 1%。砂选用河砂，含泥量小于 3%；砂率 40%～45%。

（2）混凝土施工一般要求

1）混凝土后台采用微机控制的电子自动计量器，计量前应通过专门机构进行校准。

2）混凝土应搅拌均匀，由于掺有外加剂，搅拌时间不得小于120s。

3）混凝土出机和入模时应随机抽检其坍落度。搅拌机出料口处坍落度16cm左右，泵送布料软管出口处坍落度14cm左右。坍落度过小或过大均需重新进行搅拌后方可使用。

4）浇筑混凝土前，物资供应部门应与材料供应单位联系好需用量、供应时间及每小时供应量，开盘后应按时按量供应，确保每施工段混凝土一次连续浇筑完成，不产生冷缝。

5）确保水电供应正常、机械设备运转正常，并配备必要的备用设备和发电机，以作应急之需。

6）指挥和作业层管理人员到位，劳动力安排就绪。

7）夜间施工配备足够照明。

8）混凝土输送泵放置在搅拌机前，混凝土自搅拌机中卸出后，直接流入输送泵进料斗。

9）浇筑中采取的有关处理措施

① 混凝土表面处理

在混凝土初凝前，按初步标高进行拍打振实后用4m木杠刮平，用木抹子抹压三遍后扫毛，以避免表面干缩裂缝（图6-2、图6-3）。

图6-2　混凝土初凝前用木杠刮平示意图

图6-3　刮平后进行扫毛示意图

② 混凝土供应中断的处理

为了避免浇筑过程中因混凝土供应中断而造成施工冷缝，以及混凝土泵管故障等待时间过长，将在现场安排专人负责机械的检查和维修，并准备充足的机械零配件；当供应中断时，立刻安排负责人抢修，并保证有一台搅拌机和地泵运转。

（3）后浇带部位处理

本工程底板后浇带需待底层结构施工完毕再浇筑。考虑到后浇带处垃圾不好清理，因而在后浇带混凝土浇筑前，两边砌砖抹灰，上盖100mm厚沟盖板做防护，板缝采用砂浆堵严，防止杂物及水流入。后浇带浇筑时，采用C35（P6）膨胀混凝土浇筑。

（4）其他部位混凝土施工

1）墙体混凝土浇筑

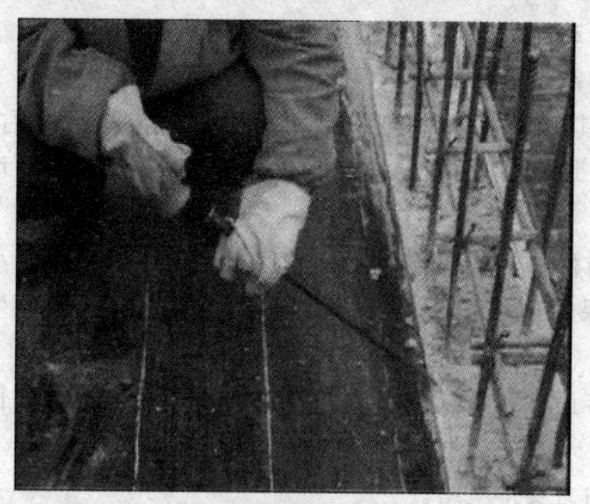

图 6-4　将硬化后的混凝土上口浮浆剔除

墙体混凝土用地泵和输送管送至作业面，用布料杆浇筑混凝土。墙混凝土采用分层连续浇筑法，每层高度为 400mm，用标尺杆进行控制。浇筑高度至板底上 30mm，硬化后将上口浮浆剔除（图 6-4）。

混凝土浇筑前对模板进行严格验收，模板的底部边角严密牢固，混凝土浇筑前先浇筑 30～50mm 厚同强度砂浆，以防漏浆造成烂根、蜂窝、狗洞。

墙体浇筑时，分层分步均匀下灰，每层浇筑高度不大于 400mm。下灰由中间墙开始，然后对称向两侧进行；在洞口处浇筑时洞口两侧浇筑高度大体一致。浇筑时做到“活完脚下清”，在清理好操作平台上的混凝土时，也要把模板边的混凝土及时清理，尤其是在角落处，要在凝固前清理干净，以利于拆模。

窗口及预留洞口下不易振捣处，在洞口两侧距洞口 300mm 处振捣，并加强模外振捣。

2）顶板混凝土浇筑

顶板混凝土由地泵和输送管直接送至作业面，必要时用塔吊吊运混凝土斗配合输送。顶板混凝土浇筑时用“赶浆法”进行，浇筑时要随着浇筑面积的扩大，随时移动混凝土输送管，不能让混凝土自由流动的范围过大，必须保持水泥浆沿板底包裹石子向前推进。

3）楼梯混凝土浇筑

楼梯段混凝土自下而上浇筑，先振实底板混凝土；同时，用木抹子将踏步上表面抹平，施工缝位置：休息平台 1/3 处。

（5）混凝土工程质量控制

1）混凝土浇筑前，检查钢筋位置及保护层厚度是否正确，垫块不得漏放或间距过大，发现问题及时修整，振捣不得触碰钢筋和模板，认真振捣，不得漏振。控制拆模时间，避免粘模。

2）质量要求

本工程质量目标“长城杯”，混凝土观感质量是一个重要环节。

6.2.7　*脚手架工程*

（1）方案选型和施工部署

由于本工程外立面有许多突出尖角，不适合采用钢模板配套的外挂架，所以在结构施工期间搭设斜撑式双排外挑架，每 4 层设置支撑（如图 6-5），并采用钢丝绳卸荷，提高安全系数。

1）选型

根据工程建筑外形特点，并结合现场实际情况，选择扣件式落地式脚手架。架子总高度 49m，外侧采用密目绿网封闭；步距 1.5m，立柱横距为 1.5m，排距选用 1.2m，按构造要求设置连墙件、剪刀撑等固定措施，脚手板采用木板。

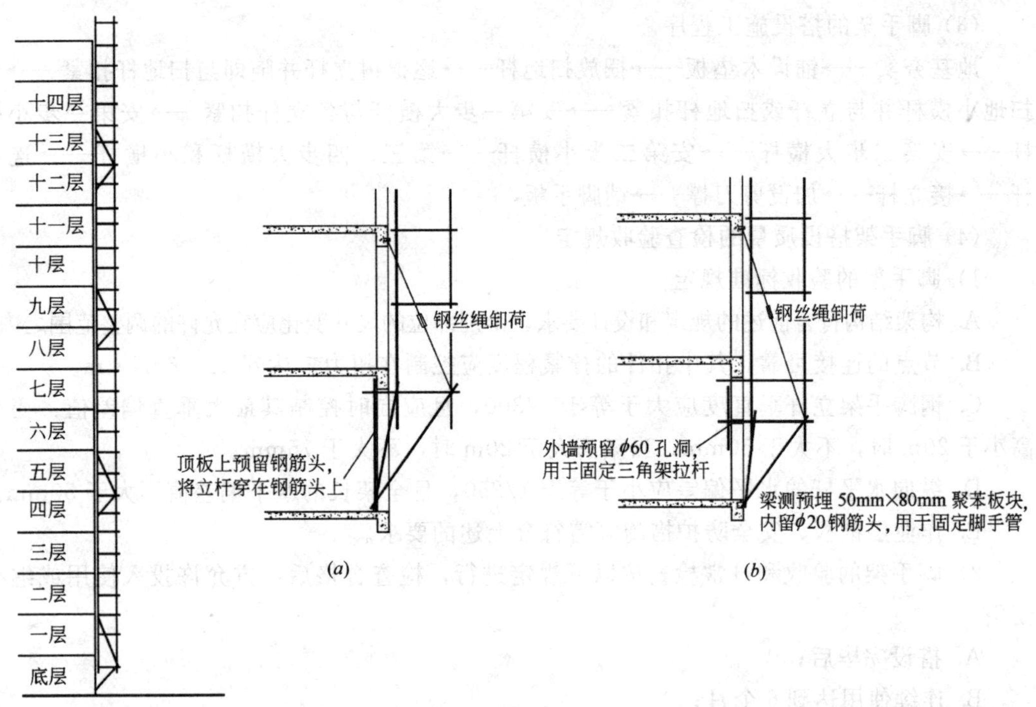

图 6-5　斜撑式双排外挑架

(a) 窗洞口部位斜撑设置示意图；(b) 外墙墙体处斜撑设置示意图

2）施工部署

根据本工程的总体施工部署，主体结构施工时开始搭设外脚手架，回填前支设脚手架采用悬挑脚手架，支设在首层和二层楼板上，回填后脚手架立柱地基为夯实的回填土，立杆底座置于厚 50mm 的跳板上。部分搭设在阳台及悬挑雨篷上的立柱下面应垫上 18mm 厚胶合板。主体施工完后可投入外部装修施工，待外部装修施工完后，方可拆除。

(2) 材料选择

在选材方面需遵循以下原则：

1）钢管

① 脚手架钢管采用焊接钢管。

② 钢管应为力学性能适中的 Q235 钢，其力学性质应符合国家现行标准《碳素结构钢》GB 700—89 中 Q235A 钢的规定。

③ 钢管的截面尺寸应为外径 48mm，壁厚 3.5mm。用于立杆、大横杆、剪刀撑和斜杆的钢管长度为 4～6m（这样的长度一般重 25kg 以内，适合人工操作）。用于小横杆的钢管长度为 3m，以适应脚手架宽的需要。

2）扣件

应使用与钢管管径相配合的、符合我国现行标准的可锻铸铁扣件。

3）脚手板

本工程拟采用木脚手板，应使用厚度不小于 50mm 和材质不低于国家二等材标准的杉木或松木板，板宽 200～300mm，两端使用 10～14 号镀锌钢丝捆紧。禁止使用有扭纹、破裂和横透疖的木板。

(3) 脚手架的搭设施工程序

地基夯实──→铺设木垫板──→摆放扫地杆──→逐根树立杆并随即与扫地杆扣紧──→装扫地小横杆并与立杆或扫地杆扣紧──→安第一步大横杆与各立杆扣紧──→安第一步小横杆──→安第二步大横杆──→安第二步小横杆──→第三、四步大横杆和小横杆──→连墙杆──→接立杆──→加设剪刀撑──→铺脚手板。

(4) 脚手架搭设质量的检查验收规定

1) 脚手架的验收标准规定

A. 构架结构符合前述的规定和设计要求，个别部位的尺寸变化应在允许的调整范围之内。

B. 节点的连接可靠，其中扣件的拧紧程度应控制在扭力矩达到 40～60N·m。

C. 钢脚手架立杆垂直度应大于等于 1/300，且应同时控制其最大垂直偏差值：当架高小于 20m 时，不大于 50mm；当架高大于 20m 时，不大于 75mm。

D. 纵向水平杆的水平偏差应小于等于 1/250，且全架长的水平偏差值不大于 50mm。

E. 作业层铺板、安全防护措施等需符合上述的要求。

2) 脚手架的验收和日常检查按以下规定进行，检查合格后，方允许投入使用或继续使用：

A. 搭设完毕后；

B. 连续使用达到 6 个月；

C. 施工中途停止使用超过 15d，再重新使用之前；

D. 在遭受暴风、大雨、大雪、地震等强力因素作用之后；

E. 在使用过程中，发现有显著的变形、沉降、拆除杆件、拉结及安全隐患存在的情况时。

(5) 脚手架的拆除规定

脚手架的拆除作业应按确定的拆除程序进行。连墙件应在位于其上的全部可拆杆件都拆除之后才能拆除。在拆除过程中，凡已松开连接的杆配件应及时拆除运走，避免误扶和误靠已松脱连接的杆件。拆下的杆配件应以安全的方式运出和吊下，严禁向下抛掷。在拆除过程中，应作好配合、协调动作，禁止单人拆除较重杆件等危险性的作业。

6.2.8　*砌筑工程*

本工程砌筑地下室和有水房间采用页岩煤矸石砖，外墙采用陶粒砖，内墙采用陶粒空心砖。

(1) 工艺流程

基层处理──→找平放线、立皮数杆──→构造柱钢筋绑扎──→墙体砌筑──→现浇带钢筋绑扎──→构造柱、现浇带模板支设──→构造柱、现浇带混凝土浇筑──→拆模──→砌筑上部墙体──→上部构造柱、现浇带施工──→砌至梁板下（待结构封顶后用红机砖斜砌封闭）──→检查验收。

(2) 施工要点

1) 外墙砌筑严禁雨天施工，砌块表面有浮水时不得进行砌筑。

2) 需要移动已砌好的砌块或对被撞动的砌块进行修整时，应清除原有砂浆后，再重新铺浆砌筑。

3) 砌筑砂浆必须拌合均匀，随拌随用，盛入灰桶内的砂浆如有泌水现象，则重新拌合。砌筑砂浆在拌成后 3h 内用完，施工期间气温超过 30℃的，必须在 2h 用完。

(3) 质量标准

1) 墙体砌筑的质量标准

砌体工程的质量标准应按《建筑工程质量检验评定标准》GBJ 301 执行。

2) 保证项目和基本项目

A. 砌体砂浆必须饱满。

B. 外墙转角处严禁留直槎，其他临时间断处，留缝的做法必须符合施工规范规定。

C. 接槎处灰浆密实，缝、砌块平直，每处接槎部位水平灰缝厚度为 (10±2)mm。

D. 拉结筋的数量、长度均应符合设计要求，留置间距偏差不超过一皮砖。

6.2.9 回填土工程

(1) 概述

1) C01、C02 的土方回填作法相同。该工程回填土方量较大，施工现场场地狭小且不具备存土能力。该工程回填土方按部位分为外墙以外肥槽 2∶8 灰土和地下层 100mm 厚 3∶7 灰土。

2) 根据施工部署及现场施工条件，外墙以外肥槽回填 2∶8 灰土与地下室外墙防水保护墙砌筑穿插进行施工，在地下室结构和防水施工验收完毕立即进行。

3) 地下层灰土回填在地下室施工完毕且外防水做好后，立即分层夯实回填土。

(2) 回填灰土

1) 地下室外墙防水保护墙砌筑完毕后，将所要回填肥槽的底部清理干净，确保肥槽底部无杂物和木桩水浸泡。

2) 按体积比人工配置 2∶8 灰土（即白灰 2 份，黏土 8 份），灰和土拌合均匀。

3) 从基槽底部−5.65m 处到地面层−0.65m 处共 5.00m，分步夯实。

4) 回填土分层铺摊，第一层铺土厚度为 150mm，第二层以后铺土厚度为200～250mm。

5) 回填土每层夯打三遍，打夯应一夯压半夯，夯夯相接，行行相连。

6) 每层填土夯实后，按规范规定进行环刀取样，测出干土的质量密度，达到要求后，再进行上一层的铺土。

(3) 素土回填

1) 地面层素土回填采用人工进行回填。回填方向为以变形缝分为两大部分，由两边分别向变形缝方向回填。

2) 顶板回填土施工过程中，各方向回填土的速度和厚度应均匀一致，避免出现由于一个方向回土过厚，堆积荷载过大，而破坏顶板。

3) 回填土全部完成后，对回填土表面应进行拉线找平，凡超过该标准标高的地方，应及时依线铲平，凡低于该标准标高的地方应填土夯实。

6.2.10 屋面工程

(1) 屋面做法概况见表 6-5 所列。

屋面做法概况 **表 6-5**

名称		做法
上人屋面	屋 2A	防滑地砖面层屋面
不上人屋面	屋 10A	架空板屋面
	屋 13A	非架空屋面

(2) 工艺流程

1) 屋 2A：基层清理，管根堵孔、固定──→20mm 厚 1：3 水泥砂浆找平层──→1.5 聚合物水泥基复合防水涂料隔气层──→120mm 厚水泥聚苯颗粒板保温层──→最薄处 30mm 厚 1：0.2：3.5 水泥、粉煤灰、页岩陶粒找 2％坡──→20mm 厚 1：3 水泥砂浆找平层──→1.5mm 厚卷材防水层──→蓄水试验──→砌砖墩，搁混凝土架空板──→20mm 厚 1：4水泥砂浆找平层──→撒素水泥面──→20mm 厚干硬性水泥砂浆结合层──→10mm 厚铺地砖楼面，干水泥擦缝──→检查验收。

2) 屋 10A：基层清理，管根堵孔、固定──→20mm 厚 1：3 水泥砂浆找平层──→1.5mm 聚合物水泥基复合防水涂料隔气层──→120mm 厚水泥聚苯颗粒板保温层──→最薄 30mm 厚 1：0.2：3.5 水泥、粉煤灰、页岩、陶粒找 2％坡 ──→20mm 厚 1：3 水泥砂浆找平层──→1.5mm 厚卷材防水层──→蓄水试验──→砌砖墩，搁混凝土架空板──→检查验收。

3) 屋 13A：基层清理，管根堵孔、固定──→20mm 厚 1：3 水泥砂浆找平层──→1.5mm 厚聚合物水泥基复合防水涂料隔气层──→120mm 厚水泥聚苯颗粒板──→最薄处 30mm 厚 1：0.2：3.5 水泥、粉煤灰、页岩陶粒找 2％坡──→20mm 厚 1：3 水泥砂浆找平层──→1.5mm 厚氯化聚乙烯—橡胶共混卷材与硅橡胶防水涂料组合防水──→蓄水试验──→3mm 厚麻刀灰隔离层──→20mm 厚 1：3 水泥砂浆保护层──→检查验收。

(3) 施工方法

1) 基层清理：将基层表面的杂物、浮浆、油污等清理干净；出屋面管道根部用高一级混凝土将孔洞堵塞密实，管道必须牢固；墓层要平整、干燥；此道工序必须经过有关人员检查验收后，方可进行保温层施工。

2) 水泥聚苯板保温层：现场由卷扬机送至作业面从一端向另一端铺设，铺设厚度 120mm，注意不要损坏。

3) 水泥、粉煤灰、页岩陶粒找坡：在现场按 1：0.5：3.5 拌制好，送至作业面，从一端向另一端铺设，按 2％找坡，铺设厚度最薄处 30mm，用大杠刮平，用木抹子搓平。

4) 水泥砂浆找平层：在现场按 1：3 拌制好水泥砂浆，送至作业面，从一端向另一端铺设，铺设厚度 20mm，用大杠刮平，铁抹子压光，施工前将找坡层表面浮浆、油污等杂物清理干净，先刷水灰比 0.4～0.5 的水泥浆一遍，并随刷随铺，并将管根及拐角处做成 50mm 的圆弧或钝角，找平层留置贯通的宽 20mm 的分隔缝，分隔缝间距 4m，分格缝内放置 $\phi 15$ 的 PVC 管排湿通气，管壁上打直径 4mm 的圆孔，圆孔间距 100mm，呈梅花形布置，PVC 管相互连通。

5) 水泥砂浆找平层检查验收时，用 2m 靠尺和楔形塞尺检查平整度，且表面无脱皮和起砂等质量缺陷。

6) 防水层施工：具体见防水工程。

7) 20mm 厚水泥砂浆找平层：将 1：3 水泥砂浆铺在卷材上，用大杠刮平。

8) 地砖：10mm 厚地砖在 20mm 厚干硬性水泥砂浆结合层上卧铺（结合层下要先撒水泥并洒适量清水），最后用干水泥擦缝。

6.2.11　楼地面施工

(1) 楼地面总施工顺序（图 7-6）。

基层处理 ⟶ 房间内地面和卫生间地面施工 ⟶ 大部分走道地面施工 ⟶

施工通道（走道）处地面施工 ⟶ 楼梯间地面及踏步施工

图 6-6

楼地面施工在内隔墙抹灰大面积完成后立即展开，甩下设备较多的房间最后施工，其他部分由上至下施工。

（2）铺地砖防水楼面

1）工艺流程

基层处理⟶弹线⟶找坡、平整⟶防水层⟶排砖⟶铺砖⟶拉线。

2）施工要点

① 室内 50cm 线弹好后，找出面层标高在墙上弹上水平线。

② 铺贴前对砖的规格尺寸、外观质量、色泽等进行预选，并预先湿润后晾干待用。

③ 按要求由门口向地漏做 30mm 厚 C15 细石混凝土找坡层，待混凝土强度达到 1.2MPa 后，甩毛做 20mm 厚 1∶3 水泥砂浆找平层。养护 2d。

④ 做 1.5mm 厚聚氨酯防水涂膜。

⑤ 待防水的闭水试验合格后，方可铺贴地砖。铺贴前拉双向通线，铺贴时先铺 6mm 厚建筑胶水泥砂浆结合层，再依线逐块铺砌，控制砖缝约为 2～3mm，面砖铺贴 24h 后进行勾缝，缝深度为砖厚度的 1/3，擦缝采用同品种、同颜色的水泥，贴完后养护 3d，养护期间禁止人员在其上走动。

6.2.12 顶棚工程

（1）白色乳胶漆顶棚

1）工艺流程

清理室内顶面⟶修理室内顶面⟶刷乳胶水溶液、刮腻子⟶刷第一遍乳胶漆涂料⟶复找腻子⟶刷第二遍乳胶漆涂料⟶刷第三遍乳胶漆涂料。

2）施工要点

① 施工前检查顶棚是否按设计及规范要求施工完毕。专业管线、管道按设计位置已安装好，检查安装是否牢固，洞口四周缝隙是否堵实。顶面基层处理完毕，并将洞口用水泥砂浆抹平、堵实、晾干。

② 在基层上满刮石膏腻子灰浆，每次厚度小于 0.5mm，用砂纸打磨平整，用砂布擦干净表面。腻子刮涂的遍数根据顶棚的平整度而定。

③ 把耐水涂料漆（防火型）充分搅拌，使之均匀后方能使用，使用过程仍需继续搅拌，不能任意加水稀释；否则，将影响涂膜强度。基体表面的含水率不大于 8%。

④ 用毛刷、排笔勤刷、短刷乳胶漆，初干后不可反复涂刷。涂刷方向长短一致，涂刷二次盖底，最后刷一遍面漆。

⑤ 涂刷前，必须确保基层表面坚实，无空鼓，无脱皮、起壳，并洗净基层表面泥土、油污。

（2）防火型保温顶棚

1）工艺流程

清理室内顶面⟶贴聚苯板⟶粘贴网格布刮腻子⟶第一遍乳胶漆涂料⟶复找腻

子──→刷第二遍乳胶漆涂料──→第三遍乳胶漆涂料。

2）施工要点

① 施工前，检查顶棚是否按设计及规范要求施工完毕。专业管线、管道按设计位置已安装好，检查安装是否牢固，洞口四周缝隙是否堵实。顶面基层处理完毕，并将洞口用水泥砂浆抹平、堵实、晾干。

② 将基层清扫干净后，用掺建筑胶的素水泥浆甩毛，用聚合物砂浆将聚苯板粘贴在顶板上，纵横用间距 500mm 塑料膨胀螺栓固定。

③ 在聚苯板上粘贴网格布后满刮石膏腻子灰浆，每次厚度小于 0.5mm 用砂纸打磨平整，用砂布擦干净表面。腻子刮涂的遍数根据顶棚的平整度而定。

④ 把防火型耐水涂料漆充分搅拌，使其均匀后方能使用，使用过程仍需继续搅拌，不能任意加水稀释；否则，将影响涂膜强度。基体表面的含水率不大于8%。

⑤ 用毛刷、排笔勤刷、短刷乳胶漆，初干后不可反复涂刷。涂刷方向长短一致，涂刷两次盖底，最后刷一遍面漆。

⑥ 涂刷前，必须确保基层表面坚实，无空鼓，无脱皮、起壳，并洗净基层表面泥土、油污。

6.2.13　室内墙面装饰

(1) 室内墙面装饰做法概况

C03、C04 二栋楼内墙面的装修项目主要为釉面砖墙面，防火型乳胶漆墙面、丙烯酸防水刷涂料墙面及白色乳胶漆墙面。

(2) 釉面砖墙面

1）材料要求

釉面砖不得有缺边掉角、裂缝和严重划伤，颜色质地均匀一致，无大块色斑、特殊纹理和明显色差，光泽度、体积密度、吸水率、弯曲强度、抗剪强度等满足有关要求。

2）施工方法

A. 放线排砖：面砖铺贴前按窗上口墙体、窗间墙体和窗下口墙体分三个层次进行绘图排砖，在同一墙面上的横竖排列，不得有一行以上的非整砖。非整砖排到次要部位或阴角处。

B. 基层处理：

① 刷素水泥浆一道甩毛（内掺建筑胶）。

② 用 10mm 厚的 1∶3 水泥砂浆打底压实抹平整。

C. 面砖处理

① 砖镶贴前将砖背面清理干净，并浸水 2h 以上，待表面晾干后方可使用。

② 将阳角两侧拼接部位的面砖用云石机提前切割成 45°，做对缝拼接。

D. 面砖粘贴

① 撒素水泥浆一道甩毛。

② 5mm 厚 1∶2 建筑胶水泥砂浆粘结。

③ 镶砖前批准标高，垫好底尺，确定水平位置及竖向标志，挂线镶贴，做到表面平整，不显接槎，接缝平直。

④ 釉面砖铺面。

⑤ 面砖清理勾缝：白水泥勾缝；用棉纱清理干净。

3）质量标准

立面垂直度，接缝平直及垂直、水平、阴阳角方正等偏差都在 2mm 以内；表面平整偏差在 1mm 内；接缝高低偏差 0.3mm 之内，宽度偏差 0.5mm 之内。

（3）白色乳胶漆墙面

1）工艺流程

墙面清理、修补──→甩毛──→水泥石灰膏砂浆打底扫毛──→水泥石灰膏砂浆找平──→刷底漆──→刷乳胶漆涂料（防火型合成树脂乳液涂料）二度。

2）施工方法

施工前检查及清理墙体是否按设计及规范要求施工完毕。门窗按设计位置及标高提前安装好，并检查安装是否牢固，门窗洞口四周缝隙堵实。墙面基层及节点处理完毕，并将洞口水泥砂浆抹平、堵实、晾干。

对于乳胶漆施工，必须确保基层表面坚实、无空鼓、无脱皮，并洗净基层表面泥土、油污。严格按使用方法对涂料进行稀释，使用中不断搅拌。

（4）丙烯酸防水涂料墙面

采用 EC 聚合物砂浆修补平整，面层喷丙烯酸外墙涂料，施工方法和乳胶漆涂料墙面施工方法基本一样。

（5）彩釉面砖墙面

首先，基层采用 EC 聚合物砂浆修补平整，然后抹 5mm 厚胶粘剂在面砖上，粘贴面砖；最后，1：1 水泥砂浆勾缝，其他施工方法、要求及质量标准同釉面砖墙面。

6.2.14 外墙保温工程

本工程外墙保温采用 60mm 厚浇筑水泥增强石膏聚苯复合板内保温做法来实现建筑的节能和防结露要求。

（1）工艺流程

墙面清理──→分档、弹线──→配板、修补──→标出管卡等埋件位置──→墙面冲筋──→稳接线盒，安管卡、埋件等──→安装保温板──→板缝及阴阳角处理──→板面装修。

（2）施工要点

1）墙面清理：突出墙面 20mm 以上的砂浆块、混凝土块必须剔除，并扫净墙面。

2）分档、弹线：以门窗洞口为基准，向两边按板宽分档。按保温层的厚度在墙、顶、地面上弹出保温墙的边线，弹出保温墙的冲筋带线。

3）配板修补：计算各部分尺寸，按尺寸配板；对于异形板，要尽量采取预先加工的方法，现场尽量不要切割板材。

4）墙面冲筋：冲筋前应对基层浇水润湿，并刷一道界面剂。检查平整后做灰饼，在需要做埋件的地方做 200mm×200mm 的灰饼。冲筋的材料采用 1：3 水泥砂浆，筋宽 60mm，保证最小空气层厚度。

5）稳接线盒，安管卡、埋件：安装电气接线盒时，接线盒高度不得大于复合板的厚度，并固定牢固。

6）板材安装

① 首先将接线盒、管卡、埋件的位置返到板面上，并开出洞口。

② 保温板的安装次序从左至右，所有拼合面应满刮胶粘剂，按弹线位置安装就位，安装时随时检查平整度。

7）安装完毕的墙体，立即用 C20 干硬性细石混凝土将下口堵严。

8）板缝和阴阳角处理：复合板安装后 10d，检查所有缝隙是否粘结良好。已经粘结良好的所有板缝、阴角缝，先清理浮灰，刮胶粘剂一道，贴 50mm 玻纤布一层。所有阳角粘贴 200mm 宽（每边 100mm）玻纤布。

（3）质量标准

① 板材的各项技术指标应符合有关规定。

② 板材的四边粘结必须牢靠。

③ 板缝、阳角处的玻纤布粘结牢固，不得有褶皱、翘边。

6.2.15　室外装饰工程

本工程外墙装饰项目为外墙丙烯酸涂料和外墙面砖。

（1）外墙丙烯酸涂料

1）工艺流程

基层处理——→打底找平——→打磨——→封底漆——→第一遍涂料——→修补第二遍涂料——→第三遍涂料——→检查验收。

2）施工要点

① 对基层表面进行作业前的验收，表面须干净坚固，对混凝土表面浮浆等进行清理，对砂浆基层，要仔细检查是否存在空鼓及裂缝现象；基层要求含水率在 10%以下。

② 嵌缝：对墙面出现裂缝，应先在裂缝部位刷一遍掺胶水泥浆，然后使用粘结石膏刮抹。

③ 刮防水腻子找平：对混凝土墙面进行刮防水腻子找平，要求与基层粘结牢固，无分层、空鼓现象，待干燥后用砂纸进行打磨，手感无杂质，进行下一道工序。

④ 封底漆：在干净的基层上，先施涂一道封底漆，增加与基层的结合力，防止浮碱。

⑤ 第一遍施涂：第一遍涂料要从上至下均匀地进行，不得漏涂。

⑥ 防水腻子修补打磨：第一遍涂料完成后，再对墙进行一次细致的防水腻子修补工作，主要是针对阴阳角和局部的坑凹部位；然后，再用 300～400 号砂纸上下左右均匀打磨，手感效果良好即可。

⑦ 第二遍施涂：喷涂同第一遍施涂。

⑧ 第三遍施涂：检查第二遍施涂对墙面所出现的缺陷及时修改和处理，进行第三遍施涂。由于罩面漆的稠度较大，施涂时应多刷多理，以达到漆膜饱满、厚薄均匀一致、不流不坠。

3）质量标准

① 油漆涂料工程等级和材料品种、颜色应符合设计要求和有关标准的规定。

② 油漆涂料工程严禁脱皮、漏刷和透底。

③ 基本项目（表 6-6）

基本项目质量标准表 表 6-6

项 次	项 目	中 级 涂 料
1	透底、流坠、皱皮	大面无、小面明显处无
2	光亮、光滑（涂刷无光漆不检）	光亮、光滑均匀一致
3	装饰线、分色线平直	偏差不大于1mm
4	颜色、刷纹	颜色一致，无刷纹

（2）彩釉面砖墙面

1）施工准备

① 业主、设计已经确定好外墙面砖的方案，并确定好面砖种类。

② 材料准备完毕，符合设计和业主的要求。面砖按颜色、尺寸进行选砖，并分类存放。

2）工艺流程

基层处理──→弹线分格──→排砖──→浸砖──→镶贴面砖──→面砖勾缝和擦缝。

3）施工要点

① 墙面必须清扫干净，浇水润湿，并在水泥浆中掺外加剂，进行拉毛处理。

② 大墙面、四角、门窗口边弹线找规矩，必须由顶层到底一次进行，弹出垂直线，并决定面砖出墙尺寸，分层设点、做灰饼。注意找好突出檐口、窗台、雨篷的流水坡度。

③ 弹线分格：待基层灰六七成干时，进行分段分格弹线；同时，进行面层贴标准点的工作。

④ 排砖：根据大样图及墙面尺寸进行横竖向排砖，以保证面砖缝隙均匀。

⑤ 浸砖：面砖要放在净水中浸泡 2h 以上，取出晾干后方可使用。

⑥ 镶贴面砖：镶贴要自上而下分段进行。从最下一层砖下皮的位置线先稳好靠尺，以此托住第一皮面砖。在面砖外皮上口拉水平通线，作为镶贴标准。

⑦ 面砖勾缝与擦缝：面砖镶贴拉缝时，用 1∶1 水泥砂浆勾缝，先勾水平缝再勾竖缝，缝凹进 2～3mm。

4）质量要求

① 饰面砖的品种、规格、颜色、图案必须符合业主、设计和现行标准要求。

② 饰面砖镶贴牢固，无歪斜、缺棱掉角和裂缝等缺陷。

③ 镶贴好的墙面平整、洁净，颜色一致，无起碱、污痕、变色、空鼓。

④ 接缝填嵌密实、平整，宽窄一致，颜色一致，阴阳角处压向正确，非整砖部位使用正确。

⑤ 流水坡向符合要求。

6.2.16 电气安装工程

（1）管路敷设：本工程设计管材为焊接钢管暗埋。

1）安装工艺

终端线盒定位──→终端线盒固定──→线盒间焊管敷设──→接地线焊接──→管路固定。

2）安装工艺要求

A. 箱盒定位及固定：箱盒在接好管后要用填料堵实，以防被堵。

B. 管路敷设：管与管、管与箱盒之间都要跨焊接地线；管的弯曲度及弯扁度应符合规范；管的保护层不少于 15mm。

C. 管路敷设在超长情况下加接线盒：无弯时，30m；一个弯时，20m；二个弯时，15m；三个弯时，8m。

D. 盒箱安装应牢固、平整、开孔整齐，并与管径相吻合，要求一管一孔，不得开长孔，铁制盒、箱严禁用电气焊开孔。

E. 维护墙墙体配管配合时应符合下列要求：

① 根据土建水平线来确定接线盒标高位置。

② 根据墙体的厚度来确定线盒的安装位置。水平找平，线坠找正，与墙面不大于 5mm。

F. 焊管的内部应刷防锈漆。特别应注意管口毛刺的处理。

G. 人防区的配管还要注意穿越人防分区的管口封堵。

（2）电缆敷设

1）工艺流程

电缆沿线槽（桥架）敷设──→水平敷设、垂直敷设──→挂标志牌。

2）电缆敷设

① 根据图纸预先进行排列，避免交叉。

② 电力电缆与控制分开排列。

③ 放电缆时，用电缆支架将电缆架支起，电缆轴能自由转动，防止电缆扭曲，禁止在地上拖拉。

④ 电缆敷设弯曲半径不得小于外径的 10 倍。

⑤ 竖井内电缆的敷设：自上而下敷设，敷设时要特别注意在电缆轴附近和部分楼层应采取防滑措施，并应敷设一根立即卡固一根。要挂电缆牌，电缆牌上标注电缆长度、起点、终点、规格型号。

（3）配电箱（盘）安装

1）施工工艺流程

弹线定位──→箱体安装──→盘芯安装──→导线固定──→绝缘摇测。

2）暗装配电箱安装

根据预留孔洞尺寸先找好箱体标高及水平尺寸，固定好箱体，做好电气接地连接；然后，用水泥砂浆填实周边并抹平齐。待水泥砂浆凝固后，再安装盘面和贴脸。

3）相关要求

① 管进箱盒一管一孔，当箱体上敲落孔不够时，应用开孔器开孔，严禁用气焊开孔；连接完毕应按要求做好跨接地线，不能用箱体作为接地线的导体；箱体、管路连接固定好后，箱内清理干净，用盖板封闭，避免土建抹灰对箱内污染。

② PE 线安装应牢固明显。

③ 注意配电箱的成品保护。

④ 安装盘面要平整，紧贴墙面，贴脸平整，垂直偏差不大于 3mm。

（4）调试与验收阶段

1）照明系统

照明通电连续试运行时间为24h。所有照明灯具均应开启，且每2h记录运行状态一次，连续试运行时间内无故障为合格。

2）电力系统

A. 前提条件是低压电气设备单体试验和检测合格。

B. 主要调试内容：

① 成套配电（控制）柜、台、箱、盘的运行电压、电流正常，各种仪表指示正常。

② 电动机试通电，检查转向和机械转动有无异常情况；可空载试运的电动机，时间一般为2h，记录空载电流，且检查机身和轴承的温升。

③ 交流电动机在空载状态下（不投料）可启动次数及间隔时间应符合产品技术条件要求；无要求时，连续启动两次的时间间隔不应小于5min，再次启动应在电动机冷却至常温下。空载运行，应记录电流、电压、温度、运行时间等有关数据，且应符合建筑设备或工艺装置的要求。

④ 电动执行机构的动作方向及指示，应与工艺装置的设计要求保持一致。

3）弱电系统

本工程弱电系统包括：结构内预埋管和线槽安装。系统有：通信网络系统；综合布线系统；有线电视系统；火灾报警及联动系统；安保监控及门禁系统。

A. 预埋管及线槽安装工艺及要求同强电。

B. 弱电系统施工程序。

C. 施工管理中需注意的事项：

① 设备安装应等到合适的时间，且应加强成品保护措施。

② 弱电分包应严格按系统要求进行调试，并做好记录。

③ 弱电施工及调试须与各系统设备厂家密切合作。

④ 经总包、监理、业主、设计验收合格后，还应报国家有关主管部门验收。

6.2.17 给水排水及暖通工程

（1）给排水安装工程

1）给水系统

生活给水管管材：PP—R管。

A. 给水管道安装工艺流程

材料验收──→预制加工──→弹线──→干管安装──→阀门安装──→支管安装──→单项试压──→防腐保温──→管道冲洗。

B. 施工方法

a. 用自调式聚熔焊机把管件和接头连接在一起，温度为260°。把机器接通电源（220V）并等待片刻，当绿灯闪烁说明已达到焊接温度，开始工作。

b. 焊接步骤（图6-6）：

① 管道和接头的表面要保证平稳、清洁、无油。

② 在管道插入深度作（5/6）接头的套入深度记号。

③ 把整个嵌入深度加热，包括管道和接头，在焊接工具上进行。

④ 当加热时间完成后（表6-7），把管道平稳而均匀地推入接头中，形成牢固而完美的结合。

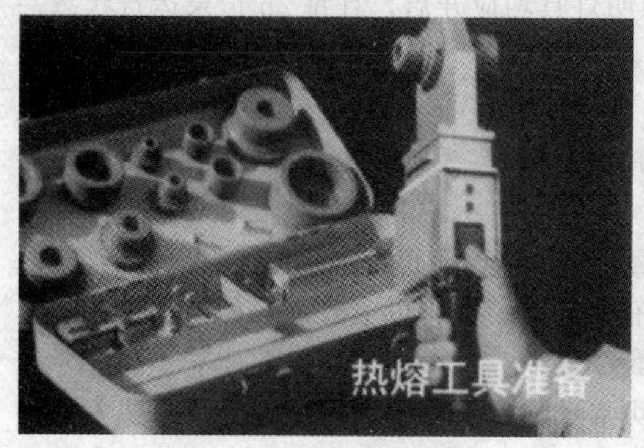

(a)

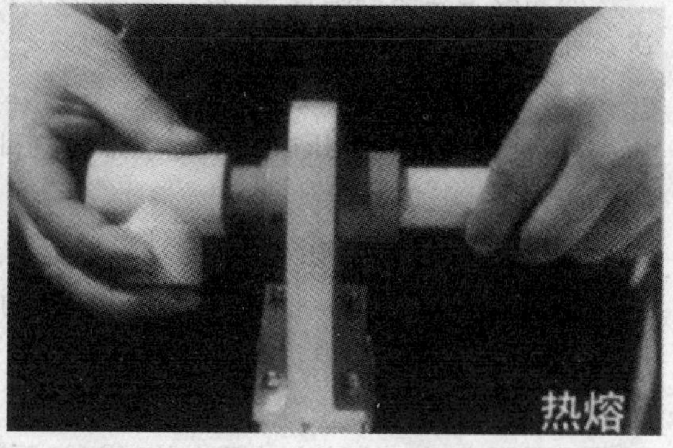

(b)

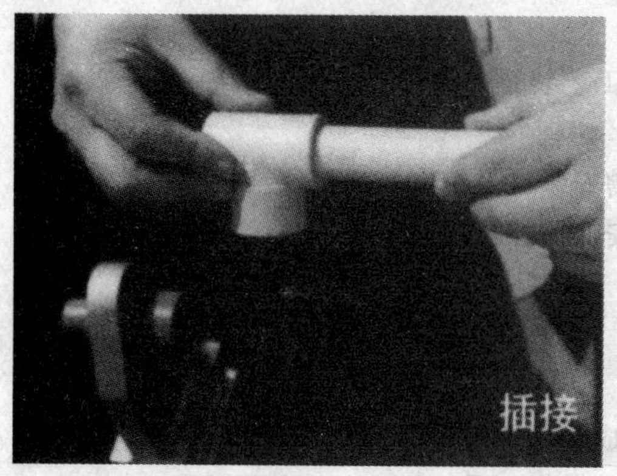

(c)

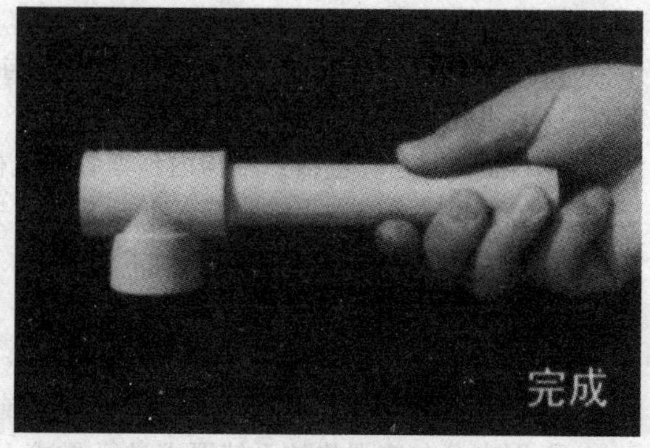

(d)

图 6-6　热熔连接法

⑤ 在管道和接头焊接之后的几秒钟之内，可以调节接头位置（表 6-7）。

⑥ 在短时间之后（见表 6-7），接头就完全可以承受负荷。

管道接头焊接时间表　　**表 6-7**

管道半径(mm)	受热(s)	调节(s)	受热(min)
20	5		3
25	7	4	3
32	8		4
40	12		4
50	18	6	5
63	25		6

2）排水系统

排水管及雨水管均采用聚氯乙烯芯层发泡管及管配件粘结。

A. 排水管道安装工艺流程

安装准备⟶管道预制⟶卡架安装⟶污水干管安装⟶污水立管安装⟶污水支管⟶灌水试验⟶通水实验⟶冲洗管道⟶通球试验。

B. 管道安装要求

a. 干管安装：采用托吊管安装，按设计坐标、标高、坡度、坡向做好托吊架，管段粘连时，必须按粘结工艺依次进行，断口要平齐，用刮刀除掉断口内外毛刺，外楞铣出15°，粘结前应对承插口先做插入试验，不得全部插入，一般为承口的3/4深度。试插合格后，用棉布将承插口粘结部位擦拭干净，用毛刷涂抹胶粘剂，先涂抹承口，后涂抹插口，随即用力垂直插入，插入粘结时将插口稍作转动，以利胶粘剂分布均匀，约30～60s即可粘结牢固。粘牢后立即将溢出的胶粘剂擦拭干净，多口粘结时应注意预留口方向。初粘结好的管段避免受力，需静置固化15min后，方可继续施工安装。

b. 立管和排水管安装：将立管上端伸入上一层洞口内，垂直用力插入至标记为止，合适后即用抱卡紧固于伸缩下沿，找正找直并测量顶板至三通口中心是否符合要求。室内各类排水立管和排出管之间必须用2只45°弯头连接；为避开初期沉降，排水出户管应在土建结构封顶后敷设；立管在楼层、低层或地下室转弯处均应设置固定支座。

c. 排水管伸缩节要求冬期时安装预留15～20mm。

各层横支管在楼板上接入立管时，宜在接入口上部设伸缩节，在楼板下接入立管时，宜在接入口下部设伸缩节；排水横支管每隔2m设一个伸缩节；排水横支管每隔4m设一个伸缩节；热水管直线段每间隔15m设置伸缩节，按厂方产品要求设置固定支架与活动支架。

d. 管道保温：采用50mm厚的发泡聚乙烯管壳保温，外绕聚氯乙稀薄膜保护。先用利刀将发泡聚乙烯从纵向切开，在管道表面涂刷801胶，随即把发泡聚乙烯从切缝处掰开，套在涂上胶的管道上，用手压发泡聚乙烯，使其与钢管相粘。再为下一段管道刷胶时，也将上一段发泡聚乙烯的端部刷上胶，套下一段发泡聚乙烯时，应使两段发泡聚乙烯相粘。

3）消防系统

所有室内消火栓给水管、喷淋给水管 *DN*100 以下采用热镀锌钢管，丝扣连接；*DN*100 以上（含 *DN*100）采用无缝热镀锌钢管卡箍连接。室外埋地给水管 *DN*100 以上采用给水铸铁管。

4）特殊的施工工艺——热镀锌钢管沟槽连接

本工程 *DN*≥100mm 的镀锌钢管采用沟槽式连接。方法是：先用专用的开槽工具在即将相连两段管子的端头上压出环行沟槽来，再套上密封圈，最后用管箍把带有密封圈连接处卡上，用螺栓拧紧。相比较来讲，它要比传统连接方法快3~5倍，节省时间及劳动力成本，并且能够减少振动，降低噪声，经得起管道的各向运动；另外，这种带槽的管道系统在其拼紧之前允许管道、阀门管接件或卡箍作完全转动，以便进行校直对准，这种配置就可消除某些对准误差，并避免法兰安装时出现“双讯化”，在固定位置上安装配合也相当方便。

（2）采暖工程

1）采暖管及散热器安装工艺流程图6-7：

2）采暖管及散热器安装

① 先检查管材及配件的质量，再将所有管道除锈后刷两道防锈漆，支架、吊杆、吊环也刷两道防锈漆。

② 根据图纸和实际结构尺寸进行吊架安装（吊架必须可调节），管段加工预制并把吊环按间距位置套在管子上，干管安装从进户开始，装管前检查管腔并清理干净。

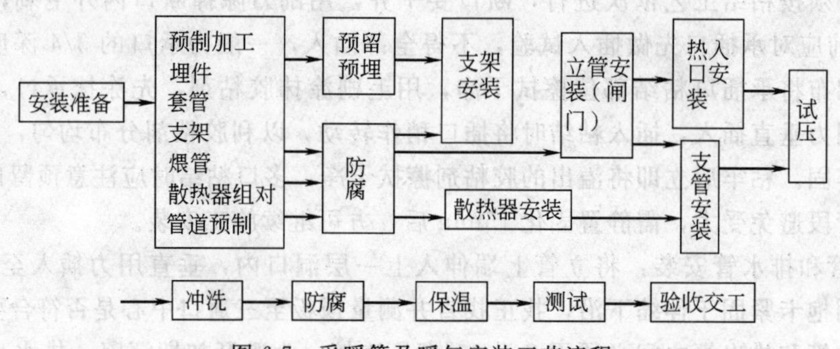

图 6-7　采暖管及暖气安装工艺流程

③ 主分路必须采用煨方或焊方，不得采用 T 形做法，穿墙穿楼板必须加钢套管，并与饰面板底平。分路阀门离分路点不宜过远，一般距分路点 500mm。

④ 供水干管末端加集气罐，放气管和集气罐都有固定长度。暖气横干管与立支管连接时用 3 个 90°弯头。横节长度应为 300mm 且应有坡度（坡向干管）。

⑤ 管道焊接时，距焊缝 50mm 内不得开口焊接支管也不得有支吊架。管道穿墙时不得有焊口。

⑥ 按图纸将不同型号、规格散热器运到各房间，根据安装位置及高度画出固定卡位置，16 片以上安 2 个固定卡（窗下时散热器中心同窗中心，无窗时尽量距墙近些）。安好固定卡后，把螺母上在距墙 25mm 处，套上两块夹板，然后将散热器固定在里柱上找直、找正，固定好再配支管，先煨弯、叉弯并调直，然后装好，连接散热器。

7　季节性施工措施

本工程历经了一个冬期和两个雨期，针对工程特点，我单位一方面调整施工部署，避免在冬雨期施工较难保证质量的项目，同时根据国家规范、地方标准及我单位安全文明施工管理办法，制定严密的季节性施工措施指导工程施工。

7.1　冬雨期施工部位

根据本工程的工程特点和进度计划，其各季节预计施工部位如下：

2003 年雨期施工项目：井点降水、土方开挖、地下结构；

2003 年冬期施工项目：五至九层主体结构、一至四层填充墙砌筑；

2004 年雨期施工项目：部分外装修。

7.2　雨期施工措施

7.2.1　一般措施

(1) 雨期施工前，认真组织有关人员分析雨期施工生产计划，根据雨期施工特点编制雨期施工措施，所需材料在雨期施工前准备好。

(2) 成立防汛领导小组，制定防汛计划和紧急预案措施，包括现场和与施工有关的周边居民区。

(3) 夜间均设专职的值班人员，保证昼夜有人值班并做好值班记录，同时设置天气预报员，负责收听和发布天气情况。

（4）做好施工人员的雨期施工培训工作，组织相关人员进行一次全面检查，施工现场的准备工作，包括临时设施、临电、机械设备防护等项工作。

（5）检查施工现场及生产生活基地的排水设施，疏通各种排水渠道，清理雨水排水口，保证雨天排水通畅。

（6）现场道路两旁设排水沟，保证不滑、不陷、不积水。清理现场障碍物，保障现场道路畅通。道路两旁一定范围内不要堆放物品，且高度不宜超过1.5m，保证视野开阔，道路畅通。

（7）检查塔吊是否牢固，脚手架立杆底脚必须设置垫木或混凝土垫块，并加设扫地杆，同时保证排水良好，避免积水浸泡。所有马道、斜梯均应钉防滑条。

（8）施工现场、生产基地的工棚、仓库、搅拌站、临时住房等暂设工程各分管单位应在雨期前进行全面检查和整修，保证基础、道路不塌陷，房间不漏雨，场区不积水。

7.2.2 专项措施

（1）水泥棚应防雨防潮。存放水泥的地面上应铺一层油毡防潮，不可直接将水泥放置在地面上。使用水泥应经常检查，发现受潮结块严禁使用。

（2）进场钢筋应架空放置，不可直接放置在地上，以免受水浸泡生锈。

（3）砂、石料应在雨后及时检测含水率，根据实测情况随时调整配合比加水量，保证混凝土或砂浆水灰比满足设计要求。

（4）雷暴雨天气禁止进行一切室外作业。

（5）龙门架、塔吊应设置避雷针，其基础两侧应有排水沟且排水畅通。雨天应随时观测基础沉降情况，发现沉降过大或沉降不均，要及时停止作业并进行加固处理。

（6）雨天浇筑混凝土应配好塑料布，遇有阵雨应将施工缝留置在规范要求的位置，并将新浇混凝土及时用塑料布盖严。

（7）屋面防水施工应选择晴好天气进行，并准备好帆布、塑料布等防雨材料。淋过雨的基层不能进行上部防水施工。

7.3 冬期施工

7.3.1 冬期施工准备工作

（1）根据冬期施工任务，作好冬施部署，对不宜冬期装修项目，安排在冬期以前或以后施工。

（2）冬施前编制冬施部分工程技术措施和安全措施。

（3）提前编制材料计划，以便材料能够按时供应。

（4）建立健全有关冬施管理制度，如：防火制度、化学外加剂的保管和使用制、防毒管理制度等。

（5）做好冬施技术培训工作，如使用复合外加剂、测温记录等人员培训工作。

（6）对已完工程提前做好产品保护及过冬保温工作，防止冻害发生。

（7）要随时注意当地气象台预报，如：有寒流、强台风及大风降温等情况，及时采取必要措施。

（8）整个冬期施工阶段，要有专人收集整理气象记录以及实测室外最低、最高温度记录。

(9) 冬施前，对各项准备工作进行一次全面检查，必要时在冬施期间再次组织检查。

7.3.2 冬施安全与防火措施

冬期施工时，建筑施工安全必须做好以下各项工作：

① 做好冬期施工防寒劳保工作，提前备好必需的劳保用品器具及物资供应计划，并备好物资。

② 冬期施工中更要强调进入施工现场戴安全帽，高空作业戴安全带、穿软底防滑鞋。

③ 施工前和施工中要经常检查道路、马道、脚手架和起吊平台等，尤其是风雨雪后更要及时巡查、清扫，发现有不安全苗头应立案限期消项。

④ 龙门架要保持垂直、稳定，滑轮、缆风绳、地锚、钢丝绳、卡扣等要经常检查，发现问题及时处理。

⑤ 使用各种化学外加剂，要制订保管、领料和使用制度，避免差错，造成质量事故或人身事故，特别要防止误食中毒。

⑥ 入冬前，对木工棚、钢筋棚、材料库、油库、生活区和生产区作全面的安全防火检查，消除隐患，以防火灾。

⑦ 现场电器线要按规定架设，不得随地乱拉，过路线要穿钢管于地下，要求绝缘良好，并应经常检查，以防触电伤人。

⑧ 机械设备入冬前后，要进行定期检查，所有电器设备要求有接地装置、制动装置、漏电装置，凡不符合要求的要及时采取合理措施，并立案限期消项。

⑨ 水泵、翻斗车及未埋地的冷热水管等要有防冻保温措施，完工后应及时排空，对于埋入地下的生活、生产临时用水管道，若埋设深度不满足冻土深度（1.43m）时，可采用表面敷土直至满足要求为止。

⑩ 烧火和熬制沥青人员，都要穿戴好劳保用品，避免烫伤。

⑪ 电气焊附近以及下面严禁堆放易燃易爆物品，电气焊也不得在易燃易爆物品附近及上方工作。

⑫ 禁止现场明火取暖，现场用火地点都应有专人负责，熬制沥青应有专人负责看火，下班后要把火熄灭后再走。

⑬ 各宿舍应有专人负责防火，易燃易爆物不得靠近火炉，炉灰要灭火冷却后倒出，以免引起火灾。

⑭ 消防器具冬期施工前后要检查，消防水桶应移入室内，应经常保持满水，消防水龙头应经常检查防冻情况。

8 新技术、新工艺的推广和应用

先进的施工技术、施工工艺、新型材料、新机具（四新技术）的使用和技术创新，是优质高效地完成工程任务，创造过程精品、保证工程质量，加快工程进度、缩短施工周期，极其有效地降低工程造价，完全实现建筑物设计风格和使用功能的关键所在。

结合本工程的特点，我们将在施工过程中广泛推广使用科技成果，计划将建设部推广的十项新技术中适用的技术应用到本工程上。除此之外，我们还将结合本工程的施工实践，努力探索新的施工技术，总结新的施工工艺，应用新的建筑材料和新机具。对“新技术、新材料、新工艺、新机具”的内容，在此次施工组织设计的相关内容时，已有论述。这里将综其所述，予以摘要性的说明。

8.1 粗直径钢筋连接技术

对于大直径钢筋（ϕ22 以上），采用等强滚轧直螺纹连接技术，钢筋接头均能达到 A 级。直螺纹连接技术的最大优点是可以对钢筋进行提前加工，现场操作工序简单，施工速度快，适用范围广，不受气候影响，且成本较低，质量稳定可靠，安全、无明火，不受气候影响。本工程钢筋施工量很大，运用这种机械连接技术，大大提高工程钢筋分项工程的施工质量，加快钢筋工程施工效率，缩短工期。

钢筋等强滚轧直螺纹接头主要特点：

① 接头强度高（100%断母材）延性好，能充分发挥钢筋母材的强度和性能。

② 连接快速方便，不必使用测力扳手，对超长的水平钢筋连接只需旋转套筒就可以实现连接。

③ 适用性强，对弯曲钢筋、固定钢筋、钢筋笼等不能移动钢筋的场合只需旋转套筒就可以实现连接。

④ 接头质量安全可靠，即使螺纹松动，只要达到一定的旋合长度就能保证接头的性能。

⑤ 便于检测：对于连接后的接头，只要目测钢筋上螺纹露在套筒外的情况，即可判断接头是否合格。

⑥ 由于质量容易控制，即使在施工人员素质不高的情况下，也能获得稳定、可靠的施工质量。

8.2 先进的模板体系和支撑体系（图 8-1）

① 结合本工程的结构特点，该工程地上结构模板体系采用成熟的钢模板体系，面板采用 6mm 厚钢板，该模板体系刚度大，变形小，尺寸准确，表面平整光滑，能很好地满足清水混凝土的质量要求，能避免二次抹灰，降低工程成本。

图 8-1 钢模板体系示意图

② 顶板支撑系统采用采取早拆支撑体系，设置养护支撑，利于架料的周转。

8.3 计算机推广、应用和信息化管理技术

在本工程的施工过程中，计算机技术的应用是项目管理最先进、高效的现代化管理手段，极大地提高效率，具有准确性、可靠性、可变更调整性和可追索性，有效而且有序地对工程的每一环节进行指挥、管理和监控，达到加快工程进度、保证工程质量、降低工程造价的目的。我单位项目经理部在项目管理实施过程中，长期运用计算机技术对工程项目进行辅助管理，除基本的文档处理、

财务核算、人事工资管理、计划管理、资料管理、合约管理等常规管理之外：我单位以工程总承包项目管理模式为基础，在该工程实施中，综合运用现代信息技术，建立项目经理部内部局域网，实现项目经理部内部信息的横向交流和数据共享，为项目管理和工程实施提供了支持和服务，计算机应用和开发综合技术至少包括：

① 图纸二次深化设计、加工安装详图设计、机电综合系统配套图纸设计、工艺设计、装修效果和详图设计等；

② 建立工程项目管理信息系统，综合运用现代信息技术，建立局域网，实现信息的横向交流和数据共享，为项目决策、计划、管理、协调、监控和实施提供支持和服务，最终形成资源流优化系统，从而实现项目管理的网络化、信息化、现代化（图 8-2）。

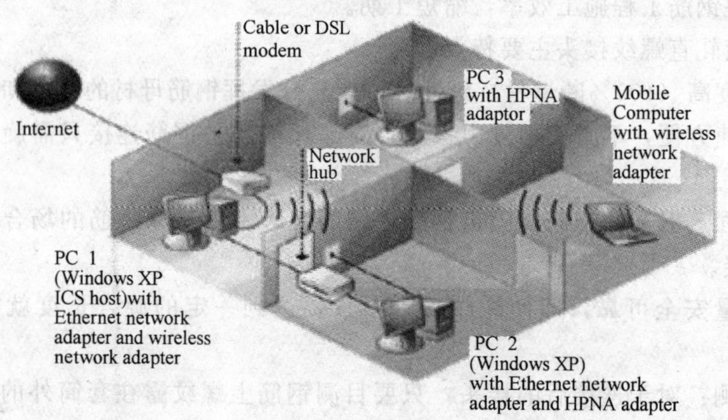

图 8-2　工程项目管理信息系统

③ 特殊专业与计算机技术的有效结合，诸如精密的测量设备仪器、先进的焊接、无损检测设备等与计算机的有效结合，能自动分析计算、绘制图形和坐标曲线、输出参数和结果等。

8.4　机电工程新技术、新材料、新工艺的应用

8.4.1　PP-R 冷热水管

采用无毒食品塑料，属环保健康型绿色管材，并可直接用于纯水管道上；其在定额的使用温度和压力下使用寿命长达 60 年以上；PP-R 管采用热熔连接，具有无须套丝、施工迅速、节省费用、永不渗漏的特点；是镀锌焊接钢管的替代品。

8.4.2　沟槽式卡箍连接方式

沟槽式卡箍管接头能代替原来传统的连接方式。具有快捷（不需焊接和再镀锌）、简便（它比法兰轻，只有两条紧固螺栓，不需要对孔对锁，安装时无特殊要求）、可靠（选用高强度的球墨铸铁，使用寿命长；卡、垫圈与管端沟槽系全圆压紧，管端拉力强度大，试验压力达 4.2MPa）、安全（沟槽式管接头施工时无需电源，不需焊接、氧气，不会因焊接使管路中的设备及阀门损坏，不会因焊渣四溅引起火灾）、经济（比法兰连接节约工程费用的 20%左右）、隔振（沟槽沟道中的密封圈可隔断噪声及振动的传播）、无污染（沟槽管件安装不存在焊渣和破坏镀锌层与涂层的问题，故可确保管道畅通）、维护方便等优点。

9　实施“过程精品”、创“结构长城杯”

9.1　工程质量目标

本工程项目质量目标是：质量分部分项验收一次合格率达100%，实施“过程精品”，创结构“长城杯”。完成了工程质量目标；我单位委派了具有高素质的项目管理和质量管理人员组成项目经理部，项目经理部在总部的控制、领导下，按照企业的项目管理模式，严格按照GB/T 19001—ISO 9001模式标准建立的质量保证体系来运作，以专业管理和计算机管理相结合的科学化管理体制，全面推行了科学化、标准化、程序化、制度化管理，以一流的管理、一流的技术、一流的施工、一流的服务及严谨的工作作风，精心组织、精心施工，履行对业主的承诺，实现项目的质量目标。

9.2　质量控制和保证的指导原则

① 首先建立完善的质量保证体系，配备高素质的项目管理和质量管理人员，强化“项目管理，以人为本”。

② 严格过程控制和程序控制，开展全面质量管理，树立创“过程精品”、“业主满意”的质量意识，使该工程成为我单位具有代表性的优质工程。

③ 制定质量目标，将目标层层分解，责任、权力彻底落实到位，严格奖罚制度。

④ 建立严格而实用的质量管理和控制办法、实施细则，在工程项目上坚决贯彻执行。

⑤ 严格“样板制”、“三检制”、工序交接制度、质量检查制度和审批等制度。

⑥ 广泛深入开展质量职能分析、质量讲评，大力推行“一案三工序”管理措施即“质量设计方案、监督上工序、保证本工序、服务下工序”。

⑦ 利用计算机技术等先进的管理手段进行项目管理和质量管理和控制，强化了质量检测和验收系统，加强质量管理的基础性工作。

⑧ 大力加强图纸会审、图纸深化设计、详图设计、综合配套图的设计和审核工作，通过确保设计图纸的质量来保证工程施工质量。

⑨ 严把材料（包括原材料、成品和半成品）、设备的出厂质量和进场质量关。

⑩ 确保检验、试验和验收与工程进度同步，工程资料与工程进度同步，竣工资料与工程竣工同步，用户手册与工程竣工同步。

9.3　质量管理保证体系

项目经理部依照企业的项目管理模式，以GB/T 19001—ISO 9001模式标准建立有效的质量保证体系，制定项目质量计划和作业指导书，全面推行ISO 9001国际质量管理和质量保证标准，以合同为制约，强化质量的过程和程序管理和控制。在施工过程中对工程质量进行全面的管理与控制；使质量保证体系延伸到项目各专业承包商，通过明确分工、密切协调与配合，使工程质量得到有效控制。

9.3.1　组织机构设立

建立项目经理领导，由总工程师策划、组织实施，现场经理和安装经理中间控制，区域和专业责任工程师检查监督的管理系统，形成项目经理部、各专业承包商和施工作业班组的质量管理网络。

9.3.2　质量职责

根据质量保证体系机构图，建立岗位责任制和质量监督制度，明确分工职责落实施工质量控制责任，责任到人。

9.3.3　组织保证措施

根据质量保证体系，建立岗位责任制和质量监督制度，明确分工职责，落实施工质量控制责任，各岗位各负其职。根据现场质量体系结构要素构成和项目施工管理的需要，建立由总部服务和控制，成立由项目经理领导、总工程师组织实施的质量保证体系，现场经理和安装经理进行中间控制，专业责任工程师进行现场检查和监督，形成横向从加固、结构、装修到机电等各个分包项目，纵向从项目经理到施工班组的质量管理网络，从而形成项目经理部管理层、分包管理层到作业班组的三个层次的现场质量管理职能体系，从组织上保证质量目标的实现。

9.4　实施“过程精品”工程

坚持“过程精品”指导原则有以下几层含义：

(1) 遵守水渠原理

项目人员的行为、协作单位的行为看作是水渠里流的水，将企业的管理规章制度、项目管理制度、项目各级人员的管理行为、施工时的预防预控措施看作是水渠。水渠建得不好，水流就可能会泛滥。强调加强建立质量管理制度、各级人员的质量管理行为及加强质量控制预防。

(2) 坚持各负其责

项目进行分工后，各负其责，决不许越俎代庖。在施工方案措施面前及任务安排和责任落实上，任何接受人（执行人）都必须无条件严格执行。

(3) 加强内部管理

在工程质量上要加强结构工程、装修工程和机电工程的管理，在工程施工中严格执行样板制。

(4) 强调创“过程精品”

通过过程精品保证了整个工程成为精品，任何人必须以此作为自已的行为准则，严格控制每一工序、每一程序、每一过程和每一环节。

(5) 严格执行“会诊制度”和“奖罚制度”

在工程实施过程中。要做到“凡事有章可循、凡事有人负责、凡事有人监督、凡事有据可查”，对每一重要分部分项工程都编制了管理流程，严格执行“会诊制度”与“奖惩制度”相结合的方式彻底解决施工中出现的问题，以过程精品保证精品工程。

9.5　质量控制要点

(1) 加大了与设计的协调和施工详图设计的力度，有效控制图纸二次深化设计可靠的依据，并可大大减少设计修改和不必要的返工。我们重视图纸会审、二次设计、详图设计和综合图的设计工作，加大设计人员和设备的投入，严格图纸会审，积极主动地与设计进行协调和沟通与配合，以避免各专业的衔接不到位或矛盾的问题。特别是确保在土建工程与机电工程、土建工程和精装修工程之间的有效合理衔接，为施工单位提供充分详细的施工依据，确保工程质量和进度。

(2) 材料设备的选型及其质量标准的确定。

(3) 对重要材料设备出厂前的检查和监制。

(4) 对设备材料采购过程和环节质量控制。

根据 ISO 9001 质量标准和物质采购程序，对本工程所需采购和分供方供应的物资进行严格的质量检验和控制。

9.6 施工现场质量管理和实施控制

实现质量目标，我们在工程现场质量管理和实施方面采取了以下质量保证措施：

(1) 建立完善的项目经理部的质量责任制，分解质量目标，按创优的具体质量要求按单位工程-分部（子分部）工程-分项工程（检验批)-施工工序进行层层分解，把质量责任落实到了最基层。

(2) 通过工序质量控制实现分部分项工程的质量控制，通过分部分项工程的质量控制，保证单位工程的质量目标的实现。

9.7 工程试验

工程施工中，工程试验工作尤为重要，我单位历来非常重视此项工作，因为它是工程质量的进行检验和验证的关键性环节和手段。针对该工程，特制定试验方案，针对本工程制定出具体详细的试验方案，报业主、监理公司审批后实施。

(1) 试验工作的机构

工程的施工试验管理和实施、委托清华大学试验室负责试验，纳入项目经理部统一管理，并协调协助监理公司及外部检测机构的抽样检测工作。

(2) 凡规定必须经复验的原材料，必须先委托试验，合格后才能使用的原则

主要有：钢筋、水泥、砂、石、砖、防水材料、混凝土外加剂、砌块材料，防水材料等。其中水泥可得出快测强度或短龄期强度合格后使用。

(3) 上道工序必试项目试验合格后才进入下道工序施工的原则

主要有钢筋连接试验、混凝土结构工程试验、回填土试验。钢筋连接试验合格后才能浇筑混凝土，混凝土结构工程检测合格后才能进行装饰装修施工，回填土下面一层合格后才能回填上面一层。

9.8 质量管理程序

9.8.1 质量保证程序（图 9-1)

9.8.2 过程质量执行程序（图 9-2)

9.9 质量保证措施

9.9.1 创“结构长城杯”技术保证措施

(1) 钢筋工程

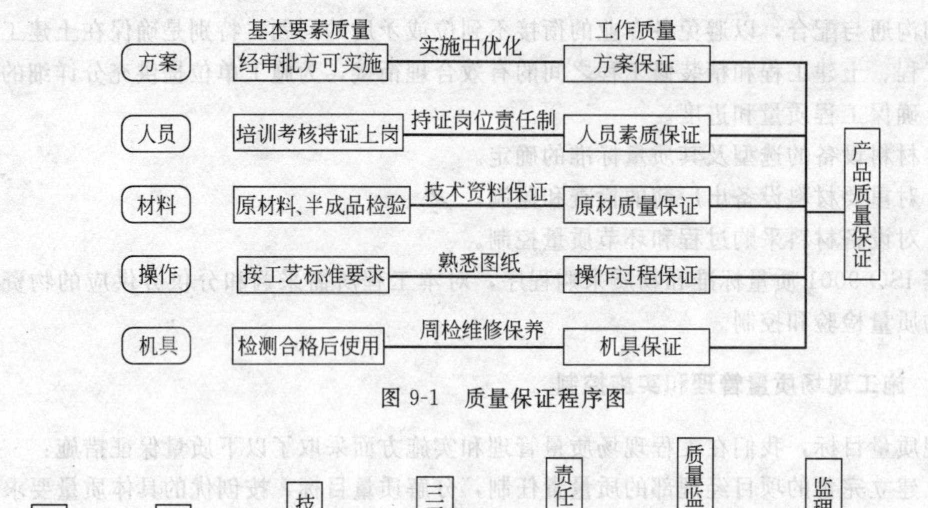

图 9-1 质量保证程序图

图 9-2 过程质量执行程序

钢筋工程是结构工程质量的关键，我们要求进场材料必须由合格分供方提供，并经过具有相应资质的试验室试验合格后方可使用。在施工过程中我们对钢筋的绑扎、定位、清理等工序采用标准化、工具化、系统化控制，基本杜绝了钢筋施工的各项隐患，以确保施工质量。

(2) 模板工程

我们通过对模板工程进行了大量的研究和试验，对模板体系的选择、拼装、加工等方面都已趋于完善、系统，能够较好地控制模板的胀模、漏浆、变形、错台等质量通病。

模板质量具体控制措施：

① 为保证模板最终支设效果，模板支设前均要求测量定位，确定好每块模板的位置。

② 通过完善的模板体系和先进的拼装技术保证模板工程的质量。

③ 在楼板结构施工中，普遍采用 12mm 厚双面覆膜木胶合板模板，这种模板具有易拼装、易拆卸、接缝严密、浇筑后混凝土表面光滑等优点，并在保证混凝土内实外美的同时提高了施工速度。

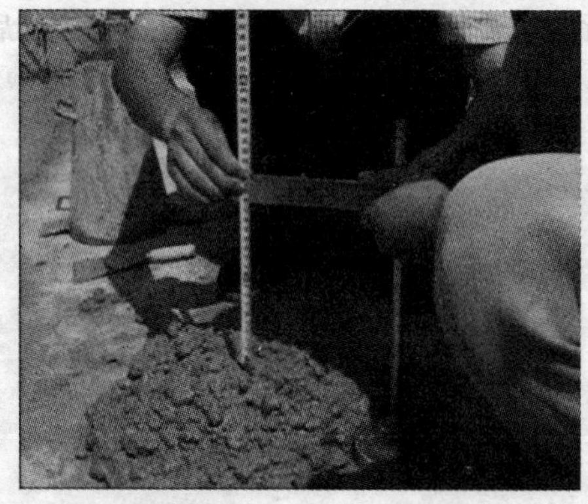

图 9-3 测坍落度

(3) 混凝土工程

为保证工程质量，在施工中采用流程化管理，严格控制混凝土各项指标，浇筑后成品保护措施严密，每个过程都存有完整记录，责任划分细致。质量控制的具体措施如下：

① 混凝土必须检测坍落度，并做好记录（图 9-3）。

② 浇筑混凝土时，为保证混凝土分层厚度，制作有刻度的尺杆。晚间施工时配备足够照明，以便操作者全面控制质量。

③ 混凝土浇筑后做出明显的标识，以避免混凝土强度上升期间的损坏。

（4）机电设备安装工程

机电工程在工程中具有重要的作用，由于许多项目为隐蔽工程，因此，质量尤为重要（表 9-1）。

机电工程质量控制要点与措施　　表 9-1

分项工程	质量控制	质量控制措施
施工准备	材料计划、材料送审施工方案	及时、准确，认真编制
电气工程		
结构预埋	位置标高正确、线管保护层、漏埋、错理、管路弯扁度	确保按基准标高线施工，避免预埋的管路三层交叉，认真查阅图纸
孔洞留设	漏留、错留	编制孔洞留洞图和留洞检查表
管路暗敷	支架间距、与水管间距正确，接线盒、过线盒接线正确，管路弯扁度	严格规范要求，认真检查消除质量通病
穿线配线	导线涮锡，导线损伤	严格涮锡工艺，穿线时注意保护导线
电缆敷设	电缆平直、固定牢固、电缆弯扁度、电缆排列整齐、美观	根据电缆排布图进行协调电缆按次序敷设
器具安装	器具固定方法正确位置标高正确	研究照明器具的安装方法准确定位
设备安装	安装方法、位置标高正确	制定专项施工方案
调试	绝缘摇测全面，开关动作可靠	制定专项调试方案
管道工程		
预留预埋	孔洞位置、数量	仔细审图、编制表格、逐个检查
管道安装	管道甩口支吊架间距铸铁管水泥捻口	及时封堵严格规范要求，认真检查冬期防冻
保温	穿越隔墙、楼板处	严格规范要求，认真检查
管道冲洗	断开设备连接，拆下阀部件	认真检查

（5）施工资料管理措施

按照 10 号文件和城建档案管理规定管理施工技术保证资料。施工技术资料管理流程如图 9-4 所示。

9.9.2　其他质量保证措施

（1）劳务素质保证

本工程拟选择具有一定资质、信誉好和我们长期使用的劳务施工队伍参与本工程的施工；同时，我们有一套对劳务施工队伍完整的管理和考核办法，对施工队伍进行质量、工期、信誉和服务等方面的考核，从根本上保证项目所需劳动者的个人素质，从而为工程质量目标奠定了坚实的基础。

（2）成品保护措施

装修施工期间，由于工期较紧、装修等级较高、各工种交叉频繁，对于成品和半成品，通常容易出现二次污染、损坏和丢失。工程装修材料如一旦出现污染、损坏或丢失，

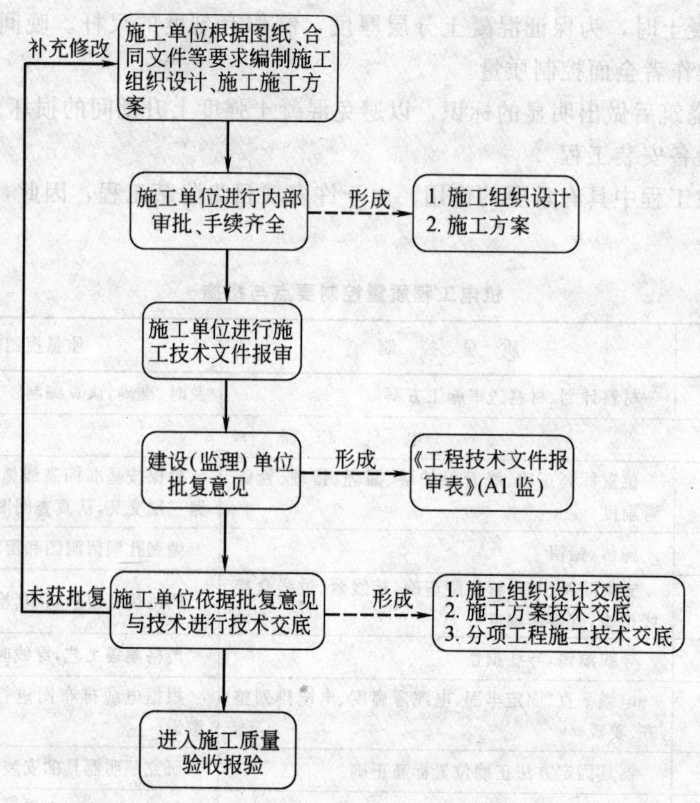

图 9-4　施工技术资料管理流程图

势必影响工程进展，增加额外费用，因此，对装修施工阶段成品（半成品）保护制定了相关措施；分阶段分专业制定专项成品保护措施，并严格实施。

(3) 季节性施工的质量保证

季节性施工严格按照季节性施工方案执行，以确保季节性施工的质量。

(4) 经济保证措施

保证资金正常运作，确保施工质量、安全和施工资源正常供应；同时，为了更进一步搞好工程质量，引进竞争机制，建立奖罚制度、样板制度，对施工质量优秀的班组、管理人员给予一定的经济奖励，激励他们在工作中始终能把质量放在首位，使他们能再接再厉，扎扎实实地把工程质量干好。对施工质量低劣的班组、管理人员给予经济惩罚，严重的予以除名。

(5) 合同保证措施

全面履行工程承包合同，加大合同执行力度，严格监督、检查、控制各承包商、独立承包商的施工过程，严把质量关，接受业主、监理和设计以及政府相关质量监督部门的监督。

9.10　控制工程质量管理制度

(1) 施工组织设计的审批制度

(2) 预检、隐蔽工程验收制度

预检应在施工组织设计中编制预检计划，明确预检内容、部位、检查人员及检查方法。

(3) 施工阶段的混凝土浇灌申请审批制度

(4) 技术、质量交底制度

技术质量的交底工作是施工过程基础管理中一项不可缺少的重要工作内容，交底必须采用书面签证形式确认，并填写技术交底记录。

(5) 分部分项质量评定制度

1) 分项工程施工过程中，项目责任工程师督促分包单位做好自检工作，确保当天问题当天解决完毕。

2) 分项工程施工完毕后，项目责任工程师必须及时组织分包单位进行分项工程质量检查工作，并填写分项工程质量评定表，交项目质量总监确认。

3) 项目经理部每月组织一次施工班组之间的质量互检，并进行质量评定。

(6) 现场材料管理制度

1) 严格控制外加工、采购材料的质量

各类建筑材料到场后，必须由项目总工程师组织现场材料负责人和质量总监等，对材料进行抽样检查，发现问题立即与供货商联系，直到退货。

2) 做好原材料复试取样工作

水泥必须取样进行物理试验，钢筋原材料必须取样进行物理试验：所有防水材料必须进行取样复试，出厂期超过三个月的水泥必须重新取样进行复试，合格后方可使用。

(7) 工程质量检查制度

1) 遵循“谁施工谁负责”的原则，对各个施工班组进行全面的质量管理和追踪管理，建立质量控制标准及检验制度。

2) 各专业施工单位在施工过程中违反操作规程，不按图施工，警告后再犯或发生质量问题，将依据合同条款，对责任方予以处罚，其处罚形式有整改、停工整改、罚款。

3) 各专业施工单位在施工过程中，严格按照施工图纸和操作规程施工，质量达到优良，我公司将依据合同条款，对分包方进行奖励。

10 安全管理和消防、保卫管理

10.1 安全管理目标

本工程的安全管理目标为：杜绝重伤事故，轻伤事故频率底于3‰。为完成这一目标，在施工中要始终贯彻“安全第一、预防为主”的安全生产工作方针，认真执行国务院、建设部、北京市关于建筑施工企业安全生产管理的各项规定，把安全生产工作纳入施工组织设计和施工管理计划，使安全生产工作与生产任务紧密结合，保证施工人员在生产过程中的安全与健康，严防各类事故发生。以安全促生产，强化安全生产管理，通过组织落实、责任到人、定期检查、认真整改，杜绝死亡事故，确保无重大工伤事故，严格控制轻伤频率在 3‰以内。

10.2　安全管理体系

10.2.1　建立组织管理体系

成立了由项目经理部安全生产负责人为首，各施工单位安全生产负责人参加的安全生产管理委员会，组织领导施工现场的安全生产管理工作。

10.2.2　建立管理制度

严格执行施工现场安全生产管理的技术方案和措施，建立并执行安全生产技术交底制度。建立并执行班前安全生产讲话制度，并执行安全生产检查制度，建立机械设备、临电设施和各类脚手架工程设置完成后的验收制度。

10.2.3　安全教育与安全检查制度

为确保安全目标的实现，还应建立对施工人员进行安全教育与安全检查制度。

10.2.4　临时用电管理

建立现场临时用电检查制度，按照现场临时用电管理规定对现场的各种线路和设施进行定期检查和不定期抽查，并将检查、抽查记录存档。

10.2.5　施工机械管理

机械的使用必须建立安全操作规程制度，实行专人、专机使用，建立保管制度，严格按操作规程作业。各种机械防护装置必须齐全、完好、无损、灵敏、有效。安装、存放必须有防雨、防砸保护措施。

10.3　消防保卫管理

1）为保证施工现场消防管理落实到位，为此特成立消防组织系统。

2）工程开工时，消防设施的配备满足施工生产的需要，经过消防部门验收后方可使用。

3）严格遵守有关消防、保卫方面的法令、法规，配备专、兼职消防保卫人员，制定有关消防保卫管理制度，完善消防设施，消除事故隐患。

4）现场设有消防管道、消防栓，楼层内设有消防栓，并有专人负责，定期检查，保证完好备用（图 10-1、图 10-2）。

图 10-1　安全通道

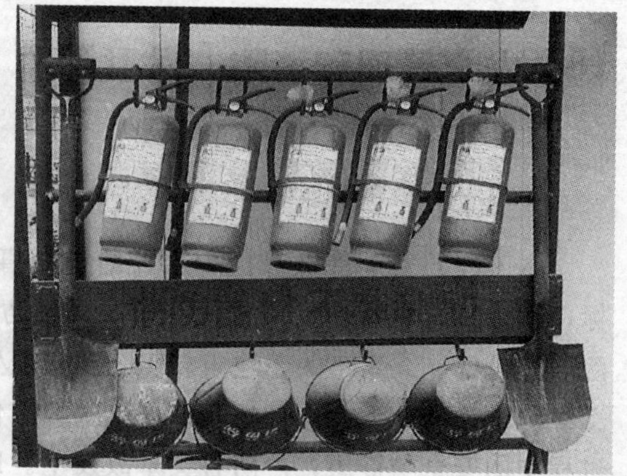

图 10-2　消防栓

5）坚持现场用火审批制度，电气焊工作要有灭火器材，操作岗位上禁止吸烟，对易燃、易爆物品的使用要按规定执行，指定专人设库存放分类管理。

6）新工人进场要和安全教育一起进行防火教育，重点工作设消防保卫人员，施工现场值勤人员昼夜值班，搞好“四防”工作。

7）发生火灾时，要及时报警，并积极参加扑救。

8）把加强对消防安全、保卫工作的认识提高到政治觉悟的高度上去贯彻执行，现场杜绝任何可能出现的安全隐患，这是我们自进入现场施工后压倒一切的重要工作。

9）按现场消防布置图布置消防通道，保持消防通道的畅通。

10）对违反规定造成火灾事故人员要进行处罚，严重的要追究法律责任。

11 环境保护与文明施工管理

11.1 环境管理目标

我们积极响应了北京“人文奥运、科技奥运、绿色奥运”的奥运精神，提升了我单位的品牌形象，依据ISO 14000环境管理标准，建立环境管理体系，制定环境方针、环境目标和环境指标，配备相应的资源，遵守法规，预防污染，节能减废，实现施工与环境的和谐，达到环境管理标准的要求，确保施工对环境的影响最小，并最大限度地达到施工环境的美化，保障施工现场人员与附近居民的身体健康，成为北京市“安全文明样板工地”。

鉴于本工程周边环境的特殊性，我们将重点控制和管理现场布置、临建规划、现场文明施工、大气污染、噪声污染、废弃物管理、资源的合理使用以及环保节能型材料设备的选用等，并在项目经理部配置粉尘、噪声等测试器具，对场界噪声、现场扬尘等进行监测，并委托环保部门定期对包括污水排放在内的各项环保指标进行测试。

11.2 环境管理保护体系

（1）在项目经理部建立环境保护体系，明确体系中各岗位的职责和权限，建立并保持一套工作程序，对所有参与体系工作的人员进行相应的培训。

（2）成立由项目经理牵头的环境管理领导小组，并成立项目经理部场容清洁队，每天负责场内外的清理、保洁、洒水降尘等工作（图11-1）。

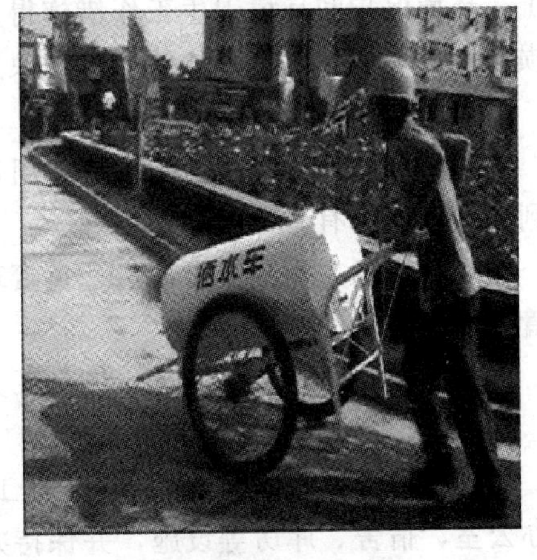

图11-1 洒水车

11.3 环境管理措施

11.3.1 防止施工噪声污染

（1）现场混凝土振捣采用低噪声混凝土振动器，振捣混凝土时，不得触及钢筋和模板，并做到快插慢拔。

（2）除特殊情况外，在每天晚22：00至次日早 6：00，严格控制强噪声作业，对混凝土输送泵、电锯等强噪声设备，设隔声棚遮挡，实现降噪。

（3）在建筑物的四周设降噪围挡，以减少噪声对周边的影响。

11.3.2　防止大气污染

（1）在施工阶段，定时对道路进行淋水降尘，控制粉尘污染。

（2）建筑结构内的施工垃圾清运，采用搭设的封闭式临时专用垃圾道运输或采用容器吊运或袋装，严禁随意凌空抛撒，施工垃圾应及时清运，并适量洒水，减少粉尘对空气的污染。

（3）水泥和其他易飞扬物、细颗粒散体材料，安排在库内存放或严密遮盖，运输时要防止遗撒、飞扬，卸运时采取码放措施，减少污染。

11.3.3　防止水污染

确保雨水管网与污水管网分开使用，严禁将非雨水类的其他水体排进市政雨水管网。

11.3.4　废弃物管理

（1）施工现场设立专门的废弃物临时储存场地，废弃物应分类存放，对有可能造成二次污染的废弃物必须单独储存、设置安全防范措施且设有醒目标识。

（2）废弃物的运输确保不散撒、不混放，送到政府批准的单位或场所进行处理、消纳。

11.3.5　材料设备的管理

（1）对现场堆场进行统一规划，对不同的进场材料设备进行分类合理堆放和储存，并挂牌标明标示，重要设备材料利用专门的围栏和库房储存，并设专人管理。

（2）在施工过程中，严格按照材料管理办法，进行限额领料。

（3）对废料、旧料做到每日清理回收。

（4）使用计算机数据库技术，对现场设备材料进行统一编码和管理。

11.4　文明施工

11.4.1　文明施工管理目标

本工程成为了“北京市安全文明工地”，施工现场作到合理布置、场容整洁、封闭施工，环境保护和环境卫生工作措施得力、管理严密，符合北京市相关法规的要求，防止有损坏周围环境和人员身体健康的现象发生。

11.4.2　管理措施

（1）建立现场文明施工领导小组，把管理目标进行分解并落实到有关部门与人员，作到各项工作都有人负责。

（2）现场文明施工管理员，负责现场文明施工的管理与维护，确保施工现场文明施工管理始终处于受控状态。

（3）教育全体操作人员，作到工完场清，并与考核相联系。

11.4.3　现场 CI 管理

项目经理部按照企业关于 CI 施工现场手册的要求来规划现场的围墙、大门、徽标、办公室、宿舍、库房等设施，并保持办公用品、安全帽、服装及工作语言的统一性，充分体现企业形象。

12 其他主要保证措施

12.1 成品保护措施

项目经理部根据施工组织设计和设计图纸编制成品保护方案。以合同、协议等形式明确各分包对成品的交接和保护责任，确定主要分包单位为主要的成品保护责任单位，项目经理部在各分包单位保护成品工作方面起协调监督作用。

(1) 进场材料保护责任

材料、半成品、设备进场后，由项目经理部材料部门负责保管，项目经理部现场经理和项目经理部安全保卫部门进行协助管理。

(2) 结构施工阶段的成品保护责任

结构工程分包施工单位为主要成品保护责任人，水电配合施工等专业队伍要有保护土建项目的保护措施后方可作业，在水电等专业施工项目完成并进行必要的成品保护后，和土建分包单位进行交接。

(3) 装修、安装施工阶段的成品保护责任及管理措施

装修、安装阶段特别是收尾、竣工阶段的成品保护工作尤为重要，这一阶段主要的成品保护的责任单位是装修分包单位，设备的成品保护的责任单位是水电安装的分包单位，装修和水电施工必须按照成品保护方案要求进行作业。

12.2 降低造价措施

在市场竞争日趋激烈，对施工企业要求越来越高的情况下，为更好地服务业主，促进企业的发展、壮大企业规模，以尽可能低的造价，保质、保量、如期完成合同目标，对业主及施工企业来说均至关重要。作为大型施工企业，在降低成本方面具有一系列成熟的经验及措施。

如计划管理、合同管理、限额领料管理、周转料具管理、现场物资验收管理、库存管理等等。严格将材料消耗控制在定额以下，降低工程成本。

加强质量预控及过程控制，减少因质量问题造成的成本损失。项目成本质量包含两个方面，内部质量损失成本和外部损失成本。降低内部损失成本的途径是以优良的工程质量杜绝返工和修补，降低外部质量损失成本的途径是以优良的质量减少下步工序施工的人员、材料的投入，通过严格控制材料的采购质量和减少损坏量，节约成本。

13 总承包管理与协调管理

13.1 项目工程协调管理组织机构

本工程我们委派了具有同类型施工协调管理经验的高素质人员组成项目经理部，以项目经理为核心，充分发挥企业的整体优势，以全面质量管理为中心环节，以专业管理和计算机管理相结合的科学化管理手段，以实现工程项目综合目标为目的，以合同管理为依

据，对工程项目进行全过程、全方位的计划、组织、管理、协调与控制，出色地实现质量目标及对业主的承诺。

充分发挥总承包商作用，重视并强调总包管理的综合组织、协调和控制能力，业主赋予工程总承包责任，则要认真地履行总承包的责任、权力和义务，站在总包的高度去统筹考虑、全面控制工程全局，高效、优质地完成工程目标。在整个施工过程中，我们充分体现和突出总包的管理和作用，综合协调处理好各方的相互关系，形成科学的管理程序。在该工程上，我们十分重视，并在项目组织机构的设置上，除满足施工内容外，还重点加强设置了两个部门：

（1）装饰协调部

主要的职责是站在业主的角度上，履行总承包协调、管理、控制的职责。装饰工程开工前，协助业主组织装饰专业分包商的招投标工作，施工过程中协调与土建、机电安装的交叉作业中存在的难点，及时修正、调整装饰设计在施工中表现出的不足。

（2）安装协调部

主要职责是审核、制订工程安装整体工作计划，提供主要设备、材料订货情况及明细表，协助业主对机电专业分包商的招标、协调、监督、控制工作。

13.2　项目工程协调管理

13.2.1　与业主之间的协调

我们站在工程全局的角度，积极主动高效地为业主服务，协助业主落实重大施工事宜和施工条件，解决工程实施过程中的重大问题，在施工管理的各个环节上，与业主建立良好的相互信任、相互支持和相互理解关系，以保证工程的优质、高效、文明、安全施工。

13.2.2　与设计单位之间的协调

与设计沟通十分重要，我们与设计单位积极主动地联系、沟通和协调，了解设计意图及工程要求，并在投标方案的基础上完善施工方案。在施工过程中，认真进行图纸会审，减少图纸失误，及时解决施工中出现的问题。施工过程中出现的设计问题，及时同设计单位联系，共同研究解决办法。

13.2.3　与监理公司之间的协调

在施工全过程中，严格按照经业主、监理和批准的“施工组织设计”进行施工的全面质量管理，以严肃的施工管理程序，达到工程所要求的各项技术、质量、经济指标。虚心认真接受和服从监理公司的验收和检查，并按照监理工程师提出的要求，予以整改，以减少在工程监督过程中的管理难度。

13.2.4　与地方政府部门之间的协调

我们具有与政府部门联系沟通并建立相互信任、相互支持、相互理解的良好关系的成熟经验，在施工过程中树立良好的社会形象，为工程的顺利进行创造良好的外部环境。

13.2.5　与周边人员之间的协调

我们具有与工程现场周边人员联系沟通并建立相互信任、相互支持、相互理解的良好关系的成熟经验。在进场的同时，及时与周边单位和居民取得联系进行沟通，相互建立良好的谅解关系，采取有针对性的措施，重点控制对周边的噪声干扰和污染、保证周边居民的安全。

13.3 项目工程总协调和管理

根据我们以往的施工经验，做好专业承包商的管理与协调工作，对施工顺利进行很关键。

13.3.1 向各专业分包商提供服务

我们严格履行总承包责任、权力和义务，为各专业承包商提供优质、高效的措施服务，保证工程关键工序和关键线路，在保证质量的前提下，保证总体工期。

13.3.2 对各专业承包商的组织、管理、协调和控制

项目管理的核心环节是对现场各分包的管理和协调。我们针对本工程的特点和运作模式以及各专业承包商的情况，严格执行招标制，严格控制各专业承包商的综合能力和素质，制定完备有效的分包管理规定在项目上实施，做到了各项工作有章可循，减少了管理过程中的随意性。

我们以总包的高度、姿态和意识，既要严格管理控制分包，又要协助好分包，使总分包形成一个有机的工程实施实体，从而实现工程的综合目标。

(1) 对各专业承包商的服务与支持

我们十分珍惜业主赋予我们总承包的机会，在对各专业承包商进行组织、管理、协调和控制的同时，积极主动对其进行服务与支持，协助其解决施工过程中的困难，支持其与工程相关的工作，保证各承包商相互之间衔接紧密，工程进展顺利，使工程步入健康良性运行的轨道。

(2) 现场资源和机械设备的协调

根据各专业承包商的作业内容主次不同，合理分配现场各项资源（包括场地道路）、机械设备和安排施工顺序，确保关键施工线路得以保障。当不同专业之间交叉施工发生矛盾时，优先保证关键线路，并处理好各承包商的利益，保证总体施工正常进行。

(3) 对质量的管理和控制

根据项目质量计划和质量保证体系，协助、要求和敦促各专业承包商建立起完善的各专业承包商的质量计划和质量保证体系，各专业承包商纳入统一的项目管理和质量保证体系，确保质量体系的有效运行，并定期检查质量保证体系的运行情况。

(4) 对工期计划管理和控制

1）要求各专业承包商根据合同工期，按照施工进度计划控制工作流程编制专业施工总进度计划、月、周进度计划呈送我方，并确定上报日期。

2）各专业总进度计划、月进度计划应包括与之相应的配套计划，包括设计进度计划、设备材料供应计划、劳动力计划、机械设备使用和投入计划、施工条件落实计划、技术准备工作计划、质量检验控制计划、安全消防控制计划、工程款资金计划等配套计划以及施工工序。

3）周计划包含施工生产进度计划、劳动力、机械设备使用和投入计划、设备材料进场计划和施工条件落实计划等关键配套计划以及上周计划完成情况及分析。

4）计划落实与实施：通过项目经理部的统一计划协调和每月、每周、每日的施工生产计划协调会，对计划进行组织、安排、检查、敦促和落实。

（5）对专业承包商深化设计和详图设计的协调和管理

1）除按照合同严格管理各专业承包商之外，还协助、指导各专业承包商深化设计和详图设计工作，并贯彻设计意图，保证设计图纸的质量，督促设计进度满足工程进度的要求；

2）协调各专业承包商与设计单位的关系，及时、有效地解决与工程设计和技术相关的一切问题；

3）协调好不同专业承包商在设计上的关系，最大限度地消除各专业设计之间的矛盾。

（6）对安全、环保、文明施工、消防和保卫的协调和管理

1）首先是协助、要求和敦促各专业承包商建立起完善的各专业承包商的管理体系，将各专业承包商纳入统一的项目管理，确保各项工作的有效开展和运行，并定期检查执行情况；

2）分解每一目标，按照合同严格管理和要求各专业承包商，责任到位、工作内容到位、措施到位，实行严格的奖罚制度；

3）严格按照专项方案和措施实施，定期检查、定期诊断、及时整改，确保各个目标的实现。

（7）对其他方面的组织、管理、协调和控制

对各专业承包商的组织、管理、协调和控制还包括很多方面，诸如技术、工程设备和材料、工程统计报表、检验和试验等诸多方面，针对上述各个方面，我们均有成熟的分包管理办法和严格的管理规定和措施，针对本工程的特点和各专业承包商及其承包内容，通过实施切实可行的管理办法和实施细则，以确保工程项目综合目标的全面实现，实现对业主的合同承诺。

14 经济效益分析及社会效益

项目部积极进行科技成果推广，采取有效的技术措施保证了工程质量，缩短了工期，提高了工程经济效益和社会效益。

14.1 工程科技成果推广项目和技术措施内容

① 土钉墙支护技术；

② 采用钢制大模板支模技术：拆后板面模板仍可使用，可降低成本，而且周转方便，有利用流水化施工，保证清水混凝土墙质量；

③ 混凝土泵送技术；

④ 混凝土掺加外加剂；

⑤ 钢筋连接技术；

⑥ 硬聚氯乙烯管材的应用技术：高强轻质、寿命长、价格低、安装方便和各种配件齐全；

⑦ 外墙内保温应用技术；

⑧ 钢筋对焊及钢筋冷拉；

⑨ 工程项目管理技术信息化、标准化、规范化。

14.2 经济效益和社会效益

通过科技推广，使工程质量得到了很大提高，并且通过使用大模板及钢筋接头等十几项推广项目加快了工期，取得了很好的经济效益，科技进步效益为：148.96 万元，科技进步效益率为：1.54％。

实施“过程精品”工程，获得了“结构长城杯”，在施工过程中，所有施工人员不畏严寒，勇于拼搏，积极钻研，始终不忘科技领先、管理一流的精神，在北京市政府及清华学子心目中树立了良好的形象，成为施工企业在北京市的模范榜样，为我单位进一步开拓北京市场奠定了良好的基础。

图 14-1 为立面现场照片。

图 14-1 立面现场照片

第十五篇

佳木斯“我的家”小区一期工程施工组织设计

编制单位：中建六局二公司
编 制 人：王春明
审 核 人：贺国利　张杰

[简介] 本项目为佳木斯“我的家”小区一期住宅楼工程，位于佳木斯市和平路北端东侧松花江南岸，工程为群体住宅工程，总建筑面积约为4万多m^2，一面临江，地理位置优越，环境优美。其中1、2、3号住宅楼为小高层式建筑，4、5、6、7、8、9、10、11号楼为6层建筑。本工程工期紧，任务重，施工中投入大量的劳动力、周转材料及施工机具，现场管理难度大。其中小高层的基础及墙体混凝土量较大，保证混凝土的质量是本工程的重点，安装工程的地热施工也作为重点工程来进行控制，由于本工程地处寒冷的北方，如何保证混凝土安全越冬是本工程的重中之重。

目　录

1 工程概况

1.1 工程总体概况

工程名称：佳木斯“我的家”小区一期住宅楼；

建设单位：佳木斯海新房屋开发有限公司；

设计单位：佳木斯建筑设计研究院；

监理单位：佳木斯金石监理有限公司；

施工单位：中国建筑第六工程局。

“我的家”小区一期工程中1、2、3号住宅楼为小高层式建筑，每栋由5个单元组成，地上11层、地下1层，框架结构，地上高度为40m，单栋建筑面积约为18000m²，底层为商务，上部为住宅，地下为车库，每个单元设电梯一部。

4、5、6、7、8、9、10、11号楼为6层建筑，4号楼由4个单元组成，其他由3个单元组成。其中：4号楼建筑面积为4978m²，5号楼建筑面积为4387.52m²，6号楼建筑面积为3683.02m²，7号楼建筑面积为4387.52m²，9号楼建筑面积为3694.42m²。除9号楼底层为车库外，其他全部为住宅。

4～7号楼的建筑高度为19.0m，9号楼的建筑高度为18.3m。

根据建设单位要求3号、8号、10号、11号楼缓建。

各栋楼呈折线形，单元间交角为2°和3°。

1.2 结构特征

(1) 小高层（1号～3号楼）结构特征

1) 基础结构形式：1～3号楼基础为筏形基础，底板厚度为700mm及400mm，上返地梁，地梁高度为900～1100mm。地下室围护墙板为300mm厚现浇混凝土墙板，地下室顶板厚度为200mm。

地下室柱全部为异形柱，截面呈L形和T形，宽度为300mm。地下车库部分柱为600mm×600mm方柱。

2) 后浇带（加强带）：基础工程单栋尺寸约为116m×32m，结构面积较大，设计将高层地下基础和车库地下室基础后浇带划分为两大块，宽度为800mm。考虑抵抗超长结构的变形，高层部分又在基础底板和上部结构梁板的同一位置设置了两条2000mm宽的加强带，避免了后期的二次浇筑。

3) 上部为框架结构，全部为异形柱，呈L形和T形及“十”形，宽度为240mm。结构顶梁板全部为现浇梁板，矩形梁，板厚为120mm和130mm，阳台板厚为150mm，屋面结构为平屋面。

4) 填充墙体设计为非承重空心砖墙，内外墙为240mm，厨卫为120mm。

5) 混凝土强度等级及保护层厚度见表1-1所列。

6) 基础钢筋：均为非预应力筋，Ⅰ级为HPB235 (ϕ)，Ⅱ级为HRB335 (Φ)。

(2) 多层（4～9号楼）结构特征

表 1-1

结构部位	强度等级	保护层厚度(mm)
①筏形基础	C30P8 抗渗	基础梁 30，底板为 40
②框架柱、梁板	C30	30
③墙板、车库顶板	C30P8 抗渗	30
④后浇带	C40P8 抗渗，无收缩	

1）多层基础为桩承台基础，桩为钻孔压浆桩，多数为三桩承台和四桩承台，少数为两桩承台和一桩承台，承台高度分别为 700mm 和 800mm，入口处承台高 600mm。

建筑外围承台顶标高为－0.6m，内侧承台为顶标高－0.6m 和－0.5m。

2）承台间设基础连系梁，梁顶标高为－0.15m，外圈承台梁宽度为 400mm，内部为 300mm，高度为 450mm，入口处地梁顶标高为－0.65m。

3）其中 9 号楼基础承台底标高为－1.75m，和－1.65m，连梁顶标高为－0.6m。首层为车库，室内地坪标高为－0.4m。

4）上部为框架结构，异形柱呈 L 形和 T 形，宽度为 240mm，结构顶梁板全部为现浇梁板，顶层为阁楼，屋面结构为坡屋面。

5）混凝土强度及保护层见表 1-2 所列。

表 1-2

结构部位	强度等级	保护层厚度(mm)	结构部位	强度等级	保护层厚度(mm)
①基础	C30	50	③板	C30	15
②梁、柱	C30	30			

6）砌体材料为 240mmMU10 烧结普通砖，厨卫隔墙为 120mm，砌筑砂浆采用 M5 混合砂浆。

1.3　建筑特征

(1) 本工程的外墙为复合保温墙体，240mm 厚机制砖墙，外贴 80mm 厚 PG 保温板，外贴彩色霹雳砖。

(2) 外窗为双玻和三玻塑钢窗，其中：多层卧室窗高为 1900mm，厨卫为 1500mm 高，楼梯为 1200mm，顶层老虎窗高为 1200mm 和 1500mm，阳台窗为 2200mm。小高层南卧室窗高为 1900mm，北卧及厨、卫、楼梯窗高为 1500mm，阳台窗为 2200mm。

(3) 室内采暖除 1 号楼地下车库、一层和 9 号楼底层车库外全部采用地热采暖。

(4) 基础防水等级为二级，采用抗渗混凝土结构自防水，基础底板底面和墙板外侧、车库顶面柔性防水为 SBC120 聚乙烯丙纶复合防水卷材。

(5) 层面为结构找坡，保温采用 2mm×50mm 厚 PS 保温板，防水采用 SBC120 聚乙烯丙纶复合防水卷材。40mm 厚细石混凝土刚性防水，坡顶面挂多彩沥青瓦。

(6) 室内装修为初级装修，室内墙面为混合砂浆抹面，刷大白浆一遍，厨卫为水泥砂浆抹面、防水楼地面，小高层楼梯间楼面为水泥砂浆，多层楼梯间为地砖楼地面。

1.4 安装工程

本工程的电气安装主要为室内电气照明、楼宇对讲和电视、电话；水暖安装主要有给排水、地热采暖。

1.5 场区及地质情况

(1) 场区地表杂填土较厚，地下障碍物较多，在开挖过程中需要随时进行处理。

(2) 场区的三通一平没有完成，需利用土方施工期间加紧完成。

(3) 地下水情况：根据地勘报告显示，场区常年地下水位埋深在－6.0～－7.0m，位于基础底面以下，对基础施工不会造成影响。

(4) 场区地质情况较复杂。场区土质情况从上至下分别为：表层杂填土—粉质黏土—粉细砂—中砂层等，本工程的小高层的基础底板位于中砂层上，基础承载力为230kPa。多层为桩基础，持力层为粗砂层。

(5) 地下水质情况：根据地勘报告显示，地下水质呈弱酸性，对混凝土弱腐蚀性，对钢筋无腐蚀性。

(6) 土质冻深：本地区土质的最大冻深为3.3m，平均冻深为3.2m，场区上部的黏性土为冻胀土。

(7) 设计小高层±0.00的绝对高程为82.0m，多层为81.7m。

1.6 场区周边情况

场区北临松花江，江边有砂石料场，骨料能够得到及时的供应；东侧为二期征用地，可作为开挖弃土用；南侧为住宅区，施工期间可能会扰民，西临和平路，交通及为便利，场区周边情况总体上对施工生产比较有利。

1.7 本工程的主要重点和难点

(1) 工程的难点：任务重，工期紧

1) 工程量大。整个工程现开工建筑为7栋，2栋小高层，5栋多层同时开工，同时竣工。

2) 工期紧

小高层基础土方和底板防水于2004年底完成，基础和上部结构及多层的基础和上部全部需于2005年11月中旬交工，工期较为紧张。

针对如此大的工作量和紧张的工期，必须投入大量的劳动力、模板和钢脚手架以及施工机具。

(2) 工程的重点

1) 小高层基础底板和墙板面积大，钢筋和混凝土浇筑量都较大，基础为抗渗混凝土，防止裂缝出现，保证混凝土的结构质量应作为基础施工的重点来加强控制。

2) 小高层基础底板防水施工完后处于冬期，保证地基不受冻，安全越冬应是本工程的重中之重。

3) 多层结构的基础为桩基础，保证成桩质量，达到设计要求的承载力是多层基础施工的重点。

4）多层屋面为坡屋面，高低错落，结构体系较为复杂，施工前需认真分析、核对，防止出错。

5）外墙体为复合保温墙体，外贴彩色霹雳砖，防止冷缝发生，保证外墙的施工质量，达到业主要求的外饰效果，是装饰施工的重中之重。

6）安装工程中地热施工应作为重点来控制。

2 施工部署

2.1 总体施工方案及流程

2.1.1 总体施工方案

(1) 本工程占地面积大、栋号多，工作量大，根据业主的要求，并结合工程的实际情况，确定小高层1号、2号楼的基础底板土方、防水于2004年11月前完工，冬期进行基底的保温防护，小高层基础、上部工程和4～9号多层部分于2005年4月份开工，于11月中旬竣工。

(2) 整个工程施工组织分为两大施工区。一区：1号楼、4号楼、6号楼、7号楼、9号楼；二区：2号楼（±0.00以下）、5号楼。

一区1号楼由一个独立的施工作业队组织施工，4号、6号楼为一个施工作业队，7号、9号楼为一个施工作业队；二区为一个独立的施工作业队。

(3) 整体施工流程：整个工程施工阶段按基础、主体和装修分为三大施工阶段。

1）多层结构施工完第三层混凝土时，根据同条件试件，拆除首层模板，开始回填房心土方，然后开始砌筑首层墙体，然后依次向上层砌筑。砌筑完五层后，开始施工外墙PG板和塑钢窗，进行内墙抹灰工作；外墙PG板施工完后，由上向下抹外墙灰，开始外墙装饰施工；室内地热楼地面在内墙抹灰施工完后由上到下施工。

2）小高层地上一层施工完后，搭设外挑架子，地上地下同时施工，地上施工上部结构，地下施工地下室外墙防水和回填土。地上结构完成四层后，开始进入砌筑施工，墙体施工完四层后，开始内墙抹灰和外墙PG板施工。外墙体PG板全部安装完后，开始从上向下进行外墙抹灰和彩色面砖的镶贴。室内地热和楼地面施工在内抹灰完成一半时开始。

3）地下室施工完后要抓紧外防水施工，然后做好保温板和砖墙保护以及外侧的土方回填，回填前充分考虑安装专业预留管洞的处理。

地下车库坡道在回填外侧土时同时施工，坡道混凝土强度达到75%时可从坡道向内运输地下室车库地面回填用的砂及混凝土，进行地下室的砌筑和抹灰作业。

4）屋面防水、保温、沥青瓦施工在上部结构施工完、条件具备后马上组织施工，为下步外施工提供条件，同时也为室内装修做好保障。

5）砌筑和抹灰是影响后期装修及整个进度的主要工序，所以，必须组织好足够的人力、物力抢进度，为后期精细装修打好基础。

6）2号楼结构于2005年地下防水、回填土、车库顶防水保温施工完工，冬期前需做好地下室结构的保温防冻维护工作，地上结构做好冷封闭，预留结构主筋做好防腐工作。

2.1.2 施工段流水段的划分及阶段施工流程

为了加快施工的进度，合理调配劳动力和物质资源，根据工程结构平面大，多单元相近的特点，对各栋楼进行水平流水段划分，组织流水施工。

（1）小高层基础：

1）小高层的基础按设计后浇带的分割划分为 6 块，各工种在 6 段间组织流水施工。施工流水段的划分和流向顺序如图 2-1 所示。

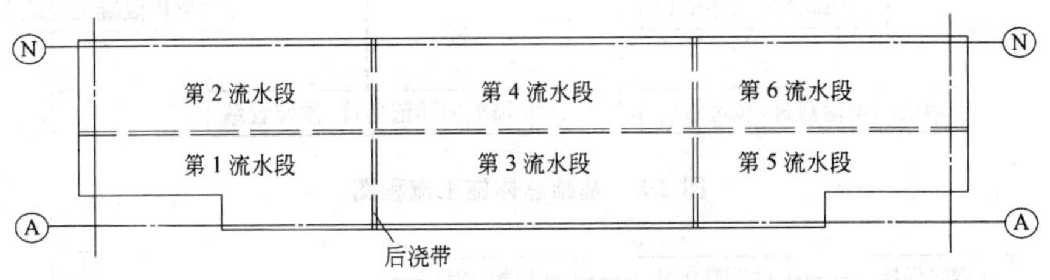

图 2-1 流水段划分与流向示意图

2）基础竖向施工段的划分：每个水平段内竖向按基础底板基础梁，墙板、柱，顶梁板划分为三大阶段，如图 2-2 所示。

3）分项工序施工组织：

A. 土方开挖施工先 1 号楼，然后 2 号楼，再 3 号楼，每栋开挖后整体进行验槽。

B. 流水施工从垫层施工开始，依次进行基础砖模，底板防水，基础底板、基础梁钢筋，墙体、柱插筋，基础底板混凝土，基础梁模板、墙板，柱钢筋、模板、混凝土，顶梁板模板、钢筋、混凝土的施工。

C. 基础总体施工流程图如图 2-3 所示。

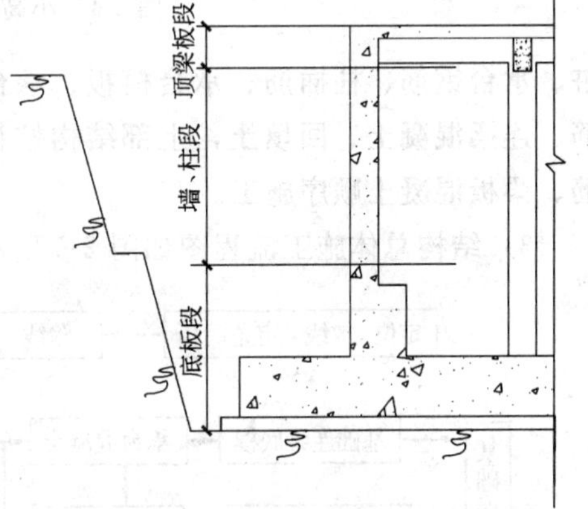

图 2-2 基础竖向施工段划分示意图

（2）小高层上部结构：

小高层上部结构按加强带划分为三个流水段。上部结构主要的分项为柱钢筋，柱模板，梁板模板、钢筋，梁柱混凝土。为了加快进度，基础施工时可集中先抢地上结构对应部分的地下基础段，这样可保证地上部分及早进入施工；另外，结构框架柱和顶梁板采取整体支模、同时浇筑混凝土的方法。

小高层主体结构施工流程图如图 2-4 所示。

（3）多层部分：

多层部分从桩基础开始施工，组织两台桩机，一台按 5 号楼、4 号楼、6 号楼的先后顺序，另一台按 7 号楼、9 号楼的先后顺序。

1）每栋楼的基础施工依单元按三段组织流水，基础连梁施工时按规范要求留设施工缝，施工缝留设在连梁的跨中部位，混凝土留成直槎。

2）施工流程从挖土、破桩头开始，依次为挖土、砂垫层、混凝土垫层、破桩头、试

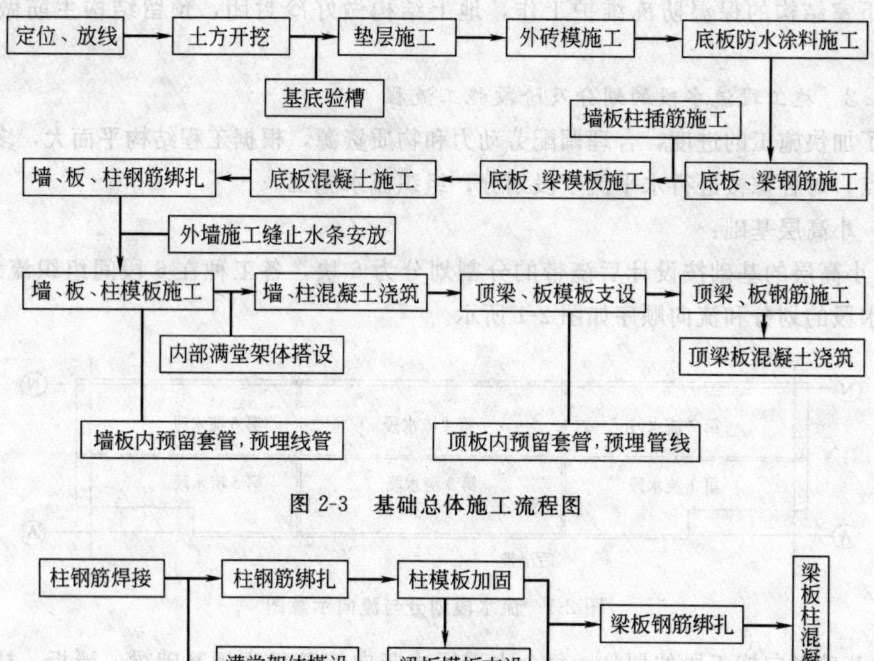

图 2-3　基础总体施工流程图

图 2-4　小高层主体结构施工流程图

桩、承台钢筋、柱插筋、承台模板、承台混凝土、承台回填砂、基础连梁底模、连梁钢筋、连梁混凝土、回填土，上部结构按柱钢筋、柱模板、柱混凝土，梁板模板、梁板钢筋、梁板混凝土顺序施工。

3）结构总体施工流程图如图 2-5 所示。

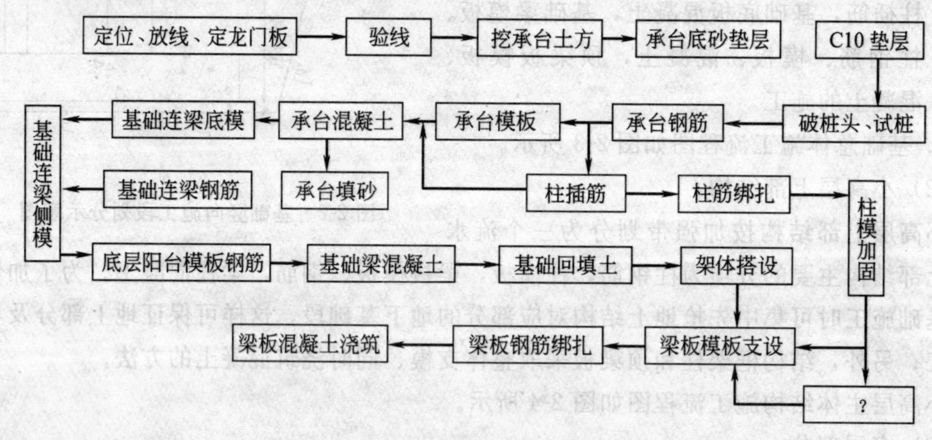

图 2-5　结构总体施工流程图

柱随支模随浇筑，灵活机动，梁板混凝土按流水段浇筑。

(4) 楼内装修施工顺序（图 2-6）：

先砌墙，后大面，先屋面或楼层防水后室内装修，先房间后楼梯、走道，先湿作业后干作业，先基层后面层。楼梯踏步由上而下施工。

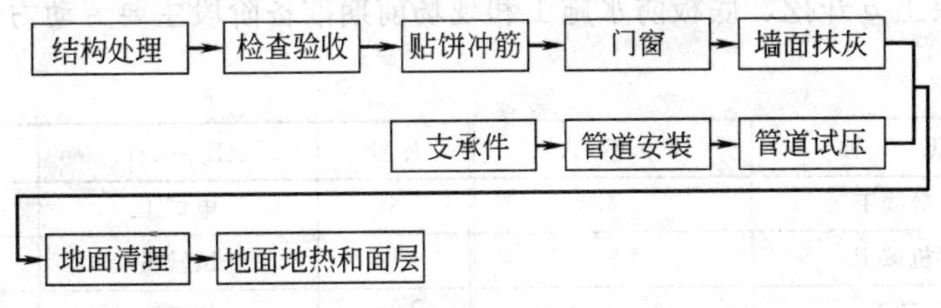

图 2-6 楼内装修施工顺序图

(5) 小高层的装修施工时已快接近冬期，所以应先做外装修贴砖，争取在负温前施工完外墙，进行入负温后外墙砖无法施工。

2.2 工程目标

2.2.1 工期目标：以合同工期为目标

2005 年 10 月 30 日前完成 1～3 号楼基础底板防水和冬期维护。

2005 年 4 月 15 日～2005 年 11 月 15 日完成合同的全部工作内容。

2.2.2 安全、文明施工目标

杜绝伤亡、避免工伤事故，年事故频率控制在 1.5‰以内。

创“安全文明工地”和中建总公司“CI 创优工程”。

2.2.3 施工环保目标

在确保工程质量和工期的前提下，树立环境保护意识，采取有效管理措施，减少施工噪声和环境污染，保护现有资源。

2.3 资源配置

2.3.1 劳动力安排

本工程劳动力配置计划主要为基础结构施工阶段、主体结构、砌筑施工阶段和装修阶段。

各施工阶段施工作业量较大，涉及的施工工种也相对较多，根据工程总体施工进度计划安排，为了确保总工期，必须投入大量的劳动力。

根据工程量和工日计算分析，在 1 号楼基础和结构施工中，平均每栋楼需投入劳动力 250 人，高峰期需投入 300 人，多层基础工程量较小，每栋楼需要投入劳动力 60 人；多层主体结构施工时，每栋楼需投入劳动力不少于 120 人。高峰期整个施工现场作业人数应达到 800 人。

结构施工阶段主要的工种为钢筋、模板和混凝土工、瓦工及其他配合工种，装修阶段主要为抹灰工和防水工；各栋楼作业队每天按两大班作业考虑，白天为主，夜间为辅。辅助工种主要有测量放线工、架子工、机械工、电工。

安装专业主要为施工临时水电的布设、电工和管工。

各阶段施工时项目部必须对各区和各栋楼的劳动力进行合理调配，使劳动力不误工，也不窝工。

各施工阶段的劳动力需用计划如表 2-1～表 2-6 所列。

（1）小高层土方开挖、底板防水施工和现场前期准备阶段主要劳动力计划（表 2-1）

表 2-1

序号	工　种	需人数(人)	序号	工　种	需人数(人)
1	放线工	4	6	电焊工	4
2	机械工	8	7	试验员	2
3	杂工	30	8	架子工	10
4	安装水暖工	4	9	维护电工	4
5	防水工	15			

（2）1 号和 2 号楼基础和主体结构施工阶段主要劳动力计划（表 2-2）

表 2-2

序号	工　种	单栋楼人数(人)	序号	工　种	单栋楼人数(人)
1	钢筋工	60	6	机械工	10
2	模板工	60	7	瓦工	40
3	混凝土工	20	8	架子工	30
4	电焊工	10	9	安装专业	30
5	杂工	40	10	维护电工	4

（3）多层基础结构施工阶段主要劳动力计划（表 2-3）

表 2-3

序号	工　种	单栋楼人数(人)	序号	工　种	单栋楼人数(人)
1	钢筋工	20	5	机械工	4
2	模板工	20	6	放线工	2
3	混凝土工	10	7	杂工	10
4	电焊工	4	8	瓦工	10

（4）多层结构施工阶段主要劳动力计划（表 2-4）

表 2-4

序号	工　种	单栋楼人数(人)	序号	工　种	单栋楼人数(人)
1	钢筋工	30	5	机械工	4
2	模板工	30	6	架子工	15
3	混凝土工	10	7	杂工	20
4	电焊工	4	8	瓦工	30

（5）小高层装修施工主要劳动力计划（表 2-5）

表 2-5

序号	工　种	单栋楼人数(人)	序号	工　种	单栋楼人数(人)
1	抹灰工	80	3	机械工	6
2	杂工	40	4	架子工	20

(6) 多层装修施工主要劳动力计划（表 2-6）

表 2-6

序号	工　种	单栋楼人数(人)	序号	工　种	单栋楼人数(人)
1	抹灰工	40	3	机械工	4
2	杂工	20	4	架子工	15

2.3.2 主要施工机具配置方案

根据工程施工的需要，并结合基础主体和装修施工方案配置施工机具。施工机具根据现场施工阶段的进展组织进场和退场。

(1) 基础挖土设备

小高层土方开挖时配备 3 台挖掘机和 6 台自卸汽车，卸土场地配一台推土机；多层部分打桩配两台打长螺杆钻机，基底较浅，挖土采用人工开挖。

(2) 混凝土、砂浆生产设备

1) 小高层

小高层部分混凝土全部采用现场搅拌，现场施工场地足够，因为混凝土量较大，所以在现场设立混凝土自动化搅拌站，1 号和 2 号楼各设一座，分别设于两楼的北侧，后边紧临砂石料场，骨料的供应较为便利。

每处搅拌站共配两台 JS500 强制搅拌机，两台砂石自动配料机 HPE800，砂、石上料配备一台 ZL40 装载机，混凝土运输浇筑配备一台 HBT-60 混凝土输送泵。配料采用电子计量，计量准确，自动上料，强制性搅拌机，拌合均匀，能够充分保证混凝土的生产质量。

2) 多层部分

考虑到各栋楼的分散性，混凝土的总体方量较小，各栋楼混凝土施工时间上的交叉性，多层部分不设集中大规模的搅拌站，只在每栋楼前设小型搅拌站，能够满足每栋楼的混凝土浇筑任务。

5 号楼配两台，其他每号楼各配一台 JL350 滚筒搅拌机，砂、石料用小斗车过地磅计量，水泥按袋计量，由人工上料。采用塔吊吊灰斗运输混凝土。

3) 砌筑和装修阶段砂浆搅拌采用滚筒搅拌机。

(3) 钢筋加工机械

1) 小高层：各设两套钢筋加工设备，两台钢筋弯曲机，两台切断机，两台调直机，由基础梁采用直螺纹连接，所以，在基础施工阶段各配四台滚压剥肋直螺纹机，主体结构施工阶段配两台闪光电焊机。

2) 多层：5 号楼配一套钢筋加工设备，4 号和 7 号楼配一套，6 号和 9 号楼配一套。

(4) 木工机械：由于木料全部为成品料进场，加工量小，现场木工机具需用较小，只在各楼处配备一台圆锯，需用对拉杆时配一台套丝机。

(5) 垂直运输设备

主体结构施工时，每栋楼各设一台塔式起重机，装修阶段时各楼另增加一台龙门架。

(6) 主要施工机械设备的配备见表 2-7。

施工机具根据工程进度情况按需用计划组织进场和退场，见“主要施工机具进场计划表”

主要施工机械设备表 表 2-7

序号	机械或设备	型号规格	数量	额定功率(kW)	生产能力	备注
1	反铲挖掘机	CAT32	3台		$1.0m^3$	
2	自卸汽车	3160P	6辆		15t	
3	推土机	TSY16	1台		75马力	
4	强制搅拌机	JS500	4台	24	500L/罐	
5	混凝土输送泵	HBT-60	2台	90	$60m^3/h$	
6	砂石配料机	HPE80	4台	6.6		
7	塔吊	QTZ315	8	19.9		
8	龙门架	JJZ40	5	7.7		
9	滚筒式搅拌机	J350	6	6		
10	砂浆搅拌机	HJ200	2	3		
11	插入式振动器	ϕ50	50条	22.5		
12	平板式振动器	各种规格	4台	2.2		
13	钢筋机械	弯曲、调直、切断	8套	12		
14	装载机	ZL40	2台		$2.5m^3$/台	
15	木工机械	圆锯、平刨、压刨、电钻	4套	8		
16	直螺纹套丝机		4台	3		
17	对焊机	UN1-125	2台	125		
18	电焊机	BX1-315A	8台	13		
19	蛙式打夯机	HW60	10台	3		
20	离心水泵		4台	7.2		
21	汽车吊	40t	2辆		40t	
22	污水泵		4台			

2.3.3 主要试验、测量和计量器具需用计划（表 2-8）

2.3.4 模板及其他架设工具需用计划

根据各栋楼主体结构的特点，模板全部采用多层木质胶合模板，多层和小高层结构各层平面都比较大，需要模板和架设工具量也较大。根据紧迫的进度计划，多层部分按两个流水段，小高层部分按三个流水段组织施工，按规范要求，上层结构施工时，下层模板不得拆除，次下层模板支撑也要根据情况拆除。从模板的拆除、周转时间和消耗考虑，并根据每层结构的施工进度计划，确定模板的周转时间。基础地下室墙板和顶板模板需配备整层量的1/2，地上部分需配备1.5层的模板量，模板周转到顶需进行不少于3次的更新补充。多层部分每栋楼需配备2层的模板量，施工完三层后需增加一层的更新量。

梁板架设工具全部采用钢管满堂脚手架，外架子采用落地双排钢管架体，小高层考虑加快施工进度，上下同时施工，西、北两侧采用型钢梁外挑架体。

工程所需的模板及架设工具需用量计划如表 2-9 所列。

主要试验、计量器具配备计划表 表 2-8

序号	设备名称	规格	数量	备注
1	经纬仪	2″	2台	轴线垂直传递
2	自动安平水准仪	J2	2台	
3	水准仪	S3	2台	
4	塔尺	5m	2把	
5	钢卷尺	50m	2把	
6	钢卷尺	5m	10把	
7	直尺	0.5m	2把	
8	环刀	$20cm^3$	4个	
9	混凝土抗压试模	150mm×150mm×150mm	10组	
10	混凝土抗渗试模		6组	
11	坍落度筒	30cm	2个	
12	台秤	500kg	2台	
13	电子测温仪		3个	
14	氧压表		4个	
15	乙炔表		4个	
16	温度计		20个	
17	卡尺		2把	

模板及架设工具需用量计划 表 2-9

序号	名称	规格	单位	单栋数量
1	ϕ48碗扣式钢脚手管	ϕ48×3.5	t	360
2	扣件		t	30
3	脚手板		m^2	4600
4	多层胶合板	16～18mm	m^2	30000
5	木方	50×90	m^3	210
6	ϕ14对拉杆		t	15

2.3.5 主要办公设备配置

本工程现场办公全部实行微机化，为了满足工程办公需要，工配置三台电脑，另外配备激光打印机一台，A3喷墨打印机一台，针式印机一台，扫描仪一台，数码相机一个，传真机一台。必要时安装宽带网，以便与总部联系，同时为工程查阅相关信息资料。

2.3.6 主要材料需用计划

主要材料计划由预算部门按施工图列出，由材料部门制定进出场计划。

主要材料需用量：略。

2.4 施工阶段平面管理

2.4.1 施工总平面布置的依据

(1) 一期总平面规划图；(2) 现场的实际情况；(3) 各栋号施工图；(4) 总公司CI

文件。

2.4.2 施工总平面布置和管理的原则

(1) 在满足施工和条件下，尽量节约施工用地；

(2) 满足施工需要和文明施工的前提下，尽可能减少临时设施投资；

(3) 在保证场内交通运输畅通和满足施工对材料要求的前提下，最大限度地减少场内运输，特别是减少场内二次搬运；

(4) 结构施工时可移动的机具，用完之后立即回归指定场地，以保证有效使用施工场地；

(5) 各种器具按计划进退场、有序堆放，设专人负责；

(6) 综合考虑后期拟建建筑用地和后期场区管网施工用地，减少不必要的拆迁；

(7) 执行总公司 CI 文件，争“中建总公司 2005 年度 CI 创优工程”。

2.4.3 施工总平面图的内容

(1) 总体布局

依据现场的实际情况，现场在场区的西南设一个主出入口，设 8m 宽临时大门，上设灯箱，大门按总公司 CI 标识做法进行布置，在门边设值班室。

现场临时办公室和生活区位于场区东南，办公区、生活区与施工区分离，工人生活用房由场区东南侧原有库房改成，办公用房采用彩钢板房，共 155m^2。办公区前竖立国旗、总公司司旗，立“九牌一图”和各项管理制度图牌。

由于场区较大，无法实现全部围护，西侧利用原有围墙，北面封闭至江边，其他两侧用 2.0m 高钢丝网作临时围护。

为保证车辆通行施工现场设临时施工道路，第一条路从西主入口开始沿西围墙延伸至 1 号、2 号、3 号楼北侧，至加工区和混凝土搅拌站。另条路经 6 号、9 号楼间和 5 号、7 号楼间延至办公和生活区。临时施工道路在原土上铺建筑碎砖石并碾压，上铺 200mm 厚碎石进行硬化，路边设 300mm×300mm 砖砌排水沟，每隔 30m 设 800mm×1500mm 深积水沉井。

混凝土搅拌站、加工区及堆场地面原已硬化的即可利用，没有硬化地面的采用 C20 混凝土 150mm 厚进行硬化。

(2) 混凝土搅拌站

1) 小高层共设两处自动化混凝土搅拌站，分别设在 1 号楼北侧、2 号楼北侧，每处搅拌站各配置两台 JS500 强制式搅拌机和两台 PLD800 配料机及 1 台 HTB60 混凝土输送泵。水泥库设在搅拌站旁，每站设左右各两座，暂搭设露天水泥台，水泥台采用砖围砌，内填砾石，上满铺跳板和防雨布，周边排水畅通不积水，水泥台容量不少于 300t。施工用水采用地下水，在搅拌站附近打水井，通过离心泵将水打入 10m^3 高架水箱内，再由水箱向搅拌机供水。

搅拌站边上设 1.5mm×2.0mm×1.5mm 的沉淀池，施工污水经沉淀后再排入市政管网。砂石料场分别在搅拌站的后侧，堆场容量不少于 3500m^3。

装修阶段配置两台滚筒式搅拌机进行砂浆搅拌。

2) 多层在每栋楼前各设置临时搅拌站，5 号楼配两台，其他每栋楼各配一台 JL350 滚筒搅拌机，水泥台设于搅拌机，做法同小高层，砂石料堆于搅拌站两侧。

(3) 材料加工区和堆场布置

现场设5处钢筋加工区，小高层的钢筋加工区设在搅拌站西侧，5号楼的加工区设于塔吊西侧，4号、6号楼间设两处，位于塔吊东侧；钢筋原料堆放在钢筋加工区后边。成品堆放场地设在钢筋加工区前。

木工加工区层分别设在各栋号搅拌站的东侧。

模板、钢管等架设工具进场使用前整齐码放于各栋号边。小高层基础施工时，材料堆放处距坑边不得少于2.0m。

考虑材料性质要求对加工和堆放场地进行防水、防雨处理，基础要经过碎石硬化处理或进行架空放置。

(4) 垂直运输机械

本工程共暂配备7台塔式起重机，1号楼配两台、其他各栋楼各配一台，同时在砌筑、装修时各楼另配龙门架（物料提升架）一台，分立于各栋楼的中间部位。由于9号楼南侧有高压线，所以龙门架应立于北侧，多层部位的塔吊相距较近，4号和6号楼距离约为32m，小于塔臂的长度35m，为了保证使用时安全，两塔背向安装，4号楼塔吊安装高度应高于6号楼7.2m。6号塔安装回转限位装置，同时在6号楼南侧地面上预埋地锚；当停止施工且有风时，用地锚锁住大臂，防止大臂北转与4号塔身相碰。

2.4.4 施工临时水电布置

(1) 施工用电

1) 回路设计：现场用电由1号、2号两台变压器供电，下设两个总配电箱，根据总体用电量和用电平衡考虑，采用2个用电回路，一个回路供4号、5号、6号、7号和9号楼，另个回路供1号、2号楼。

第1回路配电主干线采用$3\times95+1\times50mm^2$ BLV电缆，由1号总配电箱引至现场各分配电箱，由西向东架空敷设；第2回路配电主干线采用$4\times150mm^2$ BLV电缆，由2号总配箱引至现场各分配电箱，由南向北沿围墙架空敷设至小高层。主干电缆采用铜芯塑料绝缘电缆，根据现场实际情况采用放射式与树干式相结合的配电方式，进行架空敷设。

2) 施工用电量计算

$$P=K(K_1\sum P_1/\cos\phi+K_2\sum P_2+K_3\sum P_3+K_4\sum P_4)$$

式中 P——供电设备总需要容量；

P_1——电动机额定功率；

P_2——电焊机额定容量；

P_3——室内照明容量；

P_4——室外照明容量；

K_1、K_2、K_3、K_4——需要系数；考虑机械不同时使用，K_1、K_2分别取0.7、0.8，K_3、K_4分别取0.8、1.0，K取1.05～1.10；

$\cos\phi$——功率因数，电动机可取0.75～0.78。照明用电按机械设备用电量10%考虑。

A. 多层用电计算

多层施工用电机械总用电量见表2-10所列。

多层施工用电机械总用电量 表 2-10

序号	机械设备	型号规格	数量(台)	额定功率(kW)	总功率(kW)
1	塔吊	QTZ315	5	19.9	99.5
2	滚筒式搅拌机	J350	6	6	36
3	电动卷扬机	JJZ40	5	7.7	37.5
4	钢筋调直机	GX12	4	3	12
5	钢筋切断机	GJ5-40	4	3	12
6	钢筋弯曲机	GW40A	4	3	12
7	木工圆锯机	MJ104A	2	3	6
8	木工平刨机	MB504B	2	3	6
9	平板振动器	2B-1.5	2	2.2	4.4
10	插入式振动器	ZX-50	6	1.5	9
11	砂浆搅拌机	HJ-200	2	3	6
12	电焊机	BX1-315A	2	13	26

照明估算为 40kW；生活照明估算为 10kW。

总用电经计算：P=279.2kV·A

1 号变压器能满足多层用电需求。

B. 小高层用电计算

小高层施工用电机械总用电量如表 2-11 所列。

小高层施工用电机械总用电量 表 2-11

序号	机械设备	型号规格	数量(台)	额定功率(kW)	总功率(kW)
1	塔吊	QTZ315	3	18	54
2	强制搅拌机	JS500	4	24.75	99
3	电焊机	BX1-315A	2	13	26
4	钢筋调直机	GX-12	2	3	6
5	钢筋切断机	GJ5-40	4	3	12
6	钢筋弯曲机	GW40A	4	3	12
7	木工圆锯机	MJ104A	2	3	6
8	木工平刨机	MB504B	2	3	6
9	平板振动器	2B-1.5	2	2.2	4.4
10	插入式振动器	ZX-50	6	1.5	9
11	砂浆搅拌机	HJ-200	2	3	6
12	拖式混凝土泵	HBT60	2	90	180
13	直螺纹机		4	7.7	30.8

照明估算为 40kW；生活照明估算为 10kW。

总用电经计算：P=390.9kV·A

2 号变压器能满足多层用电需求。

3）施工用电线路布设要求

为保证施工现场用电安全，现场供配电采用“TN-S”系统（三相五线制）进行供电，临时用电设计从现场实际出发，尽量满足相间负荷平衡，并使供电系统尽量接近负荷中心，各用电区域施工用电分布均匀。临时用电由专业队伍组织施工，保证供电质量，满足施工用电及安全要求。

A. 总的技术要求

① 现场供配电按照“三级配电二级保护”和“一机一闸一漏电一箱保护”的原则进行设计施工，PE线和N线严格分开使用，接地电阻不大于4Ω。

② 所有用于临时用电设施的材料及元器件必须为合格品，出厂合格证齐全，并经过国家劳动检测部门检测。

③ 总配电箱下各支路分设分电箱，各用电设备设开关箱。分支电缆采用埋地敷设，加保护套管。在各塔吊上设置多个大功率的照明灯，保证夜间施工照明。

④ 总配电箱、分配电箱、开关箱应分别编号，在临时供电平面布景图上标明位置，分配电箱各支路开关应有标记，现场所有配电箱要有防雨措施，做到有门，加锁，专人负责。

B. 配电柜（箱）布设和使用要求

① 现场内配电总柜、配电分柜及开关箱均为标准铁制配电柜（箱）（配电箱可按要求购置或按标准自制）。柜（箱）内隔离开关、自动空气开关、漏电断路器及刀闸开关要与负荷功率、容量相匹配，使用专用保险。

② 分配电箱和开关箱内设置漏电断路器（漏电断路器额定漏电动作电流不大于30mA，额定漏电时间不大于0.1s，上一级保护动作值较下一级动作值略大一些，设定为50mA）。

③ 柜（箱）内开关间距电流100A以下不小于3cm，150A及以上不小于5cm。

④ 分配电箱设在负荷中心区域，回路数量按设备开关箱数量而定，一个用电分区一般1台分配电柜，对于大中型设备要求设独立开关箱（开关箱距设备在3m以内）。

⑤ 移动式配电箱底距地应在500mm以上，端子距地面应不小于600mm。

⑥ 配电柜（箱）箱体颜色和标志必须符合中建CI形象要求，达到统一。

各种电器设施，安装位置得当，周围应有一定空间，便于操作及检修。箱内工作零线和保护零线应分别设置接线端子，保护零线一律采用黄/绿双色线，保护零线和工作零线不能混接。

⑦ 配电箱（柜）内部电器开关等设施，定期检查，箱内应清洁，周围不得有易燃物。

施工用电布置前，应由电气工程师编制《临时用电施工组织设计》。

（2）施工、生活用水

生活用水直接由甲方指定的市政管线引入生活区内，根据需要分别引入食堂、宿舍区等生活用水点。

现场共设四眼深水井，1号和2号楼搅拌站边各打一眼，5号楼东侧和4号楼东侧各打一眼。施工用水采用搅拌站旁的水井由离心泵打入高架水箱内；同时，考虑施工养护用水的方便，从搅拌站水箱经高压水泵加压后通过三通用*DN*50水管暗埋引至各栋号边，通过立管引至各楼层，在楼层处分设阀门，再通过100mm软管引到楼层上的用水地点。

2.4.5 施工现场总平面布置图

略。

2.5 施工进度计划

2.5.1 施工进度计划编制原则

由于本工程的工期特别紧，年度施工期短，为了达到工期要求，必须采取分段流水和网络计划统筹施工，各施工段都要充分利用时间、空间、立体交叉作业。

2.5.2 工程工期目标

计划开工日期：2004 年 9 月 6 日；计划竣工日期：2005 年 11 月 15 日。

各单位工程阶段施工计划见表 2-12。

各单位工程阶段施工计划 表 2-12

栋 号	施 工 阶 段	起 止 日 期
1	地下室底板防水及保护	2004.9.6～2004.10.30
	基础地下室结构	2005.4.15～2005.6.10
	主体结构	2005.6.1～2005.8.30
	室内外装修完	2005.8.1～2005.11.10
5	基础及主体结构	2005.4.15～2005.7.10
	室内外装修完	2005.8.10～2005.11.10
4、6	基础及主体结构	2005.4.20～2005.8.5
	室内外装修完	2005.8.10～2005.11.10
7	基础及主体结构	2005.4.20～2005.8.5
	室内外装修完	2005.8.10～2005.11.10
9	基础及主体结构	2005.5.1～2005.8.10
	室内外装修完	2005.8.10～2005.11.10
2	地下室底板防水及保护	2004.9.6～2004.10.30
	基础地下室全部工程	2005.6.20～2005.8.30
外网	场区管网	2005.7.1～2005.10.30
交工	竣工收尾、验收	2005.11.10～2005.11.15

2.5.3 施工进度计划说明

(1) 结构施工采用分段流水施工，小高层基础流水段分为六段，上部分为三大流水段。

(2) 小高层的土方开挖 4d 完成；基础底板结构每段力争 8d 完成，内外墙板、柱 14d 完成一段，顶梁板结构天 12d 完成一段。上部结构每 7d 完成一层。

多层部分计划每 10d 一层，争取 7d 一层。

水、电、暖套管安装，暗管的预埋紧随土建施工，相互配合。

2.5.4 工期保证措施

(1) 充分利用土方开挖阶段的时间进行场区的三通一平、劳动力的组织、机械设备进场、材料进场加工制作等施工准备，为后期施工打好基础。

（2）加大劳动力的投入，保证结构施工高峰期的劳动力。实行两大班作业制，并充分调动施工操作人员的积极性。

（3）落实设备、材料的供应，畅通渠道，利用施工场地准备足够的砂石料及水泥量，并提前做好试验工作。

（4）充分提高机械的使用效率，做到人休机不休。

（5）合理进行施工部署，采取分段流水施工方法，工序搭接及时。

（6）加强日进度控制和调度，做到忙中有序。

（7）建立例会制度，每周一下午举行与监理公司及建设单位的联席办公会议，及时解决施工生产中出现的问题。

（8）每周四项目部组织两个施工区所有专业计划协调会，要预测可能出现的问题并加以预控。

（9）以质量为前提，进度为主线，抓关键线路，争取向关键线路要时间，向非关键线路要潜力。

（10）加强图纸会审工作，开工前组织一次大型图纸会审和设计交底；在各段结构施工前再组织一次专业图纸会审，争取早发现问题，及时解决和合理安排计划。

（11）合理利用空间，平行作业，时间、空间充分利用。

（12）对未能按计划完成的工序，及时分析原因，必须采取强有力的措施，拿出处理意见，上报项目经理，待项目经理批复后立即交工长实施，并随时向项目经理汇报实施情况，在最短的时间内，在保证质量的前提下将工期抢回。

3 主要项目施工方法

3.1 施工测量控制

3.1.1 平面控制网

本工程各栋楼整体布局呈扇形，每栋楼由三、四、五个单元以2°或3°折线相交组合，外形近似弧形。与建设单位对场区的定位控制点进行交接，办理好移交手序。按移交后的坐标点建立施工现场坐标系。

根据一期总平面规划图中，各栋楼建筑物角部的坐标点与甲方已经给定的基准坐标点确定对应关系。

3.1.2 高程控制网

根据设计指定的已知标高水准控制点引测，在本工程周围选取6个水准控制点，建立水准控制网；同时，也作为沉降观测的水准点。水准点按规范要求距离建筑物25m外，控制点按图示做法设置，布设要求如下：

① 用二等水准测量确定水准标面的标高，观测结束后及时计算高差闭合值，闭合值必须小于±3mm。

② 水准点应设在稳定的地点，必须离开受振动的区域，确保不受施工机具的碰撞。受到施工干扰的水准控制点及时废除，并在临近不受干扰的位置进行恢复。

③ 水准点应接近观测点，离建筑物一般在100m范围内，以便观测。

④ 离地下管线至少在5m以外，并不得埋设在低洼积水处。

⑤ 为防止冰冻影响，水准点埋深，至少应在冰冻线以下0.5m，根据勘察资料，本地区的冰冻线在自然地坪下－2.3m左右，所以本工程的水准点底埋深为－2.8m。水准点埋设后，顶部加防护盖（图3-1）。

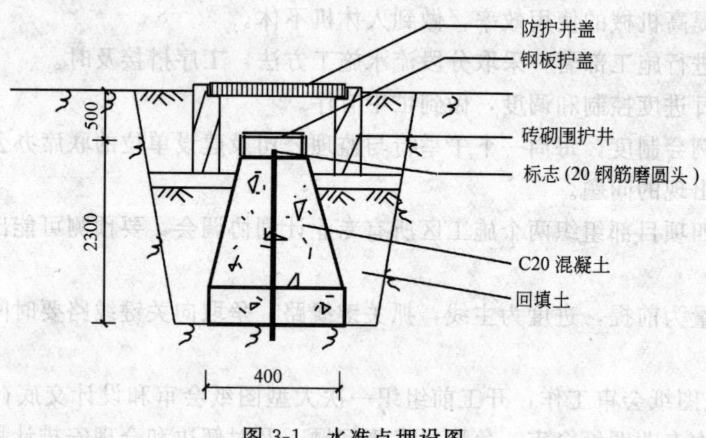

图3-1 水准点埋设图

3.1.3 测量定位

定位原则：依据一期工程平面规划图确定的各栋楼建筑物角部的坐标点，定位联络函以及点与建筑物轴线的对应关系，本着先主轴后细部的原则进行定位放线。

(1) 底层轴线定位

以1号楼为例说明

假定原始1号楼西北角部的坐标点（x＝5186980.116，y＝502558.528），该点为A点，西南点（x＝5186968.819，y＝502562.076）为B点。A点距A_2和Ⓝ轴为340mm（甲方给定）。

1) 于A点立仪器，视B点，拉尺量340mm定出Ⓝ轴上A_1点，量11440mm定出Ⓔ轴上A_2点。

2) 于A_2点立仪器，后视A点，转90°定方向线拉尺340mm定出A_3点，量20440mm定出A_4点。

3) 于A_4点立仪器，后视A_2点，左转178°，拉尺20100mm定出A_5点，依此法定出A_6、A_7、A_8各点。

4) 在定A_4～A_8各点的同时，依各点通过转90°和2°，量尺定出各主轴交点。

5) 最后立仪器于各单元轴线的角点进行闭合复查。

6) 其他各栋楼的定位方法相同。

7) 定位复测无误后，将每单元主要轴线引测至基坑槽外，设立轴线控制桩，并做好保护。

(2) 多层上部轴线投测

多层部分由于楼层较低，总高度为19m，所以可依底层外侧的定位轴线，用经纬仪直接向上部楼层投测。

(3) 小高层轴线投测（图3-2）

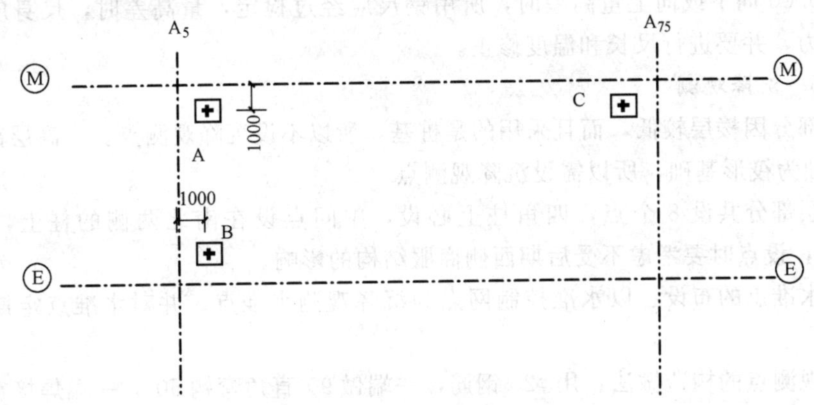

图 3-2 小高层轴线投测图（单位：mm）

在地下室施工完后，在地下室底板上布设 3 个控制点 A、B、C，使 AB 平行于横向定位轴线 A_5 轴，BC 平行于Ⓜ轴线。

A、B、C 三点在施工地下室底板施工时用精密经纬仪布设于预埋铁件上，钢板尺寸为 150mm×150mm×10mm，量距容许误差不超过±2mm，测角误差不超过 8″。

将轴线基准点上空，各层楼板的对应位置留 200mm×200mm 方孔，当施工层需要放样时，将激光经纬仪安置在同一侧的两个基准点的工作件上，仪器对中调平，纵转望远镜成天顶观测状，通过直角目镜和仪器竖度盘，使照准轴与仪器竖轴重合，起辉激光器；同时，在施工层上平置自制的接收靶尺，执尺者通过靶心折射镜观测光斑，并指示仪器操作者调节焦距，至光斑最小为止，随后仪器操作者将仪器缓慢左右各平转 360°，执尺者观察光斑轨迹；接着，通知操作者轻微调节望远镜垂直角度，达到光斑轨迹为一点，这时，由激光经纬射出的束即与基准点重合，执尺者移动尺身，使靶心与光斑重合。将经纬仪架设于靶标 A，后视靶标 B，即可在施工层上测设所需轴线。

允许测量误差：$\Delta_{层高测}=\pm3.5$mm；$\Delta_{总高测}=10$mm

每层投测前都应对仪器各部件做仔细检查和校正，确认正常后方可投测。

每一楼层的测量工作应在一个班内一次完成。

每导线投测结束后，将各投测数据整理成资料，归档保存。

3.1.4 高程传递

(1) 小高层部分的设计±0.00 绝对高程为 81.7m。因基坑不深，高程传递可直接使用水准仪和塔尺，从场内高程控制点引测至坑内，在坑内做半永久性标高控制点。

(2) ±0.00 以上的标高传递：主要是沿电梯井和楼梯间向上竖直进行（不得少于 3 处）。用水准仪根据统一的±0.00 线，在各向上传递处准确地测出相同的起始标高线，然后用 50.0m 钢尺沿竖直方向，向上量至施工层，并画出▼，各▼形成水平线，各层的标高线，均应由各处的起始标高线向上直接量取；最后，将水准仪安置到施工层，校测时误差必须小于 3mm。

高程测定精度要求：$\Delta_{层高测}=\pm3$mm，$\Delta_{总高测}=30$mm

(3) 为保护高程传递的精度，应注意以下几点：

观测时，尽量做到前后视线等长。

由±0.00向下或向上量高差时，所用钢尺应经过检定，量高差时，尺身应竖直和用规定的拉力，并要进行尺长和温度修正。

3.1.5　沉降观测

多层部分因楼层较低，而且采用的是桩基，所以不设沉降观测点。小高层部分高度近40m，基础为筏形基础，所以需设沉降观测点。

小高层部分共设8个点，四角柱上必设，中间点设在南北两侧的柱上，点位设在+0.5m处，设点时要考虑不受后期西侧商服结构的影响。

(1) 水准点的布设：以水准控制网点为沉降观测水准点，并对水准点定期进行高程检测。

(2) 观测点的构造做法：用ϕ20钢筋，一端做90°直角弯钩50°，一端焊接在柱子埋件上，另端外露出结构柱面150mm（保证外露出装修面砖30mm）。

(3) 观测标志设稳后即开始进行沉降观测的初测，以后每加一次较大的荷载（如墙体每起一层或结构每施工完一层），都要进行一次观测；工程中途停工时间较长，应在工程停工前和复工后各观测一次。

工程完工后使用时，仍应继续观测，初时每月观测一次，以后随沉降速度的减缓，可延长到三个月观测一次，直到沉降量不超过1mm，即认为沉降稳定，方可停止观测。本工程按二等水准测量做沉降观测。

(4) 观测注意事项

前后视的视线长应大致相等，可钢尺进行量定；视线长度不得超过50m；前后视应使用同一根水准尺；观测人员必须固定专人，仪器、水准尺固定、观测方法及路线固定，以保证观测成果的精度；在每一测站上观测完各点后，应回到水准点再后视一次，两次后视读数之差不得超过1mm，否则应重新观测，直至满足要求。沉降观测成果应及时做好记录，同时根据观测成果，以时间为横坐标，荷载及累计沉降量为纵坐标，绘成关系曲线图。

3.2　土方开挖

3.2.1　小高层土方开挖

(1) 开挖前的准备

1) 完成现场内施工道路，宽度7m，用山砂铺地，不少于200mm厚，长240m。

2) 清除回填部位及3号楼区内的地表残土。

3) 基坑外缘散灰线。

4) 定基坑标高控制桩点。

(2) 开挖机械设备的选择

挖土选用三台反铲挖掘机，运土选用六台自卸汽车，卸土区选用一台推土机。

(3) 开挖顺序　总体开挖顺序：1号楼⟶2号楼⟶3号楼⟶…

1) 场区表面杂填土较多，先将表层杂土清除。

2) 1号楼从东端A_{77}轴开始沿纵轴方向向西A_1轴倒退开挖1/2基槽宽度；至西端后折回，再由西向东A_{77}轴方向开挖，挖除剩余部分。

3) 2号楼、3号楼从西端头沿纵轴向东端开挖，到东端头再折回，开挖方式同1号楼。如图 3-3 示意。

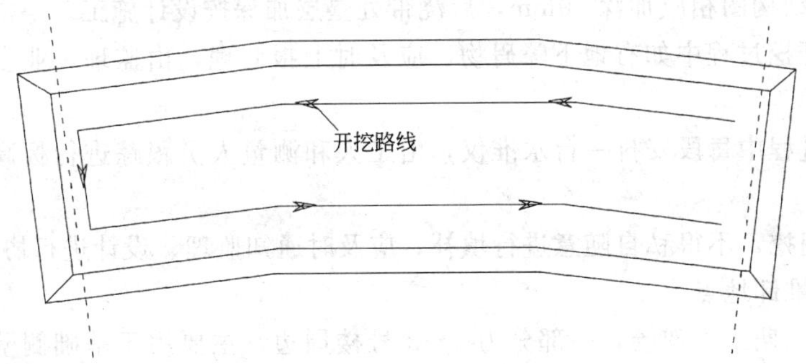

图 3-3 小高层土方开挖路线图

(4) 开挖深度及边坡

根据基础设计图纸，基底设计标高为－6.13m，场地自然地坪平均标高在－0.5m 左右，挖土深度大约在－5.63m。

基坑边坡采用自然放坡，根据地质勘察报告显示，基坑开挖范围的土质为杂填粉质黏土和砂性土，土的黏聚力较小，经确定，放坡系数为 0.8，在开挖过程中如遇较差土质部分，放坡系数可加大到 1.0。

基底每边预留工作面的宽度为 800mm。边坡由人工进行修整。

开挖平面、剖面示意图如图 3-4 所示。

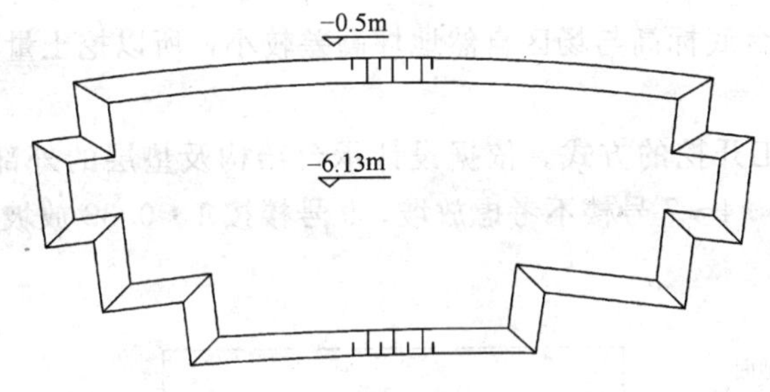

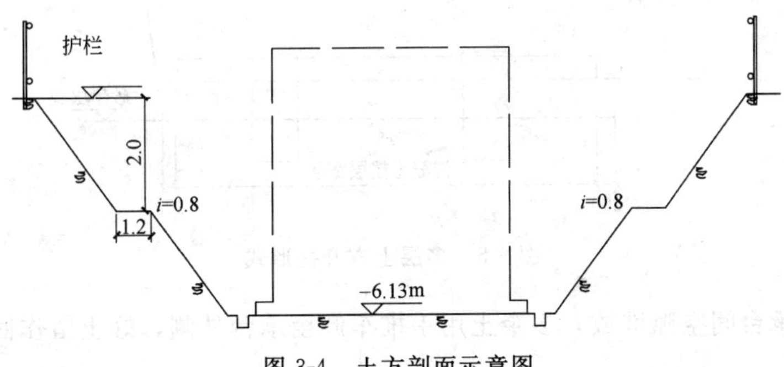

图 3-4 土方剖面示意图

(5) 开挖技术要求

1) 挖掘机一次性开挖深度到位，基底预留 0.3m 厚土层，由人工最后在验槽前清除，以保证基底不受到扰动，同时防止基底土反弹。

2）因基础防水层时，基底标高应考虑找平层、防水层及保护层的厚度，共按 30mm，即基底标高按结构图相应加深 30mm，后浇带处垫层加深按设计施工。

3）基坑开挖过程中如有地下障碍物，应及时上报监理，由监理、业主共同协商解决处理。

4）开挖过程中每段安排一台水准仪，由工人和测量人员跟踪进行标高控制，以防超深开挖。

5）如有超挖，不得私自随意进行填补，应及时通知监理、设计进行协商处理。

（6）土方堆卸地点

一部分为二期工程现场，一部分为 1～3 号楼周边，主要用于基础侧壁回填土。自卸汽车卸土自东向西逐渐堆卸，不得自西向东方向进行。

土方堆卸地点采用一台推土机将自卸翻斗车卸下的土方推成大堆堆放，堆放高度为 12m。

（7）边坡防护

1）由于场区土质直立性较差，虽自然放坡较大，也容易发生塌陷，所以，必须对边坡土体进行定期观测，特别是雨后，如有变化及时进行处理。

2）在坡顶准备防雨布，雨量较大时对坡体进行遮盖，减少雨水冲刷。

3）准备砂袋和钢管等材料，应付突发情况的发生。

4）坡顶 1.5m 范围内，不得行车和过多地堆放材料。

3.2.2　多层土方开挖

4～7 号楼基础承台底标高与场区自然地坪高差较小，所以挖土量较小，9 号楼基底相对深些，挖土量稍大。

承台土方采用人工开挖的方式。依据设计承台结构及垫层的外部尺寸，考虑每边加 200mm 工作面的宽度，4～7 号楼不考虑放坡，9 号楼按 1∶0.33 放坡。开挖形式如图 3-5 所示。

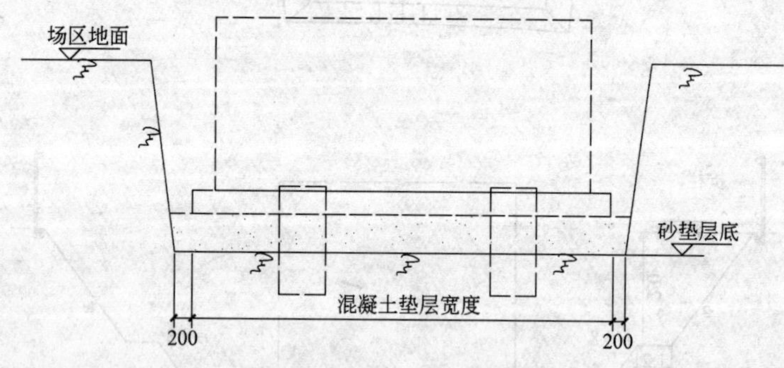

图 3-5　多层土方开挖形式

开挖土就承台间空隙堆放，多余土用手推车卸至承台外侧，好土留作回填，垃圾土运至场区东侧。

3.2.3　验槽

（1）基坑挖至设计标高后，及时上报监理、业主、设计、地质勘察部门等有关部门对地基进行鉴定，据此鉴定结果进行下道工序。

（2）对超挖部分及基底土质较差的细砂层，由设计和勘察部门协商处理。

（3）认真做好验槽和地基处理记录，并由各方签字认可。

（4）验槽后如不能及时进行垫层施工，需根据天气和基底含水率情况适当洒水，必要时要进行覆盖。

3.2.4 排水措施

为了防止地表水及施工期间的雨水浸泡基底，开挖至设计深度后，沿基底周边设置环形排水盲沟（300mm×300mm），内填砾石，并每隔30m设一个直径800mm、深1.0m的集水井，由污水泵排除积水。

3.3 桩头破除和验桩、试桩

（1）破桩：为了保证破桩时施工和清理的方便，桩头破除在混凝土垫层后进行。由于桩径较小，混凝土强度不高，为了确保桩不被扰动，采用人工使用手外向锤和钢钎进行破碎，破碎的混凝土渣运至场外。桩顶进入承台不小于50mm。

（2）验桩：桩头破除后，需对照图纸，按定位轴线对桩的偏位情况进行检查，超过规范允许值 $D/6$ 的必须报项目部，由项目部上报监理及设计方，共同研究处理。处理方法依实际情况有补桩、加强承台结构等，严禁施工队私自进行处理。

（3）本工程的试桩采用静载荷试验和低应变检测相结合的方式，由专业检测机构进行检测。静载试验桩需试验桩的强度达到100%后进行试压检测，采用四锚一的形式，每栋楼设一组。低应变检测按规范要求，每栋楼的检测数量不低于总桩数的20%，检测前由施工队派专人对指定检测桩顶进行磨平处理。

3.4 基础垫层

3.4.1 小高层垫层施工

土方开挖清底后，应马上进行验槽，然后进行基础垫层的施工，以减少基底土的暴露时间。

垫层选用32.5级水泥，中砂，卵石，混凝土内掺加PLA-6泵送剂。

基础垫层设计采用C10混凝土，采用现场搅拌，因采用输送泵输送混凝土，所以混凝土强度需提高至C15。

混凝土浇筑前适当少量洒水湿润基底，并用平板振动器对基底进行一遍夯实。

浇筑顺序：按流水段的划分，分块依次浇筑。采用平板振动器进行拍平、振捣，由人工找平收光。

垫层的边模采用60mm×100mm木方，考虑基础底板采用240mm砖模，加上20mm找平层和20mm防水砂浆保护层，所以，垫层边距基础结构边不得少于280mm。

垫层施工是应严格控制顶面的标高。因基础结构设有后浇带，垫层底部局部加厚，在施工中要加以重视。

考虑下部卷材防水施工时需要找平，为了节约时间，基础垫层直接进行压光，混凝土浇筑时振捣后撒1：1干水泥砂，随打随抹随压光。并加强养护，防止起砂。

3.4.2 多层垫层施工

基础垫层由200mm厚砂垫层和100mm厚C10混凝土组成。砂垫层采用中粗砂，由人工用手推车装卸铺填，保证厚度，拍压平实。

C10 混凝土垫层采用 32.5 级水泥配制，坍落度 3～5cm，机械搅拌，人工浇筑，表面用木抹子拍压搓平，并保证垫层的厚度和顶面标高的准确。底部砂垫层过干时，需先淋水湿润后，再浇筑垫层。

垫层模板采用 50mm×100mm，订制木框，不宜过早拆除。

3.5 小高层基础防水

根据设计要求，筏形基础底部和地下室外墙全部做一道柔性防水，根据结构工程施工的分段情况，卷材防水施工也遵循施工阶段进行：即将防水施工分为二个阶段，第一阶段为基础底板和砖胎模立面防水，第二阶段为地下室外侧壁防水。

第一阶段在垫层，砖胎模施工完成后进行，砖胎模内侧抹灰找平完成后，按外防内贴法进行施工。

第二阶段在地下室外侧壁拆模后，并将凸出部分清理干净，将对拉螺栓割除，用砂浆找平后进行防水施工。

第三阶段为顶板面防水。

施工顺序如图 3-6 所示。

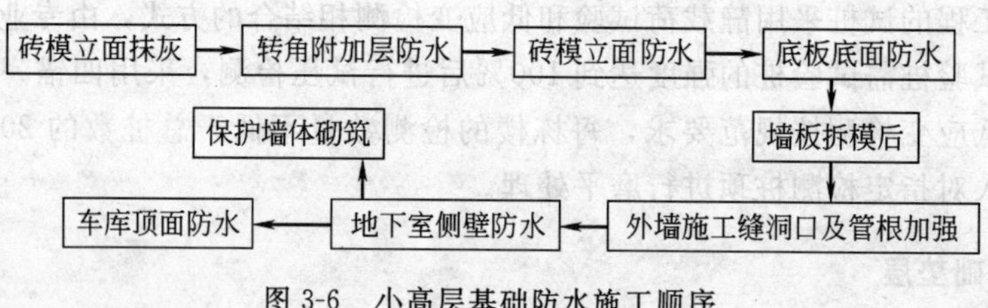

图 3-6 小高层基础防水施工顺序

3.5.1 防水设计

根据设计要求，地下防水卷材选用聚乙烯丙纶复合防水卷材（SBC120）。

3.5.2 防水材料要求

(1) 防水材料进场后按批量进行送检，其技术性能指标检测结果必须符合设计、规范及相关行业标准的要求。

(2) 粘贴使用的粘结胶、水泥等材料必须经试验合格。

(3) 材料合格证、检测报告及复试报告齐全。

3.5.3 施工操作人员资质的要求

(1) 施工操作队伍选择具有相应防水资质等级的，施工过类似防水材料和工程的队伍施工，并上报相关资质证。

(2) 施工作业人员必须持证上岗，施工前认真接受技术交底和安全教育。

3.5.4 施工基本操作要求

(1) 施工基本顺序如图 3-7 所示。

(2) 基层要求：

1) 本工程防水层直接铺贴在垫层上，所以要求垫层采用随打随抹，原浆压光，达到表面平整、洁净，无起砂。

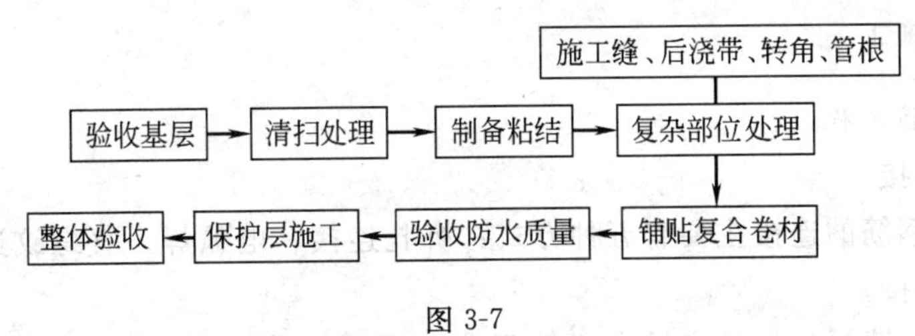

图 3-7

2）基层含水率达到 20%～30%以下。

3）阴阳转角做成（$R>20$mm）圆弧角。

（3）特殊部位的防水增强处理

特殊部位包括：所有转角、管道根部、后浇及加强带、外墙水平施工缝。

防水增强处理采用 SBC120 卷材预先铺贴一道防水附加层，附加部位每边卷材的宽度不少于 250mm。

细部节点处理见规范和标准示意图。

（4）防水施工操作工艺

防水施工操作工艺方法参见施工说明，在施工前编制详细的作业指导书。

（5）成品、半成品保护措施

1）卷材甩槎及保护

基础底板卷材施工完后，为了保证与下部墙板卷材衔接好，必须甩好与底部防水的接槎。

底板防水卷材施工至外侧保护砖墙（砖模）上，采用塑料布隔离覆盖，压烧结普通砖保护，下次施工时揭掉保护层和覆盖塑料布，再与上部卷材施工粘贴（图 3-8）。

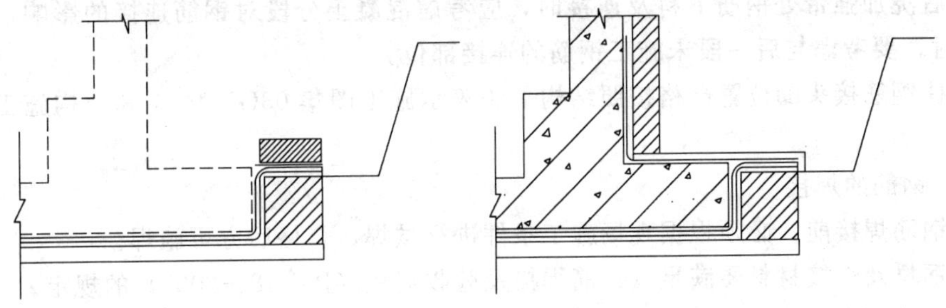

图 3-8　卷材甩槎及保护

2）底板和砖模立面防水保护

为防止底板钢筋施工时，对底板防水的破坏，必须对底板柔性防水进行保护，保护层采用 30mm 1∶3 水泥砂浆，水泥砂浆保护层直接抹在底板防水面上，按 3m×3m 分块分格，分格采用 10mm 宽半缝。

砖模立面防水卷材上采用聚合物水泥砂浆保护层，20mm 厚。

3）外墙壁立面

外墙立面防水保护采用 120mm 砖保护墙，随砌随填砂浆，保护墙在转角处及每隔 10m 留设 10mm 竖缝。

3.6 结构施工

3.6.1 钢筋工程

（1）钢筋连接

1）本工程钢筋的连接主要有五种方式：绑扎连接、电弧焊、直螺纹连接、闪光对焊及电渣压力焊连接。

2）梁、柱、墙板和板筋直径小于等于 $\phi 14$ 的钢筋采用绑扎或双面电弧焊接；$\phi 14$～$\phi 20$ 竖向钢筋采用电渣压力焊接。

3）小高层基础部分大于 $\phi 20$ 的水平钢筋采用直螺纹连接，上部结构水平钢筋采用闪光焊接。

4）钢筋接头注意要点

① 地上结构钢筋构造按 03G101—1 施工，基础梁和底板受力钢筋构造与 03G101—1 相反，受力钢筋接头位置应在受力较小处，其部位及同一断面的数量按设计及规范的要求设置。

② 基础梁下皮钢筋在跨中 1/3 范围内，上皮钢筋在支座处或锚入支座内部，接头相互错开，采用机械连接，同一截面接头数量不大于总数的 50%。

③ 基础底板底部钢筋接头在板跨中 1/3 范围内，上层钢筋在支座范围内；如绑扎接头无法满足时，则同一截面的钢筋接头的数量不得大于总数的 25%。

④ 地下室顶梁板、地上结构钢筋与基础底板、梁的钢筋接头范围相反。

⑤ 墙、柱钢筋接头的位置严格按照结构平法表示施工图集 03G101—1 和结构施工图纸的要求。

⑥ 墙体钢筋接头按三级抗震要求可在同一截面，绑扎搭接长度大于 $1.2L_a$。

⑦ 后浇加强带处钢筋下料及连接时，应考虑混凝土分段对钢筋连接的影响，当前一段下料时，要考虑与后一段未施工钢筋的连接部位。

⑧ 柱钢筋接头的位置严格按照结构平法表示施工图集 03G101—1 和结构施工图纸的要求。

（2）钢筋的焊接

① 钢筋焊接前，必须根据现场施工条件进行试焊，合格后方可施焊。

② 钢材及焊接材料要满足《钢筋焊接及验收规程》(JGJ 18—2003）的规定。

③ 电渣压力焊：电渣压力焊要用技术成熟，施焊经验丰富，且有上岗证的技术工人操作，施工应严格按《钢筋焊接及验收规程》(JGJ 18—2003）第 4、5 条中要求执行。

④ 各种焊工必须有焊工考试合格证，并在规定的范围内进行焊接操作。

⑤ 焊接质量检验：焊接的钢筋外观，接头处不得有横向裂纹与焊点，钢筋的表面不得有明显的灼伤，楼头处钢筋的轴线偏移不得大于直径的 0.1 倍；同时，不得大于 2mm。接头检查抽查率为 10%，但均不少于 10 个接头，并进行弯曲拉伸试验。

（3）钢筋连接要求

1）直螺纹连接的技术要求

A. 施工工艺

钢筋下料──→钢筋套丝──→接头单体试件试验──→钢筋连接──→质量检查。

B. 加工要求

① 钢筋下料时，用钢筋切断机或砂轮锯，不得用气割下料，下料时要求钢筋端面与钢筋轴线垂直，端头不得弯曲、不得出现马蹄形。

② 钢筋套丝：套丝机必须用水溶性切削冷却润滑液，不得用机油润滑或不加润滑液套丝。

③ 钢筋套丝质量必须用牙形规与卡规检查，钢筋的牙形必须与牙形规相吻合，用直螺纹塞规检查直螺纹连接套。

④ 在操作工人自检基础上，质量检查人员必须每批抽检3%，且不少于3个接头，并填写检查记录。

⑤ 检查合格直螺纹的，立即将一端拧上塑料保护帽，另一端按规定的力矩值，用拧力扳手拧紧连接套。

⑥ 钢筋端头套丝必须逐个检查，套丝圈数应符合规范要求。

⑦ 接头单体试件试验要求：每种规格接头，每500个为1批。不足500个为1批，每批做3个试件。

C. 钢筋连接

① 连接套规格和钢筋规格必须一致。

② 连接前，先检查钢筋螺纹及连接套螺纹是否完好无损，螺纹丝头上有杂物或锈蚀必须清理干净，可用钢丝刷刷净。

③ 钢筋连接时，应对正轴线将钢筋拧入连接套，然后用力矩扳手拧紧。接头拧紧值要符合规定的力矩值，不得超拧。拧紧后的接头用扭矩扳手检查力矩值，合格的做上标记。

④ 当连接水平钢筋时，必须将钢筋托平对正用手拧进，进行终拧同时必须用油漆做好标记，以防止漏拧。

2）电渣焊接头操作要求

焊包均匀，凸出部分的高度不小于4mm；接头处的弯折角不大于4°；接头处的轴线偏移不大于2mm；外观不合格的要切除；接头离拐点要大于$10d$；先焊高位筋，后焊低位筋。

（4）钢筋的绑扎

1）多层基础钢筋绑扎

A. 施工顺序（图3-9）

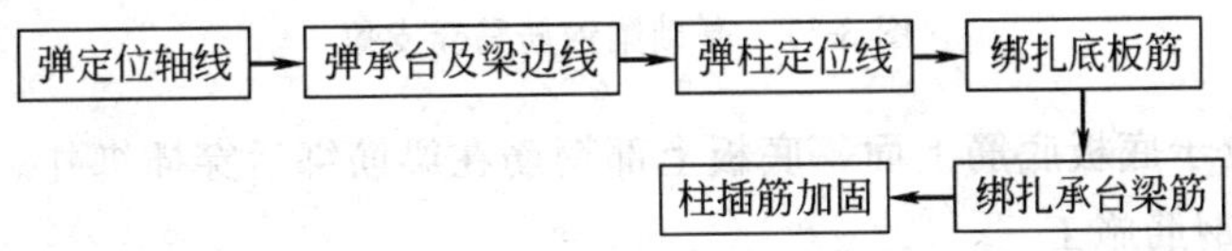

图3-9 多层基础钢筋绑扎施工顺序

B. 基础钢筋由于直径较小，所以全部采用绑扎搭接，搭接长度按图纸要求不小于$40d$。基础连梁钢筋的搭接部位为：上部钢筋在跨中1/3范围内，下部钢筋在支座处。

C. 承台底板筋预先绑扎成网片；承台梁筋和柱插筋预先绑扎成钢筋笼，所有节点必须全部绑扎，不得有漏绑和脱扣现象。

D. 基础钢筋的保护层按设计要求为50mm，垫块采用混凝土垫块，提前进行预制，强度不得低于C20，保证钢筋保护层的厚度。

E. 柱插筋直接落于承台底板筋上，为了保证柱筋的稳定，柱箍筋在承台内加密，另在承台模顶面加设钢管或木方柱箍，卡住柱主筋。

F. 基础连梁在外墙转角和“T”角处加设2ϕ12的附加筋。

2）小高层基础梁、底板钢筋的绑扎：

A. 基础底板筋在绑扎前，首先在基层上弹出轴线、基础梁中线和边线，板筋分布线及柱、墙、暗柱线等控制线，并用红油漆做出明显的标识，依据各控制线进行绑扎。

B. 施工流程（图3-10）

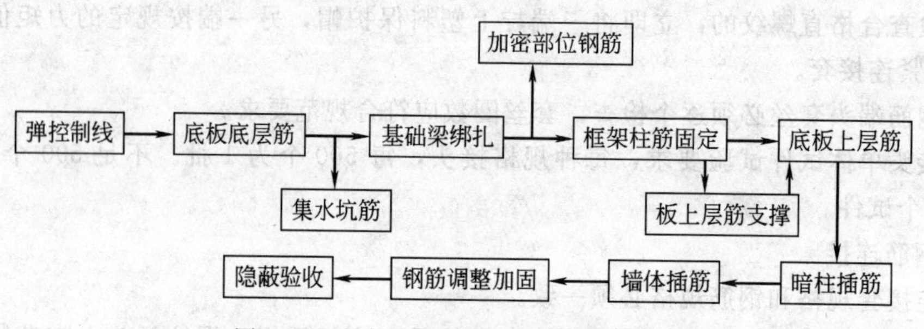

图3-10 小高层基础梁、底板钢筋的绑扎

C. 施工要求

底板底层筋绑扎时分清先后次序，以基础梁为支座，首先绑扎短跨方向的钢筋，然后再绑扎另一方向的钢筋。

绑扎时严格按线进行，所有结点须全部进行绑扎。

为保证上下层筋的位置正确，底板上下层钢筋间采用ϕ20的钢筋马凳支撑。间距为双向1.2m，如图3-11所示。

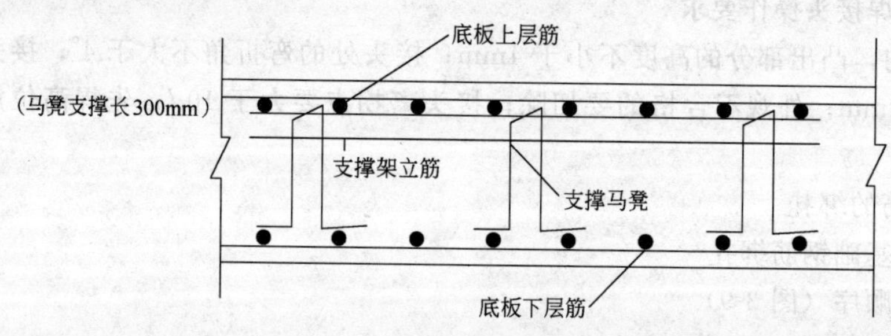

图3-11 基础梁钢筋马凳支撑

基础梁底筋位于底板底筋上面，底板上部钢筋在梁筋绑后穿插绑扎。

3）墙板、柱钢筋施工

墙、柱筋在基础底板绑筋时先预留插筋，底板混凝土施工后再通过电渣压力焊接长。

A. 墙体钢筋绑扎施工流程（图3-12）

B. 柱筋绑扎施工流程（图3-13）

C. 施工措施和要求

① 为保证焊接接头出现不合格，切掉重焊后，接头错开的距离仍能保证达到35d，

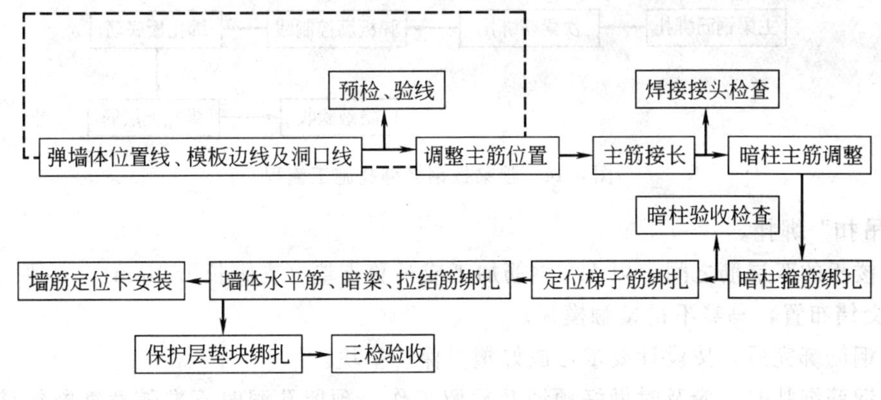

图 3-12 墙体钢筋绑扎施工流程

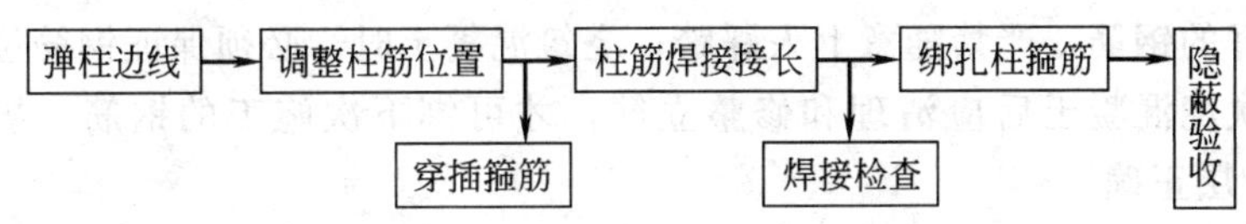

图 3-13 柱钢筋绑扎施工流程

所以，要求下料时按错开 $40d$ 考虑。

② 墙体钢筋网应逐点绑扎，双排筋间绑扎拉结筋和支撑筋，梅花状布置，间距按设计要求。

③ 柱箍筋与主筋必须垂直，与主筋的转角交点均要绑扎，主筋应紧贴箍筋转角。

D. 钢筋定位措施

① 墙体竖向筋采用钢筋焊接的定距框，其加工应严格按设计尺寸，制作误差不超过 1mm。

② 水平筋定位采用梯子筋定位（间距 3.0m），以控制 2 层墙筋的位置以及和保护层的厚度。

③ 定位框及梯子筋要与模板相对固定。

④ 合模时加强钢筋的保护，减少对钢筋的碰撞，减少钢筋的位移。

⑤ 合模后，对伸出模板的钢筋进行修整，用定位筋按间距固定好。

⑥ 混凝土浇筑过程中，必须派钢筋工跟踪检查和调整，保证位置的准确性。混凝土浇筑后，若发现钢筋偏移，按 1∶6 的斜率进行调整。

⑦ 浇筑基础梁时很难保证柱筋位置正确，预先把轴线投测到模板上，根据轴线找正柱筋位置，并用 $\phi12$ 的箍筋，把柱筋在基础梁上全部焊住，并把箍筋与梁钢筋焊住，使所有柱梁钢筋焊连成整体。并在混凝土浇筑中及时带线，检查钢筋偏位情况。

4）结构顶梁、板钢筋施工

A. 顶梁板钢筋绑扎施工流程（图 3-14）

顶板钢筋按模板上控制线进行绑扎，下层先放置短向受力筋，后放分布筋，上层负弯矩筋先垫好支撑马凳后先放分布筋，再放主筋绑扎。

B. 施工措施及要求

① 梁底的双层钢筋之间，以 $\phi25$ 短钢筋和混凝土垫块垫隔，间距 300mm；梁顶双层

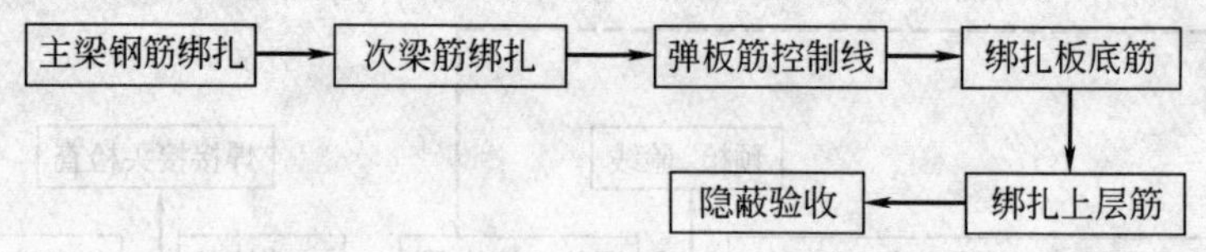

图 3-14　顶梁板钢筋绑扎施工流程

筋以“吊扣”绑扎。

② 楼板的双层筋之间，以 ϕ12 钢筋加工成马凳支垫（支脚长 150mm），每平方米设一个，应交错布置，马凳不得接触模板。

③ 钢筋绑完后，按设计要求，放好塑料保护垫块。

④ 钢筋绑扎时，应及时做好预埋及预留工作，预留孔洞时不准随意截断钢筋，预埋镀锌钢管时不准将钢筋抬起。

⑤ 绑扎好的钢筋，严禁随意上人踩踏；浇筑混凝土时，必须保证钢筋位置正确。

⑥ 第一次浇混凝土后应清理和修整立筋，才可绑下次施工的钢筋。垫好钢筋垫块，保证钢筋保护层正确。

⑦ 其阳台钢筋为 ϕ12@120，为上层负筋，绑扎和浇筑混凝土时注意不要倒置和踩踏，为保证阳台上层筋的位置，板内设 ϕ10@500 马凳支撑，做法如图 3-15 示意。

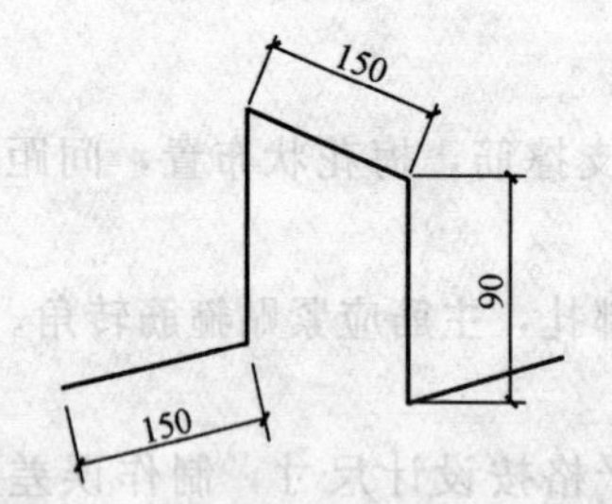

图 3-15　阳台钢筋加设马凳支撑示意图

C. 其他构造要求：

① 梁中箍筋均为封闭箍，当设有拉筋时，拉筋应同时钩住主筋和箍筋。

② 图中无特别注明外，次梁钢筋置于主梁钢筋上，梁的钢筋位置应安放准确。

③ 梁与柱边平时，梁外侧钢筋的混凝土保护层增大，以使其置于柱钢筋内侧。

④ 双向板中，底筋平行于短边者置于下排，底筋平行于长边都置于上排。

⑤ 对钢筋要重点验收，验收重点为控制钢筋的品种、数量、规格、搭接长度，绑扎牢固，并认真填写隐蔽工程验收单交监理验收，做到万无一失。

3.6.2　模板工程

本工程的结构类型比较复杂，特别是小高层的基础地下室部分和多层的阁楼部分。模板设计本着满足结构形状、尺寸，构造简单，方便拆装，又具有足够的刚度、强度和稳定性的原则，根据结构部位的不同选择不同的模板和支设方式。

(1) 小高层基础模板

1) 底板边模

本工程基础底板的厚度为 400mm 和 700mm，考虑到基础底板下设计有防水层，为了保证防水的整体性，以及施工的方便性，基础底板侧模采用砖模。

砖模选用 240mm 厚，由 MU7.5 烧结普通砖、M5 水泥砂浆砌筑，为保证砖模整体抵抗侧压的能力，每隔 3.0m 附加 370mm 宽壁柱，砖模后侧用好土边砌边回填夯实。

为了提高底板防水的整体性能，砖模内侧抹 20mm 厚 1∶2 防水砂浆（掺加防水剂 JJ91，占水泥重的 10%，砖模根部抹成小圆弧角，以方便防水施工），然后再按底板的防水作法施工防水层。

由于采用砖模，所以垫层施工时必须考虑加在垫层的宽度，每边至少应加大 280mm（图 3-16）。

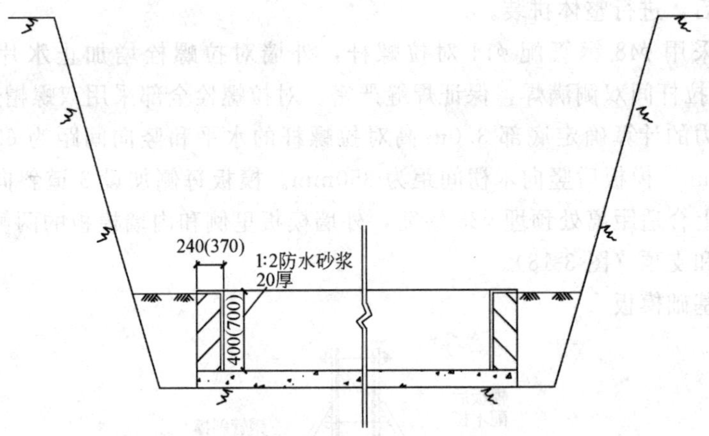

图 3-16　底板侧面砖模示意图（单位：mm）

2）基础梁模板

基础梁基本尺寸为：400mm 厚底板段为 600mm × 900mm，700mm 厚底板段 600mm×1100mm 和 800mm×1100mm。根据底板的厚度和梁的高度可知，基梁上底板顶的高度：400mm 厚底板段为 500mm，700mm 厚底板段为 400mm。

地下室外围抗渗墙体的水平施工缝留设在－4.3m 处（即 1.1m 高外边梁上 300mm，0.9m 外边梁上 500mm 处），地下室内墙、柱的水平施工缝留设在基础梁顶面。

基础梁的模板选用 18mm 厚多层木质胶合板，配 50mm×90mm 木楞在加工棚制作，现场拼装。支设方法采用吊模的方法，钢管加固，底部设 ϕ20@1500 钢筋支撑托架，托架与梁筋和板主筋焊接牢固，梁内增加 ϕ12@1000 限位钢筋。外墙下基础梁部位增加止水对拉螺杆 ϕ14@1000。内部基础梁的加固方式与外部梁相同，内部基梁对拉杆不加止水片（图 3-17）。

3）墙板模板

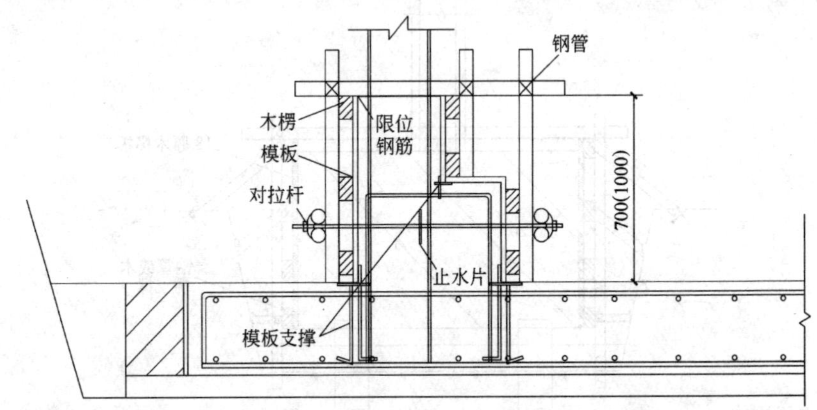

图 3-17　基础梁模板示意图（单位：mm）

地下室墙模板采用 18mm 厚的多层木质胶合板，配 60mm×100mm 木楞加工制作，根据结构墙板的尺寸，预先绘制模板组合及加工图，根据模板图在模板加工棚分块制作成半成品，然后现场进行拼装；如现场吊运能力具备时，可预先制作成整片大模板，然后吊运至施工部位后，进行整体拼装。

模板加固采用 ϕ48 钢管配 ϕ14 对拉螺杆，外墙对拉螺栓增加止水片，止水片采用 3mm 厚钢板与拉杆间双侧满焊，保证焊缝严密。对拉螺栓全部采用双螺帽进行紧固。

根据侧压力的计算确定底部 3.0m 高对拉螺杆的水平和竖向间距为 650mm，以上部分间距为 700mm。模板后竖向木楞间距为 350mm。模板每侧加设 3 道斜向支撑，基础底板在混凝土面上合适距离处预埋 ϕ25 短筋，外墙模板里侧和内墙模板的两侧与满堂脚手架进行多处拉结和支顶（图 3-18）。

（2）多层基础模板

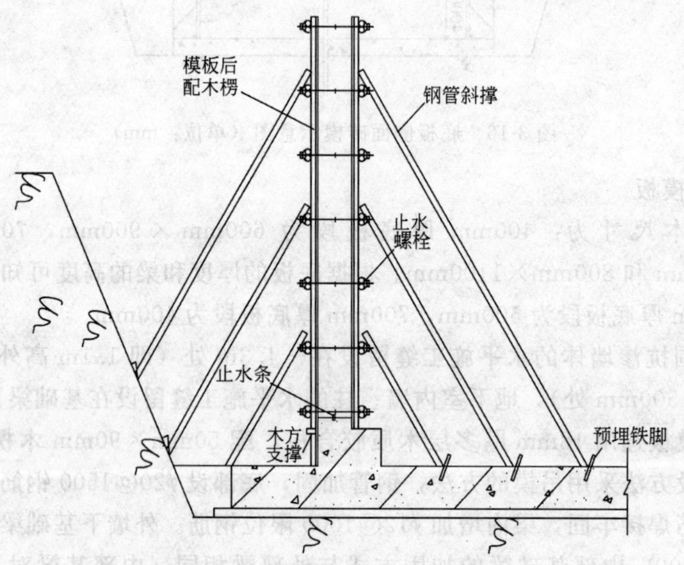

图 3-18　墙体模板加固支撑示意图

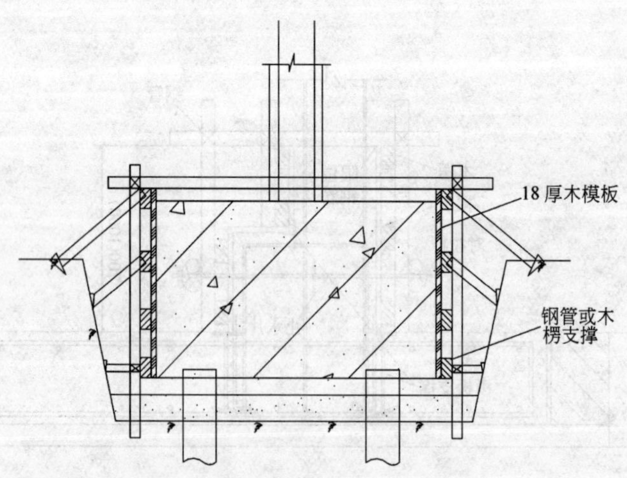

图 3-19　基础承台模板加固示意图（单位：mm）

1）基础承台模板

基础承台侧模全部采有18mm厚多层木质胶合板，配50mm×100mm木楞，在加工棚制作，现场拼装。承台侧模直接落于垫层上，用木楞和钢管斜向支撑和加固（图3-19）。

2）基础连梁模板

考虑后期拆模的不便，基础连梁底模采用地模，连梁的侧模采用木质胶合模板，采用钢管或木楞进行加固。为了保证模板间的净距尺寸，模板间加设ϕ12短筋顶撑（图3-20）。

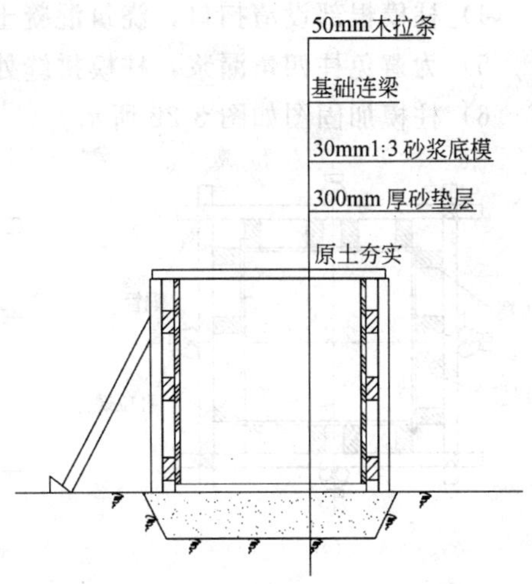

图3-20 基础连梁模板支设示意图

（3）底层阳台模板

阳台底模采用木质胶合模板，底部距地面较近，采用木楞直接支撑于下部地面上，地面在支撑前需做夯实处理，同时雨后要检查，防止下沉（图3-21）。

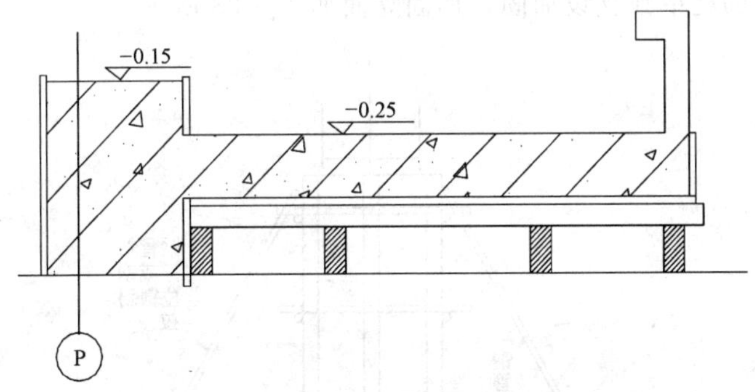

图3-21 底层阳台模板支设示意图

所有模板的缝隙要用胶带和海绵条封堵贴严，防止跑浆。

（4）框架柱模板

本工程的框架柱较多，地下结构主要框架柱为600mm×600mm，其他为“十”字形及“L”、“T”异形柱，地上结构柱小高层和多层全部为“十”字形、“L”形和“T”形异形柱。柱模采用18mm厚多层木质胶合板，分块配制，现场拼装。同时为了加固方便，多层部分的小异形柱肢部分可预先加工成方筒模，支模时外侧按方柱支设。

1）按图纸尺寸制作柱侧模板（注意：外侧板宽度要加大2倍内侧板模板厚）后，按放线位置钉好压脚板再安柱模板，两垂直向加斜拉顶撑，校正垂直度及柱顶对角线。

2）安装柱箍：柱箍应根据柱模尺寸、侧压力大小等因素进行设计选择钢管箍，中间加十字对拉螺栓，柱箍间距600mm，异形柱的模板可按混凝土墙体的支设方法，柱肢长度大于600mm时，应设置对拉螺栓。螺栓选用ϕ14的钢筋加工，间距600mm。

3）柱模支设时，柱根支模处必须用砂浆找平，以控制柱模垂直度，然后根据梁柱接头处的尺寸计算模板的规格，选好模板并从上往下计算好尺寸，不够模数则在柱底部用木模找齐。

4）柱模根部设清扫口，浇筑混凝土前，清洗模板内杂物后封死。

5）为避免柱四角漏浆，柱模拼缝处及下口贴海绵条。

6）柱模加固图如图 3-22 所示。

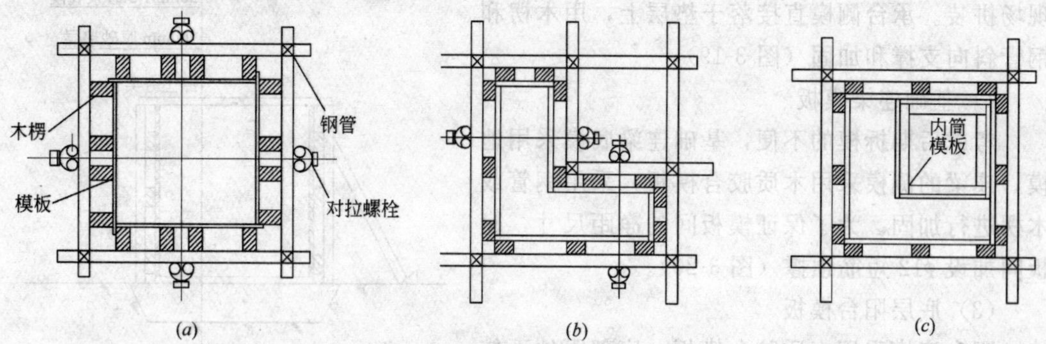

图 3-22 柱模加固示意图（单位：mm）

(a)、(b) 柱边长大于 600 的加对拉螺栓；(c) 柱边长小于 500 的

7）小高层楼房的柱和顶梁板一起支设加固，柱箍应上中下不少于 3 道与梁板支撑体系拉结。多层楼房的柱单独支设加固，加固立面如图 3-23 所示。

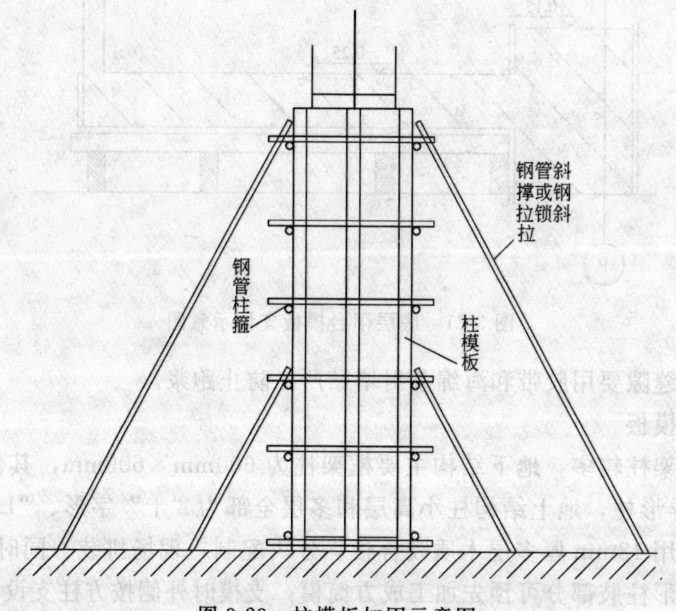

图 3-23 柱模板加固示意图

（5）地下室顶梁板模板

1）框架梁模板安装

用多层胶合板和木楞做成三片式，即一片底模，两片侧模。梁板的支撑体系采用满堂脚手支撑架。

在柱子上弹出轴线、梁位置和水平线，钉柱头模板。梁板模板支设时，先从底部引测梁的轴线、梁底标高，然后根据轴线标高搭横杆铺梁底模板，梁截面尺寸大于或等于 250mm×600mm 时，所有支撑梁的横杆与连接处的立杆上必须加双扣件，保证支撑受力。

梁模拼缝处贴海绵条。

梁底模板：按设计标高调整支柱的标高，然后安装梁底模板，并拉线找平。当梁底跨度大于等于 4m 时，跨中梁底处应按设计要求起拱；如设计无要求时，起拱高度为梁跨度的 3‰。主次梁交接时，先主梁起拱，后次梁起拱。支设梁底模、侧模时必须从梁柱接头的位置往梁中间支设，对中间不符合模数处用木模补齐。

梁侧模板：根据墨线安装梁侧模板、压脚板、斜撑等。梁侧模板制作高度应根据梁高及楼板模板碰帮或压帮来确定。

当梁高超过 600mm 时，梁侧模板宜加穿梁螺栓加固。间距为 600mm，高度 1200mm 的要保证至少有上、下两道螺栓。

2）现浇板面模板

板模铺设 14mm 厚木质胶合模板。根据模板的排列图架设钢管支架。立杆与水平杆的间距，应根据楼板的混凝土重量与施工荷载的大小，在模板设计中确定。立柱按 800～1200mm，水平杆间距为 600～1200mm，木方间距为 400～600mm。立柱排列要考虑设置施工通道。

板的模板支设在梁模板完成后进行。先在立杆上放好水平钢管，然后调整好标高，紧固扣件，在水平钢管上摆放 100mm×50mm 的木方，然后铺设板模。

铺模板时可从四周铺起，在中间收口。若为压膀时，角位模板应通线钉固。

楼面模板铺完后，应认真检查支架是否牢固，模板梁面、板面应清扫干净。为保证混凝土质量，竹胶大模板拼缝处粘贴胶带纸。

3）小高层梁板模板支设示意如图 3-24 所示。

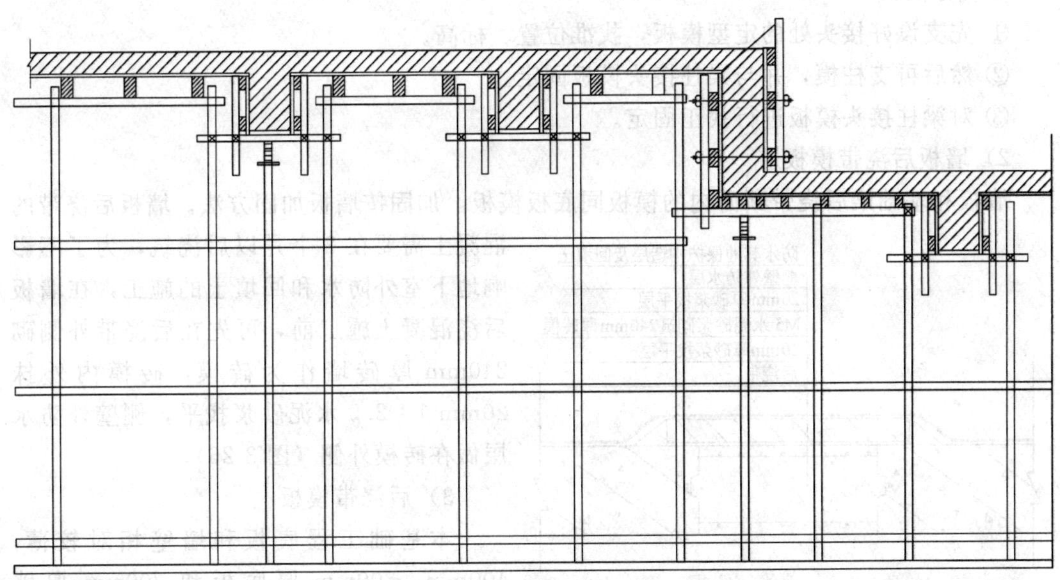

图 3-24　小高层楼房梁板模板支设示意图

4）多层楼房梁板支撑如图 3-25 所示。

（6）特殊部位的模板

1）梁柱接头模板

梁底模板端头部分铺好，找准以后，先支设梁柱接头处的阴角模，找准后再支设梁帮

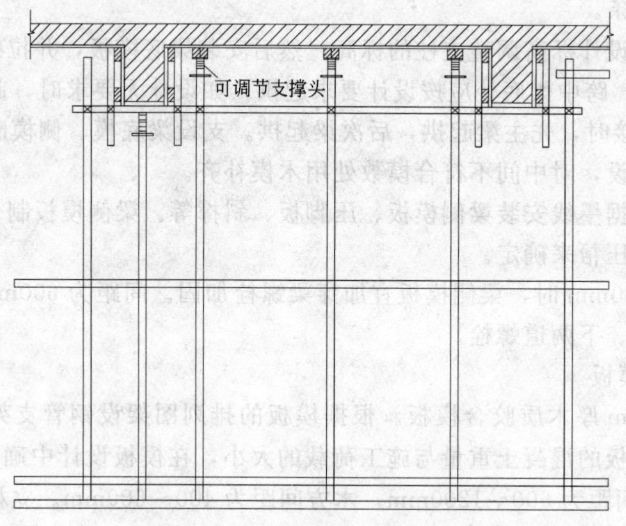

图 3-25 多层楼房梁板支撑示意图

柱模板。

根据柱根的轴线固定柱模板及梁柱接头模板，根据梁柱接头模板位置，模板模数不适合的，柱子模板在柱根处用木模补齐，梁模板在梁中用木模找齐。

考虑到轴线的变化，为节约材料，梁柱接头模板加工成定型模板。接头模板支设时，应统一考虑柱模的设计配板，必须与梁柱接头模板相配。

支设方法：

① 先支设好接头处的定型模板，找准位置、标高。

② 然后再支柱模，并与梁柱接头模板固定。

③ 对梁柱接头模板进行找正固定。

2）墙板后浇带模板

墙板和基础梁后浇带断面内的模板同底板模板，加固按墙板加固方法。墙板后浇带的混凝土需要在 2 个月以后浇筑，为了不影响地下室外防水和回填土的施工，在墙板后浇混凝土施工前，可先在后浇带外侧砌 240mm 厚砖墙作为砖模，砖模内外抹 20mm 1∶2.5 水泥砂浆找平，侧壁外防水层做在砖模外侧（图 3-26）。

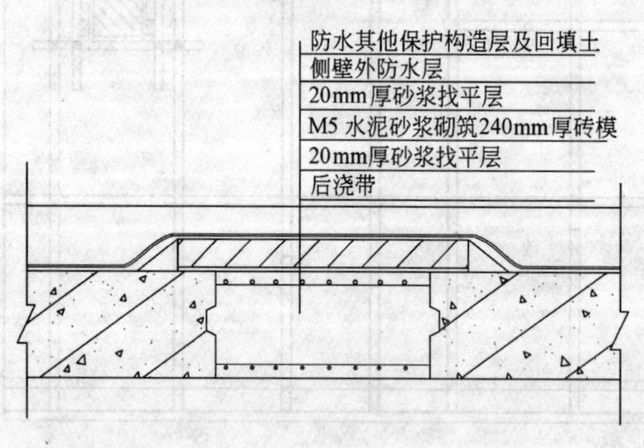

图 3-26 墙板后浇带工程做法图

3）后浇带模板

本基础工程底板和墙壁相对较薄，400mm、700mm 厚底板和 300mm 厚墙板，后浇带的模板支设相对容易。采用木模板，做成齿形，采用木楞加固，内部加 ϕ6.5 斜拉筋，如图 3-27 所示。施工前根据实际情况确定。施工缝和后浇带止水钢板施工不方便，所以建议改成橡胶膨胀止水条。

墙板和基础梁后浇带模板同底板模板，加固按墙板加固方法。

4）阳台模板、阳台结构上下栏板，加固时采用泡沫板作为反沿内模（图 3-28）。

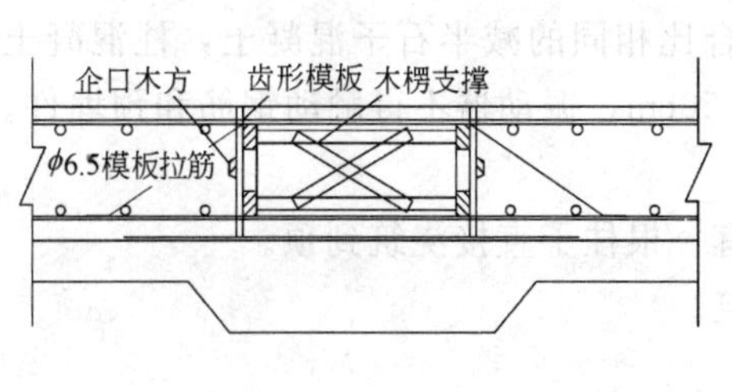

图 3-27　后浇带模板示意图

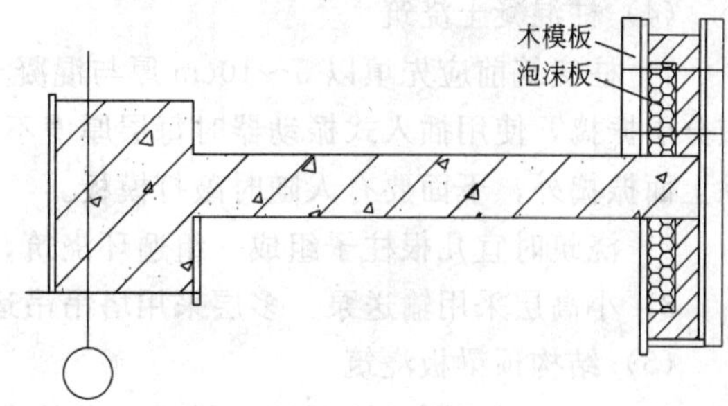

图 3-28　阳台模板加固示意图

3.6.3　混凝土工程

(1) 基础混凝土施工总体方案

混凝土生产：本工程的混凝土全部采用现场搅拌站生产，现场共设两座搅拌站。

混凝土输送：每座搅拌站各采用一台 HTB60 混凝土拖式输送泵输送泵；同时，为防止意外，应另增加一台备用泵。混凝土每小时的供应量为 $20m^3$。

混凝土布料、浇筑：基础底板混凝土施工采用拖式输送泵直接浇筑，顶板采用配备小型布料杆进行布料，墙板由输送泵配串筒进行浇筑，框架柱模板支设，集中批量时，随时采用输送泵浇筑。

(2) 基础梁、底板施工

根据总体的施工部署，每栋楼基础施工分为三大块，基础底板的浇筑也按段流水的顺序逐块进行浇筑。浇筑顺序为从端头短边开始蛇行浇筑，向长方向推进，如图 3-29 所示。

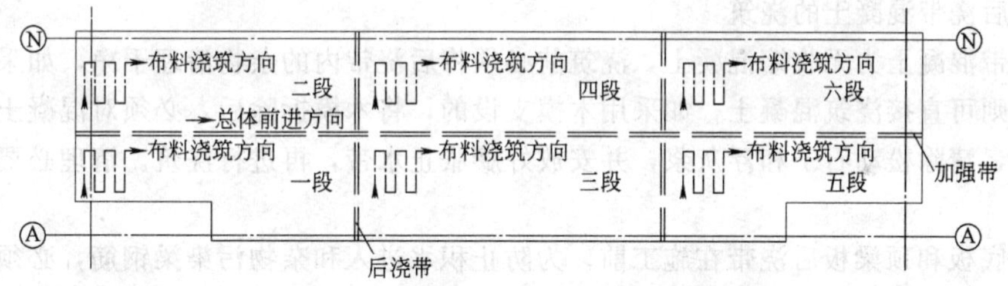

图 3-29　基础底板浇筑流水方向示意图

基础底板板厚较薄，所以采用自然流淌、斜面分层向前推进，浇筑宽度不大于 8m，斜面分层厚度不大于 500mm。

因基础梁面高出板面，浇筑上反梁部分的混凝土时，要先待与板平高的混凝土浇筑完毕，在混凝土初凝前，混凝土不再坍落时为宜。

(3) 基础墙板混凝土浇筑

地下室墙板混凝土浇筑方式的主要原则：

泵送混凝土，从一端后浇带起步，水平分层开始，斜面分层前进，至另一后浇带结束。

由于墙板较高，所以要加串筒进行下料。每一处浇筑点至少必须设三道振捣，第一道在出混凝土口，第二道在混凝土流淌形成的斜坡底部，第三道在斜坡中间。分层浇筑振上一层时棒必须插入下层混凝土内 50mm，保证上下层良好接合。

（4）柱混凝土浇筑

1）柱浇筑前应先填以 5～10cm 厚与混凝土配合比相同的减半石子混凝土，柱混凝土应分层振捣，使用插入式振动器时每层厚度不大于 50cm，振动器不得触动钢筋和预埋件。除上面振捣外，下面要有人随时敲打模板。

2）浇筑时宜几根柱子组成一组遁环浇筑，不宜一根柱子直接浇筑到顶。

3）小高层采用输送泵，多层采用塔吊吊运浇筑。

（5）结构顶梁板浇筑

地下室顶梁板同样按照后浇带进行分块分段进行施工，地下室顶板部分顶面标高为±0.00m，车库顶面标高为－1.1m，浇筑时按高低跨分块浇筑。

小高层上部结构混凝土按流水段分段浇筑，多层部分顶板连续浇筑。

梁板同时浇筑，浇筑方法应由一端开始用“赶浆法”，即先将根据梁高分层浇筑成阶梯形，当达到板底位置时再与板的混凝土一起浇筑，随着阶梯形不断延长，梁板混凝土浇筑连续向前推进。

梁柱结点钢筋较密时，浇筑此处混凝土时宜用细石子同强度等级混凝土浇筑，并用小直径振动器振捣。

浇筑板的虚铺厚度应略大于板厚，用平板振动器垂直浇筑方向来回振捣，厚板可用插入式振动器顺浇筑方向拖拉振捣，并用铁插尺检查混凝土厚度，振捣完毕后用长木抹子抹平。施工缝处或有预埋件及插筋处用木抹子抹平。浇筑板混凝土时，不允许用振动器铺摊混凝土。浇筑梁板混凝土时，应等浇筑完后 1h 左右再在梁板重叠位置二次进行振捣，以防止在此出现裂缝。

（6）后浇带混凝土的浇筑

后浇带混凝土为无收缩混凝土，浇筑前必须将后浇带内的杂物清理干净，如采用快易收口网，则可直接浇筑混凝土；如采用木模支设的，将木模拆除后，必须对混凝土面进行打毛处理，清除松动石子和浮灰浆，并安放好膨胀止水带，再进行浇筑。清理必要时可采用吸尘器。

基础底板和顶梁板后浇带在施工前，为防止积水进入和杂物污染梁钢筋，必须进行遮盖保护，沿后浇带两侧砌 120mm 高单砖挡水沿，上用木板盖严，再覆盖一层塑料布防水，上用砖压实，如图 3-30 所示。

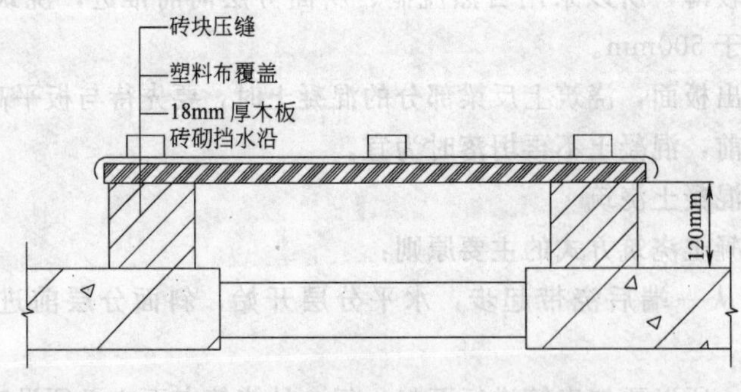

图 3-30　后浇带施工前保护示意图

（7）阁楼坡屋面混凝土浇筑

多层部分阁楼为坡屋面，结构坡度41°和42°，坡度较大。因为混凝土具有流动性，为了保证混凝土的浇筑质量，不宜过大，混凝土的坍落度控制在3cm左右。混凝土平铺略高于板的厚度后，将平板振动器与25mm厚3m长条木板绑牢进行振捣。

（8）混凝土施工注意要点：

① 使用插入式振动器应快插慢拔，插点要均匀排列，逐点移动，按顺序进行，不得遗漏，做到均匀振实。移动间距不大于振动器作用半径的1.5倍（一般为30～40cm）。振捣上一层时应插入下层5mm，以消除两层间的接缝。表面振动器（或称平板振动器）的移动间距，应能保证振动器的平板覆盖已振实部分边缘。

② 浇筑混凝土应连续进行。如必须间歇，其间歇时间应尽量缩短，并应在前层混凝土凝结之前，将次层混凝土浇筑完毕。间歇的最长时间应按所用水泥品种及混凝土凝结条件确定，一般超过2h时，应按施工缝处理。

浇筑混凝土时，应经常观察模板、钢筋、预留孔洞、预埋件和插筋等有无移动、变形或堵塞情况，发现问题应立即停止浇灌，并应在已浇筑的混凝土凝结前修整完好。

由于泵送混凝土的坍落度较大，为尽量基础和顶板面混凝土因沉降产生裂缝，要坚持在混凝土初凝和终凝之间进行二次或三次抹面，防止开裂。混凝土面使用3m大杠刮平，再用木抹子搓平，最后在混凝土终凝前用大毛刷一个方向拉毛。并且严格控制上人和上料时间，还要控制好覆盖的温度和覆盖时间，防止上人过早，严禁踩踏。

（9）混凝土养护

混凝土的养护是混凝土能否达到强度和抗渗性能的重要保证。

基础梁板采取覆盖保温保水养护的方法，首先铺一层塑料布，上面加一层麻袋。混凝土的表面和周边必须全部遮盖严密，并由专人负责养护工作。混凝土墙侧面表面挂麻袋，喷水养护。结构顶梁板的养护采用浇水养护的方法，柱采用塑料薄膜包裹养护，应保证薄膜内有一层水珠。

抗渗混凝土的养护不少于14d，框架柱和顶梁板混凝土的养护不少于7d。

3.7 外墙保温

外墙保温采用PG板。

（1）材料要求：主材PG保温板80mm，表观密度18～20kg/m^3，粘结用胶粉。材料必须具有出厂合格证、厂家检验报告，入场后需进行二次复检。附属材料：ϕ6胀管平头螺栓长度不小于120mm，接缝用平网、角网等。

（2）安装方法：本工程的外墙饰面为彩色霹雳砖，贴在PG板外侧，荷载较大，所以，本工程PG板的安装采用粘结和机械加固相结合的方法。

1）粘结采用厂家与板材配套的专用胶粉，现场与水泥调配后使用。粘结采用条粘法。

2）机械加固采用ϕ6胀管平头螺栓，将PG板与外墙体拉结牢固。螺栓双向间距为不大于900mm。

（3）施工程序（图3-31）

1）施工前需要对结构基层进行处理，胀模的提前剔除，缺陷部位进行修补。对砖墙基层进行验收，对表面的浮灰、渣物进行彻底清理。

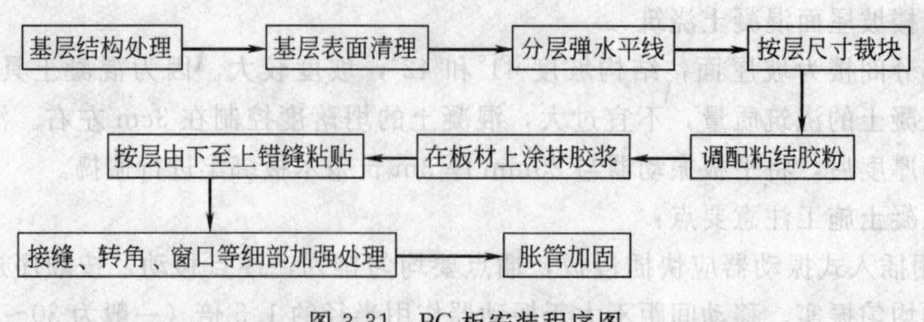

图 3-31　PG 板安装程序图

2）在外墙体上按层弹水平控制线，并依据每层、每侧墙体的实际情况，确定需要粘结板材的尺寸。

3）根据实际尺寸进行裁切，并考虑安装时的错缝要求。

4）按厂家提供的技术资料进行粘结胶浆的调配，然后将胶浆均匀地涂抹在板材上，再用专用工具刮成条形。

5）分层依水平基准线进行由下向上粘贴，上下块板要错缝。

6）板材的接缝用小块板或聚氨酯发泡胶进行填充，然后加平钢丝网进行加强，钢丝网用绑丝与 PG 板绑扎牢。

7）窗洞口及其他阴角、阳角处加钢丝角网用钢钉钉牢。

8）板材粘贴完毕后，进行胀管加固，胀管双向间距不大于 900mm。锚入基层墙体内不少于 30mm，并使钢片压紧 PG 板的钢丝网。胀管距离板材的边缘角部不大于 50mm。

（4）质量要求

1）在大面积施工前首先做好一层样板，经检查验收合格，统一做法、标准后再大面积施工。

2）PG 板安装必须牢固，板与板间、板与结构间接缝应严密，板与窗口转角加强网片不得遗漏，而且加固要牢固。

3）板与板之间接缝要顺平，不得出现错台现象。

4）埋件处必须做好预留洞，洞先用剪刀剪开丝网，再用裁刀按洞划开。

5）裁割板时要使用工具，裁口要整齐、美观。

6）施工过程中要减少板的破损，并注意成品保护。

3.8　装修工程

本工程的室内装修为初级装修，内墙面顶棚为混合砂浆抹灰，楼梯间和山墙为稀土砂浆，面层刷大白一遍；厨卫为水泥砂浆抹灰，室内楼地面为地热采暖，水泥砂浆面层。外墙装饰为彩色霹雳砖，窗口和檐口线条为彩色涂料。

室内外装饰、装修均为常规做法，施工方法略。

3.9　低温辐射采暖楼地面施工

本工程卧室、客厅、厨房楼地面采用低温辐射采暖楼地面，具体工程做法为：

面层 50mm 厚，用户自理；

60mm 厚 C15 细石混凝土填充热水管道间，随打随抹平；

30mm厚复合铝箔挤塑聚苯乙烯保温板；

20mm厚无机铝盐防水泥砂浆分两次抹面找平抹光；

无机铝盐防水素浆。

3.9.1 采暖楼地面施工工艺流程

楼面标高找平放线──→清理楼面基层、找平──→铺设聚苯板──→铺设PEX地暖管、铝塑复合管──→调正间距、固定管材──→安装分水器──→与分水器系统闭合──→边角保温──→打压试验──→浇细石混凝土垫层──→再次试压检查──→试验合格后做地面面层。

3.9.2 低温地板辐射采暖施工

(1) 施工条件

1) 室内粗装修完毕，待铺管地面平整、清洁，平整度要求：1m靠尺检查，高低差小于8mm，不平处用1∶2的水泥砂浆找平。

2) 地板辐射采暖设计图纸及其他技术文件齐全。

3) 地板辐射采暖工程施工方案经审批并进行技术交底。

4) 材料、机具和施工力量等已准备就绪，且能保证正常施工。

5) 施工现场、施工用水、用电、材料储放场地等临时设施能够满足施工要求，施工环境温度不宜低于5℃。

6) 安装过程中防止油漆、沥青或其他化学溶剂污染塑料管道。

7) 地热塑料管材敷设前，检查管道内外是否粘有污垢和杂物。

8) 地板采暖工程中使用的主要材料、设备及成品或半成品，应有符合国家或部颁现行标准的技术质量鉴定文件或产品合格证。

9) 安装人员应熟悉管材的一般性能，掌握基本操作要点。

10) 所有地板内的孔洞应在供暖管道敷设之前打好，以免任何此后的钻孔操作。

(2) 主要施工要点

1) 施工前，楼地面找平层应检验完毕。

2) 分集水器安装处的墙面需提前抹灰处理，用4个膨胀螺栓水平固定在墙壁和专用箱内，距地面宜大于350mm，且距供暖炉较近，又易于与房间大厅相通。

3) 用乳胶将10mm边角保温板沿墙粘贴，要求粘贴平整，搭接严密。

4) 在找平层上铺设保温层，聚苯板满铺，不得架空，板缝处用胶粘贴牢固，在保温层上铺设铝箔纸或粘一层带坐标分格线的复合镀铝聚酯膜，保温层要铺设平整。

5) 在铝箔纸上铺设一层$\phi 2$钢丝网，间距100mm×100mm，规格2m×1m，铺设要严整严密，钢网间用扎带捆扎，不平或翘曲的部位用钢钉固定在楼板上。设置防水层的房间如卫生间、厨房等固定钢丝网时不允许打钉，管材或钢网翘曲时，应采取措施防止管材露出混凝土表面。

6) 按设计要求间距将加热管PEX管，用塑料管卡将管子固定在苯板上，固定点间距不大于500mm（按管长方向），大于90°的弯曲管段的两端和中点均应固定。管子弯曲半径不宜小于管外径的8倍。安装过程中要防止管道被污染，每回路加热管敷设完毕，要及时封堵管口。

7) 检查铺设的加热管有无损伤、管间距是否符合设计要求后，进行水压试验，从注水排气阀注入清水进行水压试验，试验压力为工作压力的1.5～2倍，且不小于0.6MPa，稳压 1h 内压降不大于 0.05MPa，且不渗不漏为合格。

8）塑料管穿越伸缩缝时，应设置长度不小于 400mm 的柔性套管。在分水器及加热管道密集处，管外用不短于 1000mm 的波纹管保护，以降低混凝土热膨胀。在缝中填充弹性膨胀膏。加热管验收合格后，回填细石混凝土，加热管保持不小于 0.4MPa 的压力；垫层应用人工抹压密实，不得用机械振捣，不许踩压已布设好的管道，施工时应派专人日夜看护，垫层达到养护期后，管道系统方允许泄压。

9）分水器进水处装设过滤器，防止异物进入地板管道环路，水源要选用清洁水。

10）抹水泥砂浆找平，做地面。

11）立管与分集水器连接后，应进行系统试压。试验压力为系统顶点工作压力加 0.2MPa，且不小于 0.6MPa，10min 内压降不大于 0.02MPa，降至工作压力后，不渗不漏者为合格。

3.9.3　低温地板辐射采暖的调试与运行

供热支管后的分配器竣工验收后，对整个供水环路的水温及水力平衡进行调试。采暖向地板供水时，应选用预热方式，供热水温不得骤然升高，初始供水温度应为 20～25℃，保持 3d，然后以最高设计温度保持 4d，并以小于等于 50℃水温正常运行。

3.10　脚手架工程

本工程的脚手架全部采用钢管脚手搭设。

3.10.1　基坑周边护栏和上下基坑马道搭设

(1) 基础周边护栏为安全设施，采用脚手钢管搭设，立杆间距 3.0m，上下两道水平杆，高度 1.2m，面刷红黑相间油漆。围绕基坑周边搭设。

(2) 上下人行马道，每个基坑共设 6 处，每施工段一处，马道宽不少于 1.5m，坡度为 1：3，拐弯处平台宽度为 1m，斜道两侧及平台外围均设置 1.2m 高栏杆和 180mm 高挡脚板。脚手板采用顺铺，接头采用搭接，下面的板头压住上面的板头，板头的凸棱处用三角填顺。脚手板上每隔 250～300mm 设置一根防滑木条，木条厚度为 20～30mm。

3.10.2　基础结构外墙板外围脚手架搭设

基础结构外围墙板外侧的操作架体采用双排钢管脚手架，立杆纵向间距 1.8m，横向间距 1.2m，水平杆步距 1.8m，底部垫通长垫板。顶部设护身栏杆，高度不低于 900mm，满铺跳板。脚手架离结构墙板模板距离为 400mm，以安全和不影响施工为主。

其他剪刀撑的设置及其他的搭设要求按相关规范执行。

3.10.3　结构顶梁板支撑用架体搭设

地下室结构顶梁板支撑采用钢管满堂脚手架，根据以往施工经验及一些参考文献，高度超过 4m 的模板支架的立杆间距应不大于 900mm，步距不大于 1200mm，故先采用以上数据进行验算。

模板采用多层木质胶合模板，主龙骨采用 60mm × 100mm 木方，立杆顶部悬挑 100mm。

(1) 脚手架必须配合施工进度搭设，每搭完一步架后进行校正步距、纵距、横距及立杆的垂直度。剪刀撑、横向斜撑随立杆、纵向和横向水平杆等同步搭设，各底层斜杆下端均必须支承在垫板上。对接扣件开口应朝上或朝内，各杆件端头伸出扣件长度不小于100mm。

(2) 满堂模板支架四边与中间每隔4排支架立杆应设置一道纵向剪刀撑，由底到顶连续设置；高于4m的模板支架，其两端与中间每隔4排立杆从顶层开始向下每隔2步设置一道水平剪刀撑。立杆垂直允许偏差为15mm。

(3) 拆除时必须由上而下逐层进行，严禁上下同时作业，连墙件必须随脚手架逐层拆除，严禁先将连墙件整层或数层拆除后再拆脚手架；分段拆除高度不大于2步。各构配件严禁抛掷至地面。运至地面的构配件应及时检查、整修与保养，并按品种、规格随时堆码，存放在指定位置。

3.10.4 上部外脚手架搭设

为了保证结构施工的安全，并考虑到砌筑和装修施工时使用，所有栋号外围需要搭设脚手架。根据结构形式的不同，选用不同的架体搭设方案。

(1) 4～9号楼为6层框架结构，直接搭设双排落地钢管脚手架。

(2) 小高层为11层框架结构，有一层地下室，南侧为地下车库，东侧结构从二层开始向内退。根据此实际情况，确定如下方案：

1) 南侧外架采用双排落地钢管脚手架，脚手架直接落于车库顶板结构面上。

2) 东侧首层结构施工时暂不设外架，首层结构施工完后，架体从一层顶板面上开始搭设双排脚手架。待地下防水及回填土完工后，再从地面上起双排脚手架。

3) 西侧和北侧因地下外防水及回填土前期不能先施工，所以采用外挑双排钢管脚手架。因西侧近期群房部分随后施工，所以一至三层的挑架只能先考虑用钢管外挑架子，从四层加钢管外挑杆进行卸载。

西侧和北侧从四层顶开始搭设型钢挑梁支撑的外双排脚手架直至顶层。

(3) 双排落地脚手架设计及搭设基本要求

A. 架体设计

立杆纵距为1.5m，立杆横距1.05m，大横杆步距1.5m，小横杆步距0.75m，架体距主体0.35m，脚手架与主体结构连墙杆竖向按每层(3m)设一道，横向距离每隔3根立杆设一道，且不超过6m。连墙杆从底层第一步节点开始，应靠近立杆和横杆的主节点，偏移距离不大于300mm。立杆底部设置扫地杆，距地不大于200mm。小横杆外露长度统一为100mm(图3-32)。

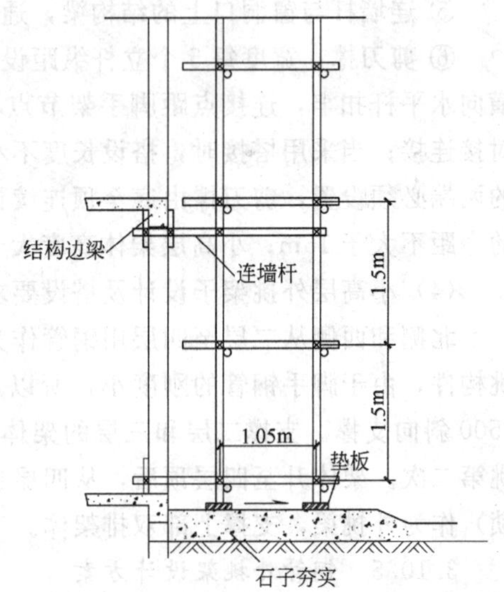

图3-32 双排落地脚手架搭设示意图

B. 搭设基本要求

① 扣件式钢管脚手架，要承受施工过程中的各种垂直和水平荷载，因此，脚手架必须有足够的承载能力、刚度和稳定性。在施工过程中，在各种荷载作用下严禁失稳倒塌以及超过允许要求的变形、倾斜、摇晃或扭曲现象，以确保安全施工。

② 在大横杆与立杆的交点处必须设置小横杆并与大横杆卡牢，立杆下应有垫板，整个架子应设置必要的支撑与连墙点，以保证脚手架成为一个稳定的结构。

③ 外脚手架沿建筑物周围连续封闭，如因条件限制不能封闭时，应设置必要的横向支撑，端部加强设置连墙点。

④ 安全网与架体连接牢固，网与网之间连接紧密，采用密目式安全网，选用的安全网要与水平杆步距配套。

⑤ 脚手架搭设过程中，要及时采取临时固定措施，以防倾倒，以保证搭设过程的安全，并随时校正立杆垂直度和大横杆的水平偏差，扣件紧固用力要均匀，紧固力矩要求控制在30～40N，最大不超过60N，连接大横杆的扣件开口朝向为：脚手架内侧，螺栓向上。

C. 基本构造要求

① 搭设脚手架的场地分层夯实平整，搭设场地表面应铺碎石夯实，每根立杆下垫25mm木跳板，为避免或减少架子不均匀沉降，紧贴立杆根部扎紧扫地杆，杆下用碎石垫层垫实，架体基底不得低洼积水。

② 脚手架立杆接头必须采用对接扣件对接连接，相邻两立杆接头应错位不小于500mm，且应不在同一步内，纵向水平杆接长必须采用对接扣件连接，上下相邻两根纵向水平杆接头应错开不小于500mm，同一步内外两根纵向水平杆的接头应错开，并不在同一跨内。

③ 操作层脚手架的铺设应满铺，铺稳，离开墙面120～150mm，脚手板对接铺设时，接头处设两根横向水平杆，搭接铺设的脚手板，接头处必须在横向水平杆上，搭接长度不小于200mm。

④ 脚手架操作层必须有180mm高的挡脚板和高度1.2m的护身栏（两道水平钢管紧贴外立杆内侧，用扣件扣牢）。脚手架遇有施工需通行的建筑物门洞口时，开洞处顶部加斜杆，必要时门洞口上的内、外纵向水平杆可用两根钢管加强，门洞两侧立杆改为双钢管加强。

⑤ 连墙杆与窗洞口上的结构梁，通过短杆拉结，应与墙面垂直，不准向下倾斜。

⑥ 剪刀撑：宽度每5个立杆纵距设置，斜杆与地面夹角为45°，用旋转扣件与立杆和横向水平杆扣牢，连接点距脚手架节点不大于150mm，剪刀撑钢管接长，采用对接扣件对接连接；当采用搭接时，搭设长度不小于1000mm，并用三只旋转扣件扣牢。外侧立面的两端必须设置，剪刀撑由底至顶连续设置，多层的脚手架高度小于24m，中间剪刀撑间的净距不大于15m；小高层架体高度大于24m剪刀撑应连续设置。

（4）小高层外挑架子设计及搭设要求

北侧和西侧从二层至四层用钢管作为外挑梁，钢管外挑架子即利用脚手钢管作为外悬挑构件，由于脚手钢管的刚度小，所以从二层开始向外悬挑第一次，同时底层加2ϕ48@1500斜向支撑。支撑二层和三层的架体。架体升至四层后，开始卸荷，从四层平面向外挑第二次。架体升至四层顶后，从四层顶开始向上用槽钢[18（用[16b槽钢时需加斜拉钢锁）作为外挑梁，支撑上部双排架体。

3.10.5　钢管外挑架设计方案

钢管选用ϕ48钢管，挑杆长度不得小于3.0m，外挑1.4m，挑杆水平间距1.5m。挑杆末端做钢筋锚环，并加横向杆锁紧，在结构混凝土中预埋锚筋，锚筋选用ϕ14～ϕ16，锚固长度不小于250mm。每层设拉结杆一道。

为了加强架子挑杆的刚度和稳定，从底层加设斜向支撑杆，斜向支撑采用2ϕ48@1500，支撑杆与底部水平大横杆连接牢固（图3-33）。

（1）型钢外挑梁设计方案

型钢外挑梁架子是利用[18 作为悬挑钢梁，经计算可以支撑架体高度为 27.0m，达到 11 层顶。外挑钢梁长 3.0m，两端转角处加长。钢梁水平间距 1.5m，布置遇柱和楼梯时可依实际情况调整挑梁的间距和立杆的纵距，需要时加设横向钢梁过渡。钢梁外挑出结构外边缘 1.4m，结构梁内 1.6m，末端设置钢筋锚环，经计算选用 ϕ20，锚固长度不小于 350mm；同时，锚筋尽量锚于底板筋之下，并在其上另附加短筋，以增加其锚固。

另外，由于槽钢的特点，所以在集中受力处做加强处理（图 3-34）。

架体需要加高时，需增加斜拉钢锁，具体根据实际情况，计算后确定。

（2）挑梁上支撑的双排架体步距 1.5m，立杆纵距 1.5m，横距 0.95m，距墙 0.35m，外挑梁上双排架子其他构造要求同落地双排架要求。

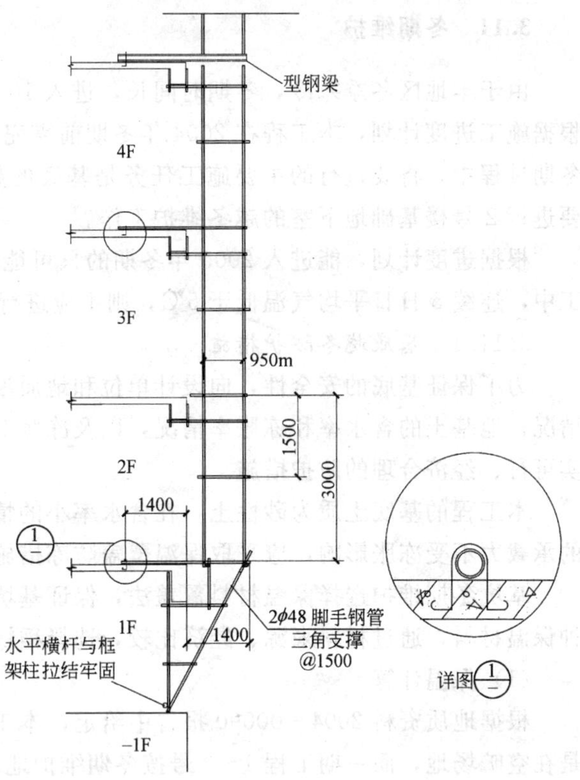

图 3-33 钢管外挑架搭设示意图（单位：mm）

（3）外挑架底部采用 50mm 厚木板密封，下部架设平网一道。

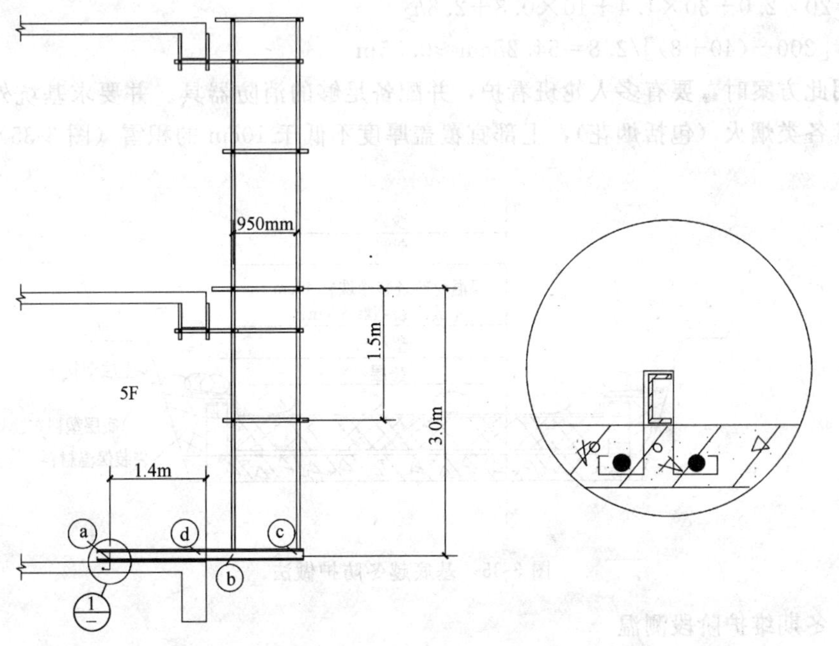

图 3-34 型钢外挑梁支设示意图

3.11 冬期维护

由于本地区冬季寒冷，冬期时间长，进入10月下旬至来年3月份间都处于冬期阶段。根据施工进度计划，本工程在2004年冬期前需完成底板的防水及保护工作。在2004年底冬期过程中，将要进行的主要施工任务是基底的越冬防冻维护工作；2005年冬期前，主要进行2号楼基础地下室的越冬维护工作。

根据进度计划，能进入2005年冬期的只可能有1号楼的外装修工作，如果在冬期施工中，连续5日日平均气温低于5℃，则不应进行外装饰面砖的施工。

3.11.1 *基底越冬防护措施*

为了保证基底的安全性，向设计单位和地质勘察单位进行咨询，咨询冬季地下水位的情况；地基土的含水率和冻胀率情况，以及冻胀对基础底板结构的影响程度。依此制定切实可行、经济合理的防护措施。

本工程的基底土质为砂性土，在含水率小的情况下，冻胀会很小，但为了保证地基土的承载力不受冻胀影响，应采取保温覆盖防冻措施。

基坑冬期维护选择保温材料覆盖法，保证基坑地基土和防水保护层不受冻害。根据各种保温材料，通过材料来源、经济比较，选择稻糠作为基坑保温材料。

(1) 保温计算

根据地质资料2004—00090报告中给定，本工程最大冻深为2.3m，考虑到最大冻深是在空旷场地，而一期工程1～3号按冬期维护地基在基坑内，故取H＝2m。

保温材料组成：

积雪＋沙袋＋塑料布＋稻糠＋塑料布＋防水保护层＋混凝土

需用稻糠厚度

$H=20\times 2.0+30\times 1.4+10\times 0.8+2.8h_2$

$h_2=[200-(40+8)]/2.8=54.28\text{cm}\approx 0.55\text{m}$

采用此方案时，要有多人轮班看护，并配备足够的消防器具。并要求基坑外100m范围内严禁各类烟火（包括烟花），上部宜覆盖厚度不低于10cm的积雪（图3-35）。

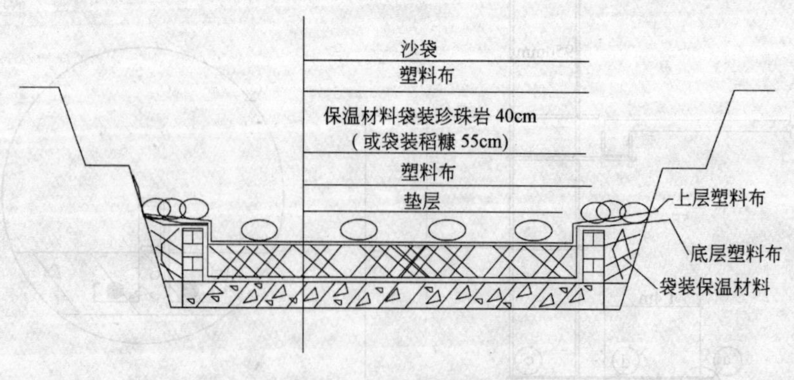

图3-35 基底越冬防护做法

(2) 冬期维护阶段测温

1) 每个坑内测3个测温点。

2）在2004年10月20日～2005年4月10日期间每天测温4次，4次测温分别在早晨4点钟，上午8点钟，下午16点钟，晚上20点钟各一次，并做记录，同时测出每天室外温度。

（3）冬期后的检查

当室外平均气温5天连续在5℃以上时即为冬期结束，冬期结束后，项目经理应组织技术、质量、安全、机械部门对越冬的基底工程、机械设备、水电线路进行彻底的检查，将越冬解冻后的情况分门别类地认真做好记录，并将检查的结果上报甲方、监理。

对检查出的问题及时制定补救方案，严禁隐瞒不报。

3.11.2　2号楼冬期防护

2号楼2005年只施工地下室部分，所以需要做以下几方面的工作：①对其预留筋进行防锈处理；②对预留的后浇带等进行保护；③防止结构受冻。

（1）预留钢筋的防护：对预留筋的防护措施分两种情况，如明年继续施工上部结构，则可采用塑料薄膜对预留结构主筋进行缠绕包裹；如下部施工期未定，则先用塑料薄膜进行缠绕包裹，然后在外边再用C10混凝土筑成短柱，下次施工前进行破除。

（2）后浇带的处理：后浇带处先按结构预留的防护措施进行防护，内部填嵌100mm厚保温板。

（3）地下室的防冻保护

地下室外围土全部回填完毕，地下室顶部所有的预留洞、楼梯、电梯井道口使用木板进行全封闭，顶部及地下室外壁自然地面（1500mm范围）以上全部用装袋稻糠错缝码放500mm高，顶部覆盖塑料布一层。

3.12　雨期施工措施

根据佳木斯当地的气候，每年的7、8月份为雨期，为了保证工程质量、工期，需要对雨期施工做好充分准备和采取措施。

3.12.1　施工材料储存堆放

1）准备雨期施工材料及防护材料，对于怕雨淋的材料如水泥等，应采取有效措施放入棚内，垫高码放，以防受潮；防止混凝土、砂浆受雨淋过多，影响工程质量。

2）现场可充分利用结构首层堆放材料。

3）砂石料要有足够的储备，以保证工程的顺利进行。

4）准备足够数量的帆布、油毡纸、塑料布等，以供覆盖水泥、台上混凝土卸料人员遮雨等应急措施用。

5）做好现场排水系统，道路两侧和构件堆放场地周围修建排水沟，施工现场做0.5%排水坡，将雨水及时排出场外，必须做到雨停路干无积水，保证材料、设备不受浸泡，道路不滑、不陷、不存水。

6）雨天浇灌混凝土时应适当降低坍落度，抽查砂石材料的含水量，及时调整配合比。暴雨时应停工。

7）所有堆放构件支座必须坚固，雨后变形的支座不得堆放构件，水泥库应垫高300mm以上，周围挖排水沟，屋顶应检修防漏。

8）现场中、小型机械必须按规定加防雨罩或搭防雨棚。闸箱防水防漏电接地保护装置应灵敏有效。每星期检查一次线路绝缘情况。

9）工人备齐雨衣、雨鞋，仓库备有塑料布等防雨用品，及时对混凝土工程、防水工程覆盖。做好雨期施工的准备工作。

10）施工时，由专人负责联系每周气象预报资料，及时为施工现场提供服务。

3.12.2　混凝土施工

1）混凝土施工应尽量避免在雨天进行，大雨和暴雨天不得浇筑混凝土，新浇混凝土应覆盖，以防雨水冲刷。防水混凝土严禁雨天施工。

基础地下室施工时，加强降水和排水工作，防止地下室上浮。

2）雨期施工，在浇筑板、墙混凝土时，可根据实际情况调整坍落度。

3）雨期应随时测定砂、石含水率，及时调整混凝土配合比，严格控制水灰比。雨天浇筑混凝土应减小坍落度，必要时可将混凝土强度提高半级或一级。

4）小雨不停工，按照技术规范要求加强遮挡措施，确保混凝土质量。

5）大雨即将来临前，应将平台上卸下的混凝土浇筑完，来不及浇筑的混凝土必须遮盖，而被大雨冲刷的混凝土应予清除。

6）雨期恢复施工时，对施工缝必须处理，其方法是浇筑30～50mm厚同强度等级水泥砂浆作接缝处理。

3.12.3　钢筋工程

1）现场钢筋应堆放垫高，以防钢筋泡水锈蚀。有条件的应将钢筋堆放在钢筋骨架上。

2）雨后钢筋视情况进行防锈处理，不得把锈蚀的钢筋用于结构上。

3.12.4　模板工程

1）雨天使用的木模板拆下后应放平，以免变形。钢模拆下后及时清理，刷脱模剂，大雨过后应重新刷一遍。

2）模板拼装后尽快浇筑混凝土，防止模板遇雨变形。

3）大块模板落地时，地面应坚实，并支撑牢固。

3.12.5　脚手架工程

1）雨期前对所有脚手架进行全部检查，脚手架立杆底座必须牢固，并加扫地杆，外用脚手架要与墙体拉结牢固。

2）外架基础应随时观察，如有下陷或变形，应立即处理。

3）高空设备、如塔吊灯应安装避雷装置。

4）大雨后应对塔吊基础、架子等进行全面检查，确认无沉陷和松动后方可使用。

3.12.6　装修施工

1）雨期装修施工应精心组织，合理安排施工顺序。晴天多做外装修，雨天做内装修。

2）内装修应先安好门窗或采取遮挡措施。

3）若外粉刷在雨期施工期间，应沿外挑沿和脚手架上排用油布遮盖，以防雨水冲刷。在屋顶结构完成后，应尽快做好防水层，为室内装修创造有利条件。

4）砌体砌筑时，不得使用过湿砌块，以免砂浆流淌，使墙体发生滑移。雨后继续施工，需复测已完工砌体的垂直度和标高。

3.12.7　场区道路

1）做好场地周围防洪排水措施，疏通现场排水沟道，做好低洼地面的挡水堤，准备好排水机具，防止雨水淹泡地基；

2）道路两旁做好排水沟，保证雨后运行通畅。

3.12.8 防洪措施

1）雨期来临之前，现场统一设置防洪排水网络，疏通排洪沟，并与当地有关部门联系，与当地防洪排水网络沟通。

2）疏通各种防洪料具的供应渠道，并在现场保证一定的储备。

3）做好与当地气象和防洪指挥部门的联系，确保信息及时准确，把现场防洪工作纳入当地防洪指挥部统一指挥的范畴。

4）成立现场防洪指挥小组，专人负责，统一协调，确保工程安全渡汛。

4 质量、安全、环保措施

4.1 质量措施

质量目标：创市优质工程。

严格按照工程图纸和技术标准施工，严格质量管理。

承诺所有工程质量均达到国家规范及地方验收标准要求，保证工程质量达到市优质工程。

4.1.1 建立健全质量管理体系（图 4-1）。

4.1.2 建立健全三级质量检查网

施工质量保证措施如下：

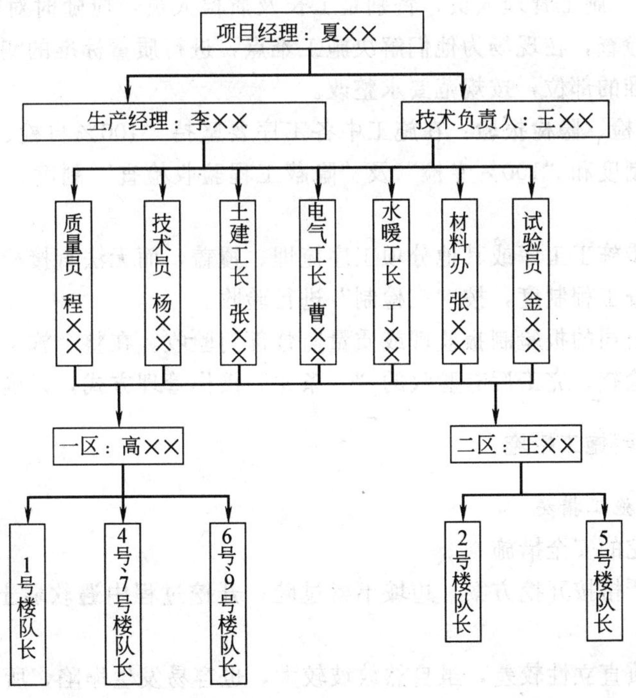

图 4-1 项目质量管理体系

(1) 图纸会审

由项目技术负责人组织技术人员、工长、预算等部门的人员对施工图进行认真的审查，发现问题后形成纪要，会同设计、业主及监理各方共同进行解决。并要求设计单位介绍设计意图、图纸、设计特点和对施工的要求，施工方提出图纸中存在问题和对设计的要求，讨论协商解决，写出纪要，由设计方提出变更文件（图纸）。

专业协调会签、会审：为了确保土建专业以安装专业施工的正确性，避免交叉矛盾，防止预埋和安装过程中的错误、遗漏，在各个施工阶段前，必须进行土建与各安装专业的综合会审，混凝土浇筑前进行专业会签，明确预留、预埋、安装的位置、数量及负责人，防止遗漏，防止施工失误。

(2) 施工方案

每个分项施工前，必须制定可行的分项工程施工技术方案，并报送业主、监理部门进行审批，严格按施工方案组织进行施工。

(3) 严格执行各种质量管理制度——持证上岗制度、施工挂牌制度、过程质量三检制度、监理报验制度。

1) 持证上岗：对每个进入本项目施工的人员，均要求达到一定的技术等级，具有相应的操作技能，特殊工种必须持证上岗。本工程中要求持证上岗的工种有：电气焊工、电工、机械工、防水工、架子工、起重工、混凝土振捣工等，对每个进场的劳动力进行考核；同时，在施工中进行考察，对不合格的施工人员坚决退场，以保证操作者本身具有合格的技术素质。

2) 施工挂牌：施工中的主要项目如钢筋、混凝土、模板、砌砖等在现场实行挂牌制，注明管理者、操作者、部位、检验状态、日期等，并做好相应的图文记录。

3) 过程跟踪：施工管理人员，特别是工长及质检人员，应随时对操作人员所施工的内容、过程进行检查，在现场为他们解决施工难点，进行质量标准的测试，随时指出达不到质量要求及标准的部位，按规范要求整改。

4) 三检、专检、隐检报验：在施工中各工序要坚持"100%自检、100%互检、交接检"的"三检"制度和"100%专检"及"隐蔽工程验收检查"制度。由工长和质检员组织检查验收。

凡是将被下步施工工序或其他分项工序掩埋、覆盖，而无法直接检查的工程项目，均实行隐蔽验收检查工程制度，按"三检制"进行验收。

最后按监理公司的报验制报监理或质量监督部门验收。在整个施工过程中，做到工前有交底，过程有检查，完工后有验收的"一条龙"操作管理方式，以确保工程质量。

4.2 安全文明施工措施

4.2.1 安全施工措施

(1) 基坑开挖的安全措施

基坑边坡应严格按开挖方案，边坡不得过陡；开挖过程中遇软弱土质时要及时汇报，采取护坡措施。

由于场区土质直立性较差，虽自然放坡较大，也容易发生塌陷，所以，必须对边坡土体进行定期观测，特别是雨后，如有变化及时进行处理。

1）在坡顶准备防雨布，雨量较大时对坡体进行遮盖，减少雨水的冲刷。

2）准备砂袋和钢管等材料，应对突发情况。

3）坡顶 1.5m 范围内不得行车和过多的堆放材料。

（2）因本基础工程采用的是自然放坡，所以应对边坡进行必要的防护，备好遮盖布，防止雨水冲刷。

（3）对基坑边坡进行监测，防止滑坡，特别是雨后，准备好砂袋、木桩和钢管等加固用料。

（4）基础周边护栏采用脚手钢管搭设，立杆间距 3.0m，上下两道水平杆，高度 1.2m，面刷红黑相间油漆。

（5）搭设上下人行马道，每个基坑共设 6 处，每施工段一处，马道宽不少于 1.5m，坡度为 1∶3，拐弯处平台宽度为 1m，斜道两侧及平台外围均设置 1.2m 高栏杆和 180mm 高挡脚板。脚手板采用顺铺，接头采用搭接，下面的板头压住上面的板头，板头的凸棱处用三角填顺。脚手板上每隔 250～300mm 设置一根防滑木条，木条厚度为 20～30mm。人员全部从人行马道通行，严禁攀爬基坑。

（6）基坑开挖过程中，对施工机械操作手和配合清土人员及指挥人员进行安全交底。在施工机械回转半径内应严禁站人，工长和安全员要跟踪监督。

（7）基坑周边 1.5m 范围内严禁堆放材料。

4.2.2 防水施工安全措施

（1）防水层所用的卷材、胶粘剂等，均属易燃物品，存放和操作应远离火源，并不得在阴暗处存放，防止发生意外。

（2）每次用完的施工工具，要及时用有机溶剂清洗干净，清洗后溶剂要注意保存或处理掉。

4.2.3 结构施工安全措施

（1）现场人员必须佩戴好安全帽和其他必要的安全防护用品，高处作业时必须系好安全带。所有操作必须服从项目部的统一安全指挥。

（2）顶板模板支撑架体必须进行刚度、稳定性计算；墙板模板的支撑体系要进行侧压力计算，根据计算书进行设计加固及以撑方案。

（3）施工操作脚手架体和支撑架体必须按设计方案要求进行搭设，并由项目部安全门进行验收，验收合格后方可使用。

（4）现场所使用的一切施工机具必须进行定期保养和安全检查。

（5）钢筋和模板的加工机具应配备好安全防护措施，并严格按操作安全规程进行操作。

（6）模板上不得堆放过重的材料，混凝土浇筑时要均匀布料，防止超过模板的承载力。

（7）混凝土浇筑时泵管出口严禁站人，防止混凝土伤人。

（8）模板的拆除应遵守施工方案，并通过技术部门同意，根据同条件试件的强度和规范的要求做出决定，不得私自拆除。拆除时必须按顺序进行，并铺好跳板，不得直接站在钢管上拆模。

（9）夜间施工时必须配足照明，相邻照明的投影区不得重叠。

(10) 加强施工现场的安全用电管理，严格按 JGJ 59—99 执行。机械设备、用电器具的接拆电要由专业电工进行，严禁私接私拆。

4.2.4　临边防护措施

本工程的临边主要是基坑边、各楼层的周边、楼梯侧边、屋面的周边，阳台板的高度较小，只有 350mm，所以也必须按临边考虑。

为了保证施工人员的安全，所有临边全部加设护拦，护拦采用 ϕ48 脚手钢管搭设。

护栏高度 1.2m，屋面周边护栏高度为 1.5m，基坑边护栏立杆打入土内，不小于 500mm；楼梯侧边护栏设两道立杆，通过梯井由底层伸设至顶层。

护栏水平杆设两道，上部水平横杆距地面 1.0m 作为扶手，下部水平杆距地面 0.5m，用扣件与立杆卡紧。

下部水平杆与地面间用旧模板做挡脚板，通过钢丝与钢管绑扎牢固。

楼层周边的防护可依靠外双排脚手架体。

临边防护栏杆不得随意拆除，如必须拆除施工时，必须提前申请，并对该部位采取其他的防护或监护措施。

4.3　文明施工环保措施

(1) 施工现场应严格地执行业主及佳木斯市的有关规定与要求，做好施工现场的文明施工，规范施工行为，创建文明工地。

(2) 场地布置按照《企业形象视觉识别规范手册（施工现场分册）》和《企业施工现场 CI 达标细则》要求实施。

(3) 施工人员必须佩戴进入现场的明显标志。

(4) 施工现场标志，标牌齐全，出入口设旗牌（工程概况、平面布置、管理体系、安全施工制度、消防、保卫工作条例），创建一个管理有序、责任明确、环境优美的施工环境。

(5) 按施工平面图要求布置施工临建，材料、构件、半成品堆场，按划分区域堆放，按质量管理规程要求准确标注材料类型、质量状态、责任人及使用部位等。做到整齐、整洁，管理有序。

(6) 施工现场围墙采用砖砌围墙，刷蓝边白面，按企业 CI 达标要求布置。

(7) 建筑物外围架子采用密目网围封，出入口设防护棚。

(8) 基坑开挖时，做好弃土的运输和堆放工作，驶入正式道路前，必须将轮胎的附土清理干净，而且应安排专人负责污染路面的清理工作。

(9) 保持施工现场的整洁文明，各种污水必须经沉淀后方可排放至市政管网。

(10) 每日做到工完场清，并安排专人做好班后的统一检查工作，不符合要求者必须重新整理场地，到合格后方准离岗，并将此项与合同条款挂钩管理。

(11) 避免夜间浇筑混凝土和焊接钢筋过晚。

(12) 现场设立茶水间，有消毒设备，健康饮水；厕所由专人管理，保持清洁无害，消灭蚊蝇。

(13) 各种垃圾随时处理，保持场容整洁。

(14) 配合当地有关部门做好卫生防疫工作。

(15) 建立好相关的成品保护工作。

(16) 加强施工现场的能源管理，制定好节电、节水和节能管理，并做好监督检查。

5 技术进步经济效益分析

本工程在施工中采用了先进的技术措施，取得了一定的经济效益，主要总结如下：

(1) 竖向钢筋电渣压力焊：竖向钢筋连接 ϕ20 以上接头全部采用电渣压力焊，代替绑扎接头，提高了工效，保证了工程质量，降低了成本，经济效益达到了 28.25 万元。

(2) 地下室外墙及顶棚清水混凝土技术应用：地下室外墙和主体结构顶板施工采用的模板为木质胶合模板，加强模板加工的质量控制，合理调配混凝土的配合比、搅拌、浇筑及养护工艺，使地下室外墙达到清水混凝土的效果，减少了防水找平层施工工序，减少了顶棚抹灰工序，加快了施工进度，降低了成本，创经济效益 43.2 万元。

(3) 现场自动化搅拌站、泵送混凝土技术应用：现场设立自动化搅拌站，集中搅拌，泵送混凝土，取代传统的混凝土生产和泵送混凝土方式，采用电子计量，自动上料，计量准确，混凝土生产质量较高，减少了人力，提高了工效，降低了成本，创经济效益达 15.01 万元。

(4) 植筋技术应用：改变传统的结构拉结筋、锚筋、构造柱筋的预埋、预留方法，采用建筑胶进行钢筋的后期植栽，达到了设计强度，位置准确，避免了对结构和模板的破坏，减少了焊接接长的工序，降低了成本，经济效益达 13.69 万元。

通过采用以上的新技术，直接经济效益达到了 100.15 万元，经济效益率 1.89%。

第十六篇

北京通用时代工程施工组织设计

编制单位：中建国际建设公司

编 制 人：黄会华　郑永泉

［**简介**］ 北京通用时代工程为群体住宅工程，建筑面积大，装修档次高，土方开挖量大。

本工程施工时采用了清水混凝土施工技术。从测量控制、钢筋绑扎、混凝土施工等多环节加强管理，使本工程混凝土墙体、柱达到了清水混凝土的标准，免去了抹灰工序，仅这一项就为工程节约了133万元。

目 录

1 工程概况

1.1 建筑设计简介（表 1-1）

建筑设计概况 表 1-1

序号	项 目	内 容								
1	建筑功能	CBD 区豪华住宅楼								
2	建筑特点	多层次、多边形钻石立面造型、低台度赏景飘窗、青灰色主色调、高档铝幕、石材幕匹配高贵身份的豪门宅邸								
3	建筑面积	总建筑面积(m^2)		148364.22			占地面积(m^2)		33792.2	
		楼号 / 面积(m^2)		3 号楼	4 号楼	5 号楼	6 号楼	7 号楼	8 号楼	车库
		建筑面积		20256	18559	25556	27005	18974	2704	19150
		地下建筑面积		2309	2525	2489	3938	2454	1108	19150
		地上建筑面积		17947	16034	23067	23067	16520	1596	—
		标准层建筑面积		641	641	824	824	826	798	—
4	建筑层数	楼号 / 层数		3 号楼	4 号楼	5 号楼	6 号楼	7 号楼	8 号楼	车库
		地上		28 层	25 层	28 层	28 层	20 层	2 层	—
		地下		3 层	3 层	3 层	3 层	3 层	1 层	2 层
5	建筑层高			3 号楼	4 号楼	5 号楼	6 号楼	7 号楼	8 号楼	车库
		地下部分层高(m)	地下三层	3.40	3.65	3.30	3.30	3.30	—	3.80
			地下二层	3.40	3.45	4.70	4.70	4.70	—	4.20
			地下一层	4.70	4.61	3.50	3.50	3.50	4.20	—
		地上部分层高(m)	首层	3.15	3.15	3.15	3.15	3.15	—	—
			标准层	3.10	3.10	3.05	3.05	3.05	—	
			机房水箱间	2.75	2.75	4.35	4.35	4.35	—	
6	建筑高度	楼 号		3 号楼	4 号楼	5 号楼	6 号楼	7 号楼	8 号楼	车库
		±0.00 绝对标高(m)		39.80	39.80	39.80	39.80	39.80	39.80	39.80
		室内外高差(m)		0.30	0.30	0.30	0.30	0.30	0.30	—
		基底标高(m)		−13.30	−13.30	−13.30	−13.30	−13.30	−13.30	−13.30
		最大基坑深度(m)		−12.95	−12.95	−12.95	−12.95	−12.95	−12.95	−12.95
		檐口高度(m)		87.95	78.35	86.55	87.70	63.30	—	—
		建筑总高(m)		87.95	78.35	86.55	87.70	63.30	—	8.00
7	建筑平面	楼 号		3 号楼	4 号楼	5 号楼	6 号楼	7 号楼		车库
		横轴编号		3-1～3-13	4-1～4-13	5-1～5-17	6-1～6-17	7-1～7-17		1～24
		横轴距离(m)		29.60	29.60	34.20	34.20	34.20		167.00
		纵轴编号		3-A～3-L	4-A～4-L	5-A～5-N	6-A～6-N	7-A～7-N		A～V
		纵轴距离(m)		22.10	22.10	30.60	30.60	30.60		146.10

续表

序号	项　目	内　容	
8	建筑防火	钢制卷帘门分断防火分区、防火门局部区域断火	
9	外墙保温	后贴，材料待定	
10	外装修	檐口	女儿墙＋弧形铝幕造型
		外墙	外墙为石材幕及铝幕
		门窗工程	高级断桥隔热铝合金双玻门窗
		屋面工程	非上人屋面
		主入口	外挑弧形板＋弧形铝幕造型
11	室内装修	顶棚工程	高级环保乳胶漆、纸面石膏板吊顶
		地面工程	高级花岗石、地砖
		内墙装修	花岗石、乳胶漆、面砖
		门窗工程	入户门为三防门，室内门为实木门
		楼梯	水泥楼地面
		公用部分	水泥楼地面
12	防水	地下室	一级防水：SBS 防水卷材两道
		屋面	二级防水：LYX-603 氯化聚乙烯橡胶卷材两道
		厨房、厕浴间	聚氨酯防水涂料

1.2　结构设计简介（表 1-2）

结构设计简介　　**表 1-2**

序号	项　目	内　容		
1	结构形式	基础	筏形基础	
		主体	全现浇钢筋混凝土剪力墙结构体系	
		屋盖	全现浇钢筋混凝土平面屋盖楼板	
2	土质水位	基底以上土质分层情况	分为三层，自上而下分别为黏质粉土填土、黏质粉土、卵石及圆砾层，持力层为③层，即卵石及圆砾层	
		地下水位（绝对标高）	地下承压水位	22.34～22.72m
			地下潜水	近 3～5 年最高水位标高为 28.00m
			设防水位	34.50m
		地下水水质	对基础混凝土无腐蚀性	
3	地基	地基承载力标准值	持力层以下土质类别	黏土层和粉土层交错分布，中间夹有砂土层和卵石层
			地基承载力	230kPa
			土壤渗透系数	垂直 4.86×10^{-6}cm/s；水平 4.86×10^{-6}cm/s
4	地下防水	混凝土自防水	底板、外墙、消防水池、车库地下二层顶板在混凝土中掺加 WRA 防水剂，形成自防水混凝土	
		材料防水	结构迎水面做 SBSⅡ＋Ⅱ型防水卷材	

续表

序号	项　目	内　　容		
5	混凝土强度等级	地下	垫层	C15
			防水保护层	C20
			底板、外墙消防水池、车库地下二层顶板	C40/P10
			内墙、车库柱、车库地下三层顶板、楼座地下二三层顶板(梁)、地下二三层楼梯	C40
			楼座地下一层顶板(梁)、地下一层楼梯	C30
		地上	墙、柱、顶板、梁、楼梯	C30
6	抗震等级	工程抗震设防烈度	8 度	
		框架抗震等级	三级	
		剪力墙抗震等级	3 号、5 号、6 号楼为一级，4 号、7 号楼为二级	
7	钢筋类别	一级钢	ϕ6、ϕ8、ϕ10	
		二级钢	Φ12、Φ14、Φ16、Φ18、Φ20、Φ22、Φ25	
8	钢筋接头	钢筋直径＜18mm 绑扎搭接，≥18mm 滚轧直螺纹连接		
9	结构断面尺寸	基础底板厚度	车库 900mm、7 号楼 1200mm、其他 1500mm	
		外墙厚度	地下室 400mm、350mm、300mm 地上 300mm 、250mm 、200mm	
		内墙厚度	地下室 350mm 、300mm、200mm 地上 250mm、200mm	
		柱断面尺寸	800mm×800mm	
		楼板厚度	地下室 600mm、550mm、500mm、350mm 200mm、180mm、170mm、150mm	
10	楼梯、坡道结构形式	楼梯结构形式	全现浇剪刀式单跑楼梯	
		坡道结构形式	全现浇钢筋混凝土有梁板坡道	
11	预防碱集料反应管理类别	Ⅱ类工程，使用 B 种低碱活性集料配置混凝土，碱含量≤$3kg/m^3$		
12	人防设置等级	3 号、4 号楼为五级人防，车库地下三层战时为六级人防物资库		
13	建筑沉降观测	沉降量≤50mm		

1.3　专业设计简介（表 1-3）

专业设计简介　　**表 1-3**

序号	项目		设 计 要 求	系 统 做 法	管线类别
1	给水排水系统	冷水	三层以下用市政自来水，四至十五层为中区，十六层以上为高区供水，由地下二层变频供水设备供给。主管管道井明装	立管走管井，水平管明装，热熔连接	PP-R 管
		排水	首层单独排放，二至九层设立管走管井	排水立管，横干管为柔性连接，排水横支管为水泥接口	排水铸铁管
		雨水	室外明装，排至室外	立管走外墙	UPVC 管
		热水	集中供水，一至十五层为低区，十六层以上为高区	立管走管井，水平管明装，热熔连接	PP-R 管
		纯净水	小区纯净水站集中供水	立管走管井，水平管明装，热熔连接	PP-R 管

续表

序号	项目		设计要求	系统做法	管线类别
2	消防	消火栓	十三层以下为低区，十四层以上为高区地下二层泵房供给。地下车库设消火栓及自动喷洒系统，均由地下二层泵房供水	立管走管井或楼梯间，焊接连接	焊接钢管
		自动喷洒	地下车库设消火栓及自动喷洒系统，采用预做用灭火系统接至5号楼地下三层预作用报警阀出水管道	丝扣连接	镀锌钢管
		排烟	机械排烟	分区分系统	镀锌钢板风管
		报警	烟感、温感	分区系统	镀锌钢管
		监控	监控探头	分区系统	镀锌钢管
3	暖通空调	空调	每户空调自成系统，各设一台小型户式中央空调，末端为风机盘管	空调水为双管制，管道为丝扣连接	镀锌钢管
		通风	地下车库正压送风，排风，楼梯间正压送风	分区，分系统	镀锌钢板风管
4	电力系统	照明	本工程照明分普通和事故照明两大类	住户进线由层间电气竖井引来，每户设户箱，电源由地下一层配电间引来，各户预留灯位暗装插座	镀锌钢管
		动力	分区供电设配电室	采用 YFD-NH-YJV 电缆穿钢管明敷于竖井或线槽内	线槽镀锌钢管
		弱电	电视、电话、综合布线楼宇自控及三表远传	由专业厂家负责施工；电视采用有线电视，电话网络采用五类线进户	PVC管
		避雷	二类防雷接地	设人工接体，避雷网采用ϕ10圆钢，接地体采用[40×4的镀锌扁钢	镀锌圆钢扁钢
5	设备安装	电梯	采用无机房电梯	由专业厂家施工	焊接钢管

1.4 工程典型平面剖面图

（1）地下室平面图（图1-1）

（2）各塔楼标准层平面图（图1-2～图1-4）

（3）典型剖面图（图1-5～图1-7）

（4）建筑外立面效果图（图1-8）

（5）现场条件

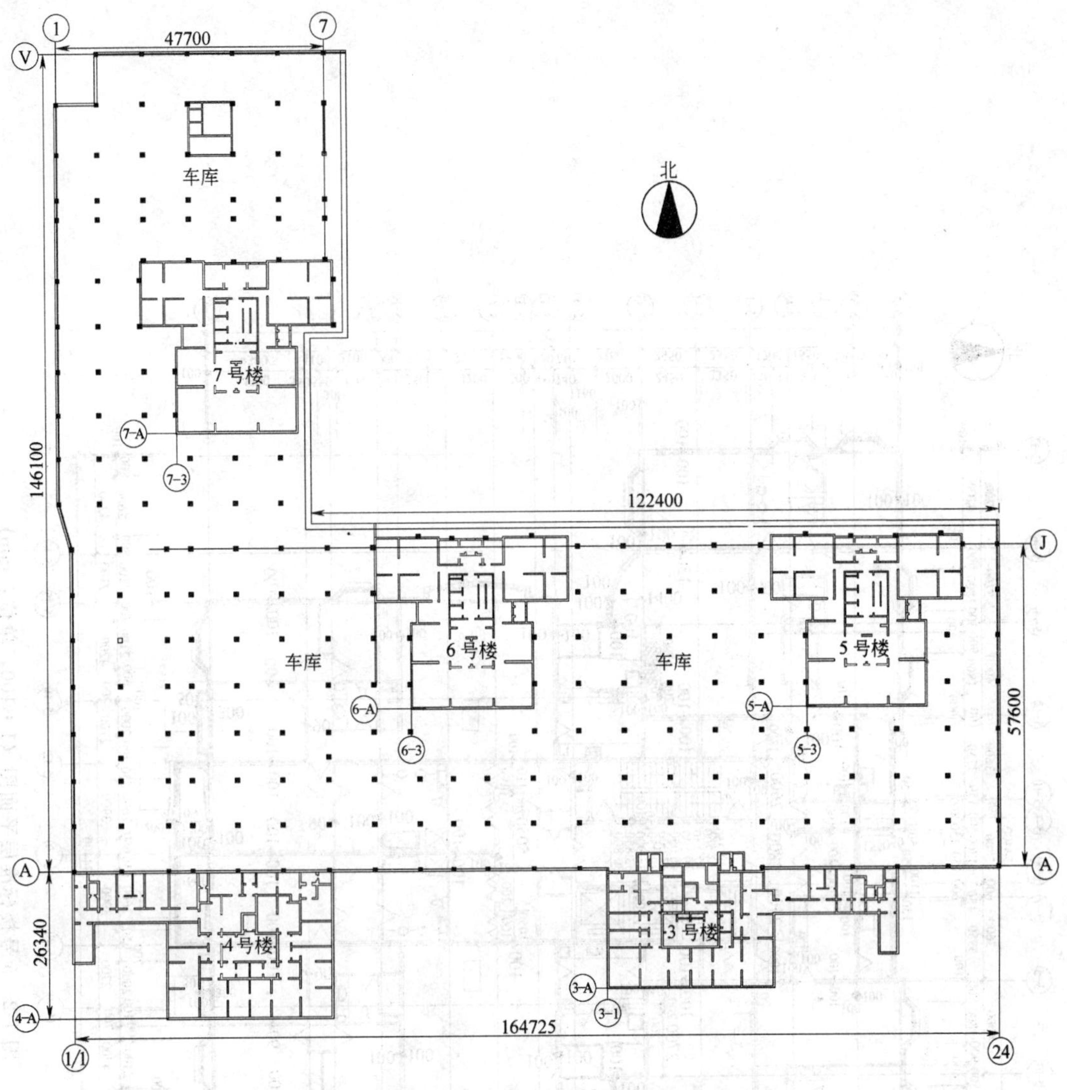

图 1-1 地下室平面图（单位：mm）

1）本工程施工场地内普遍亏土，进场后需进行场地平整。

2）水源采用甲方指定的在场地东侧的水源，水源管径 *DN*150。

3）施工用电采用 TN-S 制供电，现场内用电采用电缆埋地敷设，施工、生活用电分开敷设，施工用电设两个总电箱从东侧的两个变压器引入，总容量为 1600kV·A，业主提供的电源能满足施工要求。

4）本工程地下水位较高，根据岩土工程勘察报告，拟建场地地下水历史最高水位标高 1959 年为 37.20m 左右，近 3～5 年地下水最高水位标高为 28.00m 左右（不包括上层滞水）。因此，土方开挖前需降水。

5）本工程地处位置为朝阳区建国门外永安东里，紧邻城市交通干线，交通流量大且交通限制多，给材料的运输造成了一定的困难。

6）本工程占地面积约 33792.2m^2，共七个单位工程，总建筑面积约 148364.22m^2。

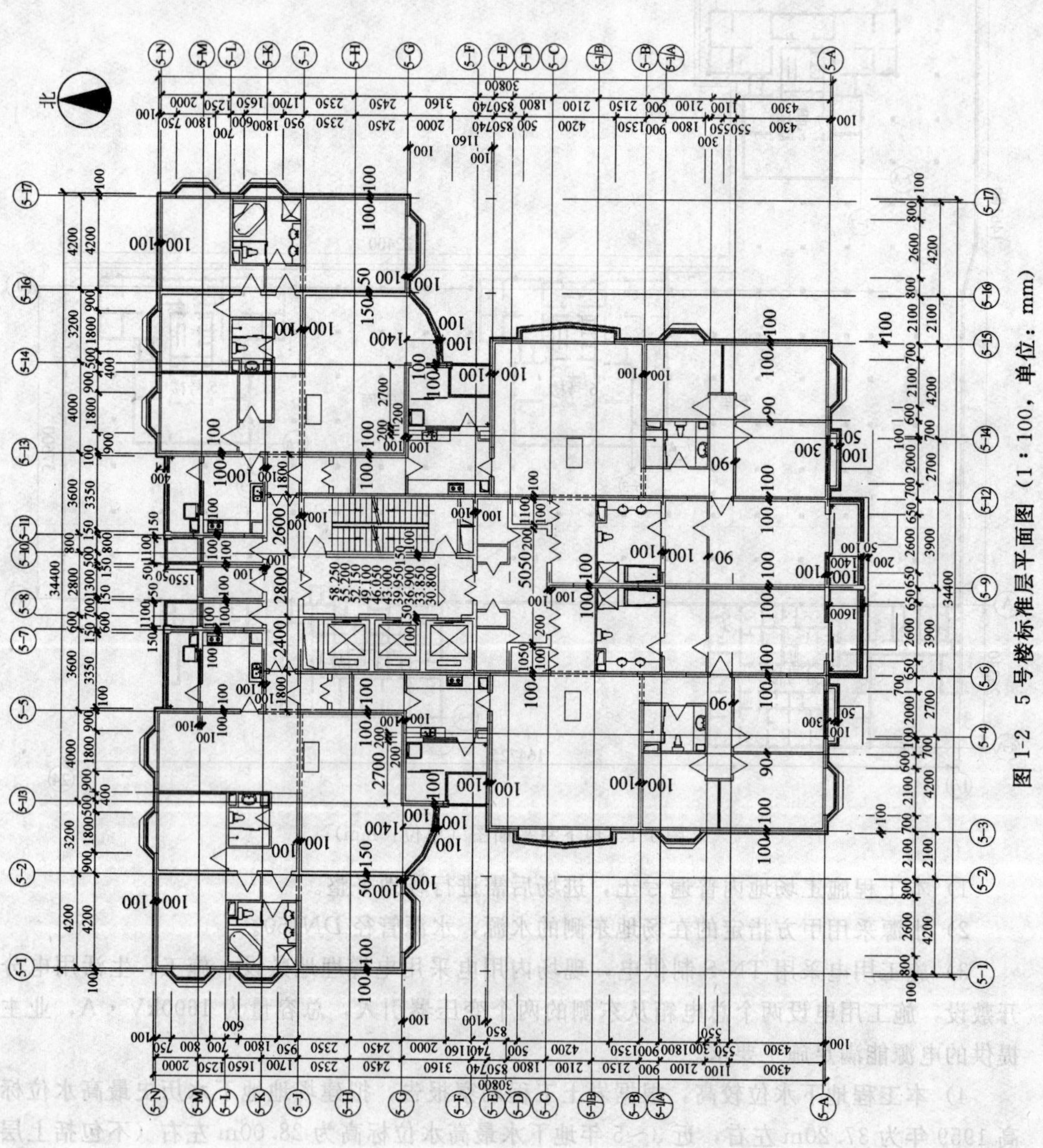

图 1-2 5号楼标准层平面图（1：100，单位：mm）

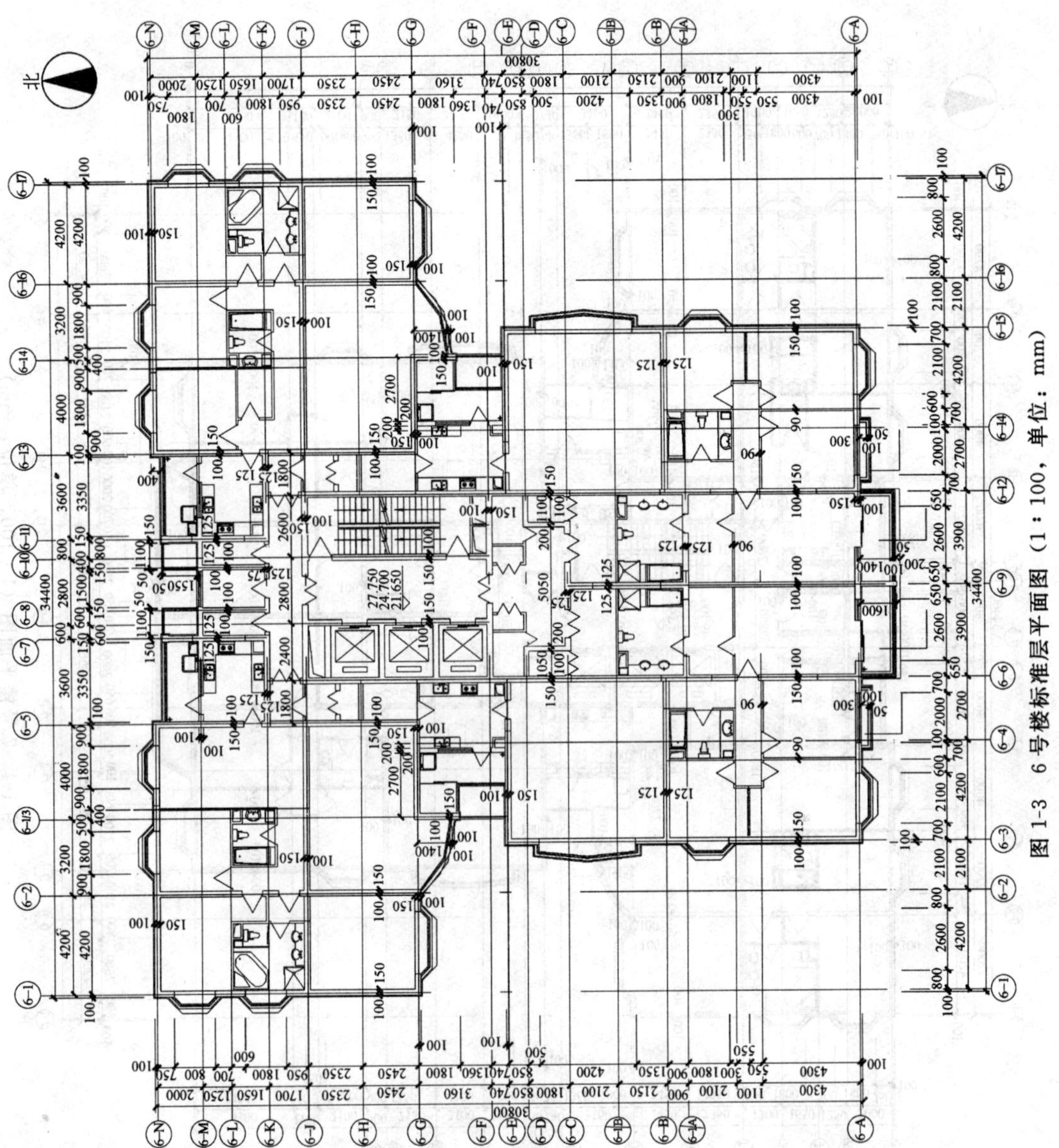

图 1-3　6 号楼标准层平面图（1：100，单位：mm）

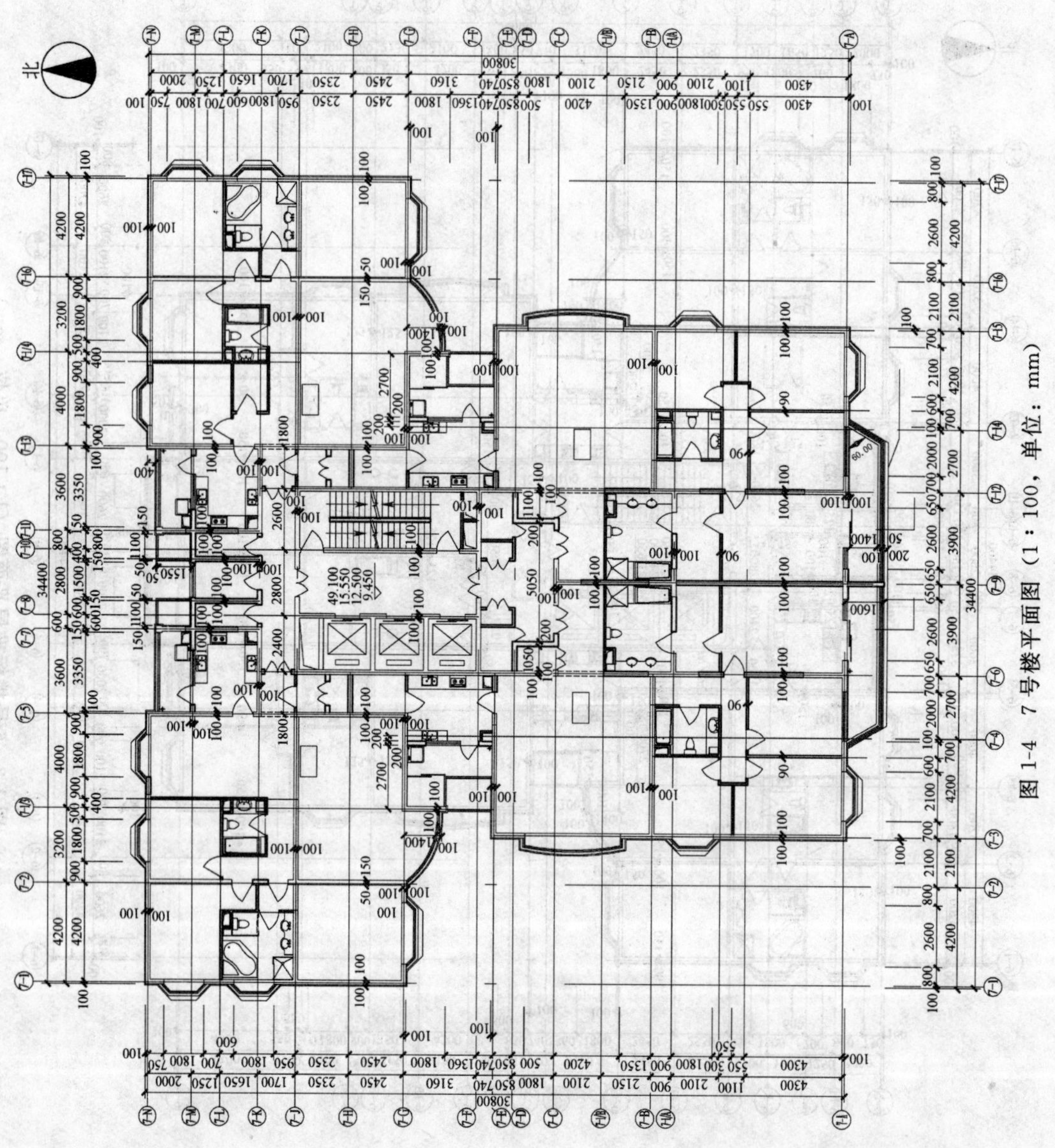

图 1-4　7号楼平面图（1：100，单位：mm）

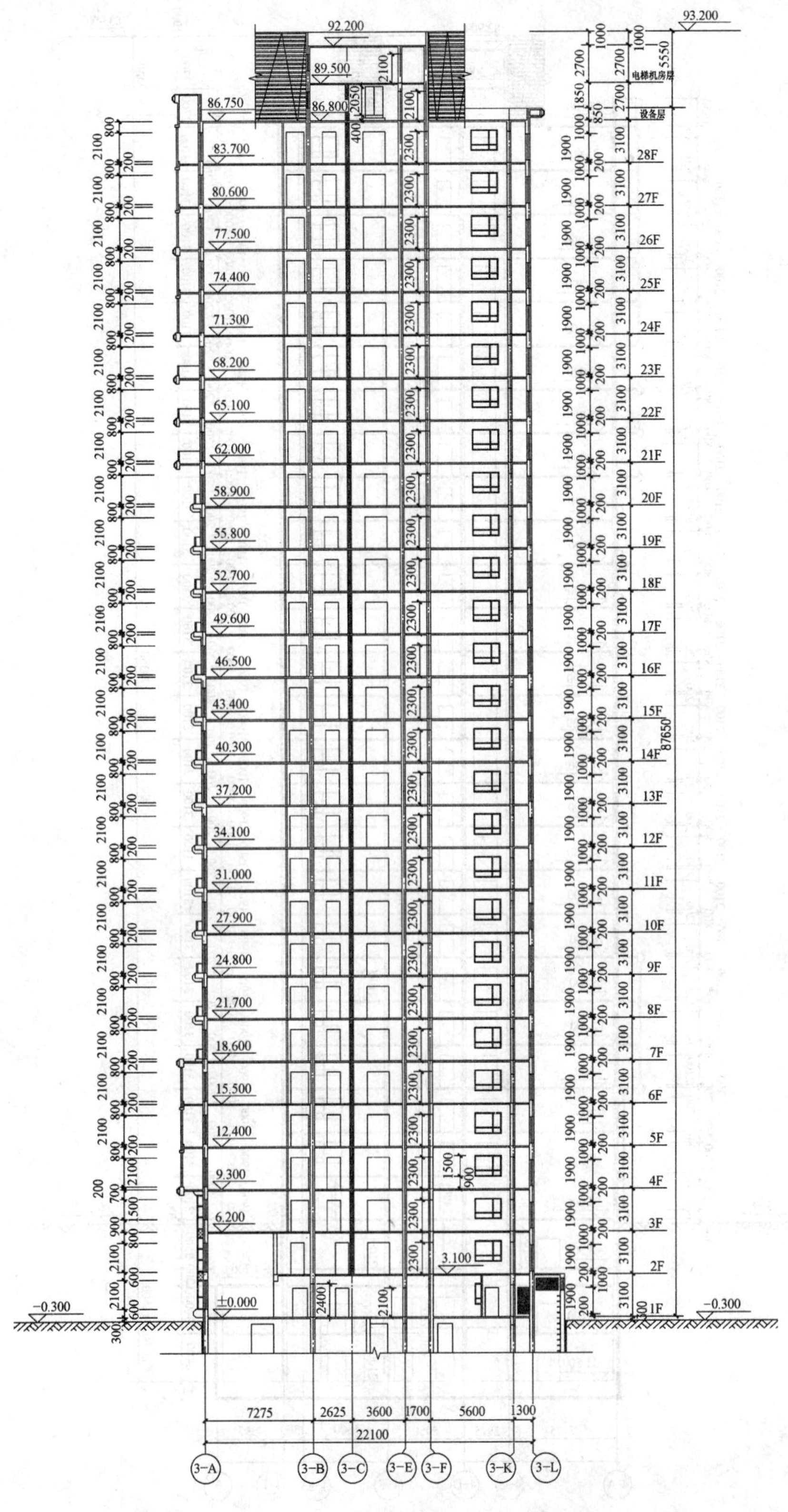

图 1-5 Ⅰ—Ⅰ剖面图（1∶200，单位：mm）

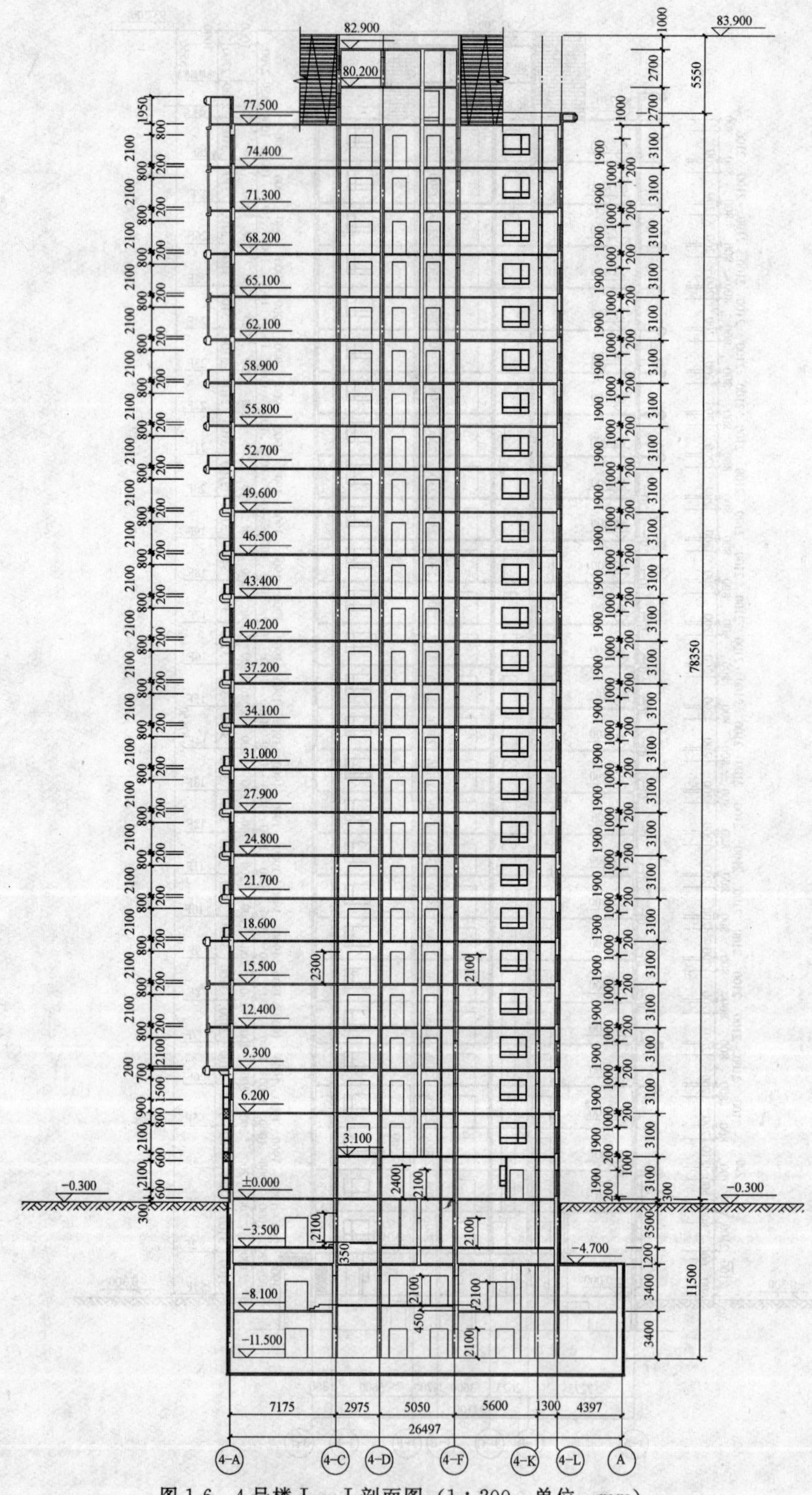

图 1-6 4 号楼Ⅰ—Ⅰ剖面图（1：200，单位：mm）

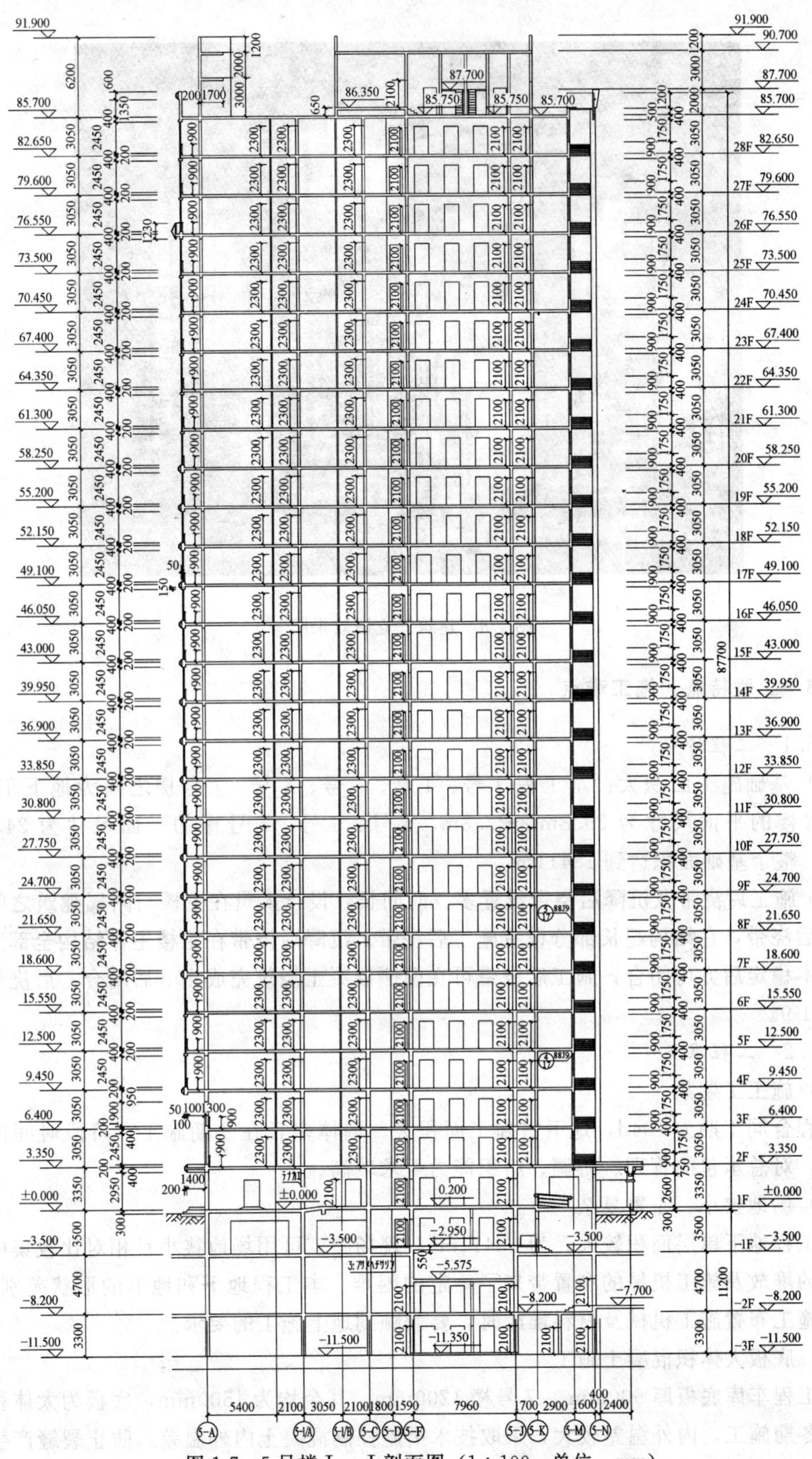

图 1-7　5 号楼Ⅰ—Ⅰ剖面图（1∶100，单位：mm）

图 1-8 建筑外立图效果图

1.5 工程特点、施工难点

1.5.1 工程特点

(1) 基础施工面积大：本工程 3 号、4 号、5 号、6 号、7 号楼之间为地下车库，3 号、4 号楼的平面尺寸为 29.8m×22.3m，5 号、6 号、7 号楼的平面尺寸为 34.4m×30.8m，整个基础面积达到 18411m^2。

(2) 施工后浇带及沉降后浇带设置多、时间长：设计人员在主楼与附属建筑之间设置了沉降后浇带，在结构超长部分设有施工后浇带。沉降后浇带在主楼主体结构全部完成且沉降基本稳定后方可闭合，施工后浇带可在两侧混凝土浇筑完成 40d 后闭合。后浇带的位置见图 1-9。

1.5.2 工程难点

(1) 施工工期紧

工程合同工期为 704d，地下室施工面积大、墙体多且在冬期施工，阶段时间内资源投入大，对总承包的管理、协调、组织能力要求较高。

(2) 场地狭小、布置复杂

本工程地下单层面积较大，为 18411m^2，现场施工可用场地狭小且相对比较集中，这给材料的堆放及施工机械的布置带来了一定的困难。本工程地下和地上的形状差别较大，在地下施工布置施工机械及材料堆放时，要兼顾到地上施工的要求。

(3) 底板大体积混凝土施工

本工程车库底板厚 900mm 、7 号楼 1200mm、其余均为 1500mm，底板为大体积混凝土且在冬期施工，内外温差较大，采取技术措施控制混凝土内外温差，防止裂缝产生是本工程中的重点和难点。

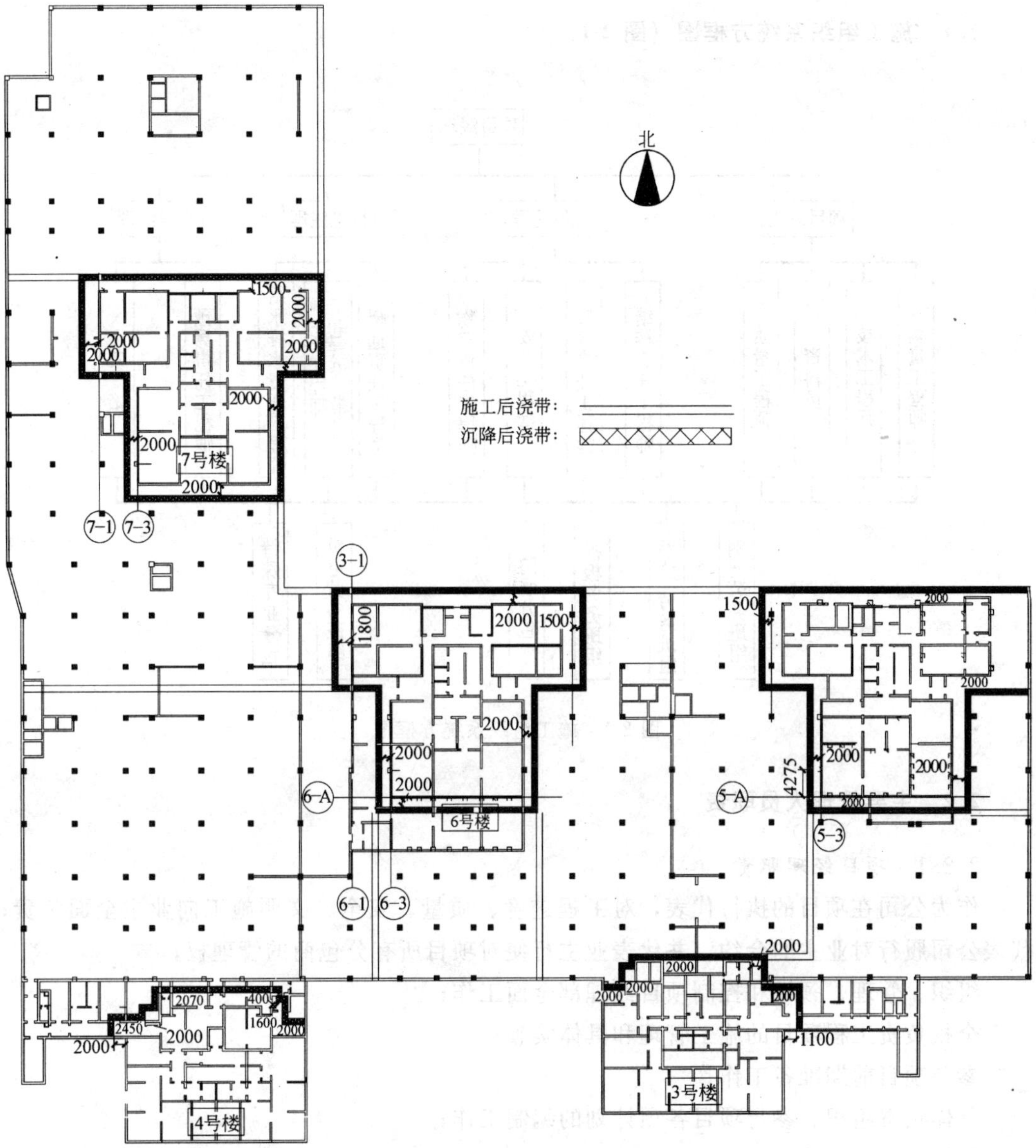

图 1-9 后浇带位置示意图

1.5.3 工程重点

(1) 防水：地下室防水采用一级防水 SBSⅡ＋Ⅱ型两道防水卷材，厨房、卫生间防水采用聚氨酯涂膜防水，屋面采用二级防水 LYX-603 氯化聚乙烯橡胶卷材两道防水卷材。

(2) 外装修：由全部石材幕及部分铝幕组成，不同材料及颜色的分界线较多。

2 施工部署

2.1 施工组织系统方框图（图 2-1）

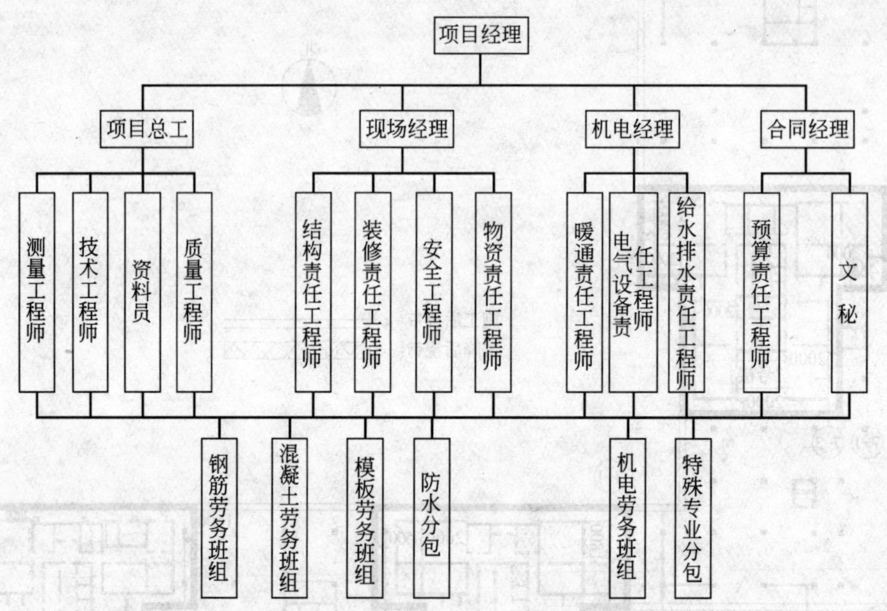

图 2-1 施工组织系统方框图

2.2 主要管理人员职责

2.2.1 项目经理职责

作为公司在项目的执行代表，对工程进度、质量、安全、文明施工向业主全面负责；代表公司履行对业主的合约，并代表业主行使对项目所有分包商的管理权；

组织、管理、领导和控制项目经理部全面工作；

全权负责工程项目的施工管理和具体实施；

参与项目前期准备工作；

具体负责组织、参与项目各项计划的编制工作；

组织现场生产管理组织工作；

项目日常经营工作和二次活动及制造成本控制；

具体负责进行项目竣工验收和配合开展项目创优活动。

2.2.2 机电经理职责

协助项目经理参与项目经理部部分管理工作；

参与项目部分计划的编制工作；

全面负责机电工作的生产组织和现场管理工作；

按照既定计划组织机电责任工程师编制机电物资或设备采购计划、协助项目合约商务经理做好机电经营工作；

参与项目竣工验收和配合开展项目创优活动。

2.2.3 合同经理职责

代表公司合约估算部进行项目经理部合约商务工作的管理、控制和具体执行；

参加对业主招标文件及合同的评审工作；

协助项目经理，具体负责项目成本控制工作；

参与项目经理部质量计划、工作计划的编制工作；

根据项目质量策划以及质量计划，按照公司标准文本，在区域组织下，代表合约估算部参与具体分包工程招标文件、标准分包合同的准备以及具体招标工作的参与、分包合同的谈判；

具体组织实施所有合同商务条款，诸如信用证、保函等的准备，有关款项的支付等；

收集整理项目经理部经营信息，编制项目经理部商务报告。

2.2.4 现场经理职责

协助项目经理或项目副经理参与项目经理部部分管理工作；

参与项目前期准备工作；

具体负责参与项目部分计划的编制工作；

具体负责现场平面的各项协调和管理工作。

2.2.5 项目总工职责

代表项目经理部就有关具体技术工作与技术中心进行协调沟通；

代表项目经理部负责技术中心编制技术方案交底的具体接受工作；

在项目经理的领导下，具体负责项目经理部技术方面的工作；

具体负责项目施工计划及统计工作。

2.3 任务划分

2.3.1 各单位责任范围（表 2-1）

各单位责任范围 **表 2-1**

序号	负责单位	任务划分范围
1	总包合同范围	全部地下土建工程、3号、4号、5号、6号、7号楼地上结构装修、全部水暖通工程、电气工程及电梯工程以及土方、降水、护坡、桩基工程
2	总包对分包管理范围	全部地下土建工程、3号、4号、5号、6号、7号地上结构装修、全部水暖通工程、电气工程及电梯工程以及土方、降水、护坡、桩基工程

2.3.2 工程物资设备采购划分（表 2-2）

工程物资设备采购划分 **表 2-2**

序号	负责单位	工程物资
1	总包采购范围	除辅材由各分承包采购外其余均由总包负责采购
2	分承包采购范围	辅材

2.3.3 总包单位与分包单位的关系（表 2-3）

总包单位与分包单位的关系 表 2-3

序号	主要分承包单位	主要承包内容	与总包的关系	总包的要求
1	北京机械施工有限公司	土方及基坑护坡	分包	工期、质量满足总包的要求
2	北京基础工程公司	CFG 桩及降水	分包	工期、质量满足总包的要求
3	南通等建筑工程公司	结构和室内粗装	分包	工期、质量满足总包的要求
4	北京幕墙装饰工程有限公司	外装	分包	工期、质量满足总包的要求
5	北京环境工程有限公司	机电安装	分包	工期、质量满足总包的要求
6	河南防腐防水工程有限公司	防水工程	分包	工期、质量满足总包的要求

2.3.4 工程使用大型设备情况（表 2-4）

工程使用大型设备情况 表 2-4

序号	大型设备	数量	供应方	供应时间
1	电梯	15 部	总包方	由电梯安装时间决定

2.4 施工部署及总体施工顺序

本工程工程量大、结构质量、装修标准高，总工期却只有 704d，工期非常紧张。为了保证基础、主体、装修均尽可能有充裕的时间施工，保质如期完成施工任务，应考虑到各方面的影响因素，充分酝酿各工序、人力、资源、时间、空间的总体布局。

2.4.1 总体部署

本工程为 7 栋单位工程，结构施工时组织三支劳务队伍划分三个施工区域同时施工。

屋面工程在结构封顶并清理后开始。塔吊在屋面的设备、大宗材料吊装完后拆除。

本工程工期较紧，结构采用分阶段验收，室内装修及机电安装随结构验收及时插入，并以室内装修为施工主线、机电穿插配合，为方便人员的上下及装修材料的运输，各栋楼在粗装时安设一台双笼室外施工电梯。室外幕墙待各栋楼施工至十五层后开始，施工时应做好立体交叉防护。

为保证工程质量、保证工期，应合理安排冬雨期的施工任务；当不能避免时，应采取技术措施保证工程质量。

室外工程在精装已接近尾声时，开始插入施工。

2.4.2 时间上的部署原则——季节施工

回填土在雨期施工前基本完成，保证边坡的稳定。

主体结构在 9 月底封顶；楼内二次结构及公共部分粗装修提前插入，保证室内粗装在冬期施工前完成；外立面的石材幕、铝幕在冬期施工前完成，保证密封胶体的施工质量。

2.4.3 平面上的部署原则——小流水施工

地下室结构施工划分为 3 个区，每区中的流水段按照设计图纸中的施工及沉降后浇带划分，塔楼部分根据施工面积及流水均衡的原则划分为2～3个流水段；地上塔楼按楼号独立流水，每栋楼根据施工面积及流水均衡的原则又划分为3～4个流水段，保证材料、人力合理利用的同时，工期满足业主要求。

2.4.4 空间上的部署原则——立体交叉

为了贯彻空间占满、时间连续、均衡协调有节奏、力所能及留有余地的原则，保证工程按照总控计划完成，需要采用主体和二次维护结构、主体和安装、主体和装修、安装和装修的立体交叉施工。为了使上部结构正在施工而下部的二次维护结构、安装、装修插入施工，需要与质量监督站协商分阶段验收：地下结构（含车库及楼座）验收一次；地上各楼座随工程施工进度每5层验收一次。

2.4.5 总施工顺序的部署原则（图2-2）

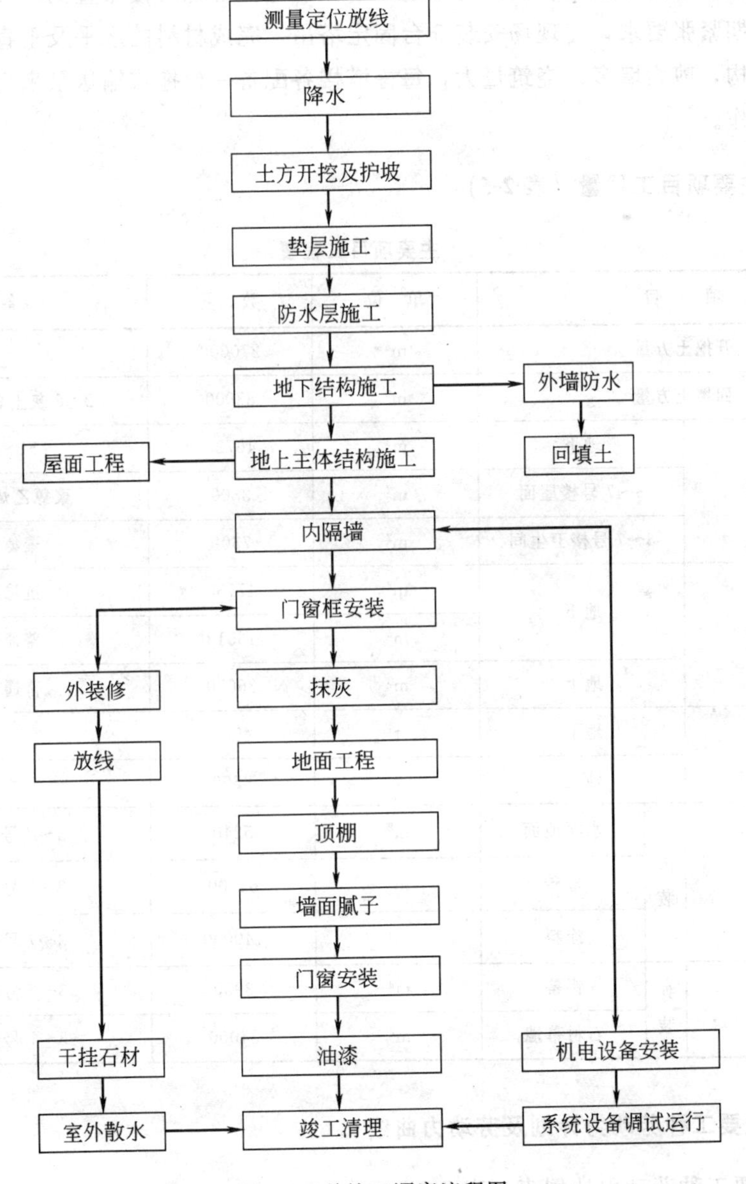

图2-2 总施工顺序流程图

按照先地下，后地上；先结构，后围护；先主体，后装修；以土建为主，专业配合的总施工顺序的原则进行部署。针对本工程，其总体施工顺序见流程图。

2.4.6 资源的部署原则——材料、机械投入

地下室墙体及柱模板采用木模板（15mm厚双面覆模多层板），地上墙体模板采用大钢模板（由模板专业公司设计、加工），在地下室施工时将大钢模板尽可能地用于地下以确保施工质量，满足小区“结构长城杯”的要求；模板的配备量应满足地上、地下流水施工的要求。

劳动力的配备：地下、地上结构施工时选择3家有实力的经验丰富的土建施工队伍来施工，劳动力根据工程量及工期要求进行合理配备。

本工程地下结构单层建筑面积为18400m²，且地上各栋塔楼布置比较分散，根据本工程特点及工期紧张要求，在现场安装5台固定塔吊，完成材料的水平及垂直运输；本工程为剪力墙结构，剪力墙多、浇筑量大，每栋塔楼各配备一台拖式输送泵来完成混凝土的运输及浇筑工作。

2.5 主要项目工程量（表2-5）

主要项目工程量

表2-5

项目			单位	数量	备注
开挖土方量			m^3	270000	—
回填土方量			m^3	88000	2∶8灰土量为11330m^3
防水工程	地下		m^2	46730	SBSⅡ+Ⅱ
	3～7号楼屋面		m^2	3800	聚氯乙烯防水卷材
	3～7号楼卫生间		m^2	7300	聚氨酯涂膜
混凝土	地下		m^3	47130	抗渗混凝土
			m^3	13513	普通混凝土
	地上		m^3	26650	普通混凝土
钢筋	地下		t	4500	—
	地上		t	8500	—
装修工程	内装	水泥地面	m^2	5240	3～7号楼工程量
		地砖	m^2	64500	3～7号楼工程量
		涂料	m^2	140000	3～7号楼工程量
装修工程	外装	铝幕	m^2	3950	3～7号楼工程量
		石材幕墙	m^2	34000	3～7号楼工程量

2.6 主要工种劳动力计划及劳动力曲线

（1）主要工种劳动力计划表（表2-6）

主要劳动力计划表　　　　表 2-6

工种	10月	11月	12月	1月	2月	3月	4月	5月	6月	7月	8月	9月	10月	11月	12月
钢筋工	20	200	350	350	350	300	150	150	150	150	150	100	50		
木工	20	80	450	600	600	600	250	250	250	250	250	200	50	50	
混凝土工		50	100	150	150	150	150	150	150	150	120	90	50		
架子工			20	40	40	40	40	60	60	60	60	60	30	20	20
瓦工	20	30	20					30	60	60	60	60	50		
抹灰工		50	150	150	150	150	60	60	80	200	200	240	300	300	200
防水工		50	30	30	50	30	30						50		
油漆工											30		50	50	
起重工		12	12	18	18	18	18	18	18	18	18	18			
试验工	2	6	6	6	6	6	6	6	6	6	6	6	3	3	3
焊工		3	2	6	6	6	6	6	6	6	12	6	15	15	10
力工	40	40	60	60	60	100	60	50	50	50	50	50	50	60	60
管工		20	20	40	40	40	40	30	30	30	30	30	50	50	50
电工	3	5	20	20	20	20	20	20	20	2	20	20	40	40	40
通风工			10	10	10	10	10	10	10	10	10	10	20	20	20
合计	105	546	1250	1480	1500	1470	840	840	890	992	1016	890	808	608	403

注：以上未包含精装修及外墙专业施工人员。

（2）各月份劳动力人数柱图（图 2-3）

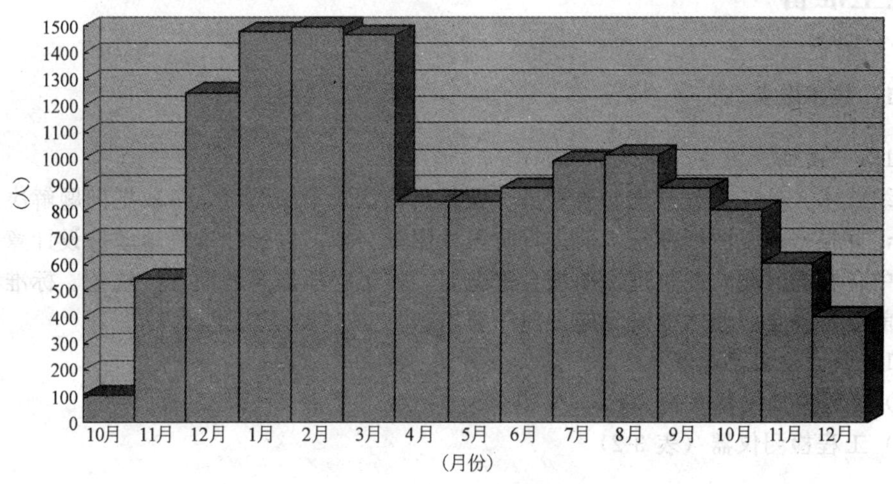

图 2-3　各月份劳动力人数柱图

2.7　综合进度计划

2.7.1　施工进度计划编制原则

1）施工进度计划的编制必须符合本工程施工合同的要求；

2）施工进度计划的编制必须考虑充分、均衡地利用各种资源；

3）采用小流水作业，保证施工管理程序化、标准化，并有利于提高工人的工作效率；

4）分阶段验收后，在不影响主体结构施工的前提下，二次结构及装修提前插入。

2.7.2 工期总目标

本工程开工日期为2002年9月20日，竣工日期2004年8月23日，总工期为704d（表2-7）。

3号、4号、5号、6号、7号楼及地下结构施工阶段目标控制计划 **表2-7**

分部工程名称	开工时间	竣工时间	所用天数(d)
地下结构	2002年9月20日	2003年4月19日	212
3号地上结构	2003年3月16日	2003年9月27日	196
4号地上结构	2003年3月16日	2003年9月6日	175
5号地上结构	2003年3月6日	2003年9月17日	196
6号地上结构	2003年3月11日	2003年9月22日	196
7号地上结构	2003年2月20日	2003年7月9日	140
室内装修	2003年6月20日	2003年11月26日	160
室外装修	2003年7月8日	2003年12月20日	166

2.7.3 总体施工进度计划

略。

3 施工准备

3.1 技术准备

3.1.1 图纸、图集、规范、规程

组织技术人员、工程监理、质量员、预算员等认真审阅图纸，争取把问题解决在施工开始前，并根据施工图纸在施工前进行阶段性图纸会审，以便能准确地掌握设计意图，解决图纸中存在的问题，并整理出图纸会审纪要。本工程所需要的图集、规范、标准、法规在施工前准备齐全，使之能满足施工使用要求。

3.1.2 主要器具配置

(1) 工程测量仪器（表3-1）

(2) 工程检测仪器（表3-2）

工程测量仪器 **表3-1**

序号	设备名称	精度指标	数量	用途	检测状态
1	Topcon-601	2mm+2ppm	1台	前期工程控制定位	已检测
2	TDJ2E电子经纬仪	2″	1台	施工放样	已检测
3	S_3水准仪	2mm	1台	标高控制	已检测
4	50m钢尺	1mm	1把	施工放样	已检测
5	对讲机	—	8部	通讯联络	已检测
6	激光经纬仪	1/20000	1台	内控点竖向传递	已检测

工程检测仪器 **表 3-2**

序　号	名　称	数　量	检　测　状　态
1	靠尺	5	已检测
2	30m 尺	5	已检测
3	7.5m 钢卷尺	25	已检测
4	塞尺	5	已检测
5	线锤	100	—
6	角尺	50	已检测
7	小锤子	50	—
8	八格网	10	—

(3) 工程试验仪器（表 3-3）

(4) 办公设备（表 3-4）

工程试验仪器 **表 3-3**

序　号	名　称	数　量
1	天平	1 台
2	振动平台	1 个
3	SWMSZ 型温湿度自动控制器	1 套
4	坍落度桶	3 个
5	压力机	1 个
6	混凝土模具 100mm×100mm	50 组
7	抗渗模具	10 组
8	环刀	1 套
9	砂浆模具	5 组
10	坍落度标尺	3 把

办公设备 **表 3-4**

序　号	名　称	数　量
1	办公桌	40 套
2	微机	15 台
3	复印机	1 台
4	传真机	2 台
5	打印机	6 台
6	数码相机	1 部

3.1.3 技术工作计划

施工方案编制计划：由技术部门负责认真编写出各分项施工方案，并上报监理等有关部门审批，合格后方可遵照执行，并对工长、质量、材料、安全等进行书面交底（表 3-5）。

施工方案编制计划 表 3-5

序号	方案名称	编制完成时间
1	基坑降水施工方案	2002.9
2	基坑护坡施工方案	2002.9
3	CFG 桩地基处理施工方案	2002.9
4	土方施工方案	2002.9
5	塔吊施工方案	2002.9
6	CI 工作计划	2002.10
7	临水、临电施工方案	2002.9
8	测量施工方案	2002.9
9	地下室防水施工方案	2002.10
10	冬期施工方案	2002.10
11	试验施工方案	2002.10
12	钢筋施工方案	2002.10
13	模板施工方案	2002.10
14	混凝土施工方案	2002.10
15	沉降观测方案	2002.10
16	屋面防水施工方案	2003.7
17	外架施工方案	2003.3
18	土方回填施工方案	2003.1
19	雨期施工方案	2003.5
20	外用电梯施工方案	2003.5
21	外墙装修施工方案	2003.5
22	成品保护施工方案	2002.10
23	项目创优计划	2002.10
24	机电施工方案	2002.10

3.1.4 新技术、新材料推广计划（表 3-6）

新技术、新材料推广计划 表 3-6

序号	推广应用内容		使用部位	数量	应用时间	总结时间
1	高强高性能混凝土技术	预拌混凝土	全部结构	87293m^3	2002.11～2003.9	2003.9
		泵送混凝土	全部结构	87293m^3		
		超细活性掺合料-粉煤灰	全部结构	—		
2	补偿收缩混凝土 WRA		底板、地下室外墙	3t	2002.11～2003.1	—
3	粗直径钢筋连接技术	滚轧直螺纹	底板、暗柱、柱梁	80500 个	2002.11～2003.9	2003.9
4	新型模板应用技术	定型大模板	地上墙体	4085m^2	2003.2～9	2003.9

续表

序号	推广应用内容		使用部位	数量	应用时间	总结时间
5	脚手架应用技术	碗扣式脚手架	板、梁支撑	1200t	2002.12～2003.9	2003.9
6	建筑节能和新型墙体应用技术	外墙外保温	地上结构	32600m^2	2003.8～2003.10	2003.10
		节能保温门窗	全部	—		
7	新型防水材料和塑料管应用技术	SBSⅡ＋Ⅱ	地下结构	74822m^2	2002.11～2003.3	2003.12
		聚氨酯	卫生间、浴室	7300m^2	2003.6～2003.12	
		UPVC管	雨水管	2210m		
8	企业计算机应用和管理技术		—	—	2002.9～2004.8	2004.8

3.1.5　高程引测及建筑物定位

高程控制网的建立是根据甲方提供的场区水准基点，测设一条三等附合水准路线，测出场区所布设施工水准控制点高程，作为本工程的高程控制网。

根据业主提供的测绘院钉桩放线成果，我测量人员采用 Topcon—601 全站仪，依据总平面图及地下三层结构布置平面图，以极坐标法放样出各建筑物的四角桩，并进行角度、距离校核。

3.2　施工现场准备

3.2.1　现场准备

(1) 按照施工平面布置图做临建、临电及临水，已经完成。

(2) 根据业主指定的基准标高点，由测量公司把标高引入现场，并报监理验收。

(3) 根据建筑总平面图，由测绘院确定出建筑物的平面位置。

(4) 开工前到有关部门办理安全施工许可证、临建规划许可证，并与当地环卫、消防、街道办事处、派出所等政府部门取得联系，并建立良好的合作关系。

3.2.2　临时用水

(1) 给水系统的布置

给水系统包括：生产给水、生活给水、消防给水、采暖及卫生给水。水源来自场地东边甲方指定的 $DN150$ 市政给水管线，采用生产用水共用消防用水管网，消防管网采用 $DN100$ 镀锌钢管。

1) 生产用水与消防用水接现场给水口取水。

2) 消火栓水源使用场内一根 $DN100$ 循环给水管，沿场内临时道路边缘埋地敷设，并在建筑物周围设置室外消火栓，室外消火栓之间间距小于 100m，管道埋地最小敷设深度大于 1.2m。室外消火栓采用地下式 $DN65$ Ⅱ型消火栓。

3) 生产、生活用水布置

试验室、卫生间各设一个 $DN25$ 给水点，现场设 14 个 $DN25$ 给水点，生活区设 1 个 $DN25$ 给水点，支管直接从消防干管处接出，具体点可根据主体结构施工阶段施工平面布置图确定。

（2）排水系统的布置

卫生间外设化粪池，由环卫部门定期清除；食堂污水通过隔油池后排入市政污水管道；冲洗混凝土运输车废水经沉淀池沉淀后排入市政污水管道；现场统一设排水沟。

3.2.3　临时用电

本工程临时用电由生产用电、生活用电、消防用电三部分组成，临电接地系统采用TN-S方式，电源由甲方在现场东边提供的两个800kV·A变压器引出，在施工现场设配电间2间、值班室1间，内设总配电箱2台，现场用电共分7路供到现场，1～2路为施工用电，3～6路为塔吊专用电，7路为办公区、生活区用电。

现场所用电缆1～2路采用95mm^{2}五芯电缆，3～6路塔吊采用为95mm^{2}四芯电缆，7路采用50mm^{2}五芯电缆，电缆的绝缘电阻不得低于10MΩ，电缆埋设深度不小于0.6m，电缆上、下各敷设5～10cm细砂或软土，上端满敷砖或硬物保护。

临水、临电布置详见主体结构施工阶段施工平面布置图。

3.2.4　现场出入口及围墙

施工现场所有围墙均为原有，现场出入口利用原有南侧出入口改造后使其符合CI手册的要求。

3.2.5　现场道路

主出入口采用120mm厚的C20混凝土硬化，现场道路采用C20混凝土硬化路面，由于现场场地狭小，无法设置现场循环路。

3.2.6　临建设施

总包办公室采用钢结构集装箱式盒子房搭建，共两层，每层13间盒子房，平面尺寸为44.24m×5.16m，紧邻办公室设餐厅、操作间、锅炉房；另外，在东侧从西向东依次设置配电间、电工值班室、厕所、测量办公室、试验室及标养室，总建筑面积445m^2。工人厕所设在现场东南侧。

分包办公室采用活动板房，共计20间。

生活区设在施工场地外的东侧，施工人员宿舍为活动板房，能满足1500人的住宿，还需在生活区院内搭设食堂、职工宿舍、卫生间。

施工现场搭设的材料库、水泥库、搅拌站、木工棚、试验室均采用空心砖砌筑，钢筋加工棚、铁件加工棚采用钢管水泥板搭设。

4　主要施工方法

4.1　施工流水段划分

4.1.1　流水段划分原则

地下结构流水段根据施工区域（划分为三大区域）各自组织自己的流水施工；地上结构流水段按5栋住宅楼各自组织自己的流水施工；

每个流水段面积不宜过大；

沉降及施工后浇带作为流水段划分的分界面；

施工段数大于施工过程数；

每个流水段面积尽可能相等，便于形成均衡流水施工。

4.1.2 流水段划分布置图

(1) 基础底板：Ⅰ区划分4个流水段，Ⅱ区划分3个流水段，Ⅲ区划分3个流水段，流水段具体划分如图4-1所示。

(2) 车库外墙：每个区域均划分为2个流水段，流水段具体划分如图4-2所示。

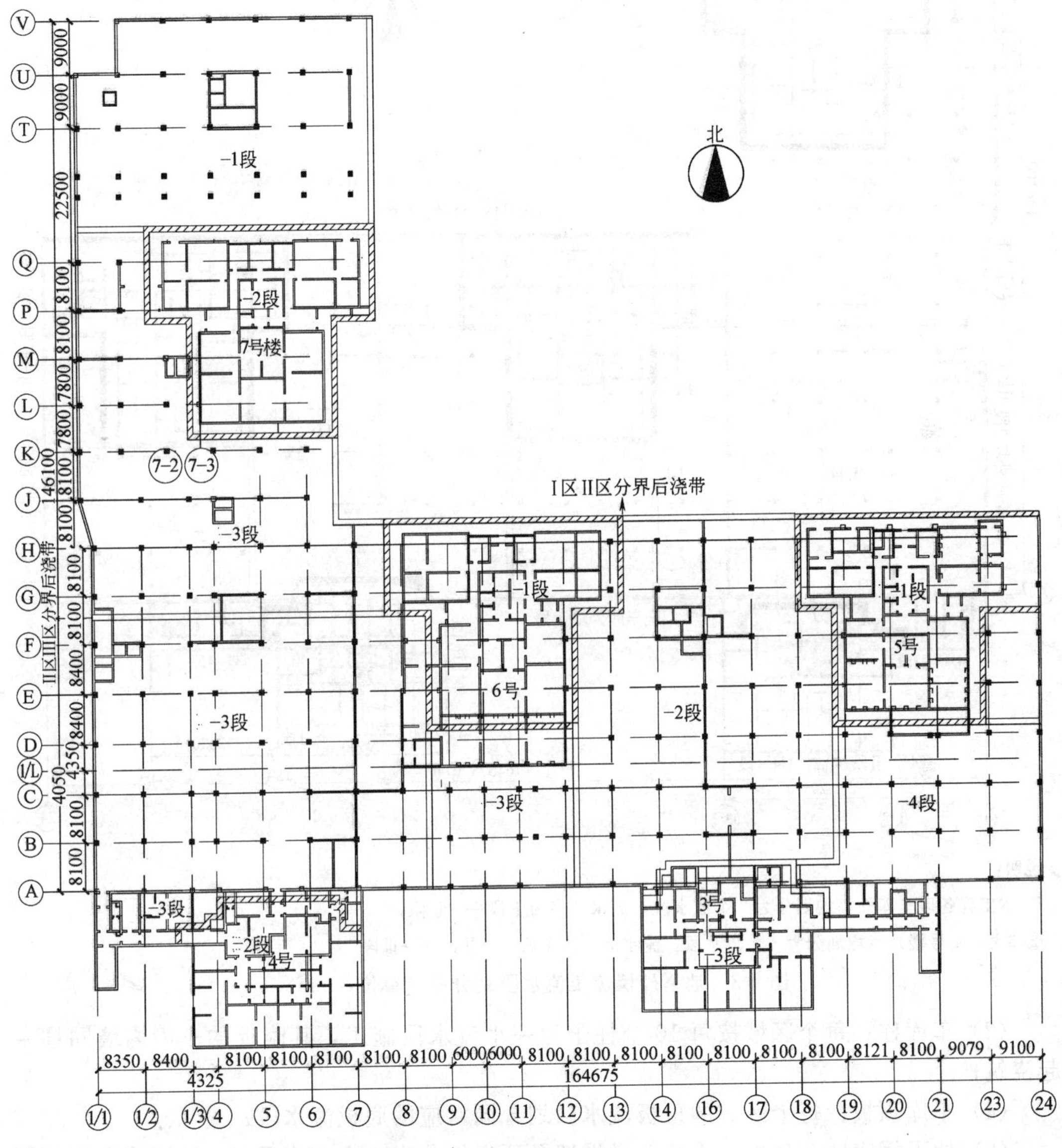

说明：

(1) 本工程地下结构施工划分为三个区域，分为Ⅰ区、Ⅱ区、Ⅲ区。

(2) Ⅰ区底板划分为4个流水段，流水顺序为1段⟶2段⟶3段⟶4段；Ⅱ区底板划分为3个流水段，流水顺序为Ⅰ段⟶Ⅱ段⟶Ⅲ段；Ⅲ区底板划分为Ⅰ段⟶Ⅱ段⟶Ⅲ段。

图4-1 基础底板流水段划分图（单位：mm）

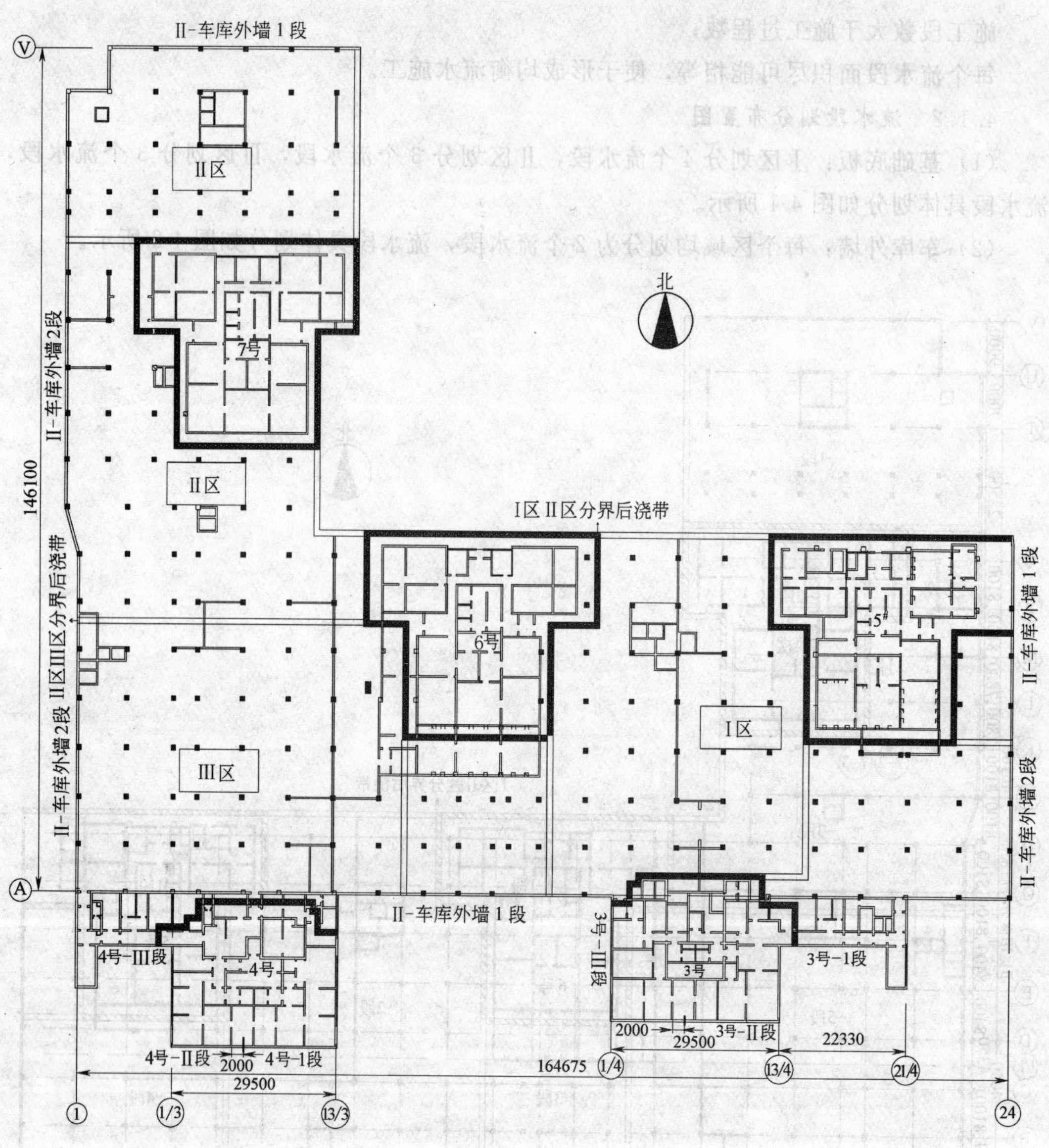

说明：

① 本工程各区车库外墙均划分为2个流水段，流水顺序为Ⅰ段⟶Ⅱ段；

② 3号、4号楼外墙均划分为3个流水段，流水顺序为Ⅰ段⟶Ⅱ段⟶Ⅲ段。

图 4-2　地下外墙施工流水段划分图（单位：mm）

(3) 车库柱：每个区域按每10个柱子为一小流水段施工，其附近的车库内墙同柱一起浇筑；

(4) 车库顶板：每个区域的顶板流水段划分同对应的底板流水段；

(5) 地下楼座墙及顶板：Ⅰ区5号楼墙及顶板划分为2个流水段，3号楼墙及顶板划分为3个流水段；Ⅱ区7号楼墙及顶板划分为2个流水段；Ⅲ区6号楼墙及顶板划分为2个流水段，4号楼墙及顶板划分为3个流水段；各区域楼座墙及顶板流水段具体划分如图4-3所示。

(6) 地上楼座墙体：3号、4号楼墙体划分为3个流水段，5号、6号、7号楼墙体划

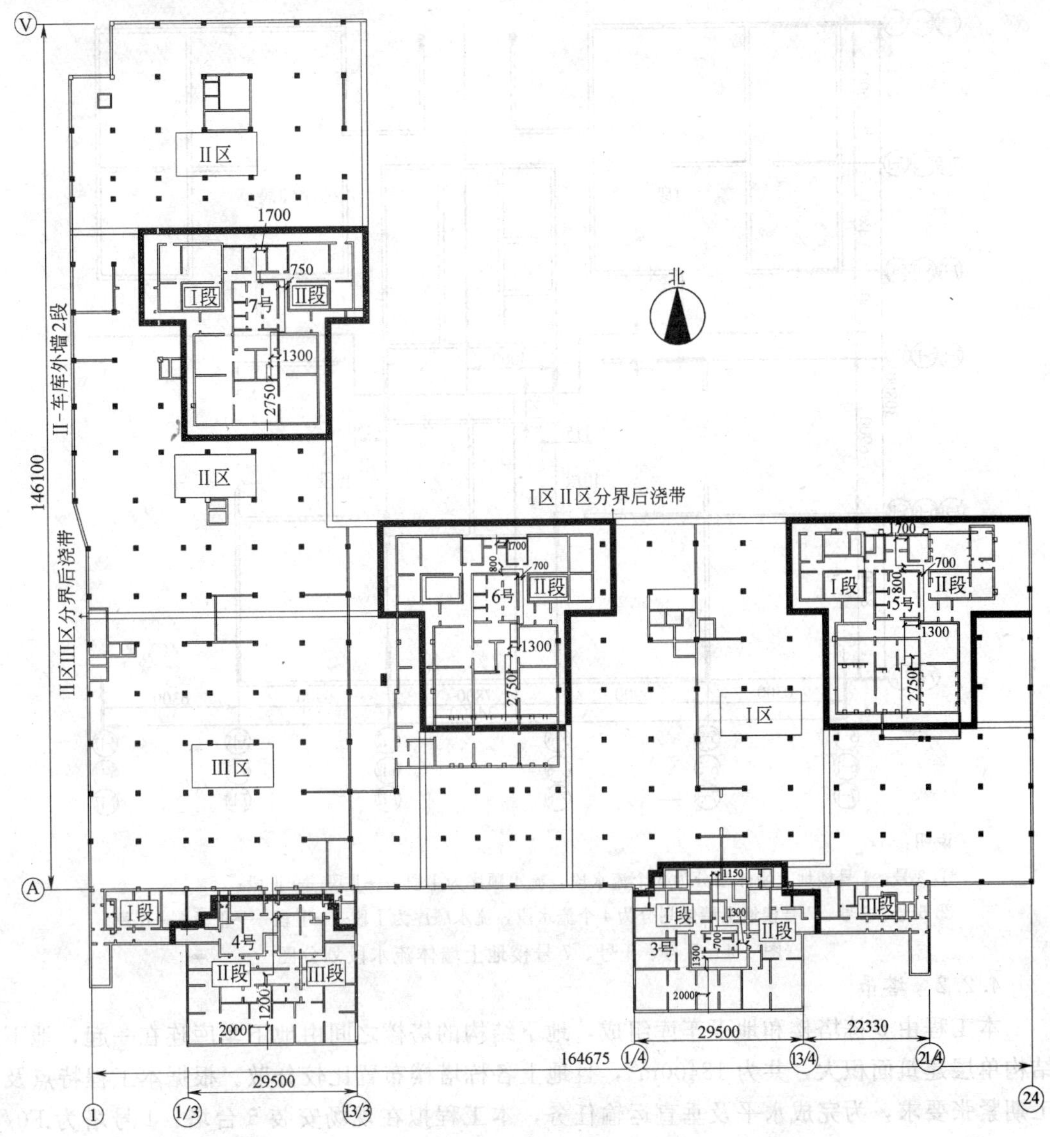

图 4-3　地下楼座墙及顶板流水段划分图（单位：mm）

分为 4 个流水段形成小流水施工，具体划分如图 4-4、图 4-5 所示。

(7) 地上楼座顶板：3 号、4 号、6 号楼顶板划分为 2 个流水段，5 号、7 号楼顶板划分为 4 个流水段其流水段具体划分如图 4-6～图 4-8 所示。

4.2 大型机械的选择

4.2.1 土方机械的选择

挖掘机需要配合土钉喷锚护壁施工，考虑土钉喷锚护壁施工的特点，挖掘机的工作效率要比纯挖土时降低。270000m^3 的土方量计划 60d 完成，平均每天挖土 4500m^3，同时卸土点较近，因此，选择 6 台日立 EX-300 型（1.6m^3）挖掘机、60 辆斯太尔可满足要求。

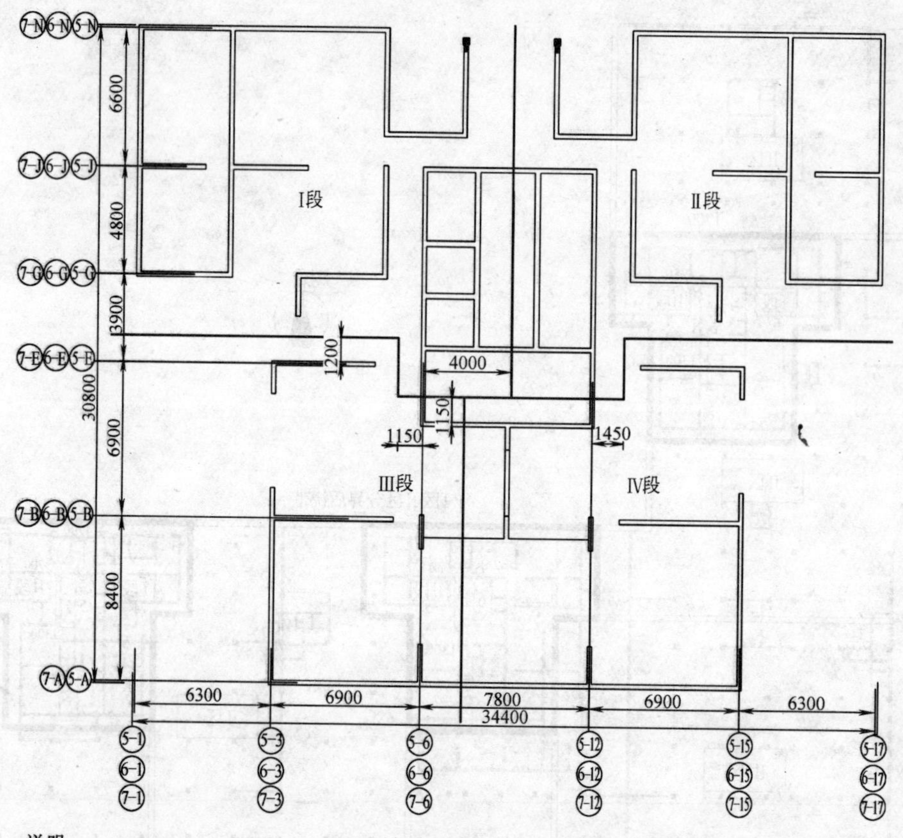

说明：

① 3 号、4 号楼地上墙体划分为 3 个流水段，流水顺序为Ⅰ段──→Ⅱ段──→Ⅲ段；

② 5 号、6 号、7 号楼地上墙体划分为 4 个流水段，流水顺序为Ⅰ段──→Ⅱ段──→Ⅲ段──→Ⅳ段。

图 4-4　5 号、6 号、7 号楼地上墙体流水段划分图

4.2.2　塔吊

本工程由 5 栋塔楼和地下车库组成，地下结构的塔楼之间由地下车库连在一起，地下结构单层建筑面积大，共为 18400m^2，且地上各栋塔楼布置比较分散。根据本工程特点及工期紧张要求，为完成水平及垂直运输任务，本工程拟在现场安装 5 台塔：1 号塔为 F0/23B（R=40m）、2 号塔为 F0/23B（R=50m）、3 号塔为 H3/36B（R=55m）、4 号塔为 F0/23B（R=50m）、5 号塔为 F0/23B（R=50m）。

塔吊的定位根据地下及地上建筑物的分布特点、现场实际情况、最大限度的满足施工需要及塔机的使用规范等方面确定，5 台塔吊的现场布置详见施工总平面图。

塔吊基础形式 1～4 号塔均为地下车库底板下固定式基础安装方式，5 号塔为轨道式行走塔。1 号塔塔臂端起重量为 3.1t，最大起重量为 10t；2 号塔塔臂端起重量为 2.3t，最大起重量为 10t；3 号塔塔臂端起重量为 4.4t，最大起重量为 12t；4 号塔塔臂端起重量为 2.3t，最大起重量为 10t；5 号塔塔臂端起重量为 2.3t，最大起重量为 10t。

4.2.3　拖式泵

根据本工程每段的混凝土浇筑量，地下选用六台型号为 HBT-80B 的拖式泵，每区设置两台；地上 5 栋塔楼各设置一台 HBT-80B 的拖式泵。HBT-80B 的拖式泵理论混凝土输送能力为每小时 80m^3/台，能满足施工要求。

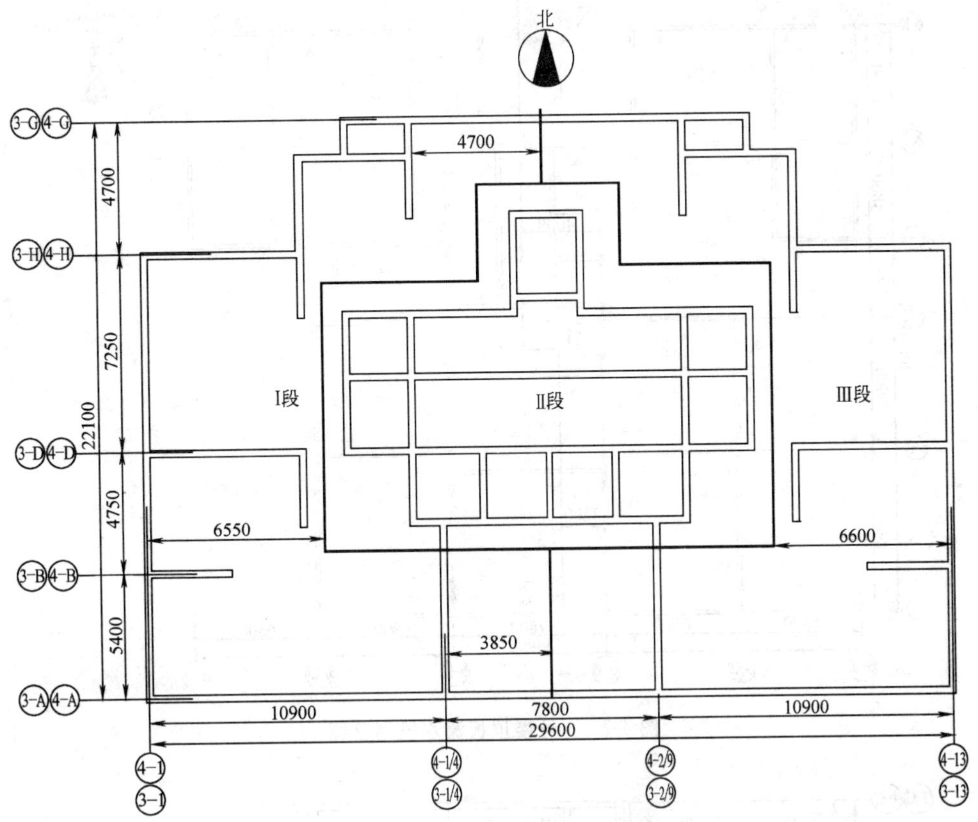

图 4-5　3 号、4 号楼地上墙体流水段划分图

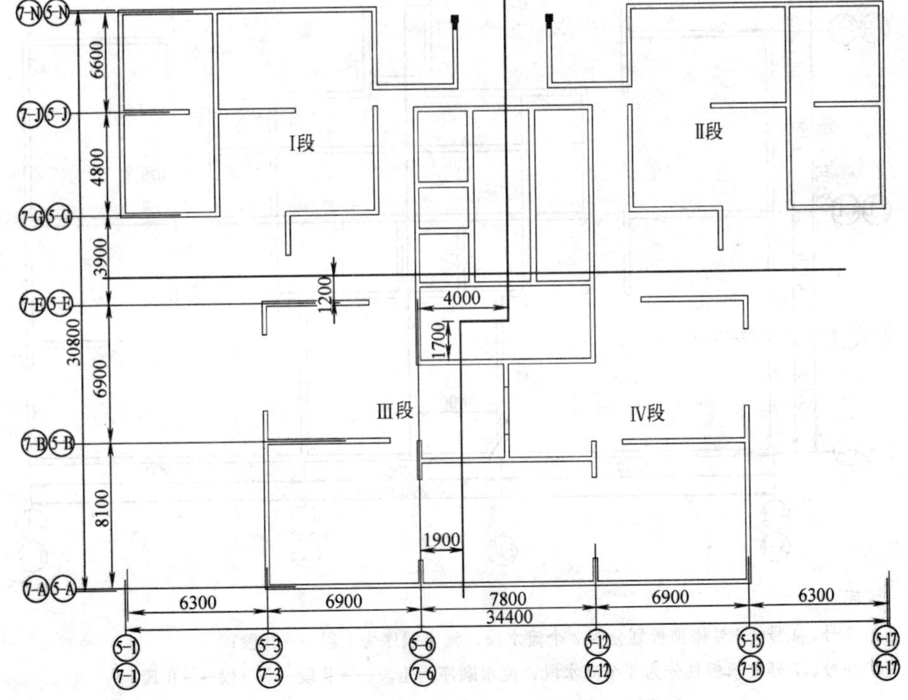

图 4-6　5 号、7 号楼顶板流水段划分图

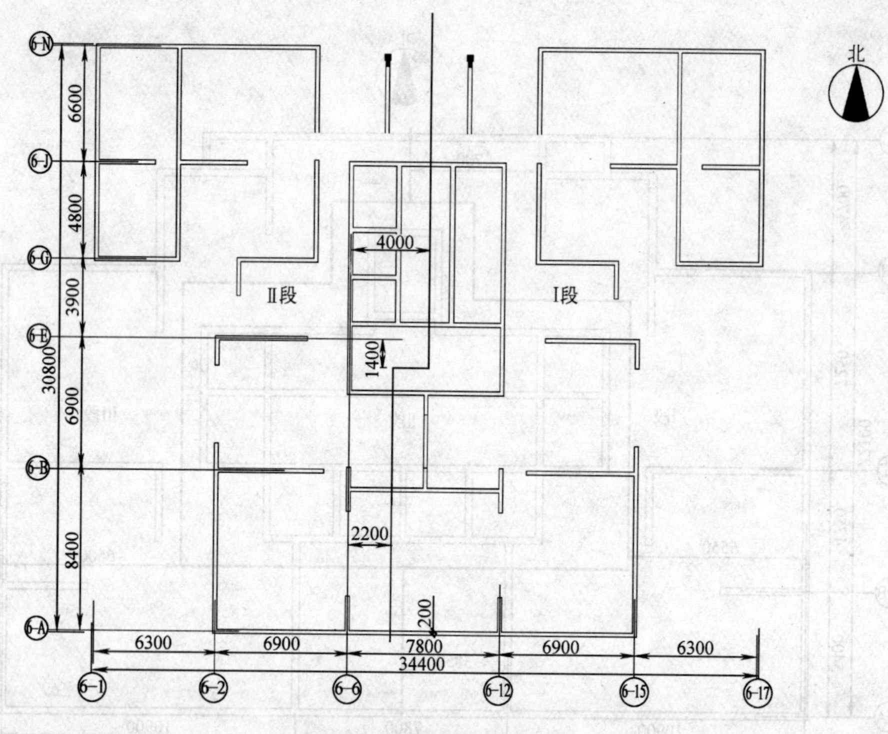

图 4-7　6 号楼顶板流水段划分图

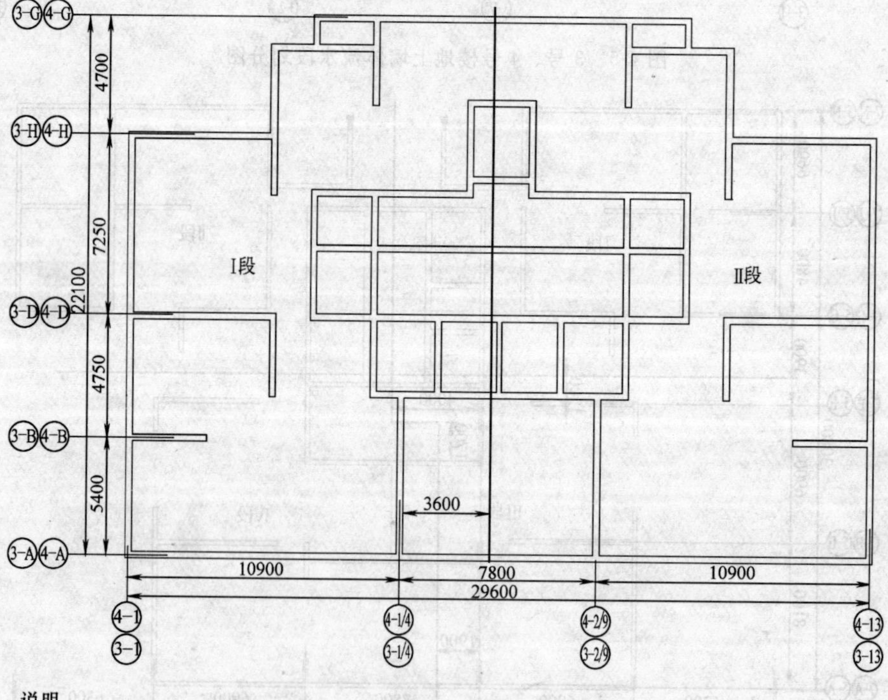

说明：

① 3 号、4 号、6 号楼顶板划分为 2 个流水段、流水顺序为Ⅰ段──→Ⅱ段；

② 5 号、7 号楼顶板划分为 4 个流水段，流水顺序为Ⅰ段──→Ⅱ段──→Ⅲ段──→Ⅳ段。

图 4-8　3 号、4 号楼顶板流水段划分图

4.2.4 外用电梯

根据装修的需要，3、4、5、6、7号楼分别需用一台双笼外用电梯作为装修材料的垂直运输机械。在结构施工至八层开始安装，内装修进入收尾阶段时拆除。

4.2.5 主要施工机械选择（表4-1）

主要施工机械选择 **表4-1**

序号	设备名称及用途		型号	数量(台)
1	土方工程	挖土机		6
		自卸式汽车		60
		蛙式打夯机	HW-60	15
2	护坡	注浆泵	ZSN637-11	2
		挂网喷浆机		2
		空压机	$9m^3$	4
3	CFG桩施工机械	钻机	ZKL-800BA	4
4	垂直和水平运输机械	塔吊	H3/36B,F0/23B F0/23B,F0/23B F0/23B	各1
		外用双笼电梯	T143	5
5	混凝土、砂浆施工机械	混凝土地泵	HBT80B	6
		布料机		3
		强制式砂浆搅拌机	TQ500	2
		插入式振动器	ϕ50	50
		平板式振动器	PZ-50	5
6	钢筋加工机械	钢筋切断机	QJ40-1	6
		钢筋弯曲机	GJ1-45	6
		钢筋调直机	JJM-5	3
		交流电焊机	BX3-120	3
		滚轧直螺纹机械		9
7		空压机		3
8		砂轮切割机		6
9	木工加工机械	圆盘锯	MJ114	3
		木工刨床	MB104A	3
		手提电锯		100

4.3 降水及土方施工

4.3.1 降水施工

本工程地下水位较高，根据岩土工程勘察报告，近年最高水位标高为28.00m，因此，土方开挖前需降水，降水采用大井点降水，将水位降至基底下方0.5m处。地下室降水应在各期结构全部封顶，且裙房车库回填土完成后方可停止。

根据本工程降水计算结果，结合该地区降水的施工经验，本工程基坑降水井点设计：管井孔径600mm，管井内径400mm，滤料层厚度5～8mm，降水井井距为8m（局部位置视具体情况确定），降水井井深23m，距基坑开挖线外侧1.2m均匀布置，抽水采用明暗管结合排水，浑水经沉淀后排入污水管道内。

4.3.2 土方工程

土方开挖采用机械大开挖，边坡按80°放坡，大面积土方开挖深度从±0.00起算为

－13.46m，总土方开挖量约 270000m^3。

（1）开挖顺序

由于场地大、工期紧决定采用 6 台挖掘机自西北向东南倒退开挖，中部整体大开挖；开挖时在基坑南侧 3 号楼及 4 号楼中间设一条 12m 宽的坡道，高长比为 1∶3，挖土机最后由此坡道退出。

本工程大面积土方开挖分 4 层施工，每层分两步开挖，每步挖深 1.5m，第一层挖至－3.00m，第二层挖至－6.00m，第三层挖至－9.000m，第四层挖至设计标高，为防止超挖及基坑土方受扰动，机械开挖要求预留 30cm 的土，最后由人工将预留土清除。

考虑本工程的水平运输和垂直运输，拟在车库基础底板下布置 4 台固定式塔吊，塔吊位置详见地下结构施工平面图。为便于塔吊安装，需预留 1m 宽（上口线）的土方待塔吊安装完毕后进行二次开挖。

（2）基坑护坡

采用土钉墙护坡，从地面下 1.5m 作起，共设 8 排土钉，土钉间距纵向 1500mm，横向 1200mm，呈矩形布设（考虑到降水井影响），土钉长度分别为 6.5m、11.0m、7.0m、9.0m、4.0m、6.5m、5.5m、3.5m。土钉直径一至五层 $D=130$mm，六至八层 $D=150$mm，下倾角 5°～10°。土钉成孔后，第 1、3、5 排配 1 根Φ18 钢筋，其他排配 1 根Φ22 钢筋。

4.4　地下防水工程

（1）防水设防体系（表 4-2）

防水设防体系　　表 4-2

序号	设防部位	设防体系	设防做法
1	底板、车库顶板	两道设防：混凝土自防水＋防水卷材	P10 抗渗混凝土；防水卷材：SBSⅡ＋Ⅱ型卷材两道；2∶8 灰土分层夯实
2	外墙	三道设防：混凝土自防水＋防水卷材＋2∶8 灰土	
3	屋面	单道设防：防水卷材	外贴 LYX-603 氯化聚乙烯橡胶卷材二道
4	卫生间	单道设防：防水涂料	聚氨酯防水涂料
5	底板后浇带水平施工缝	设置阻水措施	设置钢板止水带
6	底板导墙	设置阻水措施	设置钢板止水带
7	墙体水平施工缝	设置阻水措施	设置钢板止水带
8	墙体竖向施工缝	设置阻水措施	设置钢板止水带
9	顶板水平施工缝	设置阻水措施	设置钢板止水带
10	穿墙螺杆、定位支撑	设置阻水措施	采用止水螺杆、止水定位支撑
11	穿墙套管	设置阻水措施	均应加防水套管

（2）防水卷材施工

地下室底板及外墙防水材料用 SBSⅡ型卷材两道，防水操作人员必须持有有效的上岗证，上岗证要在总包、监理处备案。进场材料必须复试，复试合格后方准使用（同时要做 30%的见证试验）。

卷材防水施工采用热熔粘贴法，底板四周外侧边采用内贴法施工，外墙和外露顶板采用外贴法施工。在绑扎基础底板钢筋前，底板外侧防水用专用纸板挡好，浇筑底板混凝土时，设专人负责取出，以防绑扎钢筋或浇筑混凝土时，破坏底板外侧防水层。

(3) 水平、竖直施工缝的止水物品的要求

(4) 选用260mm×2mm（宽×厚）钢板止水带，要求：钢板止水带接头处必须搭接50mm双面满焊，接缝焊接要严密，防止出现气孔、砂眼而造成漏水隐患。钢板止水带，必须交圈、封闭。

(5) 混凝土自防水结构施工

抗渗等级为P10。

4.5 钢筋工程

4.5.1 钢筋抗震等级

本工程主体结构的抗震等级：3号、5号、6号楼剪力墙为一级，4号、7号楼剪力墙为二级；车库框架梁、柱抗震等级为三级。

4.5.2 主要部位钢筋的设计（表4-3）

表4-3

序号	主要部位	钢筋主要规格
1	底板	Φ25、Φ16、φ10
2	墙体	Φ25、Φ22、Φ20、Φ18、Φ16、Φ14、Φ12、φ10、φ6
3	暗柱	Φ25、Φ22、Φ20、Φ16、Φ14、Φ12、φ10、φ8
4	连梁	Φ25、Φ22、Φ12、φ10
5	柱	Φ25,Φ16、Φ12、φ8
6	框架梁	Φ25、Φ18、Φ16、Φ12、φ10、φ8
7	楼板	Φ25、Φ22、Φ20、Φ16、Φ14、Φ12、φ10、φ8
8	楼梯	Φ25、Φ22、Φ20、Φ18、Φ16、Φ14、Φ12、φ10、φ8、φ6

4.5.3 钢筋锚固与搭接

本工程钢筋的锚固与搭接长度见下表，且在任何情况下，钢筋锚固长度不得小于250mm，搭接长度不得小于300mm（表4-4、表4-5、表4-6）。接头形式为：直径大于等于18mm时采用直螺纹连接；直径小于18mm时采用绑扎搭接的形式。

非抗震钢筋的搭接长度（搭接接头面积百分率应小于等于50%考虑） **表4-4**

钢筋类型	部位	混凝土强度等级	
		C30	C40
HPB235级	次梁、楼板、楼梯、车道	36d	30d
HRB335级	次梁、楼板、楼梯、车道	42d	36d

抗震钢筋的搭接长度（搭接接头面积百分率按50%考虑） **表4-5**

钢筋类型	部位	混凝土强度等级	
		C30	C40
HPB235级	剪力墙	42d	35d
HRB335级	框架梁、框架柱	45d	38d
	剪力墙、暗柱、暗梁	49d	42d

纵向受拉钢筋的最小锚固长度 l_{aE} 及 l_a **表 4-6**

钢筋类型	部 位	混凝土强度等级	
		C30	C40
HPB235 级	次梁、楼板、楼梯、车道	25d	25d
	剪力墙	25d	25d
HRB335 级	次梁、楼板、楼梯、车道	35d	35d
	底板	35d	35d
	框架梁、框架柱	35d	35d
	剪力墙、暗柱、连梁、暗梁	35d	35d

4.5.4 钢筋接头位置

1）底板钢筋：通长钢筋直径为 ϕ25，采用剥肋滚轧直螺纹连接（接头 A 级），接头位置任意，但同一连接区段内接头应 50％错开 35d 且不小于 500mm。

2）梁、楼板筋：直径大于等于 18mm 时，采用剥肋滚轧直螺纹连接（接头 A 级），接头位置 50％错开 35d 且不小于 500mm；直径小于 18mm 时，采用绑扎搭接，相邻接头中心 50％错开 1.3l_{aE}。钢筋的接头位置：上铁在跨中 1/3 范围内，下铁在支座 1/3 范围内。

3）墙筋：直径大于等于 18mm，采用剥肋滚轧直螺纹连接（接头 A 级），接头位置 50％错开 35d 且不小于 500mm；直径小于 18mm，采用绑扎搭接，相邻接头中心 50％错开。

4）柱筋、暗柱筋：直径大于等于 18mm，采用剥肋滚轧直螺纹连接（接头 A 级），接头位置 50％错开 35d 且不小于 500mm；直径小于 18mm，采用绑扎搭接，相邻接头中心 50％错开。

4.5.5 钢筋的保护

（1）墙体钢筋的保护

在浇筑底板、顶板混凝土前，将甩出板面的墙体钢筋用塑料布裹好（包裹高度不小于 500mm），甩出板面的柱筋用开口塑料管保护（开口塑料管可周转使用），待浇筑完板混凝土后，取下塑料布，塑料布严禁随意乱放，统一装袋丢在专用垃圾站。

（2）后浇带钢筋保护

由于后浇带搁置时间较长，为了控制其锈蚀程度，影响其受力性能，故采用在钢筋上刷水泥浆保护，在后浇带两侧砌筑三皮砖，砖上覆盖多层板及防水薄膜，砖外侧抹防水砂浆，防止上部雨水及垃圾进入后浇带腐蚀钢筋，减少日后对后浇带处垃圾清理的难度。外墙体外侧钢筋采用预制板遮挡好。

4.6 模板工程

4.6.1 模板选型及配置数量

（1）模板选型一览表（表 4-7）

（2）垫层模板

选用 50mm×100mm 木方作为垫层边模，用短钢筋固定。

模板选型一览表 表 4-7

序号	模板选型	支撑系统	使用部位	投入量
1	定型钢模板	自带支撑系统	地上内外墙、地下室部分墙体	$3685m^2$
2	15mm 厚多层板	木方、钢管支撑	地下内外墙	$15900m^2$
3	15mm 厚多层板	木方、碗扣架支撑	楼板(梁)、坡道、楼梯	$25400m^2$
4	15m 厚多层板	木方、钢管支撑	底板后浇带、底板导墙	$1000m^2$

(3) 底板及导墙模板

底板周边采用砖胎模，砖胎模厚 240mm，高度高出底板上表面 100mm，砌筑时距外墙边距离必须考虑抹灰厚度，为了保证砖胎模在底板混凝土浇筑时不移位，浇筑底板混凝土前，将砖胎模高度的基槽回填土完成。底板外墙导墙采用木模板，其车库底板外墙导墙高出底板上表面 300mm，3 号、4 号楼底板外墙导墙高出底板上表面 500mm。

(4) 后浇带模板施工

基础底板后浇带模板采用 2 层 5mm×5mm 钢丝网外衬 15mm 厚多层板，遇钢筋时将多层板做成豁口，50mm×100mm 木方作背楞，短木方对撑加固。

(5) 墙体模板

地下室内外墙体模板采用 15mm 厚多层板（双面覆膜），板竖向背楞为 50mm×100mm 木方，间距为 250mm，模板边框为 50mm×100mm 木方，模板水平背楞为 $\phi48$ 双钢管，间距为 400mm，内外模板采用 $\phi14$ 穿墙拉结（外墙使用止水螺栓，内墙螺栓配套管使用），横向间距为 500mm，纵向间距 400mm。穿墙螺栓配套件采用“3”形卡加 M14 双螺母。斜撑采用 $\phi48$ 钢管。

塔楼地上内外墙采用定型大钢模板，在地下结构施工时，地上大模板尽可能地用于地下。

1) 墙体定型大模板设计高度

模板高度的选择：本工程标准层层高为 3.10m、3.05m，标准层板厚多数为 150mm，计算高度时考虑高出 50mm，定型大模板的配置高度定为 3.00m、2.95m。

2) 定型大模板设计按标准化，以 300mm 为基数递增递减，可多块组合拼装，或单块使用。为了加大模板的周转使用次数，采用 $\delta=6mm$ 的面板，主肋采用[8 槽钢，大背楞采用[10 槽钢，并纵向设置三道，整体刚度好。

3) 内外墙模板纵向相应设置三排穿墙螺栓，横向间距不大于 1200mm；穿墙螺栓采用大头直径为 32mm，小头直径为 28mm 锥形铸钢、镀锌的部件，并设防接灰套筒，穿墙螺栓与大模板之间设有塑料套，以防止混凝土浇筑时，从穿墙孔漏出水泥浆。所有外墙最上一排穿墙螺栓必须加内径为 50mm 套管（有阳台的除外），用做上一层墙体的支撑。

4) 大模板靠支腿支撑调节，通过支腿丝杠调整大模板的垂直度，模板宽 3.9m 以上时支腿为 3～4 个，3.9m 以下时支腿为两个。丁字墙处加小背楞加固，整个支模过程调节方便。

5) 大模板采用子母口连接，子母口长度为 40mm。

模板支设：支设前将模板限位撑铁（采用无齿锯切割，端部平整光滑刷防锈漆，加工时比墙厚小 2mm）焊在墙内的地锚上，（地锚在浇筑板混凝土时预埋在墙柱内，间距

2000mm 一个），焊接时限位撑铁距墙边各 1mm，以控制墙体截面尺寸。限位撑铁检查验收后按控制线支设墙模板，临时固定后穿对拉螺栓、在墙上口加设模板限位撑铁，并校正模板垂直度及平整度，检查平面模板及与阴阳角模的接缝，合格后固定并加支撑。

(6) 电梯井筒模

电梯井定型钢模板采用三轴铰链式筒模，内置 8 条调整丝杠，上下各 4 条，安装或拆模时只需转动调整丝杠便可完成，具有简单、易操作的特点。

(7) 门窗洞口

门窗洞口模板采用钢木模板。洞口角部采用双角钢及螺栓固定木模板，采用 40mm 厚板材，外覆 5mm 硬质塑料板自攻螺钉固定启口，阴角处用∟140×140×10 的角钢与木模固定，内侧用∟100×100×10 角钢，通过 ϕ16 螺杆与外角钢固定，并在超过 1500mm 宽窗洞口模板底面钻直径为 15mm 孔，此处形成一个排气孔。

(8) 独立柱模

地下车库的柱模采用木模（15mm 厚双面覆模多层板）。Ⅰ区柱模板配置 15 套、Ⅱ区柱模板配置 15 套、Ⅲ区柱模板配置 15 套。柱帽及柱脚模板也采用木模（15mm 厚双面覆模多层板）。

(9) 楼板模板

顶板采用 15mm 厚双面覆膜多层板，顶板搁栅采用 50mm×100mm 木方，当板厚大于等于 300mm 时格栅间距 250mm，100mm×100mm 木方间距 900mm 作为搁栅托梁；当板厚小于 300mm 时格栅间距 300mm，100mm×100mm 木方间距 1200mm 作为搁栅托梁支撑。采用碗扣脚手架支撑体系，碗扣架立杆上设有可调顶托、短木方（不小于 50cm 长）。现浇钢筋混凝土板，当房间跨度大于或等于 4m 时，模板应起拱，起拱高度为全跨长度的 1.5/1000。

安装上层模板及其支撑时，应保留下两层支撑，以承受上层的冲击施工荷载。上下层的支撑应对准，并铺设垫板。

(10) 阳台梁模板

本工程阳台梁模板采用木模板（面板为覆膜多层板，龙骨为木方），部分阳台梁有上反檐，其上反檐部分应二次施工。二次施工时，上下吊通线支模并保证截面尺寸准确，为防漏浆，模板与混凝土接触面应粘贴憎水性海绵条。

(11) 楼梯模板

采用 15mm 厚多层板，搁栅采用 50mm×100mm 木方，搁栅托梁为 100mm×100mm 木方，ϕ48 钢管扣件支撑。对于双跑楼梯，要求楼梯板筋先埋入墙内，墙模拆除后剔出扳直与梯板筋焊接，楼梯混凝土与上层楼板一同浇筑。

(12) 飘窗模板

本工程地上剪力墙模板均采用大钢模板，生根于墙内的外挑飘窗板无法与墙一起施工，故采用二次施工。在墙体钢筋绑扎时，飘窗板筋应埋入墙内，墙模拆除后剔出扳直。飘窗模板采用木模板（面板为覆膜多层板，龙骨为木方），为保证飘窗位置准确，用经纬仪在飘窗一侧放出定位控制线，支模时上下吊通线支模并保证标高、位置准确。

(13) 女儿墙模板

本工程各塔楼女儿墙均为混凝土墙，采用木模板支设（面板为覆膜多层板，龙骨为木方)。

4.6.2 脱模剂的选用

双面覆膜多层板不使用脱模剂，在周转使用中时，用棉丝蘸机油将已清理干净的板面擦拭一遍，大钢模选用油性脱模剂（即机油：柴油＝1：1.5)。

4.7 混凝土工程

本工程为现浇混凝土剪力墙结构，整体工程混凝土量约 87290m^3。针对混凝土需求量大、工期紧、结构质量标准高等工程特点，决定结构混凝土均采用预拌混凝土。

4.7.1 底板大体积混凝土施工

该工程底板为筏形基础，本工程塔楼基础底板厚度为 1200mm、1500mm 两种，地下车库基础底板厚度为 900mm，为大体积混凝土施工。控制温度和收缩裂纹的技术措施如下：

(1) 事前计算混凝土水化热，为有效控制做好准备；

(2) 控制好混凝土入模温度；

(3) 加强施工中的温度控制（控制分层厚度、测温和保温)；

(4) 改善约束条件，减弱温度应力。

4.7.2 大型设备的配置

现场每区设置 2 台混凝土地泵来满足现场混凝土的泵送量，当底板某一个流水段浇筑量大时，由预拌混凝土厂家根据我方需要提供 1～2 台汽车泵配合地泵进行浇筑。混凝土运送选用 6～10m^3 的罐车。

4.7.3 混凝土的浇筑

底板混凝土的浇筑量大，铺开面大，为了在浇筑过程中没有冷缝出现，要求混凝土初凝时间不少于 10h，并通过时间计算，按 1：5～1：6 的坡度斜向推进，推进层厚度 0.4～0.5m。

并保证上一层混凝土浇筑，必须在下层混凝土初凝前浇筑完毕。混凝土浇筑 2～3h 后，初步按标高刮平，用木抹子搓平、压实 2～3 遍，使混凝土在硬化过程初期产生的收缩裂缝在塑性阶段就予以封闭填补，以控制混凝土表面龟裂。

底板大体积混凝土施工详见《大体积混凝土施工方案》。

4.7.4 泌水处理

预先在底板四周外模（砖胎模）上留设泄水孔，浇筑过程中混凝土的泌水要及时处理，避免使粗骨料下沉，混凝土表面水泥砂过厚，致使混凝土强度不均和产生收缩裂缝。

4.7.5 养护

(1) 采用综合蓄热法养护。

(2) 在混凝土木抹搓面后立即覆盖一层塑料布（分块进行，边抹平边覆盖)，塑料布之间的搭接不少于 100mm，插筋处再覆盖一层塑料布，将混凝土表面盖严，以减少水分的损失，同时注意保温保湿。

(3) 在混凝土终凝前，对可能产生的微裂缝予以搓压处理，并在塑料布上面覆盖两层阻燃草帘。在插筋处多覆盖一层阻燃草帘。

(4) 为了能使混凝土内热量散发，利用中午大气温度较高的时间，将保温草帘隔块掀开一块，下午16：00后再覆盖。

(5) 混凝土强度达到1.2MPa以后，方允许操作人员在上行走，进行一些轻便工作，但不得有冲击性操作。

4.8 脚手架工程

外架采用双排落地式脚手架，按装修脚手架搭设，结构施工时仅作为维护架使用。3号、4号楼在基槽回填前采用悬挑架，基槽回填完后将悬挑架改为落地式双排双立杆脚手架。脚手架方案经批准后方可施工，且安装完毕后必须经过安全检查员验收与方案相符合后才能使用，脚手架的拆除也必须申报方案批准后才能进行。在操作层满铺脚手板和挡脚板与密目安全网围挡。立杆下部要求设置双管底座并夹垫通长木方。

脚手架采用 $\phi48\times3.5$ 的钢管，从地上及车库顶板上开始搭设，立杆距外墙皮300mm，立杆横距为1200mm（考虑外墙装修），立杆纵距为1500mm，步距1800mm；外架60m以下为双立杆，并在架高30m高位置处卸荷；剪刀撑角度控制在45°～60°，剪刀撑采用搭接连接，双排脚手架拉杆均要做到拉撑结合，满布剪刀撑。

4.9 砌筑工程

4.9.1 各种材料的使用部位

本工程砌筑墙体：100～250mm厚加气混凝土砌块墙，90mm厚的墙体采用陶粒混凝土板。砌筑砂浆±0.00以下为M5水泥砂浆，±0.00以上为M5混合砂浆。

4.9.2 施工方法

砌加气混凝土砌块时，应满铺满挤，上下错缝。施工时要注意墙体拉结筋及构造柱的施工，依据“结构专业总说明”图纸、“结构构造详图”图纸及京94SJ19图集，在结构施工时就应预留好构造柱及拉结筋的钢筋或预埋件。

陶粒混凝土板依据设计图纸提前同生产厂家预定。安装依据生产厂家提供的构造做法。

4.10 屋面工程

4.10.1 施工程序（图4-9）

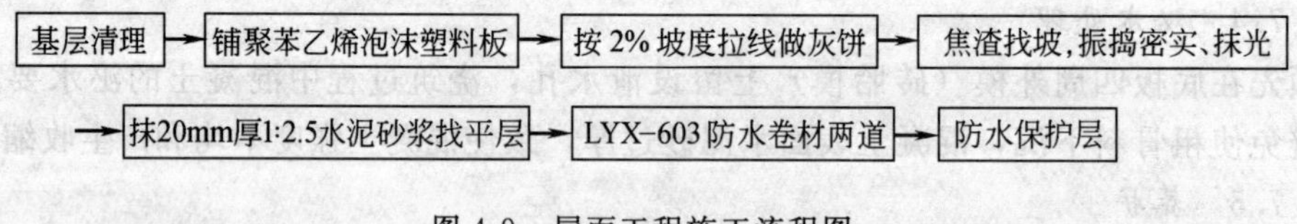

图4-9　屋面工程施工流程图

4.10.2 施工要点

1) 屋面保温层

铺设聚苯板保温板（厚度待定），保温板之间应拼缝紧密平整。

2) 水泥焦渣找坡

找坡坡度为2%，操作前应在女儿墙上弹出标明焦渣铺设的厚度及坡度；另外，在屋顶做出找坡灰饼，以示水泥焦渣铺设的厚度及坡度。水泥焦渣铺设由高向低，最低处不得低于 30mm。水泥焦渣应用平板振动器振实。

3）屋面找平层

找平层应按地面做法来做，浇水、冲筋、压光。浇水应适量，以达到找平层与找坡层能牢固结合，找平层应每隔 6m 设一条分隔缝，作为隔潮通气之用。找平层与女儿墙、管道、通风管道等的连接处，均应做成 $\phi 80 \sim \phi 8100$ 的圆弧，做圆弧时应弹线，使半径大致保持一致，在落水管半径 50cm 之内应做成漏斗状，坡度为 5%，管道根部做出一个双曲面的台状。

4）屋面防水层

本工程屋面防水层均采用 LYX-603 氯化聚乙烯防水卷材两层。防水层施工前应检查：

① 基层是否有空鼓、起砂现象；

② 坡度是否正确；

③ 出水口标高是否合适；

④ 泛水高度是否满足。

若达不到要求，补救使其满足。

5）防水保护层

小石子或着色剂保护层。

6）淋水

屋面防水做完后，应做淋水试验，雨天时应对顶层板进行检查，看有无渗漏之处。

4.11 装修、装饰工程

4.11.1 装修工程的管理

(1) 深化完善节点设计

装饰工程施工过程中，在责任工程师的组织领导下，安排专业技术人员，对各部位节点进行深化设计，完善图纸中不够详尽或未考虑周全的地方。

深化设计的方案、图纸应延续业主和设计人员的思路，并经过业主和设计审核同意。

深化设计将作为技术安全交底的重要内容，下发到每个施工人员手中，从而保证交底的针对性和可操作性。

(2) 组织专业施工队伍

装饰施工全部采用责任工程师领导下的专业班组的劳动组织形式。

开工前，对各专业班组进行详细的技术交底、安全交底和必要的操作培训。

施工过程中，保持人员稳定，并针对工程实际内容和要求，结合现场情况定期与不定期地对施工员进行业务和思想教育。

在工程完工后，要组织总结，通过工程实践，都能有相应的提高。

(3) 强调综合放线先导

任何分项工程，尤其是涉及多个专业交叉配合的工程，必须先行放线，由各专业工种按线施工，避免位置、布置的冲突。

在放线过程中，装饰专业要有统筹组织观念，要协调其他各个专业，以达到使用功能、体现设计思路、确保装饰效果为指导思想，进行综合放线。

放线既是安排各项工程的第一步，更是发现问题的重要方法，在放线过程中发现的问题，一定要就地解决，不留后患。

(4) 选择优良品质材料

装饰材料选材应充分征求业主、设计的意见和建议，按照合同约定订货加工。

重要部位的材料和大面积使用的材料，应经过业主、设计、监理、施工等共同进行评审确定，并做见证封样，进场时严格按封样验收。

材料进场必须按照国家和北京当地有关规定进行进场检验，有复试或实验要求的必须进行复试或实验；所有材料的证件手续必须齐全，且要求随货同时到场。

对于业主直接采购的材料，将积极配合业主和监理单位组织考察和验收，确保工程材料质量优良，及时进场。

(5) 坚持样板确认引路

根据招标文件要求，在本工程装修施工前，我们将根据发包方确定的样板层对该层所有相关项目（包括精装修、机电等）进行施工。在确保发包方满意后，方进行大面积装修施工。

在各工序开始前，必须制作样板块或样板间，制作样板应严格按照技术安全交底的要求进行，以便发现交底中存在的问题或优秀经验，可在推广时及时总结改进。

在样板实物和技术交底的做法得到业主、监理、设计认可后，总结样板的工艺做法和注意要点，对所有施工人员进行充分交底说明后，再推广使用。

在施工作业过程中，应严格按照交底和样板标准进行操作；在验收时，要严格按照样板标准进行验收。

(6) 加强细部做法处理

细部是体现工艺水平和施工质量的最充分的地方，也是最容易忽视和出现质量问题的地方，因此，对装饰工程的边、角、口等要给予高度的重视。

对细部做法中边、角、口等如何处理，采用何种工艺，如何衔接交圈，以及要求达到的质量标准等，在技术交底中都应给予详细说明。

细部做法处理的好坏，是深化完善节点设计从方案、图纸到实际成品的重要体现。

(7) 保证成品保护到位

装饰工程的完成代表着工程的最终完成，也最直接地给人观感，一旦受到污染破坏，将无法弥补，也极大地影响工程整体形象。

成品保护从进场开始就存在，上道工序完成的就是下道工序的成品，而不是最终交工的才是成品，成品保护贯穿在整个施工过程中，一刻不能放松；成品保护应当是对施工人员进行教育的重要内容。

应设专人负责成品保护工作，并针对不同部位不同材料做法，合理地采用不同的保护措施。

(8) 协调各方配合关系

本工程涉及专业分项多，又都各有其专业的特殊要求，尤其在装饰施工阶段将集中施工作业，因此，作为总包要统筹安排，统一指挥，搞好专业之间的协调配合，合理安排流水或交叉作业。

在空间上，必须使用统一确定的参照系，这里体现出了强调综合放线先导的重要性。在时间上应合理安排各个专业和工序的进度，使工程整体有序进行。

(9) 强化装修质量管理

健全三检，认真贯彻“三检制”，即自检、互检、工序交接检查，把事故或影响质量、影响效果的因素消灭在萌芽状态。其中特别是前后两道工序的交接检查，均需办理书面移交手续。上道工序未经检查验收绝不允许进行下道工序施工。上道工序的施工人员撤出工作后，下道工序要对成品保护负责。

(10) 进行全过程的质量监控

建立健全由监理工程师、质检人员、专业分包质检人员直至施工班组质量员组成的质量监控组织体系，并明确各自的职责。

制定一整套从材料、工艺控制直至工程验收的质量监控制度。每一装饰项目开始之前，所用装饰材料和采用的装饰方案施工工艺均要按规定报监理工程师审批，并做出样板，经业主和监理工程师认可后按样板进行施工。施工中每道工序均实行“三检制”。只有监理工程师认定合格后，才能进行下道工序。

4.11.2　幕墙工程

本工程幕墙由石材幕及铝幕组成。幕墙施工要经过竞标，由专业幕墙施工企业进行施工。专业幕墙施工企业要配合设计院进行二次设计。

结构施工期间，做好幕墙埋件的预埋工作。埋件设专人进行，同时幕墙施工的专业分包商需派人现场配合、指导、检查，保证埋件位置的准确性，使所有的质量问题均在过程中解决，为以后的安装顺利进行创造条件。

安装主次龙骨前，要先用激光经纬仪定出轴线，使主次龙骨定位准确，安装牢固。安装铝板时，要保证密封严密，避免雨水流入凹槽内。

4.11.3　内墙饰面工程

(1) 内墙涂料

本工程内墙刮耐水腻子，刷乳胶漆涂料。大面积施工前应做好样板，经验收合格后方可进行大面积施工。

a. 工艺流程（图 4-10）

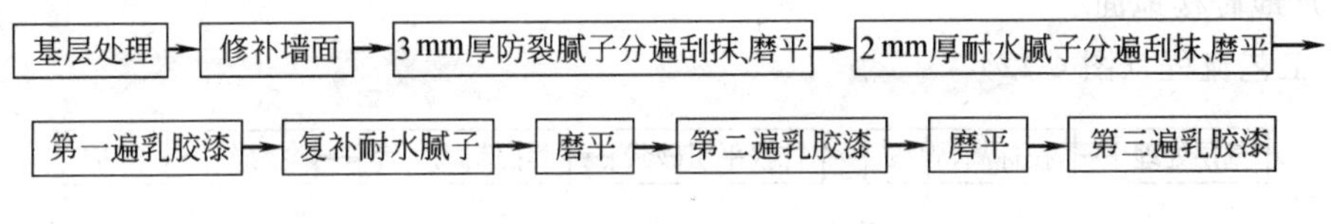

图 4-10　内墙涂料施工流程图

b. 施工要点

刮腻子前，用聚合物水泥砂浆修补墙面，检测墙面（尤其是抹灰墙面）基层含水率。

为保证腻子与墙面粘结牢固，在刮腻子前，先喷刷一道胶水（水，乳液比为 5：1），要喷刷均匀，不得有遗漏。

满刮腻子，分遍刮抹。先刮防裂腻子（3mm 厚），再刮耐水腻子（2mm 厚）。刮腻子时应横竖刮，即第一遍腻子横向刮，第二遍腻子竖向刮，注意接槎和收头时腻子要刮净，每道腻子干燥后应用砂纸打磨，将腻子磨平后并将浮尘擦净。

要求分遍涂刷乳胶漆，涂刷时应先上后下。第一遍干燥后复补腻子，待复补腻子干燥后用砂纸磨光，隔一天可涂刷第二遍。在做第二遍操作时，不宜来回多次涂刷，并注意涂料遮盖力，保证涂料层间粘结牢固及涂料色泽的均匀性。

(2) 内墙面砖

本工程厨房、卫生间墙面粘贴面砖。

a. 工艺流程（图 4-11）

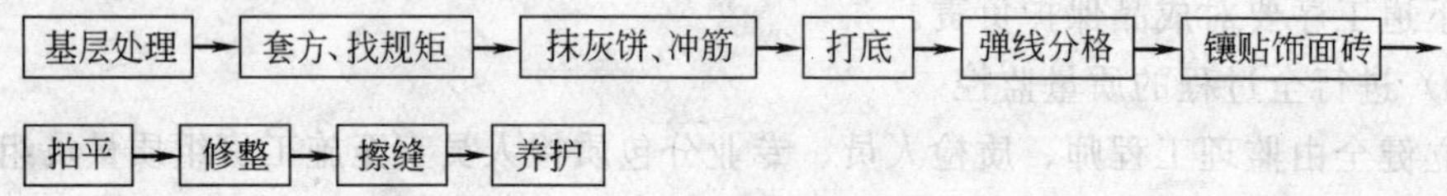

图 4-11 内墙粘贴面砖施工流程图

b. 瓷砖在镶贴前要清扫干净，放入清水中浸泡。要浸泡到不冒泡为止，且不少于 2h，然后取出阴干备用。

c. 做好基层处理，并涂刷混凝土界面处理剂。

d. 弹出釉面砖的水平和垂直控制线，要求横向不足整块的部分，留在最下一皮与地面连接处。用墙砖胶粘剂镶贴墙砖。粘贴时，均需压紧、调移、对缝、取平，可在 5～15min 之后调整已粘墙砖。

e. 镶贴方法：自阳角开始排列，至阴角停止收口和自顶棚开始至楼地面收口。两块墙砖之间的镶贴缝隙为 3mm，并采用墙砖先铺，地砖顶墙砖的镶贴方式，并使墙砖缝与地砖缝对齐；在阳角处镶贴的墙砖要切割成 45°坡角，使镶贴此处墙砖时能形成一条严密的缝；面砖镶贴高度为吊顶高度＋200mm。

f. 粘完面砖后及时检查粘结情况，发现粘贴不牢、个别镶贴位置不准确、线条不直的，均要及时调整。

g. 用白水泥膏擦缝，要求缝内水泥膏密实、平整、光滑。随擦缝随将剩余水泥膏清走、擦净。

h. 养护：铺完 24h 后，洒水养护，养护时间不得少于 7d。

4.11.4 楼地面工程

(1) 地砖楼地面

a. 工艺流程（图 4-12）

图 4-12 地砖楼地面施工流程图

b. 将混凝土基层上的杂物清理掉，并用錾子剔掉砂浆落地灰，用钢丝刷刷净浮浆层；如基层有油污时，用 10％火碱水刷净，并用清水及时将其上的碱液冲净。

c. 根据墙上的＋50cm 水平标高线，往下量测出面层标高，并弹在墙上。

d. 抹找平层砂浆，涂刷一遍水泥浆粘结层，要随涂刷随铺砂浆。然后，根据标筋的标高，用木抹子将已拌合的水泥砂浆铺装在标筋之间，用木抹子摊平、拍实，小木杠刮平，再用木抹子搓平，使其铺设的砂浆与标筋找平，并用大木杠横竖检查其平整度，同时检查其标高和泛水坡度是否正确，24h 后浇水养护。

e. 当找平层砂浆抗压强度达到 1.2MPa 时，开始上人弹砖的控制线。砖之间的缝隙控制在 3mm；从门口开始，纵向先铺 2～3 行砖，以此为标筋拉纵横水平标高线，铺时从里往外退着操作，人不得踏在刚铺好的砖面上，每块砖均要跟线。

f. 勾缝擦缝：面层铺贴要在 24h 内进行擦缝工作，并采用同品种、同强度等级、同颜色的水泥。

g. 养护：铺完 24h 后，洒水养护，养护时间不得少于 7d，且不准上人。

(2) 花岗石楼地面

a. 工艺流程（图 4-13）

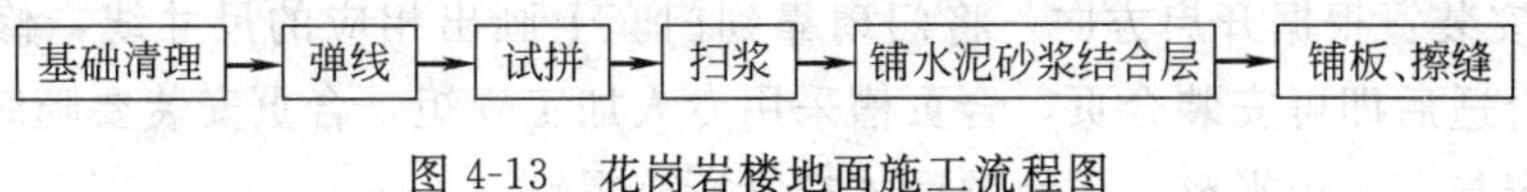

图 4-13 花岗岩楼地面施工流程图

b. 清除基层的落地砂浆、油垢和垃圾，并冲洗干净。

c. 根据墙面水平基准线，在四周墙面弹出楼地面面层标高线和水泥砂浆结合层线，以控制结合层的厚度、面层平整度和标高。

d. 在房间地面纵、横两个方向，铺两条略宽于板块的干砂带，砂厚 30mm，根据大样图，拉线校正方正度，排列好。核对板块与墙边、柱边、门洞口及其他较为复杂部位的相对位置；检查接缝宽度，一般不大于 1mm。

e. 先洒水湿润基层或基体，然后刷素水泥一遍，随刷随铺干硬性砂浆做结合层。从里往外摊铺，用木刮杠压实赶平，再用木抹子搓揉找平，铺完一段结合层随即安装一段面板，以防砂浆结硬。

f. 镶贴花岗石面板，一般从中间向边缘展开退至门口，采用通长面板带标筋地面，按标准板拉线嵌贴。

g. 板块铺完养护两昼夜后，在缝隙内灌水泥浆、擦缝。水泥色浆按颜色要求，在白水泥中加入矿物颜料调制。灌缝 1～2h 后，再用棉纱醮色浆擦缝、清理，并铺上湿锯末养护。

h. 踢脚板采用粘贴法。墙脚抹底砂浆后，根据踢脚板的出墙厚度，抹上 1∶2 水泥砂浆找平划毛，砂浆硬化后，将踢脚板浸湿晾干，在背面抹水泥素浆 2～3mm 厚，然后拉控制线粘贴，用橡皮锤轻击镶实，靠尺找直找平，方尺找角。次日，用同色水泥浆擦缝。

i. 花岗石楼地面在交工之前，将楼地面清洗干净、晾干、打蜡、擦光。

4.11.5 门窗安装工程

本工程室内门为实木门，外窗为 90 系列高级断桥隔热铝合金双玻门窗，大于 1.5m^2 玻璃为 8+8+8 中空玻璃，其余为 4+8+4 中空玻璃。实木门及铝合金窗及配套装饰件均为成品，进场后分规格，按照规矩码放整齐并隔空通风，防止变形。

(1) 实木门安装

a. 工艺流程（图 4-14）

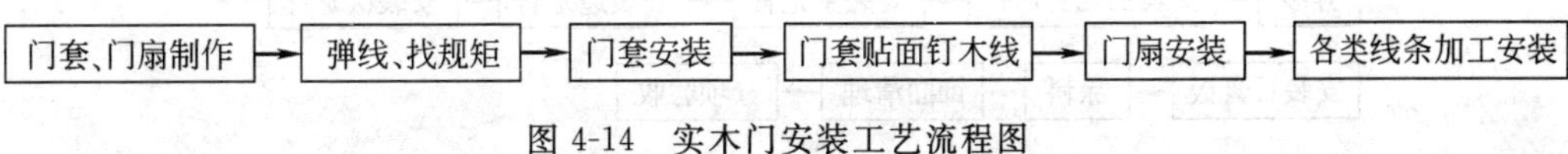

图 4-14 实木门安装工艺流程图

b. 实木门框采用榫、钉结合方法，保证门窗框牢固、不变形，筒子板与框一同安装，面板下一步安装。

c. 根据+1.0m 线设计门扇高度，在门套标出基准点，跟+1.0m 线吻合、四方校正垂直、自攻钉紧固在轻钢龙骨上。

d. 门套贴面根据设计要求选用面板、线条、木皮收口，挑选面板、线条、颜色、花纹应基本顺通一致，不得有污染翘曲。面板可使用万能胶粘贴，也可使用白乳胶加压条，贴完面板后，木皮收边口小阳角压固，用砂纸抹清不得掉角，钉木线时枪钉不得乱打，距离应基本一致，应顺纹，线条的槽角相对清晰，相撞有不平处可用小光刨刨平，完成后如门扇不能及时安装时，要做护套将其保护。

e. 门扇安装：根据开启方向，将门扇靠到门套上画出相应的尺寸线，修刨确定两侧及上端缝隙合适后即可安装合页，合页槽采用专人加工规矩，合页安装要随时检查门缝是否合适，门扇与套是否平整，无问题后才拧紧所有螺钉。

(2) 铝合金窗安装

a. 工艺流程（图 4-15）

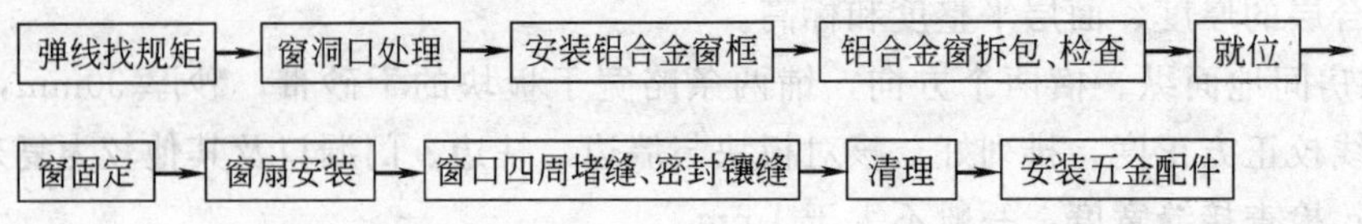

图 4-15　门楼安装工艺流程图

b. 在顶层找出外窗口边线，用大线坠将门窗边线下引，并在每层窗口处划线标记，对个别不直的口边应进行处理，并采用经纬仪校核。门窗口的水平位置应以楼层＋1.0m线为准，量出窗上下皮标高，弹线找直。每层窗上皮应在同一水平线上。

c. 窗框与洞口采用射钉固定，每边不少于 2 点，并确保牢固。窗框与墙体之间缝隙用矿棉条填塞，采用砂浆收口找平。收口砂浆应距铝合金框 3～5mm 宽、5～8mm 深槽口填密封膏。

d. 推拉窗扇的安装将配好的窗扇分内扇和外扇，先将外扇插入上滑道的外槽内，自然下落于对应的下滑道内，然后再用同样的方法安装内扇。

e. 玻璃就位后，及时用胶条固定。密封固定采用用橡胶条嵌入凹槽挤紧玻璃，然后在胶条上面注入硅酮密封胶。

f. 铝合金窗交工前，将表面的塑料胶纸撕掉，表面留有胶痕的采用香蕉水清洗干净；窗框扇用水或浓度为 1%～5%的 pH7.3～9.5 的中性洗涤剂充分清洗，再用布擦干；玻璃用清水擦洗干净。

4.11.6　顶棚工程

本工程楼道处采用纸面石膏板吊顶，其他房间刷高级环保乳胶漆。顶棚刷乳胶漆施工做法同乳胶漆墙面。石膏板吊顶工艺流程如图 4-16 所示。

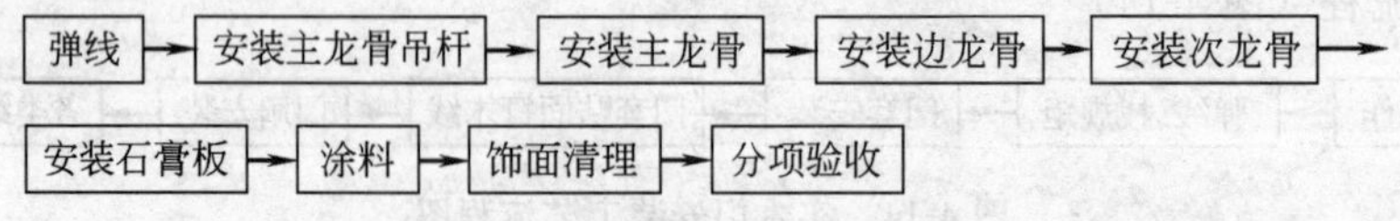

图 4-16　石膏板吊顶工艺流程图

(1) 根据设计标高，沿墙四周弹顶棚标高水平线，并沿顶棚的标高水平线，在墙上画好龙骨分档位置线。

(2) 安装 $\phi 8$ 吊筋，确定吊杆下端的标高。吊筋安装选用膨胀螺栓固定到结构顶棚上。吊筋间距小于 1200mm。

(3) 主龙骨间距为 1200mm，次龙骨间距为 900mm；主龙骨用与之配套的龙骨吊件与吊筋相连，次龙骨采用次挂件与主龙骨连接。凡顶棚吊杆、固定吊杆铁件，在封罩面板前应刷防锈漆。

(4) 安装石膏板：石膏板与轻钢骨架固定的方式采用自攻螺钉固定法，在已装好并经验收轻钢骨架下面安装石膏板。安装石膏板用自攻螺钉固定，固定间距为 200～250mm。自攻螺钉固定后点刷防锈漆。

(5) 在板接缝间采用粘贴纸带嵌缝膏进行嵌缝处理。

4.11.7 厨、卫间防水施工

(1) 材料选择

卫间室内防水采用聚氨酯防水涂膜。

(2) 厨、卫间防水施工

1) 工艺流程（图 4-17）

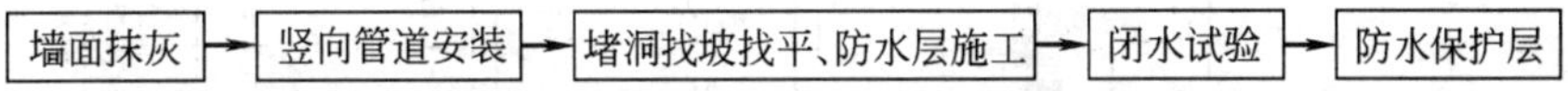

墙面抹灰 → 竖向管道安装 → 堵洞找坡找平、防水层施工 → 闭水试验 → 防水保护层

图 4-17 厨房、卫生间防水施工流程图

2) 工作安排

每道工序要认真细致，并做好成品保护工件。工序安排应按以上施工程序，并应提前安排墙面抹灰和竖向管道安装。

3) 施工要点

首先根据地面坡度、地面做法厚度、基准线位置，确定好地漏、出水口顶面标高。安装地漏、出水口时，标高低 5～10mm。做防水前，所有竖向管道施工完毕，洞口用细石混凝土堵严。禁止防水层做完后再凿洞，这是防水的第一道防线，管道根部滴水就是因为在防水层失效的情况下，管道根未堵严造成的。

做找平层时，墙角泛水圆角半径控制在 20mm 左右，不得将圆弧做得太大；否则，将会影响墙面装修，在管道根部套管、地漏及出水口周围留 1cm 宽的小槽，待找平层干燥后用油膏填平。

试水：防水层做完后，必须试水。蓄水高度不小于 20mm，堵塞点应设在地漏和出水口顶面 4cm 以下，蓄水时间 24h 以上。待表面装修层完成后，进行第二次试水。

5 施工现场总平面布置

5.1 地下结构施工总平面图

本阶段的施工状态：3～7 号楼及地下车库全部处于基础施工阶段。施工现场的南侧 50m 宽范围及唐人街西侧作为用料的主要堆场，这是钢筋、模板、混凝土用量最大的一个阶段（图 5-1）。

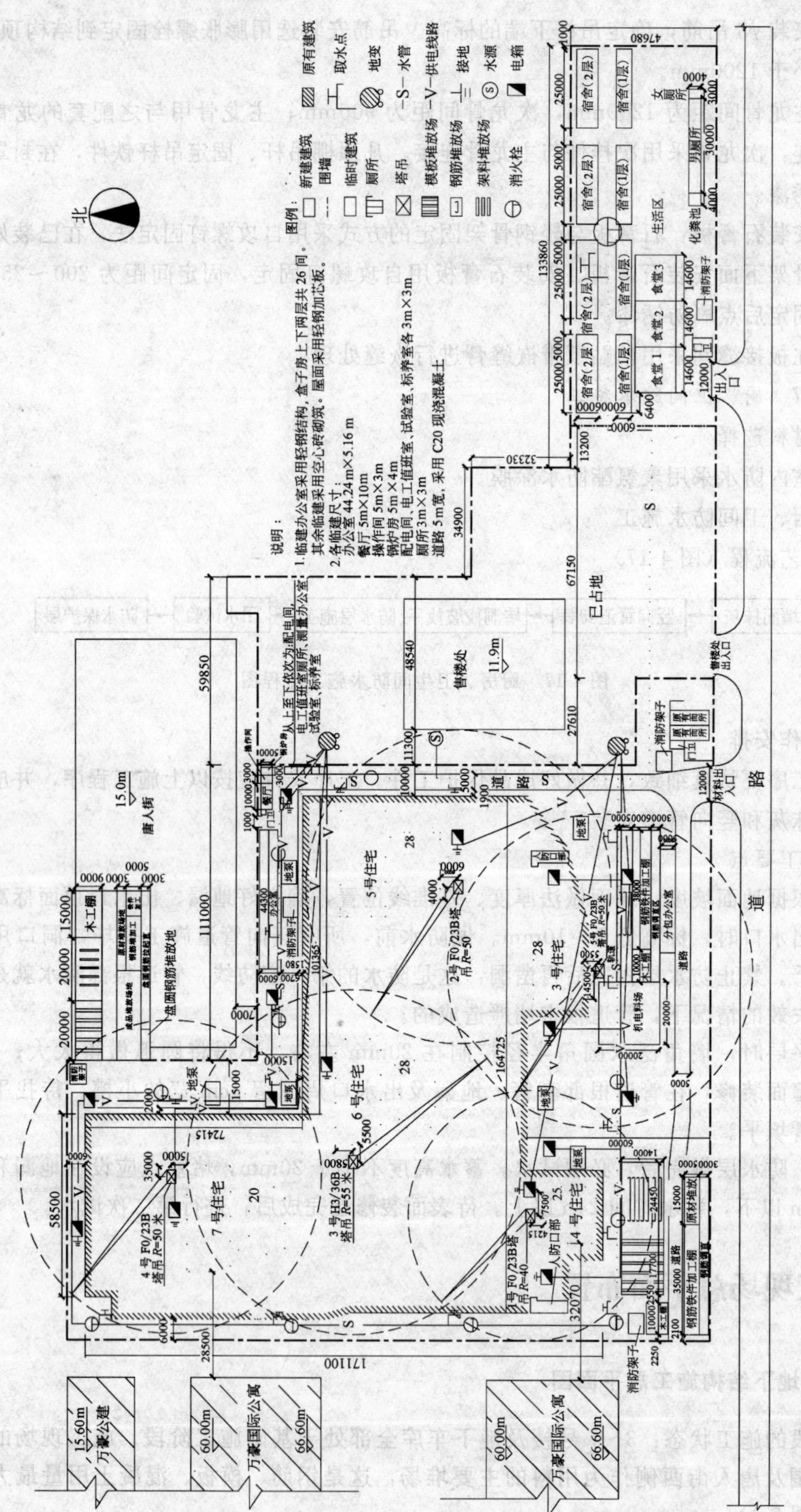

图 5-1 地下结构阶段施工平面图

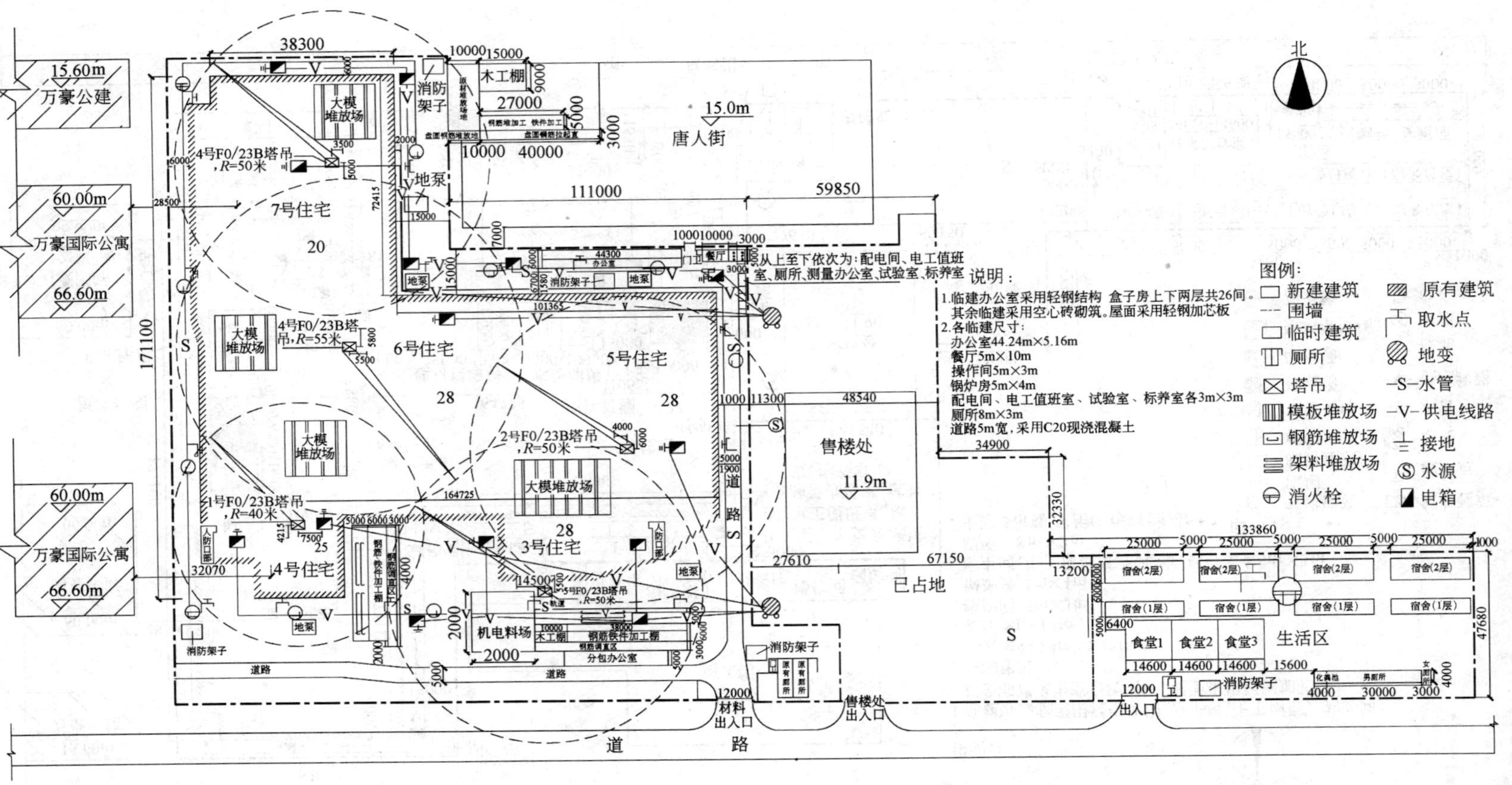

图 5-2 地上结构阶段施工平面图

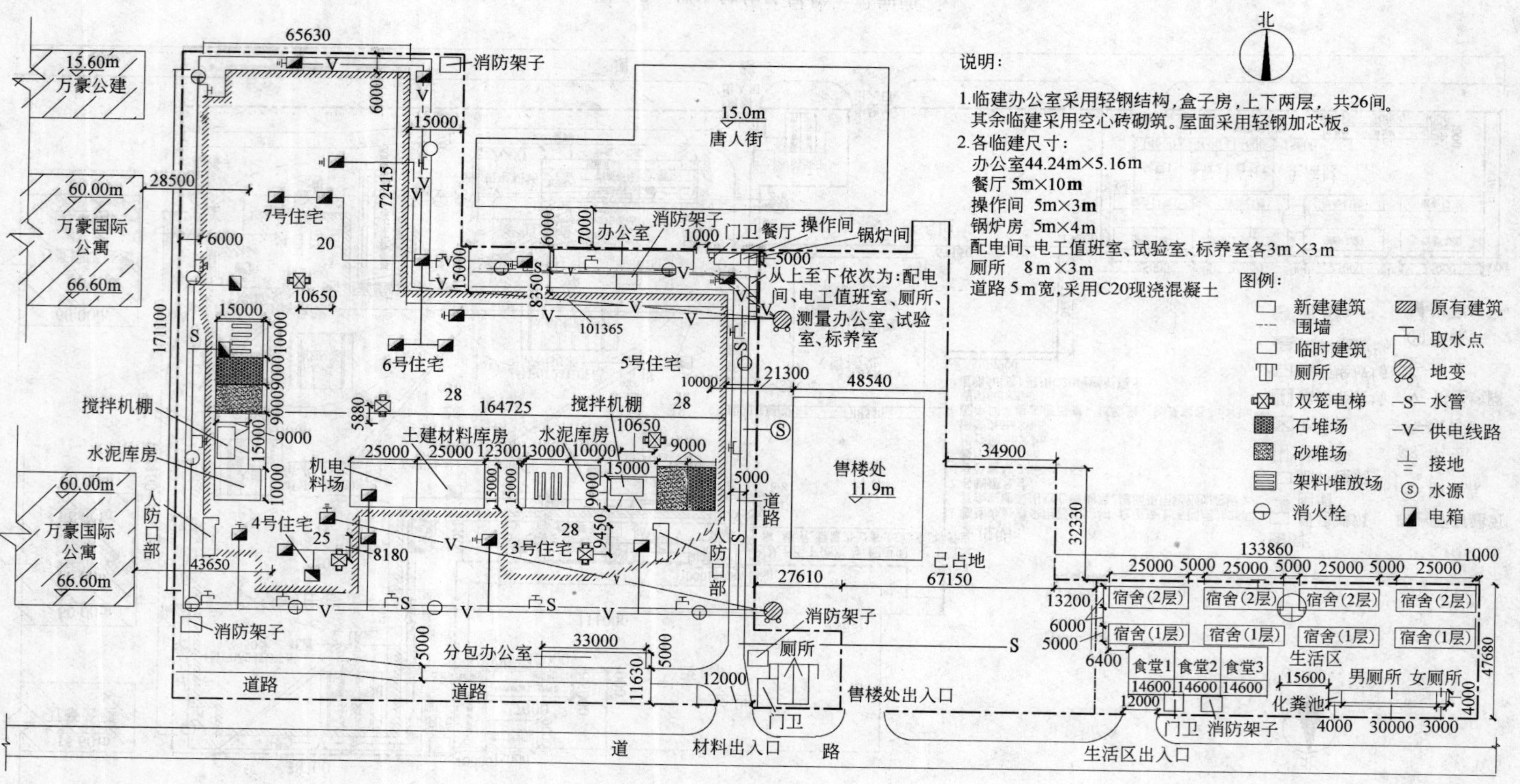

图 5-3 装修阶段施工平面图

5.2 地上结构施工总平面图

本阶段施工状态：3～7号楼地上结构施工，地下车库结构施工完毕，当车库顶板达到设计强度，可作为大模板的堆放场地（图5-2）。

5.3 装修施工总平面图

本阶段的施工状态：粗装修施工。在这一阶段，安装工作量最大，各种装修材料陆续进场，须存入库房内的材料较多（图5-3）。

6 主要施工管理措施

6.1 保证工期措施

（1）制定分级控制保证计划

根据总控计划编制月控制计划，根据月控制计划编制周计划，周计划根据前三天的实际情况，调整后三天计划并且制定下周计划，实行3日保周、周保月、月保总控计划的管理方式。

（2）根据进度计划、工程量和流水段划分合理安排劳动力和投入生产设备，保证按照进度计划的要求完成任务。

（3）加强操作人员对质量意识的培养，提高施工质量和一次成活率。达到质量标准的一次成活率提高了，也就加快了施工速度，从而可以保证施工进度。

（4）通过例会制度，解决矛盾、协调关系，保证按照施工进度计划进行。

6.2 保证质量措施

6.2.1 基础工作

施工前，应严格按照国家现行施工规范和验评标准组织编写工程施工组织设计。

认真组织学习执行有关规章制度，对全体员工进行质量意识教育，牢固树立“质量是企业的生命”和“为用户服务”的思想。

按照ISO 9001体系运行文件的要求建立质量保证组织体系（图6-1），设立专职质检员和成品保护管理员岗位，建立岗位责任制，并建立相应的台账，单位领导要经常检查质量保证体系的运转情况。

根据专业特点制定质量和环保管理重点，成立QC小组和环保小组，经常开展质量分析活动、劳动竞赛活动和环保检查活动并做好记录。

6.2.2 物资检验规定

对所有进场的原材料、半成品组织检查验收，建立台账。

所有进场物资如由分包单位自行采购的，分包单位必须随材料进场向总包提供合格的材质证明、出厂合格证和试验报告。

对需要做复试的原材料，如：水泥、钢材、钢筋、砂石料、各种外加剂、防水材料等，必须按照规定及时取样试验，并将试验报告向监理报验。

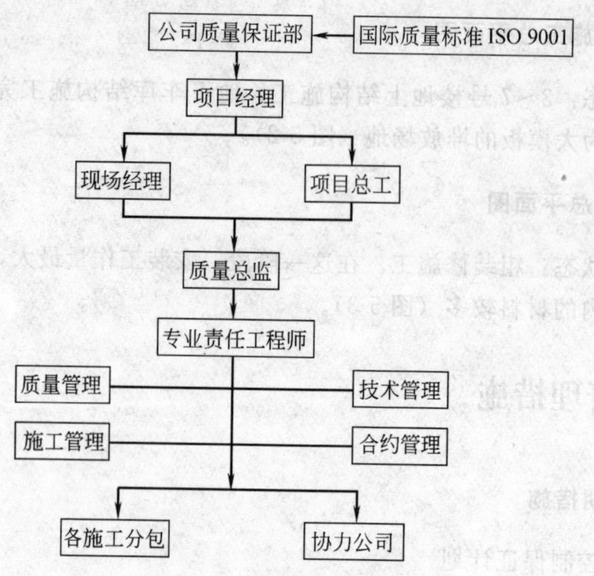

图 6-1　质量保证组织体系图

对进场的物资必须进行标识，按照已经经过检验、未经检验和经检验不合格等三种状态进行分种类堆放，严格保管，避免误用不合格的材料。

对质量不明的物资不准投入使用，但必要时可按“紧急放行”办理，“紧急放行”必须手续齐全，保证可追溯性：要有提出人、审批人签字并及时提供质量不明物资的材质证明、出厂合格证和试验报告。质量不明的物资在存放及使用时要建立标识。

对不合格物资，坚决要求不准进场，同时要注明处理结果和材料去向。对不合格材料的处理，应建立台账。

6.2.3　过程检验及报验规定

严格执行国家现行规范、标准及企业的各项规定，严格按照设计要求组织施工。

每个分项工程（工序）开工前，严格按施工方工艺标准要求对操作班组进行技术、质量交底。

工程施工实行“三检制”，应认真抓好班组的自检工作，设立专职质检员，督促班组的自检及填写自检记录。

分部分项（工序）工程完成后，分包单位组织自检和工序间的交接检查，不合格的分项或工序，不经返修合格不得进行下道工序的施工。

分项工程或工序达到合格后，填好报验单报监理和总包责任工程师复查验收，报验单附自检、交接检记录、隐蔽记录、预检记录、质量评定等资料。

严格按照“三检制”组织检查各道工序的施工质量。做到检查上道工序，保证本道工序，服务下道工序。真正做到严格控制工序质量，不合格的工序不移交。

质检人员必须严格控制施工过程中的质量，在施工过程中严格把关，不得隐瞒施工中的质量问题，并督促操作者及时整改。

6.2.4　不合格分项（工序）处理规定

施工中出现施工质量严重不合格，不得擅自进行处理，必须及时汇报，由总包方会同业主、设计院、监理制定处理方案。施工方必须严格按照处理方案进行返修，并将处理结果报总包方质量部复查，复查达不到合格的应重新处理，直至达到合格为止。

凡因分包施工不当造成的一切后果，包括经济损失，一律由分包单位自负。

施工中出现质量事故，必须按规定填写质量事故报告单，并及时上报总包方质量部。

出现质量事故时，必须认真对待，严格按照“三不放过”的原则，追查责任者、事故的经过。对责任者进行严格处理，不得讲情面，说人情，包庇责任者。

6.2.5 工程质量检验评定规定

分项工程质量评定应按照国家质量验评标准规定进行实事求是的评定，不得闭门造车。

分项工程质量评定，由分包单位组织自检评定，报项目总包质量部进行核定。分项工程质量评定必须在班组自检的基础上，由工长组织有关人员进行，由总包方项目专职质检员核定质量等级。

分项工程质量评定过程中出现不合格，由专职质检员填写不合格品通知单，技术部门提出纠正措施，整改后重新评定。

质量目标：本工程3号、4号、5号、7号楼要达到“竣工长城杯”要求，观感质量评定得分率达到85%以上，结构质量符合装修基层要求，不做大面积剔凿、抹灰等。

6.2.6 质量保证资料管理规定

质量保证基础资料，由分包单位负责填写、整理、报总包方质量部，并严格执行地方行业标准及北京市“竣工长城杯”的要求。

各种质量保证资料，必须与施工同步进行，不得后补，以保证资料的完整、真实、整齐。总包方质量部将会同技术部定期对各分包方进行资料查验。

分包单位质检组，必须编制每周质量检查计划，并列出检查标准的依据，严格按照检查计划进行控制检查、评定。

质量评定资料必须统一，格式要标准化，严格按照《建筑工程质量检验评定标准》进行质量检查、评定。

6.2.7 工程质量奖罚规定

分包单位对工程质量认真负责，分期、分阶段、分部位，达到预期质量目标的给予奖励；奖励额度按照双方约定的合同条款执行。

分项、分部工程质量，达不到预期目标，或经上级部门检查，工程质量低劣，给工程带来不良影响的给予处罚；处罚额度按照双方约定的合同条款执行。

进场材料把关严格，保管、发放等管理好的，原材料、半成品控制严格，给施工质量创造了良好的基础，按双方合同约定给予奖励。

物资把关不严，使用不合格材料，给工程质量带来不可挽回的损失，按双方合同约定给予处罚。

不按图施工，违章操作，造成返工的根据返工，按损失大小给予加倍处罚。

6.3 技术管理措施

6.3.1 技术资料管理

项目经理部配备专职资料管理人员，负责工程从开工至竣工期间的专业技术资料收集、整理和归档，达到技术资料积累与工程同步。

工程施工期间，本公司项目管理部专职技术资料管理责任师将每月一次定期检查指导，保证资料完整、交圈。

资料收集、整理根据分部、分项进行。各项资料报验工作，按工程建设监理规程进行。

6.3.2 图纸管理

图纸管理作为受控文件来管理，专职资料员负责收、发工作，并有收、发记录，对作废图纸及时进行标识。

设计变更及时反馈到施工图纸上，作到与施工同步，工程竣工前竣工图纸基本上完成。

6.4 保证安全措施

(1) 安全管理方针

安全管理方针是“安全第一，预防为主”。

(2) 安全组织保证体系

以项目经理为首，由现场经理、安全总监、区域经理、各专业分包等各方面的管理人员组成安全保证体系。

(3) 安全管理

严格执行国家及北京市有关现场安全管理条例及方法。

制定实施现场安全防护基本标准，如：基坑防护标准、施工临时用电安全标准、各类施工机械和设备的安全防护标准、施工现场消防管理标准等。

建立严格的安全教育制度，坚持入场教育、坚持每周按班组召开安全教育研讨会，增强安全意识，使安全工作落实到广大职工上。

编制安全措施，设计和购置安全设施。

强化安全法制观念，加强安全工作意识，坚持特殊工种持安全操作证上岗制度等。

加强施工管理人员的安全考核，增强安全意识，避免违章指挥。

对于各种外架、大型机械安装实行验收制，验收不合格一律不允许使用。

建立定期检查制度。经理部每周组织各部门、各分包方对现场进行一次安全隐患检查，发现问题立即整改；对于日常检查，发现危急情况应立即停工，及时采取措施排除险情。

(4) 分析安全难点，确定安全管理难点

在每个施工阶段开始之前，分析该阶段的施工条件、施工特点、施工方法、预测施工安全难点和事故隐患，确定管理点和预防措施。安全难点集中在：

高层施工防坠落，立体交叉施工防物体打击；

塔吊、外用电梯使用中的违章操作，以及施工人员的防范意识不足；

井筒、楼梯间、楼层洞口、管道井处防坠落；

外架的安全防护措施及操作前的检查、整改；

各种电动工具的不安全使用，对临电设施的维护、检修；

(5) 临边与洞口的安全防护

1) 临边防护措施

所有临边部位均设置防护栏杆，防护栏杆由上、下两道横杆及栏杆柱组成，上杆距地高度为1.2m，下杆离地高度为0.5m；

楼、电梯洞边外用电梯接料平台必须安装临时护栏，外用电梯地面通道上部装设安全防护棚。

屋顶结构施工完毕后，临边设1.5m高的防护栏杆，并加挂立网，间隔2m设栏杆柱。

2）洞口防护措施

进行洞口作业以及在因工程和工序需要而产生的，在使人与物有坠落危险或危及人身安全的其他洞口进行高空作业时，必须设置防护设施。

楼层、屋顶等外边长小于50cm的洞口，必须加设盖板，盖板须能保持四周均衡，并有固定其位置的措施。边长为50～150cm的洞口，必须设置以扣件接钢管而成的网格，并在上面满铺脚手板。边长大于150cm以上洞口，四周除设防护栏杆外，洞口下面设安全水平网。

(6) 塔吊防碰撞措施

对每一台塔吊的工作区进行合理划分，避免出现塔吊交叉作业区。

风力六级及以上时，应停止塔吊作业。

配备有合格操作证的、经验丰富的信号指挥工，确保指挥塔吊回转作业时，低塔的起重臂不能碰撞高塔的起升钢丝绳。

6.5 消防保卫措施

由于本工程所处的特殊地理位置，又受现场条件限制，在施工生产全过程中必须认真贯彻实施“预防为主、防消结合”的方针，确保在我项目不出现消防、伤亡事故。

6.5.1 建立完善的保障体系

在施工的全过程，建立由项目经理牵头，保卫部及安全部主抓，其他部门配合的管理体系，结合工程施工特点，对每位员工进行消防保卫方面的教育培训，做到每个人在思想上足够重视。

6.5.2 消防保证措施

严格遵守有关消防、保卫方面的法令、法规，配备专、兼职消防保卫人员，制定有关消防保卫管理制度，完善消防设施，消除事故隐患。

新工人进场要和安全教育一起进行防火教育，施工现场值勤人员昼夜值班，搞好”四防”工作。分包单位在总包方的监督检查下，建立分包内部的逐级防火责任制，加强民工消防教育。

现场设有消防管道、消防栓，楼层内设有消防栓，并有专人负责，定期检查，保证完好备用。

施工现场不允许吸烟，生活、办公区设置吸烟处，除特殊批准外，不允许使用电炉，并且在生活区、办公区及现场设置足够消防器材。

坚持现场动火审批制度，电气焊工必须持证上岗，严格按规程进行操作，工作时配备灭火器材，操作岗位上禁止吸烟。对易燃、易爆物品的使用要按规定执行，指定专人，设库存放分类管理，在存放处挂明显警示牌，对于此类材料，严格执行限额领料制度。

现场及楼层内的临时设施应经常检修，挂明显标志牌，任何人不允许私自挪动或改为他用。

6.5.3　保卫措施

加强对每位员工的思想教育工作，建立有针对性的保卫制度和处罚制度。

现场经警实行24h值班制度，进出场车辆必须进行登记。现场每位员工必须佩戴胸卡进出现场，对于来访者要进行登记。

实行材料出门签条制度，材料出场必须有物资部签发的出门条，其他部门的签发无效，现场贵重物品必须入库保管，专人专管。

6.6　环保措施、文明施工

文明施工是建筑施工形象的窗口，是施工现场综合管理水平的体现，贯穿于项目施工管理的始终，文明施工不仅涉及项目每位员工的生产、生活及工作环境，更主要的是本住宅楼工程地处市中心，对周围环境及居民的影响更大。

我公司在文明施工方面一直注重管理，强调落实，并形成了规范化、制度化，依据公司文件并结合本工程特点，我经理部制定了文明施工的保障体系，责任到人，层层把关。

6.6.1　文明施工管理措施

1）土方工程施工前，对周边居民进行走访，了解居民意见并提出切实可行的解决措施，确保周边居民的正常生活。

2）施工现场临时道路须进行硬化，以防止尘土、泥浆被带到场外。

3）设专人进行现场内及周边道路的清扫、洒水工作，防止灰尘飞扬，保护周边空气清洁。

4）建立有效的排污系统。

5）合理安排作业时间，将混凝土施工等噪声较大的工序放在白天进行，在夜间避免进行噪声较大的工作（表6-1）。

施工阶段作业噪声限值一览表（单位：dB）　　**表6-1**

施工阶段	主要噪声源	噪声	限值
		白天	夜间
土方	装载机、打夯机等	75	55
结构	混凝土搅拌机、振动器、电锯等	70	55
装修	吊车、升降机等	65	55

6）夜间灯光集中照射，避免灯光干扰周边居民的休息。

7）出场车辆必须经过冲洗，避免将尘土、泥浆带到场外，运输散装材料的车辆，车箱后封闭，避免撒落。

8）行政部抓好办公、生产区域的环境卫生工作，设置专职保洁人员，保持现场干净清洁，并设置专门的生活垃圾回收站，并予以定时清运。现场的厕卫设施、排水沟及阴暗潮湿地带，予以定期进行投药、消毒，以防蚊蝇、鼠害孳生。

6.6.2　降噪专项措施

1）主体施工阶段，结构外墙外侧为全封闭双排脚手架，用密目网进行围挡。

2）使用对讲机指挥塔吊。

3）采用碗扣式支撑体系，减少因拆装扣件引发的高噪声，监控材料机具的搬运，轻拿轻放。

4）主动与当地政府联系，积极和政府部门配合，处理好噪声污染问题，加强对职工的教育，严禁大声喧哗。

5）夜间如有混凝土浇筑时，采用低噪声振动器。

6.6.3 协调周边居民关系措施

在本工程的施工过程中，经理部将采取各种措施保持与周边居民和睦友好的关系。为实现这一目标，应采取以下措施：

1）开工之前，主动拜访附近的单位、居民委员会，说明我公司在施工将采取的防扰民措施，针对其提出的要求采取相应的措施，并将所采取的措施反馈给他们，以获得对方的信任和理解。

2）在每周一次的安全会上，防扰民教育也将作为一个内容进行教育。使该地区处于一个较为稳定的环境中。

3）在不影响施工和力所能及的前提下，主动为附近社区建设做贡献，所采取的活动应以解决实际问题为原则，以求得居民的协助和理解。

6.7 成品保护

(1) 上道工序与下道工序之间要办理交接手续，证明上道工序已完成，可进行下道工序。

(2) 分包在进行本道工序施工时，如需要碰动其他专业的成品，本道工序施工的分包必须以书面形式上报经理部，经理部协调好后方可进行作业。

(3) 模板吊装时轻起轻放，拆模时不得用大锤硬砸或撬棍硬撬。拆模时要严格遵守拆模强度要求。

(4) 混凝土施工完后未到规定强度的部位不得上人踩踏。

(5) 楼地面施工用砂浆在运输过程中，应防止破坏门框等成品，并应在砂浆达到强度后方可上人，严禁在做完的地面上拌合砂浆。

(6) 在立好木门框后，应在 1.2m 以下部位使用多层板将门框周圈包钉好，防止碰撞。

(7) 砂浆、面砖在运输过程中，应注意防止破坏门框及各种饰面阳角。

(8) 油漆施工前将地面清理干净，各种五金管件做好保护。油漆未干前，应设专人看护，防止触摸。

(9) 施工过程中要注意其他专业成品的保护，不得蹬踏各种卫生器具、水暖管道、铝合金门窗等。

(10) 在装修阶段进行入户电气焊作业时，要用挡板等保护焊点周围的瓷砖、地砖、防水材料等成品。

6.8 现场料具管理

现场料具管理是施工现场管理的重要内容，也是场容场貌状况的具体体现，现场料具的管理到位对减少安全隐患、降低施工成本起着关键作用。

6.8.1 材料存放

1）根据现场平面布置图，各种料具应按指定位置存放，并分规格码放整齐、稳固，做到“一头齐，一条线”。

2）施工现场的机具保管中，应依据材料性能采取必要的防雨、防潮、防冻、防火、防爆、防损坏等措施，贵重物品、易燃、易爆和有毒物品应及时入库，专库专管，加设明显标志，严格执行领退料手续。

3）进入装修阶段后，现场将输入大量砌块，在码放时注意实心砖应成丁、成行，高度不得超过 1.5m，空心砌块码放高度不得超过 1.8m。

4）钢模板要存放在专用的堆放架内，木方、多层板必须按规格码放整齐。

5）材料要根据施工进度计划分批进场，以免进料太多，造成拥挤，夜间进场的料具要及时吊至所需部位，不能占用大门口或道路。

6.8.2 材料节约措施

1）依据施工方案，总包方与分包方在施工前，应签订“材料投入量明细表”，明确材料所用部位以及周转方式，一经确定，任何人无权更改材料投入量，如在施工中出现材料紧缺，必须查明原因，再进行增补。

2）技术部依据图纸及施工方案，应准确提出材料计划、规格、技术要求、使用部位、进场时间，避免多提或少提，材料计划应下发到物资部、工程部、商务经理处。

3）在施工生产过程中，为杜绝材料浪费及使用不当，各部门应各负其责，把好每道关。技术部应经常到现场检查方案的执行情况；工程部对在施工中不正确使用料具应及时纠正；物资部对施工中发生的料具浪费情况及时做出处理。

4）物资部应经常对现场进行检查，对零散的料具进行集中，对剩余的料具及时把信息反馈到技术部，由技术部统一考虑用于其他部位。

5）混凝土浇筑前，工程部应仔细计算工程量，确保用量的准确性。浇筑完毕后，剩余的部分不允许随便处理，现场需制作模具，用于预制盖板的加工。

6）砌筑砂浆现场搅拌，应控制搅拌量，砂浆应随砌随搅，避免一次搅拌过多。

7）料具管理过程中，物资部应建立节约计划、效果台账及限额领料台账。

7 经济效益分析

7.1 钢筋直螺纹连接技术

本工程建筑面积为 148364.22m^2，钢筋总量为 13000t。本工程对直径不小于 18mm 的钢筋均采用直螺纹连接，接头个数为 80500 个，在施工中不仅加快了钢筋绑扎速度，保证了钢筋接头的连接质量，更为工程节约了成本。经测算，按当时的钢材市场价格，粗钢筋采用直螺纹连接，较绑扎接头可为工程节约成本 24.15 万元，取得了较好的经济效益。

7.2 清水混凝土施工技术

本工程为高级住宅项目，混凝土剪力墙较多，施工时采用了清水混凝土施工技术。本工程地下、地上混凝土墙柱采用大钢模板；此外，还从测量控制、钢筋绑扎、混凝土施工等多环节加强管理，使本工程混凝土墙体、柱达到了清水混凝土标准，免去了抹灰工序，1：3水泥砂浆抹灰按平均厚度18mm计算，剪力墙面积共370910m^2，每立方米1：3水泥砂浆按200元计算，仅这一项就为工程节约了133万元。而且免去了抹灰后增加了室内使用的净空间，杜绝了抹灰空鼓、起壳等质量通病，大大缩短了装修工期；同时，减少了现场的湿作业，有利于现场的文明施工。

7.3 新型变压防串烟、防倒灌通风道的应用

新型变压防串烟、防倒灌通风道系专利产品，并列为国家康居示范工程选用产品，为2002年建设部科技成果推广项目。本产品是以1：2水泥砂浆配比，内夹10mm×10mm玻璃纤维网格布人工抹制而成，经28d自然养护成型。风道的安装每三层应设角铁承托，风道的接头接缝满涂891胶水泥素灰浆密封即可，保证了质量和工期。经综合计算，比采用钢筋混凝土风道节约成本7%，比钢筋网水泥砂浆风道、砌筑水泥砂浆风道节约成本9%，经济效益十分显著。

第十七篇

沈阳克莱斯特国际外商公寓工程施工组织设计

编制单位：中建八局大连公司

编 制 人：周珂章　刘大为　施劲松　李鹏飞　张林　王文秀　高义民

审 核 人：刘桂新

[简介] 该工程基坑深度达15m，且水势复杂；地下室底板施工过程中采用先进的电子测温系统，减少了混凝土因温度应变产生的裂缝，保证了工程质量；采用大模板施工工艺，达到了清水混凝土效果；碗扣式支撑体系的应用加快了施工进度，降低了劳动强度，且支撑体系中采用早拆体系，大大提高了模板周转效率，降低了支撑体系及模板的投入量，缩短了工期，使主体结构施工平均4d/层；另外，在科技推广过程中，各种小发明也是本工程的特色。

目　录

1 工程概况

1.1 工程简况

沈阳克莱斯特国际外商公寓工程由 9 栋地下层、地上层的点式剪力墙结构高层住宅，一栋 9 层框架结构住宅以及 16 层省供销社办公楼组成。建筑面积 28 万 m^2。1、3、4、8 临街楼号地下一、二层为商用房，三层以上为高档住宅，并通过两层商用裙房相连；非临街楼号地上全部为商品房，从一层开始即为标准层。其中 5、6、7 号楼地下各有一个大型地下室通过人防通道相连，和平时期作为车库使用，战争时期作为人防工程，其他楼号地

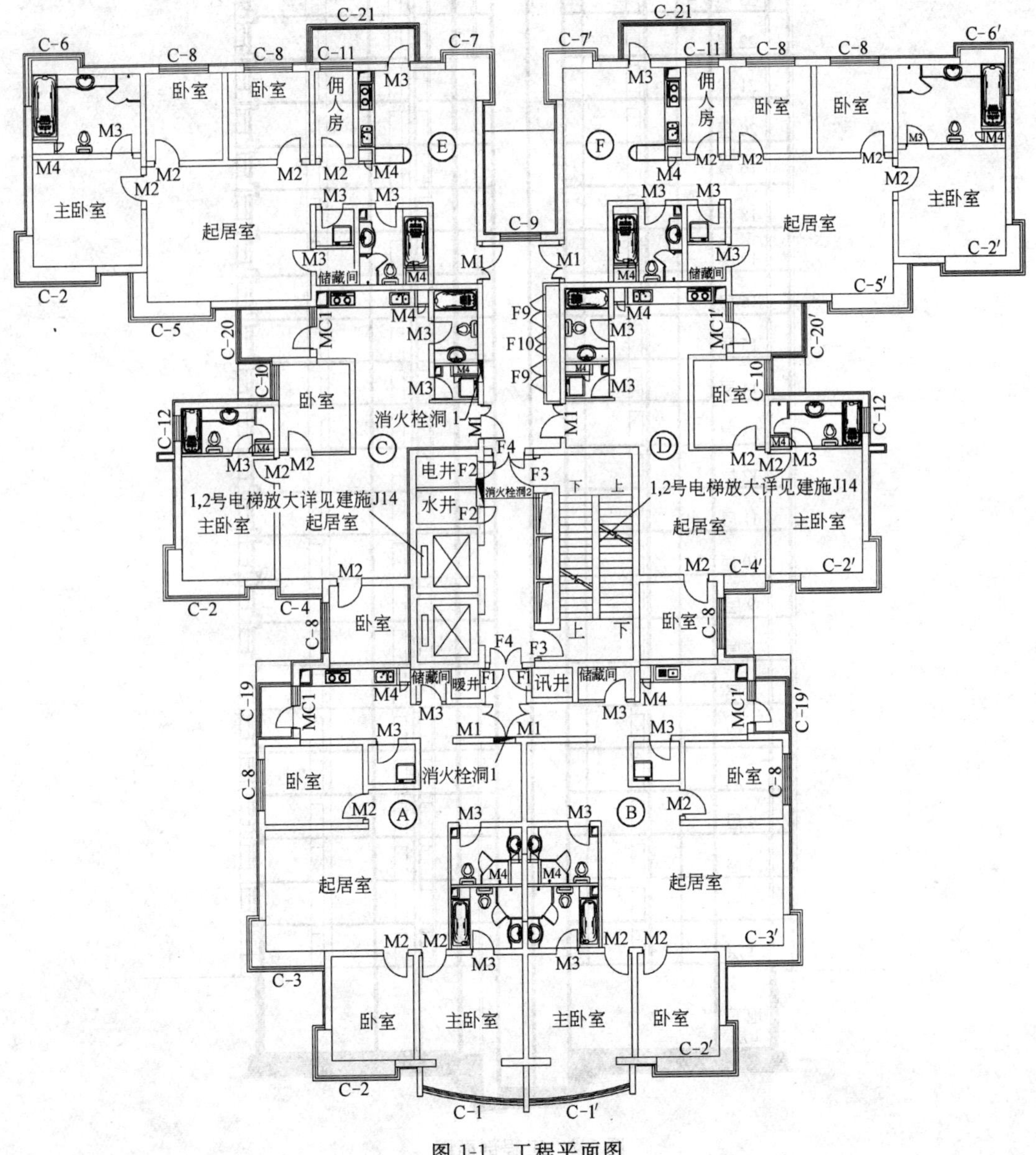

图 1-1 工程平面图

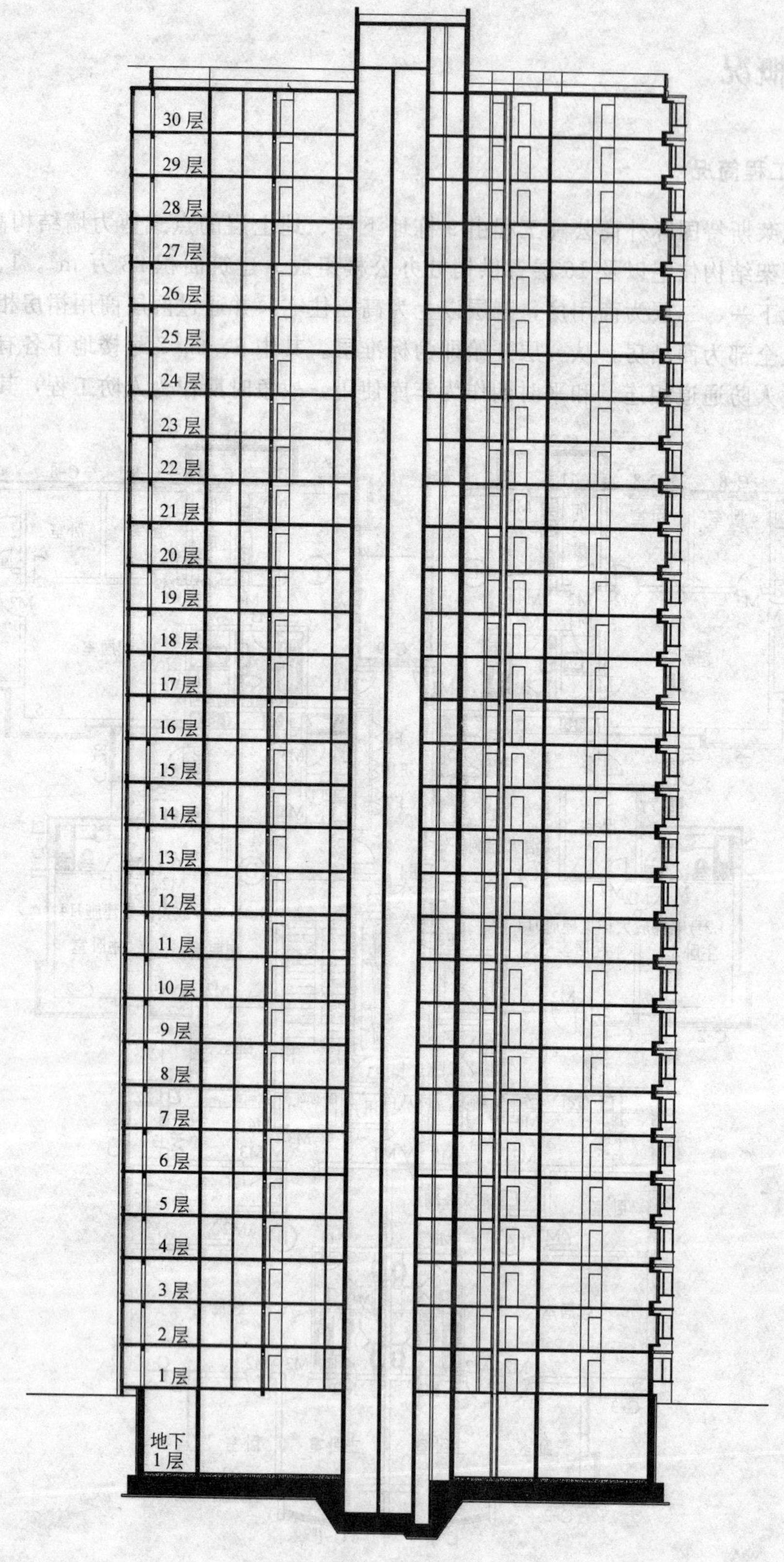
30层
29层
28层
27层
26层
25层
24层
23层
22层
21层
20层
19层
18层
17层
16层
15层
14层
13层
12层
11层
10层
9层
8层
7层
6层
5层
4层
3层
2层
1层
地下
1层

图 1-2　工程剖面图

下室通过人防通道与其相连。

1.2 建设概况

本工程位于沈阳市黄河南大街38号，建筑面积28万m^2，是集居住、购物、休闲为一体的高级住宅小区。2002年6月15日开工，2004年11月30日竣工，质量目标为沈阳市优质工程。

本工程9栋高层通过人防通道与地下车库相连，层高2.9m，檐口高度87m，为点式高层住宅，1号、3号为精装房，其余楼号为简装房。外窗采用隔热铝合金窗，室内细石混凝土地面，墙面刷仿瓷大白浆，安装烟感报警、门窗报警，采用铝塑复合管、板式散热器采暖，24h提供热水和直饮水，每栋楼安装2部高速电梯。室内公共走廊采用石膏板吊顶、自流平地面，高级内墙涂料。外墙5cm厚挤塑苯板保温，弹涂深灰色高级弹性外墙涂料。园区布置音乐喷泉、葡萄园、盆景园、老年人健身处、儿童游乐场等休闲、健身场所。

场地基本烈度为7度，建筑场地类别属Ⅱ类。地下水类型为潜水，水位稳定在自然地面以下5.0m，对混凝土无侵蚀性。地表以下依次为杂填土、粉质黏土、中砂、砾砂。本工程持力层为砾砂层，地基承载力设计值$f_k=440kPa$。本工程为剪力墙结构。

本工程施工重点和难点：地下室基坑降水、地下室底板大体积混凝土施工、地下室地面混凝土施工、地上部分清水混凝土施工、外墙保温、外墙涂料等工序。

工程平面图、剖面图见图1-1和图1-2。

2 施工部署

本工程建筑面积28万m^2，施工过程中，施工部署是关键。2002年6月15日工程开工，2002年12月20日7～10号楼主体封顶，并将2.5万m^2的地下室施工完毕。既有了良好的工程形象，又为1～5号楼施工提供了施工场地。2003年8月份，8栋高层陆续封顶，接着组织土建施工队进行裙楼结构、还省社办公楼结构施工。2003年8月底，7～10号楼初装修完成，进入精装修和设备安装调试阶段，初装修施工队转入1～5号楼施工，至2003年底，7～10号楼精装修完成，1～5号楼初装修完成；2004年8月底，1～5号楼进行精装修完成，还省社办公楼初装修完成，9月份开始进行动迁楼和自行车库主体结构施工，11月30日，动迁楼、自行车库主体封顶。1～10号楼、还省社办公楼竣工。2005年6月30日。动迁楼、自行车库工程竣工。

2.1 施工进度计划

开工日期定为2002年6月15日，竣工日期为2004年11月30日。总工期898d。

2.1.1 结构施工

2002年，7～10号楼主体封顶，2.5万m^2地下室完成；

2003年，7～10号楼达到竣工条件，1～5号楼初装修完成；

2004年，1号楼、3号楼精装修竣工，还省社办公楼竣工，动迁楼主体结构完成。

2.1.2　机电工程施工

安装队伍计划 2002 年 8 月 1 日进场，配合土建做预留预埋。

至 2002 年 12 月 15 日，7～10 楼给排水、消防、采暖主干管道安装、试压完成；

2003 年 7～10 号楼安装调试完成达到竣工条件，1～5 号楼完成 80%。

2004 年 1～10 号楼、还省社办公楼安装调试完成，动迁楼给排水、消防、采暖立管、支管安装、打压完工。

2.1.3　装修工程施工

2003 年 7 月，7～10 号楼地下室、主楼初装修完成，2003 年 11 月 30 日，电梯前室精装修完成，1～5 号楼初装修完成。2004 年 11 月 30 日，1～10 号楼，还省社办公楼精装修完成。2005 年 6 月 30 日，动迁楼初装修完成。

2.1.4　进度控制点

根据本工程实际情况制定以下六个进度控制点：

第一进度控制点：2002 年 10 月 12 日，地下室结构完；

第二进度控制点：2002 年 12 月 20 日，7～10 号楼主体结构完；

第三进度控制点：2003 年 8 月 18 日，7～10 号楼初装修完，1～5 号楼主体结构完；

第四进度控制点：2003 年 11 月 30 日，7～10 号楼精装修完成，1～5 号楼初装修完；

第五进度控制点：2004 年 11 月 30 日 1～10 号楼、还省社办公楼竣工，动迁楼主体结构封顶；

第六进度控制点：2005 年 6 月 30 日，动迁楼竣工。

为了实现工期目标，各道工序在安排上要紧密结合，严格按施工进度计划和施工流水节拍进行。

2.2　劳动力部署

本工程劳务选用 4 支素质良好、有丰富施工经验的劳务队伍，每个劳务队伍负责一个高层施工。2002 年 4 支队伍分别施工 7～10 号楼主体结构，2003 年 3～8 月份施工 1～5 号楼主体结构；2003 年 9 月份转入施工裙楼主体结构；2004 年留一支施工队，组织施工还省社办公楼和动迁楼。主体施工阶段高峰期施工人数超过 2500 人，其中每个施工队投入木工 180 人，钢筋工 90 人，混凝土工 50 人，架子工 20 人，普工 50 人，安装工 30 人。

初装修施工阶段，投入瓦工 50 人，抹灰工 60 人，普工 50 人，安装工 90 人。

各专业施工队伍，根据施工进度与工程状况按计划、分阶段进退场，保证人员的稳定和工程的顺利展开。

2.3　周转材料用量

本工程主要周转工具采用：型钢为龙骨，面板为 6mm 厚的全钢大模板及覆膜竹胶板，电梯井定型钢筒模、钢管、脚手架及微调螺丝杆。各种材料用量计划如下：

大模板 4800m^2，12mm 厚覆膜竹胶板 13000m^2，木方 260m^3，电梯井定型钢筒模 8 套，ϕ48 钢管 800t，微调螺丝杆 5000 个，扣件 9 万个。

2.4　施工分段及施工顺序

1）施工分段

为保证工程工期及工程质量，在施工安排上采取平面流水、立体交叉作业的施工部署。在地下结构施工时，按照后浇带划分施工段，地上主体结构分成两个施工段，剪力墙与梁板混凝土分开浇筑施工。

2）施工顺序

基底清理⟶垫层⟶地下室底板⟶地下室一段结构⟶地上 n 层一段剪力墙施工⟶地上 n 层一段梁、板施工⟶地上 n 层二段剪力墙施工⟶地上 n 层二段梁、板施工⟶屋面施工⟶墙体砌筑⟶内门框安装⟶粗装修施工。

在结构施工至十层时，自下而上开始穿插砌体结构施工。

2.5 主要施工方法

2.5.1 地下室施工

地下室底板混凝土按照后浇带划分施工段。底板模板使用砖模，水泥砂浆压光。底板钢筋连接使用直螺纹接头，减少焊接工作量，加快施工速度。底板混凝土垫层、底板混凝土使用混凝土汽车泵浇筑。底板混凝土采用保温养护，电子测温仪测温，根据混凝土实测温差，随时增加覆盖材料，避免混凝土出现收缩裂缝。

为保证地下室外墙防水质量，外墙水平施工缝使用钢板止水带。钢板止水带平面拐角处使用 BW-2 止水条加强防水效果，吊模使用保温效果好的竹胶板，能避免出现温度裂缝。

地下室抗渗混凝土掺加 UEA 微膨胀剂以达到防水效果。

2.5.2 主体施工

采取剪力墙混凝土与梁、板混凝土分开浇筑的方法。梁板与墙分开浇筑，墙施工缝留在板底标高向上 10mm，与核心筒相连的梁，在墙施工时留预留洞，梁钢筋后置、混凝土后浇。

（1）墙模采用大模板施工，梁板采用 10mm 厚覆膜竹胶板施工。

（2）电梯井采用筒模施工。

（3）全部采用商品混凝土泵送。

（4）混凝土浇筑采用布料机。

（5）地下室混凝土浇筑时，使用汽车泵和固定混凝土泵。

（6）外脚手架采用双排落地脚手架。

2.5.3 机电安装

先施工主干管、后施工主支管及附件，先系统试压、冲洗、后防腐、保温。

在同一空间内，先施工给排水，后施工通风管，再施工冷水、热水，最后施工电气槽架、线槽。

2.5.4 装修阶段

装修的隔墙工程，滞后机电主管安装，机电管线安装完后墙面抹灰、地面施工等跟进施工。粗装修工程本着先公共区域后后勤区域原则进行，在公共区域精装修时后勤区域仍可以进行粗装修施工。

工程的整体进度，在结构施工时外装修分包单位必须随土建进度安装幕墙预埋件；在结构施工至十层时，砌筑分项工程自下而上开始穿插施工。

2.6　施工机械的选择

根据工程具体情况和进度要求，分阶段配置各种机具，详见总平面布置，主要机具如下。

2.6.1　垂直运输机械

根据本工程的使用大钢模实际情况，为保证工程的连续性，满足工程需要，每栋楼安装1台FO/23B的塔机。FO/23B塔机主要参数为：覆盖半径50m（构造长度51.7m），平衡臂长12.5m，平衡臂宽2.5m，自由高度59.8m。塔吊分三次锚固，分别锚固在八层、十九、二十六层。吊重参数见表2-1所列：

吊重参数表　　表2-1

臂长(m)	14.5	16	18	20	22	24	26	30	32
吊重(t)	10	8.9	7.8	6.5	6.2	5.6	5	4.4	4.05
臂长(m)	34	36	38	40	42	44	46	48	50
吊重(t)	3.75	3.5	3.3	3.1	2.9	2.7	2.55	2.45	2.3

2.6.2　施工电梯

在施工到十层时，各楼分别安装一台SCD200/200双笼施工电梯，用于人员上下，小型工具、材料运输。电梯与楼体每一层锚固一次。锚固方法为楼层上埋设预埋件。安装平面图如图2-1所示。

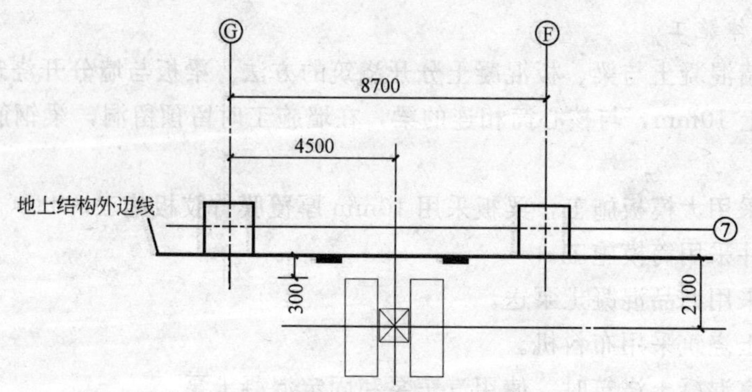

图2-1　施工电梯平面布置图

塔吊、施工电梯供电均单独引线，设专门配电箱，电缆采用五芯橡胶电缆。

2.7　总平面布置

工程能否顺利进行，在很大程度上取决于合理的施工平面布置，保持各设备的布局，施工现场道路的畅通将是至关重要的。本工程沿建筑周边布置临时道路，办公区、生活区、施工区三区分离，地下室施工时，材料加工堆放场地沿道路两边放置，并置于塔吊工作范围之内，便于材料装卸和倒运。地下室结构施工完毕，主体结构施工时，钢筋加工堆放场地，模板堆放场地布置在各楼附近，便于料具、材料倒运。施工场地依园区设计道路硬化，作为施工临时道路。材料加工堆放场地采用60mmC10混凝土硬化。

塔吊作业区覆盖施工区、材料加工堆放场地 90%以上，初装修阶段，施工电梯布置在南侧落地窗位置。搅拌机布置在施工电梯附近，砌筑材料、水泥库、砂石堆场亦布置在施工电梯和搅拌机附近，以便于材料运输。

施工总平面图详见图 2-2 所示。

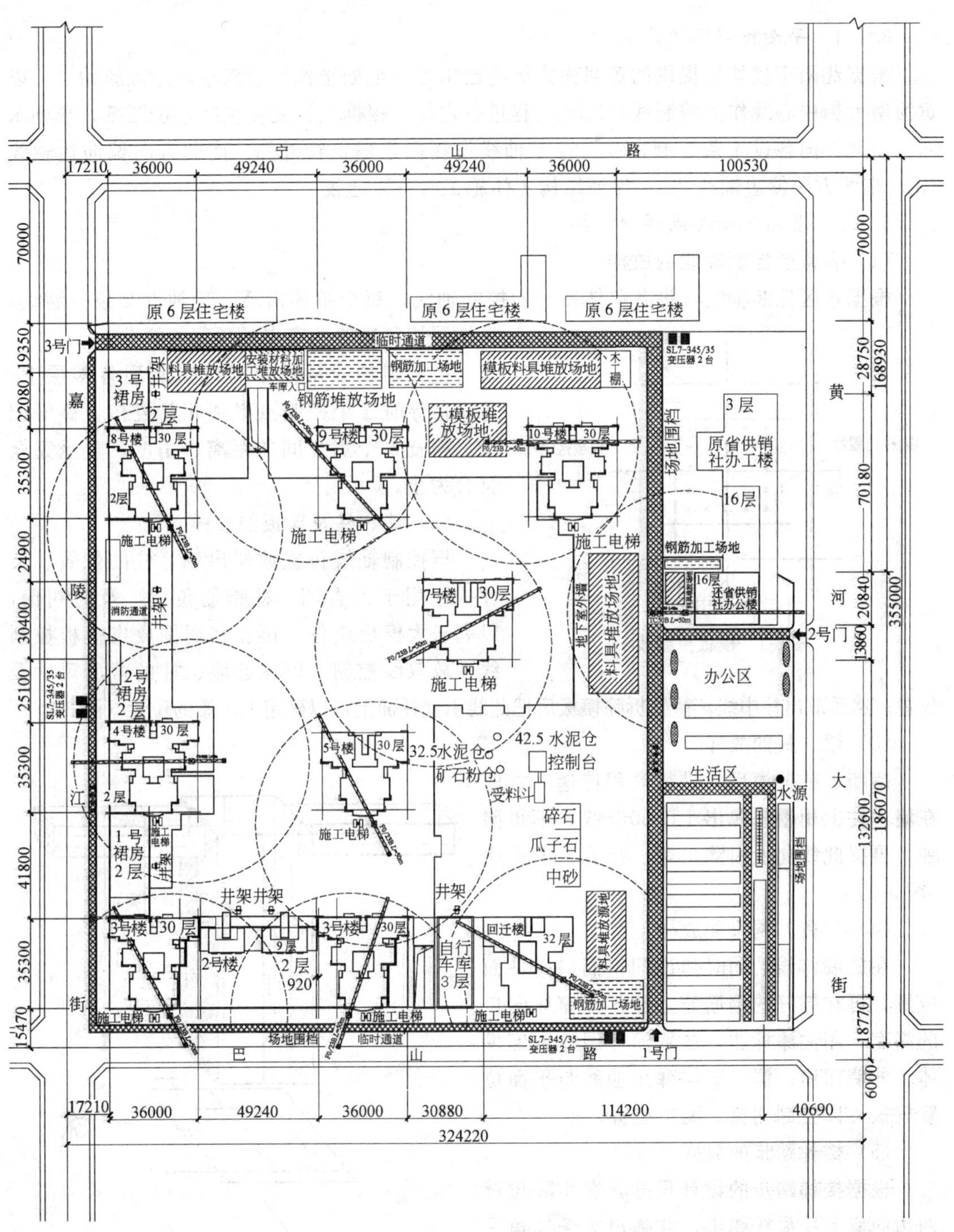

图 2-2 施工总平面图（单位：mm）

3 主要分项工程施工方法

3.1 施工测量

3.1.1 平面控制网的建立

根据沈阳市规划处提供的黄河南大街与巴山路交汇处坐标作为该小区定位原始点，以黄河南大街中心线作为控制线，对该工程进行定位。根据设计院提供的定位图纸，现场东西、南北方向各设 4 条控制轴线，控制轴线设在拟建建筑物外侧，南北方向偏向边轴线 4m，东西方向偏边轴线 2m，保证结构主体施工时可以通视。

3.1.2 各施工细部点详细放样

(1) 各楼层控制轴线的放样

根据小区控制轴线，设各单体楼号的控制轴线。每个单体沿 X、Y 轴设 2 条控制线，在楼层控制轴线的交点处预留放样孔。

墙、柱位置线
模板控制线
柱中线

图 3-1 模板控制线

把控制轴线从预留洞口引测到各楼层上，每次传导时 4 个控制点必须相互复核，做好记录，检查 4 个点之间的距离、角度，直至完全符合为止。

(2) 墙、柱及模板的放样

据控制轴线位置放样出墙、柱的位置、尺寸线，用于检查墙、柱钢筋位置，及时纠偏，以利于大模板就位。再在其周围放出模板控制线。放双线控制，以保证墙、柱的截面尺寸及位置。然后放出柱中线，待柱拆除摸板后把此线引到柱面上，以确定上层梁的位置（图 3-1）。

(3) 梁、板的放样

待墙、柱拆模后，进行高程传递，立即在墙、柱上用墨线弹出＋0.50m 线，不得漏弹，再据此线向上引测出梁、板底、模板线（图 3-2）。

(4) 门窗、洞口的放样

在放墙体线的同时弹出门窗洞口的平面位置，再在绑好的钢筋笼上放样出窗体洞口的高度，用油漆标注，放置窗体洞口成型模体。外墙门窗、洞口竖向弹出通线与平面位置校核，以控制门窗、洞口位置。

(5) 楼梯踏步的放样

根据楼梯踏步的设计尺寸，在实际位置两边的墙上用墨线弹出，并弹出 2 条梯角平行线，以便纠偏（图 3-3）。

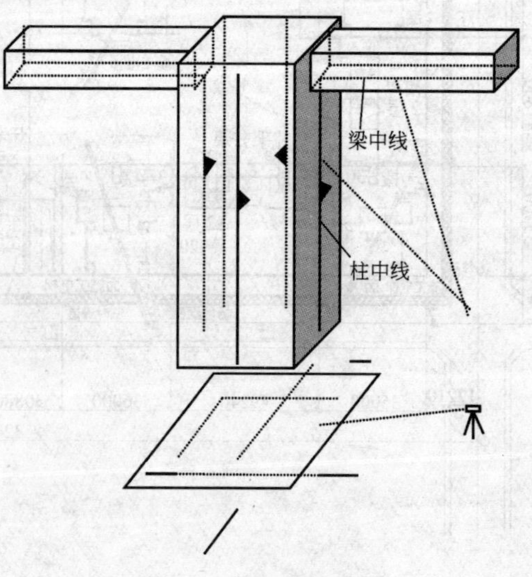

图 3-2 梁、板的放样

3.1.3 高程测量

在一层核心筒墙壁上设置一个永久性标高点，其正上方紧靠核心筒留置预留洞，其标高可用钢尺引测上去，并设置每层永久性的楼层+1.00m标高基准点，用红油漆标注，不经许可，不得覆盖或破坏。以后，每层用经纬仪在预留洞处沿核心筒的竖向方向引一通长直线，以消除钢尺的垂直误差。为了尽可能避免因传导的次数而造成累计误差，在施工中高程每10层用钢尺复测一次，及时纠正误差。标高允许偏差：层高不大于 ±10mm，全高不大于 ±30mm（图 3-4）。

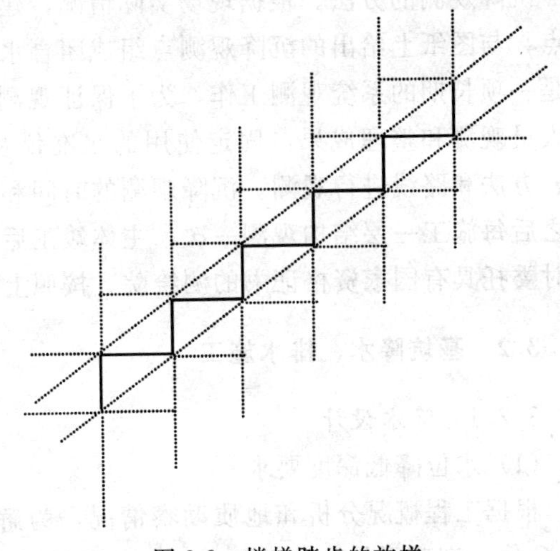

图 3-3 楼梯踏步的放样

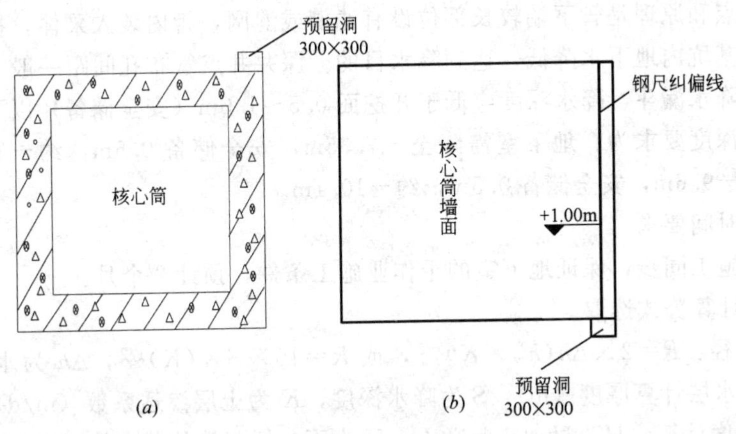

图 3-4 高程测量

3.1.4 沉降观测

观测点的布置及做法。根据图纸上观测点的位置，由专业测量单位负责观测，观测点采用浇筑后钻孔设置（图 3-5）。

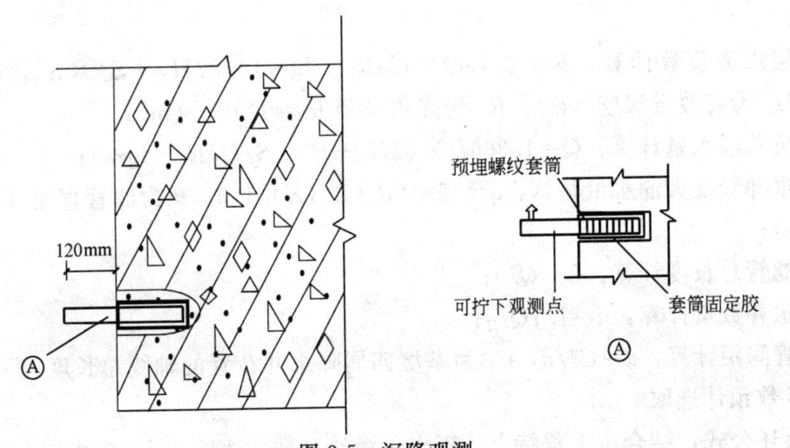

图 3-5 沉降观测

沉降观测的方法。根据现场实际情况，建筑物内选择坚固稳定的地方，埋设3个水准基点，与图纸上给出的沉降观测点组成闭合水准路线，以确保观测结果的精确度。沉降观测是一项长期的系统观测工作，为了保证观测成果的正确性，尽可能做到“四定”，即固定人员观测和整理成果，固定使用的水准仪及水准尺，固定的水准点，以及按规定的日期、方法和路线进行观测。沉降观测的时间和次数根据地基基础施工规范上规定，基础做好之后每施工一层结构观测一次，主体竣工后每月观测一次，并做好每次的观测记录。必要时委托具有国家资格证书的测绘院，按照上述方案来完成此工作。

3.2　基坑降水、排水施工

3.2.1　降水设计

（1）水位降低深度要求

根据工程概况分析和地质勘察情况，为解决基坑底隆起或管涌问题，达到增大土质C、Q值，实现干作业施工要求，本工程经过评定后，决定采用深井井点降水措施。深井井点降水的特点和原理是管下端较长部位设有滤槽或滤网，管内装入泵体，提升流入管内的地下水，使基坑内地下水降低，达到降水目的。深井井点管布孔间距一般10～20m，群井形成一定的降水漏斗，降水深度应低于开挖面0.5～1.0m（安全储备）以下。

本区降水深度要求为：地下室需降至－7.35m，安全储备0.5m，约－7.85m；电梯井部分需降至－9.6m，安全储备0.5m，约－10.1m。

（2）降水时间要求

与地下室施工同步，保证地下室的干作业施工条件，预计2个月。

（3）常数计算公式选取

① 影响半径：$R=2\times\Delta h(h_w\times K)^{1/2}$，或$R=10\times S\times(K)^{1/2}$，$\Delta h$为水位降低深度（m），$h_w$为含水层计算厚度（m），$S$为降水深度，$K$为土层渗透系数（m/d）；

② 井点深度计算：$H\geqslant H_1+h+i\times L$，$H$为不包括滤管的井点管埋设深度（m），$H_1$为井点管埋至基坑底面的距离（m），$h$为基坑底面至降水后的地下水位线距离（m），$i$为水力坡降（为1/10～1/8），环形井点系统（本工程为0.5m），L为井点管至基坑中心的水平距离（m）；

③ 环形井点系统引用半径估算：$r_0=(F/\pi)^{1/2}$，F为井点系统所包围的面积（$2500m^2$）；

④ 土层渗透系数计算：$K=0.73Q\times(\lg R_0-\lg r_0)/[(2H_e-S)\times S]$，$Q$为涌水量（$m^3/d$），$H_e$为有效带深度（m），$R_0$为降水半径$R_0=R+r_0$（m）；

⑤ 基坑总涌水量计算：$Q=1.366K\times(2H_e-S)\times S/(\lg R_0-\lg r_0)$；

⑥ 单根井管最大涌水量估算：$q=65\pi\times d\times L$（K）1/3，d为滤管直径（m），L为滤管长度（m）；

⑦ 过滤管总长度计算：$L=Q/q$；

⑧ 降水井数量计算：$n=1.1Q/q$；

⑨ 井管间距计算：$a=C_1/n$，C_1为基坑四周降水井布置的轴线总长度。

（4）常数预计选取

根据上述公式，结合本工程特点计算出：渗透系数为120m/d，含水层有效厚度H为

26.3m，水位降低 S 为 4.05m，影响半径 R 为 455m，井点系统引用半径 r_0 为 28m，基坑涌水量 Q 为 24603m^3/d，单井出水量 q 为 3840m^3/d，井点数量为 7 口，井管间距为 22～28m。

降水设计如图 3-6 所示。

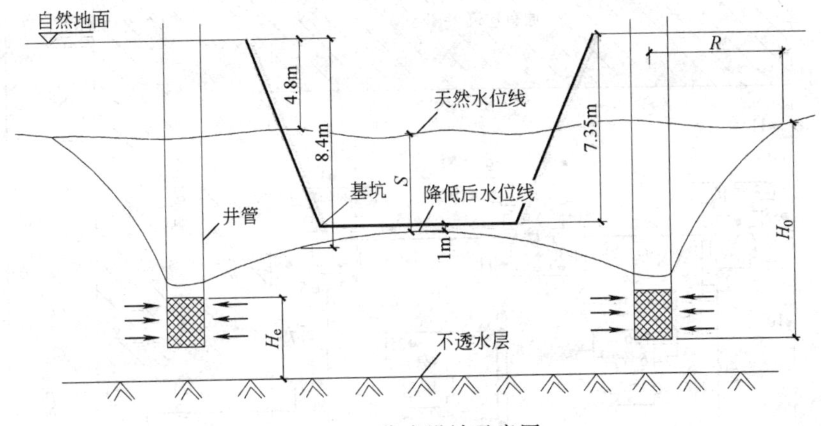

图 3-6 降水设计示意图

3.2.2 井点施工及降水管理

(1) 井点设计

井径采用 700mm，过滤器直径采用 400mm，井深为 24m（井管上部为 2 节长度小于 8m 的水泥井管，下部为 16m 长过滤器），使用钢筋骨架缠丝过滤器（竖筋 ϕ28～ϕ32，外焊 ϕ20 环筋），外包 40 目尼龙纱网一层，并注意接头处包严。填砾规格为粒径 5～10mm 的小砾石，分部均匀系数小于 2.0（图 3-7、图 3-8）。

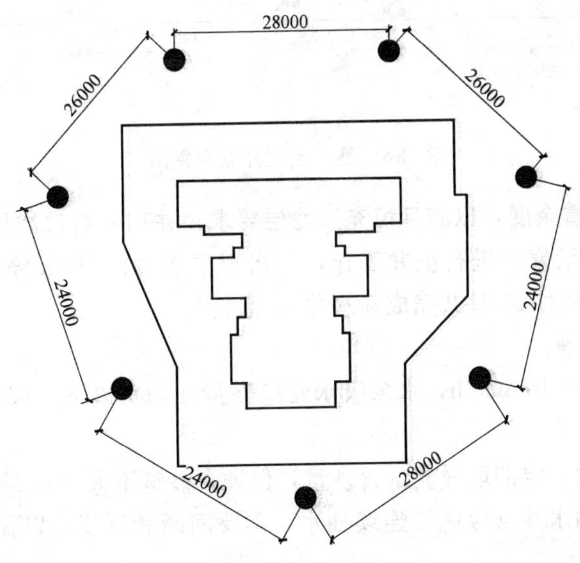

图 3-7 单个工程井点布置图（单位：mm）

(2) 井点施工

采用 CZ20 型 YKC 钻机降水、气冲孔。成孔时，需采用护管及护壁措施，孔径与井

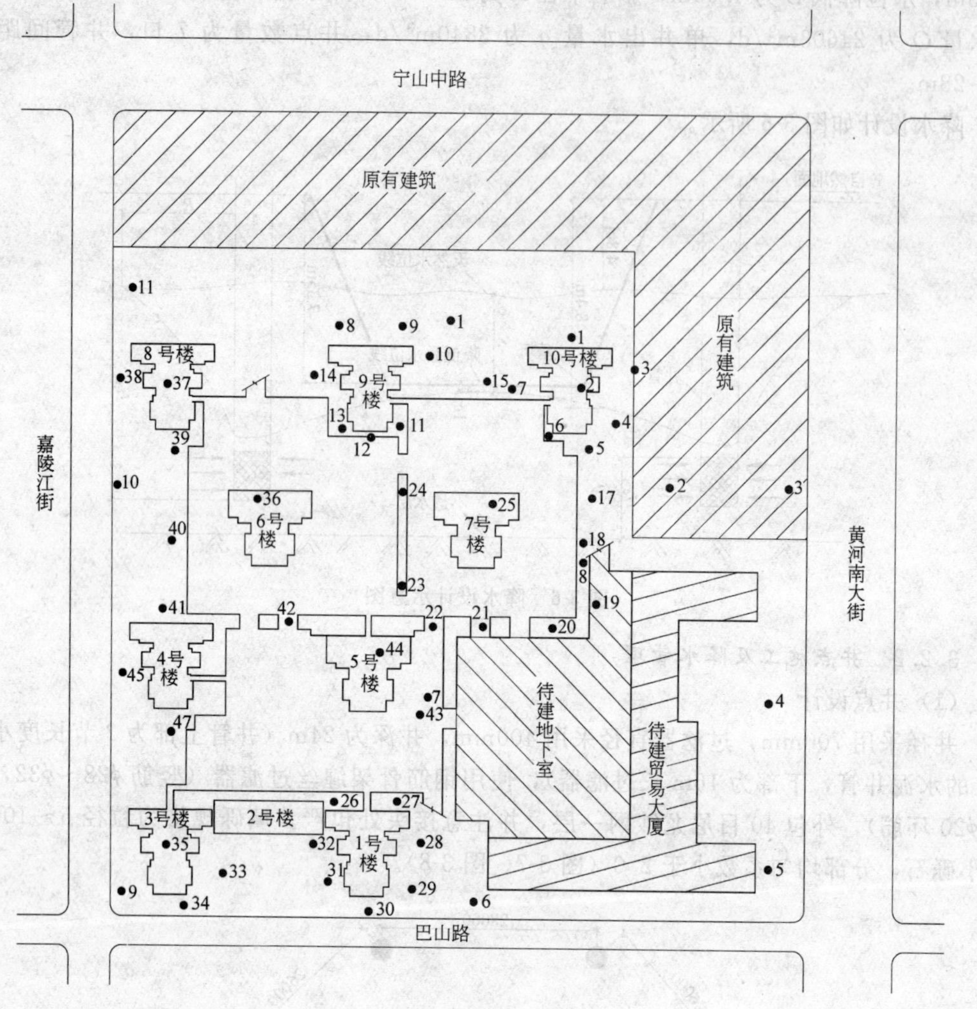

图 3-8　整个工程井点布置图

管外壁要保留 30cm 富余度，以满足填充过滤层要求，并用砂石过滤材料填满，井管安置结束后，用空吸法或活塞法进行洗井工作，到出现清水后再洗 8h 停止。从 2002 年 6 月 19 日开始至 2002 年 9 月 20 日共完成降水井 45 眼。

（3）井点降水管理：

① 水泵采用 100～160m^3/h，水泵吸水管口保持在动水以下，成井后进行单井试抽，检查降水效果；

② 在降水过程中，定期取样测试含砂量，保证含砂量不大于 0.5‰；

③ 正常降水时抽水井点应保持连续抽水，不要间断和反复，以免扰动砂层，造成涌砂现象；

④ 当水位降至设计标高后，视动水位稳定程度和涌水量大小，适时调整水泵出水量，以免降深超限，造成地面沉降；

⑤ 降水期间设置观测孔，进行水位预报，避免施工的盲目性；

⑥ 降水井施工完毕，必须经验收、检验，填写验收报告，合格后方可移动钻机；

⑦ 降水前，进行沉降观测，并记录原始数据，降水后定期进行沉降观测，并记录整理。

3.2.3 数据整理及分析

（1）水位观测记录：

初始阶段每2h记录一次，一周后每4h记录一次，水位稳定后每8h一次，后期每天一次。

沉降观测在降水前进行，开始每天测量一次，水位稳定后每3d一次，挖土结束后每周一次。

（2）Q—T 曲线图：

以9号楼为例，从2002年6月29日起启动降水，至2002年8月26日结束，约20日井点涌水量趋于稳定，前天的日平均涌水量为25460m^3，以后稳定在24600m^{3}左右，降水井点 Q—T 曲线图如图3-9所示。

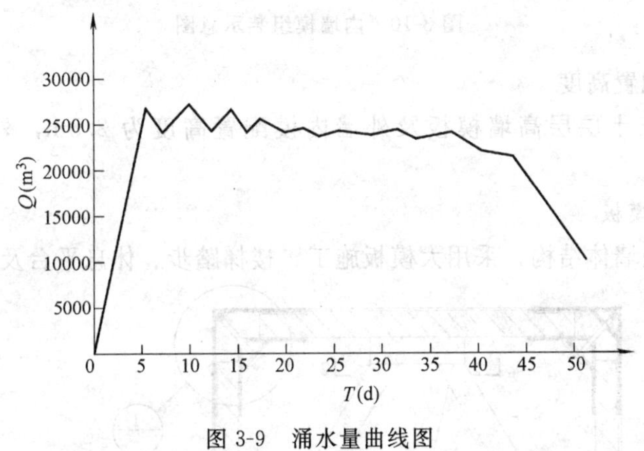

图3-9 涌水量曲线图

3.3 模板工程

3.3.1 剪力墙模板

（1）模板配置

为保证模板配置总量达到最少，使之最大限度地在各流水施工段内周转，阴、阳角模加工成等边角模板，这样平模、角模均能在两个施工段之间内周转。为减少施工工序，保证施工进度，剪力墙之间的连系梁采用定型钢模板施工，混凝土与剪力墙同时浇筑。

（2）模板的构造

1）本工程剪力墙模板采用企口搭接式组拼大模板。模板的面板采用6mm钢板，竖肋采用[8槽钢，间距300mm，上下封头及左右边框为80×8角钢。模板的横背楞采用两根[10槽钢间距55mm焊接而成，穿墙螺栓从两根槽钢空档穿越。横背楞间距900～1400mm。平模与平模、平模与角模之间用M16标准螺栓连接，再用直芯带、角芯带锁紧，这样可以保证模板的刚度、强度。全钢大模板本身带有支腿，用以固定模板的位置及调整模板垂直度，在模板与地面接触的两端有可调螺栓，用来保证模板的水平度（图3-10）。

2）本工程角模采用大阳角小阴角，与相临平模采用钩头螺栓连接固定。阴角、阳角与相临平模成企口搭接。阴阳角模板与墙模之间留2mm间隙，以便支拆。

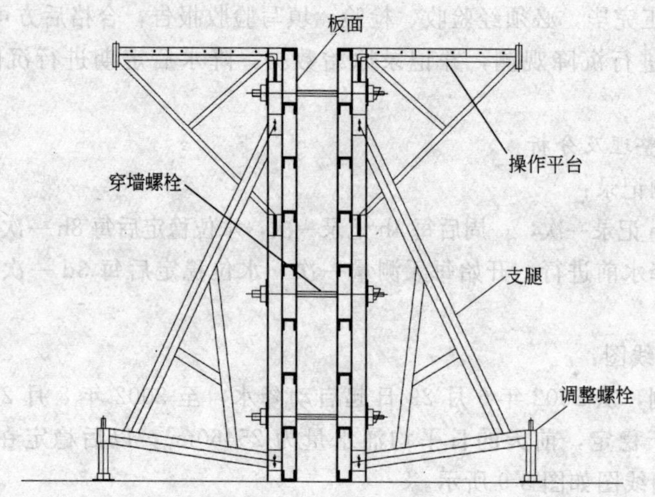

图 3-10　内墙模组装示意图

(3) 模板的配置高度

本工程一至三十层层高墙模板及外墙内模配置高度为 2.8m，外墙外模配置高度为 2.95m。

3.3.2　楼梯模板

本工程楼梯间墙体结构，采用大模板施工，楼梯踏步、休息平台及层间平台施工比楼

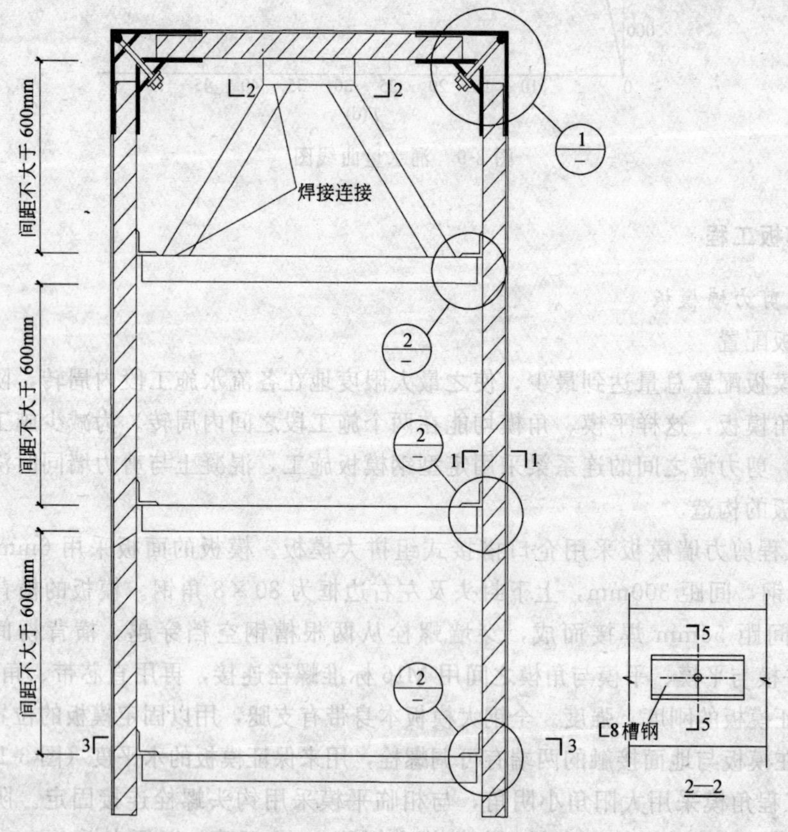

图 3-11　门窗洞口模板加工示意图（一）

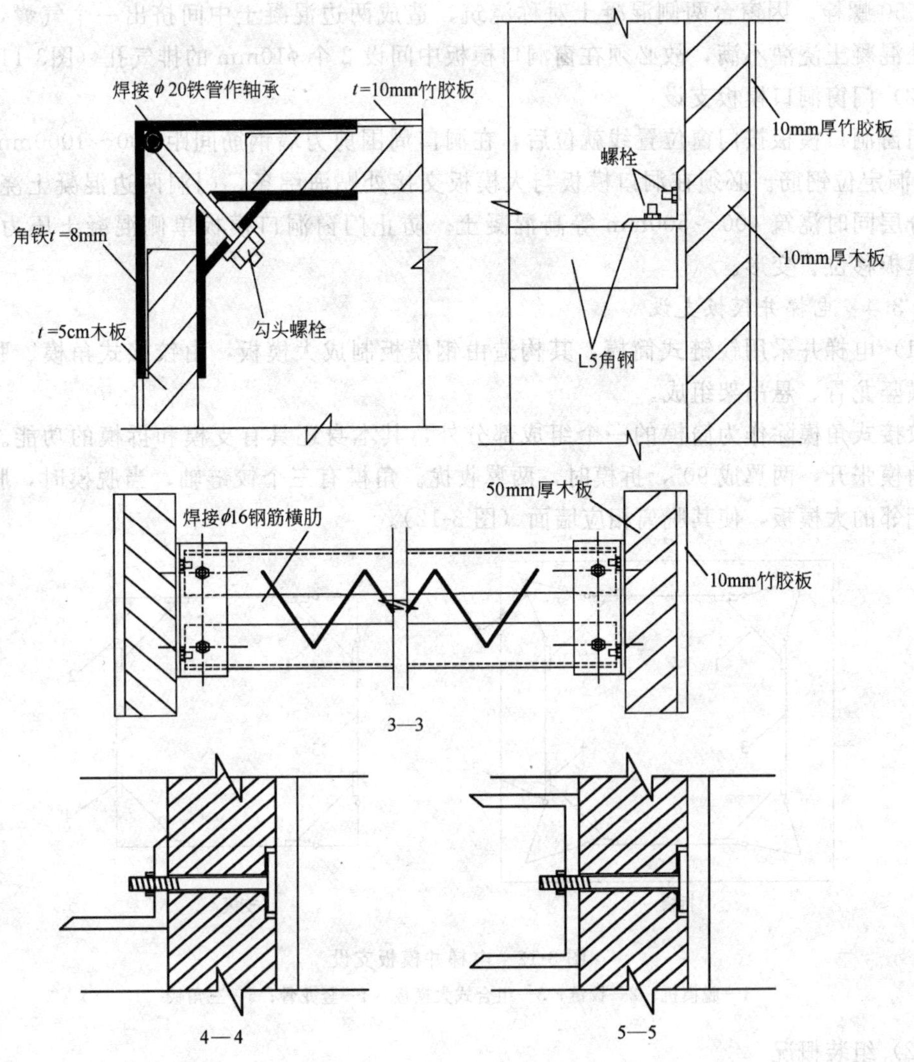

图 3-11 门窗洞口模板加工示意图（二）

梯墙体施工滞后一层。楼梯段底板、休息平台、层间平台模板采用竹胶板，楼梯踏步采用定型钢模板施工。剪力墙混凝土浇筑时，在楼梯梁位置放置木条，预留出楼梯梁位置。

模板拆除后取出木条，然后支设楼梯模板。楼梯踏步板钢筋预留。在绑扎剪力墙钢筋时，在钢筋上标出休息平台位置，插入踏步板钢筋，留出 10cm 的焊接长度，弯在板内，待浇筑完混凝土后将钢筋扳出，混凝土凿毛并将钢筋焊接接长，再浇筑楼梯段混凝土。

3.3.3 门、窗洞口模板的加工及支设

(1) 门窗洞口模板加工：

剪力墙中的门（窗）洞口模板由 3（4）片模板通过 2（4）个角部连接件组成，单片模板用 50mm 厚的白松木板作为骨架，表面衬以 8mm 厚的塑料板，表面塑料板与木板骨架间用铆钉固定，再由角部连接件将几片模板连接在一起。连接外角采用∟140×140、内角采用∟100×100，为保证洞口模板不扭曲、变形，洞口模板内部加设型钢支撑，保证其整体刚度。内部支撑所用角钢均为∟8 角钢，槽钢为[8 槽钢，连接用螺栓为 M16×150、

M16×50 螺栓。因窗台两侧混凝土对称浇筑，造成两边混凝土中间挤出一个气囊，导致窗台处混凝土浇灌不满，故必须在窗洞口模板中间设 2 个 ϕ10mm 的排气孔（图3-11）。

（2）门窗洞口模板支设：

门窗洞口模板按门窗位置线就位后，在洞口周围剪力墙钢筋间距 800～1000mm 设置 ϕ12 门洞定位钢筋。必须在洞口模板与大模板交接处贴海绵条，门洞两边混凝土浇筑时，两边分层同时浇筑 400～500mm 等高混凝土。防止门窗洞口模板单侧混凝土压力过大，导致模板移位、变形。

3.3.4　电梯井模板支设

（1）电梯井采用铰链式筒模，其构造由钢模板制成大模板，由铰接式角模、脱模装置、横竖龙骨、悬吊架组成。

铰接式角模除作为筒模的一个组成部分外，其本身还具有支模和拆模的功能。支模时，角模张开，两翼成 90°，拆模时，两翼收拢。角模有三个铰链轴，当脱模时，脱模器牵引相邻的大模板，使其脱离相应墙面（图 3-12）。

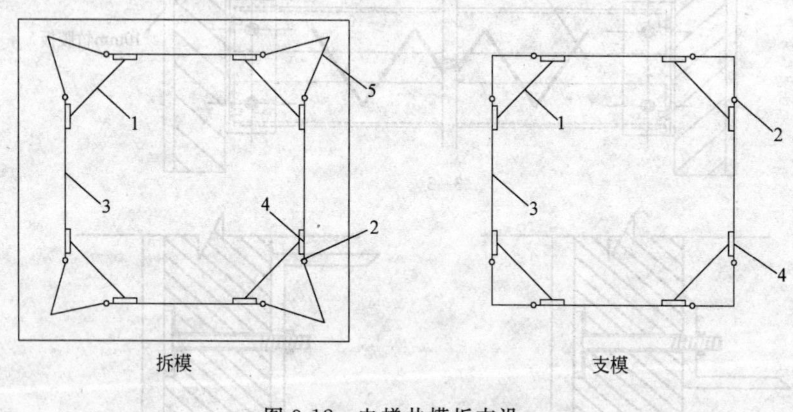

图 3-12　电梯井模板支设

1—脱模机；2—铰链；3—组合式大模板；4—竖龙骨；5—三角铰

（2）组装概况

组装时先由角模开始按顺序连接，注意对角线找方。先安装下层模板，形成筒形，再依次安装上层模板，并及时安装横向龙骨和竖向龙骨，用底脚螺栓进行调平。安装脱模器时，必须注意螺杆的旋转方向一致，脱模器的固定支座必须安装牢固。

（3）铰链式筒模与外墙大模板本层顶部螺杆孔作为上层筒模支拆平台承重点，在四周螺杆孔内重新插设勾头螺栓，固定承重连接杆，在承重连接杆上铺设木板，作为上层筒模支拆平台。

3.3.5　施工缝模板支设

（1）竖向施工缝

施工流水段之间的竖向施工缝均留置在门洞过梁、剪力墙之间的连系梁上。连系梁部位施工缝处大模板断开，将连系梁纵向钢筋整长甩出。模板端头部位用双层钢丝网封堵。

门洞过梁竖向施工缝处，门洞模板不易固定，浇筑混凝土时，易造成门洞模板移位。可在大模板上竖向间距 500mm 开直径为 20mm 的孔，插 ϕ18 圆钢，利用钢筋将门洞模板固定在大模板上。

（2）墙水平施工缝

为保证外墙上下楼层施工缝的衔接，保证外墙施工后能够达到清水效果，防止施工时混凝土漏浆，沿外墙外侧设 50mm 厚导墙。支设上层模板时，沿下层墙体放出模板就位下口线。见图 3-14、图 3-15。外墙模板下包混凝土导墙 50mm，模板根部用可调螺栓每 1000mm 顶紧，导墙做法及外模板支设方法如图 3-13 所示。

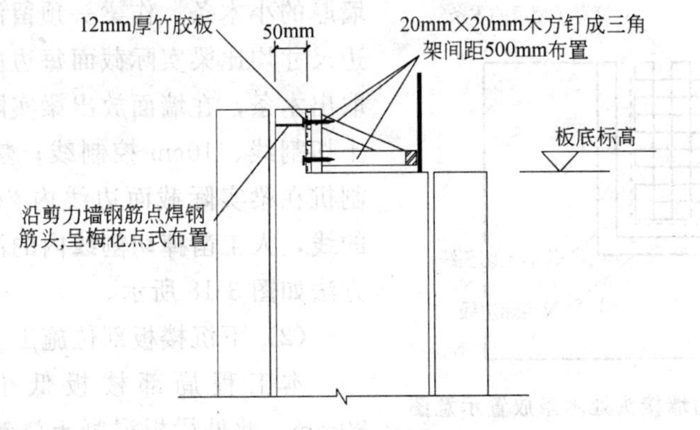

图 3-13 导墙做法

导墙模板要制作成 1.22m 长的定型模板，周转使用。

楼梯间处剪力墙模板上口焊 6mm 厚、7cm 宽的钢板带（图 3-16、图 3-17）。

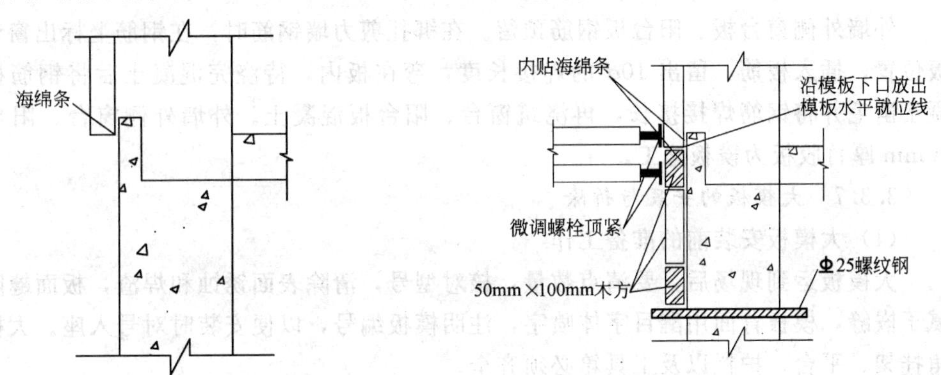

图 3-14 上、下层施工缝处理方法　　图 3-15 外墙模板支设方法

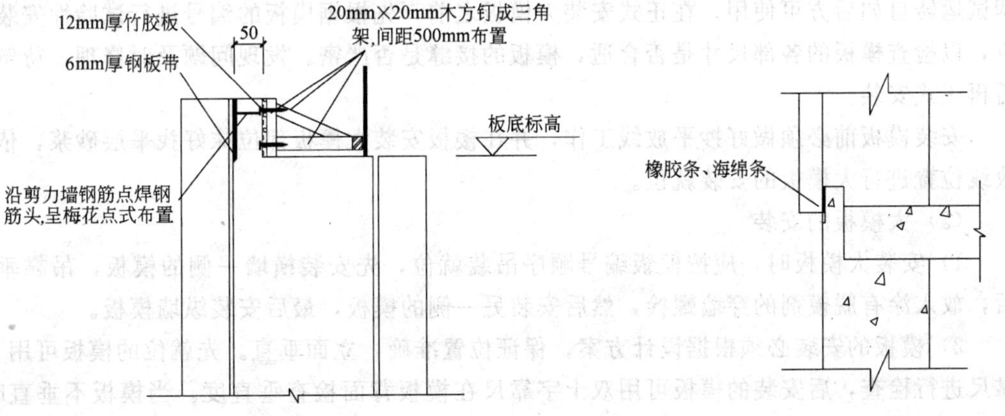

图 3-16 楼梯间导墙做法　　图 3-17 楼梯间水平施工缝处理方法

3.3.6 局部节点施工

(1) 梁与剪力墙接头处

剪力墙钢筋绑扎完毕后，在剪力墙钢筋上预先定出梁位置，放置若干长度等于剪力墙墙厚的小木条，作梁头预留洞用，所留梁头各边尺寸均比梁实际截面每边内缩3cm。拆模后取出木条，在墙面放出梁实际截面边线、混凝土切割线、10cm控制线；然后，用混凝土切割机在梁实际截面边线内2cm切出0.5cm深的线，人工凿掉切割线内的混凝土。木条放置方法如图3-18所示。

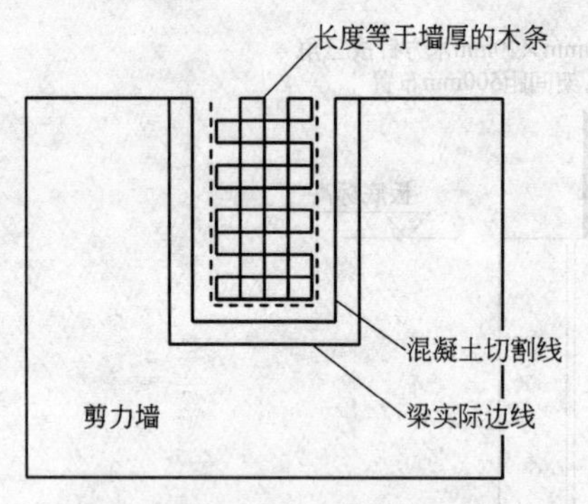

图3-18 梁与剪力墙接头处木条放置示意图

(2) 下沉楼板部位施工

本工程局部楼板低于板面结构标高30mm、此处梁板混凝土浇筑完毕，并放出剪力墙外边线后，立即沿剪力墙外边线外侧做出高30mm、宽100mm水泥砂浆带，封堵模板下口，以便于模板支设，并防止模板底部漏浆。

(3) 外墙外侧窗台板、阳台板施工

外墙外侧窗台板、阳台板钢筋预留。在绑扎剪力墙钢筋时，在钢筋上标出窗台、阳台板位置，插入板筋，留出$10d$的焊接长度，弯在板内，待浇完混凝土后将钢筋扳出，混凝土凿毛并将钢筋焊接接长，再浇筑窗台、阳台板混凝土。外墙外侧窗台、阳台板采用10mm厚竹胶板为模板施工。

3.3.7 大模板的安装与拆除

(1) 大模板安装前的准备工作

大模板运到现场后，要清点数量，核对型号，清除表面锈蚀和焊渣，板面缝隙用环氧腻子嵌缝，模板背面用醒目字体喷字，注明模板编号，以便安装时对号入座。大模板的三角挂架、平台、护栏以及工具箱必须齐全。

进行模板的组装和试装，采用组合式大模板首先对自稳角进行调试，检查地脚螺栓是否灵便。对于铰链式筒形大模板，事先应将大模板组装好，检查支撑杆和铰链是否灵活，调试运转自如后方可使用。在正式安装大模板之前，先根锯模板的编号进行试验性安装就位，以检查模板的各部尺寸是否合适，模板的接缝是否严密。发现问题及时修理，待解决后再正式安装。

安装模板前必须做好抄平放线工作，并在楼板安装大模板部位抹好找平层砂浆，依据放线位置进行大模板的安装就位。

(2) 大模板的安装

1) 安装大模板时，应按模板编号顺序吊装就位，先安装横墙一侧的模板，吊靠垂直后，放入涂有脱模剂的穿墙螺栓，然后安装另一侧的模板，最后安装纵墙模板。

2) 模板的安装必须根据设计方案，保证位置准确，立面垂直。先就位的模板可用2m靠尺进行检查，后安装的模板可用双十字靠尺在模板背面检查垂直度。当模板不垂直时，通过支架下的地脚螺栓进行调整。模板横向水平一致，不平时可通过模板下部的地脚螺栓进行调整。

3）为了防止墙体混凝土出现烂根现象，在模板固定后，模板底部与楼板间采用抹1：3水泥砂浆填缝，但不要塞得太深，以防损伤墙体结构的断面。

4）校正合格后，在模板顶部放固定钢筋位置的卡具，紧固穿墙螺栓时，要松紧适度，过松影响墙体厚度，过紧会将模板顶成凹坑。

5）门洞模板在大模板安装前，首先焊接钢筋固定。

6）楼梯间模板安装，靠楼梯一侧的大模板可采用与外墙同方法的支撑平台，即在对拉螺栓孔内重新插设勾头螺栓，固定承重连接杆，在承重连接杆上铺设木板作为支拆平台。

7）铰链式筒子模的安装，先派专人将墙体的钢筋向外侧拉移，防止因钢筋歪斜影响就位。就位后应检查筒模位置是否合适，不合适时用撬棍进行调整。

8）模板合模前检查墙体钢筋、水电管线、预埋件、门窗洞口模板和穿墙螺栓是否遗漏，位置是否准确，安装是否牢固，并清除模板内的杂物。

9）模板安装完毕后，将每道墙的模板上口找直，并检查扣件、螺栓是否紧固，拼缝是否严密，墙厚是否满足要求，经检查合格后，方可浇筑混凝土。

（3）大模板的拆除

当已浇筑墙混凝土达到1.2N/mm²，可以拆除大模板；若进入冬期施工，则应视冬期施工方法和强度增长情况决定拆模时间。

1）大模板的拆除的顺序是：先拆纵墙模板，后拆横墙模板和门洞模板。

每块大模板的拆模顺序是：先将连接件如花篮螺栓、上口卡子、穿墙螺栓等拆除，放入工具箱内，再松动地脚螺栓，使模板与墙面逐渐脱离。脱模困难时，可在模板底部用撬棍撬动。不得在上口撬动或用大锤砸模板。

2）铰链式筒模拆除时，拆除连接件后，转动脱模器，使模板脱离墙面后吊出。筒形大模板自重大，四周与墙体距离又较近，在吊出时，挂钩要挂牢，起吊要平稳，不准晃动，防止碰坏墙体。

3）角模的拆除，角模的两侧都是混凝土墙面，因此拆模比较困难，可先将模板外表的混凝土剔除，然后用撬棍从下部撬动，将角模脱出，千万不可因拆模困难用大锤砸，若把模板碰弯或变形，使以后支模、拆模更加困难。

4）门洞模板的拆除，要防止将门洞过梁部分混凝土震裂。

5）角模及门洞模板拆除后，凸出部位的混凝土要及时进行剔凿，凹进部位或掉角处应用水泥砂浆及时进行修补，跨度大于1m的门洞口，拆模后要加设支撑或延迟拆模。

6）脱模后起吊大模板前，要认真检查穿墙螺栓是否全部拆完，无障碍后方可吊出。吊运大模板时不得碰撞墙体，以防造成墙体裂缝。大模板要尽量做到不落地，直接在楼层上进行转移倒运，不落地，以减少占用塔式起重机时间。

7）大模板及其配套模板拆除后，及时将板面的水泥浆清理干净，刷好脱模剂，以备下次使用。在楼层上涂刷大模板脱模剂，要防止将脱模剂洒到钢筋上。

（4）平台模板

平台模板采用碗扣式定尺钢管脚手架（带可调头），支模时先搭设1.2m×1.2m满堂脚手架，并安放可调头，调整可调头标高，使其在同一水平面上，则调头上先放置主龙骨，主龙骨采用100mm×100mm木方竖向放置，上面垂直于主龙骨方向放置次龙骨，次龙骨采用50mm×100mm木方竖向放置，次龙骨上面铺竹胶板，竹胶板四边用钉子固定

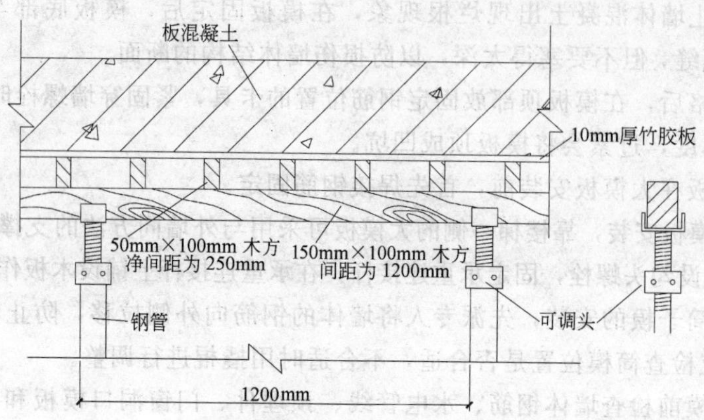

图 3-19　平台模板支设示意图

在次龙骨上（图 3-19）。

两块竹胶板拼缝下面必须垫一块木方，钉紧并塞海绵条，贴上透明胶带，防止漏浆。当平台模板与已浇筑墙柱接触时，应在竹胶板与墙柱接触的地方粘贴海绵条，并用次龙骨顶紧，以防漏浆，污染墙面。

支设板模时，应该尽量少切割竹胶板，切割板后应先刷油漆封边再投入使用，严禁在四周板侧边上即沿板面方向钉钉子，延长板的使用寿命。

（5）梁模板

梁的模板施工采用碗扣式钢管支撑，模板为竹胶板，所衬木方采用 50mm×100mm、100mm×10mm 木方。进入标准层后，大部分梁为框架梁，截面为 500mm×650mm，对于这种梁的模板采取统一加工，循环使用的方法，对于其他梁均采取临时加工模板的方法。

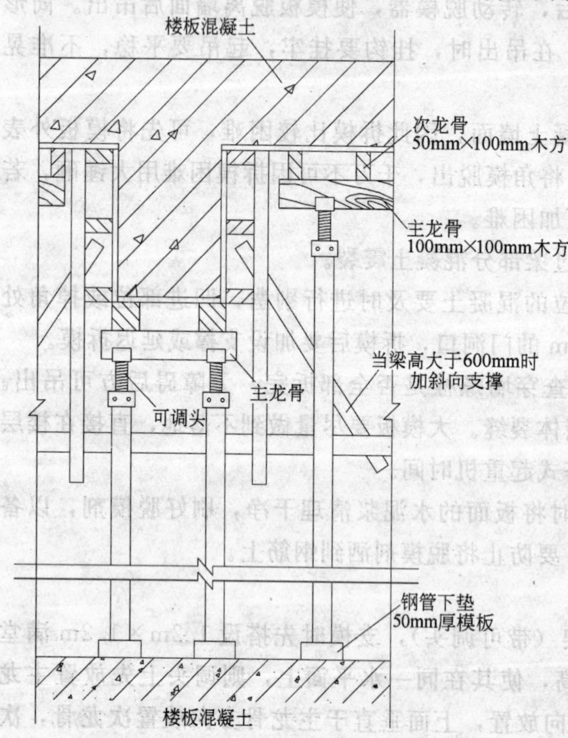

图 3-20　梁模板支设方式示意图

支设梁模板前，应按尺寸先将梁底、梁侧模板加工好，并将底模支上木方；支模板时先按梁的轴线位置搭设两排脚手架（带可调头），钢管头高度应比梁底矮 40～60cm，先加主龙骨 100mm×100mm 木方，再安放带次龙骨的梁底，循环使用梁底模板时，必须将梁底模两侧清理干净，以便梁底模、侧模紧密接触，侧模和底模下衬的木方要钉牢，尽量减少漏浆，使浇筑出的梁边角整齐，减小修补的工作量。

在安装完梁侧模后，应在侧模和底模处加一定的预应力，防止角部发生漏浆。

工艺流程：

搭设脚手架⟶安放可调头⟶放置主龙骨⟶安装、固定梁底模⟶安装、固定梁侧模⟶模板的校正及加固。

梁模板的支设方式如图 3-20 所示。

(6) 门窗洞口模板

剪力墙中的门窗洞口模板由 4（或 3）片模板和 4（或 3）个角部连接件组成，单片模板用 50mm 厚的木板作为骨架，表面衬以 3mm 厚的钢板，表面钢板与木板骨架间用铆钉固定，再由铰链将几片模板连接在一起。为保证洞口模板不扭曲、变形，在洞口模板内部加设型钢支撑，保证其刚度。内部支架所用角钢均为∟5 角钢，槽钢为[8 槽钢，连接用螺栓为 ϕ16 螺栓。

固定洞口模板时，应在洞口两侧的钢筋笼上焊钢筋头，撑住模板，保证其轴线位置；支设洞口模板时，必须在洞口模板与大模板接触处贴好海绵条，防止由此缝隙漏浆。

墙体拆模后，要将洞口模板拆成单片取出，并清理干净，刷好脱模剂，以便周转使用。

(7) 梁与墙接头处的处理

梁与墙的接头有两种形式，一种是梁垂直于墙；一种是梁与墙同向（图 3-21）。

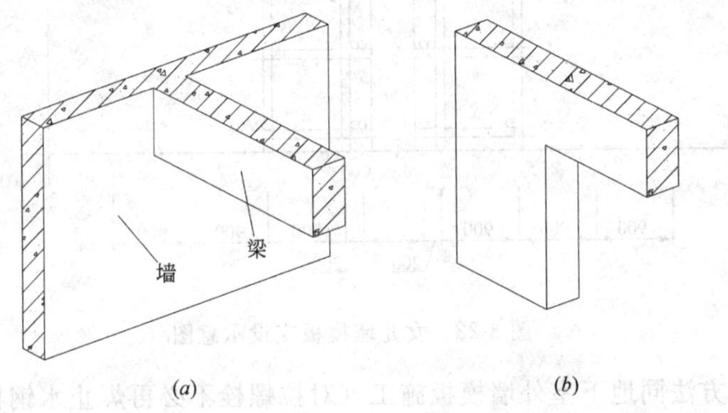

图 3-21　梁与墙接头处处理方法示意图

(*a*) 梁与墙垂直；(*b*) 梁与墙同向

1) 梁与墙垂直

在浇筑墙混凝土之前，预先定出梁位置，将钢丝网片绑扎在钢筋笼上留出梁头位置，所留梁头各边均要比梁的实际截面向内收 3cm。拆模后，在混凝土上弹出梁实际梁截面的边线，再用切割机在线内 2cm 间距切出 7mm 深的缝，人工剔凿掉缝范围内的混凝土，从而保证凿混凝土范围，不致损坏墙面。洞口一定要留置准确，坚决避免梁头位置留偏，导致凿混凝土的现象发生。

支设梁模板时应在洞口四周粘贴海绵条，要注意不能将海绵条贴进梁截面以内，应紧贴梁边线。梁侧模要紧紧顶住海绵条；同时，侧模后还要平贴一块 10cm 竹胶板，并在竹胶板与梁侧模的背楞间打紧木塞子，防止梁头跑位、漏浆。

2) 梁与墙同向

支模前在墙头留口周边贴海绵条，将梁侧模加长，夹在墙两侧，且背面一定要用可调头顶紧，严格避免胀模。

(8) 女儿墙模板支设方法

在主体进入屋面以上结构后，四周为女儿墙结构，女儿墙施工也使用竹胶板拼接的大

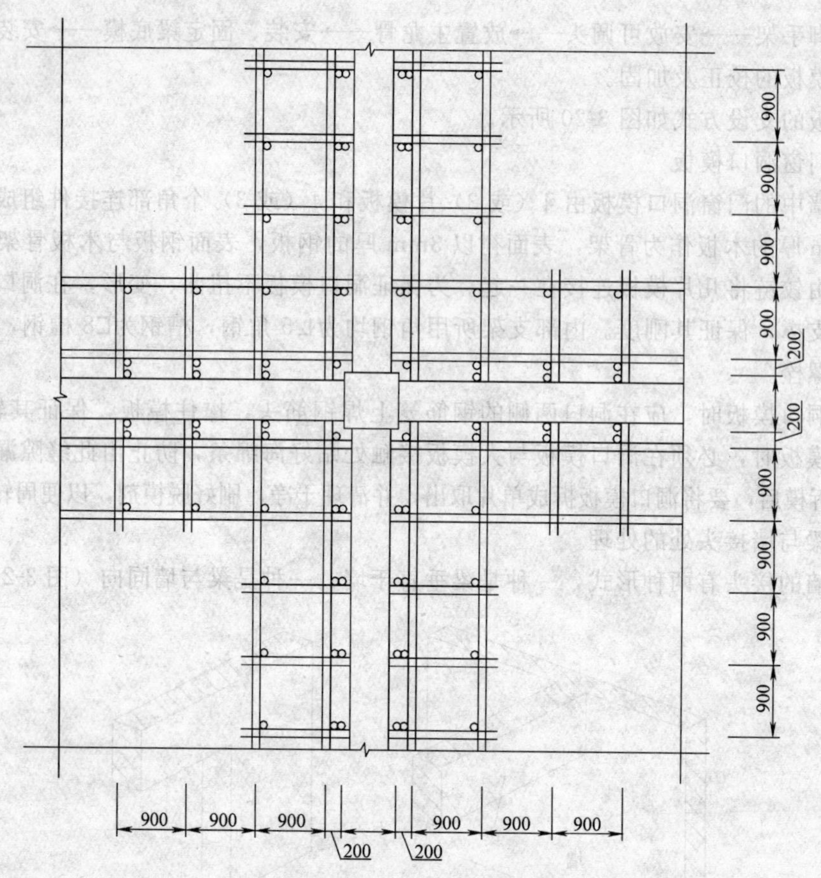

图 3-22 女儿墙模板支设示意图

模板施工，具体方法同地下室外墙模板施工（对拉螺栓不必再焊止水钢板）。

由于屋面以上结构楼板较少，框架梁模板支设需要搭设的脚手架较高，梁两侧钢管两排，距梁边分别为 200mm、1100mm（图 3-22）。

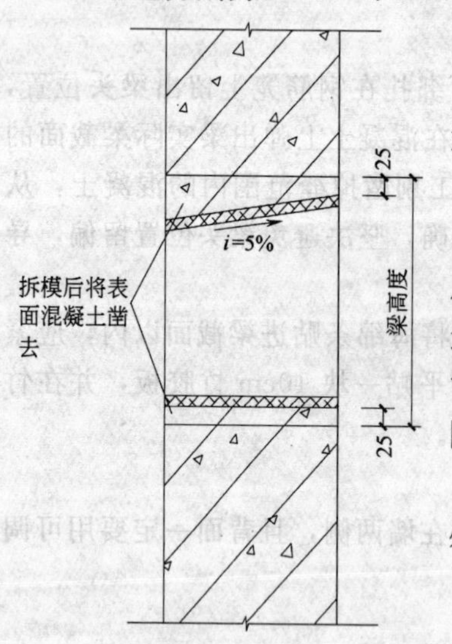

图 3-23 木盒拆除

(9) 地下室车道部分模板

地下室车道混凝土分两次浇筑，第一次将车道浇完，第二次浇筑车道以上部分。

(10) 楼梯模板

本工程楼梯均在核心筒内部，楼梯施工比墙体施工滞后一层，墙体施工时，在楼梯梁位置放一个同截面的木盒，墙模拆除后取出木盒，再支设楼梯模板。木盒加工尺寸要根据梁截面及墙厚制作。木盒做成一端大一端小，拆除时从另一端打出（图 3-23）。

楼梯梁与墙上的预留洞接头处处理方法同“梁墙接头处理方法”。

3.4 钢筋工程

本工程直径大于 20mm 的钢筋采用直螺纹连接，直径小于20mm的钢筋采用绑扎连接。施工时，采用钢筋定位筋对柱体主筋和剪力墙钢筋进行定位。

3.4.1 柱体钢筋

工艺流程：套柱箍筋──→竖向钢筋接长──→画箍筋间距线──→绑箍筋（拉筋）──→布第二道卡位钢筋──→绑梁板筋──→布第一道卡位钢筋

（1）为保证柱截面尺寸、柱筋间距及保护层厚度准确，在每一施工层楼板结构标高以上100mm布设一道卡位钢筋（图3-24，H为柱截面尺寸）。在浇筑板混凝土前，套上卡位钢筋，待绑扎柱筋之前取下卡位筋周转使用。

图3-24 柱定位筋示意图

（2）套柱箍筋：按图纸要求间距，计算好每根柱箍筋数量，先将箍筋套在下层伸出的竖向钢筋上，然后立竖向钢筋。

（3）竖向钢筋接长：柱子竖向钢筋直径大于等于22mm的采用等强度直螺纹接头，其余采用绑扎接头，位置按图纸及规范要求。连接时设专人负责，由专业操作人员连接。柱筋均在施工层的上一层留1000mm和2000mm长的柱子纵向筋，连接接头相互错开1000mm。

（4）划箍筋间距线：在立好的柱子竖向钢筋上，按图纸要求用粉笔画箍筋间距线。

（5）绑箍筋：箍筋的接头要交错排列，垂直放置；箍筋转角与竖向钢筋交叉点均要扎牢（箍筋平直部分与竖向钢筋交叉点可每隔一根互成梅花式扎牢）。绑扎箍筋时，铁丝扣要相互成“8”字形绑扎。

（6）柱筋保护层按设计要求为30mm，采用塑料卡控制保护层厚度，根据不同钢筋直径向厂家直接定做，保证尺寸完全统一，且控制在保护层允许的偏差范围之内。把塑料卡卡在外竖筋上，间距1000mm。

（7）为避免竖向钢筋在前一施工层混凝土浇筑时被污染，在混凝土浇筑前用塑料薄膜进行包扎保护。

（8）每次板筋绑扎完毕后，在柱筋上除套上卡位筋外，把柱筋与板筋点焊，防止柱主筋偏位。

3.4.2 墙体钢筋

（1）工艺流程：凿毛墙根混凝土──→立竖筋及竖向钢筋定位架──→绑扎横竖钢筋。

（2）为保证墙截面尺寸、竖向钢筋间距及保护层厚度准确，在每一层楼板结构标高以上50mm设置水平钢筋定位架，水平钢筋定位架严格按照墙截面尺寸及钢筋设计要求自制专用（图3-25中b为竖向筋间距、h为墙混凝土保护层）。定位架在板浇筑混凝土后取下，循环使用。

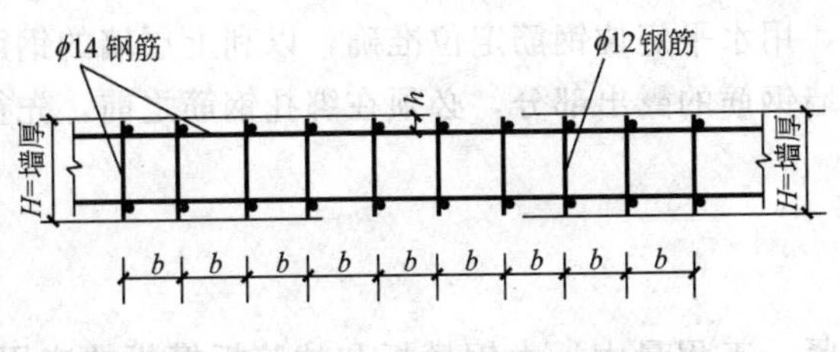

图3-25 B—B剖面图

（3）立竖向钢筋及竖向钢筋定位架：先将竖筋及竖向钢筋定位架与下层伸出的搭接筋绑扎定位，竖向钢筋定位架间距4000mm，不足4000mm的墙在墙两头各放置一个（图3-26）。接着，根据竖向钢筋定位架对其余的纵、横筋进行绑扎，竖向筋位置不再绑扎其他竖向筋，直接代替此处的竖向受力筋。竖向钢筋定位架如图 3-27 所示（a 为墙水平筋间距、h 为墙混凝土保护层、L 为墙竖向筋接头错开距离）。

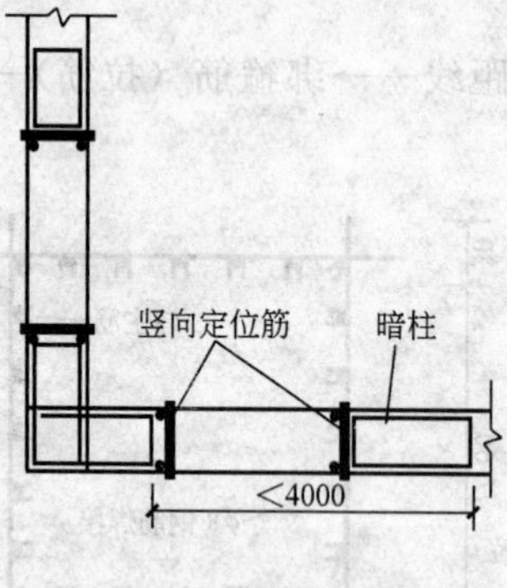

图 3-26 墙长度不足 4m 时竖向定位架放置

(4) 墙筋应逐点绑扎，于四面对称进行，避免墙钢筋向一个方向歪斜，水平筋接头应错开。一般先立几根竖向定位筋，与下层伸入的钢筋连接，然后绑上定位横筋，接着绑扎其余竖筋，最后绑扎其余横筋。水平和竖向定位筋应在加工场地派专人负责加工，严格控制尺寸，尽量利用边角料加工，定位筋是固定纵、横墙筋位置并保证钢筋保护层厚度的有效工具；但是，如果加工质量得不到保证，钢筋保护层和钢筋间距的控制效果就不能保证。为了消除这些人为因素，可制作定位筋的加工平台。通过定位筋的加工平台定位其横撑长度、横撑两端的长度和横撑的间距，并且在定位筋一批加工完毕后，进行预检，保证定位筋符合标准要求。

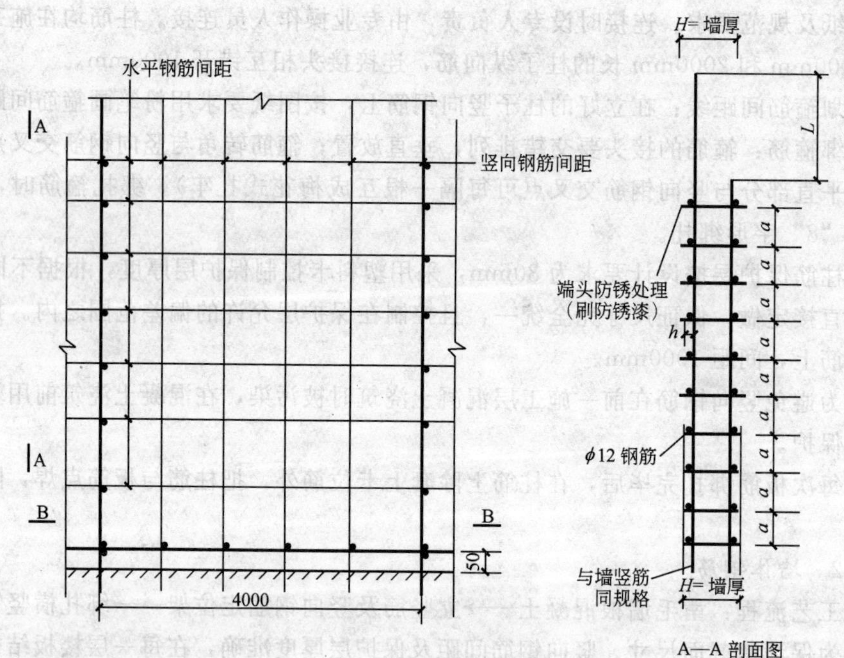

图 3-27 墙体立面示意图

(5) 钢筋有 180°弯钩时，弯钩应朝向混凝土内。绑扎丝朝向混凝土内。

(6) 下层墙的竖向钢筋露出楼面部分，用水平定位钢筋定位准确，以利上层墙的钢筋搭接。当上下层墙截面有变化时，其下层墙钢筋的露出部分，必须在绑扎钢筋之前，先行收分准确。

3.5 混凝土工程

沈阳克莱斯特国际外商公寓工程工期紧，工程量大，大钢模板和竹胶板模板的应用，使混凝土达到清水混凝土的效果，剪力墙、梁板经打磨修理后可直接进行刷大白浆施工。为保证工程质量及混凝土达到清水效果，混凝土冬期施工显得尤为重要。

3.5.1 大体积混凝土施工

根据我们以往的施工经验，1.2m 厚的混凝土底板，其混凝土内水化温度峰值可测定值可以达到 79℃。而当时的大气平均温度－15℃，最低温度达到－21℃，混凝土中心与大气温度温差达到 94℃，一旦控制不好，势必造成混凝土水化过程中出现裂缝。

我们把冬期大体积混凝土施工控制的要点最终归结为两点：其一，满足水泥初始水化所需的温度，也就是控制入模温度；其二，严格控制混凝土内外温差，避免水化过程中裂缝产生。我们根据当时大气温度及工程实际，主要从下述三个方面着手进行了控制：（以 5 号、6 号楼主楼 1.2m 厚筏形基础施工为例）：

选用低热水泥、减少水泥用量、合理掺加粉煤灰，从而降低水化热；

将混凝土初凝时间由正常的 4～5h 延长到 12～16h；合理选用外加剂，通过外加剂调节水泥各组分水化阶段分开进行，避免水化热集中产生；

加强施工过程混凝土内外温度监控，遇有异常及时采取措施。

（1）严格控制配合比及混凝土各项技术参数

基于我们现场施工管理的水平、混凝土浇筑后的控制措施及反应速度，我们大胆采取了选用 32.5MPa 低热矿渣硅酸盐水泥，并掺入大剂量粉煤灰的方法；我们将粉煤灰的掺量提高到混凝土中胶结材料总重的 40%～45%。在确保混凝土强度的情况下，尽量减少拌制用水量，降低混凝土坍落度，使泵送混凝土坍落度严格控制在 140～160mm 之间；另外，我们还将混凝土入模温度严格控制在 5～10℃，使混凝土即具备水泥初始水化所需的温度，又不会因混凝土入模温度太高而人为造成混凝土水化温度峰值的提高。

（2）合理选用外加剂（复合型）

首先获取准确的水泥组分，然后根据水泥组分中不同物质的水化特性，通过选用不同的外加剂将水泥各组分的水化时间人为推迟或提高，使水泥各组分水化区段分开，从而降低水泥各组分水化集中产生大量热量，从而达到降低混凝土内部温度峰值的目的。

本过程的难点有二：其一，水泥组分的测定或获取；其二，外加剂种类及合理掺入量的确定。我们采取向厂家索要及试验室测定两种方法最终确定水泥的组分，然后与外加剂厂通过大量的试验室试验，确定了基本满足要求的复合型外加剂，并将混凝土初凝时间定为 12～16h，比正常的 4～5h 大大延长（由于涉及专有技术问题，在此不再详述）。

（3）合理选用施工方法加强过程控制

混凝土温度测量，我们采用的是快捷、高效、准确的 JDC-2 建筑电子测温仪实施。我们在工程实践中得知：用 12mm 厚竹胶合模板做模板时，在截面积 2.2m×3.5m、混凝土强度等级 C45 的转换梁中心温度达到 74.6℃时，距离竹胶板 5mm 处混凝土温差仅仅达到 7～14℃。而 4mm 厚 OMP 防水卷材在 1.2m 厚大体积底板（混凝土强度等级 C30），中心温度达到 71.9℃时，在混凝土内，距离 OMP 防水卷材 5mm 处混凝土温差仅仅达到 9.8～13.4℃。因此，实际操作时每一测温点温度传感器分两层布置，每个测点测温探头分别布置在每层混凝土中部及距离顶部 50mm 处，分别用以测控底板中心及表面温度。但施工时应注意：测温导线前端的温度传感器严禁于钢筋接触；否则，测出的温度将偏离实际、不准确。测温仪温度探头详细布置立面如图 3-28 所示。

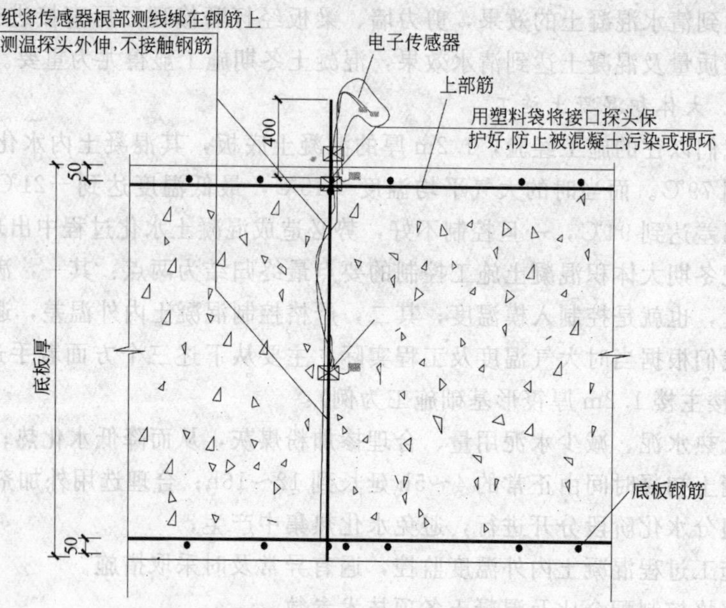

图 3-28　JDC-2 建筑电子测温仪传感器布置立面图（单位：mm）

根据工程实践，大体积混凝土裂缝的形成较多的是在混凝土降温阶段形成的，这个时期管理上容易松懈、人员容易出现麻痹大意的现象。因此，混凝土的温度不但在混凝土温度上升阶段严格控制，在混凝土降温阶段更应严加控制。

测温规定：对测温点详细编号，并建立严格的信息反馈、质量控制程序。同一测点内部与表面温度同时测量，测温工作让懂技术、责任心强的专人进行测温记录，交总工程师阅签，作为对混凝土施工质量控制的依据归档保存。

测温工作每 2h 一次，同时监测大气温度。如果混凝土中心部位与表面温差大于 20℃，而且温差仍在上升阶段，及时采取保温覆盖措施。混凝土的保温养护时间根据混凝土内外温差以及同条件试块抗压强度试验报告确定，而且根据测温情况，及时调整保温覆盖层厚度、方法；如遇雨雪天，则在草垫子上覆盖一层塑料布防水，并及时做好清理工作。

在混凝土的测温工作完毕后，我们对测温数据进行了分析，混凝土中心温度极值为 42.6℃，表面温度极值为 38℃，温差极值为 11.7℃。到 2003 年 7 月 23 日结构封顶，底板未发现任何裂缝，混凝土强度经过实体检测很好的满足设计要求，实施效果良好。

其温度发展曲线如图 3-29、图 3-30 所示。

3.5.2　地上标准层剪力墙混凝土施工（以 9 号楼为例）

根据合同规定，9 号楼在冬期停工前必须完成主体结构，进入冬期施工时，9 号楼仅施工到二十一层，预计封顶日期为 12 月 15 日，要在 45d 之内完成九层结构和一层塔楼，结合当时的天气情况简直无法做到，楼层高，风力大，温度低，墙、板等混凝土构件的表面积大、易受冻等，困难重重。要完成目标，技术上必须解决两个难题：一是怎么样保证混凝土不受冻；二是怎么样保证拆模时间。为此，我们采取了以下技术措施：

1）混凝土运到浇筑现场二次掺入超早强剂，提高混凝土的早期强度，保证混凝在受冻前达到临界强度；同时，将混凝土强度等级提高一级。

2）对模板采取保温措施。因为竖向结构我们采用的是全钢大模板，梁板结构采用采

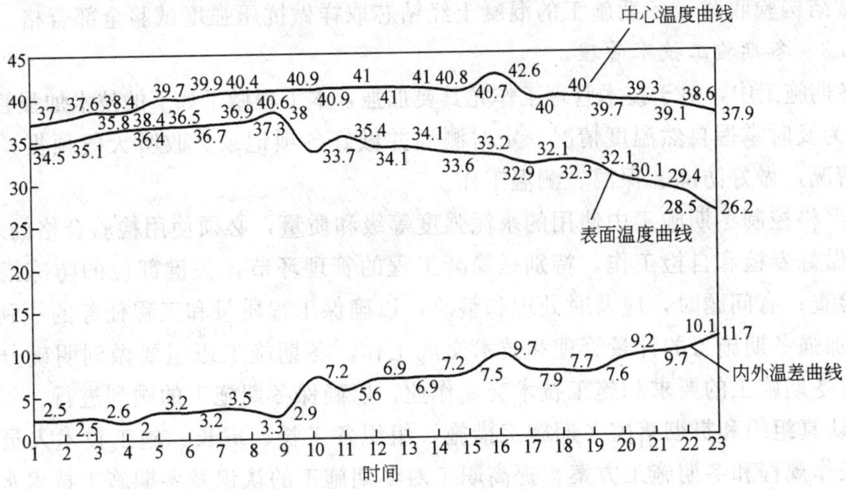

图 3-29 5 号楼 1 号测温点温度发展曲线

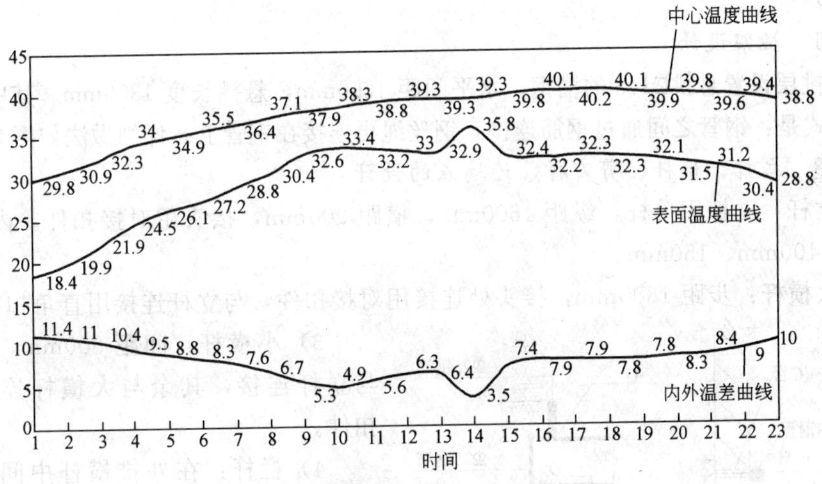

图 3-30 5 号楼 2 号测温点温度发展曲线

用 10mm 厚竹胶板模板施工。我们在大模背面背楞间隙用 5cm 厚度聚苯板固定保温，混凝土顶板上表面覆盖一层塑料膜及保温材料实施保温、保湿养护，以使混凝土迅速达到临界强度。这样有利于混凝土强度迅速增长，以满足提升承重平台架的要求。

大模板冬期施工的重点为：做好大模板边缘部位及穿墙螺栓处的保温工作以免形成冷桥，并在特殊情况下考虑加强保温防护。防止混凝土的假凝现象及早期脱水。

3）保温、防风措施

冬期施工期间易出现大风和寒流，气温骤降，应对建筑物西、北两面加强防寒。在随层增长的外防护架上，用五彩布挡护西、北两个迎风面，对墙上较小的洞口用五彩布围挡，对大的门窗洞口、楼梯口、电梯口等进风部位采用塑料薄膜、聚苯板、木板等封堵，达到防风保温的目的。

墙体模板拆除后在室内生炭炉，保证温度达到 10℃以上，以便混凝土强度继续增长。保证平台模板拆除时间在 5d 之内完成。

最终保证了 4d 一层的施工速度，圆满完成在 12 月 15 日封顶的目标；同时，在 2003

年6月做结构验收时，冬期施工的混凝土经钻芯取样做抗压强度试验全部合格。

3.5.3 冬期施工技术管理

在冬期施工中，对于技术管理工作尤其要加强，本工程做了如下的技术加强管理工作：

1）为及时掌握自然温度情况，定时测温并做好各项记录。收听天气预报，及时掌握寒流的情况，做好防冻、保温、测温工作。

2）严格控制冬期施工中使用的水泥强度等级和质量，必须使用检验合格的水泥。

3）做好专检和自检工作，特别是隐蔽工程的管理环节，关键部位的防冻措施，要做到经常检查；有问题时，应及时处理和整改，以确保工程质量和工程任务的顺利进行。

4）加强冬期施工的计量管理和技术交底工作。冬期施工班组要做到明确分工，责任到人，按冬期施工的要求和施工技术交底作业，以确保冬期施工的顺利进行。

5）认真组织和贯彻落实冬期施工措施，组织各工长、班长、施工技术人员，认真学习施工操作规程和冬期施工方案，提高职工对冬期施工的认识及冬期施工技术水平。

3.6 脚手架工程

3.6.1 挑架设计

在悬挑层设置悬挑[14a的槽钢，水平间距1600mm，悬挑长度1300mm。其中钢丝绳上部拉结方式是：钢管之间通过钢筋连接，钢丝绳再连接在钢管上。详细做法如图3-31所示。

3.6.2 立杆、横杆、剪刀撑、连墙点的设计

1）立杆：立杆用单杆，纵距1600mm，横距900mm，接头用对接扣件。内立杆与墙的间距为400mm、150mm。

2）大横杆：步距1800mm，接头处连接用对接扣件，与立杆连接用直角扣件。

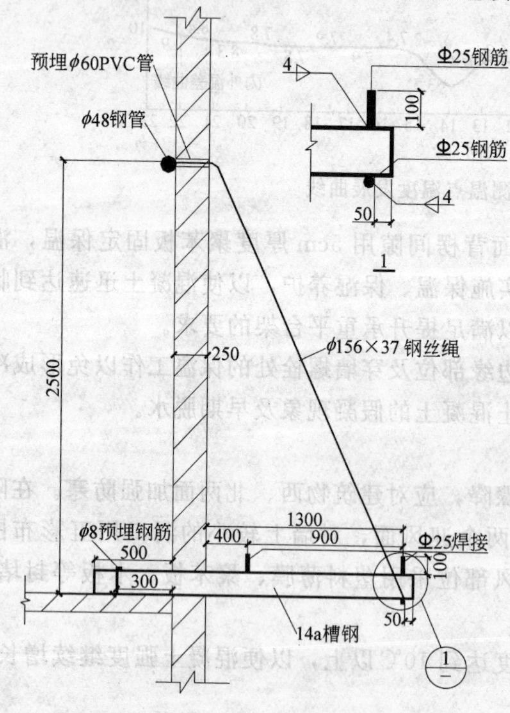

图3-31 挑架设置示意图（单位：mm）

3）小横杆：间距800mm，主节点处与立杆连接，其余与大横杆连接用直角扣件。

4）栏杆：在外排横杆中间加设栏杆一道，栏杆的步距1800mm。

5）剪刀撑：6000mm设置一道，倾斜角度45°。搭接处和与立杆、横杆连接均用旋转扣件。

6）横向斜撑：在同一节间由底层至顶层呈“之”字形连续布置，除拐角设置外，中间每隔6跨设置一道。

7）连墙点：沿楼高每隔2900mm设置一道，沿水平方向每隔8000mm设置一道，有拐角处设置一道，脚手架断开处加密一倍。连墙点共两种连接方式，板的是用预埋钢筋绑扎在钢管上，然后前后加扣扣件。详细做法如图3-32、图3-33所示，凡是连墙件均图刷红色油漆，以作警示。

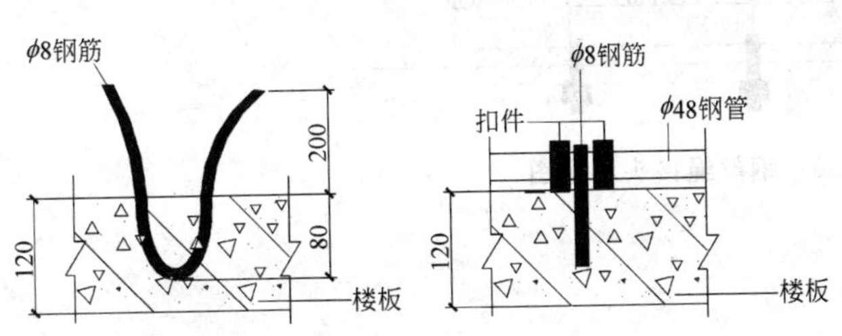

图 3-32 楼板预埋拉接点设置方式

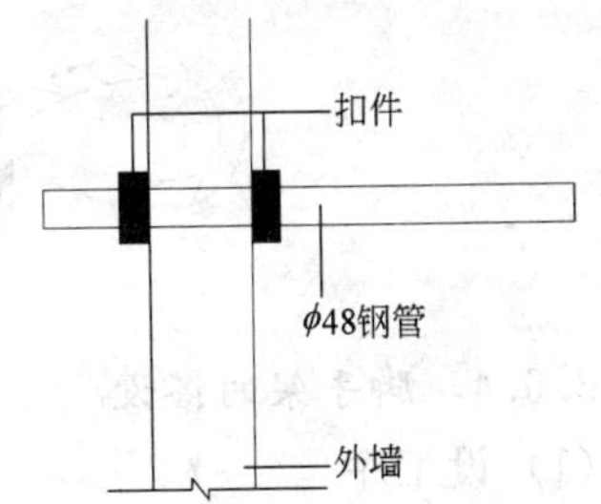

图 3-33 外墙拉接点的连接方式

8）脚手板：木脚手板满铺，两端使用 12 号钢丝紧捆在小横杆上。端头再用木条钉上，形成整体。

9）安全网：宽 1800mm，长 6000mm，颜色为绿色。

10）挡脚板：200mm 高，油漆图条的倾角 45°，颜色为黄、黑相间，材料为木板，设置在每个铺设脚手板的作业层（图 3-34）。

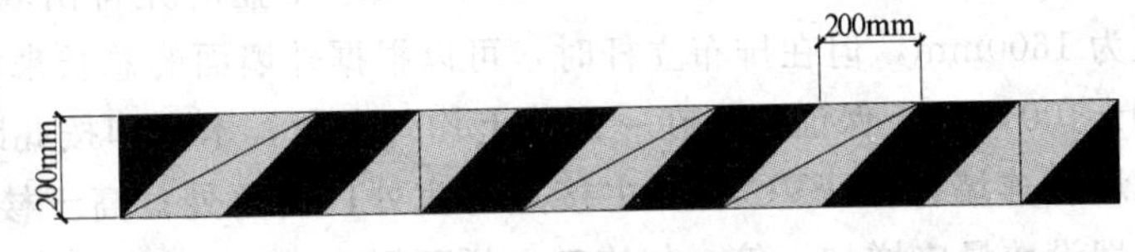

图 3-34 挡脚板的做法

3.6.3 双排脚手架的构造要点

（1）立杆

相邻立杆接头位置错开，布置在不同的步距内，接头与相邻大横杆的距离不大于 600mm。立杆与大横杆必须用直角扣件扣紧，不得隔步设置或遗漏。立杆的垂直偏差不得大于架总高的 1/300，并同时控制其绝对偏差值不大于 75mm。凡是立杆与大横杆交接处均得加直角扣件，不得减少或隔步设置，以免立杆长度超过计算长度而失稳。

（2）大横杆

上下大横杆的接长位置错开，布置在不同的纵距内，接头与相邻立杆的距离不大于纵距的 500mm。同一排大横杆的水平偏差不大于该排脚手架总长度的 1/250，并控制其绝对偏差值不大于 50mm。

（3）小横杆

贴近立杆布置，搭于大横杆之上并用直角扣件扣紧，在立杆与大横杆交点处必须设置小横杆。在任何情况下均不得拆除，作为基本构架的小横杆。

（4）剪刀撑

搭设时接头处搭接 800mm，两个旋转扣件分别位于距两根搭接钢管的端部 150mm 处，不得用对接扣件搭接剪刀撑。

（5）钢丝绳

钢丝绳接头处的接头如图 3-35 所示，钢丝绳夹按图示方法把夹座扣在钢丝绳的工作段上，U 形螺栓扣在钢丝绳的尾段上，钢丝绳夹不得在钢丝绳上交替布置。离套环最近的绳夹尽可能地靠近套环，离套环最远的绳夹不得首先单独紧固。绳夹布置完毕后，在使用过程中再进行一次螺母拧紧（如图 3-35，图中所用绳夹的公称直径为 15mm）。

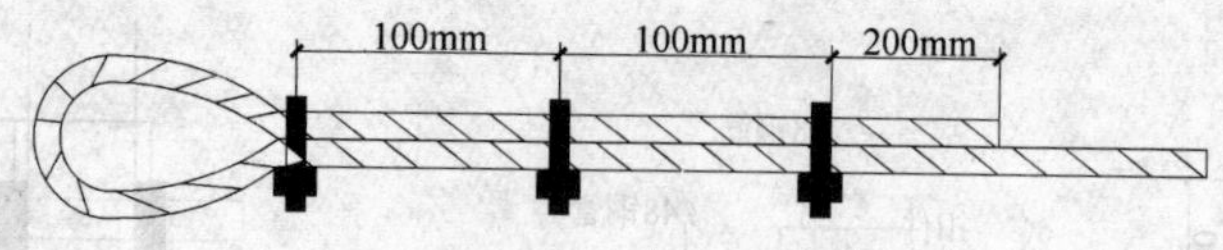

图 3-35　钢丝绳接头示意图

3.6.4　脚手架的搭设

(1) 设工序

制作槽钢、钢丝绳──→预埋木盒及 PVC 管──→安装槽钢、钢丝绳──→搭设立杆、横杆──→加连墙件──→搭设剪刀撑──→铺设跳板、挂安全网。

1) 槽钢、钢丝绳的制作

根据图纸及设计要求，确定不同部位槽钢的长度并下料，然后焊接钢筋，待钢筋焊完后，检查焊接质量，合格的开始刷防锈漆，不合格的返工重焊。最后，表面涂刷黄色油漆。

2) 预埋木盒及 PVC 管

木盒制作的尺寸为 250mm×150mm×100mm，预埋木盒时先排出墙面的立杆纵距，设计时立杆纵距为 1600mm，但在排布立杆时，可以根据外墙面的总长来均分立杆，立杆纵距可为（1600±100)mm，保证立杆在一面墙上均匀布置，木盒即按此距离来埋设。在以下位置处考虑埋设连墙件的 PVC 管：主接点对应处；拐角处；高于楼面 1800mm 处。在脚手架断开处埋设数量应增加一倍，如施工电梯两侧。

3) 安装槽钢、钢丝绳

槽钢安装时在槽钢的外部端头拉设通线，以保证槽钢水平，槽钢调平后再与室内地面预埋的钢筋焊接。钢丝绳拉设时由于直径太大，人工不可能将其拉紧，因此，在施工时采用手拉葫芦拉紧，然后再上绳卡。

4) 搭设立杆、横杆

底层立杆选择长 4000mm 和 6000mm 的两种钢管交错设置。钢管插入槽钢上的钢筋，以确保其不滑移，搭设大横杆和栏杆时，在立杆上用粉笔画线，保证大横杆的水平。排布小横杆时，主接点处必不可少，其余的根据铺设跳板的需要搭设。

5) 连墙件

在设置第一排连墙件前，脚手架每隔 6 跨设置一道抛撑，以确保构架稳定和架上操作人员的安全。在墙体模板拆除后马上加连墙件，设置时其不但要与内排立杆连接，外排立杆也得连接，尤其要注意在脚手架断开处加密连墙件。

6) 剪刀撑

底层在搭设完两步架以后，立即开始搭设剪刀撑，剪刀撑为双竿，每根剪刀撑的钢管与立杆（大横杆）连接不得少于 4 道。其中钢管搭接接头处一道，中间两道。钢管搭接长度为 1000mm，搭接部位两端各一道扣件。上部剪刀撑应要及时设置，滞后不得超过两步。

7) 铺设跳板、挂安全网

在其他工种作业前，将即将作业的部位铺设好跳板，跳板每层均是满铺，脚手板铺放时，要铺平铺稳，用 12 号钢丝捆紧在小横杆上。端头再用木条钉上，形成整体。铺板严禁出现端头超出支撑横杆 250mm 以上未做固定的探头板，对接的搭法如图 3-36 所示。由于 5 号楼是分两个施工段施工，因此，有一施工段的跳板必然先向上翻，会出现跳板间断处，所以在凡是跳板间断处均加设一道栏杆。

脚手架外立杆内侧满挂安全网，作业层每步必需挂平网，作业层以下每隔 10m 设置一道平网，每隔 12m 满铺一层跳板，安全网的细部张挂方法如图 3-37 所示。

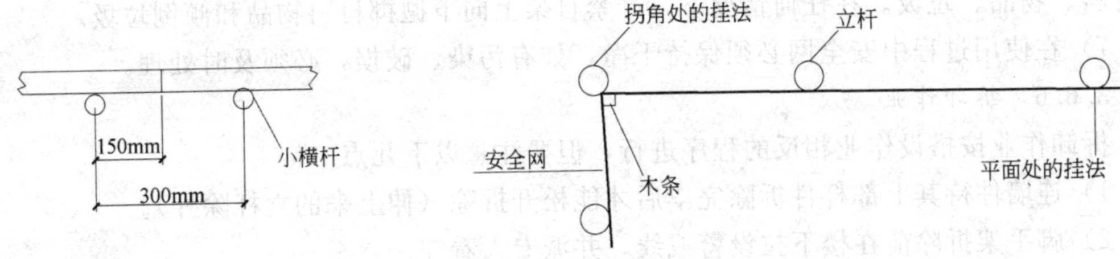

图 3-36 脚手板对接示意图　　图 3-37 安全网的细部张挂示意图

(2) 脚手架搭设要点

1) 杆件端部伸出扣件不得小于 100mm，不得大于 150mm。

2) 周边脚手架的大横杆必须交圈，和立杆拉接固定。

3) 作业层的栏杆和挡脚板设在外立杆内侧，挡脚板用 12 号镀锌钢丝捆紧在立杆上。

4) 搭设的钢管必须横平竖直，整体清晰，图形一致，连接牢固，受荷安全，有安全操作空间，不变形，不摇晃。

5) 脚手架的小横杆、上下步距交叉设置于立柱的不同侧面，使立柱在受荷时偏心减小。

6) 立杆接长用对接扣件。大小横杆与立杆连接采用直角扣件。剪刀撑与立杆或大横杆连接采用旋转扣件。剪刀撑的接长采用旋转扣件，不得用对接扣件，搭接长度 1000mm；所有扣件要拧紧，可用力矩扳手实测，要求达到 40～65N·m。力矩过小时扣件容易滑移，过大则会引起扣件的铸铁断裂。

7) 在搭设脚手架时，必须要保证立杆的垂直度和大、小横杆的标高和水平度，使脚手架的步距、横距、纵距始终保持一致。

8) 在飘窗位置搭设脚手架时，其中该位置的脚手架外排立杆不动，内排立杆外移，但是为了防护方便，小横杆仍然向内伸，大横杆也是从飘窗位置通过去，施工飘窗时再将该位置的大横杆拆除，小横杆向外移。

9) 在搭设脚手架时，要考虑脚手架的避雷。由于 5 号楼面积不到 $800m^2$，全部范围已经在塔吊的避雷保护半径之内，因此，可以不考虑设置避雷装置。

3.6.5 脚手架使用要求

1) 作业层架面上实用的施工荷载（人员、材料和机具总重量）不得超过 $3kN/m^2$，砂浆和容器总重不得大于 1.5kN，施工设备单重不得大于 1kN，使用人力在架上搬运时，工人和安装的构件的自重不得大于 2.5kN。

2) 架面堆放的材料应码放整齐稳固，且不得集中堆放，不得影响施工操作和人员通行。严禁上架人员在架面上奔跑、退行。

3) 在作业中禁止随意拆除脚手架主接点处的纵、横向水平杆，纵、横向扫地杆和连墙件，确因操作需要临时拆除时，必须经过主管人员同意，采取相应弥补措施，并在作业完毕后及时恢复。

4) 工人在架上作业中，要注意保护自我安全和他人的安全，避免发生碰撞、闪失和落物，严禁在架上嬉戏、打闹和坐在横杆上休息。

5）严禁攀援脚手架上下。

6）不得在脚手架上进行电、气焊作业。在每步架作业完毕后，必须将架上剩余材料物品清理干净。每日收工前应清理架面上的垃圾，在作业期间，应及时清理落入安全网内的材料、物品、垃圾。在任何情况下，严禁自架上向下抛掷材料物品和倾倒垃圾。

7）在使用过程中安全网必须保持干净，如有污染、破损，必须及时处理。

3.6.6　拆卸作业

拆卸作业按搭设作业相反的程序进行，但要注意以下几点

1）连墙件待其上部杆件拆除完毕后才能松开拆除（伸上来的立杆除外）。

2）脚手架拆除前在楼下拉设警戒线，并派专人看守。

3）松开扣件的杆件应随即拆除，不得松挂在架上。

4）拆除长杆件时应两人协同作业，以避免单人作业，发生事故。

5）拆下的杆件应运至地面，不得向下抛掷。

6）槽钢拆除时由上一层窗洞内甩出绳子，拴好槽钢的端部，将绳子的另一端固定好；然后，再解除室内楼板上的预埋钢筋，将槽钢用绳子拉出。

7）当有六级及以上大风和雾、雪时，应停止脚手架搭设与拆除作业。

3.6.7　安全注意事项

在以下情况，必须验收检查后方可使用脚手架：

1）搭设完毕；

2）连续使用达到6个月；

3）在施工中途停止使用超过15d，在重新使用之前；

4）在遭受暴风雨、大雪、地震等强力因素作用之后；

5）在使用过程中发现有显著的变形、沉降、拆除杆件和拉接，以及安全隐患等情况时。

搭拆、使用脚手架时应注意的问题：

1）搭设脚手架人员必须持证上岗。上架必须佩戴安全带、安全帽，穿防滑鞋。

2）不得将模板支架、揽风绳、泵送混凝土和砂浆的输送管等固定在脚手架上，严禁悬挂起重设备。

3）搭拆脚手架时，地面应设围栏警戒标志，并派专人看守，严禁非操作人员入内。

4）不得用旋转扣件替换直角扣件使用。

5）钢丝绳在使用过程中，如果股间有大量的油挤出，表明钢丝绳的荷载已经很大，这时必须换掉该处钢丝绳，以防发生事故。

3.7　外墙挤塑苯保温板使用技术

3.7.1　概况

本工程外墙均采用挤塑聚苯乙烯泡沫板为主要保温隔热材料，以粘、钉结合方式与墙身固定，抗裂砂浆复合耐碱玻纤网格布为保护增强层，涂料饰面的外墙保温节能措施。

3.7.2　材料成分

1）挤塑聚苯乙烯泡沫板

规格为1200mm×600mm×40mm，平头式，阻燃型，表观密度25～32kg/m^3，尺寸收缩率小于1.5%，吸水率小于1.5%。

2）专用聚合物粘结、面层砂浆

厂家已配制好，现场施工时加水用手持式电动搅拌机搅拌，重量比为水：聚合物砂浆＝1：5，可操作时间不小于2h。

3）固定件

采用自攻螺钉配合工程塑料膨胀钉固定挤塑聚苯乙烯泡沫板，要求单个固定件的抗拉承载力标准值大于等于0.6kN。

4）耐碱玻纤网格布

用于增强保护层抗裂及整体性；孔径4mm×4mm，宽度1000mm，每卷长度100000mm。

5）聚乙烯泡沫塑料棒

用于填塞膨胀缝，作为密封膏的隔离背衬材料，其直径按照缝宽的1.4倍选用。

3.7.3 施工要求及条件

1）经业主、监理、总包、外保温施工单位联合验收的楼外墙体（可分段进行）垂直度、平整度满足规范要求，门窗框安装到位，飘窗、阳台栏板、挑檐等突出墙面部位尺寸合格，办理交接单后即可进行施工。

2）雨天施工时，须采取有效防雨措施，防止雨水冲刷刚施工完但粘结砂浆或面层聚合物砂浆尚未初凝的墙面。

3）施工现场环境温度及找平层表面温度在施工中及施工后24h内均不得低于5℃，风力不大于五级。

4）外墙保温伸缩缝沿建筑物高度每6层设置一道，即在六层、十二层、十八层、二十四层的大墙面设10mm宽水平分格缝，飘窗及阳台处不设，具体设置位置为：分格缝的上口与该层飘窗窗台底面保温层的底面等标高。

3.7.4 工艺流程

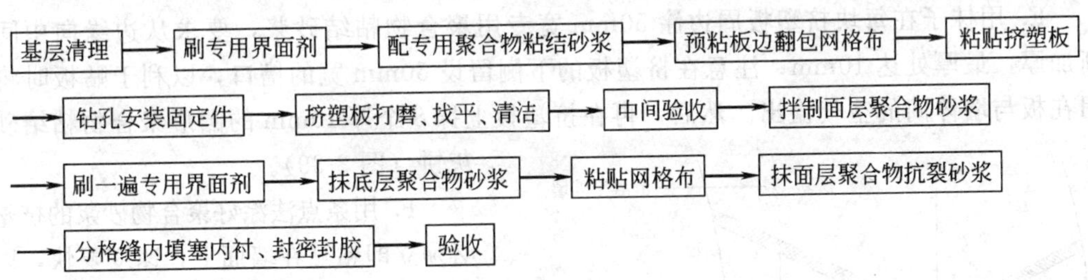

1）基层清理

清理混凝土墙面上残留的浮灰、脱模剂油污等杂物及抹灰空鼓部位等；剔除剪力墙接槎处劈裂的混凝土块、夹杂物、空鼓等，并重新进行修补；窗台挑檐按照2%水泥砂浆找坡，外墙各种洞口填塞密实。要求粘贴挤塑板表面平整度偏差不超过4mm，超差时对突出墙面处进行打磨，对凹进部位进行找补（需找补厚度超过6mm时，用1：2.5水泥砂浆抹灰；需找补厚度小于6mm时，由保温施工单位用聚合物粘结砂浆实施找补），以确保整个墙面的平整度偏差在4mm以内，阴阳角方正，上下通顺。

2）配制砂浆

施工使用的砂浆分为专用胶结砂浆及面层聚合物抗裂砂浆。施工时用手持式电动搅拌机边加水边搅拌，拌制的胶结砂浆重量比为水：砂浆＝1：5，搅拌时间不少于5min，搅拌必须充分、均匀，稠度适中，并有一定黏度。砂浆调制完毕后，须静置5min，使用前再次进行搅拌，拌制好的砂浆应在1h内用完。

3）刷专用界面剂一道

为增强挤塑板与粘结砂浆的结合力，在粘贴挤塑板前，在挤塑板粘贴面薄薄涂刷一道专用界面剂；待界面剂晾干后方可涂抹聚合物粘结砂浆，进行墙面粘贴施工。

4）预粘板端翻包网格布

在飘窗板、挑檐、阳台、伸缩缝等位置预先粘贴板边翻包网格布，将不小于220mm宽的网格布中的80mm宽用专用粘结砂浆牢固粘贴在基面上（粘结砂浆厚度不得超过2mm），后期粘贴挤塑板时再将剩余网格布翻包过来，做法及尺寸如图3-39。

5）粘贴挤塑板

A. 施工前，根据整个外墙立面的设计尺寸编制挤塑板的排板图，以达到节约材料、提高施工速度的目的。挤塑板以长向水平铺贴，保证连续结合紧密，上下两排板须竖向错缝1/2板长，局部最小错缝不得小于200mm。

B. 挤塑板的粘贴从细部节点（如飘窗、阳台、挑檐）及阴、阳角部位开始向中间进行。施工时要求在建筑物外墙所有阴阳角部位沿全高挂通线控制其顺直度（注：保温施工时控制阴阳角的顺直度而非垂直度），并要求事先用墨斗弹好底边水平线及100mm控制线，以确保水平铺贴，在区段内的铺贴由下向上进行。

C. 粘贴挤塑板时，板缝应挤紧，相邻板应齐平，施工时控制板间缝隙不得大于2mm，板间高差不得大于1.5mm。当板间缝隙大于2mm时，须用挤塑板条将缝塞满，板条不得用砂浆或胶粘剂粘结；板间平整度偏差大于1.5mm的部位应在施工面层前用木锉、粗砂纸或砂轮打磨平整。

D. 按照事先排好的尺寸（图3-38）切割挤塑板（用电热丝切割器），从拐角处垂直错缝连接，要求拐角处沿建筑物全高顺直、完整。

E. 用抹子在每块挤塑板周边涂50mm宽专用聚合物粘结砂浆，要求从边缘向中间逐渐加厚，最厚处达10mm；注意在挤塑板的下侧留设50mm宽的槽口，以利于贴板时将封闭在板与墙体间的空气溢出。然后，再在挤塑板上抹8个厚10mm的圆形聚合物粘结砂浆灰饼（图3-39）。

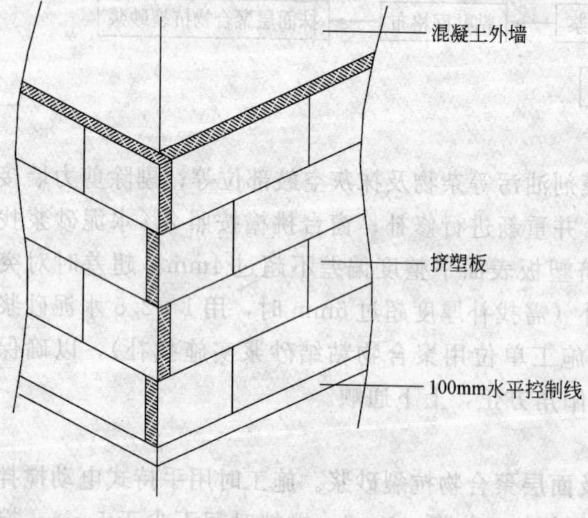

图3-38　排板示意

F. 用条点法涂好聚合物砂浆的挤塑板必须立即粘贴在墙面上，速度要快，以防止粘结砂浆表面结皮而失去粘结作用。

当采用上图所示条点法涂抹聚合物粘结砂浆时，粘贴时不允许采用使板左右、上下错动的方式调整预粘贴板与已贴板间的平整度，而应采用橡胶锤敲击调整；目的是防止由于挤塑板左右错动，导致聚合物粘结砂浆溢进板与板间的缝隙内。

G. 挤塑板按照上述要求贴墙后，用2m靠尺反复压平，保证其平整度及

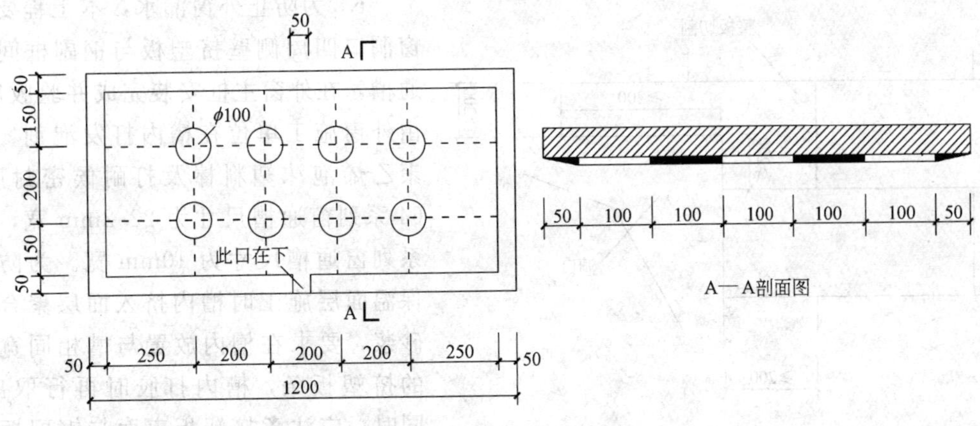

图 3-39 挤塑板点框粘结法（单位：mm）

粘结牢固，板与板间要挤紧，不得有缝，板缝间不得有粘结砂浆；否则，该部位会形成冷桥。每贴完一块，要及时清除板四周挤出的聚合物砂浆；若因挤塑板切割不直形成缝隙，要用木锉锉直后再张贴。

H. 挤塑板与基层胶结砂浆在铺贴压实后，砂浆的覆盖面积约占板面的30%～50%。具体要求：二十层及以下粘结面积率不小于30%，二十层以上为不小于50%，以保证挤塑板与墙体粘结牢固。

I. 网格布翻包：从拐角处开始粘贴大块挤塑板后，遇到阳台、窗洞口、挑檐等部位需进行耐碱玻纤网格布翻包；即在基层墙体上用聚合物粘结砂浆预贴网格布，翻包部分在基层上粘结宽度大于等于80mm，且翻包网格布本身不得出现搭接（目的是避免面层大面施工时在此部位出现三层网格布搭接导致面层施工后露网，如图3-40所示）。

J. 在门窗洞口部位的挤塑板，不允许用碎板拼凑，需用整幅板切割，其切割边缘必须顺直、平整、尺寸方正，其他接缝距洞口四边应大于200mm（图3-41）。

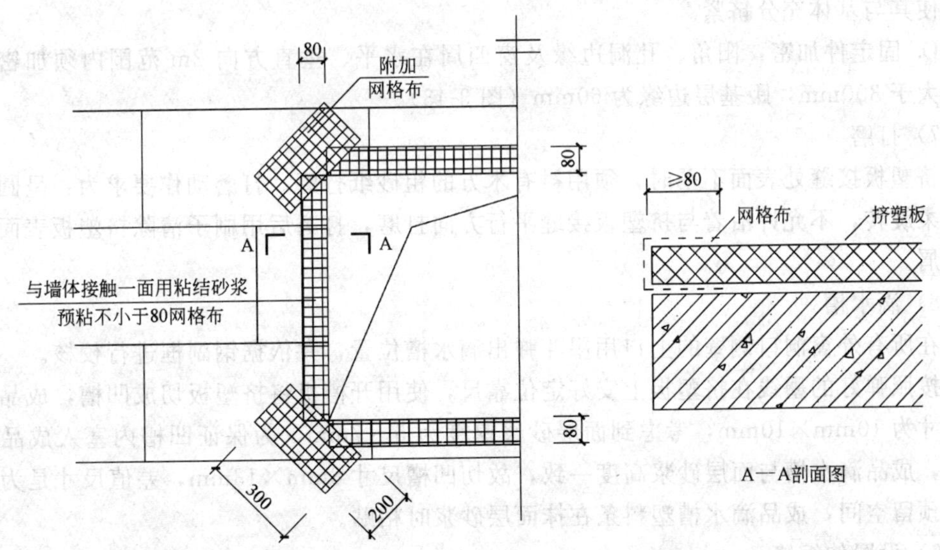

图 3-40 门窗洞口附加网格布示意图（单位：mm）

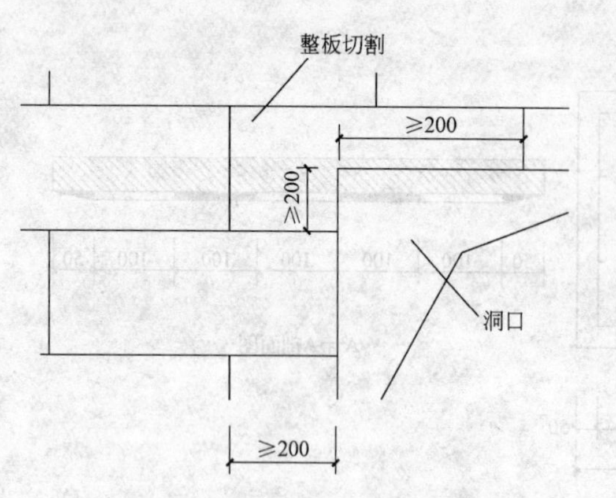

图 3-41 挤塑板洞口处切割及接缝距离要求

K. 为防止外窗漏水，本工程要求窗洞口四周侧壁挤塑板与钢副框间留通槽，在外窗主框安装完成并验收后，由外窗施工单位在槽内打发泡剂、塞聚乙烯泡沫塑料棒及打耐候密封胶。64系列窗通槽尺寸为22.2mm宽，53系列窗通槽尺寸为10mm宽。为防止保温面层施工时槽内挤入面层聚合物砂浆，要求在槽内放置与槽相同宽度的挤塑板条，槽内打胶时再行取出；同时，应注意挤塑板表面与钢副框边线平行及槽宽均匀一致。

L. 在窗洞口位置的板块搭接留缝时要考虑防水问题，在窗台部位要求水平粘贴板压立面板，避免迎水面出现竖缝；但在窗上口，要求立面板压住水平板。

M. 在遇到脚手架连墙件等突出墙面且以后要拆除的部位，按照整幅板预留，最后边拆除边进行收尾施工。

6）安装固定件

A. 挤塑板粘结牢固后，应在8～24h内安装固定件，按照方案要求的位置用冲击钻钻孔，要求钻孔深度进入基层墙体内50mm（有抹灰层时，不包括抹灰层厚度）。

B. 固定件放置的要求是：横向位置居中，竖向位置均分；任何面积大于0.1m^{2}的单块板必须加固定件，且数量不少于4个（图3-42）。

C. 操作时，自攻螺钉须拧紧，使用根部带切割刀片的冲击钻，切割刀片的大小、切入深度与钉帽相一致，将工程塑料膨胀钉的钉帽比挤塑板边表面略拧进一些，如此才可保证挤塑板表面平整，有利于面层施工；同时，方可确保膨胀钉尾部膨胀部分因受力回拧膨胀，使其与基体充分挤紧。

D. 固定件加密：阳角、孔洞边缘及窗四周在水平、垂直方向2m范围内须加密，间距不大于300mm，距基层边缘为60mm（图3-43）。

7）打磨

挤塑板接缝处表面不平时，须用衬有木方的粗砂纸打磨。打磨动作要求为：呈圆周方向轻柔旋转，不允许沿着与挤塑板接缝平行方向打磨，打磨后用刷子清除挤塑板表面的泡沫碎屑。

8）滴水槽

在所有外窗洞口侧壁的上口用墨斗弹出滴水槽位置，并依据钢副框进行校核。

按照弹好的墨线在挤塑板上安好定位靠尺，使用开槽机将挤塑板切成凹槽，成品滴水槽尺寸为10mm×10mm，考虑到面层砂浆厚度为5～7mm，为保证凹槽内塞入成品滴水槽后，成品滴水槽与面层砂浆高度一致，故切凹槽尺寸8mm×13mm，差值尺寸是为粘结砂浆预留空间，成品滴水槽塑料条在抹面层砂浆时粘贴。

9）设置伸缩缝

本工程中要求分格条每6层设置一道，即在六层、十二层、十八层、二十四层的大墙

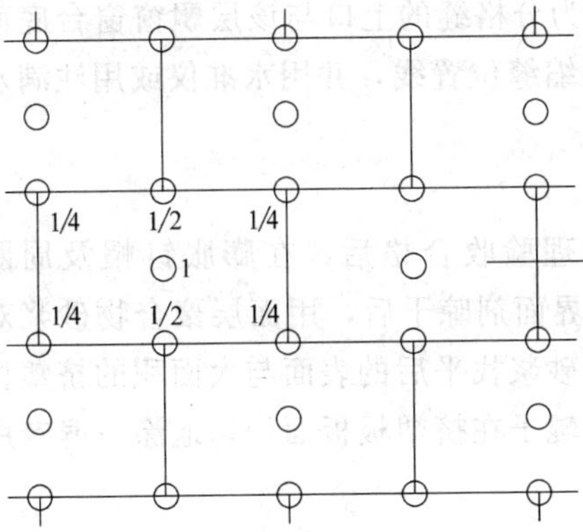

一至七层固定件布置图 (5个/m^2)

(*a*)

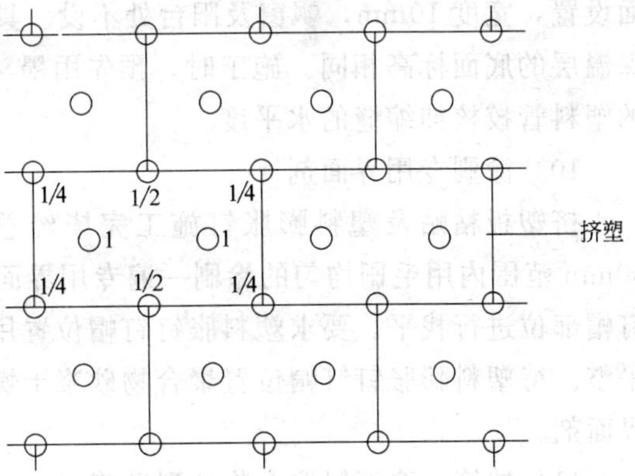

八至十八层固定件布置图 (6个/m^2)

(*b*)

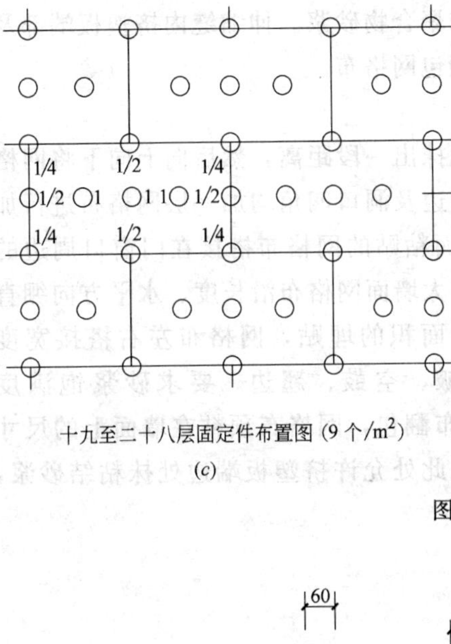

十九至二十八层固定件布置图 (9个/m^2)

(*c*)

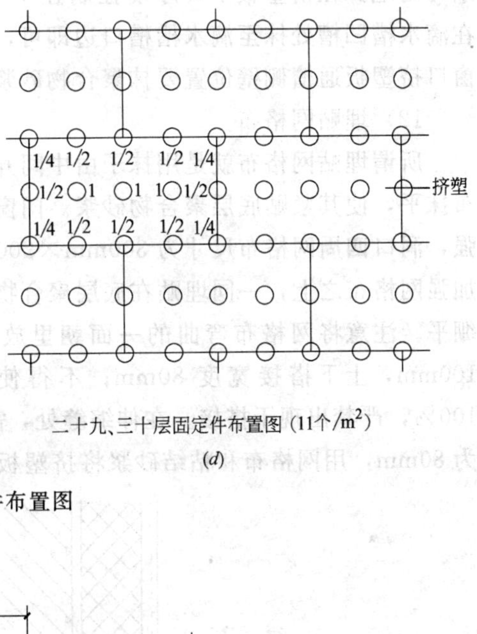

二十九、三十层固定件布置图 (11个/m^2)

(*d*)

图 3-42　固定件布置图

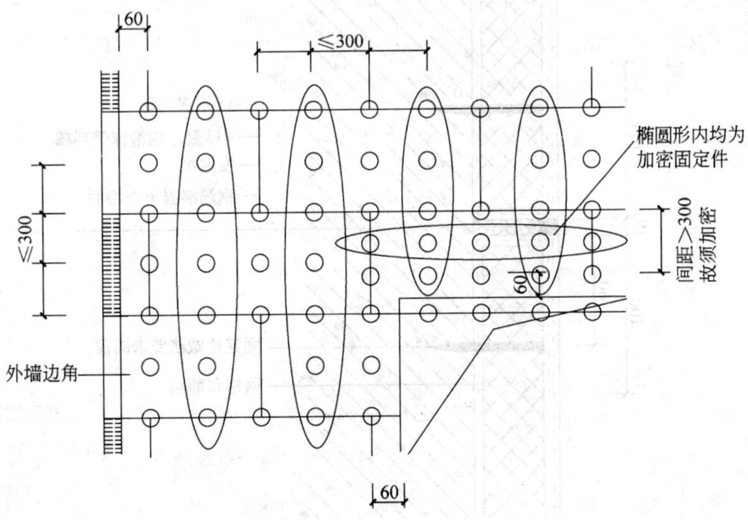

图 3-43　墙体边角、洞口处固定件（一至七层，其他层参照此图，单位：mm）

面设置，宽度10mm，飘窗及阳台处不设。具体位置为分格缝的上口与该层飘窗窗台底面保温层的底面标高相同。施工时，预先用墨斗弹出伸缩缝位置线，并用水准仪或用注满水的塑料管校核伸缩缝的水平度。

10）涂刷专用界面剂

挤塑板粘贴及塑料膨胀钉施工完毕经总包、监理验收合格后，在膨胀钉帽及周圈50mm范围内用毛刷均匀的涂刷一遍专用界面剂。待界面剂晾干后，用面层聚合物砂浆对钉帽部位进行找平。要求塑料胀钉钉帽位置用聚合物砂浆找平后的表面与大面积的挤塑板平整。待塑料膨胀钉钉帽位置聚合物砂浆干燥后，用辊子在挤塑板板面均匀地涂一遍专用界面剂。

11）抹第一遍面层聚合物抗裂砂浆

在确定挤塑板表面界面剂晾干后进行第一遍面层聚合物砂浆施工。用抹子将聚合物砂浆均匀地抹在挤塑板上，厚度控制在1～2mm之间，不得漏抹。第一遍面层聚合物砂浆在滴水槽凹槽处抹至滴水槽槽口边即可，槽内暂不抹聚合物砂浆。伸缩缝内挤塑板端部及窗口挤塑板通槽侧壁位置要抹聚合物砂浆，并粘贴翻包网格布。

12）埋贴网格布

所谓埋贴网格布就是用抹子由中间开始水平预先抹出一段距离，然后向上向下将网格布抹平，使其紧贴底层聚合物砂浆。门窗洞口内侧周边及洞口四角均加一层网格布进行加强，洞口四周网格布尺寸为300mm×200mm，大墙面粘贴的网格布搭接在门窗口周边的加强网格布之上，一同埋贴在底层聚合物砂浆内。将大墙面网格布沿长度、水平方向绷直绷平。注意将网格布弯曲的一面朝里放置，开始大面积的埋贴，网格布左右搭接宽度100mm，上下搭接宽度80mm；不得使网格布褶皱、空鼓、翘边。要求砂浆饱满度100%，严禁出现干搭接。在伸缩缝处，需进行网格布翻包，网格布预粘在墙面上的尺寸为80mm，用网格布和粘结砂浆将挤塑板端头包住，此处允许挤塑板端边处抹粘结砂浆，

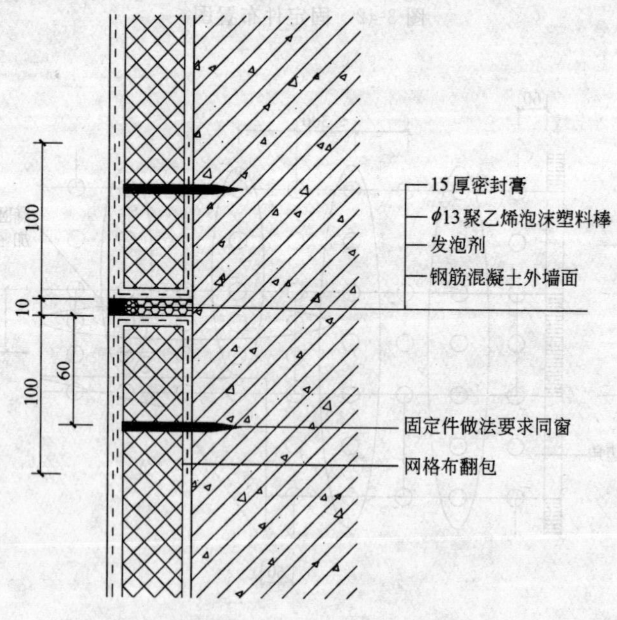

图3-44 伸缩缝做法示意图（单位：mm）

大墙面粘贴的网格布盖在搭接的80mm网格布之上，一同埋贴在底层聚合物抗裂砂浆上（图3-44）。

在墙身阴、阳角处必须从两边墙身埋贴的网格布双向绕角且相互搭接，各面搭接宽度为不小于200mm（图3-45）。

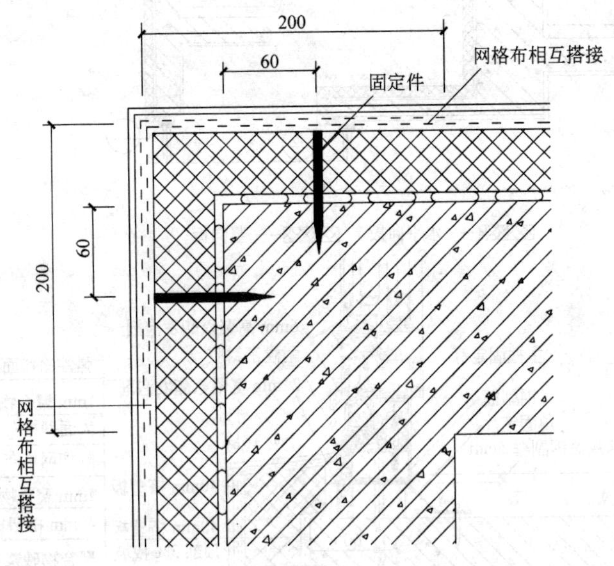

图3-45 阴、阳角处网格布搭接示意图（单位：mm）

抹完底层聚合物砂浆并压入网格布后，待砂浆凝固至表面基本干燥、不粘手时，开始抹面层聚合物砂浆，抹面厚度以盖住网格布且不出现网格布痕迹为准；同时，控制面层聚合物抗裂砂浆总厚度为3～5mm。

滴水槽做法：先将网格布压入槽内，随即在槽内抹数量足够的聚合物砂浆，然后将塑料成品滴水槽压入挤塑板槽内。塑料成品滴水槽塞入深度应综合考虑完活儿后面层的高度，这样才能保证成品滴水槽与面层聚合物抗裂砂浆高度一致，确保观感质量。挤塑板槽内砂浆必须填塞密实，并确保安装滴水槽时槽内聚合物粘结砂浆沿槽均匀溢出。

滴水槽凹槽处，须沿凹槽将网格布埋入底层聚合物砂浆内。若网格布在此处断开，必须搭接，搭接宽度为不小于65mm；同时，应注意滴水槽凹槽处需附加一层网格布，网格布搭接80mm（图3-46）。

所有阳角部位，面层聚合物抗裂砂浆均应作成尖角，不得做成圆弧。面层砂浆施工应选择施工时及施工后24h没有雨的天气进行，避免雨水冲刷造成返工。在预留孔洞位置处，网格布将断开，此处面层砂浆的留槎位置应考虑后补网格布与原大面网格布搭接长度要求而预留一定长度。面层聚合物抗裂砂浆应留成直槎，砂浆具体如图3-47所示。

3.7.5 细部及特殊部位做法

(1) 预留孔洞位置（破损处）处理

进行大面积挤塑板粘贴过程中，在遇到外脚手架的连墙杆时，挤塑板只能进行甩槎处理；在外墙保温施工完毕后，拆除脚手架过程中，对此部位实施修补处理。

用掺10%UEA的1：1干硬性水泥砂浆将脚手眼填塞紧密，表面抹平。按照预留孔洞尺寸裁截一块尺寸相同的挤塑板并打磨其边缘部分，使其能严密封填于孔洞处。将上述

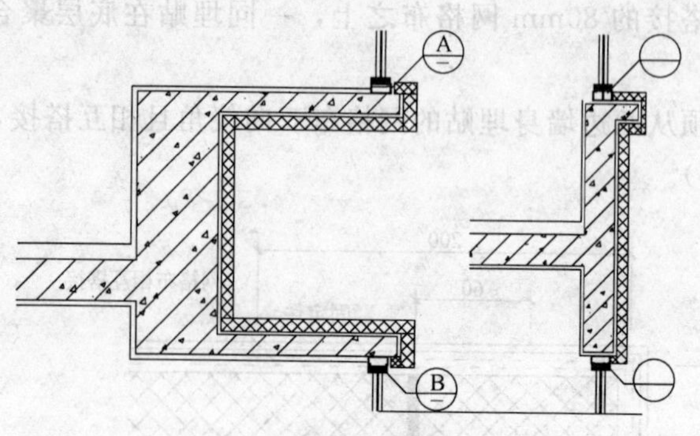
A
B

水平向板 竖向板

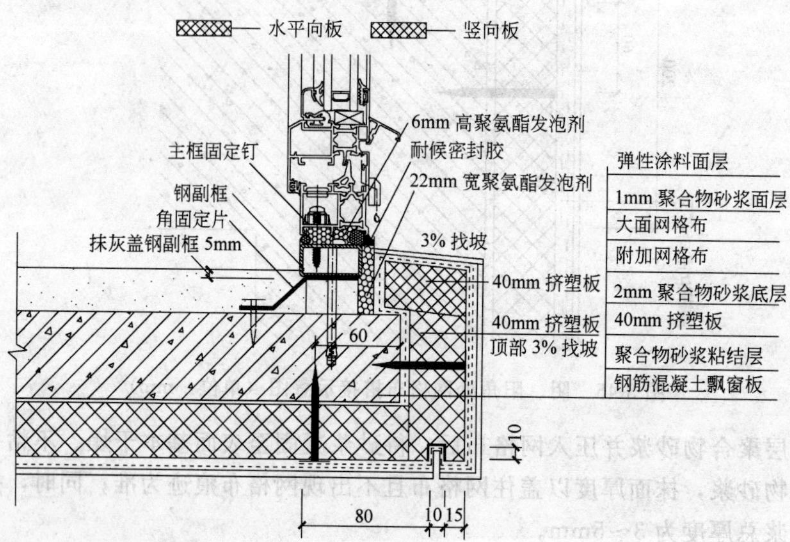
6mm 高聚氨酯发泡剂
主框固定钉
耐候密封胶
22mm 宽聚氨酯发泡剂
钢副框
角固定片
抹灰盖钢副框 5mm
3% 找坡
弹性涂料面层
1mm 聚合物砂浆面层
大面网格布
附加网格布
40mm 挤塑板
2mm 聚合物砂浆底层
40mm 挤塑板
顶部 3% 找坡
40mm 挤塑板
聚合物砂浆粘结层
钢筋混凝土飘窗板
60
10
80
10
15

A

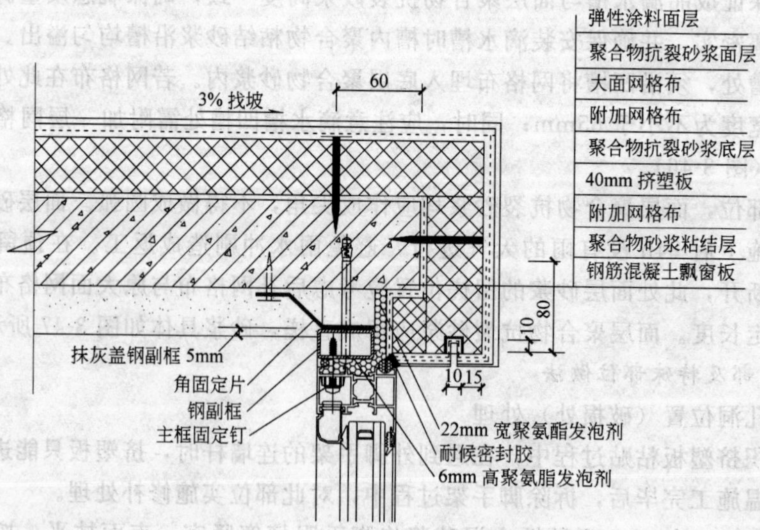
弹性涂料面层
聚合物抗裂砂浆面层
60
3% 找坡
大面网格布
附加网格布
聚合物抗裂砂浆底层
40mm 挤塑板
附加网格布
聚合物砂浆粘结层
钢筋混凝土飘窗板
10
80
抹灰盖钢副框 5mm
10
15
角固定片
钢副框
主框固定钉
22mm 宽聚氨酯发泡剂
耐候密封胶
6mm 高聚氨脂发泡剂

B

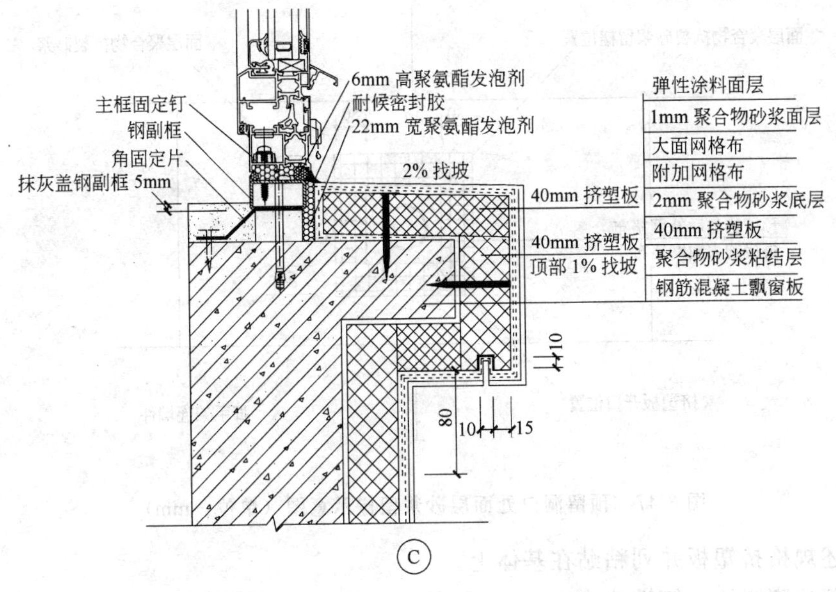

C

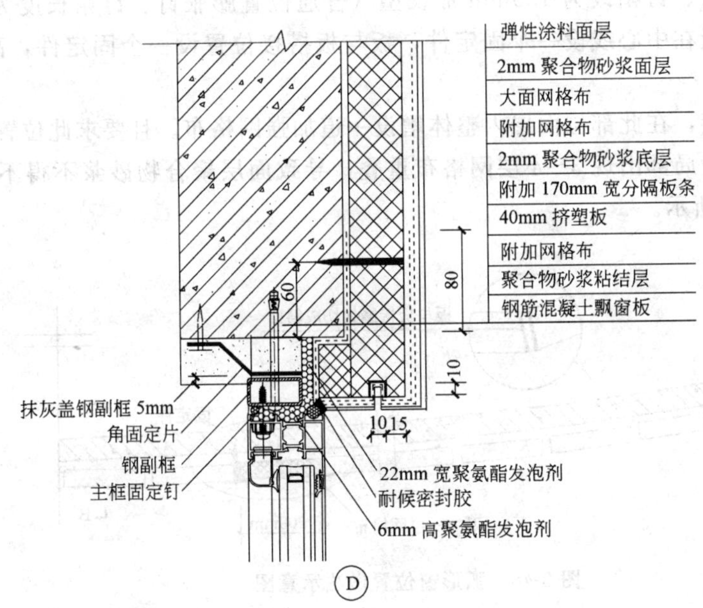

D

图 3-46 滴水槽凹槽网格布

预裁好的挤塑板背面涂上胶结砂浆，将其镶入孔内。涂抹底层聚合物抗裂砂浆，切一块网格布（其面积大小应能与周边已施工好的网格布搭接 80mm），埋入网格布，并涂抹面层聚合物抗裂砂浆与周边平整。

(2) 观景阳台位置做法

本工程南立面每层均设有弧形观景阳台（半径 $R=12970$mm），因为挤塑板的柔韧度很小，用大幅板粘贴无法与弧形立面靠紧，为确保此位置挤塑板的粘贴、固定质量及成活儿后的观感质量，要求按下述方法施工。

将挤塑板裁切成 200mm×890mm（上下层弧形窗间结构立面高度为 890mm）大小，

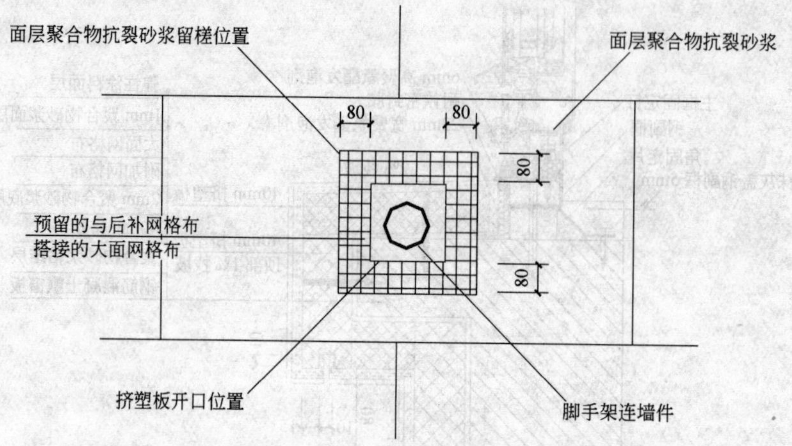

图 3-47　预留洞口处面层砂浆留槎示意图（单位：mm）

然后将上述规格挤塑板并列粘贴在基体上。

将此部位膨胀钉、钉帽改为 120mm 加长型（普通位置膨胀钉、钉帽长度为 95mm）。水平方向要求每块板在中心线设一个固定件，板与板搭接位置设一个固定件，高度方向、固定件数量与前同。

为加强板间连接，在此部位面层内整体增设一道加强网格布。且要求此位置网格布不允许出现搭接，防止局部出现 3～4 层网格布重叠，导致面层聚合物砂浆不得不增厚的现象出现，如图 3-48 所示。

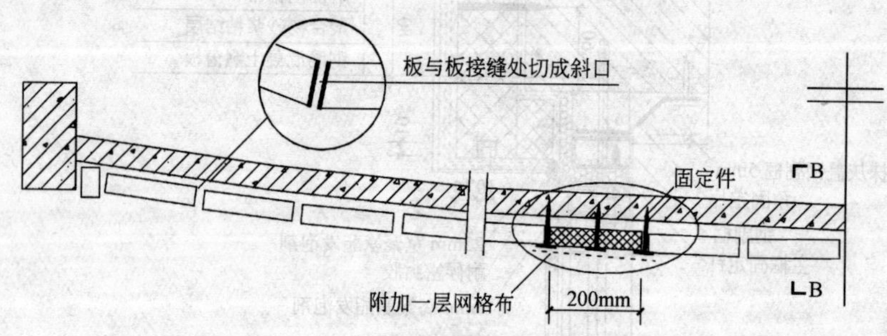

图 3-48　弧形窗位置做法示意图

本工程此部位虽为弧形，但仍然要求做滴水槽，将成品塑料滴水槽在热水中浸泡，参考钢副框的弧度进行煨弯，此部位需精心施工。

(3) 建筑物首层保温做法

首层墙体外保温做法除与标准层规定相同外，为提高面层抗冲压能力，要求外加一层加强网格布。

室外勒脚部位从±0.000～＋0.600m 要求设 3mm 厚镀锌防鼠钢板，将底部挤塑板包在里面，以防止老鼠沿外墙打洞。防鼠钢板用 AC 建筑结构胶与挤塑板保温面层聚合物砂浆满粘。

(4) 女儿墙做法

本工程女儿墙高1400mm，内立面埋设间距1.5m的吊环，用于将来维修及清洗外窗用；为防止绳索在吊环上固定后从女儿墙上面绕过造成保温层破坏，考虑只在女儿墙外立面做保温，具体做法如图3-49所示。

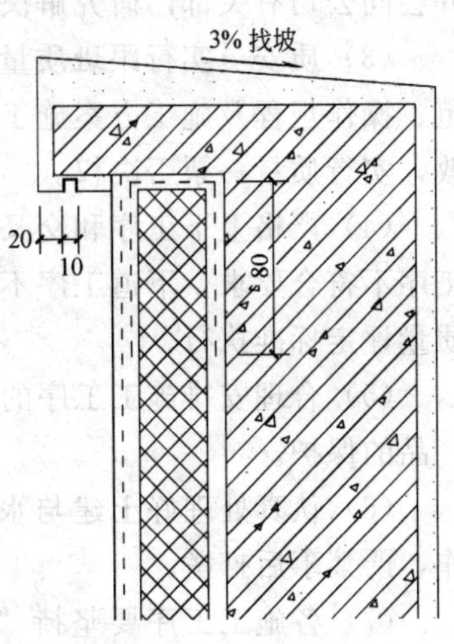

图3-49 女儿墙处保温做法示意图（单位：mm）

3.7.6 安全措施

1）在进行外脚手架搭设时，已考虑外墙保温施工荷载，故根据计算，在外墙保温施工作业层搭设连续五步的脚手板，每步两块跳板；

2）在外脚手架上操作的人员，必须经过培训，持有国家劳动部门颁发的特种作业证件持证上岗；

3）工人在脚手架上作业必须带好安全帽，系好帽带，佩戴安全带，将保险钩挂在大横杆上后方可进行施工；

4）若存在交叉作业施工的情况，在外保温施工区段的上方，必须用跳板加密目安全网进行全封闭，确保外架作业人员安全；

5）安装固定件前，打眼用的电锤必须有出厂合格证，末级开关箱必须配漏电保护器，工人必须戴绝缘手套进行操作，由专业电工进行接线；

6）在外脚手架上的操作人员需穿防滑鞋，有恐高症、心脏病的人员禁止上架，严禁酒后上架施工。

3.7.7 文明施工及成品保护

1）裁切下来的挤塑板碎板条必须用袋子装好，禁止到处乱丢，随处飘撒；

2）在涂抹挤塑板粘结砂浆时，注意不要污染钢副框，被污染的钢副框必须及时用湿布擦洗干净；

3）粘贴上部挤塑板时，掉落下来的胶结砂浆可能会污染下部挤塑板及网格布，必须及时清理干净；

4）拆除脚手架时，应做好对成品墙面的保护工作，禁止钢管等重物撞击挤塑板墙面；

5）严禁在挤塑板上面进行电、气焊作业；

6）施工用砂浆必须用小桶拌制，用完水后关好水管阀门；

7）进场的挤塑板必须堆放整齐，做好防雨保护；

8）每一施工楼层内必须设置小便桶，从措施上保证工人能按章操作，杜绝不文明现象发生。

4 质量保证措施

4.1 总则

（1）做好施工组织设计和施工方案的优化工作，按施工组织设计做好施工的各项准备工作。

（2）严格按照施工组织设计确定的合理施工工序进行操作施工，发现问题及时上报，并会同公司有关部门研究解决。

(3) 质安员实行跟班质量监督，发现问题及时处理。对有不按设计要求、施工验收规范、操作规程及施工方案施工，有损害工程质量行为的人员，有权使其停止施工并限期整改，实行质量一票否决权。

(4) 严格上下工序和交叉工序的交接、验收制度，做到本工程质量不合格不交，上道工序不符合要求，下道工序不继续施工。分部（分项）工程的检查、验收按建设部相应的质量评定标准执行。

(5) 合理安排施工工序的穿插，相应穿插的单位要明确责任，办好交底和验收，加强产品的保护。

(6) 认真处理好土建与水电等安装施工的关系，积极配合安装工程的预留、预埋工作，严禁事后打凿。

(7) 各施工工序要坚持“自检、互检、专检”的质量检查制度，逐级检查，层层把关，所有隐蔽工作必须经监理或设计人验收并办好隐蔽记录签证后，才能进行下一道工序的施工。要积极配合建设单位、监理人员、质监站，同心协力共同把好质量关，并为检查验收提供方便。

(8) 加强工程资料管理，由项目资料员负责进行收集、整理，确保资料齐全和数据准确、可靠，按照合同要求编制竣工资料。

(9) 实行样板引路，以样板柱、墙、工序指导施工。各分项工程实施前应做样板，经检查满足质量达到优良等级要求后，方可大面积施工。

4.2 施工测量的质量控制

(1) 施工所用的测量仪器要定期送检，始终保持在良好状态。

(2) 测量员要严格遵守操作规程，一定按有关规定作业。

(3) 阴雨、暴晒天气，在露天场地测量时要对仪器进行遮盖。

(4) 在观测过程中，经常检查仪器圆水泡是否居中，检查后视方向是否有变化，并及时调整好。本次观测完成后，一定要闭合或复合检查，防止仪器变化或偶然读错造成误差。

(5) 施工现场控制用点，经常复核、检查。

(6) 轴线、标高竖向传递要与基点校核，控制在规范范围内，确保精度要求。

(7) 每个单体工程的测量人员固定，采用固定的仪器进行观测。

4.3 钢筋工程质量控制

4.3.1 钢筋加工

(1) 钢筋的品种和质量、焊条和焊剂的牌号、性能，必须符合设计要求和有关标准的规定。

(2) 钢筋表面洁净，粘着的油污、泥土、浮锈使用前，必须清理干净。

(3) 钢筋调直后不得有局部弯曲、死弯、小波浪形、表面伤痕，不应使钢筋截面减小5%，表面带有颗粒状或片状老锈，经除锈后仍有麻点的钢筋严禁按原规格使用。

(4) 对钢筋开料切断尺寸不准，应根据钢筋所在部位和误差情况，确定调整或返工。

(5) 对钢筋成型尺寸不准确、外形误差超过质量标准允许值、箍筋歪斜等，HPB235级钢筋可进行一次重新调直后弯曲，其他级别钢筋不宜重新调直，反复弯曲。

(6) 钢筋的类别和直径由于客观原因需调换替代时，必须征得设计人同意，并得到监理工程师的认可。

4.3.2 钢筋安装

(1) 绑扎形式复杂的结构部件时，事先考虑支模和绑扎的先后次序，宜制定安装方案，绑扎部位的位置上所有杂物应在安装前清理好。

(2) 钢筋的规格、形状、尺寸、数量、间距、锚固长度、接头位置、保护层厚度必须符合设计要求和施工规范的规定，钢筋与模板间要设置足够数量与强度的垫块。

(3) 钢筋、骨架绑扎、缺扣不超过应绑扎数的10%，且不应集中。钢筋弯钩的朝向正确，绑扎接头需符合施工规范的规定，搭接长度不小于规定值。

(4) 钢筋采用绑扎接头时，接头位置应相互错开，错开距离为受力钢筋直径的30倍且不小于500mm，有绑扎接头的受力钢筋截面面积占受力钢筋总截面面积的百分率：在受拉区不得超过25%，在受压区不得超过50%。

(5) 钢筋接头不宜设在梁端、柱端的箍筋加密区。抗震结构绑扎接头的搭接长度，HPB235、HRB335级钢筋应比非抗震的最小搭接长度相应增加$10d$、$5d$（d为搭接钢筋直径）。

(6) 钢筋采用焊接接头时，设置在同一构件内的焊接接头相互应错开，错开距离为受力钢筋直径的30倍且不小于500mm。一根钢筋不得有两个接头，有接头的钢筋总截面面积的百分率在受拉区不得超过50%，在受压区不受限制。

(7) 钢筋焊接前，必须根据施工条件进行试焊，合格后方可正式施焊。焊接过程要及时清渣，焊缝表面光滑、平整，加强焊缝平缓过渡，弧坑应填满。

4.4 模板工程质量控制

(1) 施工前的准备

① 认真熟悉图纸，了解每个构件的截面尺寸、标高等。根据构件大小，对其支撑体系进行设计计算，设计支撑体系，并做好向操作工人的技术交底。

② 模板安装前，必须经过正确放样，检查无误后才能立模安装。

③ 模板安装前，先检查模板及支撑杆件的质量，不符合质量标准的不得投入使用。

(2) 安装模板及支撑前，必须弹出安装位置及标高控制墨线，确保构件几何尺寸符合设计要求。

(3) 墙柱模安装前，先将原混凝土面凿平，模板安装完成，在底部四周抹1∶3水泥砂浆封住缝隙，确保不漏浆。

(4) 模板门式脚手架接驳必须在同一轴线上，支顶应垂直，上下层支顶在同一竖向中心线上，而且要确保门架间在竖向与水平向的稳定。

(5) 柱子与梁交接时，必须根据柱梁截面用竹胶板做成定型模板，并加柱头箍安装，以保证柱、梁接头顺直，接缝平滑。

(6) 门架支顶系统中，水平接杆必须两头紧顶柱子或剪力墙，保证支模体系稳固。

(7) 模板安装前必须刷脱模剂，拆下的模板及时清理粘结物，并分类堆放整齐，拆下的扣件及时集中放置，统一管理。

(8) 当梁底跨大于4m时，梁底按设计要求起拱；如设计无要求时，起拱高度为跨度的1/1000～3/1000。

(9) 模板安装、预埋件、预留孔洞允许偏差和检验方法必须符合有关规定。

(10) 模板应构造简单、装拆方便，便于钢筋的绑扎与安装，符合混凝土的浇筑及养护等工艺要求。

(11) 模板必须支撑牢固、稳定，不得有跑模、超标准下沉等现象。对超重的顶板模板支撑刚度，应进行设计计算。

(12) 模板拼缝应平整、严密，局部采用玻璃胶填缝，不得漏浆，模板表面应清理干净，拼缝处内贴止水胶带，防止漏浆。

4.5 混凝土工程质量控制

4.5.1 施工前的准备

(1) 进行混凝土施工的技术人员必须熟悉图纸，并做好施工技术交底签证，确定操作规程，确保混凝土质量达到设计要求及验收标准。严格按规范、规程施工，做到一丝不苟，不偷工减料，不粗制滥造。

(2) 严格执行混凝土施工相关原材料、半成品验收制度，要求水泥、中砂、碎石均有质量合格证并经送检，需满足强度等各种要求，不合格的材料严禁进场。各种材料试验报告应整理存档。

(3) 在混凝土浇筑前，严格按照国家现行规定标准，计算确定混凝土的配合比，并将计算及实验结构报送监理批准。对于混凝土水灰比及坍落度应做严格的控制，项目部应配合混凝土搅拌站，做好批量混凝土施工前的准备工作。

4.5.2 混凝土的拌制及运输

本合同施工用混凝土主要采用商品混凝土。在拌制过程中，项目部要派专人进行监督负责，对材料的含水率、压碎值及含泥量应做严格的控制。

① 使用混凝土前，要求厂商提供满足各项技术指标的混凝土设计配合比。

② 每车混凝土到达现场，要检查材料单上混凝土的各项指标是否与需要的混凝土各项指标相符；若不符合，则不签收，一律退货。

③ 对每车混凝土的数量、坍落度、和易性、含砂率、混凝土运输时间及混凝土温度等进行检查；若不能满足要求，则不签收，一律退货。

④ 随时对混凝土搅拌站的水泥、砂、石、外加剂及计量器具进行质量检查。

⑤ 根据规范及施工要求，制取混凝土试件做强度试验。

⑥ 对混凝土质量进行动态管理，使混凝土质量处于受控状态。

⑦ 在商品混凝土运输过程中，装运时要确保不漏浆、不离析，任何时候不准任意加水。从出料至浇筑完毕，必须遵守由实验所确定的允许最长时间。

4.5.3 混凝土浇筑

(1) 浇筑前的准备

① 对地基、旧混凝土面做必要的清理准备工作。

② 对钢筋、模板、支架和预埋件进行检查，清除模板内的垃圾、泥土及钢筋上的油

污，摆好马凳及混凝土垫块，在确保万无一失的情况下进行浇筑。

③ 作好电力、动力、照明、养护等的准备工作。

(2) 混凝土浇筑

① 不能引起混凝土离析，混凝土自卸高度控制在2m以内。

② 不做冷缝：一次浇筑厚度控制在振捣棒长度2/3以内，防止浇筑厚度过大，水泥砂浆流动远而造成冷缝。混凝土间隙浇筑时间不超过60min。

③ 在合理时间内浇筑完毕，浇筑速度不能过快；否则，易使模板侧向压力增大，振捣不充分，表面泛浆及沉降过大。

④ 在留置施工缝处继续浇筑混凝土时，已浇筑的混凝土，其抗压强度不应小于1.2MPa。在已硬化的混凝土表面上，应清除水泥薄膜和松动石子以及软弱混凝土层，并加以充分湿润和冲洗干净，不得有积水。当混凝土浇筑到变形缝时，混凝土必须确保振动密实。

(3) 混凝土捣固

① 在一处振捣时间控制在10～20s为宜，以振捣器附近混凝土表面不出现气泡和浮浆为宜；

② 捣固棒插入间距以40cm为宜；

③ 不能将振捣器横置；

④ 不能用振捣器使混凝土横向流动；

⑤ 不能用振捣器弄散堆积的混凝土；

⑥ 不能直接振动钢筋代替混凝土捣固。

4.5.4 混凝土养护

① 混凝土拆模后，墙柱进行喷雾养护或薄膜覆盖养护。楼板养护采用覆盖及蓄水养护，养护时间保证不少于14d，养护用水采用自来水。

② 在混凝土达到一定强度前，避免承受荷载和冲击。

③ 对混凝土内温度进行监测，技术人员根据测得的混凝土内外温差及时研究，调整养护保温措施，控制微裂缝的产生。

4.5.5 大体积混凝土的质量控制

① 与商品混凝土搅拌站联系，采用水化热低的水泥品种。

② 编制厚大体积混凝土施工方案，对工人队组进行详细交底。

③ 各种材料供应满足连续浇灌的需要，劳动力安排要满足连续施工作业。

④ 采用石子浇水、搅拌水中加冰块降温等办法，降低混凝土入模温度。

⑤ 选用级配良好的骨料，严格控制砂、石子的含泥量，降低水灰比，加强振捣，以提高混凝土的密实性和抗拉强度。

⑥ 分层浇筑混凝土，每层厚度不宜大于300mm，以加快热量散发，并使温度分布较均匀；同时，也便于振捣密实。上层混凝土覆盖要在下层混凝土初凝前进行。

4.6 预埋管件、预留孔洞质量控制

预埋件、预留孔洞是本工程中不可缺少的重要部分，它直接影响到机电设备安装及建筑装饰的施工和质量，因此，采取以下措施保证预埋管件、预留孔洞不漏设、不错设，位置、数量、尺寸大小符合设计要求。

4.6.1　图纸会审

开工前由项目总工程师对土建结构设计图与下道工序相关的设备安装、建筑装饰等图纸进行对照审核，对各类图纸中反映的预埋件、预留孔洞作详细的会审研究，确定预留埋件、预留孔洞的位置、大小、规格、数量、材质等是否相互吻合，编制预埋件、预留孔埋设计划。发现问题时，应及时向驻地监理及设计院以书面报告的形式进行汇报，待得到设计院的变更设计或监理的正式批复书后，再将预埋件、预留孔洞单独绘制成图，派专人负责技术指导、检查，并做好技术交底工作。

4.6.2　测量放线

根据设计要求，分段对预埋管件、预留孔洞进行测量放线，测量放线应执行测量“三级”复核制。对板的预埋件、预留孔洞应在土模或基础垫层、模板上用红油漆标出预埋件、预留孔洞的位置或预留孔洞形状、大小。

4.6.3　施工控制

预留孔洞模型应按设计大小、形状进行加工制作，其精度应符合设计要求。预埋件应按设计规定的材质、大小、形状进行加工制作，并严格按测量放线位置正确安装，保证焊接牢固，支撑稳固，不变形和不位移。

4.6.4　检查验收

预留孔洞模型安装、预埋件安装完成后，由总工程师、质检、工序技术人员组织检查验收，重点检查预埋位置、数量、尺寸、规格是否符合设计要求。自检合格后，报请驻地监理工程师检查验收，并办理签证手续，签认后方能进行下道工序施工。

4.6.5　结构混凝土浇筑时的保护

工序技术负责人在施工现场指挥，跟班把关，并对施工人员进行现场技术交底，使操作人员清楚预埋件、预留孔洞的位置、精确度的重要性。对预埋件、预留孔洞的移位或预留孔洞外边缘变形等而发生质量问题，制定质量保证措施。

4.6.6　模板拆除

禁止使用撬棍沿孔边缘硬撬。拆模后，测量组要对预埋件、预留孔洞位置、孔洞尺寸、孔壁垂直度等进行复测，查测误差是否在规范允许的范围内，超出的尽快修复，以满足规范要求。对接地体或易破坏的预埋件、预留孔洞应采取保护措施，防止被损坏。

4.7　砌筑工程质量控制

(1) 为防止墙柱交界处出现纵向裂缝，砌块应紧靠柱壁砌筑，砌筑时灰缝要饱满密实，注意减少缝的厚度和原浆，随手压缝；按规定锚入拉结筋。

(2) 为防止出现墙、梁交界处的水平裂缝，梁底采用灰砂砖斜砌，砌块顶满铺砂浆顶紧梁底，并控制码口高度和最上一皮砌筑高度。

(3) 所有砌体拟砌筑的砌块，必须控制其含水率，达到28d龄期强度才允许使用。

(4) 改善砌筑砂浆和易性，控制抹灰层的厚度、配比和操作工艺。

(5) 沿墙柱、墙梁交界处挂钢网，防止裂缝出现。

(6) 控制墙体的砌筑长度，按设计或规范要求加设构造梁、柱。

(7) 选用强度较高的砌块，抹灰层与基层材质相适应。

(8) 抹灰打底要控制基层含水率，适量洒水，抹灰层要分遍压实、赶平。

4.8 抹灰工程的质量控制

（1）抹灰前，认真进行基层的处理。砌块墙面先浇水充分湿润，混凝土面清理后刷素水泥浆。

（2）基层平整度偏差较大时，要分层找平，每遍厚度控制在7～9mm。

（3）根据不同的基层配制所需要的砂浆。

（4）抹完面层灰后，在灰浆收水后再压光，避免出现起泡现象。

（5）抹灰前认真做好吊垂直、套方以及打砂浆墩、冲筋，每面墙体要求在同一班内完成。

（6）抹顶棚前，在墙面四周弹水平线，以控制顶棚抹灰面的平整。

4.9 楼地面工程的质量控制

（1）施工前在四周墙柱身上弹好＋50cm的水平控制墨线。

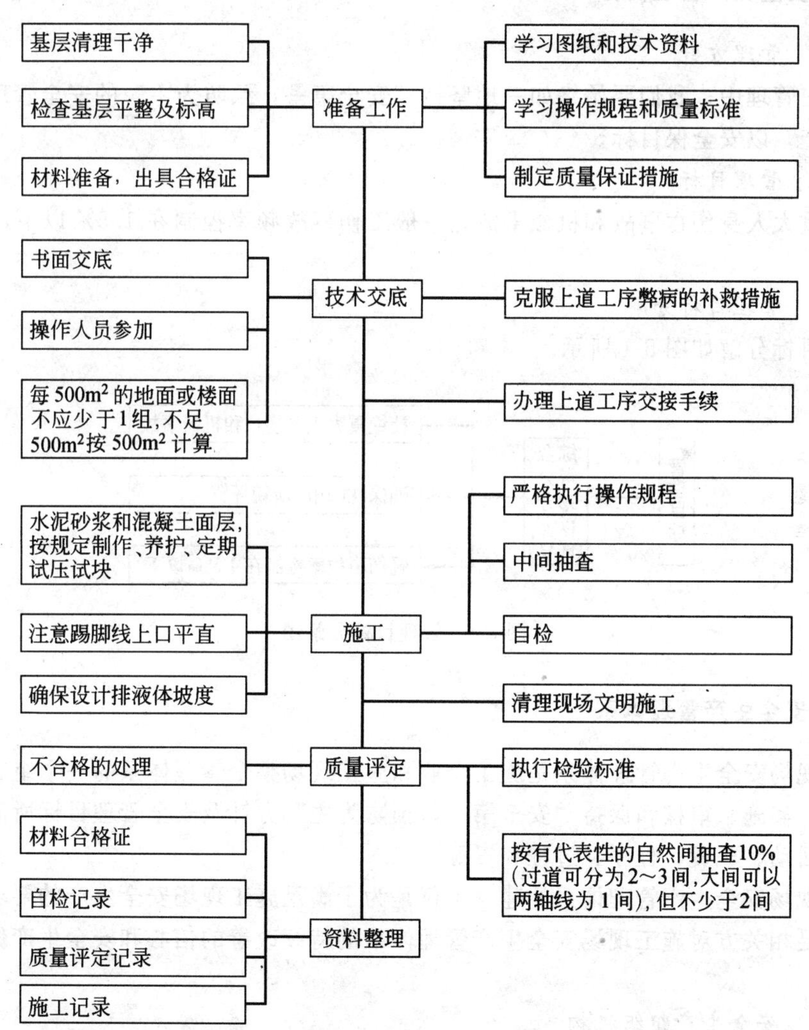

图4-1 楼地面工程质量程序控制

(2) 各种立管孔洞等缝隙先用细石混凝土灌实堵严（细小缝隙处用水泥砂浆灌堵）。

(3) 原材料一定要经试验合格后方可使用。

(4) 严格控制砂浆水灰比，其稠度不宜大于35mm。

(5) 掌握好面层的压光时间。水泥地面的压光一般不应少于三遍。第一遍随铺随进行，第二遍压光应在初凝后终凝前完成，第三遍主要是消除抹痕和闭塞细毛孔，不得在水泥终凝后进行，连续养护时间不少于7d。

(6) 在面层水泥砂浆施工前严格处理好底层，保证其清洁、平整、湿润，素水泥浆与铺设面层紧密配合，严格做好随刷随铺。

(7) 楼地面工程质量程序控制如图4-1所示。

5 安全生产保证措施

5.1 安全生产管理目标

5.1.1 管理方针

在施工管理中，我们要始终如一地坚持“安全第一，预防为主”的安全管理方针，以安全促生产，以安全保目标。

5.1.2 管理目标

杜绝重大人身伤亡事故和机械事故，一般工伤事故频率控制在1.5‰以下，确保安全生产。

5.1.3 管理目标分解

管理目标分解如图5-1所示。

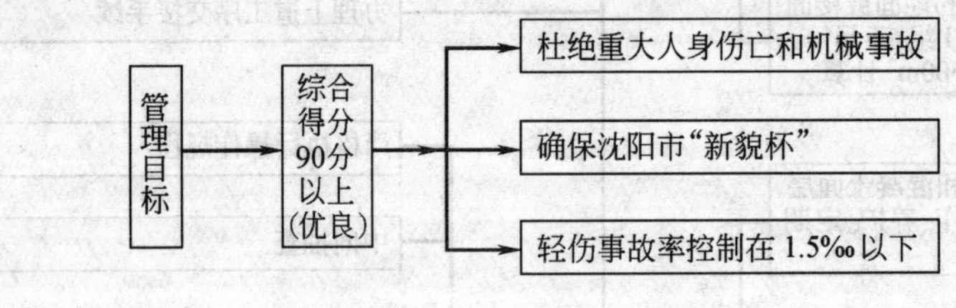

图5-1 管理目标分解图

5.2 安全生产管理体系

施工现场安全生产管理体系是施工企业和施工现场整个管理体系的一个组成部分，包括为制定、实施、审核和保持“安全第一，预防为主”方针及安全管理目标所需的组织结构、计划活动、职责、程序、过程和资源。

施工现场安全生产管理体系的建立不仅是为了满足施工现场安全生产的要求，同时也是为了满足相关方对施工现场安全生产管理体系的持续改善的信心和安全生产保证能力的信任。

5.2.1 安全生产组织机构

以项目经理为首，由项目总工程师、项目土建生产副经理、项目安装生产副经理、各专业施工员、安全员、各专业分包负责人、各施工队及各施工班组等各方面的管理人员组成本工程的安全管理组织机构。

安全管理机构如图 5-2 所示。

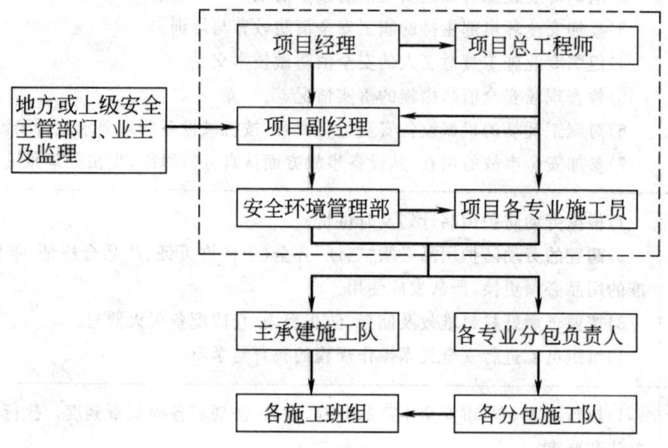

图 5-2 安全管理机构示意图

5.2.2 安全生产职责

项目经理部安全生产职责详见表 5-1 所列。

项目经理部安全生产职责 表 5-1

名称	安全生产职责
项目经理	全面负责施工现场的安全措施、安全生产等，保证施工现场安全
施工生产副经理	直接对安全生产负责，督促施工全过程的安全生产，纠正违章，配合有关部门排除施工不安全因素，安排项目经理部安全活动及安全教育的开展，监督劳保用品的发放和使用，并按规定组织检查、做好记录
项目总工程师	1)项目总工程师对安全生产负领导责任。 2)负责贯彻安全生产方针政策，严格执行安全消防技术规程、规范、标准。 3)协助项目经理制定本项目安全生产管理办法和各项规章制度，并监督实施。 4)组织项目技术人员编制安全技术措施和分部工程安全方案，督促安全措施落实，解决施工过程中安全隐患等技术问题。 5)参加每周一次的安全检查，对不安全因素定时、定人、定措施予以解决，并监督落实、检查
安全环境部职责	1)对安全消防工作负直接责任。 2)执行国家及省、市安全生产的方针、政策、法规和各项规章制度。参与制定并执行本项目安全生产管理办法。 3)落实有关安全消防管理规定，对进场工人进行安全消防教育和培训，强化职工的安全意识和消防观念。 4)组织现场安全生产、消防措施的检查，出现问题及时处理。 5)在项目总工程师领导下，参加每周一次的安全大检查，并做好检查记录。对查出的问题，负责下发问题整改单，并亲自监督整改。 6)经常组织安全生产、消防工作的宣传活动。 7)发生安全事故时，首先采取应急措施，保护好现场，并立即报告，按照“四不放过”原则督促改进措施的落实。 8)负责收集整理安全管理资料，及时向上级安全部门汇报本项目部安全状况，填报安全统计报表。待本项目竣工后把本项目执行的安全管理资料整理上报

续表

名　称	安全生产职责
工程部职责	1)执行项目部关于安全、消防的有关规定。 2)组织专业施工员编制安全消防技术措施。 3)参加安全环境部主持的职工安全消防教育与培训。 4)组织专业施工员对工人的安全消防做技术交底。 5)检查现场安全消防措施的落实情况。 6)对施工现场的机械设备安全运行负责,按机械设备管理要求对现场设备进行管理。 7)参加安全事故的调查,从设备事故方面认真分析原因,提出处理意见,制定防范措施
物资设备部职责	1)根据劳动防护用品计划及时供货。 2)购置的劳动防护用品必须“三证”齐全(生产许可证、产品合格证、年检证),不符合安全标准的用品必须更换,严禁发放使用。 3)按要求做好材料堆放及储存,防止坍塌,仓库配备灭火器材。 4)组织员工进行安全技术操作规程的教育与学习
安全员职责	1)执行国家、省、市安全生产的方针、政策、法规和各项规章制度。执行本项目安全生产管理办法和要求。 2)主持对进场工人进行安全消防教育和培训,指导施工队(班组)正确使用劳动保护用品及消防设施。 3)参加专业施工员对工人的安全消防技术交底,强调安全注意事项、不安全因素、可能发生事故的地方。 4)深入现场检查安全消防措施的落实情况,发现不安全因素及时纠正,当出现险情时有权采取果断措施,并对违章指挥、不服从管理、违反安全管理规定的施工队(班组)和个人,按照有关规定给予处罚。 5)现场发生安全事故时,先采取应急措施,保护好现场,并立即报告
各专业施工员职责	1)认真执行上级有关安全生产规定,合理安排班组工作,对所管辖专业的消防安全生产负责。 2)负责编制本专业的安全消防技术措施,并对作业班组进行技术交底。 3)领导班组搞好安全生产活动,组织班组学习安全消防操作规程及安全规定。指导工人正确使用消防设施和劳保用品。 4)经常检查作业环境及各种设备、设施的安全状况,发现问题及时纠正解决,对重点、特殊部位施工必须检查作业人员及各种设备、设施技术状况是否符合安全消防要求,严格执行安全消防技术交底制度,落实安全消防技术措施并监督执行。 5)做好新工人的岗位教育,负责对班组进行安全消防操作方法的检查指导,制止违章,以身作则,遵章守纪,确保安全检查生产。 6)对各级组织检查下发现的整改单和自检发现的不安全隐患及时消除,不留隐患
施工人员职责	1)认真学习本专业的安全消防技术操作规程,遵守安全纪律和项目部的各项安全管理规定,严格按照操作规程施工,严禁酒后上班,严禁在易燃易爆场所吸烟和擅自进入危险区域。 2)认真听取安全消防技术交底,积极参加各种安全活动,并有权拒绝违章指挥,对不安全做法有责任提出改进意见。 3)爱护安全防护设施和安全消防标志,发现损坏,立即报告有关人员处理。 4)如发生工伤事故、发现危险存在不安全隐患时,应立即向班长或上级领导报告

5.2.3　安全生产管理制度

(1) 编制安全生产技术措施制度

除施工组织设计对安全生产有原则要求外，重大分项工程在施工前都应编制详细的安全生产技术措施；大中型机械安拆、脚手架搭拆、卸料平台搭拆、电气线路架设等在安装或搭设前都应编写详细、可行的安全技术方案。

(2) 安全技术交底制

项目总工程师组织向各专业施工员进行安全技术交底；各专业施工员向专业施工队进行安全技术交底；施工队向班组进行安全技术交底。交底要有文字资料，内容要求全面、具体，针对性强。交底人、接受人均应在交底资料上签字，并注明收到日期。

(3) 特殊工种职工实行持证上岗制度

对电工、电气焊工、起重吊装工、机械操作工、架子工等特殊工种实行持证上岗，无证者不得从事上述工种的作业。

(4) 安全检查制度

项目经理部每半个月、施工队每10d定期做安全检查，平时做不定期检查，每次检查都要有记录，对查出的事故隐患要限期整改。对未按要求整改的要给予该单位或当事人经济处罚，情节严重者停工整顿。

(5) 安全验收制度

凡大中型机械安装、脚手架搭设、电气线路架设等项目完成后，都必须经过有关部门检查验收合格后，方可试车或投入使用。

(6) 安全生产合同制度

项目经理与企业签订“安全生产责任书”、劳务队与项目经理部签订“安全生产合同”、操作工人与劳务队签订“安全生产合同”；用“合同”来强化各级领导和全体员工的安全责任及安全意识，加强自身安全保护意识。

(7) 事故处理“四不放过制度”

发生安全事故，必须严格查处，认真分析事故原因，追究相关责任人的责任，并进行教育，杜绝以后类似的事故发生。严禁出现“事故原因不明、责任不清、责任者未受到教育、没有预防措施或措施不力”的情况。

(8) 重大施工方案审批制度

严格按照建设部文件规定对本工程高架支模、外脚手架、吊装方案实行专家组审批制度。

5.2.4 安全教育

安全教育既是施工企业安全管理工作的重要组成部分，也是施工现场安全生产的一个重要方面工作。

(1) 安全教育的特点

1) 安全教育的全员性：安全教育是企业所有人员上岗前先决条件，任何人不得例外。

2) 安全教育的长期性：安全教育贯彻了每个工作的全过程，贯穿了每个工程施工的全过程，贯穿了施工企业生产的全过程。因此，安全教育的任务是“任重而道远”，不应该也不可能是一劳永逸的。

3) 安全教育的专业性：安全生产管理性与技术性结合，使安全教育有专业性。

(2) 安全教育的内容

安全教育包括思想、知识、技术、法制、纪律等内容，见表5-2所列。

安全教育的内容 表 5-2

类别	内容
安全思想教育	尊重人、关心人、爱护人的思想教育，党和国家安全生产劳动保护方针，政策安全与生产辩证关系教育，三热爱教育、共产主义协作风格教育、职业道德教育
安全知识教育	施工生产一般流程；环境、区域概括介绍，安全生产一般注意事项；企业内外典型事故案例简介与分析；工种岗位安全生产知识
安全技术教育	安全生产技术、安全技术操作规程
安全法制教育	安全生产法规和责任制度，法律上有关条文；安全生产规章制度；简要介绍受处分的先例
安全纪律教育	职工守则、劳动纪律、安全生产奖惩制度

(3) 施工现场安全教育程序（图 5-3）

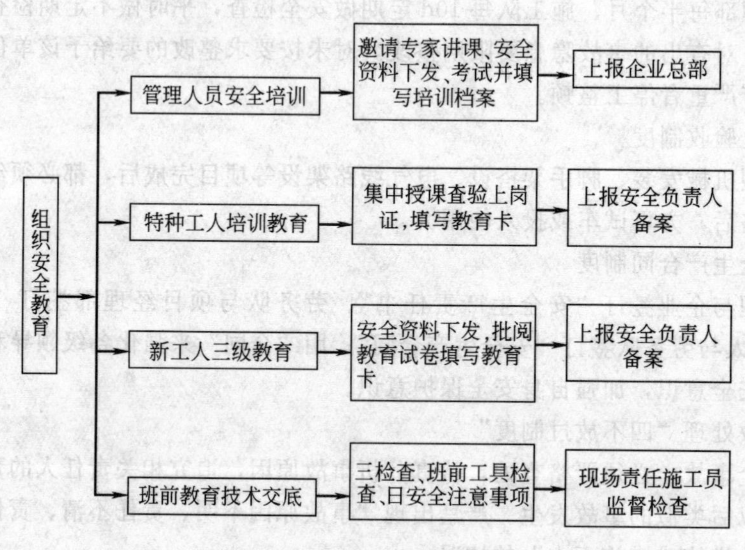

图 5-3 施工现场安全教育程序

(4) 特种作业人员的安全教育

所有架子工，塔吊、提升架、电焊机、砂浆和混凝土搅拌机、钢筋成型等机械设备操作人员，信号指挥工等特殊工种必须要进行专业培训并取得相关证书。

5.3 安全生产技术措施

5.3.1 *安全防护*

(1) 脚手架防护

1) 外墙脚手架搭设所用材质、标准、方法均符合国家标准《建筑施工扣件式钢管脚手架安全技术规范》。

2) 外脚手架作业层每层满铺脚手板，且脚手架与结构之间每层不留空隙，层层封闭，外侧用密目安全网全封闭（图 5-4）。

3) 提升井架在每层的停靠平台搭设平整牢固。两侧设立不低于 1.8m 的栏杆，并用密目安全网封闭。停靠平台出入口设置用钢管焊接的统一规格的活动闸门，以确保人员上

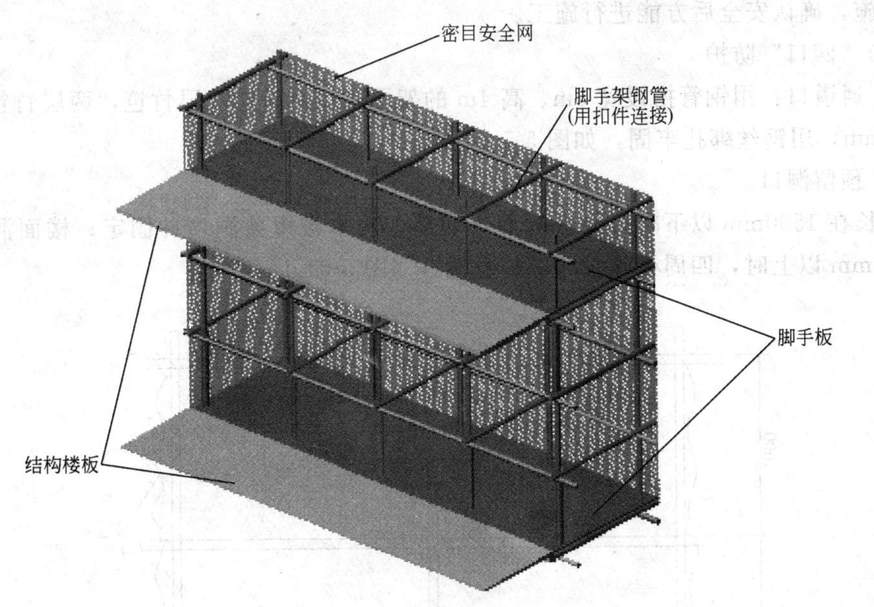

图 5-4 外墙脚手架搭设示意图

下安全。

4）每次暴风雨来临前，及时对脚手架进行加固；暴风雨过后，对脚手架进行检查、观测；若有异常，及时进行矫正或加固。

5）安全网在定点生产厂购买，并索取合格证。进场后，由项目经理部安全员验收合格后方可投入使用。

6）满堂脚手架支撑体系、超高结构支撑体系和大截面梁的支撑体系必须经过强度和稳定性等的验算，并严格按照现行的国家相关规范和我局现行的企业的相关规范要求采取

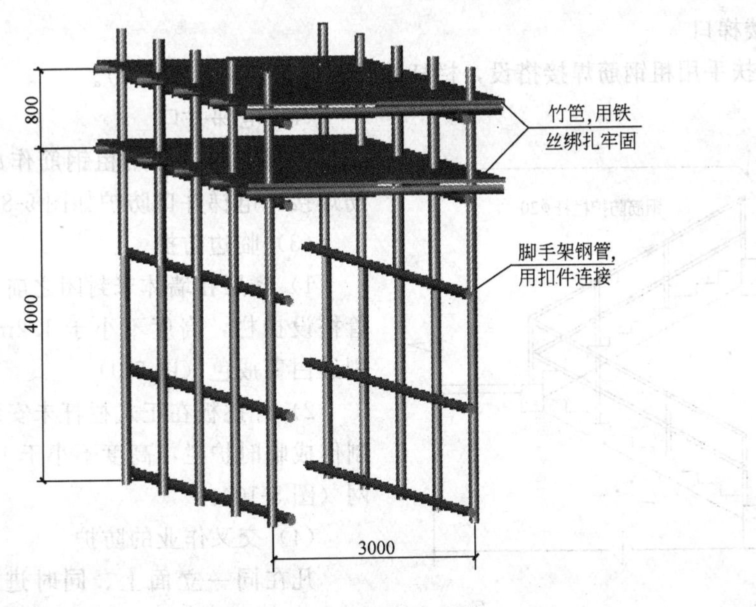

图 5-5 通道口搭设示意图

构造措施，确认安全后方能进行施工。

(2)“四口”防护

1）通道口：用钢管搭设宽 3m、高 4m 的架子，顶面满铺双层竹笆，两层竹笆的间距为 800mm，用钢丝绑扎牢固，如图 5-5 所示。

2）预留洞口

边长在 1500mm 以下时，楼板配筋不切断，用木板覆盖洞口并固定；楼面洞口边长在 1500mm 以上时，四周必须设两道护身栏杆（图 5-6）。

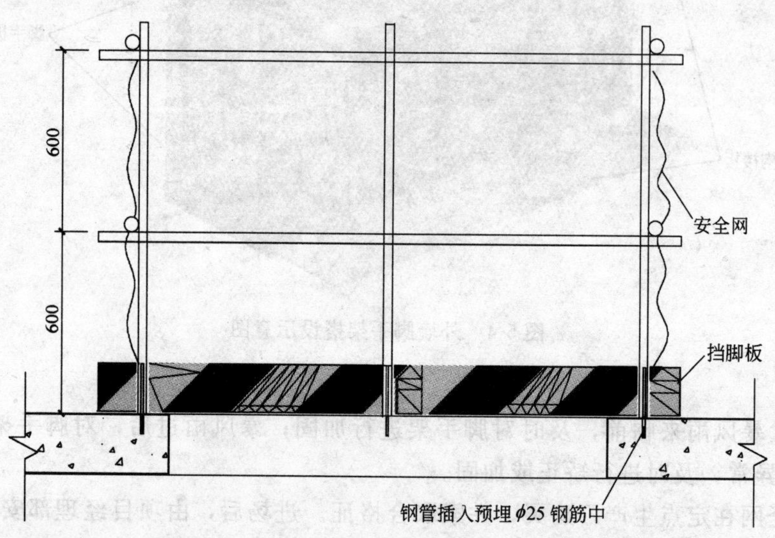

图 5-6　预留洞口安全防护

竖向不通行的洞口用固定防护栏杆；竖向需通行的洞口，装活动门扇，不用时将门锁好。

3）楼梯口

楼梯扶手用粗钢筋焊接搭设，栏杆的横杆应为两道（图 5-7）。

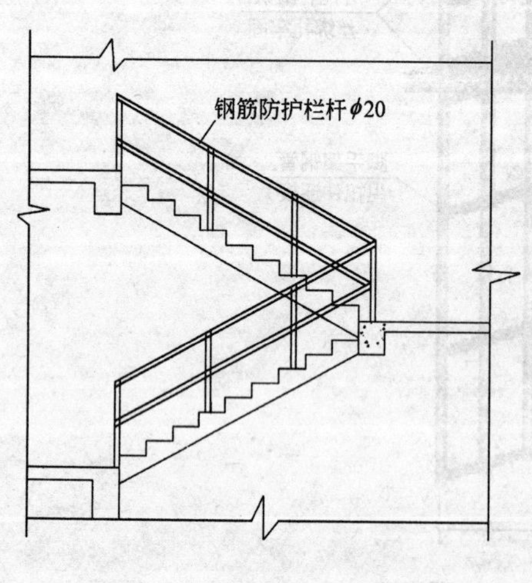

图 5-7　楼梯口安全防护

4）电梯井口

电梯井的门洞用粗钢筋作成网格与预留钢筋焊接。电梯井口防护如图 5-8 所示。

(3) 临边防护

1）楼层在墙体未封闭之前，周边均需用钢管搭设护栏，高度不小于 1.2m，外挂安全网，刷红白警戒色（图 5-9）。

2）外挑板在正式栏杆未安装前，用粗钢筋制作成临时护栏，高度不小于 1.2m，外挂安全网（图 5-10）。

(4) 交叉作业的防护

凡在同一立面上、同时进行上下作业时，属于交叉作业，遵守下列要求：

图 5-8 电梯井口防护示意图

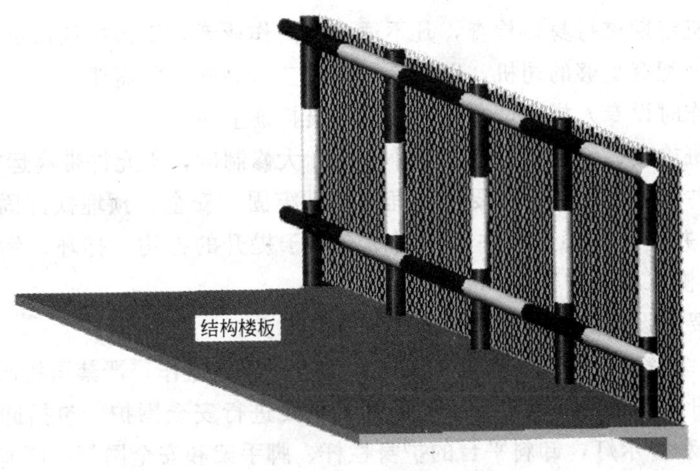

图 5-9 临边防护示意图

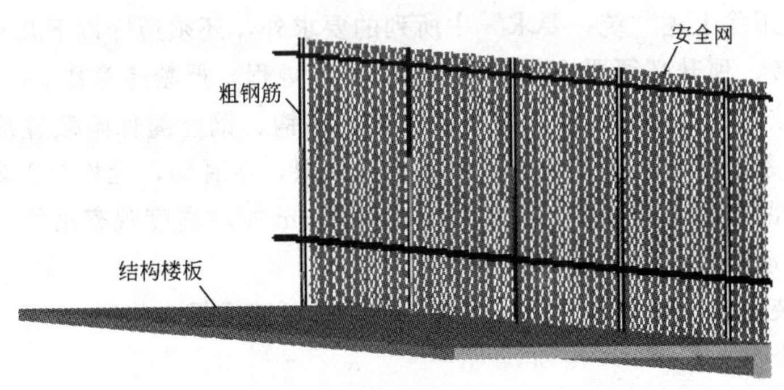

图 5-10 临边防护示意图

1）禁止在同一垂直面的上下位置作业；否则，中间应有隔离防护措施。

2）在进行模板安拆、架子搭设拆除、电焊、气割等作业时，其下方不得有人操作。模板、架子拆除必须遵守安全操作规程，并应设立警戒标志，专人监护。

3）楼层堆物（如模板、扣件、钢管等）应整齐、牢固，且距离楼板外沿的距离不得小于1m。

4）高空作业人员带工具袋，严禁从高处向下抛掷物料。

5）严格执行“三宝一器”使用制度。凡进入施工现场的人员必须按规定戴好安全帽，使用安全带和安全网。用电设备必须安装质量好的漏电保护器。现场作业人员不准赤背，高空作业不得穿硬底鞋。

(5) 建筑物防雷措施

建筑物在施工阶段应有防雷措施，从底板到最高结构层，利用建筑物主体结构的钢筋，进行防雷接地设置，形成建筑物施工阶段的防雷保护系统。

5.3.2　机械设备的安全使用

本工程塔吊、施工电梯、中小型机械设备若干，要消除机械伤害事故，重视机械的安全使用是十分重要的。机械在使用中严格遵守安全操作规程，重点考虑三大机械。

(1) 统一要求

1）塔吊司机定期进行身体检查，凡不适合登高作业者，不得担任司机。

2）三大机械配有足够的司机，以适应二班或三班制施工的需要。

3）塔吊运作时设专人指挥，司机和指挥人员持证上岗。

4）执行上班检查、定期保养、定期小、中、大修制度，不允许带病运转。

5）塔吊、井架要按机械说明要求，确保基础牢固、安全。预埋铁件固定在建筑物上(需进行验算)，并应牢固稳定，并定期对所有用于提升的挂钩、挂环、钢丝绳、铁扁担等，进行定期检测、检查和标定。

6）塔吊按要求设置防雷装置，接地要符合要求。

塔吊如遇六级及以上大风、暴雨、浓雾、雷电要停止运作。严禁司机酒后上岗。

7）所有提升架、塔吊等垂直和水平运输机械要进行安全围护，包括卸料平台门的安全开关、警示铃和警示灯，卸料平台的护身栏杆、脚手架和安全网等，所有的机械设备要有安全操作防护罩和详细的安全操作要点。

(2) 塔吊安全使用

塔吊安全使用除上述“统一要求”中所列的要求外，还须遵守以下几点要求：

1）塔吊运转、顶升必须严格遵守塔吊安全操作规程，严禁违章作业。

2）吊高限位器、力矩限位器必须灵活可靠，吊钩、钢丝绳保险装置应完整有效。零部件齐全，滑润系统正常。电缆、电线无破损或外裸，不脱钩，无松绳现象。零星、细碎物资应有不使其漏出的容器盛装。起吊后应在离地3m左右高度观察吊物正常后再继续起吊，并作水平转动动作，吊重之下不得站人。

3）塔吊安装完毕，经市有关部门验收合格后方可正式投入使用。

5.3.3　安全用电

(1) 安全用电技术管理

1）施工现场用电须编制专项施工组织设计，并经主管部门批准后实施。

2）施工现场临时用电按有关要求建立安全技术档案。

3）用电由具备相应专业资质的持证专业人员管理。

4）主要作业场所和临时安全疏散通道设置36V安全照明和必要的警示，以防止各种事故发生。

5）用电设施的运行及维护人员必须具备下列条件：

① 经医生检查无妨碍从事电气工作的病症；

② 掌握必要的电气知识，考试合格并取得合格证书；

③ 掌握触电解救方法和人工呼吸方法；

④ 新参加工作的维护电工、临时工、实习人员，上岗前必须经过安全教育，考试合格后在正式电工带领下，参加指定的工作。

6）巡视

① 恶劣天气易发生断线、电气设备损坏、绝缘性能降低等事故，应加强巡视和检查。为了巡视人员的安全，在观察时应做好触电防护。

② 架空线路的巡视和检查，每季不少于一次。

③ 配电盘应每班巡视检查一次。

④ 各种电气设施应定期进行巡视检查，每次巡视检查的情况和发现的问题应记入运行日志内。

⑤ 接地装置应定期检查。

7）配电室内必须配备足够的绝缘手套、绝缘杆、绝缘垫、绝缘台等安全工具及防护设施。

8）供用电设施的运行及维护，必须配备足够的常用电气绝缘工具并按有关规定，定期进行电气性能试验。电气绝缘工具严禁挪做他用。

9）新设备和检修后的设备。应进行 72h 的试运行，合格后方可投入正式运行。

10）用电管理符合下列要求：

① 现场需要用电时，必须提前提出申请，经用电管理部门批准，通知维护班组进行接引。

② 接引电源工作，必须由维护电工进行，并应设专人进行监护。

③ 施工用电完毕后，由施工现场用电负责人通知维护班组，进行拆除。

④ 严禁非电工拆装电气设备，严禁乱拉乱接电源。

⑤ 配电室和现场的开关箱、开关柜应加锁。

⑥ 电气设备明显部位应设“严禁靠近，以防触电”的标志。

⑦ 施工现场大型用电设备等，设专人进行维护和管理。

(2) 安全用电技术要求

1）架空线路

① 工作零线与相线在一个横担架设时，导线相序排列是：面向负荷从左侧起为 A、(N)、B、C。

② 和保护零线在同一横担架设时，导线相序排列是：面向负荷从左侧起为 A、(N)、B、C、(PE)。

③ 动力线、照明线在两个横担上分别架设时，上层横担，面向负荷从左侧起为 A、B、C；下层横担，面向负荷从左侧起为 A、(B、C)、(N)、(PE)；在两个以上横担上架设时，最下层横担面向负荷，最右边的导线为保护零线（PE)。

④ 架空线的档距不得大于 35m，线间距不得小于 30mm，一般场所架空高度距地平

面为 4m，机动车道为 6m。

2）电缆

① 电缆直埋时，其表面距地面的距离不宜小于 0.2～0.7m；电缆上下应铺以软土或砂土，其厚度不得小于 100mm，并应盖砖保护。

② 电缆与道路交叉处应敷设在坚固的保护管内，管的两端宜伸出路基 2m。

③ 低压电缆（不包括油浸电缆），需架空敷设时，应沿建筑物架设，其架设高度不应低于 2m；接头处应绝缘良好，并应采取防水措施，进入配电室的电缆沟或电缆管在电缆敷设完成后，应将管口堵实。

④ 电缆之间、电缆与管道、道路与建筑物之间平行和交叉时的最小距离见表 5-3 所列。

电缆之间、电缆与管道、道路与建筑物之间平行和交叉时的最小距离　　表 5-3

项　目	最小距离(m)	
	平行	交叉
电力电缆之间及其与控制电缆之间	0.10	0.50
控制电缆之间	—	0.50
城市街道路面	1.00	0.70
建筑物基础（边线）	0.60	—
排水沟	1.00	0.50

(3) 接地保护及防雷保护

1）接地保护

整个施工现场临时用电线路及设备使用两级漏电保护，即除用电设备的开关箱内装设漏电保护器外，还必须在总配电箱内装设一台总的漏电保护器。为保证漏电保护器正常运行和保证专用保护零线不断线，PE 线必须在第一级漏电保护器电源的零线处引出。分配电箱引出 PE 线的连接点前侧的零线严禁通过任何开关电器。

采用具有专用保护零线的 TN-S 系统。即在 TN-S 系统中，保护零线专用，不得作工作零线使用。所有电器设备外壳和保护零线均与专用保护零线连接。

接零保护应符合下列规定：接引至电气设备的工作零线与保护零线必须分开，保护零线上严禁装设开关或可熔断器；接引至移动式电动工具或手持电动工具的保护零线必须采用铜芯软线，其截面不宜小于相线的 1/3，且不得小于 1.5mm²；用电设备的保护地线或保护零线应并联接地，并严禁串联接地或接零；保护地线或保护零线应采用焊接、螺栓连接或其他可靠方法连接。严禁缠绕或钩挂；保护零线和相线的材质应相同，保护零线的最小截面应符合表 5-4 规定。

保护零线的最小截面　　表 5-4

相线截面(mm^2)	保护零线最小截面(mm^2)
$S \leqslant 16$	S
$16 < S \leqslant 35$	16
$S < 35$	$S/2$

2）防雷保护：塔吊、提升架利用建筑物的防雷接地系统作为防雷保护，接地电阻不得大于10Ω。

（4）常用电气设备

1）配电箱和开关箱

配电箱及开关箱的设置：现场设总配电箱（或总配电室），总配电箱以下设分配电箱，分配电箱以下设开关箱，开关箱以下就是用电设备。

配电箱及开关箱的安装要求：配电箱、开关箱的安装高度为箱底距地面1.3～1.5m，箱体材料一般应选用铁板，亦可选用绝缘板，而不宜选用木质材料。配电箱所有开关电器必须是合格产品。不论是选用新电器还是延用旧电器，必须完整无损、动作可靠、绝缘良好，严禁使用破损电器；开关箱与用电设备之间应实行“一机一闸”制，禁止“一闸多机”。开关电器的额定值应与用电设备额定值相适应。开关箱内应设置漏电保护器，其额定漏电动作电流和额定漏电动作时间应安全可靠；所有配电箱与开关箱，应在其箱门处标注其编号、名称、用途和分路情况。

配电箱及开关箱的操作：为防止停、送电时电源手动开关带负荷操作，以及便于对用电设备在停、送电时进行监护，配电箱、开关箱之间应当遵循一个合理的操作顺序。

送电操作顺序：

总配电箱⟶分配电箱⟶开关箱

停电操作顺序：

开关箱⟶分配电箱⟶总配电箱

2）熔断器和插座

① 熔断器的规格应满足被保护线路和设备的要求；熔体不得削小或合股使用，严禁用金属线代替熔丝。

② 熔体应有保护罩。管型熔断器不得无管使用；有填充材料的熔断器不得改装使用。

③ 熔体熔断后，须查明原因并排除故障后方可更换；装好保护罩后方可送电。

④ 更换熔体时严禁采用不合规格的熔体代替。

⑤ 插销和插座必须配套使用。一类电气设备应先用可接保护线的三孔插座，其保护端子应与保护地线或保护零线连接。

3）移动式电动工具和手持式电动工具

① 本工程选用二类手持式电动工具。电动工具上装设额定动作电流不大于15mA，额定漏电动作时间小于0.1s的漏电保护器。

② 负荷线采用耐气候型的橡皮保护套铜芯软电缆，不得有接头。

③ 手持式电动工具的外壳、手柄、负荷线、插头、开关等必须完好无损，使用前必须作空载检查，运转正常方可使用。

④ 移动式电动工具通电前应做好保护接地或保护接零。

⑤ 单独的电源开关和保护，严禁一台开关接两台以上电动设备。电源开关应采用双刀开关控制，其开关应装在便于操作的地方。

⑥ 移动式电动工具和手持电动工具应装高灵敏动作的漏电保护器。需移动时，不得手提电源线或转动部分。

⑦ 使用手持式电动工具应戴绝缘手套或站在绝缘墙上。

4）电焊机

① 布置在室外的电焊机设置在干燥场所，并设棚遮蔽。焊接现场不准堆放易燃易爆物品。交流弧焊机变压器的一次侧电源线长度不大于5m，进线处须设置防护罩。

② 使用焊接机械必须按规定穿戴防护用品，电焊把绝缘必须良好。焊接机械的二次线宜采用YKS型橡皮护套铜芯多股软电缆。电缆的长度应不大于30m。

③ 电焊机的外壳有可靠接地，不得多台串联接地。电焊机各线卷对电焊机外壳的热态绝缘电阻值不得小于0.4Ω。

④ 电焊机的裸露导电部分和转动部分应装安全保护罩。直流电焊机的调节器被拆下后，机壳上露出的孔洞应加设保护罩。

⑤ 电焊机一次侧电源线必须绝缘良好，不得随地拖拉，长度不宜大于5m。

⑥ 电焊机的电源开关应单独设置，直流电焊机的电源应采用启动器控制。

5）塔吊及井架

① 塔式起重机的供电电缆不得拖地行走。塔吊身设置两个探照灯，给工作面上投光，以便夜间施工。在塔顶和臂架端部装设防撞红色信号灯。

② 提升井架在上下极限位置应设置限位开关。

6）其他电动建筑机械

① 平板振动器及水泵的漏电保护器的额定漏电动作电流不大于30mA，额定漏电动作电流时间应小于0.1s。

② 在潮湿的环境时，漏电保护器采用防潮型，其额定漏电动作电流不大于15mA，额定漏电动作时间应小于0.1s。

（5）照明

1）照明灯具和器材必须绝缘良好，符合现行国家有关标准的规定。

2）照明线路布设整齐，相对固定。室内安装的固定式照明灯具悬挂高度不得低于2.5m，室外安装的照明灯具不得低于3m。安装在露天作业场所的照明灯具，应选用防水型灯头。

3）现场办公室、宿舍、工作棚内照明线，除橡胶套软电缆或塑料护套线外，均应固定在绝缘孔，并分开敷设，穿过墙壁时应套绝缘管。

4）照明电源线不得接触潮湿地面，并不得接近热源和直接挂在金属架上。在脚手架上空装临时照明时，应设木横担和绝缘子。

5）照明开关应控制相线，当采用螺口灯头时，相线应接在中心触头上。

6）使用行灯应符合下列要求：

① 电压不得超过36V。

② 应有保护罩。

③ 行灯的手柄应绝缘良好，且耐热、防潮。

④ 行灯的电源线应采用橡胶套软电缆。

⑤ 行灯变压器必须采用双绕组型，行灯变压器一二次侧应装熔断器，金属外壳应做好保护接地和接零措施。

7）照明灯具与易燃物之间，保持一定的安全距离，普通灯具不宜小于300mm，聚光灯，碘钨灯等高热灯具不宜小于500mm，且不得直接照射易燃物；当距离不够时，采取隔热措施。

5.3.4 高空作业

(1) 从事高空作业的劳动者要定期体检。经医生诊断，凡患高血压、心脏病、贫血病、癫痫病以及其他不适于高空作业的，不得从事高空作业。

(2) 高空作业衣着要灵便，禁止穿硬底和带钉易滑的鞋。

(3) 高空作业所用材料要堆放平稳，堆放不得超高或超重。工具应随手放入工具袋(套)内。物件必须上下传递，禁止抛掷。

(4) 遇有恶劣气候(如风力在六级以上)影响施工安全时，禁止进行露天高空、起重等作业。

(5) 梯子不得缺挡，不得垫高使用。梯子横挡间距以30cm为宜。使用时上端要扎牢，下端应采取防滑措施。单面梯与地面夹角以60°～70°为宜，禁止二人同时在梯上作业。如需接长使用，应绑扎牢固。人字梯底脚要拉牢。在通道处使用梯子，应有人监护或设置围栏。

(6) 没有安全防护设施，禁止在屋架的上弦、支撑、桁条、挑架的挑梁和未固定的构件上行走或作业。高空作业与地面联系，应设通讯装置，并由专人负责。

5.3.5 现场消防措施

(1) 现场消防组织机构

1) 管理组织

施工现场成立消防安全工作领导小组，以施工项目经理为组长，项目生产副经理为副组长，安全环保管理部全体员工、各专业施工员、分包商负责人、各专业施工队队长，现场保安员为组员。

2) 职责

① 定期分析施工人员的思想状况，做到心中有数。

② 经常检查消防器材，以保证消防的可靠性。

③ 经常检查现场对消防规定的执行情况，发现问题及时纠正。

④ 定期对职工进行消防教育，提高思想认识，一旦发生灾害事故，做到招之即来，团结奋斗。

(2) 防火教育

1) 现场要有明显的防火宣传标志，每月对职工进行一次防火教育，定期组织防火检查，建立防火工作档案。

2) 电工、焊工从事电气设备安装和电、气焊切割作业，要有操作证和动火证。动火前，要清除附近易燃物，配备看火人员和灭火用具。动火证当日有效，动火地点变换，要重新办理动火证手续。

3) 施工材料的存放、保管，应符合防火安全要求，库房应用不可燃材料搭设。易燃易爆物品，应专库储存，分类单独存放，保持通风，用火符合防火规定。

4) 保温材料的存放与使用，必须采取防火措施。

(3) 消防安全措施

1) 机电设备

① 机械操作，要束紧袖口，女工发辫要挽入帽内。

② 机械和动力机的机座必须稳固。转动的危险部位要安设防护装置。工作前必须检查机械、仪表、工具等，确认完好方可使用。

③ 电气设备和线路必须绝缘良好，电线不得与金属物绑在一起；各种电动机必须按规定接零接地，并设置单一开关；遇有临时停电或停工休息时，必须拉闸加锁。

④ 施工机械和电器设备不得带病运转和超负荷作业；发现不正常情况应停机检查，不得在运转中修理。

⑤ 电气、仪表、管道和设备试运转，应严格按照单项安全技术规定进行，运转时不得擦洗和修理，严禁将头、手伸入机械行程范围内。

⑥ 在架空输电线路下面工作应停电。不能停电时，应有隔离防护措施。起重机不得在架空输电线路下面工作，通过架空输电线路时应将起重臂落下。在架空输电线路一侧工作时，不论在任何情况下，起重臂、钢丝绳或重物等与架空输电线路的最近距离应不小于表 5-5 的规定。

起重臂、钢丝绳、重物等与架空输电线路的最近距离　　**表 5-5**

输电线路电压	0～1kV	1～20kV	35～110kV	154kV	220kV
允许与输电线路的最近距离(m)	1.5	2	4	5	6

⑦ 行灯电压不得超过 36V，在潮湿场所或金属容器内工作时，行灯电压不得超过 12V。

⑧ 受压容器应配备相应的安全阀、压力表，并避免暴晒、碰撞；氧气瓶严防沾染油脂；氧炔燃气焊割必须有防止回火的安全装置。

⑨ 从事腐蚀、粉尘、放射性和有毒作业，要有防护措施，并进行定期体检。

2）油漆工

① 各类油漆或其他易燃、有毒材料，存放在专用库房内，不得与其他材料混放。挥发性油料应装入密闭容器内，妥善保管。

② 库房应通风良好，不准住人，并设置消防器材和“严禁烟火”明显标志。库房与其他建筑物应保持一定的安全距离。

③ 使用煤油、汽油、松香水、丙酮等调配油料，带好防护用品，严禁吸烟。

④ 沾染油漆的棉纱、破布、油纸等废物，应收集存放在有盖的金属容器内，及时处理。

⑤ 在室内或容器内喷漆，要保持通风良好，喷漆作业周围不准有火种。

⑥ 使用喷灯，加油不得过满，打气不得过足，使用的时间不宜过长，点火时火嘴不准对人。

⑦ 使用喷浆机，手上沾有浆水时，不准开关电闸，以防触电。喷嘴堵塞，疏通时不准对人。

⑧ 在调油漆或兑稀料时，室内应通风，在室内和地下室油漆时，通风应良好，本人和他人不准在操作时吸烟，防止气体燃烧伤人。

⑨ 用不完的料桶应存放原处，不准到处乱放。

⑩ 清理随身用的小漆桶时，应办理动火手续，按申请地点用火烧掉，并派专人看火，配备消防设施器材，防止发生火灾。

3）焊接工程

A. 电焊工

电焊机外壳，必须接地良好，其电源的装拆应由电工进行。电焊机要设单独的开关，开关应放在防雨的闸箱内，拉合时应带手套侧向操作。焊钳与把线必须绝缘良好，连接牢固，更换焊条应带手套。在潮湿地点工作，应站在绝缘胶板或木板上。严禁在带压力的容器或管道上施焊，焊接带电的设备必须先切断电源。焊接储存过易燃、易爆、有毒物品的容器或管道，必须清除干净，并将所有孔口打开。在密闭金属容器内施工时，容器必须可靠接地，通风良好，并有人监护，严禁向容器内输入氧气。焊接预热工件时，应有石棉布或挡板等隔热措施。把线、地线禁止与钢丝绳接触，更不得用钢丝绳、脚手架或机电设备代替零线。所有地线接头，必须连接牢固。更换场地移动把线时应切断电源，并不得手持把线爬梯登高。多台电焊机在一起集中施焊时，焊接平台或焊件必须接地，并应有隔光板。工作结束应切断焊机电源，并检查操作地点，确认无火灾隐患时，方可离开。

B. 气焊工

气焊操作人员必须遵守安全使用危险品的有关规定。氧气瓶与乙炔瓶所放的位置，距火源不得少于10m。乙炔瓶要放在空气流通好的地方，严禁放在高压线下面，要立放固定使用，严禁卧放使用。施工现场附近不得有易燃、易爆物品。装置要经常检查和维修，防止漏气；同时，要严禁气路沾油，以防止引起火灾危险。氧气瓶、乙炔瓶在严冬工作时，易被冻结，此时只能用温水解冻（水温 40℃），不准用火烤，夏天不得放在日光下直射或高温处，温度不要超过 35℃。使用乙炔瓶时，必须配备专用的乙炔减压器和回火防止器。每变换一次工作地点，都要进行上述要求检查。

气焊工必须遵守下列安全操作要点：氧气瓶和乙炔瓶装减压器前，对瓶口污物要清除，以免污物进入减压器内。瓶阀开启要缓慢平稳，以防止气体损坏减压器。点火前，检查加热器是否有抽吸力。在点火或工作过程中发生回火时，要立即关闭氧气阀门，随后再关闭乙炔阀门。重新点火前，要用氧气将混合管内和残余气体吹净后进行。停止工作时，必须检查加热器的混合管内是否有窝火现象，待没有窝火时，方可收起加热器。乙炔器使用压力不得超过 0.15MPa，输气流量 1.5～2.0m^3/h 瓶。当需用较大气量时，可将多个乙炔瓶并联使用。氧气和乙炔气都不能用净。氧气剩余压力要在 0.1～0.2MPa 以上，乙炔气剩余压力在环境为 10～50℃时，留 0.1～0.3MPa 以下。

C. 防水作业

皮肤病、眼结膜病以及对防水材料严重过敏的工人不得从事防水作业。

装卸、搬运、施工时必须使用规定的防护用品，皮肤不得外露。

在地下室、池壁内等处进行防水施工，应定时轮换间歇，增设换气扇或抽风机。

防水施工设置明显警戒标志，施工范围内不得有电气焊作业、明火作业。

防水施工时，现场要配备灭火器。

D. 可燃可爆物资存放与管理

施工材料的存放、保管，应符合防火安全要求，库房应用非易燃材料搭设。易燃易爆物品应专库储存，分类单独存放，保持通风，用电符合防火规定，化学类易燃品和压缩可燃性气体容器等，应按其性质设置专用库房分类存放，其库房的耐火等级和防火要求应符合公安部制定的《仓库防火安全管理规则》，使用后的废弃物料应及时消除。

用易燃易爆物品，必须严格防火措施，指定防火负责人，配备灭火器材，确保施工安全。

E. 明火作业

用电气设备和化学危险品，必须遵守技术规范和操作规程，严格防火措施，确保施工安全，禁止违章作业。施工作业用火必须经保卫部门审批，领取动火证，方可作业。用火证只在指定地点和限定时间内有效。

具有火灾危险的场所禁止动用明火，确需动用明火时，必须事先向主管部门办理审批手续，并采用严密的消防措施，切实保证安全。

现场生产用火均应经主管消防的领导批准，任何人不准擅自动用明火。使用明火时，要远离易燃物，并备有消防车器材。

冬期施工室内取暖及建筑物室内保温用的炉火，都要经消防人员检查，办理用火手续，发现无动火证的火炉要立即熄灭，并追究责任。

现场设吸烟室，场内严禁吸烟。

现场从事电气焊人员均应受过消防知识教育，持有操作合格证。在作业前办理用火手续，并配备适当的看火人员，看火人员随身应有灭火器具，在焊接过程中不准离开岗位。

冬期施工采用电热法或红外线蓄热法施工时，要注意选用非燃烧材料保温，并清除易燃物。

F. 季节施工

大风大雨前后，要检查工地临时设施、脚手架、机电设备、临时线路，发现倾斜、变形、下沉、漏雨、漏电等现象，应及时修理加固，有严重危险的，立即排除。

脚手架、塔吊、易燃易爆仓库等应设置临时避雷装置，对机电设备的电气开关，要有防雨、防潮设施。

现场道路应加强维护，斜道和脚手板应有防滑措施。

夏季作业应调整作息时间，从事高温作业的场所，应加强通风和降温措施，配备足够防暑降温药品。

冬期施工使用明火取暖，应符合防火要求和指定专人管理。

冬期油漆桶和稀料桶不准靠近火炉或用火烤。

G. 现场堆料防火措施

材料堆放不要过多，垛之间应保持一定的防火间距，木材加工的废料要及时清理，以防自燃。

现场生石灰应单独存放，不准与易燃可燃材料放在一起，并应注意防水。

易燃易爆物品的仓库应设在地势低处。

H. 施工现场不同施工阶段的防火要点

在基础、主体结构、装修等不同施工阶段防火要点各不同。

在基础施工时，主要应注意保温、养护用的易燃材料的存放，注意焊接钢筋时易燃材料应及时清理。

在主体结构施工时，焊接量比较大，要加强看火人员。特别是高层施工时，电焊火花一落数层，如果场内易燃物多，应多设看火员；在焊点垂直下方，尽量清理易燃物，冬期在结构施工用易燃材料保温时，要特别注意明火管理。电焊火花落点要及时清理，消灭火种，电焊线接头要卡实，焊线绝缘要良好，与脚手架或建筑物钢筋接触时要采取保护，防止漏电打火。对大面积结构保温时，要设专人巡视。结构施工用的碘钨灯要架设牢固，距保温易燃物要保持1m以上的距离。照明和动力用胶皮线应按规定架设，不准在保温材料上乱堆乱放。

在装修施工时，易燃材料较多，对所用电气及电线要严加管理，预防短路打火。在吊顶内安装管道时，应在吊顶易燃材料装上以前完成焊接作业，禁止在顶棚内焊割作业。如果因为特殊需要必须在易燃顶棚内从事电气焊时，应先与消防部门商定妥善的防火措施后，方可施工。

在使用易燃油漆时，要注意通风严禁明火，以防易燃气体燃烧、爆炸。还应注意静电起火和工具碰撞打火。

5.3.6　治安保卫措施

(1) 施工现场治安保卫组织体系

1) 治安保卫组织管理机构

针对本项目成立保卫工作领导小组，以项目经理为组长，项目安全负责人为副组长，各专业施工员、专业分包负责人、各专业劳务队队长、安全员、现场保安为组员。其组织管理体系如图5-11。

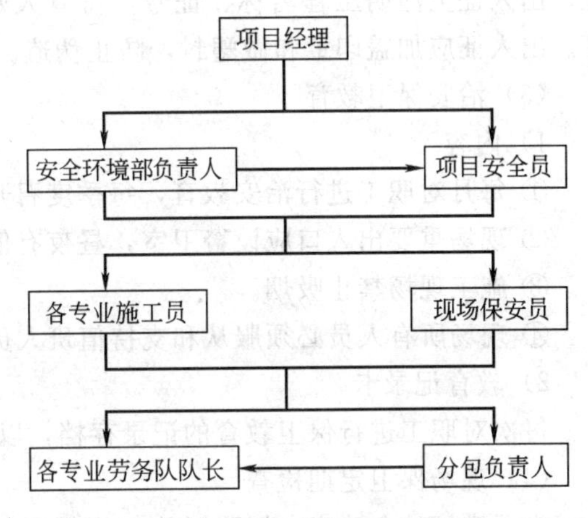

图5-11　治安保卫组织机构

2) 职责

定期分析施工人员的思想状况，做到心中有数。

定期对职工进行保卫教育，提高思想认识，一旦发生灾害事故，做到招之即来，团结奋斗。

(2) 治安保卫措施

为了加强施工现场的保卫工作，确保建设工程的顺利进行，根据市及我局的有关规定，结合本工程的实际情况，为预防各类盗窃、破坏案件的发生，特制定本工程的保卫工作方案。

1) 本工程设立治安保卫领导小组，由本工程项目经理任组长，全面负责领导工作，安全环境管理部经理任副组长，其他成员由各专业施工员、分包商负责人、各自专业劳务队队长、安全员、保安组成。

2) 工地设门卫值班室，由保安员昼夜轮流值班，对外来人和进出车辆及所有物资进行登记，夜间值班巡逻护场。重点是仓库、工棚、设备及成品、半成品保卫。

3) 加强对劳务分包人员的管理，掌握人员底数，掌握每个人的思想动态，及时进行教育，把事故消灭在萌芽状态。非施工人员不得住在现场，特殊情况必须经项目保卫负责人批准。

4) 每月对职工进行一次治安教育，每季度召开一次治保会，定期组织保卫检查，并将会议检查整改记录存入资料内备查。

5）对易燃、易爆、有毒品设立专库、专管，非经项目负责人批准，任何人不得动用。不按此执行，造成后果追究当事人责任。

6）施工现场必须按照“谁主管，谁负责”的原则，由党政主要领导干部负责保卫工作。同时，我公司也将加强同业主指定的专业分包队伍的合作，与分包签订保卫工作责任书，各分包单位接受我项目部的统一领导和监督检查。

7）施工现场设立门卫和巡逻护场制度，护场守卫人员要佩戴值勤标志。

8）更衣室、财会室及职工宿舍等易发案部位要指定专人管理，重点巡查，防止发生盗窃案件。严禁赌博、醉酒、传播淫秽物品和打架斗殴。

9）变电室、机房、机械设备及工程的关键部位和关键工序，是现场的要害部位，加强保卫，确保安全。

10）加强成品保卫工作，严格执行成品保卫措施，严防被盗、破坏和治安灾害事故的发生。

11）施工现场发生各类案件和灾害事故，立即报告有关部门并保护好现场，配合公安机关侦破。

12）车辆的出入需有出入审批制度，并有指定的专人负责管理；人员进出现场有出入证，出入证上注明工程名称、证号，持有人姓名、性别、职务、所属企业和持有人照片等。出入证应加盖印章和做塑封，防止伪造。

（3）治安保卫教育

1）内容

① 每月对职工进行治安教育，每季度召开一次治保会，定期组织保卫检查。

② 现场重要出入口应设警卫室，昼夜有值班人和记录。

③ 施工现场禁止吸烟。

④ 现场所有人员必须服从和支持值班人员按规定行使管理。

2）教育记录卡

每次对职工进行保卫教育的记录存档，以备核查。

（4）现场保卫定期检查

为了维护社会治安，加强对施工现场保卫工作的管理，保护国家财产和职工人身安全，确保施工现场保卫工作的正常有序，促进建设工程顺利进行，按时交工，根据本项目实际每周对现场保卫工作进行一次检查，对现场保卫定期检查提出的问题限期整改，并按期进行复查。检查内容如下：

1）加强对全体施工人员的管理，掌握各施工队伍人员底数，检查各队的职工“三证”是否齐全，无证人员、非施工人员立即退场，并对施工队负责人进行处罚。

2）加强对职工的政治思想教育，在施工场内严禁赌博酗酒，传播淫秽物品和打架斗殴。施工现场保卫值班人员必须佩戴袖标上岗，门卫及值班人员记录完整明确。

3）施工现场易燃、易爆物品设有专库，专人负责保管，进出料记录明确，做好成品保护工作，并制定具体措施严防盗窃，破坏和治安事件的发生。

（5）门卫值班制度

1）外来人员联系业务或找人，门卫必须先验明证件，进行登记后方可进入工地。所有施工人员均需配带注明工程名称、证号、姓名、性别、职务、所属企业和照片等内容的出入证。

2）门卫值班每天记录完整清楚，值班人员上班时不得睡觉、喝酒，不得随意离开岗位，发现问题及时向主管领导报告。

3）进入工地的材料，门卫值班人员必须进行登记，注明材料规格、品种、数量，车的种类和车号。车辆的出入必须经过审批。

4）外来参观人员必须经我单位项目经理的批准并进行登记后才能进入现场；门卫室配有足够的外来人员专用安全帽，并请带队负责人在安全交底上签字。

5.4 突发事件应急预案

突发公共卫生事件，是指突然发生，造成或者可能造成社会公众健康严重损害的重大传染病疫情、群体性不明原因疾病、重大食物和职业中毒以及其他严重影响公众健康的事件。

本工程专业齐全，现场居住的各工种人员较多，因此做好施工现场的突发公共卫生事件预防和应急工作将成为各项工作的重中之重。我们将从对施工人员的生命安全高度负责出发，建立突发公共卫生事件应急预案，积极有效地做好施工现场的突发公共卫生事件的预防和应急工作。

紧急情况应急工作，应当遵循预防为主、常备不懈的方针，贯彻统一领导、分级负责、反应及时、措施果断、依靠科学、加强合作的原则。

5.4.1 紧急情况应急处理领导小组

(1) 本工程施工现场将成立以项目经理为第一责任人的突发公共卫生事件应急处理领导小组，负责领导、指挥本工程现场区域内紧急情况和应急处理工作。紧急情况发生后，项目部立即启动应急预案，成立应急处理指挥部，项目经理负责对本项目紧急情况应急处理的统一领导、统一指挥。

(2) 建立完善的紧急情况预防组织机构：对施工现场的所有工人按各个专业施工队伍划分为班组，由各专业施工队负责人负责；每个专业队伍划分为若干个班组，每班组不超过10人，由班组长负责监测每个工人每天的身体情况。

5.4.2 紧急情况的监测与预警

(1) 施工现场各个施工班组的班组长负责本班组工人每天的健康状况的监测，对工人每天的健康状况进行记录，定期对工人进行全面体检，并建立个人健康档案。

(2) 班组长一旦发现工人有异常状况，特别是传染性疾病（如传染性非典型肺炎）、群体性不明原因疾病、重大食物中毒等紧急情况发生，立即向施工总承包项目经理部报告。项目部立即启动应急预案，采取果断措施予以处理，同时向上级和当地疾病预防控制机构或当地卫生行政部门报告。

5.4.3 紧急情况信息的收集、分析、报告、通报制度

(1) 突发公共卫生事件发生后，各施工班组长负责本组病人或疑似病人信息的收集，包括统计记录病人或疑似病人的姓名、症状描述、症状初发时间、症状发生前本人活动等有助于解释症状的一切信息。所有信息在30min内上报施工项目经理部，项目部应急指挥部汇总信息并即刻在30min内上报当地疾病预防控制机构进行医学分析。

(2) 项目部将对当地疾病预防控制机构的医学分析评估结果当天张榜公布，并向项目

全体人员通报，同时确定并采取进一步的应急措施。项目部启动报告通报制度，对每天收集的信息进行向上级卫生主管部门报告，向项目全体人员通报。

5.4.4　紧急情况应急处理技术及应急处理方案

(1) 现场发生突发公共卫生事件后，项目部启动应急预案，并上报上级卫生主管部门。一旦上级启动应急预案，项目部应急预案将纳入上级紧急情况应急预案中与上级应急预案实现联动。

(2) 应急预案启动后，项目部的所有人员根据预案规定的职责要求，服从项目部紧急情况应急处理指挥部的统一指挥，立即进入规定岗位，采取有关的控制措施。

(3) 根据紧急情况应急处理的需要，项目应急处理指挥部根据具体情况紧急调集项目人员、储备的物资、交通工具以及相应设施、设备，必要时，对人员进行隔离。

(4) 对于传染性疾病如传染性非典型肺炎，一旦有疫情出现，立刻将病人或疑似病人就近送到当地定点收治医院进行治疗，对病人或者疑似病人的密切接触者采取必要的医学观察措施；同时，立即对现场实行封锁，严禁人员外出和外来人员进入，避免疫情的进一步扩散，做到早发现、早报告、早隔离、早治疗，切断传播途径，防止扩散。

(5) 一旦疫情爆发，病人或者疑似病人以及密切接触者及其项目所有人员，积极配合疾病预防控制机构和医疗机构采取的预防控制措施，对现场被病人或者疑似病人污染的场所、物品进行卫生消毒处理。

(6) 紧急情况发生后，项目部按照应急预案的部署，对现场应急设施、设备、救治药品和医疗器械以及其他物资和技术的储备进行统一调度。

(7) 项目部与120急救中心建立突发公共卫生事件应急联动机制，同时现场设专门的临时医疗站，配备足够的设施、药物和称职的医务人员，准备两套担架，公开张贴120急救电话，用于一旦发生紧急情况时对病人的急救，确保紧急情况受控。

(8) 项目部储备突发公共卫生事件应急资金，保障因紧急情况而致病致残的人员能够得到及时、有效的治疗。

5.4.5　紧急情况预防、现场控制

(1) 施工现场生活区严格按照《卫生防疫管理标准》的要求布置，优先考虑人员居住条件，现场工人人均居住面积不低于$2m^2$，保证工人居住不拥挤，保证室内良好的通风，保证室内有良好的卫生条件。各班组长每天对工人宿舍的卫生进行检查，并定期进行消毒。

(2) 对施工现场进行全封闭式管理，教育工人减少不必要的外出。严格施工现场门卫制度，对外来人员及车辆进行登记、检查和消毒。

(3) 加强施工现场对突发公共卫生事件应急、预防常识的宣传，采取黑板报、宣传册等各种途径，定期对工人进行教育，定期进行应急演习，在工人中倡导良好的卫生习惯，"改陋习、树新风"。

(4) 加强施工现场的卫生工作，每天向外运出当天的生产垃圾和生活垃圾，坚决杜绝现场乱堆乱倒垃圾。加强对工人个人卫生的管理，对不注意个人卫生及有不良嗜好者进行严肃公开批评。

(5) 施工前，将为现场工人提供符合政府卫生规定的生活条件（包括工人的食堂、厕所、工具房、宿舍等），并获得必要的许可，保证工人的健康和防止任何传染病。

(6) 施工时，定期请专业的卫生防疫部门对现场、工人生活基地和工程进行防疫和卫生的专业检查、消毒和处理，包括消灭鼠害、蚊蝇和其他害虫，以防对施工人员、现场和永久工程造成任何危害。

(7) 现场设专门的临时医疗站，配备足够的设施、药物和称职的医务人员，准备两套担架，用于一旦发生安全事故时对病人的急救。

(8) 大力开展爱国卫生运动，加强突发公共卫生事件的健康教育和法制宣传，清洁环境，提高现场人员的防治意识，发动社会力量群防群控，切断传播途径。

5.4.6 紧急情况应急处理专业队伍的建设和培训

(1) 对施工现场的各施工队分别成立一个紧急情况应急处理专业队，项目部定期请当地卫生防疫部门的医疗专家到现场给予培训，传授紧急情况应急处理知识和技能。

(2) 项目部定期在现场组织紧急情况应急处理现场演习，并邀请卫生防疫部门的专家到现场给予指导。

6 环境施工保证措施

6.1 环境管理目标

建筑与绿色共生，发展和生态谐调。创建花园式的施工环境，营造绿色建筑。做好工程周围公益、环保事业。指标如下：

(1) 噪声排放达标：结构施工，昼间小于 70dB，夜间小于 55dB；

装修施工，昼间小于 65dB，夜间小于 55dB。

(2) 防大气污染达标：施工现场扬尘、生活用锅炉烟尘的排放符合要求（扬尘达到国家二级排放规定，烟尘排放浓度小于 $400mg/mm^3$）。

(3) 生活及生产污水达标：污水排放符合国家、省、市的有关规定。

(4) 施工垃圾分类处理，尽量回收利用。

(5) 节约水、电、纸张等资源消耗，节约资源，保护环境。

6.2 环境管理体系

我局依据 ISO 14001 环境管理标准，建立环境管理体系，制定环境方针、环境目标和环境指标，配备相应的资源，遵守法规，预防污染，节能减废，力争达到施工与环境的和谐。

根据中国建筑第八工程局的环境管理体系，项目经理部建立环境保护组织机构，明确各岗位的职责和权限，对所有参与体系工作的人员进行相应的培训。

6.2.1 环境管理组织机构

建立环境管理领导小组。

组长：项目经理；

副组长：项目副经理、项目总工程师；

组员：安全环境管理部经理、环境管理员、各专业施工员、各分包队伍负责人。

环境管理组织机构如图 6-1 所示。

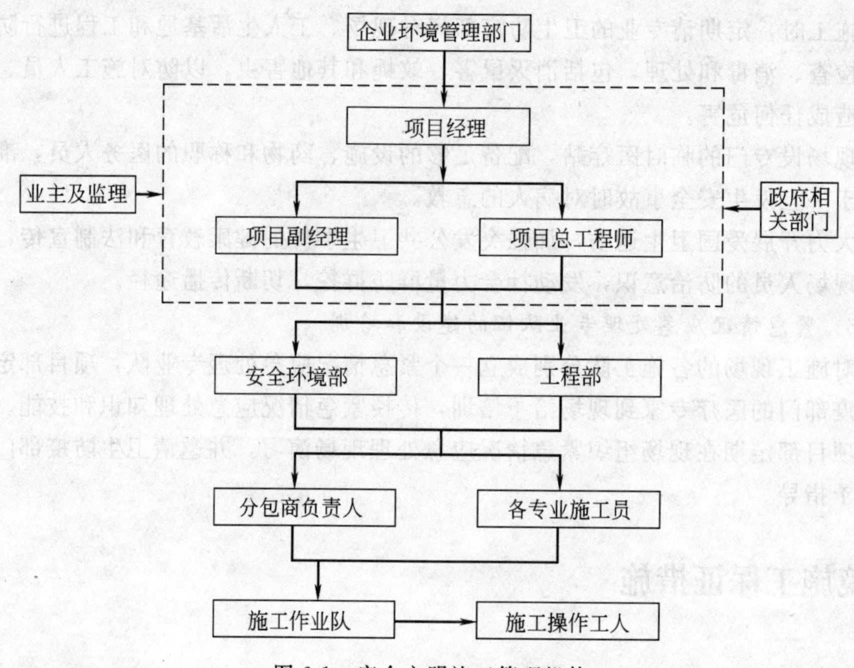

图 6-1 安全文明施工管理机构

6.2.2 环境管理职责

企业主管部门：负责本企业环境管理体系的建立及运行监督、管理工作。

项目经理部：负责环境管理制度和方案的实施工作。

项目经理：对项目部环境管理体系的运行工作总负责。

项目副经理：具体负责项目部环境管理方案和措施的落实工作。

项目总工程师：负责根据项目部的具体情况制定相应的环境管理方案和措施。

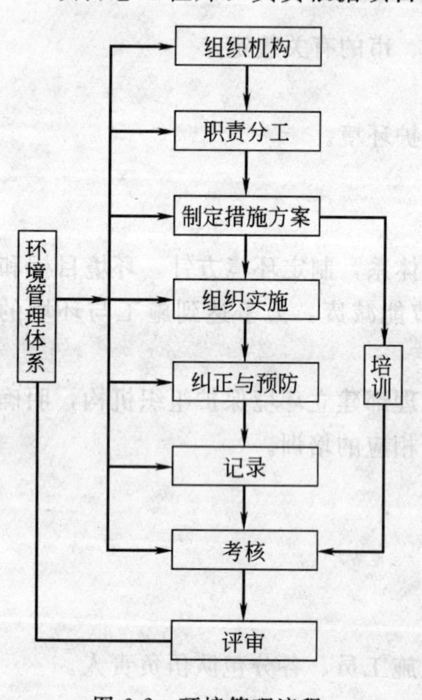

图 6-2 环境管理流程

安全环境管理部：项目经理部实施环境管理的主管部门。

综合管理办公室：项目经理部实施环境管理的协助部门。

工程技术管理部：项目经理部实施环境管理的部门。

6.2.3 环境管理流程

只有明确了环境管理流程，才能使环境管理工作有序的顺利进行（图 6-2）。

6.3 环境保护技术措施

6.3.1 环境管理因素分析

本工程占地面积广、施工机械多，施工人员多，对环境控制的要求比较高，主要存在以下环境影响：

(1) 噪声排放

土建工程：塔吊及混凝土泵送设备施工频率大，

产生的噪声大；

管道安装：本工程管道安装量大，管道除锈、切割产生的噪声大；

装饰工程：装饰工程量大，产生的主要噪声是切割机械、木工机械、空压机等。

(2) 粉尘排放和运输遗撒

由于现场比较大，施工机械多，再加上沈阳地区气候干燥，在晴天扬尘很容易形成，并且设备尾气排放量大，焊接作业量大，产生大量粉尘。

(3) 固体废弃物的丢弃

在施工过程中，产生大量的建筑垃圾，诸如：电焊头、保温、装修材料等；如果不严格控制，会严重影响文明施工，对现场环境管理造成重大影响。

6.3.2 环境保护的教育与监督

(1) 加强对现场人员的培训与教育，提高现场人员的环保意识

根据环境管理体系运行的要求，结合环境管理方案，对所有可能对环境产生影响的人员进行下列相应的培训：

① 遵守环境方针与程序、遵守环境管理体系要求的重要性。

② 个人工作对环境可能生产的影响。

③ 在实现环境保护要求方面的作用与职责。

④ 违反规定的运行程序和规定产生的不良后果。

(2) 加强信息交流与传送，实施有力监督

① 建立项目内部环境保护信息的传递与沟通渠道，以便确认环境保护方案是否被实施，以及环境保护工作中存在的问题，从而对下一步工作及时做出决策。

② 建立项目与企业总部，项目与外部主管部门的信息交流与传递渠道。按规定要求接收、传递、发放有关文件，对需回复的文件，按规定要求审核后予以回复。

(3) 加强文件控制，不断了解有关环保知识与法律法规

① 文件要有专人负责保管，并设置专门有效的工具。

② 对文件定期进行评审，与现行法律和规定不符时，及时修改。

③ 确保与环保有关的人员，都能得到有关文件的现行版本。

④ 失效文件要从所有发放和使用场所撤回或采取其他有效措施。

⑤ 监测和测量：组织有关人员，通过定期或不定期的安全文明施工大检查来落实环境管理方案的执行情况，对环境管理体系的运行实施监督检查。

⑥ 不符合项的纠正与预防：对项目安全文明施工大检查中发现的环境管理的不符合项，由安全环境管理部开出不符合报告，工程技术管理部根据不符合项分析产生的原因，制定纠正措施，交专业工程师负责落实实施，安全环境管理部负责跟踪检查，对实施结果要加以确认。

6.3.3 大气污染控制措施

(1) 施工现场防扬尘措施：土方堆放采用彩塑布遮盖；施工垃圾采用容器吊运，严禁随意凌空抛撒，造成扬尘。施工垃圾要及时清运，清运前，要适量洒水，减少扬尘；施工现场要在施工前做好施工道路规划和设置，尽量利用设计中永久性的施工道路，路面及其余场地地面要硬化。闲置场地要绿化；水泥和其他易飞扬的细颗粒散体材料尽量安排库内存放。露天存放时要严密遮盖，运输和卸运时防止遗撒飞扬，以减少扬尘；施工现场要制

定洒水降尘制度，配备专用洒水设备及指定专人负责，在易产生扬尘的季节，施工场地采取洒水降尘。

（2）搅拌站的降尘措施：砂浆及零星混凝土搅拌要搭设封闭的搅拌棚，搅拌机上设置喷淋装置方可进行施工。

6.3.4 固体废弃物控制措施

固体废物可分为建筑垃圾和生活垃圾。

（1）建筑垃圾的控制

1）建筑垃圾可分为可利用建筑垃圾和不可利用建筑垃圾。

2）按现场平面布置图确定的建筑垃圾存放点堆放建筑垃圾。

3）施工过程中产生的渣土、弃土、弃料、余泥、泥浆等垃圾应按“可利用”、“不可利用”、“有毒害”等字样分开堆放，并进行标识。

4）不可用建筑垃圾应设置垃圾池存放，稀料类垃圾应采用桶类容器存放；可利用的建筑垃圾分类存放，并按平面布置图中规定存放。

5）建筑垃圾在施工现场内装卸运输时，将用水喷洒，卸到堆放场地后及时覆盖或用水喷洒，以防扬尘。

6）建筑垃圾运出施工现场时，应遵照辽宁省有关规定。

7）有毒有害垃圾严禁任意排放，应单独存放，由项目经理部与焚烧处置单位签订协议书，按协议处理。

（2）生活垃圾的控制

1）生活垃圾存放在桶类容器内，不随意抛弃垃圾；有毒害垃圾将单独存放在容器内。

2）生活垃圾的清运将委托合法单位承运并签订清运协议，自运时将取得外运手续如“生活弃物处置证”，按指定路线、地点倾倒。出现场前必须覆盖严实，不出现遗撒。

3）所设自动冲水装置，实行化粪池存贮，管道排放，并有专人管理，化粪池的清掏与当地的环卫部门签订相应协议。

6.3.5 水污染控制措施

1）现场搅拌机前台及运输车辆清洗处设置沉淀池。排放的废水要排入沉淀池内，经二次沉淀后，方可排入市政污水管线或回收用于洒水降尘。未经处理的泥浆水，严禁直接排入城市排水设施。

2）食堂污水的排放控制。施工现场临时食堂，设置简易有效的隔油池，产生的污水排放要经过隔油池。平时加强管理定期掏油，防止污染。

3）油漆油料库的防漏控制。施工现场设置专用的油漆油料库，油库内严禁放置其他物资，库房地面和墙面做防渗漏的特殊处理，储存、使用和保管由专人负责，防止油料跑、冒、滴、漏，污染水体。

4）禁止将有毒有害废弃物用作土方回填，以免污染地下水和环境。

6.3.6 噪声污染控制措施

1）人为噪声的控制措施。施工现场提倡文明施工，建立健全控制人为噪声的管理制度，尽量减少人为大声喧哗，增强全体施工人员防噪声扰民的自觉意识。

2）强噪声作业时间的控制。

3）产生强噪声的成品加工、制作作业，应尽量放在工厂、车间完成，减少因施工现场的加工制作产生的噪声。如确需施工现场加工，则安排在地下室或室内并封闭，以减少强噪声扩散。

4）选用低噪声或备有消声降噪设备的施工机械。施工现场的强噪声机械（如搅拌机、电锯、电刨、砂轮机等）设置封闭的机械棚，以减少强噪声扩散。

5）加强施工现场的噪声监测。加强施工现场环境噪声的长期监测，采取专人监测、专人管理的原则，在关键时间，监测施工现场的噪声，并及时对施工现场噪声超标的有关因素进行调整，达到施工噪声不扰民的目的。

6）对混凝土结构施工阶段的噪声控制。

6.3.7 其他污染控制措施

1）使用电锯产生的木屑、锯末当天进行清理，以免锯末刮入空气中。

2）钢筋加工产生的钢筋皮、钢筋屑及时清理。

3）建筑物外围立面采用密目安全网，降低楼层内风的流速，阻挡灰尘进入施工现场周围的环境；若楼内确有灰尘，打扫前用洒水法降尘。

4）项目经理部要制定水、电、办公用品（纸张）的节约措施，通过减少浪费、节约能源，达到保护环境的目的。

6.3.8 不符合控制及纠正预防措施

为了使环保措施务实、有效地贯彻下去，项目将建立了一套严格的管理和监督措施，针对不符合规定的情况进行有效地监督、预防、纠正和处理。

1）以项目经理为首，成立紧急事故响应小组，编制应急准备和响应措施，并定期对项目经理部环境管理进行检查，对不符合程序运行要求的，立即查明不符合的原因，采取措施，立即纠正，并建立相应的预防措施，本项目重点在以下几个环境因素上进行预防和控制：

易燃、易爆（气）体包括汽油、柴油、油漆、氧气、乙炔、液化气等。

可燃物体包括木料、保温材料、装饰材料等。

电焊作业点、配电室、木工棚、装饰作业、仓库等。

2）针对以上几个容易发生事故的物体和场所，项目经理部建立义务消防队，在每个工作点上设立兼职环保员，并对所有施工人员进行岗位教育、消防知识教育、应急准备和响应培训等。

3）在物体和场所设置各类对应的消防器材，以便在突发事件时，尽可能减少对环境的影响。

4）认真学习企业环境管理体系文件中善于各种突发事件的应急准备和响应措施，并根据项目实际情况，进行培训和现场演习。

6.3.9 对室内环境污染的控制措施

(1) 进场材料应符合下列技术指标

1）无机非金属建筑材料（砂、石、砖、水泥、商品混凝土等）内照射指数（IR_a）小于等于1.0，外照射指数（I_γ）小于等于1.0；

无机非金属装修材料（石材、建筑卫生陶瓷、石膏板、吊顶材料等）内照射指数（IR_a）小于等于1.0；外照射指数（I_γ）小于等于1.3；

2）人造木地板及饰面人造木板的甲醛含量或游离甲醛释放量采用测试舱法测定时，

E_1 小于等于 0.12mg/m³；

3）室内用水性涂料、总挥发性有机化合物（TVOC）小于等于 200g/L，游离甲醛小于等于 1.0g/kg；溶剂型涂料应符合表 6-1 的规定。

溶剂型涂料中 TVOC 和苯的含量控制指标 **表 6-1**

涂料名称	TVOC(g/L)	苯(g/kg)	涂料名称	TVOC(g/L)	苯(g/kg)
醇酸漆	≤550	≤5	酚醛清漆	≤500	≤5
硝基清漆	≤750	≤5	酚醛瓷漆	≤380	≤5
聚氨酯漆	≤700	≤5	酚醛防锈漆	≤270	≤5

4）室内水性胶粘剂总挥发性有机化合物（TVOC）小于等于 50g/L，游离甲醛小于等于 1.0g/kg；溶剂型胶粘剂总挥发有机化合物（TVOC）小于等于 750g/L，苯小于等于 5.0g/kg；聚氨酯胶粘剂游离甲苯二异氰酸酯（TDI）小于等于 10g/kg。

5）水性阻燃剂、防水剂、防腐剂等处理剂的总挥发性有机化合物（TVOC，g/L）小于等于 200g/L，游离甲醛小于等于 1.0g/kg。

（2）管理措施

1）当建筑材料和装修材料进场检验，发现不符合设计要求及规范规定时，严禁使用；

2）工程中使用的无机非金属建筑材料和装修材料必须有放射性指标检测报告，并应符合设计要求和规范规定；

3）室内装修采用的人造木板及饰面人造木板，必须有游离甲醛含量和游离甲醛释放量检测报告，并应符合设计要求和规范规定；

4）室内装修采用的水性涂料、水性胶粘剂、水性处理剂必须有总挥发性有机化合物和游离甲醛含量检测报告；溶剂型涂料、溶剂型胶粘剂必须有总挥发性有机化合物、苯、游离甲苯二异氰酸酯含量检测报告，并应符合设计要求和规范规定；

5）建筑材料和装修材料的检测项目不全或检测结果有疑问时，必须将材料送有资格的检测机构进行检验，检验合格后方可使用。

6）装修用的稀释剂和溶剂，严禁使用苯、工业苯、石油苯、重质苯及混苯；

7）严禁在工程室内用有机溶剂清洗施工用具。

6.3.10 检测和测量安排

（1）针对项目存在的影响环境的因素，在开工前请有关部门检测，以后每季度定期进行检测，针对检测的结果，对不符合要求的进行整改，直到重新检测合格为止，并做好记录。

（2）施工现场噪声排放和粉尘排放，由项目经理部委托计检中心定期检测，如遇特殊情况特殊处理。

7 经济效益分析

（1）钢筋为甲方供料，钢筋节省量与甲方分成，现场采用套筒直螺纹钢筋连接技术，套筒由项目部采购，套筒与甲方结算价为每个 16.5 元，而实际采购为每个 7 元，现场共使用套筒 68388 个，这样套筒节省费用：

68388×(16.5−7)=649686元

(2) 定额规定，剪力墙在计算模板面积时应扣除洞口面积，因采用大钢模板，项目部做了关于剪力墙模板洞口面积不扣除的计算规则，得到了市造价站的批复，每栋楼剪力墙洞口面积为 14000m^2，合同规定与业主结算时执行小模板基价，此部分节省费用 14000m^2/栋×16.32 元/m^2×8 栋=1827840 元。

(3) 由于剪力墙采用大钢模板施工，混凝土墙体、顶棚达到清水效果，混凝土墙面及顶棚可以不用抹灰，合同中约定使用大模板达到清水混凝土效果，施工单位按抹灰面积的一半计取费用，这样采用大模板后可以节省的费用为：654909元(1号楼)+654909元(3号楼)+654909元(4号楼)+613298元(5号楼)+666427元(7号楼)+654909元(8号楼)+676087元(9号楼)+676087元(10号楼)=5251535 元。

(4) 大体积混凝土施工中应用电子测温仪对混凝土水化热释放情况进行监控，方便快捷、及时准确地了解水化热释放情况，并根据结果采取相应的养护措施，通过对先进技术的应用，有效地避免了混凝土温度裂缝的产生，保证了工程质量。